U0254128

建筑电气强电设计手册

湖南省土木建筑学会电气专业委员会
湖南省建筑电气设计情报网
组织编写

黄铁兵　梁志超　孟焕平　主编

中国建筑工业出版社

图书在版编目（CIP）数据

建筑电气强电设计手册/黄铁兵等主编．—北京：中国建筑工业出版社，2014.4

ISBN 978-7-112-16358-8

Ⅰ.①建… Ⅱ.①黄… Ⅲ.①民用建筑-电气设备-建筑设计-手册 Ⅳ.①TU85-62

中国版本图书馆CIP数据核字（2014）第019187号

本书是一部全面系统论述民用建筑电气工程强电设计的大型专业工具书。根据现行国家标准、行业标准及规定，运用新的设计理念结合作者多年的科研、设计经验，并参考大量的文献资料撰写而成。本书共15章和附录，内容包括：概论，供配电系统，配变电所，短路电流计算和高压电器选择，继电保护及电气测量，自备应急电源，低压配电系统和低压电器选择，常用电气设备配电，导体选择，配电布线系统，城市配电网规划设计，电气照明，建筑物防雷，接地和特殊场所的安全保护，建筑电气节能，附录。书中介绍了建筑电气制图常用图形和文字符号、电气设计基本规定和要求、设计技术措施、设计方法及计算公式、技术数据及计算用表和示例。本书内容丰富，资料翔实，是从事民用建筑电气工程设计、规划设计、施工安装、运行管理及维护、建筑电气设备研究开发和产品制造等方面的工程技术人员和管理人员必备的工具书。

责任编辑：封 毅 范业庶
责任设计：张 虹
责任校对：姜小莲 赵 颖

建筑电气强电设计手册

湖南省土木建筑学会电气专业委员会
湖 南 省 建 筑 电 气 设 计 情 报 网 组织编写

黄铁兵 梁志超 孟焕平 主编

*

中国建筑工业出版社出版、发行（北京西郊百万庄）
各地新华书店、建筑书店经销
北京红光制版公司制版
北京中科印刷有限公司印刷

*

开本：787×1092毫米 1/16 印张：59¼ 字数：1474千字
2015年1月第一版 2015年1月第一次印刷
定价：**135.00**元
ISBN 978-7-112-16358-8
（25085）

《建筑电气强电设计手册》

编 委 会

前　　言

建筑电气设计包括了以往常称的“强电”和“弱电”（含建筑智能化系统）设计内容。本书是一部系统地全面论述民用建筑电气工程强电设计的大型专业性工具书。根据现行国家标准、行业标准及规定，运用新的设计理念，结合作者多年的科研、设计经验，并参考大量的文献资料撰写而成。是作者继编写出版《民用建筑电气设计手册（第二版）》、《民用建筑电气设计数据手册（第二版）》、《民用建筑电气照明设计手册》等著作之后又一新作。本书内容丰富，资料翔实，是从事民用建筑电气工程电气设计、规划设计、施工安装、运行管理及维护和从事建筑电气设备研究开发、产品制造等方面工程技术人员必备的专业性工具书。

本书共 15 章和附录，内容包括：概论、供配电系统、配变电所、短路电流计算和高压电器选择、继电保护及电气测量、自备应急电源、低压配电系统和低压电器选择、常用电气设备配电、导体选择、配电布线系统、城市配电网规划设计、电气照明、建筑物防雷、接地和特殊场所的安全保护、建筑电气节能、附录等。书中介绍了建筑电气制图常用图形和文字符号、电气设计基本规定和要求、设计技术措施、设计方法及计算公式、技术数据及计算图表和示例。

在本书的调研和编写过程中，湖南省建筑设计院、湖南省土木建筑学会电气专业委员会和湖南省建筑电气设计情报网等成员单位给予大力支持、指导和帮助，对此深表谢意。向在编写过程中提供宝贵技术资料和给予支持协助单位的有关人员表示衷心的感谢。

对书中错误和不足之处，敬请批评指正。

目 录

1 概 论

2 供配电系统

3　配变电所

4　短路电流计算和高压电器选择

5　继电保护及电气测量

6　自备应急电源

7　低压配电系统和低压电器选择

8　常用电气设备配电

9　导 体 选 择

10　配电布线系统

11　城市配电网规划设计

12　电　气　照　明

13　建　筑　物　防　雷

14　接地和特殊场所的安全保护

15　建筑电气节能

附　录

1 概 论

1.1 基本原则与技术政策

1.1.1 概 述

建筑电气包括强电、弱电（含智能化）两部分，强电与弱电现统称为建筑电气。对于现代建筑电气设计，强电与弱电已很难将其完全分开。

强电包括：电源、配变电所（站）、供配电系统、配电线路布线系统、常用设备电气装置、电气照明、电气控制、防雷与接地、特殊场所的安全保护等。

弱电（含智能化）包括：信息设施系统、信息化应用系统、建筑设备管理系统、公共安全系统、机房工程等。其中信息设施系统（ITSI）包括通信接入系统、电话交换系统、信息网络系统、综合布线系统、室内移动通信覆盖系统、卫星通信系统、有线电视及卫星电视接收系统、广播系统、会议系统、信息导引及发布系统、时钟系统及其他相关的系统。信息化应用系统（ITAS）包括工作业务应用系统、物业运营管理系统、公共服务管理系统、公众信息服务系统、智能卡应用系统、信息网络安全管理系统及其他业务功能所需要的应用系统。建筑设备管理系统（BMS）是对建筑设备监控系统（BAS）和公共安全系统（PSS）等实施综合管理。公共安全系统（PSS）包括火灾自动报警系统、安全技术防范系统和应急响应系统等。

建筑电气设计所包括的各种系统、分项有几十个之多，如供电、配电、自备电源、电力、照明、消防、防雷、接地及安全保护、电气火灾报警信息等（网络、通信、广播、电视、扩声与会议系统、信息显示、建筑设备监控、安全防范、系统集成等信息系统，也是建筑电气的一部分）。

建筑电气工程的强电部分以力能系统为对象，承担着实现电能的供应、输配、转换与利用的任务。弱电部分以信息系统为对象，承担着有线或无线信息的传送、收发、交换、处理与应用的任务。随着现代科技的进步，计算机技术在建筑设备的功能管理、建筑物的物业管理与经营管理中的应用已日趋普遍，成为民用建筑现代化与智能化的重要标志。

建筑电气设计应认真贯彻国家有关建设方针和技术政策，做到安全可靠、经济合理、技术先进、整体美观、维护管理方便。设计程序严谨、合理；设计内容正确、翔实；设计深度应满足各阶段的需要；设计文件规范、工整，符合国家有关规定。

建筑电气的装备水平，应与建筑工程的功能要求和使用性质相适应，这是建筑电气设计的重要环节，处理好这一问题实属关键，节能是一项重要的国策，应选用技术先进、性能可靠、安装方便、操作简单的标准化、节能型设备装置，严禁使用已被国家淘汰的和不符合现行国家技术标准、没有产品质量认证的电气装置。

建筑电气设计应体现以人为本，对电磁污染、声污染及光污染采取综合治理，达到环境保护相关标准的要求，确保人居环境安全。积极采取各项节能措施，尽可能减少资源损耗和环境污染。

随着新技术、新产品的发展，建筑物功能要求的提高，建筑电气设计系统多、产品类别多、技术参数多，在设计工作中，应逐步应用计算机技术和信息网络系统，依靠局域网、广域网、Internet 网、物联网，实现资源共享，提高科技和经济效益。

建筑电气工程设计是整个建筑工程的一部分，有着与建筑、结构、给水排水、暖通动力多个专业和电气专业内部的配合，在各个设计阶段，都要互提资料，互有要求，要密切配合，才能节省时间，保证工程的设计、施工质量。

建筑工程的实施，又是由规划、勘测、设计、施工及监理等一系列工作过程和环节来完成的。工程的质量要由所有环节共同保证。建筑电气工程的设计工作必须与建设单位、施工单位以至监理单位经常协调，一项优良的工程设计理应得到建设、施工、监理及有关主管部门对其实用性、先进性、合理性与可行性的充分认可。

专业软件的开发应用，数据库以至专家系统的建立为提高设计工效，保证设计质量创造了有利条件，设计手段的现代化是建筑电气工程设计工作发展的必然趋势。

注意调查研究，不断总结经验，加强技术与学术交流，学习应用新标准、新系统和新理念，关注建筑电气新产品、新技术、新材料、新工艺的发展与应用动态，对于提高建筑电气工程设计的水平具有重要意义。

1.1.2 设 计 依 据

1. 设计的法律依据与原始资料

建筑电气工程设计，必须根据上级主管部门关于工程项目的正式批文和建设单位的设计委托书进行，它们是设计工作的法律依据与责任凭证。

文件中关于设计标的性质，设计任务的名称，设计范围的界定，投资额度，工程时限，设计变更的处理，设计取费及其方式等重要事项，必须有明确的文字规定，并经各有关方面签字用印认定，方能作为设计依据。

建筑电气工程的设计必须有明确的使用要求，以及自然的和人工的约束条件作为客观依据，它们由以下原始资料表述：

（1）建筑总面积、建筑内部空间与电气相关的建筑设计图。

（2）用电设备名称、容量、空间位置、负荷的时变规律，对供电可靠性与控制方式要求等资料。

（3）与城市供电、供水、通信、有线电视等网络接网的条件与方式等方面的资料。

（4）建筑物在火灾、雷害、震灾与安全等方面特殊潜在危险的必要说明资料。

（5）建筑物内部与外部交通条件，交通负荷方面的说明资料。

（6）电气设计所需的大气气象、水文、地质、地震等自然条件方面的资料。

建设单位应尽可能提供必要的资料，对于确属需要而建设单位又不能提供的资料，设计单位可协助或代为调研编制，再由建设单位确认后，作为建设单位提供的资料。

2. 电气设计必须遵照的国家有关建设法规

(1)《中华人民共和国建筑法》。

(2)《中华人民共和国水污染防治法》。

(3)《中华人民共和国环境保护法》。

(4)《中华人民共和国产品质量法》。

(5)《中华人民共和国反不正当竞争法》。

(6)《中华人民共和国固体废物污染环境防治法》。

(7)《中华人民共和国环境噪声污染防治法》。

(8)《中华人民共和国电力法》。

(9)《中华人民共和国消防法》。

(10)《中华人民共和国招标投标法》。

(11)《中华人民共和国大气污染防治法》。

(12)《中华人民共和国节约能源法》。

(13)《建设工程质量管理条例》(国务院第279号令)。

(14)《建设工程勘察设计管理条例》(国务院第293号令)。

(15)《民用建筑节能条例》(国务院第530号令)。

3. 建筑电气设计应遵循的主要规范及标准

(1) 建筑物电气装置国家标准。

建筑物电气装置国家标准全部是转化国际电工委员会(IEC)第64技术委员会(简称“IEC/TC64”)制定的国际标准。IEC/TC64制定的国际标准均为工程建设低压电气工程和相关电气产品的安全标准,在国际上获得了广泛的认可和应用。

积极采用国际标准和国外先进标准是我国的一项重要的技术经济政策,也是我国标准化工作的一项重要内容。建筑物电气装置国家标准适用于从事工程建设电气工程设计、施工安装和检验、运行维护,电工产品制造及有关技术领域科学研究的技术人员学习和使用。建筑物电气装置国家标准目录如下:

①《电击防护 装置和设备的通用部分》GB/T 17045—2008;

②《电流对人和家畜的效应 第1部分:通用部分》GB/T 13870.1—2008;

③《电流通过人体的效应 第二部分:特殊情况》GB/T 13870.2—1997;

④《电流对人和家畜的效应 第3部分:电流通过家畜躯体的效应》GB/T 13870.3—2003;

⑤《低压电气装置 第1部分:基本原则、一般特性评估和定义》GB/T 16895.1—2008;

⑥《低压电气装置 第4-41部分:安全防护 电击防护》GB 16895.21—2011;

⑦《建筑物电气装置 第4-42部分:安全防护 热效应保护》GB 16895.2—2005;

⑧《低压电气装置 第4-43部分:安全防护 过电流保护》GB 16895.5—2012;

⑨《低压电气装置 第4-44部分:安全防护 电压骚扰和电磁骚扰防护》GB 16895.10—2010;

⑩《建筑物电气装置 第5-51部分:电气设备的选择和安装 通用规则》GB/T 16895.18—2010;

⑪《建筑物电气装置 第5部分:电气设备的选择和安装 第52章:布线系统》GB 16895.6—2000;

⑫《建筑物电气装置 第5部分:电气设备的选择和安装 第523节:布线系统载流

量》GB/T 16895.15—2002；

⑬《建筑物电气装置 第5部分：电气设备的选择和安装 第53章：开关设备和控制设备》GB 16895.4—1997；

⑭《建筑物电气装置 第5-53部分：电气设备的选择和安装 隔离、开关和控制设备 第534节：过电压保护电器》GB 16895.22—2004；

⑮《建筑物电气装置 第5-54部分：电气设备的选择和安装 接地配置、保护导体和保护联结导体》GB 16895.3—2004；

⑯《建筑物电气装置 第5部分：电气设备的选择和安装 第548节：信息技术装置的接地配置和等电位联结》GB/T 16895.17—2002；

⑰《建筑物电气装置 第5部分：电气设备的选择和安装 第55章：其他设备第551节：低压发电设备》GB 16895.20—2003；

⑱《建筑物电气装置 第6-61部分：检验——初检》GB/T 16895.23—2005；

⑲《建筑物电气装置 第7部分：特殊装置或场所的要求 第701节：装有浴盆或淋浴盆的场所》GB 16895.13—2002；

⑳《建筑物电气装置 第7部分：特殊装置或场所的要求 第702节：游泳池和其他水池》GB 16895.19—2002；

㉑《建筑物电气装置 第7-703部分：特殊装置或场所的要求 装有桑拿浴加热器的场所》GB 16895.14—2010；

㉒《低压电气装置 第7-704部分：特殊装置或场所的要求 施工和拆除场所的电气装置》GB 16895.7—2009；

㉓《建筑物电气装置 第7部分：特殊装置或场所的要求 第705节：农业和园艺设施的电气装置》GB 16895.27—2006；

㉔《建筑物电气装置 第7部分：特殊装置或场所的要求 第706节：狭窄的可导电场所》GB 16895.8—2000；

㉕《建筑物电气装置 第7部分：特殊装置或场所的要求 第707节：数据处理设备用电气装置的接地要求》GB/T 16895.9—2000；

㉖《建筑物电气装置 第7-710部分：特殊装置或场所的要求 医疗场所》GB 16895.24—2005；

㉗《建筑物电气装置 第7-711部分：特殊装置或场所的要求 展览馆、陈列室和展位》GB 16895.25—2005；

㉘《建筑物电气装置 第7-712部分：特殊装置或场所的要求 太阳能光伏（PV）电源供电系统》GB/T 16895.32—2008；

㉙《建筑物电气装置 第7-713部分：特殊装置或场所的要求 家具》GB 16895.29—2008；

㉚《建筑物电气装置 第7-714部分：特殊装置或场所的要求 户外照明装置》GB 16895.28—2008；

㉛《建筑物电气装置 第7-715部分：特殊装置或场所的要求 特低电压照明装置》GB 16895.30—2008；

㉜《建筑物电气装置 第7-717部分：特殊装置或场所的要求 移动的或可搬运的单

元》GB 16895.31—2008；

㉝《建筑物电气装置 第7-740部分：特殊装置或场所的要求 游乐场和马戏场中的构筑物、娱乐设施和棚屋》GB 16895.26—2005；

㉞《建筑物电气装置的电压区段》GB/T 18379—2001；

㉟《电工术语 电气装置》GB/T 2900.71—2008；

㊱《电工术语 接地与电击防护》GB/T 2900.73—2008。

(2)《建筑设计防火规范》GB 50016—2006。

(3)《高层民用建筑设计防火规范》GB 50045—95（2005版）。

(4)《3～110kV高压配电装置设计规范》GB 50060—2008。

(5)《供配电系统设计规范》GB 50052—2009。

(6)《低压配电设计规范》GB 50054—2011。

(7)《通用用电设备配电设计规范》GB 50055—93。

(8)《电热设备、电力装置设计规范》GB 50056—92。

(9)《20kV及以下变配电所设计规范》GB 50053—2013。

(10)《35～110kV变电所设计规范》GB 50059—92。

(11)《电力装置的继电保护和自动装置设计规范》GB 50062—2008。

(12)《电力工程电缆设计规范》GB 50217—2007。

(13)《并联电容器装置设计规范》GB 50227—2008。

(14)《爆炸和火灾危险环境电力装置设计规范》GB 50058—92。

(15)《剩余电流动作保护装置安装和运行》GB 13955—2005。

(16)《城市电力规划规范》GB 50293—1999。

(17)《城市配电网规划设计规范》GB 50613—2010。

(18)《城市工程管线综合规划规范》GB 50289—98。

(19)《民用建筑设计通则》GB 50352—2005。

(20)《公共建筑节能设计标准》GB 50189—2005。

(21)《建筑节能工程施工质量验收规范》GB 50411—2007。

(22)《民用建筑绿色设计规范》JGJ/T 229—2010。

(23)《民用建筑电气设计规范》JGJ 16—2008。

(24)《汽车库、修车库、停车库场设计防火规范》GB 50067—97。

(25)《建筑照明设计标准》GB 50034—2013。

(26)《城市道路照明设计规范》CJJ 45—2006。

(27)《城市夜景照明设计规范》JGJ/T 163—2008。

(28)《室外作业场地照明设计标准》GB 50582—2010。

(29)《建筑电气照明装置施工与验收规范》GB 50617—2010。

(30)《建筑物防雷设计规范》GB 50057—2010。

(31)《建筑物电子信息系统防雷技术规范》GB 50343—2012。

(32)《电子工程防静电设计规范》GB 50611—2010。

(33)《电气装置安装工程接地装置施工及验收规范》GB 50169—2006。

(34)《火灾自动报警系统设计规范》GB 50116—2013。

(35)《住宅建筑规范》GB 50368—2005。

(36)《住宅设计规范》GB 50096—2011。

(37)《住宅建筑电气设计规范》JGJ 242—2011。

(38)《老年人居住建筑设计标准》GB/T 50340—2003。

(39)《宿舍建筑设计规范》JGJ 36—2005。

(40)《档案馆建筑设计规范》JGJ 25—2000。

(41)《电子信息系统机房设计规范》GB 50174—2008。

(42)《电子信息系统机房施工及验收规范》GB 50462—2008。

(43)《中小学校设计规范》GB 50099—2011。

(44)《医院洁净手术部建筑技术规范》GB 50333—2002。

(45)《医疗建筑电气设计规范》JGJ 312—2013。

(46)《中小学校体育设施技术规程》JGJ/T 280—2012。

(47)《体育建筑设计规范》JGJ 31—2003。

(48)《体育建筑智能化系统工程技术规程》JGJ/T 179—2009。

(49)《图书馆建筑设计规范》JGJ 38—99。

(50)《商店建筑设计规范》JGJ 48—88。

(51)《电影院建筑设计规范》JGJ 58—2008。

(52)《剧场建筑设计规范》JGJ 57—2000。

(53)《博物馆建筑设计规范》JGJ 66—91。

(54)《办公建筑设计规范》JGJ 67—2006。

(55)《特殊教育学校建筑设计规范》JGJ 76—2003。

(56)《旅馆建筑设计规范》JGJ 62—90。

(57)《旅游饭店星级的划分与评定》GB/T 14308—2010。

(58)《展览建筑设计规范》JGJ 218—2010。

(59)《体育馆照明设计及检测标准》JGJ 153—2007。

(60)《电梯工程施工质量验收规范》GB 50310—2002。

(61)《建筑电气工程施工质量验收规范》GB 50303—2002。

(62)《电气装置安装工程电缆线路施工及验收规范》GB 50168—2006。

(63)《矿物绝缘电缆敷设技术规程》JGJ 232—2011。

(64)《电气装置安装工程电气设备交接试验标准》GB 50150—2006。

(65)《交流电气装置的接地设计规范》GB/T 50065—2011。

(66)《人民防空工程设计防火规范》GB 50098—2009。

(67)《人民防空工程施工及验收规范》GB 50134—2004。

(68)《人民防空地下室设计规范》GB 50038—2005。

(69)《建筑电气制图标准》GB/T 50786—2012。

(70)《国家机关办公建筑和大型公共建筑能耗监控系统——楼宇分项计量设计安装技术导则》(建科[2008]114 号文附件 3)。

(71)《老年人建筑设计规范》JGJ 122—99。

(72)《镇(乡)村文化中心建筑设计规范》JGJ 156—2008。

(73)《铁路旅客车站建筑设计规范》GB 50226—2007。

(74)《教育建筑电气设计规范》JGJ 310—2013。

(75)《档案馆建筑设计规范》JGJ 25—2010。

(76)《交通建筑电气设计规范》JGJ 243—2011。

(77)《金融建筑电气设计规范》JGJ 284—2012。

4. 国家建筑标准设计电气标准图

(1)《全国民用建筑工程设计技术措施·节能专篇·电气》(2007)。

(2)《全国民用建筑工程设计技术措施·电气》(2009)。

(3)《建筑产品选用技术·产品技术资料·电气》(2008)。

(4) 国家建筑标准设计标准图电气专业目录，见表 1.1.2-1。

国家建筑标准设计标准图电气专业目录 **表 1.1.2-1**

类 别	图集号	图 集 名 称
0类 综合项目	09DX001	建筑电气工程设计常用图形和文字符号
	12DX002	工程建设标准强制性条文及应用示例（房屋建筑部分—电气专业）
	09DX003	民用建筑工程电气施工图设计深度图样
	09DX004	民用建筑工程电气初步设计深度图样
	06DX008-1	电气照明节能设计
	09CDX008-3	建筑设备节能控制与管理
	11CD008-4	固定资产投资项目节能评估文件编制要点及示例（电气）
	11CDX008-5	电能计量管理系统设计与安装
	09DX009	电子信息系统机房工程设计与安装
	12DX011	《建筑电气制图标准》图示
	04DX101-1	建筑电气常用数据
	12SDX101-2	民用建筑电气计算及示例
	12DX603	住宅小区电气设计与安装
1类 电力线路敷设 及安装	93D101-1	户内电力电缆终端头
	93（03）D101-1	户内电力电缆终端头（2003年局部修改版）
	93D101-2	户外电力电缆终端头
	93（03）D101-2	户外电力电缆终端头（2003年局部修改版）
	93D101-3	电力电缆接头
	93（03）D101-3	电力电缆终接头（2003年局部修改版）
	93D101-4	电力电缆终端头及接头
	93（03）D101-4	电力电缆终端头及接头（2003年局部修改版）
	94D101-5	35kV及以下电缆敷设
	09D101-6	矿物绝缘电缆敷设

续表

类 别	图集号	图 集 名 称
1类 电力线路敷设 及安装	00D101-7	预制分支电力电缆安装
	07SD101-8	电力电缆井设计与安装
	03D103	10kV及以下架空线路安装
	06D105	电缆防火阻燃设计与施工
	10CD106	铝合金电缆敷设与安装
2类 变配电所设备安装 及35/6～10kV	99D201-2	干式变压器安装
	04D201-3	室外变压器安装
	03D201-4	10/0.4kV变压器室布置及变配电所常用设备构件安装
	99D203-1	35/6（10）kV变配电所二次接线（交流操作部分）
	01D203-2	6～10kV配电所二次接线（直流操作部分）
3类 室内管线安装及常 用低压控制线路	96D301-1	线槽配线安装
	98D301-2	硬塑料管配线安装
	03D301-3	钢导管配线安装
	10D303-2	常用风机控制电路图
	10D303-3	常用水泵控制电路图
4类 车间电气 线路安装	06D401-1	吊车供电线路安装
	12D403-1	爆炸危险环境电气线路和电气设备安装
	11CD403	低压配电系统谐波抑制及治理
5类 防雷与接地安装	99D501-1	建筑物防雷设施安装
	99（03）（07）D501-1	建筑物防雷设施安装（2003、2007年局部修改版）
	02D501-2	等电位联结安装
	03D501-3	利用建筑物金属体做防雷及接地装置安装
	03D501-4	接地装置安装
	99（07）D501-1 （第4部分修改版）	建筑物防雷设施安装（2007年局部修改版）
7类 常用电气设备安装	04D701-1	电气竖井设备安装
	91D701-2	封闭式母线安装
	04D701-3	电缆桥架安装
	04D702-1	常用低压配电设备安装
	96D702-2	常用灯具安装
	03D702-3	特殊灯具安装
	06SD702-5	电气设备在压型钢板、夹芯板上安装
	11D703-1	水箱及水池水位自动控制
	11D703-2	液位测量装置安装
	06D704-2	中小型剧场舞台灯光设计
	07D706-1	体育建筑电气设计安装
	08SD706-2	医疗场所电气设计与安装

续表

类　别	图集号	图　集　名　称
8类 民用建筑电气 设计与安装	08D800-1	民用建筑电气设计要点
	08D800-2	民用建筑电气设计与施工　供电电源
	08D800-3	民用建筑电气设计与施工　变配电所
	08D800-4	民用建筑电气设计与施工　照明控制与灯具安装
	08D800-5	民用建筑电气设计与施工　常用电气设备安装与控制
	08D800-6	民用建筑电气设计与施工　室内布线
	08D800-7	民用建筑电气设计与施工　室外布线
	08D800-8	民用建筑电气设计与施工　防雷接地
人防工程	07FD01	防空地下室电气设计示例
	07FD02	防空地下室电气设备安装
	08FJ04	防空地下室固定柴油电站
	07FJ05	防空地下室移动柴油电站
	05SFD10	《人民防空地下室设计规范》图示—电气专业

注：对于目前尚不能按照新规范全面修编完成的部分图集，国家编制了符合新规范要求的局部修改版，与原图集配合使用。

1.1.3　设计阶段涉及的技术问题

1. 现场踏勘提纲

任何一项工程，应提倡各专业主要设计人员在设计开始时到现场实地踏勘，搜集自然资料、电源现状及其他资料。电气专业设计人员应收集以下资料：

(1) 当地供电部门规划和设计规定。由城市供给本工程的供电方案（由当地供电部门提供)；包括电压等级、回路数、负荷容量、供电方式、计量方式、系统接地型式等。

(2) 供电电源距本工程距离，线路引入方向，明确设计分界点。供电电源的可靠性。

(3) 本工程供电电源线路敷设方式（电缆或架空线)、位置、标高及供电电源的质量。

2. 施工图设计开始阶段，要求甲方提供的相关资料

(1) 经主管部门审查批准的初步设计文件和审查意见。

(2) 当地供电、人防、消防等主管部门对该工程初步设计的审核意见。

(3) 甲方补充的设计要求及内容。

无初步设计阶段的民用建筑工程设计，施工图设计开始阶段要求甲方提供的相关资料：

① 甲方的设计任务书，包括：设计要求、设计范围等。

② 当地供电、人防、消防等主管部门对该工程的审批意见（如该项程序在施工图设计之后完成，甲方应在设计任务书中说明)。

3. 施工图技术交底提纲

(1) 建筑概况。建筑分类、面积、层数、层高、室内外高差、吊顶分布情况。

(2) 结构基本情况。地基、结构形式，如箱基、桩基、条基、现浇、预制、预应力、

钢结构等。

(3) 强电基本情况介绍。除说明以上建筑、结构概况外，须注意的事项：

① 电源情况，供电电压，用电指标，功率因数补偿，供配电系统概况等；

② 变配电室位置、电气竖井位置、主要水平、垂直通道等；

③ 主要配电箱（柜）、控制箱（柜）的安装位置及订货要求等；

④ 主要线路的敷设方式，安装高度，管材选用标准及与其他专业管道的安装配合；

⑤ 施工时注意事项。

(4) 电气安全保护

① 配电系统的接地系统型式；

② 防雷保护等级要求及施工时注意事项；

③ 总等电位设置情况及连接方式。

(5) 解答施工单位提出的设计、技术、施工等问题，并做好交底记录。

(6) 本设计遗留的问题，请有关单位配合解决。

4. 施工现场配合提纲

(1) 隐蔽工程，验收记录：

① 接地电阻测试报告、记录；

② 防雷接地装置是否满足设计要求；

③ 隐蔽线路施工应符合《建筑电气工程施工质量验收规范》GB 50303 及防火要求。

(2) 高低压柜、配电箱（柜）、控制箱（柜）、信号箱、高低压断路器规格、整定电流及继电保护、控制要求等是否符合设计要求。

(3) 变压器安装、柴油发电机组安装、不间断电源安装、配电柜（箱）安装、封闭母线安装、电缆桥架安装；电缆敷设、线槽敷设、电线穿管敷设、槽板敷设；灯具安装、开关、插座、风扇安装；接地装置安装、接闪器安装、等电位联结等应符合《建筑电气工程施工质量验收规范》GB 50303 的要求。

(4) 建筑电气产品的选用应符合国家、地方、行业制定的现行产品标准。

(5) 建筑电气工程施工验收，具体监督由施工监理完成。

1.2 建筑电气工程设计文件编制深度

1.2.1 基 本 要 求

1. 概述

(1) 设计文件的编制必须贯彻执行国家有关工程建设的政策和法令，应符合国家现行的建筑工程建设标准、设计规范和制图标准、遵守设计工作程序。

(2) 各阶段设计文件要完整，内容、深度要符合规定，文字说明、图纸等要准确清晰，整个文件经过严格校审，避免“错、漏、碰、缺”。

(3) 在设计前应进行调查研究，搞清与工程设计有关的基本条件，收集必要的设计基础资料，进行认真分析。

2. 设计文件的基本规定

(1) 根据住房城乡建设部建质[2008]216号文件规定，我国境内和援外的民用建筑、工业厂房、仓库及其配套工程的新建、改建、扩建工程设计文件编制深度应符合《建筑工程设计文件编制深度规定（2008年版）》（以下简称《规定》）的要求。

(2) 建筑工程设计文件的编制，必须符合国家有关法律法规和现行工程建设标准规范的规定，其中工程建设强制性标准必须严格执行。

(3) 民用建筑工程一般应分为方案设计、初步设计和施工图设计三个阶段；对于技术要求相对简单的民用建筑工程，经有关主管部门同意，且合同中没有做初步设计的约定，可在方案设计审批后直接进入施工图设计。

(4) 各阶段设计文件编制深度应按以下原则进行：

① 方案设计文件，应满足编制初步设计文件的需要；

注：本规定仅适用于报批方案设计文件编制深度。对于投标方案设计文件的编制深度，应执行住房城乡建设部颁发的相关规定。

② 初步设计文件，应满足编制施工图设计文件的需要；

③ 施工图设计文件，应满足设备材料采购、非标准设备制作和施工的需要。对于将项目分别发包给几个设计单位或实施设计分包的情况，设计文件相互关联处的深度应满足各承包或分包单位设计的需要。

(5) 在设计中宜因地制宜正确选用国家、行业和地方建筑标准设计，并在设计文件的图纸目录或施工图设计说明中注明所应用图集的名称。

重复利用其他工程的图纸时，应详细了解原图利用的条件和内容，并作必要的核算和修改，以满足新设计项目的需要。

(6) 当设计合同对设计文件编制深度另有要求时，设计文件编制深度应同时满足本《规定》和设计合同的要求。

(7)《规定》对设计文件编制深度的要求具有通用性。对于具体的工程项目设计，执行本规定时应根据项目的内容和设计范围对本规定的条文进行合理的取舍。

(8)《规定》不作为各专业设计分工的依据。本规定某一专业的某项设计内容可由其他专业承担设计，但设计文件的深度应符合本规定要求。

3. 建设工程勘察设计文件的编制与实施

根据国家《建设工程勘察设计管理条例》规定，建设工程勘察设计文件的编制与实施应符合下列要求。

(1) 编制建设工程勘察、设计文件，应当以下列规定为依据：

① 项目批准文件；

② 城市规划；

③ 工程建设强制性标准；

④ 国家规定的建设工程勘察、设计深度要求。

铁路、交通、水利等专业建设工程，还应当以专业规划的要求为依据。

(2) 编制建设工程勘察文件，应当真实、准确，满足建设工程规划、选址、设计、岩土治理和施工的需要。

编制方案设计文件，应当满足编制初步设计文件和控制概算的需要。

编制初步设计文件，应当满足编制施工招标文件、主要设备材料订货和编制施工图设计文件的需要。

编制施工图设计文件，应当满足设备材料采购、非标准设备制作和施工的需要，并注明建设工程合理使用年限。

(3) 设计文件中选用的材料、构配件、设备，应当注明其规格、型号、性能等技术指标，其质量要求必须符合国家规定的标准。

除有特殊要求的建筑材料、专用设备和工艺生产线等外，设计单位不得指定生产厂、供应商。

(4) 建设单位、施工单位、监理单位不得修改建设工程勘察、设计文件；确需修改建设工程勘察、设计文件的，应当由原建设工程勘察、设计单位修改。经原建设工程勘察、设计单位书面同意，建设单位也可以委托其他具有相应资质的建设工程勘察、设计单位修改。修改单位对修改的勘察、设计文件承担相应责任。

施工单位、监理单位发现建设工程勘察、设计文件不符合工程建设强制性标准、合同约定的质量要求的，应当报告建设单位，建设单位有权要求建设工程勘察、设计单位对建设工程勘察、设计文件进行补充、修改。

建设工程勘察、设计文件内容需要作重大修改的，建设单位应当报经原审批机关批准后，方可修改。

(5) 建设工程勘察、设计文件中规定采用的新技术、新材料，可能影响建设工程质量和安全，又没有国家技术标准的，应当由国家认可的检测机构进行试验、论证，出具检测报告，并经国务院有关部门或者省、自治区、直辖市人民政府有关部门组织的建设工程技术专家委员会审定后，方可使用。

(6) 建设工程勘察、设计单位应当在建设工程施工前，向施工单位和监理单位说明建设工程勘察、设计意图，解释建设工程勘察、设计文件。

建设工程勘察、设计单位应当及时解决施工中出现的勘察、设计问题。

1.2.2 方 案 设 计

1. 方案设计的一般要求

(1) 方案设计文件：

① 设计说明书，包括各专业设计说明以及投资估算等内容；对于涉及建筑节能设计的专业，其设计说明应有建筑节能设计专门内容；

② 总平面图以及建筑设计图纸（若为城市区域供热或区域煤气调压站，应提供热能动力专业的设计图纸）。

③ 设计委托或设计合同中规定的透视图、鸟瞰图、模型等。

(2) 方案设计文件的编排顺序：

① 封面：项目名称、编制单位、编制年月；

② 扉页：编制单位法定代表人、技术总负责人、项目总负责人的姓名，并经上述人员签署或授权盖章；

③ 设计文件目录；

④ 设计说明书；

⑤ 设计图纸。

2. 建筑电气方案设计说明的内容和深度

(1) 工程概况。

(2) 本工程拟设置的建筑电气系统。

(3) 变、配、发电系统:

① 负荷级别以及总负荷估算容量;

② 电源,城市电网提供电源的电压等级、回路数、容量;

③ 拟设置的变、配、发电站数量和位置;

④ 确定自备应急电源的型式、电压等级、容量。

(4) 其他建筑电气系统对城市公用事业的需求。

(5) 建筑电气节能措施。

1.2.3 初 步 设 计

1. 初步设计的一般要求

(1) 初步设计文件:

① 设计说明书,包括设计总说明、各专业设计说明。对于涉及建筑节能设计的专业,其设计说明应有建筑节能设计的专项内容;

② 有关专业的设计图纸;

③ 主要设备或材料表;

④ 工程概算书;

⑤ 有关专业计算书(计算书不属于必须交付的设计文件,但应按《规定》相关条款的要求编制)。

(2) 初步设计文件的编排顺序:

① 封面:项目名称、编制单位、编制年月;

② 扉页:编制单位法定代表人、技术总负责人、项目总负责人和各专业负责人的姓名,并经上述人员签署或授权盖章;

③ 设计文件目录;

④ 设计说明书;

⑤ 设计图纸(可单独成册);

⑥ 概算书(应单独成册)。

2. 建筑电气初步设计的内容和深度

(1) 在初步设计阶段,建筑电气专业设计文件应包括设计说明书、设计图纸、主要电气设备表、计算书。

(2) 设计说明书。

① 设计依据:

a. 工程概况:应说明建筑类别、性质、结构类型、面积、层数、高度等;

b. 相关专业提供给本专业的工程设计资料;

c. 建设单位提供的有关部门(如供电部门、消防部门等)认定的工程设计资料,建设单位设计任务书及设计要求;

d. 设计所执行的主要法规和所采用的主要标准(包括标准的名称、编号、年号和版本号）；

e. 上一阶段设计文件的批复意见。

② 设计范围：

a. 根据设计任务书和有关设计资料说明本专业的设计内容，以及与相关专业的设计分工与分工界面；

b. 拟设置的建筑电气系统。

③ 变、配、发电系统：

a. 确定负荷等级和各级别负荷容量；

b. 确定供电电源及电压等级，要求电源容量及回路数、专用线或非专用线、线路路由及敷设方式、近远期发展情况；

c. 备用电源和应急电源容量确定原则及性能要求；有自备发电机时，说明启动方式及与市电网关系；

d. 高、低压供电系统接线型式及运行方式：正常工作电源与备用电源之间的关系；母线联络开关运行和切换方式；变压器之间低压侧联络方式；重要负荷的供电方式；

e. 变、配、发电站的位置、数量、容量（包括设备安装容量、计算有功、无功、视在容量，变压器、发电机的台数、容量）及型式（户内、户外或混合），设备技术条件和选型要求，电气设备的环境特点；

f. 继电保护装置的设置；

g. 电能计量装置：采用高压或低压；专用柜或非专用柜（满足供电部门要求和建设单位内部核算要求）；监测仪表的配置情况；

h. 功率因数补偿方式：说明功率因数是否达到供用电规则的要求，应补偿容量和采取的补偿方式和补偿前后的结果；

i. 谐波：说明谐波治理措施；

j. 操作电源和信号：说明高、低压设备的操作电源、控制电源，以及运行信号装置配置情况；

k. 工程供电：高、低压进出线路的型号及敷设方式；

l. 选用导线、电缆、母干线的材质和型号，敷设方式；

m. 开关、电源插座、配电箱、控制箱等配电设备选型及安装方式；

n. 电动机启动及控制方式的选择。

④ 照明系统：

a. 照明种类及照度标准、主要场所照明功率密度值；

b. 光源、灯具及附件的选择，照明灯具的安装及控制方式；

c. 室外照明的种类（如路灯、庭园灯、草坪灯、地灯、泛光照明、水下照明等）、电压等级、光源选择及控制方法等；

d. 照明线路的选择及敷设方式（包括室外照明线路的选择和接地方式）；若设置应急照明，应说明应急照明的照度值、电源形式、灯具配置、线路选择及敷设方式、控制方式、持续时间等。

⑤ 电气节能和环保：

a. 拟采用的节能和环保措施；

b. 表述节能产品的应用情况。

⑥ 防雷：

a. 确定建筑物防雷类别、建筑物电子信息系统雷电防护等级；

b. 防直接雷击、防侧击雷、防雷击电磁脉冲、防高电位侵入的措施；

c. 当利用建筑物、构筑物混凝土内钢筋作接闪器、引下线、接地装置时，应说明采取的措施和要求。

⑦ 接地及安全措施：

a. 各系统要求接地的种类及接地电阻要求；

b. 总等电位、局部等电位的设置要求；

c. 接地装置要求，当接地装置需做特殊处理时应说明采取的措施、方法等；

d. 安全接地及特殊接地的措施。

(3) 设计图纸。

①电气总平面图（仅有单体设计时，可无此项内容）：

a. 标示建筑物、构筑物名称、容量，高低压线路及其他系统线路走向、回路编号，导线及电缆型号规格，架空线、路灯、庭园灯的杆位（路灯、庭园灯可不绘线路），重复接地点等；

b. 变、配、发电站位置、编号；

c. 比例、指北针。

② 变、配电系统：

a. 高、低压供电系统图：注明开关柜编号、型号及回路编号、一次回路设备型号、设备容量、计算电流、补偿容量、导体型号规格、用户名称、二次回路方案编号；

b. 平面布置图：应包括高低压开关柜、变压器、母干线、发电机、控制屏、直流电源及信号屏等设备平面布置和主要尺寸，图纸应有比例；

c. 标示房间层高、地沟位置、标高（相对标高）。

③ 配电系统（一般只绘制内部作业草图，不对外出图）。包括主要干线平面布置图、竖向干线系统图（包括配电及照明干线、变配电站的配出回路及回路编号）。

④ 照明系统。对于特殊建筑，如大型体育场馆、大型影剧院等，应绘制照明平面图。该平面图应包括灯位（含应急照明灯）、灯具规格，配电箱（或控制箱）位置，不需连线。

(4) 主要电气设备表。注明设备名称、型号、规格、单位、数量。

(5) 计算书：

① 用电设备负荷计算；

② 变压器选型计算；

③ 电缆选型计算；

④ 系统短路电流计算；

⑤ 防雷类别的选取或计算，避雷针保护范围计算；

⑥ 照度值和照明功率密度值计算；

⑦ 各系统计算结果尚应标示在设计说明或相应图纸中；

⑧ 因条件不具备不能进行计算的内容，应在初步设计中说明，并应在施工图设计时补算。

1.2.4 施工图设计

1. 施工图设计的一般要求

(1) 施工图设计文件

① 合同要求所涉及的所有专业的设计图纸（含图纸目录、说明和必要的设备、材料表）以及图纸总封面；对于涉及建筑节能设计的专业，其设计说明应有建筑节能设计的专项内容；

② 合同要求的工程预算书；

注：对于方案设计后直接进入施工图设计的项目，若合同未要求编制工程预算书，施工图设计文件应包括工程概算书。

③ 各专业计算书。计算书不属于必须交付的设计文件，但应按《规定》相关条款的要求编制并归档保存。

(2) 总封面标识内容：

① 项目名称；

② 设计单位名称；

③ 项目的设计编号；

④ 设计阶段；

⑤ 编制单位法定代表人、技术总负责人和项目总负责人的姓名及其签字或授权盖章；

⑥ 设计日期（即设计文件交付日期）。

2. 建筑电气施工图设计的内容和深度

(1) 在施工图设计阶段，建筑电气专业设计文件应包括图纸目录、施工设计说明、设计图、主要设备表、计算书。

(2) 图纸目录。应按图纸序号排列，先列新绘制图纸，后列选用的重复利用图和标准图。

(3) 建筑电气设计说明：

① 工程概况。应将经初步（或方案）设计审批定案的主要指标录入；

② 设计依据、设计范围、设计内容，建筑电气系统的主要指标；

③ 各系统的施工要求和注意事项（包括布线、设备安装等）；

④ 设备主要技术要求（亦可附在相应图纸上）；

⑤ 防雷及接地保护等其他系统有关内容（亦可附在相应图纸上）。

⑥ 电气节能及环保措施；

⑦ 与相关专业的技术接口要求；

⑧ 对承包商深化设计图纸的审核要求。

(4) 图例符号。

(5) 电气总平面图（仅有单体设计时，可无此项内容）：

① 标注建筑物、构筑物名称或编号、层数或标高、道路、地形等高线和用户的安装容量；

② 标注变、配电站位置、编号；变压器台数、容量；发电机台数、容量；室外配电箱的编号、型号；室外照明灯具的规格、型号、容量；

③ 架空线路应标注：线路规格及走向、回路编号、杆位编号，档数、档距、杆高、拉线、重复接地、避雷器等（附标准图集选择表）；

④ 电缆线路应标注：线路走向、回路编号、敷设方式、人（手）孔型号、位置；

⑤ 比例、指北针；

⑥ 图中未表达清楚的内容可附图作统一说明。

（6）变、配电站设计图：

① 高、低压配电系统图（一次线路图）。图中应标明母线的型号、规格；变压器、发电机的型号、规格；开关、断路器、互感器、继电器、电工仪表（包括计量仪表）等的型号、规格、整定值。

图下方表格标注：开关柜编号、开关柜型号、回路编号、设备容量、计算电流、导体型号及规格、敷设方法、用户名称、二次原理图方案号（当选用分格式开关柜时，可增加小室高度或模数等相应栏目）；

② 平、剖面图。按比例绘制变压器、发电机、开关柜、控制柜、直流及信号柜、补偿柜、支架、地沟、接地装置等平面布置、安装尺寸等，以及变、配电站的典型剖面。当选用标准图时，应标注标准图编号、页次，进出线回路编号、敷设安装方法。图纸应有比例；

③ 继电保护及信号原理图。继电保护及信号二次原理方案号，宜选用标准图、通用图。当需要对所选用标准图或通用图进行修改时，只需绘制修改部分并说明修改要求；

控制柜、直流电源及信号柜、操作电源均应选用企业标准产品，图中标示相关产品型号、规格和要求；

④ 竖向配电系统图。以建筑物、构筑物为单位，自电源点开始至终端配电箱止，按设备所处相应楼层绘制，应包括变、配电站变压器台数、容量、发电机台数、容量、各处终端配电箱编号，自电源点引出回路编号（与系统图一致）；

⑤ 相应图纸说明。图中表达不清楚的内容，可随图作相应说明。

（7）配电、照明设计图：

① 配电箱（或控制箱）系统图，应标注配电箱编号、型号，进线回路编号；标注各元器件型号、规格、整定值；配出回路编号、导线型号规格、负荷名称等（对于单相负荷应标明相别）；对有控制要求的回路应提供控制原理图或控制要求；对重要负荷供电回路宜标明用户名称。上述配电箱（或控制箱）系统内容在平面图上标注完整的，可不单独出配电箱（或控制箱）系统图；

② 配电平面图应包括建筑门窗、墙体、轴线、主要尺寸、工艺设备编号及容量；布置配电箱、控制箱，并注明编号；绘制线路始、终位置（包括控制线路），标注回路规格、编号、敷设方式；凡需专项设计场所，其配电和控制设计图随专项设计，但配电平面图上应相应标注预留的配电箱，并标注预留容量；图纸应有比例；

③ 照明平面图应包括建筑门窗、墙体、轴线、主要尺寸、标注房间名称、绘制配电箱、灯具、开关、插座、线路等平面布置，标明配电箱编号，干线、分支线回路编号；凡需二次装修部位，其照明平面图由二次装修设计，但配电或照明平面图上应相应标注预留的照明配电箱，并标注预留容量；有代表性的场所的设计照度值和设计功率密度值；图纸应有比例；

④ 图中表达不清楚的，可随图作相应说明。

(8) 防雷、接地及安全设计图:

① 绘制建筑物顶层平面，应有主要轴线号、尺寸、标高，标注接闪杆、接闪带、引下线位置。注明材料型号规格、所涉及的标准图编号、页次，图纸应标注比例;

② 绘制接地平面图（可与防雷顶层平面重合）；绘制接地线、接地体、测试点、断接卡等的平面位置，标明材料型号、规格、相对尺寸及涉及的标准图编号、页次（当利用自然接地装置时，可不出此图)，图纸应标注比例;

③ 当利用建筑物（或构筑物）钢筋混凝土内的钢筋作为防雷接闪器、引下线、接地装置时，应标注连接点、接地电阻测试点、预埋件位置及敷设方式，注明所涉及的标准图编号、页次;

④ 随图说明可包括：防雷类别和采取的防雷措施（包括防侧击雷、防雷击电磁脉冲、防高电位引入)；接地装置形式、接地极材料要求、敷设要求、接地电阻值要求；当利用桩基、基础内钢筋作接地极时，应采取的措施;

⑤ 除防雷接地外的其他电气系统的工作或安全接地的要求（如电源接地型式，直流接地，局部等电位、总等电位接地等)；如果采用共用接地装置，应在接地平面图中叙述清楚，交待不清楚的应绘制相应图纸（如局部等电位平面图等)。

(9) 其他系统设计图:

① 各系统的系统框图;

② 说明各设备定位安装、线路型号规格及敷设要求;

③ 配合系统承包方了解相应系统的情况及要求，对承包方提供的深化设计图纸审查其内容。

(10) 主要设备表。注明主要设备名称、型号、规格、单位、数量。

(11) 计算书。施工图设计阶段的计算书，只补充初步设计阶段时应进行计算而未进行计算的部分，修改因初步设计文件审查变更后，需重新进行计算的部分。

1.2.5 方案设计招标技术文件

1. 建筑工程方案设计招标技术文件编制内容及深度要求应符合下列要求:

(1) 工程项目概要。

项目名称、基本情况、使用性质、周边环境、交通情况、自然地理条件、气候及气象条件、抗震设防要求等。

(2) 设计目的和任务。

(3) 设计条件。

主要经济技术指标要求（详见规划意见书)、用地及建设规模、建筑退红线、建筑高度、建筑密度、绿地率、交通规划条件、市政规划条件等要求。

(4) 项目功能要求。

设计原则、指导思想、功能定位等。

(5) 各专业系统设计要求。

根据招标类型及工程项目实际情况，对建筑、结构、采暖通风、电气、给水排水、人防、节能、环保、消防、安防等专业提出要求。

(6) 方案设计成果要求。

文字说明、图纸、展板、电子文件、模型等。

2. 建筑工程方案设计招标技术文件编制深度规定

依据现行国家《建筑工程方案设计招标投标管理办法》，建筑工程方案设计招标分为建筑工程概念性方案设计招标与建筑工程实施性方案设计招标两种类型。根据招标类型，招标人应按表 1.2.5-1、表 1.2.5-2 要求深度编制招标技术文件。

建筑工程概念性方案设计文件深度 表 1.2.5-1

项 目	设计文件内容
设计总说明	1. 总体说明。 (1) 设计依据。 列出设计依据性文件、任务书、规划条件、基础资料等。 (2) 方案总体构思。 设计方案总体构思理念、功能分区、交通组织、建筑总体与周边环境关系，主要建筑材料、建筑节能、环境保护措施、竖向设计原则。 2. 设计说明。 (1) 建筑物使用功能、交通组织、环境景观说明。 (2) 单体、群体的空间构成特点。 (3) 若采用新材料、新技术，说明主要技术、性能及造价估算。 (4) 主要经济技术指标，见表 1.2.5-3。 (5) 结构、电气、暖通、给排水等专业设计简要说明。 (6) 消防设计专篇说明。 (7) 节能设计专篇说明。 (8) 环境保护设计专篇说明。 3. 工程造价估算。 工程造价估算作为技术经济评估依据，建筑工程概念性方案设计造价估算准确度在该阶段允许范围之内，可根据具体情况作适当调整。 工程造价估算应依据项目所在地造价管理部门发布的有关造价文件和项目有关资料，如项目批文、方案设计图纸、市场价格信息和类似工程技术经济指标等。 工程造价估算编制应以单位指标形式表达。 (1) 编制说明。 工程造价估算说明包括：编制依据、编制方法、编制范围（明确是否包括工程项目与费用）、主要技术经济指标、其他必要说明的问题。 (2) 估算表。 工程造价估算表应提供各单项工程的土建、设备安装的单位估价及总价，室外公共设施、环境工程的单位估价及总价
图纸	1. 总平面图纸。 应明确表示建筑物位置及周边状况。 2. 设计分析图纸。 通常包括功能分析图、交通组织分析图、环境景观分析图等。 3. 建筑设计图纸。 (1) 主要单体主要楼层平面图，深度视项目而定。 (2) 主要单体主要立面图，体现设计特点。 (3) 主要单体主要剖面图，说明建筑空间关系。 4. 建筑效果图纸 建筑效果图必须准确地反映设计意图及环境状况，不应制作虚假效果，欺骗评审
其他要求	其他需求内容由招标人自行增补

建筑工程实施性方案设计文件深度 **表 1.2.5-2**

项 目	设计文件内容
设计总说明	1. 总体说明。 (1) 设计依据。 ①招标人提供的有关文件名称及文号。如：政府有关审批机关对项目建议书的批复文件、政府有关审批机关对项目可行性研究报告的批复文件、经有关部门核准或备案的项目确认书、规划审批意见书等。 ②招标人提供的设计基础资料。如：地形、区域位置、气象、水文地质、抗震设防资料等初勘资料；水、电、燃气、供热、环保、通信、市政道路和交通地下障碍物等基础资料。 ③招标人或政府有关部门对项目的设计要求。如总平面布置、建筑控制高度、建筑造型、建筑材料等；对周围环境需要保护的建筑、水体、树木等。 ④设计采用的主要法规和标准，采用国外法规标准应予注明。 (2) 方案总体构思。 方案设计总体构思理念，外形特点，建筑功能，区域划分，环境景观，建筑总体与周边环境的关系。 2. 设计说明。 (1) 总平面设计说明。 ①场地现状和周边环境概况； ②项目若分期建设，说明分期划分； ③环境与绿化设计分析； ④道路和广场布置、交通分析、停车场地设置、总平面无障碍设施等； ⑤规划场地内原有建筑的利用和保护，古树、名木、植被保护措施； ⑥地形复杂时应作竖向设计。 (2) 建筑方案设计说明。 ①平面布局、功能分析、交通流线； ②空间构成及剖面设计； ③立面设计； ④采用的主要建筑材料及技术，若采用新材料、新技术，如实陈述其适用性、经济性，说明有无相应规范、标准，若采用国外规范，说明其名称及适用范围并履行审查批准程序； ⑤建筑声学、建筑热工、建筑防护、空气洁净、人防地下室等方面有特殊要求的建筑，应说明拟采用的相关技术。 (3) 主要经济技术指标，见表 1.2.5-3。 (4) 关键建造技术问题说明（必要时）。 (5) 建筑结构系统方案设计说明。 ①建筑结构设计采用的规范和标准，风压雪荷载取值、地震情况及工程地质条件等； ②结构安全等级、设计使用年限和抗震设防类别； ③主体建筑结构体系、基础结构体系、屋盖结构体系、人防设计考虑； ④采用计算软件的名称。 (6) 电气系统方案设计说明。 应分别对供电电源、变压器及变电室、照明系统、动力电源系统、防雷与接地等予以说明。 (7) 采暖通风系统方案设计说明。 应分别对通风系统、防排烟系统、空调系统（如采用高新技术及高性能设备亦需简要说明）、供暖系统等予以说明。 (8) 给水排水系统方案设计说明。 应分别对给水系统、排水系统、雨水系统、污水系统、中水系统（如有必要）、节水措施等予以说明。 (9) 消防控制设计专篇说明。 应分别对火灾自动报警系统及消防控制室、灭火系统（喷淋或气体灭火系统）、防火分区、排烟系统、消防疏散设计考虑等内容予以说明。

续表

项 目	设计文件内容
设计总说明	（10）建筑节能设计专篇说明。 说明采用的规范和标准，详述建筑节能技术要点及技术措施。 （11）环境保护措施专篇说明。 进行建筑环境影响分析，说明采取的环境保护措施。 （12）楼宇智能化及通信系统方案设计说明。 对项目设计中涉及的计算机网络系统、综合布线系统、电话通信系统、视频会议系统（包括同声传译系统）、卫星与有线电视系统、广播系统、楼宇自动化管理系统予以说明。 （13）安全防护系统方案设计说明。 应对项目中涉及的门禁系统、电视监视系统、安防通信系统、安防供电系统、取证纪录系统予以说明。 （14）部分卫生防疫要求较高建筑（例如：医药卫生建筑、餐饮建筑等）应做卫生防疫、防射线、防磁、防毒等专项说明。 3. 工程造价估算。 工程造价估算作为技术经济评估依据，建筑工程实施性方案设计造价估算准确度应在该阶段允许范围之内。当准确度影响对方案的可行性判定时，应对该方案进行专项技术经济评估。 工程造价估算应依据项目所在地造价管理部门发布的有关造价文件和项目有关资料，如项目批文、方案设计图纸、市场价格信息和类似工程技术经济指标等。 工程造价估算编制应以单位指标形式表达。 （1）编制说明。 工程造价估算说明包括：编制依据、编制方法、编制范围（明确是否包括工程项目与费用）、主要技术经济指标、限额设计说明（如有）、其他必要说明的问题。 （2）估算表。 工程造价估算表应以单个单项工程为编制单元，由土建、给排水、电气、暖通、空调、动力等单位工程的估算和土石方、道路、室外管线、绿化等室外工程估算两个部分内容组成； 若招标人提供工程建设其他费用，可将工程建设其他费用和按适当费率取定的预备费列入估算表，汇总成建设项目总投资； 如采用新工艺、新技术、新材料或特殊结构时，应对该项技术进行专项评估，评估后纳入估算中
图纸	1. 总平面图纸。 （1）区域位置图纸。 （2）场地现状地形图纸。 （3）总平面设计图纸。 图中应标明用地范围、退界、建筑布置、周边道路、周边建筑物构筑物、绿化环境、用地内道路宽度等； 标明主要建筑物名称、编号、层数、出入口位置，标注建筑物距离、各主要建筑物相对标高、城市及用地区域内道路、广场标高等。 2. 设计分析图纸。 （1）功能分析图纸。 功能分区及空间组合。 （2）总平面交通分析图纸。 交通分析图应包括：主要道路宽度、坡度，人行、车行系统，停车场地（包括无障碍停车场地）主要道路剖面及停车位，消防车通行道路、停靠场地及回转场地；各主要人流出入口、货物及垃圾出入口、地下车库出入口位置，自行车库出入口位置等。

续表

项 目	设计文件内容
图纸	(3) 环境景观分析图纸。 根据招标文件要求，说明景观性质、视线、形态或色彩设计理念与城市关系。 (4) 日照分析图纸。 按招标文件要求使用软件绘制符合当地规定的日照分析图并明确分析结果。日照条件应符合国家相关规定。 医院、疗养院、学校、幼儿园、养老院、住宅等建筑的日照条件应严格执行国家相关标准。 一般建筑应分析日照影响，确保环境效果和公共利益。 (5) 招标文件要求的分析图纸。 根据项目方案设计需要可增加分期建设分析图、交通分析图、室外景观分析图、建筑声学分析图、视线分析图、特殊建筑内部交通流线分析图、采光通风分析图等。 3. 建筑设计图纸。 (1) 各层平面图纸。 (2) 主要立面图纸。 (3) 主要剖面图纸。 4. 建筑效果图纸。 根据建筑工程项目特点和招标人要求，提供如实反映建筑环境、建筑形态及空间关系的建筑效果图
其他要求	可依据招标人要求制作建筑模型，建筑模型应准确反映建筑设计及周边真实状况。 其他需求内容由招标人自行增补

概念性方案设计和实施性方案设计主要技术经济指标 表 1.2.5-3

序号	名 称	单位	数 量		备 注
1	总用地面积	m^2			
2	总建筑面积	m^2		地上：	地上、地下部分可分列
				地下：	
3	建筑基地总面积	m^2			
4	道路广场面积	m^2			
5	绿地面积	m^2			
6	容积率			(2) / (1)	
7	建筑密度	%			(3) / (1)
8	绿地率	%			(5) / (1)
9	汽车停车数量	辆		地上：	地上、地下部分可分列
				地下：	
10	自行车停车数量	辆		地上：	地上、地下部分可分列
				地下：	

注：1. 当工程项目（如城市居住区）有相应的规划设计规范时，技术经济指标的内容应按其执行。

2. 计算容积率时，按国家及地方要求计算。

3. 公共建筑应增加主要功能区分层面积表、旅馆建筑应增加客房构成、医院建筑增加门诊人次及病床数、图书馆增加建筑藏书册数、观演和体育建筑增加座位数、住宅小区方案应增加户型统计表。

1.3 施工图设计文件审查

根据住房城乡建设部颁发的建筑工程及市政公用工程施工图设计文件技术审查要点的通知（建质［2013］87号），施工图审查是指施工图审查机构按照有关法律、法规，对施工图涉及公共利益、公众安全和工程建设强制性标准的内容进行审查。施工图未经审查合格的，不得使用。

1.3.1 建 筑 工 程

1. 建筑工程　电气专业审查要点

建筑工程电气专业施工图设计文件技术审查要点，见表1.3.1-1。

2. 建筑电气节能审查要点

建筑电气节能审查要点，见表1.3.1-2。

电气专业审查要点　　　　表1.3.1-1

<table>
<tr><th>序号</th><th>审查项目</th><th>审 查 内 容</th></tr>
<tr><td>1</td><td>强制性条文</td><td>现行工程建设标准（含国家标准、行业标准、地方标准）中的强制性条文，具体内容见相关标准</td></tr>
<tr><td>2</td><td>设计依据</td><td>设计采用的工程建设标准和引用的其他标准应是有效版本</td></tr>
<tr><td>3</td><td>供配电系统</td><td></td></tr>
<tr><td>3.1</td><td>配电</td><td>
《低压配电设计规范》GB 50054—2011
3.2.14　保护导体截面积的选择，应符合下列规定：
2　保护导体的截面积应符合式（3.2.14）的要求，或按表3.2.14的规定确定：
$$S \geqslant \frac{I}{k}\sqrt{t} \quad (3.2.14)$$
式中：S——保护导体的截面积（mm^2）；
I——通过保护电器的预期故障电流或短路电流［交流方均根值（A）］；
t——保护电器自动切断电流的动作时间（s）；
k——系数，按本规范公式（A.0.1）计算或按表A.0.2～表A.0.6确定。
表3.2.14　保护导体的最小截面积（mm^2）
<table>
<tr><th rowspan="2">相导体截面积</th><th colspan="2">保护导体的最小截面积</th></tr>
<tr><th>保护导体与相导体使用相同材料</th><th>保护导体与相导体使用相同材料</th></tr>
<tr><td>≤16</td><td>S</td><td>$\frac{S \times k_1}{k_2}$</td></tr>
<tr><td>＞16，且≤35</td><td>16</td><td>$\frac{16 \times k_1}{k_2}$</td></tr>
<tr><td>＞35</td><td>$\frac{S}{2}$</td><td>$\frac{S \times k_1}{2 \times k_2}$</td></tr>
</table>
注：1　S—相导体的截面积；
2　k_1—相导体的系数，应按本规范表A.0.7的规定确定；
3　k_2—保护导体的系数，应按本规范表A.0.2～表A.0.6的规定确定。
（编者注：k、k_1、k_2系数的计算和确定详见《低压配电设计规范》GB 50054—2011附录A。）
</td></tr>
</table>

续表

<table>
<tr><th>序号</th><th>审查项目</th><th>审 查 内 容</th></tr>
<tr><td>3.1</td><td>配电</td><td>6.3.3 过负荷保护电器的动作特性，应符合下列公式的要求：
$I_B \leqslant I_n \leqslant I_Z$ (6.3.3-1)
$I_2 \leqslant 1.45 I_Z$ (6.3.3-2)
式中：I_B——回路计算电流（A）；
I_n——熔断器熔体额定电流或断路器额定电流或整定电流（A）；
I_Z——导体允许持续载流量（A）；
I_2——保证保护电器可靠动作的电流（A）。当保护电器为低压断路器时，I_2为约定时间内的约定动作电流；当为熔断器时，I_2为约定时间内的约定熔断电流。
《通用用电设备配电设计规范》GB 50055—2011
2.5.4 自动控制或联锁控制的电动机，应有手动控制和解除自动控制或联锁控制的措施；远方控制的电动机，应有就地控制和解除远方控制的措施；当突然起动可能危及周围人员安全时，应在机械旁装设起动预告信号和应急断电开关或自锁式停止按钮。
8.0.6 插座的形式和安装要求应符合下列规定：
6 在住宅和儿童专用的活动场所应采用带保护门的插座</td></tr>
<tr><td>3.2</td><td>防雷及接地</td><td>《建筑物防雷设计规范》GB 50057—2010
4.5.4 固定在建筑物上的节日彩灯、航空障碍信号灯及其他用电设备和线路，应根据建筑物的防雷类别采取相应的防止闪电电涌侵入的措施。并应符合下列规定：
1 无金属外壳或保护网罩的用电设备应处在接闪器的保护范围内。
2 从配电箱引出的配电线路应穿钢管。钢管的一端应与配电箱和PE线相连；另一端应与用电设备外壳、保护罩相连，并应就近与屋顶防雷装置相连。当钢管因连接设备而中间断开时应设跨接线。
3 在配电箱内应在开关的电源侧装设Ⅱ级试验的电涌保护器，其电压保护水平应不大于2.5kV，标称放电电流值应根据具体情况确定。
5.2.12 专门敷设的接闪器，其布置应符合表5.2.12的规定。布置接闪器时，可单独或任意组合采用接闪杆、接闪带、接闪网。
表 5.2.12 接闪器布置
<table><tr><th>建筑物防雷类别</th><th>滚球半径 hr（m）</th><th>接闪器网格尺寸（m）</th></tr><tr><td>第一类防雷建筑物</td><td>30</td><td>≤5×5或≤6×4</td></tr><tr><td>第二类防雷建筑物</td><td>45</td><td>≤10×10或≤12×8</td></tr><tr><td>第三类防雷建筑物</td><td>60</td><td>≤20×20或≤24×16</td></tr></table></td></tr>
<tr><td>3.3</td><td>防火</td><td>《火灾自动报警系统设计规范》GB 50116—98
3.1.1 火灾自动报警系统的保护对象应根据其使用性质、火灾危险性、疏散和扑救难度等分为特级、一级和二级，并宜符合表3.1.1的规定。
（编者注：表3.1.1详见《火灾自动报警系统设计规范》GB 50116—98）</td></tr>
</table>

续表

序号	审查项目	审 查 内 容
3.3	防火	**6.3.1.2** 消防水泵、防烟和排烟风机的启、停，除自动控制外，还应能手动直接控制。 **6.3.1.8** 消防控制室在确认火灾后，应能切断有关部位的非消防电源，并接通警报装置及火灾应急照明灯和疏散标志灯。 **8.3.1** 每个防火分区应至少设置一个手动火灾报警按钮。从一个防火分区内的任何位置到最邻近的一个手动火灾报警按钮的距离不应大于 30m。手动火灾报警按钮宜设置在公共活动场所的出入口处
4	各类建筑电气设计	
4.1	住宅	**《住宅设计规范》GB 50096—2011** **8.7.2** 住宅供电系统的设计，应符合下列规定： **2** 电气线路应采用符合安全和防火要求的敷设方式配线，套内的电气管线应采用穿管暗敷设方式配线。导线应采用铜芯绝缘线，每套住宅进户线截面不应小于 $10mm^2$，分支回路截面不应小于 $2.5mm^2$。 **5** 设有洗浴设备的卫生间应作局部等电位联结。 **《无障碍设计规范》GB 50763—2012** **3.9.3** 无障碍厕所的无障碍设计应符合下列规定： **10** 在坐便器旁的墙面上应设高 400mm～500mm 的救助呼叫按钮。 **3.11.5** 无障碍客房的其他规定： **3** 客房及卫生间应设高 400mm～500mm 的救助呼叫按钮。 **3.12.4** 无障碍住房及宿舍的其他规定： **4** 居室和卫生间内应设求助呼叫按钮。 **《住房城乡建设部工业和信息化部关于贯彻落实光纤到户国家标准的通知》** **（建标［2013］36 号）** 二、全面实施新建住宅建筑光纤到户 根据光纤到户国家标准的要求，自 2013 年 4 月 1 日起，在公用电信网已实现光纤传输的县级及以上城区，新建住宅区和住宅建筑的通信设施应采用光纤到户方式建设，同时鼓励和支持有条件的乡镇、农村地区新建住宅区和住宅建筑实现光纤到户。 （三）设计单位应按照光纤到户国家标准要求和合同约定进行住宅区和住宅建筑通信配套设施的设计，施工图设计文件审查机构应对涉及光纤到户国家标准的内容进行设计审查
4.2	汽车库	**《汽车库、修车库、停车场设计防火规范》** **GB 50067—97** **9.0.1** 消防水泵、火灾自动报警、自动灭火、排烟设备、火灾应急照明、疏散指示标志等消防用电和机械停车设备以及采用升降梯作车辆疏散出口的升降梯用电应符合下列要求： **9.0.1.1** Ⅰ类汽车库、机械停车设备以及采用升降梯作车辆疏散出口的升降梯用电应按一级负荷供电； **9.0.1.2** Ⅱ、Ⅲ类汽车库和Ⅰ类修车库应按二级负荷供电
4.3	中小学校	**《中小学校设计规范》GB 50099—2011** **10.3.2** 中小学校的供、配电设计应符合下列规定： **3** 各幢建筑的电源引入处应设置电源总切断装置和可靠的接地装置，各楼层应分别设置电源切断装置。

续表

序号	审查项目	审 查 内 容
4.3	中小学校	**6** 配电系统支路的划分应符合以下原则： **1）** 教学用房和非教学用房的照明线路应分设不同支路； **2）** 门厅、走道、楼梯照明线路应设置单独支路； **3）** 教室内电源插座与照明用电应分设不同支路； **4）** 空调用电应设专用线路
4.4	图书馆	**《图书馆建筑设计规范》JGJ 38—99** **7.3.7** 书库照明宜分区分架控制，每层电源总开关应设于库外。凡采用金属书架并在其上敷设 220V 线路、安装灯具及其开关插座等的书库，必须设防止漏电的安全保护装置
4.5	档案馆	**《档案馆建筑设计规范》JGJ 25—2010** **7.3.3** 特级档案馆的档案库、变配电室、水泵房、消防用房等的用电负荷不应低于一级。 **7.3.5** 库区电源总开关应设于库区外，档案库的电源开关应设于库房外，并应设有防止漏电、过载的安全保护装置
4.6	剧场	**《剧场建筑设计规范》JGJ 57—2000** **10.3.1** 剧场用电负荷分三级，并应符合下列规定： **1** 一级负荷：应包括甲等剧场的舞台照明、贵宾室、演员化妆室、舞台机械设备、消防设备、电声设备、电视转播、事故照明及疏散指示标志等； **2** 二级负荷：应包括乙、丙等剧场的消防设备、事故照明、疏散指示标志，甲等剧场观众厅照明、空调机房电力和照明、锅炉房电力和照明等。 **10.3.5** 乐池内谱架灯、化妆室台灯照明、观众厅座位排号灯的电源电压不得大于 36V
4.7	老年人建筑	**《老年人居住建筑设计标准》GB/T 50340—2003** **5.5.1** 以燃气为燃料的厨房、公用厨房，应设燃气泄漏报警装置。宜采用户外报警式，将蜂鸣器安装在户门外或管理室等易被他人听到的部位。 **5.5.2** 居室、浴室、厕所应设紧急报警求助按钮，养老院、护理院等床头应设呼叫信号装置，呼叫信号直接送至管理室
4.8	体育建筑	**《体育建筑设计规范》JGJ 31—2003** **10.3.1** 体育建筑电力负荷应根据体育建筑的实用要求，区别对待，并应符合下列要求： **1** 甲级以上体育场、体育馆、游泳馆的比赛厅（场）、主席台、贵宾室、接待室、广场照明、计时记分装置、计算机房、电话机房、广播机房、电台和电视转播、新闻摄影电源及应急照明等用电设备，电力负荷应为一级，特级体育设施应为特别重要负荷； **2** 体育建筑的电气消防用电设备负荷等级应为该工程最高负荷等级； **3** 1 项中非比赛使用的电气设备及乙级以下体育建筑的用电设备为二级
4.9	人防	**《人民防空工程设计防火规范》GB 5009—2009** **8.1.3** 消防用电设备的供电回路应引自专用消防配电柜或专用供电回路。其配电和控制线路宜按防火分区划分。 **8.2.4** 消防疏散指示标志的设置位置应符合下列规定： **1** 沿墙面设置的疏散标志灯距地面不应大于 1m，间距不应大于 15m；

续表

<table>
<tr><th>序号</th><th>审查项目</th><th>审 查 内 容</th></tr>
<tr><td>4.9</td><td>人防</td><td>2 设置在疏散走道上方的疏散标志灯的方向指示应与疏散通道垂直，其大小应与建筑空间相协调；标志灯下边缘距室内地面不应大于2.5m，且应设置在风管等设备管道的下部。
《人民防空地下室设计规范》GB 50038—2005
7.3.2 每个防护单元内的人防电源配电柜（箱）宜设置在清洁区内，并靠近负荷中心和便于操作维护处，可设在值班室或防化通信值班室内。
7.4.5 各人员出入口和连通口的防护密闭门门框墙、密闭门门框墙上均应预埋4～6根备用管，管径为50mm～80mm，管壁厚度不小于2.5mm的热镀锌钢管，并应符合防护密闭要求。
7.4.7 各类母线槽不得直接穿过临空墙、防护密闭隔墙、密闭隔墙，当必须通过时，需采用防护密闭母线，并应符合防护密闭要求。
7.4.8 由室外地下进、出防空地下室的强电或弱电线路，应分别设置强电或弱电防爆波电缆井。防爆波电缆井宜设置在紧靠外墙外侧。除留有设计需要的穿墙管数量外，还应符合第7.4.5条中预埋备用管的要求</td></tr>
<tr><td>4.10</td><td>加油加气站</td><td>《汽车加油加气站设计与施工规范》GB 50156—2012
11.2.2 加油加气站的电气接地应符合下列规定：
1 防雷接地、防静电接地、电气设备的工作接地、保护接地及信息系统的接地等，宜共用接地装置，其接地电阻应按其中接地电阻值要求最小的接地电阻值确定。
2 当各自单独设置接地装置时，油罐、LPG储罐、LNG储罐和CNG储气瓶（组）的防雷接地装置的接地电阻、配线电缆金属外皮两端和保护钢管两端的接地装置的接地电阻，不应大于10Ω，电气系统的工作和保护接地电阻不应大于4Ω，地上油品、LPG、CNG和LNG管道始、末端和分支处的接地装置的接地电阻，不应大于30Ω</td></tr>
<tr><td>4.11</td><td>特殊场所用电安全及防间接触电</td><td>《民用建筑电气设计规范》JGJ 16—2008
7.7.10 剩余电流动作保护的设置应符合下列规定：
1 下列设备的配电线路应设置剩余电流动作保护：
1）手握式及移动式用电设备；
2）室外工作场所的用电设备；
3）环境特别恶劣或潮湿场所的电气设备；
4）家用电器回路或插座回路；
5）由TT系统供电的用电设备；
6）医疗电气设备、急救和手术用电设备的配电线路的剩余电流动作保护宜动作于报警。
12.9.2 浴池的安全防护应符合下列规定：
1 安全防护应根据所在区域，采取相应的措施。区域的划分应符合本规范附录D的规定。
2 建筑物除应采取总等电位联结外，尚应进行辅助等电位联结。
辅助等电位联结应将0、1及2区内所有外界可导电部分与位于这些区内的外露可导电部分的保护导体连接起来。
12.9.3 游泳池的安全防护应符合下列规定：
2 建筑物除应采取总等电位联结外，尚应进行辅助等电位联结。
12.9.4 喷水池的安全防护应符合下列规定：
2 室内喷水池与建筑物除应采取总等电位联结外，尚应进行辅助等电位联结；室外喷水池在0、1区域范围内均应进行等电位联结。
《医院洁净手术部建筑技术规范》GB 50333—2002
8.3.4 洁净手术室必须有下列可靠的接地系统
1 所有洁净手术室均应设置安全保护接地系统和等电位接地系统</td></tr>
</table>

续表

序号	审查项目	审 查 内 容
5	法规	
5.1	设备选用的规定	《建设工程质量管理条例》(国务院令第279号 2000年1月30日) 第二十二条 设计单位在设计文件中选用的建筑材料、建筑构配件和设备，应当注明规格、型号、性能等技术指标，其质量要求必须符合国家规定的标准。 除有特殊要求的建筑材料、专用设备、工艺生产线等外，设计单位不得指定生产厂、供应商
5.2	不得使用淘汰产品的规定	《民用建筑节能条例》(国务院令第530号 2008年8月1日) 第十一条 国家推广使用民用建筑节能的新技术、新工艺、新材料和新设备，限制使用或者禁止使用能源消耗高的技术、工艺、材料和设备。国务院节能工作主管部门、建设主管部门应当制定、公布并及时更新推广使用、限制使用、禁止使用目录。 国家限制进口或者禁止进口能源消耗高的技术、材料和设备。 建设单位、设计单位、施工单位不得在建筑活动中使用列入禁止使用目录的技术、工艺、材料和设备
6	设计深度	1. 施工图设计阶段，建筑电气专业设计文件应包括图纸目录、施工图设计说明、设计图纸、负荷计算、有代表性的场所的设计照度值及设计功率密度值。 2. 施工图设计说明中应叙述建筑类别、性质、面积、层数、高度、用电负荷等级、各类负荷容量、供配电方案、线路敷设、防雷计算结果类别、火灾报警系统保护等级和电气节能措施等内容

注：1. 本要点摘自住房城乡建设部组织编写的《建筑工程施工图设计文件技术审查要点》。

2. 《火灾自动报警系统设计规范》GB 50116—98已废止，应按新颁布的GB 50116—2013标准对应的内容进行审查。

建筑电气节能审查要点 **表1.3.1-2**

序号	审查项目	审 查 内 容
1	设计说明	在设计说明中增加“节能设计”内容，用规范性语言概括地说明变配电系统、电气照明及控制系统、能源监测和建筑设备监控系统等方面遵照有关节能设计标准所采取的节能措施，以及选用的能耗低、运行可靠的产品、设备
2	照明	《建筑照明设计标准》GB 50034—2004 **3.2.3** 照明设计时可按下列条件选择光源： **1** 高度较低房间，如办公室、教室、会议室及仪表、电子等生产车间宜采用细管径直管形荧光灯； **2** 商店营业厅宜采用细管径直管形荧光灯、紧凑型荧光灯或小功率的金属卤化物灯； **3** 高度较高的工业厂房，应按照生产使用要求，采用金属卤化物灯或高压钠灯，亦可采用大功率细管径荧光灯； **4** 一般照明场所不宜采用荧光高压汞灯，不应采用自镇流荧光高压汞灯； **5** 一般情况下，室内外照明不应采用普通照明白炽灯；在特殊情况下需采用时，其额定功率不应超过100W。 **3.2.4** 下列工作场所可采用白炽灯： **1** 要求瞬时启动和连续调光的场所，使用其他光源技术经济不合理时； **2** 对防止电磁干扰要求严格的场所； **3** 开关灯频繁的场所；

续表

<table>
<tr><th>序号</th><th>审查项目</th><th>审查内容</th></tr>
<tr><td>2</td><td>照明</td><td>
4 照度要求不高，且照明时间较短的场所；
5 对装饰有特殊要求的场所。
3.3.2 在满足眩光限制和配光要求条件下，应选用效率高的灯具，并应符合下列规定：
1 荧光灯灯具的效率不应低于表 3.3.2-1 的规定。
表 3.3.2-1 荧光灯灯具的效率
<table>
<tr><td rowspan="2">灯具出光口形式</td><td rowspan="2">开敞式</td><td colspan="2">保护罩（玻璃或塑料）</td><td rowspan="2">格栅</td></tr>
<tr><td>透明</td><td>磨砂、棱镜</td></tr>
<tr><td>灯具效率</td><td>75%</td><td>65%</td><td>55%</td><td>60%</td></tr>
</table>
2 高强度气体放电灯灯具的效率不应低于表 3.3.2-2 的规定。
表 3.3.2-2 高强度气体放电灯灯具的效率
<table>
<tr><td>灯具出光口形式</td><td>开敞式</td><td>格栅或透光罩</td></tr>
<tr><td>灯具效率</td><td>75%</td><td>60%</td></tr>
</table>
3.3.5 照明设计时按下列原则选择镇流器：
1 自镇流荧光灯应配用电子镇流器；
2 直管形荧光灯应配用电子镇流器或节能型电感镇流器；
3 高压钠灯、金属卤化物灯应配用节能型电感镇流器；在电压偏差较大的场所，宜配用恒功率镇流器；功率较小者可配用电子镇流器。
7.2.10 供给气体放电灯的配电线路宜在线路或灯具内设置电容补偿，功率因数不应低于 0.9。
7.4.2 体育馆、影剧院、候机厅、候车厅等公共场所应采用集中控制，并按需要采取调光或降低照度的控制措施
</td></tr>
<tr><td>3</td><td>照度及照明功率密度计算</td><td>
《建筑工程设计文件编制深度规定》(2008 年版)
4.5.7 配电、照明设计图。
3……有代表性的场所的设计照度值和设计功率密度值。
4.5.7 条文说明：应按《建筑照明设计标准》GB 50034—2004 第 6 章所列举的场所，列出照度值和照明功率密度值的实际计算值，以及其他需控制的节能指标
</td></tr>
<tr><td>4</td><td>计量</td><td>
《国家机关办公建筑和大型公共建筑能耗监测系统分项能耗数据采集技术导则》
（住房和城乡建设部［建科 2008］114 号附件一）
4.3.2 分项能耗
分项能耗中，电量应分为 4 项分项，包括照明插座用电、空调用电、动力用电和特殊用电。电量的 4 项分项是必分项，各分项可根据建筑用能系统的实际情况灵活细分为一级子项和二级子项，是选分项。其他分类能耗不应分项。
(1) 照明插座用电
照明插座用电是指建筑物主要功能区域的照明、插座等室内设备用电的总称。照明插座用电包括照明和插座用电、走廊和应急照明用电、室外景观照明用电，共 3 子项。
照明和插座是指建筑物主要功能区域的照明灯具和从插座取电的室内设备，如计算机等办公设备；若空调系统末端用电不可单独计量，空调系统末端用电应计算在照明和插座子项中，包括全空气机组、新风机组、空调区域的排风机组、风机盘管和分体式空调器等。
</td></tr>
</table>

续表

序号	审查项目	审 查 内 容
4	计量	(2) 空调用电 空调用电是为建筑物提供空调、采暖服务的设备用电的统称。空调用电包括冷热站用电、空调末端用电，共 2 个子项。 (3) 动力用电 动力用电是集中提供各种动力服务（包括电梯、非空调区域通风、生活热水、自来水加压、排污等）的设备（不包括空调采暖系统设备）用电的统称。动力用电包括电梯用电、水泵用电、通风机用电，共 3 个子项。 (4) 特殊用电 特殊区域用电是指不属于建筑物常规功能的用电设备的耗电量，特殊用电的特点是能耗密度高、占总电耗比重大的用电区域及设备。特殊用电包括信息中心、先衣房、厨房餐厅、游泳池、健身房或其他特殊用电。 （编者注：根据《民用建筑节能条例》国务院令第 530 号第二十一条“本条例所称大型公共建筑，是指单体建筑面积 2 万平方米以上的公共建筑”）

注：1. 本要点摘自住房城乡建设部组织编写的“建筑工程施工图设计文件技术审查要点”。

2.《建筑照明设计标准》GB 50034—2004 已废止，应按新颁布的 GB 50034—2013 标准对应的内容进行审查。

3. 简要说明

(1) 审查原则。

① 现行工程建设标准（含国家标准、行业标准、地方标准）中的强制性条文（以下简称强条），是进行施工图设计文件审查的基本依据，所有与施工图设计相关的强条均为审查内容。经统计，目前与房屋建筑工程施工图审查相关的工程建设标准（未含地方标准）约 160 本，其中与建筑工程设计相关的强制性条文约 1500 条。随着新版工程建设标准的发布与实施，强条的内容和数量也在逐渐变化，为适应这一情况，本要点未将强条列出，请直接依据现行工程建设标准中的强条进行施工图审查；

② 除结构专业外，《房屋建筑和市政基础设施工程施工图设计文件审查管理办法》(中华人民共和国住房和城乡建设部令第 13 号）未对其他专业的非强制性条文提出审查要求，实际审查中是否可不对非强条进行审查，也有不同的观点。编制组经过反复研讨，认为目前我国工程建设标准中的强条是标准中的部分重要条款，强条与非强条之间存在着千丝万缕的联系，加上有些强条过于原则，如完全不审查非强条，有些强条的原则规定很难真正得到落实。因此审查应以强条为主，并应将少量与强条关系密切的非强条作为强条的支撑列入审查内容。经过筛选，建筑、给排水、暖通及电气专业从现行工程建设国家标准、行业标准中选择了非强制性条文约 230 条（不包括建筑节能部分)，并将其逐条列出，作为施工图审查的内容；

③ 建筑节能设计是建筑工程设计的重要组成部分，为确保建筑节能的设计质量符合相关标准，本要点将建筑节能的审查内容专门列为一章，除按本款第 1 项、第 2 项的原则确定审查内容外，适度扩大了建筑节能的审查范围，从现行工程建设国家标准、行业标准中选择了对节能设计质量影响较大的非强制性条文约 50 条，并将其逐条列出，作为建筑节能施工图审查的内容；

④《房屋建筑和市政基础设施工程施工图设计文件审查管理办法》（中华人民共和国住房和城乡建设部令第 13 号）要求对执行绿色建筑标准的项目，还应当审查是否符合绿

色建筑标准。因编制时间关系，有关绿色建筑的审查内容未列入本要点。各地可根据实际情况，编制适用于当地的绿色建筑审查技术要点；

⑤ 地方法规及地方标准中需要审查的内容，应由省级住房城乡建设主管部门予以规定。

（2）审查机构依据本要点的规定进行审查时，由于各地的实际情况存在差异，审查内容也可有所不同。如确有必要，各地可以结合当地具体情况，适当增加审查内容，但不应减少审查内容。需增加审查内容的，应由省级住房城乡建设主管部门统一规定，并在其管辖的行政区域内实施。

（3）本审查要点所列审查内容是保证工程设计质量的基本要求，并不是工程设计的全部内容。设计单位和设计人员应全面执行工程建设标准和法规的有关规定。

（4）如设计未执行要点中非强条的规定，是否可以通过，目前各地处理方式也不一致，本要点的表述是"如设计未严格执行本要点的规定，应有充分依据"。这一表述主要考虑既然不是强制性条文，原则上在审查时也不应作为强制要求来执行，可按规范用词的严格程度予以把握，允许设计单位根据工程设计的实际需要，在不降低质量要求的前提下，采取行之有效的变通措施来解决问题，但应有充分依据。

（5）本要点主要依据2013年10月之前发布的法规和出版发行的工程建设标准编制，在此之后如有新版法规和工程建设标准实施，应以新版法规和工程建设标准为准。

1.3.2 市政公用工程

1. 给水、排水、再生水工程—电气专业审查要点

给水、排水、再生水工程—电气专业施工图设计文件技术审查要点，见表1.3.2-1。

给水、排水、再生水工程—电气专业审查要点　　　表1.3.2-1

序号	审查项目	审查内容
1	强制性条文	现行工程建设标准中的强制性条文
2	计算书	电气设计应有计算书，如用软件计算，则应注明软件版本
3	供配电系统	**《室外给水设计规范》GB 50013—2006** **6.1.4** 不得间断供水的泵房，应设两个外部独立电源。如不能满足时，应设备用动力设备，其能力应能满足发生事故时的用水要求。 **8.0.7** 一、二类城市主要水厂的供电应采用一级负荷。一、二类城市非主要水厂及三类城市的水厂可采用二级负荷。当不能满足时，应设置备用动力设施。 **《供配电系统设计规范》GB 50052—2009** **7.0.10** 由建筑物外引入的配电线路，应在室内分界点便于操作维护的地方装设隔离电器。 **《低压配电设计规范》GB 50054—2011** **3.1.15** 在符合下列情况时，应选用具有断开中性极的开关电器： **1** 有中性导体的IT系统与TT系统或TN系统之间的电源转换开关电器。 **2** TT系统中，当负荷侧有中性导体时选用开关电器。 **3** IT系统中，当有中性导体时选用开关电器。 **3.2.2** 导体截面选择，应符合本条规定。 **3.2.12** 当从电气系统的某一点起，由保护接地中性导体改变为单独的中性导体和保护导体时，应符合下列规定：

续表

序号	审查项目	审 查 内 容
3	供配电系统	1 保护导体和中性导体应分别设置单独的端子或母线； 2 保护接地中性导体应首先接到为保护导体设置的端子或母线上； 3 中性导体不应连接到电气系统的任何其他的接地部分。 《民用建筑电气设计规范》JGJ 16—2008 7.5.3 三相四线制系统中四极开关的选用，应符合下列规定： 1 保证电源转换的功能性开关电器应作用于所有带电导体，且不得使这些电源并联。 2 TN—C—S、TN—S系统中的电源转换开关，应采用四极开关： 3 正常供电电源与备用发电机之间，其电源转换开关应采用四极开关； 4 TT系统中的电源进线开关应采用四极开关
4	平面布置	《室外排水设计规范》GB 50014—2006 6.1.14 管廊内应设通风、照明、广播、电话、火警及可燃气体报警系统、独立的排水系统、吊物孔、人行通道出入口和维护需要的设施等，并应符合国家现行有关防火规范的要求。 《3～110kV 高压配电装置设计规范》GB 50060—2008 5.5.1 总油量超过100kg的屋内油浸电力变压器，应安装在单独的变压器间内，并应设置灭火设施。 《10kV及以下变电所设计规范》GB 50053 94 4.2.1 室内外配电装置的最小安全净距应符合表4.2.1的规定。 4.2.6 配电装置的长度大于6m时，其柜（屏）后通道应设两个出口，低压配电装置两个出口间的距离超过15m时，尚应增加出口。 4.2.9 低压配电室内成排布置的配电屏，其屏前、屏后的通道最小宽度，应符合表4.2.9的规定。 《低压配电设计规范》GB 50054—2011 7.6.4 电缆不应在有易燃、易爆及可燃的气体管道或液体管道的隧道或沟道内敷设。当受条件限制需要在这类隧道或沟道内敷设电缆时，应采取防爆、防火的措施。 《爆炸和火灾危险环境电力装置设计规范》GB 50058—92 2.5.2 爆炸性气体环境电气设备的选择应符合本条文的规定。 2.5.8 爆炸性气体环境电气线路的设计和安装应符合本条文的规定。 3.4.1 爆炸性粉尘环境电气设备的选择应符合本条文的规定。 3.4.3 爆炸性粉尘环境电气线路的设计和安装应符合本条文的规定
5	防雷接地	《建筑物防雷设计规范》GB 50057—2010 6.3.4 穿过各防雷区界面的金属物和建筑物内系统，以及在一个防雷区内部的金属物和建筑物内系统，均应在界面处附近做符合下列要求的等电位连接。 1 所有进入建筑物的外来导电物均应在 $LPZ0_A$ 和 $LPZ0_B$ 与 LPZ1 区的界面处做等电位连接。

注：本要点摘自住房城乡建设部组织编写的《市政公用工程施工图设计文件技术审查要点》。

2. 城市道路工程电气专业审查要点

城市道路工程电气专业施工图设计文件技术审查要点，见表1.3.2-2。

城市道路工程电气专业审查要点 表 1.3.2-2

序号	审查项目	审查内容
1	供电及防雷接地设计	
1.1	供配电系统	**《公路隧道交通工程设计规范》JTG/T D71—2004** **9.3.5** 不间断电源系统的技术要求 **1** 隧道特别重要负荷应采用在线式不间断电源，其电池维持供电时间应不小于 30min。 **《电子信息系统机房设计规范》GB 50174—2008** **8.1.3** 供配电系统应为电子信息系统的可扩展性预留备用容量。 **8.1.7** 电子信息设备应由不间断电源系统供电。 **8.1.8** 用于电子信息系统机房内的动力设备与电子信息设备的不间断电源系统应由不同回路配电。 **《低压配电设计规范》GB 50054—2011** 道路照明配电线路的保护应符合第四章的相关规定。 **《城市道路照明设计标准》CJJ 45—2006** **6.1.3** 正常运行情况下，照明灯具端电压应维持在额定电压的 90%～105%。 **6.1.4** 道路照明供配电的设计应符合下列要求： **1** 供电网络设计应符合规划的要求。 **3** 应采取补偿无功功率措施。 **6.1.5** 配电系统中性线的截面不应小于相线的导线截面，且应满足不平衡电流及谐波电流的要求。 **6.1.6** 道路照明配电回路应设保护装置，每个灯具应设有单独保护装置
1.2	防雷接地系统	**《电子信息系统机房设计规范》GB 50174—2008** **8.4.1** 电子信息系统机房的防雷和接地设计，应满足人身安全及电子信息系统正常运行的要求，并应符合现行国家标准《建筑物防雷设计规范》GB 50057—2010 和《建筑物电子信息系统防雷技术规范》GB 50343 的有关规定。 **8.4.2** 保护性接地和功能性接地宜共用一组接地装置，其接地电阻应按其中最小值确定。 **《建筑物防雷设计规范》GB 50057—2010** **6.4.1～6.4.12** 道路监控设备应安装 SPD 装置。 **《建筑物电子信息系统防雷技术规范》GB 50343—2004** **4.1～4.3** 雷电防护分级应符合这几条规定。 **5.1.2** 需要保护的电子信息系统必须采取等电位连接与接地保护措施。 **5.2.1** 电子信息系统的机房应设等电位连接网络。电气和电子设备的金属外壳、机柜、机架、金属管、槽、屏蔽线缆外层、信息设备防静电地板、安全保护接地、浪涌保护器（SPD）接地端等均应以最短的距离与等电位连接网络的接地端子连接。 **5.2.5** 防雷接地与交流工作接地、直流工作接地、安全保护接地共用一组接地装置时，接地装置的接地电阻值必须按接入设备中要求的最小值确定。 **5.2.6** 接地装置应优先利用建筑物的自然接地体，当自然接地体的接地电阻达不到要求时应增加人工接地体。 **5.3** 屏蔽及布线应符合本条规定。 **5.4** 防雷与接地应符合本条规定
2	道路照明设计	

续表

<table>
<tr><th>序号</th><th>审查项目</th><th>审 查 内 容</th></tr>
<tr><td>2.1</td><td>道路照明</td><td>《城市道路照明设计标准》CJJ 45—2006
3.3.1 设置连续照明的机动车交通道路的照明标准值应符合表3.3.1的规定
3.4.1 交会区的照明标准值应符合表3.4.1的规定。
3.5.1 主要供行人和非机动车混合使用的商业区、居住区人行道路的照明标准值应符合表3.5.1的规定。
4.2.1 机动车道照明应符合下列规定的功能性灯具：
1 快速路、主干路必须采用截光型或半截光型灯具：
2 次干路应采用半截光型灯具。
5.1.2 采用常规照明方式时，应根据道路横断面形式、宽度及照明要求进行选择，并应符合下列要求：
2 灯具的布置方式、安装高度和间距可按表5.1.2经计算后确定。
5.1.3 采用高杆照明方式时，灯具及其配置方式，灯杆安装位置、高度、间距以及灯具最大光强的投射方向，应符合下列要求：
2 灯杆不得设置在危险地点或维护时严重妨碍交通的地方。
5.2.2 平面交叉路口的照明应符合下列要求：
4 T形交叉路口应在道路尽端设置灯具。
5.2.3 曲线路段的照明应符合下列要求：
4 转弯处的灯具不得安装在直线路段灯具的延长线上；
5 急转弯处安装的灯具应为车辆、路缘石、护栏以及邻近区域提供充足的照明。
5.2.12 铁路和航道附近的道路照明应符合下列要求：
1 道路照明的光和色不得干扰铁路、航道的灯光信号和驾驶员及领航员的视觉；
2 当道路照明灯具处于铁路或航道的延长线上时，应与铁路或航运部门取得联系</td></tr>
<tr><td>2.2</td><td>节能措施设计</td><td>《城市道路照明设计标准》CJJ 45—2006
7.1.2 机动车交通道路的照明功率密度值不应大于表7.1.2的规定。
7.2.3 照明器材的选择应符合下列要求：
2 选择灯具时，在满足灯具相关标准以及光强分布和眩光限制要求的前提下，常规道路照明灯具效率不得低于70%，泛光灯具不得低于65%。
7.2.4 气体放电灯应线路的功率因数不应小于0.85</td></tr>
<tr><td>3</td><td>防雷及接地设计</td><td></td></tr>
<tr><td>3.1</td><td>防雷及接地</td><td>《建筑物防雷设计规范》GB 50057—2010
6.4.1～6.4.12 道路照明供电系统应安装一级SPD装置。
《城市道路照明设计标准》CJJ 45—2006
6.1.7 高杆灯或其他安装在高耸构筑物上的照明装置应配置避雷装置，并应符合现行国家标准《建筑物防雷设计规范》GB 50057—2010的规定。
6.1.9 道路照明配电系统的接地形式宜采用TN—S系统或TT系统，金属灯杆及构件、灯具外壳、配电及控制箱屏等的外露可导电部分，应进行保护接地，并应符合国家现行相关标准的要求</td></tr>
</table>

注：本要点摘自住房城乡建设部组织编写的《市政公用工程施工图设计文件技术审查要点》。

3. 城市桥隧工程—照明与供电专业审查要点

城市桥隧工程—照明与供电专业施工图设计文件技术审查要点，见表1.3.2-3。

城市桥隧工程—照明与供电专业审查要点 **表1.3.2-3**

序号	审查项目	审 查 内 容
1	强制性条文	现行工程建设标准中的强制性条文
2	供配电系统	**《公路隧道交通工程设计规范》JTG/T D71—2004** **9.2.1** 隧道电力负荷应根据供电可靠性和中断供电在社会、经济上所造成的损失或影响程度确定负荷等级，公路隧道重要电力负荷的分级应符合表9.2.1。 **9.2.2** 隧道供电要求 **1** 隧道一级负荷应由两个电源供电，当一个电源发生故障时，另一个电源应不致同时受到损坏。一级负荷容量不大时应优先采用从附近的电力系统取得第二低压电源，亦可采用应急发电机组作为备用电源。 **2** 对于隧道一级负荷中特别重要负荷，除上述两个电源外，还必须设置不间断电源装置（UPS）作为应急电源，并严禁将其他负荷接入应急供电系统。 **9.2.3** 隧道供电电源及变电所 **5** 两回路供电的隧道，应采用同级电压供电，当一回路中断供电时，另一回路应能满足全部一级及二级负荷用电需要。 **9.3.1** 隧道内配电箱、柜的防护等级应达到IP55。 **9.3.2** 隧道配电回路 **1** 隧道各类电力负荷应根据性质、功能的不同各自设置单独的配电回路。 **2** 隧道应设置供维修和保养作业用的配电回路，该回路末端应设置漏电保护装置。 **3** 正常运行情况下公路隧道内用电设备端子处电压偏差允许值宜按额定电压的±5%验算。 **9.3.3** 隧道内配电线路应满足第9.3.3的规定。 **9.3.5** 不间断电源系统的技术要求 **1** 隧道特别重要负荷应采用在线式不间断电源，其电池维持供电时间应不小于30min。 **《电子信息系统机房设计规范》GB 50174—2008** **8.1.3** 供配电系统应为电子信息系统的可扩展性预留备用容量。 **8.1.7** 电子信息设备应由不间断电源系统供电。 **8.1.8** 用于电子信息系统机房内的动力设备与电子信息设备的不间断电源系统应由不同回路配电。 **《低压配电设计规范》GB 50054—2011** 隧道配电线路的保护应符合第四章的相关规定。 **《建筑设计防火规范》GB 50016—2006** **12.5.1** 一、二类隧道的消防用电应按一级负荷要求供电；三类隧道的消防用电应按二级负荷要求供电
3	隧道照明设计	**《公路隧道通风照明设计规范》JTJ 026.1—1999** **4.1.1** 长度大于100米的隧道应设置照明。 **4.1.4** 隧道照明设计所采用的计算行车速度不宜大于100km/h，如大于100km/h，应作特殊设计。 **4.2.1** 中间段亮度

续表

<table>
<tr><th>序号</th><th>审查项目</th><th>审 查 内 容</th></tr>
<tr><td>3</td><td>隧道照明设计</td><td>1 中间段亮度可按表 4.2.1 取值。
2 人车混行通行的隧道中，中间段亮度不得低于 2.5cd/m²。
4.2.2 灯具布置应符合下列要求：
1 灯具布置应满足闪烁频率低于 2.5Hz 或高于 15Hz。
3 路面亮度总均匀度应不低于表 4.2.2-1 所示值。
4 路面中线亮度纵向均匀度应不低于表 4.2.2-2 所示值。
4.2.3 应急停车带和连接通道照明
1 应急停车带宜采用荧光灯光源，其照明亮度应大于 7cd/m²。
2 连接通道亮度应大于 2cd/m²。
4.3.1 入口段亮度可按 4.3.1 公式计算。
4.3.3 入口段长度可按 4.3.3 公式计算。
4.3.4 入口段灯具布置
1 入口段的照明由基本照明和加强照明两部分组成，前者的灯具布置应按中间段照明考虑，后者可用功率较大的灯具加强照明。
4.4.1 过渡段亮度可按表 4.4.1 取值。
4.4.2 过渡段长度可按表 4.4.2 取值。
4.5.1 在单向交通隧道中，应设置出口段照明；出口段长度宜取 60m，亮度宜取中间段的 5 倍。双向交通隧道可不考虑出口段照明。
4.7.2 隧道照明灯具应满足下列要求：
1 防护等级应不低于 IP65；
2 应具有适合公路隧道特点的防眩装置；
3 灯具结构应便于更换灯泡和附件；
4 灯具零部件应具有良好的防腐性能；
5 灯具配件安装应易于操作，并能调整安装角度；
6 灯具不得侵入隧道建筑限界。
4.9.1 高速公路隧道应设置不间断照明供电系统。长度大于 1000m 的其他隧道应设置应急照明电源，并保证照明中断时间不超过 0.3s，维持时间不短于 30min。
4.9.2 配合启用应急照明，应在洞外一定距离处设置信号灯或可变信息板显示警告信息。
4.9.3 在启用应急照明时，洞内路面亮度应不小于中间段亮度的 10%和 0.2cd/m²。
4.9.4 在高速公路长隧道和长度大于 2000m 的其他隧道中，应设置避灾引导灯。
《建筑设计防火规范》GB50016 2006
12.5.3 隧道两侧应设置消防应急照明灯具和疏散指示标志，其高度不宜大于 1.5m。一、二类隧道内消防应急照明灯具和疏散指示标志的连续供电时间不应小于 3.0h；三类隧道，不应小于 1.5h</td></tr>
<tr><td>4</td><td>节能措施</td><td>《公路隧道通风照明设计规范》JTJ 026.1—1999
4.6.1 应根据洞外亮度和交通量变化分级调整入口段、过渡段、出口段的照明亮度</td></tr>
<tr><td>5</td><td>防雷及接地</td><td>《建筑物防雷设计规范》GB 50057 2010
6.4.1～6.4.12 隧道供电系统应分级安装 SPD 装置。</td></tr>
</table>

续表

序号	审查项目	审查内容
5	防雷及接地	**《公路隧道交通工程设计规范》JTG/T D71—2004** **11.3.6** 隧道内动力、照明及监控装置的外露可导电部分均应接地。 **11.3.7** 隧道不同用途、不同电压等级的用电设备采用一个总的共用接地装置，接地电阻应符合其中最小值的要求。 **《电子信息系统机房设计规范》GB 50174—2008** **8.4.1** 电子信息系统机房的防雷和接地设计，应满足人身安全及电子信息系统正常运行的要求，并应符合现行国家标准《建筑物防雷设计规范》GB 50057—2010 和《建筑物电子信息系统防雷技术规范》GB 50343 的有关规定

注：本要点摘自住房城乡建设部组织编写的《市政公用工程施工图设计文件技术审查要点》。

4. 燃气工程—电气专业审查要点

燃气工程—电气专业施工图设计文件技术审查要点，见表 1.3.2-4。

燃气工程—电气专业审查要点 **表 1.3.2-4**

序号	审查项目	审查内容
1	强制性条文	现行工程建设标准中的强制性条文
2	供配电设计	**《城镇燃气设计规范》GB 50028—2006** **7.6.7** 压缩天然气加气站的供电系统设计应符合现行国家标准《供配电系统设计规范》GB 50052“三级负荷”的规定。但站内消防水泵用电应为“二级负荷”。 **《汽车加油加气站设计与施工规范》GB 50156—2002（2006 年版）** **10.1.1** 加油加气站的供电负荷等级可为三级。加气站及加油加气合建站的信息系统应设不间断供电电源
3	电气防爆设计	**《城镇燃气设计规范》GB 50028—2006** **6.5.21** 门站和储配站电气防爆设计符合下列要求： **1** 站内爆炸危险场所的电力装置设计应符合现行国家标准《爆炸和火灾危险环境电力装置设计规范》GB 50058 的规定。 **2** 其爆炸危险区域等级和范围的划分宜符合本规范附录 D 的规定。 **3** 站内爆炸危险厂房和装置区内应装设可燃气体浓度检测报警装置。 **6.6.6** 单独用户的专用调压装置除按本规范第 6.6.2～6.6.3 条设置外，尚可按下列形式设置，但应符合下列要求： **1** 当商业用户调压装置进口压力不大于 0.4MPa，或工业用户（包括锅炉）调压装置进口压力不大于 0.8MPa 时，可设置在用气建筑物专用单层毗连建筑物内： **(5)** 室内电气、照明装置应符合现行的国家标准《爆炸和火灾危险环境电力装置设计规范》GB 50058 的“1 区”设计的规定。 **6.6.12** 地上调压站的建筑物设计应符合下列要求： **4** 城镇无人值守的燃气调压室电气防爆等级应符合现行国家标准《爆炸和火灾危险环境电力装置设计规范》GB 50058“1 区”设计的规定（见附录图 D-7)。 **7.6.9** 压缩天然气加气站、压缩天然气储配站和压缩天然气瓶组供应站站内爆炸危险场所和生产用房的电气防爆、防雷和静电接地设计及站边界的噪声控制应符合本规范第 6.5.21 条至第 6.5.24 条的规定。

续表

<table>
<tr><th>序号</th><th>审查项目</th><th>审 查 内 容</th></tr>
<tr><td>3</td><td>电气防爆设计</td><td>8.11.2 液化石油气供应基地、气化站、混气站、瓶装供应站等爆炸危险场所的电力装置设计应符合现行国家标准《爆炸和火灾危险环境电力装置设计规范》GB 50058 的规定，其用电场所爆炸危险区域等级和范围的划分宜符合本规范附录 E 的规定。
9.6.4 液化天然气气化站爆炸危险场所的电力装置设计应符合现行国家标准《爆炸和火灾危险环境电力装置设计规范》GB 50058 的有关规定</td></tr>
<tr><td>4</td><td>防雷接地设计</td><td>《城镇燃气设计规范》GB 50028—2006
6.5.23 门站和储配站的静电接地设计应符合国家现行标准《化工企业静电接地装置设计规范》HCJ 28 的规定。
6.6.12 地上调压站的建筑物设计应符合下列要求：
9 设于空旷地带的调压站或采用高架遥测天线的调压站应单独设置避雷装置，其接地电阻值应小于 10Ω。
6.6.15 当调压站内、外燃气管道为绝缘连接时，调压器及其附属设备必须接地，接地电阻应小于 100Ω。
8.11.4 液化石油气站供应基地、气化站、混气站、瓶装供应站等静电接地设计应符合国家现行标准《化工企业静电接地装置设计规范》HGJ 28 的规定。
9.6.5 液化天然气气化站的防雷和静电接地设计，应符合本规范第 8.11 节的有关规定。
当建筑物位于防雷区之外时，放散管的引线应接地，接地电阻应小于 10Ω。
10.2.39 工业企业用气车间、锅炉房以及大中型用气设备的燃气管道上应设放散管，放散管管口应高出屋脊（或平屋顶）1m 以上或设置在地面上安全处，并应采取防止雨雪进入管道和放散物进入房间的措施。
当建筑物位于防雷区之外时，放散管的引线应接地，接地电阻应小于 10Ω。
10.5.9 屋顶上设置燃气设备时应符合下列要求：
4 应有防雷和静电接地措施。
10.8.5 燃气管道及设备的防雷、防静电设计应符合下列要求：
1 进出建筑物的燃气管道的进出口处，室外的屋面管、立管、放散管、引入管和燃气设备等处均应有防雷、防静电接地设施；
2 防雷接地设施的设计应符合现行国家标准《建筑物防雷设计规范》GB 50057—2010 的规定；
3 防静电接地设施的设计应符合国家现行标准《化工企业静电接地设计技术规程》HGJ 28 的规定。
《汽车加油加气站设计与施工规范》GB 50156—2002（2006 年版）
10.2.2 加油加气站的防雷接地、防静电接地、电气设备的工作接地、保护接地及信息系统的接地等，宜共用接地装置。其接地电阻不应大于 4Ω。
当各自单独设置接地装置时。油罐、液化石油气罐和压缩天然气储气瓶组的防雷接地装置的接地电阻、配线电缆金属外皮两端和保护钢管两端的接地装置的接地电阻不应大于 10Ω；保护接地电阻不应大于 4Ω；地上油品、液化石油气和天然气管道始、末端和分支处的接地装置的接地电阻不应大于 30Ω。
10.2.5 当加油加气站的站房和罩棚需要防直击雷时，应采用避雷带（网）保护。
10.2.8 380/220V 供配电系统宜采用 TN—S 系统，供电系统的电缆金属外皮或电缆金属保护管两端均应接地，在供配电系统的电源端应安装与设备耐压水平相适应的过电压（电涌）保护器</td></tr>
</table>

续表

序号	审查项目	审 查 内 容
5	照明设计	**《汽车加油加气站设计与施工规范》GB 50156—2002（2006年版）** **10.1.3** 一、二级加油站、加气站及加油加气合建站的消防泵房、罩棚、营业室、液化石油气泵房、压缩机间等处，均应设事故照明

注：本要点摘自住房城乡建设部组织编写的《市政公用工程施工图设计文件技术审查要点》。

5. 热力工程—电气专业审查要点

热力工程—电气专业施工图设计文件技术审查要点，见表1.3.2-5。

热力工程—电气专业审查要点　　表1.3.2-5

序号	审查项目	审 查 内 容
1	强制性条文	现行工程建设标准中的强制性条文
2	供配电设计	**《城市热力网设计规范》CJJ 34—2002** **12.2.2** 热力网中按一级负荷要求供电的中继泵站及热力站，当主电源电压下降或消失时应投入备用电源，并应采用有延时的自动切换装置。 **《锅炉房设计规范》GB 50041—2008** **15.2.8** 控制室、变压器室和高低压配电室，不应设在潮湿的生产房间、淋浴间、卫生间、用热水加热空气的通风室和输送有腐蚀性介质的管道下面
3	防雷接地设计	**《锅炉房设计规范》GB 50041—2008** **15.2.11** 在装设锅炉水位表、锅炉压力表、给水泵以及其他主要操作的地点和通道，宜设置事故照明。事故照明的电源选择，应按锅炉房的容量、生产用汽的重要性和锅炉房附近供电设施的设置情况等因素确定。 **15.2.12** 照明装置电源的电压，应符合下列要求： **1** 地下凝结水箱间、出灰渣地点和安装热水箱、锅炉本体、金属平台等设备和构件处的灯具，当距地面和平台工作面小于2.5m时，应有防止触电的措施或采用不超过36V的电压； **2** 手提行灯的电压不应超过36V，在本条第一款中所述场所的狭窄地点和接触良好接地的金属面（如在煤粉制粉设备和锅筒内）上工作时，所用手提行灯的电压不应超过12V。 **15.2.14** 砖砌或钢筋混凝土烟囱应设置接闪（避雷）针或接闪带，可利用烟囱爬梯作为其引下线，但必须有可靠的接地。 **15.2.15** 燃气放散管的防雷设施，应符合现行国家标准《建筑物防雷设计规范》GB 50057—2010的规定。 **15.2.16** 燃油锅炉房贮存重油和柴油的金属油罐，当其顶板厚度不小于4mm时，可不装设接闪针，但必须接地，接地点不应少于2处。 当油罐装有呼吸阀和放散管时，其防雷设施应符合现行国家标准《石油库设计规范》GB 50074的规定。 覆土在0.5m以上的地下油罐，可不设防雷设施。但当有通气管引出地面时，在通气管处应做局部防雷处理。 **15.2.17** 气体和液体燃料管道应有静电接地装置。当其管道为金属材料时，且与防雷或电气系统接地保护线相连时，可不设静电接地装置

注：本要点摘自住房城乡建设部组织编写的《市政公用工程施工图设计文件审查要点》。

6. 简要说明

（1）审查原则。

① 现行工程建设标准（含国家标准、行业标准、地方标准）中的强制性条文（以下简称强条），是进行施工图设计文件审查的基本依据，所有与施工图设计相关的强条均为审查内容。经统计，目前与市政公用工程施工图审查相关的工程建设标准（不含地方标准）约 650 本，其中与市政公用工程设计相关的强制性条文约 3000 条。随着新版工程建设标准的发布与实施，强条的内容和数量也在逐渐变化，为适应这一情况，本要点未将强条列出，请直接依据现行工程建设标准中的强条进行施工图审查；

② 除结构专业外，《房屋建筑和市政基础设施工程施工图设计文件审查管理办法》（中华人民共和国住房和城乡建设部令第 13 号）未对其他专业的非强制性条文提出审查要求，实际审查中是否可不对非强条进行审查，也有不同的观点。编制组经过反复研讨，认为目前我国工程建设标准中的强条是标准中的部分重要条款，且强条与非强条之间存在着千丝万缕的联系。另外，工程建设标准一般性条文中有涉及公共利益和公众安全的“应”、“必须”执行的条款，此部分也应作为强条的补充和延伸列入审查内容。经过筛选、本要点共选择了非强制性条文约 1500 条，并将其逐条列出；

③ 对于国务院颁布的《建设工程安全生产管理条例》、《建设工程质量管理条例》、《建设工程勘察设计管理条例》中与工程设计相关的规定列入本要点总则中作为施工图审查的审查内容；

④ 地方法规规定需要审查的内容，应由省级住房城乡建设主管部门予以规定。

（2）审查机构依据本要点的规定进行审查时，由于各地的实际情况存在差异，施工图审查的内容也可有所不同。如确有必要，各地可以结合当地具体情况，适当增加审查内容，但不应减少审查内容。需增加审查内容的，应由省级住房城乡建设主管部门统一规定，并在其管辖的行政区域内实施。

（3）本审查要点所列审查内容是保证工程设计质量的基本要求，并不是工程设计的全部内容。设计单位和设计人员应全面执行工程建设标准和法规的有关规定。

（4）如设计未执行要点中非强条的规定，是否可以通过，目前各地处理方式也不一致，本要点的表述是“如设计未严格执行本要点的规定，应有充分依据”。这一表述主要考虑既然不是强制性条文，原则上在审查时也不应作为强制要求来执行，可按规范用词的严格程度予以把握，允许设计单位根据工程设计的实际需要，在不降低质量要求的前提下，采取行之有效的变通措施来解决问题，但应有充分依据。

（5）本要点主要依据 2013 年 5 月之前发布的法规和工程建设标准编制，在此之后如有新版法规和工程建设标准实施，应以新版法规和工程建设标准为准。

1.4 建筑电气制图常用图形和文字符号

1.4.1 常用图形符号

1. 图样中采用的图形符号的规定和要求

（1）图形符号在不改变其含义的前提下可放大或缩小，但图形符号的大小宜与图样比例相协调。

（2）当图形符号旋转或镜像时，图形符号所包含的文字标注方位，宜为自设计文件下方或右侧为视图正向。

（3）当图形符号有两种表达形式时，可任选用其中一种形式，但同一工程应使用同一种表达形式；

（4）当现有图形符号不能满足设计要求时，可按图形符号生成原则产生新的图形符号；新产生的图形符号宜由一般符号与一个或多个相关的补充符号组合而成；

（5）补充符号可置于一般符号的里面、外面或与其相交。

2. 强电图样的常用图形符号

（1）强电图样的常用的图形符号，见表 1.4.1-1。

常用强电图样的图形符号 **表 1.4.1-1**

序号	常用图形符号		说　明	应用类别
	形式 1	形式 2		
1		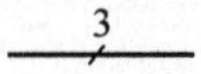 3	导线组（示出导线数，如示出三根导线）	
2			软连接	电路图、接线图、平面图、总平面图、系统图
3			端子	
4	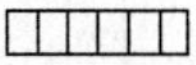		端子板	电路图
5			T 型连接	
6			导线的双 T 连接	电路图、接线图、平面图、总平面图、系统图
7	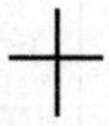		跨接连接（跨越连接）	
8	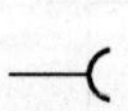		阴接触件（连接器的）、插座	电路图、接线图、系统图
9			阳接触件（连接器的）、插头	电路图、接线图、平面图、系统
10	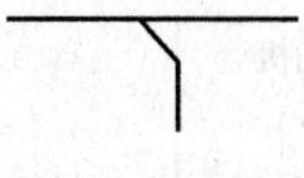		定向连接	

续表

序号	常用图形符号		说明	应用类别
	形式1	形式2		
11			进入线束的点（本符号不适用于表示电气连接）	电路图、接线图、平面图、总平面图、系统图
12			电阻器，一般符号	
13			电容器，一般符号	电路图
14			半导体二极管，一般符号	
15			发光二极管（LED），一般符号	
16			双向三极闸流晶体管	
17			PNP 晶体管	
18			电机，一般符号见注 2	电路图、接线图、平面图、系统图
19			三相笼式感应电动机	电路图
20			单相笼式感应电动机有绕组分相引出端子	
21			三相绕线式转子感应电动机	

续表

序号	常用图形符号		说　明	应用类别
	形式 1	形式 2		
22			双绕组变压器，一般符号（形式 2 可表示瞬时电压的极性）	电路图、接线图、平面图、总平面图、系统图 形式 2 只适用电路图
23			绕组间有屏蔽的双绕组变压器	
24			一个绕组上有中间抽头的变压器	
25			星形一三角形连接的三相变压器	电路图、接线图、平面图、总平面图、系统图 形式 2 只适用电路图
26			具有 4 个抽头的星形一星形连接的三相变压器	
27			单相变压器组成的三相变压器，星形一三角形连接	

续表

序号	常用图形符号		说 明	应用类别
	形式 1	形式 2		
28	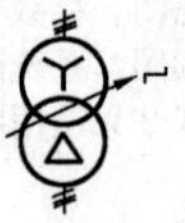	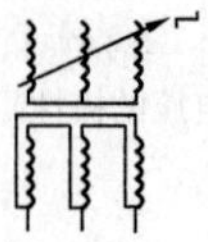	具有分接开关的三相变压器，星形一三角形连接	电路图、接线图、平面图、系统图 形式 2 只适用电路图
29		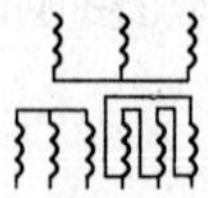	三相变压器，星形一星形一三角形连接	电路图、接线图、系统图 形式 2 只适用电路图
30		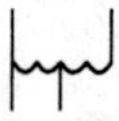	自耦变压器，一般符号	电路图、接线图、平面图、总平面图、系统图 形式 2 只适用电路图
31		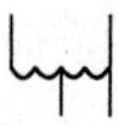	单相自耦变压器	
32		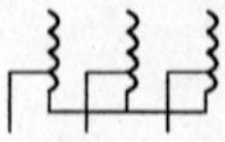	三相自耦变压器，星形连接	电路图、接线图、系统图 形式 2 只适用电路图
33			可调压的单相自耦变压器	

续表

序号	常用图形符号		说明	应用类别
	形式 1	形式 2		
34		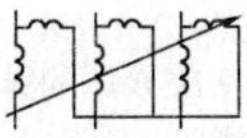	三相感应调压器	
35			电抗器，一般符号	电路图、接线图、系统图 形式 2 只适用电路图
36	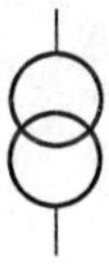	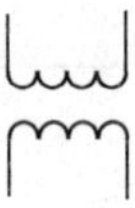	电压互感器	
37			电流互感器，一般符号	电路图、接线图、平面图、总平面图、系统图 形式 2 只适用电路图
38	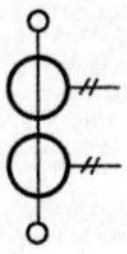	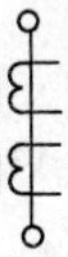	具有两个铁心，每个铁心有一个次级绕组的电流互感器，见注 3，其中形式 2 中的铁心符号可以略去	电路图、接线图、系统图 形式 2 只适用电路图
39		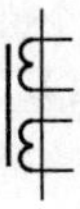	在一个铁心上具有两个次级绕组的电流互感器，形式 2 中的铁心符号必须画出	

续表

序号	常用图形符号		说 明	应用类别
	形式 1	形式 2		
40	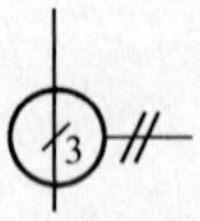 3		具有三条穿线一次导体的脉冲变压器或电流互感器	电路图、接线图、系统图 形式 2 只适用电路图
41	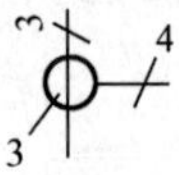 3 4 3	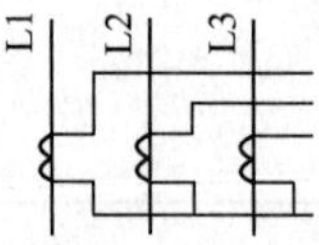 L1 L2 L3	三个电流互感器（四个次级引线引出）	
42	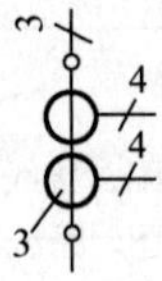 3 4 4 3	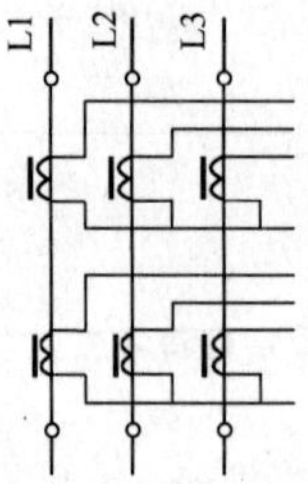 L1 L2 L3	具有两个铁心，每个铁心有一个次级绕组的三个电流互感器，见注 3	
43	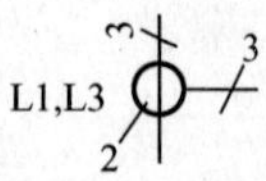 L1,L3 3 3 2	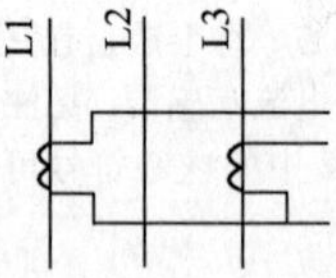 L1 L2 L3	两个电流互感器，导线 L1 和导线 L3；三个次级引线引出	
44	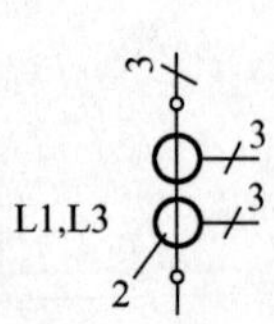 L1,L3 3 3 3 2	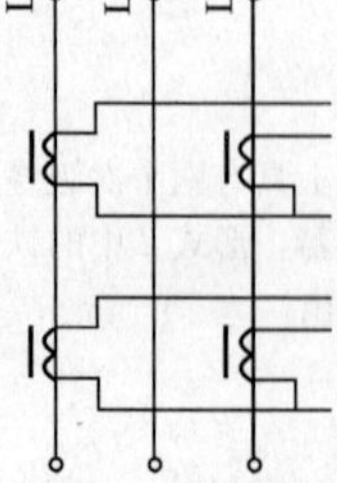 L1 L2 L3	具有两个铁心，每个铁心有一个次级绕组的两个电流互感器，见注 3	

续表

序号	常用图形符号		说　明	应用类别
	形式1	形式2		
45			物件，一般符号	电路图、接线图、平面图、系统图
46				
47	 注4			
48			有稳定输出电压的变换器	电路图、接线图、系统图
49	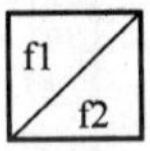		频率由 f1 变到 f2 的变频器（f1 和 f2 可用输入和输出频率的具体数值代替）	电路图、系统图
50			直流/直流变换器 DC/DC	电路图、接线图、系统图
51			整流器	
52			逆变器	
53			整流器/逆变器	
54			原电池长线代表阳极，短线代表阴极	
55			静止电能发生器，一般符号	电路图、接线图、平面图、系统图
56	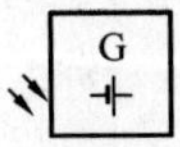		光电发生器	电路图、接线图、系统图
57			剩余电流监视器	

续表

序号	常用图形符号		说 明	应用类别
	形式 1	形式 2		
58			动合（常开）触点，一般符号；开关，一般符号	电路图、接线图
59			动断（常闭）触点	
60			先断后合的转换触点	
61			中间断开的转换触点	
62			先合后断的双向转换触点	
63			延时闭合的动合触点（当带该触点的器件被吸合时，此触点延时闭合）	
64			延时断开的动合触点（当带该触点的器件被释放时，此触点延时断开）	
65			延时断开的动断触点（当带该触点的器件被吸合时，此触点延时断开）	

续表

序号	常用图形符号 形式1	常用图形符号 形式2	说明	应用类别
66			延时闭合的动断触点（当带该触点的器件被释放时，此触点延时闭合）	电路图、接线图
67	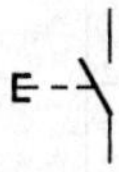		自动复位的手动按钮开关	
68	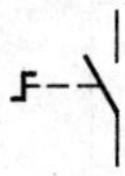		无自动复位的手动旋转开关	
69	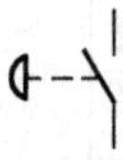		具有动合触点且自动复位的蘑菇头式的应急按钮开关	
70	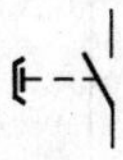		带有防止无意操作的手动控制的具有动合触点的按钮开关	
71	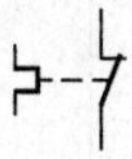		热继电器，动断触点	
72	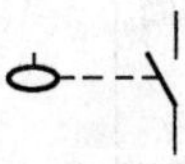		液位控制开关，动合触点	
73	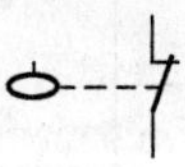		液位控制开关，动断触点	
74	 1 2 3 4		带位置图示的多位开关，最多四位	电路图

续表

序号	常用图形符号		说明	应用类别
	形式1	形式2		
75			接触器；接触器的主动合触点（在非操作位置上触点断开）	电路图、接线图
76			接触器；接触器的主动断触点（在非操作位置上触点闭合）	
77			隔离器	
78			隔离开关	
79			带自动释放功能的隔离开关（具有由内装的测量继电器或脱扣器触发的自动释放功能）	
80			断路器，一般符号	
81			带隔离功能断路器	
82			剩余电流动作断路器	
83			带隔离功能的剩余电流动作断路器	
84			继电器线圈，一般符号；驱动器件，一般符号	
85			缓慢释放继电器线圈	
86			缓慢吸合继电器线圈	

续表

序号	常用图形符号 形式1	常用图形符号 形式2	说明	应用类别
87	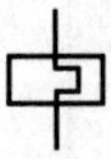		热继电器的驱动器件	电路图、接线图
88			熔断器，一般符号	电路图、接线图
89			熔断器式隔离器	电路图、接线图
90			熔断器式隔离开关	电路图、接线图
91			火花间隙	电路图、接线图
92			避雷器	电路图、接线图
93			多功能电器控制与保护开关电器（CPS）（该多功能开关器件可通过使用相关功能符号表示可逆功能、断路器功能、隔离功能、接触器功能和自动脱扣功能。当使用该符号时，可省略不采用的功能符号要素）	电路图、系统图
94	 V		电压表	电路图、接线图、系统图
95	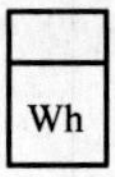 Wh		电度表（瓦时计）	电路图、接线图、系统图
96	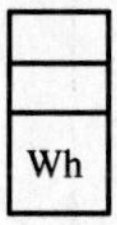 Wh		复费率电度表（示出二费率）	电路图、接线图、系统图

续表

序号	常用图形符号 形式1	常用图形符号 形式2	说明	应用类别
97	⊗		信号灯，一般符号，见注5	电路图、接线图、平面图、系统图
98			音响信号装置，一般符号（电喇叭、电铃、单击电铃、电动汽笛）	
99			蜂鸣器	
100			发电站，规划的	总平面图
101			发电站，运行的	
102			热电联产发电站，规划的	
103			热电联产发电站，运行的	
104			变电站、配电所，规划的（可在符号内加上任何有关变电站详细类型的说明）	
105			变电站、配电所，运行的	

续表

序号	常用图形符号 形式1	形式2	说明	应用类别
106			接闪杆	接线图、平面图、总平面图、系统图
107	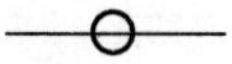		架空线路	总平面图
108	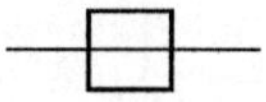		电力电缆井/人孔	
109	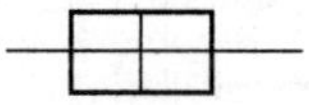		手孔	
110	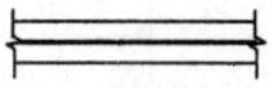		电缆梯架、托盘和槽盒线路	平面图、总平面图
111			电缆沟线路	
112	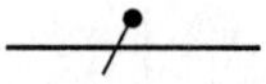		中性线	电路图、平面图、系统图
113	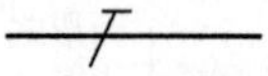		保护线	
114			保护线和中性线共用线	
115	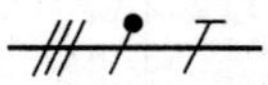		带中性线和保护线的三相线路	
116			向上配线或布线	平面图
117	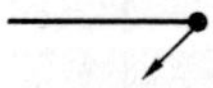		向下配线或布线	
118			垂直通过配线或布线	

续表

序号	常用图形符号 形式1	形式2	说明	应用类别
119			由下引来配线或布线	平面图
120			由上引来配线或布线	
121			连接盒；接线盒	
122		MS	电动机启动器，一般符号	电路图、接线图、系统图 形式2用于平面图
123		SDS	星-三角启动器	
124		SAT	带自耦变压器的启动器	
125		ST	带可控硅整流器的调节-启动器	
126			电源插座、插孔，一般符号（用于不带保护极的电源插座），见注6	平面图
127	3		多个电源插座（符号表示三个插座）	

续表

序号	常用图形符号 形式1	常用图形符号 形式2	说明	应用类别
128			带保护极的电源插座	平面图
129			单相二、三极电源插座	
130			带保护极和单极开关的电源插座	
131			带隔离变压器的电源插座（剃须插座）	
132			开关，一般符号（单联单控开关）	
133			双联单控开关	
134			三联单控开关	
135	n		n联单控开关，n>3	
136			带指示灯的开关（带指示灯的单联单控开关）	
137			带指示灯双联单控开关	

续表

序号	常用图形符号		说 明	应用类别
	形式1	形式2		
138			带指示灯的三联单控开关	平面图
139		 n	带指示灯的n联单控开关，n>3	
140		 t	单极限时开关	
141		 SL	单极声光控开关	
142		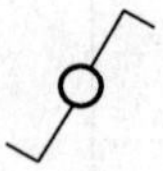	双控单极开关	
143			单极拉线开关	
144			风机盘管三速开关	
145			按钮	
146			带指示灯的按钮	
147			防止无意操作的按钮（例如借助于打碎玻璃罩进行保护）	

续表

序号	常用图形符号		说明	应用类别
	形式1	形式2		
148			灯，一般符号，见注7	平面图
149		E	应急疏散指示标志灯	
150			应急疏散指示标志灯（向右）	
151			应急疏散指示标志灯（向左）	
152			应急疏散指示标志灯（向左、向右）	
153			专用电路上的应急照明灯	
154			自带电源的应急照明灯	
155			荧光灯，一般符号（单管荧光灯）	
156			二管荧光灯	
157			三管荧光灯	
158		n	多管荧光灯，n>3	
159			单管格栅灯	

续表

序号	常用图形符号		说 明	应用类别
	形式 1	形式 2		
160			双管格栅灯	平面图
161			三管格栅灯	
162			投光灯，一般符号	
163			聚光灯	
164			风扇；风机	

注：1. 当电气元器件需要说明类型和敷设方式时，宜在符号旁标注下列字母：EX-防爆；EN-密闭；C-暗装。

2. 当电机需要区分不同类型时，符号“★”可采用下列字母表示：G-发电机；GP-永磁发电机；GS-同步发电机；M-电动机；MG-能作为发电机或电动机使用的电机；MS-同步电动机；MGS-同步发电机-电动机等。

3. 符号中加上端子符号（○）表明是一个器件，如果使用了端子代号，则端子符号可以省略。

4. □可作为电气箱（柜、屏）的图形符号，当需要区分其类型时，宜在□内标注下列字母：LB-照明配电箱；ELB-应急照明配电箱；PB-动力配电箱；EPB-应急动力配电箱；WB-电度表箱；SB-信号箱；TB-电源切换箱；CB-控制箱、操作箱。

5. 当信号灯需要指示颜色，宜在符号旁标注下列字母：YE-黄；RD-红；GN-绿；BU-蓝；WH-白。如果需要指示光源种类，宜在符号旁标注下列字母：Na-钠气；Xe-氙；Ne-氖；IN-白炽灯；Hg-汞；I-碘；EL-电致发光的；ARC-弧光；IR-红外线的；FL-荧光的；UV-紫外线的；LED-发光二极管。

6. 当电源插座需要区分不同类型时，宜在符号旁标注下列字母：1P-单相；3P-三相；1C-单相暗敷；3C-三相暗敷；1EX-单相防爆；3EX-三相防爆；1EN-单相密闭；3EN-三相密闭。

7. 当灯具需要区分不同类型时，宜在符号旁标注下列字母：ST-备用照明；SA-安全照明；LL-局部照明灯；W-壁灯；C-吸顶灯；R-筒灯；EN-密闭灯；G-圆球灯；EX-防爆灯；E-应急灯；L-花灯；P-吊灯；BM-浴霸。

（2）表 1.4.1-1 里序号 45 图形符号一般用于指示仪表等，序号 46 图形序号一般用于记录仪表等。

（3）电源插座在图样中的布置示例，见图 1.4.1-1。

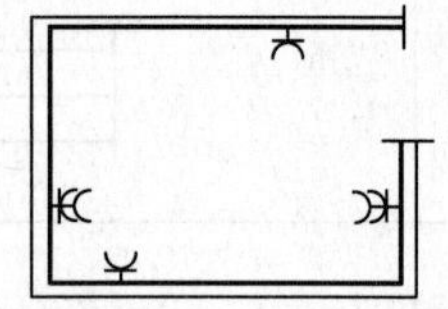
图 1.4.1-1 电源插座在图样中的布置示例

（4）表 1.4.1-1 所列的图形符号为常用的，不常用的图形符号可从现行的国家标准（GB/T 4728.1～12/IEC 60617）中查找，如果国家标准中也没有时，按国家标准可自行设计组合新符号。新符号设计原则为：选用一个基本符号，再将其与一个或多个相关的补充符号组合，控制与保护开关电器（CPS）符号生成方法，见表 1.4.1-2。基本符号主要为国家标准（GB/T 4728.1～12/IEC 60617）中的一般符号，补充符号为：

①限定符号；

②其他符号，需要时可适当修改尺寸；

③加标识符（文字符号）。

控制与保护开关电器（CPS）符号生成方法 **表 1.4.1-2**

一般符号	补充符号（限定符号）	控制和保护开关电器（CPS）符号的生成
	◖ 接触器功能	(a) (b) (c) （a）为具有可逆功能、断路器功能、隔离功能、接触器功能和自动脱扣功能的CPS（标准中已有）。 （b）为具有断路器功能、隔离功能、接触器功能和自动脱扣功能的CPS（新符号）。 （c）为具有断路器功能、接触器功能和自动脱扣功能的CPS（新符号）
	× 断路器功能	
	— 隔离器功能	
	■ 自动释放功能	
	换位	

注：1. 国家标准中有很多限定符号，表中只是其中一部分。

2. 补充符号可置于基本符号的里面、外面或与其相交。由于放置补充符号要依据基本符号的形状、基本符号内或周围的可用空间等，因此，不能给出简单的规则。按符号组合原则生成的新符号视为符合国家标准。

3. 图样中的电气线路绘制的线型符号，见表 1.4.1-3。

图样中的电气线路线型符号 **表 1.4.1-3**

序号	线型符号		说明
	形式 1	形式 2	
1	S	—S—	信号线路
2	C	—C—	控制线路
3	EL	—EL—	应急照明线路
4	PE	—PE—	保护接地线
5	E	—E—	接地线
6	LP	—LP—	接闪线、接闪带、接闪网

续表

序号	线型符号		说 明
	形式 1	形式 2	
7	TP	—TP—	电话线路
8	TD	—TD—	数据线路
9	TV	—TV—	有线电视线路
10	BC	—BC—	广播线路
11	V	—V—	视频线路
12	GCS	—GCS—	综合布线系统线路
13	F	—F—	消防电话线路
14	D	—D—	50V 以下的电源线路
15	DC	—DC—	直流电源线路
16	—⊘—		光缆，一般符号

注：当图样中的电气线路采用实线绘制不会引起混淆时，电气线路可不采用表 1.4.1-3 所示的线型符号。例如当综合布线系统单独绘制时，其线路可采用实线表示，其间或其上不用加 GCS 标注。

4. 电气设备的标注方式

（1）绘制图样时，电气设备的标注方式，见表 1.4.1-4。

电气设备的标注方式 **表 1.4.1-4**

序号	标注方式	说 明
1	$\frac{a}{b}$	用电设备标注 a—参照代号 b—额定容量（kW 或 kVA）
2	－a＋b/c 注 1	系统图电气箱（柜、屏）标注 a—参照代号 b—位置信息 c—型号

续表

序号	标注方式	说明
3	—a 注 1	平面图电气箱（柜、屏）标注 a—参照代号
4	a b/c d	照明、安全、控制变压器标注 a—参照代号 b/c—一次电压/二次电压 d—额定容量
5	$a-b\frac{c\times d\times L}{e}f$ 注 2	灯具标注 a—数量 b—型号 c—每盏灯具的光源数量 d—光源安装容量 e—安装高度（m） "—"表示吸顶安装 L—光源种类，参见表 1.4.1-1 注 5 f—安装方式，参见表 1.4.2-3
6	$\frac{a\times b}{c}$	电缆梯架、托盘和槽盒标注 a—宽度（mm） b—高度（mm） c—安装高度（m）
7	a/b/c	光缆标注 a—型号 b—光纤芯数 c—长度
8	a b—c（d×e+f×g） i—jh 注 3	线缆的标注 a—参照代号 b—型号 c—电缆根数 d—相导体根数 e—相导体截面（mm^2） f—N、PE 导体根数 g—N、PE 导体截面（mm^2） i—敷设方式和管径（mm），参见表 1.4.2-1 j—敷设部位，参见表 1.4.2-2 h—安装高度（m）

注：1. 前缀"—"在不会引起混淆时可省略。

2. 当电源线缆 N 和 PE 分开标注时，应先标注 N 后标注 PE（线缆规格中的电压值在不会引起混淆时可省略）。

（2）当电源线缆 N 和 PE 分开标注时，标注示例。

示例 1：YJV－0.6/1kV－4×25＋1×16 或 YJV－0.6/1kV－3×25＋1×25＋1×16（N 线截面和相线截面一致）。

示例 2：YJV－0.6/1kV－3×50＋2×25（N 和 PE 线截面一致）。

示例 3：YJV－0.6/1kV－3×6＋1×10＋1×6（N 线截面高于相线截面或不同于 PE 线截面时）。

示例 4：BV－450/750V 3×2.5（单相相线、N 线和 PE 线截面一致）。

1.4.2 常用文字符号

1. 图样中线缆敷设方式、敷设部位和灯具安装方式标注的文字符号，见表 1.4.2-1～表 1.4.2-3。

线缆敷设方式标注的文字符号　　表 1.4.2-1

序号	名　称	文字符号	序号	名　称	文字符号
1	穿低压流体输送用焊接钢管（钢导管）敷设	SC	8	电缆梯架敷设	CL
2	穿普通碳素钢电线套管敷设	MT	9	金属槽盒敷设	MR
3	穿可挠金属电线保护套管敷设	CP	10	塑料槽盒敷设	PR
4	穿硬塑料导管敷设	PC	11	钢索敷设	M
5	穿阻燃半硬塑料导管敷设	FPC	12	直埋敷设	DB
6	穿塑料波纹电线管敷设	KPC	13	电缆沟敷设	TC
7	电缆托盘敷设	CT	14	电缆排管敷设	CE

线缆敷设部位标注的文字符号　　表 1.4.2-2

序号	名　称	文字符号	序号	名　称	文字符号
1	沿或跨梁（屋架）敷设	AB	7	暗敷设在顶板内	CC
2	沿或跨柱敷设	AC	8	暗敷设在梁内	BC
3	沿吊顶或顶板面敷设	CE	9	暗敷设在柱内	CLC
4	吊顶内敷设	SCE	10	暗敷设在墙内	WC
5	沿墙面敷设	WS	11	暗敷设在地板或地面下	FC
6	沿屋面敷设	RS			

灯具安装方式标注的文字符号　　表 1.4.2-3

序号	名　称	文字符号	序号	名　称	文字符号
1	线吊式	SW	7	吊顶内安装	CR
2	链吊式	CS	8	墙壁内安装	WR
3	管吊式	DS	9	支架上安装	S
4	壁装式	W	10	柱上安装	CL
5	吸顶式	C	11	座装	HM
6	嵌入式	R			

2. 供配电系统设计文件标注的文字符号，见表 1.4.2-4。

供配电系统设计文件标注的文字符号 **表 1.4.2-4**

序号	文字符号	名 称	单位	序号	文字符号	名 称	单位
1	U_n	系统标称电压，线电压(有效值)	V	11	I_c	计算电流	A
2	U_r	设备的额定电压，线电压(有效值)	V	12	I_{st}	启动电流	A
3	I_r	额定电流	A	13	I_p	尖峰电流	A
4	f	频率	Hz	14	I_s	整定电流	A
5	P_r	额定功率	kW	15	I_k	稳态短路电流	kA
6	P_n	设备安装功率	kW	16	cosφ	功率因数	—
7	P_c	计算有功功率	kW	17	u_{kr}	阻抗电压	%
8	Q_c	计算无功功率	kvar	18	i_p	短路电流峰值	kA
9	S_c	计算视在功率	kVA	19	S''_{KQ}	短路容量	MVA
10	S_r	额定视在功率	kVA	20	K_d	需要系数	—

3. 设备端子和导体的标志和标识，见表 1.4.2-5。

设备端子和导体的标志和标识 **表 1.4.2-5**

序号	导体		文字符号	
			设备端子标志	导体和导体终端标识
1	交流导体	第 1 线	U	L1
		第 2 线	V	L2
		第 3 线	W	L3
		中性导体	N	N
2	直流导体	正极	+或 C	L+
		负极	—或 D	L−
		中间点导体	M	M
3	保护导体		PE	PE
4	PEN 导体		PEN	PEN

4. 电气设备常用参照代号的字母代码，见表 1.4.2-6。

电气设备常用参照代号的字母代码 **表 1.4.2-6**

项目种类	设备、装置和元件名称	参照代号的字母代码	
		主类代码	含子类代码
两种或两种以上的用途或任务	35kV 开关柜	A	AH
	20kV 开关柜		AJ
	10kV 开关柜		AK
	6kV 开关柜		—

续表

项目种类	设备、装置和元件名称	参照代号的字母代码	
		主类代码	含子类代码
两种或两种以上的用途或任务	低压配电柜	A	AN
	并联电容器箱（柜、屏）		ACC
	直流配电箱（柜、屏）		AD
	保护箱（柜、屏）		AR
	电能计量箱（柜、屏）		AM
	信号箱（柜、屏）		AS
	电源自动切换箱（柜、屏）		AT
	动力配电箱（柜、屏）		AP
	应急动力配电箱（柜、屏）		APE
	控制、操作箱（柜、屏）		AC
	励磁箱（柜、屏）		AE
	照明配电箱（柜、屏）		AL
	应急照明配电箱（柜、屏）		ALE
	电度表箱（柜、屏）		AW
把某一输入变量（物理性质、条件或事件）转换为供进一步处理的信号	热过载继电器	B	BB
	保护继电器		BB
	电流互感器		BE
	电压互感器		BE
	测量继电器		BE
	测量电阻（分流）		BE
	测量变送器		BE
	气表、水表		BF
	差压传感器		BF
	流量传感器		BF
	接近开关、位置开关		BG
	接近传感器		BG
	时钟、计时器		BK
	湿度计、湿度测量传感器		BM
	压力传感器		BP
	光电池		BR
	速度计、转速计		BS
	速度变换器		BS
	温度传感器、温度计		BT
	测量变换器		BG
	位置测量传感器		
	液位测量传感器		BL

续表

项目种类	设备、装置和元件名称	参照代号的字母代码	
		主类代码	含子类代码
材料、能量或信号的存储	电容器	C	CA
	线圈		CB
	硬盘		CF
	存储器		CF
	磁带记录仪、磁带机		CF
	录像机		CF
提供辐射能或热能	白炽灯、荧光灯	E	EA
	紫外灯		EA
	电炉、电暖炉		EB
	电热、电热丝		EB
	灯、灯泡		—
	激光器		
	发光设备		
	辐射器		
直接防止（自动）能量流、信息流、人身或设备发生危险的或意外的情况，包括用于防护的系统和设备	热过载释放器	F	FD
	熔断器		FA
	安全栅		FC
	电涌保护器		FC
	接闪器		FE
	接闪杆		FE
	保护阳极（阴极）		FR
启动能量流或材料流，产生用作信息载体或参考源的信号。生产一种新能量、材料或产品	发电机	G	GA
	直流发电机		GA
	电动发电机组		GA
	柴油发电机组		GA
	蓄电池、干电池		GB
	燃料电池		GB
	太阳能电池		GC
	信号发生器		GF
	不间断电源		GU

续表

项目种类	设备、装置和元件名称	参照代号的字母代码	
		主类代码	含子类代码
处理（接收、加工和提供）信号或信息（用于防护的物体除外，见F类）	继电器	K	KF
	时间继电器		KF
	控制器（电、电子）		KF
	输入、输出模块		KF
	接收机		KF
	发射机		KF
	光耦器		KF
	控制器（光、声学）		KG
	阀门控制器		KH
	瞬时接触继电器		KA
	电流继电器		KC
	电压继电器		KV
	信号继电器		KS
	瓦斯保护继电器		KB
	压力继电器		KPR
提供驱动用机械能（旋转或线性机械运动）	电动机	M	MA
	直线电动机		MA
	电磁驱动		MB
	励磁线圈		MB
	执行器		ML
	弹簧储能装置		ML
提供信息	打印机	P	PF
	录音机		PF
	电压表		PV
	告警灯、信号灯		PG
	监视器、显示器		PG
	LED（发光二极管）		PG
	铃、钟		PB
	计量表		PG
	电流表		PA
	电度表		PJ
	时钟、操作时间表		PT
	无功电度表		PJR

续表

项目种类	设备、装置和元件名称	参照代号的字母代码	
		主类代码	含子类代码
提供信息	最大需用量表	P	PM
	有功功率表		PW
	功率因数表		PPF
	无功电流表		PAR
	（脉冲）计数器		PC
	记录仪器		PS
	频率表		PF
	相位表		PPA
	转速表		PT
	同位指示器		PS
	无色信号灯		PG
	白色信号灯		PGW
	红色信号灯		PGR
	绿色信号灯		PGG
	黄色信号灯		PGY
	显示器		PC
	温度计、液位计		PG
受控切换或改变能量流、信号流或材料流（对于控制电路中的信号，见K类和S类）	断路器	Q	QA
	接触器		QAC
	晶闸管、电动机启动器		QA
	隔离器、隔离开关		QB
	熔断器式隔离器		QB
	熔断器式隔离开关		QB
	接地开关		QC
	旁路断路器		QD
	电源转换开关		QCS
	剩余电流保护断路器		QR
	软启动器		QAS
	综合启动器		QCS
	星—三角启动器		QSD
	自耦降压启动器		QTS
	转子变阻式启动器		QRS

续表

<table>
<tr><th rowspan="2">项目种类</th><th rowspan="2">设备、装置和元件名称</th><th colspan="2">参照代号的字母代码</th></tr>
<tr><th>主类代码</th><th>含子类代码</th></tr>
<tr><td rowspan="6">限制或稳定能量、信息或材料的运动或流动</td><td>电阻器、二极管</td><td rowspan="6">R</td><td>RA</td></tr>
<tr><td>电抗线圈</td><td>RA</td></tr>
<tr><td>滤波器、均衡器</td><td>RF</td></tr>
<tr><td>电磁锁</td><td>RL</td></tr>
<tr><td>限流器</td><td>RN</td></tr>
<tr><td>电感器</td><td>—</td></tr>
<tr><td rowspan="9">把手动操作转变为进一步处理的特定信号</td><td>控制开关</td><td rowspan="9">S</td><td>SF</td></tr>
<tr><td>按钮开关</td><td>SF</td></tr>
<tr><td>多位开关（选择开关）</td><td>SAC</td></tr>
<tr><td>启动按钮</td><td>SF</td></tr>
<tr><td>停止按钮</td><td>SS</td></tr>
<tr><td>复位按钮</td><td>SR</td></tr>
<tr><td>试验按钮</td><td>ST</td></tr>
<tr><td>电压表切换开关</td><td>SV</td></tr>
<tr><td>电流表切换开关</td><td>SA</td></tr>
<tr><td rowspan="10">保持能量性质不变的能量变换，已建立的信号保持信息内容不变的变换，材料形态或形状的变换</td><td>变频器、频率转换器</td><td rowspan="10">T</td><td>TA</td></tr>
<tr><td>电力变压器</td><td>TA</td></tr>
<tr><td>DC/DC 转换器</td><td>TA</td></tr>
<tr><td>整流器、AC/DC 变换器</td><td>TB</td></tr>
<tr><td>隔离变压器</td><td>TF</td></tr>
<tr><td>控制变压器</td><td>TC</td></tr>
<tr><td>整流变压器</td><td>TR</td></tr>
<tr><td>照明变压器</td><td>TL</td></tr>
<tr><td>有载调压变压器</td><td>TLC</td></tr>
<tr><td>自耦变压器</td><td>TT</td></tr>
</table>

续表

项目种类	设备、装置和元件名称	参照代号的字母代码 主类代码	参照代号的字母代码 含子类代码
保护物体在一定的位置	支柱绝缘子	U	UB
	强电梯架、托盘和槽盒		UB
	瓷瓶		UB
	弱电梯架、托盘和槽盒		UG
	绝缘子		—
从一地到另一地导引或输送能量、信号、材料或产品	高压母线、母线槽	W	WA
	高压配电线缆		WB
	低压母线、母线槽		WC
	低压配电线缆		WD
	数据总线		WF
	控制电缆、测量电缆		WG
	光缆、光纤		WH
	信号线路		WS
	电力（动力）线路		WP
	照明线路		WL
	应急电力（动力）线路		WPE
	应急照明线路		WLE
	滑触线		WT
连接物	高压端子、接线盒	X	XB
	高压电缆头		XB
	低压端子、端子板		XD
	过路接线盒、接线端子箱		XD
	低压电缆头		XD
	插座、插座箱		XD
	接地端子、屏蔽接地端子		XE
	信号分配器		XG
	信号插头连接器		XG
	（光学）信号连接		XH
	连接器		—
	插头		—

注：电气设备常用参照代号的字母代码宜采用单字母主类代码。当采用单字母主类代码不能满足设计要求时，可采用多字母子类代码。参照代号的单字母代码划分，见表 1.4.2-7。

参照代号的单字母代码划分 表 1.4.2-7

单字母代码	项目的用途或任务内容
A	两种或两种以上的用途或任务
B	把某一输入变量（物理性质、条件或事件）转换为供进一步处理的信号
C	材料、能量或信息的存储
D	备用
E	提供辐射能或热能
F	直接防止（自动）能量流、信息流、人身或设备发生危险的或意外的情况，包括用于防护的系统和设备
G	启动能量流或材料流，产生用作信息载体或参考源的信号
H	产生新类型材料或产品
J	备用
K	处理（接收、加工和提供）信号或信息（用于保护目的的项目除外，见 F 类）
L	备用
M	提供用于驱动的机械能量（旋转或线性机械运动）
N	备用
P	信息表达
Q	受控切换或改变能量流、信号流或材料流（对于控制电路中的开/关信号，见 K 类或 S 类）
R	限制或稳定能量、信息或材料的运动或流动
S	把手动操作转变为进一步处理的特定信号
T	保持能量性质不变的能量变换，已建立的信号保持信息内容不变的变换，材料形态或形状的变换
U	保持物体在指定位置
V	材料或产品的处理（包括预处理和后处理）
W	从一地到另一地导引或输送能量、信号、材料或产品
X	连接物
Y	备用
Z	备用

5. 常用辅助文字符号，见表 1.4.2-8。

常用辅助文字符号 表 1.4.2-8

序号	文字符号	名 称	序号	文字符号	名 称
1	A	电流	4	A、AUT	自动
2	A	模拟	5	ACC	加速
3	AC	交流	6	ADD	附加

续表

序号	文字符号	名 称	序号	文字符号	名 称
7	ADJ	可调	39	FW	正、向前
8	AUX	辅助	40	FX	固定
9	ASY	异步	41	G	气体
10	B、BRK	制动	42	GN	绿
11	BC	广播	43	H	高
12	BK	黑	44	HH	最高（较高）
13	BU	蓝	45	HH	手孔
14	BW	向后	46	HV	高压
15	C	控制	47	IN	输入
16	CCW	逆时针	48	INC	增
17	CD	操作台（独立）	49	IND	感应
18	CO	切换	50	L	左
19	CW	顺时针	51	L	限制
20	D	延时、延迟	52	L	低
21	D	差动	53	LL	最低（较低）
22	D	数字	54	LA	闭锁
23	D	降	55	M	主
24	DC	直流	56	M	中
25	DCD	解调	57	M、MAN	手动
26	DEC	减	58	MAX	最大
27	DP	调度	59	MIN	最小
28	DR	方向	60	MC	微波
29	DS	失步	61	MD	调制
30	E	接地	62	MH	人孔（人井）
31	EC	编码	63	MN	监听
32	EM	紧急	64	MO	瞬间（时）
33	EMS	发射	65	MUX	多路复用的限定符号
34	EX	防爆	66	NR	正常
35	F	快速	67	OFF	断开
36	FA	事故	68	ON	闭合
37	FB	反馈	69	OUT	输出
38	FM	调频	70	O/E	光电转换器

续表

序号	文字符号	名 称	序号	文字符号	名 称
71	P	压力	89	STE	步进
72	P	保护	90	STP	停止
73	PL	脉冲	91	SYN	同步
74	PM	调相	92	SY	整步
75	PO	并机	93	SP	设定点
76	PR	参量	94	T	温度
77	R	记录	95	T	时间
78	R	右	96	T	力矩
79	R	反	97	TM	发送
80	RD	红	98	U	升
81	RES	备用	99	UPS	不间断电源
82	R、RST	复位	100	V	真空
83	RTD	热电阻	101	V	速度
84	RUN	运转	102	V	电压
85	S	信号	103	VR	可变
86	ST	启动	104	WH	白
87	S、SET	置位、定位	105	YE	黄
88	SAT	饱和			

6. 电气设备辅助文字符号，见表 1.4.2-9。

为了区分不同的电气设备，可采用□内填加不同的英文缩略语作为电气设备的图形符号。例如：[MEB]：等电位端子箱；[UPS]：不间断电源装置箱；[ST]：软启动器；[HDR]：烘手器。

强电设备辅助文字符号　　表 1.4.2-9

强电	文字符号	名 称	强电	文字符号	名 称
1	DB	配电屏（箱）	11	LB	照明配电箱
2	UPS	不间断电源装置（箱）	12	ELB	应急照明配电箱
3	EPS	应急电源装置（箱）	13	WB	电度表箱
4	MEB	总等电位端子箱	14	IB	仪表箱
5	LEB	局部等电位端子箱	15	MS	电动机启动器
6	SB	信号箱	16	SDS	星一三角启动器
7	TB	电源切换箱	17	SAT	自耦降压启动器
8	PB	动力配电箱	18	ST	软启动器
9	EPB	应急动力配电箱	19	HDR	烘手器
10	CB	控制箱、操作箱			

7. 信号灯和按钮的颜色标识，见表 1.4.2-10、表 1.4.2-11。

信号灯的颜色标识 **表 1.4.2-10**

名 称	颜色标识	
状 态	颜 色	备 注
危险指示	红色（RD）	—
事故跳闸		
重要的服务系统停机		
起重机停止位置超行程		
辅助系统的压力/温度超出安全极限		
警告指示	黄色（YE）	
高温报警		
过负荷		
异常指示		
安全指示	绿色（GN）	
正常指示		核准继续运行
正常分闸（停机）指示		设备在安全状态
弹簧储能完毕指示		
电动机降压启动过程指示	蓝色（BU）	
开关的合（分）或运行指示	白色（WH）	单灯指示开关运行状态；双灯指示开关合时运行状态

注：信号灯和按钮的颜色标识主要依据《人-机界面标志标识的基本和安全规则 指示器和操作器的编码规则》GB/T 4025—2003/IEC 60073：1996 编制。

按钮的颜色标识 **表 1.4.2-11**

名 称	颜色标识
紧停按钮	红色（RD）
正常停和紧停合用按钮	
危险状态或紧急指令	
合闸（开机）（启动）按钮	绿色（GN）、白色（WH）
分闸（停机）按钮	红色（RD）、黑色（BK）
电动机降压启动结束按钮	白色（WH）
复位按钮	
弹簧储能按钮	蓝色（BU）
异常、故障状态	黄色（YE）
安全状态	绿色（GN）

注：合闸（启动）按钮选择绿色时，分闸（停机）按钮必须选择红色；合闸（启动）按钮选择白色时，分闸（停机）按钮必须选择黑色。

8. 导体的颜色标识，见表 1.4.2-12。

导体的颜色标识 **表 1.4.2-12**

导体名称	颜色标识
交流导体的第 1 线	黄色（YE）
交流导体的第 2 线	绿色（GN）
交流导体的第 3 线	红色（RD）
中性导体 N	淡蓝色（BU）
保护导体 PE	绿/黄双色（GNYE）
PEN 导体	全长绿/黄双色（GNYE），终端另用淡蓝色（BU）标志或全长淡蓝色（BU），终端另用绿/黄双色（GNYE）标志
直流导体的正极	棕色（BN）
直流导体的负极	蓝色（BU）
直流导体的中间点导体	淡蓝色（BU）

注：导体的颜色标识主要依据《人机界面标志标识的基本和安全规则　导体的颜色或数字标识》GB 7947—2006/IEC 60446：1999 编制。

2 供配电系统

2.1 负荷分级及供电要求

2.1.1 负 荷 分 级

1. 负荷分级概述

民用建筑用电负荷，应根据用户的重要性或其用电设备对供电可靠性的要求及中断供电将造成的人身伤害、社会影响、经济损失程度，分为一级负荷、二级负荷及三级负荷。确定负荷特性的目的是为了工程设计中用户可以根据其本身的特点确定其供电方案。

（1）符合下列情况之一时，应视为一级负荷。

① 中断供电将造成人身伤害时；

② 中断供电将在经济上造成重大损失时；

③ 中断供电将影响重要用电单位的正常工作。

在一级负荷中，当中断供电将造成人员伤亡或重大设备损坏或发生中毒、爆炸和火灾等情况的负荷，以及特别重要场所的不允许中断供电的负荷，应视为一级负荷中特别重要的负荷。例如：重要通信枢纽、重要交通枢纽、重要的经济信息中心、特级或甲级体育建筑、国宾馆、承担重大国事活动的会堂、经常用于重要国际活动的大量人员集中的公共场所等的重要用电负荷；特别重要负荷用户中的重要的计算机网络及实时处理的计算机等重要设备；特殊重要场所的不允许中断供电的设备等。

（2）符合下列情况之一时，应视为二级负荷。

① 中断供电将在经济上造成较大损失时；

② 中断供电将影响较重要用电单位的正常工作或造成公共场所秩序混乱。

（3）不属于一级和二级负荷者应为三级负荷。

2. 民用建筑用电负荷分级

各类民用建筑物的主要用电负荷分级，见表 2.1.1-1～表 2.1.1-3。

民用建筑用户负荷分级 **表 2.1.1-1**

负荷等级	用 户 名 称
特别重要用户	国宾馆；国家级及承担重大国事活动的会堂、国际会议中心；国家级政府办公楼；国家军事指挥中心；国家级图书馆、文物库；特级体育场、馆；国家及直辖市级广播电台、电视台；民用机场；地、市级以上气象台、站；通信枢纽及市话局、卫星地面站；大型博物馆、展览馆；四星级及以上宾馆、饭店；大型金融中心、大型银行、大型证券交易中心；省、部级计算中心；大型百货商场、贸易中心；三级医院；超高层及特大型公共建筑；经常用于国际活动的大量人员集中的公共场所；中断供电将发生爆炸、火灾以及严重中毒的民用建筑；有关部门规定的特级用户；国家级及省部级防灾应急中心；电力调度中心；交通指挥中心

续表

负荷等级	用户名称
一级负荷用户	直辖市、省部级办公楼；大型高层办公楼；三星级宾馆；大使馆及大使官邸；二级医院；银行；大型火车站；3万 m^2 以上的百货商店；重要的科研单位、重点高等院校；地、市级体育场馆；大量人员集中的公共场所；当地供电主管部门规定的一级负荷用户
二级负荷用户	高层普通住宅、高层宿舍；大型普通办公楼；甲等电影院；中型百货商场；高等学校、科研单位；一、二级汽车客运站；大型冷库
三级负荷用户	不属于特别重要及一、二级负荷用户的其他用户

注：1. 表中超高层建筑的高度范围为100～250m。

2. 本表摘自《全国民用建筑工程设计技术措施·电气》(2009)。

各类民用建筑物的主要用电负荷分级　　表 2.1.1-2

序号	建筑物名称	用电负荷名称	负荷级别
1	国家级会堂、国宾馆、国际级国际会议中心	主会场、接见厅、宴会厅照明，电声、录像、计算机系统用电	一级*
		客梯、总值班室、会议室、主要办公室、档案室用电	一级
2	国家及省、部级政府办公建筑	客梯、主要办公室、会议室、总值班室、档案室及主要通道照明用电	一级
3	国家及省、部级计算中心	计算机系统用电	一级*
4	国家及省、部级防灾中心、电力调度中心、交通指挥中心	防灾、电力调度及交通指挥计算机系统用电	一级*
5	地、市级办公建筑	主要办公室、会议室、总值班室、档案室及主要通道照明用电	二级
6	地、市级及以上气象台	气象业务用计算机系统用电	一级*
		气象雷达、电报及传真收发设备、卫星云图接收机及语言广播设备、气象绘图及预报照明用电	一级
7	电信枢纽、卫星地面站	保证通信不中断的主要设备用电	一级*
8	电视台、广播电台	国家及省、市、自治区电视台、广播电台的计算机系统用电，直接播出的电视演播厅、中心机房、录像室、微波设备及发射机房用电	一级*
		语言播音室、控制室的电力和照明用电	一级
		洗印室、电视电影室、审听室、楼梯照明用电	二级
9	剧场	特、甲等剧场的调光用计算机系统用电	一级*
		特、甲等剧场的舞台照明、贵宾室、演员化妆室、舞台机械设备、电声设备、电视转播用电	一级
		甲等剧场的观众厅照明、空调机房及锅炉房电力和照明用电	二级

续表

序号	建筑物名称	用电负荷名称	负荷级别
10	电影院	甲等电影院的照明与放映用电	二级
11	博物馆、展览馆	大型博物馆及展览馆安防系统用电；珍贵展品展室照明用电	一级*
		展览用电	二级
12	图书馆	藏书量超过100万册及重要图书馆的安防系统、图书检索用计算机系统用电	一级*
		其他用电	二级
13	体育建筑	特级体育场（馆）及游泳馆的比赛场（厅）、主席台、贵宾室、接待室、新闻发布厅、广场及主要通道照明、计时记分装置、计算机房、电话机房、广播机房、电台和电视转播及新闻摄影用电	一级*
		甲级体育场（馆）及游泳馆的比赛场（厅）、主席台、贵宾室、接待室、新闻发布厅、广场及主要通道照明、计时记分装置、计算机房、电话机房、广播机房、电台和电视转播及新闻摄影用电	一级
		特级及甲级体育场（馆）及游泳馆中非比赛用电、乙级及以下体育建筑比赛用电	二级
14	商场、超市	大型商场及超市的经营管理用计算机系统用电	一级*
		大型商场及超市营业厅的备用照明用电	一级
		大型商场及超市的自动扶梯、空调用电	二级
		中型商场及超市营业厅的备用照明用电	
15	银行、金融中心、证交中心	重要的计算机系统和安防系统用电	一级*
		大型银行营业厅及门厅照明、安全照明用电	一级
		小型银行营业厅及门厅照明用电	二级
16	民用航空港	航空管制、导航、通信、气象、助航灯光系统设施和台站用电，边防、海关的安全检查设备用电，航班预报设备用电，三级以上油库用电	一级*
		候机楼、外航驻机场办事处、机场宾馆及旅客过夜用房、站坪照明、站坪机务用电	一级
		其他用电	二级
17	铁路旅客站	大型站和国境站的旅客站房、站台、天桥、地道用电	一级

续表

序号	建筑物名称	用电负荷名称	负荷级别
18	水运客运站	通信、导航设施用电	一级
		港口重要作业区、一级客运站用电	二级
19	汽车客运站	一、二级客运站用电	二级
20	汽车库（修车库）、停车场	Ⅰ类汽车库、机械停车设备及采用升降梯作车辆疏散出口的升降梯用电	一级
		Ⅱ、Ⅲ类汽车库和Ⅰ类修车库、机械停车设备及采用升降梯作车辆疏散出口的升降梯用电	二级
21	旅游饭店	四星级及以上旅游饭店的经营及设备管理用计算机系统用电	一级*
		四星级及以上旅游饭店的宴会厅、餐厅、厨房、康乐设施、门厅及高级客房、主要通道等场所的照明用电，厨房、排污泵、生活水泵、主要客梯用电，计算机、电话、电声和录像设备、新闻摄影用电	一级
		三星级旅游饭店的宴会厅、餐厅、厨房、康乐设施、门厅及高级客房、主要通道等场所的照明用电，厨房、排污泵、生活水泵、主要客梯用电，计算机、电话、电声和录像设备、新闻摄影用电，除上栏所述之外的四星级及以上旅游饭店的其他用电	二级
22	科研院所、高等院校	四级生物安全实验室等对供电连续性要求极高的国家重点实验室用电	一级*
		除上栏所述之外的其他重要实验室用电	一级
		主要通道照明用电	二级
23	二级以上医院	重要手术室、重症监护等涉及患者生命安全的设备（如呼吸机等）及照明用电	一级*
		急诊部、监护病房、手术室、分娩室、婴儿室、血液病房的净化室、血液透析室、病理切片分析、核磁共振、介入治疗用CT及X光机扫描室、血库、高压氧舱、加速器机房、治疗室及配血室的电力照明用电，培养箱、冰箱、恒温箱用电，走道照明用电，百级洁净度手术室空调系统用电，重症呼吸道感染区的通风系统用电	一级
		除上栏所述之外的其他手术室空调系统用电，电子显微镜、一般诊断用CT及X光机用电，客梯用电，高级病房、肢体伤残康复病房照明用电	二级

续表

序号	建筑物名称	用电负荷名称	负荷级别
24	一类高层建筑	走道照明、值班照明、警卫照明、障碍照明用电，主要业务和计算机系统用电，安防系统用电，电子信息设备机房用电，客梯用电，排污泵、生活水泵用电	一级
25	二类高层建筑	主要通道及楼梯间照明用电，客梯用电，排污泵、生活水泵用电	二级

注：1. 负荷分级表中“一级*”为一级负荷中特别重要负荷。

2. 各类建筑物的分级见现行的有关设计规范。

3. 本表未包含消防负荷分级，民用建筑中消防用电的负荷等级，应符合下列规定：

(1) 一类高层民用建筑的消防控制室、火灾自动报警及联动控制装置、火灾应急照明及疏散指示标志、防烟及排烟设施、自动灭火系统、消防水泵、消防电梯及其排水泵、电动的防火卷帘及门窗以及阀门等消防用电应为一级负荷，二类高层民用建筑内的上述消防用电应为二级负荷；

(2) 特、甲等剧场，本条（1）款所列的消防用电应为一级负荷，乙、丙等剧场应为二级负荷；

(3) 特级体育场馆的应急照明为一级负荷中的特别重要负荷；甲级体育场馆的应急照明应为一级负荷。

4. 当序号1～23各类建筑物与一类或二类高层建筑的用电负荷级别不相同时，负荷级别应按其中高者确定。

5. 当主体建筑中有一级负荷中特别重要负荷时，直接影响其运行的空调用电应为一级负荷；当主体建筑中有大量一级负荷时，直接影响其运行的空调用电应为二级负荷。

6. 重要电信机房的交流电源，其负荷级别应与该建筑工程中最高等级的用电负荷相同。

7. 区域性的生活给水泵房、采暖锅炉房及换热站的用电负荷，应根据工程规模、重要性等因素合理确定负荷等级，且不应低于二级。

8. 有特殊要求的用电负荷，应根据实际情况与有关部门协商确定。

9. 本表摘自《民用建筑电气设计规范》JGJ 16—2008。

各类建筑物用电负荷分级　　表 2.1.1-3

<table>
<tr><th>建筑物类别</th><th colspan="2">建筑物名称</th><th>用电设备（或场所）名称</th><th>负荷等级</th></tr>
<tr><td rowspan="6">住宅建筑</td><td colspan="2" rowspan="2">超高层住宅</td><td>应急疏散照明、障碍照明</td><td>一级负荷中特别重要负荷</td></tr>
<tr><td>变电所、柴油发电机房</td><td rowspan="2">一级负荷</td></tr>
<tr><td rowspan="2">高层住宅</td><td>19 层及以上</td><td>应急疏散照明、障碍照明</td></tr>
<tr><td>10～18 层</td><td>安防系统、值班照明、通信机房、变电所、柴油发电机房</td><td rowspan="2">二级负荷</td></tr>
<tr><td colspan="2">超高层住宅</td><td>热交换设备</td></tr>
<tr><td colspan="2">低层住宅、多层住宅、高层及超高层住宅</td><td>除上述外的用电负荷</td><td>三级负荷</td></tr>
<tr><td rowspan="5">商业建筑</td><td colspan="2" rowspan="3">大型商场及超市</td><td>经营管理用计算机系统</td><td>一级负荷中特别重要负荷</td></tr>
<tr><td>门厅及营业厅的备用照明用电</td><td>一级负荷</td></tr>
<tr><td>自动扶梯、自动人行道、空调</td><td>二级负荷</td></tr>
<tr><td colspan="2">中型商场及超市</td><td>营业厅、门厅照明</td><td>二级负荷</td></tr>
<tr><td colspan="2">建筑面积超过 15000m² 的商场、地下商场</td><td>消防及应急照明设备</td><td>一级负荷中特别重要负荷</td></tr>
</table>

续表

建筑物类别	建筑物名称	用电设备（或场所）名称	负荷等级
商业建筑	一类高层商业建筑	消防控制室、火灾自动报警及联动控制装置、火灾应急照明及疏散指示标志、防烟排烟设施、自动灭火系统、消防水泵、消防电梯及其排水泵、电动的防火卷帘及门窗以及阀门等消防用电	一级负荷
	二类高层商业建筑		二级负荷
办公建筑	一类办公建筑和建筑高度超过 50m 的高层办公建筑的重要设备及部位	重要办公室、总值班室、主要通道的照明、值班照明、警卫照明、障碍标志灯、屋顶停机坪信号灯、电话总机房、计算机房、变配电所、柴油发电机房等；经营管理用及设备管理用电子计算机系统电源；客梯电力、排污泵、变频调速恒压供水生活水泵电源	一级负荷
	二类办公建筑和建筑高度不超过 50m 的高层办公建筑以及部、省级行政办公建筑的重要设备及部位		二级负荷
	三类办公建筑和除一、二级负荷以外的用电设备及部位	照明、电力设备	三级负荷
图书馆建筑	图家级图书馆		特别重要负荷用户
	省、直辖市级图书馆、重点高校图书馆、重点科研图书馆、重要专门图书馆		一级负荷用户
	藏书量超过 100 万册的非上述图书馆		二级负荷用户
	其他图书馆		三级负荷用户
	特别重要负荷用户	（1）消防用电（如消防水泵、消防电梯、消防风机、消防中心电源、应急照明、疏散标志灯）；（2）安防用电（如值班照明、警卫照明、视频安防系统、电子巡查系统、入侵报警系统、安防监控中心）；（3）管理用计算机系统；（4）珍善本库恒温恒湿系统；（5）排污泵；（6）信息机房	一级负荷中特别重要负荷
		（1）生活供水设备；（2）客梯	一级负荷
	一级负荷用户及二级负荷用户中的地市级图书馆	（1）消防用电；（2）安防用电；（3）珍善本库恒温恒湿系统；（4）排污泵；（5）信息机房；（6）生活供水设备；（7）客梯	一级负荷
学校建筑		科研院所、高等院校四级生物安全实验室等，对供电连续性要求极高的国家重点实验室	一级负荷中特别重要负荷
		重要实验室（如：生物培养等）	一级负荷
		其余各类学校用电	三级负荷

续表

建筑物类别	建筑物名称	用电设备（或场所）名称	负荷等级
旅馆建筑	一、二级旅馆	经营管理用及设备管理用计算机系统	一级负荷中特别重要负荷
		宴会厅、高级客房、餐厅、娱乐厅、康乐设施（健身中心、游泳馆及各种康及运动室等）、门厅及主要通道的照明用电；厨房、地下室、污水泵、雨水泵、生活水泵及主要客梯用电；计算机、电话、电声、新闻摄影、录像用电	一级负荷
		除上栏所述之外的其他用电	二级负荷
	三级旅馆	经营管理用及设备管理用电子计算机系统电源	一级负荷
		宴会厅、高级客房、餐厅、娱乐厅、康乐设施（健身中心、游泳馆及各种康乐运动室等）、门厅及主要通道的照明用电；厨房、地下室、污水泵、雨水泵、生活水泵及主要客梯用电；计算机、电话、电声、新闻摄影、录像用电	二级负荷
	一～三级旅馆	其他照明、电力设备	三级负荷
	四～六级旅馆	照明、电力设备	
医院建筑	二级以上医院	重要手术室、重症监护室的涉及患者生命安全的设备（如呼吸机等）及照明用电	一级负荷中特别重要负荷
		急诊部、监护病房、手术部、分娩室、婴儿室、血液病房的净化室、血液透析室、病理切片分析、核磁共振、介入治疗用CT及X光机扫描室、血库、高压氧舱、加速器机房、治疗室及配血室的电力照明用电，培养箱、冰箱、恒温箱用电，走道照明用电，百级洁净度手术室空调系统、重症呼吸道感染区的通风系统用电，其他必须持续供电的精密医疗装备	一级负荷
		除上栏所述之外的其他手术室空调系统用电，电子显微镜、一般诊断用CT及X光机用电，客梯用电，高级病房、肢体伤残康复病房的照明用电	二级负荷
		不属于一级和二级负荷的其他负荷	三级负荷

续表

建筑物类别	建筑物名称	用电设备（或场所）名称	负荷等级
汽车库建筑	Ⅰ类汽车库	消防水泵、火灾自动报警、自动灭火、排烟设备、应急照明、疏散指示标志等消防设备和机械停车设备以及采用升降梯作车辆疏散出口的升降梯	一级负荷
	Ⅱ、Ⅲ类汽车库和Ⅰ类修车库		二级负荷
	Ⅰ、Ⅱ、Ⅲ类汽车库和Ⅰ类修车库	除上述外的其他设备	三级负荷
	其他级别汽车库或修车库	所有用电场所和设备	
博物馆建筑	国家级、省（直辖市、自治区）级博物馆	国家级藏品的藏品库、展览厅陈列区、计算机房、安全防范系统、火灾自动报警及消防联动控制系统、监控室的电力和照明	一级负荷中特别重要负荷
		大堂正常照明、出入口的照明	一级负荷
	地（市）级、县（行业）级、私人博物馆	展览厅陈列区、计算机房、安全防范系统、火灾自动报警及消防联动控制系统、监控室的电力和应急照明	一级负荷
		大堂正常照明、出入口的照明	二级负荷
	各级别博物馆	观众公共空间照明、客梯电力，文物库库前区、研究部、安全保卫部、物业保障部、建筑设备管理系统和监控室、文物消毒熏蒸室、文物修复部门、科学技术实验室的电力和照明	二级负荷
		其他用电设备或场所	三级负荷
剧场建筑	—	特、甲等剧场的调光用计算机系统；特大型剧场的应急照明及疏散指示标志等	一级负荷中特别重要负荷
		特、甲等剧场的舞台照明；贵宾室、演员化妆室、舞台机械设备、消防设备、电声设备；电视转播设备；应急照明及疏散指示标志等	一级负荷
		甲等剧场观众厅照明、空调机房及锅炉房的电力和照明等；乙、丙类剧场的消防设备、应急照明、疏散指示标志	二级负荷
		不属于一、二级负荷用电设备	三级负荷

注：1. 消防负荷分级按建筑所属类别考虑。

2. 旅游饭店的星级标准与旅馆标准的大致对应关系如下，供设计人员参考：

(1) 一、二级旅馆相当于四星级及以上旅游饭店；

(2) 三级旅馆相当于三星级旅游饭店；

(3) 四～六级旅馆相当于二星级及以下旅游饭店。

2.1.2 各级负荷供电要求

民用建筑工程（用户）的 10（6）kV 及以下供配电系统的设计，均与市政（外部）电源条件有关，而市政电源条件一般取决于（由工程筹建单位提供的）当地供电部门确定的供电方案。如果工程筹建单位和当地供电部门未提供“供电方案”，工程设计者应根据工程所在地的公共电网现状及其发展规划，结合本工程的性质、特点、规模、负荷等级、用电量、供电距离等因素，依据国家及行业的相关标准、规范，经过技术经济比较，确定本工程的外部电源、自备电源及用户内各类用电设备的供配电系统。

供配电系统的设计应按负荷性质、用电容量、工程特点、系统规模和发展规划以及当地供电条件，合理确定设计方案；供配电系统的设计应保障安全、供电可靠、技术先进和经济合理；供配电系统的构成应简单明确，减少电能损失，并便于管理和维护。

1. 一级（含特别重要）负荷用户和设备的供电措施

（1）一级负荷应由双重电源供电，当一电源发生故障（或检修）时，另一电源不应同时受到损坏（或检修）。

（2）一级负荷中特别重要的负荷供电，应符合下列要求：

① 除应由双重电源供电外，尚应增设应急电源，并严禁将其他负荷接入应急供电系统；

② 设备的供电电源的切换时间，应满足设备允许中断供电的要求。

（3）符号下列条件之一的用户，应设置自备（应急）电源：

① 特别重要负荷用户；

② 外电源不能满足一、二级负荷需要的用户；

③ 设置自备（应急）电源较从电力系统取得第二电源经济合理的用户；

④ 所在地区偏僻，远离电力系统，设置自备电源作为主电源或备用电源，经济合理者；

⑤ 有常年稳定余热、压差、废气可供发电，技术经济合理者。

（4）下列电源可作为应急电源：

① 独立于正常电源的发电机组；

② 供电网络中独立于正常电源的专用的馈电线路；

③ 蓄电池、UPS 或 EPS 装置；

④ 干电池。

（5）根据允许中断供电的时间，可分别选择下列自备（应急）电源：

①要求连续供电或允许中断供电时间仅为毫秒级的负荷，应选用不间断电源装置（UPS），有同样要求的照明负荷可选用应急电源装置（EPS）；

②双电源自动转换装置的动作时间（ATSE 切换时间一般小于 0.15s，接触器类自动转换装置切换时间一般小于 0.5s）能满足允许中断供电时间要求者，可选用带自动转换装置的独立于正常电源的专用馈电回路；

③当允许中断供电时间为 15～30s 者，可选用快速自动启动的柴油发电机组；当柴油发电机组启动时间不能满足负荷对中断供电时间的要求时，可增设其他应急电源（如 UPS 或 EPS）与柴油发电机组相配合。

(6) 不间断电源和应急电源的工作时间，应按生产技术上要求的允许停车过程时间确定，应满足负荷对其工作时间或恢复正常电源所需时间的要求。与自动启动的柴油发电机组配合使用的 UPS 或 EPS 应急电源，其供电时间不应少于 10min。

(7) 为保证应急电源的独立性，防止正常电源故障时影响或拖垮应急电源，应急电源与正常电源之间必须采取防止并联运行的措施。

(8) 一级负荷用户变配电室内的高、低压配电系统，均应采用单母线分段方式，各段母线间宜设联络断路器，可手动或自动（高压宜为手动，低压宜为自动）分、合闸。两电源平时应分列运行，故障时互为备用。

(9) 特别重要负荷用户变配电室内的低压配电系统，应设置应急母线段，为特别重要负荷设备供电。

不同级别的负荷不应共用供电回路，为一级负荷供电的回路中，不应接入其他级别的负荷。为特别重要负荷设备供电的回路中，严禁接入其他级别的负荷设备。

(10) 一级（含特别重要）负荷用户的高压配电系统，宜采用断路器保护方式。

(11) 消防用电设备的供电，应从本建筑的总配电室或分配电室采用消防专用回路供电，避免因发生火灾切断非消防电源时，也同时切断了消防电源。

(12) 为一级负荷设备供电的两个电源回路，应在最末一级配电（或控制）装置处自动切换。切换时间应满足用电设备对中断供电时间的要求。必要时设置不间断电源装置。照明负荷可采用两个电源各带一半负荷的供电方式，当一个电源故障时，仍能维持工作场所 50%的照度。

(13) 分散的小容量一级负荷（如应急照明），可采用设备自带蓄电池（干电池）或集中供电型电源装置（EPS）作为应急电源。

2. 二级负荷用户和设备的供电措施。

二级负荷的供电系统，应满足当电力变压器或线路发生故障时，能及时恢复供电的要求。可根据当地电网的条件，用电设备的性质、安装位置的分布情况等，采取下列方式之一：

(1) 由同一座变电站的两段母线分别引来的两个回路在适当位置自动或手动切换供电。

(2) 由两个电源供电，其第二电源可引自邻近单位或自备发电机组。

(3) 二级负荷的供电系统，宜由两回线路供电。在负荷较小或当地区供电条件困难时，可由一路 6kV 及以上专用架空线供电，或采用两根电缆供电，其每根电缆应能承担全部二级负荷；当采用电缆线路时，应采用两根电缆组成的线路供电，其每根电缆应能承受 100%的二级负荷。

(4) 当变配电系统的高压侧为两路供电，且低压侧为单母线分段（设有母联开关）时，对大容量设备（例如：属二级负荷的冷水机组），可由变配电所低压配电柜采用单路放射式供电。

(5) 对二类建筑内工作性质相同，容量较小的多台消防设备（例如：多台排烟风机、防火卷帘门、排污泵控制箱或多台应急照明配电箱等）可采用两路消防专用供电回路树干式配电到控制（或配电）箱，自动切换供电，自动切换箱链接的台数不宜超过 5 台。

(6) 经双电源切换箱自动切换后，自动切换箱配出至用电设备的线路，均应采用放射式供电。

(7) 分散的小容量应急照明负荷，可采用一路消防电源与设备自带的蓄（干）电池（组）自动切换供电。当本工程无消防电源时可采用一路正常电源与设备自带的蓄（干）电池（组）自动切换供电。

(8) 在配电竖井的另一插接母线预留插接开关及自动或手动转换装置，当本回路故障后能迅速转换到预留的插接开关回路。

3. 三级负荷用户和设备的供电措施。

(1) 三级负荷均采用单电源单回路供电；但应尽量减少配电级数，使配电系统简单，便于管理维护，节能、节材。

(2) 小容量三级负荷用户的高压系统，宜采用负荷开关加熔断器保护方式。

(3) 当三级负荷用户中，有少量一、二级负荷设备时，宜在适当部位设置仅满足一、二级负荷需要的自备（应急）电源。

4. 各级负荷的备用电源设置可根据用电需要确定。

5. 备用电源的负荷严禁接入应急供电系统。

6. 行业学会达成共识意见。

中国建筑学会建筑电气分会关于《供配电系统设计规范》GB 50052—2009 中的 3.0.3 条和 3.0.9 条强制性条文条款如何在民用建筑电气设计中合理应用达成了共识，下述意见可在现阶段建筑电气设计中采纳和执行。

(1) 如何界定应急供电系统的范围。

对于上述两条强制性条文，执行的难点在于如何界定应急供电系统的范围。对此参加研讨的常务理事一致认为：

① 对于电信枢纽和数据中心这样的工程，一级负荷中特别重要的负荷容量非常大。应急供电系统可由双重电源＋发电机组和 UPS 不间断电源装置组成；

② 对于其他公共建筑，由于一级负荷中特别重要的负荷容量不大，通常为几十千瓦，主要为计算机网络系统和部分电子信息系统供电。这时应急供电系统可由双重电源的两个低压回路、双电源切换装置和 UPS 组成。

(2) 作为第三电源的发电机组的供电范围。

当建筑物由于功能性需要设置了发电机组时，作为第三电源的发电机组可为下列负荷供电：

① 为一级负荷中特别重要的负荷供电，此时 UPS 的容量（Ah）可减少；

② 为消防负荷供电；

③ 为保持大楼基本运营的用电设备供电（如普通电梯、生活水泵、重要办公室用电）。

为上述供电的发电机容量应为①项＋②、③项较大者，火灾时可将 c 项的电源切除。对于 3.0.9 条的理解应为“由低压双回路电源供电的一级负荷不应接入应急供电系统”，即不能接入由双重电源的两个低压回路、双电源切换装置和 UPS 组成的系统。

2.2 电压等级与供电电压

2.2.1 电 压 等 级 选 择

1. 各级用户的供电电压，应根据其计算容量、供电距离、用电设备特性、电源回路数量、远景规划及当地公共电网的现状和发展规划等因素，综合考虑，经技术经济比较确定。

2. 供电电压大于等于35kV时，用户的一级配电电压宜采用10kV；当6kV用电设备的总容量较大，选用6kV经济合理时，宜采用6kV；低压配电电压宜采用220V/380V，工矿企业亦可采用660V；当安全需要时，应采用小于50V电压。

3. 地区电力网提供的电源电压为35kV，且采用35kV配电经济合理时，经当地供电部门同意，可采用35kV配电，并采用35/0.4kV直降的方式。若根据用电设备的具体情况，选用6kV配电技术经济合理时，可采用6kV配电。

4. 城镇的高压配电电压应采用10kV（特殊情况下，可采用6kV），低压配电电压应采用380/220V。10（6）kV电源应深入负荷中心，以缩短低压配电线路的长度。

5. 当用电设备总容量在250kW及以上或需用变压器容量在160kVA及以上者，宜采用10kV供电。当用电设备总容量在250kW以下或变压器容量在160kVA以下者，可由低压380/220V供电。

对于大型公用建筑的电制冷冷水机组，应根据机组的容量及地区供电条件等，经技术经济比较，并与负责冷水机组选型者（空调专业设计人及业主）协商，合理选择机组的额定电压和用户的供配电电压。条件许可时，应尽量采用10kV（或6kV）冷水机组，以利于节能。

当采用220/380V冷水机组时，宜将为其供电的变压器及配电装置室与制冷机组的机房组合在一起或相邻布置，并依据冷水机组电动机启动方式等因素选择变压器容量。

2.2.2 供电电压允许偏差

1. 电压偏差允许值

（1）国家标准《电能质量供电电压允许偏差》GB/T 12325—2003中规定，用电单位（用户）受电端供电电压的偏差允许值，应符合下列要求：

① 10kV及以下三相供电电压允许偏差为标称系统电压的±7%；

② 220V单相供电电压允许偏差为标称系统电压的+7%、−10%；

③ 对供电电压允许偏差有特殊要求的用电单位，应与供电企业协议确定。

（2）根据现行国家标准《民用建筑电气设计规范》JGJ 16及《供配电系统设计规范》GB 50052等规定，用电设备端子处的电压偏差允许值，正常运行情况下，宜小于第9.1.2节表9.1.2-4限值的要求；电梯电动机为±7%。

2. 减少电压偏差的措施

（1）为减少电压偏差，供配电系统的设计应满足下列要求：

① 正确选择变压器的变比、电压分接头和阻抗电压；

② 降低配电系统阻抗；

③ 采用（恰当的方式、在适当的地点、用适当的容量进行）无功功率补偿措施；

④ 应将单相负荷尽量均匀地分配到三相电源的各相上，宜使三相负荷平衡。

(2) 10 (6) kV 配电变压器不宜采用有载调压型，但在当地 10 (6) kV 电源电压偏差不能满足要求，且用户有对电压要求严格的设备，单独设置调压装置技术经济不合理时，也可采用 10 (6) kV 有载调压变压器。

电压偏差应符合用电设备端电压的要求，大于等于 35kV 电网的有载调压宜实行逆调压方式。逆调压的范围为额定电压的 0～+5%。

(3) 为减小电压波动和闪变对电能质量的影响，对波动性、冲击性低压负荷宜采取下列措施：

① 宜采用专线供电；

② 与其他负荷共用配电线路时，宜降低配电线路阻抗；

③ 较大功率的波动性、冲击性负荷或波动性、冲击性负荷群，宜与对电压波动、闪变敏感的负荷由不同变压器供电；

④ 有条件时由短路容量较大的回路供电。

(4) 为降低供配电系统中在公共连接点的三相电压不平衡、不对称度，设计低压配电系统时，宜采取下列措施：

① 220V 或 380V 单相用电设备接入 380/220V 三相系统时，应尽可能使三相负荷平衡；

② 由地区公共低压电网供电的 220V 照明负荷，线路电流不大于 60A 时，允许采用 220V 单相供电，大于 60A 时，宜采用 220V/380V 三相四线制供电。

③ 选用结线组别为 D，yn11 的三相电力变压器。

2.2.3 配 电 电 压

1. 额定电压

(1) 第一、二、三类额定电压，见表 2.2.3-1～表 2.2.3-3。

第一类额定电压

表 2.2.3-1

直流 (V)	交流 (V)	
	三相（线电压）	单相
6	—	—
12	—	12
24	—	—
—	36	
48	—	36

第二类额定电压 **表 2.2.3-2**

受电设备			发电机		变压器			
直流 (V)	交流三相		直流 (V)	交流三相 (V)	交流 (V)			
					三相		单相	
	线电压	相电压		线电压	一次线圈	二次线圈	一次线圈	二次线圈
110	—	—	115	—	—	—	—	—
—	(127)	—	—	(133)	(127)	(133)	(127)	(133)
220	220	127	230	230	220	230	220	230
—	380	220	—	400	380	400	380	—
440	—	—	480	—	—	—	—	—

第三类额定电压 **表 2.2.3-3**

受电设备额定电压和系统标称电压	供电设备额定电压		
受电设备电压（kV）	交流发电机线电压（kV）	变压器线电压	
		一次线圈	二次线圈
3	3.15	3 及 3.15	3.15 及 3.3
6	6.3	6 及 6.3	6.3 及 6.6
10	10.5	10 及 10.5	10.5 及 11
20	21	20 及 21	21 及 22
35	—	35	38.5
60	—	60	66
110	—	110	121
154	—	154	169
220	—	220	242
330	—	330	363

（2）线路的额定电压和平均额定电压，见表 2.2.3-4。

线路的额定电压和平均额定电压 **表 2.2.3-4**

额定电压（kV）	0.22	0.38	3	6	10	20	35	60	110	154	220	330
平均额定电压（kV）	0.23	0.4	3.15	6.3	10.5	21	37	63	115	162	230	345

2. 电力线路合理输送功率和距离

各级电压电力线路合理输送功率和输送距离，见表 2.2.3-5。10kV 电力电缆的供电距离，见表 2.2.3-6。

架空输电线路的标称电压与输送功率和合理输送距离 **表 2.2.3-5**

类别	线路电压（kV）	输送功率（MW）	输送距离（km）	类别	线路电压（kV）	输送功率（MW）	输送距离（km）
用电标准电压	0.22	50kW 以下	0.15	系统标称电压	35	2.0～10	20～50
	0.22	100kW 以下	0.20（电缆线）		110	10～50	50～150
	0.38	100kW 以下	0.25		220	100～500	10～300
	0.38	175kW 以下	0.35（电缆线）		330	200～800	200～600
系统标称电压	3	0.1～1.0	1～3		500	1000～1500	250～850
	6	0.1～1.2	4～15		750	2000～2500	300～1000
	10	0.2～2.0	6～20		1000	2500～5000	500～1500

注：我国系统标称电压是 3、6、10、20、35、66、110、220、330、500、750 和 1000kV，均指三相交流系统的线电压。

10kV 聚乙烯绝缘电力电缆的供电距离 **表 2.2.3-6**

截面积(mm²)		允许负荷 S (MVA)	允许负荷 P (MW)	电压损失 [%/(MW·km)] cosφ=0.9	允许负荷下的供电距离(km) 允许电压损失(%) 3	5	7
铝芯	35	2.165	1.949	1.074	1.433	2.389	3.344
	50	2.511	2.260	0.756	1.735	2.892	4.049
	70	3.188	2.806	0.559	1.913	3.188	4.463
	95	3.724	3.352	0.423	2.116	3.526	4.937
	120	4.244	3.802	0.343	2.300	3.840	5.368
	150	4.763	4.287	0.283	2.473	4.121	5.770
	185	5.369	4.832	0.236	2.631	4.385	6.138
	240	6.235	5.612	0.190	2.814	4.689	6.565
铜芯	35	2.771	2.484	0.667	1.777	2.961	4.146
	50	3.291	2.962	0.487	2.080	3.466	4.853
	70	3.894	3.586	0.359	2.330	3.884	5.437
	95	4.763	4.287	0.276	2.535	4.226	5.916
	120	5.369	4.832	0.227	2.735	4.558	6.382
	150	6.602	5.456	0.190	2.984	4.823	6.753
	185	6.842	6.158	0.162	3.007	5.012	7.017
	240	7.881	7.093	0.133	3.810	5.300	7.420

注：1. 电缆线路为埋地敷设，T=25℃、线芯工作温度 θ=90℃、土壤电阻率 ρ=1.2℃·m/W。

2. 允许负荷下的供电距离系按线路末端集中负荷计算，当实际工程为分布负荷时，供电距离降大于表中的数据。

3. 当配电变压器总容量在 15000kVA 以上时，宜采用 20kV 以上电压等级供电，配电变压器总容量在 15000kVA 以下时，宜以 10kV 电压等级供电。

2.3 高 压 配 电

2.3.1 基本规定和配电原则

1. 基本规定和要求

电源及供电系统设计应符合现行国家标准《供配电系统设计规范》GB 50052 的规定。

(1) 符合下列条件之一时，用电宜设置自备电源：

① 需要设置自备电源作为一级负荷中的特别重要负荷的应急电源时或第二电源不能满足一级负荷的条件时；

② 设置自备电源比从电力系统取得第二电源经济合理时；

③ 有常年稳定余热、压差、废弃物可供发电，技术可靠、经济合理时；

④ 所在地区偏僻，远离电力系统，设置自备电源经济合理时；

⑤ 有设置分布式电源的条件，能源利用效率高、经济合理时。分布式电源所发电力

应以就近消化为主，原则上不允许向电网反送功率，但利用可再生能源发电的分布式电源除外。

(2) 应急电源与正常电源之间，应采取防止并列运行的措施。当有特殊要求，应急电源向正常电源转换需短暂并列运行时，应采取安全运行的措施。

(3) 供配电系统的设计，除一级负荷中的特别重要负荷外，不应按一个电源系统检修或故障的同时另一电源又发生故障进行设计。

(4) 需要两回电源线路的用户，宜采用同级电压供电。但根据各级负荷的不同需要及地区供电条件，亦可采用不同电压供电。

(5) 同时供电的两回及以上供配电线路中，当有一回路中断供电时，其余线路应能满足全部一级负荷及二级负荷。

(6) 供配电系统应简单可靠，同一电压等级的配电级数高压不宜多于两级。

(7) 高层及重要的民用建筑，高压配电系统宜采用放射式。根据变压器的容量、分布及地理环境等情况，亦可采用树干式或环式。

(8) 根据负荷的容量和分布，配变电所应靠近负荷中心。当配电电压为35kV时，亦可采用直降至低压配电电压。例如：铁路、轨道交通的供电。

2. 10kV供配电系统设计要点

(1) 高压供电方案应结合当地供电部门的要求，做到既经济又合理。

(2) 确定高压系统主接线方案，民用建筑宜采用单母线或单母线分段的接线方式。

(3) 确定进线开关，配电所专用电源线的进线开关宜采用断路器或带熔断器的负荷开关。当无继电保护和自动装置要求，且出线回路少无须带负荷操作时可采用隔离开关或隔离触头。

(4) 确定出线开关，配电所的引出线宜装设断路器。当满足继电保护和操作要求时，可装设带熔断器的负荷开关。

(5) 确定继电保护方式，二次接线图参见《6～10kV配电所二次接线》01D203-2。

(6) 确定计量方式。

(7) 确定变压器的中性点接地形式。

3. 设计技术措施

(1) 应根据用电负荷的容量及分布，使变压器深入负荷中心，以缩短低压供电半径，降低电能损耗，节约有色金属，减少电压损失，满足供电质量要求。

(2) 保护级数不宜过多，配电系统的保护电器，应根据配电系统的可靠性和管理维护的要求设置，各级保护电器之间的选择性配合，应满足供电系统可靠性的要求。

(3) 当供电电压为35kV，能减少配变电级数、简化结线，技术经济合理时，配电电压宜采用35kV。

(4) 有一级负荷的用户难以从地区电网取得两个电源而有可能从邻近单位取得第二电源时，宜从该单位取得第二电源。

(5) 具备下列情况之一者，宜分散设置配电变压器：

① 单体建筑面积大或场地大，用电负荷分散；

② 大型建筑群或住宅小区；

③ 超高层建筑，除在地下层或首层设置主变配电室外，宜根据负荷分布情况，在顶

层或中间层设置分变配电室，此分变配电室的单台变压器容量，宜为500kVA及以下，以便运输和安装。

(6) 高压配电系统宜采用放射式。根据负荷等级、容量、分布及线路走廊等情况，也可采用树干式或环网式。

(7) 每条配电线路、每个配变电所都应有明确的供电范围，不宜交错重叠。

(8) 住宅（小区）的10（6）kV供电系统，宜采用环网方式供电。

(9) 高层住宅宜在底层或地下一层设置10（6）/0.4kV户内变电所或预装式变电站，以便缩短低压供电半径。

(10) 多层住宅小区、别墅群，宜分区设置10（6）/0.4kV预装式变电站，其单台变压器容量，宜不大于800kVA。

4. 设计步骤

(1) 明确用电负荷的容量、用电设备的特性、供电距离、供电线路回路数及用电单位远景规划，确定进线电压等级。

(2) 收集及了解相关信息及参数，包括电源系统情况、继电保护时限、周边供电情况。

(3) 对用电负荷进行分析，确定一级负荷、二级负荷、三级负荷以及有无一级负荷中的特别重要负荷。

(4) 根据以上三点确定供配电方案。

(5) 根据用电负荷的容量、用电设备的特性确定变压器的台数及低压配电主接线方式。

(6) 确定各级负荷的供电措施。

(7) 负荷计算及保护装置的设计

2.3.2 配电方式及配电系统接线图

1. 配电方式

根据对供电可靠性的要求、变压器的容量及分布、地理环境等情况，高压配电系统宜采用放射式，也可采用树干式、环式或其他组合方式。

(1) 放射式。供电可靠性高，故障发生后影响范围较小，切换操作方便，保护简单，便于自动化，但配电线路和高压开关柜数量多而造价较高。

(2) 树干式。配电线路和高压开关柜数量少且投资少，但故障影响范围较大，供电可靠性较差。

(3) 环式。有闭路环式和开路环式两种。为简化保护，一般采用开路环式，其供电可靠性较高，运行比较灵活，但切换操作较繁。

(4) 格式。在环网中增加纵横线路，构成网格，节点处的用电设备可得到两路以上备电，供电可靠性提高，但管线与开关设备多，投资大，而且保护整定困难，仅在特殊情况下采用。

2. 高压供电系统主接线设计原则

(1) 民用建筑配电所高压侧宜采用单母线或单母线分段的接线方式。

(2) 6~10kV电源进线开关宜采用断路器或带熔断器的负荷开关。当无继电保护和自动装置要求，且供电容量较小、出线回路少、无须带负荷操作时，也可采用隔离开关或隔离触头。

(3) 当具有两路10kV高压电源供电时，根据用户的负荷特点，经过技术经济比较，可以采用如下几种接线方式：

① 一路电源供电系统；

② 两路电源同时供电单母线分段，互为备用；

③ 两路电源，一用一备，母线不分段；

④ 三路电源两路供电，一路备用，或三路供电母线分段加联络开关的接线方式。

(4) 高层建筑及重要的民用建筑，高压进线宜采用放射式接线。

(5) 一般住宅建筑、1000kVA及以下的变压器，宜采用环式配电系统。

(6) 由地区电网供电的变、配电所电源进线处，宜装设计量专用的电压、电流互感器。

(7) 6~10kV母线分段开关宜采用断路器，但属于下列情况之一时可以采用隔离开关或隔离触头组：

① 不需带负荷操作；

② 无继电保护或自动装置要求；

③ 出线回路较少。

(8) 当变压器与6~10kV配电所不在同一变配电所时，变压器的高压进线应设有隔离开关或负荷开关。

3. 10kV供电系统接线方案

10kV供电系统接线方案示意，见表2.3.2-1。

10kV供电系统接线方案示意　　　　表2.3.2-1

序号	接线方案	接线图	简要说明
1	单回路放射式配出	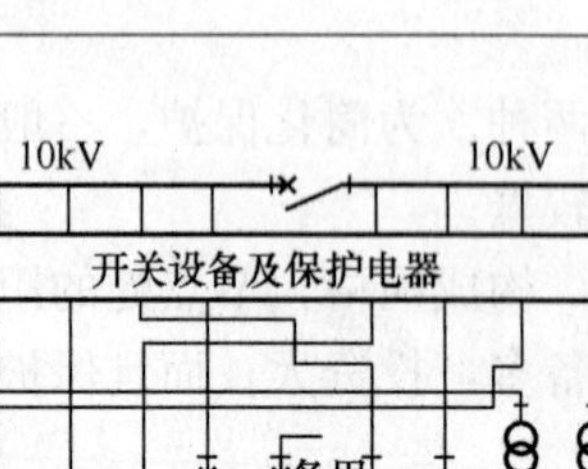 10kV 开关设备及保护电器 备用电源 0.23/0.4kV	一般用于配电供给二、三级负荷或专用设备，但对二级负荷供电时，尽量设备用电源
2	双回路放射式配出	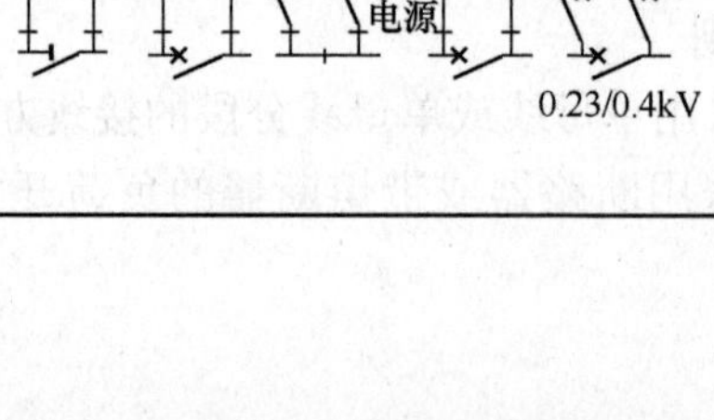 10kV　10kV 开关设备及保护电器 备用电源 0.23/0.4kV	线路互为备用，用于配电供给二级负荷。电源可靠时，可供电给一级负荷

续表

序号	接线方案	接线图	简要说明
3	有公共备用干线的放射式配出	10kV　10kV（备用干线）	一般用于配电供给二级负荷。如公共（热）备用干线电源可靠时，亦可用于一级负荷
4	单回路树干式	10kV架空线路　10kV电缆线路	一般用于对三级负荷配电，每条线路装接的变压器约5台以内，总容量一般不超过2000kVA
5	单侧供电双回路树干式	10kV　0.23/0.4kV　0.23/0.4kV	供电可靠性稍低于双回路放射式，但投资较省，一般用于二、三级负荷。当供电电源可靠时，也可供电给一级负荷
6	双侧供电双回路树干式	10kV　0.23/0.4kV　0.23/0.4kV	分别由两个电源供电，与单侧供电双回路树干式相比，供电可靠性略有提高，主要用于二级负荷。当供电电源可靠时，也可供电给一级负荷
7	单侧环网式	10kV电缆线路	用于对二、三级负荷配电，一般两回电源同时工作开环运行，（也可一用一备运行），供电可靠性较高，电力线路检修时可以切换电源，故障时可以切换故障点，缩短停电时间。可对二级负荷配电，但保护装置和整定配合都比较复杂

续表

序号	接线方案	接线图	简要说明
8	双侧供电环式	10kV电缆线路	用于对二、三级负荷配电，正常运行时由一侧供电或在线路的负荷分界处断开。配电系统应加闭锁，避免并联，故障后手动切换，寻找故障时要中断供电

2.4 低 压 配 电

2.4.1 基本规定和接线方案

1. 基本规定

低压配电系统设计应符合《供配电系统设计规范》GB 50052—2009 的规定和要求。

(1) 带电导体系统的型式，宜采用单相二线制、两相三线制、三相三线制和三相四线制。我国常用方式，见图 2.4.1-1。

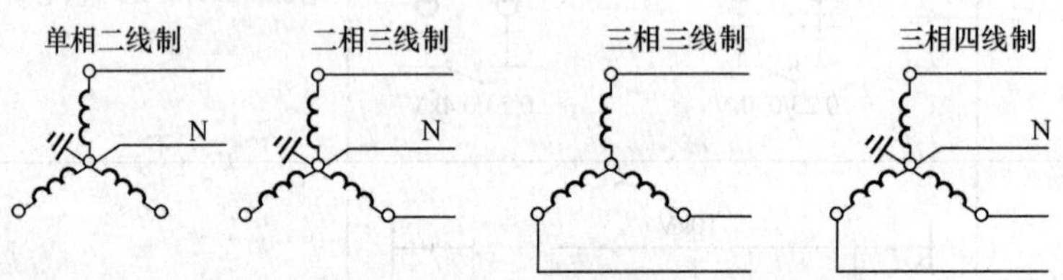

图 2.4.1-1 我国常用的交流系统带电导体类型

低压配电系统接地型式，可采用 TN 系统、TT 系统和 IT 系统。

(2) 在正常环境的建筑物内，当大部分用电设备为中小容量，且无特殊要求时，宜采用树干式配电，但树干式配电方式并不包括由配电箱接至用电设备的配电。

(3) 当用电设备为大容量或负荷性质重要，或在有特殊要求的建筑物内（是指有潮湿、腐蚀性环境或有爆炸和火灾危险场所等建筑物），宜采用放射式配电。

(4) 当部分用电设备距供电点较远，而彼此相距很近、容量很小的次要用电设备（系对携带型的用电设备容量在 1kW 以下），可采用链式配电，但每一回路环链设备不宜超过 5 台，其总容量不宜超过 10kW。容量较小用电设备的电源插座，采用链式配电时，每一条环链回路的设备数量可适当增加。

(5) 在多层建筑物内，由总配电箱至楼层配电箱宜采用树干式配电或分区树干式配电。对于容量较大的集中负荷或重要用电设备，应从配电室以放射式配电；楼层配电箱至用户配电箱应采用放射式配电。

在高层建筑物内，向楼层各配电点供电时，宜采用分区树干式配电；由楼层配电间或竖井内配电箱至用户配电箱的配电，应采取放射式配电；对部分容量较大的集中负荷或重要用电设备（主要是指电梯、消防水泵、加压水泵等负荷），应从变电所低压配电室以放射式配电。

（6）平行的生产流水线或互为备用的生产机组，应根据生产要求，宜由不同的回路配电；同一生产流水线的各用电设备，宜由同一回路配电。

（7）在低配电网中，宜选用D，yn11 接线组别的三相变压器作为配电变压器。有利于抑制高次谐波电流，有利于单相接地短路故障的排除，充分利用变压器设备能力。

（8）在系统接地型式为 TN 及 TT 的低压电网中，当选用 Y，yn0 接线组别的三相变压器时，其由单相不平衡负荷引起的中性线电流不得超过低压绕组额定电流的 25%（变压器制造标准要求），且其一相的电流在满载时不得超过额定电流值。

（9）当采用 220V/380V 的 TN 及 TT 系统接地型式的低压电网时，照明和电力设备宜由同一台变压器供电，当接有较大功率的冲击性负荷引起电网电压波动和闪变，必要时亦可单独设置照明变压器供电。

（10）由建筑物外引入的配电线路，应在室内分界点便于操作维护的地方装设隔离电器，便于检修室内线路或设备。

（11）供配电系统应简单可靠，尽量减少配电级数，且分级明确。同一用户内高压配电系统不宜多于两级，低压一、二级负荷不宜多于三级，三级负荷不宜多于四级。

注：低压配电级数不超过三级，不应理解为保护级数小越过三级，配电级数与保护级数不同，不按保护开关的上下级个数（保护级数）作为配电级数，而是按一个回路通过配电装置分配为几个回路的一次分配称作一级配电。对于一个配电装置而言，进线总开关与馈出分开关合起来称为一级配电，不因它的进线开关采用断路器或采用隔离开关而改变它的配电级数。

（12）在用户内部邻近的变电所之间，宜设置低压联络线。

（13）小负荷的用户，宜接入地区低压电网。

（14）应急电源与正常电源之间必须采取防止并列运行的措施。

2. 设计要点

（1）根据负荷容量和负荷特性，确定变压器的台数，确定低压系统主接线方式。

（2）对用电负荷进行分类，满足计量、维修、管理、安全、可靠的要求。

（3）确定各用电负荷的配电方式，合理采用放射式、树干式、或两者相结合的方式。

（4）消防用电设备应自成配电系统。根据用电单位的负荷等级确定是否设置应急电源系统。

（5）对用电负荷分析，确定采取抑制电源污染的措施。

（6）低压配电系统应预留必要的备用回路。对于向一、二级负荷供电的低压配电屏的备用回路，可为总回路的 25%左右。

（7）配电系统应满足计量的要求，当电力照明分开计量时，应设电力（或照明）计量子表。

（8）对重要负荷（如消防电梯、消防泵房、消防控制室、计算机管理中心）应从配电室以放射式系统直接供电。

（9）根据照明及电力负荷的分布情况，宜分别设置独立的配电系统。消防及其他的防灾用电设施应自成配电系统。

3. 设计注意事项

（1）住宅的楼梯灯电源、保安对讲电源、电视前端箱电源及网络设备用电源应单独装设计量电表。

（2）住宅建筑的计量方式应满足供电管理部门的要求。

（3）底层有商业设施的住宅，电源应分别引入，分别设置电源进线开关，商店的计量电表宜安装在各核算单位，或集中安装在电表箱内。

（4）一般多层住宅建筑群，宜采用树干式或环网式配电。电源箱可放在一层或室外。

（5）小区内的高层建筑，18 层及以下视用电负荷的具体情况采用放射式或树干式供电系统，电源箱放在一层或地下室内，电源箱至室外应留有不少于 2 回路的备用管，管径 *DN*150，照明及电力电源应分别引入。

（6）一类高层（19 层及以上）建筑，宜采用放射式系统由变电所专用回路供电，且电力、照明及应急电源应分别引入。

（7）小区路灯的电源，应与城市规划相协调，其供电电源宜由专用变压器或专用回路供电。

（8）除住宅建筑以外的其他多层建筑的配电系统宜按下列原则设计：

① 向各层配电小间或配电箱供电的系统，宜采用树干式或分区树干式系统；

② 每路干线的供电范围，应以容量、负荷密度、维护管理及防火分区等条件，综合考虑；

③ 由层配电间或层配电箱向各分配电箱的配电，宜为放射式或与树干式相结合的方式设计。

（9）学生宿舍配电线路应设保护设施，对于公寓式单身宿舍及有计量要求的单身宿舍，宜设置计量电表。

（10）向高层供电的垂直干线系统，视负荷大小、用户性质、增容的可能性采取以下形式：普通电缆干线系统、预分支电缆干线系统、插接母线系统、接线器配线系统，应急照明可采用分区树干式或树干式系统。

（11）高层宾馆、饭店，宜在每套客房设置小型配电箱，由层配电箱引出回路以放射式或树干式向其供电，但贵宾房应采用放射式供电。

（12）住宅小区以外的其他多层建筑，或有较大的集中负荷及重要的建筑宜由变电所设专线回路供电。

4. 低压配电系统 220V/380V 接线方案

（1）常用低压配电干线接线方案示意图，见表 2.4.1-1。

（2）常用低压电力配电系统接线方案，见表 2.4.1-2，常用低压电力配电系统接线示意图，见表 2.4.1-3。

常用低压配电干线接线方案示意图 **表 2.4.1-1**

序　号	方案 1	方案 2	方案 3	方案 4
配电方式	单式干线	双式干线	公共备用式干线	双母线式干线
低压配电干线配线方式示意图	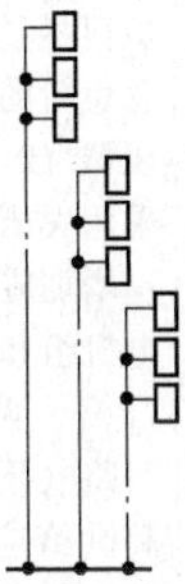	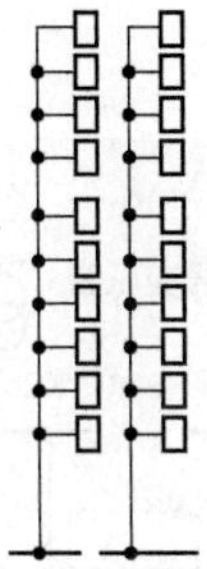	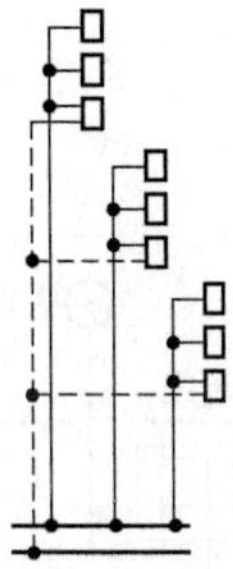	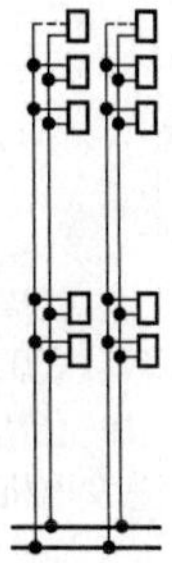
方案说明	适用于用电负荷较小的高层建筑；干线采用电缆或导线穿管敷设；工程造价低，供电可靠性差	适用于用电负荷较大的建筑，配电干线采用硬母线方式配线	采用公用备用电源干线可作为重要部位的用电负荷的备用电源，与方案 1、方案 2 相比提高了用电的可靠性	每一干线按全负荷设计，平均每一干线负担 1/2 的负荷，任一电源干线故障时可互为备用；投资较大，可靠性高；干线采用电缆或母线

常用低压配电系统方案 **表 2.4.1-2**

序号	供电方式	低压配电系统接线图	系统说明
1	两台变压器（照明、电力混合供电）	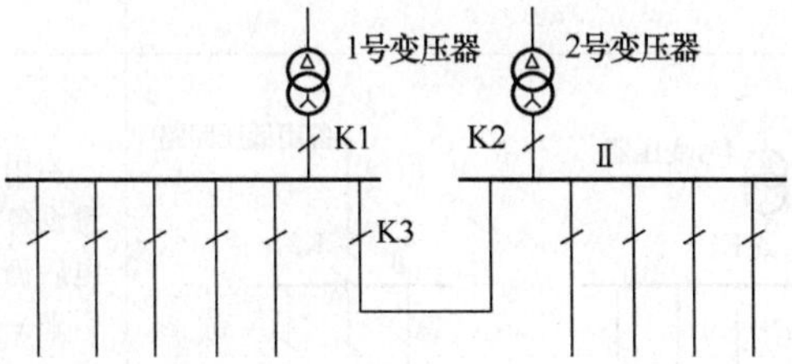 1号变压器　2号变压器　K1　K2　Ⅱ　K3	负荷不分组（即照明、电力不分开计费），照明负荷和电力负荷尽量在母线上分开供电，正常负荷和应急负荷由不同变压器供电。非保证负荷采用失压脱扣。 正常运行时，K1、K2 合闸，K3 断开；K1 或 K2 因失压而脱扣，K3 自动合闸。市电恢复后，K3 分闸，K1 或 K2 合闸。 任何情况下，不允许 K1、K2、K3 三个开关同时闭合
2	两台变压器（照明、电力分组）	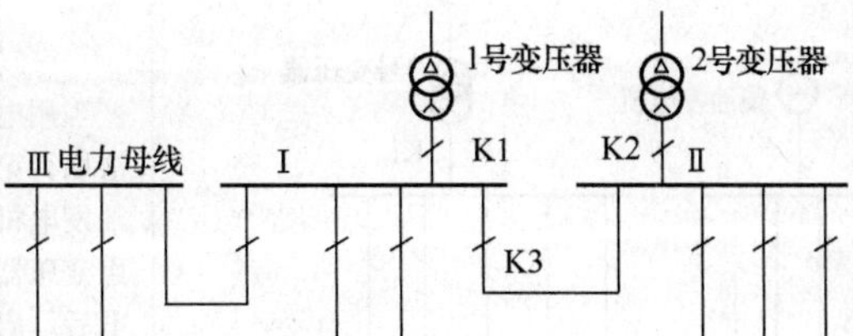 1号变压器　2号变压器　Ⅲ电力母线　Ⅰ　K1　K2　Ⅱ　K3	负荷分组，设电力子表，照明负荷和电力负荷尽量由不同的母线供电，正常负荷和应急负荷由不同变压器供电。非保证负荷采用失压脱扣。 正常运行时，K1、K2 合闸，K3 断开；K1 或 K2 因失压而脱扣，K3 自动合闸。市电恢复后，K3 分闸，K1 或 K2 合闸。 如果照明负荷比电力负荷小时，需按收费主管部门的规定设照明子表

续表

序号	供电方式	低压配电系统接线图	系统说明
3	两台变压器加一台应急发电机组	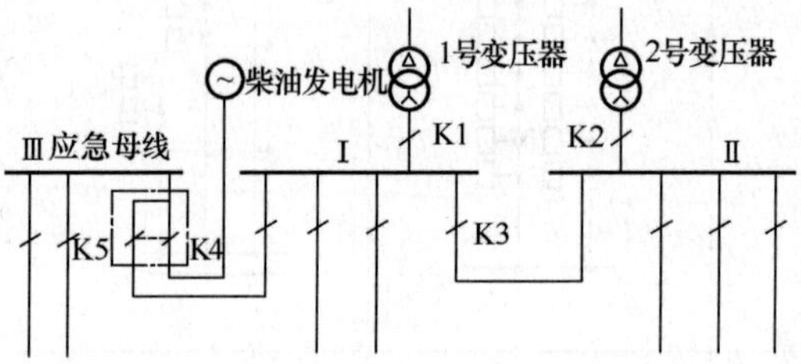 柴油发电机 1号变压器 2号变压器 Ⅲ应急母线 Ⅰ Ⅱ K1 K2 K3 K4 K5	负荷不分组，照明负荷和电力负荷尽量在母线上分开供电，应急负荷的主用电源一般由同一变压器（2号）供电。非保证负荷采用失压脱扣。 增加应急母线，电源由柴油发电机组和不带应急负荷的变压器（1号）两路互投。末端配电的两路电源分别由应急母线（Ⅲ）和供给应急负荷的变压器（2号）母线Ⅱ提供。 正常运行时，K1、K2、K5合闸，K3、K4断开；K1和K2均失压而脱扣，K4合闸。市电恢复后，K1和K2合闸，经延时后K4分闸
4	一台变压器	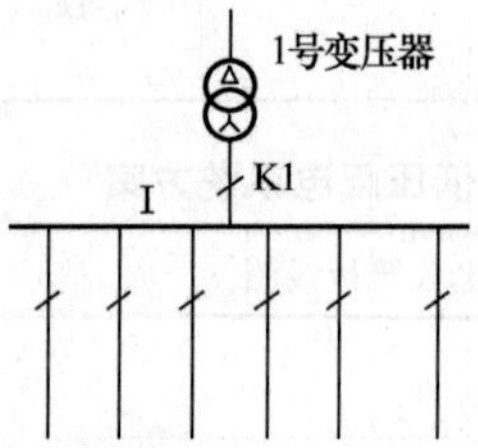 1号变压器 K1 Ⅰ	当用电负荷等级不高，均为三级负荷时，可采用一台变压器供电，出线回路分照明回路和电力回路，如果有分别计量的要求，可以设电力或照明子表
5	一台变压器外加一路低压备用电源	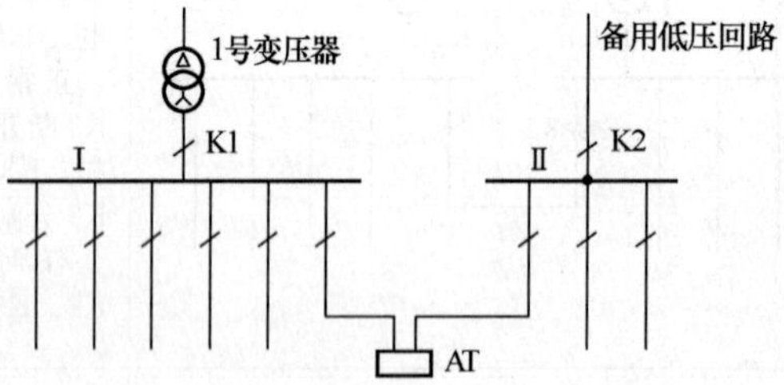 1号变压器 备用低压回路 Ⅰ Ⅱ K1 K2 AT	当用电负荷等级不高，但有少量设备需在变压器供电的回路失电后仍要继续工作，则可由附近引来一路低压回路。正常时，该设备由变压器母线供电，正常电源失电后，由备用低压电源供电
6	一台变压器加一台应急发电机组	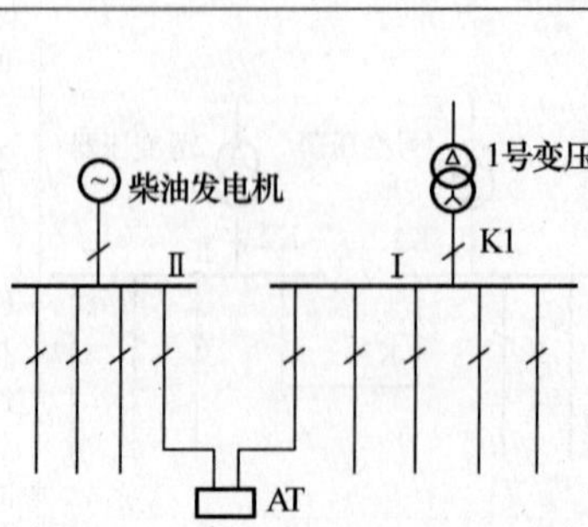 柴油发电机 1号变压器 Ⅱ Ⅰ K1 AT	当用电负荷等级较高，附近无法取得第二电源，可自备一台柴油发电机组。正常时，用电设备由变压器母线供电，正常电源失电后，启动柴油发电机

续表

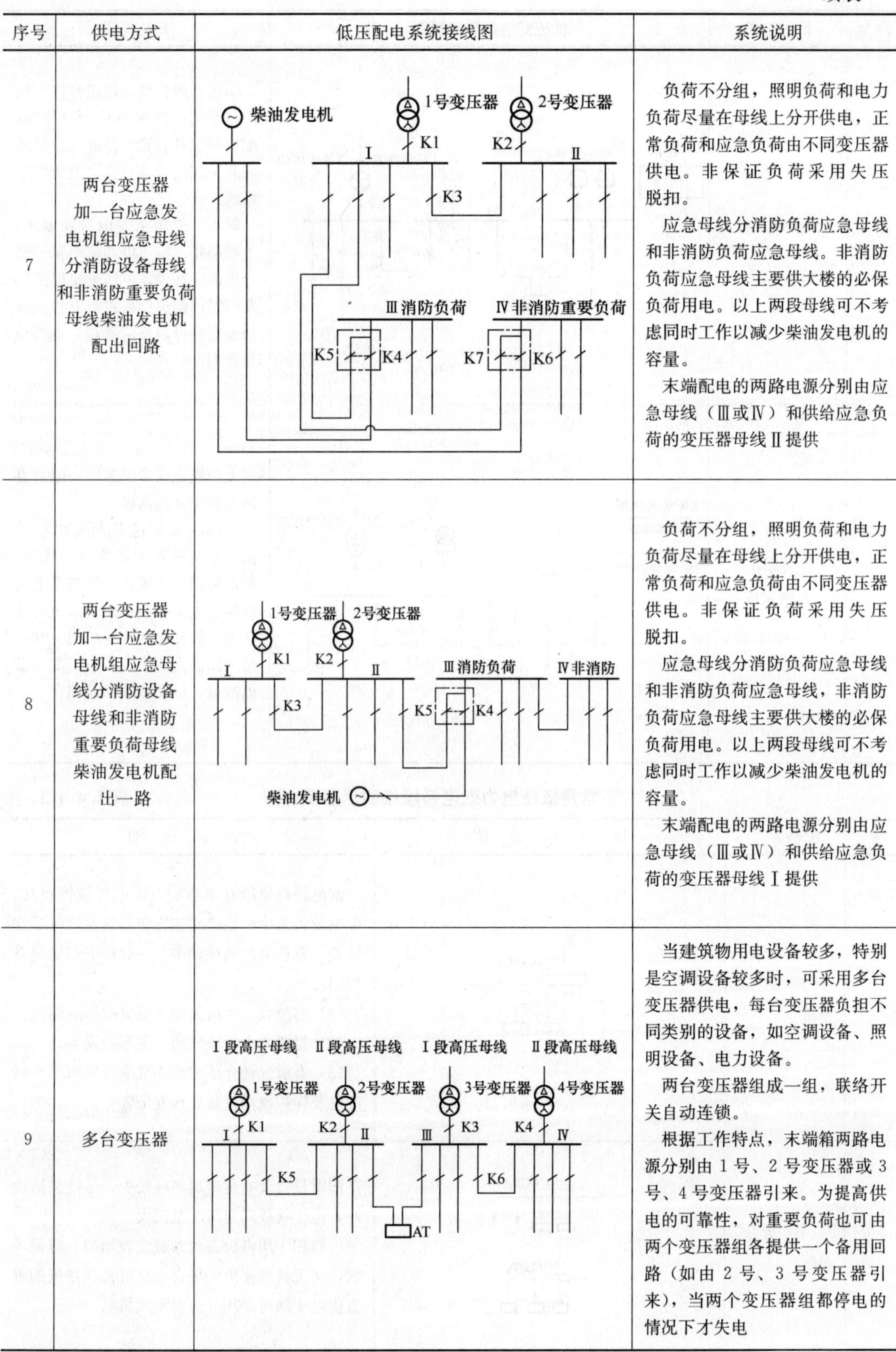

序号	供电方式	低压配电系统接线图	系统说明
7	两台变压器加一台应急发电机组应急母线分消防设备母线和非消防重要负荷母线柴油发电机配出回路	柴油发电机 1号变压器 2号变压器 K1 K2 Ⅰ Ⅱ K3 Ⅲ消防负荷 Ⅳ非消防重要负荷 K5 K4 K7 K6	负荷不分组，照明负荷和电力负荷尽量在母线上分开供电，正常负荷和应急负荷由不同变压器供电。非保证负荷采用失压脱扣。 应急母线分消防负荷应急母线和非消防负荷应急母线。非消防负荷应急母线主要供大楼的必保负荷用电。以上两段母线可不考虑同时工作以减少柴油发电机的容量。 末端配电的两路电源分别由应急母线（Ⅲ或Ⅳ）和供给应急负荷的变压器母线Ⅱ提供
8	两台变压器加一台应急发电机组应急母线分消防设备母线和非消防重要负荷母线柴油发电机配出一路	1号变压器 2号变压器 K1 K2 Ⅰ Ⅱ K3 Ⅲ消防负荷 Ⅳ非消防 K5 K4 柴油发电机	负荷不分组，照明负荷和电力负荷尽量在母线上分开供电，正常负荷和应急负荷由不同变压器供电。非保证负荷采用失压脱扣。 应急母线分消防负荷应急母线和非消防负荷应急母线，非消防负荷应急母线主要供大楼的必保负荷用电。以上两段母线可不考虑同时工作以减少柴油发电机的容量。 末端配电的两路电源分别由应急母线（Ⅲ或Ⅳ）和供给应急负荷的变压器母线Ⅰ提供
9	多台变压器	Ⅰ段高压母线 Ⅱ段高压母线 Ⅰ段高压母线 Ⅱ段高压母线 1号变压器 2号变压器 3号变压器 4号变压器 K1 K2 K3 K4 Ⅰ Ⅱ Ⅲ Ⅳ K5 K6 AT	当建筑物用电设备较多，特别是空调设备较多时，可采用多台变压器供电，每台变压器负担不同类别的设备，如空调设备、照明设备、电力设备。 两台变压器组成一组，联络开关自动连锁。 根据工作特点，末端箱两路电源分别由1号、2号变压器或3号、4号变压器引来。为提高供电的可靠性，对重要负荷也可由两个变压器组各提供一个备用回路（如由2号、3号变压器引来），当两个变压器组都停电的情况下才失电

续表

序号	供电方式	低压配电系统接线图	系统说明
10	柴油机并机	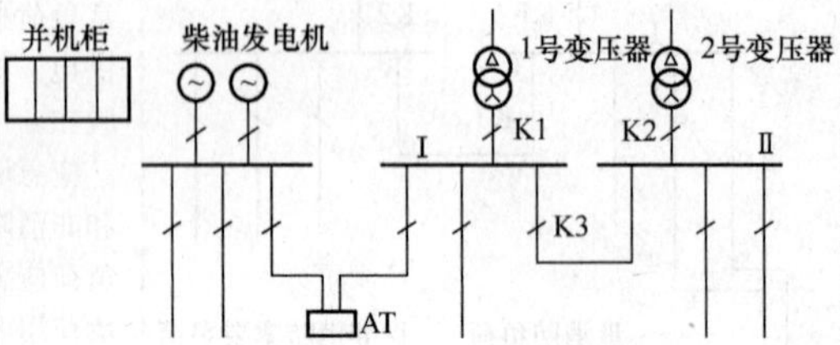 并机柜 柴油发电机 1号变压器 2号变压器 K1 K2 I II K3 AT	本图为两台柴油机组并机一次图，系统必须配备检测、控制、配电和保护装置，并能与自动转换开关相配合构成应急电源控制系统。 同步并机柜由发电机控制柜、主控制柜、应急电源配电柜三部分组成。柴油发电机配出回路与变压器的配出回路进行互投。柴油发电机可以是应急型，也可以是备用型
11	太阳能并网发电	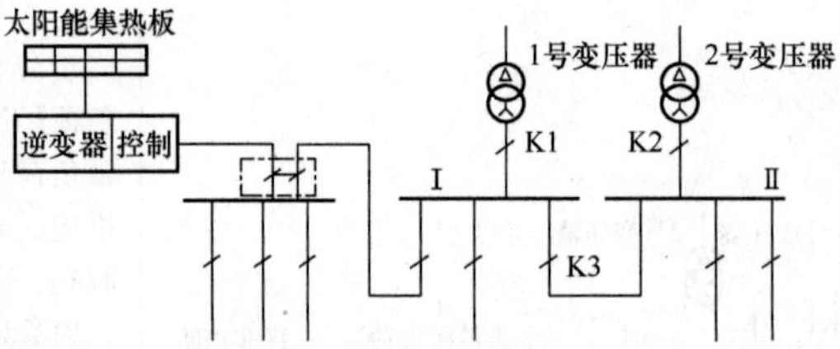 太阳能集热板 逆变器 控制 1号变压器 2号变压器 K1 K2 I II K3	太阳能光伏发电系统一般有并网型和独立型两种。 本图为太阳能并网发电一次图，系统必须配备检测、控制、配电和保护装置，并能与市电构成应急电源控制系统。系统由集热板、控制柜两部分组成。独立型太阳能光伏系统一般应配备蓄电池组，以便将太阳能储存

常用低压电力配电系统接线示意图 表 2.4.1-3

序号	配电方式	接线示意图	方案说明
1	放射式系统	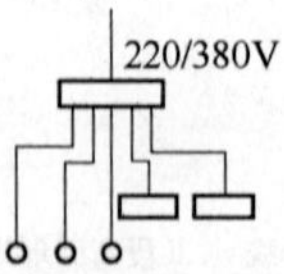 220/380V	配电线路故障互不影响，供电可靠性较高，配电设备集中，检修比较方便，但系统灵活性较差，有色金属消耗较多。一般在下列情况下采用： （1）容量大、负荷集中或重要的用电设备； （2）需要集中联锁启动、停车的设备； （3）有腐蚀性介质和爆炸危险等场所不宜将配电及保护启动设备放在现场者
2	树干式系统	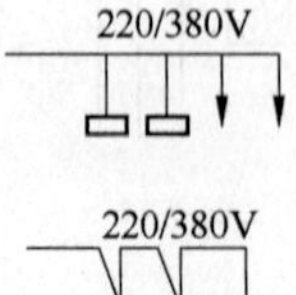 220/380V 220/380V	配电设备及有色金属消耗较少，系统灵活性好，但干线故障时影响范围大； 一般用于用电设备的布置比较均匀、容量不大，又无特殊要求的场合。高层公共建筑的垂直供电干线可采用分区树干式供电

续表

序号	配电方式	接线示意图	方案说明
3	变压器-干线式	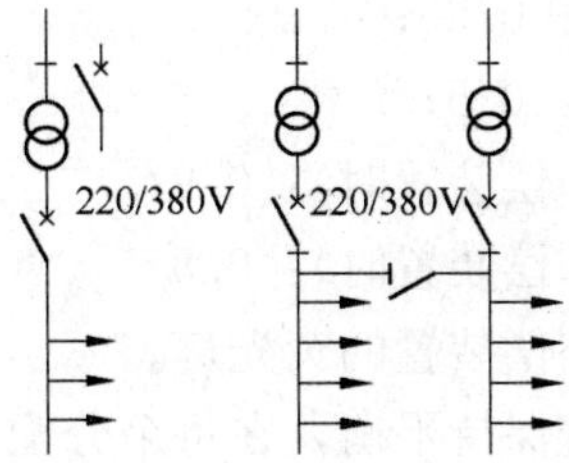 220/380V 220/380V	除了具有树干式系统的优点外，接线更简单，能大量减少低压配电设备； 为了提高母干线的供电可靠性，应适当减少接出的分支回路数，一般不超过10个； 频繁启动、容量较大的冲击负荷，以及对电压质量要求严格的用电设备，不宜用此方式供电
4	链式	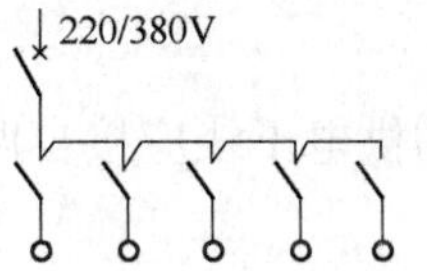 220/380V	特点与树干式相似，适用于距配电屏较远而彼此相距又较近的不重要的小容量用电设备； 链接的设备一般不超过5台、总容量不超过10kW； 供电给容量较小用电设备的插座，采用链式配电时，每一条环链回路的数量可适当增加。 下列情况不宜采用链式接线：(1) 单相与三相设备同时存在；(2) 技术操作用途不同的用电设备
5	备用柴油发电机组	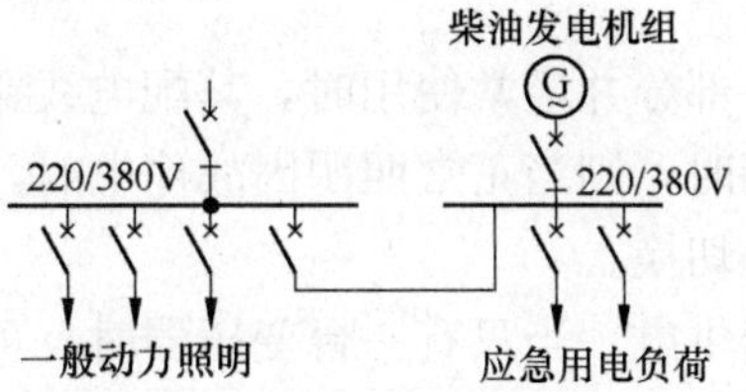 柴油发电机组 G 220/380V 220/380V 一般动力照明 应急用电负荷	10kV专用架空线路为主电源、快速自启动型柴油发电机组做备用电源。 用于附近只能提供一个电源，若得到第二个电源需要大量投资时，经技术经济比较，可采用此方式供电。宜注意： (1) 与外网电源间应设连锁，不得并网运行； (2) 避免与外网电源的计费混淆； (3) 在接线上要具有一定的灵活性，以满足在正常停电（或限电）情况下能供给部分重要负荷用电

2.4.2 照明配电系统

1. 一般规定

(1) 照明负荷应根据其中断供电可能造成的影响及损失，合理地确定负荷等级，并应根据照明的类别，正确选择配电方案。

(2) 正常照明电源宜与电力负荷合用配电变压器，但不宜与较大冲击性电力负荷合用。如必须合用时，应校核电压波动值。对于照明容量较大而又集中的场所，如果电压波动或偏差过大，严重影响照明质量或灯泡寿命，可装设照明专用变压器或调压装置。

(3) 民用建筑照明负荷计算宜采用需要系数法。在计算照明分支回路和应急照明的所有回路时需要系数均应取1。

(4) 照明负荷的计算功率因数可采用下列数值：

①白炽灯：1；

②荧光灯（带有无功功率补偿装置时）：0.95；

③荧光灯（不带无功功率补偿装置时）：0.5；

④高强光气体放电灯（带有无功功率补偿装置时）：0.9；

⑤高强光气体放电灯（不带无功功率补偿装置时）：0.5。

在公共建筑内不宜使用不带无功功率补偿装置的荧光灯。

(5) 三相照明线路各相负荷的分配，宜保持平衡，在每个分配电盘中的最大与最小相的负荷电流差不宜超过30%。

(6) 特别重要的照明负荷，宜在负荷末级配电箱采用自动切换电源的方式，也可采用由两个专用回路各带约50%的照明灯具的配电方式。

(7) 备用照明（供继续和暂时继续工作的照明）应由两路电源或两回线路供电，其具体方案如下：

①当有两路高压电源供电时，备用照明的供电干线应接自两段高压母线上的不同配电变压器。

②当采用两路低压电源供电时，备用照明的供电应从两段低压配电干线分别接引。

③当设有自备发电机组时，备用照明的一路电源应接自发电机作为专用供电回路，另一路可接自正常照明电源。在重要场所，尚应设置带有蓄电池的应急照明灯或用蓄电池组供电的备用照明，供发电机组投运前的过渡期间使用。

④当供电条件不具备两路电源或两回线路时，备用电源宜采用蓄电池组，或设置带有蓄电池的应急照明灯。

(8) 当备用照明作为正常照明的一部分并经常使用时，其配电线路及控制开关应分开装设。当备用照明仅在事故情况下使用时，则当正常照明因故停电时，备用照明应自动投入工作。在有专人值班时，可采用手动切换。

(9) 疏散照明最好由另一台变压器供电。当只有一台变压器时，可在母线处或建筑物进线处与正常照明分开，还可采用镉镍电池（荧光灯还需带有直流逆变器）的应急照明灯。

2. 照明供配电系统

(1) 应根据照明用电负荷的容量及分布，使配电变压器深入负荷中心，以缩短低压配电系统供电半径，降低电能损耗，节约有色金属，减少电压损失，满足供电质量要求。

(2) 供配电系统应简单可靠，尽量减少配电级数，且分级明确。同一用户内，高压配电级数不宜多于两级，低压配电级数一、二级负荷不宜多于三级，三级负荷不宜多于四级。

(3) 配电系统保护级数不宜过多，配电系统的保护电器，应根据配电系统的可靠性和管理维护的要求设置，各级保护电器之间的选择性配合，应满足供电系统可靠性的要求。

(4) 供照明用的配电变压器的设置应符合下列要求：

①电力设备无大功率冲击性负荷时，照明和电力宜共用变压器；

②当电力设备有大功率冲击性负荷时，照明宜与冲击性负荷接自不同变压器；如条件不允许，需接自同一变压器时，照明应由专用馈电线供电；

③照明安装功率较大时，宜采用照明专用变压器。

④道路照明可以集中由一个变电所供电，也可以分别由几个变电所供电，尽可能在一处集中控制。控制方式采用手动或自动，控制点应设在有人值班的地方。

（5）应急照明的供电应符合下列规定：

① 疏散照明的应急电源宜采用蓄电池（或干电池）装置，或蓄电池（或干电流）与供电系统中有效地独立于正常照明电源的专用馈电线路的组合，或采用蓄电池（或干电池）装置与自备发电机组组合的方式；

②安全照明的应急电源应和该场所的供电线路分别接自不同变压器或不同馈电干线，必要时可采用蓄电池组供电；

③备用照明的应急电源宜采用供电系统中有效地独立于正常照明电源的专用馈电线路或自备发电机组。

（6）照明配电宜采用放射式和树干式结合的系统。

（7）三相配电干线的各相负荷宜分配平衡，最大相负荷不宜超过三相负荷平均值的115%，最小相负荷不宜小于三相负荷平均值的85%。

（8）照明配电箱宜设置在靠近照明负荷中心便于操作维护的位置。

在照明分支回路中，避免采用三相低压断路器对三个单相分支回路进行控制和保护。

（9）每一照明单相分支回路的电流不宜超过16A，所接光源数不宜超过25个；连接建筑组合灯具时，回路电流不宜超过25A，光源数不宜超过60个；连接高强度气体放电灯的单相分支回路的电流不应超过30A。建筑物轮廓灯每一单相回路不宜超过100个。

（10）电源插座不宜和照明灯接在同一分支回路。电源插座宜由单独的回路配电，并且一个房间内的插座宜由同一回路配电。备用照明、疏散照明的回路上不应设置插座。

（11）在电压偏差较大的场所，有条件时，宜设置自动稳压装置。

（12）供给气体放电灯的配电线路宜在线路或灯具内设置电容补偿，功率因数不应低于0.9，高强气体放电灯功率因数不应低于0.85。

（13）在气体放电灯的频闪效应对视觉作业有影响的场所，应采用下列措施之一：

①采用高频电子镇流器；

②相邻灯具分接在不同相序。

（14）当采用Ⅰ类灯具时，灯具的外露可导电部分应可靠接地。

（15）安全特低电压供电应采用安全隔离变压器，其二次侧不应做保护接地。

（16）照明配电干线和分支线，应采用铜芯绝缘线缆，分支线截面不应小于1.5mm^2。

照明配电线路应按负荷计算电流和灯端允许电压值选择导体截面积。主要供给气体放电灯的三相配电线路，其中性线截面应满足不平衡电流及谐波电流的要求，且不应小于相线截面。

3. 照明电压

（1）一般照明光源的电源电压应采用220V。1500W及以上的高强度气体放电灯的电源电压宜采用380V。安装在水下的灯具应采用安全特低电压供电，其交流电压值不应大于12V，无纹波直流供电不应大于30V。

（2）移动式和手提式灯具应采用Ⅲ类灯具，用安全特低电压（SELV）供电，其电压值应符合以下要求：

①在干燥场所不大于 50V，无纹波直流供电不大于 120V；

②在潮湿场所不大于 25V，无纹波直流供电不大于 60V。

(3) 照明灯具的端电压不宜大于其额定电压的 105%，亦不宜低于其额定电压的下列数值：

①一般工作场所——95%；

②远离变电所的小面积一般工作场所难以满足第 1 项要求时，可为 90%；

③应急照明和用安全特低电压供电的照明——90%。

4. 常用照明配电系统接线方案

常用照明配电系统接线方案示意图，见表 2.4.2-1。

常用照明配电系统接线示意图 **表 2.4.2-1**

序号	供电方式	照明配电系统接线示意图	方案说明
1	单台变压器系统	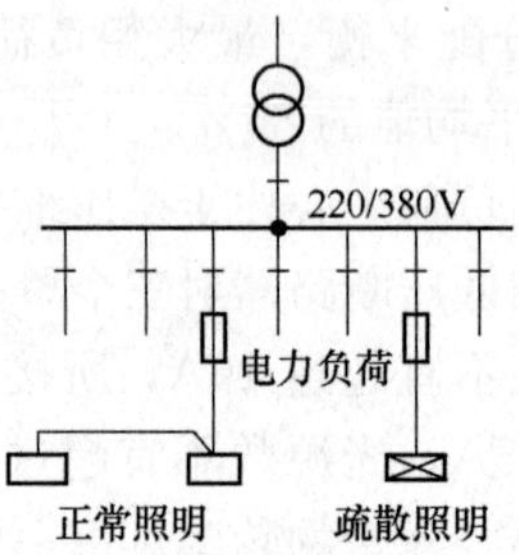	照明与电力负荷在母线上分开供电，疏散照明线路与正常照明线路分开
2	一台变压器及一路备用电源线系统	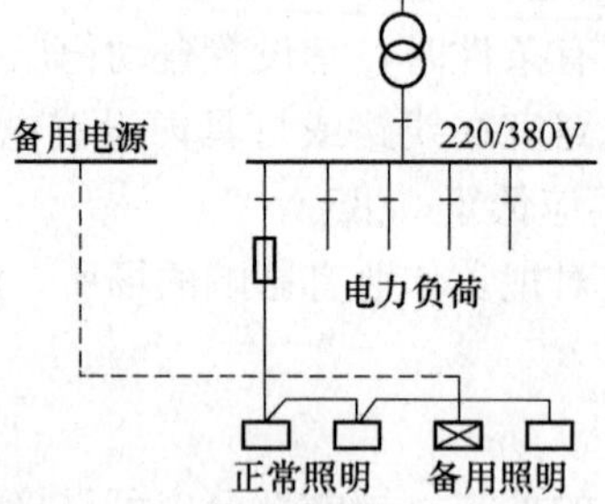	照明与电力负荷在母线上分开供电，暂时继续工作用的备用照明由备用电源供电
3	一台变压器及蓄电池组系统	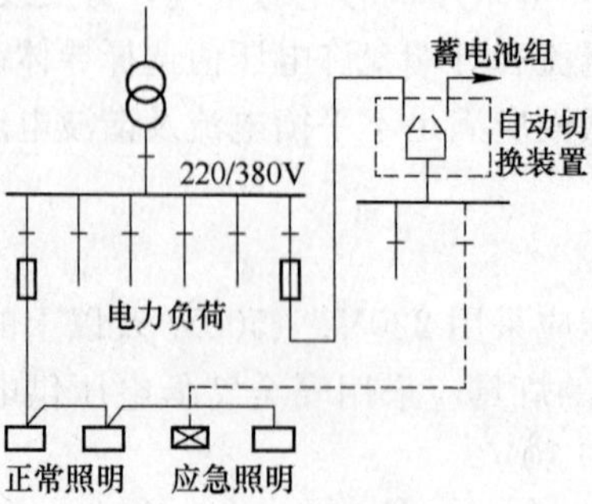	照明与电力负荷在母线上分开供电，暂时继续工作用的备用照明由蓄电池组供电

续表

序号	供电方式	照明配电系统接线示意图	方案说明
4	两台变压器系统	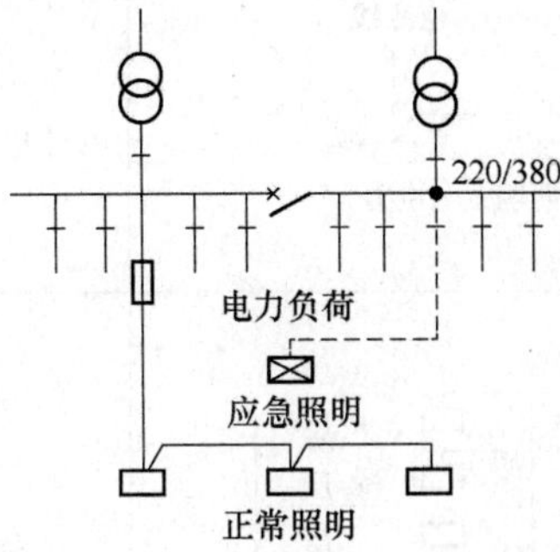	照明与电力负荷在母线上分开供电，正常照明和应急照明由不同变压器供电
5	变压器-干线（一台）系统	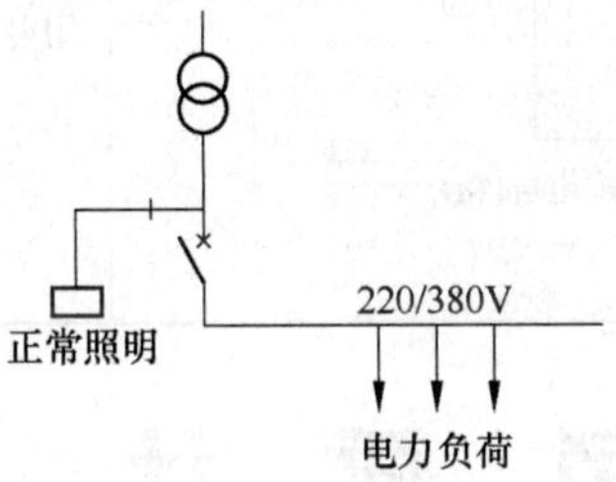	对外无低压联络线时，正常照明电源接自干线总断路器之前
6	变压器-干线（两台）系统	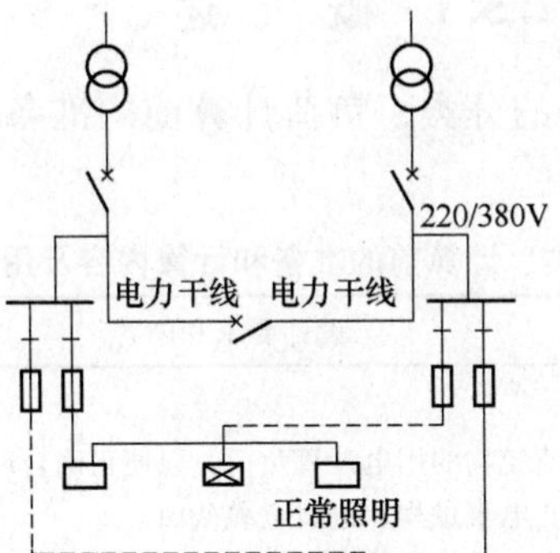	两段干线间设联络断路器，照明电源接自变压器低压总开关的后侧，当一台变压器停电时，通过联络开关接到另一段干线上，应急照明由两段干线交叉供电
7	由外部线路供电系统（2路电源）	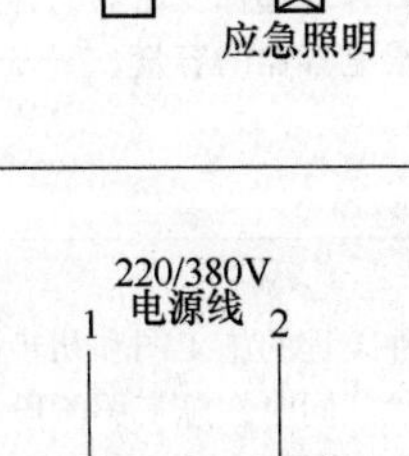	适用于不设变电所的重要或较大的建筑物，几个建筑物的正常照明可共用一路电源线，但每个建筑物进线处应装带保护的总断路器

续表

序号	供电方式	照明配电系统接线示意图	方案说明
8	由外部线路供电系统（1路电源）	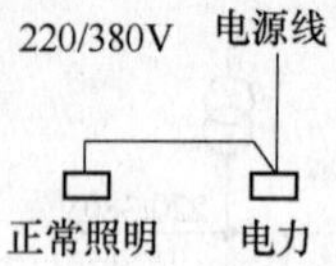 220/380V 电源线 正常照明 电力	适用于次要的或较小的建筑物，照明接于电力配电箱总断路器前
9	多层建筑低压供电系统	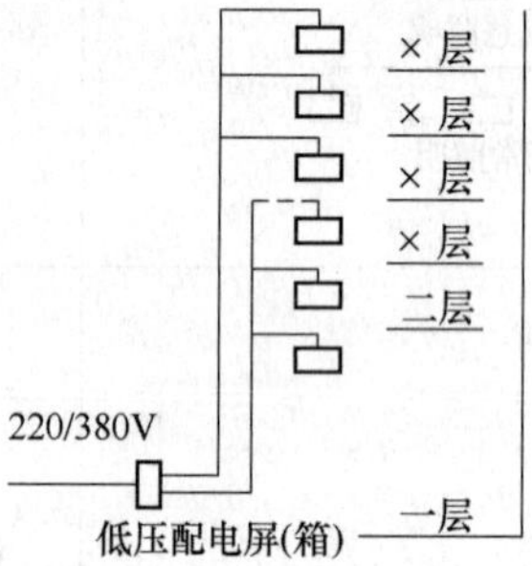 ×层 ×层 ×层 ×层 二层 220/380V 低压配电屏(箱) 一层	在多层建筑物内，一般采用干线式供电，总配电箱装在底层。多层公共建筑及住宅照明、电力、消防及其他防灾用用电负荷。应分别自成配电系统

2.5 负荷计算

2.5.1 概 述

1. 负荷计算的目的、计算方法的分类、负荷计算前的准备和计算内容及用电设备分类，见表 2.5.1-1。

负荷计算的目的、分类、计算前的准备和计算内容及用电设备分类　　表 2.5.1-1

类　别	设计要求和内容
计算的目的	1. 负荷计算是为了确定建筑物的用电计算负荷，以便正确合理地选择电气设备。 2. 确定用户的进线开关、电表量程、进线电缆截面。 3. 确定区域或楼层的配电盘进线开关及电缆截面。 4. 确定整个建筑物的计算负荷，合理选择变压器的容量。 5. 确定当地供电部门规定的补偿电容器的容量。 6. 确定线路损耗及电能损耗
计算方法分类	1. 需要系统法。广泛应用于各种工程的施工图和初步设计阶段。 2. 负荷密度法。适用于方案阶段，同时在施工图阶段采用负荷密度法复核。 3. 单位指标法。适用于方案阶段，同时在施工图阶段采用单位指标法复核。 4. 二项式法。适用于设备台数较少，但容量差别相当大的低压分支线和干线的计算，一般应用于工厂

续表

类　别	设计要求和内容
计算前的准备	1. 由于建筑物内的功能繁多，受用户对象、气候条件、生活工作特点等因素影响，造成用电负荷的不定因素多，要准确进行负荷计算难度很大，需要设计人员详细了解建设单位的用电特点，加强调查研究，掌握建筑物的用电设备情况。 2. 参照国内外同类工程的实例进行分析，准确地进行负荷计算。 3. 工程竣工使用一段时间后进行工程回访，做实地测量，验算负荷计算的准确性，掌握第一手资料，为下一个工程积累经验
计算容量和内容	1. 计算容量也称为计算负荷或需要负荷。计算负荷是一个假想的持续负荷，其热效应相当于同一时间内实际变动的负荷的最大热效应。通常采用计算范围内 30min 最大平均负荷，作为计算负荷。它是配电设计时，确定用户或供配电系统的正常电源、备用电源、应急电源容量、无功补偿容量和季节性负荷容量的依据。也是计算配电系统各回路中的电流，并按发热条件选择变压器、开关等电器及导体的依据。 2. 计算内容：除需计算各回路的计算容量和总计算容量外，还应分别计算各级（含特别重要、一级、二级、三级）负荷的计算容量；季节性负荷的计算容量；必要时还应根据计费的需要，分别计算电力负荷和照明负荷的计算容量
用电设备分类	采用需要系数法计算负荷时，应对所有用电设备分类： 1. 平时不使用的消防设备（如消防水泵、排烟风机、正压风机、防火卷帘门等）容量比平时使用的用电设备容量小时，不计入总设备容量内。 2. 备用设备不计入总设备容量内。 3. 设置了两套用电设备来应对冬夏季节的变化，该两套设备不同时使用，取容量大的设备计入总容量内。 4. 对于反复短时制的用电设备，应将设备在某一暂载率下的铭牌容量（额定容量 P_r 或 S_r）统一换算到一个新的暂载率下的功率。“暂载率”是在一个工作周期内工作时间（t）与工作周期（T）的比值。 5. 对于单相用电设备，应将其折算到三相负荷，即单相最大负荷的三倍。 6. 要区别对待不同等级负荷的同时使用系数
相关规范	《民用建筑电气设计规范》JGJ 16—2008 3.5.1 负荷计算应包括下列内容和用途： 1 负荷计算，可作为按发热条件选择变压器、导体及电器的依据，并用来计算电压损失和功率损耗；也可作为电能消耗及无功功率补偿的计算依据； 2 尖峰电流，可用以校验电压波动和选择保护电器； 3 一级、二级负荷，可用以确定备用电源或应急电源及其容量； 4 季节性负荷，可以确定变压器的容量和台数及经济运行方式。 3.5.3 当消防设备的计算负荷大于火灾时切除的非消防设备的计算负荷时，应按消防设备的计算负荷加上火灾时未切除的非消防设备的计算负荷进行计算。 当消防设备的计算负荷小于火灾时切除的非消防设备的计算负荷时，可不计入消防负荷

2. 设备功率的计算。

(1) 计算要点。

①进行负荷计算时，需要将用电设备按其性质分为不同的用电设备组，然后确定设备功率，它是变配电所负荷计算的基础资料和依据；

②每台用电设备的铭牌上都标有额定功率或额定容量，由于各用电设备的额定工作条件不同，可分为连续工作制、短时或周期工作制，其设备功率的计算不能简单地将这些设

备的额定功率直接相加；

③对于不同负载持续率下的额定功率或额定容量，应换算为统一负载持续率下的有功功率，即设备功率 P。

（2）计算方法。

①单台用电设备。

a. 连续工作制用电设备的设备功率等于额定功率。

$$P_e = P_r \tag{2.5.1-1}$$

式中 P_r——设备额定功率，kW。

b. 短时或周期工作制用电设备的设备功率是指将铭牌额定功率换算到统一负载持续率下的有功功率。换算公式为：

$$P_e = P_r\sqrt{\frac{\varepsilon_r}{\varepsilon}} = S_r\cos\varphi\sqrt{\frac{\varepsilon_r}{\varepsilon}} \tag{2.5.1-2}$$

式中 ε_r——设备铭牌上的额定负载持续率；

ε——统一要求的负载持续率；

S_r——设备额定容量（额定视在功率），kVA；

$\cos\varphi$——设备额定功率因数。

c. 照明设备的设备功率为光源的额定功率加上附属设备的功率。如气体放电灯、金属卤化物灯等，为光源的额定功率加上镇流器的功耗；低压卤钨灯、节能灯、LED 灯等，为光源的额定功率加上其变压器的功耗。

②用电设备组。

成组用电设备的设备功率，是指组内不包括备用设备在内的所有单个用电设备的设备功率之和。

③消防用电设备。

消防用电设备容量小于平时使用的总用电设备容量时，可不列入总设备容量。

④季节性用电设备。

季节性用电设备（如制冷设备和采暖设备等）应选择其中较大者计入总设备容量。

⑤电焊机的设备功率是将额定容量换算到负载持续率 ε 为 100%时的有功功率：

$$P_e = S_r\sqrt{\varepsilon_r}\cos\varphi \tag{2.5.1-3}$$

式中 S_r——电焊机的额定容量，kVA；

$\cos\varphi$——功率因数。

⑥整流器的设备功率，指额定直流功率。

⑦住宅的设备容量采用国家及有关部门规定的每套住宅的用电负荷标准。

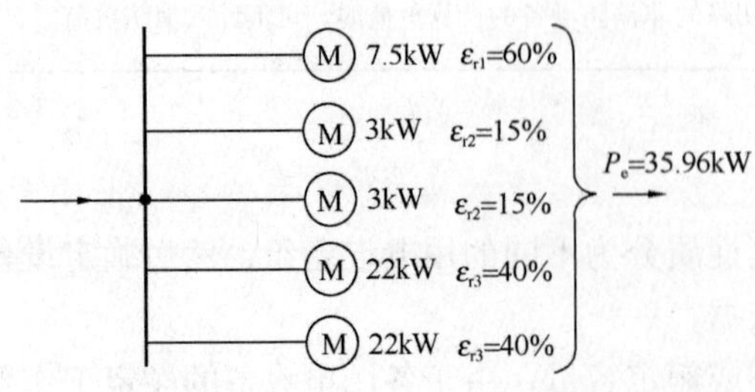

图 2.5.1-1 电动机组示意图

3. 计算示例。

示例：已知某会展中心 380V 线路上供电给 5 台断续周期工作制的电动机组，其中 1 台 7.5kW（$\varepsilon_{r1}=60\%$），2 台 3kW（$\varepsilon_{r2}=15\%$），2 台 22kW（$\varepsilon_{r3}=40\%$），见图 2.5.1-1。试求将该电动机组换算到负

载持续率为100%时的总设备容量。

计算过程：根据题意要将该电动机组的设备容量统一换算到ε=100%，由计算公式可得5台电动机组的总容量为：

$$P_e = n_1 P_{r1}\sqrt{\frac{\varepsilon_{r1}}{\varepsilon}} + n_2 P_{r2}\sqrt{\frac{\varepsilon_{r2}}{\varepsilon}} + n_3 P_{r3}\sqrt{\frac{\varepsilon_{r3}}{\varepsilon}}$$

$$= 1 \times 7.5 \times \sqrt{\frac{60\%}{100\%}} + 2 \times 3 \times \sqrt{\frac{15\%}{100\%}} + 2 \times 22 \times \sqrt{\frac{40\%}{100\%}}$$

$$= 35.96\text{kW}$$

2.5.2 需要系数法确定计算负荷

1. 计算要点

(1) 计算负荷是按发热条件选择变压器、导体及电器的依据，也是计算电压损失、功率损耗、电能损耗、电能消耗量及无功功率补偿的依据。

(2) 计算负荷通常采用30min的最大平均负荷，其热效应与同一时间内实际变动负荷所产生的最大热效应相等。

(3) 初步设计及施工图设计阶段，宜采用需要系数法。

2. 计算方法

(1) 需要系数的定义。同类用电设备组（示意图如图2.5.2-1所示）在实际运行中，用电设备组中各设备可能不会同时运行，运行的设备也未必全部在满负荷下工作，而且用电设备及配电线路在工作时都会产生功率损耗，综合考虑运行中可能出现的这些现象，定义需要系数的计算公式如下：

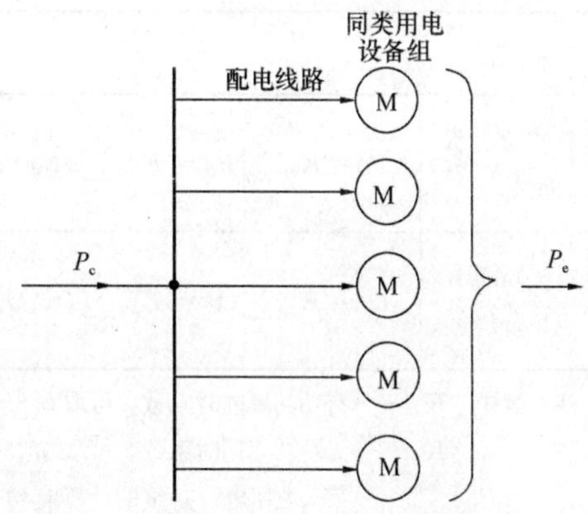

图2.5.2-1 同类用电设备组的供电示意图

$$K_d = \frac{K_\Sigma K_L}{\eta_e \eta_{WL}} \qquad (2.5.2\text{-}1)$$

式中 K_d——同类用电设备组（或工艺性质相同、需要系数相近的用电设备组）的需要系数；

K_Σ——设备组的同时使用系数；

K_L——设备组的负荷系数；

η_e——设备组的平均效率；

η_{WL}——配电线路的平均效率。

(2) 单台三相用电设备：一般可长期连续工作的单台用电设备，设备功率即是其计算有功功率，即 $P_c = P_e$ 单台电动机及其他需要计及效率的单台用电设备，其计算有功功率为：$P_c = P_e/\eta$，η 为设备效率。

(3) 三相用电设备组：

①同类用电设备组：对三相用电设备组进行分组计算时，同类用电设备组的供电情

况，见图 2.5.2-1，计算负荷的计算公式，见表 2.5.2-1；

同类三相用电设备组的计算负荷 **表 2.5.2-1**

计算项目	计算公式	计算项目	计算公式
计算有功功率(kW)	$P_c = K_d P_e$	计算视在功率(kVA)	$S_c = \frac{P_c}{\cos\varphi}$
计算无功功率(kvar)	$Q_c = P_c \tan\varphi$	计算电流(A)	$I_c = \frac{S_c}{\sqrt{3}U_r}$

注：表中 P_e——同类用电设备组的设备功率，kW；
K_d——同类用电设备组的需要系数。当设备台数为 3 台及以下时，K_d 取 1；
$\cos\varphi$——同类用电设备组的功率因数；
U_r——额定电压，kV。

②不同类多组用电设备（低压配电干线或低压母线）：不同类（n 类）用电设备组的总容量应按有功功率和无功功率负荷分别相加求得，计算公式见表 2.5.2-2。

不同类三相用电设备组的计算负荷 **表 2.5.2-2**

计算项目	计算公式	计算项目	计算公式
计算有功功率(kW)	$P_c = K_{\Sigma p}\sum_{i=1}^{n} P_{ci} = K_{\Sigma p}\sum_{i=1}^{n}(K_{di}P_{ei})$	计算视在功率(kVA)	$S_c = \sqrt{P_c^2 + Q_c^2}$
计算无功功率(kvar)	$Q_c = K_{\Sigma q}\sum_{i=1}^{n} Q_{ci} = K_{\Sigma q}\sum_{i=1}^{n}(K_{di}Q_{ei})$	计算电流(A)	$I_c = \frac{S_c}{\sqrt{3}U_r}$

注：表中 $K_{\Sigma p}$——有功功率同时系数，可取 0.8～1.0；
$K_{\Sigma q}$——无功功率同时系数，可取 0.93～1.0；
P_{ci}、P_{ei}——第 i 类用电设备组的计算有功功率、有功设备功率，kW；
Q_{ci}、Q_{ei}——第 i 类用电设备组的计算无功功率、无功设备功率，kvar；
K_{di}——第 i 类用电设备组的需要系数；
U_r——额定电压，kV。

（4）配电所或总降压变电所：计算负荷为各终端变电所计算负荷之和再分别乘以同时系数 $K_{\Sigma p}$ 和 $K_{\Sigma q}$，配电所的 $K_{\Sigma p}$ 和 $K_{\Sigma q}$，可以分别取 0.85～1 和 0.95～1。总降压变电所的 $K_{\Sigma p}$ 和 $K_{\Sigma q}$，可以分别取 0.8～0.9 和 0.93～0.97。

3. 逐级计算法确定建筑物的总计算负荷

逐级计算法是指从建筑物的用电端开始，逐级上推，直至求出电源进线端的计算负荷为止，下面以图 2.5.2-2 所示供配电系统为例，说明逐级计算法确定建筑物总计算负荷的步骤。

在图 2.5.2-2 中，35kV 电压等级的电源通过总降压变电所降压至 10kV 电压等级，然后由 10kV 配电线向 10kV 用电设备及各终端负荷变电所供电，通过终端配电变压器降压至 220/380V，最后经过低压配电母线-低压配电干线-低压配电支线，向各用电设备组

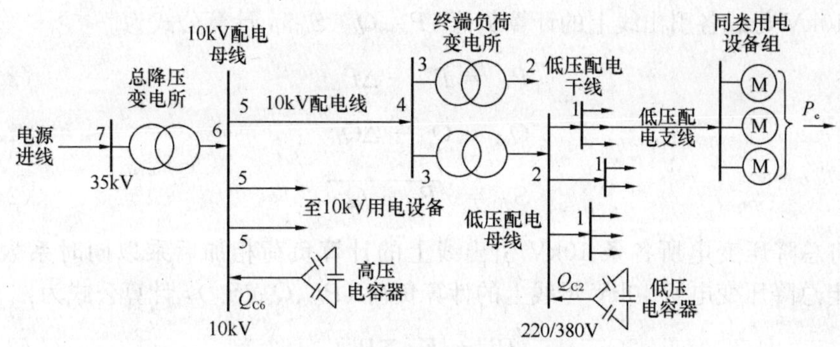

图 2.5.2-2　供配电系统示意图

供电。

计算方法如下：

(1) 根据各用电设备组的设备功率 P_e，采用需要系数法确定低压配电干线上的计算负荷（P_{c1}、Q_{c1}、S_{c1}），需要考虑不同类型用电设备组之间的同时系数。

(2) 确定终端配电变压器低压配电母线的计算负荷（P_{c2}、Q_{c2}、S_{c2}），需要考虑不同配电干线之间的同时系数（$K_{\Sigma p}$ 和 $K_{\Sigma q}$），计算公式为：

$$P_{c2}=K_{\Sigma p}\Sigma P_{c1} \tag{2.5.2-2}$$

$$Q_{c2}=K_{\Sigma q}\Sigma Q_{c1} \tag{2.5.2-3}$$

$$S_{c2}=\sqrt{P_{c2}^2+Q_{c2}^2} \tag{2.5.2-4}$$

若在终端配电变压器低压母线上装有无功补偿用的静电电容器，其容量为 Q_{c2}（kvar），则在计算 Q_{c2} 时，需减去无功补偿容量，计算公式为：

$$Q_{c2}=K_{\Sigma q}\Sigma Q_{c1}-Q_{c2} \tag{2.5.2-5}$$

计算负荷 S_{c2} 用于选择终端配电变压器的容量和低压导体截面。

(3) 将终端配电变压器低压侧的计算负荷加上该变压器的有功和无功功率损耗（ΔP_T、ΔQ_T），确定终端配电变压器高压侧的计算负荷（P_{c3}、Q_{c3}、S_{c3}），计算公式为：

$$P_{c3}=P_{c2}+\Delta P_T \tag{2.5.2-6}$$

$$Q_{c3}=Q_{c2}+\Delta Q_T \tag{2.5.2-7}$$

$$S_{c3}=\sqrt{P_{c3}^2+Q_{c3}^2} \tag{2.5.2-8}$$

该计算负荷值用于选择终端配电变压器高压侧进线导线截面。

(4) 将多台终端配电变压器高压侧计算负荷相加，确定终端负荷变电所高压母线上的计算负荷（P_{c4}、Q_{c4}、S_{c4}），计算公式为：

$$P_{c4}=\Sigma P_{c3} \tag{2.5.2-9}$$

$$Q_{c4}=\Sigma Q_{c3} \tag{2.5.2-10}$$

$$S_{c4}=\sqrt{P_{c4}^2+Q_{c4}^2} \tag{2.5.2-11}$$

(5) 将 10kV 配电线路末端的计算负荷加上线路的功率损耗（ΔP_L、ΔQ_L），确定总降

压变电所 10kV 母线各引出线上的计算负荷（P_{c5}、Q_{c5}、S_{c5}），计算公式为

$$P_{c5} = P_{c4} + \Delta P_{L} \tag{2.5.2-12}$$

$$Q_{c5} = Q_{c4} + \Delta Q_{L} \tag{2.5.2-13}$$

$$S_{c5} = \sqrt{P_{c5}^{2} + Q_{c5}^{2}} \tag{2.5.2-14}$$

（6）将总降压变电所各条 10kV 引出线上的计算负荷相加后乘以同时系数（$K_{\Sigma p}$和$K_{\Sigma q}$），确定总降压变电所 10kV 母线上的计算负荷（P_{c6}、Q_{c6}、S_{c6}），计算公式为：

$$P_{c6} = K_{\Sigma p} \Sigma P_{c5} \tag{2.5.2-15}$$

$$Q_{c6} = K_{\Sigma q} \Sigma Q_{c5} \tag{2.5.2-16}$$

$$S_{c6} = \sqrt{P_{c6}^{2} + Q_{c6}^{2}} \tag{2.5.2-17}$$

若根据技术经济比较结果，需要在总降压变电所 10kV 母线侧采用高压电容器进行无功功率补偿，则在计算 Q_{c6}时，应减去无功补偿容量 Q_{c6}（kvar），计算公式为：

$$Q_{c6} = K_{\Sigma q} \Sigma Q_{c5} - Q_{c6} \tag{2.5.2-18}$$

计算负荷 S_{c6}是选择总降压变电所主变压器容量的依据。

（7）将总降压变电所 10kV 母线上的计算负荷加上主变压器的功率损耗（ΔP_{T}、ΔQ_{T}），确定建筑物的总计算负荷（P_{c7}、Q_{c7}、S_{c7}），计算公式为：

$$P_{c7} = P_{c6} + \Delta P_{T} \tag{2.5.2-19}$$

$$Q_{c7} = Q_{c6} + \Delta Q_{T} \tag{2.5.2-20}$$

$$S_{c7} = \sqrt{P_{c7}^{2} + Q_{c7}^{2}} \tag{2.5.2-21}$$

计算负荷 P_{c7}是用户向供电部门提供的建筑物最大计算有功功率，作为申请用电之用。

上述各级负荷计算中，凡多组计算负荷相加（分有功和无功两部分），都要依组数多少考虑同时系数，组数越少，同时系数越接近于 1。

4. 应急发电机的负荷计算及容量选择

（1）当应急发电机仅为特别重要负荷供电时，应以特别重要负荷的计算容量，作为选用应急发电机容量的依据。应急柴油发电机组的供电对象一般为一级负荷、消防负荷以及某些重要二级负荷，适用于允许中断时间为 15s 以上的供电。

（2）当应急发电机为消防用电设备及一级负荷供电时，应将两者计算负荷之和作为选用应急发电机容量的依据。

（3）当利用自备发电机作为第二电源，且有第三电源向特别重要负荷供电时，向消防负荷、非消防一、二级负荷及特别重要负荷供电的自备发电机，应以消防负荷和所有由其供电的非消防负荷的计算负荷之和，作为确定其容量的依据。自备柴油发电机组是应急电源设备，它与作为电网补缺的一般备用发电机组有所区别。

5. 需要系数 K_{d}

各类建筑用电设备的需要系数 K_{d}，见表 2.5.2-3～表 2.5.2-8，供工程设计时参考选用。

城市住宅用电负荷需要系数 表 2.5.2-3

按单相配电计算时所连接的基本户数	按三相配电计算时所连接的基本户数	需用系数 K_d	
		通用值	推荐值
3	9	1	1
4	12	0.95	0.95
6	18	0.75	0.80
8	24	0.66	0.70
10	30	0.58	0.65
12	36	0.50	0.60
14	42	0.48	0.55
16	48	0.47	0.55
18	54	0.45	0.50
21	63	0.43	0.50
24	72	0.41	0.45
25～100	75～300	0.40	0.45
125～200	375～600	0.33	0.35
260～300	780～900	0.26	0.30

注：1. 表中通用值系目前采用的住宅需用系数值，推荐值是为计算方便而提出，仅供参考。

2. 住宅的公用照明及公用电力负荷需要系数，一般可按 0.8 选取。

3. 当每户用电负荷标准大于 4kW 时，可按二者之间的比值计算户数。如某户用电负荷为 8kW，则该户可折算成 2 个基本户进行计算。

民用建筑照明负荷需要系数 K_d 表 2.5.2-4

建筑类别	K_d	建筑类别	K_d
一般旅馆、招待所	0.7～0.8	图书馆	0.6～0.7
高级旅馆、招待所	0.6～0.7	托儿所、幼儿园	0.8～0.9
旅游宾馆	0.35～0.45	小型商业、服务业用房	0.85～0.9
电影院、文化馆	0.7～0.8	综合商业、服务楼	0.75～0.85
剧院	0.6～0.7	食堂、餐厅	0.8～0.9
礼堂	0.5～0.7	高级餐厅	0.7～0.8
体育练习馆	0.7～0.8	火车站、码头	0.75～0.78
体育馆	0.65～0.7	机场	0.75
展览厅	0.5～0.7	博物馆	0.8～0.9
门诊楼	0.6～0.7	多功能厅、会议室	0.5～0.6
一般病房楼	0.65～0.75	医院	0.5～0.6
高级病房楼	0.5～0.6	学校	0.6～0.7
单身宿舍楼	0.6～0.7	高层建筑	0.4～0.5
一般办公楼	0.7～0.8	办公、实验区	0.7～0.8
高级办公楼	0.6～0.7	生活、宿舍区	0.6～0.7
科研楼	0.8～0.9	道路照明、应急照明	1.0
发展与交流中心	0.6～0.7	通道照明	0.95
教学楼	0.8～0.9		

需要系数及自然功率因数 **表 2.5.2-5**

负荷名称	规模（台数）	需要系数 K_d	功率因数 $\cos\varphi$	备 注
照 明	面积$<500m^2$	1～0.9	0.9～1	含电源插座容量，荧光灯就地补偿或采用电子镇流器
	$500\sim3000m^2$	0.9～0.7	0.9	
	$3000\sim15000m^2$	0.75～0.55		
	$>15000m^2$	0.6～0.4		
	商场照明	0.9～0.7	—	—
冷冻机房锅炉房	1～3 台	0.9～0.7	0.8～0.85	—
	>3 台	0.7～0.6		
热力站、水泵房、通风机	1～5 台	0.75～0.8	0.8～0.85	—
	>5 台	0.8～0.6		
电 梯	—	0.18～0.22	0.5～0.6（交流梯） 0.8（直流梯）	—
洗衣机房、厨房	≤100kW	0.4～0.5	0.8～0.9	—
	>100kW	0.3～0.4		
舞台照明	<200kW	1～0.6	0.9～1	—
	>200kW	0.6～0.4		

注：1. 一般动力设备为 3 台及以下时，需要系数取为 $K_d=1$。

2. 照明负荷需要系数的大小与灯的控制方式和开启率有关。大面积集中控制的灯比相同建筑面积的多个小房间分散控制的灯的需要系数大。插座容量的比例大时，需要系数的选择可以偏小些。

3. 本表数据资料摘自《全国民用建筑工程设计技术措施节能专篇·电气》(2007)。

用电设备的 K_d、$\cos\varphi$ 及 $\tan\varphi$ **表 2.5.2-6**

用电设备组名称	K_d	$\cos\varphi$	$\tan\varphi$
卫生用通风机	0.65～0.70	0.80	0.75
超声波装置	0.70	0.70	1.02
X 光设备	0.30	0.55	1.52
电子计算机主机	0.60～0.70	0.80	0.75
电子计算机外部设备	0.40～0.50	0.50	1.73

注：本表摘自上海现代建筑设计（集团）有限公司编《建筑节能设计统一技术措施·电气》

照明用电设备需要系数 **表 2.5.2-7**

建筑类别	K_d	建筑类别	K_d
办公楼	0.70～0.80	医院	0.50
设计室	0.90～0.95	食堂	0.90～0.95
科研楼	0.80～0.90	商店	0.90
仓库	0.50～0.70	学校	0.60～0.70
锅炉房	0.90	展览馆	0.70～0.80
宿舍区	0.60～0.80	旅馆	0.60～0.70

注：本表摘自上海现代建筑设计（集团）有限公司编《建筑节能设计统一技术措施·电气》。

旅馆用电设备的 K_d、$\cos\varphi$ 及 $\tan\varphi$　　表 2.5.2-8

用电设备组名称		K_d	$\cos\varphi$	$\tan\varphi$
照明	客房	0.35～0.45	0.95	0.33
	其他场所	0.50～0.70		
冷水机组、泵		0.65～0.75	0.80	0.75
通风机		0.60～0.70	0.80	0.75
电梯		0.18～0.22	0.50	1.73
洗衣机		0.30～0.35	0.70	1.02
厨房设备		0.35～0.45	0.75	0.88

注：1. 表中 K_d值仅适用于计算变压器总装机容量。

2. 本表摘自上海现代建筑设计（集团）有限公司编《建筑节能设计统一技术措施·电气》。

6. 计算示例

示例 1. 已知某设备机房共有 11 台 380V 的水泵，其中 2 台 7.5kW，3 台 5kW，6 台 15kW，见图 2.5.2-3。试求该水泵设备组的计算负荷和计算电流。

计算过程：根据同类用电设备组设备功率的计算方法，此水泵设备组的总容量应为各台水泵的设备功率之和，即：

$$P_e = 7.5\times2+5\times3+15\times6$$
$$=120\text{kW}$$

查国家标准设计图集 DX101-1《建筑电气常用数据》中的需要系数表，得 $K_d=0.75$，$\cos\varphi=0.8$，$\tan\varphi=0.75$，则：

计算有功负荷：$P_c = K_d P_e = 0.75\times120 = 90\text{kW}$

计算无功负荷：$Q_c = P_c\tan\varphi = 90\times0.75 = 67.5\text{kvar}$

计算视在负荷：$S_c = \dfrac{P_c}{\cos\varphi} = \dfrac{90}{0.8} = 112.5\text{kVA}$

计算电流：$I_c = \dfrac{S_c}{\sqrt{3}U_r} = \dfrac{112.5}{\sqrt{3}\times0.38} = 170.93\text{A}$

示例 2：已知某高校实训车间 380V 线路上，接有金属冷加工机床组 40 台共 10kW，通风机 5 台共 7.5kW，电阻炉 5 台共 8kW，见图 2.5.2-4。根据需要系数法确定此线路上的计算负荷。

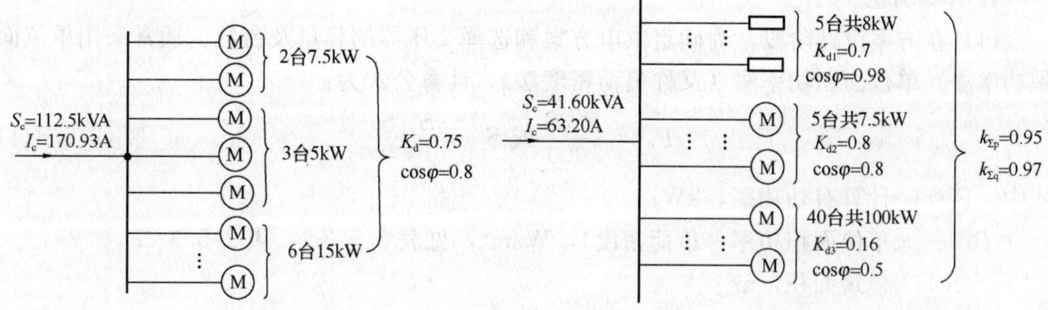

图 2.5.2-3　相同类型用电设备组示意图　　图 2.5.2-4　不同类型用电设备组示意图

计算过程：先求各设备组的计算负荷。

(1) 金属冷加工机床组：查需要系数表，取 $K_{d1}=0.16$，$\cos\varphi=0.5$，$\tan\varphi=1.73$，故：

$$P_{c1}=K_{d1}P_{e1}=0.16\times 100=16\text{kW}$$

$$Q_{c1}=P_{c1}\tan\varphi$$

$$=16\times 1.73=27.68\text{kvar}$$

(2) 通风机组：查需要系数表，取 $K_{d2}=0.8$，$\cos\varphi=0.8$，$\tan\varphi=0.75$，故：

$$P_{c2}=K_{d2}P_{e2}=0.8\times 7.5=6\text{kW}$$

$$Q_{c2}=P_{c2}\tan\varphi=6\times 0.75=4.5\text{kvar}$$

(3) 电阻炉：查需要系数表，取 $K_{d3}=0.7$，$\cos\varphi=0.98$，$\tan\varphi=0.20$。故：

$$P_{c3}=K_{d3}P_{e3}=0.7\times 8=5.6\text{kW}$$

$$Q_{c3}=P_{c3}\tan\varphi=5.6\times 0.20=1.12\text{kvar}$$

因此380V线路上总的计算负荷为（取 $K_{\Sigma p}=0.95$，$K_{\Sigma q}=0.97$）：

总的计算有功负荷：

$$P_c=K_{\Sigma p}\sum_{i=1}^{3}P_{ci}=0.95\times(16+6+5.6)=26.22\text{kW}$$

总的计算无功负荷：

$$Q_c=K_{\Sigma p}\sum_{i=1}^{3}Q_{ci}=0.97\times(27.68+4.5+1.12)=32.30\text{kvar}$$

总的计算视在负荷：

$$S_c=\sqrt{P_c^2+Q_c^2}=\sqrt{26.22^2+32.30^2}=41.60\text{kVA}$$

总的计算电流：

$$I_c=\frac{S_c}{\sqrt{3}U_r}=\frac{41.60}{\sqrt{3}\times 0.38}=63.20\text{A}$$

2.5.3 单位指标法确定计算负荷

根据现行国家行业标准《民用建筑电气设计规范》JGJ 16规定：方案设计阶段可采用单位指标法。

1. 计算方法

(1) 在方案设计阶段，为确定供电方案和选择变压器的容量及台数，通常采用单位面积功率法。单位面积功率法（又称负荷密度法），计算公式为：

$$P_c=\frac{P'_{e1}S}{1000}\text{或}S_c=\frac{S'_{e1}S}{1000}\tag{2.5.3-1}$$

式中 P_c——计算有功功率，kW；

P'_{e1}——单位面积功率（负荷密度），W/m^2，见表2.5.3-1、表2.5.3-2；

S——建筑面积，m^2；

S_c——计算视在功率，kVA；

S'_{e1}——单位面积功率（单位指标），VA/m^2。

变压器装置指标 **表 2.5.3-1**

建筑类别	用电指标（W/m²）	变压器装置指标（VA/m²）	建筑类别	用电指标（W/m²）	变压器装置指标（VA/m²）
住宅	15～40	20～50	剧场	50～80	80～120
公寓	30～50	40～70	医院	40～70	60～100
旅馆	40～70	60～100	高等院校	20～40	30～60
办公	30～70	50～100	中小学	12～20	20～30
商业	一般：40～80	60～120	展览馆	50～80	80～120
	大中型：60～120	90～180	演播室	200～500	500～800
体育	40～70	60～100	汽车库	8～15	12～34

注：1. 当空调系统采用直燃机制冷时，用电指标比采用电动压缩机制冷时降低 20～35VA/m²。表中所列用电指标上限值，为采用电动压缩机制冷的数值。

2. 住宅用电负荷按当地设计标准估算。

3. 单位指标法计算的结果，不需要再考虑变压器的负载率。

办公建筑电源插座负荷功率密度 **表 2.5.3-2**

序号	名 称	电源插座负荷密度（VA/m²）	
		安装	计算
1	办公室	40	30
2	零售区	30	20
3	中庭	20	10
4	门厅	20	10
5	卫生间	20	15
6	室内停车场、储藏室	10	5
7	健身房	20	10
8	电话机房	10	5
9	走廊	15	10
10	银行门厅	40	30
11	保险柜室、休息室	10	5
12	广播室	50	40
13	多功能厅	50	40
14	计算机中心、中央文件室会议室、邮局、交易室	10	10
15	展览厅、大会议室	20	10
16	中、小型会议室	20	10
17	收发室	20	10
18	洗衣房、复印机室、邮件室	40	30
19	换衣室	15	15
20	阅读室	15	10
21	医疗室、餐厅、咖啡厅	30	20
22	乒乓球室、棋牌室	10	5
23	自行车库	10	5
24	维修间	30	20
25	美容室	200	20
26	装卸区	10	10

注：1. 照明负荷用电指标应按现行国家标准《建筑照明设计标准》GB 50034 规定的办公建筑照度标准所对应的功率密度取值。

2. 本表摘自上海现代建筑设计（集团）有限公司编《建筑节能设计统一技术措施·电气》。

应按使用功能和用电情况，对建筑物（群）的各区域进行分类，确定各区域的电功率密度，并计算出各区域的需要负荷。当缺乏相关资料时，根据建筑物情况选用表 2.5.3-1 中的数值；再将各区域的需要负荷进行叠加，再乘以同时系数，从而得出配电干线或变电所的计算负荷。必要时可将上述方法结合使用。

（2）单位指标法，计算公式为：

$$P_c = \frac{P'_{e2} N}{1000} \tag{2.5.3-2}$$

式中 P'_{e2}——单位用电指标，W/户、W/床或 W/人；

N——单位数量，户数、床位数或人数。

2. 计算示例

示例：已知某餐厅的建筑面积为 4000m²，负荷密度为 100W/m²，根据单位指标法求该餐厅的有功计算负荷。

计算过程：根据单位面积功率法，该餐厅的有功计算负荷为

$$P_c = \frac{P'_{e1} S}{1000} = \frac{100 \times 4000}{1000} = 400\text{kW}$$

2.5.4 二项式法确定计算负荷

二项式法是考虑用电设备的数量和大容量用电设备对计算负荷影响的经验公式。一般应用在用电设备数量较少和容量差别大的低压分支线和干线的负荷计算，弥补需要系数法的不足之处。但是，二项式系数过分突出最大用电设备容量的影响，其计算负荷往往较实际偏大，一般应用于工厂。

在民用建筑电气设计中，需要系数法是负荷计算的主要方法，而二项式法仅作为负荷计算的辅助方法。二项式法是在设备组容量之和的基础上，考虑若干容量最大设备的影响，采用经验系数进行加权求和法计算负荷，一般用于支、干线和配电屏（箱）的负荷计算。

1. 单个用电设备组的计算负荷

$$P_c = cP_n + bP_e \tag{2.5.4-1}$$

$$Q_c = P_c \tan\varphi \tag{2.5.4-2}$$

2. 多个用电设备组的计算负荷

$$P_c = (cP_n)_{max} + \Sigma bP_e \tag{2.5.4-3}$$

$$Q_c = (cP_n)_{max} \tan\varphi_n + \Sigma(bP_e \tan\varphi) \tag{2.5.4-4}$$

3. 4 台以下设备的用电设备组的计算负荷

$$P_c = K_j P_s \tag{2.5.4-5}$$

$$Q_c = P_c \tan\varphi \tag{2.5.4-6}$$

4. 计算负荷的视在功率及计算电流

$$S_c = \sqrt{P_c^2 + Q_c^2} \tag{2.5.4-7}$$

$$I_c = \frac{S_c}{\sqrt{3} U_r} \tag{2.5.4-8}$$

上述式中 P_c、Q_c、S_c——用电设备组的有功、无功、视在计算负荷，单位分别为 kW、

kvar、kVA；

I_c——计算电流（A）；

bP_e——用电设备组的平均负荷；其中 P_e 是用电设备组的容量；

cP_n——用电设备组中 n 台容量最大的设备运行时的附加负荷，其中 P_n 是 n 台容量最大设备的设备总容量；

c、b——二项式系数，在设计手册中可查得，见表 2.5.4-1、表 2.5.4-2；

$\tan\varphi$——用电设备组的功率因数角的正切值，见表 2.5.4-1、表 2.5.4-2；确定了有功功率后，利用需要系数法的公式可以计算其他参数。

当用电设备只有 1、2 台时，应认为 $P_c=P_e$（即取 $b=1$，$c=0$）。

$(cP_n)_{max}$——各用电设备组的附加功率 cP_n 中的最大值（kW），如果每组中的用电设备数量小于 n 时，则取小于 n 的两组或更多组中最大的用电设备组附加功率总和；

$\tan\varphi_n$——与 $(cP_n)_{max}$ 相应的功率因数角的正切值；

K_j——计算系数，见表 2.5.4-3；

U_r——额定电压，kV。

二项式系数、功率因数及功率因数角的正切值表　　表 2.5.4-1

负荷种类	用电设备组名称	计算公式二项系数	$\cos\varphi$	$\tan\varphi$
长期运转机械	通风机、泵、电动发电机	$0.25P_5+0.65P_e$	0.8	0.75
反复短时负荷	锅炉、装配、机修的起重机	$0.2P_3+0.05P_e$	0.5	1.73
	铸造车间的起重机	$0.3P_3+0.09P_e$	0.5	1.73
	平炉车间的起重机	$0.3P_3+0.11P_e$	0.5	1.73
	压延、脱模、修整间的起重机	$0.3P_3+0.18P_e$	0.5	1.73
电热设备	定期装料电阻炉	$0.5P_1+0.5P_e$	1	0
	自动连续装料电阻炉	$0.3P_2+0.7P_e$	1	0
	实验室小型干燥箱、加热器	$0.7P_e$	1	0
	熔炼炉	$0.9P_e$	0.87	0.56
	工频感应炉	$0.8P_e$	0.35	2.67
	高频感应炉	$0.8P_e$	0.6	1.33
电镀用	硅整流装置	$0.35P_3+0.5P_e$	0.75	0.88

用电设备组的需要系数 K_x、二项式系数 b、c 及 $\cos\varphi$ 值　　表 2.5.4-2

序	用电设备组名称	需要系数 K_d	二项式系数		最大容量设备台数 n	$\cos\varphi$	$\tan\varphi$
			b	c			
1	小批量生产的金属冷加工机床电动机	0.16～0.2	0.14	0.4	5	0.5	1.73
2	大批量生产的金属冷加工机床电动机	0.18～0.25	0.14	0.5	5	0.5	1.73
3	小批量生产的金属热加工机床电动机	0.25～0.3	0.24	0.4	5	0.5	1.73
4	大批量生产的金属热加工机床电动机	0.3～0.35	0.26	0.5	5	0.65	1.17
5	通风机、水泵、空压机、电动发电机组电机	0.7～0.8	0.65	0.25	5	0.8	0.75

续表

序	用电设备组名称	需要系数 K_d	二项式系数		最大容量设备台数 n	cosφ	tanφ
			b	c			
6	非连锁的连续运输机械，铸造车间整纱机	0.5～0.6	0.4	0.4	5	0.75	0.88
7	连锁的连续运输机械，铸造车间整纱机	0.65～0.7	0.6	0.2	5	0.75	0.88
8	锅炉房、机加工、机修、装配车间的吊车 $JC(\%)=25\%$	0.1～0.15	0.06	0.2	3	0.5	1.73
9	自动连续装料的电阻炉设备	0.75～0.8	0.7	0.3	2	0.95	0.33
10	铸造车间的吊车（$JC=25\%$）	0.15～0.25	0.09	0.3	3	0.5	1.73
11	实验室用小型电热设备（电阻炉、干燥箱）	0.7	0.7	0	—	1.0	0
12	工频感应电炉（未带无功补偿装置）	0.8	—	—	—	0.35	2.67
13	高频感应电炉（未带无功补偿装置）	0.8	—	—	—	0.6	1.33
14	电弧熔炉	0.9	—	—	—	0.87	0.87
15	点焊机、缝焊机	0.35	—	—	—	0.6	1.33
16	对焊机、铆钉加热机	0.35	—	—	—	0.7	1.02
17	自动弧焊变压器	0.5	—	—	—	0.4	2.29
18	单头手动弧焊变压器	0.35	—	—	—	0.35	2.68
19	多头手动弧焊变压器	0.4	—	—	—	0.35	2.68
20	单头弧焊电动发电机组	0.35	—	—	—	0.6	1.33
21	多头弧焊电动发电机组	0.7	—	—	—	0.75	0.88
22	变配电所、仓库照明	0.5～0.7	—	—	—	1.0	0
23	生产厂房及办公室、阅览室、实验室照明	0.8～1	—	—	—	1.0	0
24	宿舍、生活区照明	0.6～0.8	—	—	—	1.0	0
25	室外照明、应急照明	1.0	—	—	—	1.0	0

4 台及以下设备的用电设备组的计算系数（K_j） **表 2.5.4-3**

用电设备名称	cosφ	K_j		
		2 台	3 台	4 台
连续运输机械	0.75	1.01	0.94	0.87
通风机、泵、电动发电机组	0.8	1.09	1.02	0.96
直流弧焊机（手动）	0.6	0.8	0.73	0.67
交流弧焊机（手动）	0.4	0.57	0.51	0.48
点焊机及缝焊机	0.6	0.57	0.51	0.48
电阻炉、干燥箱、加热器	1	1	1	0.85

2.5.5 单相负荷计算

1. 计算要点

(1) 单相用电设备应均衡分配到三相上，使各相的计算负荷尽量相近。当单相负荷的总计算容量小于计算范围内三相对称负荷总计算容量的 15%时，应全部按三相对称负荷计算；当超过 15%时，应将单相负荷换算为等效三相负荷，再与三相负荷相加。

(2) 在进行单相负荷换算时，一般采用计算功率。对需要系数法，计算功率即为需要功率。

2. 计算方法

（1）单相设备只接于相电压时，等效三相负荷取最大相负荷的3倍。

（2）单相设备只接于线电压时：

①接于同一线电压，等效三相负荷 P_{eq} 计算公式为：

$$P_{eq}=\sqrt{3}P_{\varphi} \tag{2.5.5-1}$$

式中 P_{φ}——接于同一线电压的计算功率，kW。

②接于不同线电压：将各线间负荷相加，选取较大两项数据进行计算。设 P_1 为接于不同线电压时的最大线间负荷。功率因数角为 φ_1，P_2 为接于不同线电压时的次最大线间负荷，功率因数角为 φ_2，其等效三相负荷计算公式为：

$$P_{eq}=\sqrt{3}P_1+(3-\sqrt{3})P_2 \tag{2.5.5-2}$$

$$Q_{eq}=\sqrt{3}P_1\tan\varphi_1+(3-\sqrt{3})P_2\tan\varphi_2 \tag{2.5.5-3}$$

（3）单相设备分别接于线电压和相电压时：

①先将线间负荷换算为相负荷，各相负荷分别为：

U相：
$$\begin{aligned}P_U&=P_{UV}p_{(UV)U}+P_{WU}p_{(WU)U}\\Q_U&=P_{UV}q_{(UV)U}+P_{WU}q_{(WU)U}\end{aligned} \tag{2.5.5-4}$$

V相：
$$\begin{aligned}P_V&=P_{UV}p_{(UV)V}+P_{VW}p_{(VW)U}\\Q_V&=P_{UV}q_{(UV)V}+P_{VW}q_{(VW)U}\end{aligned} \tag{2.5.5-5}$$

W相：
$$\begin{aligned}P_W&=P_{VW}p_{(VW)W}+P_{WU}p_{(WU)W}\\Q_W&=P_{VW}q_{(VW)W}+P_{WU}q_{(WU)W}\end{aligned} \tag{2.5.5-6}$$

式中 P_{UV}、P_{VW}、P_{WU}——接于UV、VW、WU线间负荷，kW；

P_U、P_V、P_W——接算为U、V、W相有功负荷，kW；

Q_U、Q_V、Q_W——接算为U、V、W相无功负荷，kvar；

$p_{(UV)U}$、$q_{(UV)U}$…——接于UV线间负荷换算U相负荷的有功及无功换算系数，见表2.5.5-1，其他类推。

线间负荷换算为相负荷的功率换算系数 **表2.5.5-1**

功率换算系数	负荷功率因数								
	0.35	0.40	0.50	0.60	0.65	0.70	0.80	0.90	1.00
$p_{(UV)U}$、$p_{(VW)V}$、$p_{(WU)W}$	1.27	1.17	1.00	0.89	0.84	0.80	0.72	0.64	0.50
$p_{(UV)V}$、$p_{(VW)W}$、$p_{(WU)U}$	−0.27	−0.17	0	0.11	0.16	0.20	0.28	0.36	0.50
$q_{(UV)U}$、$q_{(VW)V}$、$q_{(WU)W}$	1.05	0.86	0.58	0.38	0.30	0.22	0.09	−0.05	−0.29
$q_{(UV)V}$、$q_{(VW)W}$、$q_{(WU)U}$	1.63	1.44	1.16	0.96	0.88	0.80	0.67	0.53	0.29

②各相负荷分别相加，选出最大相负荷，总的等效三相有功计算负荷为其最大有功负荷相的有功计算负荷的3倍，等效三相无功计算负荷则为最大有功负荷相的无功计算负荷的3倍。

3. 单相负荷换算为等效三相负荷的简化方法

（1）只有线间负荷时，将各线间负荷相加，选取较大两项数据进行计算，以 $P_{UV}\geqslant$

$P_{VW} \geqslant P_{WU}$ 为例，

计算等效三相负荷 P_d：

$$P_d = \sqrt{3}P_{UV} + (3-\sqrt{3})P_{VW} = 1.73P_{UV} + 1.27P_{VW}(kW) \quad (2.5.5\text{-}7)$$

当 $P_{UV} = P_{VW}$ 时 $$P_d = 3P_{UV}(kW) \quad (2.5.5\text{-}8)$$

当只有 P_{UV} 时 $$P_d = \sqrt{3}P_{UV}(kW) \quad (2.5.5\text{-}9)$$

式中：P_{UV}、P_{VW}、P_{WU}——接于 UV、VW、WU 线间负荷，kW。

（2）只有相负荷时，等效三相负荷取最大相负荷的 3 倍。

（3）当多台单相用电设备的设备功率小于计算范围内三相负荷设备功率的 15%时，按三相平衡负荷计算，可不换算。

4. 计算示例

示例：已知如图 2.5.5-1 所示某高职学院实训楼 380/220V 三相四线制线路上，接有 220V 单相电热干燥箱 4 台，其中 2 台 14kW 接于 U 相，1 台 42kW 接于 V 相，1 台 28kW 接于 W 相。此外接有 380V 单相对焊机 4 台，其中 2 台 14kW（ε=100%）接于 UV 相间，1 台 20kW（ε=100%）接于 VW 相间，1 台 30kW（ε=60%）接于 WU 相间，试求此线路的计算负荷。

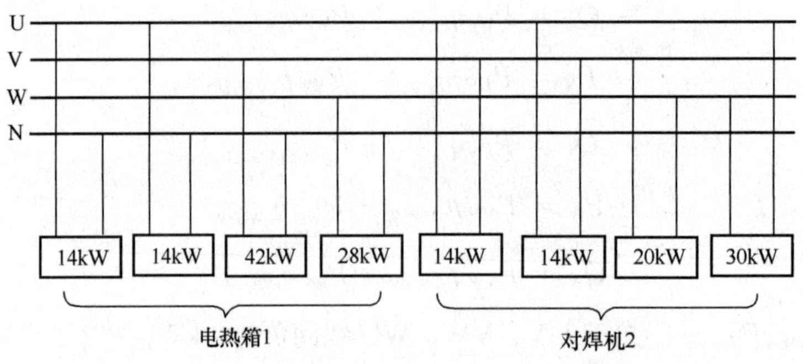

图 2.5.5-1 三相四线制的负荷示意图

计算过程：先求各组的计算负荷。

（1）电热干燥箱的各相计算负荷：

查需要系数表，取 $K_d=0.5$，$\cos\varphi=1$，$\tan\varphi=0$，因此只需计算其有功计算负荷：

U 相 $$P_{cU1} = K_d P_{eU} = 0.5 \times 2 \times 14 = 14kW$$

V 相 $$P_{cV1} = K_d P_{eV} = 0.5 \times 1 \times 42 = 21kW$$

W 相 $$P_{cW1} = K_d P_{eW} = 0.5 \times 1 \times 28 = 14kW$$

（2）对焊机的各相计算负荷：

先将接于 WU 相间的 30kW（ε=60%）换算至 ε=100%的容量，即：

$$P_{WU} = 30 \times \sqrt{0.6} = 23.24kW$$

查需要系数表，取 $K_d = 0.35$，$\cos\varphi = 0.7$，$\tan\varphi = 1.02$，再由表 2.5.5-1 查得 $\cos\varphi=0.7$ 时的功率换算系数，即：

$$p_{(UV)U}=p_{(VW)V}=p_{(WV)W}=0.8 \quad p_{(UV)V}=p_{(VW)W}=p_{(WU)U}=0.2$$

$$q_{(UV)U}=q_{(VW)V}=q_{(WU)W}=0.22 \quad q_{(UV)V}=q_{(VW)W}=q_{(WU)U}=0.8$$

因此各相的有功和无功设备容量为：

U 相 $$P_U=0.8\times2\times14+0.2\times23.24=27.05\text{kW}$$

$$Q_U=0.22\times2\times14+0.8\times23.24=24.75\text{kvar}$$

V 相 $$P_V=0.8\times20+0.2\times2\times14=21.60\text{kW}$$

$$Q_V=0.22\times20+0.8\times2\times14=26.80\text{kvar}$$

W 相 $$P_W=0.8\times23.24+0.2\times20=22.59\text{kW}$$

$$Q_W=0.22\times23.24+0.8\times20=21.11\text{kvar}$$

各相的有功和无功计算负荷为：

U 相 $$P_{cU2}=0.35\times27.05=9.47\text{kW}$$

$$Q_{cU2}=0.35\times24.75=8.66\text{kvar}$$

V 相 $$P_{cV2}=0.35\times21.60=7.56\text{kW}$$

$$Q_{cV2}=0.35\times26.80=9.38\text{kvar}$$

W 相 $$P_{cW2}=0.35\times22.59=7.91\text{kW}$$

$$Q_{cW2}=0.35\times21.11=7.39\text{kvar}$$

(3) 各相总的有功和无功计算负荷：

U 相 $$P_{cU}=P_{cU1}+P_{cU2}=14+9.47=23.47\text{kW}$$

$$Q_{cU}=Q_{cU1}+Q_{cU2}=0+8.66=8.66\text{kvar}$$

V 相 $$P_{cV}=P_{cV1}+P_{cV2}=21+7.56=28.56\text{kW}$$

$$Q_{cV}=Q_{cV1}+Q_{cV2}=0+9.38=9.38\text{kvar}$$

W 相 $$P_{cW}=P_{cW1}+P_{cW2}=14+7.91=21.91\text{kW}$$

$$Q_{cW}=Q_{cW1}+Q_{cW2}=0+7.39=7.39\text{kvar}$$

(4) 总的等效三相计算负荷：

因 V 相的有功计算负荷最大，故取 V 相计算等效三相计算负荷，由此可得

$$P_c=3P_{cV}=3\times28.56=85.68\text{kW} \quad Q_c=3Q_{cV}=3\times9.38=28.14\text{kvar}$$

$$S_c=\sqrt{85.68^2+28.14^2}=90.18\text{kVA} \quad I_c=\frac{90.18}{\sqrt{3}\times0.38}=137.01\text{A}$$

2.5.6 计算电流和尖峰电流计算

计算电流是计算负荷在额定电压下的正常工作电流。它是选择导体、电器、计算电压偏差、功率损耗等的依据。

尖峰电流是负荷的短时（如电动机起动等）最大电流。它是计算电压降、校验电压波

动和选择导体、保护电器及保护元件等的依据。

1. 计算电流

（1）220/380V 三相平衡负荷的计算电流：

$$I_c = P_c/\sqrt{3}U_r \cdot \cos\varphi \approx P_c/0.658\cos\varphi \approx 1.52P_c/\cos\varphi \text{（A）} \quad (2.5.6\text{-}1)$$

$$\text{或 } I_c = S_c/\sqrt{3}U_r \text{（A）}$$

式中 U_r——三相用电设备的额定电压，$U_r=0.38$（kV）。

（2）220V 单相负荷的计算电流：

$$I_c = P_c/U_r \cdot \cos\varphi = P_c/0.22\cos\varphi \approx 4.55P_c/\cos\varphi \text{（A）} \quad (2.5.6\text{-}2)$$

（3）电力变压器低压侧的额定电流：

$$I_r = S_r/\sqrt{3}U_r = S_t/0.693 \approx 1.443S_r \text{（A）} \quad (2.5.6\text{-}3)$$

式中 S_r——变压器的额定容量，kVA；

U_r——变压器低压侧的额定电压，$U_r=0.4$（kV）。

2. 尖峰电流计算

（1）计算要点。

①尖峰电流主要用于计算电压波动与电压损失、选择熔断器和低压断路器、整定继电保护装置及校验电动机自起动条件等；

②尖峰电流指单台或多台用电设备持续时间 1～2s 的短时最大负荷电流；

③一般取起动电流的周期分量作为计算电压损失、电压波动和电压下降以及选择电器和保护元件等的依据。在校验低压断路器瞬动元件时，还应考虑起动电流的非周期分量。

（2）计算方法。

①单台起动的电动机。

在民用建筑中，常见的尖峰电流是电动机的起动电流，单台电动机的尖峰电流计算公式为：

$$I_p = I_{st} = K_{st}I_r \quad (2.5.6\text{-}4)$$

式中 I_p——尖峰电流，A；

I_{st}——电动机起动电流，A；

I_r——电动机额定电流，A；

K_{st}——电动机的起动电流倍数，笼型电动机一般为 4～7，绕线型电动机一般不大于2倍，直流电动机为 1.5～2。其中笼型电动机为民用建筑的常用类型，计算时，应以制造厂家提供的产品样本等资料数据为依据。

②多台分别起动的电动机。

接有多台电动机的配电线路，只考虑一台电动机起动时的尖峰电流，计算公式为：

$$I_p = (K_{st}I_r)_{max} + I'_c \quad (2.5.6\text{-}5)$$

式中 $(K_{st}I_r)_{max}$——起动电流为最大一台电动机的起动电流，A；

I'_c——除起动电动机以外的配电线路计算电流，A，需考虑电动机组的同时系数。

两台及以上设备的电动机有可能同时起动时，尖峰电流根据实际情况确定。

③自起动的电动机组。

对于自起动的电动机组，其尖峰电流为所有参与自起动的电动机的起动电流之和。

④供电给滑触线的线路尖峰电流，计算公式为：

$$I_{p}=I_{c}+(K_{st}-K_{z})I_{r,max} \tag{2.5.6-6}$$

式中 I_p——尖峰电流，A；

I_c——计算电流，A；

$I_{r,max}$——最大一台电动机的额定电流，A；

K_z——综合系数，见表 2.5.6-1；

K_{st}——最大一台电动机的起动倍数，绕线型电动机取 2，鼠笼型电动机按产品样本。

综合系数 **表 2.5.6-1**

起重机额定负载持续率 ε	起重机台数	综合系数 K_z	$K'_z(\cos\varphi=0.5,U_r=380V)$
0.25	1	0.4	1.2
	2	0.3	0.9
	3	0.25	0.75
0.4	1	0.5	1.5
	2	0.38	1.14
	3	0.32	0.96

（3）计算示例。

示例：已知某条 AC380V 三相供电线路，供电给表 2.5.6-2 所示 4 台电动机，各台电动机分别起动，同时系数为 0.9，电动机组如图 2.5.6-1 所示。试计算该线路的尖峰电流。

电动机电气数据表 **表 2.5.6-2**

参数	电动机			
	M1	M2	M3	M4
额定电流 I_r (A)	5.8	5.0	35.8	27.6
启动电流 I_{st} (A)	40.6	35.0	197.0	193.2

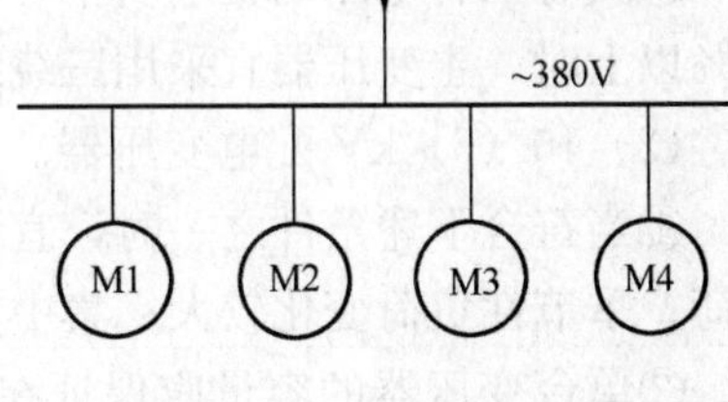

图 2.5.6-1 电动机组示意图

计算过程：由上表可知，电动机 M3 的起动电流为 197A，是该电动机组内的最大起动电流，因此该线路的尖峰电流（同时系数取 0.9）为：

$$I_{p}=(K_{st}I_{r})_{max}+I'_{c}=197+0.9\times(5.8+5+27.6)=231.56A$$

2.5.7 变压器容量计算

1. 相关规范的规定

《20kV 及以下变电所设计规范》GB 50053—2013

3.3.2 装有两台及以上变压器的变电所，当任意一台变压器断开时，其余变压器的容量应能满足全部一级负荷及二级负荷的用电。

3.3.3 变电所中低压为0.4kV的单台变压器的容量不宜大于1250kVA，当用电设备容量较大、负荷集中且运行合理时，可选用较大容量的变压器。

《民用建筑电气设计规范》JGJ 16—2008

4.3.2 配电变压器的长期工作负载率不宜大于85%。

4.3.6 变压器低压侧电压为0.4kV时，单台变压器容量不宜大于1250kVA。预装式变电所变压器，单台容量不宜大于800kVA。

2. 计算要点

(1) 电力变压器是供配电系统的关键设备，并影响电气主接线的基本形式和变电所总体布置形式。

(2) 变压器的台数和容量一般根据负荷等级、用电容量和经济运行等条件综合考虑确定。

(3) 装有两台及以上变压器的变电所，当其中任一台变压器断开时，其余变压器的容量应满足一级负荷及二级负荷的用电。

3. 计算方法

(1) 35kV主变压器。

①有一、二级负荷的变电所中宜装设两台主变压器；当在技术经济上比较合理时，可装设两台以上主变压器；如变电所可由中、低压侧电力网取得足够容量的备用电源时，可装设一台主变压器；

②一般采用三相变压器，其容量可按投入运行后5~10年的预期负荷选择，至少留有15%~25%的裕量；

③装有两台及以上主变压器的变电所中，当断开一台时，其余主变压器的容量应保证用户的一、二级负荷，且不应小于60%的全部负荷；

④具有三种电压的变电所中，如通过主变压器各侧绕组的功率均达到该变压器容量的15%以上时，主变压器宜采用三绕组变压器。

(2) 10 (6) kV配电变压器。

①当符合下述条件之一时，宜装设两台及以上变压器。条件包括：有大量一级或二级负荷；季节性负荷变化较大；集中负荷较大；变压器容量过大。

②单台变压器的容量应保证在计算负荷下变压器能长期可靠运行，并适当考虑负荷发展，其负载量一般不应大于85%。单台变压器的容量一般不宜大于1250kVA，当用电设备容量较大、技术经济合理、运行安全可靠时，可采用1600kVA～2500kVA的变压器。

③设置有两台及以上变压器时，当其中任一台变压器断开，其余变压器的容量应满足一级负荷及二级负荷的用电，并宜满足建筑物主要用电需求。

④变压器容量应满足大型电动机及其他波动负荷的启动要求。

4. 变压器容量计算

建筑物的计算有功负荷 P_c 确定后，变压器的总装机容量 S_c（kVA）为：

$$S_c = P_c/\beta\cos\varphi_2 \tag{2.5.7-1}$$

式中 P_c——计算有功负荷，kW；

$\cos\varphi_2$——补偿后的平均功率因数；

β——变压器的负荷率。

$\cos\varphi_2$ 取决于当地供电部门对建筑物的要求，一般不小于0.9。因此，变压器容量的最终确定在于 β 值的取值，然后再按所选用的变压器产品标称系列来确定变压器容量。

变压器的容量选择是个相当复杂的过程，既要考虑变压器最经济运行的负荷率，也要考虑变压器长年接入电网运行，变压器的长期累计损耗，还应考虑今后的发展余量。

5. 计算示例

示例：已知某10/0.4kV变电所，总计负荷为1200kVA，其中一、二级负荷为750kVA。试选择其配电变压器的台数和容量。

计算过程：由于本变电所包括大量一、二级负荷，所以选择两台配电变压器。

根据变压器容量要求，其每台变压器的容量应满足一、二级负荷需要，即：

$$S_r > 750\text{kVA}$$

综合上述情况，可选择两台低损耗电力变压器SC11-800/10型分列运行。

2.5.8 供电系统功率损耗计算

1. 计算要点

（1）当电流流过供配电线路、变压器等设备时，将引起有功功率和无功功率损耗。

（2）这部分的功率损耗也需要由系统供给，在准确计算建筑物的计算负荷时，应把这部分功率损耗考虑进去，逐级计入有关线路和变压器的功率损耗。

2. 计算方法

（1）线路功率损耗。

线路的有功功率损耗和无功功率损耗分别按下列公式计算：

$$\Delta P_L = 3I_c^2 R_L \times 10^{-3} \tag{2.5.8-1}$$

$$\Delta Q_L = 3I_c^2 X_L \times 10^{-3} \tag{2.5.8-2}$$

式中 ΔP_L——线路有功功率损耗，kW；

ΔQ_L——线路无功功率损耗，kvar；

I_c——线路的计算电流，A；

R_L——每相线路电阻，Ω；$R_L=r_0 l$，l 为线路长度，km；r_0 为线路单位长度的电阻值，Ω/km；

X_L——每相线路电抗，Ω，$X_L=x_0 l$，x_0 为线路单位长度的电抗值，Ω/km。

（2）变压器功率损耗。

①变压器的有功功率损耗。变压器的有功功率损耗 ΔP_T 由铁心有功损耗（铁损 ΔP_{Fe}）和绕组有功损耗（铜损 ΔP_{Cu}）两部分组成，计算公式为：

$$\Delta P_T = \Delta P_{Fe} + \Delta P_{Cu}\left(\frac{S_c}{S_r}\right)^2 \approx \Delta P_0 + \Delta P_k\left(\frac{S_c}{S_r}\right)^2 \tag{2.5.8-3}$$

或

$$\Delta P_T \approx \Delta P_0 + \Delta P_k \beta^2 \tag{2.5.8-4}$$

式中 S_c——变压器计算视在功率，kVA；

S_r——变压器额定容量，kVA；

ΔP_0——变压器的空载有功损耗，kW；

ΔP_k——变压器的短路有功损耗，kW；

β——变压器的负荷率，$\beta = S_c/S_r$。

②变压器的无功功率损耗。变压器的无功功率损耗 ΔQ_T 由空载时的无功损耗和绕组电抗上产生的无功损耗两部分组成，计算公式为：

$$\Delta Q_T = \Delta Q_0 + \Delta Q_k \left(\frac{S_c}{S_r}\right)^2 \approx S_r \left[\frac{I_0\%}{100} + \frac{u_{kr}\%}{100}\left(\frac{S_c}{S_r}\right)^2\right] \quad (2.5.8\text{-}5)$$

或

$$\Delta Q_T \approx S_r \left[\frac{I_0\%}{100} + \frac{u_{kr}\%}{100}\beta^2\right] \quad (2.5.8\text{-}6)$$

式中 ΔQ_0——变压器空载时的无功损耗，kvar；

ΔQ_k——变压器满载（短路）无功损耗，kvar；

$I_0\%$——变压器空载电流占额定电流的百分数；

$u_{kr}\%$——变压器短路电压占额定电压的百分数。

③当变压器型号规格未确定或当变压器负荷率不大于 85%时，其功率损耗可以概略计算，计算公式为：

$$\Delta P_T \approx 0.01 S_c \quad (2.5.8\text{-}7)$$

$$\Delta Q_T \approx 0.05 S_c \quad (2.5.8\text{-}8)$$

3. 高压电动机的有功及无功功率损耗

计算公式为：

$$\Delta P_M = P_r\left(\frac{1-\eta}{\eta}\right) \quad (2.5.8\text{-}9)$$

$$\Delta Q_M = \Delta P_M \tan\varphi \quad (2.5.8\text{-}10)$$

式中 ΔP_M——有功功率损耗，kW；

ΔQ_M——无功功率损耗，kvar；

P_r——电动机额定功率，kW；

η——电动机效率，查产品样本；

$\tan\varphi$——电动机额定功率因数角的正切值。

4. 计算示例

示例：已知如图 2.5.8-1 所示的供电系统，某变电所变压器低压侧母线上的最大负荷为 1200kW，$\cos\varphi=0.9$，试求最大负荷时变压器与线路的功率损耗。变压器和线路的参数如下：

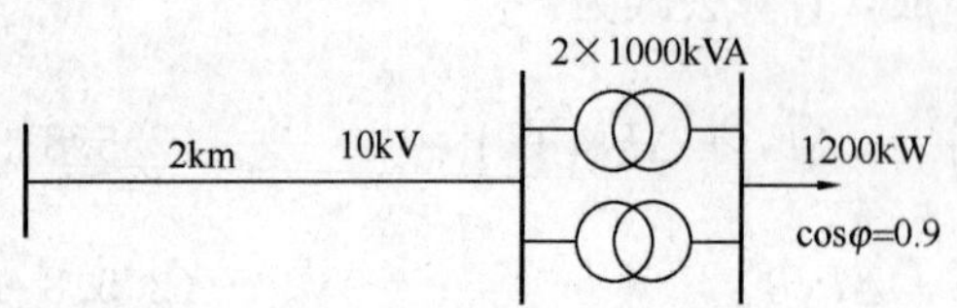

图 2.5.8-1 供电系统示意图

变压器（每台）参数为：SC9-1000/10，$\Delta P_0=1.4$kW，$\Delta P_k=7.51$kW，$I_0\%=0.8$，$u_{kr}\%=6$

线路的参数为：$l=2$km，$r_0=1.98\Omega$/km，$x_0=0.358\Omega$/km

计算过程：最大负荷时变压器的有功功率损耗：

$$\Delta P_{\mathrm{T}}=2(\Delta P_0+\Delta P_{\mathrm{k}}\beta^2)=2\times\left[\Delta P_0+\Delta P_{\mathrm{k}}\left(\frac{S_{\mathrm{c}}}{2S_{\mathrm{r}}}\right)^2\right]$$

$$=2\times\left[1.4+7.51\times\left(\frac{1200/0.9}{2\times1000}\right)^2\right]=9.48\mathrm{kW}$$

变压器的无功功率损耗：

$$\Delta Q_{\mathrm{T}}=2(\Delta Q_0+\Delta Q_{\mathrm{k}}\beta^2)=2S_{\mathrm{r}}\left[\frac{I_0\%}{100}+\frac{u_{\mathrm{kr}}\%}{100}\left(\frac{S_{\mathrm{c}}}{2S_{\mathrm{r}}}\right)^2\right]$$

$$=2\times1000\times\left[\frac{0.8}{100}+\frac{6}{100}\times\left(\frac{1200/0.9}{2\times1000}\right)^2\right]=69.33\mathrm{kvar}$$

计及变压器损耗后，在 10kV 线路末端流出的功率：

$$P_1=P_{\mathrm{c}}+\Delta P_{\mathrm{T}}=1200+9.48=1209.48\mathrm{kW}$$

$$Q_1=Q_{\mathrm{c}}+\Delta Q_{\mathrm{T}}=1200\tan(\arccos0.9)+69.33=650.52\mathrm{kvar}$$

线路上的功率损耗：

$$\Delta P_{\mathrm{L}}=3I_{\mathrm{c}}^2R_{\mathrm{L}}\times10^{-3}=3\times\left(\frac{S_1}{\sqrt{3}U_{\mathrm{r}}}\right)^2R_{\mathrm{L}}\times10^{-3}$$

$$=\frac{1209.48^2+650.52^2}{10^2}\times1.98\times2\times10^{-3}=74.69\mathrm{kW}$$

$$\Delta Q_{\mathrm{L}}=3I_{\mathrm{c}}^2X_{\mathrm{L}}\times10^{-3}=3\times\left(\frac{S_1}{\sqrt{3}U_{\mathrm{r}}}\right)^2X_{\mathrm{L}}\times10^{-3}$$

$$=\frac{1209.48^2+650.52^2}{10^2}\times0.358\times2\times10^{-3}=13.50\mathrm{kvar}$$

2.5.9 供电系统电能损耗和建筑年电能消耗量计算

1. 供电系统电能损耗计算

（1）计算要点。

①用户供电系统中的线路和变压器由于常年持续运行，其电能损耗相当可观。在准确计算建筑物的电能消耗时，应把这部分电能损耗考虑进去，逐级计入有关供电线路和变压器的电能损耗。

②供电线路导线和变压器绕组中的损耗与通过的电流（或功率）的平方成正比，变压器的铁芯损耗则与施加在变压器上的电压有关。

（2）计算方法。

①供电线路年有功电能损耗计算公式为：

$$\Delta W_{\mathrm{L}}=\Delta P_{\max}\tau \tag{2.5.9-1}$$

式中 ΔW_{L}——线路的年有功电能损耗，kW·h；

$\Delta P_{\max}$——线路中最大负荷时的有功功率损耗，kW；

τ——年最大负荷损耗小时数，h；它与年最大负荷利用小时数 $T_{\max}$ 及功率因数有关，见图 2.5.9-1。

②变压器年有功电能损耗。

忽略电压变化对变压器铁芯损耗的影响，则变压器的能量损耗计算公式为：

$$\Delta W_T = \Delta P_0 t + \Delta P_k \left(\frac{S_c}{S_r}\right)^2 \tau \quad (2.5.9\text{-}2)$$

式中 ΔW_T——变压器的年有功电能损耗，kW·h；

ΔP_0——变压器的空载有功损耗，kW；

ΔP_k——变压器的满载（短路）有功损耗，kW；

t——变压器全年投入电网的运行小时数，h，可取8760h；

S_c——变压器的计算负荷，kVA；

S_r——变压器的额定容量，kVA；

τ——年最大负荷损耗小时数，h，它与年最大负荷利用小时数及功率因数有关，见图2.5.9-1。

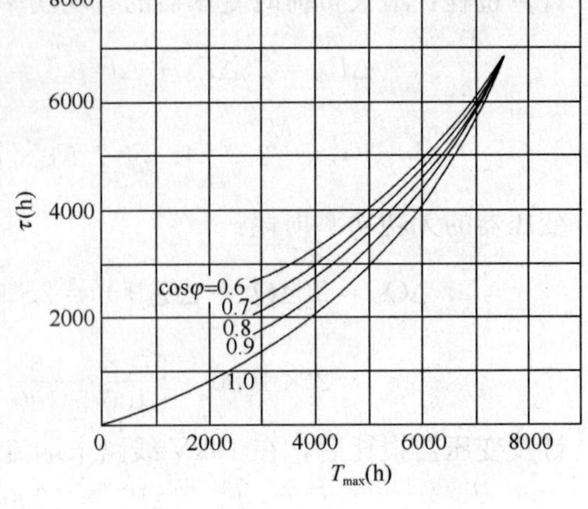

图 2.5.9-1 T_{max}与τ的关系曲线

（3）计算示例。

示例：已知如第2.5.8节示例中图2.5.8-1所示的供电系统中，负荷、变压器和线路的数据完全相同，其最大负荷利用小时数为4500h。试求线路与变压器全年的电能损耗。

计算过程：已知T_{max}=4500h、$\cos\varphi$=0.9，查图2.5.9-1可知τ=2750h。

根据第2.5.8节示例计算可知最大负荷时线路的有功损耗为74.69W，则线路中的全年能量损耗为：

$$\Delta W_L = \Delta P_{max}\tau = 74.69 \times 2750 = 205397.5\text{kW}\cdot\text{h}$$

根据第2.5.8节示例中的变压器数据，假定变压器全年投入运行，则变压器全年的能量损耗为：

$$\Delta W_T = 2\left[\Delta P_0 t + \Delta P_k \left(\frac{S_c}{2S_r}\right)^2 \tau\right]$$

$$= 2 \times \left[1.4 \times 8760 + 7.51 \times \left(\frac{1200/0.9}{2 \times 1000}\right)^2 \times 2750\right] = 42885.78\text{kW}\cdot\text{h}$$

2. 建筑年电能消耗量计算

（1）计算要点。

①年电能消耗量指建筑在一年时间内所消耗的能量，包括根据年持续有功负荷曲线和无功负荷曲线确定的有功电能消耗量和无功电能消耗量；

②年有功电能消耗量为：$W_p = \int_0^{8760} P dt$

年无功电能消耗量为：$W_q = \int_0^{8760} Q dt$

③通过计算建筑物配电系统方案的年电能消耗量，以便衡量设计方案是否符合经济技术指标及建筑节能的要求。

（2）计算方法。

负荷曲线的积分计算比较复杂，一般采用下列两种实用方法计算。

①用年平均负荷来确定。

根据年平均负荷和实际工作小时数计算，计算公式为：

$$W_{p,a}=\alpha_{av}P_cT_a \tag{2.5.9-3}$$

$$W_{q,a}=\beta_{av}Q_cT_a \tag{2.5.9-4}$$

式中 $W_{p,a}$——年有功电能消耗量，kW·h；

$W_{q,a}$——年无功电能消耗量，kvar·h；

P_c——计算有功功率，kW；

Q_c——计算无功功率，kvar；

α_{av}——年平均有功负荷系数，一般取 0.7～0.75；

β_{av}——年平均无功负荷系数，一般取 0.76～0.82；

T_a——年实际工作小时数，h；一班制可取 1860h，二班制可取 3720h，三班制可取 5580h。主要建筑物的年运行时间，见表 25.9-1。

主要建筑物的年运行时间 **表 2.5.9-1**

建筑类别	年运行天数 (d)	每天工作小时数 (h)	建筑类别		年运行天数 (d)	每天工作小时数 (h)
住宅、公寓	365	8～10	幼儿园		250	8～10
餐厅	365	10～12	展览馆、博物馆		250～365	10～12
办公	250	8～12	社区服务		250～365	8～10
商业	365	12～14	汽车库		365	18～22
体育场、馆	250～365	10～12	设备机房		365	12～14
剧场	260～365	8～10	车间每年工作小时数 (h)	一班制		1860
医院	365	20～24		二班制		3720
高等院校	295	10～12		三班制		5580
中小学校	191	8～10				

注：社区服务、体育馆、剧场依据实际情况确定年运行天数。

②单位耗电量法。

根据建筑人员、面积或其他指标（如企业收入、产量、科研量等）的单位耗电量来确定，计算公式为：

$$W_{p,a}=wm \tag{2.5.9-5}$$

$$W_{q,a}=W_{p,a}\tan\varphi \tag{2.5.9-6}$$

式中 w——单位指标耗电量，kW·h/单位指标，由工艺设计提供或参考现有积累资料；

m——年指标总量（单位应与 w 中的单位指标一致）；

$\tan\varphi$——年平均功率因数角的正切值，若考虑补偿后的年平均功率因数 $\cos\varphi$=0.85～0.95，则相应的 $\tan\varphi$=0.62～0.33。

(3) 计算示例。

示例：已知某建筑高压侧有功、无功计算负荷分别为 661kW、312kvar，α_a=0.7，β_a=0.8，T_a=4600h。试计算其年电能消耗量。

计算过程：根据年电能消耗量计算公式，得：

年有功电能消耗量：$W_{p,a}=0.7\times661\times4600=2.128\times10^6$kW·h

年无功电能消耗量：$W_{q,a}=0.8\times312\times4600=1.148\times10^6$kvar·h

2.5.10 设备用电负荷资料

1. 一般常用电器用电负荷、功率因数，见表 2.5.10-1。

一般常用电器用电负荷、功率因数 表 2.5.10-1

设备名称	规 格	功率（kW）	相数	功率因数
收录机	—	0.01～0.06	1	0.7
电唱机	—	0.02	1	0.7
洗衣机	—	0.12～0.4	1	0.6
电视机	彩色	0.07～0.2	1	0.7
家用电冰箱	50～200L	0.04～0.15	1	0.6
台扇	ϕ200～ϕ400	0.03～0.07	1	0.6
落地扇	ϕ400	0.07	1	0.6
箱式电扇	ϕ300	0.06	1	0.6
吊扇	ϕ900～ϕ1200	0.08	1	0.6
排气扇	ϕ140	0.01	1	0.5
冷风器	—	0.07	1	0.6
电空调器	—	0.75～2	1	0.7～0.8
电熨斗	—	0.3～1.5	1	1
电烙铁	—	0.04～0.1	1	1
电热梳	—	0.02～0.12	1	1
电吹风	—	0.25～1.2	1	1
电热烫发钳	—	0.02～0.03	1	1
电卷发器	—	0.02	1	1
电褥子	—	0.04～0.08	1	1
热得快	—	0.3	1	1
电水杯	—	0.4	1	1
电茶壶（瓷）	—	0.5	1	1
电茶壶（铝）	2.5～5L	0.7～1.5	1	1
电热锅	1.5L	0.5～0.75	1	1
电炒勺	—	0.8～0.9	1	1
电饭锅	—	0.3～1.5	1	1
电炉	ϕ100～ϕ170	0.3～1	1	1
暖式电炉	立式	0.3～1	1	1
电吸尘器	—	0.25	1	0.6
多用机（绞肉、切菜）	—	0.5	1	0.6
台式计算机	含显示器	0.3～0.5	1	0.8
电饮水器	冷、热水	0.5	1	1

续表

设备名称	规 格	功率（kW）	相数	功率因数
烘手器	—	2	1	1
热风器	$9m^3/min$	3	1	1
		3	3	1
电暖气	—	1	1	1
		2	1	1
		3	1	1
电热水器	20kg	2	1	1
	30kg	6	3	1
	40kg	8	3	1
	110kg	9	3	1
暖水冲洗器	3kg/min	2（夏）	1	1
		4(冬)	1	1
储存式水加热器	300L	5	1	1
	46L	3	1	1
	46L	6	1	1
电灶	煮锅 20L×3	18.1	3	1
	炒锅 10L×1			
	烘炉			
电炒锅	14L	4	1	1
		4	3	1
电炸锅	—	6.5	3	1
三明治炉	—	0.3	1	1
		0.5	1	1
		0.75	1	1
远红外面包炉	50kg/h	10	3	1
远红外食品烘箱	50kg/h	7.2	3	1
		11.2	3	1
食品烤箱	—	14	3	1
远红外立式烘烤炉	50kg/h	3.8	3	1
	50kg/h	13	3	1

注：本表中数据仅供参考。

2. 办公设备用电负荷，见表 2.5.10-2。

办公设备用电负荷 **表 2.5.10-2**

名 称	电 源		
	电压(V)	功率(kW)	功率因数
台式传真机	220	0.01～1.0	0.8
绘图仪	220	0.055	0.8
投影仪	220	0.1～0.4	0.8
喷墨打印机	220	0.16	0.6

续表

名称	电源		
	电压(V)	功率(kW)	功率因数
彩色激光打印机(台式)	220	0.79	0.6
激光图形打印机	220	2.6	0.8
晒图机(小型)	220	1.4	0.8
静电复印机(台式)	220	1.2	0.8
静电复印机(桌式)	220	1.4	0.8
静电复印机(桌式带分页)	220	2.1	0.8
静电复印机(大型单张式)	220	3.5	0.8
静电复印机(大型卷筒式)	220	6.4	0.8
静电复印机(大型微缩胶片放大)	220	5.8	0.8
电子计算机(主机)	220	2	0.7
电子计算机(主机)	220	3	0.7
电子计算机(主机)	380	10	0.7
电子计算机(主机)	380	15	0.7
电子计算机(主机)	380	20	0.7
电子计算机(主机)	380	30	0.7
电子计算机(主机)	380	50	0.7
电子计算机(主机)	380	100	0.7
数据终端机(主机)	220	0.05	0.7
台式 PC 机(液晶显示屏)	220	0.4	0.7
饮水机	220	1.0	—
考勤机	220	0.003~0.015	—
点钞机	220	0.004~0.08	0.8
碎纸机	220	0.12	0.8
电子白板	220	0.08	—
自动咖啡机	220	0.8	0.8
幻灯机	220	0.2	0.8
电动油印机	220	0.02	0.7
光电誊印机	220	0.02	0.7
胶印机	220	0.02	0.7
对讲电话机	220	0.1	0.7
会议电话汇接机	220	0.3	0.7
会议电话终端机	220	0.02	0.7
电铃(ϕ50)	220	0.005	0.5
电铃(ϕ75)	220	0.01	0.5
电铃(ϕ100)	220	0.015	0.5
电铃(ϕ150)	220	0.02	0.5
电铃(ϕ25)	220	0.025	0.5

注:本表提供的各项参数仅供参考,具体数据应根据产品型号相应调整。

3. 厨房设备用电负荷，见表 2.5.10-3～表 2.5.10-6。

常用厨房设备用电负荷 **表 2.5.10-3**

厨房设备名称	相 数	额定电压(V)	额定功率(kW)
小鼓风机	1	220	0.75
洗菜机	3	380	2.30
挂墙电开水炉	1	220	3.0
切片及碎肉机	3	380	3.5
开罐器	1	220	0.32
锯骨机	3	380	1.5
脱水机	3	380	2.2
气味处理器	1	220	0.01
灭蝇灯	1	220	0.04
真空包装机	3	380	5.0
搅拌机	1	220	0.7
消毒器	1	220	1.04
冰粒储存冷库	3	380	4.2
制冰粒机	3	380	5.0
冰粒箱速装袋机	1	220	0.4
紫外光消毒器	1	220	0.01
电开水炉	3	380	15.5
供餐传送带	1	220	0.4
升降台	3	380	1.50
流动盆架	3	380	2.10
餐车清洗机	3	380	21.00
分类传送带	1	220	3.00
洗杯机	3	380	9.00
综合刀叉洗碟机	3	380	23.00
重洗器具清洗盆	3	380	9.00

厨房设备用电负荷、功率因数 **表 2.5.10-4**

设备名称	规 格	相 数	功率(kW)	功率因数
绞肉机	500kg/h	3	1.7	0.8
	500kg/h	3	2.4	0.8
切肉机	100kg/h	3	0.55	0.7
	180kg/h	3	0.55	0.7
	200kg/h	3	0.75	0.7
立式多切机	400～600kg/h	3	1.5	0.8
液压切肉机	—	3	4	0.85
熟肉切片机	—	1	0.09	0.7
绞肉机	250kg/h	1	1.2	0.8
卧式绞肉机	120kg/h	3	0.6	0.7
台式绞肉机	150kg/h	3	0.75	0.7

续表

设备名称	规 格	相 数	功率（kW）	功率因数
立式绞肉机	500kg/h	3	1.5	0.8
打蛋器	—	1	0.15	0.7
搅拌机	25kg/10min	3	1.5	0.8
削面机	100kg/h	3	2.2	0.8
面条打粉机	50kg/18min	3	1.8	0.8
削面机	100kg/10min	3	1.5	0.8
拌粉机	—	3	3	0.8
立式和面机	35kg/10min	3	2.2	0.8
卧式和面机	10～25kg/18min	3	2.2	0.8
立式和面机	75kg/10min	3	4	0.85
卧式和面机	125kg/10min	3	6.6	0.85
立式轧面机	50～65kg/h	3	2.2	0.8
	135kg/h	3	2.8	0.8
立式挂面机	200kg/h	3	3	0.8
馒头机	33个/min	3	1.1	0.8
	60个/min	3	3	0.8
	70个/min	3	4	0.85
包饺机	7200个/h	3	3	0.8
馄饨机	4000个/h	3	1.5	0.8
台式馅类切割机	150kg/h	1	0.25	0.7
台式切菜脱水机	300～350kg/h	1	0.55	0.7
台式切菜机	150kg/h	3	0.37	0.7
切菜机	150kg/h	3	0.37	0.7
	150kg/h	3	0.5	0.7
	300kg/h	3	1.1	0.8
	150kg/h	1	0.8	0.7
豆浆机	30kg/h	3	0.6	0.7
	40kg/h	3	0.75	0.7

各类餐厅厨房设备用电负荷 **表 2.5.10-5**

餐厅名称	常用设备名称	设备用电量（kW/台）	电压等级（V）
中餐厅、职工食堂	冷 库	8	380
	菜馅机	1.5	380
	绞肉机	1.5	380
	开水器	12	380
	煮面炉	12	380

续表

餐厅名称	常用设备名称	设备用电量（kW/台）	电压等级（V）
中餐厅、职工食堂	电烤箱	19.7	380
	馒头机	5	380
	和面机	8	380
	压面机	2.2	380
	搅拌机	1.1	380
	洗碗机	40	380
	电饼铛	4.5	380
	平台雪柜	1	220
	双门蒸柜	1	220
	烟罩灯	1	220
	双头双尾炒炉	0.55	220
	大锅灶	0.35	220
	三门蒸柜	0.35	220
	制冰机	1	220
	消毒柜	2.5	220
	油烟净化器	1	220
	高身雪柜	1	220
	单位面积用电量估算：300～500W/m²		
西餐厅	蒸　炉	20	380
	炸　炉	12	380
	焗　炉	5.4	380
	水槽卫生设备	6	380
	冷　库	8	380
	洗碗机	40	380
	热水器	6	380
	烟罩灯	0.8	220
	冰淇淋箱	0.5	220
	搅拌机	0.33	220
	食物处理器	0.75	220
	切片机	0.7	220
	榨汁机	1.5	220
	保温柜	3	220
	烤面包机	2.3	220
	保温灯	0.35	220
	雪　柜	0.6	220
	炒　炉	0.37	220
	单位面积用电量估算：900～1100W/m²		

续表

餐厅名称	常用设备名称	设备用电量（kW/台）	电压等级（V）
自助西餐厅	焗炉	5.4	380
	点心保温柜	6	380
	煮面炉	10	380
	炸　炉	12	380
	电磁炉	2.5	220
	雪　柜	0.6	220
	炒　炉	0.55	220
	肠粉炉	0.37	220
	蒸　炉	0.37	220
	热汤地台柜	2.2	220
	烟罩灯	0.6	220
	加热器	5	220
	面火炉	3.3	220
	单位面积用电量估算：1000W/m²		
备餐间	咖啡机	8.29	380
	烤　箱	2.2	380
	开水器	2.85	220
	毛巾柜	0.3	220
	制冰机	0.5	220
	滤水器	0.1	220
	雪　柜	1	220
	洗杯机	5.6	220
	单位面积用电量估算：1200～1400W/m²		
快餐厅	烤鸡炉	27	380
	陈列保温柜	4.2	380
	炸　炉	18	380
	扒　炉	8	380
	烤面包机	2	220
	香肠机	1	220
	开水机	2.4	220
	薯条工作站	1.25	220
	冰淇淋箱	0.5	220
	搅拌机	0.33	220
	食物处理器	0.75	220
	滤油车	0.25	220
	万用蒸箱	3	220
	单位面积用电量估算：1300～2000W/m²		

注：本表数据仅供参考，具体数据应根据具体工程相应调整。

冷藏冷冻及冷饮水类设备用电负荷、功率因数及计算电流　　表 2.5.10-6

设备名称	规格	相数	耗电功率(kW)	功率因数	计算电流(A)
卧式冷藏柜	0.2m³	3	0.5	0.8	1
食品冰箱	1.3m³	3	0.6	0.8	1.2
卧式冷藏柜	0.6m³	3	1.1	0.85	2
厨房冰箱	0.6m³	3	1.1	0.85	2
卧式风冷冷藏柜	0.7m³	3	1.1	0.85	2
立式风冷生熟分开冷藏柜	0.7m³	3	1.1	0.85	2
立式冷藏柜	0.7m³	3	1.1	0.85	2
	1m³	3	1.1	0.85	2
厨房冰箱	1m³	3	1.1	0.85	2
	1.35m³	3	1.1	0.85	2
	1.5m³	3	1.1	0.85	2
立式冷藏柜	1.5m³	3	1.5	0.85	2.7
低温冰箱	16800kJ/h	3	2.2	0.85	4
卧式冷藏柜	1.5m³	3	3	0.85	5.4
	1.5m³	3	3	0.85	5.4
卧式风水冷冷藏柜	2m³	3	3	0.85	5.4
立式冷藏柜	3m³	3	3	0.85	5.4
厨房冰箱	3m³	3	3	0.85	5.4
低温冰箱	0.2m³	3	4	0.85	7.2
制冰机	120kg/d	3	1.1	0.85	2
冰棍机	2000支/d	3	1.1	0.85	2
制冷机	500kg/d	3	3	0.85	5.4
冰棍机	8000支/d	3	3	0.85	5.4
	8～9kg/h	3	1.7	0.85	3.1
冰淇淋机	20～25kg/h	3	4.5	0.85	8.1
冷饮水箱	300～450kg/h	3	3	0.85	5.4
紫外线饮	1000L/h	1	0.03	0.5	0.3
水消毒器	4000L/h	1	0.09	0.5	0.9
	8000L/h	1	0.12	0.5	1.1
	60000L/h	1	3	0.5	27.3

注：相同规格的设备不同耗电是不同厂家产品。

4. 医院医疗电器设备用电负荷，见表 2.5.10-7。

医院医疗电器设备用电负荷　　表 2.5.10-7

科室	设备名称	电源		外形尺寸(mm)	备注
		电压(V)	功率(kW)		
手术室	呼吸机	220	0.22～0.275	—	—
	全自动正压呼吸机	220	0.037	—	—
	加温湿化一体正压呼吸机	220	0.045	165×275×117	—
	电动呼吸机	220	0.1	365×320×255	—
	全功能电动手术台	220	10	480×2000×800	高度450～800mm可调
	冷光12孔手术无影灯	24	0.35	—	—
	冷光单孔手术无影灯	24	0.25～0.5	—	—
	冷光9孔手术无影灯	24	0.25	—	—
	人工心肺机	380	2	586×550×456	—

续表

科室	设备名称	电源		外形尺寸（mm）	备注
		电压（V）	功率（kW）		
中医科	电动挤压煎药机	220	1.8～2.8	550×540×1040	容量：20000mL
	立式空气消毒机	220	0.3	—	—
	多功能真空浓缩机	220	2.4～1.8	—	容量：25000～50000cc
	高速中药粉碎机	220	0.35～1.2	—	容量：100～400g
	多功能切片机	220	0.35	340×200×300	切片厚度 0.3～3mm
	电煎常压循环一体机	220	2.1～4.2	—	容量：12000～60000mL
放射科、化验科	300mAX线机	220	0.28	—	—
	50mA 床旁 X 射线机	220	3	1320×780×1620	—
	全波型移动式 X 射线机	220	5	—	重量：160kg
	高频移动式 C 臂 X 射线机	220	3.6	—	垂直升降 400mm
	牙科 X 射线机	220	1.0	—	—
	单导心电图机	220	0.05	—	—
	三导心电图机	220	0.15	—	—
	推车式 B 超机	220	0.07	600×800×1200	—
	超速离心机	380	3	1200×700×930	—
	低速大容量冷冻离心机	220	4	—	—
	高速冷冻离心机	220	0.3	—	—
	深部治疗机	220	10	—	—
其他	不锈钢电热蒸馏水器	220	13.5	—	出水量 20L
	热风机	380	1.5～2.3 +0.55	366×292×780	—
	电热鼓风干燥箱	220	3	850×500×600	—
	隔水式电热恒温培养箱	220	0.28～0.77	—	—
	低温箱	380	3～15	—	—
	太平柜	380	3	2600×1430×1700	—

注：本表提供的各项参数仅供参考，具体数据应根据产品型号相应调整。

5. 空调设备用电负荷，见表 2.5.10-8。

空调、除湿设备用电负荷、功率因数及计算电流　　表 2.5.10-8

设备名称	规　格	相　数	耗电功率（kW）	功率因数	计算电流（A）
风机盘管		1	0.04～0.08	0.6	0.3～0.6
分体式空调器	冷量 16700J/h	1	1.75（室外 1.3）	0.8	10
分体式空调器（冷暖两用）	冷量 30000J/h	1	2.6+3（室外 2.4）	0.8	16
	冷量 47000J/h	3	4.5+5（室外 4）	0.8	9
立柜式冷风机	冷量 25000J/h	3	2.4	0.8	4.6
	冷量 38000J/h	3	4.4	0.8	8.4
	冷量 71000J/h	3	6	0.8	11.4
	冷量 107000J/h	3	9	0.85	16.1
	冷量 117000J/h	3	13	0.85	23.2
	冷量 146000J/h	3	15.2	0.85	27.1
	冷量 234000J/h	3	26	0.85	46.4
立柜式恒温恒湿机	冷量 25000J/h	3	5.4+7	0.8	16
	冷量 36000J/h	3	6.7+8.4	0.8	19
	冷量 63000J/h	3	9+12	0.85	27
	冷量 94000J/h	3	15+21	0.85	52
	冷量 125000J/h	3	19+25	0.85	67
	冷量 314000J/h	3	33.5+48	0.85	110
除湿机	除湿量 3kg/h	3	2.2	0.8	4.2
	除湿量 5kg/h	3	4.4	0.8	8.4
	除湿量 6kg/h	3	5.3	0.8	10.1
	除湿量 10kg/h	3	8.6	0.85	15.4
	除湿量 20kg/h	3	15.2	0.85	27.1

6. 桑拿浴室电炉用电负荷，见表 2.5.10-9、表 2.5.10-10。

干蒸房电炉用电负荷　　表 2.5.10-9

干蒸房尺寸（mm）	人　数	桑拿炉功率（kW）	电压等级
1000×1000×2000	1	3	220V
1000×1350×2000	2	3	220V
1200×1200×2000	2	3	220V
1500×2000×2000	4	6	380V
2000×2000×2000	6	8	380V
2000×2500×2000	8	9	380V
2000×3000×2000	10	12	380V
2500×2500×2000	12	12	380V
2500×3000×2000	15	15	380V
2500×3500×2000	18	15	380V
2500×6000×2000	20	12+15	380V

注：1. 当系统的接地形式为 TN-S 时，应采取隔离变压器供电方式或对供电线路采用漏电保护措施。
2. 应在干蒸、湿蒸机房距顶板 0.3m 处装设限温器，当温度超过 90℃时，自动断开加热器电源及蒸汽泵电源。
3. 干、湿蒸机房内不应装设电源插座，除加热器附带的开关外，所有开关均应安装在蒸房外。干、湿蒸机房应做好局部等电位联结。
4. 本表提供的各项参数仅供参考，具体数据应根据产品型号相应调整。

湿蒸房电炉用电负荷　　表 2.5.10-10

湿蒸房尺寸（mm）	人　数	桑拿炉功率（kW）	电压等级
1300×1000×2140	2	5	380V
1800×1300×2140	4	6	380V

续表

湿蒸房尺寸（mm）	人　数	桑拿炉功率（kW）	电压等级
1800×1900×2140	6	8	380V
1800×2500×2140	8	10.5	380V
1800×3100×2140	10	12	380V
1800×3700×2140	12	13.5	380V
1800×4300×2140	14	15	380V
1800×4900×2140	16	18	380V
4900×2120×2250	18	18	380V
5500×2120×2250	20	24	380V

7. 洗衣房主要设备用电负荷，见表 2.5.10-11。

洗衣房主要设备用电负荷　　表 2.5.10-11

设备名称	容　量	输入功率（kW）	电压等级
干洗机	6～10kg	4.5～5.5	220/380V
水洗机	30～200kg	1.5～5.5	220/380V
脱水机	25～500kg	1.1～10	220/380V
烫平机	0-7～0-19.9m/min	0.75～2.2	220V
烘干机	15～150kg	2.2～8.4	220/380V
自吸风熨烫合	—	0.37～0.55	220V

8. 常用家电用电负荷，见表 2.5.10-12。

家用生活电器用电负荷　　表 2.5.10-12

设备名称		耗电功率（kW）	设备名称	耗电功率（kW）
空调机	分体机	0.96～1.8	饮水器	0.6
	柜式	2.5～3.0	电炉	0.6～1.5
		3相-4.8	粉碎机	0.3
冰箱	双门	0.13	榨汁机	0.22～0.45
	三门	0.11+0.13（除霜）	电灶*	单眼 1.6～2.2
	冷柜	0.21	电热水器	1.2～2.4
洗衣机	双缸	0.30	电动按摩浴缸	水泵：0.64
	自动	0.36		加热泵：1.5
	滚筒（烘干）	3.2	电取暖器	0.8～3.0
	滚筒式衣物干燥机	0.6～0.8	浴霸	1.0～2.0
脱排油烟机		0.15～0.24	按摩椅	0.175
清毒柜		0.6～0.9	家用计算机	0.25
电饭锅		0.5～0.7～0.9	家庭影院	0.25（不含电视机）
微波炉		0.8～1.0	彩色电视机	0.13～0.32
电烤箱		0.65～1.8	吸尘器	1.0～1.3
电磁炉		1.2～1.8	电吹风机	0.35～1.6
电水壶		0.9～1.8	电熨斗	0.3～1.0
电热水瓶		0.7	吊扇	0.07～0.15
咖啡壶		0.6～0.75		

注：1. 表中数据除带＊外摘自上海市工程建设规范《低压用户电气装置规程》。

2. 表中电器用电容量（功率）可用于在未取得实际电器功率时的估算负荷容量之参考。由于电器产品推行能效分级标准，总的趋势是要求生产制造商向市场提供节能高效产品。

2.6 无功功率补偿

2.6.1 一般规定和要求

1. 相关规范的规定

《民用建筑电气设计规范》JGJ 16—2008

3.6.1 应合理选择变压器容量、线缆及敷设方式等措施，减少线路感抗以提高用户的自然功率因数。当采用提高自然功率因数措施后仍达不到要求时，应进行无功补偿。

3.6.2 10（6）kV及以下无功补偿宜在配电变压器低压侧集中补偿，且功率因数不宜低于0.9。高压侧的功率因数指标，应符合当地供电部门的规定。

3.6.3 补偿基本无功功率的电容器组，宜在配变电所内集中补偿。容量较大、负荷平稳且经常使用的用电设备的无功功率宜单独就地补偿。

《供配电系统设计规范》GB 50052—2009

6.0.1 供配电系统设计中应正确选择电动机、变压器的容量，并应降低线路感抗。当工艺条件允许时，宜采用同步电动机或选用带空载切除的间歇工作制设备。

6.0.2 当采用提高自然功率因数措施后，仍达不到电网合理运行要求时，应采用并联电力电容器作为无功补偿装置。

6.0.3 用户端的功率因数值，应符合国家现行标准的有关规定。

6.0.4 采用并联电力电容器作为无功补偿装置时，宜就地平衡补偿，并符合下列要求：

1 低压部分的无功功率，应由低压电容器补偿。

2 高压部分的无功功率，宜由高压电容器补偿。

3 容量较大，负荷平稳且经常使用的用电设备的无功功率，宜单独就地补偿。

4 补偿基本无功功率的电容器组，应在配变电所内集中补偿。

5 在环境正常的建筑物内，低压电容器宜分散设置。

6.0.6 基本无功补偿容量，应符合以下表达式的要求：

$$Q_{Cmin} < P_{min}\tan\varphi_{1min} \tag{2.6.1-1}$$

式中 Q_{Cmin}——基本无功补偿容量，kvar；

P_{min}——用电设备最小负荷时的有功功率，kW；

$\tan\varphi_{1min}$——用电设备在最小负荷下，补偿前功率因数角的正切值。

2. 无功补偿装置的设置

(1) 具有下列情况之一时，宜采用手动投切的无功补偿装置：

①补偿低压基本无功功率的电容器组；

②常年稳定的无功功率；

③经常投入运行的变压器或配、变电所内投切次数较少的3～10kV电动机电容器组。

(2) 具有下列情况之一时，宜采用无功自动补偿装置：

①避免过补偿，装设无功自动补偿装置在经济上合理时；

②避免在轻载时电压过高并造成用电设备损坏，而装设无功自动补偿装置在经济上合

理时。

③应满足在所有负荷情况下都能保持电压水平基本稳定，只有装设无功自动补偿装置才能达到要求时；

④在采用高、低压自动补偿效果相同时，宜采用低压自动补偿装置以降低运行及维护成本。

(3) 无功自动补偿宜采用功率因数调节原则，并应满足电压调整率的要求。

(4) 电容器分组时，应符合下列要求：

①分组电容器投切时，不应产生谐振；

②适当减少分组数量和加大分组容量；

③应与配套设备的技术参数相适应；

④应满足电压偏差的允许范围。

(5) 接在电动机控制设备负荷侧的电容器容量，不应超过为提高电动机空载功率因数到0.9所需的数值，其过电流保护装置的整定值，应按电动机-电容器组的电流来选择，并应符合下列要求：

①电动机仍在继续运转并产生相当大的反电势时，不应再启动；

②不应采用星-三角启动器；

③对电梯等经常出现负力下放处于发电运行状态的机械设备电动机，不应采用电容器单独就地补偿；

④对需停电进行变速或变压的用电设备，应将电容器接在接触器的线路侧。

(6) 供电容量在4000kW以上时，应设高低压补偿装置，低压功率因数补偿到0.9以上，高压功率因数应补偿到0.95。

(7) 供电容量较小时，可采用低压补偿，并将功率因数补偿到0.95。

(8) 居住区的无功负荷宜在小区变电所低压侧集中补偿。

(9) 10 (6) kV电容器组宜串联适当参数的电抗器以减少合闸冲击涌流和避免谐波放大。有谐波源的用户在装设低压电容器时，宜采取措施，避免谐波污染。

2.6.2 无功功率补偿计算

1. 设计要点

(1) 当采取合理选择变压器容量、线缆及敷设方式等措施以后，仍不能达到电网合理运行的要求时，应采用人工补偿无功功率措施。最广泛使用的无功补偿装置是静电电容器，其补偿容量取决于补偿前后的功率因数要求。

(2) 根据《国家电网公司电力系统无功补偿配置技术原则》、《中国南方电网公司电力系统电压质量和无功电力管理标准》中的要求：100kVA及以上高压供电的电力用户，在用户高峰负荷时变压器高压侧功率因数不宜低于0.95；其他电力用户，功率因数不宜低于0.90。

(3) 在方案设计时，无功补偿容量可按变压器容量的15%～30%估算。在初步设计和施工图设计阶段时，应进行无功功率计算，并按计算结果确定补偿电容器的容量。

2. 计算方法

(1) 功率因数计算。

用户自然平均功率因数 $\cos\varphi_1$ 为：

$$\cos\varphi_1=\sqrt{\frac{1}{1+\left(\frac{\beta_{av}Q_c}{\alpha_{av}P_c}\right)^2}} \tag{2.6.2-1}$$

式中 P_c、Q_c——分别为计算负荷的有功功率（kW）和无功功率（kvar）；

α_{av}、β_{av}——分别为年平均有功负荷系数（一般取0.7～0.75）和年无功负荷系数（一般取0.76～0.82）。

（2）补偿容量的计算。

①要使自然平均功率因数由 $\cos\varphi_1$ 提高到 $\cos\varphi_2$，则所需补偿的无功功率为：

$$Q_c=P_c(\tan\varphi_1-\tan\varphi_2) \tag{2.6.2-2}$$

或

$$Q_c=P_cq_c \tag{2.6.2-3}$$

式中 Q_c——所需补偿的无功容量，kvar；

P_c——用电设备的计算有功功率，kW；

$\tan\varphi_1$——补偿前计算负荷功率因数角的正切值；

$\tan\varphi_2$——补偿后功率因数角的正切值。

q_c——"$\tan\varphi_1-\tan\varphi_2$"称为无功功率补偿率，kvar/kW，见表2.6.2-1。

无功功率补偿率 q_c 值 **表2.6.2-1**

补偿前 $\cos\varphi_1$ \ 补偿后 $\cos\varphi_2$	0.80	0.85	0.90	0.91	0.92	0.93	0.94	0.95	0.96	0.97	0.98	0.99	1.00
0.50	0.982	1.112	1.248	1.276	1.306	1.337	1.369	1.403	1.440	1.481	1.529	1.590	1.732
0.51	0.937	1.067	1.202	1.231	1.261	1.291	1.324	1.358	1.395	1.436	1.484	1.544	1.687
0.52	0.893	1.1023	1.158	1.187	1.217	1.247	1.280	1.314	1.351	1.392	1.440	1.500	1.643
0.53	0.850	0.980	1.116	1.144	1.174	1.205	1.237	1.271	1.308	1.349	1.397	1.458	1.600
0.54	0.809	0.939	1.074	1.103	1.133	1.163	1.196	1.230	1.267	1.308	1.356	1.416	1.559
0.55	0.768	0.899	1.034	1.063	1.092	1.123	1.156	1.190	1.227	1.268	1.315	1.376	1.518
0.56	0.729	0.860	0.995	1.024	1.053	1.084	1.116	1.151	1.188	1.229	1.276	1.337	1.479
0.57	0.691	0.822	0.957	0.986	1.015	1.046	1.079	1.113	1.150	1.191	1.238	1.299	1.441
0.58	0.655	0.785	0.920	0.949	0.979	1.009	1.042	1.076	1.113	1.154	1.201	1.262	1.405
0.59	0.618	0.749	0.884	0.913	0.942	0.973	1.006	1.040	1.077	1.118	1.165	1.226	1.368
0.60	0.583	0.714	0.849	0.878	0.907	0.938	0.970	1.005	1.042	1.083	1.130	1.191	1.333
0.61	0.549	0.679	0.815	0.843	0.873	0.904	0.936	0.970	1.007	1.048	1.096	1.157	1.299
0.62	0.515	0.646	0.781	0.810	0.839	0.870	0.903	0.937	0.974	1.015	1.062	1.123	1.265
0.63	0.483	0.613	0.748	0.777	0.807	0.837	0.870	0.904	0.941	0.982	1.030	1.090	1.233
0.64	0.451	0.581	0.716	0.745	0.775	0.805	0.838	0.872	0.909	0.950	0.998	1.058	1.201
0.65	0.419	0.549	0.685	0.714	0.743	0.774	0.806	0.840	0.877	0.919	0.966	1.027	1.169
0.66	0.388	0.519	0.654	0.683	0.712	0.743	0.775	0.810	0.847	0.888	0.935	0.996	1.138
0.67	0.358	0.488	0.624	0.652	0.682	0.713	0.745	0.779	0.816	0.857	0.905	0.966	1.108

续表

补偿后 $\cos\varphi_2$ / 补偿前 $\cos\varphi_1$	0.80	0.85	0.90	0.91	0.92	0.93	0.94	0.95	0.96	0.97	0.98	0.99	1.00
0.68	0.328	0.459	0.594	0.623	0.652	0.683	0.715	0.750	0.787	0.828	0.875	0.936	1.078
0.69	0.299	0.429	0.565	0.593	0.623	0.654	0.686	0.720	0.757	0.798	0.846	0.907	1.049
0.70	0.270	0.400	0.536	0.565	0.593	0.625	0.657	0.692	0.729	0.770	0.817	0.878	1.020
0.71	0.242	0.372	0.508	0.536	0.565	0.597	0.629	0.663	0.700	0.741	0.789	0.849	0.992
0.72	0.214	0.344	0.480	0.508	0.536	0.569	0.601	0.635	0.672	0.713	0.761	0.821	0.964
0.73	0.186	0.316	0.452	0.481	0.510	0.541	0.573	0.608	0.645	0.686	0.733	0.794	0.936
0.74	0.159	0.289	0.425	0.453	0.483	0.514	0.546	0.580	0.617	0.658	0.706	0.765	0.909
0.75	0.132	0.262	0.398	0.426	0.456	0.487	0.519	0.553	0.590	0.631	0.679	0.739	0.882
0.76	0.105	0.235	0.371	0.400	0.429	0.460	0.492	0.526	0.563	0.605	0.652	0.713	0.855
0.77	0.079	0.209	0.344	0.373	0.403	0.433	0.466	0.500	0.537	0.578	0.626	0.686	0.829
0.78	0.052	0.183	0.318	0.347	0.376	0.407	0.439	0.474	0.511	0.552	0.599	0.660	0.802
0.79	0.026	0.156	0.292	0.320	0.350	0.381	0.413	0.447	0.484	0.525	0.573	0.634	0.776
0.80	—	0.130	0.266	0.294	0.324	0.355	0.387	0.421	0.458	0.499	0.547	0.608	0.750
0.81	—	0.104	0.240	0.268	0.298	0.329	0.361	0.395	0.432	0.473	0.521	0.581	0.724
0.82	—	0.078	0.214	0.242	0.272	0.303	0.335	0.369	0.406	0.447	0.495	0.556	0.698
0.83	—	0.052	0.188	0.216	0.246	0.277	0.309	0.343	0.380	0.421	0.469	0.530	0.672
0.84	—	0.026	0.162	0.190	0.220	0.251	0.283	0.317	0.354	0.395	0.443	0.503	0.646
0.85	—	—	0.135	0.164	0.194	0.225	0.257	0.291	0.328	0.369	0.417	0.477	0.620
0.86	—	—	0.109	0.138	0.167	0.198	0.230	0.265	0.302	0.343	0.390	0.451	0.593
0.87	—	—	0.082	0.111	0.141	0.172	0.204	0.238	0.275	0.316	0.364	0.424	0.567
0.88	—	—	0.055	0.084	0.114	0.145	0.177	0.211	0.248	0.289	0.337	0.397	0.540
0.89	—	—	0.028	0.057	0.086	0.017	0.149	0.184	0.221	0.262	0.309	0.370	0.512

注：表中数值为无功功率补偿率，单位为 kvar/kW，$q_c = Q_c/P_c$，无功补偿容量 $Q_c = P_c \cdot q_c$。

②基本无功补偿容量，应符合以下表达式的要求：

$$Q_{cmin} < P_{min}\tan\varphi_{1min} \quad (2.6.2\text{-}4)$$

式中 Q_{cmin}——基本无功补偿容量，kvar；

P_{min}——用电设备最小负荷时的有功功率，kW；

$\tan\varphi_{1min}$——用电设备在最小负荷下，补偿前功率因数的正切值。

注：基本无功功率是指当用电设备投入运行时所需的最小无功功率。如该用电设备有空载运行的可能，则基本无功功率即为其空载无功功率。如其最小运行方式为轻负荷运行，则基本无功功率为在此轻负荷情况下的无功功率。

必须注意的是，由于变压器的负载率是不断变化的，所以变压器的无功补偿器量应按实际运行中变压器负载率的最低值来确定，以避免在变压器轻载时发生过补偿。

当变压器的负载变化较大，精确计算有困难时，变压器的基本无功补偿容量可按变压器额定容量的5%配置。

(3) 并联电容器个数选择的计算

计算公式为：

$$n = Q_c / \Delta q_c \quad (2.6.2\text{-}5)$$

式中 n——所需用的电容器个数；

Q_c——所需补偿的无功容量，kvar；

Δq_c——单个电容器容量，kvar。

（4）对已生产的企业欲提高功率因数，其补偿容量按下列公式确定：

$$Q_c = \frac{W_m(\tan\varphi_1 - \tan\varphi_2)K_{jm}}{t_m} \quad (2.6.2\text{-}6)$$

式中 W_m——最大负荷月的有功电能消耗量，kW·h，由有功电度表读得；

$\tan\varphi_1$——补偿前企业自然平均功率因数角的正切值，用有功及无功电度表读数计算求得；

$\tan\varphi_2$——补偿后功率因数角的正切值；

t_m——企业的月工作小时数；

K_{jm}——补偿容量计算系数，可取0.8～0.9。

（5）并联电容器的补偿方式，见表2.6.2-3。

并联电容器的补偿方式 **表2.6.2-3**

序号	补偿方式	装设地点	原理电器	主要特点	适用范围
1	高压集中补偿	接变配电所6～10kV高压母线，其电容器柜一般装设在单独的高压电容室内	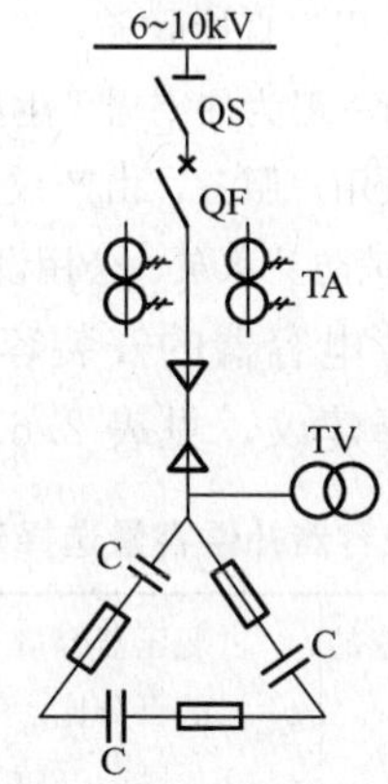 6~10kV QS QF TA TV C C C 注：电容器总容量在400kvar及以上时，电容器宜采用星形联结	初投资较少，运行维护方便，但只能补偿高压母线以前的无功功率	适于大、中型工厂变配电所作高压无功功率的补偿
2	低压集中补偿	接变电所低压母线，其电容器柜装设在低压配电室内	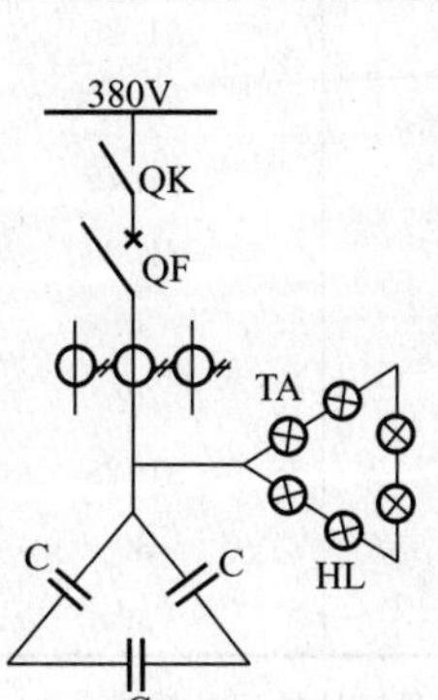 380V QK QF TA HL C C C	能补偿低压母线以前的无功功率，可使变压器的无功功率得到补偿，从而有可能减小变压器容量，且运行维护也较方便	适于中、小型工厂或车间变电所作低压侧基本无功功率的补偿

续表

序号	补偿方式	装设地点	原理电器	主要特点	适用范围
3	单独就地补偿	装在用电设备附近，与用电设备并联	380V QK QF M C C C	补偿范围最大，补偿效果最好，可缩小配电线路截面，减少有色金属消耗量，但电容器的利用率往往不高，且初投资和维护费用较大	适于负荷相当平稳且长时间使用的大容量用电设备，及某些容量虽小但数量多而分散的用电设备（如荧光灯）

（6）居住区无功补偿遵循就地补偿的原则，采用低压电力电容器，电容器安装在配变电所的低压侧，电容器容量按“公变”容量的10%～15%，“专变”容量的20%～30%配置；经补偿后 $\cos\varphi \geqslant 0.9$。电容器的投切方式宜采用自动投切、三相自动平衡、无涌流投切开关（无触点型）。

当电容器回路的高次谐波含量超过规定允许值时，应在回路中设置滤波装置，电容器额定电压宜选0.45kV等级。

注：1.“公用变电所”是指为居住区内终端用户直接服务，一户一表，由供电部门直接管理的变电所（含室内变、箱式变），所供负荷一般为住宅居民生活用电，简称“公变”；

2.“专用变电所”是指为居住区内公共用户服务，由产权人委托的物业管理公司自行负责管理的变电所，所供负荷一般为电梯、消防、水泵、公用设施等，简称“专变”。

（7）采用自动调节补偿方式时，补偿电容器的安装容量宜留有适当余量。

（8）变压器电力电容器补偿容量选择建议，见表2.6.2-4。

变压器电力电容器补偿容量选择建议 **表 2.6.2-4**

电压等级（V）	变压器容量（kVA）	一般工业场合补偿的电容器容量（kvar）	占变压器容量的百分比（%）	一般建筑场合补偿的电容器容量（kvar）	占变压器容量的百分比（%）
400	200	60	30	45	22.5
	315	80	25.4	60	19
	400	125	31.25	80	20
	500	150	30	100	20
	630	200	31.75	125	19.84
	800	250	31.25	150	18.75
	1000	300	30	200	20
	1250	200*2	32	250	20
	1600	250*2	31.25	300	18.75
	2000	300*2	30	200*2	20
	2500	250*3	30	250*2	20

注：1. 一般工业场合，是指负载为三相平衡且呈感性的配电系统。

2. 一般建筑场合，是指负载为单相或三相不平衡且呈感性的配电系统。

3. 计算示例

示例：已知某建筑拟建一座变电所，装设一台主变压器。已知变电所低压侧计算有功功率为 600kW，计算无功功率为 450kvar。为了使变电所高压侧的功率因数不低于 0.90，如果在低压侧装设并联电容器补偿，需装设多少补偿容量及补偿前后需选择多大容量的变压器。

计算过程：

（1）补偿前应选变压器的容量及功率因数值。变电所低压侧的计算视在功率为：

$$S_c = \sqrt{600^2 + 450^2} = 750(\text{kVA})$$

因此在未进行无功补偿时，根据单台变压器负载率一般不应大于 85%的要求，其容量可选为 1000kVA。

这时变电所低压侧的功率因数为：

$$\cos\varphi_1 = 600/750 = 0.8$$

（2）无功补偿容量。按规定变电所高压侧的 $\cos\varphi > 0.90$，考虑变压器的无功功率损耗 ΔQ_T 远大于有功功率损耗 ΔP_T，一般 $\Delta Q_T =$（4～5）ΔP_T，因此在变压器低压侧进行无功补偿时，低压侧补偿后的功率因数应略大于高压侧补偿后的功率因数 0.90，这里取 $\cos\varphi_2 = 0.92$。

为使低压侧功率因数由 0.8 提高到 0.92，低压侧需装设的并联电容器容量应为：

$$Q_c = 600 \times [\tan(\arccos 0.8) - \tan(\arccos 0.92)] = 194.4(\text{kvar})$$

取 $Q_c = 200$kvar。

（3）补偿后选择的变压器容量。补偿后变电所低压侧的计算视在功率为：

$$S'_c = \sqrt{600^2 + (450 - 200)^2} = 650(\text{kVA})$$

根据单台变压器负载率一般不应大于 85%的要求，补偿后变压器容量可选 800kVA。

2.6.3 并联电容器的选择

1. 基本规定

（1）本节适用于电压为 10kV 及以下单组容量为 1000kvar 及以下，作并联补偿用的电力电容器装置的设计。

（2）电容器装置载流部分（开关设备及导体等）的长期允许电流，高压不应小于电容器额定电流的 1.35 倍，低压不应小于电容器额定电流的 1.5 倍。在一、二类建筑中的电容器应采用干式电容器。

（3）电容器组应装设放电装置，使电容器组两端的电压从峰值（$\sqrt{2}$倍额定电压）降至 50V 所需的时间，对高压电容器不应大于 5s，对低压电容器不应大于 3min。

（4）高压电容器组应采用中性点不接地星形接线，低压电容器组可采用三角形，或星形接线。

（5）高压电容器组应直接与放电装置连接，中间不应设置开关或熔断器。低压电容器组和放电设备之间，可设自动接通的接点。

（6）电容器组应装设单独的控制和保护装置，但为提高单台用电设备功率因数用的电容器组，可与该设备共用控制和保护装置。

（7）单台高压电容器应设置专用熔断器作为电容器内部故障保护，熔丝额定电流为电容器额定电流的1.37～1.5倍。

（8）当装设电容器装置附近有高次谐波含量超过规定允许值时，应在回路中设置抑制谐波的串联电抗器，串联电抗器也可兼作限制合闸涌流的电抗器。

（9）电容器的额定电压与电力网的标称电压相同时，应将电容器的外壳和支架接地。

当电容器的额定电压低于电力网的标称电压时，应将每相电容器的支架绝缘，其绝缘等级应和电力网的标称电压相配合。

2. 低压电力电容器补偿装置

低压电力电容器补偿装置原理图，见图2.6.3-1。

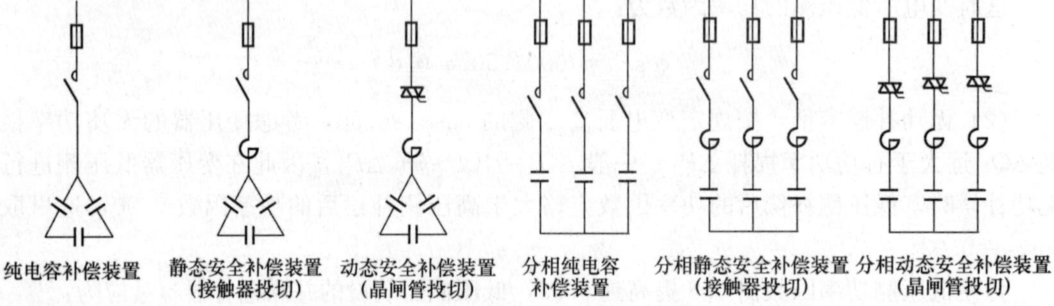

图2.6.3-1 低压电力电容器补偿装置原理图

注：1. 当谐波源的容置占变压器容量超过50%时，必须采用滤波器来治理谐波。

2. 晶闸管投切电容器组（TSC）应用原则：

（1）频繁切换无功补偿的场所宜采用晶闸管过零投切电容器组；

（2）晶闸管投切电容器组的分组应符合系统中无功功率的变化特性。

（1）在并联电力电容器回路中串联电抗器，可以限制合闸涌流和避免谐波放大。0.4kV系统中，如果谐波源设备的总视在功率G_h，大于变压器视在功率S_n的25%，即$G_h/S_n>25\%$，应在电容器回路中配置抑制谐波的串联电抗器，以防止谐波放大和谐振，损坏电容器。如果$G_h/S_n>50\%$，宜考虑使用谐波滤波设备。

（2）谐波环境中补偿电容器电压参数的确定。

①根据G_h/S_n的比值确定补偿电容器的参数，见表2.6.3-1。

根据G_h/S_n的比值确定的补偿电容器参数 **表2.6.3-1**

$\frac{G_h}{S_n}<15\%$	$15\%\leqslant\frac{G_h}{S_n}\leqslant25\%$	$25\%<\frac{G_h}{S_n}<60\%$
标准电容器	电容器额定电压增加10%	电容器额定电压增加10%，并配置消谐电抗器

注：1. G_h为连接到有电容器组的母线上所有谐波源装置（静态变换器、变频器、速度控制器等）的视在功率额定值的矢量和。应当注意的是，12脉及以上的整流器、已采取非常有效的谐波抑制措施的谐波源设备等均不应计入。

2. S_n为系统中变压器视在功率额定值的矢量和。

3. 本表摘自《金融建筑电气设计规范》JGJ 284—2012。

②根据实测总谐波畸变率 THD_i 来确定补偿电容器的参数，见表 2.6.3-2。

根据实测总谐波畸变率 THD_i 来确定补偿电容器的参数 **表 2.6.3-2**

$THD_i \cdot \frac{S}{S_n} < 5\%$	$5\% \leqslant THD_i \cdot \frac{S}{S_n} \leqslant 10\%$	$10\% < THD_i \cdot \frac{S}{S_n} < 20\%$
标准电容器	电容器额定电压增加 10%	电容器额定电压增加 10%，并配置消谐电抗器

注：1. S_n为变压器视在功率，S为变压器副边实测的视在功率（满负荷且不带电容器），THD_i为变压器副边实测的电流畸变率。

2. 与表 2.6.3-1 中注 3 同。

（3）低压无功功率补偿柜的选择。

目前常用的有：GGJ 低压无功功率补偿柜、GCS 型低压无功补偿柜等。其选择步骤为：①根据控制步骤要求选择一台主柜；②根据所需无功补偿容量再补充一台或多台辅柜。

3. 电力电容器补偿、控制及安装方式的选择

（1）采用并联电力电容器作为人工无功补偿装置时。为了尽量减少线损和电压损失，宜就地平衡补偿，在环境正常的车间内低压电容器宜分散补偿；高压电容器组宜在配、变电所内集中装设。

（2）补偿电容器组的投切方式分为手动和自动两种。对于补偿低压基本无功功率的电容器组以及常年稳定的无功功率和投切次数较少的高压电容器组，宜采用手动投切；为避免过补偿或在轻载时电压过高，造成某些用电设备损坏等，宜采用自动投切。在采用高、低压自动补偿装置效果相同时，宜采用低压自动补偿装置。

（3）无功自动补偿的调节方式：以节能为主进行补偿者，采用无功功率参数调节；当三相负荷平衡，也可采用功率因数参数调节；当三相负荷不平衡时，可采用相控式功率因数自动补偿装置。为改善电压偏差为主进行补偿者，应按电压参数调节；无功功率随时间稳定变化时，按时间参数调节。

（4）电容器分组时，应与配套设备的技术参数相适应，满足电压偏差的允许范围，适当减少分组组数和加大分组容量。分组电容器投切时，不应产生谐振。

（5）高压电容器组宜串联适当参数的电抗器，以减少合闸冲击电流。受用电设备谐波含量影响较大的线路上装设电容器组时，应考虑加谐波滤波器。

2.6.4 就地无功功率补偿

1. 就地无功功率补偿装置的适用范围及限制条件

（1）适用范围。

①凡负荷稳定、容量较大且运行时间较长的异步电动机，如水泵、风机、采油设备以及拖动各类连续运行的生产线及物料运输机等的电动机，宜装设就地无功功率补偿装置；

②电压偏低而影响电动机启动和正常运行，远离电源间歇运行和连续运行的电动机，宜采用就地无功功率补偿装置；

③在原配电系统中，增加新电动机时，应优先考虑就地无功功率补偿装置；

④经常轻载或空载下运行的电动机、电焊机、变压器和感应炉。

在上述条件下，凡电动机容量在10kW及以上、配电线路距离超过20m时，一般应采用就地无功补偿。目前我国生产的无功就地补偿装置最小容量为3kvar，可供7.5kW及以上电动机就地无功功率补偿之用。

(2) 限制条件。

①不适用于串联感性负载，如串联电抗器；

②不适用于运行时间短，频繁启停的电动机；

③不适用于电压畸变的场合，如可控硅整流器、逆变器等；

④不适用于快速正、反转，反接制动及有重合闸操作要求的电动机。此类电动机因为切断电源后，电容器不能放电至安全电压值，电源再接通时可能产生过大的冲击电流损坏补偿装置，故不应装设；

⑤在负载可能驱动电动机（如电梯、吊车等），以及使用多速电动机的场合，不得采用无功功率就地补偿；

⑥安装地点应与各种谐波发生源保持一定的电气距离；

⑦遵守补偿电容器产品“使用说明书”中有关使用环境条件的规定。

2. 补偿容量的确定

(1) 电动机就地无功功率补偿容量的计算，见表2.6.4-1。

电动机就地无功功率补偿容量的计算　　表2.6.4-1

计算方法	计算公式	公式中符号的含义
按空载电流计算	$Q_c=K\sqrt{3}I_0U_r\times10^{-3}$	Q_c——补偿容量，kvar； I_0——电动机空载电流，A，见表2.6.4-5； U_r——电动机额定电压，V； K——补偿度，取0.9为宜； I_r——电动机额定电流，A，见表2.6.4-5； φ_N——额定功率因数角，见表2.6.4-5； b——最大转矩对额定转矩的倍数，见表2.6.4-5； P_r——电动机额定功率，kW； P_1——实测电动机的有功功率，kW； U_1——实测电动机的电压，V； I_1——实测电动机的电流，A； $\cos\varphi_1$——自然功率因数； $\cos\varphi_2$——补偿后的功率因数
按产品样本技术数据计算	$Q_c=K\sqrt{3}U_rI_r\left(\sin\varphi_N-\frac{\cos\varphi_N}{b+\sqrt{b^2-1}}\right)\times10^{-3}$ 若将$b+\sqrt{b^2-1}\approx2b$，则： $Q_c=K\sqrt{3}U_rI_r\left(\sin\varphi_N-\frac{\cos\varphi_N}{2b}\right)\times10^{-3}$ $=KP_r\left(\tan\varphi_N-\frac{1}{2b}\right)\times10^{-3}$	
按运行现状测算	$Q_c=\sqrt{3}U_1I_1$（$\sin\varphi_1-\cos\varphi_1\tan\varphi_2$）$\times10^{-3}$ 或 $Q_c=P_1\left(\sqrt{\frac{1}{\cos^2\varphi_1}-1}-\sqrt{\frac{1}{\cos^2\varphi_2}-1}\right)$	

(2) 在感应电动机端近旁补偿无功功率的最大值，见表 2.6.4-2。

在感应电动机端近旁补偿无功功率的最大值 **表 2.6.4-2**

3相230V/400V 电动机标称功率		电动机转速 (r/min)			
		3000	1500	1000	750
kW	hp	需要补偿的无功功率 (kvar)			
22	30	6	8	9	10
30	40	7.5	10	11	12.5
37	50	9	11	12.5	16
45	60	11	13	14	17
55	75	13	17	18	21
75	100	17	22	25	28
90	125	20	25	27	30
110	150	24	29	33	37
132	180	31	36	38	43
160	218	35	41	44	52
200	274	43	47	53	61
250	340	52	57	63	71
280	380	57	63	70	79
355	482	67	76	86	98
400	544	78	82	97	106
450	610	87	93	107	117

注：本表摘自华北地区建筑设计标准化办公室编《建筑电气通用图集 电气常用图形符号与技术资料》09BD1。

(3) 电容器组与电动机的连接方式见图 2.6.4-1。

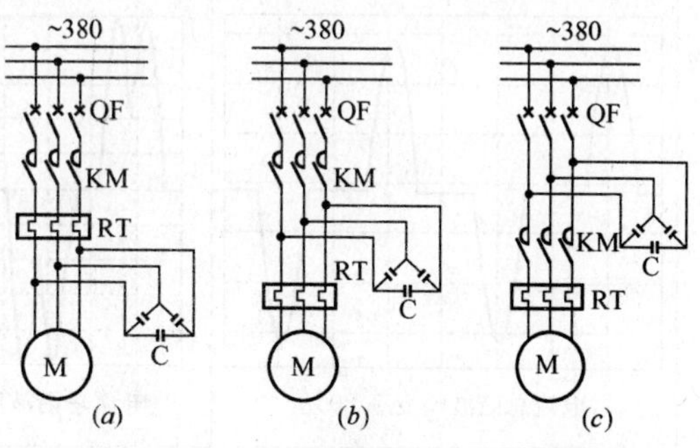

图 2.6.4-1 电容器组与电动机的连接

说明：

①除需要反复切换的情况外，图 2.6.4-1 (*a*) 与 (*b*) 为优先装设方式。这两种情况都是把电容器组与电动机作为一个单元，用起动接触器操作，所以当电动机运转时电容器组总是投入的。图中 (*a*) 一般用于新装用电设备的电动机，电动机的过负荷继电器应按装设补偿电容器后减少了的线路电流选择或整定其电流值。

②已经运行的用电设备的电动机，按图中 (*b*) 连接方式比较简便。因为通过过负荷继电器的电流就是电动机的电流，因此不需要更换过负荷继电器或重新整定其电流值。

③当需要把电容器永久接到线路上时，可采用图中 (*c*) 所示的连接方式，其优点是不需要为电容器装设单独的开关。但是，常常不需要甚至不允许这样做，因为这种连接方式无异于把电容器组直接接到车间干线上，失去了单独就地补偿的优点，并且当带有就地无功补偿装置的其他机组启动时，该电容组将向正在起动的设备提供无功浪涌电流，以致有可能引起机组过电压，对电机及电容器都是有害的。

2.7 低压配电系统谐波抑制及治理

2.7.1 概　　述

1. 供电系统谐波的定义是对周期性非正弦电量进行傅立叶级数分解，除了得到与电网基波频率相同的分量，还得到一系列大于电网基波频率的分量，这部分电量称为谐波。谐波频率与基波频率的比值（$h = f_n/f_1$）称为谐波次数。

2. 谐波源通常是指各类非线性用电设备，或称非线性电力负荷。电源质量不高、输变电系统中的电力变压器、晶闸管整流设备、变频装置、电弧炉、电石炉、气体放电类电光源等非线性负载都是谐波的主要来源。

主要谐波源，见表 2.7.1-1，典型谐波电流波形图，见表 2.7.1-2。

主 要 谐 波 源　　　　**表 2.7.1-1**

谐波产生源（按原理分类）	典 型 设 备
半导体型（变流器）	变频装置、开关电源、UPS、家用电器、高新技术应用的多种设备
铁芯型（铁芯磁化曲线引起）	变压器、电抗器、各种旋转电机铁芯
气体放电	电弧炉、交流弧焊机

典型含谐波电流波形　　　　**表 2.7.1-2**

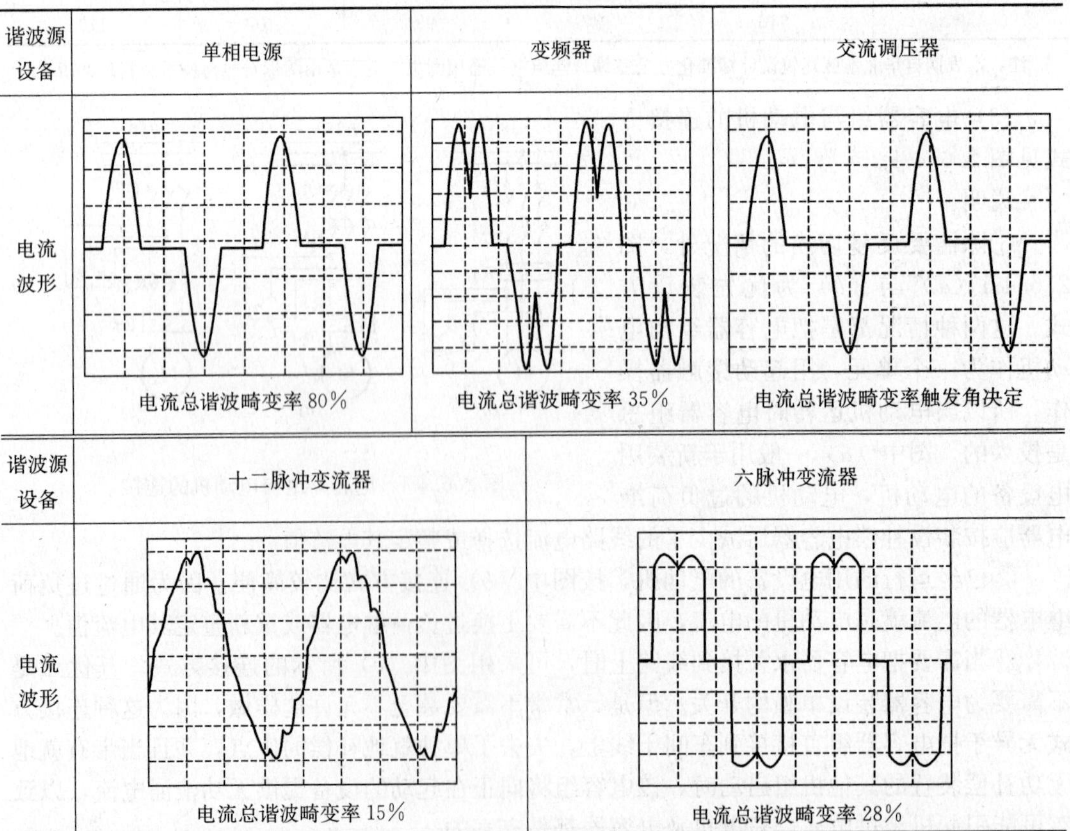

谐波源设备	单相电源	变频器	交流调压器
电流波形	电流总谐波畸变率 80%	电流总谐波畸变率 35%	电流总谐波畸变率触发角决定

谐波源设备	十二脉冲变流器	六脉冲变流器
电流波形	电流总谐波畸变率 15%	电流总谐波畸变率 28%

3. 谐波的危险。

(1) 使电网的电压与电流波形发生畸变。

(2) 变压器：谐波分增加变压器的铜损、漏磁损和铁损及工作噪音和温升，降低变压器有效出力。

(3) 电缆：谐波电流可能造成线路过载过热，损害导体绝缘，同时高频谐波可能造成集肤效应降低电缆的载流能力。

(4) 控制系统：谐波会造成电压畸变，导致电压过零点漂移，使控制系统判断错误、误动作等。

(5) 无功补偿电容器：谐波电流可能造成电容器过电流，造成系统的并联谐振、串联谐振，快速放大谐波电流、电压，造成电容器发热，加速老化，从而缩短使用寿命，严重时引起火灾、爆炸等现场事故。

(6) 异步电动机：谐波会增加附加损耗。负序谐波产生的负序旋转磁场，会产生制动矩影响电动机的有功出力。

(7) 断路器易受谐波电流的影响使铁耗增大而发热，同时由于对电磁铁的影响与涡流影响使脱扣困难；使剩余电流断路器出现误动作或不动作。

(8) 电能表：谐波引起电能计量产生较大误差，严重时会导致计量混乱。

(9) 保护及通信装置：谐波也是引起录波装置误启动，保护误动和拒动的重要因素。此时，谐波会通过静电感应、电磁感应以及传导等多种方式耦合进通信系统，影响它们的正常运行。

4. 治理谐波的效益。

(1) 经济效益：

①减少谐波能耗，节约电能；

②避免谐波无功容量浪费，减少配电系统建设投资；

③保持设备正常工作，保证控制系统不受干扰；

④提高电能质量，延长设备使用寿命；

⑤获得供电部门奖励。

(2) 社会效益：

①降低谐波污染公用电网；

②节能减排，保护环境。

2.7.2 谐波电压限值及谐波电流允许值

1. 谐波电压限值

根据现行国家标准《电能质量　公用电网谐波》GB/T 14549 规定，公用电网谐波电压（相电压）限值，见表 2.7.2-1。

公用电网谐波电压（相电压）限值　　表 2.7.2-1

电网标称电压 (kV)	电压总谐波畸变率 (%)	各次谐波电压含有率（%）	
		奇次	偶次
0.38	5.0	4.0	2.0

续表

电网标称电压 (kV)	电压总谐波畸变率 (%)	各次谐波电压含有率(%)	
		奇次	偶次
6	4.0	3.2	1.6
10			
35	3.0	2.4	1.2
66			
110	2.0	1.6	0.8

2. 谐波电流允许值

(1) 公共连接点的全部用户向该点注入的谐波电流分量(方均根值)不应超过表 2.7.2-2 中规定的允许值。

注入公共连接点的谐波电流允许值　　表 2.7.2-2

标称电压(kV)	基准短路容量(MVA)	谐波次数及谐波电流允许值(A)																							
		2	3	4	5	6	7	8	9	10	11	12	13	14	15	16	17	18	19	20	21	22	23	24	25
0.38	10	78	62	39	62	26	44	19	21	16	28	13	24	11	12	9.7	18	8.6	16	7.8	8.9	7.1	14	6.5	12
6	100	43	34	21	34	14	24	11	11	8.5	16	7.1	13	6.1	6.8	5.3	10	4.7	9.0	4.3	4.9	3.9	7.4	3.6	6.8
10	100	26	20	13	20	8.5	15	6.4	6.8	5.1	9.3	4.3	7.9	3.7	4.1	3.2	6.0	2.8	5.4	2.6	2.9	2.3	4.5	2.1	4.1
35	250	15	12	7.7	12	5.1	8.8	3.8	4.1	3.1	5.6	2.6	4.7	2.2	2.5	1.9	3.6	1.7	3.2	1.5	1.8	1.4	2.7	1.3	2.5
66	500	16	13	8.1	13	5.4	9.3	4.1	4.3	3.3	5.9	2.7	5.0	2.6	2.6	2.0	3.8	1.8	3.4	1.6	1.9	1.5	2.8	1.4	2.6
110	750	12	9.6	6.0	9.6	4.0	6.8	3.0	3.2	2.4	4.3	2.0	3.7	1.9	1.9	1.5	2.8	1.3	2.5	1.2	1.4	1.1	2.1	1.0	1.9

注：本表摘自国际《电能质量　公用电网谐波》GB/T 14549—1993。

(2) 同一公共连接点的每个用户向电网注入的谐波电流允许值按此用户在该点的协议容量与其公共连接点的供电设备容量之比进行分配。分配的计算方法参考现行国标《电能质量　公用电网谐波》GB/T 4549。

3. 谐波骚扰的强度分级

低压电源系统中谐波骚扰的强度分级，见表 2.7.2-3。

低压电源系统中谐波骚扰强度分级（以基波电压的百分比表示）　　**表 2.7.2-3**

骚扰强度	谐波次数 / 谐波含量 / THD_u	非 3 次整数倍奇次谐波分量								3 次整数倍奇次谐波分量					偶次谐波分量			
		5	7	11	13	17	19	23～25	>25	3	9	15	21	>21	2	4	6～10	>10
一级	5	3	3	3	3	5	1.5	1.5	*	3	1.5	0.3	0.2	10	2	1	0.5	0.2
二级	8	6	5	3.5	3	5	1.5	1.5	*	5	1.5	0.3	0.2	2	1	0.5	0.2	
三级	10	8	7	5	4.5	5	4	3.5	**	6	2.5	2	1.7	1	3	1.5	1	1
四级	大于三级，具体视环境要求而定																	

注：1. 本表摘自上海市地方标准《公共建筑电磁兼容设计规范》DG/TJ08-1104—2005。
2. 表中 * =0.2+12.5/n（n 为谐波次数），* * =3.5～1.0（随频率升高而降低）。
3. 建筑物低压配电系统的谐波骚扰等级应符合下列规定：
(1) 医院重要手术室和重症监护室、计算检测中心、大型计算机中心、金融结算中心等对谐波敏感的重要设备较多的建筑物中，相关配电系统主干线的谐波骚扰强度宜达到一级标准；
(2) 大型办公建筑中，动力配电系统主干线的谐波骚扰强度宜达到二级标准；
(3) 中、小型办公建筑中，动力配电系统主干线的谐波骚扰强度宜达到三级标准；
(4) 音乐厅、影剧院等拥有强烈谐波骚扰源的建筑物中，除调光回路以外的配电干线的谐波骚扰强度宜达到三级标准。
4. 表中数值代表的骚扰水平是：在 95% 的统计时间内，电网中最严重点的谐波干扰水平不会高于表列值。

2.7.3 谐 波 计 算

1. 计算要点

(1) 谐波是指周期性非正弦交流量进行傅里叶级数分解后所得到的频率为基波频率整数倍的各次分量，通常称为高次谐波。

(2) 谐波产生的主要原因是由于电力系统中存在各种非线性元件，这些设备工作时都要产生谐波电流和谐波电压。

(3) 谐波分量的出现会影响电动机的效率和正常运行，并可能使系统发生谐波振荡而危害电气设备的安全运行，还将影响电子设备的正常工作并造成对通信线路的干扰。

2. 计算步骤

(1) 确定系统内的主要谐波源。

(2) 计算各谐波源产生的各高次谐波电流。

(3) 若有两个以上的谐波源时，可采用两个同次谐波电流叠加后，再与第三个同次谐波电流叠加，以此类推计算多个谐波源叠加的同次谐波电流。

(4) 计算总谐波电流及电流总谐波畸变率。

(5) 计算总谐波电压及电压总谐波畸变率。

3. 谐波波形畸变程度的特征量

描述谐波波形畸变程度的特征量，见表 2.7.3-1。

描述谐波波形畸变程度的特征量 **表 2.7.3-1**

类 别	计 算 公 式
1. 第 h 次谐波电压含有率（HRU_h）	$$HRU_h=\frac{U_h}{U_1}\times100\%\qquad(2.7.3\text{-}1)$$
2. 第 h 次谐波电流含有率（HRI_h）	$$HRI_h=\frac{I_h}{I_1}\times100\%\qquad(2.7.3\text{-}2)$$
3. 谐波电压总含量（U_H）	$$U_H=\sqrt{\sum_{h=2}^{\infty}(U_h)^2}\qquad(2.7.3\text{-}3)$$
4. 谐波电流总含量（I_H）	$$I_H=\sqrt{\sum_{h=2}^{\infty}(I_h)^2}\qquad(2.7.3\text{-}4)$$
5. 电压总谐波畸变率（THD_U）	$$THD_U=\frac{U_U}{U_1}\times100\%\qquad(2.7.3\text{-}5)$$
6. 电流总谐波畸变率（THD_I）	$$THD_I=\frac{I_I}{I_1}\times100\%\qquad(2.7.3\text{-}6)$$ 式中 U_1、U_h——基波电压（方均根值）、第 h 次谐波电压（方均根值），kV； I_1、I_h——基波电流（方均根值）、第 h 次谐波电压（方均根值），A。 当公共连接点处的最小短路容量与谐波电流允许表中基准短路容量不同时，谐波电流的允许值要经过换算： $$I'_h=\frac{S_k}{S_{kj}}I_h\qquad(2.7.3\text{-}7)$$ 式中 S_{kj}——基准短路容量，MVA； S_k——实际短路容量，MVA； I_h——基准短路容量下的各次谐波电流的允许值，A； I'_h——实际短路容量下的各次谐波电流的允许值，A

续表

类　别	计 算 公 式
7. 总畸变率计算	$THD_t\% = \sqrt{THD_3\%^2 + THD_5\%^2 + THD_7\%^2 + THD_{11}\%^2 + THD_{13}\%^2}$ (2.7.3-8) 式中 $THD_3\%^2$、$THD_5\%^2$、$THD_7\%^2$——即各次谐波含量的方均根值； THD_t——总畸变率。 常见的几种非线性负载的谐波含量，见表2.7.4-2

常用设备谐波含量表 **表2.7.3-2**

	各次谐波畸变率 $THD_h\%$					总畸变率 $THD_t\%$
	3	5	7	11	13	
节能灯	24	10	7	5	3	27.5
计算机	14	7.1	4.8	2.5	2.1	16.7
UPS	1.1	6.3	6.5	2.8	5.1	11
变频空调	2.0	37.5	16.9	7.2	4.8	42

4. 谐波电流的计算

谐波电流主要是由非线性负载或用电设备产生，不同设备产生的谐波电流次数和含量不同，因此实际谐波电流需采用专门设备进行测量。谐波电流的计算，见表2.7.3-3。

谐波电流的计算 **表2.7.3-3**

类别	计 算 公 式
谐波电流电压畸变率	谐波电流电压畸变率可按下列公式计算： 谐波电流压畸变率：$THD_I = \frac{\sqrt{\sum_{n=2}^{\infty} I_n^2}}{I_1}$ 或 $THD_I = \sqrt{\left(\frac{I_{rms}}{I_1}\right)^2 - 1}$ (2.7.3-9) 谐波电压畸变率：$THD_U = \frac{\sqrt{\sum_{n=2}^{\infty} U_n^2}}{U_1}$ (2.7.3-10) 式中 I_n——第 n 次谐波电流； I_1——基波电流； I_{rms}——电流的有效值，可通过各次谐波的方均根值函数计算： $I_{rms} = \sqrt{\sum_{n=2}^{\infty} I_n^2}$ (2.7.3-11) U_n——第 n 次谐波电压； U_1——基波电压； n——谐波次数
谐波电流	1. 单台谐波源的谐波电流发射量可按下列公式计算： $I_n = I_N \cdot THD_I$ (2.7.3-12) 式中 I_n——谐波电流； I_N——谐波源（设备）额定电流； THD_I——对应于负荷率的设备谐波电流畸变率（电设备制商提供）。 2. 在一条线路上的同一相上两个谐波源的同次谐波电流计算（两个以上同次谐波电流叠加时，应首先将两个谐波电流叠加，然后再与第三个谐波电流相加，以此类推）： 当相位角已知时： $I_n = \sqrt{I_{n1}^2 + I_{n2}^2 + 2 \cdot I_{n1} \cdot I_{n2} \cdot \cos\theta_n}$ (2.7.3-13) 式中 I_{n1}，I_{n2}——分别为谐波源1和2的第 n 次谐波电流； θ_n——谐波源1和2的第 n 次谐波电流之间的相位角。 当相位角未知时： $I_n = \sqrt{I_{n1}^2 + I_{n2}^2 + K_n \cdot I_{n1} \cdot I_{n2}}$ (2.7.3-14) 式中 K_n——系数，可按表2.7.3-4选取

续表

类别	计 算 公 式
谐波电压	谐波电压可按下列公式计算： $$U_n = I_n \cdot Z_n \quad (2.7.3\text{-}15)$$ 式中 U_n——谐波电压； I_n——公共连接点某次谐波的总谐波电流； Z_n——公共连接点的系统谐波阻抗

注：本表摘自《全国民用建筑工程设计技术措施·电气》(2009)。

系数 K_n 值 **表 2.7.3-4**

谐波次数 n	3	5	7	11	13	9｜>13｜偶次
系数 K_n	1.62	1.28	0.72	0.18	0.08	0

5. 谐波电流的估算

由于谐波电流计算涉及到诸多因素，精确的仿真建模算法既复杂又不实用，在设计阶段，电气设计人员往往难以收集到足够的电气设备谐波数据，因此在工程建设设计阶段，可以根据下列方法对谐波电流进行估算：

(1) 方法一。

$$I_H = 0.15 \times K_1 \times K_2 \times S_T \quad (2.7.3\text{-}16)$$

式中 I_H——谐波电流，A；

K_1——变压器的负荷率，一般取 0.7～0.8；

K_2——补偿系数；

S_T——变压器容量，kVA。

K_2 选取值：一般无干扰的项目，如写字楼、商住楼等取 0.3～0.6；中等干扰项目，如电脑、空调、节能灯相对集中的办公楼、体育场馆、剧场、电视台演播室、银行数据中心、一般工厂等取 0.6～1.3；强干扰项目，如通信基站、电弧炉、大量 UPS、EPS 变频器、焊接、电镀、电解、整流等工厂取 1.3～1.8。

(2) 方法 2。

$$I_H = \frac{S_T \times K_1 \times THD_i}{\sqrt{3} \times U_S \times \sqrt{1 + THD_i^2}} \quad (2.7.3\text{-}17)$$

式中 K_1——变压器的负载率，常规设计时一般取 0.7～0.8；

THD_i——为电流总谐波畸变率，不同建筑的取值可参考电流总谐波畸变率，见表 2.7.3-5。

S_T——变压器额定容量，kVA；

U_S—为变压器低压侧额定电压，kV。

电流总谐波畸变率 **表 2.7.3-5**

建筑类型	典型 THD_i	主 要 谐 波 源
办公	15%	计算机设备、中央空调、各类节能灯、办公类用电设备、大型电梯
医疗	20%	重要医技设备、核磁共振设备、加速器、CT、X 光机、UPS 等

续表

建筑类型	典型 THD_i	主要谐波源
通信	35%	大功率 UPS、开关电源
金融	20%	UPS、电子设备、空调、电梯
工业	20%	变频驱动、直流调速驱动
水处理	25%	变频器、软启动器
公共建筑	25%	可控硅调光系统、UPS、中央空调

注：本表摘自江苏斯菲尔电气股份有限公司资料，仅供参考。

6. 低压谐波补偿装置的容量估算和选型示例

（1）可根据估算的谐波电流值进行设备选型，亦可根据公共联接点（PPC）或内部联接点（IPC）对谐波的要求进行技术经济合理的选型。

①采用无源谐波抑制，可根据无功容量每千乏（kvar）折算成电流后按 0.2～0.3 的系数折算成谐波抑制电流（如非线性负载较多，则取 0.2）。例如 100kvar 消谐式无功补偿电流为 144A，按系数 0.2 折算即抑制 28.8A 的谐波电流；

②采用有源滤波装置，可根据谐波电流的估算值进行设计选型。

（2）设计举例：某水处理厂配电变压器容量为 1000kV·A，变压器变比 10/0.4kV，K_1 取值为 0.8，THD_i 取值为 25%，根据谐波电流的估算公式式（2.7.3-17）可得谐波电流：

$$I_H = \frac{1000 \times 0.8 \times 0.25}{\sqrt{3} \times 0.4 \times \sqrt{1 + 0.25^2}} = 280\text{A}$$

根据配电变压器容量进行消谐式无功补偿设计，按变压器容量的 30% 估算，采用 300kvar 的消谐式无功补偿装置，300kvar 消谐式无功补偿电流为 433A，按系数 0.2 折算即抑制 86.6A 的谐波电流。由于消谐式无功补偿不能完全抑制谐波，在单独选用消谐式无功补偿后系统谐波达不到标准要求时，需选用有源滤波器。考虑到消谐式无功补偿滤除的谐波电流，系统存在的谐波电流为：280A－86.6A＝193.4A。根据需要选用容量为 100A～200A 的三相有源滤波器即可抑制谐波。

在工程设计中并不需要将各次谐波电流补偿为零，而是针对主导谐波进行适度的补偿，使补偿后该次的谐波电流公共联接点或谐波测量点处产生的该次谐波电压限制在国家标准限值内，并留有适当的安全裕度。

2.7.4 谐波抑制及治理设计方法

1. 谐波抑制及治理的设计方法

谐波抑制及治理的设计方法，见表 2.7.4-1。

谐波抑制及治理的设计方法 **表 2.7.4-1**

设计方法	技术规定和要求
抑制谐波干扰	1. 选择合理的供配电系统，改进电气系统设计，并宜按下列原则配置：非线性负荷靠近电源端；将非线性负荷与线性负荷的供电电源隔离，由不同母线段供电。 （1）为抑制贵重设备或功能重要设备（如大型计算机系统、整流装置、变频设备、医疗建筑中的核磁共振机、CT 机、X 光机加速器治疗机等）谐波源，宜采用专用配电回路或专用变压器供电。

续表

设计方法	技术规定和要求
抑制谐波干扰	（2）谐波含量较高且功率较大的低压用电设备的配电回路，应采用专用回路供电。 （3）改善三相不平衡度，将不对称负荷（单相、相间负荷）合理分配到各相或分散接到不同的供电点上。 （4）对谐波源进行合理配置，宜将具有互补作用的谐波源设备接在同一段母线上。 （5）供配电系统中的配电变压器，当无特殊要求时应选用 Dyn11 型结线组别的三相电力变压器。 （6）当技术经济合理时，可将谐波源由增大容量的配电变压器供电或采用由高一级电压的电网供电。 2. 电力系统设计时，应将提高功率因数的电容器与能使高频电流流入电力电容器的电气设备分离。 3. 工程设计中采用无功功率补偿电容器组串联电抗器的方案抑制谐波，在无功功率补偿回路中串联非调谐滤波电抗器抑制谐波时，为避免电力电容器组对系统谐波的放大，L-C 串联支路的谐振频率应低于系统中可能产生谐波放大的最低次谐波的频率。 4. 配电线路上的变频设备，应靠近被控设备安装。 5. 不宜将对谐波敏感的信息技术设备，布置在可能成为谐波骚扰源（如电力变压器、电焊机、整流器、变频器、调速电梯、气体放电灯以及感性负荷的开启、关闭设备等）的近旁。 6. 在对谐波敏感的用电设备前，宜装设谐波抑制或谐波隔离装置
谐波治理	1. 当公共连接点或系统装置内部连接点处的谐波电压超标时，对于谐波电流较大的非线性负荷，当谐波波频较宽（如大功率整流设备），谐波源的自然功率因数就较高（如变频调速器、核磁共振机等）时宜采用有源滤波器，并按下列原则进行谐波治理： （1）当非线性负荷容量占配电变压器容量的比例较大，设备的自然功率因数较高时，宜在变压器低压配电母线侧集中装设有源电力滤波器。 （2）当一个区域内有较分散且容量较小的非线性负荷时，宜在分配电箱母线上装设有源电力滤波器。 （3）当配电变压器供电对象仅有少量非线性重要设备时，宜对每台谐波源的成套电气设备配置上选用带有抑制谐波功能的或就地装设有源电力滤波器。 2. 大型较稳定的非线性用电设备，频谱特征明显，自然功率因数又较低的单相非线性负荷以及谐波源所产生的谐波较集中于连续的三次（如 3、5、7 次）或以下的谐波治理宜采用并联无源滤波器，并在谐波源处就地装设。 3. 对容量较大，3、5、7 次谐波含量高，频谱特性复杂、负荷比较稳定、自然功率因数较低的谐波源，当公共点或内部连接点处的谐波电压超标时，宜采用无源滤波器与有源电力滤波器混合装设的方式。 4. 为治理供配电系统内、外谐波骚扰，滤波方式可按下列原则选择： （1）对电力系统内部的谐波骚扰，宜以部分滤除和抑制为主。 （2）对电力系统外部的谐波骚扰，应避免串联谐振。 （3）以 5 次和 7 次为主的谐波骚扰，应避免串联谐振。 5. 整流装置的脉冲数，宜按下列原则选择： （1）功率在 250kV · A 以下的小功率整流装置，采用 0.22/0.38kV 供电时，宜采用 6 脉冲整流，容量特别小的装置可采用单相整流。 （2）功率在 250～500kV · A、0.22/0.38kV 供电的整流装置，宜采用 12 脉冲整流

2. 谐波治理设计技术措施

当非线性负荷容量较大时，对非线性用电设备向电网注入的谐波电流（有条件时进行计算或实测），必要时采取如下抑制措施：

（1）在 3n 次谐波电流含量较大的建筑供配电系统中，各级电力变压器的绕组宜采用 D，Yn-11 型联结。

（2）对于 5 次谐波特别严重的场所可采用绕组为 DZ5 型联结的专用变压器。

（3）对于 5 次和 7 次谐波都很严重的场所可采用绕组为 DyD 型联结的专用变压器。

采用两套整流器通过不同相位的叠加，以便消除 H5、H7 次谐波；采用两组 6 脉冲整流器经 30°移相后叠加，可消除 $12K\pm1$ 次以下的谐波（K 为整数）。

（4）谐波骚扰等级为一至三级的建筑物供电配电系统中，涉及主要非线性负载的配电变压器的负载率应按下列公式降容：

$$降容系数 \quad D=\frac{1.15}{1+0.15K} \qquad (2.7.4\text{-}1)$$

其中 K 系数为：

$$K=\frac{\sum_{n=1} n(I_{\mathrm{n}})^2}{\sum_{n=1}(I_{\mathrm{n}})^2}=\frac{\sum_{n=1}(nI_{\mathrm{n}})^2}{I_{\mathrm{rms}}^2}=\frac{\sum_{n=1}(nI_{\mathrm{n}}/I_1)^2}{(I_{\mathrm{rms}}/I_1)^2}=\frac{\Sigma(nI_{\mathrm{n}}/I_1)^2}{1+THD_i^2} \qquad (2.7.4\text{-}2)$$

式中 n——谐波次数；

I_{n}——n 次谐波电流有效值；

I_1——基波电流有效值；

I_{rms}——电流有效值；

THD_i——电流畸变率。

注意，其 K 值应根据治理后的谐波水平确定。也可根据谐波源负荷占变压器的负荷比例，按图 2.7.4-1 来粗略估计降容系数。

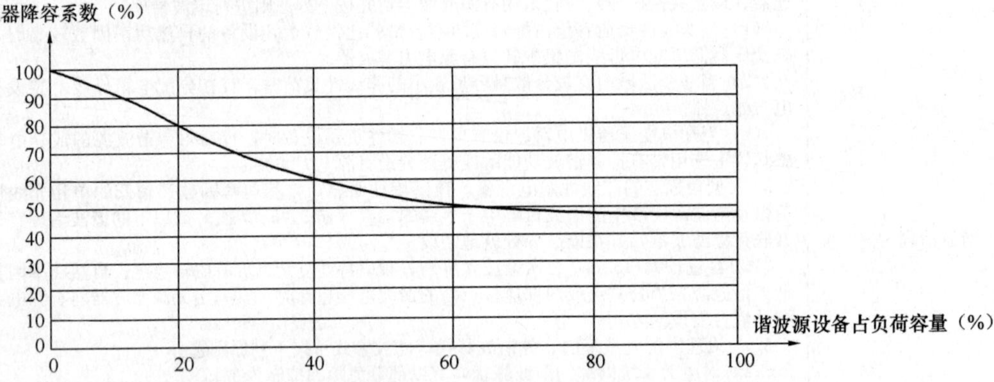

图 2.7.4-1 变压器降容系数与谐波源设备占负荷容量的关系曲线

（5）当难以计算时，普通型号配电变压器的理论负载率不宜高于 75%。

（6）谐波骚扰等级为四级的建筑物供配电系统中，涉及主要非线性负载的配电变压器的负载率（计算值）应按降容系数 D 确定。当难以计算时，普通型号配电变压器的理论负载率不宜高于 70%。

有条件时，可选用按照 K 系数制造的专用配电变压器，其 K 值应根据治理后的谐波水平确定，计算方法，见图 2.7.4-1。

对于三级甲等医院医技楼的配电系统，K 系数可按下列公式计算：

$$K=0.0002THD_i^3+0.0027THD_i^2-0.0099THD_i+1.0841 \qquad (2.7.4\text{-}3)$$

注：该公式的适用区间为 $THD_i=2.6\sim22$。

（7）谐波骚扰等级为四级的建筑物中，功率因数补偿电容器应串接适当配比的消谐电抗器，并应注意避免发生电网局部谐振。

（8）设计配电系统时，应尽可能将非线性负荷集中，并布置在配电系统的上游，谐波较严重且功率较大的设备应从变压器出线侧起采用专线供电。

（9）为X光机、CT机、核磁共振机等大功率非线性负载供电的变压器和馈线，宜按低阻抗要求进行设计。

（10）由晶闸管控制的负载或设备宜采用对称控制，以减少中性线谐波电流。

（11）当设计过程中对建筑物的谐波难以预测时，宜预留必要的滤波设备空间。当建筑物中所用的主要电气和电子设备不符合第2.7.2节表2.7.2-10的规定时，应对此类设备或其所在配电线路进行谐波治理，且应符合下列要求：

①地、市级及以上医院重要手术室和重症监护室、计量检测中心、大型计算机中心、金融结算中心等对谐波敏感的重要设备较多的建筑物内，应在相关配电系统主干线上靠近骚扰源处设置有源滤波装置；

②大型办公建筑中，宜在动力配电系统主干线上靠近骚扰源处设有源或无源滤波装置。当采用无源滤波装置时，应注意避免发生电网局部谐振；

③中、小型办公建筑中，宜在动力配电系统主干线上靠近骚扰源处设无源滤波装置，并应注意避免发生电网局部谐振。

（12）在并联电容器的回路中串联电抗器是非常有效和可行的方法。串联电抗器的主要作用是抑制高次谐波和限制合闸涌流，防止谐波对电容器造成危害，避免电容器装置的接入对电网谐波的过度放大和谐振发生。

（13）加装无源滤波器：用电阻/电感/电容等无源元件构成的滤波器，无源滤波器主要有四种类型，在实际应用当中，一般是根据电网的谐波状况（即谐波源的特征谐波）来确定无源滤波器的类型和组数。无源滤波器见图2.7.4-2。

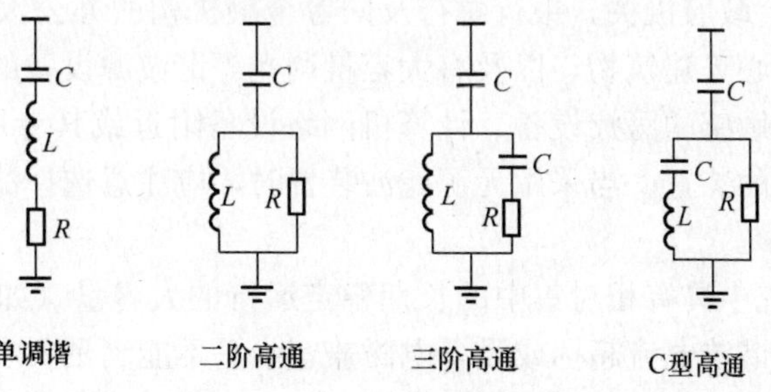

图2.7.4-2 无源滤波器

（14）加装有源电力滤波器：实时检测电网谐波，利用可控电力电子器件产生与之大小相等，相位相反的电流，注入电网，从而达到实时补偿谐波电流的目的。

有源滤波器（APF）是一种用于动态抑制谐波、补偿无功的新型电力电子装置，它能对大小和频率都变化的谐波以及变化的无功功率进行补偿，其应用可克服LC滤波器等传统的谐波抑制和无功补偿方法的缺点。基本的工作原理是，检测补偿对象的电压和电流，经指令电流运算电路计算得出补偿电流的指令信号，该信号经补偿电流发生电路放大，得出补偿电流，补偿电流和负载电流中要补偿的谐波和无功等电流抵消，最终得到期望的电源电流。根据APF与系统的连接方式可分为并联型APF、串联型APF、混合型APF。

有源滤波器见图 2.7.4-3，混合型有源滤波器，见图 2.7.4-4。

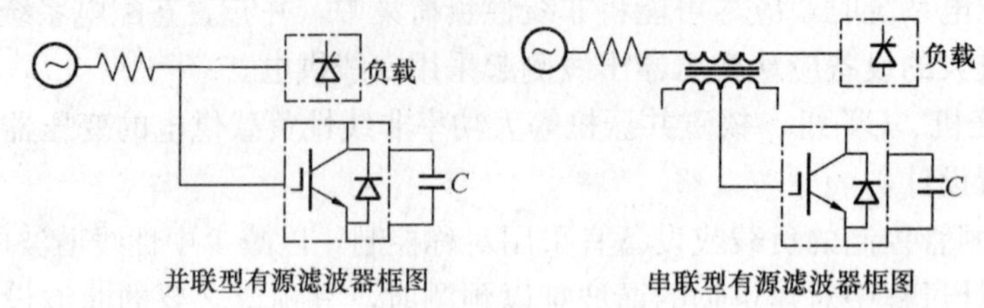

图 2.7.4-3 有源滤波器

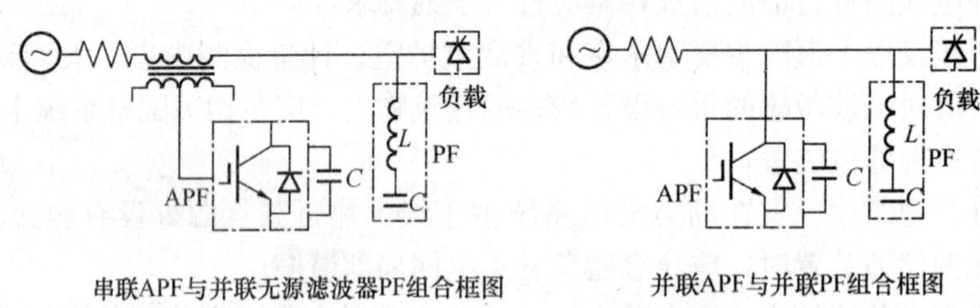

图 2.7.4-4 混合型有源滤波器

注：APF：有源滤波器；PF：无源滤波器。

有源滤波器的补偿容量估算方法：$SA = 3EI_c$。有源滤波器的容量与补偿电路大小有关，因而与补偿对象的容量及补偿的目的有关；主电路中的器件的直流电压 U_c 与 E 之间的关系因不同产品而不同。当有源滤波器只补偿谐波时，有 $I_c = I_h$。假如补偿对象为三相桥式整流器，其 $I_h = 0.25\% I_1$，故此时有源滤波器的容量 SA 约为补偿对象的 25%。

(15) 省级及以上政府机关、银行总行及同等金融机构的办公大楼、三级甲等医院医技楼、大型计算机中心等建筑物，以及有大容量调光等谐波源设备的公共建筑，宜在易产生谐波和对谐波骚扰敏感的医疗设备、计算机网络设备附近或其专用干线末端（或首端）设置滤波或隔离谐波的装置。当采用无源滤波装置时，应注意选择滤波装置的参数，避免电网发生局部谐振。

(16) 当配电系统中具有相对集中的长期稳定运行的大容量（如 200kVA 或以上）非线性谐波源负载，且谐波电流超标或设备电磁兼容水平不能满足要求时，宜选用无源滤波器；当用无源滤波器不能满足要求时，宜选用有源滤波器或有源无源组合型滤波器或设置隔离变压器等其他抑制谐波措施。

(17) 大容量的谐波源设备，应要求其产品自带滤波设备，将谐波电流含量限制在允许范围内，大容量非线性负荷除进行必要的谐波治理外，尚应尽量将其接入配电系统的上游，使其尽量靠近变配电室布置，并以专用回路供电。

(18) 对谐波严重又未进行治理的回路，其中性线截面选择，应考虑谐波电流的影响。

(19) 当配电系统中的谐波源设备已设有适当的滤波装置时，相应回路的中性线宜与相线等截面。

(20) 由晶闸管控制的负载宜采用对称控制，以减小中性线中的电流。当中性线中的电流大于相线电流时，应加大中性线截面。

(21) 当三相 UPS、EPS 电源输出端接地型式采用 TN-S 系统时，其输出端中性线应就近直接接地，且输出端中性线与其电源端中性线不应就近直接相连。

(22) 谐波严重场所的功率因数补偿电容器组，宜串联适当参数的电抗器，以避免谐振和限制电容器回路中的谐波电流，保护电容器。当采用自动调节式补偿电容器时，应按电容器的分组，分别串入电抗器。

3 配变电所

3.1 基本规定和型式选择

3.1.1 一般规定和要求

1. 配变电所设计的一般原则

（1）本规定适用于交流电压20kV及以下新建、扩建或改建民用建筑工程的配变电所设计，一般工业建筑的相关项目也可参照应用。

（2）抗震设防烈度为7度及以上地区，配变电所的设计和电气设备安装应采取必要的抗震措施。

（3）应根据工程特点、规模和发展规划，做到近远期结合以近期为主，并考虑扩容的可能性，适当留有余量。

（4）重要的配变电所的设计应根据负荷性质、用电容量、工程特点、所址环境、地区供电条件和节约电能等因素制定设计方案，并进行多方案的技术经济比较，力求做到保障人身安全、供电可靠、技术先进、经济合理和维修方便，确保设计质量。选用成套设备和定型产品，一般比较经济合理，但应优先采用低损耗设备。

（5）配变电所的设计应与当地供电部门签署相关协议作为设计依据。

（6）配变电所电气设备的外露可导电部分，应与接地装置有可靠连接，成列安装的定型开关柜两端应与接地装置连接，并做好配变电所的等电位联接；利用自然接地体和外引式接地装置时，其接地引入线不少于2根，并在不同位置与接地装置连接。

（7）配变电所的变压器低压侧，进出线端宜装设避雷器。

（8）变配电室重地应设与外界联络的通信接口，宜设出入口控制。

（9）配变电所设计除符合本规定之外，尚应符合国家现行标准《20kV及以下变电所设计规范》GB 50053的规定。

2. 位置选择

（1）配变电所位置的确定应满足如下要求：

①方便高压进线和低压出线，并接近电源侧；

②方便设备的运输、装卸及搬运；

③接近负荷中心或大容量设备处，如冷冻机房、水泵房等；

④不应设在有剧烈震动或高温的场所；

⑤不应设在厕所、浴室、厨房或其他经常积水场所的正下方，且不宜与上述场所贴邻。如果贴邻，相邻隔墙应做无渗漏、无结露等防水处理；

⑥不宜设在多尘、水雾或有腐蚀性气体的场所，当无法远离时，不应设在污染源盛行风向的下风侧等场所，或应采取有效的防护措施；

⑦不应设在有爆炸危险环境的正上方或正下方，不宜设在有火灾危险环境的正上方或正下方，当与有爆炸或火灾危险环境的建筑物毗连时，变电所的选址应符合现行国家标准《爆炸和火灾危险环境电力装置设计规范》GB 50058 的有关规定；

⑧配变电所为独立建筑物时，不应设置在地势低洼和可能积水的场所；

⑨应避开建筑物的伸缩缝、沉降缝等位置；

⑩不宜与有防电磁干扰要求的设备机房贴邻或位于其正上方或正下方，当需要设在上述场所时，应采取防电磁干扰的措施；

⑪配变电所可设置在建筑物的地下层，但不宜设置在最底层。配变电所设置在建筑物地下层时，应根据环境要求加设机械通风、去湿设备或空气调节设备。当地下只有一层时，应考虑抬高地面采取预防洪水、消防水或积水从其他渠道淹渍配变电所的措施。

（2）为防止车间内变电所发生火灾时，致使事故扩大，油浸变压器的车间内变电所，不应设在三、四级耐火等级的建筑物内；当设在二级耐火等级的建筑物内时，建筑物应采取局部防火措施。

（3）在多层建筑物或高层建筑物的裙房中，不宜设置油浸变压器的变电所，当受条件限制必须设置时，应将油浸变压器的变电所设置在建筑物首层靠外墙的部位，且不得设置在人员密集场所的正上方、正下方、贴邻处以及疏散出口的两旁。高层主体建筑内不应设置油浸变压器的变电所。

（4）在多层或高层建筑物的地下层设置非充油电气设备的配电所、变电所时，应符合下列规定：

① 当有多层地下层时，不应设置在最底层；当只有地下一层时，应采取抬高地面和防止雨水、消防水等积水的措施；

② 应设置设备运输通道；

③ 应根据工作环境要求加设机械通风、去湿设备或空气调节设备。

（5）高层或超高层建筑物根据需要可以在避难层、设备层和屋顶设置配电所、变电所，但应设置设备的垂直搬运及电缆敷设的措施。

（6）露天或半露天的变电所，不应设置在下列场所：

① 有腐蚀性气体的场所；如无法避开时，则应采用防腐型变压器和电气设备；

② 挑檐为燃烧体或难燃体和耐火等级为四级的建筑物旁；

③ 附近露天堆场距离变压器在 50m 以内有棉、粮及其他易燃、易爆物品集中的露天堆场。若变压器的油量在 1000kg 以下，这个距离可以适当减小；

④ 容易沉积可燃粉尘、可燃纤维、灰尘或导电尘埃且会严重影响变压器安全运行的场所。

3.1.2 配变电所型式选择

1. 配变电所的型式应根据用电负荷的分布状况和周围环境、工程性质等情况综合确定。

2. 35/10（6）kV 变电所分户内式和户外式。户内式运行维护方便，占地面积少。在选择 35kV 总变电所的型式时，应考虑所在地区的地理情况和环境条件，因地制宜；技术经济合理时，应优先选用占地少的形式。35kV 变电所宜用户内式。

3. 配电所一般为独立式建筑物，也可与所带 10（6）kV 变电所一起附设于负荷较大的厂房或建筑物。

4. 10（6）kV变配电所的型式，应根据用电负荷的状况和周围环境情况综合考虑确定：

（1）高层或大型民用建筑，宜设户内配变电所或预装式变电站。

（2）城市住宅小区视负荷情况可以采用独立式配变电所或户外预装式变电站，当条件许可时，也可附设变电所。

（3）对于负荷小而分散的建筑群，可以选用预装式变电站。

（4）环境允许的中小城镇居民区和工厂的生活区，当变压器容量在400kVA及以下时，可设杆上式变压站。

（5）负荷较大的车间和站房，宜设附设变电所、户外预装式变电站或露天、半露天变电所。

（6）负荷较大的多跨厂房，负荷中心在厂房中部且环境许可时，宜设车间内变电所或预装式变电站。

5. 边远山区的旅游点等建筑群，当采用10kV线路有困难或经济上不合理时，可以采用35kV线路供电，设置35/0.4kV直降变电所。

6. 非充油的高、低压配电装置和非油浸型的电力变压器，可设置在同一房间内，当二者相互靠近布置时，应符合下列规定：

（1）在配电室内相互靠近布置时，二者的外壳均应符合现行国家标准《外壳防护等级（IP代码）》GB 4208中IP2X防护等级的有关规定；

（2）在车间内相互靠近布置时，二者的外壳均应符合现行国家标准《外壳防护等级（IP代码）》GB 4208中IP3X防护等级的有关规定；

7. 为防止火灾事故的扩大，户内变电所每台油量大于或等于100kg的油浸三相变压器，应设在单独的变压器室内，并应有储油或挡油、排油等防火设施。

8. 变电所宜单层布置。当采用双层布置时，为了减小楼板荷重和搬运设备方便，变压器应设在底层，设于二层的配电室应设搬运设备的通道、平台或孔洞。

3.2 主接线及配电装置选择

3.2.1 基本规定和要求

1. 20kV及以下配变电所设计应符合现行国家标准《20kV及以下变电所设计规范》GB 50053—2013的规定和要求，见表3.2.1-1。

20kV及以下配变电所设计 **表3.2.1-1**

类别	技术规定和要求
基本规定	1. 配电装置的布置和导体、电器、架构的选择，应符合正常运行、检修以及过电流和过电压等故障情况的要求。 2. 为便于安装、检修，又能确保运行安全，配电装置各回路的相序排列宜一致。 3. 在海拔超过1000m的地区，配电装置的电器和绝缘产品应符合现行国家标准《特殊环境条件高原用高压电器的技术要求》GB/T 20635的有关规定。当高压电器用于海拔超过1000m的地区时，导体载流量可不计海拔高度的影响。

续表

类别	技术规定和要求
基本规定	4. 电气设备的接地应符合现行国家标准《交流电气装置的接地设计规范》GB/T 50065 和《低压电气装置》（或《建筑物电气装置》）GB/T 16895 系列标准的有关规定。 变电所的接地要求很多，按照现行国家标准《交流电气装置的接地设计规范》GB/T 50065 的规定不能完全满足安全要求，因此还需要满足由 IEC TC64 转化的国家标准《建筑物电气装置》GB/T 16895 或《低压电气装置》GB/T 16895 系列标准的有关规定。
主接线	1. 配电所、变电所的高压及低压母线宜采用单母线或分段单母线接线。当对供电连续性要求很高时，双母线难以停电检修的配变电所或有特殊供电要求时，高压母线可采用分段单母线带旁路母线或双母线的接线。 2. 配电所专用电源线的进线开关宜采用断路器或负荷开关-熔断器组合电器。当进线无继电保护和自动装置要求且无须带负荷操作时，可采用隔离开关或隔离触头。 隔离开关用于固定式开关柜，隔离触头用于手车式开关柜。 3. 非专用的电源线一般为树干式供电，为避免发生故障时停电面扩大，配电所的非专用电源线的进线侧，应装设断路器或负荷开关-熔断器组合电器。 4. 从同一用电单位的总配电所以放射式向分配电所供电时，分配电所的进线开关宜采用隔离开关或隔离触头。当分配电所的进线需要带负荷操作、有继电保护、有自动装置要求时，分配电所的进线开关应采用断路器。 5. 配电所母线的分段开关宜采用断路器；当不需要带负荷操作、无继电保护、无自动装置要求时，可采用隔离开关或隔离触头。有条件时也可以增加一级继电保护。 6. 两个配电所之间的联络线，应在供电侧装设断路器，另一侧宜装设负荷开关、隔离开关或隔离触头；当两侧都有可能向另一侧供电时，应在两侧装设断路器。当两个配电所之间的联络线采用断路器作为保护电器时，断路器的两侧均应装设维修安全用的隔离电器。 7. 配电所的引出线宜装设断路器。当满足继电保护和操作要求时，也可装设负荷开关-熔断器组合电器代替断路器，可降低造价。 8. 向频繁操作的高压用电设备供电时，如果采用断路器兼做操作和保护电器，断路器应具有频繁操作性能，也宜采用高压限流熔断器和真空接触器的组合方式。 9. 在架空出线或有电源反馈可能的电缆出线的高压固定式配电装置的馈线回路中，应在线路侧装设隔离开关，以确保维修人员的安全。 10. 在高压固定式配电装置中采用负荷开关-熔断器组合电器时，应在电源侧装设隔离开关，电源侧有明显的断开点，以确保安全。 11. 接在母线上的避雷器和电压互感器，宜合用一组隔离开关。接在配电所、变电所的架空进、出线上的避雷器，可不装设隔离开关。 12. 由地区电网供电的配电所或变电所的电源进线处，应设置专用计量柜，装设供计费用的专用电压互感器和电流互感器。10kV 及以下电压供电的用户，应配置全国统一标准的电能计量柜或电能计量箱。 13. 变压器一次侧高压开关的装设，应符合下列规定： （1）为能够带电操作高压开关断开变压器，电源以树干式供电时，应装断路器、负荷开关-熔断器组合电器或跌落式熔断器； （2）为检修变压器时有明显的断开点，以保证检修人员的安全，电源以放射式供电时，宜装设隔离开关或负荷开关。当变压器安装在本配电所内时，可不装设高压开关。 14. 变压器二次侧电压为 3kV～10kV 的总开关可采用负荷开关-熔断器组合电器、隔离开关或隔离触头。但当有下列情况之一时，应采用断路器满足操作、保护和自动装置的要求： （1）配电出线回路较多； （2）变压器有并列运行要求或需要转换操作； （3）二次侧总开关有继电保护或自动装置要求。 15. 变压器二次侧电压为 1000V 及以下的总开关，宜采用低压断路器。当有继电保护或自动切换电源要求时，低压侧总开关和母线分段开关均应采用低压断路器。 16. 当低压母线为双电源、变压器低压侧总开关和母线分段开关采用低压断路器时，在总开关的出线侧及母线分段开关的两侧，宜装设隔离开关或隔离触头，以确保检修安全。 17. 有防止不同电源并联运行要求时，来自不同电源的进线低压断路器与母线分段的低压断路器之间应设防止不同电源并联运行的电气联锁。
变压器	1. 变电所的变压器台数一般根据负荷性质，用电容量和运行方式等条件综合考虑确定。当符合下列条件之一时，变电所宜装设两台及以上变压器： （1）有大量一级负荷或二级负荷时； （2）季节性负荷变化较大时； （3）集中负荷较大时。 2. 装有两台及以上变压器的变电所，当任意一台变压器断开时，其余变压器的容量应能满足全部一级负荷及二级负荷的用电。

续表

类别	技术规定和要求
变压器	3. 变电所中低压为 0.4kV 的单台变压器的容量不宜大于 1250kVA，当用电设备容量较大、负荷集中且运行合理时，可选用较大容量的变压器。 4. 动力和照明宜共用变压器。当属于下列情况之一时，应设专用变压器： (1) 当照明负荷较大或动力和照明采用共用变压器严重影响照明质量及光源寿命时，应设照明专用变压器； (2) 单台单相负荷较大时，应设单相变压器； (3) 冲击性负荷较大，严重影响电能质量时，应设冲击负荷专用变压器； (4) 采用不配出中性线的交流三相中性点不接地系统（IT 系统）时，因照明不能和动力共用变压器，应设照明专用变压器； 注：中性点不接地系统（IT 系统）是指除保护和测量用的高阻抗接地以外，中性点不连接到参考地的系统。 (5) 采用 660（690）V 交流三相配电系统时，应设照明专用变压器。 5. 高层主体建筑内变电所应尽可能不采用油浸变压器而应选用不燃或难燃型变压器；多层建筑物内变电所和防火、防爆要求高的车间内变电所，宜选用不燃或难燃型变压器。 6. 在多尘或有腐蚀性气体严重影响变压器安全运行的场所，应选用全封闭型或防腐型的变压器，也可采取防尘或防腐措施。 7. 在低压电网中，为了抑制谐波电流对电网的影响，降低零序阻抗，提高单相接地故障的保护灵敏度，利于单相接地故障的排除，变压器中性线电流不受限制，配电变压器宜选用 D，yn11 接线组别的三相变压器。

2. 在高海拔地区使用的高压电器设备外绝缘的额定耐受电压水平采用下列公式修正：

$$U = K_{\mathrm{H}} \cdot U_0 \tag{3.2.1-1}$$

式中：U——使用于高海拔地区的高压电器设备在海拔 1000m 以下地区试验时的耐受电压，kV；

K_{H}——外绝缘强度的高海拔校正因数，可由式（3.2.1-2）求得；

U_0——高压电器设备的额定耐受电压，kV。

$$K_{\mathrm{H}} = \mathrm{e}^{m_0\left(\frac{H-1000}{8150}\right)} \tag{3.2.1-2}$$

式中：H——海拔高度，m；

为了简单起见，指数 m_0 取下述确定值：

$m_0=1$，适用于雷击冲击、工频及操作冲击干试验电压；

$m_0=0.9$，适用于直流电压；

$m_0=0.8$，适用于工频湿试验电压、操作冲击湿试验电压；

$m_0=0.7$，适用于无线电干扰电压。

当海拔超过 1000m 时，每超过 100m 导体温度增加 0.4℃，同时，自海拔 1000m 开始随海拔高度的增加相应的温度递减率为 0.5℃/100m。因此，可以认为由于气温降低值足以补偿导体因海拔增高、空气稀薄而造成的温度升高的影响，故在高压电器使用于高海拔地区的技术要求中阐明，在实际使用中，其额定电流值可以保持不变。

3.2.2 配变电所主接线

1. 35kV 变电所的主接线

常用 35kV 变电所的主接线，见表 3.2.2-1。

常用的35kV变电所的主接线 表3.2.2-1

序号	接线方式	主接线简图	备注
1	分段单母线	35kV 35kV 10(6)kV	两回电源线路和两台变压器，大、中型企业中采用较多，可有一、二回转送负荷的线路
2	单母线	35kV 10(6)kV	一回电源线路（或一用一备）和两台变压器，用于昼夜负荷变化较大（考虑轻负荷时可停用一台）及对二、三级负荷供电，35kV配电装置的出线回路数不超过3回
3	外桥	35kV 10(6)kV	两回电源线路和两台变压器，当供电线路较短，或需要经常切断变压器时采用。可用于一、二级负荷

续表

序号	接线方式	主接线简图	备注
4	内桥	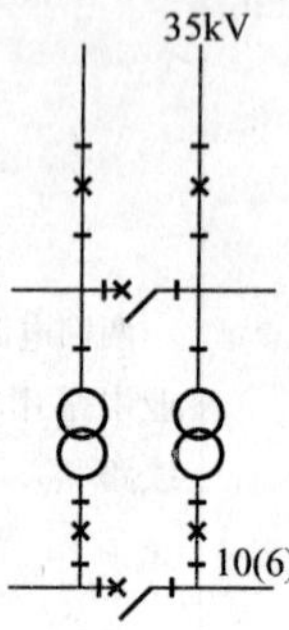 35kV 10(6)kV	两回电源线路和两台变压器，当电源线路较长，或不需要经常切断变压器时采用。可用于一、二级负荷
5	线路变压器组	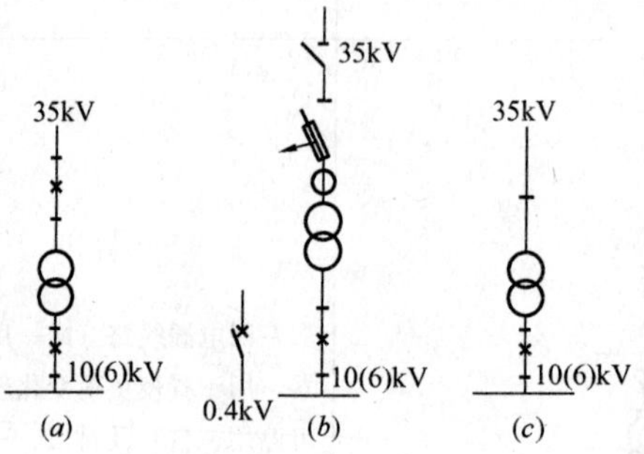 35kV 10(6)kV (*a*) 35kV 0.4kV 10(6)kV (*b*) 35kV 10(6)kV (*c*)	一回电源线路和单台主变压器，可用于对二级和三级负荷供电。 当变压器内部或二次侧母线上故障时，可使继电保护装置动作于跳闸，为便于操作及管理，一般采用图（*a*）接线。 35kV跌落式熔断器的参数（额定电流、断流容量）能满足要求时，图（*b*）接线常用于35/0.4kV直降变电所；图（*c*）接线只适用于用电单位内部的35kV分变电所，线路电源端的保护装置应能满足变压器保护要求，隔离开关应能切断变压器的空载电流

2.10kV配变电所的主接线

（1）10（6）kV配变电所常用主接线，见表3.2.2-2。

10（6）kV配变电所常用主接线 **表3.2.2-2**

序号	项目名称	主接线简图	备注
1	带高压室的变电所	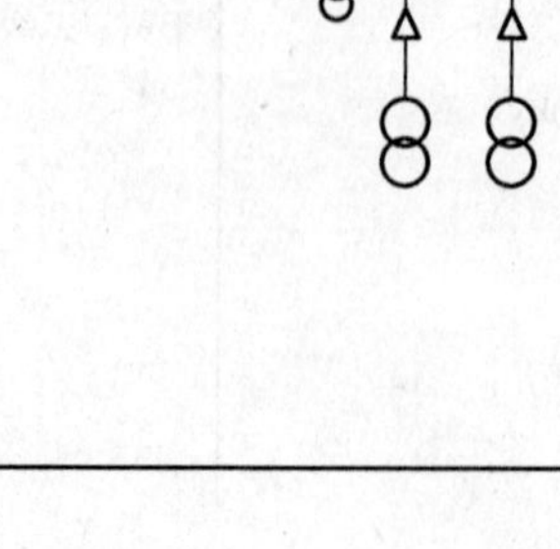 10(6)kV	电源引自用电单位总变配电所，避雷器可以装在室外进线处

续表

序号	项目名称	主接线简图	备注
1	带高压室的变电所	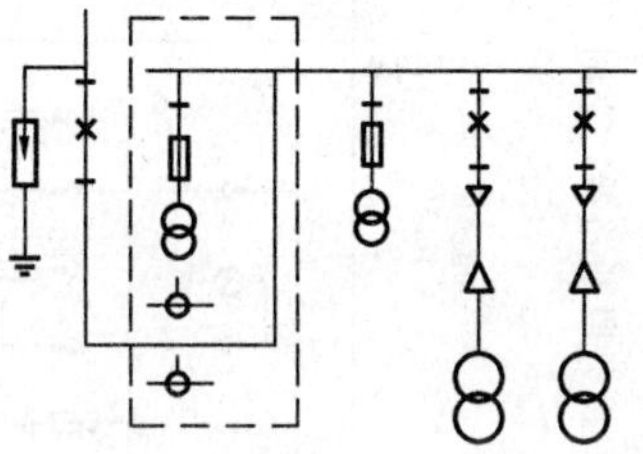	电源引自电力系统装设的专用计量柜。若电力部门同意时，进线断路器也可以不装。 进线上的避雷器如为开关柜，则宜加隔离开关
2	单母线	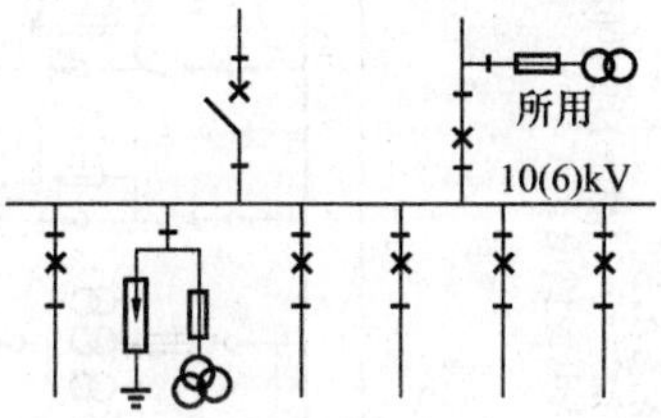 所用 10(6)kV	电源引自电力系统，一路工作，一路备用。一般用于配电给二级负荷。 需要装设计量装置时，两回电源线路的专用计量柜均装设在电源线路的送电端
3	分段单母线（隔离开关受电）	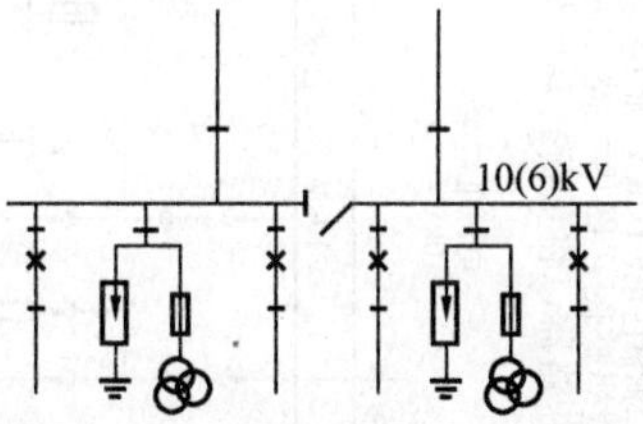 10(6)kV	适用于电源引自本企业的总配变电所，放射式接线，供二、三级负荷用电
4	分段单母线（断路器受电）	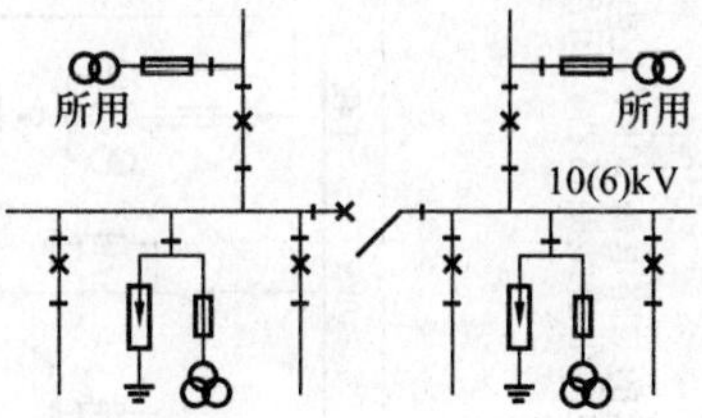 所用 所用 10(6)kV	适用于两路工作电源，分段断路器自动投入或出线回路较多的配变电所，供一、二级负荷用电。所用变压器是否装设视情况而定
		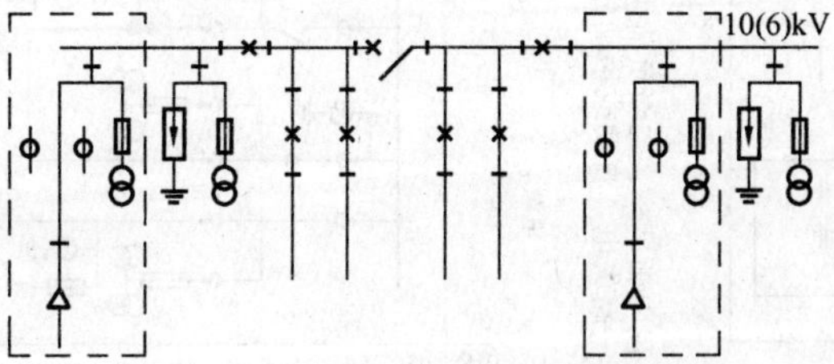 10(6)kV	用于电源引自电力系统，须装设专供计费计量用电压互感器、电流互感器的配变电所

(2) 二路、三路电源 10kV 配电站高压主接线方案，见图 3.2.2-1、图 3.2.2-2。10/10.4kV 变电站供电系统概略图，见图 3.2.2-3～图 3.2.2-6。

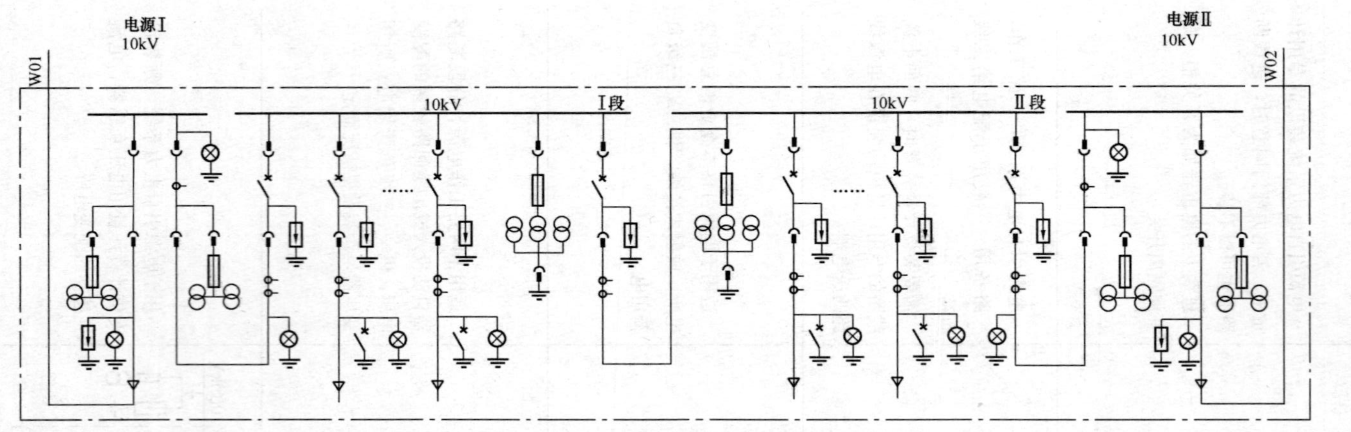

图 3.2.2-1 二路电源 10kV 配电站概略图示例

注：本图是工程中满足一、二级负荷供电要求的二路电源 10kV 配电站典型概略图，图中二路 10kV 电源进线，采用分段单母线接线，设分段断路器。平时二路电源分段运行，若一路失电，自动或手动分断失电段的进线断路器，闭合分段断路器，将负荷转移由另一路电源供电。

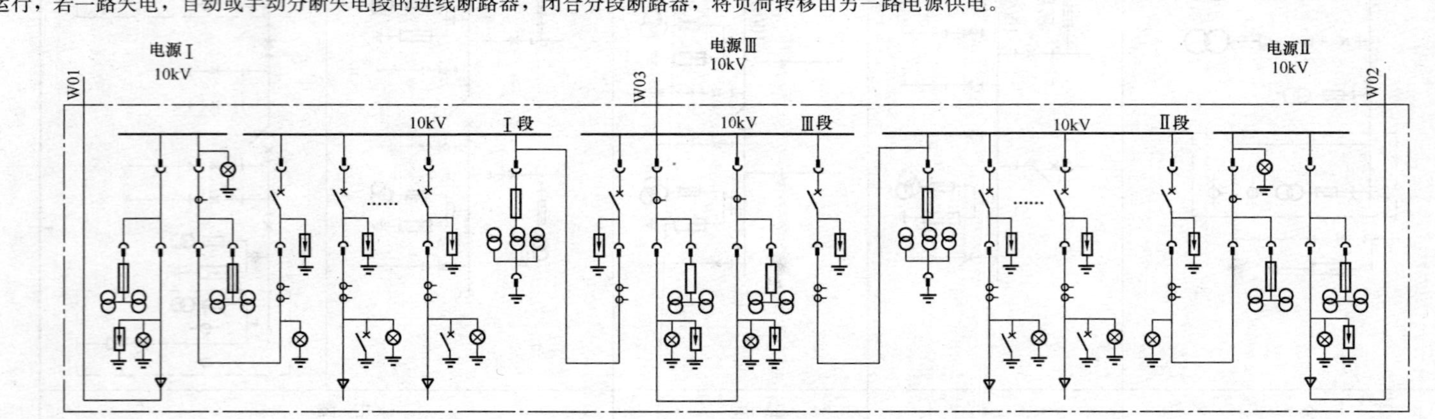

图 3.2.2-2 三路电源（一路专用备用）10kV 配电站概略图示例

注：1. 本图是三路 10kV 电源进线的配电站典型概略图主接线。电源Ⅲ为专用备用回路电源，用作正常电源Ⅰ、Ⅱ的备用电源，采用分段单母线接线。正常电源的Ⅰ、Ⅱ母线段与备用电源的Ⅲ母线段间设有备用电源自动投入装置，平时电源Ⅰ、Ⅱ分段运行，若一路失电，启动备自投装置，分断失电回路的进线断路器，闭合备用回路电源段与失电母线段间的分段断路器，由备用回路电源供电。

2. 对于一级负荷，根据 GB 50052—2009 的规定，图中的电源Ⅰ、Ⅱ设计不考虑同时故障，也不考虑电源Ⅰ、Ⅱ或Ⅰ、Ⅲ或Ⅱ、Ⅲ会同时故障，则专用备用回路电源Ⅲ可按电源Ⅰ、Ⅱ的最大用电负荷设计。若须考虑电源Ⅰ、Ⅱ、Ⅲ其中有两路同时故障，则电源Ⅰ、Ⅱ、Ⅲ的供电能力均需按同时带全部一级、二级负荷来设计。

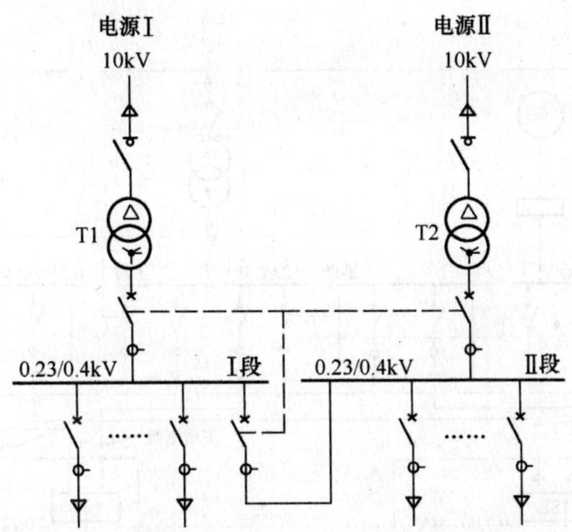

图 3.2.2-3　两路电源供电 10/0.4kV 变电站概略图示例

注：1. 本图为 10/0.4kV 变电站的典型概略图。两路 10kV 电源进线，经检修用负荷开关向配电变压器供电，配电变压器的保护设置在电源馈出间隔；0.4kV 侧采用单母线分段接线，设低压母联自投装置。两路电源供电应遵照“N-1”准则运行，即用户的外部两路电源不会同时电压消失，且断电的电源线路在数秒钟能够有效地自动恢复供电。

2. 图 3.2.2-1～图 3.2.2-3 所示系统按照国家标准 GB 50052—2009 规范规定设计和选用配变电设备，10kV 电源系统、馈出系统、配电变压器的容量均满足带全部一、二级负荷的需求，即一路电源失电，或一台配电变压器退出运行，不影响对重要用电负荷的供电。

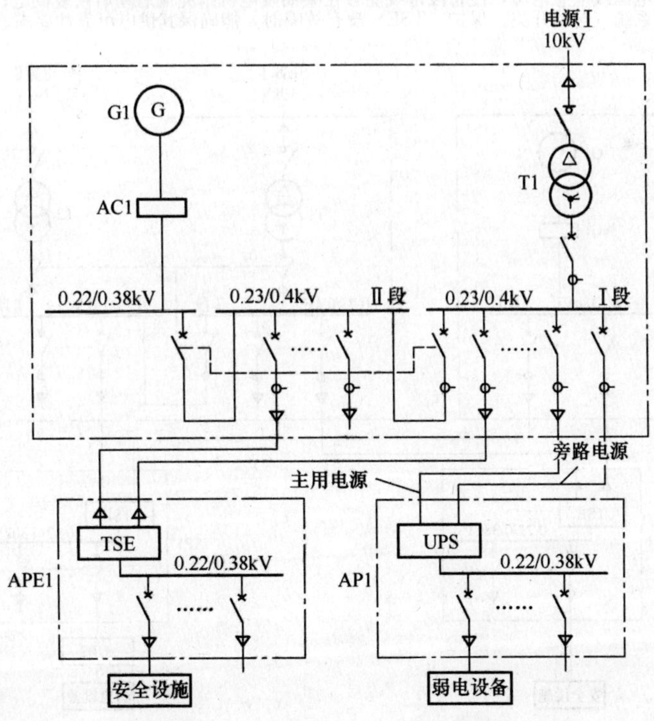

图 3.2.2-4　两路电源供电系统概略图示例

注：1. 本图为一路公网电源和一台独立于公网的柴油发电机组所组成的供电系统的概略图。G1 柴油发电机组独立于公用电网，可以作为公网电源的备用电源及安全设施、应急电源。

2. G1 柴油发电机组在图中用于应急供电系统时，Ⅱ段为应急电源段，正常时由公网电源经Ⅰ段母线段及经Ⅰ段、Ⅱ段间的分段开关向Ⅱ段母线供电；当发生火灾，且公网电源停电时，则断开Ⅰ段、Ⅱ段间的分段开关，接通 G1 向Ⅱ段母线供电开关，G1 作为应急电源仅向Ⅱ段的安全设施负荷应急供电。正常运行时，在非火灾情况下公网电源停电时，G1 柴油发电机组在图中作为公网电源的备用电源。

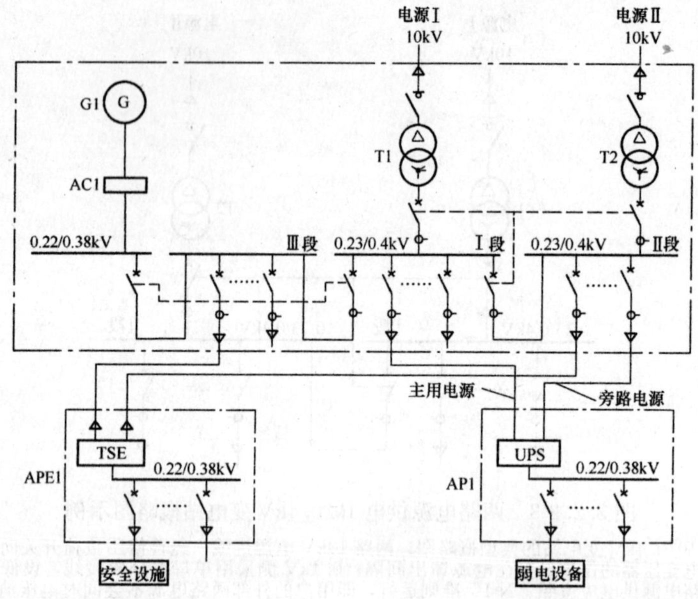

图 3.2.2-5　两路市电和 1 台柴油发电机组成的供电系统概略图示例（一）

注：本图的电源工作方式与图 3.2.2-4 基本相同。由于本图的公网电源是按重要客户两路电源设计的，遵循"N-1"准则，柴油发电机组运行的几率较图 3.2.2-4 要低。当公用电网停电时，由于用户设置了柴油发电机组作为备用电源或应急电源，使Ⅲ段母线能够在柴油发电机组完成启动后恢复供电；当Ⅲ段至 APE1 配电母线的馈电系统（包括开关、保护、TSE）没有故障时，能确保其供电可靠性要求。

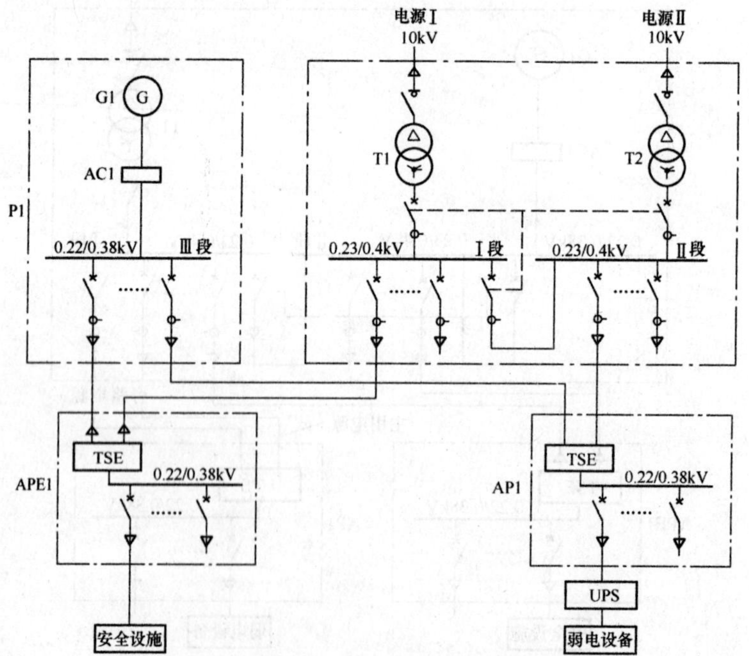

图 3.2.2-6　两路市电和 1 台柴油发电机组成的供电系统概略图（二）

注：本图为两路公网电源和一台独立于公网的柴油发电机组组成的供电系统概略图。G1 作为公网电源的备用电源和安全设施的应急电源，柴油发电站与变电站不相邻布置。Ⅲ段为柴油发电配电母线段，正常时用电负载由公网Ⅰ段、Ⅱ段分别供电；若Ⅰ段或Ⅱ段的公网电源停电，则启动低压母联自投装置，经Ⅰ段、Ⅱ段间的分段断路器接通Ⅰ段、Ⅱ段母线，用有电的另一路 10kV 公网电源来满足全部一、二级负荷供电；当公网的两路电源均失电，启动 G1，由其向 APE1 和 AP1 供电。在非火灾情况下，G1 作为公网电源的备用电源供电；当发生火灾，分断Ⅲ段供电给非安全用电 AP1 回路的断路器，G1 将作为应急电源仅向Ⅲ段的安全设施负荷应急供电。

3.2.3 配电装置选择

1. 一般要求

(1) 应优先选用安全可靠、技术先进、经济实用和节能的厂家定型成套设备及产品，严禁选用淘汰产品。

(2) 断路器的遮断容量应满足断开系统最大短路电流要求，并应满足使用地点的气象环境及海拔高度等条件要求。

(3) 配电设备选择应考虑设备检修，更换方便。

2. 高压配电装置

(1) 高压开关柜及其进出线方式宜根据工程实际条件确定。

(2) 建筑物内的配变电所宜选用真空断路器或其他无可燃油断路器。

(3) 配变电所的进线柜应具有带电指示的设施。

(4) 供给配变电所以外的变压器回路，在变压器高压侧应设有明显的隔离电器（如隔离开关、负荷开关或手车隔离触头组），以方便检修。

(5) 由专线回路供电的配变电所，其进线及母线联络开关，宜选用断路器；当没有带负荷操作、继电保护及自动切换要求时，可以选用隔离开关或隔离触头组等隔离电器；当由非专用电源回路供电时，应装设带有保护功能的开关电器。

(6) 供电给变压器的出线回路，除应设置大气过电压保护外，尚应考虑操作过电压的保护装置。

(7) 当变压器低压侧设有双电源互投装置时，其高压一次系统，应根据供电系统安全运行要求设置接地开关。

(8) 由地区电网供电的配变电所电源进线处，应装设计量专用的电压、电流互感器及其计量仪表。

(9) 当配电变压器与其高压配电装置不在同一配变电所内时，配电变压器的一次侧应设有隔离电器，便于安全检修变压器。

(10) 无功补偿宜进行技术经济比较确定补偿方案。高、低压电容器补偿装置的开关及导线的长期允许电流值：高压不小于电容器额定电流的 1.35 倍，低压不应小于电容器额电流的 1.5 倍。补偿装置宜选用成套设备，控制方案应根据负荷特点确定。

3. 10 (6) kV 配电装置选择

(1) 配电装置的布置和导体、电器的选择应符合下列规定：

①配电装置的布置和导体、电器的选择，应不危及人身安全和周围设备安全，并应满足在正常运行、检修、短路和过电压情况下的要求；

②配电装置的布置，应便于设备的操作、搬运、检修和试验，并应考虑电缆或架空线进出线方便；

③配电装置的绝缘等级，应和电网的标称电压相配合；

④配电装置间相邻带电部分的额定电压不同时，应按较高的额定电压确定其安全净距。

(2) 配电装置的布置和导体、电器的选择，除符合上述 1 款条文规定外，尚应考虑电磁兼容、设备散热、噪声等对其他设备和人员的影响，尽量减少维护工作，保证正常使用。在安装空间有限时，应选用占地面积小的设备，但不应降低设备性能要求。

（3）屋内配电装置距顶板的距离不宜小于0.8m，当有梁时，距梁底不宜小于0.6m。

4. 低压配电装置选择

（1）选择低压配电装置时，除应满足所在电网的标称电压、频率及所在回路的计算电流外，尚应满足短路条件下的动、热稳定要求。对于要求断开短路电流的保护电器，其极限通断能力应大于系统最大运行方式的短路电流。

选择低压配电装置时，需要考虑极限分断能力 I_{cu}、运行分断能力 I_{cs}、短时耐受电流 I_{cw} 和闭合容量等参数，极限分断能力 I_{cu} 和运行分断能力 I_{cs} 考核电气保护装置的最大开断电流，短时耐受电流 I_{cw} 考核短路条件下的热稳定，运行分断能力 I_{cs} 考核短路条件下的动稳定。

（2）配电装置的布置，应考虑设备的操作、搬运、检修和试验的方便。

（3）同一配电室内向一级负荷供电的两段母线，在母线分段处应有防火隔断措施。

（4）在一、二类高层建筑中的配变电所，其补偿电容器宜选用干式电容器。

5. 电力电容器装置选择

（1）本规定适用于电压为10（6）kV及以下和单组容量为1000kvar及以下并联补偿用的电力电容器装置设计。

（2）电容器组应装设单独的控制和保护装置。为提高单台用电设备功率因数而选用的电容器组，可与该设备共用控制和保护装置。

（3）当电容器回路的高次谐波含量超过规定允许值时，应在回路中设置抑制谐波的串联电抗器，并提高电容器的额定电压和增加电容器的额定容量。

（4）设置在民用建筑中的低压电容器应采用无油不燃、无火灾危险，内部配有保护装置的自愈式电容器。

6. 10kV配变电所主要设备的配置

10kV配变电所主要设备的配置，见表3.2.3-1。

10kV配变电所主要设备的配置 **表3.2.3-1**

序号	名　称	图　示	简要说明
1	10/0.4kV变压器高压侧开关设备	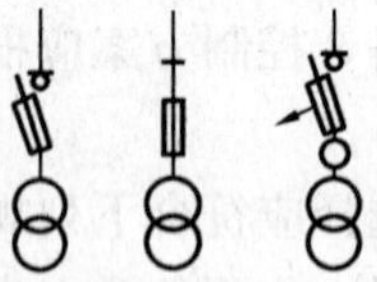	以树干式供电时，应用带熔断器的负荷开关，容量＜500kVA时，可用隔离开关和熔断器；露天变电所的变压器容量≤630kVA时，宜用跌落式熔断器
			以放射式供电时，宜用隔离开关或负荷开关，当变压器在本配变电所内或变压器电源侧开关和配电所属同一用电单位时，也可不装
2	10/6（3）kV变压器二次侧总开关设备	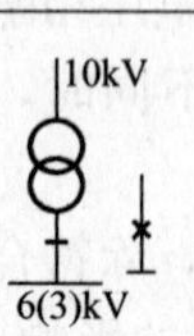 10kV 6(3)kV	可采用隔离开关或隔离触头组，但当出线回路较多，有并列运行要求，或有继电保护和自动装置要求时，应采用断路器

续表

序号	名　称	图　示	简要说明
3	10/0.4kV 变压器低压侧总开关设备		宜采用低压断路器，当有继电保护或自动切换电源要求时应采用低压断路器
			当低压母线为双电源，变压器低压侧总开关设备采用低压断路器时，在总开关设备的出线侧，宜装设刀开关或隔离触头组
			当无继电保护或自动切换电源要求且不需要带负荷操作时，可用隔离开关
4	10kV 母线进线开关	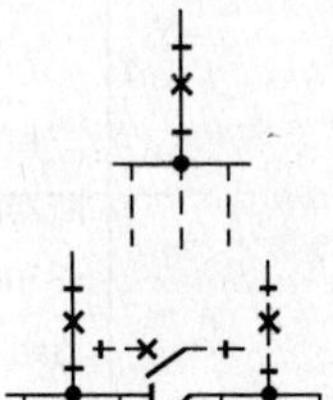	1. 专用电源线引自电力系统时，宜采用断路器或熔断器负荷开关； 2. 分配变电所的专用电源线引自用电单位总配变电所时，若需要带负荷操作或继电保护和自动装置有要求时，应采用断路器； 3. 非专用电源线的进线侧，应装设带保护的开关设备
		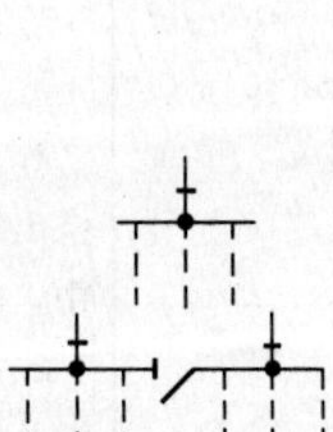	1. 专用电源线的继电保护和自动装置若无要求，且出线回路少，无需带负荷操作时，也可采用隔离开关或隔离触头组； 2. 分配变电所的专用电源线接自用电单位总变配电所时，如无需带负荷操作或继电保护和自动装置无要求时，宜采用隔离开关或隔离触头组

续表

序号	名　称	图　示	简要说明
5	10kV 母线分段开关	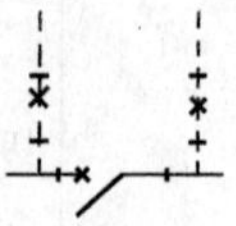	10kV 母线的分断处宜装设断路器
		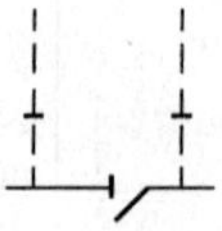	当不需带负荷操作且继电保护和自动装置无要求时，可装设隔离开关或隔离触头组
6	10kV 配电引出线开关		1. 引出线开关设备宜采用断路器； 2. 两配电所之间的联络线，应在供电侧配电所装设断路器，另侧装隔离开关或负荷开关，如两侧的供电可能性相同，应在两侧均装设断路器； 3. 向频繁操作的高压用电设备供电的出线开关设备兼做操作开关设备时，应采用具有频繁操作性能的断路器
			1. 当满足保护和操作要求时，也可用带熔断器的负荷开关，例如辅助车间变压器容量≤500kVA 或容量≤400kvar 的并联电容器组； 2. 采用 10kV 熔断器负荷开关固定式配电装置时，应在电源侧装设隔离开关
7	10kV 出线侧线路隔离开关		1. 10kV 固定式配电装置的出线侧，在架空出线回路或有反馈可能的电缆出线回路中，应装设隔离开关； 2. 在没有反馈可能的线路，如电动机、电炉及低压侧与外部无联系的变压器，可不装设隔离开关

续表

序号	名称	图示	简要说明
8	220/380V 母线分段开关		低压母线分段开关设备，一般采用刀开关
			当有继电保护或自动切换电源要求时，应采用低压断路器
			当低压母线为双电源、母线分段开关采用低压断路器时，在母线分段开关的两侧宜装设刀开关或隔离触头

7. 变电所高低压侧电器及母线选择

（1）变电所高低压侧电器及母线选择，见表 3.2.3-2、表 3.2.3-3。

35/0.4kV 直降变电所高压电器及母线规格　　表 3.2.3-2

编号	名称	变压器额定容量（kVA）								
		315	400	500	630	800	1000	1250	1600	2000
1	架空引入线（mm^2）	接户线 LJ 型导线的截面≥35								
2	电缆引入线（mm^2）	铜芯≥50								
3	隔离开关型号	户内 GN2-35T/400 CS6-2T　户外 GW6-35G/630 CS6-17								
4	RN3-35 熔断器熔管电流/熔丝电流（A）	20/10	20/10	30/16	40/20	40/25	40/30	50/40	50/50	80/63
5	高压母线	LMY-50×5								
6	氧化锌避雷器	YH5W5-52.7/125 型配放电记录器								

注：1. 电器和电缆规格仅按温升条件选择，工程设计中还应校验短路热稳定。

2. 本表摘自《全国民用建筑工程设计技术措施·电气》2009。

10（6）kV/0.4kV 变电所高低压电器及母线选择 **表 3.2.3-3**

编号	名称	电压(kV)	变压器额定容量(kVA)								
			315	400	500	630	800	1000	1250	1600	2000
		6	30.3	38.5	48.1	60.6	77	96.2	120.3	154	192.7
		0.4	455	577	722	909	1155	1443	1804	2300	2890
1	架空引入线（mm^2）	10	接户线 LJ 型导线的截面≥25							≥35	≥35
		6	接户线 LJ 型导线的截面≥25						≥35	≥50	≥70
2	铜芯电缆引入线（mm^2）	10	≥3×25						≥3×35	≥3×50	≥3×70
		6	≥3×25					≥3×35	≥3×50	≥3×70	≥3×95
3	隔离开关或负荷开关	10	户外 FKW18-12，户内用 GN19-10/400、FKN16-12R、CS6-1				FKN16-12R、CS6-1			—	
		6	户外 FKW18-12，户内用 GN19-10/400、FKN16-12R、CS6-1				FKN16-12R、CS6-1			—	
4	NRNT-12 及 HH 型熔断器熔管电流/熔丝电流(A)	10	50/31.5	50/40	100/50	100/63	100/80	100/100	160/125	—	
		6	100/50	100/63	100/80	100/100	160/125	—			
5	HRW4 型跌开式熔管电流/熔丝电流(A)	10	50/40	50/50		100/75	—				
		6	50/50	100/75		100/100	—				
6	柱上真空断路器	10	户外柱上真空断路器 ZW861-12 户内 ZN63、VD4								
		6									
7	高压母线（mm）	10	TMY-50×5								
		6									
8	低压断路器型号及额定电流(A)	0.4	DW45-2000/630	DW45-2000/800	DW45-2000/1000	DW45-2000/1250	DW45-2000/1600	DW45-2000/2000	DW45-3200/2500	DW45-3200/2900	DW45-4000/3600
9	隔离开关及其操作机构	0.4	GN19-10/630 CS6-1		GN19-10/1000 CS6-1		—				
10	电流互感器(A)	0.4	600/5	600/5	800/5	1000/5	1500/5	1500/5	2000/5	3000/5	4000/5
11	低压母线 TMY (mm)(变压器按接线 D，yn11)	0.4	4(50×5)	4(63×6.3)	4(80×6.3)	4(80×8)	4(100×8)	4(125×10)	4×2 (100×10)	4×2 (125×10)	4×2 (125×10)

注：1. 高、低压电器及导体规格仅满足了温升条件。
2. 低压母线仅为相母线及中性母线，未包括 PE 线。
3. 本表摘自《全国民用建筑工程设计技术措施·电气》2009。

变压器低压侧出线导体截面选择

表 3.2.3-4

变压器容量（kVA）	额定电流（A）	长延时保护电流（A）	变压器出线选择				变压器中性点接地线选择				
			VV 型电缆（mm）	YJV 型电缆（mm^2）	TMY 型铜母线（mm^2）	母线槽（A）	BV 电线（mm^2）	VV 电缆（mm^2）	铜母线（mm^2）	铜绞线（mm^2）	镀锌扁钢（mm^2）
200	289	320	1(3×240+1×120)	1(3×185+1×95)	4(40×4)	—	1×50	1×50	15×3	1×35	25×4
250	361	400	2(3×150+1×70)	1(3×240+1×120)	4(40×5)	630	1×70	1×70	15×3	1×50	40×4
315	455	500	2(3×185+1×95)	2(3×150+1×70)	4(50×5)	630	1×70	1×70	20×3	1×50	40×4
400	577	630	2(3×240+1×120)	2(3×185+1×95)	4(63×6.3)	800	1×95	1×95	20×3	1×70	40×4
500	722	800	3(3×185+1×95)	2(3×240+1×120)	3(80×6.3)+1(63×6.3)	1000	1×120	1×120	25×3	1×70	40×5
630	909	1000	3(3×240+1×120)	3(3×185+1×95)	3(80×8)+1(63×6.3)	1250	1×150	1×150	25×3	1×95	50×5
800	1155	1250	4(3×240+1×120)	3(3×240+1×120)	3(100×8)+1(80×6.3)	1600	1×150	1×150	30×4	1×95	50×5
1000	1443	1600	—	4(3×240+1×120)	3(100×10)+1(80×8)	2000	1×150	1×150	30×4	1×95	50×5
1250	1804	2000	—	—	3[2(100×8)]+1(100×8)	2500	1×185	1×185	30×4	1×120	63×5
1600	2309	2500	—	—	3[2(100×10)]+1(100×10)	3150	—	1×240	40×4	1×150	80×5
2000	2886	3200	—	—	3[2(125×10)]+1(125×10)	4000	—	1×240	40×4	1×185	100×5
2500	3608	4000	—	—	3[3(125×10)]+2(100×10)	5000	—	1×300	40×5	1×240	80×8

注：1. 环境温度按 40℃，变压器过负荷系数按 1.1 选择。当环境温度不同或过载能力另有要求时可适当调整。
2. 电缆多根并列无间隙敷设时降容修正系数为 0.8。
3. 中性点接地线，依据变压器 D，yn11 接法。
4. 本表摘自《全国民用建筑工程设计技术措施·电气》2009。

3.2.4 所用电源和操作电源选择

1. 一般规定

（1）所用电源。

①配电所所用电源宜引自就近的配电变压器 220/380V 侧。距配电变压器较远的配电所和重要或规模较大的配电所，宜设所用变压器，其容量不宜超过 50kVA。大中型配电所、变电所宜设检修电源。

②当有两回路所用电源时，宜装设备用电源自动投入装置。

（2）操作电源。

①操作电源是保证供电可靠性的重要部分，对操作电源的设置应满足下列要求：

a. 正常运行时应能保证断路器的合闸和跳闸；保证信号系统的用电；

b. 事故状态下，在电网电压降低甚至消失时，应能保证继电保护系统可靠地工作；

c. 当事故停电，需要时还应提供必要的事故照明用电。

②交流操作系统：

a. 一般出线回路小于 6 路，变压器总容量不大于 4000kVA 的二、三级负荷中小型配变电所，操作电源宜采用交流操作；

b. 在交流操作系统中，其断路器保护跳闸回路，可采用定时限或反时限特性的继电保护装置。继电器的启动回路可采用电流互感器去分流接线方式；

c. 交流操作电源，可以由所用变压器或电压互感器供电，也可以由 UPS 或其他市电引来。操作电源电压为 110V、220V。

③直流操作系统：

a. 当选用永磁操动机构或电磁操作时，宜选用 220V 蓄电池组作为合、分闸操作电源；当选用弹簧储能操作系统时，宜选用 110V 或蓄电池组作为合、分闸操作电源；

b. 直流电源蓄电池容量应能保证操作机构的分合闸动作，及各开关柜信号和继电器等可靠工作。供电持续时间，有人值班时不小于 1 小时，无人值班时不小于 2 小时。其充电电源宜由所用电配电盘引来，或由低压柜引来，其供电电压的波动范围不大于±5%，其浮充设备引起的波纹系数不大于 5%。直流母线电压偏差±15%；

c. 直流操作电源装置宜采用免维护阀控式密封铅酸蓄电池组的直流电源。

当前民用建筑中 10kV 变配电室采用的高压开关柜以移开式手车柜型为主，并配以弹簧储能操动机构居多。其合闸储能电机功率及合闸，分闸电磁铁功率都较小，采用 110V 作为操作电源电压。既可减小蓄电池数量，缩小直流电源屏（箱）体尺寸，也可降低造价。

断路器操动机构的操作电源，一般均采用阀式全封闭少维护型铅酸蓄电池的直流电源作为操作电源。

④配变电所宜设置所用电配电盘，其电源一般可以由低压开关柜引来，当配变电所设有两台变压器时，所用电配电盘宜采用双电源自动切换装置。

⑤当小型变电所采用弹簧储能交流操动机构且无低电压保护时，宜采用电压互感器作为合、分闸操作电源；当有低电压保护时，宜采用电压互感器作为合闸操作电源、采用在线式不停电电源（UPS）作为分闸操作电源；也可采用在线式不停电电源（UPS）作为

合、分闸操作电源。

2. 技术措施

(1) 交流操作机构，采用交流220V电源。

①高压柜五台以下，又没有自用电压互感器柜时，可利用低压侧220V专线作主操作电源，在进线断路器的电源侧接电压互感器，由此转换成220V电源作备用，并以手动投入方式与主操作电源相连；

②主接线为单母线不分段，并具有自用电压互感器柜时，可取电压互感器的二相输出转换成220V为主操作电源，在备用进线柜断路器的电源侧装电压互感器，需换成220V作备用，采用备电自投装置与主操作电源相连；

③主接线为暗备用时，两段母线都接有自用电压互感器，则可取这两个电压互感器的二相输出转换成220V电源，组成备电自投接线供交流操作用；

④小型变配电站，当10kV侧开关柜采用负荷开关熔断器组合保护方式时，根据需要可采用交流操作电源，操作电压宜为~220V，电源接自变压器低压侧或10kV电源进线端的电压互感器（需要作负荷校验）或用UPS供电。

(2) 直流弹簧储能机构，可采用20Ah的直流操作电源柜，并在低压侧的电力母线及必保母线各引一路送入直流操作电源柜，此柜内有交流备电自投装置，整流、浮充设备及直流配电装置。

(3) 直流CD操作机构，可选用40Ah的直流操作电源柜，其交流输入线路及设备与20Ah相同。

3. 直流屏蓄电池组容量计算

蓄电池组的容量计算方法，在民用建筑中，因10kV系统规模以中小型规模为主，且均配以弹簧储能操动机构，蓄电池组容量的选择可按满足事故停电状态下的持续放电容量选择：

$$C = K_k \cdot [C_S/(K_{CB} \times K_{CC})](\mathrm{Ah}) \tag{3.2.4-1}$$

式中 K_k——可靠系数，取1.40；

C_S——1小时事故放电阶段的事故放电容量，Ah；

$$C_S = K_k(I_{jc} + I_{SB})t(\mathrm{Ah}) \tag{3.2.4-2}$$

K_k——可靠系数，一般采用1.1；

I_{jc}——经常负荷，A，如常接继电器、信号灯及其他经常接入直流系统的用电设备；

I_{SB}——事故负荷，A，主要为事故照明负荷；

t——事故持续时间，h，对于一般变电所采用1h；

K_{CBX}——X小时放电容量比例系数。容量比例系数 K_{CBX} = xh放电容量/1h放电容量。容量比例系数 K_{CBX} 值，见表3.2.4-1；

$$K_{CB} = \frac{C_{SX}(x\mathrm{h}\text{的事故放电容量})(\mathrm{Ah})}{Q_{S1}(1\mathrm{h}\text{的事故放电容量})(\mathrm{Ah})}$$

K_{CC}——容量换算系数。容量换算系数 K_{CC}，计算取1h容量换算系数。

$$K_{CC}=\frac{C_1(1h\text{ 的允许放电容量})(Ah)}{C_{10}(10h\text{ 的允许放电容量})(Ah)}$$

容量比例系数 K_{CBX} 值（供参考） 表 3.2.4-1

放电时间（h）	0.5	1.0	1.5	2.0	2.5	3.0	3.5	4.0	4.5	5.0	5.5	6.0	6.5	7.0	7.5	8.0
K_{CB}值	0.65	1.00	1.20	1.35	1.50	1.60	1.70	1.80	1.85	0.90	1.95	2.00	2.05	2.10	2.15	2.20

3.3 配电变压器选择

3.3.1 基本规定和要求

1. 基本规定

根据《民用建筑电气设计规范》JGJ 16 规定，配电变压器选择应符合下列规定和要求。

(1) 配电变压器选择应根据建筑物的性质和负荷情况、环境条件确定，并应选用节能型变压器。可燃性油浸变压器推荐采用 S11 系列，干式变压器推荐采用 SC10 或损耗水平更低的产品系列。

(2) 配电变压器的长期工作负载率不宜大于 85%。

(3) 当符合下列条件之一时，可设专用变压器：

①电力和照明采用共用变压器将严重影响照明质量及光源寿命时，可设照明专用变压器；

②季节性负荷容量较大或冲击性负荷严重影响电能质量时，可设专用变压器。

建议凡有集中空调系统的民用建筑物，宜设专用变压器。没有设备集中空调系统的民用建筑物（如住宅），在条件允许的情况下，尽量使用多台变压器供电，变压器低压侧设手动联络，以提供在低负荷季节关闭某一台变压器的条件，节约运行费用；

③单相负荷容量较大，由于不平衡负荷引起中性导体电流超过变压器低压绕组额定电流的 25%时，或只有单相负荷其容量不是很大时，可设置单相变压器。

在只有单相负荷，负荷很分散的乡、镇等地区，应采用单相变压器供电。城镇的多层住宅群也可采用单相充压器供电，可避免因断 N 线导体造成中性点电位偏移，烧坏设备等事故；

④出于功能需要的某些特殊设备，可设专用变压器；

⑤在电源系统不接地或经高阻抗接地，电气装置外露可导电部分就地接地的低压系统中（IT 系统），照明系统应设专用变压器。

(4) 供电系统中，配电变压器宜选用 D，yn11 接线组别的变压器。可限制三次谐波，降低零序阻抗，增大单相短路电流值，提高断路器的灵敏度。

(5) 设置在民用建筑中的变压器，应选择干式、气体绝缘或非可燃性液体绝缘的变压器。根据调查，在民用建筑主体建筑内，已不再使用可燃性油浸变压器。在我国的南方潮湿地区及北方干燥地区的地下层不宜使用空气绝缘干式变压器。因当变压器停止运行后，变压器的绝缘水平严重下降。不采取措施很难恢复正常运行。当单台变压器油量为100kg及以上时，应设置单独的变压器室。

（6）变压器低压侧电压为0.4kV时，单台变压器容量不宜大于1250kVA，但对于负荷集中的空调系统等，可适当放大。预装式变电所变压器，单台容量不宜大于800kVA。

2. 技术措施

变压器的选择设计技术措施，见表3.3.1-1。

变压器选择设计技术措施 **表3.3.1-1**

类别	技术规定和要求
一般原则	1. 应根据建筑物的性质、负荷大小、负荷等级及经济运行等因素选择变压器的容量和台数。 2. 符合下列条件之一时，宜装设两台及以上变压器： （1）有大量一级或二级负荷； （2）季节性负荷变化较大； （3）集中负荷较大。 3. 当备用容量受限制时，宜将重要负荷集中在一台或几台变压器，以方便备用电源的切换。 4. 变压器的容量应满足大型电动机及其他波动负荷的启动要求。 5. 根据用户的负荷特点和经济运行条件，单台变压器的容量一般不宜大于1250kVA，当用电设备容量较大、技术经济合理、运行安全可靠时，可采用2000kVA或2500kVA的变压器。 6. 设在主体建筑地下室和楼内的配变电所，变压器应选用干式、气体绝缘或非可燃液体浸渍变压器。 7. 在多尘或有腐蚀性气体严重影响变压器安全运行的场所，应选用防尘型或防腐型变压器。 8. 当选用节能或干式变压器时，可以利用变压器的过载能力，来满足故障时的短时过负荷要求，必要时可以采用强迫风冷措施。 9. 当选用多台变压器时，宜根据负荷特点，适当分组，以便于灵活投切相应的变压器。 10. 应考虑变压器的运输通道及对楼板荷重的影响，应给土建专业提供荷载条件及运输通道的要求
10（6）kV配电变压器	1. 设置在二层及以上的变压器，应考虑变压器的运输通道及对楼板荷重的影响，其变压器容量不宜大于1000kVA，应给土建专业提供荷载条件及运输的要求。 2. 变压器的接线方式 （1）在TN及TT系统接地型式的低压电网中，宜推荐采用D，yn11接线组别的三相变压器，作为配电变压器。 （2）当单相负荷较多及电子镇流器、可控硅调光等设备较多时，需要限制三次谐波含量及提高单相短路电流值，以确保低压单相接地保护装置的灵敏度时，宜采用D，yn11接线方式的三相变压器供电。 （3）在TN及TT系统接地型式的低压电网中，当选用Y，yn0接线组别的三相变压器时，其由单相不平衡负荷引起的中性线电流不得超过低压绕组额定电流的25%，且其一相的负荷电流在满载时不得超过额定电流值
35kV（或110kV）主变压器	1. 变压器的台数和容量应根据地区供电条件、负荷性质、用电容量、运行方式和用户发展等因素综合考虑确定。一般采用三相变压器，其容量可按投入运行后5～10年的预期负荷选择，至少留有15%～25%的裕量。 2. 当变电所可由中、低压侧电力网取得足够容量的备用电源时，可装设一台主变压器。有重要及以上级别负荷的变电所中宜装设两台主变压器。当技术经济比较合理时，可装设两台以上变压器。 3. 具有110/35/10（6）kV三种电压的变电所中，如通过主变压器各侧绕组的容量均达到该变压器容量的15%以上，主变压器宜采用三绕组变压器。变压器过载能力应满足运行要求。 4. 当变压器不能满足电力系统和用户电压质量的要求时，应采用有载调压变压器，总的调压范围应大于最大电压偏移值。 5. 变压器中性点接地方式，按系统的需要可选择中性点直接接地和非直接接地两种方式，一般要有中性点引出，绝缘水平按标准或实际需要确定。变压器噪声不应超过环境保护规定值。 6. 由城市公用网引入电压为35kV电源，需设置35/10kV主变压器时，其单台容量不宜大于31500kVA

3.3.2 变压器选择

1. 变压器分类

(1) 干式变压器的分类：按绝缘介质分类，见表3.3.2-1，按外壳形式分类，见表3.3.2-2。

干式变压器按绝缘介质分类　表3.3.2-1

变压器类别	非包封线圈干式变压器	包封线圈干式变压器	变压器类别	非包封线圈干式变压器	包封线圈干式变压器
价格	高	较高	耐湿性	弱	优
安装面积	小	小	耐潮性	弱	良好
绝缘等级	B或H	B或F	损耗	大	小
爆炸性	不爆	不爆	噪音	高	低
燃烧性	难燃	难燃	重量	轻	轻

干式变压器按外壳形式分类　表3.3.2-2

干式变压器型式	密封型干式变压器	全封闭干式变压器	封闭干式变压器	非封闭干式变压器
说明	带有密封的保护外壳，壳内充有空气或某种气体。其外壳的密封性能应使壳内的空气或某种气体不与外界发生交换，即是一种非呼吸型的变压器	变压器的保护外壳能使外界空气不以循环方式冷却铁芯和线圈，但壳内空气仍能与大气进行交换的一种充空气的干式变压器	变压器带保护外壳，变压器的保护外壳能使外界空气以循环方式直接冷却铁芯和线圈的一种干式变压器	变压器不带保护外壳，其铁芯和线圈是靠外界空气冷却的一种干式变压器

(2) 油浸式变压器的分类：按绝缘介质分类，见表3.3.2-3，按外壳形式分类，见表3.3.2-4。

油浸式变压器按油绝缘介质分类　表3.3.2-3

变压器类别	矿物油变压器	硅油变压器	变压器类别	矿物油变压器	硅油变压器
价格	低	中	耐湿性	良好	良好
安装面积	中	中	耐潮性	良好	良好
绝缘等级	A	A或H	损耗	大	大
爆炸性	有可能	可能性小	噪音	低	低
燃烧性	可燃	难燃	重量	重	较重

油浸式变压器按外壳形式分类　　表 3.3.2-4

油浸式变压器形式	普通型	密闭型	密封型
适用范围	工矿企业、农业和民用建筑等一般正常环境的变电所	多用于石油、化工行业中多油污、多化学物质的场所；一般正常环境的变电所	多用于具有化学腐蚀性气体、蒸汽或具有导电及可燃粉尘、纤维等会严重影响变压器安全运行的场所；一般正常环境的变电所
参考型号	S9、S10、S11	S9—M、S10—M	S9—M、S10 $^{b}_{a}$—M $^{b}_{a}$ S11—MR、SH

（3）各类变压器性能：各类变压器性能比较，见表 3.3.2-5。

各类变压器性能比较　　表 3.3.2-5

类别	矿油变压器	硅油变压器	六氟化硫变压器	非包封线圈干式变压器	包封线圈干式变压器	类别	矿油变压器	硅油变压器	六氟化硫变压器	非包封线圈干式变压器	包封线圈干式变压器
价格	低	中	高	高	较高	噪音	低	低	低	高	低
安装面积	中	中	中	大	小	耐湿性	良好	良好	良好	弱(无电压时)	优
体积	中	中	中	大	小	耐尘性	良好	良好	良好	弱	良好
爆炸性	有可能	可能性小	不爆	不爆	不爆	损失	大	大	稍小	大	小
燃烧性	可燃	难燃	不燃	难燃	难燃	绝缘等级	A	A或H	E	B或H	B或F
						重量	重	较重	中	重	轻

（4）配电变压器安装方式，见表 3.3.2-6。

配电变压器安装方式　　表 3.3.2-6

变压器室结构形式	变压器安装方式	适用范围		
		变压器容量（kVA）	环境条件	
敞开式	附设式低式	200～2000	变压器周围环境温度不低于－30℃	在下列场所不宜采用： 1. 烟尘污秽场所； 2. 重雾地区； 3. 具有化学腐蚀性气体、蒸汽的场所； 4. 具有导电可燃粉尘或纤维的场所； 5. 居民区以及人口稠密市区
封闭式	附设式低式（高式）	200～2000		夏季通风室外计算温度≤35℃

注：在多尘或有腐蚀性气体严重影响变压器安全运行的场所，应选用防尘型或防腐型变压器。

2. 变压器允许过负荷倍数和时间

变压器允许事故过负荷的数值和时间，应按制造厂的规定执行，如制造厂无规定时，对油浸式及干式变压器可参照表 3.3.2-7、表 3.3.2-8 的规定执行。

油浸变压器允许事故过负荷的倍数和时间　表 3.3.2-7

过负荷倍数	1.30	1.45	1.60	1.75	2.00
允许持续时间（min）	120	80	45	20	10

干式变压器允许过负荷倍数和时间　表 3.3.2-8

过负荷倍数	1.20	1.30	1.40	1.50	1.60
允许持续时间（min）	60	45	32	18	5

3. 主变压器容量的选择

主变压器容量的选择，见表 3.3.2-9。

主变压器容量的选择 **表 3.3.2-9**

主变压器台数	主变压器容量选择条件	符号含义
一台	$S_{N\cdot T} \geqslant S_{js}$	$S_{N\cdot T}$——单台主变压器容量； S_{js}——变电所总的计算负荷； $S_{js(Ⅰ+Ⅱ)}$——变电所的一、二级负荷的计算负荷
两台	1. $S_{N\cdot T} \approx 0.7S_{js}$ 2. $S_{N\cdot T} \geqslant S_{js(Ⅰ+Ⅱ)}$	
备注	车间变电所中单台变压器（低压为 0.4kV）的容量，一般不宜大于 1250kVA；但当负荷容量大而集中，且运行合理时，亦可选用 1600～2000kVA 的更大容量变压器	

4. 变压器台数的选择

变压器台数的选择，见表 3.3.2-10。

主变压器台数的选择 **表 3.3.2-10**

主变压器台数	适用范围
一台	1. 供总计算负荷不大于 1250kVA 的三级负荷变电所； 2. 变电所另有低压联络线，或有其他备用电源，而总计算负荷不大于 1250kVA 的含有部分一、二级负荷的变电所
两台	1. 供含有大量一、二级负荷的变电所； 2. 供总计算负荷大于 1250kVA 的三级负荷变电所； 3. 季节性负荷变化较大，从技术经济上考虑经济运行有利的三级负荷变电所

注：1250kVA 为变电所单台变压器一般的容量上限。

5. 根据回收年限选择变压器

为简单计算，不考虑资金的时间因素，只计算支出费用的计算式：

$$投资价差回收年限=\frac{两种变压器投资价差}{两种变压器年耗电费用价差}$$

根据 1983 所原国家计委节能局在《关于节约能源基本建设项目可行性研究的暂行规定》中规定，计算投资回收年限一般不应超过 5 年，最长不超过 7 年。

6. 变压器型式和联结组别的选择

变电所主变压器型式的选择，见表 3.3.2-11，主变压器联结组别的选择，见表 3.3.2-12。

主变压器形式的选择 **表 3.3.2-11**

主变压器形式	适用范围	型号选择
油浸式	一般正常环境的变电所	应优先选用 S_9 等系列低损耗配电变压器
干式	用于防火要求较高或环境潮湿、多尘的场所	SCB9 等系列环氧树脂浇注变压器，具有较好的难燃、防尘和防潮的性能
密闭式	用于具有化学腐蚀性气体、蒸汽或具有导电、可燃粉尘、纤维会严重影响变压器安全运行的场所	BS_7、BS_9 等系列全密闭式变压器，具有防振、防尘、防腐蚀性能，并可与可爆性气体隔离
防雷式	用于多雷区及土壤电阻率较高的山区	S_Z 等系列防雷变压器，具有良好的防雷性能，承受单相负荷能力也较强
有载调压式	用于电力系统供电电压偏低或电压波动严重而用电设备对电压质量又要求较高的场所	SZ_9 等系列有载调压变压器，属低损耗配电变压器，可优先选用

主变压器联结组别的选择　　**表 3.3.2-12**

主变压器联结组	适用范围
D,yn11	1. 由单相不平衡负荷引起的中性线电流超过变压器低压绕组额定电流 25%时； 2. 供电系统中存在着较大的"谐波源"，高次谐波电流比较突出时
Y,yn0	1. 三相负荷基本平衡，其低压中性线电流不致超过低压绕组额定电流 25%时； 2. 供电系统中谐波干扰不严重时

7. 变压器并列运行的条件

拥有两台或多台变压器的变电所，各台变压器通常采取分别运行方式。如需采取变压器并列运行方式时，必须满足表 3.3.2-13 所示条件。

变电所主变压器并列运行的条件　　**表 3.3.2-13**

序号	并列运行条件	技术要求
1	变压比相同	变压比差值不得超过 0.5%
2	联结组别相同	包括联结方式、极性、相序都必须相同
3	短路电压（即阻抗电压）相等	短路电压差值不得超过 10%
4	容量差别不宜过大	两变压器容量比不宜超过 3∶1

8. 变压器质量

配电变压器质量，见表 3.3.2-14。

配电变压器质量　　**表 3.3.2-14**

油浸式变压器	容量(kVA)	100～180	200～420	500～630	750～800	1000～1250	1600～2000
	质量(t)	0.6～1.0	1.0～1.8	2.0～2.8	3.0～3.8	3.5～4.6	5.2～6.1
干式树脂浇注变压器	容量(kVA)	100～200	250～500	630～1000	1250～1600	2000～2500	—
	质量(t)	0.71～0.92	1.16～1.90	2.08～2.73	3.39～4.22	5.14～6.30	—

3.4　配变电所布置

3.4.1　基本规定及布置方案

1. 一般规定

民用建筑配变电所形式和布置应符合《民用建筑电气设计规范》JGJ 16 的规定和要求。

（1）配变电所的形式应根据建筑物（群）分布、周围环境条件和用电负荷的密度综合确定，并应符合下列规定：

①高层建筑或大型民用建筑宜设室内配变电所；

②多层住宅小区宜设户外预装式变电站，有条件时也可设置室内或外附式配变电所。住宅区变电所不应与住户上下及左右相邻，应考虑变压器噪声及电磁环境对住户的影响。密集居住区和高湿度、干燥场合，宜选用难燃、防潮性能较好的设备。

（2）建筑物室内配变电所，不宜设置裸露带电导体或装置，不宜设置带可燃性油的电气设备和变压器，其布置应符合下列规定：

①不带可燃油的 10（6）kV 配电装置、低压配电装置和干式变压器等可设置在同一

房间内；

具有符合 IP2X 防护等级外壳的不带可燃性油的 10（6）kV 配电装置、低压配电装置和干式变压器，可相互靠近布置。

②电压为 10（6）kV 可燃性油浸电力电容器应设置在单独房间内。

（3）内设可燃性油浸变压器的独立配变电所与其他建筑物之间的防火间距，必须符合现行国家标准《建筑设计防火规范》GB 50016、《高层民用建筑设计防火规范》GB 50045 的要求，并应符合下列规定：

①变压器在正常运行时应能方便和安全地对油位、油温等进行观察，并易于抽取油样；

②变压器的进线可采用电缆，出线可采用封闭式母线或电缆；

③变压器室门应向外开启；变压器室内可不考虑吊芯检修，但门前应有运输通道；

④变压器室应设置储存变压器全部油量的事故储油设施。

（4）对于内设不带可燃性油变压器的独立配变电所，其电气设备的选择应与建筑物室内配变电所的规定相同。

（5）由同一配变电所供给一级负荷用电的两回路电源的配电装置宜分列设置，当不能分列设置时，其母线分段处应设置防火隔板或隔墙，以确保一级负荷的供电回路安全。

供给一级负荷用电的两回路电缆不宜敷设在同一电缆沟内。当无法分开时，宜采用阻燃电缆，且应分别设置在电缆沟或电缆夹层的不同侧的桥（支）架上，当敷设在同一侧的桥（支）架上时，应采用防火隔板隔开。

（6）电压为 10（6）kV 和 0.4kV 的配电装置室内，宜留有适当数量的相应配电装置的备用位置。0.4kV 的配电装置，尚应留有适当数量的备用回路。

（7）户外预装式变电站的进、出线宜采用电缆。预装式变电站只允许电缆进出线，如果需要架空进出线，只能以电缆引至邻近电杆进行。

（8）有人值班的配变电所应设单独的值班室。值班室应能直通或经过走道与 10（6）kV 配电装置室和相应的配电装置室相通，并应有门直接通向室外或走道。

当配变电所设有低压配电装置时，值班室可与低压配电装置室合并，低压配电室的面积应适当增大，且值班人员工作的一端，配电装置与墙的净距不应小于 3m。

（9）变压器外廓（防护外壳）与变压器室墙壁和门的净距不应小于表 3.4.1-1 的规定。

（10）多台干式变压器布置在同一房间内时，应考虑安装、搬运、拆卸等不相互影响及变压器的散热问题，变压器防护外壳间的净距不应小于表 3.4.1-1 及表 3.4.1-2 的规定。

变压器外廓（防护外壳）与变压器室墙壁和门的最小净距（m） **表 3.4.1-1**

变压器容量（kVA） 项目	100～1000	1250 及以上
油浸变压器外廓与后壁、侧壁净距	0.6	0.8
油浸变压器外廓与门净距	0.8	1.0
干式变压器带有 IP2X 及以上防护等级金属外壳与后壁、侧壁净距	0.6	0.8
干式变压器带有 IP2X 及以上防护等级金属外壳与门净距	0.8	1.0

注：1. 表中各值不适用于制造厂的成套产品。不考虑室内油浸变压器的就地检修。
2. 防护外壳防护等级的要求应符合现行国家标准《外壳防护等级（IP 代码）》GB 4208 的有关规定。根据调查，防护等级越高，其散热越差。

（11）大、中型和重要的变电所宜设辅助生产用房。

干式变压器防护外罩间的最小距离（m）　　表 3.4.1-2

变压器容量（kVA）／净距（m）／项目		100～1000	1250～1600	2000～2500
变压器侧面具有 IP2X 防护等级及以上的金属外壳	A	0.60	0.80	0.8
变压器侧面具有 IP3X 防护等级及以上的金属外壳	A	可贴邻布置		
考虑变压器外壳之间有一台变压器拉出防护外壳	B^*	变压器宽度 $b+0.60$	变压器宽度 $b+0.60$	变压器宽度 $b+0.6$
不考虑变压器外壳之间有一台变压器拉出防护外壳	B	1.00	1.20	1.2
	* 变压器外壳门可以拆卸时，$B=b+0.6$。当变压器外壳门为不可拆卸时，其 B 值应是门扇宽度 C 加变压器宽度 b 再加 0.3m，即 $B=C+b+0.3$			
 图示	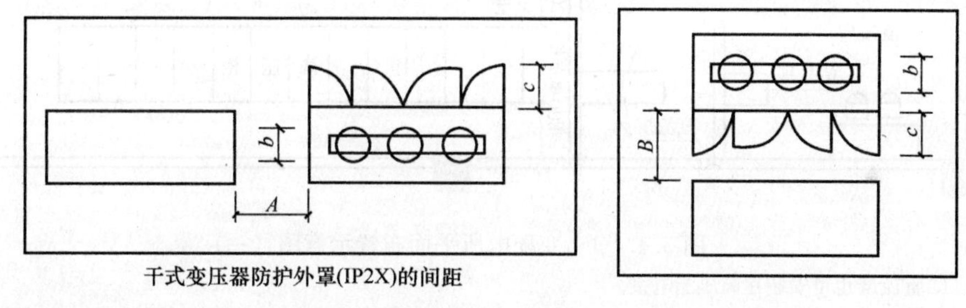 干式变压器防护外罩(IP2X)的间距			

注：本表摘自《全国民用建筑工程设计技术措施·电气》2009。

2. 技术措施

（1）配变电所的布置，应符合国家现行标准及供电部门的有关要求，遵循安全、可靠、适用和经济的原则。

（2）应紧凑、合理，方便操作，应满足巡视检查、维修搬运、试验等要求，并留有发展余地。

（3）各房间功能应方便运行人员的管理和维护，并应考虑进出线的方便。

（4）当配变电所与柴油发电机房贴邻时，应处理好发电机室的排烟通风、隔振、噪声、储油等设施的设计。

（5）当配变电所设在地下室时，应满足对房间高度、跨度及设置电缆沟的要求。

（6）设在地下室的配变电所，其地面宜抬高 100mm～300mm，以防地面水流入配变电所内。

（7）设在地下室的配变电所，宜设有不少于两个出口，且至少应有一个是向室外、公共走廊或楼梯间的出口。

（8）配变电所宜尽量利用自然采光和自然通风，变压器室和电容器室宜避免日晒，控制室宜设向阳采光窗。

(9) 高低压配电室、变压器室、电容器室、控制室内不应有与配变电所无关的管道和线路通过。

3. 配变电所平面布置示例

(1) 10kV配变电所平面布置示例，见图3.4.1-1、图3.4.1-2。

(2) 某配变电所设备布置平面施工图设计深度图样，见图3.4.1-3。

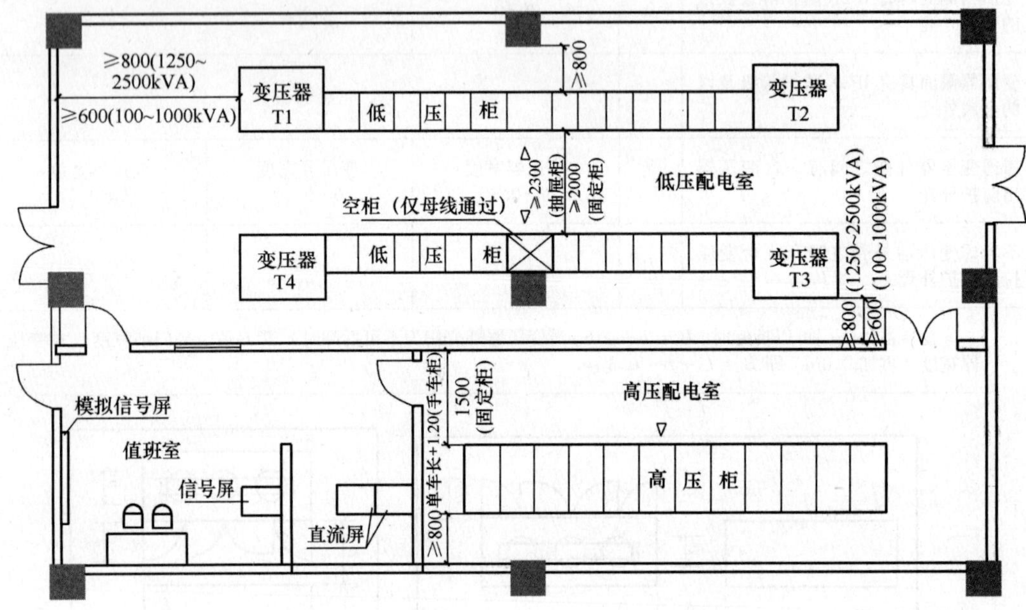

图3.4.1-1 变配电所平面布置示意图（一）

注：1. 直流屏也可安装在高压配电室。

2. 低压配电屏成排布置，中间遇有结构柱时，可隔开布置或用空柜装饰，但必须保证主母线的通过。

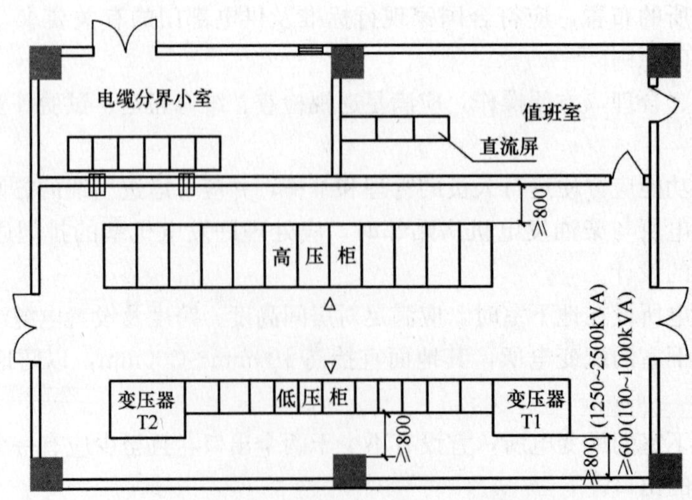

图3.4.1-2 变配电所平面布置示意图（二）

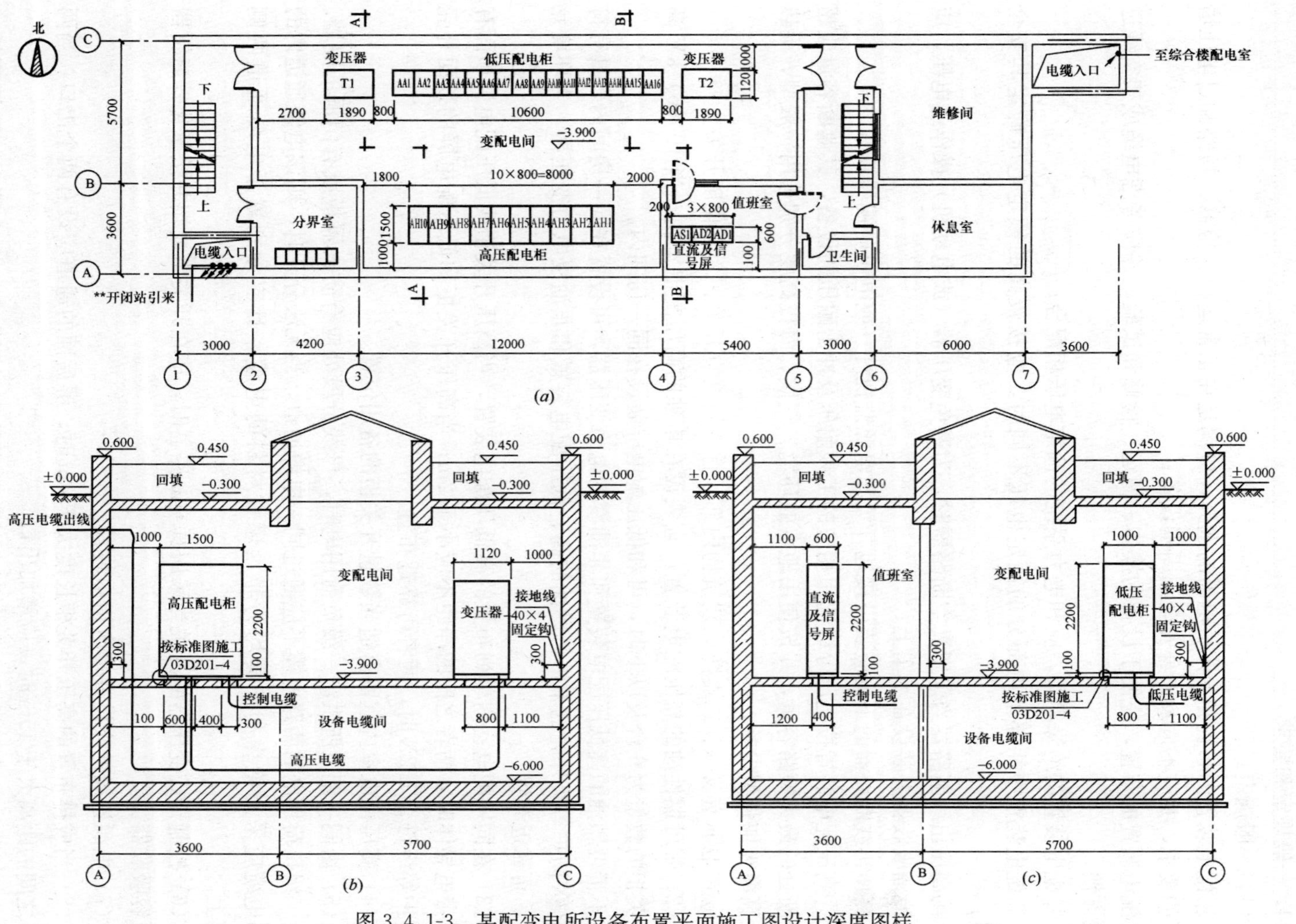

图 3.4.1-3 某配变电所设备布置平面施工图设计深度图样

(a) 配变电所设备布置平面图；(b) A-A 剖面；(c) B-B 剖面

3.4.2 高压配电室

1. 一般规定和要求

（1）一般规定：

①配电装置的布置和导体、电器的选择，应满足在正常运行、检修、短路和过电压情况下的要求，并应不危及人身安全和周围设备；

配电装置的布置，应便于设备的操作、搬运、检修和试验，并应考虑电缆或架空线进出线方便；

②配电装置的绝缘等级，应和电力系统的额定电压相配合；

③配电装置中相邻带电部分的额定电压不同时，应按较高的额定电压确定其安全净距；

④高压出线断路器当采用真空断路器时，为避免变压器（或电动机）操作过电压，应装有浪涌吸收器并装设在小车上；

高压出线断路器的下侧应装设接地开关和电源监视灯（或电压监视器）；

⑤高压配电装置按电压等级选用相应的工频耐压及冲击耐压的设备，其遮断容量应超过开断处的最大短路容量，并按使用地点的环境、气候、海拔高度分别选用一般型、湿热型及高海拔加强型设备；

⑥在地下室及一、二类防火建筑物内部，宜选用真空开关、六氟化硫开关。

（2）带可燃性油的高压配电装置，宜装设在单独的高压配电室内；当 10（6）kV 高压开关柜的数量为 6 台及以下时，可和低压配电屏装设在同一房间内。

不带可燃油的高低压配电装置和非油浸的电力变压器，可设置在同一房间内，具有符合 IP3X 防护等级外壳的不带可燃油的高、低压配电装置和非油浸电力变压器，当环境允许时，可靠近布置。

（3）在同一配电室内单列布置的高低压配电装置，当高压开关柜或低压配电屏顶面有裸露带电导体时，两者之间的净距不应小于 2m；当高压开关柜和低压配电屏的顶面外壳的防护等级符合 IP2X 时，两者可靠近布置。

（4）高压配电室内宜留有适当数量开关柜的备用位置。

（5）由同一配电所供给一级负荷用电时，母线分段处应有防火隔板或有门洞的隔墙。供给一级负荷用电的两路电缆不应通过同一电缆通道，当无法分开时，则该电缆通道内的两路电缆应采用绝缘和护套均为非延燃性材料的电缆，且应分别置于电缆通道两侧支架上。

（6）控制干式变压器的开关当采用真空断路器时，应在开关出线端并接氧化锌避雷器或阻容吸收器。

（7）电源进线处应设有带电指示装置。

（8）当成排布置的高压开关柜长度大于 6m 时，屏后面的通道应设有两个出口。当两出口之间的距离大于 15m 时，应增加出口。

（9）高压配电室的采光窗，宜做成不能开启的密封固定窗，窗台距室外地面不低于 1.8m，低压配电室可设能开启的自然采光窗，配电室临街的一侧不宜开窗。

（10）配电室高度应考虑设备高度及进出线方式，并应满足运行维护时所需空间的要求，一般配电装置顶部距楼板底部（梁除外）不小于0.8m，距梁底不小于0.6m。

（11）室内配电装置裸露带电部分的上部，不应有明敷的照明或电力线跨越（当顶部设有封闭罩板时除外）。

2. 导体和电器

（1）选用的导体和电器，其允许的最高工作电压不得低于该回路的最高运行电压，其长期允许电流不得小于该回路的最大持续工作电流，并应按短路条件验算其动、热稳定。

用熔断器保护的导体和电器，可不验算热稳定，但动稳定仍应验算。

用高压限流熔断器保护的导体和电器，可根据限流熔断器的特性，来校验导体和电器的动、热稳定。

用熔断器保护的电压互感器回路，可不验算动稳定和热稳定。

（2）计算短路点，应选择在正常接线方式时短路电流为最大的地点。

带电抗器的6kV或10kV出线，隔板（母线与母线隔离开关之间）前的引线和套管，应按短路点在电抗器前计算，隔板后的引线和电器，一般按短路点在电抗器后计算。

（3）导体和电器的热稳定、动稳定以及电器的短路开断电流，一般按三相短路验算。如单相、两相短路较三相短路严重时，则按严重情况验算。

（4）当按短路开断电流选择高压断路器时，应能可靠地开断装设处可能发生的最大短路电流。

按断流能力校核高压断路器时，宜取断路器实际开断时间的短路电流作为校核条件。

装有自动重合闸装置的高压断路器，应考虑重合闸时对额定开断电流的影响。

（5）用于切合并联补偿电容器组的断路器宜用真空断路器或六氟化硫断路器。容量较小的电容器组，也可使用开断性能优良的少油断路器。

（6）在正常运行和短路时电器引线的最大作用力不应大于电器端子允许荷载。屋外部分的导体套管、绝缘子和金具，应根据当地气象条件和不同受力状态进行校验。

（7）配电装置各回路的相序排列应一致。硬导体的各相应涂色，色别应为L_1相黄色、L_2相绿色、L_3相红色。绞线可只标明相别。

（8）在配电装置间隔内的硬导体及接地线上，应留有安装携带式接地线的接触面和连接端子。

（9）高压配电装置均应装设闭锁装置及联锁装置，以防止带负荷拉合隔离开关、带接地合闸、有电挂接地线、误拉合断路器、误入屋内有电间隔等电气误操作事故。

3. 通道与围栏

（1）室内外配电装置的最小安全净距，见图3.4.2-1及表3.4.2-1。

室内外配电装置的最小电气安全净距（mm）　　**表3.4.2-1**

尺寸符号	额定电压（kV）	<0.5	3	6	10	35	备注
A	裸带电部分至接地部分、不同相的裸带电部分之间、遮拦向上延伸线距地2.3（2.5）m处与遮拦上方带电部分之间	20 (75)	75 (200)	100 (200)	125 (200)	300 (400)	—
B_1	栅状遮拦至带电部分之间、交叉的不同时停电检修的无遮拦带电部分之间、裸带电部分至用钥匙或工具才能打开的栅栏	800 (825)	825 (950)	850 (950)	875 (950)	1050 (1150)	A+750室内0.5kV的除外

续表

尺寸符号	额定电压（kV）	<0.5	3	6	10	35	备 注
B_2	距地（楼）面2.5m以下的裸带电部分网状遮拦的防护等级为IP2X时，裸带电部分与遮护物（h≥1.7m）间水平净距	100 (175)	175 (300)	200 (300)	225 (300)	400 (500)	A+100 室内0.5kV的除外
B_3	裸带电部分至无孔固定遮拦（图中未示出）	50	105	130	155	330	A+30
C	无遮拦裸带电部分至所内人行通道地（楼）面	屏前2500 屏后2300 (2500)	2500 (2700)	2500 (2700)	2500 (2700)	2600 (2900)	—
C_1	设备的套管和绝缘子最低部位距地（楼）面的最小高度，否则应设固定遮拦或栅栏	—	2300 (2500)	2300 (2500)	2300 (2500)	2300 (2500)	—
C_2	具有IP2X防护等级网状遮拦的通道净高	1900	1900	1900	1900	1900	—
D	不同时停电检修的无遮拦裸导体之间的水平距离	1875 (2000)	1875 (2200)	1900 (2200)	1925 (2200)	2100 (2400)	—
E	低压母线引出线或高压引出线的套管至屋外人行通道地面	(3650)	4000 (4000)	4000 (4000)	4000 (4000)	(4000)	—

注：1. 表中圆括号内的数值适用于室外。
2. 海拔超过1000m时，A值应按每升高100m增大1%进行修正，B、C、D值应分别增加A值的修正差值，当为板状遮拦时，$B2$值可取A+30mm。
3. 表中各值不适用于制造厂的产品设计。
4. 室外设备运输时，设备外廓至裸导体的净距以及不同时停电检修的裸导体之间的垂直交叉净距不应小于表中B_1表。
5. 室外带电部分至建筑物边沿之间的净距不应小于D值。
6. 遮拦或栅栏的门应装锁。栅栏栅条间的净距以及栅栏最低栏杆至地面的净距不应大于200mm。

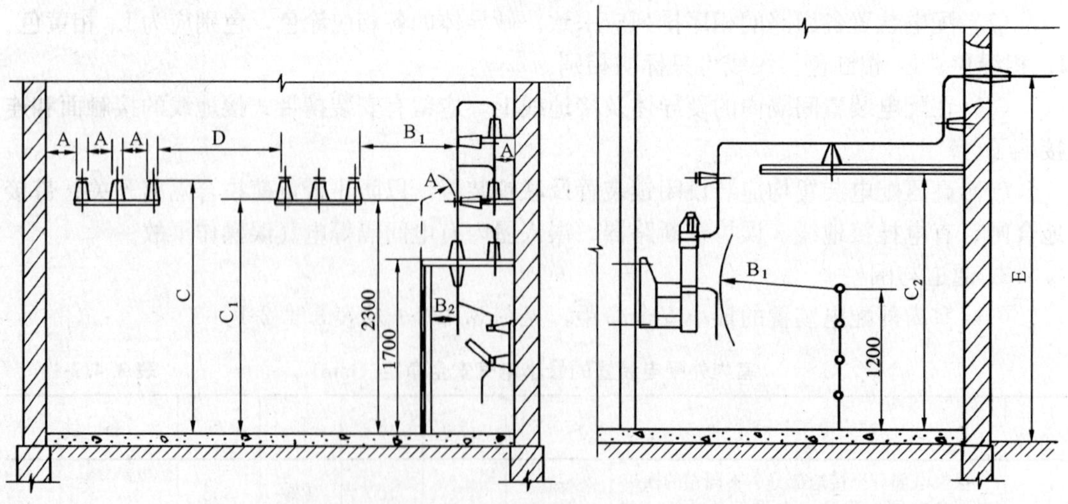

图3.4.2-1 室内外高压配电装置最小电气安全净距

（2）20kV及以下变电所室内、外配电装置的最小电气安全净距，应符合表3.4.2-2的规定。高压配电室内各种通道最小宽度，应符合表3.4.2-3的规定。

室内、外配电装置的最小电气安全净距（mm） 表 3.4.2-2

监控项目	场所	额定电压（kV）						符号
		≤1	3	6	10	15	20	
无遮拦裸带电部分至地（楼）面之间	室内	2500	2500	2500	2500	2500	2500	—
	室外	2500	2700	2700	2700	2800	2800	
裸带电部分至接地部分和不同的裸带电部分之间	室内	20	75	100	125	150	180	A
	室外	75	200	200	200	300	300	
距地面 2500mm 以下的遮拦防护等级为 IP2X 时，裸带电部分与遮护物间水平净距	室内	100	175	200	225	250	280	B
	室外	175	300	300	300	400	400	
不同时停电检修的无遮拦裸导体之间的水平距离	室内	1875	1875	1900	1925	1950	1980	—
	室外	2000	2200	2200	2200	2300	2300	
裸带电部分至无孔固定遮拦	室内	50	105	130	155	—	—	—
裸带电部分至用钥匙或工具才能打开或拆卸的栅栏	室内	800	825	850	875	900	930	C
	室外	825	950	950	950	1050	1050	
高低压引出线的套管至户外通道地面	室外	3650	4000	4000	4000	4000	4000	—

注：1. 海拔高度超过 1000m 时，表中符号 A 后的数值应按每升高 100m 增大 1%进行修正，符号 B、C 后的数值应加上符号 A 的修正值。
2. 裸带电部分的遮拦高度不小于 2.2m。
3. 本表摘自《20kV 及以下变电所设计规范》GB 50053—2013。

高压配电室内各种通道最小宽度（mm） 表 3.4.2-3

开关柜布置方式	柜后维护通道	柜前操作通道	
		固定式	手车式
单排布置	800	1500	单车长度+1200
双排面对面布置	800	2000	双车长度+900
双排背对背布置	1000	1500	单车长度+1200

注：1. 固定式开关柜为靠墙布置时，柜后与墙净距应大于 50mm，侧面与墙净距应大于 200mm。
2. 通道宽度在建筑物的墙面遇有柱类局部凸出时，凸出部位的通道宽度可减少 200mm。
3. 当开关柜侧面需设置通道时，通道宽度不应小于 800mm。
4. 对全绝缘密封式成套配电装置，可根据厂家安装使用说明书减少通道宽度。

（3）当电源从柜(屏)后进线且需在柜(屏)正背后墙上另设隔离开关及其手动操动机构时，柜(屏)后通道净宽不应小于 1.5m，当柜(屏)背面的防护等级为 IP2X 时，可减为 1.3m。

（4）室内配电装置距屋顶（梁除外）的距离一般不小于 0.8m，距梁底不小于 0.6m。

（5）长度大于 7m 的高压配电室应设两个出口，并宜布置在配电室的两端。长度大于 60m 时，宜增添一个出口；位于楼上的配电室至少应设一个出口通向室外的平台或通道。

（6）配电装置室内通道应保证畅通无阻，不得设立门槛，并不应有与配电装置无关的管道通过。

（7）在配电室内裸导体正上方，不应布置灯具和明敷线路。当配电室内裸导体上方布置灯具时，灯具与裸导体的水平净距不应小于 1.0m，灯具不得采用吊链和软线吊装。

（8）配电室内通道应畅通无阻，不得设门槛。

（9）配电室应设向外开启的甲级防火门，通往配变电所其他房间的门应为双向门。

（10）高压开关柜下设有地沟时，其地沟深度应考虑电缆弯曲半径及电缆数量，一般为 1.0～1.5m，宽度不小于 0.8～1.0m，当设有可以进人的电缆夹层时，其净高不小于 1.8m。

4. 高压开关柜的布置

（1）高压开关柜分类及特点，见表 3.4.2-4。

（2）常用高压开关柜主要技术数据，见表 3.4.2-5。

表 3.4.2-4

高压开关柜分类及特点

开关柜类别	半封闭式高压开关柜	金属封闭式高压开关柜						高压电缆分接箱
		金属铠装式高压开关柜			间隔式高压开关柜	箱式高压开关柜		
结构型式	固定式（户内型）	金属铠装式移开式（户内型）		金属铠装式固定式（户内型）	间隔移开式（户内型）	箱式固定式（户内型）	箱式环网式（户内型）	—
型号	GG-1A	KYN/AMS/GZS		KGN	JYN	XGN	HXGN	—
断路器安装位置	固定式	下置式	中置式	固定式	下置式	固定式	固定式	—
特点	高压开关柜中距地面 2.5m 以下的各组件安装在接地金属外壳内，2.5m 以上的母线或隔离开关无金属外壳封闭。主开关固定安装。结构简单，安全性较差，占用空间大。但检修方便，成本低，价格便宜。目前很少使用	全金属封闭型结构，柜内以接地金属隔板分割成继电器室、手车室、母线室及电缆室。可将故障电弧限制在产生的隔室内，电弧触及金属板即被引入地内。柜内装有各种连锁装置，能达到“五防”要求，安全性好。断路器更换方便，价格较贵		全金属封闭型结构，柜内以接地金属隔板分割成继电器室、母线室、电缆室、断路器室、操动机构室及压力释放通道。可将故障电弧限制在产生的隔室内，电弧触及金属板即被引入地内。柜内装有各种连锁装置，能达到“五防”要求，断路器更换不方便，价格较贵	全金属封闭型结构，柜内以绝缘板或金属隔板分割成继电器室、手车室、母线室及电缆室。故障电弧可能烧穿绝缘板进入其他隔室内扩大事故。柜内装有各种连锁装置，能达到“五防”要求。断路器更换方便，价格较贵	全金属封闭型结构，柜内隔室数量少，隔板的防护等级低，或无隔板，安全性较差。柜内装有各种连锁装置，能达到“五防”要求。断路器更换不方便，价格便宜	全金属封闭型结构，柜内隔室数量少，隔板的防护等级低，或无隔板，安全性较差。柜内装有各种连锁装置，能达到“五防”要求。断路器更换不方便，价格便宜	按分支数分为三分支、四分支、五分支、六分支等。按进出线分为单端型、双端型。按主干和分支分为带开关型和不带开关型

注：本表所列开关柜型号均为国内定型产品。

表 3.4.2-5 常用高压开关柜主要技术数据

常用开关柜类别	额定电压（kV）	最高电压（kV）	额定电流（A）	额定开断电流（kA）	额定关合电流（kA）	额定动稳定电流（kA）	额定热稳定电流（kA）	额定 1min 工频耐受电压（kV）	额定雷电冲击耐受电压（kV）	外壳及隔板防护等级	外形尺寸（宽×深×高，mm）
GG-1A(F)	3/6/10	3.6/7.2/12	630～3000	≥31.5	—	31.5～125	12.5～40	42	75	—	1218(1418)×1200×3170
KYN28A-12	3/6/10	3.6/7.2/12	630～4000	≥25	≥63	40～125	16～50	42	75	IP4X/IP2X	800×1500(1700)×2300
KYN28-12	3/6/10	3.6/7.2/12	630～3150	≥25	≥63	63～100	25～40	42	75	IP4X/IP2X	800×1500×2200
AMS	3/6/10	3.6/7.2/12	630～3150	≥20	≥50	50～100	20～40	42	75	IP4X/IP2X	800×1400×2250
GZS1	3/6/10	3.6/7.2/12	630～3150	≥16	≥40	40～125	16～50	42	75	IP4X/IP2X	800(1000)×1500×2300
KGN4-12	3/6/10	3.6/7.2/12	4000～8000	≥50	≥125	50～100	16～40	42	75	IP3X	1800×2400×3100
JYN2-10	3/6/10	3.6/7.2/12	630～2500	≥16	≥40	40～100	16～40	42	75	IP2X	1000×1500×2200
XGN2-12	3/6/10	3.6/7.2/12	630～3150	≥20	≥50	40～100	16～40	42	75	IP2X	1100×1260×2650
XGN2B-12	3/6/10	3.6/7.2/12	1250～3150	≥31.5	≥80	80～100	31.5～40	42	75	IP2X	1100×1700×2650
XGN6B-12	3/6/10	3.6/7.2/12	1250～3150	≥25	≥63	63～100	25～40	42	75	IP4X	1000×1500×2350
BA/BB-10	3/6/10	3.6/7.2/12	630～2500	≥25	≥63	80～100	25～43.5	42	75	IP2X	800×1120×1800
HXGN15-12	10	12	630	≥31.5	≥50	50	20	42	75	IP2X	900×900×2200
RGC	10	11.5	630	≥16	≥40	40	16～25	42	110	IP3X	325×850×1860

注：以上数据均依据相关厂家的样本，具体工程设计以实际定货厂家资料为准。

(3) 10kV 高压开关柜的布置，见图 3.4.2-2～图 3.4.2-4。

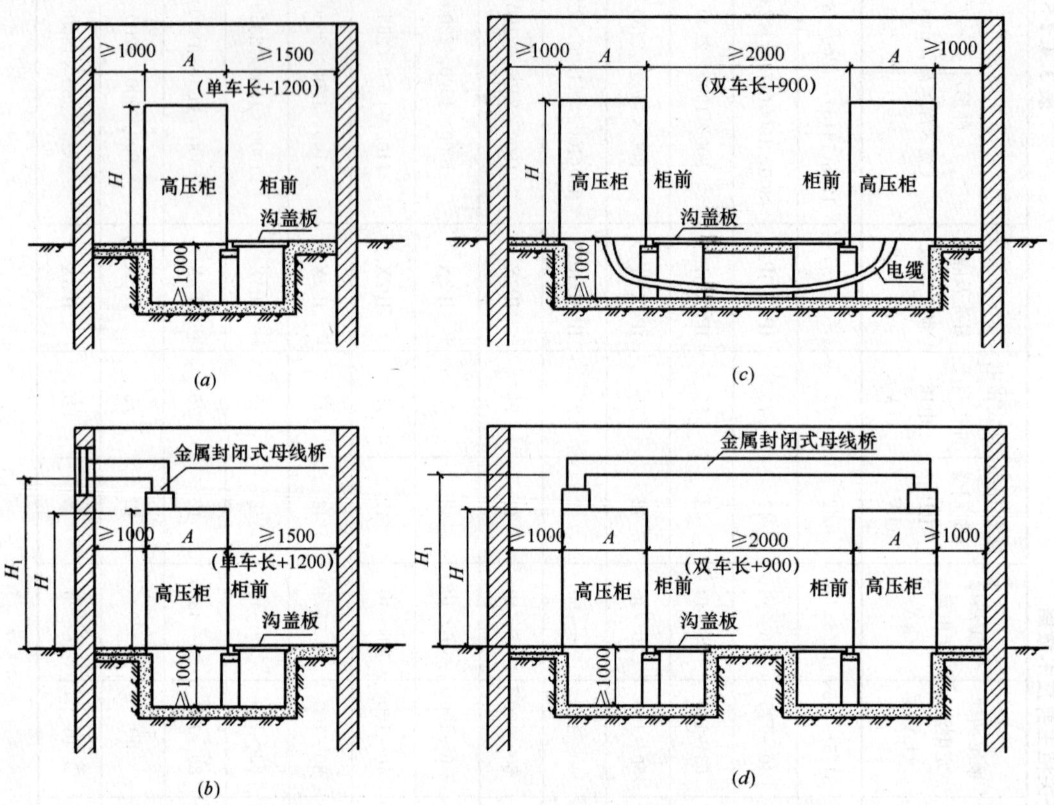

图 3.4.2-2 10kV 高压开关柜的布置（一）

(*a*) 单列布置、高压电缆进线；(*b*) 单列布置、高压封闭式母线进线；

(*c*) 双列布置、高压电缆联络；(*d*) 双列布置、高压封闭式母线联络

注：1. 尺寸均匀 mm，*A* 为开关柜的柜深，*H* 为开关柜高度，具体尺寸视所选厂家产品定。括号内的数值用于移开式开关柜。

2. 母线安装高度、电缆沟宽度、房屋层高由具体工程设计定。

3. 基础槽钢均为立放形式。电缆沟中电缆支架由具体工程设计定。

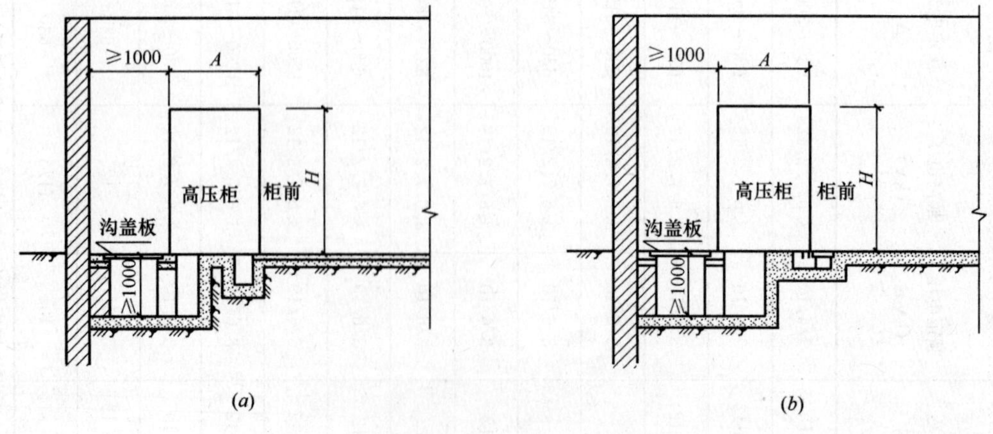

图 3.4.2-3 10kV 高压开关柜的布置（二）

(*a*) 单列布置、柜下二次电缆沟；(*b*) 单列布置、柜前二次电缆沟

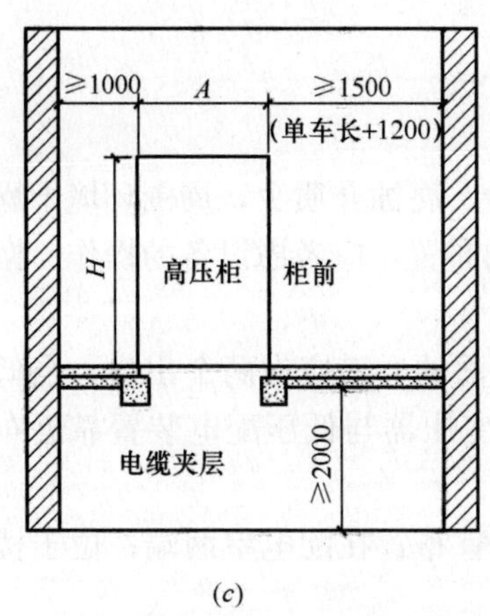

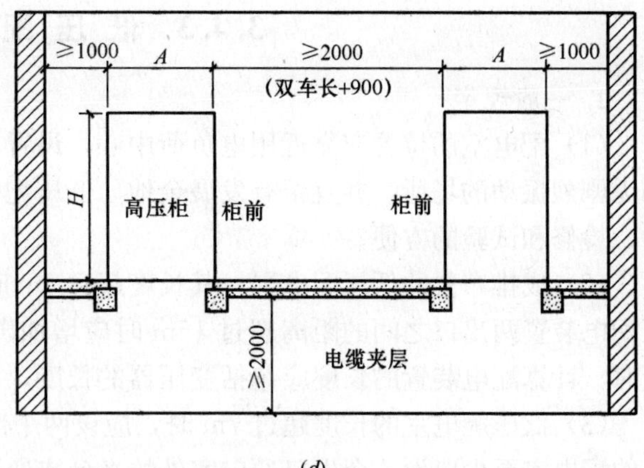

图 3.4.2-3 10kV 高压开关柜的布置（二）（续）

（c）单列布置、设电缆夹层；（d）双列布置、设电缆夹层

注：1. 尺寸均为 mm，A 为开关柜的柜深，H 为开关柜高度，具体尺寸视所选厂家产品定。

2. 母线安装高度、电缆沟宽度、房屋层高由具体工程设计定。

3. 基础槽钢可平放或立放。电缆沟中电缆支架由具体工程设计定。

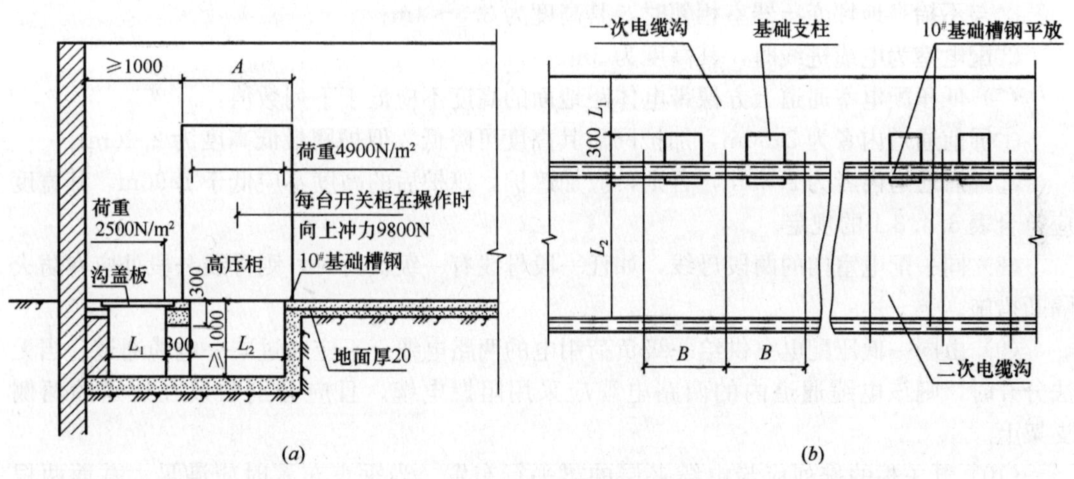

图 3.4.2-4 高压开关柜基础及地沟

（a）侧视剖面图；（b）平面图

注：1. 一次电缆沟及二次电缆沟的尺寸用户根据实际情况确定，不应影响预埋槽钢的强度。沟内电缆支架根据具体工程设计，图中未示出。

2. A 为柜深，B 为柜宽，具体尺寸视所选厂家而定。

5. 开关柜损耗

高压开关柜、低压开关柜及高、低压电容器柜损耗，见表 3.4.2-6

高压开关柜、高压电容器柜及低压开关柜、低压电容器柜损耗　　表 3.4.2-6

高压开关柜（W/每台）	高压电容器柜（W/kvar）	低压开关柜（W/每台）	低压电容器柜（W/kvar）
200	3	300	4

3.4.3 低压配电室

1. 一般规定

(1) 配电室的位置应靠近用电负荷中心，设置在尘埃少、腐蚀介质少，周围环境干燥和无剧烈振动的场所，并宜留有发展余地。低压配电装置的布置，应考虑设备的操作、搬运、检修和试验的方便。

(2) 成排布置的低压配电屏，其长度超过6m时，屏后面的通道应设两个出口，当低压配电装置两出口之间的距离超过15m时应增加出口。当变压器与低压配电装置靠近布置时，计算配电装置的长度应包括变压器的长度。

(3) 低压配电室的长度超过7m时，应设两个出口，并宜布置在配电室两端；位于楼上的配电室至少应设一个出口通向室外的平台或通道。

(4) 低压配电室可设能开启的自然采光窗，但应有防止雨、雪和小动物进入室内的措施。临街的一面不宜开窗。

(5) 低压配电室兼作值班室时，配电屏正面距墙不宜小于3m。

(6) 低压配电室的高度，一般可参考下列尺寸：

①与抬高地坪变压器室相邻时，其高度为4～4.5m；

②与不抬高地坪变压器室相邻时，其高度为3.5～4m；

③配电室为电缆进线时，其高度为3m。

(7) 低压配电室通道上方裸带电体距地面的高度不应低于下列数值：

①屏前通道内者为2.50m，加护网后其高度可降低，但护网最低高度为2.20m；

②屏后通道内者为2.30m，否则，应加遮护，遮护后的高度不应低于1.90m，其宽度应符合表3.4.3-1的规定。

(8) 同一配电室内的两段母线，如任一段母线有一级负荷时，则母线分段处应有防火隔断措施。

(9) 由同一低压配电室供给一级负荷用电的两路电缆，不应通过同一电缆通道。当无法分开时，则该电缆通道内的两路电缆应采用阻燃电缆，且应分别敷设在通道的两侧支架上。

(10) 开关柜的排列应与电缆夹层的梁平行布置。当垂直布置时应满足大截面两根240mm^2 电缆的接线空间要求。

(11) 低压柜下电缆沟深度一般为0.8～1.2m，沟宽不小于1.5m（包括柜下及柜后总宽）。

(12) 低压配电室兼作值班室时，低压柜操作面距墙不宜小于3m。

(13) 低压配电室的布置，应留有不少于两台开关柜的备用位置。

(14) 低压开关柜可以与不带可燃油的变压器或干式变压器布置在同一房间，但变压器应设有符合IP2X防护外罩。当配电屏与干式变压器靠近布置时，干式变压器通道的最小宽度应为800mm。

(15) 当低压配电室与抬高地面的变压器室毗邻时，其高度不小于4m；当不与抬高地面的变压器室毗邻时，其高度不小于3.5m。当低压开关柜进出线均为电缆沟敷设，其开关柜顶距屋顶不小于0.8m（距梁底不小于0.6m），以便维修。

（16）配电室内除本室需用的管道外，不应有其他管道通过。室内水、汽管道上不应设置阀门和中间接头；水、汽管道与散热器的连接应采用焊接，并应做等电位联结。配电屏上、下方及电缆沟内不应敷设水、汽管道。

2. 低压配电屏的通道宽度

成排布置的低压配电屏，其屏前和屏后的通道净宽不应小于表 3.4.3-1 的规定。

成排布置的配电屏通道最小宽度（m）　　表 3.4.3-1

配电屏种类		单排布置			双排面对面布置			双排背对背布置			多排同向布置			屏侧通道
		屏前	屏后		屏前	屏后		屏前	屏后		屏间	前、后排屏距墙		
			维护	操作		维护	操作		维护	操作		前排屏前	后排屏后	
固定式	不受限制时	1.5	1.0	1.2	2.0	1.0	1.2	1.5	1.5	2.0	2.0	1.5	1.0	1.0
	受限制时	1.3	0.8	1.2	1.8	0.8	1.2	1.3	1.3	2.0	1.8	1.3	0.8	0.8
抽屉式	不受限制时	1.8	1.0	1.2	2.3	1.0	1.2	1.8	1.0	2.0	2.3	1.8	1.0	1.0
	受限制时	1.6	0.8	1.2	2.1	0.8	1.2	1.6	0.8	2.0	2.1	1.6	0.8	0.8

注：1. 受限制时是指受到建筑平面的限制、通道内有柱等局部突出物的限制；
2. 屏后操作通道是指需在屏后操作运行中的开关设备的通道；
3. 背靠背布置时屏前通道宽度可按本表中双排背对背布置的屏前尺寸确定；
4. 控制屏、控制柜、落地式动力配电箱前后的通道最小宽度可按本表确定；
5. 挂墙式配电箱的箱前操作通道宽度，不宜小于 1m。

3. 低压配电室的布置

（1）低压开关柜的分类，见表 3.4.3-2。

低压开关柜按结构特征和用途分类　　表 3.4.3-2

开关柜类别	特点说明
固定面板式开关柜	是一种开启式的配电装置，通常称之为配电板或配电屏（柜）。除前安装面外，其侧、后面均无防触电保护设施，防护等级低，但其结构简单、维修方便、价格低廉。一般用于受投资条件限制且生产年限较短的小型工矿企业
防护（封闭）式开关柜	除安装面外，其他所有侧面都被封闭起来的一种低压开关柜。开关、保护和监测控制等电气元件均安装在一个用钢或绝缘材料制成的封闭外壳内。可靠墙或离墙安装。柜内每条回路之间可以不加隔离措施，也可以采用接地的金属板或绝缘板进行隔离。通常门与主开关操作有机械联锁。防护式开关柜主要用作工艺现场的配电装置

续表

开关柜类别	特点说明
抽屉式开关柜	开关柜采用钢板制成的封闭外壳，进出线回路的电器元件都安装在可抽出的抽屉中，构成能完成某一类供电任务的功能单元。功能单元与母线或电缆之间用接地的金属板或塑料制成的功能板隔开，形成母线、功能单元和电缆三个区域。每个功能单元之间也有隔离措施。抽屉开关柜有较高的可靠性、安全性和互换性，是比较先进的开关柜。它们适用于要求供电可靠性较高的工矿企业、高层建筑，作为集中控制的配电中心

（2）常用低压开关柜主要技术参数，见表 3.4.3-3。

常用低压开关柜主要技术参数 **表 3.4.3-3**

开关柜型号	类别型式	电气参数			外形尺寸（宽×深×高）（mm）
		额定电压（V）	额定电流（A）	分断能力（kA）	
GCK1	抽屉（出）式	660	1000～2500	15～50	600×500 800×1000 ×2200
GCL1			1600～3150	15～80	400× 1000× 1200×2200
GCK2		380	800～2500	30～80	600×400 800×800 ×2200
GCL2			500～1500	63	660 1000 ×1642×2200
GCK3			500～1500	31.5	660×842×2700
GCK4			630～3200	30～80	400×600 1000×1000 ×2200
DOMINO		380 660	630～3200	50	—
MNS			1000～2500	15～50	600×500 800×1000 ×2200
SV18			15～380	50	800 1000 ×500×2200
SK			1600～4800	50	400 1200 ×1000×2200
BFC-10A		380	800～1500	50	600 900 ×800×2200
BFC-15			600～1500	40	700×900×2100
BFC-20			630～3400	30～80	600×700 1000×1200 ×2300
BFC-40			630～3200	50	600×800 1200×1200 ×2300
BFC-50E		380 660	400～3000	50	600 1000 ×800×2200

续表

开关柜型号	类别型式	电气参数			外形尺寸（宽×深×高）（mm）
		额定电压（V）	额定电流（A）	分断能力（kA）	
JK1、2、3	固定面板式	380	600～3150	15～50	400×650 1000×1000 ×2200
GGD1、2、3			400～3150	15～50	600×600 1000×800 ×2200
PGL1、2、3			400～3200	15～50	400×600 1000×800 ×2200
GGL1			630～2500	50	600×600 800×1000 ×2200
GGL2			630～1500	30、40	800×600×2200
GGL			630～3200	30、40	600×600 1200×1000 ×2200
GHL-0.5		380 660	600～2500	50	600 1200 ×800×2200
GZL1、2、3		380	600～2500	15～50	400×350 1000×1000 ×2200
GHK1、2、3	混合安装式	380 660	600～4000	30～65	450×700 1000×1000 ×2200
GHK5			630～1600	30～50	450 800 ×700×2200
GCK			630～3200	30～80	400×800 1200×1000 ×2200
GCD			630～3200	30～80	400×800 1000×1000 ×2200
GCL90		380	630～3150	30	600×600 800×1000 ×2300
GCK90	—		600～3150	30	600×600 800×1000 ×2300
CUBIC		380 660	1000～7000	50、80	—

注：本表数据均为参考数据。

（3）低压配电室的布置，见图 3.4.3-1～图 3.4.3-3。

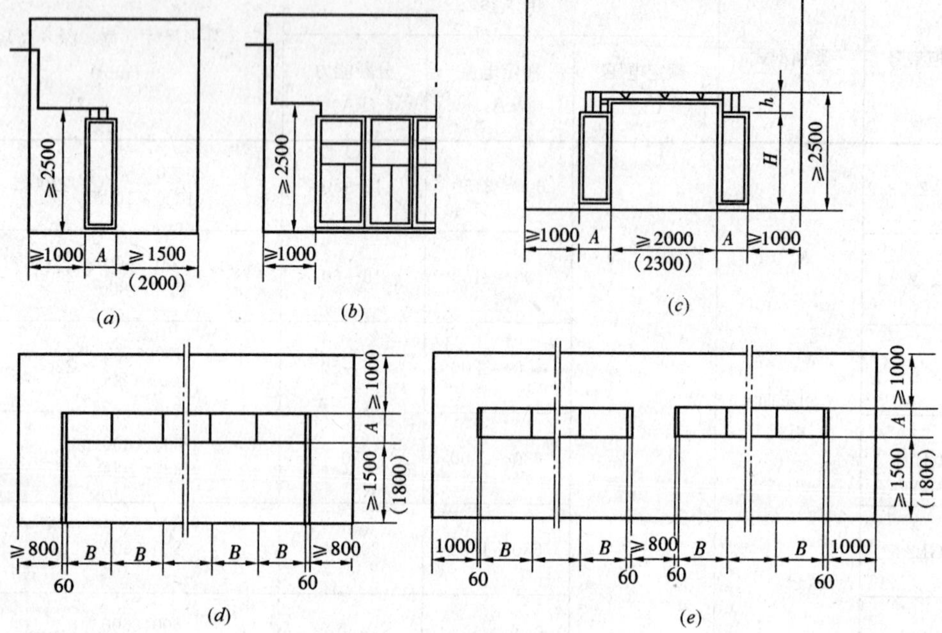

低压开关柜安装尺寸表

低压屏型号	尺寸（mm）			
	A	*B*	*H*	*h*
JK	650，800	400，600，800，1000	2200	600
GGD1，2	600	800，1000	2200	
GGD3	600，800	800，1000，1200	1200	
GGL1	600，1000	600，800	2200	550
GGL10	500	600，800，1000	2200	
GCK1	500，1000	800	2200	420
GCK4	600，1000	400，600，800，1000	2200	500
GCL1	1200	600，800，1000	2200	420
GCLB	1000	600，800	2200	
GCS	600，800，1000	400，600，800，1000	2200	
MNS	600，1000	600，800，1000	2200	
GHD1	540，790，1040	443，658，874	2165	
GHL	800	660，800，1000，1200	2200	
GHK1，2，3	1000	450，650，800，1000	2200	
GZL2，3	600，1000	400，600，1000	2200	250
CUBIC	384，576，768，960	576，768，960，1152	2232	384
LGT	440，630，820，1010	440，630，820，1010，1200	2240，2430	

图 3.4.3-1　低压配电室的布置（一）

（*a*）单列离墙安装；（*b*）侧面进线；（*c*）双列离墙安装；（*d*）、（*e*）平面布置

注：括号内的数值用于抽屉式低压配电屏。

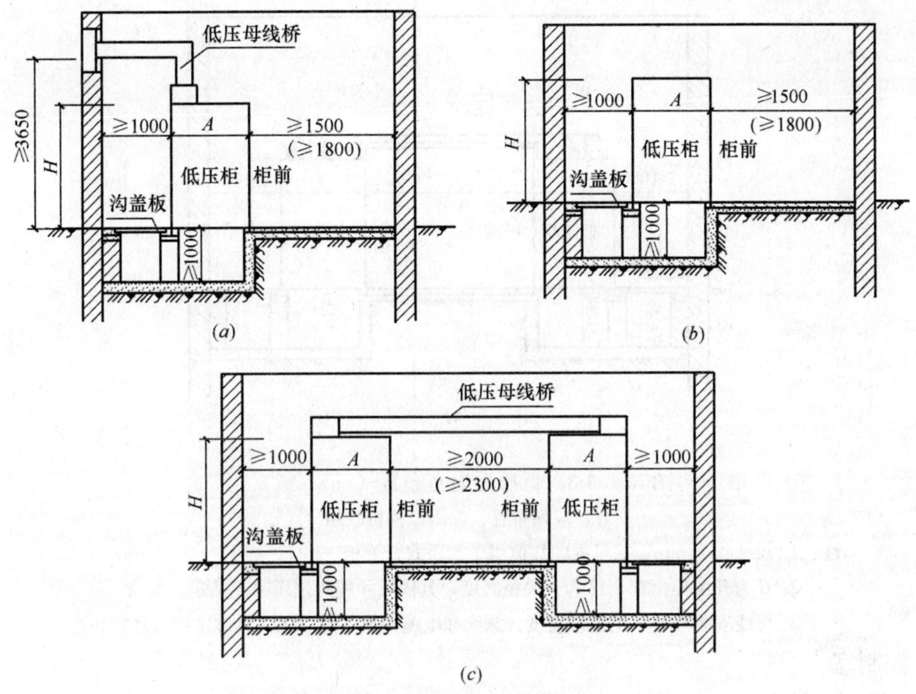

图 3.4.3-2 低压配电室布置（二）

（a）单列布置、低压母线进线；（b）单列布置、低压电缆进线；（c）双列布置、低压母线桥联络

注：1. 尺寸均为 mm。括号内的数值用于抽屉式开关柜。

2. A 为开关柜柜深，H 为开关柜高度，具体尺寸视所选厂家产品定。

3. 母线安装高度、电缆沟宽度、深度和电缆支架、房屋层高具体工程设计定。

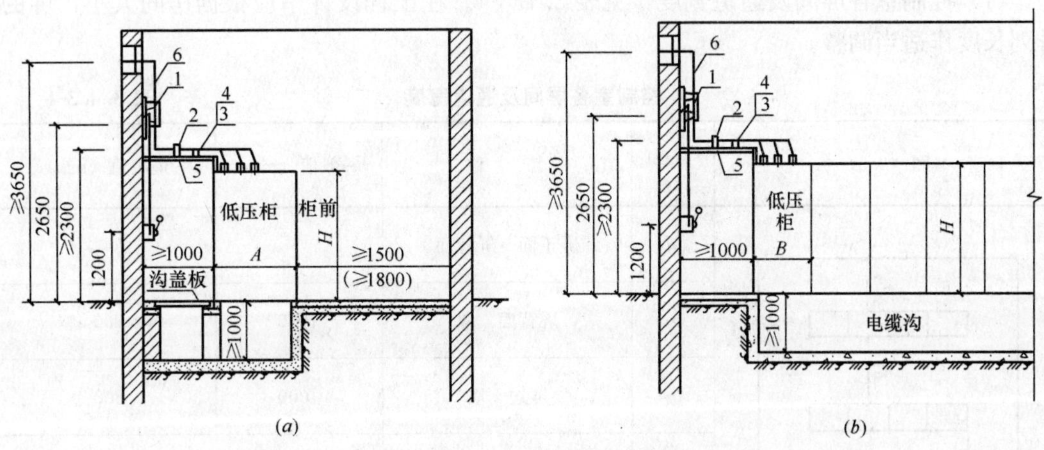

图 3.4.3-3 低压配电室布置（三）

（a）单列布置、低压裸母线屏后进线；（b）单列布置、低压裸母线屏侧进线

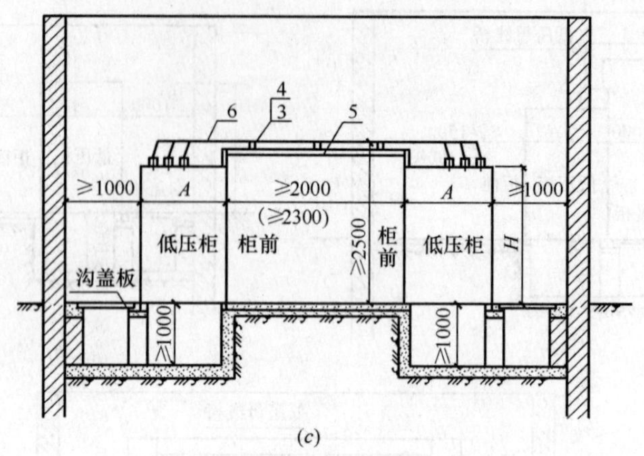

图 3.4.3-3 低压配电室布置（三）（续）

（c）双列布置、低压母桥桥联络

注：1. 尺寸均为 mm。括号内的数值用于抽屉式开关柜。

2. B 为开关柜柜宽，H 为开关柜高度，具体尺寸视所选厂家产品定。

3. 母线安装高度、电缆沟宽度、深度和电缆支架、房屋层高具体工程设计定。

4. 控制室

（1）控制室应位于运行方便、电缆较短和朝向良好的地方。

（2）控制室一般毗连于高压配电室。当整个变电所为多层建筑时，控制室一般设在上层。

（3）控制室应有两个出口。

（4）控制室的门不宜直接通向屋外，宜通过走廊或套间。

（5）控制室内设置集中的事故信号和预告信号。室内安装的设备主要有控制屏、信号屏、所用电屏、电源屏，以及要求安装在控制室内的电能表屏和保护屏。

（6）控制屏的排列布置，宜与配电装置的间隔排列次序相对应。

（7）控制室各屏间及通道宽度，见表 3.4.3-4。在工程设计中应根据房间大小，屏的排列长度作适当调整。

控制室各屏间及通道宽度 **表 3.4.3-4**

图示	符号	名称	一般值（mm）	最小值（mm）
（图：b_1、b_2、b_3、b_4）	b_1	屏正面—屏背面		2000
	b_2	屏背面—墙	1000	800
	b_3	屏边—墙	1000	800
	b_4	主屏正面—墙	3000	2500（参考值）
		单排布置屏正面—墙		1500

5. 值班室

(1) 值班室的设置视工程规模大小和具体要求决定，值班室的位置应方便出入，便于对配变电所各房间的运行管理。

(2) 值班室与控制室合用时，尽量与高压配电室毗邻布置，使控制线路最短，避免交叉。

(3) 控制屏正面操作通道（当设有值班桌时）宽度不小于3m，单列布置的控制屏两端至墙间的净距不应小于0.8m，屏后维护通道宽度不应小于0.8m。

(4) 有人值班的地上独立变电所，值班室宜有好的朝向和足够的采光面积。并宜设置空调及厕所。

(5) 值班室的地面材质选择宜与配变电所地面相同。

6. 对建筑物的要求

根据现行国家标准《低压配电设计规范》GB 50054 的规定，低压配电室对建筑物的要求，应符合下列规定。

(1) 配电室屋顶承重构件的耐火等级不应低于二级，其他部分不应低于三级。当配电室与其他场所毗邻时，门的耐火等级应按两者中耐火等级高的确定。

(2) 配电室长度超过7m时，应设2个出口，并宜布置在配电室两端。当配电室双层布置时，楼上配电室的出口应至少设一个通向该层走廊或室外的安全出口。配电室的门均应向外开启，但通向高压配电室的门应为双向开启门。

(3) 配电室的顶棚、墙面及地面的建筑装修，应使用不易积灰和不易起灰的材料，使室内少积灰和光线明亮；顶棚不应抹灰。

(4) 配电室内的电缆沟，应采取防水和排水措施。配电室的地面宜高出本层地面50mm或设置防水门槛，防止配电室外少量的水进入。

(5) 当严寒地区冬季室温影响设备正常工作时，配电室应采暖。夏热地区的配电室，还应根据地区气候情况采取隔热、通风或空调等降温措施。有人值班的配电室，宜采用自然采光。在值班人员休息间内宜设给水、排水设施。附近无厕所时宜设厕所。

(6) 位于地下室和楼层内的配电室，应设设备运输通道，并应设有通风和照明设施，保证事故停电时，有可靠的安全照明。

(7) 配电室的门、窗关闭应密合；与室外相通的洞、通风孔应设防止鼠、蛇类等小动物进入的网罩，其防护等级不宜低于现行国家标准《外壳防护等级（IP代码）》GB 4208 规定的 IP3X 级。直接与室外露天相通的通风孔尚应采取防止雨、雪飘入的措施。

(8) 配电室不宜设在建筑物地下室最底层。在不得已情况下，设在地下室最底层时，应采取防止水进入配电室内的措施。

3.4.4 电 容 器 室

1. 基本规定

并联电容器装置设计应符合现行国家标准《20kV及以下变电所设计规范》GB 50053 的规定和要求，见表3.4.4-1。

并联电容器装置设计要点 **表 3.4.4-1**

类别	技术规定和要求
基本规定	1. 采用并联电力电容器装置作为无功补偿装置时，宜就地平衡补偿，并应符合下列规定： （1）低压部分的无功功率应采用低压电容器补偿； （2）高压部分的无功功率宜采用高压电容器补偿； （3）补偿后的功率因数应符合现行国家标准《供配电系统设计规范》GB 50052 的有关规定。 2. 并联电力电容器的选择应符合下列规定： （1）电容器的额定电压应按电容器接入电网处的运行电压计算，电容器应能承受 1.1 倍长期工频过电压； （2）电容器的绝缘水平应根据电容器接入电网处的电压等级和电容器组接线方式、安装方式的要求进行计算，并应根据电容器产品标准电压选取； （3）电容器选型应符合电容器使用环境条件的要求； （4）20kV 变电所一般高压无功补偿容量都不大，高压电容器应采用难燃介质的电容器，高压电容器装置可以与高压开关柜并列布置。低压电容器应采用金属化膜自愈式电容器。 3. 变电所并联电容器装置的无功补偿容量、投切方式、无功自动补偿的调节方式、电容器的分组容量，应符合现行国家标准《供配电系统设计规范》GB 50052 的有关规定。 4. 并联电容器装置的电器和导体应符合在当地环境条件下正常运行、过电压状态和短路故障的要求，其载流部分的长期允许电流应按稳态过电流的最大值确定。并联电容器装置的总回路和分组回路的电器和导体的稳态过电流应为电容器组额定电流的 1.35 倍；单台电容器导体的允许电流不宜小于单台电容器额定电流的 1.5 倍。 5. 用于并联电容器装置的断路器应符合电容器组投切的设备要求，技术性能除应符合一般断路器的技术要求外，尚应符合下列规定： （1）断路器应具备频繁操作电容器的性能； （2）断路器关合时触头弹跳不应大于限定值，开断时不应重击穿； （3）断路器应能承受关合涌流，以及工频短路电流和电容器高频涌流的联合作用。 6. 当分组电容器回路发生短路故障，而断路器拒动或母线发生短路时，并联电容器装置总回路中的断路器，应具有切除和闭合所连接的全部电容器组的额定电流和开断总回路短路电流的能力。 7. 电容器组应装设放电器件，放电线圈的放电容量不应小于与其并联的电容器组容量。放电器件应满足断开电源后电容器组两端的电压从$\sqrt{2}$倍额定电压降至 50V 所需的时间，高压电容器不应大于 5s，低压电容器不应大于 3min
电气接线及附属装置	1. 高压电容器组应采用中性点不接地的星形接线，低压电容器组可采用三角形接线或星形接线。 2. 为保证断电时电容器组能够尽快放电，使残余电压尽快降至 50V，高压电容器组应直接与放电器件连接，中间不应设置开关或熔断器，低压电容器组宜与放电器件直接连接，也可设置自动接通接点。 3. 电容器组应装设单独的控制和保护装置。当电容器组直接并接入单台用电设备的主回路作为设备无功功率的就地补偿装置时，可与该设备共用控制和保护装置。 4. 单台高压电容器的内部故障保护应采用专用熔断器，熔丝额定电流宜为电容器额定电流的 1.37～1.50 倍。 5. 当电容器装置附近有高次谐波，且含量超过规定允许值时，应在回路中设置抑制谐波的串联电抗器，防止谐波电流造成电容器过电流。 6. 电容器的额定电压与电力网的标称电压相同时，应将电容器的外壳和支架接地；当电容器的额定电压低于电力网的标称电压时，应将每相电容器的支架绝缘，绝缘等级应和电力网的标称电压相配合

2. 电容器装置布置

（1）高压电容器柜宜安装在单独房间内，当采用非可燃介质的电容器且电容器组容量较小、电容器柜台数为4台及以下时，可以布置在高压配电室内，但距高压开关柜的净距不应小于1.5m。

（2）低压电容器柜，一般与低压开关柜并列安装，当电容器的容量较大并需考虑通风和安全运行时，宜设在单独房间内。

（3）电容器室应有良好的自然通风，通风量应满足夏季排风温度不超过电容器所允许的最高环境温度；当自然通风不能满足要求时，宜设机械排风。电容器室应设温度指示器。

（4）装有可燃介质电容器的电容器室与高低压配电室毗邻时，中间应设防火隔墙。

（5）装配式电容器组单列布置时，网门与墙的距离不应小于1.3m；当双列布置时，网门之间的距离不应小于1.5m。

（6）成套电容器柜单列布置时，柜的正面操作通道宽度不应小于1.5m，双列布置时不应小于2m。电容器室长度大于7m时应设有两个门，并布置在两端。

（7）室内电容器装置的布置和安装设计，应符合设备通风散热条件并保证运行维修方便。

3. 示例

高压电容器柜平面布置示例，见图3.4.4-1。

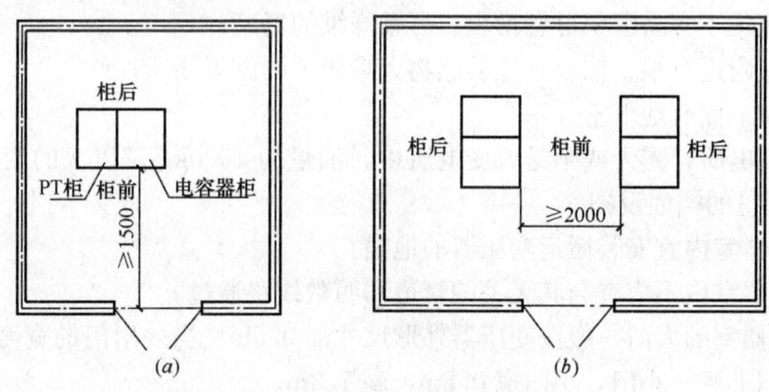

图3.4.4-1 高压电容器柜平面布置示例

（a）电容器柜单列布置示例；（b）电容器柜双列布置示例

注：1. 本图为成套电容器柜安装。高压电容器组宜接成中性点不接地星形。

2. 室内高压电容器装置宜设置在单独房间内，当电容器容量较小时可设置在高压配电室内，但与高压配电装置的距离不小于1.5m。

3. 电容器柜柜后距侧墙的距离应考虑电容器的自然通风，通风量根据电容器温度类别按夏季排风温度不超过电容器所容许的最高环境温度计算。当自然通风不满足排热要求时，可采取自然进风和机械排风。

4. 基础安装方式同高压柜安装方式。

3.4.5 变 压 器 室

1. 基本规定

（1）可燃性油油浸变压器外廓与变压器室墙壁和门的最小净距，应符合第3.4.1节表3.4.1-1的规定。

（2）设置于变电所内的非封闭式干式变压器，应装设高度不低于1.7m的固定遮拦，遮拦网孔不应大于 40mm×40mm。变压器的外廓与遮拦的净距不宜小于 0.6m，变压器之间的净距不应小于 1.0m。

(3) 有下列情况之一时，可燃油油浸变压器室的门应为甲级防火门：

①变压器室位于车间内；

②变压器室位于容易沉积可燃粉尘、可燃纤维的场所；

③变压器室附近有粮、棉及其他易燃物大量集中的露天堆场；

④变压器室位于建筑物内；

⑤变压器室下面有地下室。

(4) 变压器室的通风窗，应采用非燃烧材料。

(5) 变压器室之间的门、变压器室通向配电室的门，也应为甲级防火门。

(6) 每台油量为 100kg 及以上的三相变压器，应装设在单独的变压器室内。宽面推进的变压器低压侧宜向外；窄面推进的变压器油枕宜向外。

(7) 民用主体建筑物内的附设变电所和车间内变电所的可燃油油浸变压器室，应设置容量为 100%变压器油量的贮油池。

(8) 有下列情况之一时，可燃油油浸变压器室内设置容量为 100%变压器油量的挡油设施，或设置容量为 20%变压器油量挡油池并能将油排到安全处的措施：

①变压器室位于容易沉积可燃粉尘、可燃纤维的场所；

②变压器室附近有粮、棉及其他易燃物大量集中的露天场所；

③变压器室下面有地下室。

(9) 附设变电所，露天或半露天变电所中，油量为 1000kg 及以上的变压器，应设置容量为 100%油量的挡油设施。

(10) 变压器室内宜安装搬运变压器的地锚。

(11) 变压器室内不应有与其无关的管道和明敷线路通过。

(12) 变压器室的大门一般按变压器外形尺寸加 0.5m。当一扇门的宽度为 1.5m 及以上时，应在大门上开一小门，小门宽 0.8m，高 1.8m。

(13) 当露天或半露天变电所采用可燃油油浸变压器时，其变压器外廓与建筑物外墙的距离应大于或等于 5m。当小于 5m 时，建筑物外墙在下列范围内不应有门、窗或通风孔：

①油量大于 1000kg 时，变压器总高度加 3m 及外廓两侧各加 3m；

②油量在 1000kg 及以下时，变压器总高度加 3m 及外廓两侧各加 1.5m。

(14) 露天或半露天变电所的变压器四周应设不低于 1.8m 高的固定围栏（墙）。变压器外廓与围栏（墙）的净距不应小于 0.8m，变压器底部距地面不应小于 0.3m，油重小于 1000kg 的相邻变压器外廓之间的净距不应小于 1.5m。

(15) 当露天或半露天变压器供给一级负荷用电时，相邻油浸变压器的净距不应小于 5m，若小于 5m 时，应设置防火墙。

(16) 设置在变电所内的非封闭式干式变压器应装设高度不低于 1.8m 的固定围栏，围栏网孔不应大于 40mm×40mm。变压器的外廓与围栏的净距不宜小于 0.6m，变压器之间的净距不应小于 1.0m。

2. 技术措施

配电变压器的安装技术措施，见表 3.4.5-1。

配电变压器的安装技术措施 表 3.4.5-1

类别	技术规定和要求
油浸变压器	1. 当变压器室墙上装有隔离开关、负荷开关时，其操作机构宜安装在近门处操作方便的位置。 2. 变压器室宜尽量采用自然通风，变压器下方设进风口，变压器上方或侧墙上设出风口，其通风口有效面积可按式（3.4.5-1）确定
干式变压器	1. 干式变压器一般应用于下列场所： （1）防火要求较高及人员密集的重要建筑物，如地铁、高层建筑、剧院、商场、候机大楼等； （2）与居民住宅连体和无独立变压器室的配变电站； （3）场地狭小采用干式变压器合理时； （4）油浸变压器事故排油和防爆及对环境的污染难以处理时。 2. 有防护外罩的干式变压器，可与不带可燃油的高低压配电装置安装在同一房间内，但其防护外罩的防护能力不低于 IP2X，并宜有良好的通风。 3. 干式变压器外罩距墙及距门的净距不小于第 3.4.1 节表 3.4.1-1 所列数值。 4. 有防护外罩的干式变压器，允许多台安装在同一房间内，见表 3.4.1-2，其防护外壳间的最小净距，见表 3.4.1-2。 5. 当变压器与低压开关柜组合安装，变压器防护外壳为 IP2X 时，变压器防护外壳距低压柜的净距不宜小于 0.8m；当变压器的防护外壳为 IP3X 时，则变压器与低压开关柜可以贴邻安装。 6. 无防护外壳的变压器，宜安装在单独的变压器室内。 7. 干式变压器允许直接摆放在室内水泥地面上，但应设变压器金属轨道。 8. 变压器的轨道型钢宜设固定卡具等抗震措施。 9. 变压器的中性线和变压器的中性点接地线宜分别敷设，为方便测试，在接地回路中靠近变压器处，设一个可以拆卸的连接装置

3. 变压器室通风窗有效面积的计算

常用计算公式为：

$$F_j = F_c = 4.25P\sqrt{\frac{\xi}{h\Delta t^3}} \tag{3.4.5-1}$$

式中 F_j——进风口有效面积，m^2；

F_c——出风口有效面积，m^2；

P——变压器的全部损耗，kW；

ξ——进风口和出风口局部阻力系数之和，一般取 5；

h——进风口和出风口中心高差，m；

Δt——出风口与进风口空气的温度，℃，其值不大于 15℃。

注：该公式的计算结果适用于进出风口有效面积之比为 1∶1 的情况。当因条件限制，能开进风口的有效面积不能满足上述比例要求时，可适当加大出风口有效面积，使进风口有效面积不足的部分等于出风口有效面积增加的部分，但进、出风口吸效面积之比一般不大于 1∶2。

干式变压器室通风窗有效面积，见表 3.4.5-2。干式变压器需要通风量估算，见表 3.4.5-3。

SC9（SCB9）型干式变压器室通风窗有效面积 表 3.4.5-2

变压器容量（kVA）	进出风窗中心高差（m）	进出风窗面积之比 $F_j:F_c$	进风温度 t_j=30℃		进风温度 t_j=35℃	
			进风面积 F_j（m^2）	出风面积 F_c（m^2）	进风面积 F_j（m^2）	出风面积 F_c（m^2）
630	2.0	1:1	1.45	1.45	4.09	4.09
		1:1.5	1.16	1.73	3.27	4.90
	2.5	1:1	1.29	1.29	3.65	3.65
		1:1.5	1.03	1.55	2.92	4.38
	3.0	1:1	1.18	1.18	3.34	3.34
		1:1.5	0.94	1.41	2.67	4.00
	3.5	1:1	1.09	1.09	3.09	3.09
		1:1.5	0.87	1.31	2.47	3.71
800	2.0	1:1	1.69	1.69	4.78	4.78
		1:1.5	1.35	2.03	3.82	5.73
	2.5	1:1	1.51	1.51	4.37	4.37
		1:1.5	1.21	1.81	3.50	5.24
	3.0	1:1	1.38	1.38	3.90	3.90
		1:1.5	1.10	1.65	3.12	4.68
	3.5	1:1	1.28	1.28	3.61	3.61
		1:1.5	1.02	1.53	2.89	4.33
1000	2.0	1:1	1.95	1.95	5.50	5.50
		1:1.5	1.56	2.33	4.40	6.60
	2.5	1:1	1.74	1.74	4.92	4.92
		1:1.5	1.39	2.08	3.93	5.9
	3.0	1:1	1.59	1.59	4.49	4.49
		1:1.5	1.27	1.90	3.59	5.38
	3.5	1:1	1.47	1.47	4.16	4.16
		1:1.5	1.18	1.76	3.33	4.99
1250	2.0	1:1	2.36	2.36	6.67	6.67
		1:1.5	1.89	2.83	5.34	8.00
	2.5	1:1	2.11	2.11	5.96	5.96
		1:1.5	1.69	2.53	4.77	7.15
	3.0	1:1	1.93	1.93	5.44	5.44
		1:1.5	1.54	2.31	4.36	6.53
	3.5	1:1	1.78	1.78	5.05	5.05
		1:1.5	1.43	2.14	4.04	6.05
	4.0	1:1	1.67	1.67	4.72	4.72
		1:1.5	1.34	2.00	3.77	5.66

续表

变压器容量（kVA）	进出风窗中心高差（m）	进出风窗面积之比 $F_j:F_c$	进风温度 $t_j=30℃$ 进风面积 F_j（m^2）	进风温度 $t_j=30℃$ 出风面积 F_c（m^2）	进风温度 $t_j=35℃$ 进风面积 F_j（m^2）	进风温度 $t_j=35℃$ 出风面积 F_c（m^2）
1600	2.0	1∶1	2.83	2.83	7.99	7.99
		1∶1.5	2.26	3.39	6.39	9.59
	2.5	1∶1	2.53	2.53	7.15	7.15
		1∶1.5	2.02	3.03	5.72	8.57
	3.0	1∶1	2.31	2.31	6.52	6.52
		1∶1.5	1.85	2.77	5.22	7.82
	3.5	1∶1	2.14	2.14	6.05	6.05
		1∶1.5	1.71	2.56	4.84	7.25
	4.0	1∶1	2.00	2.00	5.65	5.65
		1∶1.5	1.60	2.40	4.52	6.78
2000	2.0	1∶1	3.40	3.40	9.62	9.62
		1∶1.5	2.72	4.08	7.69	11.53
	2.5	1∶1	3.04	3.04	8.60	8.60
		1∶1.5	2.43	3.65	6.88	10.31
	3.0	1∶1	2.77	2.77	7.85	7.85
		1∶1.5	2.22	3.33	6.28	9.41
	3.5	1∶1	2.57	2.57	7.28	7.28
		1∶1.5	2.06	3.08	8.73	8.73
	4.0	1∶1	2.41	2.41	6.8	6.8
		1∶1.5	1.93	2.89	5.44	8.16
2500	2.0	1∶1	4.04	4.04	11.42	11.42
		1∶1.5	3.23	4.84	9.13	13.69
	2.5	1∶1	3.61	3.61	10.21	10.21
		1∶1.5	2.89	4.33	8.17	12.24
	3.0	1∶1	3.30	3.30	9.32	9.32
		1∶1.5	2.64	3.95	7.46	11.18
	3.5	1∶1	3.05	3.05	8.64	8.64
		1∶1.5	2.44	3.66	6.91	10.36
	4.0	1∶1	2.86	2.86	8.08	8.08
		1∶1.5	2.29	3.43	6.46	9.69

注：本表摘自国家建筑标准设计图集《民用建筑电气设计与施工 变配电所》08D 800-3，数据仅供参考。

干式变压器需要通风量估算　表 3.4.5-3

变压器容量 (kVA)	空载损耗 P_o (W)	负载损耗 P_k (W)	总损耗 P_Σ (W)	通风量 V (m^3/min) /台
SCB□-160/10	740	2100	2840	5.68～11.36
SCB□-200/10	770	2500	3270	6.54～13.08
SCB□-250/10	900	2950	3850	7.7～15.4
SCB□-315/10	1080	3500	4580	9.16～18.32
SCB□-400/10	1210	4200	5410	10.82～21.64
SCB□-500/10	1440	5100	6540	13.08～26.16
SCB□-630/10	1620	5900	7520	15.04～30.8
SCB□-800/10	1900	7480	9380	18.76～37.52
SCB□-1000/10	2200	9000	11200	22.4～44.8
SCB□-1250/10	2600	10750	13350	26.7～53.4
SCB□-1600/10	3100	13000	16100	32.2～64.4
SCB□-2000/10	4100	16000	20100	40.2～80.4
SCB□-2500/10	4500	18000	22500	45～90

注：1. 本表适用于当变配电室位于建筑物内或地下室等场所，因其通风能力较差，需增设散热通风装置以保证变配电室具有良好的通风能力，使得在正常使用条件下，变压器能够在额定容量下连续运行。

2. 当变压器与高低压开关柜等设备同室布置时，尚应根据具体状况考虑相关电气设备和线路的损耗附加值，表中的需要通风量应酌情加大。本表空载损耗 P 及负载损耗 PK 值系按 SCB9-Ⅱ/10 型列入，不同型号有差别，但作为变压器需要的通风量估算值仍可参考。

3. 干式变压器通风量估算公式，见表 3.4.5-4。

干式变压器通风量估算公式　表 3.4.5-4

项　目	计 算 式	备　注
每台通风量的估算	$V=(P_o+P_k)\times(2\sim4)m^3/min$	P_o——空载损耗，kW； P_k——负载损耗，kW

3.4.6 预装式变电站

预装式变电站系经过型式试验的用来从高压系统向低压系统输送电能的设备。它包括安装在外壳内的变压器、高压和低压开关设备、电能计量设备和无功功率补偿设备、连接线和辅助设备。

预装式变电站，在现行国家标准 GB/T 17467 正式名称为“高压/低压预装式变电站”，在现行国家电力行业标准 DL/T 537 中称为“高压/低压预装箱式变电站”（简称“箱式变电站”）。

1. 负荷小而分散的建筑群、多层住宅小区及风景区旅游点等场所，宜选用户外预装式变电站。

2. 预装式变电站单台变压器的容量，不宜大于 800kVA，因受空间限制散热条件较差，变压器电源往往不在变压器附近，瓦斯保护很难做到。

3. 预装式变电站的一次高压主接线可以是专用回路，也可以是双路干线方式，或环网供电方式。

4. 当无特殊要求时高压侧宜采用环网式开关柜，高压进线侧宜采用断路器或负荷开关—熔断器组合电器。

5. 户外预装式变电站，低压保护电器宜采用塑壳式断路器，但分断能力应满足要求，并应满足低压主断路器与馈电断路器保护的选择性要求。

6. 变压器可以采用油浸变压器，当与主体建筑的防火距离不能满足要求时，预装式变电站内宜选用干式电力变压器。

7. 变电站的位置，宜设置在安全，隐蔽的地方，除应考虑尽量深入负荷中心及进出线的方便外，尚应考虑对周围环境的影响；距人行道边净距不应小于 1m，距主体建筑净距不小于 3m。

8. 防护等级，不宜低于 IP33。

9. 运行环境温度不应超过 40℃，24 小时平均温度不超过 35℃。当超过平均气温时，应降容使用。

10. 预装式变电站的进、出线宜采用电缆方式。

11. 变电站的下部，宜设有电缆沟室，不进人的电缆沟室深度净高不宜小于 1.2～1.5m，进入的不宜小于 1.8m。

12. 电缆沟室应设有渗水管孔，进出沟室的电缆套管宜设有挡水板。

13. 安装地点的周围环境应没有对设备和绝缘有严重影响的气体、蒸汽或其他化学腐蚀备性物质存在，地面倾斜度不超过 5°。

14. 计量方式，根据供电部门要求设置。

3.4.7 对有关专业的技术要求

20kV 及以下配变电所设计对有关专业的技术要求，见表 3.4.7-1。

20kV 及以下配变电所设计对有关专业的技术要求　　表 3.4.7-1

专业类别	技术规定和要求
防火	1. 变压器室、配电室和电容器室的耐火等级不应低于二级。 2. 位于下列场所的油浸变压器室的门应采用甲级防火门： (1) 有火灾危险的车间内。 (2) 容易沉积可燃粉尘、可燃纤维的场所。 (3) 附近有粮、棉及其他易燃物大量集中的露天堆场。 (4) 民用建筑物内，门通向其他相邻房间。 (5) 油浸变压器室下面有地下室。 3. 民用建筑内变电所防火门的设置应符合下列规定： (1) 变电所位于高层主体建筑或裙房内时，通向其他相邻房间的门应为甲级防火门，通向过道的门应为乙级防火门。 (2) 变电所位于多层建筑物的二层或更高层时，通向其他相邻房间的门应为甲级防火门，通向过道的门应为乙级防火门。 (3) 变电所位于单层建筑物内或多层建筑物的一层时，通向其他相邻房间或过道的门应为乙级防火门。

续表

专业类别	技术规定和要求
防火	(4) 变电所位于地下层或下面有地下层时，通向其他相邻房间或过道的门应为甲级防火门。 (5) 变电所附近堆有易燃物品或通向汽车库的门应为甲级防火门。 (6) 变电所直接通向室外的门应为丙级防火门。 4. 变压器室的通风窗应采用非燃烧材料。 5. 当露天或半露天变电所安装油浸变压器，且变压器外廓与生产建筑物外墙的距离小于 5m 时，建筑物外墙在下列范围内不得有门、窗或通风孔： (1) 油量大于 1000kg 时，在变压器总高度加 3m 及外廓两侧各加 3m 的范围内。 (2) 油量小于或等于 1000kg 时，在变压器总高度加 3m 及外廓两侧各加 1.5m 的范围内。 6. 高层建筑物的裙房和多层建筑物内的附设变电所及车间内变电所的油浸变压器室，应设置容量为 100%变压器油量的储油池。 7. 当设置容量不低于 20%变压器油量的挡油池时，应有能将油排到安全场所的设施。位于下列场所的油浸变压器室，应设置容量为 100%变压器油量的储油池或挡油设施： (1) 容易沉积可燃粉尘、可燃纤维的场所。 (2) 附近有粮、棉及其他易燃物大量集中的露天场所。 (3) 油浸变压器室下面有地下室。 8. 独立变电所、附设变电所、露天或半露天变电所中，油量大于或等于 1000kg 的油浸变压器，应设置储油池或挡油池，并应符合上述防火第 7 条的有关规定。 9. 在多层建筑物或高层建筑物裙房的首层布置油浸变压器的变电站时，首层外墙开口部位的上方应设置宽度不小于 1.0m 的不燃烧体防火挑檐或高度不小于 1.2m 的窗槛墙。 10. 在露天或半露天的油浸变压器之间设置防火墙时，其高度应高于变压器油枕，长度应长过变压器的贮油池两侧各 0.5m。
建筑	1. 地上变电所宜设自然采光窗。除变电所周围设有 1.8m 高的围墙或围栏外，高压配电室窗户的底边距室外地面的高度不应小于 1.8m，当高度小于 1.8m 时，窗户应采用不易破碎的透光材料或加装格栅；低压配电室可设能开启的采光窗。 2. 变压器室、配电室、电容器室的门应向外开启。相邻配电室之间有门时，应采用不燃材料制作的双向弹簧门。 3. 变电所各房间经常开启的门、窗，不应直通相邻的酸、碱、蒸汽、粉尘和噪声严重的场所。 4. 变压器室、配电室、电容器室等房间应设置防止雨、雪和蛇、鼠等小动物从采光窗、通风窗、门、电缆沟等处进入室内的设施。 5. 配电室、电容器室和各辅助房间的内墙表面应抹灰刷白，地面宜采用耐压、耐磨、防滑、易清洁的材料铺装。配电室、变压器室、电容器室的顶棚以及变压器室的内墙面应刷白。 6. 配电装置室的门和变压器室的门的高度和宽度，宜按最大不可拆卸部件尺寸，高度加 0.5m，宽度加 0.3m 确定，其疏散通道门的最小高度宜为 2.0m，最小宽度宜为 750mm。 7. 长度大于 7m 的配电室应设两个安全出口，并宜布置在配电室的两端。当配电室的长度大于 60m 时，宜增加一个安全出口，相邻安全出口之间的距离不应大于 40m。 当变电所采用双层布置时，位于楼上的配电室应至少设一个通向室外的平台或通向变电所外部通道的安全出口。 8. 当变电所设置在建筑物内或地下室时，应设置设备搬运通道。搬运通道的尺寸及地面的承重能力应满足搬运设备的最大不可拆卸部件的要求。当搬运通道为吊装孔或吊装平台时，吊钩、吊装孔或吊装平台的尺寸和吊装荷重应满足吊装最大不可拆卸部件的要求，吊钩与吊装孔的垂直距离应满足吊装最高设备的要求。 9. 变电所、配电所位于室外地坪以下的电缆夹层、电缆沟和电缆室应采取防水、排水措施；位于室外地坪下的电缆进、出口和电缆保护管也应采取防水措施。 10. 设置在地下的变电所的顶部位于室外地面或绿化土层下方时，应避免顶部滞水，并应采取避免积水、渗漏的措施。 11. 配电装置的布置宜避开建筑物的伸缩缝。

续表

专业类别	技术规定和要求
采暖与通风	1. 变压器室宜采用自然通风，夏季的排风温度不宜高于45℃，且排风与进风的温差不宜大于15℃。当自然通风不能满足要求时，应增设机械通风。 2. 电容器室应有良好的自然通风，通风量应根据电容器允许的温度，按夏季排风温度不超过电容器所允许的最高环境空气温度计算；当自然通风不能满足要求时，可增设机械通风。电容器室、蓄电池室、配套有电子类温度敏感器件的高、低压配电室和控制室，应设置环境空气温度指示装置。 3. 当变压器室、电容器室采用机械通风时，其通风管道应采用非燃烧材料制作。当周围环境污秽时，宜加设空气过滤器。装有六氟化硫气体绝缘的配电装置的房间，在发生事故时房间内易聚集六氟化硫气体的部位，应装设报警信号和排风装置。 4. 配电室宜采用自然通风。设置在地下或地下室的变、配电所，宜装设除湿、通风换气设备；控制室和值班室宜设置空气调节设施。 5. 在采暖地区，控制室和值班室应设置采暖装置。配电室内温度低影响电气设备元件和仪表的正常运行时，也应设置采暖装置或采取局部采暖措施。控制室和配电室内的采暖装置宜采用钢管焊接，且不应有法兰、螺纹接头和阀门等。
其他	1. 高、低压配电室、变压器室、电容器室、控制室内不应有无关的管道和线路通过。 2. 有人值班的独立变电所内宜设置厕所和给、排水设施。 3. 在变压器、配电装置和裸导体的正上方不应布置灯具。当在变压器室和配电室内裸导体上方布置灯具时，灯具与裸导体的水平净距不应小于1.0m，灯具不得采用吊链和软线吊装

注：本表摘自《20kV及以下变电所设计规范》GB 50053—2013。

3.5 其他技术资料

3.5.1 计算荷重

1. 配变电所楼（地）板计算荷重

配变电所楼（地）板计算荷重，见表3.5.1-1。

配变电所楼（地）板计算荷重　　表3.5.1-1

序号	项目	活荷载标准值（kN/m^2）	备注
1	主控制室、继电器室及通信室的楼面	4	如果电缆层的电缆吊在主控制室或继电器室的楼板上，则应按实际发生的最大荷载考虑
2	主控制楼电缆层的楼面	3	
3	电容器室楼面	4～9	$活荷载标准值=\frac{每只电容器重量\times 0.9}{每只电容器底面积}$
4	3～10kV配电室楼面	4～7	限用于每组开关荷重≤8kN，否则应按实际值
5	35kV配电室楼面	4～8	限用于每组开关荷重≤12kN，否则应按实际值
6	室内沟盖板	4	

注：1. 表中各项楼面计算荷重也适用于与楼面连通的走道及楼梯，以及运输设备必须经过的平台。
2. 序号4、5的计算荷重未包括操作荷载。
3. 序号4、5均适用于采用成套柜或采用空气断路器的情况。对于3～35kV配电装置的开关不布置在楼面的情况，该楼面的计算荷重均可采用4kN/m²。

2. 高、低压开关柜（屏）和电容器柜的计算荷重

高、低压开关柜（屏）和电容器柜的计算荷重，见表 3.5.1-2。

高、低压开关柜（屏）和电容器柜的计算荷重 **表 3.5.1-2**

名称	型号	动荷重	计算荷重图
高压开关柜	JYN2-12，JYN4-12 JYN6-12，JYN8-12 KYN1-12，KYN18A-12 KYN28-12，KYN28A-12 KYN42-12，KYNZ-12 KGN1-12，XGN2-12	操作时每台开关柜尚有向上冲力 9800N	每边 4900N/m
高压电容器柜	GR-1 TBB		每边 4900N/m
低压配电屏	PGL1.2.2，JK GGL1，GGL10 GGD1.2.3， GHK1.2.3，GHL GCK1，GCK4 GCL1，GCLB GCS，MNS GHD1，CUBIC LGT		每边 2000N/m
低压电容器柜	PGJ1，GGJ		

3.5.2 母线相位排列

母线相位排列顺序，见图 3.5.2-1，母线相位排列及色标颜色，见表 3.5.2-1。

母线相位排列及色标颜色 **表 3.5.2-1**

电流类别	组别	色标颜色	母线安装相互位置		
			垂直排列	水平排列	前后排列
交流	L1	黄	上	左	远
	L2	绿	中	中	中
	L3	红	下	右	近
	N	浅蓝	较下方	较右方	较近方
	PEN	黄绿相间	最下方	最右方	最近方
直流	正极	棕	上	左	远
	负极	蓝	下	右	近

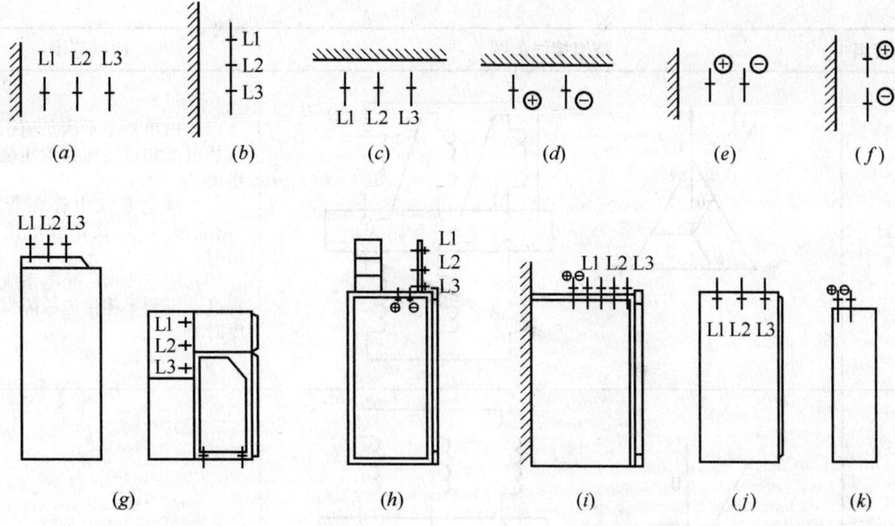

图 3.5.2-1 母线相位排列顺序

(a) 水平布置（交流）；(b) 垂直布置（交流）；(c) 引下线（交流）；
(d) 引下线（直流）；(e) 水平布置（直流）；(f) 垂直布置（直流）；
(g) 开关柜；(h) 控制柜Ⅰ；(i) 控制柜Ⅱ；(j) 控制柜Ⅲ；(k) 直流屏

3.5.3 变压器绕组接线

1. 三相变压器常用连接组和适用范围，见表 3.5.3-1。
2. 带电导体系统的形式，见图 3.5.3-1。

三相变压器常用连接组和适用范围 **表 3.5.3-1**

变压器连接组	绕组接线简图	适用范围
Y，yn0	0 U u w v W V	(1) 三相负荷基本平衡，其低压中性线电流不致超过低压绕组额定电流 25%时。如要考虑电压的对称性（例如为了照明供电），则中性点的连续负载应不超过 10%额定电流。 (2) 供电系统中谐波干扰不严重时。 (3) 用于 10kV 配电系统
Y，zn0	0 U u w v W V	用于多雷地区

续表

变压器连接组	绕组接线简图	适用范围
D，yn11	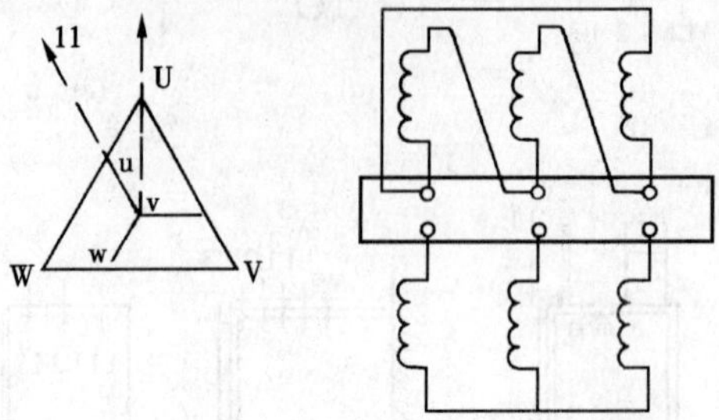 11 U u v w W V	（1）由单相不平衡负荷引起的中性线电流超过变压器低压绕组额定电流 25%时；（2）供电系统中存在着较大的“谐波源”，3*n* 次谐波电流比较突出时；（3）用于 10kV 配电系统，需要提高低压侧单相接地故障保护灵敏度时
Y，d11	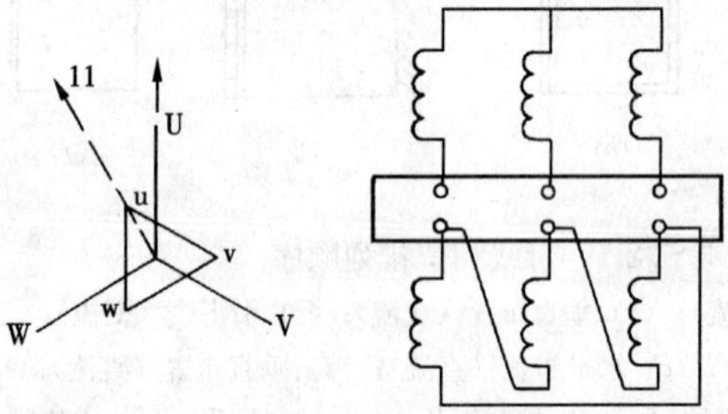 11 U u v w W V	用于 35kV 配电系统

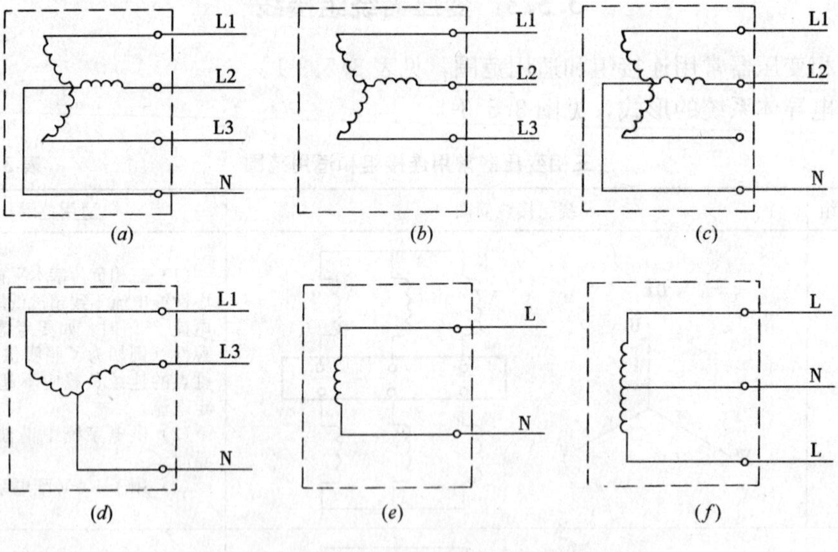

L1 L2 L3 N (*a*)
L1 L2 L3 (*b*)
L1 L2 N (*c*)
L1 L3 N (*d*)
L N (*e*)
L N L (*f*)

图 3.5.3-1　带电导体系统的型式
（*a*）三相四线制；（*b*）三相三线制；（*c*）两相三线制
（*d*）两相三线制；（*e*）单相二线制；（*f*）单相三线制

3.5.4　变压器与低压断路器隔离开关的配合

1. 变压器与低压断路器配合选用参考表，见表 3.5.4-1。
2. 变压器与低压隔离开关配合选用参考表，见表 3.5.4-2。

变压器与低压断路器配合选用参考表　　　　**表 3.5.4-1**

序号	变压器				出口处断路器			分支回路出线断路器									
	容量（kVA）	额定电流（A）	短路阻抗（%）	出口处短路电流（kA）	型号	极限分断能力（kA）	额定电流（A）	63	100	160	225	400	630	800	1000	1250	1600
1	50	70	4	2	CM1-100	25/35/50/85	100	CM1-63	CM1-100								
					$CM1_L$-100	50/85	100		$CM1_L$-100								
					$CM1_E$-100	50/85	100		$CM1_E$-100								
					$CM1_Z$-100	85	100		$CM1_Z$-100								
2	100	141	4	4	CM1-160	25/35/50/85	160	CM1-63	CM1-100	CM1-160							
					$CM1_L$-225	50/85	160		$CM1_L$-100	$CM1_L$-225							
					$CM1_E$-225	50/85	225		$CM1_E$-100	$CM1_E$-225							
					$CM1_Z$-225	85	225		$CM1_Z$-100	$CM1_Z$-225							
3	160	225	4	6	CM1-400	35/50/65/100	250	CM1-63	CM1-100	CM1-160	CM1-225						
					$CM1_L$-400	65	250		$CM1_L$-100	$CM1_L$-225	$CM1_L$-225						
					$CM1_E$-400	65/100	400		$CM1_E$-100	$CM1_E$-225	$CM1_E$-225						
					$CM1_Z$-40	100	400		$CM1_Z$-100	$CM1_Z$-225	$CM1_Z$-225						
4	250	352	4	9	CM1-400	35/50/65/100	400	CM1-63	CM1-100	CM1-160	CM1-225	CM1-400					
					$CM1_L$-400	65	400		$CM1_L$-100	$CM1_L$-225	$CM1_L$-225	$CM1_L$-400					
					$CM1_E$-400	65/100	400		$CM1_E$-100	$CM1_E$-225	$CM1_E$-225	$CM1_E$-400					
					$CM1_Z$-400	100	400		$CM1_Z$-100	$CM1_Z$-225	$CM1_Z$-225	$CM1_Z$-400					
5	400	563	4	14	CM1-630	35	630	CM1-63	CM1-100	CM1-160	CM1-225	CM1-400	CM1-630				
					$CM1_L$-630	65	630		$CM1_L$-100	$CM1_L$-225	$CM1_L$-225	$CM1_L$-400	$CM1_L$-630				
					$CM1_E$-630	65	630		$CM1_E$-100	$CM1_E$-225	$CM1_E$-225	$CM1_E$-400	$CM1_E$-630				
					$CM1_Z$-630	100	630		$CM1_Z$-100	$CM1_Z$-225	$CM1_Z$-225	$CM1_Z$-400	$CM1_Z$-630				
					CW1-2000	80	630										
					CW2-2000	80	630										
6	630	887	4	22	$CM1_E$-1250	80	1000	CM1-63	CM1-100	CM1-160	CM1-225	CM1-400	CM1-630	CM1-800			
					CM1-2000	80	1000		$CM1_L$-100	$CM1_L$-225	$CM1_L$-225	$CM1_L$-400	$CM1_L$-630	$CM1_L$-800			
					CW2-2000	80	1000		$CM1_E$-100	$CM1_E$-225	$CM1_E$-225	$CM1_E$-400	$CM1_E$-630	$CM1_E$-800			
									$CM1_Z$-100	$CM1_Z$-225	$CM1_Z$-225	$CM1_Z$-400	$CM1_Z$-630	$CM1_Z$-800			

续表

序号	变压器				出口处断路器			分支回路出线断路器									
	容量（kVA）	额定电流（A）	短路阻抗（%）	出口处短路电流（kA）	型号	极限分断能力（kA）	额定电流（A）	63	100	160	225	400	630	800	1000	1250	1600
7	800	1127	6	19	CM1$_E$-1250	80	1250	CM1-63	CM1-100	CM1-160	CM1-225	CM1-400	CM1-630	CM1-800	CM1$_E$-1250		
					CW1-2000	80	1250		CM1$_L$-100	CM1$_L$-225	CM1$_L$-225	CM1$_L$-400	CM1$_L$-630	CM1$_L$-800	CM1-2000		
									CM1$_E$-100	CM1$_E$-225	CM1$_E$-225	CM1$_E$-400	CM1$_E$-630	CM1$_E$-800	CM2-2000		
					CW2-2000	80	1250		CM1$_Z$-100	CM1$_Z$-225	CM1$_Z$-225	CM1$_Z$-400	CM1$_Z$-630	CM1$_Z$-800			
8	1000	1408	6	23	CW1-2000	80	1600	CM1-63	CM1-1000	CM1-160	CM1-225	CM1-400	CM1-630	CM1-800	CM1$_E$-1250	CM1$_E$-1250	
									CM1$_L$-100	CM1$_L$-225	CM1$_L$-225	CM1$_L$-400	CM1$_L$-630	CM1$_L$-800	CW1-2000	CW1-2000	
					CW2-2000	80	1600		CM1$_E$-100	CM1$_E$-225	CM1$_E$-225	CM1$_E$-400	CM1$_E$-630	CM1$_E$-800	CW2-2000	CW2-2000	
									CM1$_Z$-100	CM1$_Z$-225	CM1$_Z$-225	CM1$_Z$-400	CM1$_Z$-630	CM1$_Z$-800			

序号	变压器				出口处断路器			分支回路出线断路器															
	容量（kVA）	额定电流（A）	短路阻抗（%）	出口处短路电流（kA）	型号	极限分断能力（kA）	额定电流（A）	63	100	160	225	400	630	800	1000	1250	1600	2000	2500	2900	3200	3600	4000
9	1250	1760	6	29	CW1-2000	80	2000	CM1-63	CM1-100	CM1-160	CM1-225	CM1-400	CM1-630	CM1-800	CM1$_E$-1250	CM1$_E$-1250	CW1-2000						
									CM1$_L$-100	CM1$_L$-225	CM1$_L$-225	CM1$_L$-400	CM1$_L$-630	CM1$_L$-800	CW1-2000	CW1-2000	CW2-2000						
					CW2-2000	80	2000		CM1$_E$-100	CM1$_E$-225	CM1$_E$-225	CM1$_E$-400	CM1$_E$-630	CM1$_E$-800	CW2-2000	CW2-2000							
									CM1$_Z$-100	CM1$_Z$-225	CM1$_Z$-225	CM1$_Z$-400	CM1$_Z$-630	CM1$_Z$-800									
10	1600	2253	6	38	CW1-3200	100	2500	CM1-63	CM1-100	CM1-160	CM1-225	CM1-400	CM1-630	CM1-800	CM1$_E$-1250	CM1$_E$-1250	CW1-2000	CW1-2000					
									CM1$_L$-100	CM1$_L$-225	CM1$_L$-225	CM1$_L$-400	CM1$_L$-630	CM1$_L$-800	CW1-2000	CW1-2000	CW2-2000	CW2-2000					
					CW2-4000	100	2500		CM1$_E$-100	CM1$_E$-225	CM1$_E$-225	CM1$_E$-400	CM1$_E$-630	CM1$_E$-800	CW2-2000	CW2-2000							
									CM1$_Z$-100	CM1$_Z$-225	CM1$_Z$-225	CM1$_Z$-400	CM1$_Z$-630	CM1$_Z$-800									

续表

序号	变压器				出口处断路器			分支回路出线断路器															
	容量（kVA）	额定电流（A）	短路阻抗（%）	出口处短路电流（kA）	型号	极限分断能力（kA）	额定电流（A）	63	100	160	225	400	630	800	1000	1250	1600	2000	2500	2900	3200	3600	4000
11	2000	2816	6	47	CW1-3200	100	2900	CM1-63	CM1-100	CM1-160	CM1-225	CM1-400	CM1-630	CM1-800	CM1$_E$-1250	CM1$_E$-1250	CW1-2000	CW1-2000	CW1-3200				
									CM1$_L$-100	CM1$_L$-225	CM1$_L$-225	CM1$_L$-400	CM1$_L$-630	CM1$_L$-800	CW1-2000	CW1-2000	CW2-2000	CW2-2000	CW2-4000				
					CW2-4000	100	2900		CM1$_E$-100	CM1$_E$-225	CM1$_E$-225	CM1$_E$-400	CM1$_E$-630	CM1$_E$-800	CW2-2000	CW2-2000							
									CM1$_Z$-100	CM1$_Z$-225	CM1$_Z$-225	CM1$_Z$-400	CM1$_Z$-630	CM1$_Z$-800									
12	2500	3521	6	59	CW1-4000	100	4000	CM1-63	CM1-100	CM1-160	CM1-225	CM1-400	CM1-630	CM1-800	CM1$_E$-1250	CM1$_E$-1250	CW1-2000	CW1-2000	CW1-3200	CW1-3200	CW1-3200		
									CM1$_L$-100	CM1$_L$-225	CM1$_L$-225	CM1$_L$-400	CM1$_L$-630	CM1$_L$-800	CW1-2000	CW1-2000	CW2-2000	CW2-2000	CW2-4000	CW2-4000	CW2-4000		
					CW2-4000	100	4000		CM1$_E$-100	CM1$_E$-225	CM1$_E$-225	CM1$_E$-400	CM1$_E$-630	CM1$_E$-800	CW2-2000	CW2-2000							
									CM1$_Z$-100	CM1$_Z$-225	CM1$_Z$-225	CM1$_Z$-400	CM1$_Z$-630	CM1$_Z$-800									
13	3150	4436	6	74	CW1-5000	120	5000	CM1-63	CM1-100	CM1-160	CM1-225	CM1-400	CM1-630	CM1-800	CM1$_E$-1250	CM1$_E$-1250	CW1-2000	CW1-2000	CW1-3200	CW1-3200	CW1-3200	CW1-4000	CW1-4000
									CM1$_L$-100	CM1$_L$-225	CM1$_L$-225	CM1$_L$-400	CM1$_L$-630	CM1$_L$-800	CW1-2000	CW1-2000	CW2-2000	CW2-2000	CW2-4000	CW2-4000	CW2-4000	CW2-4000	CW2-4000
					CW2-6300	120	5000		CM1$_E$-100	CM1$_E$-225	CM1$_E$-225	CM1$_E$-400	CM1$_E$-630	CM1$_E$-800	CW2-2000	CW2-2000							
									CM1$_Z$-100	CM1$_Z$-225	CM1$_Z$-225	CM1$_Z$-400	CM1$_Z$-630	CM1$_Z$-800									

注：1. 表中计算的依据：①上级电网的短路功率是500MVA；

②变压器10kV/400V。

2. 如开关柜额定冲击耐受电压为8000V，则CM1-63改用CM1-100。表中断路器系常熟开关制造公司产品。

3. 表中CM1型断路器可以选用CM2型或CM3型断路器替代。

变压器与低压隔离开关配合选用参考表 **表 3.5.4-2**

序号	变压器		出口处隔离开关		分支回路隔离开关									
	容量（kVA）	额定电流（A）	型号	额定电流（A）	800	1000	1250	1600	2000	2500	2900	3200	3600	4000
1	630	887	CW1G-2000	1000	CW1G-2000									
2	800	1127	CW1G-2000	1250	CW1G-2000	CW1G-2000								
3	1000	1408	CW1G-2000	1600	CW1G-2000	CW1G-2000	CW1G-2000							
4	1250	1760	CW1G-2000	2000	CW1G-2000	CW1G-2000	CW1G-2000	CW1G-2000						
5	1600	2253	CW1G-3200	2500	CW1G-2000	CW1G-2000	CW1G-2000	CW1G-2000	CW1G-2000					
6	2000	2816	CW1G-3200	2900	CW1G-2000	CW1G-2000	CW1G-2000	CW1G-2000	CW1G-2000	CW1G-2000				
7	2500	3521	CW1G-4000	4000	CW1G-2000	CW1G-2000	CW1G-2000	CW1G-2000	CW1G-2000	CW1G-3200	CW1G-3200	CW1G-3200		
8	3150	4436	CW1G-5000	5000	CW1G-2000	CW1G-2000	CW1G-2000	CW1G-2000	CW1G-2000	CW1G-3200	CW1G-3200	CW1G-3200	CW1G-4000	CW1G-4000

注：CW1G 系列隔离开关系常熟开关制造公司产品。

4 短路电流计算和高压电器选择

4.1 短路电流的计算

4.1.1 概　述

1. 短路故障及其危害

短路是供配电系统中相间或相地之间因绝缘破坏而发生电气连通的故障状态。短路分为金属性短路与经过过渡电阻短路两种情况。后者可能是外物电阻、弧光电阻或接地电阻。短路的原因可能是自然的或非自然的。主要有：

（1）绝缘老化、浸水受潮、油污或机械损伤。

（2）雷击或其他原因所致的过电压。

（3）误操作，如带载拉闸、挂接地线合闸、错相关联、违规并网等。

（4）设计、制造、安装之隐患突发或运行维护不良。

（5）风雪、冰雹侵害，有害气体腐蚀等。

（6）鸟兽跨越、鼠啮、火灾等意外原因。

短路电流数值可达额定电流的十余倍至数十倍，而电路由常态突变为短路的暂态过程中，还出现高达稳态短路电流 1.8～2.5 倍左右的冲击电流。供配电系统将因短路而受到如下危害：

（1）短路电流的热效应，使导线与设备的载流部分产生高热，损坏绝缘，烧毁设备，甚至酿成火灾。

（2）短路电流的电动力效应，使导线与设备的载流部分发生扭曲变形，甚至崩裂破坏。

（3）短路弧光温度高达数千度，可能直接烧毁电器或造成人身伤害。

（4）短路电流产生巨大线路压降，使短路点附近用户的电气设备因线路电压水平低落而不能正常工作，如电动机转速降低，白炽灯变暗，气体放电灯熄灭，甚至引发二次灾害。

（5）不对称短路引起的不平衡交变磁场可能干扰附近的通信线路，铁路信号闭塞系统、自动控制与计算机系统的正常工作。

2. 短路电流计算的目的

在供配电系统中除应采取有效技术措施防止发生短路外，还应设置灵敏、可靠的继电保护装置和有足够断流能力的断路器，快速切除短路回路，把短路危害抑制到最低限度。为此必须进行短路电流计算，以便正确选择和整定保护装置、选择限制短路电流的元件和开关设备。

3. 短路种类与中性点运行方式

（1）短路种类分为三相短路、两相短路、两相接地短路和单相短路（包括单相接地故障)。

(2) 中性点运行方式：短路电流的大小与中性点运行方式有关。供配电系统的中性点通常有如下运行方式：

①中性点直接接地方式：适用于380/220V三相四线或加保护线的低压电网、110kV及以上的三相三线的高压电网；

②中性点不接地方式：适用于6～10kV三相三线制高压电网；

③中性点经消弧线圈接地方式：适用于35～60kV三相三线制高压电网以及单相接地故障电流较大的高压电网。

一般情况下，三相短路电流最大，但当短路点发生在发电机附近时，两相短路电流可能大于三相短路电流；当短路点发生在中性点接地的变压器附近时，如零序电抗较小，单相短路电流可能大于三相短路电流。

选择高压电器时，进行短路校验应以最大短路电流为准，而民用建筑远离电网电源，故应以三相短路电流为准。而在选择低压断路器时，注意到变压器近处短路的可能，应考虑进行单相短路电流计算的必要。但对于Y，yn0连接的配电变压器，其零序阻抗比正序阻抗大得多，单相短路电流计算主要用于校验保护装置的灵敏度。

4. 相关规范的规定

《3～110kV高压配电装置设计规范》GB 50060—2008

4.1.3 验算导体和电器动稳定、热稳定以及电器开断电流所用的短路电流，应按系统10～15年规划容量计算。

确定短路电流时，应按可能发生最大短路电流的正常接线方式计算。可按三相短路验算，当单相或两相接地短路电流大于三相短路电流时，应按严重情况验算。

《低压配电设计规范》GB 50054—2011

3.1.2 验算电器在短路条件下的接通能力和分断能力应采用接通或分断时安装处预期短路电流，当短路点附近所接电动机额定电流之和超过短路电流的1%时，应计入电动机反馈电流的影响。

《民用建筑电气设计规范》JGJ 16—2008

7.6.2 配电线路的短路保护应在短路电流对导体和连接件产生的热效应和机械力造成危险之前切断短路电流。

5. 无限大容量系统三相短路电流计算式

短路电流标幺值：
$$I_{*d}=\frac{1}{X_{*Z}} \tag{4.1.1-1}$$

短路电流有效值：
$$I_d=I_{*d}\cdot I_{jZ}=\frac{I_{jZ}}{X_{*Z}} \tag{4.1.1-2}$$

短路全电流有效值：
$$I_c=I_d\sqrt{1+2(K_c-1)^2} \tag{4.1.1-3}$$

短路冲击电流：
$$i_c=I_d\cdot\sqrt{2}K_c \tag{4.1.1-4}$$

短路容量：
$$S_d=\frac{S_{jZ}}{X_{*Z}} \tag{4.1.1-5}$$

式中 X_{*Z}——短路系统总电抗标幺值；

K_c——冲击系数，通常取$K_c=1.8$，此时可得：

$$I_c = 1.52 I_d \quad i_c = 2.55 I_d$$

当 1000kVA 及以下的变压器二次侧短路时，取 $K_c = 1.3$，此时可得：

$$I_c = 1.09 I_d \quad i_c = 1.84 I_d$$

由于系统容量为无限大，因此短路电流的周期分量在短路的整个时间内是恒定的，即：

$$I_d = I'' = I_{0.2} = I_\infty \tag{4.1.1-6}$$

一般需要计算下列短路电流值：

I_d——三相短路电流周期分量有效值，kA；

S_d——三相短路容量，MVA；

I''——次暂态短路电流，即三相短路电流周期分量第一周的有效值，kA；

I_∞——三相短路电流稳态有效值，kA；

I_c——三相短路电流第一周全电流有效值，kA；

i_c——三相短路冲击电流，即三相短路电流第一周全电流峰值，kA；

$I_{0.2}$——短路开始到 0.2s 时的三相短路电流有效值，kA。

6. 短路电流计算的几点说明

（1）由电力系统供电的民用建筑内部发生短路时，由于民用建筑内所装置的元件，其容量远比系统容量要小，而阻抗则较系统阻抗大得多，当这些元件（变压器、线路等）遇到短路时，系统母线上的电压变动很小，可认为电压维持不变，即系统容量为无限大。具体地说，对于 3～35kV 级网络中短路电流的计算，可以认为 110kV 及以上的系统网络容量为无限大，而仅计 35kV 及以下网络元件的阻抗，这就使计算过程大为简化和实用，因此，本节所列短路电流计算方法，都是以上述的由无限大容量电力系统供电作为前提来进行计算的。

（2）在计算高压电路中的短路电流时，只需考虑对短路电流值有重大影响的电路元件如发电机、变压器、电抗器、架空线及电缆等。由于发电机、变压器、电抗器的电阻远小于其本身电抗，因此可不予考虑。但当架空线和电缆较长，使短路电路的总电阻大于总电抗的$\frac{1}{3}$时，仍需计入电阻。

（3）短路电流计算按金属性短路进行。

（4）短路电流计算应求出最大短路电流值，以确定电气设备容量或额定参数；求出最小短路电流值，作为选择熔断器、整定继电保护装置和校验电动机启动的依据。

4.1.2 高低压系统短路电流计算

1. 计算要点。

（1）高压系统短路电流计算宜采用标幺值法，低压系统短路电流计算宜采用有名值法。

（2）民用建筑的高压电源一般来自地区电力网，负荷容量远小于供电电源容量，可将该系统看作是无限大容量电源供电系统或远离发电机端短路进行计算。

（3）高压系统的短路计算，当高压短路回路的总电阻值小于总电抗值的 1/3 时可不计高压元件有效电阻，否则应计入其有效电阻。此外，电路电容和变压器的励磁电流可略去不计。

(4) 低压系统的短路计算，应计入短路电路各元件的有效电阻，但短路点的电弧电阻、导线连接点、开关设备和电器的接触电阻可忽略不计。

(5) 短路电流计算按金属性短路进行，一般情况下，三相短路电流最大。

(6) 计算最大短路电流值，可以校验电气设备的动稳定、热稳定及分断能力，整定继电保护装置；计算最小短路电流值，可作为选择继电保护装置灵敏系数和校验电动机启动的依据。

2. 计算方法。高、低压系短路电流计算，见表 4.1.2-1。

高、低压系统短路电流计算　　表 4.1.2-1

类　别	计　算　方　法
高压系统短路电流的计算	1. 标幺值法计算短路电流步骤 (1) 确定基准值： 基准容量：$S_d=100MVA$ 基准电压：$U_d=1.05U_n$ 基准电流：$I_d=\frac{S_d}{\sqrt{3}U_d}$ 式中　U_n——短路计算点所在电网的标称电压，kV。 基准值可以任意选定，为了计算方便，基准容量 S_d 一般取 100MVA；如为有限电源容量系统，则可选取向短路点馈送短路电流的发电机额定总容量 $S_{N\Sigma}$ 作为基准容量。基准电压 U_d 应取各电压级平均电压（指线电压）U_p，即 $U_d=U_p\approx1.05U_n$（U_n 为系统标称电压）；对于标称电压为 220/380V 的电压级，则计入电压系数 C（取 1.05），即 $1.05U_n=400V$ 或 0.4kV。常用基准值，见表 4.1.2-2。表中还列出了基准容量为 100MVA 时与各级平均电压相对应的基准电流值。 注：短路计算点应根据计算目的选取，一般为高压电源引入处、高压配电所母线、终端用户变电所变压器一次侧和二次侧等处。 (2) 计算短路回路各元件的电抗标幺值： 电力系统电抗： $$X_S^*=\frac{S_d}{S''_{k3}} \qquad (4.1.2\text{-}1)$$ 式中　S''_{k3}——电力系统变电所高压馈电线出口处的短路容量，MVA，由供电部门提供。在民用建筑电气计算中，当短路容量未知时，可利用高压馈电线上一级变压器（组）在各种运行方式下的电抗近似作为电力系统电抗，即 $X_S^*\approx X_T^*$，还可用高压馈电线出口断路器的开断容量来代替短路容量代入公式（4.1.2-1）近似计算电力系统电抗。近似计算时，短路电流值对电气设备选择的经济性及继电保护的动作电流计算、灵敏系数计算有一定的影响。 电力线路电抗： $$X_{WL}^*=x_0 l\frac{S_d}{U_d^2} \qquad (4.1.2\text{-}2)$$ 式中　x_0——电力线路单位长度的电抗，Ω/km； l——电力线路的长度，km。 配电变压器电抗： $$X_T^*=\frac{u_{kr}\%S_d}{100S_{rT}} \qquad (4.1.2\text{-}3)$$ 式中　$u_{kr}\%$——配电变压器的短路电压（阻抗电压）百分值； S_{rT}——配电变压器的额定容量，MVA。

续表

类　别	计 算 方 法
高压系统短路电流的计算	（见下文）

限流电抗器电抗：

$$X_{L}^{*}=\frac{X_{L}\%}{100}\frac{U_{rL}}{\sqrt{3}I_{rL}}\frac{S_{d}}{U_{d}^{2}} \tag{4.1.2-4}$$

式中　$X_{L}\%$、U_{rL}、I_{rL}——限流电抗器的电抗百分值、额定电压，kV，额定电流，kA。

（3）绘制出短路回路的等效电路，通过网络变换简化短路电路，计算短路回路的总电抗标幺值（针对不同短路计算点分别计算）X_{Σ}^{*}。若短路回路的总电阻值大于总电抗值的1/3，需计入电阻值。

（4）计算三相短路电流与短路容量：

三相对称短路电流初始值 I''_{k3}（kA）：

$$I''_{k3}=I_{d}/X_{\Sigma}^{*} \tag{4.1.2-5}$$

三相稳态短路电流（远离电力系统发电机端短路时）I_{k3}（kA）：

$$I_{k3}=I''_{k3} \tag{4.1.2-6}$$

三相对称开断电流（远离电力系统发电机端短路时）I_{b3}（kA）；

$$I_{b3}=I''_{k3} \tag{4.1.2-7}$$

三相短路电流峰值 i_{p3}（kA）：

$$i_{p3}=\sqrt{2}K_{p}I''_{k3} \tag{4.1.2-8}$$

式中　K_{p}——峰值系数，对于 $R_{\Sigma}<\frac{1}{3}X_{\Sigma}$ 的高压电路，可取 $K_{p}=1.8$，则 $i_{p3}=2.55I''_{k3}$。

三相短路全电流最大有效值 I_{p3}（kA）：

$$I_{p3}=I''_{k3}\sqrt{1+2(K_{p}-1)^{2}} \tag{4.1.2-9}$$

高压电路中，峰值系数 $K_{p}=1.8$，则 $I_{p3}=1.51I''_{k3}$。

对称短路容量初始值 S''_{k3}（MVA）：

$$S''_{k3}=\sqrt{3}U_{d}I''_{k3} \tag{4.1.2-10}$$

2. 高压电动机对三相对称短路电流的影响。当短路点附近直接接有高压电动机时，应计入电动机对三相对称短路电流的影响。对高压异步电动机，其提供的反馈电流计算如下：

（1）一台高压异步电动机提供的反馈电流周期分量有效值：

$$I''_{M}=K_{stM}I_{rM}\times10^{-3} \tag{4.1.2-11}$$

（2）n 台高压异步电动机提供的反馈电流周期分量有效值：

$$I''_{M}=\sum_{i=1}^{n}(K_{stMi}I_{rMi})\times10^{-3} \tag{4.1.2-12}$$

（3）n 台高压异步电动机提供的反馈电流峰值：

$$i_{pM}=1.1\times\sqrt{2}\sum_{i=1}^{n}(K_{pMi}K_{stMi}I_{rMi})\times10^{-3} \tag{4.1.2-13}$$

式中　I''_{M}——电动机反馈电流周期分量有效值，kA；

K_{stM}——电动机反馈电流倍数，可取其启动电流倍数值；

K_{stMi}——第 i 台电动机的反馈电流倍数，可取其启动电流倍数值；

I_{rM}——电动机的额定电流，A；

I_{rMi}——第 i 台电动机的额定电流，A；

K_{pMi}——第 i 台高压异步电动机的反馈电流峰值系数，一般可取1.4～1.7；

i_{pM}——高压异步电动机反馈的短路电流峰值，kA。

3. 两相短路电流计算：

（1）两相短路电流初始值 I''_{k2}（kA）

$$I''_{k2}=0.866I''_{k3} \tag{4.1.2-14}$$

（2）在远离发电机端短路时，两相稳态短路电流 I_{k2}（kA）

续表

<table>
<tr><th>类 别</th><th>计 算 方 法</th></tr>
<tr><td>高压系统短路电流的计算</td><td>$$I_{k2} = 0.866 I_{k3} \quad (4.1.2\text{-}15)$$
4. 单相接地电容电流计算：电网中的单相接地电容电流由电力线路和变电所中的电气设备两部分的电容电流组成。
(1) 6kV 电缆线路：
$$I_C = (95 + 2.84S)U_r l/(2200 + 6S) \quad (4.1.2\text{-}16)$$
(2) 10kV 电缆线路：
$$I_C = (95 + 1.44S)U_r l/(2200 + 0.23S) \quad (4.1.2\text{-}17)$$
(3) 无架空地线单回路的架空线路：
$$I_C = 2.7 U_r l \times 10^{-3} \quad (4.1.2\text{-}18)$$
(4) 有架空地线单回路的架空线路：
$$I_C = 3.3 U_r l \times 10^{-3} \quad (4.1.2\text{-}19)$$
(5) 所有相连线路总的单相接地电容电流：
$$I_C = \sum_{i=1}^{n} I_{Ci} \quad (4.1.2\text{-}20)$$
(6) 变电所电气设备的电容电流：
6kV 电气设备：
$$\Delta I_C = 18\% \sum_{i=1}^{n} I_{Ci} \quad (4.1.2\text{-}21)$$
10kV 电气设备：
$$\Delta I_C = 16\% \sum_{i=1}^{n} I_{Ci} \quad (4.1.2\text{-}22)$$
(7) 整个电网的电容电流
$$I_{C\Sigma} = \sum_{i=1}^{n} I_{Ci} + \Delta I_C \quad (4.1.2\text{-}23)$$
式中 I_C——单相接地电容电流，A；
S——线路导体截面，mm²；
l——线路长度，km；
U_r——线路额定线电压，kV；
I_{Ci}——第 i 类电力线路的单相接地电容电流，A；
ΔI_C——变电所电气设备增加的单相接地电容电流，A；
$I_{C\Sigma}$——电网的单相接地电容电流总值，A</td></tr>
<tr><td>低压系统短路电流的计算</td><td>1. 1000V 以下低压电网的短路计算，一般可将配电变压器的高压侧电网看作无限大容量电源，即高压母线电压可认为保持不变。计算过程采用有名值法，各电气量的单位分别是：电压用 V、电流用 kA、容量用 kVA、阻抗用 mΩ。
2. 三相和两相短路电流的计算：
(1) 计算低压短路回路各元件的阻抗值。
高压系统：
$$Z_S = \frac{(cU_n)^2}{S''_{k3}} \times 10^{-3} \quad (4.1.2\text{-}24)$$
如不知道其电阻和电抗的确切值，可以认为：
$$R_S = 0.1 X_S \quad (4.1.2\text{-}25)$$
$$X_S = 0.995 Z_S \quad (4.1.2\text{-}26)$$
配电变压器：
$$Z_T = \frac{u_{kr}\%(cU_n)^2}{100 S_{rT}} \quad (4.1.2\text{-}27)$$
$$R_T = \frac{\Delta P_k (cU_n)^2}{S_{rT}^2} \quad (4.1.2\text{-}28)$$
$$X_T = \sqrt{Z_T^2 - R_T^2} \quad (4.1.2\text{-}29)$$</td></tr>
</table>

续表

<table>
<tr><th>类 别</th><th>计 算 方 法</th></tr>
<tr><td>低压系统
短路电流的计算</td><td>配电母线：
$$Z_{WB}=\sqrt{R_{WB}^2+X_{WB}^2} \quad (4.1.2\text{-}30)$$
$$R_{WB}=rl \quad (4.1.2\text{-}31)$$
$$X_{WB}=rl \quad (4.1.2\text{-}32)$$
配电线路：
$$Z_{WP}=\sqrt{R_{WP}^2+X_{WP}^2} \quad (4.1.2\text{-}33)$$
$$R_{WP}=rl \quad (4.1.2\text{-}34)$$
$$X_{WP}=xl \quad (4.1.2\text{-}35)$$
式中 Z_S、R_S、X_S——分别为高压系统的阻抗，电阻、电抗，mΩ；
Z_T、R_T、X_T——分别为配电变压器的阻抗、电阻、电抗，mΩ；
Z_{WB}、R_{WB}、X_{WB}——分别为配电母线的阻抗、电阻、电抗，mΩ；
Z_{WP}、R_{WP}、X_{WP}——分别为配电线路的阻抗、电阻、电抗，mΩ；
S''_{k3}——配电变压器高压侧短路容量，MVA；
U_n——系统标称电压（线电压），380V；
c——电压系数，计算三相短路电流时取 1.05；
$u_{kr}\%$——配电变压器的短路电压（阻抗电压）百分值；
ΔP_k——配电变压器的短路损耗，kW；
S_{rT}——配电变压器的额定容量，kVA；
r、x——母线、线路单位长度的电阻、电抗，mΩ/m；
l——母线、配电线路的长度，m。
（2）绘制短路回路的等效电路，针对不同短路计算点分别计算短路回路的总阻抗 R_Σ、X_Σ。
（3）计算三相和两相短路电流。
三相对称短路电流初始值（kA）：
$$I''_{k3}=\frac{cU_n}{\sqrt{3}\sqrt{(R_\Sigma^2+X_\Sigma^2)}} \quad (4.1.2\text{-}36)$$
式中 U_n——系统标称电压（线电压），380V；
c——电压系数，计算三相短路电流时取 1.05。
三相对称开断电流（有效值）、三相稳态短路电流（有效值）（kA）：
$$I_{b3}=I_{k3}=I''_{k3} \quad (4.1.2\text{-}37)$$
三相短路电流峰值（kA）：
$$i_{p3}=\sqrt{2}K_pI''_{k3} \quad (4.1.2\text{-}38)$$
式中 K_p——峰值系数，对于 $R_\Sigma>\frac{1}{3}X_\Sigma$ 的低压电路，可取 $K_p=1.3$，则 $i_{p3}=1.84I''_{k3}$。
三相短路全电流最大有效值 I_{p3}（kA）：
$$I_{p3}=I''_{k3}\sqrt{1+2(K_p-1)^2} \quad (4.1.2\text{-}39)$$
低压电路中，峰值系数 $K_p=1.3$，则 $I_{p3}=1.09I''_{k3}$。
对称短路容量初始值 S''_{k3}（MVA）：
$$S''_{k3}=\sqrt{3}cU_nI''_{k3}\times10^{-3} \quad (4.1.2\text{-}40)$$
两相稳态短路电流（有效值）I_{k2}（kA）：
$$I_{k2}=0.866I_{k3} \quad (4.1.2\text{-}41)$$
3. 低压电动机对三相短路峰值电流的影响。当短路点附近所接低压异步电动机的额定电流之和超过三相短路电流初始值的 1%时，在计算三相短路电流峰值时应计入电动机反馈的短路电流峰值的影响。其计算公式与高压异步电动机相同，其峰值系数可取 1.3</td></tr>
</table>

注：本表摘自国家建筑标准设计图集《民用建筑电气设计计算及示例》12SDX101-2。

常用基准值（$S_d=100MVA$） 表 4.1.2-2

系统标称电压 U_n（kV）	0.38	3	6	10	35	110
基准电压 $U_d=U_P^*$（kV）	0.40	3.15	6.30	10.50	37	115
基准电流 I_d（kA）	144.30	18.30	9.16	5.50	1.56	0.50

注：1. $U_d=U_P^*\approx1.05U_n$，对于 0.38kV，则 $U_d=cU_n=1.05\times0.38=0.4kV$。

2. 工程计算上通常首先选定基准容量 S_d 和基准电压 U_d，与其相应的基准电流 I_d 和基准电抗 X_d，在三相电力系统中，因为：

$$I_d=\frac{S_d}{\sqrt{3}U_d} \tag{4.1.2-42}$$

$$X_d=\frac{U_d}{\sqrt{3}I_d}=\frac{U_d^2}{S_d} \tag{4.1.2-43}$$

所以，在三相电力系统中，电路元件电抗的标幺值为：

$$X^*=\frac{\sqrt{3}I_dX}{U_d}=\frac{S_dX}{U_d^2} \tag{4.1.2-44}$$

3. 常用电抗网络变换公式，见表 4.1.2-3。

常用电抗网络变换公式 表 4.1.2-3

原网络图	简化或变换后的网络图	换算公式
1 X_1 X_2 X_3 2（串联）	1 X 2	$X=X_1+X_2+\cdots+X_n$
1 X_1 X_2 X_3 X_4 2（并联）	1 X 2	$X=\dfrac{1}{\dfrac{1}{X_1}+\dfrac{1}{X_2}+\cdots+\dfrac{1}{X_n}}$ 当只有两个支路时：$X=\dfrac{X_1X_2}{X_1+X_2}$
1 2 3 X_{12} X_{31} X_{23}（三角形）	1 2 3 X_1 X_2 X_3（星形）	$X_1=\dfrac{X_{12}X_{31}}{X_{12}+X_{23}+X_{31}}$ $X_2=\dfrac{X_{12}X_{23}}{X_{12}+X_{23}+X_{31}}$ $X_3=\dfrac{X_{23}X_{31}}{X_{12}+X_{23}+X_{31}}$
1 2 3 X_1 X_2 X_3（星形）	1 2 3 X_{12} X_{31} X_{23}（三角形）	$X_{12}=X_1+X_2+\dfrac{X_1X_2}{X_3}$ $X_{23}=X_2+X_3+\dfrac{X_2X_3}{X_1}$ $X_{31}=X_3+X_1+\dfrac{X_3X_1}{X_2}$
1 2 3 4 X_1 X_2 X_3 X_4	1 2 3 4 X_{12} X_{13} X_{24} X_{41} X_{23} X_{34}	$X_{12}=X_1X_2\Sigma Y$ $X_{23}=X_2X_3\Sigma Y$ $X_{24}=X_2X_4\Sigma Y$ ⋮ 式中 $\Sigma Y=\dfrac{1}{X_1}+\dfrac{1}{X_2}+\dfrac{1}{X_3}+\dfrac{1}{X_4}$

续表

原网络图	简化或变换后的网络图	换算公式
1 X_{12} 2 X_{41} X_{13} X_{24} X_{23} 4 X_{34} 3	1 2 X_1 X_2 X_3 X_4 4 3	$X_1=\frac{1}{\frac{1}{X_{12}}+\frac{1}{X_{13}}+X_{41}}+\frac{X_{24}}{X_{12}X_{41}}$ $X_2=\frac{1}{\frac{1}{X_{12}}+\frac{1}{X_{23}}+\frac{1}{X_{24}}+\frac{X_{13}}{X_{12}X_{23}}}$ $X_3=\frac{1}{1+\frac{X_{12}}{X_{23}}+\frac{X_{12}}{X_{24}}+\frac{X_{13}}{X_{23}}}$ $X_4=\frac{1}{1+\frac{X_{12}}{X_{13}}+\frac{X_{12}}{X_{41}}+\frac{X_{24}}{X_{41}}}$

4. 短路电流的计算方法与步骤，见表 4.1.2-4。

短路计算的方法与步骤 **表 4.1.2-4**

计算方法	计算步骤	备注
标幺值法（相对单位制法）	1. 设定基准容量 S_d和基准电压 U_d，计算短路点基准电流 I_d	一般设 $S_d=100$MVA，设 $U_d=U_c$（短路计算电压 U_c 较之同级电网额定电压高 5%），$I_d=\frac{S_d}{\sqrt{3}U_d}$
	2. 计算短路回路中各主要元件的电抗标幺值	计算公式见表 4.1.2-1
	3. 绘短路回路的等效电路，按阻抗串并联回路求等效阻抗的方法，化简电路，计算短路回路的总电抗标幺值	
	4. 计算三相短路电流周期分量有效值及其他短路电流和三相短路容量	计算公式见式（4.1.2-5）～式（4.1.2-10）
	5. 列出短路计算表	
有名值法（欧姆法）	1. 计算短路回路中各主要元件的阻抗	计算公式见表 4.1.2-1
	2. 绘短路回路的等效电路，按阻抗串并联求等效阻抗的方法，化简电路，计算短路回路的总阻抗	
	3. 计算三相短路电流周期分量有效值及其他短路电流和三相短路容量	计算公式见表 4.1.2-1
	4. 列出短路计算表	

5. 变压器低压侧出口处短路电流选择。

变压器低压侧出口处短路电流速查表，见表 4.1.2-5，变压器低压出口处短路电流选择表说明如下：

（1）变压器容量只涉及到建筑中常用的容量，即 250～2500kVA。超出该范围的变压器，可按本说明中的公式进行计算。

（2）变压器的短路电压阻抗 $u_k\%$ 为常用数值，特殊 $u_k\%$ 数值的变压器，其低压出口处的短路电流可按本说明中的公式进行计算。

（3）低压侧短路电流计算时，假设系统容量为无穷大，平均电压 $U_p=0.4$kV。

（4）短路电流计算公式

①变压器低压出口处对称三相稳态短路电流按下列公式计算：

$$I_k \approx 144.34 \times S_T / u_k\% \tag{4.1.2-45}$$

式中 S_T——变压器的额定容量，MVA；

$u_k\%$——变压器阻抗电压百分数；

I_k——对称稳态三相短路电流有效值，kA。

②该处的短路电流峰值 i_p 按式（4.1.2-8）计算。

变压器低压出口处短路电流速查表（kA） **表 4.1.2-5**

变压器容量（kVA）	代 号	变压器短路阻抗电压（$u_{kr}\%$）				
		4	4.5	6	7	8
250	I_k	9.00	8.00	—	—	—
	i_p	22.95	20.40	—	—	—
315	I_k	11.34	10.08	—	—	—
	i_p	28.92	25.70	—	—	—
400	I_k	14.40	12.80	—	—	—
	i_p	36.72	32.64	—	—	—
500	I_k	18.00	16.00	—	—	—
	i_p	45.90	40.80	—	—	—
630	I_k	22.68	20.16	15.12	—	—
	i_p	57.83	51.41	38.56	—	—
800	I_k	—	—	19.20	16.48	14.40
	i_p	—	—	48.96	42.02	36.72
1000	I_k	—	—	24.00	20.60	18.00
	i_p	—	—	61.20	52.53	45.90
1250	I_k	—	—	30.00	25.75	22.50
	i_p	—	—	76.50	65.66	57.38
1600	I_k	—	—	38.40	32.96	28.80
	i_p	—	—	97.92	84.05	73.44
2000	I_k	—	—	48.00	41.20	36.00
	i_p	—	—	122.40	105.06	91.80
2500	I_k	—	—	60.00	51.50	45.00
	i_p	—	—	153.00	131.33	114.75

注：本表以上级系统容量无穷大为计算条件，$i_p=2.55I_k$。

4.1.3 短路电流计算示例

1. 高、低压系统短路电流和短路容量计算

(1) 示例　某供电系统如图 4.1.3-1 所示。已知电力系统电源的短路容量为 500MVA，架空线路长度为 5km，忽略其电阻，其单位电抗值为 x_0 =0.35Ω/km，变压器额定容量为 800kVA，$u_{kr}\%=4.5$，$\Delta P_k=7.5$kW，低压线路长度为 40m，其单位电阻值为 $r_0=0.240$mΩ/m，单位电抗值为 $x_0=0.076$mΩ/m。试求变电所 10kV 母线上 k-1 点短路和低压 380V 线路上 k-2 点短路的三相短路电流和短路容量。

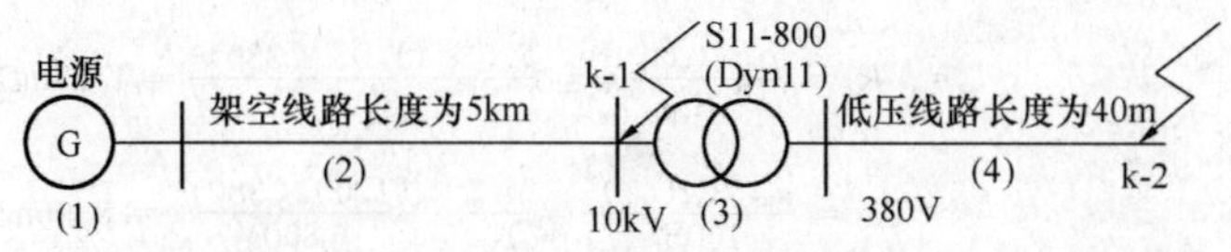

图 4.1.3-1　供电系统示意图

(2) 短路电流计算

高、低压系统短路电流计算过程，见表 4.1.3-1。

高、低压系统短路电流计算过程　　**表 4.1.3-1**

类　别	计　算　方　法
1. 求 k-1 点的三相短路电流和短路容量 (U_{n1}=10kV)	(1) 确定基准值。取基准容量：S_d=100MVA，基准电压 $U_d=1.05U_{n1}=10.5$kV。 (2) 计算短路电路中各元件的电抗和总电抗。 ①电力系统的电抗： $$X_1^*=\frac{S_d}{S''_{k3}}=\frac{100}{500}=0.2$$ ②架空线路的电抗：x_0=0.35Ω/km，因此： $$X_2^*=x_0 l\frac{S_d}{U_d^2}=0.35\times5\times\frac{100}{10.5^2}=1.587$$ ③绘 k-1 点短路的等效电路（如图 4.1.3-2）所示，图上标出各元件的序号（分子）和电抗标幺值（分母），然后计算电路的总电抗。 $$X_\Sigma^*=X_1^*+X_2^*=0.2+1.587=1.787$$ (3) 计算三相短路电流和短路容量 ①三相对称短路电流初始值： $$I''_{k-1(3)}=I_d/X_\Sigma^*=\frac{S_d}{\sqrt{3}U_d}\cdot\frac{1}{X_\Sigma^*}=\frac{100}{\sqrt{3}\times10.5}\times\frac{1}{1.787}=3.08\text{kA}$$ ②三相稳态短路电流： $$I_{k-1(3)}=I''_{k-1(3)}=3.08\text{kA}$$ ③三相短路电流峰值及全电流最大有效值： $$i_{p3}=2.55I''_{k-1(3)}=2.55\times3.08=7.85\text{kA}$$ $$I_{p3}=1.51I''_{k-1(3)}=1.51\times3.08=4.65\text{kA}$$ ④三相短路容量： $$S'''_{k-1(3)}=\sqrt{3}U_dI''_{k-1(3)}=\sqrt{3}\times10.5\times3.08=56.01\text{MVA}$$

续表

<table>
<tr><th>类　别</th><th>计　算　方　法</th></tr>
<tr><td>2. 求 k-2 点的短路电流和短路容量
(U_{n2}=380V)</td><td>(1) 计算短路电路中各元件的阻抗和总阻抗。
①高压侧系统的阻抗：
$$Z_S=\frac{(cU_n)^2}{S''_{k-1(3)}}\times10^{-3}=\frac{(1.05\times380)^2}{56.01}\times10^{-3}=2.84\text{m}\Omega$$
故　$X_1=0.995Z_S=0.995\times2.84=2.83\text{m}\Omega$
$$R_1=0.1X_1=0.28\text{m}\Omega$$
②电力变压器的阻抗：
$$R_2=\frac{\Delta P_k(cU_n)^2}{S_{rT}^2}=\frac{7.5\times(1.05\times380)^2}{800^2}=1.87\text{m}\Omega$$
$$X_2=\frac{u_{kr}\%(cU_{n2})^2}{100S_{rT}}=\frac{4.5}{100}\times\frac{(1.05\times380)^2}{800}=8.96\text{m}\Omega$$
③低压线路的阻抗：
$$R_3=rl=0.240\times40=9.6\text{m}\Omega$$
$$X_3=xl=0.076\times40=3.04\text{m}\Omega$$
④绘 k-2 点短路的等效电路（如图 4.1.3-3 所示），图上标出各元件的序号（分子）和阻抗值（分母），然后计算电路的总阻抗。
$$R_\Sigma=R_1+R_2+R_3=0.28+1.87+9.6=11.75\text{m}\Omega$$
$$X_\Sigma=X_1+X_2+X_3=2.83+8.96+3.04=14.83\text{m}\Omega$$
$$Z_\Sigma=\sqrt{R_\Sigma^2+X_\Sigma^2}=\sqrt{11.75^2+14.83^2}=18.92\text{m}\Omega$$
(2) 计算三相短路电流和短路容量。
①三相短路电流周期分量有效值：
$$I''_{k-2(3)}=\frac{cU_{n2}}{\sqrt{3}Z_\Sigma}=\frac{1.05\times380}{\sqrt{3}\times18.92}=12.18\text{kA}$$
②三相稳态短路电流值：
$$I_{k-2(3)}=I''_{k-2(3)}=12.18\text{kA}$$
③三相短路电流峰值及全电流最大有效值：
$$i_{p3}=1.84I''_{k-2(3)}=1.84\times12.18=22.41\text{kA}$$
$$I_{p3}=1.09I''_{k-2(3)}=1.09\times12.18=13.28\text{kA}$$
④三相短路容量：
$$S''_{k3}=\sqrt{3}cU_{n2}I''_{k-2(3)}\times10^{-3}=\sqrt{3}\times1.05\times380\times12.18\times10^{-3}=8.42\text{MVA}$$</td></tr>
</table>

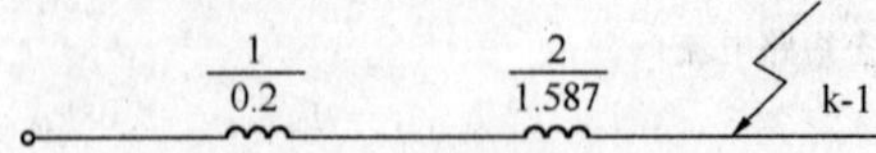

图 4.1.3-2　k-1 点短路时的电抗示意图

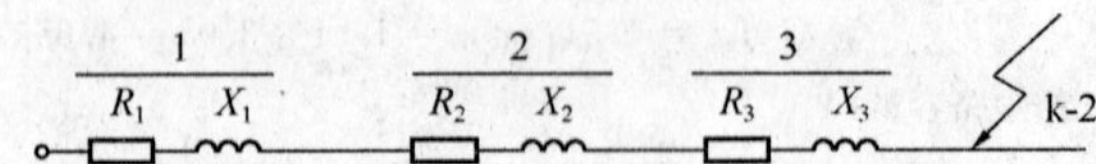

图 4.1.3-3　k-2 点短路时的电抗示意图

2. 配电变压器低压侧短路电流计算

示例：已知条件，见图 4.1.3-4 及表 4.1.3-2，试计算 K_1～K_3 点短路电流，选择变压器低压侧总开关、低压柜出线开关，并校验其保护选择性及灵敏度。

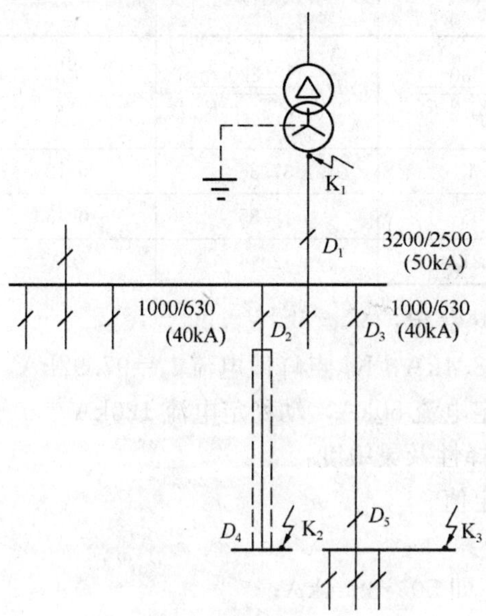

图 4.1.3-4　变压器低压侧短路电流计算已知条件示图

示例例题参数　　**表 4.1.3-2**

系统参数 S_S＝500MVA	K_1		K_2		K_3	
	I_K	i_p	I_K	i_d	I_K	i_d
配电变压器 S_T＝1600kVA u_k%＝6	38.4	97.92				
铜母排 TMY－3(2×100×10)＋2(80×8)						
交联电缆 YJV－2(3×150＋2×70) L＝30m					22.01×1.1＝24.21	11.33×1.1＝12.46
封闭母线(铜)800A L＝50m			24.05	15.85		
本例题计算引用表格图号	表 4.1.3-9		表 4.1.3-12		表 4.1.3-6、图 4.1.3-2(b)	

解：计算过程如下：

1. 短路电流计算结果，见表 4.1.3-3。

短路电流计算结果　　　　表 4.1.3-3

电流名称		三相短路电流 (kA)	单相短路电流 (kA)	阻抗比	峰值系数	冲击电流 (kA)
计算式		$I_K=\frac{230}{\sqrt{X_K^2+R_K^2}}$	$I_d=\frac{220}{\sqrt{X_{\varphi\varphi}^2+R_{\varphi\varphi}^2}}$	$\frac{R_K}{X_K}$	K	$i_{ch}=\sqrt{2}KI_K$
短路点	K_1	38.4	37.36	0.12	1.80	97.92
	K_2	24.05	15.85	0.43	1.3	44.21
	K_3	24.21	12.46	0.3	1.3	44.51

2. 校验低压开关柜动热稳定：

K_1 点短路电流 $I_{K1}=38.4$kA，K_1 点峰值电流 $i_p=97.92$kA，

∴开关柜应选用热稳定电流 50kA，动稳定电流 120kA。

3. 校验保护开关的选择性及灵敏度：

（1）断路器选择及整定值。

①变压器总开关（D_1）：

a. 分断能力选 50kA，即 50>38.4kA；

b. 额定电流选 3200A，即 3200>2400A，大于变压器额定电流；

c. 长延时整定电流由 $I_{zd1}=K_1I_{be}=1.1\times2400=2640$A，取 2600A；

d. 短延时整定电流由 $I_{zd2}=mK_2I_{be}=4\times1.3\times2400=12.48$kA；

e. 瞬时整定电流由 $I_{zd3}=ml_{be}=10\times2400=24$kA。

②出线开关（D_2、D_3 断路器）：

a. D_2、D_3 点短路电流应低于 D_1 点，故分断能力选 40kA；

b. 额定电流选 1000/630A，即 630>550A（计算电流 550A）；

c. 长延时电流选 600A，即 $I_{zd1}=1.1I_e=1.1\times550\approx600$A；

d. 短延时电流由 $I_{zd2}=ml_e=4\times550\times1.3=2.86$kA；

e. 瞬时电流由 $I_{zd3}=mI_e=10\times550=5.5$kA。

③二级配电进线开关（D_5）：

a. 额定电流选三相 200/160A，即 160>120A（计算电流 120A），分断能力选塑壳开关 30kA，即 30>24.29kA；

b. 长延时电流 $I_{zd1}=1.1\times120=132$A；

c. 瞬时电流 $I_{zd3}=10\times120=1.2$kA。

（2）保护装置灵敏度。

①总开关：$K=\frac{I_{kmin}}{I_{zd3}}=\frac{26.68}{24}=1.11\leqslant1.5$，灵敏系数应 $K\geqslant1.5$，故灵敏度不够；

②出线开关：$K=\frac{I_{kmin}}{I_{zd3}}=\frac{15.31}{5.5}=2.78>1.5$，可以满足。

（3）选择性配合校验。

上下级的选择性配合，应用上下级断路器的特性曲线配合选择比较准确，只要上下级断路器特性曲线不相交即可。当无断路器特性资料时可以用上下级之间的可靠系数选用。

①上级（变压器总开关 D_1）瞬动电流应大于下级（出线开关 D_2、D_3）1.2 倍的单相短路电流以保证选择性，即 $I_{zd3} \geqslant 1.2I_d$ 但是 24<1.2×26.86，所以不能保证其选择性；

②上级（变压器总开关 D_1）瞬动电流应大于下级（出线开关 D_2、D_3）短路电流，即 24<31.72kA，所以不能保证选择性。

从上述几条看出：a. 灵敏度不够；b. 躲不开下级单相及三相短路电流，造成越级跳闸。

所以变压器低压侧主保护不设瞬动脱扣器而只设长延时及短延时整定电流；

③上级（变压器总开关 D_1）长（短）延时整定电流应大于下级（出线开关 D_2、D_3）的 1.3 倍。

a. 上级 $I_{zd1} \geqslant$ 下级 1.3 倍 I_{zd1}，2400A≥1.3×600A　　可以满足。

b. 上级 $I_{zd2} \geqslant$ 下级 1.3 倍 I_{zd2}，12.48kA≥1.3×2.86kA　　可以满足。

④上级的短延时整定电流应大于下级瞬时整定电流的 1.3 倍。

上级 $I_{zd2} \geqslant$ 下级 $I_{zd3} \times 1.3$，即

12.48>1.3×5.5kA　　可以满足。

⑤开关柜出线开关与电缆末端保护开关的选择性。

上级（出线开关）$I_{zd1} \geqslant$ 下级（二级配电出线开关）1.3 倍 I_{zd1}

600>1.3×132　　可以满足。

上级 $I_{zd2} \geqslant$ 下级 1.3 倍 I_{zd2}，

2860>4×1.3×132A　　可以满足。

上级 I_{zd2} 应大于下级 I_{zd3} 的 1.3 倍，

2860>10×132×1.3=1.716kA　　可以满足。

4.2 高压电器选择

4.2.1 概　述

1. 相关规范的规定

《3～110kV 高压配电装置设计规范》GB 50060—2008

4.1.1　选用电器的最高工作电压不得低于所在系统的系统最高运行电压值，电压值的选取应符合现行国家标准《标准电压》GB 156 的有关规定。

4.1.2　选用导体的长期允许电流不得小于该回路的持续工作电流。(后略)

4.1.3　验算导体和电器动稳定、热稳定以及电器开断电流所用的短路电流，应按系统 10～15 年规划容量计算。

确定短路电流时，应按可能发生最大短路电流的正常接线方式计算，可按三相短路验算，当单相或两相接地短路电流大于三相短路电流时，应按严重情况验算。

4.1.4　验算电器短路热效应的计算时间，宜采用主保护动作时间加相应的断路器全分闸时间（后略）。

4.1.5　采用熔断器保护的导体和电器可不验算热稳定；除采用具有限流作用的熔断器保护外，导体和电器应验算动稳定。

采用熔断器保护的电压互感器回路，可不验算动稳定和热稳定。

4.3.2 35kV及以下电压等级的断路器，宜选用真空断路器或SF_6断路器。(后略)

4.3.3 隔离开关应根据正常运行条件和短路故障条件的要求选择。

《10kV及以下变电所设计规范》GB 50053—94

第5.1.2条 电容器装置的开关设备及导体等载流部分的长期允许电流，高压电容器不应小于电容器额定电流的1.35倍，低压电容器不应小于电容器额定电流的1.5倍。

《并联电容器装置设计规范》GB 50227—2008

5.4.2 用于单台电容器保护的外熔断器的熔丝额定电流，应按电容器额定电流的1.37～1.50倍选择。

2. 高压电器选择要点

为了保证高压电器安全可靠地运行，选择高压电器的一般条件如下：

(1) 正常工作条件。应满足电压、电流、频率、机械荷载等方面的要求；对一些开断电流的电器，如熔断器、断路器和负荷开关等，还应有开断电流能力的要求。

高压电器的最高电压，见表4.2.1-1。

(2) 环境条件。选择高压电器结构类型时应考虑电器的使用场所、环境温度、海拔、防尘、防腐、防火、防爆等要求，以及湿热或干热地区的特点，还需要考虑高压电器工作时产生的噪声和电磁干扰等。

选择高压电器、开关柜及导体时，应按当地环境条件进行校验，如温度、湿度、污秽、海拔、地震烈度等。当使用地点的环境条件和正常使用环境条件不符时，按特殊使用环境条件考虑，应使用满足环境条件的电器产品。高压电器最高工作电压及在不同环境温度下的允许最大工作电流，见表4.2.1-2

户内高压开关柜正常使用环境条件：

海拔高度：不超过1000m；

环境温度：不超过+40℃，不低于−5℃。选择电器和导体的环境温度，见表4.2.1-3；

相对湿度：≤90%(15℃)；

抗震能力：地震烈度8度：地面水平加速度0.2g，地面垂直加速度0.1g；

地震烈度9度；地面水平加速度0.4g，地面垂直加速度0.2g

高压电器的最高电压　　表4.2.1-1

项目					穿墙套管	支柱绝缘子	隔离开关	断路器	负荷开关	熔断器	电流互感器	电压互感器	限流电抗器	消弧线圈
系统标称电压(kV)	3	系统最高电压(kV)	3.6	设备最高电压(kV)	—	—	3.6	3.6	3.6	3.5	3.6	3.6	3.6	系统的线对中性点电压
	6		7.2		6.9	7.2	7.2	7.2	7.2	6.9	7.2	7.2	7.2	
	10		12		11.5	12	12	12	12	12	12	12	12	
	35		40.5		40.5	40.5	40.5	40.5	40.5	40.5	40.5	40.5	40.5	

高压电器最高工作电压及在不同环境温度下的允许最大工作电流　　表 4.2.1-2

<table>
<tr><th colspan="2">项　　目</th><th>支持绝缘子</th><th>穿墙套管</th><th>隔离开关</th><th>断路器</th><th>电流互感器</th><th>限流电抗器</th><th>负荷开关</th><th>熔断器</th><th>电压互感器</th></tr>
<tr><td colspan="2">最高工作电压</td><td colspan="4">$1.15U_N$</td><td colspan="2">$1.1U_N$</td><td colspan="2">$1.15U_N$</td><td>$1.1U_N$</td></tr>
<tr><td rowspan="2">最大工作电流</td><td>当 $\theta<\theta_n$ 时</td><td></td><td colspan="4">环境温度每降低 1℃，可增加 $0.5\%I_N$，但最大不得超过 $20\%I_N$</td><td colspan="3">I_N</td><td rowspan="2"></td></tr>
<tr><td>当 $\theta_n<\theta\leqslant60$℃时</td><td></td><td colspan="7">环境温度每增高 1℃，应减少 $1.8\%I_N$</td></tr>
</table>

注：表中　U_N——高压电器额定电压，kV；

I_N——高压电器额定电流，A；

θ——实际环境温度，℃；

θ_n——额定环境温度，普通型和湿热带型为+40℃，干热带型为+45℃。

选择电器和导体的环境温度　　表 4.2.1-3

类别	安装场所	环境温度 最高	环境温度 最低
裸导体	屋　外	最热月平均最高温度	
	屋　内	该处通风设计温度。当无资料时，可取最热月平均最高温度加 5℃	
电缆	屋外电缆沟	最热月平均最高温度	年最低温度
	屋内电缆沟	屋内通风设计温度。当无资料时，可取最热月平均最高温度加 5℃	
	电缆隧道	该处通风设计温度。当无资料时，可取最热月平均最高温度	
	土中直埋	最热月的平均地温	
电器	屋　外	年最高温度	年最低温度
	屋内电抗器	该处通风设计最高排风温度	
	屋内其他处	该处通风设计温度。当无资料时，可取最热月平均最高温度加 5℃	

注：1. 年最高（或最低）温度为多年所测得的最高（或最低）温度平均值；

2. 最热月平均最高温度为最热月每日最高温度的月平均值，取多年平均值。

（3）短路条件。按最大可能的短路故障条件校验某些高压电器的动稳定性、热稳定性、开断能力。

①高压断路器的额定短路开断电流，包括开断短路电流的交流分量有效值和开断直流分量百分比两部分；

②用短路电流校验开断设备的开断能力时，应选择在系统中流经开断设备的短路电流最大的短路点进行校验；

③高压负荷开关不能开断短路电流，其开断能力应按切断最大可能的过负荷电流来校验；

④高压熔断器额定最大开断电流应大于等于短路全电流最大有效值。

（4）承受过电压能力及绝缘水平。应满足额定短时工频过电压及雷电冲击过电压下的绝缘配合要求。

（5）其他条件。按高压电器的不同特点进行选择，包括开关电器的操作性能、熔断器的保护特性配合、互感器的负载及准确度等级选择。

3. 高压断路器的分级

高压断路器根据其机械寿命、电寿命和重击穿概率可分为如下级别：

C1 级断路器：在规定的型式试验验证容性电流开断过程中具有低的重击穿概率的断

路器；

C2级断路器：在规定的型式试验验证容性电流开断过程中具有非常低的重击穿概率的断路器；

E1级断路器：不属于E2级断路器范畴内的、具有基本的电寿命的断路器；

E2级断路器：设计在其预期的使用寿命间，主回路中开断的零件不需要维修，其他零件只需很少的维修（具有延长的电寿命）的断路器；E2级断路器仅适用于1kV以上、52kV以下的配电断路器使用；

M1级断路器：不属于M2级断路器范畴内的、具有基本的机械寿命（2000次操作的机械型式试验）的断路器；

M2级断路器：用于特殊使用要求的频繁操作的、设计要求非常有限的维护且通过特定的型式试验（具有延长的机械寿命、机械型式试验为10000次操作）验证的断路器。

4. 高压电器的绝缘配合

（1）在正常情况下，高压电器的绝缘应能长期耐受设备的最高电压。

（2）10kV电气装置应能承受暂时过电压及操作过电压的作用，以电气设备的短时（1min）工频耐受电压来表征。当采用避雷器方案限制某些场合的操作过电压时，则以避雷器的相应保护水平为基础进行绝缘配合。

（3）10kV电气装置由雷电过电压决定绝缘水平。变电所电气设备、绝缘子串和空气间隙的雷电冲击强度，与避雷器雷电保护水平进行配合。对雷电过电压的配合系数取值一般不小于1.4，以电气设备的额定雷电冲击耐受电压来表征。

（4）工频运行电压下电气装置外绝缘的爬电距离应符合相应环境污秽分级条件下的爬电比距要求。

（5）高海拔地区的电气装置外绝缘爬电距离和空气间隙，应按海拔高度进行校正，采取加强绝缘或选用高原型电器。

5. 电气设备选择校验项目

供配电系统中的各种电气设备由于工作原理和特性不同，选择及校验项目也有所不同，常用高压设备选择校验项目，见表4.2.1-4。

电气设备选择校验项目　　**表4.2.1-4**

名称	选择项目				校验项目			
	额定电压（kV）	额定电流（A）	环境条件	准确度级	短路电流		开断能力（kA）	二次容量
					热稳定	动稳定		
高压断路器	√	√	√		√	√	√	
高压负荷开关	√	√	√		√	√	√	
高压隔离开关	√	√	√		√	√		
高压熔断器	√	√	√				√	
电流互感器	√	√	√	√	√	√		√
电压互感器	√		√	√				√
母线		√	√		√	√		
电缆	√	√			√			
支柱绝缘子	√		√			√		
穿墙套管	√	√	√		√	√		

6. 高压电器选择的其他要求

(1) 高压断路器。

目前配变电所使用的高压断路器主要有真空断路器和六氟化硫断路器等。

真空断路器具有体积小、可靠性高、可连续多次操作、开断性能好、灭弧迅速、灭弧室不需检修、运行维护简单、无爆炸危险及噪声低等技术性能，多在35kV及以下配变电所中广泛使用。

六氟化硫断路器具有体积小、可靠性高、开断性能好、燃弧时间短、不重燃、可开断异相接地故障、可满足失步开断要求等特点，多使用在35kV系统中。

由于真空断路器在各种不同类型电路中的操作，都会使电路产生过电压。为了限制操作过电压，真空断路器应根据电路性质和工作状态配设金属氧化物避雷器或专用的R-C吸收装置。

(2) 负荷开关。

额定电压为35kV及以下的通用负荷开关，具有以下开断及关合能力：

①开断有功负荷电流和闭环电流等于负荷开关的额定电流；

②开断电缆或限定长度的架空线充电电流，其值不大于10A；

③开断1250kVA及以下配电变压器的空载电流；

④关合负荷开关的额定“短路关合电流”。

(3) 熔断器

①使用限流式高压熔断器时，工作电压要与其额定电压相符，不宜使用在工作电压低于其额定电压的电网中。例如额定电压10kV的熔断器就不能用于6kV的线路上；

②选择熔体时，应保证前后两级熔断器之间，熔断器与电源侧继电保护之间，以及熔断器与负荷侧继电保护之间动作的选择性。当在本段保护范围内发生短路时，应能在最短的时间内切断故障，以防止熔断时间过长而加剧被保护电器的损坏。

(4) 高压隔离开关和接地开关。

①在配变电所变压器高压侧使用的隔离开关仅仅作为检修时的明显断开点。对于隔离开关开合容性和感性小电流的要求，应符合正在考虑中的国家标准；

②隔离开关和联装的接地开关之间，应设置机械连锁装置，根据用户需要也可以设置电气连锁，封闭式组合电器可采用电气连锁。配置人工操作的隔离开关和接地开关之间应考虑设置电磁锁。

4.2.2 高压电器设备选择

1. 高压电器设备选择方法

高压电器设备的选择和校验，见表4.2.2-1。

高压电器设备的选择和校验　　表4.2.2-1

设备名称	选择和校验方法
1. 高压断路器	(1) 按工作电压选择： $U_r \geqslant U_n$　(4.2.2-1) $U_{emax} \geqslant U_{smax}$　(4.2.2-2) 式中 U_r、U_{emax}——分别是断路器（高压电器）的额定电压、最高工作电压，kV； U_n、U_{smax}——分别是系统的标称电压、最高运行电压，kV。

续表

<table>
<tr><th>设备名称</th><th>选择和校验方法</th></tr>
<tr><td>1. 高压断路器</td><td>(2) 按工作电流选择：
$$I_r \geqslant I_{max} \quad (4.2.2\text{-}3)$$
式中 I_r——断路器（高压电器）的额定电流，A；
I_{max}——断路器（高压电器）所在回路的最大持续工作电流，A。
(3) 按开断电流选择：民用建筑短路电流中的直流分量一般不超过交流分量幅值的 20%，可只按开断短路电流的交流分量有效值选择断路器。
$$I_{sc} \geqslant I_{sct} \quad (4.2.2\text{-}4)$$
式中 I_{sc}——断路器的额定短路开断电流交流分量有效值，kA；
I_{sct}——断路器触头开始分离瞬间（即实际开断时间）时的最大短路电流交流分量有效值，kA。
(4) 按动稳定校验：
$$i_{max} \geqslant i_{p3} \quad (4.2.2\text{-}5)$$
式中 i_{max}——断路器（高压电器）的额定峰值耐受电流，kA，由样本查得；
i_{p3}——安装地点的三相短路峰值（冲击）电流，kA。
(5) 按热稳定校验：
$$I_t^2 t \geqslant Q_t \quad (4.2.2\text{-}6)$$
式中 I_t——断路器（高压电器）在 t 时间内允许通过的额定短时耐受电流，kA，由样本查得；
t——断路器（高压电器）热稳定允许通过的额定短时耐受电流的短时耐受时间，s，由样本查得；
Q_t——短路电流热效应，$kA^2 \cdot s$。对远离电力系统发电机端处，短路电流热效应为 $Q_t = I''^2_{k3}(t_k + 0.05)$，$I''_{k3}$ 为安装地点的最大三相对称短路电流初始值，kA；$t_k = t_p + t_b$，t_p 宜取后备保护动作时间，s，t_b 为断路器全分断时间；当 $t_k > 1s$ 时，$Q_t = I''^2_{k3} t_k$。
(6) 按额定关合电流校验：
$$i \geqslant i_{p3} \quad (4.2.2\text{-}7)$$
式中 i——断路器（高压电器）的额定短路关合电流，kA；
i_{p3}——安装地点的三相短路峰值（冲击）电流，kA。
(7) 按额定电缆充电开断电流校验：高压断路器的额定电缆充电开断电流，系统标称电压 10kV 时为 25A；系统标称电压为 20kV 时为 31.5A；系统标称电压为 35kV 时为 100A</td></tr>
<tr><td>2. 高压负荷开关</td><td>(1) 按工作电压、工作电流选择：与断路器按工作电压、工作电流选择的计算公式相同。
(2) 按开断电流选择：
$$I_x \geqslant I_{omax} \quad (4.2.2\text{-}8)$$
式中 I_x——开断电流额定值（kA），与开断对象有关，详见产品资料；
I_{omax}——负荷开关所在回路的最大可能过负荷电流值，kA。
(3) 按动稳定、热稳定、额定关合电流校验：与断路器按动稳定、热稳定、额定关合电流校验的计算公式相同。对于熔断器保护的负荷开关，选择额定短时耐受电流和额定关合电流时，可以考虑熔断器在短路电流的持续时间和数值方面的限流效应，以最高额定电流的相应熔断器为基础确定额定值。
(4) 额定电压在 40.5kV 以下的通用负荷开关具有以下开断和关合能力：
①额定有功负荷开断电流等于额定电流；
②额定空载变压器开断电流等于额定电流的 1%；
③额定配电线路闭环开断电流等于额定电流；
④额定电缆充电开断电流，10kV 系统 10A，6kV 系统 6A；
⑤额定线路充电开断电流，10kV 系统 1A，6kV 系统 0.5A；
⑥额定短路关合电流等于额定峰值耐受电流</td></tr>
</table>

续表

<table>
<tr><th>设备名称</th><th>选择和校验方法</th></tr>
<tr><td>3. 高压熔断器</td><td>(1) 按工作电压选择：与断路器按工作电压选择的计算公式相同。
(2) 熔断器额定电流选择：
$$I_r \geqslant I_{rr} \quad (4.2.2\text{-}9)$$
式中 I_r——熔断器（支持件）的额定电流，A；
I_{rr}——熔体的额定电流，A。
(3) 保护电力线路的高压熔断器的熔体额定电流选择：
$$I_{rr} = KI_{max} \quad (4.2.2\text{-}10)$$
式中 K——系数，一般可取1.1～1.3；
I_{max}——电力线路的最大工作电流，A。
(4) 保护35kV及以下电力变压器的高压熔断器的熔体额定电流选择：
$$I_{rr} = KI_{gmax} \quad (4.2.2\text{-}11)$$
式中 K——系数；当不考虑电动机自启动时，可取1.1～1.3；当考虑电动机自启动时，可取1.5～2.0；
I_{gmax}——电力变压器回路最大工作电流，A。
并且应保证在变压器励磁涌流（10～20倍的变压器额定电流）持续时间（取0.1s）内不熔断。
(5) 保护电压互感器的高压熔断器，只需按额定电压和断流容量选择，熔体的选择只限能承受电压互感器的励磁冲击电流，不必校验额定电流。
(6) 保护并联电容器的高压熔断器的熔体额定电流选择
$$I_{rr} = KI_{rC} \quad (4.2.2\text{-}12)$$
式中 I_{rr}——熔体的额定电流，A；
K——系数，当保护一台电力电容器时，可取1.37～1.50；当保护一电容器时，不应小于1.35；
I_{rC}——电力电容器回路的额定电流，A。
(7) 按开断电流选择。
$$I_{sc} \geqslant I_{basym} \quad (4.2.2\text{-}13)$$
$$\text{或 } I_{sc} \geqslant I'' \quad (4.2.2\text{-}14)$$
式中 I_{sc}——熔断器的额定最大开断电流，kA；
I_{basym}——不对称短路开断电流（短路全电流最大有效值），kA，
$$I_{basym} = \sqrt{I''^2 + i_{DC}^2};$$
I''——超瞬态短路电流有效值（对称短路电流初始值），kA；
i_{DC}——短路电流直流分量，kA。
对于没有限流作用，不能在短路电流达到冲击值之前熄灭电弧的高压熔断器，采用 I_{basym} 进行校验；对于有限流作用的高压熔断器，可不考虑短路电流直流分量的影响而采用 I'' 进行校验。
(8) 后备熔断器除校验额定最大开断电流外，还应满足最小短路电流大于额定最小开断电流的要求。
(9) 选择跌落式熔断器时，其断流容量应分别按上、下限值校验</td></tr>
<tr><td>4. 高压负荷开关-熔断器组合电器</td><td>组合电器中的高压负荷开关和熔断器的选择除应分别满足相关的要求外，还应进行转移电流或交接电流的校验。
(1) 按实际转移电流校验：
$$I_{r.zx} \leqslant I_{c.zy} < I_{r.zy} \quad (4.2.2\text{-}15)$$
式中 $I_{r.zx}$——熔断器的额定最小开断电流，A；
$I_{c.zy}$——计算的实际转移电流，A；
$I_{r.zy}$——负荷开关-熔断器组合电器的额定转移电流，A。
当负荷开关-熔断器组合电器保护变压器时，实际转移电流还应满足：
$$I_{c.zy} < I_{sc} \quad (4.2.2\text{-}16)$$
式中 I_{sc}——变压器二次侧直接短路时一次侧故障电流，A
(2) 按实际交接电流校验：
$$I_{c.jj} < I_{r.jj} \quad (4.2.2\text{-}17)$$
式中 $I_{c.jj}$——计算的实际交接电流，A；
$I_{r.jj}$——负荷开关-熔断器组合电器的额定交接电流，A</td></tr>
</table>

续表

<table>
<tr><th>设备名称</th><th>选择和校验方法</th></tr>
<tr><td>5. 高压隔离开关</td><td>按工作电压、工作电流选择及按动稳定、热稳定校验的计算公式与断路器相应的选择、校验公式相同</td></tr>
<tr><td>6. 支持绝缘子</td><td>(1) 按工作电压选择：与断路器按工作电压选择的计算公式相同。
(2) 按动稳定校验：
$$F_c \leqslant 0.6F_{ph} \quad (4.2.2\text{-}18)$$
$$F_c = 0.173K_x \frac{l_c}{D} i_{p3}^2 \quad (4.2.2\text{-}19)$$
式中 F_c——作用在绝缘子上的作用力，N；
F_{ph}——绝缘子机械强度等级，由样本查得；
K_x——绝缘子受力系数。当绝缘子水平布置，母线平放时为 1，母线竖放时，6～10kV 为 1.4，35kV 为 1.18；当绝缘子垂直布置时为 1；
l_c——绝缘子间跨距，m，当绝缘子两边跨距不同时，取其平均值；
D——相间距离，m；
i_{p3}——三相短路峰值（冲击）电流，kA</td></tr>
<tr><td>7. 穿墙套管</td><td>(1) 按工作电压、工作电流选择：与断路器按工作电压、工作电流选择的计算公式相同。
(2) 按动稳定校验：
$$F_c \leqslant 0.6F_{ph} \quad (4.2.2\text{-}20)$$
$$F_c = 8.66 \frac{l_{r1} + l}{D} i_{p3}^2 \times 10^{-2} \quad (4.2.2\text{-}21)$$
式中 F_c——作用在穿墙套管上的作用力，N；
F_{ph}——穿墙套管弯曲破坏负荷，N，由样本查得；
l_{r1}——套管端与最近一个绝缘子间的距离，m；
l——套管本身长度，m；
D——相间距离，m；
i_{p3}——三相短路峰值（冲击）电流，kA。
(3) 按热稳定校验：
$$I_t^2 t \geqslant Q_t \quad (4.2.2\text{-}22)$$
式中 I_t——套管短时热电流值，kA，由样本查得；
t——热短时时间，s，由样本查得，一般为 5s；
Q_t——短路电流热效应，$kA^2 \cdot s$</td></tr>
</table>

2. 高海拔地区高压电器的选择

高海拔对电器的影响是多方面的，主要是温升和外绝缘的问题。

当海拔增加时，空气密度降低，散热条件变坏，使高压电器在运行中温升增加，但空气温度则随海拔的增加而相应递减，其值足以补偿由海拔增加对电器温升的影响，因而在高海拔（不超过 4000m）地区使用时，其额定电流可以保持不变。

海拔增加，由于空气稀薄，气压降低，空气绝缘强度减弱，使电器外绝缘能力降低而对内绝缘没有影响。

(1) 根据国标《特殊环境条件　高原用高压电器的技术要求》GB/T 20635—2006 规定，高压开关设备以其额定工频耐压值和额定脉冲耐压值来鉴定其绝缘水平。对于 10kV 开关柜来说，其额定电压为 12kV；额定工频耐压有效值为 32kV（对隔离距离）和 28kV（各相之间及对地）；额定脉冲耐压峰值为 85kV（对隔离距离）和 75kV（各相之间及对地）。高海拔地区使用的高压电器设备外绝缘的额定耐受电压的计算，见第 3.2.1 节式

(3.2.1-1)。

(2) 在海拔超过2000m的地区，对用于35kV及以下电压的高压电器，可选用高原型产品或暂时采用外绝缘提高一级的产品。当海拔为1000～2000m时，对现有35kV及以下电压等级的大多数电器，如断路器、隔离开关、互感器等的外绝缘尚有一定裕度，因此设计时可选用一般产品。

(3) 高海拔地区要选用适用于该地区的高原型避雷器。

(4) 随着海拔的增高，对导体载流量有影响。裸导体的载流量应按所在地区的海拔及环境温度进行修正，其综合修正系数见表4.2.2-2。

裸导体载流量在不同海拔及环境温度下的综合修正系数 **表4.2.2-2**

导体最高允许温度(℃)	适用范围	海拔(m)	实际环境温度(℃)						
			+20	+25	+30	+35	+40	+45	+50
+70	屋内矩型导体和不计日照的屋外软导线		1.05	1.00	0.94	0.88	0.81	0.74	0.67
+80	计及日照时屋外软导线	≤1000	1.05	1.00	0.95	0.89	0.83	0.76	0.69
		2000	1.01	0.96	0.91	0.85	0.79		
		3000	0.97	0.92	0.87	0.81	0.75		
		4000	0.93	0.89	0.84	0.77	0.71		

(5) 低压电器设备正常使用环境的海拔不超过2000m，高压电器设备正常使用环境的海拔不超过1000m。高海拔地区用电气设备产品的电气间隙的修正系数，见表4.2.2-3。

高海拔地区用电气设备产品的电气间隙修正系数 **表4.2.2-3**

使用地点海拔高度(m)		0	1000	2000	3000	4000	5000
相应大气气压(kPa)		101.3	90.0	79.5	70.1	61.7	54.0
电气间隙修正系数	零海拔	1.00	1.13	1.27	1.45	1.64	1.88
	1000m海拔	0.89	1.00	1.13	1.28	1.46	1.67
	2000m海拔	0.78	0.88	1.00	1.13	1.29	1.47

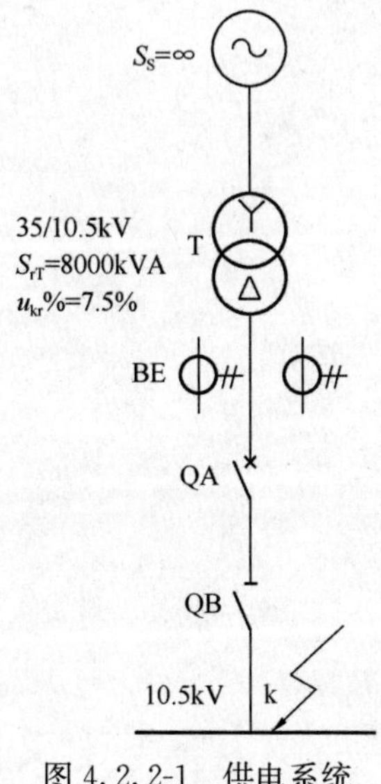

图4.2.2-1 供电系统短路示意图

3. 示例

示例：试选择如图4.2.2-1所示变压器10kV侧断路器QF和隔离开关QS。已知图中k点三相短路电流$I''_{k3}=I_\infty=4.8$kA，继电保护动作时间$t_p=1$s。拟采用快速开断的高压断路器，其全分断时间$t_b=0.1$s，采用弹簧操作机构。

计算过程如下：

(1) 变压器回路最大持续工作电流为：

$$I_{max}=1.05I_{r.T}=1.05\times\frac{8000}{\sqrt{3}\times10.5}=461.9\text{A}$$

(2) 三相短路峰值（冲击）电流：

$$i_{p3}=2.55I''_{k3}=2.55\times4.8=12.24\text{kA}$$

(3) 短路电流热效应：当$t_k>1$s时：

$$Q_t=I''^2_{k3}t_k=4.8^2\times(1+0.1)=25.34\text{kA}^2\cdot\text{s}$$

根据计算数据选择ZN12-10型断路器、GN6-10型隔离开关，其选择与校验的结果，见表4.2.2-4。

断路器与隔离开关的选择与校验结果 **表 4.2.2-4**

序号	选择项目	安装地点技术数据	断路器技术数据	隔离开关技术数据	结论
1	额定电压	$U_n=10kV$	$U_r=10kV$	$U_r=10kV$	均合格
2	额定电流	$I_{max}=461.9A$	$I_r=630A$	$I_r=630A$	均合格
3	开断电流	$I_{sct}=4.8kA$	$I_{sc}=25kA$	—	均合格
4	动稳定	$i_{p3}=12.24kA$	$i_{max}=80kA$	$i_{max}=50kA$	均合格
5	热稳定	$Q_t=25.34kA^2 \cdot s$	$I_t^2t=25^2\times3$ $=1875kA^2 \cdot s$	$I_t^2t=14^2\times5$ $=980kA^2 \cdot s$	均合格
6	关合电流	$i_{p3}=12.24kA$	$i=50kA$	—	均合格

5 继电保护及电气测量

5.1 继电保护装置

5.1.1 基本规定和要求

1. 基本规定

(1) 民用建筑中10 (6) kV电力设备和线路，应装设短路故障和异常运行保护装置。电力设备和线路短路故障的保护应有主保护和后备保护，必要时可增设辅助保护。10 (6) kV以上电压等级的继电保护及电气测量可根据相应的国家标准及规范设计。

①主保护：是指能满足系统稳定和设备安全要求，能以最快速度有选择地切除被保护设备和线路故障的保护。

②后备保护：是指主保护或断路器拒动时，用以切除故障的保护。后备保护又可分为远后备和近后备两种保护方式。

a. 远后备是指当主保护或断路器拒动时，由相邻电力设备或线路的保护实现后备；

b. 近后备是指当主保护拒动时，由本电力设备或线路的另一套保护实现后备；当断路器拒动时，由断路器失灵保护实现后备。

③辅助保护：是指为补充主保护和后备保护的性能或当主保护和后备保护退出运行而增设的简单保护。

④异常运行保护：是反映被保护电力设备或线路异常运行状态的保护。民用建筑中的配变电所远后备、辅助保护与异常运行保护应用较少。

(2) 继电保护装置的接线应简单可靠，尽量减少所使用的元件和接点的数量，并应具有必要的检测、闭锁等措施。保护装置应便于整定、调试和运行维护。

(3) 配变电所高低压配电装置断路器的控制方式，宜采用控制室集中操作或在开关柜上就地操作。

配变电所的主进线开关宜采用断路器，并设置三相过流及速断保护装置，以确保用户故障时不影响上级系统的正常供电。

(4) 继电保护装置应满足可靠性、选择性、灵敏性和速动性的要求。保护装置应有避免因短路或接地故障电流衰减、系统振荡等引起拒动和误动的功能。

①可靠性——要求保护装置动作可靠，避免误动和拒动。宜选择最简单的保护方式，选用可靠的元器件构成最简单的回路，便于检测调试、整定和维护；

②选择性——首先由故障设备或线路的保护装置切除故障。为保证选择性，对一个回路系统的设备和线路的保护装置，其上、下级之间的灵敏性和动作时间应逐级相互配合。

当必须加速切除短路时，可使保护装置无选择性动作，但应利用自动重合闸或备用电源自动投入装置，缩小停电范围。若保护装置本身具有自动重合闸功能或备自投功能，就可以不再配置专门的装置，从而节省投资；

③灵敏性——在设备或线路的被保护范围内，发生金属性短路或接地时，保护装置应避免越级跳闸并具有必要的灵敏系数。灵敏系数应根据不同运行方式和不同故障类型进行计算，灵敏系数 K_s 为被保护区发生短路时，保护装置处的最小短路电流 I_{kmin} 与保护装置一次侧动作电流 I_{op} 的比值。即：

$$K_s=\frac{I_{kmin}}{I_{op}} \tag{5.1.1-1}$$

对多相短路保护，I_{kmin} 取两相短路电流最小值 I_{k2min}；对 35、6～10kV 中性点不接地系统的单相短路保护取单相接地电容电流最小值 I_{cmin}；对 220/380V 中性点接地系统的单相接地保护，取单相接地电流最小值 I_{k1min}。各类保护装置的灵敏系数应不小于国家规范的要求。短路保护的最小灵敏系数，见表 5.1.1-1；

④速动性——保护装置应尽快的切除故障，以提高系统稳定性，缩小故障影响范围。

短路保护的最小灵敏系数　　**表 5.1.1-1**

保护分类	保护类型	组成元件	最小灵敏系数	备　注
主保护	变压器、线路的电流速断保护	电流元件	2.0	按保护安装处短路计算
	电流保护、电压保护	电流、电压元件	1.5	按保护区末端计算
	10kV 供配电系统中单相接地保护	电流、电压元件	1.5	—
后备保护	近后备保护	电流、电压元件	1.3	按线路末端短路计算
辅助保护	电流速断保护	—	1.2	按正常运行方式下保护安装处短路计算

注：灵敏系数应根据不利的正常运行方式（含正常检修）和不利的故障类型计算，必要时应计及短路电流衰减的影响。

(5) 保护装置与测量仪表不宜共用电流互感器的二次线圈，当必须共用一组二次线圈时，则仪表回路应通过中间电流互感器或试验部件连接。保护用电流互感器（包括中间电流互感器）的稳态比误差不应大于 10%。当技术上难以满足要求且不致使保护装置误动作时，可允许有较大的误差。保护装置用电流互感器一次侧电流不宜大于其供电容量的 1.5 倍。

(6) 在正常运行情况下，当电压互感器二次回路断线或其他故障能使保护装置误动作时，应装设断线闭锁或采取其他措施，将保护装置解除工作并发出信号；当保护装置不致误动作时，应设有电压回路断线信号装置。如果采用微机保护装置，应具有电压回路断线监视功能，并可闭锁相关保护功能。

两路 10kV 电源进线隔离柜上应各设置一台电压互感器，并设置电压互感器切换装置。电压互感器可以互为备用，以保证电压小母线的电压不间断。但只当分段断路器处在工作情况下才允许进行切换。

(7) 在保护装置内应设置由信号继电器或其他元件等构成的指示信号。指示信号应符合下列要求：

①在直流电压消失时不自动复归，或在直流恢复时仍能维持原动作状态。

②能分别显示各保护装置的动作情况；

③对复杂系统的保护装置，能分别显示各部分及各段的动作情况，并可根据装置条件，设置能反应装置内部异常的信号。

(8) 为了便于分别校验保护装置和提高可靠性，主保护和后备保护宜做到回路彼此独立。

(9) 当用户 10 (6) kV 断路器台数较多、负荷等级较高时，宜采用直流操作。直流操作电压应选 110V，蓄电池容量为 20 到 60A·h，20A·h 以上要增加蓄电池屏，小型配变电所尽量选用 20A·h。当配变电所中装有电磁合闸的断路器时，应选用 220V 直流操作电源。

中小型配变电所采用交流操作比较经济，弹簧储能交流操动机构合、分闸电流很小。

(10) 当采用蓄电池组作直流电源时，由浮充电设备引起的波纹系数不应大于 5%，电压波动范围不应大于额定电压的±5%，放电末期直流母线电压下限不应低于额定电压的 85%，充电后期直流母线电压上限不应高于额定电压的 115%。

(11) 当采用交流操作的保护装置时，短路保护可由被保护电力设备或线路的电压互感器取得操作电源。变压器的瓦斯保护，可由电压互感器或变电所所用变压器取得操作电源。

(12) 交流整流电源作为继电保护直流电源时，应符合下列要求：

①直流母线电压，在最大负荷时保护动作不应低于额定电压的 80%，最高电压不应超过额定电压的 115%。并应采取稳压、限幅和滤波的措施；电压允许波动应控制在额定电压的±5%范围内，波纹系数不应大于 5%；

②当采用复式整流时，应保证在各种运行方式下，在不同故障点和不同相别短路时，保护装置均能可靠动作。

(13) 交流操作继电保护应采用电流互感器二次侧去分流跳闸的间接动作方式。

(14) 10 (6) kV 系统采用中性点经小电阻接地方式时，应符合下列规定：

①应设置零序速断保护；

②零序保护装置动作于跳闸，其信号应接入事故信号回路。

(15) 保护装置的配合

①用电流动作满足上下级之间保护配合时，其上下级动作电流之比宜不小于 1.1；

②用动作时间满足上下级之间的保护配合时，其上下级的动作时间差值 Δt，定时限宜不小于 0.5s；反时限之间及定时限保护与反时限保护之间不小于 0.5～0.7s。

(16) 重要的配变电所可根据需求采用智能化保护装置（又称为微机保护）或变电所综合自动化系统，并宜采用开放式和分布式系统。常用的 10kV 智能化保护配置方案示例，见表 5.1.1-2。

常用的 10kV 智能化保护配置（微机保护）方案示例　　表 5.1.1-2

项　目	保 护 配 置
110kV 进线保护	主要包括电流速断保护（可加低电压闭锁）、电流限时速断保护（可加低电压闭锁）、过电流保护、零序过电流保护、失电压保护（带 PT 断线闭锁并告警）、过负荷保护、独立的操作回路和防跳回路、故障录波及 GPS 对时等

续表

项 目	保 护 配 置
10kV出线保护	主要包括电流速断保护、电流限时速断保护、过电流保护、零序过电流保护、过负荷保护、独立的操作回路和防跳回路、故障录波及GPS对时等
10kV变压器保护	主要包括高压侧电流速断保护、高压侧电流限时速断保护、高压侧过电流保护、高压侧过负荷保护（定时限或反时限可选）、低压侧零序过电流保护（定时限或反时限可选）、非电量保护（超温保护等）、独立的操作回路和防跳回路、故障录波及GPS对时等
10kV分段保护	主要包括两段式过电流保护及GPS对时等；10kV电压并列装置。 当分段在合闸位置时，在某一段PT退出运行时自动实现PT二次并列运行；计量系统采用总线方式组网，电能表通过通信口与监控主机通信；电能表由供电计量部门提供，电能表优先考虑在测控装置内部嵌高精度智能电能表模块实现；测控系统主要包括遥控、遥测、遥信。 遥控包括10kV所有进出线断路器及分段断路器。遥测包括10kV进出线的一相电流、P、Q功率因数；10kV分段的一相电流、P、Q功率因数；变压器的温度；10kV的Ⅰ、Ⅱ段母线电压U_a、U_b、U_c、U_{ab}、$3U_0$；直流母线Ⅰ、Ⅱ段电压（220V）U_1、U_2（通过通信口采集）等。 遥信包括变电所事故总信号（保护动作和非操作性跳闸）、预告信号（装置故障及预告信号）、10kV所有断路器位置信号、10kV刀开关位置信号、变压器超温信号、直流系统故障、异常信号（通过通信口采集）、直流系统接地信号、变电所消防系统动作信号（可预留）、控制回路断线信号等；进出线及分段等保护测控装置可分散安装在开关柜上。在控制室可配置通信管理机柜等智能化设备

（17）防跳回路设置，操作机械的防跳回路应按下列原则设计：

①操作机构及微机综合保护装置均无防跳功能时应设计防跳回路；

②微机综合保护装置内部有防跳功能时无需再设计防跳回路；

③操作机构已有防跳功能时微机综合保护装置内部防跳功能应取消。

（18）继电器布置设计原则：

①继电器宜装设在配电柜仪表箱或专用保护盘上，其他元件不应装在继电保护盘上，继电器与高压电器设备的距离应满足有关规定要求；

保护元件与控制、计量等设备不应装在同一盘面上，两组保护合用同一盘时，各组保护以垂直排列为宜。各元件在盘面上应有明显标志，接线两端应穿有标志、编号套管；

②二次回路安装应符合下列要求（成套设备除外）：

a. 铜芯导线或电缆标称截面，电压回路不小于1.5mm²（计量单元时不小于2.5mm²）。电流回路不小于2.5mm²（计量单元时不小于4mm²）；

b. 电缆和导线不应有中间接头；

c. 固定点距离不大于200mm；

d. 导线两端标记应清楚耐久；

e. 本盘内元件连接线可不经端子排（过门导线需经端子排）；

f. 接入仪表、继电器及接线端子板等的多芯软接头，应搪锡或采用终端线脚；

g. 端子排“正”“负”极与分闸线间应保护不少于两个端子的距离；

h. 瓦斯继电器控制回路应采用接线盒，引出接线盒距地面应为1.5m，其引出线应做防油处理（塑料软线穿金属软管进入接线盒下侧端子排，由端子排上侧引出电缆至保护盘）；

i. 对于二次侧为双绕组的电流互感器，电度表应单独使用一套绕组。

（19）当所在的建筑物设有建筑设备监控（BA）系统时，继电保护装置应设置与BA系统相匹配的通信接口。

目前，智能型继电保护装置多数能提供串行通信接口（485、232等）、现场总线接口（PROFIBUS、CAN、LONWORKS等）和以太网接口中的一种或几种，通信协议可采用MODBUS等国际标准通信协议，也可参考采用电力行业等其他相关行业的标准协议。在实际工程应用中，有的微机保护与变电所综合自动化系统采用电力系统的通信规约，与BA系统通信接口相匹配有时还存在一些困难，设计时应注意协调和解决。

（20）10（6）kV继电保护及电气测量的设计除符合本规定外，尚应符合现行国家标准《电力装置的继电保护和自动装置设计规范》GB 50062和《电力装置的电气测量仪表装置设计规范》GB 50063的有关规定。

2. 二次回路接线图

二次回路接线图分别由测量、控制保护以及信号三个部分组成，并按照不同回路用途分为以下几种接线方案：

（1）电源进线。

（2）电源进线（配母线分段备用自投）。

（3）母线分段。

（4）母线分段带备用自投。

（5）变压器出线。

（6）并联电容器组。

（7）馈线。

（8）计量。

（9）电压互感器（带切换与不带切换）。

3. 设计注意事项

（1）当变（配）电所主进线电源采用断路器时，是否采用定时限保护装置。应遵守当地供电部门的规定。

（2）继电保护可根据继电保护设计规范与设计手册，以及所选用的微机综合保护装置说明书进行保护整定值计算与整定。10kV系统运行方式及主进线断路器、母线分段断路器继电保护方案和整定值，应由当地供电部门根据所属电力系统决定。

（3）与电力系统直接连接的断路器和主要设备的继电保护图纸，应经当地供电部门审查后方可施工。

（4）微机综合保护装置系统应按相关规定采取抗干扰措施。

（5）在测量回路中，测量与保护分别接在电流互感器二次侧不同绕组上，采用常规继电器保护装置方式时，一般采用在开关柜上监视和操作，根据规范需要在开关柜上设置测量表计。当采用微机综合保护方式时，可就地显示I、U、P、Q、f、$\cos\varphi$等技术参数，开关柜上可不再设计测量表计。微机综合保护系统具有电能报表统计功能，根据设计需要开关柜上可设计普通型自带电源，隔离输出的脉冲电能表；其脉冲输出可接到10kV变配电所微机综合保护装置脉冲计数输入端子上进行电度记数，并传送到计算机。

5.1.2 变压器保护

1. 变压器保护的规定和要求

根据《民用建筑电气设计规范》JGJ 16的规定，变压器的保护应符合下列规定和要求：

(1) 对变压器下列故障及异常运行方式，应装设相应的保护：

①绕组及其引出线的相间短路和在中性点直接接地侧的单相接地短路；

②绕组的匝间短路；

③外部相间短路引起的过电流；

④干式变压器防护外壳接地短路；

⑤过负荷；

⑥变压器温度升高；

⑦油浸式变压器油面降低；

⑧密闭油浸式变压器压力升高；

⑨气体绝缘变压器气体压力升高；

⑩气体绝缘变压器气体密度降低。

(2) 400kVA及以上的建筑物室内可燃性油浸式变压器均应装设瓦斯保护。当因壳内故障产生轻微瓦斯或油面下降时，应瞬时动作于信号；当产生大量瓦斯时，应动作于断开变压器各侧断路器，当变压器电源侧无断路器时，可作用于信号。

(3) 对于密闭油浸式变压器，当壳内故障压力偏高时应瞬时动作于信号；当压力过高时，应动作于断开变压器各侧断路器；当变压器电源侧无断路器时，可作用于信号。

(4) 变压器引出线及内部的短路故障应装设相应的保护装置。当过电流保护时限大于0.5s时，应装设电流速断保护，且应瞬时动作于断开变压器的各侧断路器。

微机变压器保护一般没有低压侧跳闸接口，可在低压侧进线断路器设计失电压跳闸，此时可简化二次电路设计。

配变电所出线回路较多时，变压器出线回路可设置高压侧单相接地保护。利用高压侧过电流保护作为低压侧单相接地保护的后备保护，灵敏系数满足不了要求时，应在高压侧设置低压侧单相接地保护。

(5) 由外部相间短路引起的变压器过电流，可采用过电流保护作为后备保护。保护装置的速定值应考虑事故时可能出现的过负荷，并应带时限动作于跳闸。

(6) 变压器高压侧过电流保护应与低压侧主断路器短延时保护相配合。

(7) 对于400kVA及以上、线圈为三角-星形联结、低压侧中性点直接接地的变压器，当低压侧单相接地短路且灵敏性符合要求时，可利用高压侧的过电流保护，保护装置应带时限动作于跳闸。

(8) 对于400kVA及以上，线圈为三角-星形联结的变压器，可采用两相三继电器式的过电流保护。保护装置应动作于断开变压器的各侧断路器。

(9) 对于400kVA及以上变压器，当数台并列运行或单独运行并作为其他负荷的备用电源时，应根据可能过负荷的情况装设过负荷保护。

过负荷保护可采用单相式，且应带时限动作于信号。在无经常值班人员的变电所，过负荷保护可动作于跳闸或断开部分负荷。

(10) 对变压器温度及油压升高故障，应按现行电力变压器标准的要求，装设可作用于信号或动作于跳闸的保护装置。

(11) 对于气体绝缘变压器气体密度降低、压力升高，应装设可作用于信号或动作于跳闸的保护装置。

2. 设计技术措施

(1) 保护装置的配置，根据变压器的型式、容量和使用特点，采用不同的保护装置，变压器继电保护装置的配置，见表5.1.2-1。

变压器继电保护装置的配置 **表5.1.2-1**

<table>
<tr><th rowspan="2">变压器容量(kVA)</th><th colspan="7">保护装置的名称</th></tr>
<tr><th>带时限的过电流保护（注1）</th><th>电流速断保护</th><th>低压侧单相接地保护（注2）</th><th>纵联差动保护</th><th>瓦斯保护</th><th>温度保护</th><th>备注</th></tr>
<tr><td><400</td><td>—</td><td>—</td><td>—</td><td>—</td><td>—</td><td>—</td><td>熔断器保护</td></tr>
<tr><td>400、500、630、800</td><td>采用断路器时装设</td><td rowspan="3">过电流保护时限>0.5s时装设</td><td rowspan="3">当利用高压侧过电流保护（三相三继电器式）不能满足灵敏度时应装设零序保护</td><td rowspan="2">—</td><td rowspan="3">≥800kVA油浸变压器装设，建筑物室内≥400kVA油浸变压器装设</td><td rowspan="2">干式变压器装设</td><td rowspan="2">一般采用反时限型作过流及速断保护</td></tr>
<tr><td>1000～1600</td><td rowspan="2">装设</td></tr>
<tr><td>2000～2500</td><td>当速断保护灵敏度不够时装设</td><td>装设</td><td>根据需要采用反时限或定时限型继电器</td></tr>
</table>

注：1. 当带时限的过电流保护不能满足灵敏度的要求时，应采用低电压闭锁的带时限过电流保护。

2. 当利用高压侧过电流保护及低压侧出线断路器保护不能满足灵敏度要求时，应装设变压器中性线上的零序过电流保护。

3. 低压电压为230/400V的变压器，当低压侧出线断路器带有过负荷保护时，可不装设专用的过负荷保护。

4. 密封油浸变压器应装设压力保护。

(2) 小于400kVA变压器，宜采用负荷开关熔断器保护；400～800kVA变压器可以采用负荷开关熔断器保护或断路器保护；1000kVA及以上、小于1600kVA变压器宜采用断路器保护；1600kVA及以上变压器应采用断路器保护，并采用反时限型继电器作为变压器的过流及速断保护。

(3) 高压熔断器的熔体额定电流，可以按变压器额定电流的1.5～2倍选择。为简化计算，对10kV系统可按变压器容量的1/10数值定为熔体额定电流。（如800kVA的变压器，熔体额定电流可以选为80A）。

(4) 800kVA（车间内400kVA及以上）的油浸变压器应设有瓦斯保护，轻瓦斯动作于信号，重瓦斯动作于跳闸，当变压器高压侧无断路器保护时则动作于信号。

（5）无值班人员的变电所，必要时过负荷保护可动作于跳闸或断开部分负荷。

（6）400kVA及以上，线圈为Y，y_n0接线低压侧中性点直接接地的变压器，其低压侧的单相接地短路应选择下列保护之一：

①利用高压侧的过电流保护时，保护装置宜采用三相式，以提高灵敏度，保护装置应带时限动作于跳闸。当变压器低压侧有分支线时，接于低压侧的三相电流保护宜利用分支过电流保护装置，有选择地切除各分支回路故障；

②接于低压侧中性线上的零序电流保护。

（7）630kVA及以上干式变压器应设绕组的过热保护装置，其主要构成和功能包括温度传感器、断线报警、起停风机、超温报警或跳闸、绕组温度巡回检测及湿度显示等。当有防护外罩时，应设保护断路器与防护外罩门的安全闭锁装置。

（8）变压器的过负荷保护宜通过低压侧主进断路器来实现。

3. 变压器保护的计算方法

（1）计算要点。

①电力变压器的整定计算应考虑以下几个方面：过电流保护、电流速断保护、低压侧单相接地保护、过负荷保护和低电压闭锁的带时限过电流保护；

②变压器纵联差动保护在民用建筑中很少使用，故本手册中不作说明。

（2）电力变压器保护的计算方法。

电力变压器保护的计算，见表5.1.2-2。

电力变压器保护的计算 **表5.1.2-2**

保护类别	计 算 方 法
1. 过电流保护	（1）动作电流。按躲过变压器的短时最大负荷电流整定： $$I_{op}=\frac{K_{rel}K_w}{K_{re}K_i}I_{L.max} \quad (5.1.2\text{-}1)$$ 式中 K_{rel}——可靠系数；用于过电流保护时，DL型和GL（LL）型电流继电器分别取1.2和1.3；用于电流速断保护时分别取1.3和1.5；用于低压侧单相接地保护时（在变压器中性线上装设的）取1.2；用于过负荷保护时取1.05～1.1； K_w——接线系数；接于相电流时取1，接于相电流差时取$\sqrt{3}$； K_{re}——继电器的返回系数，取0.85； K_i——电流互感器额定电流变比； $I_{L.max}$——变压器短时最大过负荷（包括电动机自启动引起的）电流，A，一般取2～$3I_{1rt}$，当无电动机自启动时取1.3～$1.5I_{1rt}$，I_{1rt}为变压器高压侧额定电流。当采用干式变压器或变压器散热条件较差时，其最大过负荷电流值可略低于规定值。 （2）灵敏系数。按最小运行方式下低压侧两相短路电流流过高压侧的值校验： $$K_s=\frac{K_w I_{2k2.min}}{K_i I_{op}}\geqslant 1.5 \quad (5.1.2\text{-}2)$$ 式中 $I_{2k2.min}$——最小运行方式下低压侧两相短路时，流过高压侧（保护安装处）的稳态电流值，A。 （3）动作时限。较下级过电流保护动作时限长0.5～0.7s

续表

<table>
<tr><th>保护类别</th><th>计　算　方　法</th></tr>
<tr><td>2. 电流速断保护</td><td>（1）动作电流。按躲过最大运行方式下低压侧三相短路电流流过高压侧的初始值整定：
$$I_{qb}=\frac{K_{rel}K_{w}}{K_{i}}I''_{2k3.max} \quad (5.1.2\text{-}3)$$
式中　$I''_{2k3.max}$——最大运行方式下变压器低压侧三相短路时，流过高压侧（保护安装处）的超瞬态电流，A。
（2）灵敏系数。按最小运行方式下，保护装置安装处两相短路电流初始值校验：
$$K_{s}=\frac{K_{w}I''_{1k2.min}}{K_{i}I_{qb}}\geqslant 2 \quad (5.1.2\text{-}4)$$
式中　$I''_{1k2.min}$——最小运行方式下，高压侧两相短路电流初始值，A。
其余参数说明参见变压器过电流保护计算公式</td></tr>
<tr><td>3. 低压侧单相接地保护（利用高压侧三相式过电流保护）</td><td>（1）动作电流同过电流保护。
（2）灵敏系数。按最小运行方式下低压母线或母干线末端单相接地短路电流流过高压侧的值校验：
$$K_{s}=\frac{K_{w}I_{2k1.min}}{K_{i}I_{op}}\geqslant 1.5 \quad (5.1.2\text{-}5)$$
式中　$I_{2k1.min}$——最小运行方式下低压母线或母干线末端单相接地短路时，流过高压侧（保护安装处）的稳态电流，A。
其余参数说明参见变压器过电流保护计算公式。
（3）动作时限，与过电流保护相同</td></tr>
<tr><td>4. 低压侧单相接地保护（采用在变压器中性线上的零序电流保护）</td><td>（1）动作电流。按躲过变压器中性线允许的最大不平衡电流（其值不超过额定电流的25%）整定：
$$I_{op(E)}=0.25\frac{K_{rel}}{K_{i}}I_{2rT} \quad (5.1.2\text{-}6)$$
式中　I_{2rT}——变压器低压侧额定电流，A。
动作电流还应与低压出线上的零序保护相配合：
$$I_{op(E)}=\frac{K_{co}}{K_{i}}I_{op.fz} \quad (5.1.2\text{-}7)$$
式中　K_{co}——配合系数，取1.1；
$I_{op.fz}$——低压分支线上零序保护的动作电流，A。
（2）灵敏系数。按最小运行方式下低压母线或母干线末端单相接地短路电流校验：
$$K_{s}=\frac{I_{k1.min}}{K_{i}I_{op(E)}}\geqslant 1.5 \quad (5.1.2\text{-}8)$$
式中　$I_{k1.min}$——最小运行方式下低压母线或母干线末端单相接地短路电流稳态值，A。
其余参数说明参见变压器过电流保护计算公式。
（3）动作时限。一般取0.5s</td></tr>
<tr><td>5. 过负荷保护</td><td>（1）动作电流。按躲过变压器额定电流整定：
$$I_{op}=\frac{K_{rel}K_{w}}{K_{re}K_{i}}I_{1rT} \quad (5.1.2\text{-}9)$$
式中各参数说明参见变压器过电流保护计算公式。
（2）动作时限。按躲过允许的短时最大负荷时间（如电动机启动或自启动时间），一般取9～15s</td></tr>
</table>

续表

<table>
<tr><th>保护类别</th><th>计算方法</th></tr>
<tr><td>6. 低电压闭锁的带时限过电流保护</td><td>(1) 动作电流。按躲过变压器额定电流整定：
$$I_{op}=\frac{K_{rel}K_w}{K_{re}K_i}I_{1rT} \quad (5.1.2\text{-}10)$$
式中各参数说明参见变压器过电流保护计算公式。
(2) 动作电压. 按躲过变压器高压侧最低工作电压：
$$U_{op}=\frac{U_{min}}{K_{rel}K_{re}K_u} \quad (5.1.2\text{-}11)$$
式中 K_{rel}——可靠系数，取1.2；
K_{re}——继电器返回系数，取1.15（动作电压）；
K_u——电压互感器额定电压变比；
U_{min}——运行中可能出现的最低工作电压，一般取0.5～0.7U_{1rT}（变压器高压侧母线额定电压），V。
(3) 灵敏系数。电流元件的灵敏系数与过电流保护相同。电压元件按保护安装处最大剩余电压校验：
$$K_s=\frac{U_{op}K_u}{U_{res.max}}\geqslant 1.5 \quad (5.1.2\text{-}12)$$
式中 $U_{res.max}$——最大运行方式下，变压器低压侧短路时，保护安装处最大剩余电压，V。
(4) 动作时限。与过电流保护相同</td></tr>
<tr><td>7. 变压器低压侧短路时流过高压侧的最大一相电流值</td><td>采用三相式继电保护，其计算公式，见表5.1.2-3</td></tr>
</table>

变压器高压侧短路电流折算值 表5.1.2-3

<table>
<tr><th colspan="2">计算点</th><th>三相短路电流 (A)</th><th>两相短路电流 (A)</th><th>单相接地短路电流 (A)</th></tr>
<tr><td colspan="2">低压侧短路时的实际值</td><td>$I''_{k3.max}$</td><td>$I_{k2.min}$</td><td>$I_{k1.min}$</td></tr>
<tr><td rowspan="3">流过高压侧（保护安装处）的折算值</td><td>Y,yn0</td><td>$I''_{2k3.max}=\frac{1}{K_T}I''_{k3.max}$</td><td>$I_{2k2.min}=\frac{1}{K_T}I_{k2.min}$</td><td>$I_{2k1.min}=\frac{2}{3K_T}I_{k1.min}$</td></tr>
<tr><td>D,yn11</td><td>$I''_{2k3.max}=\frac{1}{K_T}I''_{k3.max}$</td><td>$I_{2k2.min}=\frac{2}{\sqrt{3}K_T}I_{k2.min}$</td><td>$I_{2k1.min}=\frac{1}{\sqrt{3}K_T}I_{k1.min}$</td></tr>
<tr><td>Y,d11</td><td>$I''_{2k3.max}=\frac{1}{K_T}I''_{k3.max}$</td><td>$I_{2k2.min}=\frac{2}{\sqrt{3}K_T}I_{k2.min}$</td><td>—</td></tr>
</table>

注：表中 K_T——变压器的线电压比。

4. 计算示例

示例：已知某终端负荷变电所装有两台10/0.4、S11-1000kVA型的变压器，变压器高压侧三相短路时的短路点电流为2.67kA，并联运行时低压侧三相短路时的短路点电流为33.46kA，电流互感器的变比为100/5。试进行变压器继电保护的选择与整定计算。

解：计算过程如下：

(1) 保护装置的选择。根据现行国家标准规程规定，容量为1000kVA的变压器应装设瓦斯保护、过电流保护、电流速断保护和过负荷保护。

(2) 保护整定计算。

①过电流保护。采用两个电流互感器接成不完全星形接线方式，继电器采用DL-11型。动作电流整定值为：

$$I_{op}=\frac{K_{rel}K_{w}}{K_{re}K_{i}}L_{L.max}=\frac{1.2\times1}{0.85\times(100/5)}\times\left(1.5\times\frac{1000}{\sqrt{3}\times10}\right)=6.1A$$

灵敏系数校验：

$$K_{s}=\frac{K_{w}I_{2k2.min}}{K_{i}I_{op}}=\frac{1\times\left[0.866\times\left(\frac{1}{2}\times33.46\times\frac{0.4}{10.5}\times10^{3}\right)\right]}{(100/5)\times6.1}=4.5\geqslant1.5$$

灵敏系数满足要求。

动作时间应与装在变压器低压侧的保护相配合，时限阶段取$\Delta t=0.5s$。

②电流速断保护。采用两个电流互感器接成不完全星形接线方式，继电器采用DL-11型。动作电流整定值为：

$$I_{qb}=\frac{K_{rel}K_{w}}{K_{i}}I''_{2k3.max}=\frac{1.3\times1}{100/5}\times\left(\frac{1}{2}\times33.46\times\frac{0.4}{10.5}\times10^{3}\right)=41.4A$$

灵敏系数校验：

$$K_{s}=\frac{K_{w}I''_{1k2.min}}{K_{i}I_{qb}}=\frac{1\times(0.866\times2.67\times10^{3})}{(100/5)\times41.4}=2.8\geqslant2$$

灵敏系数满足要求。

③过负荷保护。用一个DL-11型继电器构成。动作电流整定值为：

$$I_{op}=\frac{K_{rel}K_{w}}{K_{re}K_{i}}I_{1rT}=\frac{1.05\times1}{0.85\times(100/5)}\times\frac{1000}{\sqrt{3}\times10}=3.6A$$

动作时间考虑躲过允许的短时最大负荷时间（如电动机启动或自启动时间），一般取9～15s。

5.1.3 10（6）kV电力线路保护

1. 中性点非直接接地的供电线路保护的规定和要求

根据《民用建筑电气设计规范》JGJ 16—2008的规定，10(6)kV供电线路保护应符合下列规定和要求。

(1) 线路的下列故障或异常运行，应装设相应的保护装置：

①相间短路；

②过负荷；

③单相接地。

(2) 线路的相间短路保护，主要是保证当发生不在同一处的两点或多点接地时可靠切除短路故障，应符合下列规定：

①当保护装置由电流继电器构成时，应接于两相电流互感器上；对于同一供配电系统的所有线路，电流互感器应接在相同的两相上；

②当线路短路使配变电所母线电压低于标称系统电压的50%～60%，以及线路导线

截面过小，不允许带时限切除短路时，应快速切除短路；

③当过电流保护动作时限不大于 0.5～0.7s，且没有本款第 2 项所列的情况或没有配合上的要求时，可不装设瞬动的电流速断保护。

（3）对单侧电源线路可装设两段过电流保护。第一段应为不带时限的电流速断保护，第二段应为带时限的过电流保护，可采用定时限或反时限特性的继电器。保护装置应装在线路的电源侧。

（4）对 10(6)kV 变电所的电源进线，可采用带时限的电流速断保护。

（5）对单相接地故障，应装设接地保护装置，并应符合下列规定：

①在配电所母线上应装设接地监视装置，并动作于信号；

②对于有条件安装零序电流互感器的线路，当单相接地电流能满足保护的选择性和灵敏性要求时，应装设动作于信号的单相接地保护；

③如不能安装零序电流互感器，而单相接地保护能够躲过电流回路中不平衡电流的影响时，也可将保护装置接于三相电流互感器构成的零序回路中。

注：配变电所单相接地保护，设计中遇到的问题较多。微机保护有零序电流与零序电压采集输入口，可检测出单相接地后接地电容电流的大小与方向，判断出发生单相接地回路的相序。配变电所高压侧为中性点不接地系统时，配变电所出线回路较多时，可由微机保护实现单相接地保护。配变电所出线回路较少时，由专用电源供电时可不设计单相接地保护，由上一级配变电所出线回路实现单相接地保护。配变电所出线回路较少时，由非专用电源供电时可在电源进线回路设计单相接地保护，此时出线回路可以不再设计单相接地保护。微机保护零序电流采集输入口电流通常为 1A，由三相电流互感器构成的零序回路受电流互感器变比的影响，微机保护零序电流采集输入口电流要减小。

（6）对可能过负荷的电力电缆线路，应装设过负荷保护。保护装置宜带时限动作于信号，当危及设备安全时可动作于跳闸。

2. 设计技术措施

（1）保护配置：10（6）kV 线路的继电保护配置，见表 5.1.3-1。

10（6）kV 线路的继电保护配置　　表 5.1.3-1

被保护线路	保护装置名称				说　明
	无时限电流速断保护	带时限速断保护	过电流保护	单相接地保护	
单侧电源放射式单回路	自重要配电所引出的线路装设	当无时限电流速断不能满足选择性动作时装设	装设	根据需要装设	1. 当过电流保护的时限不大于 0.5～0.7s，且没有保护配合上的要求时，可不装设电流速断保护； 2. 无时限电流速断保护范围，应保证切除所有使该母线残压低于 50%～60%额定电压的短路。为满足这一要求，必要时保护装置可无选择地动作，并以自动装置来补救

注：10kV 系统采用中性点经小电阻接地方式时，应设置零序速断保护并动作于跳闸。

（2）单相接地故障保护装置设置：

①对于出线回路不多或难以装设有选择性的单相接地保护时，可以采用依次断开线路

的方法，寻找故障线路；

②根据人身和设备安全的要求，对经小电阻接地系统，应装设动作于跳闸的单相接地保护。

3. 高压电力线路保护计算方法

(1) 计算要点。

10 (6) kV单侧电源电力线路上配置的继电保护一般包括：过电流保护、无时限电流速断保护、带时限电流速断保护和电源中性点不接地的单相接地保护。

(2) 计算方法

10 (6) kV单侧电源电力线路保护的计算，见表5.1.3-2。

10 (6) kV单侧电源电力线路保护的计算 **表5.1.3-2**

保护类别	计算方法
1. 过电流保护	(1) 动作电流。按躲过线路的短时最大负荷电流整定： $$I_{op}=\frac{K_{rel}K_w}{K_{re}K_i}I_{1.max} \quad (5.1.3\text{-}1)$$ 式中 K_{rel}——可靠系数；用于过电流保护时，DL型和GL (LL) 型电流继电器分别取1.2和1.3；用于电流速断保护时分别取1.3和1.5；用于单相接地保护时，无时限取4～5，有时限取1.5～2； K_w——接线系数；接于相电流时取1，接于相电流差时取$\sqrt{3}$； K_{re}——继电器的返回系数，取0.85； K_i——电流互感器额定电流变比； $I_{1.max}$——线路短时最大过负荷（包括电动机自启动引起的）电流，A。 (2) 灵敏系数。按最小运行方式下线路末端两相短路电流校验： $$K_s=\frac{K_wK_{2k2.min}}{K_iK_{op}}\geqslant 1.5 \quad (5.1.3\text{-}2)$$ 式中 $I_{2k2.min}$——最小运行方式下，线路末端两相短路电流稳态值，A。 (3) 动作时限。较相邻元件（下级）的过电流保护动作时限长为0.5～0.7s
2. 无时限电流速断保护	(1) 动作电流。按躲过最大运行方式下线路末端短路时的三相短路电流初始值整定： $$I_{qb}=\frac{K_{rel}K_w}{K_i}\geqslant I''_{2k3.max} \quad (5.1.3\text{-}3)$$ 式中 $I''_{2k3.max}$——最大运行方式下线路末端三相短路电流初始值，A；对于线路变压器组，应为变压器低压侧短路流过高压侧的值。 (2) 灵敏系数。按最小运行方式下线路始端两相短路电流初始值校验： $$K_s=\frac{K_wI''_{1k2.min}}{K_iI_{qb}}\geqslant 2 \quad (5.1.3\text{-}4)$$ 式中 $I''_{1k2.min}$——最小运行方式下线路始端两相短路电流初始值，A。 上述式中其余各参数说明参见线路过电流保护计算公式

续表

<table>
<tr><th>保护类别</th><th>计　算　方　法</th></tr>
<tr><td>3. 带时限电流速断保护</td><td>（1）动作电流。按躲过最大运行方式下相邻元件（下级）末端短路时的三相短路电流稳态值整定，且还应与相邻元件的电流速断保护动作电流相配合，按两个条件中的较大者整定：
$$I_{qb.t}=\frac{K_{rel}K_{W}}{K_{i}}I_{3k3.max} \quad (5.1.3\text{-}5)$$
$$I_{qb.t}=\frac{1.1K_{W}}{K_{i}}I_{2qb.1} \quad (5.1.3\text{-}6)$$
式中　$I_{3k3.max}$——最大运行方式下相邻元件末端短路时的三相短路电流稳态值，A；对于线路变压器组，应为变压器二次侧低压母（干）线短路流过一次侧的值；
$I_{2qb.1}$——相邻元件无时限速断保护的一次动作电流，A。
（2）灵敏系数。按最小运行方式下线路始端两相短路电流稳态值校验：
$$K_{s}=\frac{K_{W}K_{1k2.min}}{K_{i}I_{qb}}\geqslant 2 \quad (5.1.3\text{-}7)$$
（3）动作时限。应较相邻元件的电流速断保护大一个时限阶段，一般大0.5～0.7s。
上述式中其余各参数说明参见线路过电流保护计算公式</td></tr>
<tr><td>4. 电源中性点不接地的单相接地保护</td><td>（1）动作电流。按躲过线路外部单相接地时从被保护线路流出的电容电流整定：
$$I_{op(E)}=\frac{K_{rel}}{K_{i}}I_{C} \quad (5.1.3\text{-}8)$$
式中　I_{C}——线路外部单相接地时从被保护线路流出的电容电流，A。
（2）灵敏系数。按被保护线路末端发生单相接地故障时流过接地线的不平衡电流作为最小故障电流来校验：
$$K_{s}=\frac{I_{C.\Sigma}-I_{C}}{K_{i}I_{op(E)}}\geqslant 1.25 \quad (5.1.3\text{-}9)$$
式中　$I_{C.\Sigma}$——电网的总单相接地电容电流，A。
上述式中其余各参数说明参见线路过电流保护计算公式</td></tr>
</table>

4. 计算示例

示例：如图5.1.3-1所示的无限大容量供电系统中，10kV线路WL1上的最大负荷电流为298A，电流互感器TA的变比是400/5。k1、k2点三相短路时归算至10.5kV侧的最小短路电流分别为930A、2660A。变压器T上设置的定时限过电流保护装置1的动作时限为0.6s。拟在线路WL1上设置定时限过电流保护装置2，试进行接线设计及整定计算。

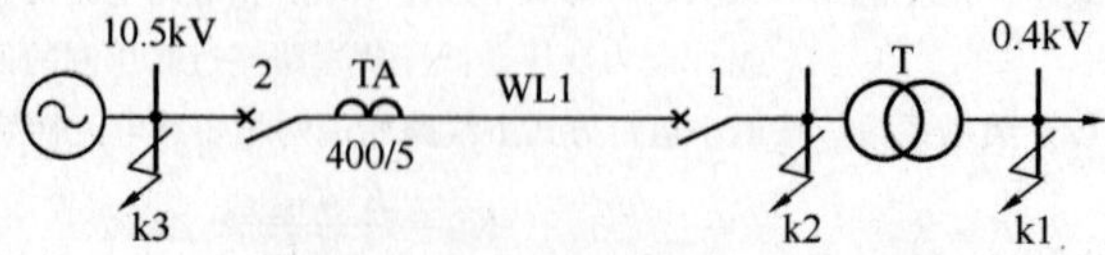

图5.1.3-1　线路保护示意图

解：计算过程如下：采用两相两继电器式接线的定时限过电流保护装置，整定计算如下：

(1) 动作电流的整定。取 $K_{rel}=1.2$，$K_w=1$，$K_{re}=0.85$，则过电流继电器的动作电流为：

$$I_{op(2)}=\frac{K_{rel}K_w}{K_{re}K_i}L_{L.max}=\frac{1.2\times1}{0.85\times80}\times298=5.26A$$

选 DL-21C/10 型电流继电器 2 只，其动作电流整定范围为 2.5～10A，并整定动作电流为 $I_{op(2)}=6A$，则保护装置一次侧动作电流为：

$$I_{op(1)}=\frac{K_iI_{op(2)}}{K_w}=\frac{80\times6}{1}=480A$$

(2) 灵敏度的校验。

①作为线路 WL1 主保护的近后备保护时，灵敏度校验点选在 k2 点，则：

$$K_s=\frac{I_{k2.min}^{(2)}}{I_{op(1)}}=\frac{0.866\times2660}{480}=4.8>1.5$$

②作为变压器 T 上设置的定时限过电流保护的远后备保护时，灵敏度校验点选在 k1 点，则：

$$K_s=\frac{I_{k1.min}^{(2)}}{I_{op(1)}}=\frac{0.866\times930}{480}=1.68>1.2$$

灵敏度均满足要求。

(3) 动作时限的整定。按动作时限整定的阶梯原则，则

$$T_{WL(1)}=t_{T(1)}+\Delta t=0.6+0.5=1.1s$$

选 DS-21 型时间继电器，时间整定范围为 0.2～1.5s。

5.1.4 并联电容器保护

1. 并联电容器保护的规定和要求

根据《民用建筑电气设计规范》JGJ 16 的规定，并联电容器的保护应符合下列规定和要求。

(1) 对 10(6)kV 的并联补偿电容器组的下列故障及异常运行方式，应装设相应的保护装置：

①电容器内部故障及其引出线短路；

②电容器组和断路器之间连接线短路；

③电容器组中某一故障电容器切除后所引起的过电压；

④电容器组的单相接地；

⑤电容器组过电压；

⑥所连接的母线失电压。

(2) 对电容器组和断路器之间连接线的短路，可装设带有短时限的电流速断和过电流保护，并动作于跳闸。速断保护的动作电流，应按最小运行方式下，电容器端部引线发生两相短路时，有足够灵敏系数整定。过电流保护装置的动作电流，应按躲过电容器组长期允许的最大工作电流整定。

(3) 对电容器内部故障及其引出线的短路，宜对每台电容器分别装设专用的熔断器。熔体的额定电流可为电容器额定电流的 1.5～2.0 倍。用熔断器保护电容器，是一种比较理想的保护方式，只要熔断器选择合理，特性配合正确，就能满足安全运行的要求。

（4）当电容器组中故障电容器切除到一定数量，引起电容器端电压超过 110％额定电压时，保护应将整组电容器断开。对不同接线的电容器组可采用下列保护：

①单星形接线的电容器组可采用中性导体对地电压不平衡保护；

②多段串联单星形接线的电容器组，可采用段间电压差动或桥式差电流保护；

③双星形接线的电容器组，可采用中性导体不平衡电压或不平衡电流保护。

（5）对电容器组的单相接地故障，可按对单侧电源线路装设两段过电流保护的规定装设保护，但安装在绝缘支架上的电容器组，可不再装设单相接地保护。

（6）电容器组应装设过电压保护，应带时限动作于信号或跳闸。

（7）电容器装置应设置失电压保护，当母线失电压时，带时限动作于信号或跳闸。一般电压继电器的动作值可整定为额定电压的 50％～60％，动作时限需根据系统接线和电容器结构而定，一般可取 0.5～1s。

（8）当供配电系统有高次谐波，并可能使电容器过负荷时，电容器组宜装设过负荷保护，并带时限动作于信号或跳闸。谐波电流将使电容器过负荷、过热、振动和发出异声，使串联电抗器过热，产生异声或烧损。谐波对电网的运行是有害的，首先应该对产生谐波的各种来源进行限制，使电网运行电压接近正弦波形，否则应按本款规定装设过负荷保护。

2. 并联电容器的保护配置

10（6）kV 电力电容器的继电保护配置，见表 5.1.4-1。

10（6）kV 电力电容器的继电保护配置 **表 5.1.4-1**

被保护设备	保护装置名称									备注
	带延时的速断保护	过电流保护	过负荷保护	横差保护	中性线不平衡电流保护	开口三角电压保护	过电压保护	低电压保护	单相接地保护	
电容器组	装设	装设	宜装设	对电容器内部故障及其引出线短路采用专用的熔断器保护时，可不装设			当电压可能超过110％额定值时，宜装设	宜装设	电容器与支架绝缘时可不装设	当电容器组的容量在400kvar 以内时，可以用带熔断器的负荷开关进行保护

3. 电力电容器保护的计算方法

（1）计算要点。

10（6）kV 电力电容器继电保护一般包括过电流保护、短时限电流速断保护、过负荷保护、过电压保护、欠电压保护和单相接地保护。横差保护、中性线不平衡电流保护、开口三角电压保护等一般采用专用熔断器保护或由电容器成套柜保护实现，本手册予以省略。

（2）计算方法。

10(6)kV 电力电容器保护的计算，见表 5.1.4-2。

10(6)kV 电力电容器保护的计算　表 5.1.4-2

<table>
<tr><th>保护类别</th><th>计　算　方　法</th></tr>
<tr><td>1. 过电流保护</td><td>(1) 动作电流。按大于电容器组运行的长期最大过负荷电流（1.3I_{rC}）整定：
$$I_{op}=\frac{K_{rel}K_{w}}{K_{re}K_{i}}1.3I_{rC} \quad (5.1.4\text{-}1)$$
式中 K_{rel}——可靠系数，取 1.2；
K_{w}——接线系数，接于相电流时取 1，接于相电流差时取$\sqrt{3}$；
K_{re}——继电器返回系数，取 0.85；
K_{i}——电流互感器额定电流变比；
I_{rC}——电容器组额定电流，A。
(2) 灵敏系数。按最小运行方式下电容器组端部两相短路电流校验：
$$K_{s}=\frac{K_{w}I''_{2k2.\min}}{K_{i}I_{op}}\geqslant 1.5 \quad (5.1.4\text{-}2)$$
式中 $I''_{2k2.\min}$——最小运行方式下电容器端部两相短路电流初始值，A。
(3) 动作时限。较电容器组的短时限电流速断保护动作时限长 0.5～0.7s</td></tr>
<tr><td>2. 短时限电流速断保护</td><td>(1) 动作电流。按最小灵敏系数不小于 2 整定：
$$I_{qb}\leqslant\frac{K_{w}I''_{k2.\min}}{2K_{i}} \quad (5.1.4\text{-}3)$$
式中各参数说明参见电容器过电流保护计算公式。
(2) 动作时限。应大于电容器组合闸涌流时间 0.2s 及以上</td></tr>
<tr><td>3. 过负荷保护</td><td>(1) 动作电流。按电容器负荷电流整定：
$$I_{op}\leqslant\frac{K_{rel}K_{w}}{K_{re}K_{i}}I_{rC} \quad (5.1.4\text{-}4)$$
式中各参数说明参见电容器过电流保护计算公式。
(2) 动作时限。较过电流保护动作时限长 0.5s</td></tr>
<tr><td>4. 过电压保护</td><td>(1) 动作电压。按母线电压不超过 110%额定电压整定：
$$U_{op}=1.1U_{r2} \quad (5.1.4\text{-}5)$$
式中 U_{r2}——电压互感器二次侧额定电压，其值为 100V。
(2) 动作时限。动作于信号或者带 3～5min 时限动作于跳闸</td></tr>
<tr><td>5. 欠电压保护</td><td>动作电压按母线电压可能出现的低电压整定：
$$U_{op}=K_{\min}U_{r2} \quad (5.1.4\text{-}6)$$
式中 $K_{\min}$——系统正常运行时母线电压可能出现的最低系数，一般取 0.5。
单相接地保护。动作电流按最小灵敏系数不小于 1.5 整定：
$$I_{op(E)}\leqslant\frac{I_{C.\Sigma}}{1.5K_{i}} \quad (5.1.4\text{-}7)$$
式中 $I_{C.\Sigma}$——电网的总单相接地电容电流，A</td></tr>
</table>

5.1.5 10（6）kV 母线分段断路器保护

1. 10(6)kV 分段母线保护的规定

根据《民用建筑电气设计规范》JGJ 16—2008 的规定，10(6)kV 分段母线保护应符合下列规定和要求。

(1) 由于民用建筑中 10(6)kV 配变电所一般采用单母线分段接线，正常时分段运行。母线的保护仅保证在一个电源工作、分段开关闭合时，一旦发生过电流或短路故障不致使全部负荷断电。配变电所分段母线宜在分段断路器处装设下列保护装置：

①电流速断保护；

②过电流保护。

(2) 分段断路器电流速断保护仅在合闸瞬间投入，并应在合闸后自动或手动解除，它可减少保护配合级数。当采用微机保护时可以通过编程实现。

(3) 分段断路器过电流保护应比出线回路的过电流保护增大一级时限。

2. 设计技术措施

(1) 母线分段断路器保护，一般设电流速断保护和过电流保护，如果采用反时限电流继电器，可只装设过电流继电器。

(2) 10（6）kV 分列运行的母线分段断路器继电保护装置的配置，见表 5.1.5-1。

10（6）kV 分列运行母线分段断路器继电保护装置的配置　　表 5.1.5-1

被保护设备	保护装置名称		备　注
	电流速断保护	过电流保护	
不并列运行的分段母线	仅在分段断路器合闸瞬间投入，合闸后自动解除	装设	(1) 采用反时限过电流保护时，继电器瞬动部分应解除。 (2) 对出线不多的二、三级负荷供电的配电母线分段断路器，可不设保护设置，设手动联络开关

3. 高压母线分段断路器保护的计算方法

(1) 计算要点。

对出线不多的二、三级负荷供电的 10（6）kV 配电所的母线分段断路器，可不装设保护装置。当配电所出线较多或有一级负荷时，不并列运行的分段母线应装设过电流保护、电流速断保护。

(2) 计算方法。

10(6)kV 母线分段断路器保护的计算，见表 5.1.5-2。

4. 计算示例

示例：已知某变电所 10kV 侧采用单母线分段接线，两段母线上的最大短时负荷电流为 135A，最小运行方式下母线两相短路时流过分段断路器的短路电流为 2.31kA，电流互感器的变比为 100/5，继电器采用 DL-11 型，接成两相两继电器式。试进行母线分段断路器过流保护的整定计算和灵敏度校验。

解： 计算过程如下：根据母线分段断路器过电流保护动作电流的计算公式

10（6）kV 母线分段断路器保护的计算 **表 5.1.5-2**

<table>
<tr><th>保护类别</th><th>计 算 方 法</th></tr>
<tr><td>1. 过电流保护</td><td>（1）动作电流。按躲过一段母线短时最大负荷电流整定：
$$I_{op}=\frac{K_{rel}K_w}{K_{re}K_i}I_{L.max} \quad (5.1.5\text{-}1)$$
式中 K_{rel}——可靠系数；用于过电流保护时，DL 型和 GL（LL）型电流继电器分别取 1.2 和 1.3；用于电流速断保护时分别取 1.2 和 1.5；用于单相接地保护时，无时限取 4～5，有时限取 1.5～2；
K_w——接线系数；接于相电流时取 1，接于相电流差时取$\sqrt{3}$；
K_{re}——继电器的返回系数，取 0.85；
K_i——电流互感器额定电流变比；
$I_{L.max}$——一段母线短时最大负荷电流（包括电动机自启动引起的）电流，A。
（2）灵敏系数。按最小运行方式下母线两相短路电流校验：
$$K_S=\frac{K_W I_{k2.min}}{K_i I_{op}}\geqslant 1.5 \quad (5.1.5\text{-}2)$$
式中 $I_{k2.min}$——最小运行方式下母线两相短路时，流过保护安装处的电流稳态值，A。
作为出线的后备保护时，按最小运行方式下出线回路末端两相短路电流校验：
$$K_S=\frac{K_W I_{3k2.min}}{K_i I_{op}}\geqslant 1.2 \quad (5.1.5\text{-}3)$$
式中 $I_{3k2.min}$——最小运行方式下出线回路末端两相短路时，流过保护安装处的电流稳态值，A。
（3）动作时限。较出线的过电流保护动作时限长 0.5～0.7s</td></tr>
<tr><td>2. 电流速断保护</td><td>动作电流按最小灵敏系数不小于 2 整定：
$$I_{qb}\leqslant\frac{K_{rel}I''_{k2.min}}{2K_i} \quad (5.1.5\text{-}4)$$
式中 $I''_{k2.min}$——最小运行方式下母线两相短路时，流过保护安装处的电流初始值①，A</td></tr>
</table>

注：表中①两相短路超瞬态电流 I''_{k2} 等于三相短路超瞬态电流 I''_{k3} 的 0.866 倍，三相短路超瞬态电流即对称短路电流初始值。

$$I_{op}=\frac{K_{rel}K_w}{K_{re}K_i}I_{L.max}=\frac{1.2\times1}{0.85\times20}\times135=9.5\text{A}$$

灵敏系数校验：

$$K_s=\frac{K_w I_{k2.min}}{K_i I_{op}}=\frac{1\times2.31\times10^3}{20\times9.5}=12\geqslant1.5$$

5.1.6 10（6）kV 电动机保护

1. 继电保护的规定

（1）根据《电力装置的继电保护和自动装置设计规范》GB/T 50062 的规定，3kV 及以上的异步电动机和同步电动机，应对下列故障及异常运行方式装设相应的保护装置：

①定子绕组相间短路；

②定子绕组单相接地；

③定子绕组过负荷；

④定子绕组低电压；

⑤同步电动机失步；

⑥同步电动机失磁；

⑦ 同步电动机出现非同步冲击电流；

⑧相电流不平衡及断相。

(2) 对 2000kW 以下电动机的绕组及引出线的相间短路，应装设电流速断保护，保护装置宜采用两相式并应动作于跳闸。

(3) 对单相接地故障，当接地电流大于 5A 时，应装设有选择性的单相接地保护；当接地电流小于 5A 时，可装设接地检测装置。

单相接地电流为 10A 及以上时，保护装置动作于跳闸；单相接地电流为 10A 以下时，保护装置可动作于跳闸或信号。

(4) 下列电动机应装设过负荷保护：

①运行过程中易发生过负荷的电动机。保护装置应根据负荷特性，带时限动作于信号或跳闸；

②启动或自启动困难，需要防止启动或自启动时间过长的电动机。保护装置动作于跳闸。

(5) 对母线电压短时降低或中断，应装设电动机低电压保护，并应符合下列规定：

①当电源电压短时降低或短时中断后又恢复时，需要断开的次要电动机和有备用自动投入机械的电动机，应装设低电压保护；

②根据生产过程不允许或不需要自启动的电动机，应装设低电压保护；

③需要自启动，但为保证人身和设备安全，在电源电压长时间消失后须从电力网中自动断开的电动机，应装设低电压保护；

④属一级负荷并装有自动投入装置的备用机械的电动机，应装设低电压保护；

⑤保护装置应动作于跳闸。

2. 高压电动机的保护配置

(1) 10 (6) kV 电动机的继电保护配置，见表 5.1.6-1。

10 (6) kV 电动机的继电保护配置　　　　**表 5.1.6-1**

电动机容量 (kW)	保护装置名称				
	电流速断保护	纵联差动保护	过负荷保护	单相接地保护	低电压保护
异步电动机＜2000	装设	当电流速断保护不能满足灵敏性要求时装设	生产过程中易发生过负荷时，或起动、自起动条件严重时应装设	单相接地电流＞5A 时装设，≥10A 时一般动作于跳闸，5～10A 时可动作于跳闸或信号	根据需要装设
异步电动机≥2000		装设			

(2) 下列电动机应装设低电压保护，保护装置应动作于跳闸：

①当电源电压短时降低或短时中断后又恢复时，为了保证重要电动机自起动而需要断

开的次要电动机，保护装置的电压整定值一般为电动机额定电压的60%～70%，时限一般约为0.5s。

②当电源电压短时降低或短时中断后，根据生产过程不允许或不需要自动起的电动机。保护装置的电压整定值一般为电动机额定电压的40%～50%或略高；时限一般较上一级主保护大一时限阶段，取0.5～1.5s，必要时保护可无选择地动作。

③需要自起动，但为保证人身和设备安全，在电源电压长时间消失后需从配电网中自动断开的电动机。保护装置的电压整定值一般为电动机额定电压的40%～50%，时限一般为5～10s。

④电动机数量较多时，应采用集中动作低电压保护的接线。低电压保护的接线应尽可能满足以下要求：

a. 当电压互感器一次侧及二次侧发生各种断线故障时，保护装置不应动作；

b. 当电压互感器一次侧隔离开关因误操作被断开时，保护装置不应动作；

c. 0.5s和9～10s低电压保护的动作电压应分别整定；

d. 应采用能长期耐受电压的时间继电器。

3. 高压电动机保护的计算方法

(1) 计算要点。

10(6)kV电动机的继电保护方式一般有电流速断保护、单相接地保护、过负荷保护和低电压保护。电动机纵联差动保护、同步电动机保护在民用建筑中很少用到，故本手册中不作说明。

(2) 计算方法。

10(6)kV电动机保护的计算，见表5.1.6-2。

10(6)kV电动机保护的计算　　表5.1.6-2

保护类别	计算方法
1. 电流速断保护	(1) 动作电流。异步电动机的动作电流按躲过电动机的启动电流整定： $$I_{qb}=\frac{K_{rel}K_{w}}{K_{re}K_{i}}K_{st}I_{rM} \quad (5.1.6\text{-}1)$$ 式中　K_{rel}——可靠系数：用于电流速断保护时，DL型和GL(LL)型电流继电器分别取1.4～1.6和1.8～2.0；用于过负荷保护时动作于信号取1.05，动作于跳闸取1.2； K_{w}——接线系数；接于相电流时取1，接于相电流差时取$\sqrt{3}$； K_{re}——继电器的返回系数，取0.85； K_{i}——电流互感器额定电流变比； I_{rM}——电动机的额定电流，A； K_{st}——电动机启动电流倍数(取决于电动机启动方式)。 (2) 灵敏系数。按最小运行方式下电动机接线端两相短路电流初始值校验： $$K_{s}=\frac{K_{w}I''_{k2\cdot min}}{K_{i}I_{op}}\geqslant 2 \quad (5.1.6\text{-}2)$$ 式中　$I''_{k2\cdot min}$——最小运行方式下电动机接线端两相短路电流初始值，A；

续表

保护类别	计　算　方　法
2. 单相接地保护	动作电流按电动机发生单相接地故障时最小灵敏系数不小于1.25整定。 $$I_{op(E)} \leqslant \frac{I_{C.\Sigma} - I_{CM}}{1.25K_i} \quad (5.1.6\text{-}3)$$ 式中　$I_{C.\Sigma}$——电网的总单相接地电容电流（A）； I_{CM}——电动机的单相接地电容电流（除大型同步电动机外，可忽略不计），A
3. 过负荷保护	（1）动作电流。按躲过电动机额定电流整定： $$I_{op} = \frac{K_{rel}}{K_{re}K_i} I_{rM} \quad (5.1.6\text{-}4)$$ （2）动作时限。按躲过电动机的启动及自动启动时间整定，一般可取10～15s
4. 低电压保护	动作电压与动作时限： （1）当电源电压短时降低或短时中断后又恢复时，为保证重要电动机自启动而需要断开的次要电动机，其动作电压为$U_{op}=0.6\sim0.7U_{r2}$，动作时限为0.5s。 （2）根据生产过程不允许或不需要自启动的电动机，动作电压$U_{op}=0.4\sim0.5U_{r2}$，动作时限为0.5～1.5s。 （3）需要自启动，但为了保证人身和设备安全，在电源电压长时间消失后需从电力网中自动断开的电动机，动作电压$U_{op}=0.4\sim0.5U_{r2}$，动作时限为5～10s。式中U_{r2}为电压互感器二次额定电压，其值为100V

5.1.7　备用电源和备用设备自动投入装置

1. 备用电源和备用设备的自动投入装置的规定和要求

（1）备用电源或备用设备的自动投入装置，可在下列情况之一时装设：

①由双电源供电的变电所和配电所，其中一个电源经常断开作为备用；

②变电所和配电所内有互为备用的母线段；

③变电所内有备用变压器；

④变电所内有两台所用变压器；

⑤运行过程中某些重要机组有备用机组。

（2）自动投入装置应符合下列要求：

①应能保证在工作电源或设备断开后才投入备用电源或设备；

②工作电源或设备上的电压消失时，自动投入装置应延时动作；

③自动投入装置保证只动作一次；

④当备用电源或设备投入到故障上时，自动投入装置应使其保护加速动作；

⑤手动断开工作电源或设备时，自动投入装置不应启动；

⑥备用电源自动投入装置中，可设置工作电源的电流闭锁回路。两路电源应设有闭锁装置，在任何情况下，两路高压电源不应并列运行；

⑦当采用备用电源自动投入装置时，应校验备用电源过负荷情况和电动机自启动的情况。如过负荷严重或不能保证电动机自启动，应在备用电源自动投入装置动作前自动减负荷。

（3）为保证操作及运行安全，高压进线断路器与母线分段断路器、进线隔离电器及计量柜之间应设有闭锁装置。

(4) 低压母线分段断路器的自动投入，应设有延时，并应躲过高压母线分段断路器的合闸时间；当变压器低压侧总断路器因过流或短路故障而跳闸时，其低压母线分段断路器不应动作合闸；为防止两台变压器并联运行，变压器低压侧总断路器与低压母线分段断路器应设有联锁装置。

(5) 正常工作电源与应急电源之间应设有联锁装置或采用双投开关。以保证工作电源在失电跳闸后，才能投入备用电源。

(6) 备用电源自动投入：备用电源自动投入方式按 1 号电源进线，2 号电源进线均为主供，分段断路器常分互为备用方案。当要求备用电源自动投入时，应选用具有备用电源自动投入功能的电源进线方案，备用电源自投装置，应具有手动分闸、遥控分闸，以及保护跳闸闭锁功能。自动投入装置应满足的条件，见表 5.1.7-1。

自动投入装置的条件 **表 5.1.7-1**

设置 条件	备用电源或母线分段断路器
应满足条件	1. 保证在工作电源断开后才投入备用电源； 2. 工作电源故障或断路器被错误断开时，自投入装置应延时动作。 3. 手动断开工作电源、电压互感器回路断线和备用电源无压的情况下，不应启动自动投入装置； 4. 保证自动投入装置只动作一次； 5. 备用电源自动投入装置动作后，如投到故障段上，应使其保证加速动作并跳闸； 6. 备用电源自动投入装置中，可设置工作电源的电流闭锁回路。 7. 一个备用电源或设备同时作为几个电源或设备的备用时，自动投入装置应保证在同一时间备用电源或设备只能作为一个电源或设备的备用

(7) 正常工作电源与应急电源之间应设有联锁装置或采用 ATSE 双投开关。

2. 自动投切装置方案

低压配电系统中，需要多路电源进线时，电源开关的操作可以选择多功能的自动投切装置来实现，用以提高工程设计、工程施工质量和可靠性的手段，其配置的主开关额定电流由 630A～6300A 均可选择。

目前的自动投切装置基于可编程序控制器为核心技术，其功能均能满足《民用建筑电气设计规范》JGJ 16—2008 4.4.12 条及 4.4.13 条的规定，且装置兼具有 PLC 功能（双电源合环倒闸操作（不停电倒闸）），和远程监控功能（支持 MODBUS-RTU 通信协议，RS485 通信接口），以及短信远程报警功能。目前北京地区多采用 BZT1 系列配电多功能自动投切装置，其系统接线主要方案有四种，见表 5.1.7-2。

多功能自动投切装置主接线方案 **表 5.1.7-2**

正常时电源运行方式	主接线示图	投切装置型号规格	技术特点	适用范围
1. 一用一备		BZT1-20-H-TK	可不停电切换电源，具有通信远程控制功能	适用于两路进线和无母联的低压配电室
		BZT1-20-N-TK	需停电切换电源，具有通信远程控制功能	

续表

正常时电源运行方式	主接线示图	投切装置型号规格	技术特点	适用范围
2. 二用互备	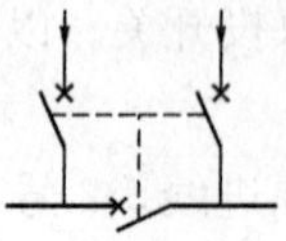	BZT1-21-H-TK	可不停电切换电源，具有通信远程控制功能	适用于两路进线和一路母联的低压配电室
		BZT1-21-N-TK	需停电切换电源，具有通信远程控制功能	
3. 一用二备	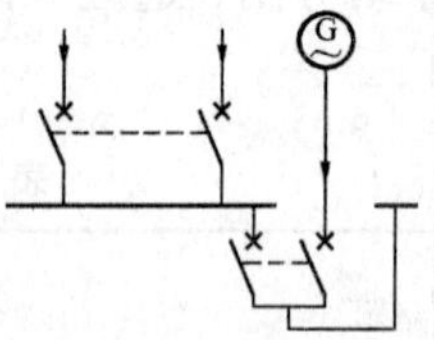	BZT1-30-H-TK	可不停电切换电源，具有通信远程控制功能	适用于两路进线、无母联和带发电机组的低压配电室
		BZT1-30-N-TK	需停电切换电源，具有通信远程控制功能	
4. 二用一备	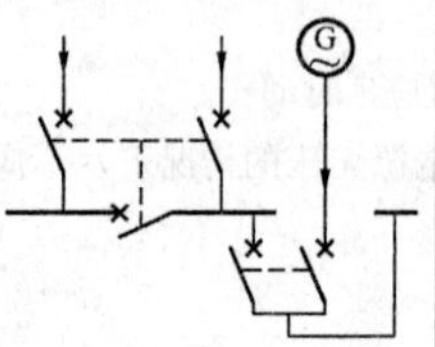	BZT1-31-H-TK	可不停电切换电源，具有通信远程控制功能	适用于两路进线、一路母联和带发电机组的低压配电室
		BZT1-31-N-TK	需停电切换电源，具有通信远程控制功能	

5.1.8 供配电系统微机保护

1. 供配电系统微机保护设计应符合现行国家行业标准《民用建筑电气设计规范》JGJ 16—2008 第 5.1.4 条、第 5.2.2 条～5.2.4 条和第 5.2.7 条的规定和要求。

2. 设计要点。

(1) 微机保护装置是通过不同软件（算法）来实现各种保护功能，因此，一台微机保护装置具有较多的保护功能。

(2) 在进行微机保护设计时，应根据实际工程需要和规范要求相应选择基本保护，对不需要的保护可通过软件控制将其屏蔽。

3. 供配电系统微机保护设计方法，见表 5.1.8-1。

供配电系统微机保护设计方法　　表 5.1.8-1

类　别	保护装置及应用
1. 电力线路微机保护装置	电力线路微机保护装置可用于 35kV 及以下单侧电源进线、母线及馈线的主保护和后备保护，其保护配置及应用，见表 5.1.8-2。
2. 配电变压器微机保护装置	配电变压器微机保护装置可用于 10(6)kV 配电变压器，其保护配置及应用，见表 5.1.8-3
3. 电力电容器微机保护装置	电力电容器微机保护装置可用于 10(6)kV 各种接线并联电容器的保护，其保护配置及应用，见表 5.1.8-4
4. 电动机微机保护装置	电动机微机保护装置可用于 10(6)kV 大中型电动机的主保护，其保护配置及应用，见表 5.1.8-5

续表

类　别	保护装置及应用
5. 微机电流、电压保护的整定计算	本手册第5.1.2节～第5.1.6节表5.1.2-2、表5.1.3-2、表5.1.4-2、表5.1.5-2及表5.1.6-2中电流电压保护的整定计算在微机电流、电压保护中均适用，其时限整定原则也相同。但其中的可靠系数 K_{rel} 及返回系数 K_{re} 不同，一般取 $K_{rel}=1.05\sim1.2$，$K_{re}=0.85\sim0.95$，其时限阶梯对定时限特性 $\Delta t=0.3s$，对反时限特性 $\Delta t=0.5s$。具体取值应以厂家产品说明书为准

电力线路微机保护装置的保护配置与应用　　表5.1.8-2

序号	保护配置	应用说明
1	三相电流速断保护、短时限电流速断保护	对于35(10)kV电源进线，一般投入短时限电流速断保护，电流速断保护退出。 对于35(10)kV母线，一般投入电流速断保护，短时限电流速断保护退出，母联断路器合闸时保护短时投入。 对于10(6)kV馈线，一般投入电流速断保护、短时限电流速断保护
2	三相过电流保护	一般为定时限，也可选择为反时限
3	三段式零序电流保护	零序电流由专用的零序电流互感器引入，可选择跳闸或选线. 对于10(6)kV终端变电所的电源进线，根据需要可投入零序电流速断保护，短时限零序电流速断保护和定时限零序电流保护退出。 对于35/10(6)kV总降压变电所的10(6)kV馈线，一般投入短时限零序电流速断保护和定时限零序电流保护，零序电流速断保护退出
4	三相一次重合闸	对于10(6)kV电缆馈线，一般不用，将其退出
5	过负荷保护	可选择跳闸或发信号
6	低周减载保护	用户变配电所不用，将其退出
7	PT断线告警	投入
8	故障录波	投入

配电变压器微机保护装置的保护配置与应用　　表5.1.8-3

序号	保护配置	应　用　说　明
1	三相电流速断保护、过电流保护	过电流保护一般为定时限，也可选择为反时限
2	零序电流保护	根据需要投入。零序电流由专用的零序电流互感器引入，可选择跳闸或选线
3	低压侧三段式定时限零序过电流保护	对于10(6)/0.4kV配电变压器，接地故障保护灵敏性不满足要求时

续表

序号	保护配置	应用说明
4	过负荷保护	可选择跳闸或发信号
5	非电量保护	变压器瓦斯保护、温度保护等，根据需要投入
6	PT断线告警	投入
7	故障录波	投入

电力电容器微机保护装置的保护配置与应用　　表5.1.8-4

序号	保护配置	应用说明
1	三相短时限电流速断保护、过电流保护	过电流保护一般为定时限
2	过电压保护及低电压保护	基本保护
3	不平衡电流保护	两组电容器双Y形联结应用
4	零序电压保护	单组电容器Y形联结应用
5	PT断线告警	投入
6	故障录波	投入

电动机微机保护装置的保护配置与应用　　表5.1.8-5

序号	保护配置	应用说明
1	电流速断保护或差动保护	主保护，根据规范要求选择
2	三相过电流保护	防止电动机启动时间过长或堵转而设置
3	零序电流保护	零序电流由专用的零序电流互感器引入，可选择跳闸或选线
4	过负荷保护	可选择跳闸或发信号
5	过热保护	投入。可选择跳闸或告警
6	负序电流保护	投入。用于电动机的不平衡、断相或反相保护
7	低电压保护	基本保护
8	过电压保护	投入
9	非电量保护	根据需要投入
10	PT断线告警	投入
11	故障录波	投入

5.2 电气测量

5.2.1 基本规定和要求

电气测量的基本规定，见表5.2.1-1。

电气测量的基本规定 表 5.2.1-1

<table>
<tr><th>类　别</th><th>技术规定和要求</th></tr>
<tr><td>测量仪表的设置</td><td>1. 本规定适用于固定安装的批示仪表、记录仪表、数字仪表、仪表配用的互感器及采用和计算机监控与管理系统相配套的自动化仪表等器件。
2. 测量仪表应符合下列要求：
(1) 应能正确反映被测量回路的运行参数。
(2) 应能随时监测被监测回路的绝缘状况。
3. 测量仪表的准确度等级选择应符合下列规定：
(1) 除谐波测量仪表外，交流回路的仪表准确度等级不应低于 2.5 级。
(2) 直流回路的仪表准确度等级不应低于 1.5 级。
(3) 电量变送器输出侧的仪表准确度等级不应低于 1.0 级。
4. 测量仪表配用的互感器准确度等级选择，应符合下列规定：
(1) 1.5 级及 2.5 级的测量仪表，应配用不低于 1.0 级的互感器。
(2) 电量变送器应配用不低于 0.5 级的电流互感器。
5. 直流仪表配用的外附分流器准确度等级不应低于 0.5 级。
6. 电量变送器准确度等级不应低于 0.5 级。
7. 仪表的测量范围和电流互感器变比的选择，宜满足当被测量回路以额定值的条件运行时，仪表的指示在满量程的 70%。
8. 对多个同类型回路参数的测量，宜采用以电量变送器组成的选测系统。选测参数的种类及数量，可根据运行监测的需要确定。
9. 下列电力装置回路应测量交流电流：
(1) 配电变压器回路。
(2) 无功补偿装置。
(3) 10 (6) kV 和 1kV 及以下的供配电干线。
(4) 母线联络和母线分段断路器回路。
(5) 55kW 及以上的电动机。
(6) 根据使用要求，需监测交流电流的其他回路。
10. 三相电流基本平衡的回路，可采用一只电流表测量其中一相电流。下列装置及回路应采用三只电流表分别测量三相电流：
(1) 无功补偿装置。
(2) 配电变压器低压侧总电流。
(3) 三相负荷不平衡幅度较大的 1kV 及以下的配电线路。
11. 下列装置及回路应测量直流电流：
(1) 直流发电机。
(2) 直流电动机。
(3) 蓄电池组。
(4) 充电回路。
(5) 整流装置。
(6) 根据使用要求，需监测直流电流的其他装置及回路。
12. 交流系统的各段母线，应测量交流电压。</td></tr>
</table>

续表

类　别	技术规定和要求
测量仪表的设置	13. 下列装置及回路应测量直流电压： （1）直流发电机。 （2）直流系统的各段母线。 （3）蓄电池组。 （4）充电回路。 （5）整流装置。 （6）发电机的励磁回路。 （7）根据使用要求，需监测直流电压的其他装置及回答。 14. 中性点不直接接地系统的各段母线，应监测交流系统的绝缘。 15. 根据使用要求，需监测有功功率的装置及回路，应测量有功功率。 16. 下列装置及回路应测量无功功率： （1）1kV 及以上的无功补偿装置。 （2）根据使用要求，需监测无功功率的其他装置及回路。 17. 在谐波监测点，宜装设谐波电压、电流的测量仪表
电能计量仪表的设置	1. 下列装置及回路应装设有功电能表： （1）10（6）kV 供配电线路。 （2）用电单位的有功电量计量点。 （3）需要进行技术经济考核的电动机。 （4）根据技术经济考核和节能管理的要求，需计量有功电量的其他装置及回路。 2. 下列装置及回路，应装设无功电能表： （1）无功补偿装置。 （2）用电单位的无功电量计量点。 （3）根据技术经济考核和节能管理的要求，需计量无功电量的其他装置及回路。 3. 计费用的专用电能计量装置，宜设置在供用电设施的产权分界处，并应按供电企业对不同计费方式的规定确定。 4. 双向送、受电的回路，应分别计量送、受电的电量。当以两只电能表分别计量送、受电量时，应采用具有止逆器的电能表。 5. 电能计量仪表的设置除符合本规定外，尚应符合电力行业标准《电能计量装置技术管理规定》和《电能计量柜》以及《供用电营业规则》等有关规定

注：1. 本表摘自现行国家行业标准《民用建筑电气设计规范》JGJ 16—2008。
2. 微机保护测量功能很强，可测量三相电流、三相电压、电网频率、谐波电压。计算出有功功率、无功功率、功率因数。测量精度也很高，电流与电压为 0.2 级、频率为 0.5 级、功率与功率因数为 1.0 级。给设计带来很大方便。
3. 当采用智能性保护装置或保护测控装置时，可根据具体情况取消或减少常规测量、计量仪表及相关变送器的设置。结合后台监控系统，可实现测量、计量的监视、告警、统计、自动抄表、报表、数据分析、数据存储与共享等功能。
有些微机保护可以计算电能，但只能作为内部核算用。微机保护都可以接受电能表脉冲，对于采用了配有计算机的变电所综合自动化系统，可以设计带脉冲输出的电能表，为计算机电能统计报表准备好数据。

5.2.2 电气测量设计要点

1. 设计基本原则

（1）电能计量是合理计费和考核企业用电技术经济指标的重要手段。电能计量仪表的装设，应满足下列要求：

①确定供电部门计费的电能大小；

②进行企业内各单位的电能计量；

③校核耗电定额；

④考核产品或半成品的单位耗电指标；

⑤核实企业的最大负荷以及无功电能的消耗和输出，并确定企业的平均功率因数。

(2) 专用电能计量仪表的设置，应按供用电管理部门对电力用户不同计费方式的规定确定。其精确度等级的选择，应按其计量的对象分别采用与其相应的普通电能表相同的精确度等级。

(3) 电力用户处的电能计量装置，宜采用全国统一标准的电能计量柜。

(4) 用电单位采用10kV及以上电压供电，变压器总容量在630kVA及以上时，应采用高压计量。高压计量用户应设置专用高压计量柜，并安装多功能电能表及远方采集装置。高压计量柜属供电部门计费用，其柜内的电能计量装置，包括有功、无功等计量表以及计量用的电压互感器、电流互感器等设备及变比由供电部门确定。用户按供电方案负责表位，附件位置及二次线等设备安装。

供电部门电能计量互感器的二次负荷不应超过额定值，其准确等级应符合供电部门的规定。

(5) 电能计量用电流互感器的二次电流，当电力装置回路以额定值的条件运行时，宜为电能表标定电流的70%～100%。电能计量用电流互感器的一次侧电流，在正常最大负荷运行时（备用回路除外），应尽量为其额定电流的2/3以上。

2. 设计技术措施

电能计量仪表选择设计技术措施，见表5.2.2-1。

电能计量仪表选择设计技术措施 **表5.2.2-1**

类 别	技术规定和要求
仪表选择	1. 电力用户处电能计量点的计费电度表，应设置专用的互感器。 2. 电能计量用电流互感器的一次侧电流，在正常最大负荷运行时（备用回路除外），应尽量为其额定电流的2/3以上。 3. 有功电度表的准确度等级宜按下列要求选择： (1) 月平均用电量1×10^6kWh及以上的电力用户电能计量点，应采用0.5级的有功电度表。 (2) 月平均用电量小于1×10^6kWh，及315kVA及以上的变压器，高压侧计费的电力用户电能计量点宜采用1.0级电度表。 (3) 在315kVA以下的变压器，低压侧计费的电力用户计量、75kW及以上电动机及仅作企业内考核的电力装置回路，宜采用2.0级有功电度表。 4. 无功电能表的准确度等级应按下列要求选择： (1) 在315kVA及以上的变压器高压侧计费的电力用户电能计量点应采用2.0级的无功电度表。 (2) 在315kVA以下的变压器低压侧计费的电力用户电能计量点，及仅作为企业内部技术经济考核的电力用户电能计量点，宜选用3.0级的无功电度表。 5. 电能计量用互感器的准确度等级应按下列要求选择： (1) 0.5级的有功电度表和0.5级的专用电能计量仪表，应选配0.2级的互感器。 (2) 1.0级的有功电度表和1.0级的专用电能计量仪表、2.0级计费用的有功电度表及2.0级无功电能表，应选配0.5级电流互感器。 (3) 仅作为企业内部技术经济考核，而不计费的2.0级有功电度表及3.0级无功电能表宜选配不低于1.0级的电流互感器

续表

类　别	技术规定和要求
安装高度	电气测量仪表的安装条件，应满足运行监测、现场调试的要求和仪表正常工作的条件。 仪表水平中心线距地面高度尺寸如下： 1. 指示仪表和数字仪表，宜安装在 1.2～2.0m； 2. 电能计量仪表和变送器，宜安装在 1.2～1.8m； 3. 记录型仪表为 0.8～1.6m； 4. 开关柜和配电盘上的电能表为 0.8～1.8m； 5. 对非标准的屏、台柜上的仪表可参照上述规定的尺寸作适当的调整； 6. 所有屏、台、柜内的电流回路端子排应采用电流试验端子，连接导线应采用铜芯绝缘软导线，电流回路导线截面应不小于 $2.5mm^2$。电压回路应不小于 $1.5mm^2$

注：本表摘自《全国民用建筑工程设计技术措施・电气》2009。

3. 电气测量与电能计量仪表的装设

(1) 电气测量与电能计量仪表的装设，见表 5.2.2-2。

35kV 及以下变、配电所测量与计量仪表的装设　　表 5.2.2-2

电压等级	线路名称		装设的表数量（只）						备　注
			电流表	电压表	有功功率表	无功功率表	有功电能表	无功电能表	
35kV	35/6～10kV 双绕组变压器	高压侧	1		1	1	1	1	仪表装在变压器高压侧或低压侧按具体情况确定
		低压侧							
3～10kV	3～10kV 进线		1						由树干式线路供电的或由电力系统供电的变电所，还应装设有功、无功电能表各 1 只
	3～10kV 母线（每段母线）			4					一只电压表用来检测线电压，其余三只电压表用作母线绝缘监视； 如母线上配出回路较少时，绝缘监视电压表可不装； 变电所接有冲击性负荷，在生产过程中经常引起母线电压连续波动时，按需要可再装设一只记录型电压表
	消弧线圈		1						需要时装设记录型电流表
	3～10kV 联络线		1		1		2		电能表只装在线路的一端，并应有逆止器
	3～10kV 出线		1				1	1	不是送往单独的经济核算单位时无功电能表可不装； 当线路负荷≥5000kVA 时可再装设一只有功功率表

续表

<table>
<tr><th rowspan="2">电压等级</th><th rowspan="2" colspan="2">线路名称</th><th colspan="6">装设的表数量（只）</th><th rowspan="2">备注</th></tr>
<tr><th>电流表</th><th>电压表</th><th>有功功率表</th><th>无功功率表</th><th>有功电能表</th><th>无功电能表</th></tr>
<tr><td rowspan="9">3～10kV</td><td rowspan="2">6～10/3～6kV变压器</td><td>高压侧</td><td rowspan="2">1</td><td rowspan="2"></td><td rowspan="2"></td><td rowspan="2"></td><td rowspan="2">1</td><td rowspan="2">1</td><td rowspan="2">仪表装在变压器高压侧或低压侧按具体情况确定</td></tr>
<tr><td>低压侧</td></tr>
<tr><td>6～10/0.38kV变压器</td><td>高压侧</td><td>1</td><td></td><td></td><td>1</td><td></td><td></td><td>如为单独的经济核算单位的变压器，还应装设一只无功电能表</td></tr>
<tr><td colspan="2">整流变压器</td><td>1</td><td></td><td></td><td></td><td>1</td><td></td><td>如为冲击负荷，按需要可再装设记录型有功、无功功率表各一只。当冲击负荷由数台整流变压器成组供电时，可只计量总的有功、无功功率，例如将表计装在进线上或上级变电所的出线上</td></tr>
<tr><td colspan="2">电炉变压器</td><td>1</td><td></td><td></td><td></td><td>1</td><td></td><td>如为了掌握电炉的运行情况而必须监视三相电流时，可装设三只电流表</td></tr>
<tr><td colspan="2">同步电动机</td><td>1</td><td></td><td></td><td>1</td><td>1</td><td>1</td><td>如成套控制屏上已装有有功、无功电能表时，配电装置上可不再装设。装功率因数表比装无功功率表好，可直接指示功率因数的超前滞后</td></tr>
<tr><td colspan="2">异步电动机</td><td>1①</td><td></td><td></td><td></td><td>1②</td><td></td><td>①≥55kV
②≥75kW</td></tr>
<tr><td colspan="2">静电电容器</td><td>3</td><td></td><td></td><td></td><td></td><td>1</td><td></td></tr>
<tr><td rowspan="3">0.38kV</td><td colspan="2">进线或变压器低压侧</td><td>3</td><td></td><td></td><td></td><td></td><td></td><td>如变压器高压侧未装电能表时，还应装设有功电能表一只</td></tr>
<tr><td colspan="2">母线（每段）</td><td></td><td>1</td><td></td><td></td><td></td><td></td><td></td></tr>
<tr><td colspan="2">出线（>100A）</td><td>1</td><td></td><td></td><td></td><td></td><td></td><td><100A 的线路，根据生产过程的要求，需进行电流监视时，可装设一只电流表；
三相长期不平衡运行的线路如动力和照明混合的线路，在照明负荷占总负荷的15%～20%以上时，应装设三只电流表；
送往单独的经济核算单位的线路，应加装有功电能表一只</td></tr>
</table>

（2）测量交流三相电流，一般采用一个电流表。但对有可能长期不平衡运行的下列回路中应安装三个电流表：

①三相负荷不平衡率大于10%的1200V及以上的电力用户线路；

②三相负荷不平衡率大于15%的1200V以下的供电线路；

③并联电力电容器组的总回路。

（3）装于控制屏上的1200V以下的交流电流表应经过仪表用电流互感器连接，装于配电屏上的可采用直接连接或经过电流互感器连接。

（4）在1200V以上中性点直接接地的三相交流系统中，测量电压可用一个电压表通过切换开关来测量三个线电压。在中性点非直接接地的三相交流系统中，一般只测量一个线电压。

在1200V以下中性点直接接地的三相交流系统中，一般只测量一个线电压。

（5）在中性点非直接接地的电网中，应在母线上装设能测定三个相电压的绝缘监视装置。绝缘监视的电压表应连接至三相五铁芯三绕组电压互感器或单相三绕组电压互感器组上，电压互感器按Y/Y-△高压侧中性点直接接地的方式连接。

4. 电流、电压互感器二次回路的设计原则

电流、电压互感器二次回路的设计原则，见表5.2.2-3。

电流、电压互感器二次回路的设计原则　　表5.2.2-3

类　别	技术规定和要求
电流互感器	1. 当测量仪表与保护装置共用一组电流互感器时，宜分别接于电流互感器的不同的二次绕组。若受条件限制需共用电流互感器同一个二次绕组时，应按下述原则配置： （1）保护装置接在仪表之前，避免校验仪表时影响保护装置工作； （2）电流回路开路能引起保护装置不正确动作，而又未设有效的闭锁和监视时，仪表应经中间电流互感器连接。当中间互感器二次回路开路时，保护用电流互感器误差应不大于10%。 2. 当几种仪表接在电流互感器的同一个二次绕组时，其接线顺序宜先接指示和积算式仪表，再接记录仪表，最后接发送仪表。当电流互感器二次绕组接有常测与选测仪表时，宜先接常测仪表后接选测仪表。 3. 电流互感器的二次回路不宜进行切换，当需要时，应采取防止开路的措施。 4. 电流互感器的二次回路只应有一个接地点，测量用二次绕组应在配电装置处接地。和电流的两个二次绕组的中性点应并接后一点接地。 5. 电流互感器二次电流回路的电缆芯线截面，应按电流互感器的额定二次负荷来计算，二次回路额定电流为5A宜不小于4mm²，1A宜不小于2.5mm²
电压互感器	1. 电压互感器负荷的分配应尽量使三相负荷平衡，以免因一相负荷过大而影响仪表和继电器的准确度。 2. 电压互感器二次绕组的接线：对中性点直接接地系统，电压互感器星形接线的二次绕组应采用中性点一点接地方式（中性线接地）。中性点接地线（中性线）中不应串接有可能断开的设备。 （1）对中性点非直接接地系统，电压互感器星形接线的二次绕组宜采用v相一点接地方式，也可采用中性点一点接地方式（中性线接地）。当采用v相接地方式时，二次绕组中性点应经击穿保险接地。v相接地线和v相熔断器或自动开关之间不应再串接有可能断开的设备。

续表

类 别	技术规定和要求
电压互感器	(2) 对V—v接线的电压互感器，宜采用v相一点接地，v相接地线上不应串接有可能断开的设备。 (3) 电压互感器剩余电压二次绕组的引出端之一应一点接地，接地引线上不应串接有可能断开的设备。 (4) 几组电压互感器二次绕组之间有电路联系或者地电流会产生零序电压使保护误动作时，接地点应集中在控制室或继电器室内一点接地。无电路联系时，可分别在不同的控制室或配电装置内接地。 (5) 由电压互感器二次绕组向交流操作继电器保护或自动装置操作回路供电时，电压互感器二次绕组之一或中性点应经击穿保险或氧化锌避雷器接地。 3. 电压互感器的二次侧一般在配电装置处经端子接地。或在控制室屏内经端子接地。 4. 电压互感器的一次侧隔离开关断开后，其二次回路应有防止电压反馈的措施。 5. 变、配电所采用单母线分段运行时，其不同母线段的电压互感器二次侧电压干线，应通过母线分段断路器及其隔离开关的辅助触点进行联络，以便更换熔断器时电压回路不致断电。 6. 电压互感器二次侧互为备用的切换，应由在电压互感器控制屏上的切换开关控制。在切换后，控制屏上应有信号显示。中性点非直接接地系统的母线电压互感器，应设有绝缘监察信号装置及抗铁磁谐振措施。 7. 当电压回路电压降不能满足电能表的准确度的要求时，电能表可就地布置，或在电压互感器端子箱处另设电能表专用的熔断器或低压断路器，并引接电能表电压回路专用的引接电缆，控制室应有该熔断器或低压断路器的监视信号。 8. 电压互感器应满足一次回路额定电压的要求。对于Ⅰ、Ⅱ类计费用途的电能计量装置，宜按计量点设置专用电压互感器或二次绕组。电压互感器的主二次绕组额定二次电压为100V

5. 电气测量变送器的选择

(1) 电气测量变送器的输入参数应与电压互感器和电流互感器的技术参数相符。输出参数应能满足测量仪表、计算机和远动遥测的要求。电能结算用电能计量不应采用电能变送器。

(2) 变送器的校准值应与二次测量仪表的满刻度值相匹配。

(3) 变送器的模拟量输出可为电流输出或电压输出，或者数字信号输出。变送器的电流输出宜选用4～20mA的规格，且串联使用。

(4) 变送器模拟量输出回路所接入的负荷（包括计算机、遥测装置、测量仪表和连接导线等）不应超过变送器输出的二次负荷值。

(5) 变送器的交流电源宜由交流不停电电源供给。发生停电故障时，不停电电源系统应能保证连续供电时间不少于半小时。

6. 二次回路熔断器及低压断路器额定电流的选择

(1) 二次回路电压为110～220V时，熔断器熔体额定电流及低压断路器脱扣器额定电流的选择，见表5.2.2-4。

二次回路电压为110～220V时熔断器熔体额定电流及低压断路器脱扣器额定电流的选择　　表5.2.2-4

回路名称	熔断器熔体额定电流(A)	低压断路器脱扣器整定电流(A)	回路名称	熔断器熔体额定电流(A)	低压断路器脱扣器整定电流(A)
断路器的控制保护回路	4～6		电压干线的总保护	4～6	
隔离开关与断路器闭锁回路	4～6	2		(10～15)	
中央信号装置	4～6		成组低电压保护的控制回路	4～6	

注：1. 括号中的数值用于变电所为交流操作（利用电压互感器作为交流操作电源）时。
2. 熔断器额定电流应按回路最大负荷电流选择，并满足选择性的要求。干线上熔断器熔体的额定电流应比支线上的大2级。
3. 低压断路器额定电流应按回路的最大负荷电流选择，并满足选择性的要求。

（2）电压互感器二次侧熔断器及低压断路器的选择，见表5.2.2-5。

电压互感器二次侧熔断器及低压断路器的选择　　表5.2.2-5

类　别	选　择　方　法
熔断器	熔体的额定电流应大于二次电压回路的最大负荷电流，其最大负荷电流应考虑到两组母线仅一组运行时，两组电压互感器的全部负荷由一组电压互感器供给的情况，即 $$I_{rr} \geqslant I_{f\cdot max} \quad (5.2.2\text{-}1)$$ 式中　I_{rr}——熔体额定电流，A； $I_{f\cdot max}$——二次电压回路最大负荷电流，A
低压断路器	1. 低压断路器脱扣器的动作电流，应大于电压互感器二次回路的最大负荷电流，即 $$I_{op} \geqslant I_{f\cdot max} \quad (5.2.2\text{-}2)$$ 式中　I_{op}——低压断路器的动作电流，A； $I_{f\cdot max}$——二次电压回路最大负荷电流，A。 2. 当电压互感器运行电压为90%额定电压时，二次电压回路末端两相经过渡电阻短路，而加于继电器线圈上的电压低于70%额定电压时（相当于低电压元件的动作值），低压断路器应瞬时动作。动作电流I_{op}的关系式如下 $$U_{g\cdot min} - K_{rel} I_{op} R_2 = 0.7U_{2r} \quad (5.2.2\text{-}3)$$ 经简化后 $$I_{op} \leqslant \frac{0.2U_{2r}}{K_{rel}R_2} = \frac{15}{R_2} \quad (5.2.2\text{-}4)$$ 式中　$U_{g\cdot min}$——最小工作电压，取$0.9U_{2r}$，V； K_{rel}——可靠系数，取1.3； I_{op}——低压断路器瞬时电流脱扣器的整定电流，A； R_2——两相短路时的环路电阻，Ω； U_{2r}——电压互感器二次额定电压，V。 3. 低压断路器应附有用于闭锁有关保护误动的常开辅助触点和低压断路器跳闸时发报警信号的常闭辅助触点。 4. 瞬时电流脱扣器断开短路电流的时间应不大于20ms。瞬时电流脱扣器的灵敏系数K_{sen}，应按电压回路末端发生两相金属性短路时的最小短路电流来校验 $$K_{sen} = \frac{I_{2k\cdot min}}{I_{op}} \quad (5.2.2\text{-}5)$$ 式中　$I_{2k\cdot min}$——二次电压回路末端发生两相短路时的最小短路电流，A； I_{op}——低压断路器瞬时电流脱扣器的整定电流，A； K_{sen}——灵敏系数，取≥1.3

5.3 二次回路及相关设备

5.3.1 基本规定和要求

1. 基本规定

继电保护二次回路及相关设备的基本规定，见表 5.3.1-1。

二次回路及相关设备的规定 **表 5.3.1-1**

类　别	技术规定和要求
二次回路	1. 二次回路的工作电压不宜超过 250V，最高不应超过 500V。 2. 互感器二次回路连接的负荷，不应超过继电保护和自动装置工作准确等级所规定的负荷范围。 3. 二次回路应采用铜芯控制电缆和绝缘导线。在绝缘可能受到油侵蚀的地方，应采用耐油的绝缘导线或电缆。 4. 控制电缆的绝缘水平宜选用 450V/750V。 5. 强电控制回路铜芯控制电缆和绝缘导线的线芯最小截面不应小于 1.5mm^2；弱电控制回路铜芯控制电缆和绝缘导线的线芯最小截面不应小于 0.5mm^2。 电缆芯线截面的选择应符合下列要求： (1) 电流互感器的工作准确等级应符合稳态比误差的要求。短路电流倍数无可靠数据时，可按断路器的额定开断电流确定最大短路电流。 (2) 当全部保护和自动装置动作时，电压互感器至保护和自动装置屏的电缆压降不应超过额定电压的 3%。 (3) 在最大负荷下，操作母线至设备的电压降，不应超过额定电压的 10%。 6. 控制电缆宜选用多芯电缆，并应留有适当的备用芯。不同截面的电缆，电缆芯数应符合下列规定： (1) 6mm^2 电缆，不应超过 6 芯。 (2) 4mm^2 电缆，不应超过 10 芯。 (3) 2.5mm^2 电缆，不应超过 24 芯。 (4) 1.5mm^2 电缆，不应超过 37 芯。 (5) 弱电回路，不应超过 50 芯。 7. 不同安装单位的回路不应共用同一根电缆。 8. 同一根电缆的芯线不宜接至屏两侧的端子排；端子排的一个端子宜只接一根导线，导致最大截面不应超过 6mm^2。 9. 屏内设备与屏外设备以及屏内不同安装单位设备之间连接均应经端子排。 10. 在可能出现操作过电压的二次回路内，应采取降低操作过电压的措施。 11. 继电保护和自动装置供电电源，应有监视其完好性的措施；供电电源侧的保护设备应与装置内保护设备相互配合
电流互感器	1. 继电保护和自动装置用电流互感器应满足误差和保护动作特性要求，宜选用 P 类产品。 2. 电流互感器二次绕组额定电流，可根据工程实际选 5A 或 1A。 3. 用于差动保护各侧的电流互感器宜具有相同或相似的特性。 4. 继电保护用电流互感器的安装位置、二次绕组分配应考虑消除保护死区。 5. 有效接地系统和重要设备回路用电流互感器，宜按三相配置；非有效接地系统用电流互感器，可根据具体情况按两相或三相配置。 6. 当受条件限制、测量仪表和保护或自动装置共用电流互感器的同一个二次绕组时，应将保护或自动装置接在测量仪表之前。 7. 电流互感器的二次回路应只有一点接地，宜在就地端子箱接地。几组电流互感器有电路直接联系的保护回路，应在保护屏上经端子排接地

续表

类　别	技术规定和要求
电压互感器	1. 继电保护和自动装置用电压互感器主二次绕组的准确级应为 3P，剩余绕组准确级应为 6P。 2. 电压互感器剩余绕组额定电压，有效接地系统应为 100V；非有效接地系统应为 100/3V。 3. 当受条件限制、测量仪表和保护或自动装置共用电压互感器的同一个二次绕组时，应选用保护用电压互感器。此时，保护或自动装置和测量仪表应分别经各自的熔断器或低压断路器接入。 4. 电压互感器的一次侧隔离开关断开后，其二次回路应有防止电压反馈的措施。 5. 电压互感器二次侧中性点或线圈引出端之一应接地。对有效接地系统，应采用二次侧中性点接地方式；对非有效接地系统宜采用 B 相接地方式，也可采用中性点接地方式；对 V—V 接线的电压互感器，宜采用 B 相接地方式。 电压互感器剩余绕组的引出端之一应接地。 电压互感器接地点宜设在保护室。 向交流操作的保护装置和自动装置供电的电压互感器，应通过击穿保险器接地。采用 B 相接地的电压互感器，其二次中性点也应通过击穿保险器接地。 6. 在电压互感器二次回路中，除剩余绕组和另有规定者外，应装设熔断器或低压断路器。在接地线上不应安装有开断可能的设备。当采用 B 相接地时，熔断器或低压断路器应安装在线圈引出端与接地点之间。 电压互感器剩余绕组的试验用引出线上应装设熔断器或低压断路器
抗干扰措施	1. 继电保护和自动装置应具有抗干扰性能，并应符合国家现行有关电磁兼容及抗干扰标准的要求。 2. 继电保护和自动装置屏柜下应敷设截面积不小于 $100mm^2$ 的接地铜排，接地铜排应首尾相连形成接地网，接地网应与主接地网可靠连接。 3. 长电缆跳闸回路，应采取防止长电缆分布电容影响和防止出口继电器误动的措施。 4. 继电保护和自动装置的控制电缆应选择屏蔽电缆，并应符合下列规定： (1) 电缆屏蔽层宜在两端接地。 (2) 电缆应远离干扰源敷设，必要时应采取隔离抗干扰措施。 (3) 弱电回路和强电回路不应共用同一根电缆；低电平回路和高电平回路不应共用同一根电缆，交流回路和直流回路不应共用同一根电缆
直流电源	1. 继电保护和自动装置应由可靠的直流电源装置（系统）供电。直流母线电压允许波动范围应为额定电压的 85%～110%，波纹系数不应大于 1%。 2. 继电保护和自动装置电源回路保护设备的配置，应符合下列规定： (1) 当一个安装单位只有一台断路器时，继电保护和自动装置可与控制回路共用一组熔断器或低压断路器。 (2) 当一个安装单位有几台断路器时，该安装单位的保护和自动装置回路应设置单独的熔断器或低压断路器。各断路器控制回路熔断器或低压断路器可单独设置，也可接于公用保护回路熔断器或低压断路器之下。 (3) 两个及以上安装单位的公用保护和自动装置回路，应设置单独的熔断器或低压断路器。 (4) 发电机出口断路器及灭磁开关控制回路，可合用一组熔断器或低压断路器。 (5) 电源回路的熔断器或低压断路器均应加以监视。 3. 继电保护和自动装置信号回路保护设备的配置，应符合下列规定： (1) 继电保护和自动装置信号回路均应设置熔断器或断路器。 (2) 公用信号回路应设置单独的熔断器或低压断路器。 (3) 信号回路的熔断器或低压断路器应加以监视
交流操作电源	小型变配电站，当 110kV 侧开关柜采用负荷开关熔断器组合保护方式时，根据需要可采用交流操作电源，操作电压宜为 AC220V，电源接自变压器低压侧或 10kV 电源进线端的电压互感器（需要作负荷校验）或用 UPS 供电

注：本表摘自《电力装置的继电保护和自动装置设计规范》GB/T 50062—2008。

2. 设计要点

(1) 二次回路及中央信号装置设计要点，见表 5.3.1-2。

二次回路及中央信号装置设计要点 表 5.3.1-2

类　别	技术规定和要求
继电保护二次回路	1. 计量单元的电流回路铜芯导线截面不应小于 $4mm^2$；电压回路铜芯导线截面不应小于 $2.5mm^2$；辅助单元的控制、信号等导线截面不应小于 $1.5mm^2$。电缆及电线截面的选择尚应符合下列要求： (1) 对于电流回路，保护用电流互感器（包括中间电流互感器）的稳态比误差不应大于10%；当无可靠根据时，可按断路器的断流容量确定最大短路电流； (2) 数字化仪表回路的电缆、电线截面应满足回路传导要求。 注：对控制电缆或绝缘导线最小截面以及选择电流回路、电压回路、操作回路电缆的条件，国内有的设计手册以及资料规定按机械强度电流回路导线截面为 $2.5mm^2$，电压、信号与控制回路导线截面积为 $1.5mm^2$，弱电回路导线截面积为 $0.5mm^2$，电力系统户外变电站电流回路导线截面积为 $2.5mm^2$，电压、信号与控制回路导线截面积为 $1.5mm^2$。开关柜与控制屏内部接线导线截面也可根据工程的具体情况，在满足使用要求的前提下按上述规定适当减小。 2. 屏（台）内与屏（台）外回路的连接、某些同名回路的连接、同一屏（台）内各安装单位的连接，均应经过端子排连接。 屏（台）内同一安装单位各设备之间的连接，电缆与互感器、单独设备的连接，可不经过端子排。 对于电流回路，需要接入试验设备的回路、试验时需要断开的电压和操作电源回路以及在运行中需要停用或投入的保护装置，应装设必要的试验端子、试验端钮（或试验盒）、连接片或切换片，其安装位置应便于操作。 属于不同安装单位或装置的端子，宜分别组成单独的端子排。 3. 在安装各种设备、断路器和隔离开关的连锁接点、端子排和接地导体时，应在不断开一次线路的情况下，保证在二次回路端子排上安全工作。 4. 电压互感器一次侧隔离开关断开后，其二次回路应有防止电压反馈的措施。 5. 电流互感器的二次回路应有一个接地点，并应在配电装置附近经端子排接地。 6. 电压互感器的二次侧中性点或线圈引出端之一应接地，且二次回路只允许有一处接地，接地点宜设在控制室内，并应牢固焊接在接地小母线上。 7. 在电压互感器二次回路中，除开口三角绕组和有专门规定者外，应装设熔断器或低压断路器。 在接地导体上不应装设开关电器。当采用一相接地时，熔断器或低压断路器应装在绕组引出端与接地点之间。 电压互感器开口三角绕组的试验用引出线上，应装设熔断器或低压断路器。 8. 各独立安装单位二次回路的操作电源，应经过专用的熔断器或低压断路器。 在变电所中，每一安装单位的保护回路和断路器控制回路，可合用一组单独的熔断器或低压断路器。 9. 配变电所中重要设备和线路的继电保护和自动装置，应有经常监视操作电源的装置。断路器的分闸回路、重要设备和线路断路器的合闸回路，应装设监视回路完整性的监视装置。 10. 二次回路中的继电器可根据需要采用组合式继电器

续表

类　别	技术规定和要求
中央信号装置	1. 宜在配变电所控制（值班）室内设中央信号装置。中央信号装置应由事故信号和预告信号组成。预告信号可分为瞬时和延时两种。 2. 中央信号接线应简单、可靠。中央信号装置应具备下列功能： （1）对音响监视接线能实现亮屏或暗屏运行。 （2）断路器事故跳闸时，能瞬时发出音响信号，同时相应的位置指示灯闪光。 （3）发生故障时，能瞬时或延时发出预告音响，并以光字牌显示故障性质。 （4）能进行事故和预告信号及光字牌完好性的试验。 （5）能手动或自动复归音响，而保留光字牌信号。 （6）试验遥信事故信号时，能解除遥信回路。 3. 配变电所的中央事故及预告信号装置，宜能重复动作、延时自动或手动复归音响。当主接线简单时，中央事故信号可不重复动作。 4. 配电装置就地控制的元件，应按各母线段、组别，分别发送总的事故和预告音响及光字牌信号。 5. 宜设“信号未复归”小母线，并发送光字牌信号。 6. 中央事故信号的所有设备宜集中装设在信号屏上。 7. 小型配变电所可设简易中央信号装置，并应具备发生故障时能发出总的事故和预告音响及灯光信号的功能。 8. 可根据需求采用智能化保护装置或变电所综合自动化系统，由具有数字显示的电子声光集中报警装置组成中央信号装置。 9. 当采用智能化保护装置或变电所综合自动化系统时，可不设置或适当简化中央信号模拟屏

注：1. 本表摘自现行国家行业标准《民用建筑电气设计规范》JGJ 16—2008。

2. 电压互感器的二次侧中性点或线圈引出端的接地方式分直接接地和通过击穿保险器接地两种。向交流操作的保护装置和自动装置操作回路供电的电压互感器，中性点应通过击穿保险器接地。采用一相直接接地的星形接线的电压互感器，其中性点也应通过击穿保险器接地。

中性点直接接地的系统，当变电所或线路出口发生接地故障，有较大的短路电流流入变电所的接地网时，接地网上每一点的电位是不同的，如果电压互感器二次回路有两处接地，或两个电压互感器各有一处接地，并经二次回路直接连起来时，不同接地点间的电位差将造成继电保护入口电压的异常，使之不能正确反映一次电压的幅值和相位，破坏相应保护的正常工作状态，可能导致严重后果。因此，规定电压互感器的二次回路只允许有一处接地。同时为了降低干扰电压，接地的地点宜选在保护控制室内，并应牢固焊接在接地小母线上。

（2）采用智能化保护装置，具有分合闸回路监视功能时，可以不再另外装设监视回路完整性的监视装置；操作人员可以通过通信链路远程获取信息，或本地读取保护装置的报文，从而方便地了解断路器分合闸回路的情况，节省投资。

当采用由晶体管或集成元件构成的静态保护时，二次回路宜考虑抗干扰措施。

对一次系统中产生的干扰电压，主要是在其传播途径方面采取措施，以降低传播到二次回路上的干扰电压。这主要是降低干扰源和干扰对象之间的耦合电容和互感值，降低屏蔽层的阻抗值，以及降低二次回路附近的地电位。可采取的具体措施有：加大保护用电缆和设备与一次系统的距离；尽量缩短保护用电缆长度；保护用电缆不与一次母线平行敷设，不与电力电缆平行靠近敷设；保护回路不与电力回路合用同一根电缆；强电和弱电回路不能合用同一根电缆；采用屏蔽电缆；采用有屏蔽的电缆沟槽；电缆屏蔽层和沟槽屏蔽线（带）多点接地；采用有屏蔽的控制室；降低接地网的接地阻抗；保护用电缆尽量远离设备特别是高压母线及高频暂态电流的接地点（如避雷器、避雷针、并联电容器及电容式电压互感器等)。

对二次系统中产生的干扰电压，为消除或减轻其影响，一般是在干扰源方面采取措施。例如：对于继电器线圈或其他电磁元件在操作过程中产生的尖波电压，设置消能回路；针对长度较长控制电缆芯线之间的电容充放电电流可能导致装置误动作的情况，改用不同电缆中的芯线等。

微机保护装置内部有控制电源与合分闸回路监视，可将合闸指示信号灯接在分闸回路，对分闸回路进行监视。

(3) 控制方式、所用电源及操作电源设计要点，见表 5.3.1-3。

控制方式、所用电源及操作电源设计要点 **表 5.3.1-3**

类　别	技术规定和要求
控制方式	1. 对于 10（6）kV 电源线路及母线分段断路器等，可根据工程具体情况在控制室内集中控制或在配电装置室内就地控制。 2. 对于 10（6）kV 配出回路的断路器，当出线数量在 15 回路及以上时，可在控制室内集中控制；当出线数量在 15 回路以下时，可在配电装置室内就地控制
所用电源及操作电源	1. 配变电所 220/380V 所用电源可引自就近的配电变压器。当配变电所规模较大时，宜另设所用变压器，其容量不宜超过 50kVA。当有两路所用电源时，宜装设备用电源自动投入装置。或使用智能化保护装置的备自投功能。 2. 在采用交流操作的配变电所中，当有两路 10（6）kV 电源进线时，宜分别装设两台所用变压器。当能从配变所外引入一个可靠的备用所用电源时，可只装设一台所用变压器。当能引入两个可靠的所用电源时，可不装设所用变压器。当配变电所只有一路 10（6）kV 电源进线时，可只在电源进线上装设一台所用变压器。 3. 采用交流操作且容量能满足时，供操作、控制、保护、信号等的所用电源宜引自电压互感器。 4. 采用电磁操动机构且仅有一路所用电源时，由于进线开关合闸需要电源，应专设所用变压器作为所用电源，并应接在电源进线开关的进线端。 5. 重要的配变电所宜采用 220V 或 110V 免维护蓄电池组作为合、分闸直流操作电源。 6. 小型配变电所宜采用弹簧储能操动机构合闸和去分流分闸的全交流操作
操作电源设计技术措施	1. 操作电源是保证供电可靠性的重要组成部分，其设置应满足下列要求： (1) 正常运行时应能保证断路器的合闸和跳闸。 (2) 事故状态下，在电网电压降低甚至消失时，应能保证继电保护系统可靠的工作。 (3) 当事故停电，需要时还应提供必要的应急照明用电。 2. 交流操作系统。 (1) 一般出线回路少于 6 路，变压器总容量不大于 4000kVA 的中小型配变电所，操作电源可以采用交流操作。 (2) 在交流操作系统中，其断路器保护跳闸回路，可采用定时限或反时限特性的继电保护装置。 (3) 交流操作电源，可以由所用变压器或电压互感器供电，也可以由 UPS 或其他市电引来。 3. 直流操作系统。

续表

类 别	技术规定和要求
操作电源设计技术措施	(1) 重要场所配变电所宜选用直流操作系统。当选用电磁操作时，操作电压宜选用直流220V，当选用弹簧操作系统时宜选用直流110V或直流220V，继电器可采用反时限或定时限保护。 (2) 直流电源蓄电池容量应能保证操作机构的分合闸动作，及各开关柜信号和继电器等可靠工作。供电持续时间，有人值班时不小于1小时，无人值班时不小于2小时。其充电电源宜由所用电配电盘引来，或由低压柜引来，其供电电压的波动范围不大于±5%,其浮充设备引起的波纹系数不大于5%。直流母线电压偏差不大于±15%。 4. 配变电所宜设置所用电配电盘，其电源一般可以由低压开关柜引来，当配变电所设有两台变压器时，所用电配电盘宜采用双电源自动切换装置

注：1. 本表摘自现行国家行业标准《民用建筑电气设计规范》JGJ 16—2008。

2. 控制方式中保护装置集中组屏时，可设置控制屏，在控制屏与开关柜上两地控制。保护装置不集中组屏，或采用变电所综合自动化系统时，只在开关柜就地控制。有高压电动机时还应在高压电动机旁以及DCS集控台设置控制，其合闸优先权在高压电动机旁。

3. 操作电源。

(1) 为满足民用建筑对环境质量的要求，对于重要的配变电所，应选用体积小、重量轻、占地面积小、安装方便、成套性强、不散发有害气体的免维护蓄电池组作为操作电源。

(2) 交流操作投资较低，建设周期较短，二次接线简单，运行维护方便。但采用交流操作保护装置时，电流互感器二次负荷增加，有时不能满足要求，同时弹簧机构一般比电磁机构成本高，因此推荐用于能满足继电保护要求、出线回路少的一般小型配变电所。

(3) 交流操作采用微机保护时，微机保护电源必须可靠。应采用切换时间小于微机保护跳闸出口固有动作时间（一般为35ms）的UPS不间断电源或逆变电源。当配变电所母线发生短路，在微机保护跳闸出口固有动作之前UPS不间断电源或逆变电源已完成切换，微机保护与操动机构跳闸都可得到保证。

3. 中央信号装置的设置及监控系统

(1) 应根据具体工程的实际情况确定是否设置中央信号模拟屏或对其进行简化。采用了有计算机的变电所综合自动化系统后，变电所综合自动化系统计算机显示器有报警显示，利用多媒体还可进行语音报警，中央信号与模拟屏可以不再设置，微机保护有事故与预告报警干接点输出，可以用一根信号电缆统一引到值班室，再在值班室设置简单的声光集中报警装置，作为计算机报警的后备报警。

(2) 装设有直流操作电源的变配电室宜在控制（值班）室内设置中央信号装置。中央信号装置应由事故信号和预告信号组成。中央事故及预告信号装置形式由设计根据变配电室规模及其复杂程度继电保护设置形式选择简易型，重复动作手动复归型或智能型。当变配电室采用微机综合保护装置已有事故跳闸与预告报警显示，并通过通讯电缆传到值班室计算机由值班室计算机，通过声卡进行声响报警时一般可不另设中央信号屏（箱），需要时可将微机综合保护装置事故跳闸与预告报警输出于接点，经柜顶小母线统一引到值班室，加一组声光集中报警作为计算机报警的后备。

(3) 设置监控系统的目的在于将变配电设备在正常及事故情况下的监测、保护、控制、计量，通过网络融合在一起，达到高层次，高透明度的信息化管理，从而达到节约能源，减轻值班人员的劳动强度，改善工作环境，减少人力成本，提高劳动生产率，使变配电系统更安全，合理，经济的运行。系统分别有保护装置和监控装置分别配置方案，保护装置和监控装置一体化配置方案两种，由设计人员根据工程设备配置状况确定（一般只在低压开关考虑监控装置）。

4. 二次回路控制电缆截面计算

二次回路接线控制电缆截面计算，见表 5.3.1-4。

二次回路控制电缆截面的计算 **表 5.3.1-4**

<table>
<tr><th>类别</th><th>计算方法</th></tr>
<tr><td>1. 测量表计电流回路用控制电缆</td><td>测量表计电流回路用控制电缆的截面不应小于 2.5mm²，而电流互感器二次电流不超过 5A，所以不需要按额定电流校验电缆芯。另外，控制电缆按短路时校验热稳定也是足够的，因此也不需要按短路时热稳定性校验控制电缆截面。
控制电缆芯的截面按在电流互感器上的负荷不超过某一准确等级下允许的负荷数值进行选择，为了简化计算，电缆的电抗忽略不计，计算公式如下
$$S=\frac{K_{jx1}L}{\gamma(Z'_{fh\cdot ry}-K_{jx2}Z_{cj}-R_{jc})}(mm^2) \quad (5.3.1\text{-}1)$$
式中 γ——电导率，铜取 57S/m×10⁶（S 为西门子）；
$Z'_{fh\cdot ry}$——电流互感器在某一准确等级下的允许二次负荷，Ω；
Z_{cj}——测量表计的负荷，Ω；
R_{jc}——接触电阻，Ω，在一般情况下取 0.05～0.1Ω；
L——电缆长度，m；
K_{jx1}、K_{jx2}——导线接线系数、仪表或继电器接线系数，见表 5.3.1-5</td></tr>
<tr><td>2. 保护装置电流回路用控制电缆截面</td><td>继电保护用电流互感器二次回路电缆截面的选择，应保证互感器误差不超过规定值。控制电缆芯的截面选择，计算公式如下
$$S=\frac{K_{jx1}L}{\gamma(Z'_{fh\cdot ry}-K_{jx2}Z_{K}-R_{jc})}(mm^2) \quad (5.3.1\text{-}2)$$
式中 γ——电导率，铜取 57S/m×10⁶；
$Z'_{fh\cdot ry}$——根据保护装置一次电流倍数 m，在电流互感器 10%误差曲线上查出电流互感器允许二次负荷 $Z_{fh\cdot ry}$，一次电流倍数 m 的计算，见第七章第九节之四；
Z_K——继电器的负荷，Ω；
R_{jc}——接触电阻，Ω，在一般情况下取 0.05～0.1Ω；
L——电缆长度，m；
K_{jx1}、K_{jx2}——导线接线系数、仪表或继电器接线系数，见表 5.3.1-5</td></tr>
<tr><td>3. 控制、信号回路用控制电缆</td><td>（1）控制、信号回路用的电缆芯，根据机械强度条件选择，铜芯电缆芯截面不应小于 1.5mm²。
（2）控制回路电缆截面的选择，应保证最大负荷时，控制电源母线至被控设备间连接电缆的电压降不应超过额定二次电压的 10%。
（3）当合闸回路和跳闸回路流过的电流较大时，产生的电压降将增大。为使断路器可靠地动作，此时需根据电缆允许电压降来校验电缆芯截面。
（4）控制电缆芯截面选择计算公式如下
$$S=\frac{2I_{Q\cdot max}L}{\Delta UU_r\gamma}(mm^2) \quad (5.3.1\text{-}3)$$
式中 $I_{Q\cdot max}$——流过合闸或跳闸线圈的最大电流，A；
L——电缆长度，m；
ΔU——合闸或跳闸线圈正常工作时允许的电压降，取额定电压的 10%；
U_r——线圈额定电压，取 220V；
γ——电导率，铜取 57S/m×10⁶。</td></tr>
</table>

续表

<table>
<tr><th>类 别</th><th>计 算 方 法</th></tr>
<tr><td>4. 控制电缆芯数和根数</td><td>(1) 控制电缆应采用多芯电缆，应尽可能减少电缆根数。当芯线截面为 1.5mm² 时，电缆芯数不宜超过 37 芯。当芯线截面为 2.5mm² 时，电缆芯数不宜超过 24 芯。当芯线截面为 4～6mm² 时，电缆芯数不宜超过 10 芯。弱电控制电缆不宜超过 50 芯。
(2) 7 芯及以上的芯数。截面小于 4mm² 的较长控制电缆应留有必要的备用芯数。但同一安装单位的同一起止点的控制电缆不必在每根电缆中都留有备用芯数，可在同类性质的一根电缆中预留备用芯数。
(3) 应尽量避免将一根电缆中的各芯线接至屏上两侧的端子排，若芯数为 6 芯及以上时，应采用单独的控制电缆。
(4) 对较长的控制电缆应尽量减少电缆根数，同时也应避免电缆的多次转接。在同一根控制电缆中不宜有两个及以上安装单位的电缆芯。在一个安装单位内截面要求相同的交、直流回路，必要时可共用一根控制电缆。
(5) 有下列情况的回路，相互间不宜合用同一根控制电缆：
①弱电信号、控制回路与强电信号、控制回路；
②低电平信号与高电平信号回路；
③交流断路器分相操作的各相弱电控制回路</td></tr>
<tr><td>5. 电压回路用控制电缆</td><td>电压回路用控制电缆，应按允许电压降来选择电缆芯截面。
(1) 电测量仪表用电压互感器二次回路电缆截面的选择，应符合以下规定：
①指示性仪表回路电缆的电压降，应不大于额定二次电压的 1%～3%；
②用户计费用 0.5 级电能表电缆的压降，应不大于额定二次电压的 0.25%；
③电力系统内部的 0.5 级电能表电缆的压降可适当放宽，但应不大于额定电压的 0.5%；
④对 0.5 级以下电能表二次回路的电压降宜不超过额定二次电压的 0.25%；
⑤当不能满足上述要求时，电能表、指示仪表电压回路可由电压互感器端子箱单独引接电缆，也可将保护和自动装置与仪表回路分别接自电压互感器的不同二次绕组。
(2) 继电保护和自动装置用电压互感器二次回路电缆截面的选择，应保证最大负荷时，电缆的电压降不应超过额定二次电压的 3%，但对电磁式自动电压校正器的连接电缆芯的截面（铜芯）不应小于 4mm²。
(3) 电压回路用控制电缆，计算时只考虑有功电压降，控制电缆芯截面选择，计算公式如下
$$S=\sqrt{3}K_{\rm jx}\frac{PL}{U\gamma\Delta U}(\text{mm}^2) \qquad (5.3.1\text{-}4)$$
式中 P——电压互感器每一相负荷，VA；
U——电压互感器二次线电压，V；
γ——电导率，铜取 57S/m×10⁶；
ΔU——允许电压降，V；
L——电缆长度，m；
$K_{\rm jx}$——接线系数，对于三相星形接线为 1，对于两相星形接线为 $\sqrt{3}$，对于单相接线为 2</td></tr>
</table>

续表

<table>
<tr><th>类　别</th><th>计　算　方　法</th></tr>
<tr><td>6. 电流互感器准确度</td><td>（1）电流互感器在不同二次负荷时准确度也不同。制造厂给出的电流互感器二次负荷数据，通常以欧表示，也有用伏安表示，两者关系式为
$$I_{2r}^2 Z_{fh \cdot ry} = S_2 (VA) \quad (5.3.1\text{-}5)$$
式中　I_{2r}——电流互感器的二次额定电流，A；
$Z_{fh \cdot ry}$——电流互感器的二次回路允许负荷，Ω；
S_2——电流互感器的二次负荷，VA。
一般电流互感器的二次额定电流为5A，所以
$$S_2 = 25 Z_{fh \cdot ry} (VA) \quad (5.3.1\text{-}6)$$
校验电流互感器的准确度时，电流互感器的实际二次负荷计算公式如下
$$Z_{fh} = K_{jx2} Z_{cj} + K_{jx1} R_{dx} + R_{jc} (\Omega) \quad (5.3.1\text{-}7)$$
式中　Z_{fh}——电流互感器的实际二次负荷，Ω；
K_{jx1}、K_{jx2}——导线接线系数、仪表或继电器接线系数，见表5.3.1-5；
Z_{cj}——测量与计量仪表线圈的阻抗，Ω，见表5.3.1-6；
R_{jc}——接触电阻，Ω，一般取0.05～0.1Ω；
R_{dx}——连接导线的电阻，Ω。
一般测量用电流互感器的误差限值，见表5.3.1-7。
（2）电流互感器额定一次侧电流宜按正常运行的实际负荷电流达到额定值的2/3左右选择，至少不小于30%（对S级为20%）选用。也可选用较小变比或二次绕组带抽头的电流互感器。
（3）对于正常负荷电流小、变化范围较大（1%～120%I_r）的回路，应选用特殊用途（S型）的电流互感器。
（4）电流互感器的额定二次电流可选用5A或1A的规格。220kV及以上电压等级应选用1A的电流互感器。
（5）电流互感器二次绕组中所接入的负荷（包括测量仪表、电能计量装置和连接导线等）应保证实际二次负荷在25%～100%额定二次负荷范围内</td></tr>
</table>

仪表或继电器用电流互感器各种接线方式时的接线系数　　表5.3.1-5

<table>
<tr><th colspan="2">电流互感器接线方式</th><th>导线接线系数
K_{jx1}</th><th>仪表或继电器接线系数
K_{jx2}</th></tr>
<tr><td colspan="2">单　相</td><td>2</td><td>1</td></tr>
<tr><td colspan="2">三相星形</td><td>1</td><td>1</td></tr>
<tr><td rowspan="2">两相星形</td><td>$Z_{cjo}=Z_{cj}$</td><td>$\sqrt{3}$</td><td>$\sqrt{3}$</td></tr>
<tr><td>$Z_{cjo}=0$</td><td>$\sqrt{3}$</td><td>1</td></tr>
<tr><td colspan="2">两相差接</td><td>$2\sqrt{3}$</td><td>$\sqrt{3}$</td></tr>
<tr><td colspan="2">三角形</td><td>3</td><td>3</td></tr>
</table>

注：Z_{cjo}为中性线回路的负荷阻抗。

常用测量与计量仪表的线圈的阻抗或负荷数据　　表5.3.1-6

<table>
<tr><th rowspan="2">测量与计量仪表名称</th><th rowspan="2">仪表型号</th><th colspan="2">每个电流串联线圈</th><th rowspan="2">电流串联线圈总数</th><th rowspan="2">电压线圈的电压（V）</th><th rowspan="2">每个电压线圈的负荷（VA）</th><th rowspan="2">电压线圈的个数</th></tr>
<tr><th>阻抗（Ω）</th><th>负荷（VA）</th></tr>
<tr><td>电流表</td><td>42L20-A
85L1-A
46L2-A，16L8-A
44L1-A，59L4-A</td><td></td><td>1</td><td>1</td><td></td><td></td><td></td></tr>
</table>

续表

测量与计量仪表名称	仪表型号	每个电流串联线圈		电流串联线圈总数	电压线圈的电压（V）	每个电压线圈的负荷（VA）	电压线圈的个数
		阻抗（Ω）	负荷（VA）				
电压表	42L20-V 85L1-V 46L2-V，16L8-V 44L1-V，59L4-V				100	0.3	1
有功功率表	42L20-W 85L1-W 46L2-W，16L8-W 44L1-W，59L4-W		0.5	2	100	1.4	2
有功功率表	42L20-var 85L1-var 46L2-var，16L8-var 44L1-Avar，59L4-var		0.5	2	100	1.4	2
有功电能表	DS862-2 100V 6A	0.02	0.5	2	100	1.5	2
有功电能表	DX865-2 100V 6A	0.02	0.5	2	100	1.5	2
功率因数表	45L8-cosφ，63L18-cosφ		0.9		100	0.6	

一般测量用电流互感器的误差限值数据 **表 5.3.1-7**

电流互感器准确度等级	一次电流为额定电流的百分比（%）	误差限值		二次负荷变化范围
		电流误差（%）	相位差	
0.1	5 20 100～120	±0.4 ±0.2 ±0.1	±15 ±8 ±5	（0.25～1）S_r
0.2	5 20 100～120	±0.75 ±0.35 ±0.2	±30 ±15 ±10	（0.25～1）S_r
0.5	5 20 100～120	±1.5 ±0.75 ±0.5	±90 ±45 ±30	（0.25～1）S_r
1	5 20 100～120	±3.0 ±1.5 ±1.0	±180 ±90 ±60	（0.25～1）S_r
3	50 120	±3.0	不规定	（0.5～1）S_r
5	50 120	±3.0	不规定	（0.5～1）S_r

注：表中 S_r 为电流互感器额定二次负荷。

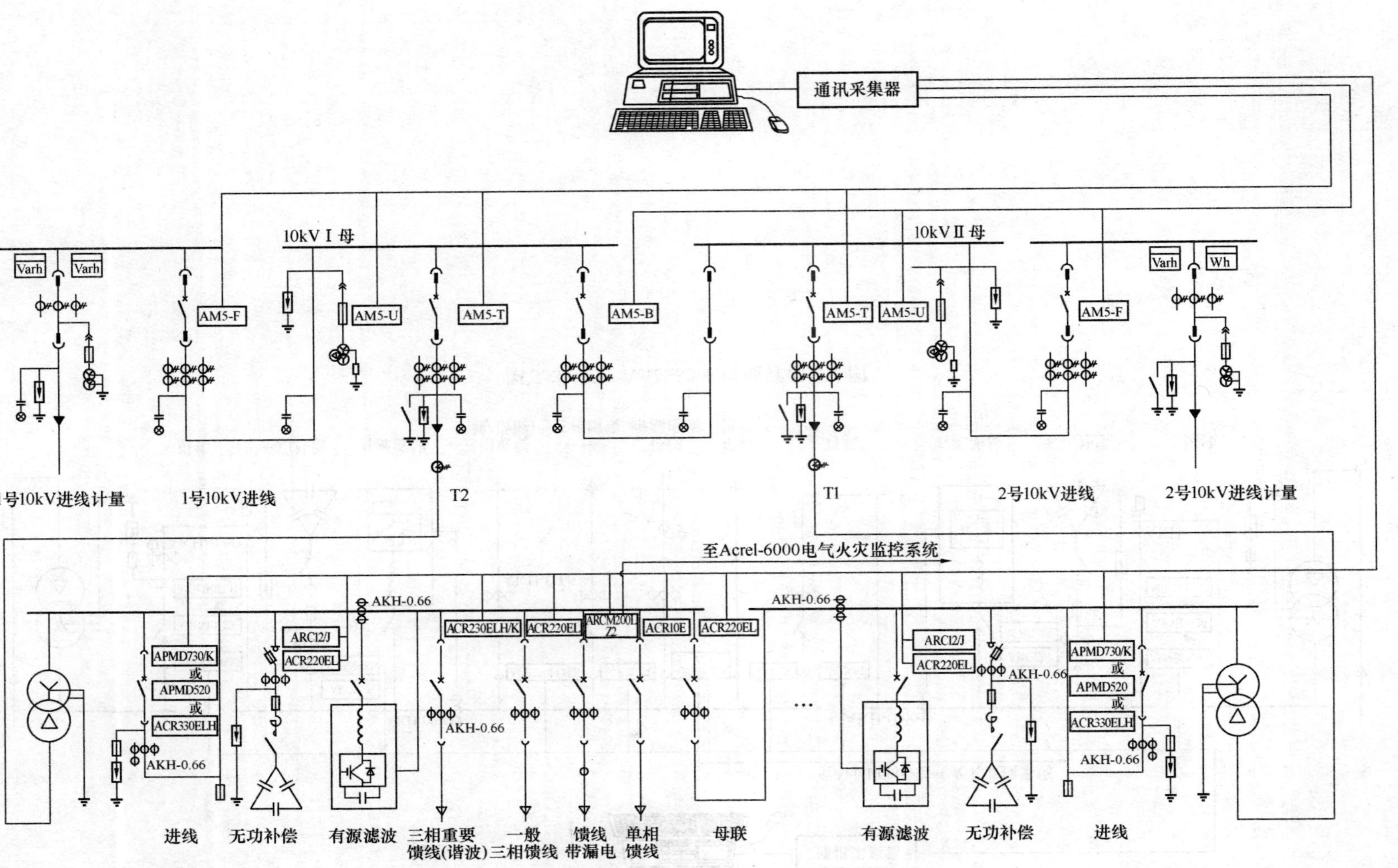

图 5.3.1-1 Acrel-2000 10kV/0.4kV 电力监控/电能管理系统图

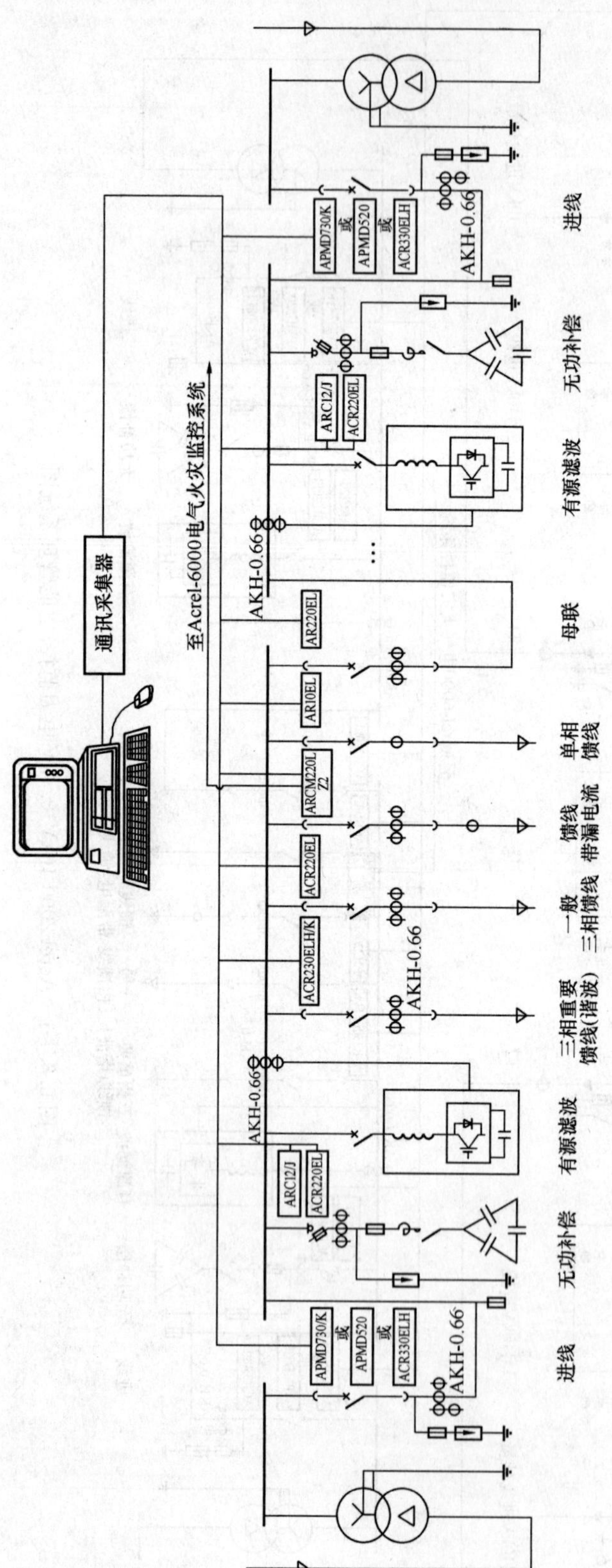

图 5.3.1-2 Acrel-3000 电能管理系统图

5. 标准接线方案

(1) 继电保护及信号二次回路接线原理图方案，宜选用国家建筑标准设计图集或通用图，例如，35/6 (10) kV 变配电所二次接线（交流操作）99D203-1、6～10kV 配电所二次接线（直流操作）01D203-2。当需要对所选用标准图或通用图进行修改时，只需绘制修改部分并说明修改要求。控制柜、直流电源及信号柜、操作电源均应选用企业单位标准产品，图中应标示相关产品型号、规格和要求。

(2) 智能电网用户端解决方案。

用户端的电压等级一般为 35kV、10kV、0.4kV。电气线路中的开关主要起着短路保护的作用。仪表相对开关来讲是二次元件，起着测量、计量、监控、诊断、保护的作用，是开关的“大脑”。对电气故障有着预警、自愈等功能，对提高用户用电可靠性有十分重要的作用。

安科瑞电力监控/电能管理系统应用方案，见图 5.3.1-1、图 5.3.1-2。

5.3.2 保护用电流互感器

1. 按照限值系数曲线校验电流互感器

(1) 按照保护装置类型计算流过电流互感器的一次电流倍数。

(2) 根据电流互感器的型号、变比和一次电流倍数，在限值系数（10%误差）曲线上确定电流互感器的允许二次负荷。

(3) 按照对电流互感器二次负荷最严重的短路类型，计算电流互感器的实际二次负荷计算公式，见表 5.3.2-1。

(4) 比较实际二次负荷与允许二次负荷。如实际二次负荷小于允许二次负荷，表示电流互感器的误差不超过允许值（10%）；如实际二次负荷大于允许二次负荷，则应采取下述措施，使其满足允许误差（10%）：

①增大连接导线截面或缩短连接导线长度，以减小实际二次负荷；

②选择变比较大的电流互感器，减小一次电流倍数，增大允许二次负荷；

③将电流互感器的二次绕组串联起来，使允许二次负荷增大一倍。

电流互感器实际二次负荷计算公式　　表 5.3.2-1

序号	接线方式	短路类型	继电器分配系数 $K_{fp \cdot j}$	实际二次负荷 Z_{fh} 计算公式
1	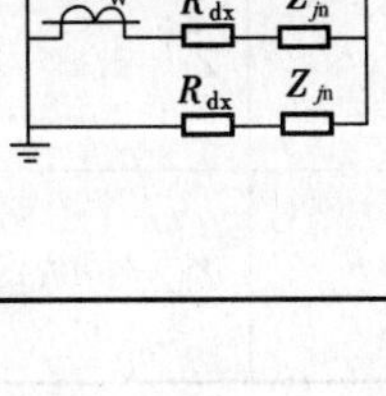 TA_U R_{dx} Z_j TA_V R_{dx} Z_j TA_W R_{dx} Z_{jn} R_{dx} Z_{jn}	三相及两相	1	$Z_{fh}=R_{dx}+Z_j+R_{jc}$
		单相	1	$Z_{fh}=2R_{dx}+Z_j+Z_{jn}+R_{jc}$

续表

序号	接线方式	短路类型	继电器分配系数 $K_{fp.j}$	实际二次负荷 Z_{fh} 计算公式
2	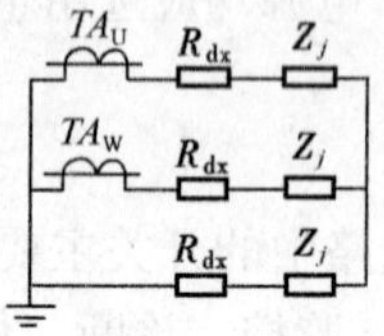 TA_U R_{dx} Z_j TA_W R_{dx} Z_j R_{dx} Z_j	三相	1	$Z_{fh}=\sqrt{3}R_{dx}+\sqrt{3}Z_j+R_{jc}$
		UW两相	1	$Z_{fh}=R_{dx}+Z_j+R_{jc}$
		UV、VW两相及单相	1	$Z_{fh}=2R_{dx}+2Z_j+R_{jc}$
		Yd接线变压器低压侧UV两相	1	$Z_{fh}=3R_{dx}+3Z_j+R_{jc}$
		Yy0接线变压器低压侧V相单相	1	
3	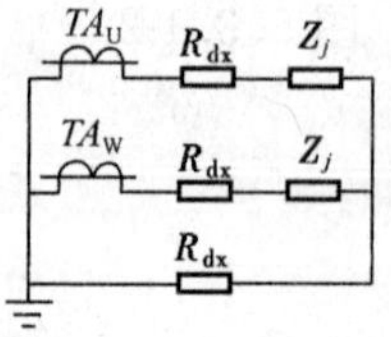 TA_U R_{dx} Z_j TA_W R_{dx} Z_j R_{dx}	三相	1	$Z_{fh}=\sqrt{3}R_{dx}+Z_j+R_{jc}$
		UW两相	1	$Z_{fh}=R_{dx}+Z_j+R_{jc}$
		UV、VW两相及单相	1	$Z_{fh}=2R_{dx}+Z_j+R_{jc}$
		Yd接线变压器低压侧UV两相	1	$Z_{fh}=3R_{dx}+Z_j+R_{jc}$
4	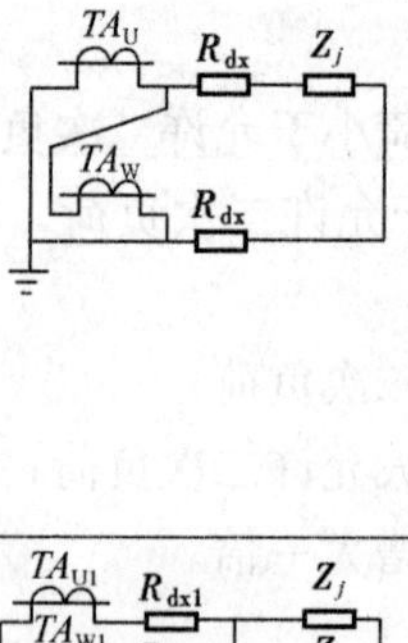 TA_U R_{dx} Z_j TA_W R_{dx}	三相	$\sqrt{3}$	$Z_{fh}=2\sqrt{3}R_{dx}+\sqrt{3}Z_j+R_{jc}$
		UW两相	2	$Z_{fh}=4R_{dx}+2Z_j+R_{jc}$
		UV、VW两相及单相	1	$Z_{fh}=2R_{dx}+Z_j+R_{jc}$
		Yd变压器低压侧UW两相短路时W相电流互感器	3	$Z_{fh}=6R_{dx}+3Z_j+R_{jc}$
		Yy0变压器低压侧、UW相单相	3	
5	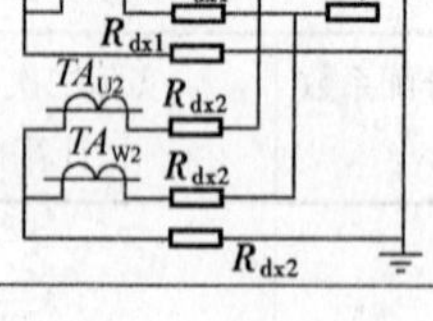 TA_{U1} R_{dx1} Z_j TA_{W1} R_{dx1} Z_j R_{dx1} TA_{U2} R_{dx2} TA_{W2} R_{dx2} R_{dx2}	外部三相及两相		$Z_{fh1}=R_{dx1}+R_{jc}$ $Z_{fh2}=R_{dx2}+R_{jc}$
		内部三相	1	$Z_{fh}=\sqrt{3}R_{dx1}+Z_j+R_{jc}$
		内部UV、VW两相及单相	1	$Z_{fh}=2R_{dx1}+Z_j+R_{jc}$
6	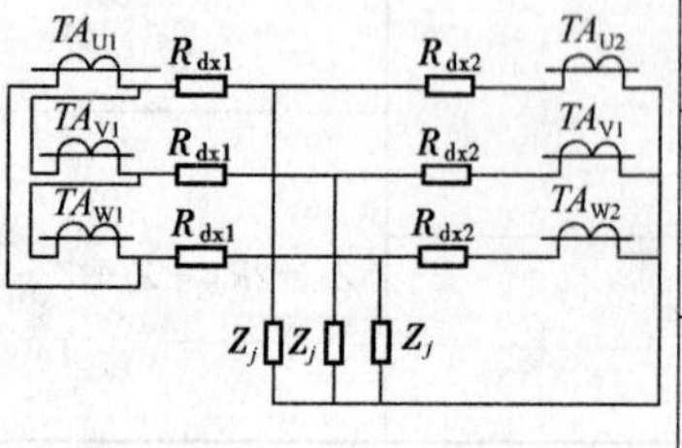 TA_{U1} R_{dx1} R_{dx2} TA_{U2} TA_{V1} R_{dx1} R_{dx2} TA_{V1} TA_{W1} R_{dx1} R_{dx2} TA_{W2} Z_j Z_j Z_j	外部三相及两相		$Z_{fh\triangle}=3R_{dx1}+R_{jc}$ $Z_{fhY}=R_{dx2}+R_{jc}$
		Y侧为电源侧内部三相及两相	1	$Z_{fh}=R_{dx2}+Z_j+R_{jc}$
		△侧为电源侧内部三相及两相	$\sqrt{3}$	$Z_{fh}=3(R_{dx1}+Z_j)+R_{jc}$

注 表中R_{dx}—连接导线的电阻（Ω）；Z_j—继电器的计算阻抗（Ω）；R_{jc}—接触电阻一般取0.05Ω。

2. 电流互感器允许误差的计算

（1）各种保护装置的电流互流器一次电流倍数 m。

①定时限过电流保护和电流速断保护：

$$m=\frac{K_{k}I_{dz}}{I_{1r}}=\frac{1.1I_{dz\cdot j}}{I_{2r}K_{fp\cdot j}} \tag{5.3.2-1}$$

式中　I_{dz}——保护装置一次动作电流，A；

I_{1r}——电流互感器的一次额定电流，A；

K_{k}——可靠系数，考虑到电流互感器10%允许误差，一般取1.1；

$I_{dz\cdot j}$——继电器动作电流，A；

I_{2r}——电流互感器的二次额定电流，A；

$K_{fp\cdot j}$——继电器分配系数，见表5.3.2-1。

②反时限过电流保护：

$$m=\frac{K_{k}I_{2k\cdot max}}{I_{1r}}=\frac{1.1I_{dz\cdot j}}{I_{2r}K_{fp\cdot j}} \tag{5.3.2-2}$$

式中　$I_{2k\cdot max}$——按选择性配合整定的计算点（通常为下一段出口处）故障时，流经电流互感器的最大短路电流，A；

其他符合含义同前。

③差动保护：

$$m=\frac{K_{k}I_{3k\cdot max}}{I_{1r}} \tag{5.3.2-3}$$

式中　$I_{3k\cdot max}$——外部短路时，流经电流互感器的最大短路电流，A；

I_{1r}——电流互感器的一次额定电流，A；

K_{k}——可靠系数，对于采用带速饱和变流器的继电器（如BCH-1、BCH-2等）取1.3，对于采用不带速饱和变流器的继电器（如DL-10）取2.0。

（2）电流互感器实际二次负荷的计算。各种短路类型的电流互感器实际二次负荷的计算公式列于表5.3.2-1。

（3）连接导线的最小允许截面或最大允许长度的计算。连接导线的最小允许截面可按下列公式计算：

$$S_{min}=\rho\frac{l}{R_{dx}}(mm^{2}) \tag{5.3.2-4}$$

连接导线的最大允许长度可按下式计算

$$l_{max}=S\frac{R_{dx}}{\rho}(m) \tag{5.3.2-5}$$

式中　S——连接导线的截面，mm^2；

l——连接导线的长度，m；

R_{dx}——连接导线的电阻，Ω；

ρ——电阻系数，Ω·m，铜为0.0184×10^{-6}Ω·m，铝为0.0310×10^{-6}Ω·m（环境温度20℃时）。

3. 电流互感器额定二次负荷时的最大二次电流倍数及二次线圈阻抗

电流互感器额定二次负荷时的最大二次电流倍数及二次线圈阻抗数据，见表5.3.2-2。

电流互感器额定二次负荷时的最大二次电流倍数及二次线圈阻抗数据　表 5.3.2-2

电流互感器型号	级　次	额定一次电流（A）	额定二次负荷时的最大二次电流倍数 n_{2r}	二次线圈阻抗 Z_2（Ω）
LFZB6-10	10P	5～300	15.1	0.304
LFZJB6-10		100～300	22	0.369
LZZB6-10		5～300	15.1	0.304
LZZJB6-10	10P	100～300	22	0.369
		400	19.9	0.179
		500	20.4	0.209
		600	19.8	0.234
		800	20.2	0.296
		1000	20.8	0.356
		1200	20.2	0.417
		1500	20.4	0.53
LDZB6-10	10P	400	19.5	0.188
		500	19.7	0.211
		600	19.6	0.271
		800	20.5	0.345
		1000	20.9	0.412
		1200	20.1	0.485
		1500	20.4	0.602
LMZB6-10	10P	1500	20.25	0.565
		2000	20.36	0.738
		3000	19.83	1.206
		4000	19.53	1.550
LZZQB6-10	10P	100～300		
		400、500		
		600、800		
		1000	20.4	0.445
		1200	19.7	0.521
		1500	20	0.641
LFSQ-10	10P	5～200	12.4	0.14
		300	19.7	0.136
		400	18.8	0.192
		600	19.2	0.284
		800	20.4	0.342
		1000	24.6	0.425
		1500	23.9	0.56

6　自备应急电源

6.1 基 本 规 定

6.1.1　一般规定和要求

1. 应急电源（安全设施电源）是指用作应急供电系统组成部分的电源。应急电源应是与电网在电气上独立的各式电源，例如：EPS 应急电源装置、UPS 不间断电源装置、蓄电池、柴油发电机组、太阳能光伏蓄电池电源系统等。正常与电网并联运行的自备电源不宜作为应急电源使用。

2. 设计原则。

自备应急电源设计原则及选择，见表 6.1.1-1。

自备应急电源设计原则及选择　　表 6.1.1-1

类　别	技术规定和要求
设计原则	发电机额定电压为 230/400V，机组容量为 2000kW 及以下的民用建筑工程中自备应急低压柴油发电机组的设计，应符合下列规定。 1. 符合下列情况之一时，宜设自备应急柴油发电机组： （1）为保证一级负荷中特别重要的负荷用电时。 （2）用电负荷为一级负荷，但从市电取得第二电源有困难或技术经济不合理的。 2. 机组宜靠近一级负荷或配变电所设置。柴油发电机房可布置于建筑物的首层、地下一层或地下二层，不应布置在地下三层及以下。当布置在地下层时，应有通风、防潮、机组的排烟、消声和减振等措施并满足环保要求。 （1）机组靠近负荷中心，为节省有色金属和电能消耗，确保电压质量。 （2）机组的设置，应遵照有关规范对防火的要求和防止噪声、振动等对周围环境的影响。 （3）从保证机组有良好工作环境（如排烟、通风等）考虑，最好将机组布置在建筑物首层，但大型民用建筑的首层，往往是黄金层，难以占用。根据调查，目前国内高层建筑的柴油发电机组已有不少设在地下层，运行效果良好。机组设在地下层最关键的一定要处理好通风、排烟、消声和减振等问题。 3. 机房宜设有发电机间、控制及配电室、储油间、备品备件储藏间等。设计时可根据工程具体情况进行取舍、合并或增添。 4. 当机组需遥控时，应设有机房与控制室联系的信号装置。当有要求时，控制柜内宜留有通信接口，并可通过 BAS 系统对其实时监控。 5. 当电源系统发生故障停电时，对不需要机组供电的配电回路应自动切除。 应急柴油发电机组确保的供电范围一般为： （1）消防设施用电：消防水泵、消防电梯、防烟排烟设施、火灾自动报警、自动灭火装置、应急照明和电动的防火门、窗、卷帘门等。 （2）保安设施、通信、航空障碍灯、电钟等设备用电。 （3）航空港、星级饭店、商业、金融大厦中的中央控制室及计算机管理系统。

续表

类　别	技术规定和要求
设计原则	（4）大、中型电子计算机室等用电。 （5）医院手术室、重症监护室等用电。 （6）具有重要意义场所的部分电力和照明用电。 6. 发电机间、控制室及配电室不应设在厕所、浴室或其他经常积水场所的正下方或贴邻。 7. 设置在高层建筑内的柴油发电机房，应设置火灾自动报警系统和除卤代烷 1211、1301 以外的自动灭火系统。除高层建筑外，火灾自动报警系统保护对象分级为一级和二级的建筑物内的柴油发电机房，应设置火灾自动报警系统和移动式或固定式灭火装置
柴油发电机组的选择	1. 机组容量与台数应根据应急负荷大小和投入顺序以及单台电动机最大启动容量等因素综合确定。当应急负荷较大时，可采用多机并列运行，机组台数宜为 2～4 台。当受并列条件限制，可实施分区供电。当用电负荷谐波较大时，应考虑其对发电机的影响。 （1）在发电机组选型时应考虑以下基本因素： ①负载的大小； ②用电设备瞬间电压/频率波动变化的允许值； ③用电设备稳态电压/频率波动变化的允许值； ④可允许的谐波含量； ⑤机房的通风、排烟状况； ⑥负载的特性（如非线性负载、用电设备单机最大功率等）。 （2）负载特性及负载大小是选择发电机组最关键的因素。当考虑负载特性时，以下几点需深入分析： ①是否有对电压、频率要求特别高的负载，如电脑、通信设备等； ②是否有大型的电动机负载，为何种启动方式，是否频繁启动； ③是否有非线性负载，如整流器、UPS、高频开关等； ④是否有频率变化的固定负载，如发射机等； ⑤是否有产生再生功率的负载，如电梯等。 2. 在方案及初步设计阶段，柴油发电机容量可按配电变压器总容量的 10%～20%进行估算，根据我国现实情况，柴油发电机估算容量，建筑物规模大时取下限，规模小时取上限。在施工图设计阶段，可根据一级负荷、消防负荷以及某些重要二级负荷的容量，按下列方法计算的最大容量确定： （1）按稳定负荷计算发电机容量。 （2）按最大的单台电动机或成组电动机启动的需要，计算发电机容量。 （3）按启动电动机时，发电机母线允许电压降计算发电机容量。 3. 当有电梯负荷时，在全电压启动最大容量笼型电动机情况下，发电机母线电压不应低于额定电压的 80%；当无电梯负荷时，其母线电压不应低于额定电压的 75%。当条件允许时，电动机可采用降压启动方式。 （1）规定母线电压不得低于 80%，包括下述几方面的因素： ①保证电动机有足够的启动转矩，因启动转矩与电源电压的平方成正比； ②不致因母线电压过低而影响其他用电设备的正常工作，尤其是对电压比较敏感的负荷； ③要保证接触器等开关接触设备的吸引线圈能可靠地工作。 （2）当直接启动大容量的笼型电动机时，发电机母线的电压降落太大，影响应急电力设备启动或正常运行时，不应首先考虑加大发电机组的容量，而应采取其他措施来减少发电机母线的电压波动，例如采用降压启动方式等。 4. 多台机组时，应选择型号、规格和特性相同的机组和配套设备。 5. 宜选用高速柴油发电机组和无刷励磁交流同步发电机，配自动电压调整装置。选用的机组应装设快速自启动装置和电源自动切换装置。 目前国产柴油发电机组启动时间可以小于 15s，有的厂产品可在 4～7s，保证值为 15s

续表

类　别	技术规定和要求
应急电源装置（EPS）的选择	EPS（Emergency Power System）应急电源装置是由电力变流器、储能装置（蓄电池）和转换开关（电子式或机械式）等组合而成的一种电源设备。EPS用作应急照明系统备用电源时的选择和配电设计。 1. EPS装置应按负荷性质、负荷容量及备用供电时间等要求选择。 EPS应急电源装置系统主电路分为常规配电和直流应急两种形式： （1）常规配电型——当所供电的应急用电负荷均为单相设备（如应急照明灯、消防报警设备等），且总安装功率不大于10kW时。宜采用单相输入单相输出的EPS。若总安装功率大于10kW时，则宜采用三相输入单相输出的EPS。当应急负荷中既有单相负荷，又有三相负荷时，应选用三相输入、三相输出的EPS。每一套EPS装置均包含了一组完善的蓄能电源和配电保护措施。 （2）直流应急型——当应急用电负荷全部为交直流电源通用的用电设备时，宜采用直流应急输出的主电路结构。“交直流电源通用的用电设备”主要为白炽灯（也包括卤钨灯）和配用电子镇流器的荧光灯。 2. EPS装置可分为交流制式及直流制式。电感性和混合性的照明负荷宜选用交流制式；纯阻性及交、直流共用的照明负荷宜选用直流制式。 3. EPS的额定输出功率不应小于所连接的应急照明负荷总容量的1.3倍。 4. EPS的蓄电池初装容量应保证备用时间不小于90min。 5. EPS装置的切换时间应满足下列要求： （1）用作安全照明电源装置时，不应大于0.25s。 （2）用作疏散照明电源装置时，不应大于5s。 （3）用作备用照明电源装置时，不应大于5s；金融、商业交易场所不应大于1.5s。 自动切换开关应使主备电源的相导体与中性导体同时切换。EPS装置的应急输出与市电之间的切换，由自动切换开关完成。EPS电源装置的应急切换时间，不应超过0.2s。切换三相电源时，应采用四极开关，切换单相电源时应采用双极开关，以防止市电电网的中性导体通过EPS接地系统再次接地。 6. 当EPS装置容量较大时，宜在电源侧采取高次谐波的治理措施。大容量EPS应急电源装置，属于大功率谐波骚扰源，其馈电电源上宜设置滤波装置或在电源输入端设置隔离变压器。 7. EPS配电系统的各级保护装置之间应有选择性配合。 8. EPS装置的交流输入电源应符合下列要求： （1）EPS宜采用两路电源供电，交流输入电源的总相对谐波含量不宜超过10%。 （2）EPS系统的交流电源，不宜与其他冲击性负荷由同一变压器及母线段供电
不间断电源装置（UPS）的选择	UPS不间断电源装置（Uninterruptible power System）是由电力变流器、储能装置（蓄电池）和切换开关（电子式或机械式）等组合而成的一种电源设备。这种电源处理设备能在交流输入电源发生故障（如电力中断、瞬间电压波动、频率波形等不符合供电要求）时，保证负荷供电的电源质量和供电的连续性。 1. 符合下列情况之一时，应设置UPS装置： （1）当用电负荷不允许中断供电时。 注：在民用建筑电气设计中，UPS多数用于实时性电子数据处理装置系统的计算机设备的电源障方面。 （2）允许中断供电时间为毫秒级的重要场所的应急备用电源。 2. UPS装置的选择，应按负荷性质、负荷容量、允许中断供电时间等要求确定，并应符合下列规定：

续表

类　别	技术规定和要求
不间断电源装置（UPS）的选择	(1) UPS装置，宜用于电容性和电阻性负荷。 (2) 对电子计算机供电时，UPS装置的额定输出功率应大于计算机各设备额定功率总和的1.2倍，对其他用电设备供电时，其额定输出功率应为最大计算负荷的1.3倍。 (3) 蓄电池组容量应由用户根据具体工程允许中断供电时间的要求选定。蓄电池组容量决定了不间断电源UPS装置的储能（蓄电池放电）时间。不间断电源装置UPS与快速自动启动的备用发电机配合使用时，其储能时间应按不少于10min设计。不间断电源UPS装置与无备用发电设备或手动启动的备用发电设备配合使用时，其工作时间应按不少于1h或按工艺设置安全停车时间考虑。 (4) 不间断电源装置的工作制，宜按连续工作制考虑。 3. 当UPS装置容量较大时，宜在电源侧采取高次谐波的治理措施。对于UPS装置上游的配电系统有影响时，应该在采用不间断电源装置UPS的整流器输入侧配置有源滤波器、无源滤波器，降低从UPS装置上游的配电系统向UPS整流器提供的谐波电流的比率。 4. UPS配电系统各级保护装置之间，应有选择性配合。 5. UPS系统的交流输入电源的总相对谐波含量不宜超过10%，不宜与其他冲击性负荷由同一变压器及母线段供电。 在TN-S供电系统中，UPS装置的交流输入端宜设置隔离变压器或专用变压器；当UPS输出端的隔离变压器为TN-S、TT接地形式时，中性点应接地

3. 超限高层建筑中柴油发电机组电压等级的选择。

超限高层建筑中柴油发电机组电压等级的选择，在国家电气设计规范中尚属空白，设计无据可依。此类问题需深入探讨，力求在行业内达成共识。因此，中国建筑学会建筑电气分会在2010年年会上提出下列5项议题，与会的理事对议题进行了充分研讨。通过对5项议题的研讨，与会理事各抒已见，从不同角度提出问题和解决问题，使所讨论的议题更加深入，更加清晰。对今后正确选择柴油发电机的电压等级提供了依据。

(1) 建筑高度为300m及以下时，应采用低压柴油发电机组。

①如果超限高层建筑为数据中心大楼，机房装机容量每平方米约为800～1500kW之间，容量很大。当采用低压柴油发电机组不能满足技术要求时，应采用高压柴油发电机组；

注：由于数据中心机房每平方米用电量很大，如选用低压柴油发电机组，单台容量受限，台数必然很多，并车受限，技术上不合理，故多选用高压柴油发电机组。

②应根据负荷电流距确定柴油发电机组电压等级，无需对此作出规定；

注：确定柴油发电机组的电压等级，就是在满足规范要求的前提下，根据不同型号、不同规格的电缆在传输不同电流值时，所能达到的最长距离，这是研究此问题的基础。无需对此问题规定，如何能合理选择柴油发电机组的电压等级呢?

③应兼顾水平传输距离，建筑高度设定为250m为宜；

注：根据相关资料可知，0.6/1kV交联聚乙烯电力电缆最大传输长度可达500m及以上；密集型封闭母线槽630A最大传输长度可达500m及以上，800A、1000A可达430m。通常超限高层建筑的低压传输干线是由电力电缆＋密集型封闭母线槽组成，综合考虑传输干线长度为450m。由油机房或变电所至配电小间或竖井的水平距离如为150～200m，则垂直距离就为250～300m。

④同意将建筑高度界定为300m，但是“应”改为“宜”。

综合上述意见得出下列结论：

a. 除数据中心大楼外，建筑高度在250～300m时，应选择低压（0.4kV）柴油发电机组；

b. 建筑高度在250～300m时，宜选择低压（0.4kV）柴油发电机组。

（2）建筑高度为300～400m之间时，宜采用0.4kV柴油发电机组或10kV柴油发电机组。

①尽量少用中压油机，对维护操作人员要求很高，代价较大；

注：因国内的超限高层建筑和大体量建筑逐年增多，仅采用低压柴油发电机组供电，技术上已很难满足要求，虽然采取一些特殊措施可以达到目的，但是经济性并不合理。建筑高度在300～400m之间的建筑物应根据工程具体情况进行技术、经济比较确定供配电系统方案。

当建筑高度为300～400m之间时，根据线路压降计算可知，在相同的电压降前提下，如果加大电缆的截面或降低电缆的承载电流都可以增加传输距离，采用这种方法进行低阻抗传输，技术上也是可行的。例如：计算电流为600A，选用1000A的密集型母线槽最大传输距离可达590m，也可满足传输要求。但是，经济合理性降低。

如果采用10kV柴油发电机组，变压器仍采用原有变压器的供配电系统方案，10kV机组与0.4kV柴油发电机组相比（相同容量）初投资增加约25%，而10kV线路与1kV线路相比初投资降低约90%（10kV线路采用耐火电缆，1kV线路采用母线槽），线路损耗降低约90%。选用10kV柴油发电机组总投资略有增加。但是，线路损耗却大幅降低。从节能降耗的角度看是值得推广的。

②建筑高度超过300m时，应通过技术经济比较确定柴油发电机组的电压等级。

注：此观点无疑是正确的。如前所述，建筑高度为300～400m之间，经技术经济比较采用0.4kV柴油发电机组或10kV柴油发电机组技术上均可行，投资也差不多，因此，如本条第2款表述更清晰明了。

综合上述意见得出下列结论：

建筑高度为300～400m之间时，可采用0.4kV柴油发电机组，亦可采用10kV柴油发电机组。

（3）建筑高度为400m及以上时，应采用10kV柴油发电机组。

①宜采用分区供电方式，低区采用0.4kV柴油发电机组，高区采用10kV柴油发电机组；

注：这种供电方式是可行的，只是维护管理和备品备件略显麻烦。

②采用0.4kV柴油发电机组，配升压变压器和降压变压器组成供配电系统；

注：这也是一种可选方案之一，但投资较大。采用专用变压器如果长期不用，使用前要测接地电阻和绝缘，用于消防负荷的应急供电不很方便。

③消防负荷采用10kV柴油发电机组过于复杂，可靠性降低；

注：这是一个实际问题，如果采用10kV柴油发电机组通过变压器供电，当市电停电转入柴油发电机供电时，操作时间满足不了30s的要求。这一问题即使是《高层民用建筑设计防火规范》的编制者也没有考虑到。因此，应尽量缩短操作时间并作如下操作：①对于超限高层宜在火灾初期启动柴油发电机组，并空载运行热备用。②油机与市电回路设置备自投。

④本条第3款中，“应采用10kV柴油发电机组”的“应”改为“宜”；

注：由于有上述多种方案可选，“应”改为“宜”是正确的。

⑤柴油机可放置于屋顶，解决好油路即可。

注：此处是国家防火规范的空白点，没有明确的规定。各地消防建审部门掌握的尺度也不同。柴油发电机设置在屋顶不仅仅是“解决好油路即可”的问题，还有许多建筑、结构方面的防火设计。另外，柴油发电机设置在屋顶经济性并不好，从基础开始梁板柱都要加大很多，投资可能比采用10kV柴油发

电机组还大。因此，把柴油发电机设置在屋顶应权衡利弊，需征得消防部门的同意和认可。

综合上述意见得出下列结论：

建筑高度为400m及以上时，宜采用10kV柴油发电机组。

（4）当采用10kV柴油发电机组作为备用电源来维持大楼基本运营时，可利用原有变压器采用10kV双电源转换开关与市电切换。

注：在超限高层建筑设计中，供配电系统除保证正常供电外，还要保证两路市电均故障时维持大楼基本运营负荷的供电。如果10kV柴油发电机组是作为维持大楼基本运营而设置的备用电源，则可利用原有变压器采用10kV双电源转换开关或备自投（BZT）与市电切换。

①尽量不采用10kV双电源转换开关与市电切换；

注：持这种观点的理事认为，10kV双电源转换开关的生产厂家少，选择余地小；10kV双电源转换开关操作复杂，危险性大。不如采用备自投（BZT）装置或手动合闸装置安全。

10kV双电源转换开关国内尚无生产厂家，仅美国ASOC在国内有售，选择余地不大，价格也很贵。但其操作性和安全性在业界内还是被认可的，不妨做一选项。备自投（BZT）装置或手动合闸装置是采用较多的方案。

②10kV的电源转换不宜用双电源转换名词，最好用正确的电工术语，如备自投等。

注：经查“10kV双电源转换开关”的产品名称为：中压自动转换开关。其结构内部由两只10kV负荷开关和备自投启动合闸装置组成。而在35/10kV变配电所二次接线中，电源进线断路器、备用回路断路器或分段断路器等设有自动投入功能，简称“BZT”。因此，当所提为产品名称时应为：中压自动转换开关。而当备用回路断路器二次接线具有备用自投功能时，则称为：备自投“BZT”。

综合上述意见得出下列结论：

当采用10kV柴油发电机组作为备用电源来维持大楼基本运营时，可利用原有变压器采用中压自动转换开关、“BZT”装置或手动合闸装置与市电切换。

（5）当10kV柴油发电机组作为一级负荷中特别重要负荷的应急供电电源时，应设置专用的变压器供电。

①建议设置应急负荷专用变压器。如果只为发电机设置专用变压器，那么专用变压器平时几乎不用，真正等到要用时未必用得上（故障率较高）；

注：此观点的核心；如果为一级负荷中特别重要负荷设置专用变压器，由于变压器闲置率很高，其继电保护元件故障或整定参数偏移，发电机启动后专用变压器不能马上投入运行。另外，《电力系统操作、运行、维修规程》规定：变压器停置三个月以上时间，变压器再投运要测量接地电阻。因此，设置专用变压器真要用时未必用得上。

在民用建筑中，一级负荷中特别重要负荷多为计算机网络和数字交换机等负荷，为这些负荷供电，除柴油发电机外，还需设置UPS方能满足要求。通常柴油发电机和专用变压器1～2个月应检查、启动一次，保持随时投入运行方可，否则，再好的方案、再好的设备疏于维护和管理都会出现真要用时未必用得上的局面。

②将“应”改为“宜”。因为有的建筑尽管采用10kV油机为一级负荷中特别重要的负荷供电，但并未设置专用变压器，而是利用原有变压器，例如金融建筑中的数据中心；

注：此如果低压侧设置了符合规范要求的专用母线段为一级负荷中特别重要负荷供电，利用原有变压器也是一个切实可行的方案。

③若高层建筑内设有大型数据中心时，由于容量巨大，仍宜利用原有变压器；

注：利用原有变压器可减少初投资和减少维护。

④应具体情况区别对待，不宜定得太死。

6.1.2 应急电源配置

1. 应急电源配置

（1）不同的市电电源条件下应急电源的配置，见表6.1.2-1。

不同的市电电源条件下应急电源配置　　表6.1.2-1

<table>
<tr><th rowspan="2">用户负荷等级</th><th rowspan="2">市电电源情况</th><th colspan="4">负荷名称</th></tr>
<tr><th>应急照明</th><th>消防中心、计算机房、通信及监控中心等</th><th>消防电力</th><th>非消防重要负荷</th></tr>
<tr><td>特别重要负荷</td><td>二路独立电源Ⓐ</td><td>双市电＋发电机＋EPS①
双市电＋EPS②</td><td>双市电＋发电机＋UPS①
双市电＋UPS②</td><td>双市电＋发电机⑥</td><td>双市电⑤</td></tr>
<tr><td rowspan="4">一级负荷</td><td>二路独立电源</td><td rowspan="3">双市电＋EPS②
双市电⑤</td><td rowspan="3">双市电＋UPS②</td><td rowspan="3">双市电⑤</td><td rowspan="3">双市电⑤</td></tr>
<tr><td>一路独立电源
一路公用电源Ⓑ</td></tr>
<tr><td>二路低压电源Ⓓ</td></tr>
<tr><td>一路独立电源</td><td>市电＋发电机＋EPS③
市电＋EPS④</td><td>市电＋发电机＋UPS③
市电＋UPS④</td><td>双回路＋发电机⑦</td><td>双回路＋发电机⑦</td></tr>
<tr><td rowspan="5">二级负荷</td><td>一路独立电源
一路公用电源</td><td rowspan="4">市电＋EPS④
双市电⑤</td><td rowspan="4">双市电＋UPS②
市电＋UPS④</td><td rowspan="4">双市电⑤</td><td rowspan="4">双市电⑤
双回路市电⑧</td></tr>
<tr><td>二路公用电源</td></tr>
<tr><td>二回路电源Ⓒ</td></tr>
<tr><td>二路低压电源</td></tr>
<tr><td>一路独立电源</td><td>市电＋EPS④</td><td>市电＋UPS④</td><td>双回路市电⑧</td><td>双回路市电⑧</td></tr>
</table>

注：1. 应急电源的配置采用集中式EPS配置方案，具体工程中可以采用按防火分区、按楼号、按楼层配置或采用灯具内自带电源装置。

2. 应急照明包括备用照明、疏散照明及安全照明，其允许断电时间，安全照明不大于0.25s，疏散照明及备用照明不大于5s，其中金融商业场所的备用照明不大于1.5s，宜采用EPS作为应急电源装置。

3. 消防中心、计算机房、通信及监控中心等，是以计算机为主要的监控手段，进行实时性监控，要求应急电源在线运行，需要配置UPS不间断电源装置或工艺设备自带不间断电源装置。

4. Ⓐ～Ⓓ及①～⑧注释见应急电源配置要求说明及图6.1.2-1～图6.1.2-8。

（2）应急电源配置要求说明。

①Ⓐ二路独立电源是指由不同的上级变电站引来的二路专用电源，或是由同一变电站不同的变压器母线段引来的二路专用电源，该不同的变压器应由不同的高压电网供电；

②Ⓑ一路公用电源是指引自公用干线的电源，即一路电源为二户或多户供电；

③Ⓒ二回路电源，是指由同一上级变电站的同一台变压器母线段引来的二路电源，或由不同变压器母线段引来的二路电源，但该变电站是由同一高压电网供电的；

④Ⓓ二路低压电源是指二路低压 220/380V 电源，该二路低压电源应是引自变电所的二台不同的变压器母线段。

（3）应急电源配置组成的应急供电系统示意图，见图 6.1.2-1～图 6.1.2-8。

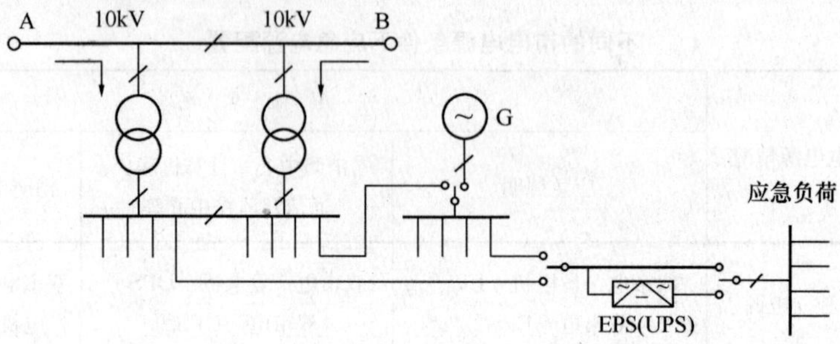

图 6.1.2-1　①双市电＋发电机＋EPS（UPS）应急供电系统示意图

注：①双市电＋发电机＋EPS（UPS）是指由双路市电、发电机及 EPS（UPS）等组成的应急供电系统。

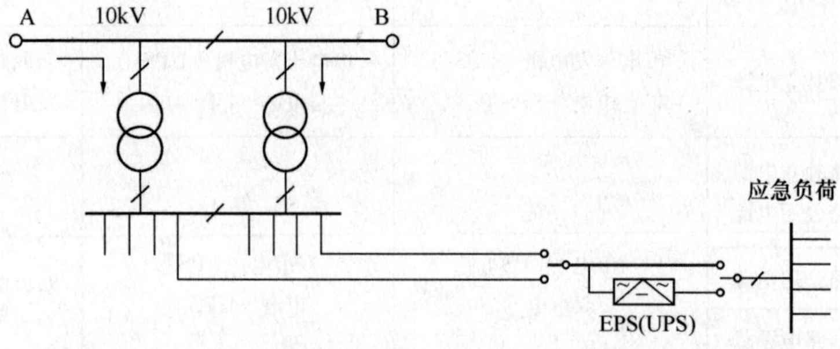

图 6.1.2-2　②双市电＋EPS（UPS）应急供电系统示意图

注：②双市电＋EPS（UPS）是指由二路高压电源及 EPS（UPS）组成的应急供电系统。

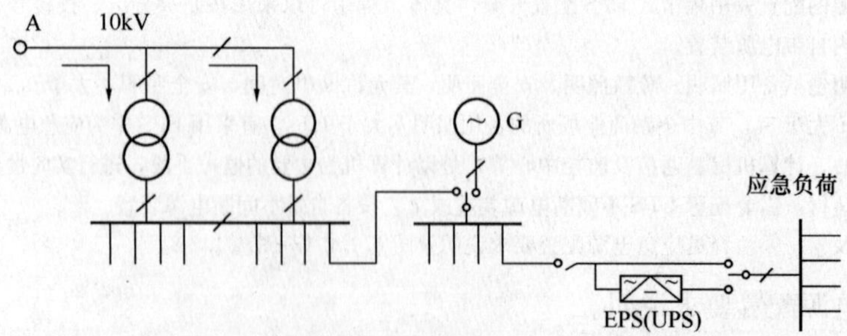

图 6.1.2-3　③市电＋发电机＋EPS（UPS）应急供电系统示意图

注：③市电＋发电机＋EPS（UPS）是指由一路市电、发电机及 EPS（UPS）组成的应急供电系统。

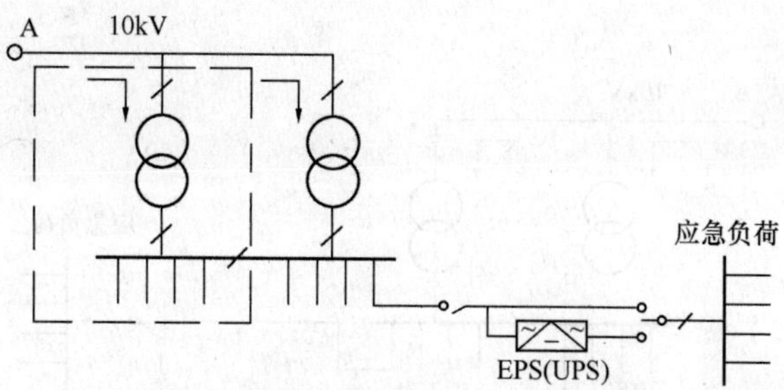

图 6.1.2-4 ④市电+EPS（UPS）应急供电系统示意图

注：④市电+EPS（UPS）是指由市电及 EPS（UPS）组成的应急供电系统。变压器高压侧是一路独立电源，变压器可以是二台，也可以是一台。

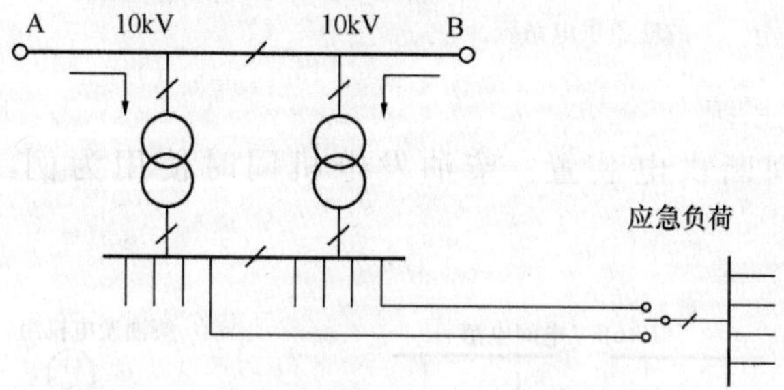

图 6.1.2-5 ⑤双市电应急供电系统示意图

注：⑤双市电是指由二路市网电源组成的应急供电系统，不设置 EPS（UPS）电源装置。

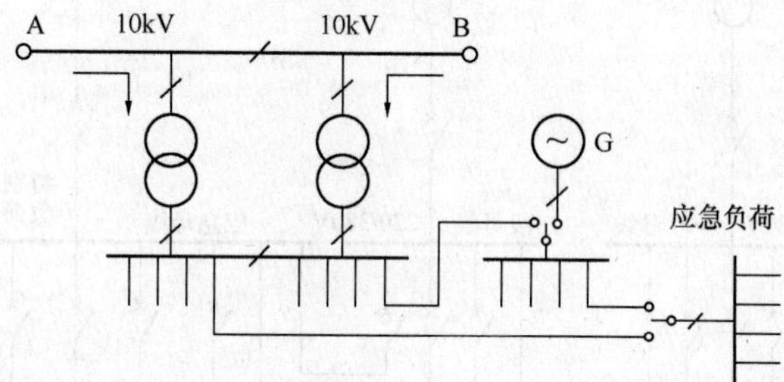

图 6.1.2-6 ⑥双市电+发电机应急供电系统示意图

注：⑥双市电+发电机是指由二路市电及发电机组成的应急供电系统。

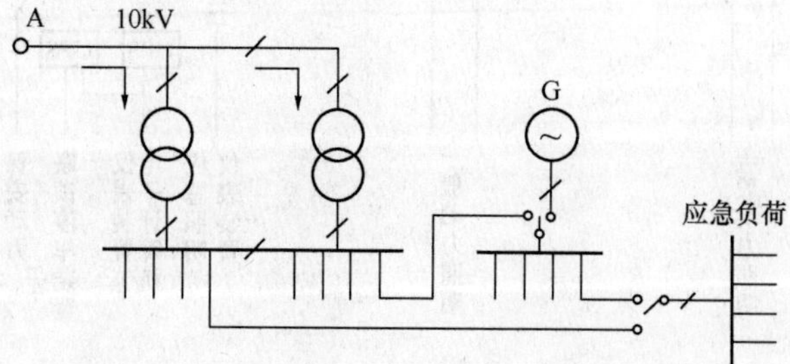

图 6.1.2-7 ⑦双回路+发电机应急供电系统示意图

注：⑦双回路+发电机是指由一路高压电源供二台变压器，由变压器及发电机组成的应急供电系统。

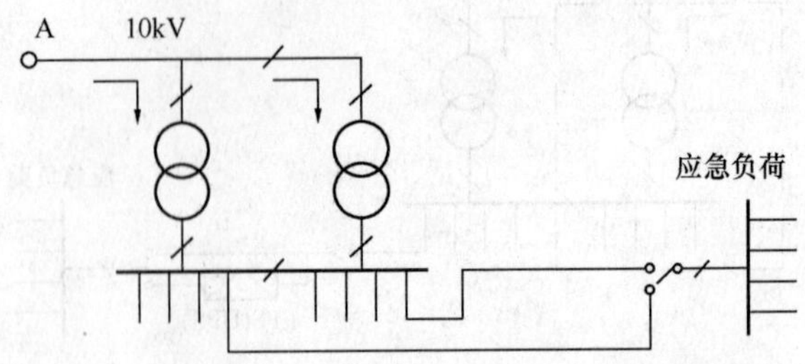

图 6.1.2-8 ⑧双回路市电应急供电系统示意图

注：⑧双回路市电是指由高压电源为一路，设二台变压器由二台变压器低压侧引出的二回路低压电源组成的应急供电系统。

2. 应急电源供电系统

以蓄电池、不间断供电装置、柴油发电机同时使用为例，见图 6.1.2-9～图 6.1.2-11。

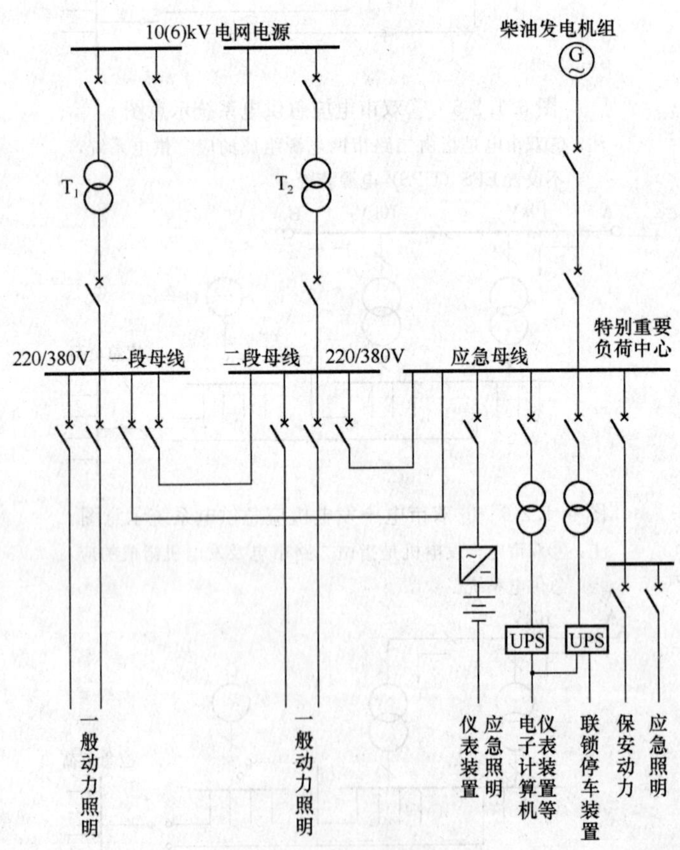

图 6.1.2-9 应急电源系统接线示例（一）

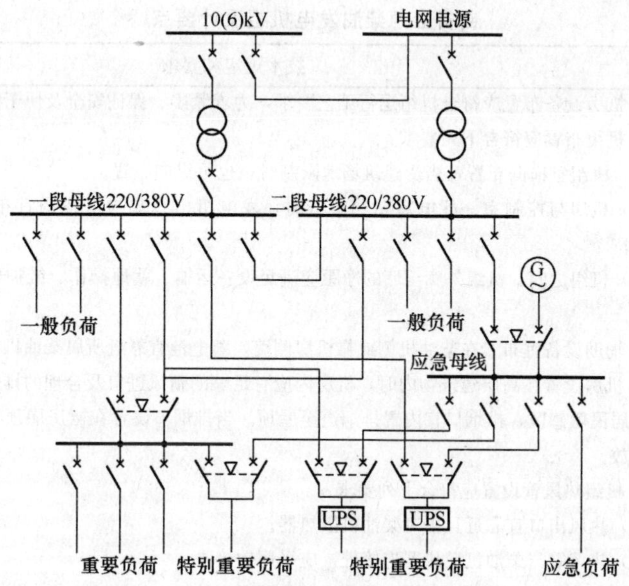

图 6.1.2-10　应急电源系统接线示例（二）

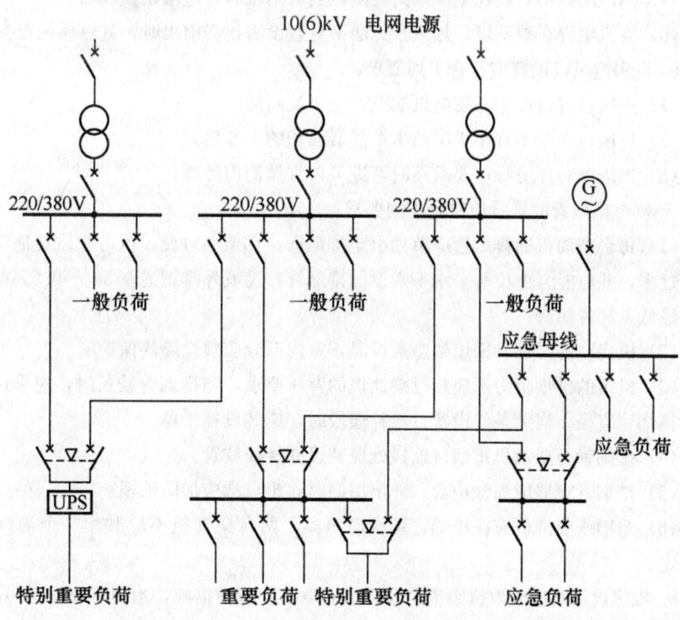

图 6.1.2-11　应急电源系统接线示例（三）

6.2　自备应急柴油发电机组

6.2.1　设　计　要　点

1. 设计要点

自备应急柴油发电机组设计应符合现行国家行业标准《民用建筑电气设计规范》JGJ 的规定。自备应急柴油发电机组设计要点，见表 6.2.1-1。

自备应急柴油发电机组设计要点 **表 6.2.1-1**

类 型	技术规定和要求
机房设备的布置	1. 机房设备布置应符合机组运行工艺要求，力求紧凑、保证安全及便于维护、检修。 2. 机组布置应符合下列要求： (1) 机组宜横向布置，当受建筑场地限制时，也可纵向布置。 (2) 机房与控制室、配电室贴邻布置时，发电机出线端与电缆沟宜布置在靠控制室、配电室侧。 (3) 机组之间、机组外廊至墙的净距应满足设备运输、就地操作、维护检修或布置辅助设备的需要。 3. 辅助设备宜布置在柴油机侧或靠机房侧墙，蓄电池宜靠近所属柴油机。 4. 机房设置在高层建筑物内时，机房内应有足够的新风进口及合理的排烟道位置。机房排烟应避开居民敏感区，排烟口宜内置排烟道至屋顶。当排烟口设置在裙房屋顶时，宜将烟气处理后再行排放。 5. 机组热风管设置应符合下列要求： (1) 热风出口宜靠近且正对柴油机散热器。 (2) 热风管与柴油机散热器连接处，应采用软接头。 (3) 热风出口的面积不宜小于柴油机散热器面积的 1.5 倍。 (4) 热风出口不宜设在主导风向一侧，当有困难时，应增设挡风墙。 (5) 当机组设在地下层，热风管无法平直敷设需拐弯引出时，其热风管弯头不宜超过两处。 6. 机房进风口设置应符合下列要求： (1) 进风口宜设在正对发电机端或发电机端两侧。 (2) 进风口面积不宜小于柴油机散热器面积的 1.6 倍。 (3) 当周围对环境噪声要求高时，进风口宜做消声处理。 7. 机组排烟管的敷设应符合下列要求： (1) 每台柴油机的排烟管应单独引至排烟道，宜架空敷设，也可敷设在地沟中。排烟管弯头不宜过多，并应能自由位移。水平敷设的排烟管宜设坡外排烟道 0.3%～0.5%的坡度，并应在排烟管最低点装排污阀。 (2) 机房内的排烟管采用架空敷设时，室内部分应敷设隔热保护层。 (3) 机组的排烟阻力不应超过柴油机的背压要求，当排烟管较长时，应采用自然补偿段，并加大排烟管直径。当无条件设置自然补偿段时，应装设补偿器。 (4) 排烟管与柴油机排烟口连接处应装设弹性波纹管。 (5) 排烟管穿墙应加保护套，伸出屋面时，出口端应加防雨帽。 (6) 非增压柴油机应在排烟管装设消声器。两台柴油机不应共用一个消声器，消声器应单独固定。 8. 机房设计时应采取机组消声及机房隔声综合治理措施，治理后环境噪声不宜超过表 6.2.3-4 的规定
电气与控制	1. 设于地下层的柴油发电机组，其控制屏及其他电气设备宜选择防潮型产品。 2. 机房配电线缆选择及敷设应符合下列规定： (1) 机房、储油间宜按多油污、潮湿环境选择电力电缆或绝缘电线。 (2) 发电机配电屏的引出线宜采用耐火型铜芯电缆、耐火型封闭式母线或矿物绝缘电缆。 (3) 控制线路、测量线路、励磁线路应选择铜芯控制电缆或铜芯电线。 (4) 控制线路、励磁线路和电力配线宜穿钢导管埋地敷设或采用电缆沿电缆沟敷设。 (5) 当设电缆沟时，沟内应有排水和排油措施。 3. 附属设备的控制方式应符合下列规定： (1) 附属设备电动机的控制方式应与机组控制方式一致。 (2) 柴油机冷却水泵宜采用就地控制和随机组运行联动控制。

续表

类 型	技术规定和要求
电气与控制	（3）高位油箱供油泵宜采用就地控制或液位控制器进行自动控制。 4. 控制室的电气设备布置应符合下列规定： （1）单机容量小于或等于500kW的装集式单台机组可不设控制室；单机容量大于500kW的多台机组宜设控制室。 （2）控制室的位置应便于观察、操作和调度，通风、采光应良好，进出线应方便。 （3）控制室内不应有油、水等管道通过，不应安装无关设备。 （4）控制室内的控制屏（台）的安装距离和通道宽度应符合下列规定： ①控制屏正面操作宽度，单列布置时，不宜小于1.5m；双列布置时，不宜小于2.0m； ②离墙安装时，屏后维护通道不宜小于0.8m。 （5）当控制室的长度大于7m时，应设有两个出口，出口宜在控制室两端。控制室的门应向外开启。 （6）当不需设控制室时，控制屏和配电屏宜布置在发电机端或发电机侧，其操作维护通道应符合下列规定： ①屏前距发电机端不宜小于2.0m； ②屏前距发电机侧不宜小于1.5m。 5. 发电机组的自启动应符合下列规定： （1）机组应处于常备启动状态。一类高层建筑及火灾自动报警系统保护对象分级为一级建筑物的发电机组，应设有自动启动装置，当市电中断时，机组应立即启动，并应在30s内供电。 当采用自动启动有困难时，二类高层建筑及二级保护对象建筑物的发电机组，可采用手动启动装置。 机组应与市电连锁，不得与其并列运行。当市电恢复时，机组应自动退出工作，并延时停机。 （2）为了避免防灾用电设备的电动机同时启动而造成柴油发电机组熄火停机，用电设备应具有不同延时，错开启动时间。重要性相同时，宜先启动容量大的负荷。 （3）自启动机组的操作电源、机组预热系统、燃料油、润滑油、冷却水以及室内环境温度等均应保证机组随时启动。水源及能源必须具有独立性，不得受市电停电的影响。 （4）自备应急柴油发电机组自启动宜采用电启动方式，电启动设备应按下列要求设置： ①电启动用蓄电池组电压宜为12V或24V，容量应按柴油机连续启动不少于6次确定； ②蓄电池组宜靠近启动电机设置，并应防止油、水浸入； ③应设置整流充电设备，其输出电压宜高于蓄电池组的电动势50%，输出电流不小于蓄电池10h放电率电流。 6. 发电机组的中性点工作制应符合下列规定： （1）发电机中性点接地应符合下列要求： ①只有单台机组时，发电机中性点应直接接地，机组的接地形式宜与低压配电系统接地形式一致； ②当两台机组并列运行时，机组的中性点应经刀开关接地；当两台机组的中性导体存在环流时，应只将其中一台发电机的中性点接地； ③当两台机组并列运行时，两台机组的中性点可经限流电抗器接地。 （2）发电机中性导体上的接地刀开关，可根据发电机允许的不对称负荷电流及中性导体上可能出现的零序电流选择。 （3）采用电抗器限制中性导体环流时，电抗器的额定电流可按发电机额定电流的25%选择，阻抗值可按通过额定电流时其端电压小于10V选择。 7. 柴油发电机组的自动化应符合下列规定： （1）机组与电力系统电源不应并网运行，并应设置可靠连锁。 （2）选择自启动机组应符合下列要求： ①当市电中断供电时，单台机组应能自动启动，并应在30s内向负荷供电； ②当市电恢复供电后，应自动切换并延时停机； ③当连续三次自启动失败，应发出报警信号；

续表

类　型	技术规定和要求
电气与控制	④应自动控制负荷的投入和切除； ⑤应自动控制附属设备及自动转换冷却方式和通风方式。 (3) 机组并列运行时，宜采用手动准同期。当两台自启动机组需并车时，应采用自动同期，并应在机组间同期后再向负荷供电。 8. 柴油发电机房的照明、接地与通信应符合下列规定： (1) 机房各房间的照度应符合表 6.2.4-2、表 6.2.4-3 的规定 (2) 发电机间、控制及配电室应设备用照明，其照度不应低于表 6.2.4-2、表 6.2.4-3 的规定，持续供电时间不应小于 3h。 (3) 机房内的接地，宜采用共用接地。 (4) 燃油系统的设备与管道应采取防静电接地措施。 (5) 控制室与值班室应设通信电话，并应设消防专用电话分机

2. 设计技术措施

额定电压 230/400V 应急电源系统，自备应急柴油发电机组工程设计技术措施，见表 6.2.1-2。

自备应急柴油发电机组工程设计技术措施　　表 6.2.1-2

类　别	技术规范和要求
设置范围	民用和一般工业建筑工程符合下列情况之一时，宜设置自备应急柴油发电机组： 1. 为保证一级负荷中特别重要的负荷用电时。 2. 用电负荷为一级负荷，但从市电取得第二电源有困难或技术经济不合理时。 3. 大、中型商业大厦及建筑高度超过 100m 的公用建筑，当市电中断，将会危及人的生命安全或造成重大财产和经济损失时
机组选择	1. 柴油发电机组的容量选择 (1) 按其供电范围内的总设备容量计算柴油发电机容量，计算公式如下： $P_e = K \cdot K_d \cdot P_n / \eta$　　(6.2.1-1) 式中 P_e——发电机组的额定功率，kW； K——可靠系数，取 1.1～1.2； K_d——需要系数（见第 2 章供配电系统 2.5 节负荷计算）； P_n——总设备容量，kW； η——并联机组不均匀系数，一般取 0.9，单台时取 1.0。 (2) 按最大一台电动机启动条件校验发电机的容量，即： $P_e \geqslant K \cdot P_1 + P$　　(6.2.1-2) 式中 P_e——柴油发电机额定功率，kW； K——发电机组供电负荷中最大一台电动机的最小启动倍数，见表 6.2.2-7； P_1——最大一台电动机额定功率，kW； P——在最大一台电动机启动之前，发电机已带的负荷，kW。 (3) 当柴油发电机组除为消防、安防等负荷供电，同时还为其他非消防重要负荷（如：宴会厅、大型商业营业厅、高级客房、计算机房等照明及部分客梯等）供电时，在火灾发生时，应自动切除非消防重要负荷。发电机的容量应按消防负荷及非消防重要负荷之间的较大者确定发电机的容量。

续表

类　别	技术规范和要求
机组选择	(4) 有电梯和消防水泵负荷时，在全电压直接启动最大一台异步电动机情况下，发电机母线电压应不低于额定电压的80%，当无电梯负荷时，发电机母线电压应不低于额定电压的75%。电动机的最小启动倍数，见表6.2.2-7。 (5) 发电机的使用容量应考虑海拔高度及温湿度等环境的影响。 2. 机组选型应满足下列要求 (1) 宜尽量选择机组外形尺寸小、结构紧凑、重量轻且耗油和辅助设备少的产品，以减少机房的面积和高度。 (2) 启动装置应保证在市电中断后15s内自启动供电，并具有三次自启动功能，其总计时间不大于30s。自启动方式为电气启动（启动电源为直流电压24V）。 (3) 冷却方式的选择应根据建筑物特点、对应急电源的运行要求、建筑物所处的环境及配置条件，洗择下列冷却方式之一的机组： ①闭式水循环风冷的整体机组。当其没有足够的进、排风通道的条件时，可将排风机、散热管与主体分开，单独放在室外，用水管将室外的散热管与室内地下层的柴油机组相连接； ②闭式水循环水冷机组。 (4) 发电机宜选用无刷型自动励磁方式，并选择耗油量少、效率高的产品。 (5) 宜选用单台机组，且额定容量不宜超过2000kVA。当需多台机组为同一系统并联供电时，发电机组总台数不宜超过4台，此时单台机组的额定容量不宜超过1000kVA；当受并列条件限制时，可分区设置。 (6) 选用多台机组时，应选择型号、规格和特性相同的机组和配套设备。 (7) 为同一系统供电的发电机组在两台以上时，应考虑机组并列（并机）运行，但不考虑与当地电力系统的并联运行。其并机的基本条件是：待并机组与系统的相序、电压波形一致（电压波形畸变率不大于10%且都是正弦波）。机组的并机方式，可采用手动准同期法；当两台自启动机组并机时，应采用自动同期法，在机组间同期后再向负荷供电
机房位置选择	1. 发电机房宜靠近一级负荷或配变电所，可设置在建筑物的首层、地下一层或地下二层。 2. 当设置在地下室时，宜至少一面靠外墙的非主入口及背风侧，以便于设备的进出、通风及排烟等。 3. 应便于设备运输、吊装和检修。 4. 应避开建筑物的主要出入口及主要通道；以免在机组定期维修、保养时，影响人员进出。 5. 不应设置在厕所、浴室等潮湿场所的下方或相邻，以免渗水影响机组运行。
自启动 系统设计	1. 机组应始终处于准备启动状态，一类高层建筑及有一级保护对象建筑物的发电机组，应设有自动启动装置，当市电中断时，机组应立即启动，并在30s内供电。二类高层建筑及有二级保护对象建筑物的发电机组，当采用自动启动有困难时，可采用手动启动装置。市电恢复时，机组应自动退出工作；并延时停机。 2. 防灾用电设备的电动机应错峰启动，避免同时启动而造成柴油发电机组熄火停机。对于大型工程应依次启动应急照明、排烟风机、正压风机、消防电梯，然后再启动消防水泵。对于中小型工程可先启动大容量电动机，然后再依次启动中、小容量电动机。 3. 自动启动机组的操作电源、热力系统、燃料油、润滑油、冷却水以及室内环境温度等，均应保证机组的随时启动条件，水源及能源供应必须具有足够独立性，不得受工作电源停电的影响。机房一般不应低于5℃，最高温度不超过35℃，相对湿度小于75%。 4. 自备应急低压柴油发电机组宜采用电气自启动方式，电气启动设备应按下列要求设置： (1) 电气启动用蓄电池电压宜为12V或24V，容量应按柴油机连续启动不少于6次确定。 (2) 蓄电池组应尽量靠近启动电机设置，并应防止油、水浸入。 (3) 应设整流充电设备，其输出电压宜高于蓄电池组的电动势50%，输出电流不小于蓄电池10h放电率的电流。

续表

类　别	技术规范和要求
自启动系统设计	5. 发电机组与市电系统电源不应并网运行，并应设置防止误并网的可靠联锁。 6. 选择自启动机组时，应满足下列技术要求： (1) 当市电中断供电时，单台机组应能自动启动，并在30s内向负荷供电；当市电恢复正常后，应能自动切换和自动延时停机，由市电向负荷供电。 (2) 当连续三次自启动失败，应能发出报警信号。 (3) 应能隔室操作机组停机。 (4) 机组应符合国家标准《自动化柴油发电机分级要求》的规定。 (5) 机组应能自动控制负荷的投入和切除；机组应能自动控制附属设备及自动转换冷却方式和通风方式。 7. 机组并列运行时，一般采用手动准同期。若两台自启动机组需并车时，应采用自动同期
机房线缆选择及敷设	机房的电气线（缆）选择及敷设方式，应符合下列规定： 1. 机房、储油间宜按含柴油及潮湿环境选择电力电缆或绝缘导线。 2. 发电机至配电屏的引出线宜采用耐火型铜芯电缆、封闭式母线或矿物绝缘电缆。 3. 强电控制、测量线路应选择铜芯控制电缆或铜芯电线。 4. 控制和电力配线宜穿钢管埋地或沿电缆沟敷设。 5. 当设电缆沟时，沟内应有排水和排油措施，电缆线路沿沟内，支架敷设可不穿钢管，电缆线路不宜与水、油管线交叉
机组接地	发电机组的接地应符合下列规定 1. 发电机中性点接地应满足下列要求： (1) 只有单台机组时，发电机中性点应直接接地，机组的接地型式宜与低压配电系统接地型式一致。 (2) 当两台机组并列运行时，机组的中性点应经刀开关接地；当两台机组的中性导体存在环流时，应只将其中一台发电机的中性点接地。 (3) 当两台机组并列运行时，两台机组的中性点可经限流电抗器接地。 (4) 发电机中性导体上的接地刀开关，可根据发电机允许的不对称负荷电流及中性导体上可能出现的零序电流选择。 (5) 采用电抗器限制中性导体环流时，电抗器的额定电流可按发电机额定电流的25%选择，阻抗值可按通过额定电流时其端电压小于10V选择。 2. 发电机房下列外露可导电金属部分应做等电位联结： (1) 应急发电机组的底座。 (2) 日用油箱支架。 (3) 金属管道（如：水管、采暖管、输油管、通风管等）。 (4) 钢结构建筑的钢柱。 (5) 钢门（窗）框、百叶窗、有色金属框架等。 (6) 墙上固定消声材料的金属固定框架。 (7) 配电系统的PE（或PEN）线。 3. 机房内电气系统的下列外露可导电部分应与PE（PEN）线可靠连接： (1) 发电机的外壳。 (2) 电气控制箱（屏、台）壳体。 (3) 电缆桥架、敷线钢管、固定电器的支架等。 4. 机房的防雷、防静电设计，宜符合下列要求： (1) 发电机房按三类防雷建筑物设置防雷措施，当发电机房附设在主体建筑物内或地下室时，防雷类别应与主体建筑相同。 (2) 当柴油发电机组燃油由建筑物外通过管道送至日用油箱时，燃油管道需做防静电接地。 5. 柴油发电机房的工作接地、保护接地、防雷接地、防静电接地、电信接地、变配电室接地宜采用共用接地装置，接地电阻不大于1Ω

6.2.2 柴油发电机容量计算

1. 计算要点

（1）自备柴油发电机组是应急电源设备，它与作为电网补缺的一般备用发电机组有所区别。应急柴油发电机组的供电对象一般为一级负荷、消防负荷以及某些重要二级负荷，适用于允许中断时间为15s以上的供电。

（2）柴油发电机组容量与台数应根据应急负荷大小和投入顺序以及单台电动机最大启动容量等因素综合确定。

2. 计算方法

柴油发电机容量计算，见表6.2.2-1。

柴油发电机容量计算 **表 6.2.2-1**

设计阶段	计 算 方 法
方案及初步设计	1. 在方案及初步设计阶段，柴油发电机组的容量可按配电变压器总容量的10％～20％进行估算。根据我国现实情况，建筑物规模大时取下限，规模小时取上限。 2. 柴油发电机组容量的估算，见表6.2.2-2
施工图	1. 在施工图阶段可根据一级负荷、消防负荷以及某些重要的二级负荷容量，按下述方法计算并选择其中容量最大者： （1）按稳定负荷计算发电机容量： $$S_{G1}=\frac{P_{\Sigma}}{\eta_{\Sigma}\cos\varphi} \quad (6.2.2\text{-}1)$$ 式中 S_{G1}——按稳定负荷计算的发电机视在功率，kVA； P_{Σ}——发电机总负荷计算功率，kW； η_{Σ}——所带负荷的综合效率，一般取0.82～0.88； $\cos\varphi$——发电机的额定功率因数，一般取0.8。 （2）按尖峰负荷计算发电机容量： $$S_{G2}=\frac{K_{j}}{K_{G}}(S_{m}+S'_{c}) \quad (6.2.2\text{-}2)$$ 式中 S_{G2}——按尖峰负荷计算的发电机视在功率，kVA； K_{j}——因尖峰负荷造成电压、频率降低而导致电动机功率下降的系数，一般取0.9～0.95； K_{G}——发电机允许短时过载系数，一般取1.4～1.6； S_{m}——最大的单台电动机或成组电动机的启动容量，kVA； S'_{c}——除最大启动电动机以外的其他用电设备的视在计算容量之和，kVA。 （3）按发电机母线允许压降计算发电机容量： $$S_{G3}=\frac{1-\Delta U}{\Delta U}X'_{d}S_{st\Delta} \quad (6.2.2\text{-}3)$$ 式中 S_{G3}——按母线允许压降计算的发电机视在功率，kVA； ΔU——发电机母线允许电压降，一般取0.2； X'_{d}——发电机的瞬态电抗，一般取0.2； $S_{st\Delta}$——导致发电机最大电压降的电动机的最大启动容量，kVA。 2. 发电机的使用容量应考虑海拔高度、气压、湿度及温度等环境的影响。如果外界气压、温度、湿度等条件不同时，应按照表6.2.2-3、表6.2.2-4中所列之校正系数c进行校正。 即：实际功率＝额定功率×C

柴油发电机组容量的估算 表 6.2.2-2

分类	估算方法
按建筑面积估算	10000m² 以上的大型建筑：15～20W/m² 10000m² 及以下的中小型建筑：10～15W/m²
按配电变压器容量估算	占变压器容量的 10%～20%
按电动机启动容量估算	当允许发电机端电压瞬时压降为 20%时，发电机组直接启动异步电动机的能力为：每 1kW 电动机功率，需要 5kW 柴油发电机组功率，若电动机降压启动或软启动，由于启动电流减小，柴油发电机容量也按相应比例减小。按电动机功率估算后，然后进行归整，即朝柴油发电机组的标定系列估算容量

不同相对湿度非增压柴油机功率修正系数 *C* 表 6.2.2-3

相对湿度	海拔 (m)	大气压 (kPa)	大气温度（℃）									
			0	5	10	15	20	25	30	35	40	45
60%	0	101.3	1	1	1	1	1	1	0.98	0.96	0.93	0.90
	200	98.9	1	1	1	1	1	0.98	0.95	0.93	0.90	0.87
	400	96.7	1	1	1	0.99	0.97	0.95	0.93	0.90	0.88	0.85
	600	94.4	1	1	0.98	0.96	0.94	0.92	0.90	0.88	0.85	0.82
	800	92.1	0.99	0.97	0.95	0.93	0.91	0.89	0.87	0.85	0.82	0.80
	1000	89.9	0.96	0.94	0.92	0.90	0.89	0.87	0.85	0.82	0.80	0.77
	1500	84.5	0.89	0.87	0.86	0.84	0.82	0.80	0.78	0.76	0.74	0.71
	2000	79.5	0.82	0.81	0.79	0.78	0.76	0.84	0.72	0.70	0.68	0.65
	2500	74.6	0.76	0.75	0.73	0.72	0.70	0.68	0.66	0.64	0.62	0.60
	3000	70.1	0.70	0.69	0.67	0.66	0.64	0.63	0.61	0.59	0.57	0.54
	3500	65.8	0.65	0.63	0.62	0.61	0.59	0.58	0.56	0.54	0.52	0.49
	4000	61.5	0.59	0.58	0.57	0.55	0.54	0.52	0.51	0.49	0.47	0.44
100%	0	101.3	1	1	1	1	1	0.99	0.96	0.93	0.90	0.86
	200	98.9	1	1	1	1	0.98	0.96	0.93	0.90	0.87	0.83
	400	96.7	1	1	1	0.98	0.96	0.93	0.91	0.88	0.84	0.81
	600	94.4	1	0.99	0.97	0.95	0.93	0.91	0.88	0.85	0.82	0.78
	800	92.1	0.98	0.96	0.94	0.92	0.90	0.88	0.85	0.82	0.79	0.75
	1000	89.9	0.96	0.94	0.92	0.90	0.87	0.85	0.83	0.80	0.76	0.73
	1500	84.5	0.89	0.87	0.85	0.83	0.81	0.79	0.76	0.73	0.70	0.66
	2000	79.4	0.82	0.80	0.79	0.77	0.75	0.73	0.70	0.67	0.64	0.61
	2500	74.6	0.76	0.74	0.72	0.71	0.69	0.67	0.64	0.62	0.59	0.55
	3000	70.1	0.70	0.68	0.67	0.65	0.63	0.61	0.59	0.56	0.53	0.50
	3500	65.8	0.64	0.63	0.61	0.60	0.58	0.56	0.54	0.51	0.48	0.45
	4000	61.5	0.59	0.58	0.57	0.55	0.54	0.52	0.51	0.49	0.47	0.44

不同相对湿度增压柴油机功率修正系数 *C* **表 6.2.2-4**

相对湿度	海拔 (m)	大气压 (kPa)	大气温度（℃）									
			0	5	10	15	20	25	30	35	40	45
60%	0	101.3	1	1	1	1	1	1	0.96	0.92	0.87	0.83
	200	98.9	1	1	1	1	1	0.98	0.94	0.90	0.86	0.81
	400	96.7	1	1	1	1	1	0.96	0.92	0.88	0.84	0.80
	600	94.4	1	1	1	1	0.99	0.95	0.90	0.86	0.82	0.78
	800	92.1	1	1	1	1	0.97	0.93	0.88	0.84	0.80	0.78
	1000	89.9	1	1	1	0.99	0.95	0.91	0.87	0.83	0.79	0.75
	1500	84.5	1	1	0.98	0.94	0.90	0.86	0.82	0.78	0.74	0.70
	2000	79.5	1	0.98	0.93	0.89	0.85	0.82	0.78	0.74	0.70	0.66
	2500	74.6	0.97	0.93	0.89	0.85	0.81	0.77	0.73	0.70	0.66	0.62
	3000	70.1	0.92	0.88	0.84	0.80	0.77	0.73	0.69	0.66	0.62	0.59
	3500	65.8	0.87	0.83	0.80	0.76	0.72	0.69	0.66	0.62	0.59	0.55
	4000	61.5	0.82	0.79	0.75	0.72	0.68	0.65	0.62	0.58	0.55	0.51
100%	0	101.3	1	1	1	1	1	0.99	0.95	0.90	0.85	0.80
	200	98.9	1	1	1	1	1	0.97	0.93	0.88	0.83	0.78
	400	96.7	1	1	1	1	1	0.95	0.91	0.86	0.82	0.77
	600	94.4	1	1	1	1	0.98	0.93	0.89	0.84	0.80	0.75
	800	92.1	1	1	1	1	0.96	0.91	0.87	0.83	0.78	0.73
	1000	89.9	1	1	1	0.98	0.94	0.90	0.85	0.81	0.76	0.72
	1500	84.5	1	1	0.98	0.93	0.89	0.85	0.81	0.76	0.72	0.67
	2000	79.4	1	0.97	0.92	0.88	0.84	0.80	0.76	0.72	0.68	0.63
	2500	74.6	0.97	0.92	0.88	0.84	0.80	0.76	0.72	0.68	0.64	0.59
	3000	70.1	0.92	0.88	0.84	0.80	0.76	0.72	0.68	0.64	0.60	0.56
	3500	65.8	0.87	0.83	0.79	0.75	0.71	0.68	0.64	0.60	0.56	0.52
	4000	61.5	0.82	0.78	0.75	0.71	0.67	0.64	0.60	0.56	0.52	0.48

3. 应急负荷中最大的笼形电动机容量

应急柴油发电站的容量一般都比较小，较大的笼形电动机如果采用降压起动，其起动时间较长，将影响供电网路中其他负荷的正常工作。一般希望电站机组有足够大的容量能直接起动供电网路中最大的笼形电动机。一般工程最大单台电动机容量与发电机额定容量之比不宜大于 25%。

根据对 50～300kW 不同容量，不同励磁调压方式的柴油发电机组直接起动不同容量的笼形电动机的试验结果，当要求起动过程中的瞬时电压值不低于额定值的 85%，可按表 6.2.2-5 的数据校验最大笼形电动机容量与发电机额定容量之比。

不同励磁调压方式的柴油发电机组直接起动笼形电动机容量的最大百分比（瞬时电压值≥85%额定电压） 表 6.2.2-5

机组励磁调压方式	最大电动机容量与发电机额定容量之比（%）	机组励磁调压方式	最大电动机容量与发电机额定容量之比（%）
碳阻式自动电压调整器	12～15	相复励自激恒压装置	15～30
带励磁机的可控硅调压器	15～25	三次谐波励磁	50
可控硅自激恒压装置	15～30		

为了便于设计时参考，对三相低压柴油发电机组在空载时，能全电压直接起动的空载四极笼形三相异步电动机最大容量，见表 6.2.2-6。

机组空载能直接起动空载笼形电动机最大容量 表 6.2.2-6

序　号	柴油发电机功率（kW）	异步电动机额定功率（kW）
1	40 及以下	0.7*P*
2	50、64、75	30
3	90、120	55
4	150、200、250	75
5	400 以上	125

注：1. *P* 为柴油发电机功率。
2. 应注意，表中所列数值，没有考虑电动机直接起动对机组母线电压降加以限制，是以全电压直接起动电动机时，电动开关和失压保护不应跳闸为条件。

4. 发电机功率为被起动电动机功率的最小倍数

在不同起动方式下，发电机功率为被起动电动机功率的最小倍数，见表 6.2.2-7。

发电机功率为被起动电动机功率的最小倍数 表 6.2.2-7

电动机起动方式		全压起动	Y-△起动	自耦变压器起动	
				0.65Un	0.8Un
母线允许电压降	10%	7.8	2.6	3.3	5.0
	15%	7.0	2.3	3.0	4.5
	20%	5.5	1.9	2.4	3.6

注：Un—额定电压。

5. 常用柴油机冷却风扇消耗的功率

常用柴油机冷却风扇消耗的功率，见表 6.2.2-8。

常用柴油机冷却风扇消耗的功率 表 6.2.2-8

序号	柴油机型号	柴油机功率（马力）	风扇功率（马力）	序号	柴油机型号	柴油机功率（马力）	风扇功率（马力）
1	4135	80	5	6	6135D	190	7
2	4135AD	100	5	7	12V135D	240	11
3	4146	90	5	8	12V135AD	300	14
4	6135	120	7	9	12V135ZD	380	18
5	6135AD	150	7	10	12V135ZD-1	380	20

注：1kW＝1.36 马力。

6. 柴油发电机房新风量的计算

柴油发电机运行时，机房的换气量应等于或大于柴油机所用新风量与维持机房温度所需新风量之和。据国外有关资料介绍，维持温度所需新风量可按下列公式计算：

$$C=\frac{0.078P}{T} \tag{6.2.2-4}$$

式中 C——需要新风量，m^3/s；

P——柴油机额定功率，kW；

T——柴油发电机房的温升，℃。

维持柴油机燃烧所需新风量可向柴油机厂家索取，当海拔高度增加时，每增加 763m，空气量应增加 10%。若无资料，可按每 1kW 制动功率需要 0.1m^3/min 估算。

7. 发电机组燃油容量估算

柴油发电机组燃油容量估算，见表 6.2.2-9。

发电机组燃油容量估算 **表 6.2.2-9**

发电机组容量（kW）	100	200	250	300	400	500	800	1000
燃油容量（L/h）	35	72	90	110	140	180	290	360

注：1. 机房内应设置储油间，其总存储量不应超过 8h 的需要量，并应采取相应的防火措施。

2. 在燃油来源及运输不便时，宜在建筑物主体外设置 40h～64h 耗油量的储油设施。

6.2.3 柴油发电机房设备布置

1. 设计技术措施

柴油发电机房设备布置及工艺设计技术措施，见表 6.2.3-1。

柴油发电机房设备布置及工艺设计技术措施 **表 6.2.3-1**

类　别	技术规定和要求
设备布置	1. 应符合机组运行工艺要求，力求紧凑、保证安全及便于维护，单机容量大于 500kW 的多台机组宜设控制室。机房风机组布置见图 6.2.3-1～图 6.2.3-3。布置尺寸不应小于表 6.2.3-2、表 6.2.3-3 中数值。 2. 当控制屏、配电屏布置在发电机室时，应布置在发电机端或发电机出线侧，其操作通道不小于下列数值。 （1）屏前距发电机端不小于 2m。 （2）屏前距发电机侧不小于 1.5m
排烟系统	1. 应满足环保部门的要求，排烟管道应引至屋顶室外高空处排放，或经过消烟除尘处理后再行排放，以免污染环境。 2. 每台柴油机的排烟管应单独引出室外，宜架空敷设，也可敷设在井道中。排烟管弯头不宜过多，并能自由位移。为防止凝结水回流，水平敷设的排烟管道宜设有 0.3%～0.5%的坡度坡向室外，并在管道最低点装排污阀。 3. 机房内的排烟管道采用架空敷设时，室内部分应敷设隔热保护层，且距地面 2m 以下部分隔热层厚度不应小于 60mm。当排烟管架空敷设在燃油管下方或沿地沟敷设需穿越燃油管时，还应考虑安全措施。排烟管温度一般为 350～550℃，保温处理后，保温表面温度不应超过 50℃。 4. 排烟管较长时，应采用自然补偿段、加大排烟管直径，排烟阻力不能超过柴油机的要求，若无条件，应装设补偿器。 5. 排烟管与柴油机排烟口连接处，应装设弹性波纹管。 6. 排烟管过墙处应加保护套，伸出屋面或侧墙的烟管出口端，应加装防雨帽。 7. 非增压柴油机和废气涡轮增压柴油机均应在排烟管上装设消音器。两台柴油机不应共用一个消音器，消音器应单独固定

续表

类　别	技术规定和要求
通风散热系统	1. 热风出口宜靠近且正对柴油机散热器。 2. 热风管与柴油机散热器连接处，应采用软接头。 3. 热风出口的面积应为柴油机散热器面积的 1.5 倍。 4. 热风出口不宜设在主导风向一侧，若有困难时应增设挡风墙。 5. 机组设在地下层，热风管无法平直敷设而需拐弯引出时，其热风管弯头不宜超过两处。 6. 当热风通道直接导出室外有困难时，可设置竖井导出。 7. 当机组无法安排热风出风口时，可采用分体式散热机组，柴油机夹套内的冷却水由水泵送至分体水箱冷却，由于柴油机冷却水接口处静水压一般不超过 40～50kPa，因此，分体水箱安装高度不应超过机组高度的 4～5m，否则需加辅助泵。 8. 机房应有足够的新风补充，进风口的面积应为机组散热器面积的 1.6 倍。 9. 若空气的进、出风口的面积不能满足要求时，应采用机械通风并进行风量计算，发电机的发热量应向生产厂家索取。 10. 进风口宜正对发电机端或发电机两侧
消音隔振系统	1. 应采取机组消音及机房隔音综合治理措施，治理后环境噪音不宜超过表 6.2.3-4 所列数值。 2. 机房四周墙壁和屋顶等维护结构，一般应具有计权隔声量 $R_w \geqslant 35$dB。 3. 机房设备出入的大门及人员出入的小门的计权隔声量 $R_w \geqslant 35$dB。 4. 机房与控制室之间的隔声门窗，计权隔声量 $R_w \geqslant 30$dB。 5. 柴油发电机组应设置具有良好减震性能的隔振基础；置于楼层中的机组应设置专用的隔振装置，防止机组底座振动产生的结构噪声对邻近房间的干扰。 6. 机房的管道应采用减震支架。 7. 进、排风系统用消声装置和高温排烟消声器，应选用专业厂商提供的可靠产品，或由专业单位进行设计制造
储油设施	1. 当燃油来源及运输不便时，宜在建筑物主体外设置 40～64h 耗油量的储油设施。 2. 机房内应设置储油间，其总存储量不应超过 1m³ 燃油量，并采取相应的防火措施。 3. 日用燃油箱宜高位布置，出油口宜高于柴油机的高压射油泵。 4. 卸油泵和供油泵可共用，应装电动和手动泵各一台，其流量按最大卸油量或供油量确定。 5. 高层建筑内，柴油发电机房的储油间的围护构件的耐火极限不低于二级耐火等级建筑的相应要求，开向发电机房的门应采用自行关闭的甲级防火门。 6. 通向室外的输油管道宜设有防冬季油冷凝的加热措施

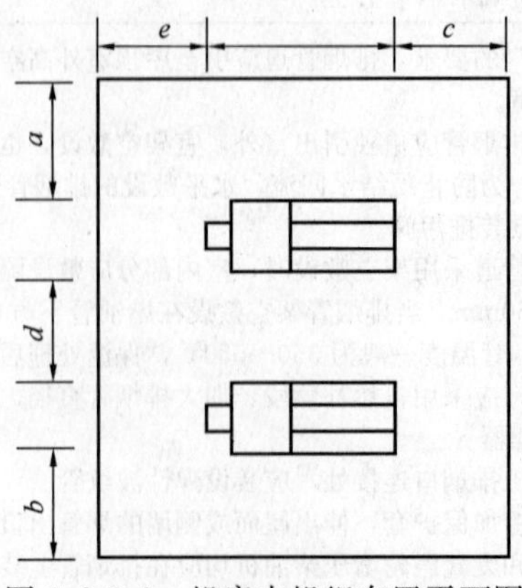

图 6.2.3-1　机房内机组布置平面图

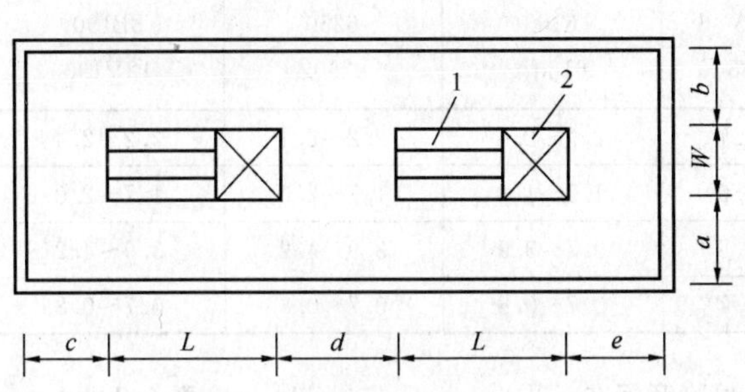

图 6.2.3-2 机房内机组平行布置平面图

1—柴油机；2—发电机

a—机组操作面尺寸；*b*—机组背面尺寸；*c*—柴油机端尺寸；*d*—机组间距；*e*—发电机端尺寸；*L*—机组长度；*W*—机组宽度

注：平行布置这种形式的机房的横向宽度小，管线交叉少，但管线长；机房也较长。机房横向宽度受封限制时可采用这种形式。

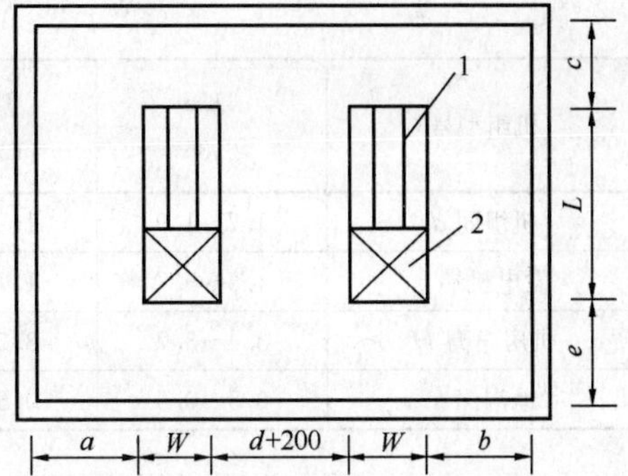

图 6.2.3-3 机房内机组垂直布置平面图

1—柴油机；2—发电机

a—机组操作面尺寸；*b*—机组背面尺寸；*c*—柴油机端尺寸；*d*—机组间距；*e*—发电机端尺寸；*L*—机组长度；*W*—机组宽度

注：垂直布置这种布置形式管线较短，管理操作比较方便，但要求机房宽度大。适用于机组外形尺寸较小，机房宽度可以增大的电站。在条件允许时优先采用这种形式。

图 6.2.3-1 机组之间及机组外廓与墙壁的净距（m） **表 6.2.3-2**

项目 \ 容量（kW）		64 以下	75～150	200～400	500～1500	1600～2000
机组操作面	*a*	1.5	1.5	1.5	1.5～2.0	2.0～2.5
机组背面	*b*	1.5	1.5	1.5	1.8	2.0
柴油机端	*c*	0.7	0.7	1.0	1.0～1.5	1.5
机组间距	*d*	1.5	1.5	1.5	1.5～2.0	2.5
发电机端	*e*	1.5	1.5	1.5	1.8	2.0～2.5
机房净高	*h*	2.5	3.0	3.0	4.0～5.0	5.0～7.0

注：当机组按水冷却方式设计时，柴油机端距离可适当缩小；当机组需要做消声工程时，尺寸应另外考虑。

图 6.2.3-2、图 6.2.3-3 机组在机房内布置的推荐尺寸（m） **表 6.2.3-3**

机组型号	4135 6135	8V135 12V135	6160 6160A	6250 6250Z	8B190 12V190
机组容量（kW）	40～75	120～150	84～120	200～300	300～800
操作面尺寸 *a*	1.5～1.7	1.7～1.9	1.7～1.9	1.8～2.0	1.8～2.0
背面尺寸 *b*	1.2～1.5	1.3～1.6	1.4～1.7	1.5～1.8	1.5～1.8
柴油机端 *c*	1.5～1.8	1.5～1.8	1.5～1.8	2.0～2.2	2.0～2.2

续表

机组型号	4135 6135	8V135 12V135	6160 6160A	6250 6250Z	8B190 12V190
机组间 d	1.7～1.9	1.9～2.1	2.2～2.4	2.2～2.4	2.2～2.4
发电机端 e	1.5～1.7	1.7～2.0	1.5～1.8	1.7～2.0	1.7～2.0
机房净高 H	3.4～3.7	3.5～3.8	3.7～3.9	3.9～4.2	3.9～4.2
地沟深 h	0.5～0.6	0.6～0.7	0.7～0.8	0.7～0.8	0.7～0.8

城市区域环境噪音标准（dB） **表 6.2.3-4**

类　别	适用区域	昼间	夜间
0	疗养、高级别墅、高级宾馆区	50	40
1	以居住、文教机关为主的区域	55	45
2	居住、商业、工业混杂区	60	50
3	工业区	65	55
4	城市中的道路交通干线两侧区域	70	55

2. 对相关专业的技术要求

柴油发电机房对相关专业的技术要求，见表 6.2.3-5。

柴油发电机机房对相关专业的技术要求 **表 6.2.3-5**

专业类别	技术规定和要求
土建专业	1. 机房应有良好的采光和通风。在炎热地区，有条件时宜设天窗，有热带风暴地区天窗应加挡风防雨板或设专用双层百叶窗。在北方及风沙较大的地区，应有防风沙侵入的措施。 2. 发电机间应有两个出入口，其中一个出口的大小应满足搬运机组的需要，否则应预留吊装孔。门应采取防火、隔声措施，并应向外开启，发电机间与控制及配电室之间的门和观察窗应采用甲级防火、隔声措施，门开向发电机间。 3. 贮油间与机房相连布置时，应在隔墙上设防火门，并向发电机间开启。 4. 发电机间、贮油间宜做水泥压光地面，并应有防止油、水渗入地面的措施，控制室宜做水磨石地面。 5. 机房内的噪声应符合现行国家噪声标准规定，当机房噪声控制达不到要求时，应通过计算做消音、隔声处理。 6. 机组基础应采取减振措施，当机组设置在主体建筑物内或地下室时，应防止与房屋产生共振现象。 7. 柴油机基础应采取防油浸的设施，可设置排油污的沟槽。 8. 机房内的管沟和电缆沟内应有 0.3%的坡度和排水、排油措施，沟边缘应做挡油处理。 9. 柴油发电机机房各工作房间耐火等级与火灾危险性类别，见表 6.2.3-6
给排水专业	1. 应符合柴油机产品的冷却水水质的技术要求。 2. 柴油机采用闭式循环冷却系统时，应设置膨胀水箱，其装设位置应高于柴油机冷却水的最高水位。 3. 冷却水泵，应为一机一泵，当柴油机自带水泵时，宜设 1 台备用泵。 4. 机房内应设有洗手盆和落地洗涤槽

续表

专业类别	技术规定和要求
动力专业	1. 在燃油来源及运输不便时，宜在建筑物主体外设 40～64h 贮油设施。 2. 按柴油发电机运行 3～8h 设置日用燃油箱，但油量超过消防有关规定时，应设贮油间，并采取相应防火措施。 3. 一般按 160～240h 消耗量设置润滑油贮存装置。 4. 日用燃油箱宜高位布置，出油口宜高于柴油机的高压射油泵。 5. 卸油泵和供油泵可共用，应装电动和机动各 1 台，其容量按最大的卸油或供油量确定
采暖与通风专业	1. 宜利用自然通风排除发电机间内的余热，当不能满足工作地点的温度要求时，应设机械通风装置。 2. 当机房设置在高层民用建筑的地下室时，应设防烟、排烟设施。 3. 应考虑排除机房有害气体所需排风量。有害气体排风量，见表 6.2.3-7。 4. 机房内不应采用明火取暖。 5. 机房各房间的温湿度应符合产品要求。机房各房间温湿度要求值，见表 6.2.3-8。 6. 对安装自启动机组的机房，应保证满足自启动温度需要，当环境温度达不到启动要求时，应采用局部或整机预热装置。在湿度较高地区，应考虑设防结露装置。 7. 非采暖地区可根据具体情况，采取适当措施

注：本表摘自《全国民用建筑工程设计技术措施·电气》2009。

机房各工作房间耐火等级与火灾危险性类别 **表 6.2.3-6**

名　称	火灾危险性类别	耐火等级	名　称	火灾危险性类别	耐火等级
发电机间	丙	一级	储油间	丙	一级
控制与配电室	戊	二级			

排除机房有害气体排风量 **表 6.2.3-7**

排烟管敷设方式	排风量（$m^3/p \cdot s \cdot h$）	排烟管敷设方式	排风量（$m^3/p \cdot s \cdot h$）
架空敷设	15～20	地沟敷设	20～25

机房各房间温湿度要求值 **表 6.2.3-8**

房间名称	冬　季		夏　季	
	温度（℃）	湿度（%）	温度（℃）	湿度（%）
机房（就地操作）	15～30	30～60	30～35	40～75
机房（隔室自动化操作）	5～30	30～60	32～37	≤75
控制及配电室	16～18	≤75	28～30	≤75
值班室	16～20	≤75	≤28	≤75

6.2.4 发电机应急供电系统

1. 发电机应急供电系统设计，宜符合下列规定

（1）特别重要负荷，包括一级负荷中消防负荷，宜由独立设置的应急电源母线供电。应急电源母线应由市电与应急发电机用双电源供电切换开关（ATSE）进行切换，严禁其他负荷接入应急供电系统。

（2）在非火灾情况下，当非消防重要负荷需由柴油发电机组供电时，该负荷宜由单独

母线段供电，一旦市电停电可由发电机组向该段母线供电。当火灾发生时，应将该段母线自动切除，以保证消防负荷的供电。

(3) 发电机应急电源与正常电源的转换功能性开关在三相四制系统中宜选用四极开关。

(4) 应急电源供电系统应在正常电源故障停电后，快速、可靠的启动，使重要负荷恢复供电，以减少停电造成的损失。

(5) 消防设备或控制系统（如：消防电梯、消防水泵及消防中心、安防中心、控制中心、通信中心等），均应设置末端双电源互投装置。

(6) 应急供电系统应尽量减少保护级数，不宜超过三级。

(7) 消防用电设备的末端电源不宜设置过负荷保护电器，必要时过负荷保护装置只动作于信号，不动作于切断电源。

(8) 应急配电系统宜按防火分区设计，配电干线一般不宜跨越防火分区，分支线路不应跨越防火分区。

(9) 用电量较大或较集中的消防负荷（如消防电梯、消防水泵等），应采用放射式供电；应急照明等分散均匀负荷可采用干线式供电。

(10) 应保证主电源供电系统和应急电源供电系统母线同时有电（即热备状态），并在主电源故障时，以手动、自动方式转入应急状态。

(11) 末端双电源互投箱分支线路宜为放射式供电。

2. 柴油发电机供电方案

柴油发电机供电方案，见表 6.2.4-1。

柴油发电机供电方案 **表 6.2.4-1**

供电方式	低压配电系统接线图	系统说明
方案一	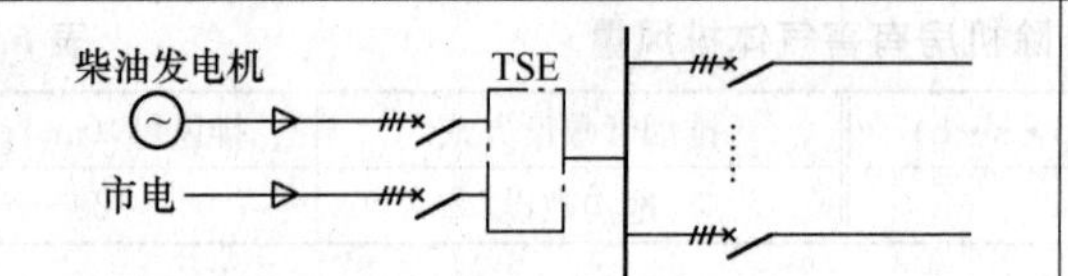 柴油发电机 市电 TSE	柴油发电机配出一路与市电进行互投。 系统相对简单，适合功率较为简单的工程
方案二	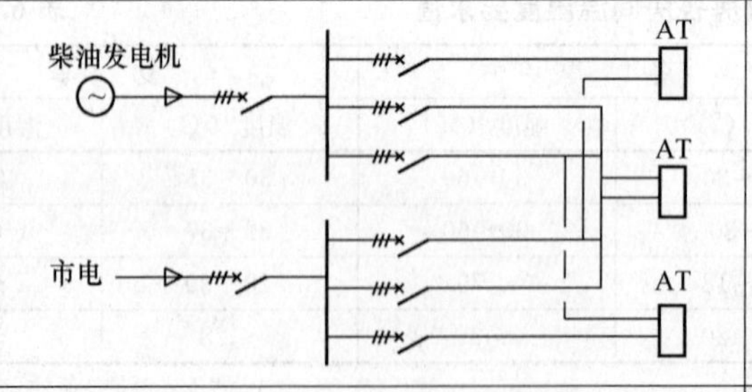 柴油发电机 市电 AT AT AT	柴油发电机配出多路与多路市电进行互投。 系统相对复杂，适合功能较为复杂的大型工程。 任一配出回路对应的市电故障，均需要启动柴油发电机，需注意机组的容量选择及启动控制的合理性
方案三	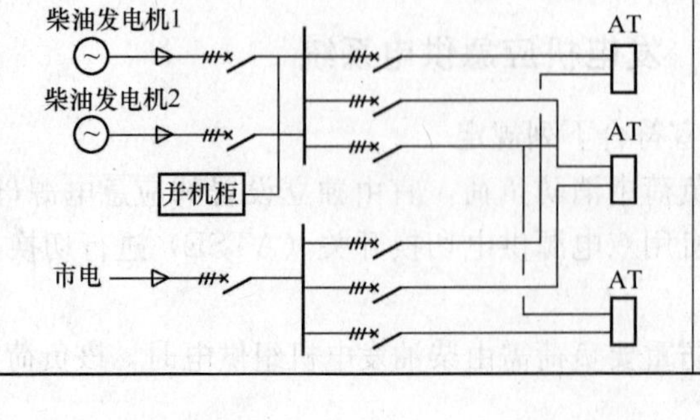 柴油发电机1 柴油发电机2 并机柜 市电 AT AT AT	两台发电机组并机使用。 并机使用的两台柴油发电机瞬间的电压、频率、相位相同。俗称“三同时”。采用专用并机装置来完成并机工作。一般建议由柴油发电机配套供货全自动并机柜

6.2.5 柴油发电机组技术资料

1. 柴油发电机房进排风口面积估算（见表 6.2.5-1）

典型柴油发电机机房进排风口面积估算（供参考） **表 6.2.5-1**

机组输出功率 (kW)	进风量 (m^3/min)	进风口面积 (m^2)	排风口面积 (m^2)	废气排气量 (m^3/min)	发动机进气量 (m^3/min)
100	215	2	1.4 (0.9)	22.6	7.8
200	370	2.5	2 (1.5)	38.8	14.3
400	726	5	4 (2.7)	86	31.9
800	1510	10	7 (4.5)	184	68.4
1000	1962	13	10 (6)	254	92.7

注：1. 进风口净流通面积按大于 1.5～1.6 倍散热器迎风面积估算。
2. 排风口净流通面积大于散热器迎风面积的 1.25～1.5 倍。
3. 进风量包括发动机进气量、发动机和水箱散热的冷却空气量。
4. 进排风口面积适用于普通型进排风消声装置，在排风道设有加压风机时，采用括号内数据。
5. 风道加设高流阻消声器时，需要根据消声器产品要求，加大风道尺寸或增加加压风机。
6. 闭式水冷却系统只需将自来水系统引入机房，开机前加满水箱即可（水质按厂家要求满足）。
7. 如消声要求不高的场所，可不加进、排风消声器和二级排烟消声器。
8. 机房环境温度按表 6.2.3-8 要求设计。北方地区冬季加保温措施。南方地区夏季加降温措施。
9. 所有尺寸仅作参考，设计时需按工程项目作修改。

2. 柴油机冷却水量估算

初步设计时，柴油机的冷却水量可按表 6.2.5-2 进行估算。

柴油机冷却水量估算表 **表 6.2.5-2**

冷却水进、出口温差(℃)	冷却水量[L/(kW·h)]	冷却水进、出口温差(℃)	冷却水量[L/(kW·h)]
10	69～95	20	30～48
15	45～72		

3. 柴油发电机组性能等级（见表 6.2.5-3）

柴油发电机组性能等级 **表 6.2.5-3**

性能等级	定义	用途
G1 级	用于只需规定其电压和频率的基本参数的连接负载	一般用途（照明和其他简单的电气负载）
G2 级	用于对其电压特性与公用电力系统有相同要求的负载。当负载变化时，可有暂时的电压和频率的偏差	照明系统、泵、风机和卷扬机
G3 级	用于对频率、电压和波形特性有严格要求的连接设备（整流器和硅可控整流器控制的负载对发电机电压波形影响需要特殊考虑的）	无线电通信和硅可控整流器控制的负载
G4 级	用于对频率、电压和波形特性有特别严格要求的负载	数据处理设备或计算机系统

4. 柴油发电机组技术数据资料

柴油发电机组技术数据，见表 6.2.5-4。

应急柴油发电机组技术指标 表 6.2.5-4

额定功率 (kVA/kW)	备用功率 (kVA/kW)	额定电流 (A)	燃油消耗量 (L/h)	排气量 L	启动系统 (V)	排烟温度 (℃)	排烟量 (m^3/h)	燃烧空气量 (m^3/h)	最大排烟背压 (mmHg)	外形尺寸 (mm)			湿重 (kg)	电压 (V)	频率 (Hz)
										长	宽	高			
50/40	55/44	76	12	3.92	12	521	569	205	51	1700	700	1500	800	400	50
60/48	66/53	91	14.4	3.92	12	576	598	248	51	1700	700	1500	850	400	50
100/80	66/53	152	22	5.88	24	510	842	306	51	2050	760	1600	980	400	50
113/90	125/100	171	24.3	5.88	24	577	1020	338	51	2050	760	1600	1030	400	50
135/108	150/120	205	30.24	8.3	24	638	1522	568	51	2400	830	1650	1380	400	50
175/140	200/160	266	39.2	8.3	24	638	1850	587	51	2400	830	1650	1490	400	50
200/160	225/180	304	44	8.3	24	583	1955	576	51	2600	900	1650	1580	400	50
225/180	250/200	342	48.6	10	24	502	2192	817	75	2800	950	1700	2190	400	50
250/200	275/220	380	51	10	24	510	2329	848	75	2800	950	1700	2280	400	50
315/252	350/280	479	60	14	24	574	3855	1299	75	3000	1000	2030	2980	400	50
350/280	400/320	532	70	14	24	524	4060	1468	75	3000	1000	2030	3180	400	50
400/320	438/350	608	83	15	24	520	5950	1530	76	3480	1200	2100	3730	400	50
450/360	500/400	684	91	15	24	460	4850	1320	76	3480	1200	2100	3910	400	50
500/400	563/450	760	100	15	24	490	5355	1350	76	3480	1200	2100	4120	400	50
640/512	701/568	973	124	28	24	520	5950	1530	76	3800	1450	2350	5680	400	50
750/600	825/660	1140	151	23	24	524	7182	3020	76	4200	1550	2380	6200	400	50
800/640	888/710	1216	161	23	24	550	4945	1740	76	4200	1550	2380	6280	400	50
925/740	1025/820	1406	188.8	30	24	543	5218	1882	76	4200	1650	2380	6670	400	50
1000/800	1100/880	1520	200	30	24	541	9230	3450	76	4200	1650	2380	7100	400	50
1250/1000	1400/1120	1900	254	50.3	24	518	13590	5166	51	5200	2000	2480	11500	400	50
1500/1200	1675/1340	2280	298	50.3	24	493	13842	5400	51	5400	2000	2500	11800	400	50
1700/1360	1875/1500	2584	340	60	24	508	14980	5500	76	6100	2300	2650	15500	400	50
1900/1520	2100/1680	2888	380	60	24	515	15240	5600	51	6100	2300	2650	16650	400	50
2000/1600	2250/1800	3040	400	60	24	520	15350	5800	51	6100	2300	2650	16800	400	50

注：本数据仅供参考，具体数据应根据产品型号相应调整。

6.2.6 与UPS匹配的发电机组容量选择

1. 不间断电源装置UPS的输入端功率可按下列公式计算：

$$P_{\mathrm{UPSin}} = \frac{P_{\mathrm{UPSout}}}{\eta} + P_{\mathrm{UPSpower}} \quad (6.2.6\text{-}1)$$

式中 P_{UPSin}——UPS的输入功率，kW；

P_{UPSout}——UPS的额定输出功率，kW；

P_{UPSpower}——UPS的充电功率，kW；

η——UPS系统的变换效率。

在电池组初始充电时，UPS的额定输入功率需加上电池组的充电功率（向UPS系统产品制造商咨询，通常为UPS输出功率的10%～30%）；

2. 当UPS内置功率因数校正和谐波抑制元件时，可只考虑UPS的效率和UPS系统的充电功率的影响，发电机组的输出功率可按下列公式计算：

$$P_{\mathrm{g}} = K \times P_{\mathrm{UPSin}} \quad (6.2.6\text{-}2)$$

式中 P_{g}——发电机组输出的有功功率，kW；

K——安全系数，取1.1～1.2。

3. 当UPS没有内置功率因数校正和谐波抑制元件时，应考虑UPS功率因数及谐波的影响，发电机组的输出视在功率可按下列公式计算：

$$S_{\mathrm{gout}} = K \times S_{\mathrm{UPSin}} \quad (6.2.6\text{-}3)$$

$$S_{\mathrm{UPSin}} = \frac{P_{\mathrm{UPSout}}}{PF} \quad (6.2.6\text{-}4)$$

$$PF = PF_{\mathrm{disp}} \times PF_{\mathrm{dist}} \quad (6.2.6\text{-}5)$$

式中 S_{gout}——发电机组输出的视在功率，kVA；

K——安全系数，取1.1～1.2；

S_{UPSin}——UPS的输入视在功率，kVA；

PF——UPS的输入功率因数（包括相位无功和畸变无功）；

PF_{disp}——位移功率因数；

PF_{dist}——畸变功率因数。

4. 发电机组的电压畸变率控制应在－5%～＋5%以内，发电机组的总谐波电压畸变率可按下列公式计算：

$$THD_{\mathrm{u}} = \sqrt{\frac{\Sigma U_{\mathrm{n}}^2}{U_1}} = \sqrt{\frac{\Sigma (I_{\mathrm{n}} Z)^2}{U_1}} \quad (6.2.6\text{-}6)$$

式中 THD_{u}——总谐波电压畸变率；

U_1——电源基波电压；

U_{n}——各次谐波电压；

I_{n}——各次谐波电流；

Z——发电机组电源内阻；

n——谐波次数。

由式（6.2.6-6）可知，负载产生谐波电流越大或发电机组的内阻越大，发电机组输出的电压波形失真就越大。增加发电机的容量以降低电源内阻或提高 UPS 的整流脉冲数量均能减少电压波形失真。

一般情况下，如果 UPS 的总谐波电流畸变率小于 15%，则可以忽略 UPS 产生的谐波电流对发电机组输出电压波形的影响，即在计算发电机组输出功率时可以不考虑畸变功率因数 PF_{dist}。

6.3 EPS 应急电源和 UPS 不间断电源装置

6.3.1 设计技术措施

1. 设计技术措施

EPS 应急电源和 UPS 不间断电源装置工程设计技术措施，见表 6.3.1-1。

EPS 应急电源和 UPS 不间断电源装置设计技术措施 表 6.3.1-1

类 别	技术规定和要求
EPS 应急电源装置	1. EPS 电源装置的选择，宜符合下列要求： (1) EPS 电源装置宜用作应急照明系统的备用电源，适用于电感性及混合性的照明负荷。 (2) EPS 电源装置应按负荷性质、容量及要求的持续供电时间等因素选择，供电时间不应小于 90min；其输出功率不小于所连接的应急负荷总容量的 1.3 倍。 EPS 电源装置的备用时间为 40～90min。规定备用时间不应小于 90min 是考虑到由于对蓄电池的维护、管理不到位，应急时满足不了应急照明所要求供电时间。 (3) 10kW 及以下小容量可选角单相 EPS 电源，10kW 以上宜选用三相 EPS 电源。 (4) 应急电源装置的切换时间，应满足下列要求： ①用作安全照明电源装置时，不应大于 0.25s； ②用作疏散照明电源装置时，不应大于 5s； ③用作备用照明电源装置时，不应大于 5s，金融、商业交易场所不应大于 1.5s。 (5) 应急电源装置，宜配置通信接口。 (6) EPS 电源装置的本体噪声应低于 55dB。 2. 集中式 EPS 电源装置容量较大时，宜在电源侧采取高次谐波的治理措施。 3. EPS 电源系统各级保护装置之间应有选择性配合。 4. EPS 供电系统的设置，宜符合下列要求： (1) 当应急负荷较集中时，宜设置集中式 EPS 电源系统。 (2) 大型工程应急负荷较分散时，宜分区（如：按楼号、楼层或按防火分区等）集中设置 EPS 电源系统。 (3) 当应急照明回路较少（如：1～5 回路），回路容量在 2kW 以内时，宜分散设置 EPS 电源装置。 (4) 正常情况下，宜由市电供电，当市电故障失电时，由静态开关自动切换至 EPS 应急电源供电。 (5) EPS 电源装置宜设有由消防中心控制的功能。 5. EPS 电源装置的交流输入电源应符合下列规定： (1) 大型集中式 EPS 电源装置的输入电源宜采用交流 220/380V 三相供电，并宜符合下列要求： ①电源系统宜采用两路电源供电，其中备用电源可为应急柴油发电机组。

续表

<table>
<tr><th>类 别</th><th>技术规定和要求</th></tr>
<tr><td>EPS应急电源装置</td><td>②交流输入的电源系统，除符合现行国标《半导体电力变流器》中第4.1.1条关于交流电网的规定外，尚应符合下列条件：
a. 交流输入电压的持续波动范围一般应≤±10%；
b. 旁路电源必须满足负荷容量及特性要求；
c. 总谐波含有率不应超过10%。
③当交流输入侧电压偏移不能满足要求时，电源端宜采用调压变压器。
④交流输入电源，不宜引自带有其他冲击性负荷的同一变压器及母线段。
⑤输入、输出回路宜采用电缆线路。
(2) 集中式EPS电源装置宜选用柜装整体式成套产品。根据容量和台数决定是否需要设置专用机房，一般宜与楼层配电室同室配置，其交流输入电源宜由两路低压配电回路。
(3) 分散设置的EPS电源装置一般选用箱式产品，可分散安装在竖井或照明箱处，其交流输入电源可为220V单相回路供电。
6. EPS电源装置室设计，应符合下列规定：
(1) 电源装置室宜接近负荷中心，进出线方便。不应设在厕所、浴池或其他经常积水场所的正下方或贴邻。
(2) 当EPS电源装置的蓄电池采用密封阀控蓄电池时，装置室与蓄电池室可以合并设置。如果配套采用其他类型蓄电池，且此类型蓄电池在某种工况下，有有害气（液）体溢出时，装置室与蓄电池室应分开设置。装置附近应设有检修电源。
(3) EPS电源装置室应有良好的防尘设施，室内环境温度宜在5～30℃，相对湿度宜在35%～85%范围内，需要时也可设置空调系统。
(4) EPS电源装置室应根据蓄电池的安全运行条件和标准及对人体的损害程度，设置通风措施，使有害气体不至于聚集，导致事故发生。
(5) 整流器柜，逆变器柜、静态开关柜等安装距离和通道宽度不宜小于下列数值：
①离墙安装时，柜体与墙间维护通道为1m；
②柜前巡视通道为1.5m；
③柜顶距天棚净距应依据装置制造厂提出的最小距离、电缆桥架、管线及照明灯具的安装要求决定。
(6) 电源装置室应采取防止鼠、蛇等小动物进入柜内的措施。
(7) 室内的控制电缆，应与主回路电缆分开敷设。如达不到上述要求时，控制线应采用屏蔽线或穿钢管敷设。
7. EPS电源装置的接地宜符合下列要求：
(1) 接地型式宜与主体工程的接地型式相一致。
(2) 电源输出端中性点宜接地。
(3) 接地装置应满足人身安全、设备安全及系统正常运行的要求。
(4) 机房的交流工作接地、安全接地、直流工作接地、防雷接地等各种接地系统，宜共用一组接地装置，接地电阻按其中最小值确定。
(5) 各系统的接地应采用单点接地，其系统内宜采用等电位联结措施；当各系统共用一组接地装置时，各系统宜分别采用接地线与共用接地装置连接。
(6) 机房应设有接地干线和接地端子</td></tr>
</table>

续表

类　别	技术规定和要求
UPS不间断电源装置	1. 符合下列情况之一时，应设置UPS不间断电源装置： (1) 当用电负荷为不允许中断供电的，如实时性计算机电子数据处理装置系统等。 (2) 用于允许中断供电时间为毫秒级的重要场所（如：监控中心、消防中心通信系统、计算机房及安防中心等）。 2. UPS不间断电源装置的选择，应符合下列规定： (1) UPS不间断电源装置，适用于电容性和电阻性负荷；当为电感性负荷时，则应选择负载功率因数自动适应不降容的不间断电流装置。 (2) 电源装置的输出功率选择：对电子计算机系统供电时，其额定输出功率应大于计算机各设备额定功率总和的1.2倍；对其他用电设备供电时，为最大计算负荷的1.3倍。 (3) 蓄电池组容量，应根据用户性质、工程的电源条件，停电时持续供电时间的要求选定。 (4) UPS不间断电源的工作制式，宜按在线运行连续工作制考虑。 (5) UPS不间断电源装置的本体噪声，在正常运行时不应超过75dB，小型不间断电源装置不应超过65dB。 3. 容量较大时应考虑UPS不间断电源装置所含的高次谐波电流对变压器、供电线路、电容补偿装置和供电电网的影响，谐波量超过限值时应采取谐波治理措施。 4. 不间断电源系统设计时，其配电系统各级保护装置之间应有选择性配合。 5. 在TN-S系统中，如果负载要求N线与大地等电位时，应考虑采用隔离变压器、或采用专用变压器为UPS不间断电源装置供电，在装置的出线端形成独立的TN-S或TN-C-S系统。 6. UPS不间断电源的交流输入电源、装置室及接地系统的设计要求，参照本表EPS应急电源装置的第5～7条

2. UPS选型

UPS不间断电源装置设计选型，见表6.3.1-2。

UPS不间断电源设计选型　　**表6.3.1-2**

项目分类		技术要求说明
容量大小	1. 小型不间断电源：1kVA及以下 2. 中型不间断电源：2～15kVA 3. 大型不间断电源：20kVA及以上	(1) 小型不间断电源输入电压为交流220V，可用于微型计算机（一般单机功耗为200～300W）和精密电子仪器配套使用的备用电源。 (2) 中型不间断电源输入电压为220V，广泛应用于计算机系统、航空管理系统、卫星系统、精密仪器、科研、医院、银行等系统中，提供不间断电源。 (3) 大型不间断电源输入电压为380V，该系列产品为计算机系统、卫星通信系统、精密仪器仪表、高灵敏度用电设备提供连续、稳定、可靠、干净的交流电源
工作方式	1. 后备式 2. 在线式	(1) 后备式不间断电源，在电网正常供电时，由电网直接向负载供电，当电网供电中断时，蓄电池才对不间断电源的逆变器供电，并由不间断电源的逆变器向负载提供交流电源，即不间断电源的逆变器总是处于对负载提供后备供电状态。 (2) 在线式不间断电源平时是由电网通过不间断电源的整流电路向逆变电路提供直流电源，并由逆变电路向负载提供交流电源。一旦电网供电中断时，改由蓄电池经逆变电路向负载提供交流电源

续表

项目分类		技术要求说明
输出电压波形	1. 方波输出型 2. 正弦波输出型	(1) 方波输出型不间断电源的输出电压为50Hz的方波，不是正弦波，因此，当负载对输出电压波形有要求时，不应采用此种不间断电源。 (2) 正弦波输出型不间断电源的输出电压波形是脉宽调制的波经变压器滤波后输出的正弦波，因此，对于对电压波形有特殊要求的负载，即使选用正弦波输出的不间断电源也应考虑波形失真
采用种类	1. 单一式不间断电源系统 2. 关联式不间断电源系统 3. 冗余式不间断电源系统	(1) 单一式不间断电源系统，是指只有一个不间断电源装置的不间断电源系统。 (2) 并联式不间断电源系统，是指由两个及以上不间断电源装置并联运行构成的不间断电源系统。 (3) 冗余式不间断电源系统，是指有冗余不间断电源装置的不间断电源系统
选型指标	根据负荷大小、运行方式、电压及频率的波动范围、允许中断时间、波形失真度及切换波形是否需要连续等各项指标确定	(1) 由于使用备用式不间断电源的负载，从电网供电切换到不间断电源供电的转换过程的时间长短是不一样的，因此要考虑负载是否允许断电，以及允许断电时间的长短。对于不允许断电的用电设备来说，应选用在线式不间断电源。 (2) 在上述转换过程中，可能会造成电压波形的不连续，如负载要求电压波形连续的话，在选择不间断电源时应提出要求
供电	宜采用两路电源供电，当备用电源为柴油发电机组时，其机组不应作为旁路电源	旁路是指用以代替不间断电源设备中电力变波器部分的电源通路。由于柴油发电机组从启动到带负荷需要一段时间，而旁路电源切换时间一般为2～10ms，所以柴油发电机组不具备做旁路电源的条件
蓄电池供电时间	不间断电源使用的蓄电池必须具有在短时间内输出大电流的特性，一般要求蓄电池供电时间在10min左右	(1) 不间断电源用于电网电源发生故障后，保证用电设备按照操作顺序停机时，一般可取8～15min。 (2) 当电路有备用电源时，不间断电源的作用是电网电源故障后，在等待备用电源投入期间，保证用电设备供电的连续性，其放电时间一般可取10～30min

6.3.2 电源装置容量计算

1. 计算要点

(1) 不间断电源装置UPS主要用于中断供电时间不允许超过毫秒级的用电负荷。

(2) 符合下列情况之一时，应设置UPS装置：当用电负荷为不允许中断供电的，如实时性计算机数据处理装置系统等；用于允许中断供电时间为毫秒级的重要场所，如监控中心、消防中心等。

(3) 应急电源装置EPS主要用于照明系统及允许中断供电时间为0.25s以上的负荷。

(4) EPS装置可分为交流制式及直流制式。电感性和混合性的照明负荷宜选用交流制式；纯阻性及交、直流共用的照明负荷宜选用直流制式。

2. 计算方法

EPS及UPS装置容量计算，见表6.3.2-1。

EPS及UPS装置容量计算　　表6.3.2-1

<table>
<tr><th>电源装置</th><th>计 算 方 法</th></tr>
<tr><td>EPS装置</td><td>1. EPS装置应按负荷性质、容量及要求的持续供电时间等因素选择，供电时间不应小于90min；其输出功率不应小于所连接的应急照明负荷总容量的1.3倍
2. 容量计算。
EPS容量选择的特殊性在于它对负荷冲击十分敏感，合理选配EPS的主线路结构和优化容量配置十分重要。选小了很容易因负荷冲击超过安全限值而封闭输出，停止供电，结果是急需用电的紧急时刻却因EPS承受不起负荷冲击而断电。若保护封闭功能不够灵敏，则会损坏逆变器。容量选得过大时，作为单位容量价格较高的EPS产品，又会因预算价过高而失去其综合优势。
EPS应急电源装置的额定输出功率不应小于所连接的应急照明负荷的总容量，可按下列公式计算：
$S_e \geqslant K\Sigma P/\cos\varphi$　　(6.3.2-1)
式中 S_e——额定输出功率，kVA；
ΣP——应急照明负荷总容量，kW；
K——冲击系数；
$\cos\varphi$——应急照明负荷功率因数。
合理选定冲击系数。当所供负载均为无明显启动冲击的小功率设备时，宜取冲击系数$K=1.3$。当所供负荷中的单台最大冲击负荷值接近于总计算负荷值的1/3时，宜取冲击系数$K=1.5$。由于EPS的逆变器过载能力较低，正常运行时，过载量不得超过其额定值的120%，瞬时冲击也不允许超过150%</td></tr>
<tr><td>UPS装置</td><td>1. UPS装置输出功率。
(1) 对电子计算机供电时，单台UPS输出功率应大于电子计算机各设备的额定功率总和的1.5倍。对其他用电设备供电时，为最大计算负荷的1.3倍。
(2) 负荷的很大冲击电流不应大于UPS装置额定电流的1.5倍。
2. UPS装置应急供电时间。
(1) 为保证用电设备按照操作顺序进行停机，其蓄电池的额定放电时间可按停机所需最长时间确定，一般可取8～15min。
(2) 当有备用电源时，为保证用电设备供电连续性，其蓄电池额定放电时间接等待备用电源投入考虑，一般可取10～30min。设有应急发电机时，UPS应急供电时间可以短一些。
3. 蓄电池组容量，应根据用户性质、工程的电源条件及停电时持续供电时间的要求选定</td></tr>
</table>

6.3.3 电源装置供电方案

1. UPS电源系列方式

不间断电源UPS系统方式，见表6.3.3-1。

不间断电源UPS系统方式　　表6.3.3-1

序号	系统方式	系统方块图	简　述
1	单一式	市电电源 → UPS → 负载	因只有一个不间断电源设备，一般用于系统容量较小，可靠性要求不高的场所
2	冗余式	市电电源 → 冗余式UPS → 负载	因不间断电源设备中增设一个或几个不间断电源装置作为备用，确保了供电的连续性。一般用于系统容量较小的系统中

续表

序号	系统方式	系统方块图	简　述
3	并联式	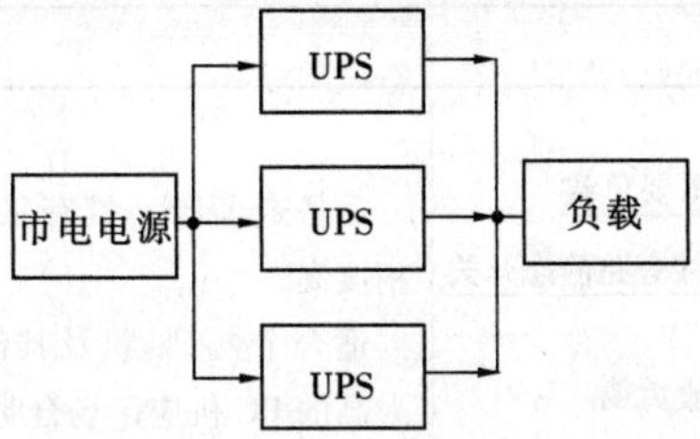 市电电源→UPS、UPS、UPS→负载	可组成大型UPS供电系统，供电可靠性高，运行比较灵活，便于检修
4	并联冗余式	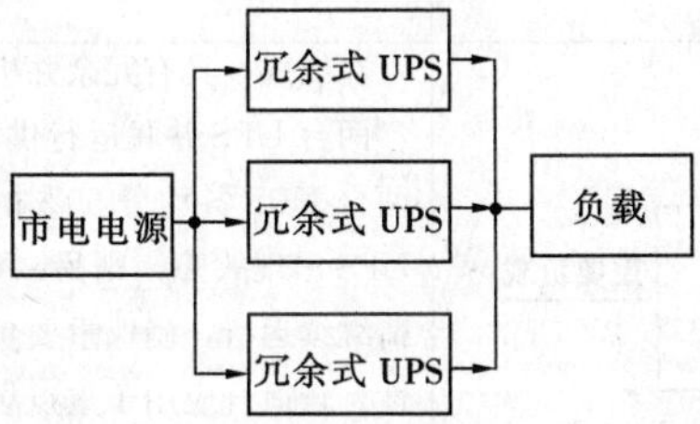 市电电源→冗余式UPS、冗余式UPS、冗余式UPS→负载	可组成大型UPS供电系统，供电可靠性高，运行灵活方便，便于检修，可用于互联网数据中心、银行的清算中心等重要场所

2. EPS电源供电方案（见表6.3.3-2）

EPS电源供电方案 **表6.3.3-2**

供电方式	低压配电系统接线图示	系统说明
方案一	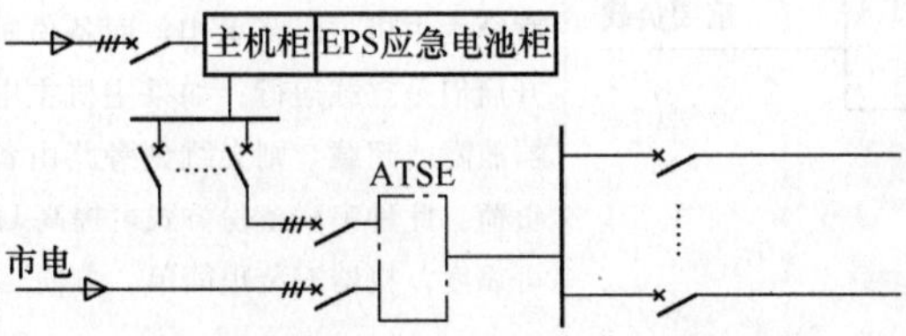 主机柜 EPS应急电池柜 ATSE 市电	EPS集中设置在统一的机房内，由EPS应急母线配出回路给各现场，现场设备一般为照明负荷
方案二	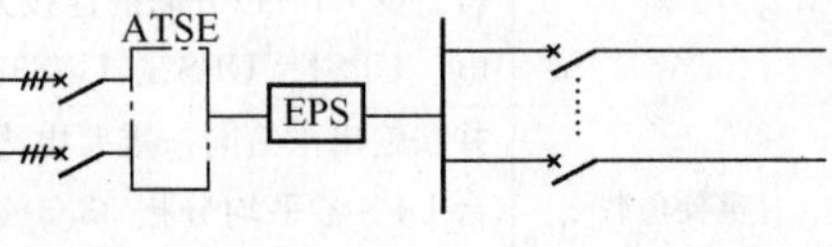 ATSE EPS	EPS相对集中设在末端配电箱中，平时由双电源供电，双电源故障后由EPS供电。 现场设备一般为照明负荷
方案三	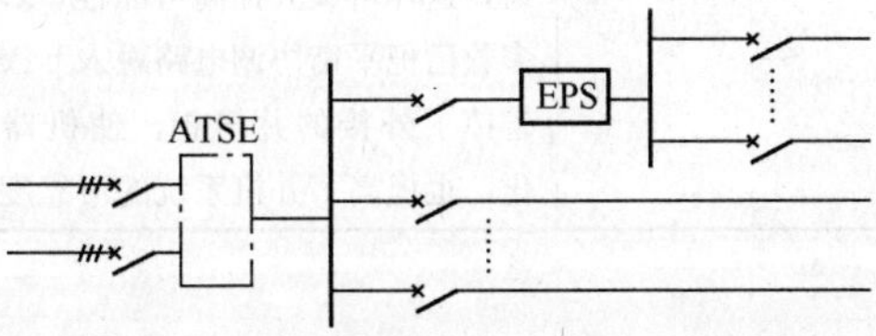 ATSE EPS	EPS相对集中设在末端配电箱中，平时由双电源供电，双电源故障后由EPS供电给部分负荷。 现场设备一般为照明负荷
方案四	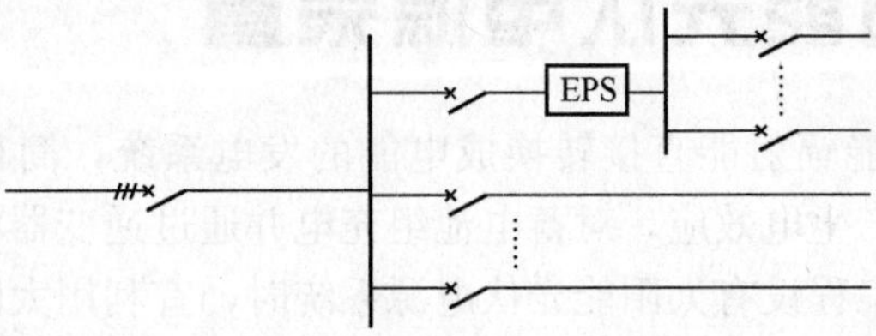 EPS	EPS相对集中设在末端配电箱中，平时由单电源供电，单电源故障后由EPS供电给部分负荷。 现场设备一般为照明负荷

3. UPS电源供电方案（见表6.3.3-3）

UPS电源供电方案 **表6.3.3-3**

供电方式	低压配电系统接线图示	系统说明
方案Ⅰ	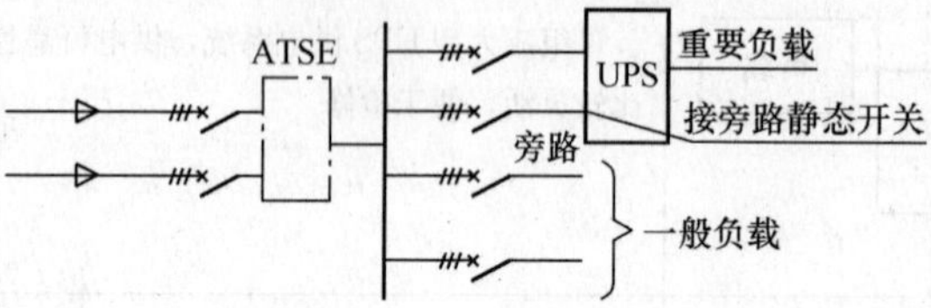 ATSE；UPS；重要负载；接旁路静态开关；旁路；一般负载	后备式UPS，具有三级稳压功能，稳压、精度高。 适合个人PC机及其他对供电质量要求不太高的PC机应用场合明
方案Ⅱ	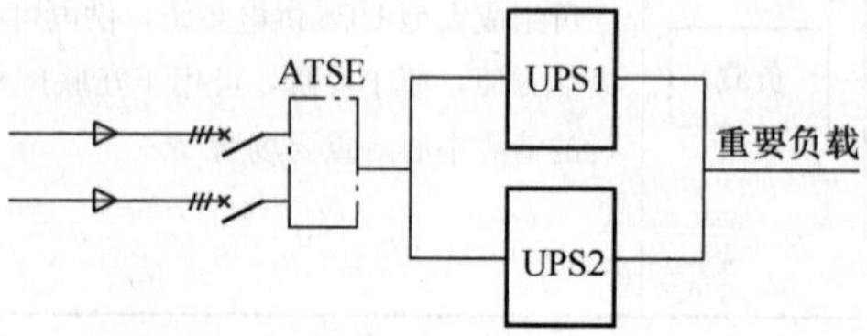 ATSE；UPS1；UPS2；重要负载	在线式，具有冗余并机功能。 两台UPS并联运行供电给同一重要负载，两台UPS各均分50%的负荷，如其中一台UPS出现故障，则另一台UPS承担全部负荷继续运行，确保重要负载供电的更高可靠性。较适合应用于重点场所的中心机房或信息数据中心的重要负载（如中、大型服务器等）
方案Ⅲ	市电；UPS从机；主机的UPS旁路；重要负载	在UPS主机的旁路上串联接入UPS备份机（也叫从机）。 主机与备份机均开机工作，正常情况下负载全由主机主电路承担，而备份机虽然也是开启但是空载运行。如果主机主电路的逆变器故障或超载，则会跳到旁路由备份机承担负荷。此种串联备份方式可提高UPS供电的可靠度，机器安装也简单、方便
方案Ⅳ	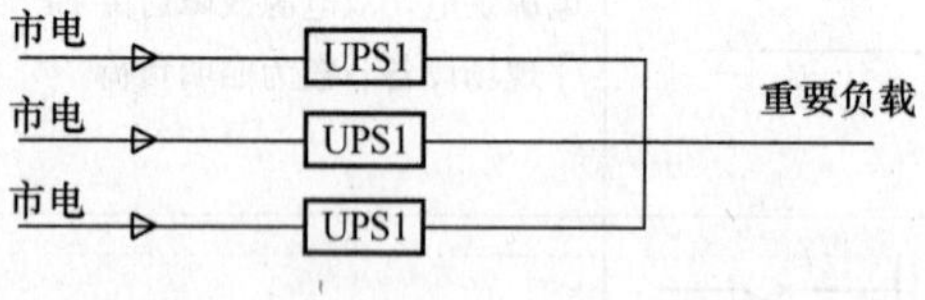 市电；市电；市电；UPS1；UPS1；UPS1；重要负载	UPS多机冗余并机方式是：多台同型号同容量的UPS以并联的连接方式对重要负载供电。UPS1、UPS2、UPS3并联接入市电，并联输出供给同一重要电力负载，负荷由三台UPS各平均分担33.3%，如果其中一台出现故障，由另两台各平均分担50%的负荷，这样可大大提高可靠性，UPS并机设计多数已把平衡协调电路融入UPS机器内部而省掉了外接的并机柜。使机器安装得以简化，也提高了并机系统的可靠度

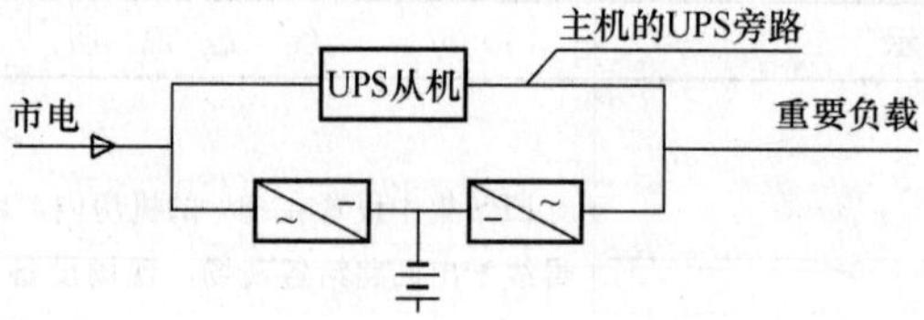

6.4 太阳能光伏电源装置

利用太阳电池的光伏效应将太阳能辐射能直接转换成电能的发电系统，简称光伏系统。光伏电池组件由于太阳光的照射产生电效应，对蓄电池组充电并通过逆变器将直流转换为交流，向用电负荷供电。当主体工程设有太阳能光伏电源系统时，宜利用太阳能光伏电源系统作为应急电源和照明能源。工程设计时，在资源条件允许的场合，利用太阳能技术，有利于节能减排、改善能源结构和保护环境。

6.4.1 概 述

1. 我国太阳能资源现状

(1) 我国各地区太阳能资源的分布和利用条件

我国地处北纬 4°～52.5°、东经 73°～135°的北半球区域，各地的太阳年辐射总量在 931～2334kWh/m²·年之间，平均值为 1633kWh/m²·年。

我国各地区太阳能资源分布，可划分为五个类型地区，见表 6.4.1-1。

(2) 我国是太阳能资源相当丰富的国家，1、2、3 类地区约占全国总面积的 2/3 以上，年太阳辐射总量高于 1389kWh/m²·年，年日照时数大于 2200h，具有利用太阳能的良好条件。特别是 1、2 类地区，人口稀少、居住分散、交通不便，可考虑采用太阳能资源。

我国各地区的太阳能资源分布表 **表 6.4.1-1**

类型	地 区	年日照时数 (h)	年辐射总量 [kWh/(m²·年)]
1	宁夏北部、甘肃北部、新疆东部、青海西部和西藏西部等地	2800～3300	1856～2334
2	河北西北部、山西北部、内蒙古南部、宁夏南部、甘肃中部、青海东部、西藏东南部和新疆南部等地	3000～3200	1625～1856
3	山东、河南、河北东南部、山西南部、新疆北部、吉林、辽宁、云南、陕西北部、甘肃东南部、广东南部、福建南部、苏北、皖北、台湾西南部等地	2200～3000	1389～1625
4	湖南、湖北、广西、江西、浙江、福建北部、广东北部、陕南、苏南、皖南以及黑龙江、台湾东北部等地	1400～2200	1167～1389
5	四川、贵州两省	1000～1400	931～1167

注：1 类地区为太阳能资源最丰富的地区，2 类地区为太阳能资源较丰富地区，3 类地区为太阳能资源中等地区，4 类地区是太阳能资源较差地区，5 类地区是太阳能资源最少地区。

2. 基本规定

(1) 民用建筑太阳能光伏系统设计应有专项设计或作为建筑电气工程设计的一部分。

(2) 光伏组件或方阵的选型和设计应与建筑结合，在综合考虑发电效率、发电量、电气和结构安全、适用、美观的前提下，应优先选用光伏构件，并应与建筑模数相协调，满足安装、清洁、维护和局部更换的要求。

(3) 太阳能光伏系统输配电和控制用缆线应与其他管线统筹安排，安全、隐蔽、集中布置，满足安装维护的要求。

(4) 光伏组件或方阵连接电缆及其输出总电缆应符合现行国家标准《光伏（PV）组件安全鉴定 第 1 部分：结构要求》GB/T 20047.1 的相关规定。

(5) 在人员有可能接触或接近光伏系统的位置，应设置防触电警示标识。

(6) 并网光伏系统应具有相应的并网保护功能，并应安装必要的计量装置。

(7) 太阳能光伏系统应满足国家关于电压偏差、闪变、频率偏差、相位、谐波、三相平衡度和功率因数等电能质量指标的要求。

(8) 光伏电源系统宜与市电并网运行，向一般负荷供电，也可以向应急负荷供电。当发生火灾时，自动接通应急负荷，同时切除一般负荷。

3. 太阳能光伏电源系统在建筑设计中的应用

(1) 独立光伏发电系统：将太阳能转换成电能，通过电控制器直接供给直流负载或通过逆变器将直流电转换成交流电，提供给交流负载，并将多余的电能存入储能设备（蓄电池）内。在夜晚或阴雨天，负载的供电由蓄电池供给。

(2) 独立光伏发电系统可应用于路灯照明、户外广告照明及户外公共设施的用电。有时也可结合风能技术采用风光互补供电系统。

(3) 光伏建筑一体化，即建筑物与光伏发电的集成化。光伏组件按照建筑材料标准进行制造。分为光伏屋顶结构、光伏幕墙结构。光伏建筑一体化可以成为并网发电系统，即通过联入装置接入电网，或成为独立的供电系统，为局部设施提供稳定的电力供应。

4. 光伏电源系统电气接线（见图 6.4.1-1、图 6.4.1-2）

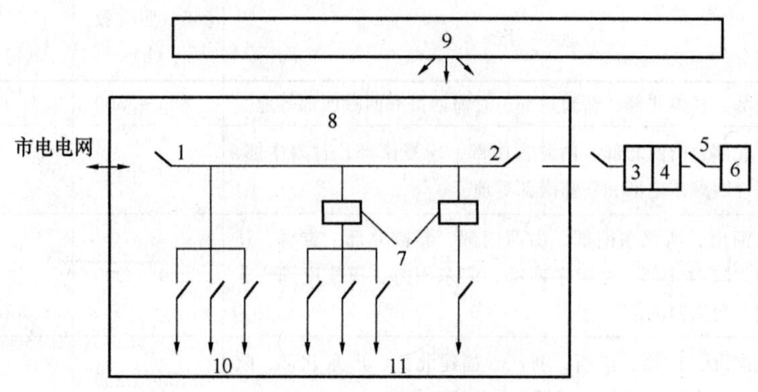

图 6.4.1-1 光伏系统并网电气连接图

1—电网隔离开关；2—光伏系统隔离开关；3—电网保护装置；4—逆变器；
5—太阳电池方阵隔离开关；6—太阳电池方阵；7—剩余电流动作保护器；
8—开关柜；9—主控和监测；10—不带剩余电流动作保护器的负载线路；
11—带剩余电流动作保护器的负载线路

6.4.2 光伏电源装置容量计算

1. 计算要点

(1) 当主体工程设有太阳能光伏电源系统时，宜利用太阳能光伏电源系统作为应急电源。

(2) 光伏电源系统宜与市电并网运行，向一般负荷供电，也可以向应急负荷供电。当发生火灾时，自动接通应急负荷，同时切除一般负荷。

2. 计算方法

太阳能光伏电源系统容量计算，见表 6.4.2-1。

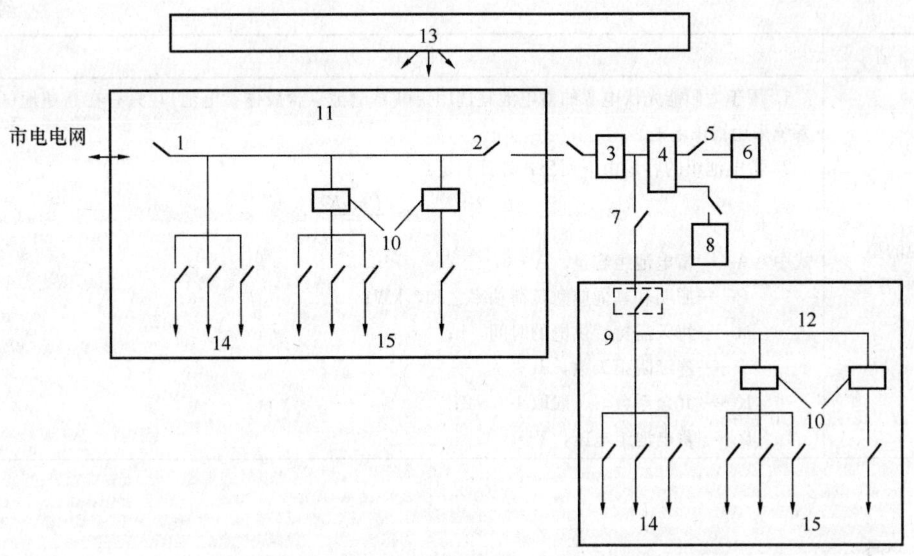

图 6.4.1-2 具有应急电源功能的电气连接图

1—电网隔离开关；2—光伏系统隔离开关；3—电网保护装置；4—逆变器；5—太阳电池方阵隔离开关；6—太阳电池方阵；7—应急电源隔离开关；8—蓄电池；9—可选开关；10—剩余电流动作保护器；11—开关柜；12—应急电源开关柜；13—主控和监测；14—不带剩余电流动作保护器的负载线路；15—带剩余电流动作保护器的负载线路

注：本光伏系统电气连接图摘自《光伏系统并网技术要求》GB/T 19939—2005。

太阳能光伏电源系统容量计算 **表 6.4.2-1**

类别	计算方法
发电量	1. 离网型系统发电量计算：应根据所需用电量来计算太阳能电池容量。 2. 并网型发电系统：根据太阳能电池安装场地面积，来计算出太阳能电池容量
太阳能光伏电池组件容量	1. 太阳能光伏电池组件的功率： $$W_p = \frac{PmK}{R} \quad (6.4.2\text{-}1)$$ 式中 W_p——太阳能光伏电池组件功率，kW； P——照明和其他应急负荷功率之和，kW； m——每天需持续供电的时间，h； K——冗余系数，一般取 1.6～2； R——当地平均日照时间，h。 2. 太阳能光伏电池组件的额定输出功率与负荷输入功率之比，一般取 2：1～4：1（根据每天所需供电时间及连续阴雨天数等因素确定）。 3. 太阳能光伏电池组件的面积大小由太阳能电池组件单位面积的发电量确定，即： $$S=\frac{W_p}{E} \quad (6.4.2\text{-}2)$$ 式中 S——太阳能电池组件的总面积，m^2； E——太阳能电池组件单位面积发电量，W/m^2，一般按 $120W/m^2$ 计算； W_p——太阳能电池组件的总功率，kW

续表

类别	计算方法
蓄电池的型式选择和容量	1. 用于太阳能光伏电源的蓄电池宜选用铅酸蓄电池（含胶体蓄电池），只有在高寒地区的户外系统采用镉镍电池。 2. 蓄电池组的容量由下列公式计算确定： $$A=\frac{PmnK}{U} \quad (6.4.2\text{-}3)$$ 式中 A——蓄电池组容量，A·h； P——照明和其他应急负荷功率之和，kW； m——每天需持续供电的时间，h； n——连续阴雨天数，d； K——冗余系数，一般取 1.6～2； U——蓄电池组电压，V

7 低压配电系统和低压电器选择

7.1 低压配电系统和特低电压系统

7.1.1 一般规定和要求

1. 民用及一般工业建筑工频电压1000V及以下的低压配电电压，根据现行国家标准《建筑物电气装置的电压区段》GB/T 18379中交流电压区段的划分，交流电压区段，见表7.1.1-1。220～1000V之间的交流系统及相关设备的标称电压，见表7.1.1-2。

交流电压区段　　表7.1.1-1

区段	接地系统		不接地或非有效接地系统
	相对地	相间	相间
Ⅰ	$U \leqslant 50V$	$U \leqslant 50V$	$U \leqslant 50V$
Ⅱ	$50V < U \leqslant 600V$	$50V < U \leqslant 1000V$	$50V \leqslant U \leqslant 1000V$

注：1. 本电压区段的划分，并不排除为某些专用规划规定中间值的可能。
2. 接地系统按相间电压和相对地电压的方均根值；
3. 不接地或非有效接地系统按相间电压的方均根值。
4. 表中：U——装置的标称电压，V。
＊如果系统配有中性导体，则由相导体和中性导体供电的电气设备选择，应使其绝缘适应其相间电压。

220～1000V之间的交流系统及相关设备的标称电压　　表7.1.1-2

三相四线或三相三线系统的标称电压（V）
220/380 380/660 1000（1140）

注：1. 本表引自国家标准《标称电压》GB 156—2003；
2. 1140V仅限于煤矿井下使用；
3. 表中的三相四线或三相三线交流系统及相关设备，包括连接到这些系统的单相电路；
4. 表中同一组数据中较低的数值是相对中性导体的电压，较高的数值是相对相电压，只有一个数值者是指三相三线系统的相对相电压。

2. 设计原则。

（1）低压配电系统的设计应根据工程的种类、规模、负荷性质、容量及可能的发展等因素综合确定。

（2）配电变压器二次侧至用电设备之间的低压配电级数不宜超过三级；

（3）各级低压配电屏或低压配电箱宜根据发展的可能留有备用回路。在没有明确的预留要求时，备用回路数宜按总回路数的25%考虑。如规模不大，变动不大的可适当少留一些。

（4）引自公用电网的低压电源线路，应在电源进线处设置电源隔离开关及保护电器。由本单位配变电所引入的专用回路，可以装设不带保护的隔离电器。

（5）由树干式配电系统供电的配电箱，其进线开关应选用带保护的开关电器，由放射式配电系统供电的配电箱，进线开关可选用隔离开关。

（6）单相用电设备，宜均匀的分配到三相线路。

3. 设计要点。

（1）供电可靠性和供电质量应满足规范要求。

（2）节省有色金属消耗，减少电能损耗。

（3）经济合理，推广先进技术。

（4）变电所低压配电系统，在下列情况宜设联络线：

①为节日、假日节电和检修的需要；

②有较大容量的季节性负荷；

③周期性用电的科研单位和实验室等；

④供电可靠性要求。

4. 节能措施。

（1）应选择国家认证机构确认的标准产品，并优先选用高效节能、环保的电气产品和设备。严禁采用国家已明令禁止的淘汰和高耗能产品和设备。

（2）配变电所、配电小间（竖井）、配电箱、照明箱等，宜深入负荷中心。

（3）无功补偿装置宜优先采用就地补偿方案，并符合下列规定：

①高压异步电动机应采用高压补偿装置；

②低压动力负荷集中处（如：冷冻机房、水泵房等），视负荷情况可采用低压就地集中补偿装置；

③发光元件功率因数较低的照明灯，均应选用自带无功补偿装置的灯具；

④均匀分布的小动力、电源插座等负荷，宜在变电所集中设置补偿装置。

（4）配电系统的主干线路，应优先选用电缆或封闭母线等阻抗较小的配电线路。

（5）配电线路应采用三相电缆，当必须采用单芯电缆时，应采用呈品字形捆绑敷设的方式，以降低线路感抗。

（6）线缆截面的选择，应根据线路性质、负荷大小、敷设方式、通电持续率等特点，按允许电流和经济电流密度值进行综合技术经济比较后确定，配电干线截面一般可适当加大。

（7）当配电系统的负荷中含有非线性负载（如：变流器、电子设备等），且产生的谐波含量超过规定限值时，在靠近谐波骚扰源处，宜就地设置抑制谐波的滤波装置，或订货时向供货商提出相关技术设备配套要求。

（8）降低线路损耗，提高供电可靠性，不宜采用多拼电缆线路。当必要时，亦不宜超过三根电缆拼接。

（9）尽量采用自然能源，光导照明，光伏电源、自然采光等。

5. 低压配电设计除应符合上述规定和要求外，尚应符合现行国家标准《低压配电设计规范》GB 50054 的规定。

7.1.2 低压配电系统

1. 居住小区配电系统

(1) 系统方案：一般采用放射式、树干式、或是二者相结合的配电系统，为提高供电可靠性也可采用环形网络配电系统。小区供电宜留有发展所需的备用回路。

(2) 对一般住宅的多层建筑群，宜采用树干式或环形网络式供电。当采用环网供电方式时，变压器容量不宜大于1250kVA。电源箱可以放在一层或室外。

(3) 住宅以外的其他多层建筑、或有较大的集中负荷及重要的建筑，宜由变电所设专线回路供电。

(4) 小区内的二类高层（18层及以下）建筑，应根据用电负荷的具体情况，小区变电所可采用放射式或树干式配电系统。电源柜（箱）置于一层或地下室内，电源柜（箱）至室外的线路应留有不少于2回路的备用管，照明及动力电源应分别引入。

(5) 小区内的一类高层（19层及以上）建筑，小区变电所宜采用放射式配电系统，由变电所设专线回路供电，且动力及照明电源应分别引入。

(6) 小区的路灯应与城市规划相协调，其供电电源宜由专用变压器或专用回路供电。

2. 多层公共建筑及住宅的低压配电系统

(1) 照明、电力、消防及其他防灾用电负荷，应分别自成配电系统；

(2) 电源可采用电缆埋地或架空进线，进线处应设置电源箱，箱内应设置总开关电器；电源箱宜设在室内，当设在室外时，应选用室外型箱体；

(3) 当用电负荷容量较大或用电负荷较重要时，应设置低压配电室，对容量较大和较重要的用电负荷宜从低压配电室以放射式配电；

(4) 由低压配电室至各层配电箱或分配电箱，宜采用树干式或放射与树干相结合的混合式配电；每个树干式回路的配电范围，应以用电负荷的密度、性质、维护管理及防火分区等条件综合考虑确定。

(5) 多层住宅的垂直配电干线，宜采用三相配电系统。

(6) 每栋住宅楼的进线开关应选择带剩余电流保护的四线开关，剩余电流保护宜动作于信号。

(7) 多层住宅的楼梯照明电源、保安对讲电源、有线电视前端箱电源等公用电源，应单独设置计费电表。

(8) 底层有商业设施的多层住宅，住宅与商业设施电源应分别引入并分别设置电源进线开关。商店的计费电表宜安装在各核算单位，或集中安装在电表箱内。

(9) 非住宅建筑的其他多层建筑，其配电系统设计应符合下列原则：

①每路干线的配电范围划分，应根据回路容量、负荷密度、维护管理及防火分区等条件，综合考虑；

②由楼层配电间（箱）向本层各分配电箱的配电，宜按放射式或与树干式相结合的方式设计。

(10) 学生单身宿舍配电线路应设保护设施，多层单身宿舍建筑，宜对每室的用电采取计量措施，在系统接线上应予考虑。

(11) 计费方式应满足供电或物业管理部门的要求。

3. 高层公共建筑及住宅的低压配电系统

（1）高层公共建筑的低压配电系统，应将照明、电力、消防及其他防灾用电负荷分别自成系统。

（2）对于容量较大的用电负荷或重要用电负荷（如消防电梯等），宜从配电室以放射式配电，并设末端双电源自动切换装置。

①对各层配电间的配电宜采用下列方式之一：

a. 工作电源采用分区树干式，备用电源也采用分区树干或由首层到顶层垂直干线的方式；

b. 工作电源和备用电源都采用由首层到顶层垂直干线的方式；

c. 工作电源采用分区树干式，备用电源取自应急照明等电源干线。

②自层配电箱至用电负荷的分支回路，对饭店、公寓等建筑物内的客房，宜采用每套房间设一分配电箱的树干式配电，每套房间内根据负荷性质再设若干支路；或者采用对几套房间按不同用电类别，以几路分别配电的方式；但贵宾间宜采取专用支回路供电；

③对于100m以上的高层建筑，可采用10kV电压深入负荷中心的供电方案，在高层建筑的若干层设变电站，并以低压树干和部分（重要大负荷）放射方式配电；

④高层建筑的应急柴油发电机组，一般以220/380V低压同应急母线段相接，只有在远端负荷很大，供电半径难以满足要求时，可考虑10kV高压供电。

（3）高层公共建筑的垂直供电干线，可根据负荷重要程度、负荷大小及分布情况，采用下列方式供电：

①可采用以封闭式母线槽供电的树干式配电；

②可采用以电缆干线供电的放射式或树干式配电。当为树干式配电时，宜采用三相电缆线路T接端子方式或预制分支电缆引至各层配电箱；

③应急照明可以采用分区树干式或树干式配电系统。

（4）高层公共建筑配电箱的设置和配电回路的划分，应根据防火分区、负荷性质和密度、管理维护方便等条件综合确定。

（5）高层公共建筑的消防及其他防灾用电设施的供电要求，应符合现行国家标准《民用建筑电气设计规范》JGJ 16的有关规定。

（6）高层住宅的垂直配电干线，应采用三相配电系统。

（7）高层住宅楼层配电，宜采用单相配电方式，选用单相电表分户计量。走廊、楼梯间、电梯厅等公用场所照明，应单设配电回路并设计费电表，电表应安装在配电室内。

（8）计费电表后宜装设断路器，电表宜装在各层配电间的电表箱内或分户安装。

4. 配电间

（1）配电间是指楼层内安装配电箱、控制箱、垂直干线、接地线等所占用的建筑空间。配电间的位置，宜接近负荷中心、进出线方便、上下贯通。

（2）配电间的数量应视楼层的面积大小、负荷分布和大楼体形及防火分区等综合因素确定，一般以800mm^2左右设一个配电间为宜。当末级配电箱或控制箱集中设置在配电间时，其供电半径宜为30～50m。

（3）配电间的空间大小应视电气设备的外形尺寸、数量及操作维护要求确定。需进入操作的配电间，其操作通道宽度不应小于0.8m，不进入操作的，可以只考虑管线及设备的安装尺寸，但配电间的深度不宜小于 0.5m。

（4）配电间内电缆桥架、插接式母线等线路通过楼板处的所有孔洞应封堵严密。

（5）配电间应设不低于丙级标准并向外开的防火门，墙壁应是耐火极限不低于 1h 的非燃烧体。

（6）进入的配电间，应设有照明、火灾探测器等设施。

（7）配电间内的电缆桥架与照明箱、或照明箱与插接母线之间净距应不小于 100mm。

（8）配电间内高压、低压或应急电源线路相互之间的间距应不小于 300mm，或采取隔离措施，高压线路应设有明显标志。有条件时，强、弱电线路宜分别设置在各自的配电间、弱电间内，受条件限制必须合用配电间时，强、弱电线路应分别在配电间（或弱电间）两侧敷设或采取防止强电对弱电干扰的隔离措施。

5. 照明配电箱

（1）照明配电箱的设置，宜按防火分区布置并深入负荷中心。

（2）供电范围宜符合下列原则：

①分支线供电半径宜为 30～50m；

②分支线铜导线截面不宜小于 1.5mm^2；

③分支回路载流量宜不小于 10A，光源数量不超过 25 盏，容量不超过 2kW；

④电压损失应满足国家规范要求。

6. 动力配电箱、控制箱

（1）动力配电箱宜设置在负荷中心，控制箱宜设置在被控设备的附近。

（2）链式接线的配电系统，每个链式回路的动力配电箱台数不宜超过 5 台；其总容量不宜超过 10kW。

（3）控制箱或配电箱的电源进线采用树干式供电时，进线端宜设有隔离功能的保护电器，并应考虑保护的选择性配合。当进线采用专线回路供电时，可只设隔离电器。

（4）控制回路电压等级除有特殊要求者外，宜选用交流 220V 或 380V。

7.1.3 低压配电系统负荷分组方案

重要建筑及高层建筑低压配电系统常见的负荷分组，典型方案有 6 种。

1. 负荷不分组的一种方案

负荷不分组的一种方案，见图 7.1.3-1，两路市电为独立电源，两台变压器分列运行，经低压两段单母线、3QF 低压断路器分段，应急柴油发电机组正常备用，重要负荷在末端能获得两个电源。

2. 负荷不分组的另一种方案

负荷不分组的另一种方案，见图 7.1.3-2，它的外部条件一切同图 7.1.3-1，不同点是每一段母线都直接与应急电源相接，这样两组母线就处于相同的电源条件下，避免了上述方案的弊病。这个方案的运行操作要求同方案Ⅰ，这个系统接线略有变化，但带来的优点是明显的。

3. 负荷不分组的第三种方案

负荷不分组的第三种方案，见图 7.1.3-3，方案的条件是市电只一路，根据《高层民用建筑设计防火规范》GB 50045—95（2005 年版）要求，对二类高层建筑物的消防设施

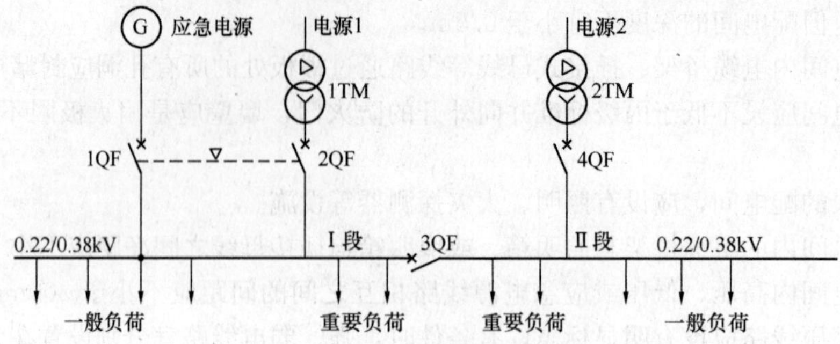

图 7.1.3-1　负荷不分组方案Ⅰ

注：1. 系统的接线特点。

(1) 正常运行时，1QF 分闸，2QF、4QF 合闸，3QF 打开。

(2) 当某一市电断电时 2QF 或 4QF 因失压而脱扣，3QF 自动合闸。

(3) 当市电电源完全丧失时，2QF 和 4QF 均失压而脱扣，应急柴油发电机自动启动，在 15～30s 内 1QF 合闸，此时可不要求 3QF 合闸。

(4) 如应急电源容量足够大，3QF 在 4QF 确实断开的情况下也可合闸。

(5) 为使应急电源（柴油发电机）容量不致过大，只保证重要负荷用电时，要求一般负荷应具有失压脱扣环节在应急电源投入前，切掉这些一般负荷。

(6) 当市电恢复后 1QF 分闸，此时 3QF 也应处于分闸状态，2QF 和 4QF 合闸，进入正常运行状态。

2. 系统存在的问题。

(1) 由于重要的负荷和一般负荷同接在一条母线上，因一般负荷的错误越级掉闸，势必影响重要负荷，增加了不可靠性。

(2) 由于没有把重要负荷和一般负荷母线分段，低压开关柜不易组合和排列，有时无法明确分开，因而增加了维护困难和误操作风险。

(3) 当市电恢复时，要把失压脱扣的负荷一一恢复供电，增加恢复的时间和操作上的麻烦。

(4) 应急电源只与Ⅰ段低压母线相接，如Ⅱ段低压母线也需供电时，则增加了操作上的麻烦，延缓了对该段母线重要负荷的供电时间。

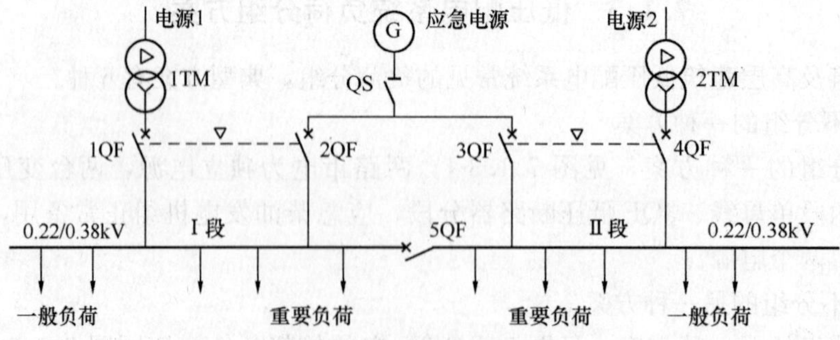

图 7.1.3-2　负荷不分组方案Ⅱ

供电要具有两回线路，因而虽然是一台变压器，也把它分组为两路母线

4. 负荷分组的一种方案

负荷分组的一种方案，见图 7.1.3-4，把消防等重要负荷单独形成一专用母线段供电的一种方案，应急柴油发电机组仅对此段母线提供备用电源。这种接线在国内高层建筑中常有采用，但它存在的问题是：为分开三段母线，电源开关柜的布局应适应这种系统。

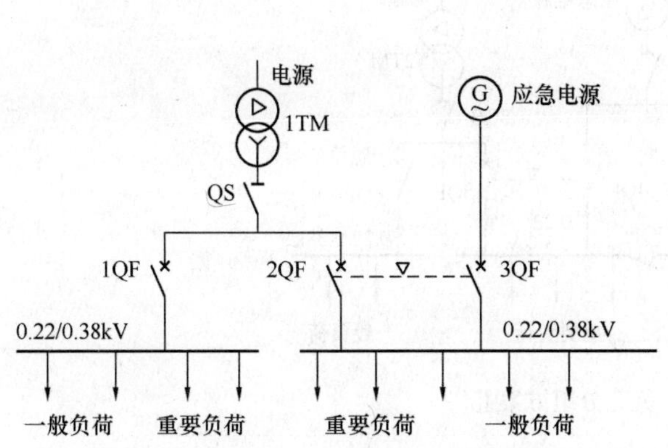

图 7.1.3-3 负荷不分组方案Ⅲ

注：系统的接线特点：

1. 正常运行时隔离开关 QS，低压断路器 1QF、2QF 皆处于合闸位置，3QF 处于断开位置。

2. 当市电停电时应急电源在 15～30s 内投入工作，保证重要负荷运行。此时，3QF 与 2QF 间设有连锁，只在确认 2QF 断开后才投切合闸供电。

3. 当市电恢复供电时，3QF 断开后 2QF 才允许合闸工作。

4. 为保证应急电源正常工作，市电停电后一般负荷应有失电压脱扣环节，确保退出系统后应急电源投入工作。

这种系统便于管理、操作，并提供了与建筑物相适应的供电可靠性，确保了对重要回路的两回路末端自动投入供电。缺点是市电失电时应急电源投入操作时麻烦些。另外，由于负荷不分组同接一条母线，当一般负荷运行不正常造成越级跳闸等故障会影响重要负荷的工作。其次是，负荷段不区分也容易带来管理上的混乱或误操作。

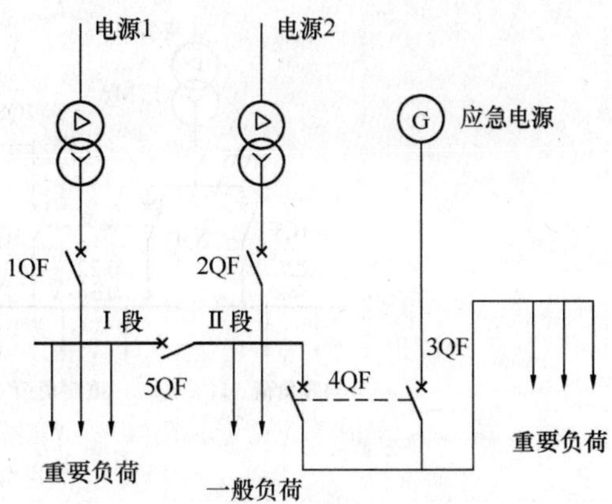

图 7.1.3-4 负荷分组方案Ⅰ

注：1. 接线方式的特点。

（1）正常情况下，1QF、2QF、4QF 皆处于合闸位置。

（2）3QF、5QF 分闸。

（3）当市电 1 和 2 有一路停电时，可合 5QF，此时由单一市电暂时供电，但一般负荷应停供（靠失压脱扣环节）以使变压器不致过分超载。

（4）当两路市电电源皆失电后，应急柴油发电机组在 15～30s 内向应急母线段供电，此时在确认 2QF、1QF 断开后，3QF 投入工作，向重要负荷供电。

（5）市电恢复后，3QF 先断电，之后 2QF、1QF 投入工作，4QF 也投入工作。

2. 接线方案的优点。

（1）应急母线路与其他母线路分开，保证重要负荷供电可靠性。

（2）应急柴油发电机的容量只保证重要负荷（或需要保证的负荷），不会造成过载。

5. 负荷分组的另一种方案

负荷分组的另一种方案，见图 7.1.3-5，方案是应急电源分别直接同两个重要负荷母线段相接，提高了向重要负荷供电的可靠性，减少了分断开关 7QF 的操作，而带来的缺点是应急电源的出口开关柜要特制，以适应此系统要求；另外是母线路较多，主开关较多操作较复杂。

6. 负荷分组的第三种方案

负荷分组的第三种方案，见图 7.1.3-6，方案为有两路市电电源而无应急备用电源的一种接线。这种系统结构简单，所供负荷关系明确，维护管理简单，可用在非重要的高层建筑而无应急备用电源要求的工程中。

7. 母联断路器

母联断路器主要有以下三种型式：母联带保护，整定值与进线断路器相同；母联带保护，整定值为进线断路器的 0.8 倍；母联不带保护。

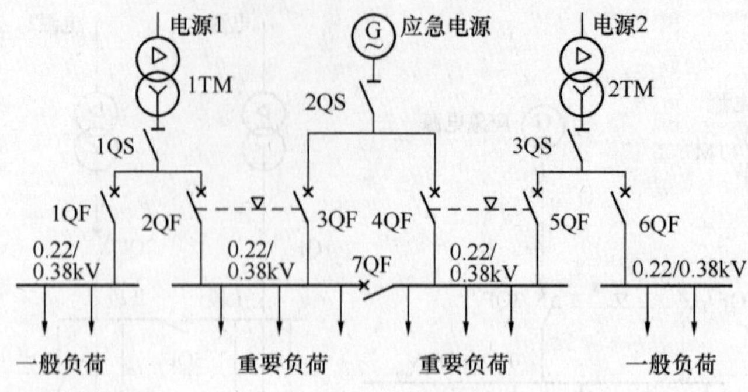

图 7.1.3-5 负荷分组方案Ⅱ

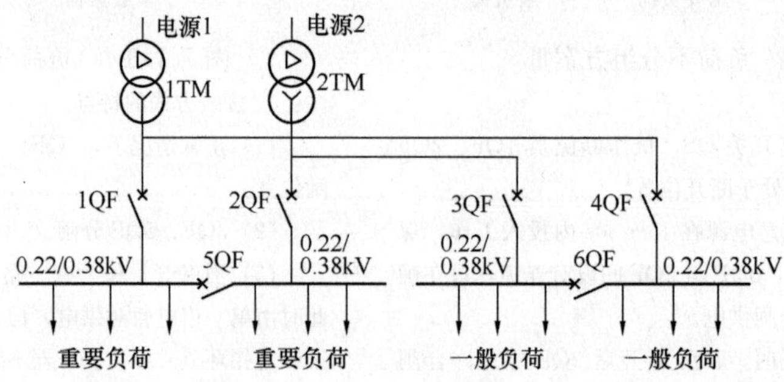

图 7.1.3-6 负荷分组方案Ⅲ

注：接线方案适用范围：

1. 两个电源（独立电源）或两回线路正常运行时，分别向建筑物用电负荷供电，重要负荷母线与一般负荷母线分开。

2. 变压器出线至所供母线距离较近，高压侧保护无死区者。

7.1.4 特低电压系统

1. 特低电压系统分类

特低电压（ELV）是民用建筑电击防护中直接接触及间接接触两者兼有的防护措施。特低电压系统分为在正常条件下不接地的安全特低电压系统（SELV）和在正常条件下有接地保护的特低电压系统（PELV）。特低电压（ELV）的额定电压不应超过交流 50V。

2. 特低电压系统设计要点

特低电压系统设计要点，见表 7.1.4-1。

特低电压系统设计要点 **表 7.1.4-1**

类　别	技术规定和要求
特低电压电源	1. 一次绕组和二次绕组之间采用加强绝缘层或接地屏蔽层隔离开的安全隔离变压器。 2. 安全等级相当于安全隔离变压器的电源。 3. 电化电源或与电压较高回路无关的其他电源。 4. 符合相应标准的某些电子设备。这些电子设备已经采取了措施，可以保障即使发生内部故障，引出端子的电压也不超过交流 50V；或允许引出端子上出现大于交流 50V 的规定电压，但能保证在直接接触或间接接触情况下，引出端子上的电压立即降至不大于交流 50V

续表

类 别	技术规定和要求
特低电压回路的配置	1. SELV和PELV的回路应满足下列要求： (1) ELV回路的带电部分与其他回路之间的具有基本绝缘；ELV回路与有较高电压回路的带电部分之间可采用双重绝缘或加强绝缘作保护隔离，也可采用基本绝缘加隔板。 (2) SELV回路的带电部分应与地之间具有基本绝缘。 (3) PELV回路和设备外露可导电部分应接地。 2. ELV系统的回路导线至少应具有基本绝缘，并应与其他带电回路的导线实行物理隔离，当不能满足要求时，可采取下列措施之一： (1) SELV和PELV的回路导线除应具有基本绝缘外，并应封闭在非金属护套内或在基本绝缘外加护套。 (2) ELV与较高电压回路的导体，应以接地的金属屏蔽层或接地的金属护套分隔开。 (3) ELV回路导体可与不同电压回路导体共用一根多芯电缆或导体组内，但ELV回路导体的绝缘水平，应按其他回路最高电压确定。 3. ELV系统的电源插头及电源插座应符合下列要求： (1) 电源插头必须不可能插入其他电压系统的电源插座内。 (2) 电源插座必须不可能被其他电压系统的电源插头插入。 (3) SELV系统的电源插头和电源插座不得设置保护导体触头。 4. 安全特低电压回路应符合下列要求： (1) SELV回路的带电部分严禁与大地、其他回路的带电部分及保护导体相连接。 (2) SELV回路的用电设备外露可导电部分不应与大地、其他回路的保护导体、用电设备外露可导电部分及外界可导电部分相连接
ELV系统的保护规定	1. 当SELV回路由安全隔离变压器供电且无分支回路时，其线路的短路保护和过负荷保护，可由变压器一次侧的保护电器完成。 2. 当具有两个及以上SELV分支回路时，每一个分支回路的首端应设有保护电器。 3. 当SELV超过交流25V或设备浸在水中时，SELV和PELV回路应具有下列基本防护： (1) 带电部分应完全由绝缘层覆盖，且该绝缘层应只有采取破坏性手段才能除去。 (2) 带电部分必须设在防护等级不低于IP2X的遮拦后面或外护物里面，其顶部水平面栅栏的防护等级不应低于IP4X。 (3) 设备绝缘应符合电力设备标准的有关规定。 4. 在正常干燥的情况下，下列情况可不设基本防护： (1) 标称电压不超过交流25V的SELV系统。 (2) 标称电压不超过交流25V的PELV系统，并且外露可导电部分或带电部分由保护导体连接至总接地端子。 (3) 标称电压不超过12V的其他任何情况
ELV应用场所及范围	1. 电缆隧道内照明。 2. 潮湿场所（如喷水池、游泳池）内的照明设备。 3. 狭窄的可导电场所。 4. 正常环境条件使用的移动式手持局部照明

7.2 低压配电线路保护

7.2.1 一般规定和要求

1. 低压配电线路应根据不同故障类别和具体工程要求装设短路保护、过负荷保护、接地故障保护、过电压及欠电压保护，作用于切断供电电源或发出报警信号。一般来说，短路保护作用于切断电源，过负荷保护作用于切断电源或发出报警信号。

2. 配电线路采用的上下级保护电器，其动作应具有选择性，各级之间应能协调配合；对于非重要负荷的保护电器，可采用部分选择性或无选择性切断。

3. 用电设备末端配电线路的保护，除应符合本规定外，尚应符合现行国家标准《通用用电设备配电设计规范》GB 50055 的有关规定。

4. 对电动机、电梯等用电设备的配电线路的保护，除应符合本规定外，尚应符合《民用建筑电气设计规范》JGJ 13 的有关规定。

5. 除当回路相导体的保护装置能保护中性导体的短路，而且正常工作时通过中性导体的最大电流小于其载流量外，尚应采取当中性导体出现过电流时能自动切断相导体的措施。

6. 配电线路的过电压及欠电压保护应符合下列规定：

（1）配电线路的大气过电压保护应符合建筑物防雷的有关规定。

（2）当电压下降或失压以及随后电压恢复会对人员和财产造成危险时，或电压下降能造成电气装置和用电设备的严重损坏时，应装设欠电压保护。

（3）当被保护用电设备的运行方式允许短暂断电或短暂失压而不出现危险时，欠电压保护器可延时动作。

7. 保护电器的安装位置。

（1）保护电器应安装在分支线电源端。

（2）保护电器应装设在操作维护方便、不易受机械损伤、或造成人员伤害处，并远离可燃物。

（3）短路保护电器应装设在各相线上，但中性点不接地且 N 线不引出的三相三线用电设备回路，允许采用二相式保护。

（4）在 TN 或 TT 系统中，当 N 线的截面与相线相同或虽小于相线，但已被相线上的保护电器所保护时，N 线可不装设保护；当不能被保护时，应在 N 线上加装保护电器，但 N 线不能单独断开。

（5）在 TN-S 或 TT 系统中，N 线上不宜装设断开 N 线的电器，当需断开 N 线时，应设相线和 N 线一起断开的保护电器；当装设剩余电流动作的保护电器时，应能将其所保护的回路中所有带电导线断开。在 TN-C 系统中，严禁断开 PEN 线，不得装设开断 PEN 线的任何电器。当需在 PEN 线上加装电器作业时，只能事前将其联同相线一起开断。

8. 建筑物的电源进线或配电干线分支处的接地故障报警应符合下列规定：

（1）住宅、公寓等居住建筑应设置剩余电流动作报警器。

（2）医院及疗养院，影、剧院等大型娱乐场所，图书馆、博物馆、美术馆等大型文化场所，商场、超市等大型场所及地下汽车停车场等宜设置剩余电流动作报警器。

7.2.2 短路保护和过负荷保护

1. 短路保护

（1）配电线路的短路保护电器，应在短路电流对导体和连接处产生的热作用和机械作用造成危害之前切断电源。

（2）配电线路的短路保护应符合下列规定：

①短路保护电器的分断能力不应小于保护电器安装处的预期短路电流。当供电侧已装设具有所需的分断能力的其他保护电器时，短路保护电器的分断能力可小于预期短路电流，但两个保护电器的特性必须配合；

②绝缘导体的热稳定校验应符合下列规定：

a. 当短路持续时间不大于5s时，绝缘导体的热稳定应按下式进行校验：

$$S \geqslant \frac{I}{K}\sqrt{t} \tag{7.2.2-1}$$

式中 S——绝缘导体的线芯截面，mm^2；

I——短路电流有效值（方均根值），A；

t——在已达到正常运行时的最高允许温度的导体上升至极限温度的时间，s；

K——取决于保护导体、绝缘和其他部分的材料以及初始温度和最终温度的系数，可按现行国家标准《电气设备的选择和安装接地配置、保护导体和保护联结导体》GB 16895.3 计算和选取。对常用的不同导体材料和绝缘的保护导体的 K 值可按表 7.2.2-1 选取。

注：公式（7.2.2-1）是校验芯线温度是否因短路而超过极限温度从而使绝缘软化的基本公式，计算系数 K 考虑了芯线的物理特性，如热容量[J/(℃·mm^3)]、电阻率、导热能力等，以及短路时的初始温度和最终温度（这两种温度取决于绝缘材料），此式还考虑了芯线截面、短路电流以及短路电流作用的持续时间等因素。

不同导体材料和绝缘的 K 值 **表 7.2.2-1**

项目＼名称		导体绝缘					
		70℃PVC	90℃PVC	85℃橡胶	60℃橡胶	矿物质	
						带PVC	裸的
初始温度℃		70	90	85	60	70	105
最终温度℃		160/140	160/140	220	200	160	250
导体材料 K值	铜	115/103	100/86	134	141	115	135
	铝	76/68	66/57	89	93	—	—

注：1. PVC为聚氯乙烯，当采用交联聚乙烯电缆时，初始温度为90℃，最终温度为250℃，其绝缘系数K值可采用铜芯143，铝芯94。
2. 当计算所得截面尺寸是非标准尺寸时，应采用较大标准截面的导体。

b. 当短路持续时间小于0.1s时，应计入短路电流非周期分量的影响；当短路持续时间大于5s时应计入散热影响。

当短路持续时间小于0.1s时，短路电流的非周期分量对热作用的影响显著，这种情况应校验 $K^2S^2>I^2t$ 以保护在电器切断线路前，导体能承受包括非周期分量在内的短路电流的热作用。当短路时间大于5s时，部分热量将散到空气中，校验时应计入这一因素；

③当低压断路器生产厂家提供 I^2t 短路电流热效应曲线时，宜按 I^2t 热效应进行校验。即

$$(S \cdot K)^2 \geqslant I^2t \text{ 或 } S \geqslant \frac{I}{K}\sqrt{t} \tag{7.2.2-2}$$

式中 $(S \cdot K)^2$——表示电缆所允许的最大热效应；

I^2t——表示断路器保护范围内的最大短路电流产生的热效应（厂家提供）。

④低压网络三相短路电流周期分量有效值，按下式计算：

$$I_K = \frac{U_e}{\sqrt{3}Z} = \frac{230}{Z} \tag{7.2.2-3}$$

其中：

$$\left.\begin{aligned} Z &= \sqrt{R^2 + X^2} \\ R &= R_s + R_T + R_m + R_L \\ X &= X_s + X_T + X_m + X_L \end{aligned}\right\} \tag{7.2.2-4}$$

式中 I_K——三相短路电流周期分量有效值，kA；

U_e——变压器低压侧额定电压，400V；

Z、R、X——短路回路总阻抗、电阻、电抗，mΩ；

R_s、X_s——高压侧电力系统电阻、电抗，mΩ；

R_T、X_T——变压器电阻、电抗，mΩ；

R_m、X_m——母线电阻、电抗，mΩ；

R_L、X_L——电缆线路电阻、电抗，mΩ。

在系统资料难以获得时，可按系统的高压侧短路容量为无限大作为基准值，计算出变压器低压出口处的短路电流值，以此作为变压器总开关及开关柜母线等设备的选择依据。变压器低压出口处短路电流的计算式如下：

$$I_K = \frac{S_d}{\sqrt{3}U_e} = \frac{100}{\sqrt{3}U_e U_K\%} S_r \tag{7.2.2-5}$$

设：

$$K_d = \frac{100}{\sqrt{3}U_e U_k\%}, \text{即} I_K = K_d \cdot S_T \tag{7.2.2-6}$$

式中 U_e——变压器低压侧额定电压，0.4kV；

$U_k\%$——变压器的短路阻抗百分数；

S_T——变压器额定容量，MVA；

K_d——短路系数，见表 7.2.2-2；

S_d——变压器的短路容量，MVA。

短路系数 K_d **表 7.2.2-2**

变压器短路阻抗（$U_k\%$）	4	4.5	6	7	8	10
K_d	36	32	24	20.6	18	14.5

⑤当用断路器作为短路保护电器时，该回路短路电流值不应小于其瞬时或短延时动作电流整定值的 1.3 倍，以保证断路器的可靠动作。低压断路器的灵敏度应按下式校验：

$$K_{LZ} = \frac{I_{dmin}}{I_{zd}} \geqslant 1.3 \tag{7.2.2-7}$$

式中 K_{LZ}——低压断路器动作灵敏系数，取 1.3；

I_{dmin}——被保护线路预期短路电流中的最小电流，A。在 TN、TT 系统中为单相短路电流；

I_{zd}——低压断路器瞬时或短延时过电流脱扣器整定电流，A。

为保证低压断路器可靠工作，按《低压断路器》标准规定，断路器瞬时或短延时过电流脱扣器整定电流应小于或等于被保护线路预期短路中的最小值的 0.8，尚应考虑计算误差等因素。

（3）短路保护电器应装设在回路首端和回路导体载流量减小的地方。当不能设置在回路导体载流量减小的地方时，应采用下列措施：

①短路保护电器至回路导体载流量减小处的这一段线路长度，不应超过 3m；

②应采取将该段线路的短路危险减至最小的措施；

③该段线路不应靠近可燃物。

（4）导体载流量减小处回路的短路保护，当离短路点最近的绝缘导体的热稳定和上一级短路保护电器符合本条第 2 款第 2 项、第 3 项、第 5 项的规定时，该段回路可不装设短路保护电器，但应敷设在不燃或难燃材料的管、槽内。

（5）短路保护电器应装设在低压配电线路不接地的各相（或极）上，但对于中性点不接地且 N 导体不引出的三相三线配电系统，可只在二相（或极）上装设保护电器。

（6）TN 系统中性线 N 的保护与开断原则如下：

①在 TT 或 TN-S 系统中，当 N 导体的截面与相导体相同，或虽小于相导体但能被相导体上的保护电器所保护时，N 导体上可不装设保护。当 N 导体不能被相导体保护电器所保护时，应另在 N 导体上装设保护电器保护（如：加装零序保护或剩余电流保护电器），并应将相应相导体电路断开，可不必断开 N 导体；

②N 线一般不应开断；当需开断 N 线时，则应将相线同时断开；

③当装有剩余电流动作保护时，应将其所保护回路的所有带电导线断开；

④在 TN-C 系统中严禁开断 PEN 线，不得在 PEN 线上单独装设开关电器；当必须开断 PEN 线时，应将其相线同时断开。

（7）当越级切断故障回路，不引起故障线路以外的一、二级负荷的供电中断时，符合下列情之一者，在线路截面减小或敷设方式变化处可不装设短路保护：

①上一级保护电器能有效保护的线路，且此线路和其保护电器能承受通过的短路电流；

②电源侧装有 20A 及以下的保护电器的线路；

③电源侧装有短路保护的架空线路，但接至道路照明的每一支路应设熔断器保护；

④发电机、变压器、整流器、蓄电池与组合控制盘间连接的控制线；

⑤测量仪表的电流回路。

（8）并联导体组成的回路，任一导体在最不利的位置处发生短路故障时，短路保护电器应能立即可靠切断该段故障线路，其短路保护电器的装设，应符合下列规定：

①当符合下列条件时，可采用一个短路保护电器：

a. 布线时所有并联导体采用了防止机械损伤等保护措施；

b. 导体不靠近可燃物。

②两根导体并联的线路，当不能满足本条第 8 款第 1 项条件时，在每根并联导体的供电端应装设短路保护电器。

③超过两根导体的并联线路，当不能满足本条第 8 款第 1 项条件时，在每根并联导体的供电端和负荷端均应装设短路保护电器。

2. 过负荷保护

（1）配电线路的过负荷保护，应在过负荷电流引起的导体温升对导体的绝缘、接头、端子或导体周围的物质造成损害前切断负荷电流。对于突然断电比对负荷造成的损失更大的线路，该线路的过负荷保护应作用于信号而不应切断电路。

线路过负荷毕竟还未成短路，短时间的过负荷并不立即引起灾害，在某些情况下可让导体超过允许温度运行，也即牺牲一些使用寿命以保证对某些重要负荷的供电不中断，如消防水泵之类的负荷，这时过负荷保护可作用于信号。

（2）下列情况应装设过负荷保护：

①民用建筑的照明线路；

②有可燃绝缘导线，可能引起火灾的明敷线路；

③易燃、易爆场所的电气线路；

④临时接用的插座线路；

⑤有可能长期过负荷的电力线路；

⑥当配电线的导线截面积减少或其特征、安装方式及结构改变时，应在分支或被改变的线路与电源线路的连接处装设短路保护和过负荷保护电器。

（3）除火灾危险、爆炸危险场所及其他有规定的特殊装置和场所外，符合下列条件之一的配电线路，可不装设过负荷保护电器：

①上一级过负荷保护装置能有效的保护该段线路，且不影响一、二级负荷的供电；

②不可能过负荷的线路，且该段线路的短路保护符合本节第 1 条短路保护第 2 款的规定，并没有分支线路或出线插座；

③用于通信、控制、信号及类似装置的线路；

④即使过负荷也不会发生危险的直埋电缆或架空线路。

（4）配电线路的过负荷保护应符合下列规定：

①过负荷保护电器宜采用反时限特性的保护电器，其分断能力可低于电器安装处的短路电流值，但应能承受通过的短路能量，并应符合本节第 1 条第 2 款第 2 项的要求。

②过负荷保护电器的动作特性应同时满足下列条件：

$$I_B \leqslant I_n \leqslant I_z \tag{7.2.2-8}$$

$$I_2 \leqslant 1.45 I_z \tag{7.2.2-9}$$

式中 I_B——线路的计算负荷电流，A；

I_n——熔断器熔体额定电流或断路器额定电流或整定电流，A；

I_z——导体允许持续载流量，A；

I_2——保证保护电器在约定时间内可靠动作的电流，A。当保护电器为低压断路器时，I_2 为约定时间内的约定动作电流；当为熔断器时，I_2 为约定时间内的约定熔断电流。

过负荷保护的两个条件及其关系，见图 7.2.2-1。

③对于多根并联导体组成的线路，当采用一台保护电器保护所有导体时，其线路的允许持续载流量（I_z）应为每根并联导体的允许持续载流量之和，并应符合下列规定：

a. 导体的型号、截面、长度和敷设方式均相同；

b. 线路全长内无分支线路引出；

c. 线路的布置使各并联导体的负载电流基本相等。

(5) 过负荷保护电器，应装设在回路首端或导体载流量减小处。当过负荷保护电器与回路导体载流量减小处之间的这一段线路没有引出分支线路或插座回路，且符合下列条件之一时，过负荷保护电器可在该段回路任意处装设：

①过负荷保护电器与回路导体载流量减小处的距离不超过 3m，该段线路采取了防止机械损伤等保护措施，且不靠近可燃物；

②该段线路的短路保护符合本节第 1 条短路保护的规定。

(6) 柜（箱）内装有多个保护电器时，应考虑散热条件或降容量使用。

(7) 过负荷整定电流，应躲过启动过程中的尖峰电流。

(8) 当只用于过负荷保护，而不兼作短路保护时，过负荷保护电器的分断电流可低于短路电流最大值，但应能耐受短路电流的冲击。

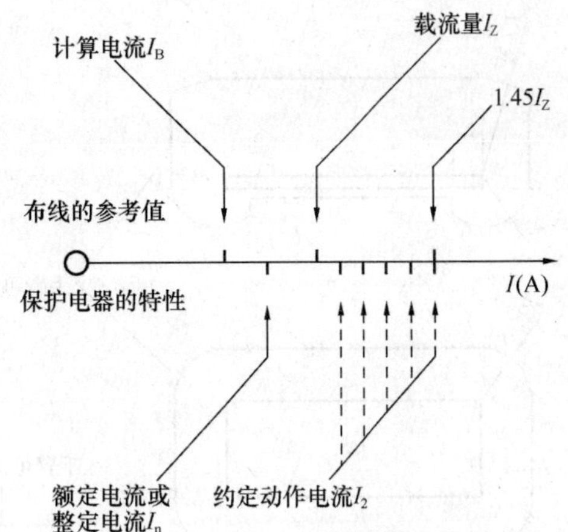

图 7.2.2-1 过电荷保护电器的动力特性关系图

注：式（7.2.2-9）由 IEC 试验得出。式中 I_2 为约定时间内的熔断器的约定熔断电流或断路器的约定时间内的约定动作电流，此值应小于或等于导体载流量的 1.45 倍，此时保护电器能对导体起过负荷保护作用。这些电流和时间的数值在熔断器和低压断器标准中均有规定。

7.2.3 电 击 防 护

1. 低压配电系统的电击防护措施。

(1) 直接接触防护，适用于正常工作时的电击防护或基本防护。

(2) 间接接触防护，适用于故障情况下的电击防护。

(3) 直接接触及间接接触两者兼有的防护。对直接接触及间接接触两者兼有的防护措施，采用特低电压 SELV 和 PELV 实现。

注：在正常条件下不接地的、电压不超过特低电压的电气系统，简称 SELV 系统；在正常条件下接地的、电压不超过特低电压的电压系统，简称 PELV 系统。

2. 直接接触防护方式。

(1) 可将带电体进行绝缘。被绝缘的设备应符合该电气设备国家现行的绝缘标准。

(2) 可采用遮栏和外护物的防护。遮栏和外护物在技术上应符合现行国家标准《建筑物电气装置 电击防护》GB/T 14821.1 的有关规定。采用遮栏和外护物作直接接触防护，必须满足以下要求：

①遮栏和外护物的后面（里面）及水平顶面，必须有足够的防护等级；

②遮栏和外护物必须固定在规定的位置上，并且有足够的稳定性和持久性，以保证所要求的防护等级，并在正常工作条件下与带电部分保持适当的距离；

③必须使用钥匙或工具并切断被防护装置的供电电源后，才能移动遮栏和打开外护物或拆卸外护物的部件。

(3) 可采用阻挡物进行防护。阻挡物应满足下列规定：

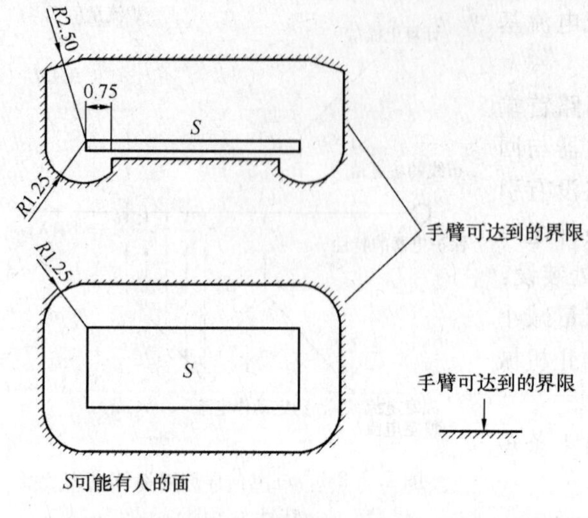

图 7.2.3-1 伸臂范围（单位：m）

①应防止身体无意识地接近带电部分；

②应防止设备运行期中无意识地触及带电部分。

（4）应使设备置于伸臂范围以外的防护。能同时触及不同电位的两个带电部位间的距离，严禁在伸臂范围以内。计算伸臂范围时，必须将手持较大尺寸的导电物件计算在内。

如果两个部分之间的间隔不大于2.5m，则认为是可同时触及的，见图7.2.3-1。

（5）可采用安全特低电压（SELV）系统供电。

（6）可采用剩余电流动作保护器作为附加保护。采用剩余电流动作保护器是为了加强直接接触防护所采取的附加措施，可作为其他保护措施（自动切断电源）失效时或使用者疏忽时的附加防护，不能作为单独的直接接触防护手段。

3. 间接接触防护方式。

（1）采用自动切断电源的保护（包括剩余电流动作保护）。自动切断电源保护是间接接触防护的基本措施。本防护措施需做到接地形式、保护导体和保护电器性能的协调。自动断电以防止人体同时触及的可导电部分的预期接触电压值。当接触电压超过交流50V时，不能持续到对人体产生有害和危险的病理、生理反应的时间。

（2）将电气设备安装在非导电场所内。

（3）使用双重绝缘或加强绝缘的保护。

（4）采用等电位联结的保护。

（5）采用电气隔离，电气隔离防护应符合下列要求：

①回路必须由隔离变压器或安全等级相当于隔离变压器的电源供电，例如绕组间具有等效隔离的电动发电机组；

②电气隔离回路的电压不得超过500V；

③被隔离的回路，其带电部分不得与其他回路或大地有任何连接；

④隔离的回路一般应采用隔离布线系统。假如隔离的回路和其他回路采用同一布线系统时，必须采用无金属外皮的多芯电缆或将绝缘导线敷设在绝缘的导管、管道或线槽中。

（6）采用安全特低电压（SELV）系统供电。

4. 接地故障保护（间接接触防护）。

（1）接地故障保护的设置应防止人身间接电击以及电气火灾、线路损坏等事故；接地故障保护电器的选择，应根据配电系统的接地形式，移动式、手持式或固定式电气设备的区别以及导体截面等因素经技术经济比较确定。

接地故障保护是故障情况下防电击间接接触防护。接地故障是指相导体对地或与地有联系的导体之间的短路，它包括相导体与大地、PE导体、PEN导体、配电和用电设备的金属外壳、敷线管槽、建筑物金属构件、上下水和采暖、通风等管道以及金属屋面、水面等之间的短路。接地故障是短路的一种，自然需要及时切断电路以保证线路短路时的热稳定。不仅如此，若未切断电路，它还具有更大的危害性，当发生接地短路时在接地故障持续的时间内，与它有关联的电气设备的外露可导电部分对地和外界可导电部分间存在故障电压，此电压可使人身遭受电击，也可因对地的电弧或火花引起火灾或爆炸，造成严重生命财产损失。由于接地故障电流较小，保护方式还因接地形式和故障回路阻抗不同而异。所以接地故障保护比较复杂，国际电工标准和一些技术先进国家对它都很重视并作出具体规定。导体截面在许多情况下决定了故障回路的阻抗，故列为需协调配合的一个方面。

（2）接地故障保护措施只适用于防电击保护分类为Ⅰ类的电气设备，设备所在的环境为正常环境，人身电击安全电压限值为50V。

人体受电击时安全电压限值 U_L 为 50V 系根据国际电工委员会标准 IEC 479-1 的规定。正常环境下当接触电压不超过 50V 时，人体可接触此电压而不受伤害。

（3）采用接地故障保护时，建筑物内应作总等电位联结。建筑物总等电位联结作用的分析，见图 7.2.3-2。图中 T 为金属管道、建筑物钢筋等组成的等电位联结，B_m 为总等电位联结端子板或接地端子板，Z_h 及 R_s 为人体阻抗及地板、鞋袜电阻，R_A 为重复接地电阻。由图可见人体承受的接触电压 U_c 仅为故障电流 I_d 在 a—b 段 PEN 线上产生的电压降，与 R_s 的分压；b 点至电源的线路电压降都不形成接触电压，所以总等电位联结降低接触电压的效果是很明显的。

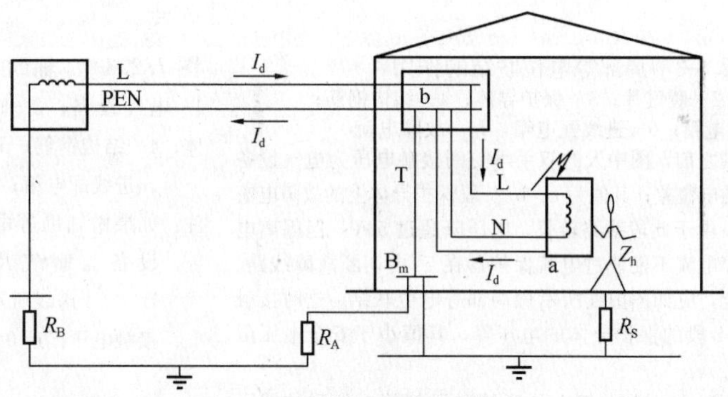

图 7.2.3-2 总等电位联结作用的分析

（4）当电气装置或电气装置某一部分的自动切断电源保护不能满足切断故障回路的时间要求时，应在局部范围内作局部等电位联结或辅助等电位联结。局部等电位联结或辅助等电位联结的有效性，应符合下式的要求：

$$R \leqslant \frac{50}{I_a} \tag{7.2.3-1}$$

式中 R——可同时触及的外露可导电部分和装置外可导电部分之间，故障电流产生的电压降引起接触电压的一段线路的电阻，Ω；

I_a——保证间接接触保护电器在规定时间内切断故障回路的动作电流（对过电流保护器，应是 5s 以内的动作电流；对剩余电流动作保护器，应是额定剩余动作电流），A。

注：总等电位联结虽然能大大降低接触电压，但当建筑物离电源较远，建筑物内线路过长时，过电

流保护动作时间和接触电压都可能超过规定的限值。这时应在局部范围内作局部等电位联结或辅助等电位联结，见图 7.2.3-3、图 7.2.3-4，辅助等电位的目的在于使接触电压降低至安全电压限值 50V 以下，而不是缩短保护电器动作时间。

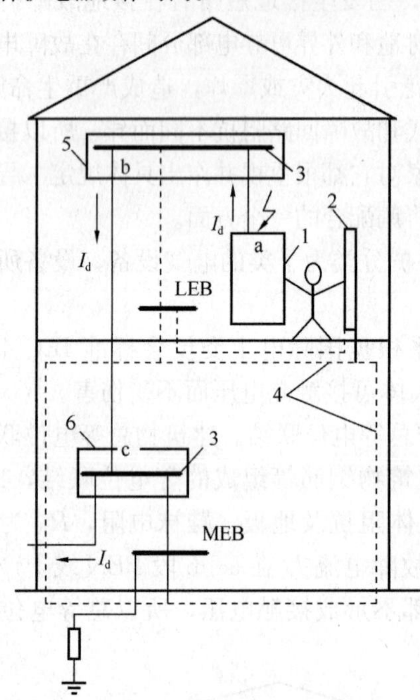

图 7.2.3-3 局部等电位联结的作用

1—电气设备；2—暖气片；3—保护导体；4—结构钢筋；5—末端配电箱；6—进线配电箱；I_d—故障电流

注：1. 局部等电位联结之前，图中人的双手承受的接触电压为电气设备与暖气片之间的电位差；其值为 a—b—c 段保护导体上的故障电流产生的电压降，由于此段线路较长，电压降超过 50V，但因离电源距离远，故障电流不能使过电流保护器在 5s 内切断故障线路。为保障人身安全，应如图虚线所示做局部等电位联结。这时接触电压降低为 a—b 段的保护导体的电压降，其值小于安全电压限值 50V。

2. 图中 MEB 和 LEB 分别为总等电位联结和局部等电位联结端子板。

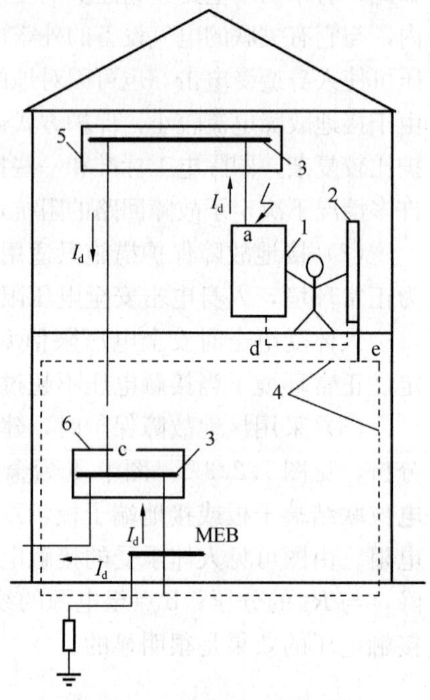

图 7.2.3-4 辅助等电位联结的作用

1—电气设备；2—暖气片；3—保护导体；4—结构钢筋；5—末端配电箱；6—进线配电箱；I_d—故障电流

注：如果做辅助等电位联结，即将电气设备与暖气片直接连接，如图 7.2.3-4 虚线所示，这时人体承受的接触电压接近 0。

(5) 配电线路间接接接触防护的上下级保护电器的动作特性之间应有选择性。

5. TN 系统的接地故障保护（间接接触防护）列。

(1) TN 系统接地故障保护的动作特性应符合下式要求：

$$Z_s \cdot I_a \leqslant U_0 \tag{7.2.3-2}$$

式中 Z_s——接地故障回路的阻抗（包括电源内阻、电源至故障点之间的带电导体及故障点至电源之间的保护导体的阻抗在内的阻抗），Ω；

I_a——保证保护电器在规定时间内，自动切断故障线路的动作电流，A；

U_0——对地标称交流电压（方均根值），V。

接地故障回路阻抗中未包括故障点的阻抗，是由于 TN 系统接地故障电流大，接地故障时，故障点一般被熔焊，故可忽略不计其阻抗 。

（2）对直接向Ⅰ类手持式或移动式设备供电的末端回路，其切断故障回路的时间不宜大于表 7.2.3-1 的规定。

TN 系统的最长切断时间 **表 7.2.3-1**

U_0（V）	切断时间（s）
220	0.4
380	0.2
＞380	0.1

（3）下列回路的切断时间可超过表 7.2.3-1 的规定，但不应超过 5s：

①配电线路。

②供电给固定式设备的末端回路，且在给该回路供电的配电箱内不宜有直接向Ⅰ类手持式或移动式设备供电的末端回路。

③供电给固定式设备的末端回路，当在给该回路供电的配电箱内接有按表 7.2.3-1 规定的切断时间进行切断的直接向手持式或移动式设备供电的末端回路时，应满足下列条件之一：

a. 配电箱与总等电位联结的接点之间的保护导体阻抗不应大于$\left(\frac{50}{U_0}Z_s\right)\Omega$；

b. 应在配电箱处作等电位联结；联结范围应符合《民用建筑电气设计规范》JGJ 16—2008 第 12.6 节通用电力设备接地及等电位联结的规定。

在 TN 系统中，自同一配电箱或配电干线直接引出的不同回路，有的给固定式电气设备供电，有的给手持式或移动式电气设备供电，由于两种回路发生接地故障时对切断电源时间要求不同可能导致的电击危险是比较容易理解的，见图 7.2.3-5。

对于由同一配电箱或配电干线间接给固定式、手持式和移动式电气设备供电的情况，由于上述同样原因导致的电击危险则容易被忽略，见图 7.2.3-6。

（4）TN 系统配电线路应采用下列接地故障保护：

①当采用过电流保护能满足本节第 6 条和本条第 1～3 款切断故障回路的时间要求时，宜采用过电流保护兼作接地故障保护；

②当采用过电流保护不能满足本节第 6 条和本条第 1～3 款要求时，宜实行辅助等电位联结，也可采用剩余电流动作保护。

6. 对于相导体对地标称电压为 220V 的 TN 系

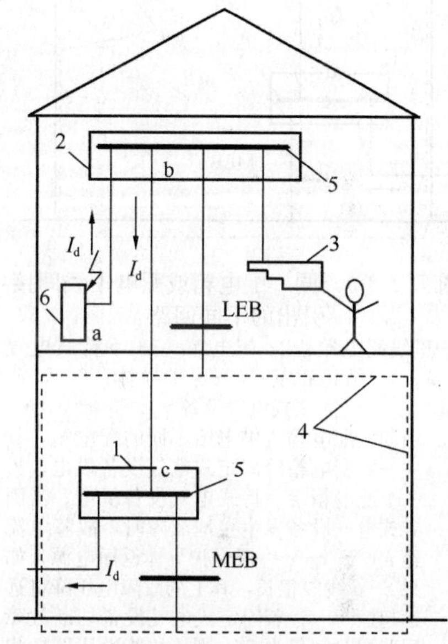

图 7.2.3-5 同一配电箱或配电干线直接引出的不同回路

1—进线配电箱；2—末端配电箱；3—手持式电气设备；4—结构钢筋；5—保护导体；6—固定式电气设备

注：当固定式电气设备发生接地故障时，故障电流经 a—b—c 一段保护导体返回电源，如果 b—c 线段很长，其上的故障电压降将远远超过 50V，该故障电压通过保护导体传到手持式设备，由于固定式电气设备切断故障回路的时间允许达 5s，在这段时间内，使用手持式电气设备的人如果站在地面上将遭受电击的伤害。如果为保证安全，使固定式电气设备在 0.4s 内切断电路，将会有很多线路放大线芯截面。如果采用以下两种办法可以解决问题：①将末端配电箱至总等电位联结回路的这段保护导体阻抗降低至小于等于$\left(\frac{50}{U_0}Z_s\right)\Omega$的要求；②可以在该配电箱处做局部等电位联结，以降低该场所内保护导体的长度或阻抗，减少电位差，见图 7.2.3-5 中虚线。

统配电线路的接地故障保护，其切断故障回路的时间应符合下列要求：

(1) 对于配电线路或仅供给固定式电气设备用电的末端线路，不应大于5s。

(2) 对于供电给手持式电气设备和移动式电气设备末端线路或电源插座回路，不应大于0.4s。

7. 当采用熔断器保护时，接地故障电流 I_d 与熔体额定电流 I_r 的比值不小于表7.2.3-2数值时，可认为满足在规定时间内切断故障线路的要求。

保护电器与其回路线缆的配合，见第7.2.4节表7.2.4-1。

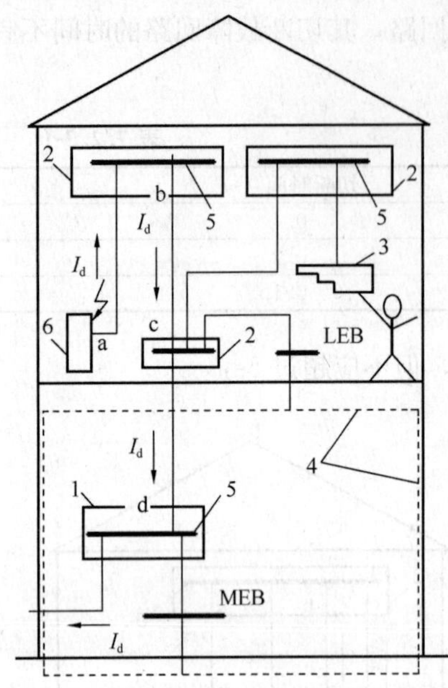

图7.2.3-6 同一配电箱或配电干线间接引出的不同回路

1—进线配电箱；2—配电箱；3—手持式电气设备；4—结构钢筋；5—保护导体；6—固定式电气设备

注：由同一配电箱1供电给不同的配电箱，其中一个配电箱给固定式电气设备供电，另一个配电箱给手持式电气设备供电。当固定式电气设备发生接地故障时，故障电流经a—b—c—d一段保护导体返回电源，如果c—d线段很长，其上的故障电压降将远远超过50V；若固定式电气设备切断故障回路的时间仍为5s，则该故障电压同样将通过保护导体对使用手持式电气设备的人造成电击伤害。这时采用上述相同的两种办法可以解决问题。

用熔断器作接地故障保护的可靠系数 K_{kr} (I_d/I_r) 的最小值

表7.2.3-2

熔体额定电流 I_r (A)		4～10	16～32	40～63	80～200	250～500
切断故障电路时间	≤5s	4.5	5	5	6	7
	≤0.4s	8	9	10	11	—

8. 在TN系统配电线路中，接地故障保护方式。

(1) 当过电流保护能满足在规定时间内切断接地故障线路的要求时，宜采用过电流保护兼作接地故障保护。

(2) 在三相四线制配电系统中，如果电流保护不能满足在规定时间内切断接地故障线路，则宜采用零序电流保护，但其整定电流应大于该配电线路最大不平衡电流。

(3) 当上述(1)、(2)二款的保护都不能满足要求时，应采用剩余电流保护电器。

9. TN系统配电线路采用剩余电流保护时，宜采用下列接地方式：

(1) 将被保护线路和设备的外露可导电部分，与剩余电流保护电器电源侧的PE线相连接，并在发生接地故障时，其动作特性符合公式(7.2.3-2)的要求。

(2) 将被保护线路和设备的外露可导电部分，与专用接地体相联接，按局部TT系统处理并符合公式 $R_A \cdot I_a \leqslant 50V$ 的要求。

10. TT系统的接地故障保护(间接接触防护)。

(1) TT系统接地故障保护的动作特性应符合下式要求：

$$R_A \cdot I_a \leqslant 50V \quad (7.2.3\text{-}3)$$

式中 R_A——接地极和外露可导电部分的保护导体电阻之和，Ω；

I_a——保证保护电器切断故障回路的动作电流，A。当采用过电流保护电器时，反时限特性过电流保护电器的 I_a 应为保证在5s内切断的电流；采用瞬时动作特性过电流保护电流的 I_a 应为保证瞬时动作的最小电流。当采用剩余电流动作保护器时，I_a 应为其额定剩余动作电流。如供给称动式和手提式电气设备，切断故障回路的时间应符合表 7.2.3-3 所列数据。

预期接触电压与切断故障回路的最大时间 表 7.2.3-3

预期接触电压（V）	50	75	90	98	110	150	220
允许切断故障回路最大时间（s）	5	0.6	0.45	0.4	0.36	0.27	0.17

（2）在 TT 系统中，由同一接地故障保护电器保护的外露可导电部分应采用 PE 导体连接。

（3）当不能满足本条第 1 款的要求时，应采用辅助等电位联结。

（4）配电线路接地故障保护，宜采用剩余电流动作于跳闸保护方式，只有在满足 $R_A \cdot I_a \leqslant 50V$ 时，方可采用反时限特性和瞬时动作特性的保护方式。

（5）TT 系统配电线路采用剩余电流动作于跳闸的保护级数，不宜超过三级。末端切断故障线路的时间宜小于 0.1s，以防止人身触电伤亡事故发生；其电源侧（如多层住宅的进户处），为防止干线漏电，又兼有末级保护的后备保护功能，故其动作时间宜为 0.15～0.5s；供电线路首端所设剩余电流保护器，作为电源侧单相接地故障保护，其最大延时不宜大于 1s。

（6）采用剩余电流保护器时，宜将其被保护线路的金属外皮及设备金属外壳，接至专用接地体上。

（7）TT 系统配电线路内由同一接地故障保护电器保护的外露可导电部分，应用 PE 线连接，并应接至共用的接地体上。当有多级保护时，各级宜有各自独立的接地体。

11. IT 系统的接地故障保护（间接接触防护）。

（1）在 IT 系统中，当发生第一次接地故障时，应由绝缘监视器发出音响或灯光信号，其动作电流应符合下式要求：

$$R_A \cdot I_d \leqslant 50V \quad (7.2.3\text{-}4)$$

式中 R_A——外露可导电部分的接地电阻，Ω；

I_d——相导体与外露可导电部分之间出现阻抗可忽略不计的第一次故障时的故障电流，A，应计及电气装置的泄漏电流和总接地阻抗值的影响。

注：IT 系统有两种形式，即电源中性点对地绝缘或经接地阻抗（约 1000Ω）接地。正常工作的 IT 系统如一相发生接地故障（被称作第一次接地故障），中性点对地绝缘的 IT 系统的故障电流决定于另外两相非故障相的对地电容值。中性点经接地阻抗接地的 IT 系统的故障电流则受接地阻抗的限制。因此这两种接地故障电压都不超过 50V，不需切断故障电路，只作用于信号，以保持供电的不中断。这时运行人员应及时排除第一次接地故障，否则当另一相再发生接地故障时（被称作异相接地故障或第二次接地故障）将发展成相间短路，导致供电中断。

接地故障是配电线路最常见的故障，IT 系统第一次接地故障时不切断故障线路，是此系统最大优点，为保证人身安全，它要求发生接地故障时发出信号，装置内的接触电压不大于 50V。

（2）IT 系统的外露可导电部分可共用同一接地网接地，亦可单独地或成组地接地。

①对于外露可导电部分为单独接地或成组接地的 IT 系统发生第二次异相接地故障时，其故障回路的切断应符合本节第 10 条 TT 系统的要求；

②对于外露可导电部分为共用接地的 IT 系统发生第二次异相接地故障时，其故障回

路的切断应符合本节第 5 条 TN 系统的要求。

外露可导电部分单独接地的 IT 系统，如两次接地故障都发生在同一相，对人身并不构成危险，如发生在异相，则故障电流经两个接地体电阻形成回路，其保护要求和 TT 系统相同，见图 7.2.3-7。当外露可导电部分采用共用的接地体时，故障电流不经接地体，而经 PE 线构成回路，其保护要求和 TN 系统相同，见图 7.2.3-8。

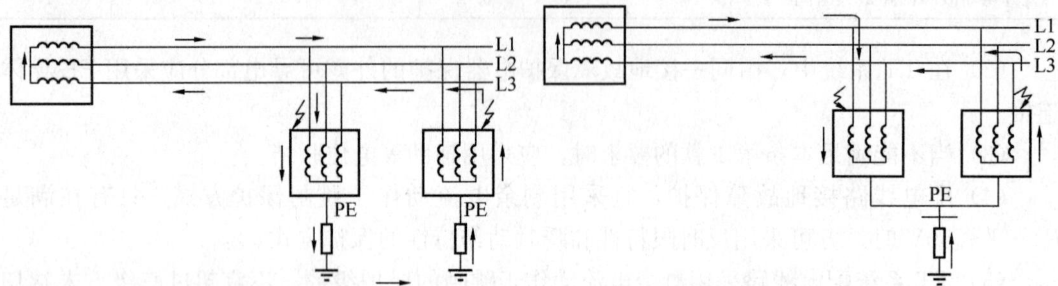

图 7.2.3-7　异相接地故障情况分析之一　　　图 7.2.3-8　异相接地故障情况分析之二

(3) IT 系统中发生第二次异相接地故障时，应由过电流保护电器或剩余电流动作保护器切断故障电路，并应符合下列要求：

①当 IT 系统不引出 N 导体，且线路标称电压为 220/380V 时，保护电器应在 0.4s 内切断故障回路，并符合下式要求：

$$Z_s \cdot I_a \leqslant \frac{\sqrt{3}}{2} U_0 \quad (7.2.3\text{-}5)$$

式中　Z_s——包括相导体和 PE 导体在内的故障回路阻抗，Ω；

I_a——保证保护电器在表 7.2.3-4 规定的时间或其他回路允许的 5s 内切断故障回路的电流，A；

U_0——相导体与中性导体之间的标称交流电压（方均根值），V。

②当 IT 系统引出 N 导体，线路标称电压为 220/380V 时，保护电器应在 0.8s 内切断故障回路，并应符合下式要求：

$$Z'_s \cdot I_a \leqslant \frac{1}{2} U_0 \quad (7.2.3\text{-}6)$$

式中　Z'_s——包括相导体、中性导体和保护导体的故障回路的阻抗，Ω。

(4) IT 系统不宜引出 N 导体。

(5) 在 IT 系统的配电线路中，当发生第二次接地故障时，故障回路的最长切断时间不应大于表 7.2.3-4 的规定。

IT 系统第二次故障时最长切断时间　　　**表 7.2.3-4**

相对地标称电压/相间标称电压（V）	切断时间（s）	
	没有中性导体配出	有中性导体配出
220/380	0.4	0.8
380/660	0.2	0.4
580/1000	0.1	0.2

12. 电击防护装设的低压电器。

(1) TN 系统采用的保护电器应符合下列规定:

①可采用过电流动作保护电器;

②TN-S 系统可使用剩余电流动作保护电器。对 TN-S 系统,剩余电流动作保护电器可采用两种方式实现接地故障保护,一种为四相矢量和式,即分别测量三相导体和 N 导体的电流,通过计算四相电流的矢量和并与接地故障设定值比较来实现接地故障保护,此时在 N 导体上必须添加中性导体互感器。另一种为直接测量型,即直接测量线路的剩余电流,将线路的所有带电导体(L1、L2、L3、N)同穿过一个剩余电流互感器,直接测量线路的剩余电流;

③TN-C-S 系统使用剩余电流动作保护电器时,PEN 导体不得接在其负荷侧,保护导体与 PEN 导体的连接应在剩余电流动作保护器电源侧进行;

④TN-C 系统中不得使用剩余电流动作保护。

(2) TT 系统可采用下列保护电器:

①剩余电流动作保护器;

②过电流动作保护器,适用于接地极和外露可导电部分的保护导体的电阻的和很小时。

(3) IT 系统可采用下列监视器或保护电器:

①绝缘监视器;

②过电流动作保护电器;

③剩余电流动作保护器。

13. 剩余电流动作保护的设置。

(1) 下列设备的配电线路应设置剩余电流动作保护:

①手持式及移动式用电设备;

②室外工作场所的用电设备;

③环境特别恶劣或潮湿场所的电气设备;

④家用电器回路或电源插座回路;

⑤由 TT 系统供电的用电设备;

⑥医疗电气设备,急救和手术用电设备的配电线路的剩余电流动作保护宜作用于报警。

(2) 剩余电流动作保护装置的动作电流宜符合下列规定:

①在用作直接接触防护的附加保护或间接接触防护时,剩余动作电流不应超过 30mA;

②电气布线系统中接地故障电流的额定剩余电流动作值不应超过 500mA。

(3) PE 导体严禁穿过剩余电流动作保护器中电流互感器的磁回路。

(4) TN 系统配电线路采用剩余电流动作保护时,可选用的接线方式。

①可将被保护的外露可导电部分与剩余电流动作保护器电源侧的 PE 导体相连接,并应符合公式(7.2.3-2)的要求;

②当剩余电流动作保护器保护的线路和设备的接地形式按局部 TT 系统处理时,可将被保护线路及设备的外露可导电部分接至专用的接地体上,并应符合公式(7.2.3-3)的

要求。

(5) IT 系统中采用剩余电流动作保护器切断第二次异相接地故障时，保护器额定不动作电流应大于第一次接地故障时的相导体内流过的接地故障电流。否则，在发生第一次接地故障时就可能误动作。

(6) 对于多级装设的剩余电流动作保护器，其时限（Δt）和剩余电流动作值（$I_{\Delta n}$）应有选择性配合。选择性配合应符合以下两个条件：

$$I_{\Delta n}(\mathrm{RCD1}) > 2I_{\Delta n}(\mathrm{RCD2}) \tag{7.2.3-7}$$

$$\Delta t(\mathrm{RCD1}) > \Delta t(\mathrm{RCD2}) + \Delta t(\mathrm{CB2}) \tag{7.2.3-8}$$

式中 $I_{\Delta n}(\mathrm{RCD1})$——上一级剩余电流动作保护器额定剩余动作电流；

$I_{\Delta n}(\mathrm{RCD2})$——下一级剩余电流动作保护器额定剩余动作电流；

$\Delta t(\mathrm{RCD1})$——上一级剩余电流动作保护器动作时间；

$\Delta t(\mathrm{RCD2})$——下一级剩余电流动作保护器动作时间；

$\Delta t(\mathrm{CB2})$——下一级低压断路器动作时间（包括分断时间）。

为满足条件，有必要知道 CB2+RCD2 组合的全部分断时间或者进行现场的实际测试或者剩余电流动作保护器生产厂家能提供相应的选择性配合原则。如施耐德公司，对于剩余电流动作保护器的选择性配合提出了两个条件：

$$I_{\Delta n}(\mathrm{RCD1}) > 2I_{\Delta n}(\mathrm{RCD2}) \tag{7.2.3-9}$$

$$\text{RCD1 的延时设置} > \text{RCD2 的延时设置} + 1\ \text{级} \tag{7.2.3-10}$$

不论何种选择性配合原则，都必须考虑保护器的固有分断时间。

(7) 当装设剩余电流动作保护电器时，应能将其所保护的回路所有带电导体断开。

(8) 剩余电流动作保护器的选择和回路划分，应做到在主要回路所接的负荷正常运行时，其预期可能出现的任何对地泄漏电流均不致引起保护电器的误动作。

电缆的杂散电容是固有漏电产生的原因之一，由此产生的漏电电流属于“自然漏电电流”，因为电缆的杂散电容电流是通过整个配电线路耦合传输的，见图 7.2.3-9，而不是在某一点的漏电拉弧产生的。

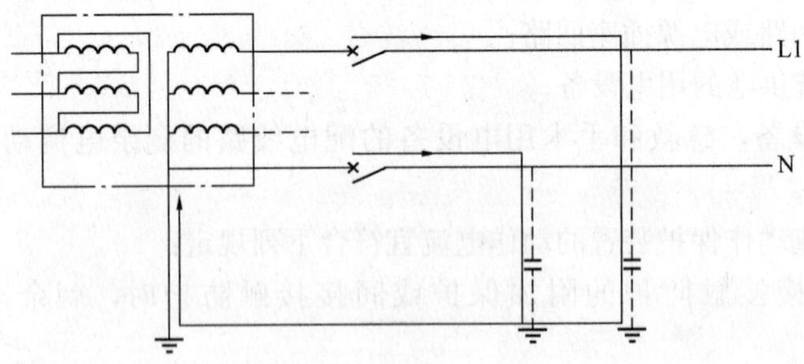

图 7.2.3-9 杂散电容电流经配电线路耦合传输图

一般来说，一条相导体和地之间的电容是 150pF/m。

对三相设备，相间负荷的不对称将会增大杂散电容值。

(9) 剩余电流动作保护器形式的选择应符合下列要求：

①用于电子信息设备、医疗电气设备的剩余电流动作保护器应采用电磁式；

②用于一般电气设备或家用电器回路的剩余电流动作保护器宜采用电磁式或电子式。

14. 安全低电压系统。

(1) 安全低电压不应大于50V。

(2) 下列场所应采用安全低电压:

①潮湿场所(如:浴室、游泳池的照明设备等);

②特别潮湿的地下隧道照明;

③移动式手提局部照明设施;

④金属密闭场所。

(3) 符合下列要求之一的设备,可作为安全低电压电源:

①一次绕组和二次绕组之间采用加强绝缘层或接地屏蔽层隔离开的安全隔离变压器;

②安全等级相当于安全隔离变压器的电源;

③电化电源或与电压较高回路无关的其他电源;

④符合相应标准的某些电子设备。这些电子设备已经采取了措施,可以保障即使发生内部故障,引出端子上的电压也不超过交流50V;或允许引出端子上出现大于交流50V的规定电压,但能保证在直接接触或间接接触情况下,引出端子的电压立即降至不大于交流50V。

(4) 安全低电压回路的线缆敷设,应符合下列规定:

①不宜与其他任何回路同管敷设,但满足下列条件之一时可例外:

a. 安全低电压导线在基本绝缘外以密封的绝缘护套包覆;

b. 不同电压等级的回路线缆之间,以接地的金属屏蔽层或接地的金属防护套分隔开。

②安全低电压回路中,只有基本绝缘与其他回路并行敷设时,应穿塑料管保护。

(5) 安全低电压回路的安全保护系统设置,应符合下列规定:

①当由隔离变压器供电时,其低压回路的短路和过负荷保护,可由变压器一次侧保护电器来完成且满足下列条件:

a. 安全低电压回路的末端发生短路时,一次侧的保护电器应能可靠动作,短路电流应大于保护电器动作电流的1.3倍,即灵敏系数不小于1.3;

b. 安全低电压回路导线截流量应不小于变压器的额定电流。

②当安全低电压系统有二个及以上的支路时,每个支路的首端应设有保护电器。

③当安全低电压回路设有电源插座时,其插头、插座应满足如下要求:

a. 安全低电压插头不能插入其他系统的电源插座;

b. 安全低电压电源插座不能被其他电压系统的插头插入;

c. 安全低电压电源插座不应设PE线触头。

④严禁安全低电压回路和设备的带电部分与大地连接或与其他回路的PE线连接。

15. 其他防触电措施。

(1) 当采用双重绝缘或加强绝缘的电气设备、或按标准进行过型式试验具有总体绝缘的成套电气设备,可不设接地故障保护。

(2) 采用接地故障保护时,应在变电所或建筑物内将下列导电体进行总等电位联接:

①电气装置接至接地体的接地干线;

②PE、PEN干线;

③建筑物内的水管、热力、煤气、空调等金属管道;

④通信线路的金属干管；

⑤电视共用天线的金属干管；

⑥建筑物的结构主钢筋、金属构件等；

⑦防雷引下线。

（3）电气设备置于非导电场所时，应采取下列保护措施：

①当电气设备安装在具有绝缘地板和墙体的房间内、电气装置的标称电压≤500V时，其绝缘地板和墙体的每一点对地电阻不应低于50kΩ；

②分立安装的二个电气设备之间的外廓净距应大于2m，以防人员可能同时触及；

③当不具备②中安装条件时，应采用具有足够机械强度、耐受电压不低于2kV、漏泄电流小于1mA的绝缘挡板隔开；

④严禁在非导电场所内设置接地保护线。应将所有可能同时触及的外露可导电部分及装置的外部可导电部分，用不接地（即：对地绝缘）的等电位联结线互相连接，使场所内形成不与大地接触（即俗称："悬浮接地"）的局部等电位网络系统。

（4）当采用电气隔离保护措施时，应符合下列要求：

①电气隔离保护可以采用专用的隔离变压器、或具有同等隔离作用的电动发电机组；

②电气隔离设备（隔离变压器或电动发电机组）的电源应由独立回路供电，其供电电压应不高于500V；

③低压电气分隔设备的外露可导电部分应与保护线（PE）连接。其低压馈出线路、及其线路上的低电压用电设备的外露可导电部分不应与保护线（PE）连接。

16. 设有如下措施之一时，可不设接地故障保护：

（1）采用双重绝缘或加强绝缘的电气设备（即Ⅱ类设备）。

（2）采取电气隔离措施。

（3）采用安全低电压。

（4）电气设备安装在非导电场所内。

（5）对于Ⅰ类电气设备，在正常环境内，人身触电安全电压不大于50V。

（6）设置不接地的等电位联接措施。

7.2.4　保护电器选择性配合

1. 概述

短路保护和过负荷保护是预防电气火灾的重要措施之一，配电线路装设短路保护和过负荷保护的目的就是避免线路因过电流导致绝缘受损，进而引发火灾及其他灾害。

随着低压电器的快速发展，上下级保护电器之间的选择、配合特性不断改善。对于过负荷保护，上下级保护电器动作特性之间的选择性比较容易实现，例如，装在上级的保护电器采用具有定时限动作特性或反时限动作特性的保护电器。对于熔断器而言，上下级的熔体额定电流比只要满足1.6：1即可保证选择性；上下级断路器通过其保护特性曲线的配合或者短延时调节也不难做到这一点。但对于短路保护，根据目前低压电器的技术发展情况，完全实现保护的选择性还是有一定难度，需综合考虑脱扣器电流动作的整定值、延时、区域选择性联锁、能量选择等多种技术手段。

2. 低压配电系统保护电器动作的选择性

(1) 末级回路的保护电器应以最快的速度切断故障电路，在不影响人员和工艺设备安全的条件下，宜瞬时切断。

(2) 上一级保护采用断路器时，宜设有短延时脱扣，整定电流和延时时间应可调，以保证下级保护先动作。

(3) 上级保护用熔断器保护时，其反时限特性应相互配合，用过电流选择比给予保证。

(4) 变压器低压侧的配电级数不宜超过3级。非重要负荷时可不超过4级。

(5) 配电级数第一、二级之间的保护电器应具有动作选择性，并采用选择型保护电器。非重要负荷可以采用无选择性保护电器切断其故障回路。

3. 保护电器级间配合

断路器—断路器、熔断器—熔断器、断路器—熔断器和熔断器—断路器保护的级间配合，见表7.2.4-1。

保护电器级间配合 **表7.2.4-1**

级间配合类别	技术规定和要求
熔断器保护	1. 当配电线路的过载和短路电流较小时，一般可按熔断器的“时间—电流特性”不相交，或按上、下级熔体的额定电流选择比来实现其级间配合。当弧前熔断时间大于0.01s时，应按国家产品标准选择，其熔断体电流选择比（即：上、下级熔体额定电流之比）不小于1.6∶1时，即认为满足选择性要求。 2. 在短路电流较大，而弧前熔断时间小于0.01s时，除满足上述条件外，还应根据熔断器“安—秒特性曲线”的I^2t值进行校验，只有上一级熔断器的弧前I^2t值大于下级熔断器时，才能保证满足选择性要求
断路器保护	1. 当上下级断路器出线端处预期短路电流有较大差别，且均设有瞬时脱扣器时，则上级断路器的瞬时脱扣整定电流应大于下级的预期短路电流，以保证有选择性保护。 2. 当上下级断路器距离较近，出线端预期短路电流差别很小时，则上级断路器宜选用带有短延时脱扣器延时动作，以保证有选择配合。 3. 当上下级保护电器都采用选择型断路器时，为保证上下级之间的动作选择性，上级断路器的过载长延时和短路短延时的整定电流，宜不小于下级相应保护整定值的1.3倍。 4. 当上级保护是选择型断路器，而下一级保护是非选择型断路器时，应符合如下条件： (1) 上级保护断路器的短路短延时脱扣器的整定电流，应不小于下级保护断路器短路瞬时脱扣器整定电流的1.3倍，即： $$I_1(l_2)\geqslant 1.3I_2(l_3) \quad (7.2.4\text{-}1)$$ 式中 $I_1(l_2)$——上级保护断路器短延时脱扣器整定电流，A； $I_2(l_3)$——下级保护断路器瞬时脱扣器整定电流，A。 (2) 上级保护断路器瞬时脱扣器整定电流应大于下级保护断路器出线端单相短路电流的1.2倍，即： $$I_1(l_3)\geqslant 1.2I_2(I_{d1}) \quad (7.2.4\text{-}2)$$ 式中 $I_1(l_3)$——上级保护断路器瞬时脱扣器整定电流，A； $I_2(I_{d1})$——下级保护断路器出线端单相短路电流，A。 5. 上下级保护电器都选择非选择型断路器时，应加大上下级之间断路器的脱扣器整定电流的级差值，一般可按下述原则确定： (1) 上一级保护断路器的长延时脱扣器整定电流，宜不小于下一级长延时脱扣器整定电流的2倍，即： $$I_1(l_1)\geqslant 2I_2(l_1) \quad (7.2.4\text{-}3)$$

续表

<table>
<tr><th>级间配合类别</th><th>技术规定和要求</th></tr>
<tr><td>断路器保护</td><td>式中 $I_1(l_1)$——上级长延时脱扣器整定电流，A；
$I_2(l_1)$——下级长延时脱扣器整定电流，A。
(2) 上一级保护断路器的瞬时脱扣器整定电流，宜不小于下级瞬时脱扣器整定电流的1.4倍，即：
$$I_1(l_3) \geqslant 1.4I_2(l_3) \quad (7.2.4\text{-}4)$$
式中 $I_1(l_3)$——上级瞬时脱扣器整定电流，A；
$I_2(l_3)$——下级瞬时脱扣器整定电流，A。
(3) 末级非选择型断路器，其短路瞬时脱扣器整定电流应尽量小，但应躲过短时出现的过负荷尖峰电流。
6. 当下一级保护断路器出口端短路电流大于上一级的瞬时脱扣器整定电流时，为保证选择性要求，下级保护断路器宜选用限流型断路器</td></tr>
<tr><td>熔断器（上）-断路器（下）保护</td><td>上级为熔断器下级为断路器保护时的级间配合
1. 过载保护：为满足选择性要求，下级断路器的长延时脱扣器整定电流特性曲线，应在上级熔断器熔体“电流-时间特性”中的过载保护曲线下方（不相交），且具有一定的时间裕量。
2. 短路保护：为满足选择性要求，上级保护熔断器的“电流-时间特性”曲线上对应短路电流I_k值的熔体熔断时间，应大于下级断路器瞬时脱扣器动作时间0.1s以上。
3. 当上级为熔断器下级为非选择型断路器保护时，上级熔断器熔体的额定电流与下级断路器的长延时过电流脱扣器整定电流比值应大于3</td></tr>
<tr><td>断路器（上）-熔断器（下）保护</td><td>1. 上级为断路器下级为熔断器保护时的级间配合
(1) 过载保护：为能满足选择性要求，当回路的电流没有达到上级断路器的瞬时电流脱扣器的整定电流时，其下级熔断器的“电流-时间特性”中的过载保护曲线，应在断路器的长延时脱扣器的动作特性曲线的下方且不相交。
(2) 短路保护：当回路的预期短路电流，达到或超过断路器瞬时电流脱扣器的整定电流时，其下级熔断器应在短路电流未达到上级断路器瞬时电流脱扣器整定电流之前切断电路，即：下级熔断器的熔体额定电流应尽量小于断路器的过电流脱扣器额定电流。
(3) 当上级断路器选用短延时脱扣器保护时，其短延时动作电流的延迟时间应大于下级熔断器熔体的熔断时间，其时间差不应小于0.1s。
(4) 当上级断路器短延时脱扣器的延迟时间不大于0.5s时，其短延时过电流脱扣器的整定电流I_{zd2}值，不宜小于下级熔断器熔体额定电流I_r的12倍，即：
$$I_{zd2} \geqslant 12I_r \quad (7.2.4\text{-}5)$$
当熔断器熔体额定电流小于100A时，则应满足下列公式要求：
$$I_{zd2} \geqslant 10I_r \quad (7.2.4\text{-}6)$$
2. 上级为带接地保护的断路器下级为熔断器保护时，其零序保护的级间配合应满足下列要求：
(1) 为保证系统不会误动作，上级保护断路器的零序电流保护整定值（I_{zdo}），一般应大于三相不平衡电流的1.5倍，即：
$$I_{zdo} \geqslant 1.5I_{30} \quad (7.2.4\text{-}7)$$
式中 I_{zd0}——零序保护电流脱扣器的整定电流，A；
I_{30}——三相不平衡电流，A。
(2) 当上级断路器设有短延时脱扣器时，由于短延时整定电流远大于零序保护的整定电流，为保证选择性，宜采取如下措施：
①尽量加大零序电流保护的整定值；
②零序电流保护回路增加延时动作元件，其延时时间不小于5s；</td></tr>
</table>

续表

级间配合类别	技术规定和要求
断路器（上）-熔断器（下）保护	③下级熔断器的熔体额定电流，应按小于上级断路器长延时过电流脱扣器额定电流的二个（或以上）电流等级选择。 （3）一般情况下，当零序电流保护延时时间为5s时，零序保护整定电流按下列公式选择： $I_{zd0} \geqslant 5 \sim 7 I_r$ （7.2.4-8） 式中 I_r——熔断器熔体额定电流，A。 （4）由于上级断路器采用剩余电流保护时动作灵敏性较高，难以实现与下级熔断器的选择性配合，下级应采用有选择性的剩余电流保护
提高选择性一般原则	1. 配电线路的首端保护电器，宜采用选择型断路器或熔断器。线路较长、容量较大的干线保护电器，应采用选择型断路器。 2. 末端线路的保护电器，宜采用非选择型断路器或带剩余电流保护的断路器，也可采用熔断器；中间电路保护可采用熔断器。 3. 配电系统线路的保护级数不宜超过三级。非选择性断路器宜用于末端线路保护。 4. 断路器带有短延时脱扣器、零序电流保护、剩余电流等保护时，应有足够的延时与下级保护配合；配电干线的延时时间不超过5s，当下级保护采用熔断器时，干线断路器的短延时和接地保护脱扣器，宜采用反时限加定时限保护。 5. 根据配电回路的负荷性质、运行环境等条件，合理选择和协调保护电器的灵敏性与选择性。对火灾、爆炸、潮湿、高温、多灰尘等环境下的重要负荷回路，动作灵敏性应符合其安全要求，并力求有良好的选择性，保证其供电的可靠性
保护电器与其回路线缆的配合	1. 导线和电缆应满足长期额定负载运行的载流量要求。断路器的长延时脱扣器整定电流或熔断器熔体额定电流，应小于或等于导线或电缆的持续允许载流量，即： $\frac{I_{zd1}}{I_2} \leqslant 1$ 或 $\frac{I_r}{I_2} \leqslant 1$ （7.2.4-9） 式中 I_{zd1}——断路器长延时脱扣器整定电流，A； I_r——熔断器熔体额定电流，A； I_2——导线或电缆长期允许载流量，A。当环境温度和敷设或运行条件变化时，应乘以修正系数。 2. 低压配电系统的导线和电缆选择，尚应满足回路的热稳定要求。在短路条件下其截面积（S）与短路电流的关系，应满足下式要求： $S \geqslant \frac{I_k}{K}\sqrt{t}$ （7.2.4-10） 式中 I_k——三相短路电流有效值，A； K——与导体材料有关的计算系数，见第7.2.2节表7.2.2-1； t——短路电流持续时间，s。 3. 当低压线路较长且短路电流较小时，为保证保护电器的可靠动作，断路器的瞬时或短延时整定电流、熔断路熔体额定电流应小于单相接地故障电流，并按下列公式选择整定： $K_{kr} I_r \leqslant I_d$ （7.2.4-11） $K_d I_{zd} \leqslant I_d$ （7.2.4-12） 式中 I_d——单相接地故障电流，A； I_r——熔断器熔体额定电流，A； I_{zd}——断路器瞬时或短延时整定电流，A； K_d——用于断路器的可靠系数取1.3； K_{kr}——用于熔断器的可靠系数，见第7.2.3节表7.2.3-2。 在TN系统中性点接地的变压器低压侧配电线路发生接地故障时，其接地故障电流值可由下列公式来确定： $I_d = \frac{220}{\sqrt{R_{\phi p}^2 + X_{\phi p}^2}}$ （7.2.4-13） 式中 $R_{\phi p}$、$X_{\phi p}$——变压器及导线的相间总电阻、电抗

7.3 低压电器选择

7.3.1 概 述

1. 低压电器产品分类及用途，见表 7.3.1-1。

低压电器产品分类及用途　　表 7.3.1-1

产品名称		主要品种	用途
配电电器	断路器	微型断路器 塑料外壳式断路器 万能式断路器 限流式断路器 漏电保护断路器 灭磁断路器 直流快速断路器	用于线路过载、短路、漏电或欠压保护，也可用于不频繁接通和分断电路
	熔断器	有填料熔断路 无填料熔断路 半封闭插入式熔断器 快速熔断器 自复熔断器	用作线路和设备的短路和过载保护
	刀形开关	大电流隔离器熔断器式刀开关 开关板用刀开关 负荷开关	主要用作电路隔离，也能接通分断额定电流
	转换开关	组合开关 换向开关	主要作为两种及以上电源或负载的转换和通断电路之用
控制电器	接触器	交流接触器 直流接触器 真空接触器 半导体式接触器	主要用作远距离频繁地启动或控制交直流电动机，以及接通分断正常工作的主电路和控制电路
	起动器	直接（全压）起动器 星三角减压起动器 自耦减压起动器 变阻式转子起动器 半导体式起动器 真空起动器	主要用作交流电动机的起动和正反向控制
	控制继电器	电流继电器 电压继电器 时间继电器 中间继电器 温度继电器 热继电器	主要用于控制系统中，控制其他电器或保护主电路
	控制器	凸轮控制器 平面控制器 鼓形控制器	主要用于电气控制设备中转换主回路或励磁回路的接法，以达到电动机起动、换向和调速的目的

续表

产品名称		主要品种	用途
控制电器	主令电器	按钮 限位开关 微动开关 万能转换开关 脚踏开关 接近开关 程序开关	主要用于接通分断控制电路，以发布命令或用作程序控制
	电阻器	铁基合金电阻器	用作改变电路参数或变电能为热能
	变阻器	励磁变阻器 起动变阻器 频敏变阻器	主要用作发电机调压以及电动机平滑起动和调速
	电磁铁	起重电磁铁 牵引电磁铁 制动电磁铁	用于起重、操纵或牵引机械装置
控制与保护开关电器CPS	KB0	基本型	KB0 主要用于交流 50Hz（60Hz）、额定电压至 690V、额定电流自 0.25A 至 125A 的电力系统中，能够接通、承载和分断正常条件下包括规定的运行过载条件下的电流，且能够接通、承载并分断规定的非正常条件下的电流，如短路电流。 KB0 采用模块化的单一产品结构型式，集成了传统的断路器（熔断器）、接触器、过载（或过流、断相）继电器、起动器、隔离器等的主要功能，具有远距离自动控制和就地直接人力控制功能，具有面板指示及机电信号报警功能，具有协调配合的时间-电流保护特性（反时限、定时限和瞬时三段保护特性）。根据需要选配功能模块或附件，即可实现对一般（不频繁启动）的电动机负载、频繁起动的电动机负载、配电电路负载的控制与保护。
	KB0-F	消防型控制与保护开关电器	
	KB0-G	隔离型控制与保护开关电器	
	KB0D	双速电动机控制器	
	KB0D3	三速电动机控制器	
	KB0S、KBOSP	双电源自动转换开关电器	
	KB0J、KB0J2、KB0R、KB0Z	减压起动器	
	KB0N	可逆型控制与保护开关电器	
	XBK1	保护控制箱	
	GBK1	保护控制柜	
	BQD55-KB0	防爆控制与保护开关箱	

2. 低压电器使用类别及其代号，见表 7.3.1-2。

低压电器使用类别及其代号　　表 7.3.1-2

电流种类	使用类别代号	典型用途举例
AC（交流）	AC-1	无感或微感负载，电阻炉
	AC-2	线绕式电动机的起动、分断
	AC-3	笼型异步电动机的起动、运转中分断
	AC-4	笼型异步电动机的起动、反接制动与反向、点动
	AC-5a	控制放电灯的通断
	AC-5b	控制白炽灯的通断
	AC-6a	变压器的通断
	AC-6b	电容器组的通断
	AC-7a	家用电器中的微感负载和类似用途
	AC-7b	家用电动机负载
	AC-8a	密封制冷压缩机中的电动机控制（过载继电器手动复位式）
	AC-8b	密封制冷压缩机中的电动机控制（过载继电器自动复位式）
AC（交流）	AC-11	控制交流电磁铁负载
	AC-12	控制电阻性负载和发光二极管隔离的固态负载
	AC-13	控制变压器隔离的固态负载
	AC-14	控制容量（闭合状态下）不大于 72VA 电磁铁负载
	AC-15	控制容量（闭合状态）大于 72VA 的电磁铁负载
DC（直流）	DC-1	无感或微感负载，电阻炉
	DC-3	并励电动机的起动、反接制动、点动
	DC-5	串励电动机的起动、反接制动、点动
	DC-6	白炽灯的通断
	DC-11	控制直流电磁铁负载
	DC-12	控制电阻负载和发光二极管隔离的固态负载
	DC-14	控制电路中有经济电阻的直流电磁铁负载

3. 低压开关电器的功能，见表 7.3.1-3。

低压开关电器的功能　　表 7.3.1-3

开关电器种类	隔离	控制				保护		
		功能性的	应急通断①	紧急停止（机械）①	机械维护用通断	过负荷	短路	剩余电流
隔离器③	●							
隔离开关	●	●	●	●	●			
开关④	●	●	●	●	●			
遥控开关		●	●		●			
接触器		●	●	●	●	●②		
熔断器	●					●	●	
断路器隔离器④	●	●	●	●	●	●	●	
断路器④		●	●	●	●	●	●	
剩余电流装置（RCCB）④	●	●	●	●				●

续表

开关电器种类	隔离	控制				保护		
		功能性的	应急通断①	紧急停止（机械）①	机械维护用通断	过负荷	短路	剩余电流
剩余电流和过电流断路器（RCBO）④	●	●	●	●	●	●	●	●
开关设备设置原则	每个回路的始端	因操作需要停止作业的所有地方	一般设置在每个配电盘的进线回路上	每台机器的供电端和/或相应的设备上	每台机器的供电端	每个回路的始端	每个回路的始端	配有 TN-S、IT、TT 接地系统中的回路的始端

注：表中①可能需要保持对制动系统供电。

②如与热继电器配合，组合为磁力起动器。

③规范规定有强制要求直接由高压/低压变压器供电的低压装置的进线要有带可视触头的隔离器。

④依据 IEC 1008 标准，某些种类的开关设备（RCCB）可以起到隔离作用。

7.3.2 一般规定和要求

1. 低压电器选择要点。

（1）按正常工作条件选择。即电器的额定频率、额定电压应分别与所在回路的频率、标称电压相适应；电器的额定电流不应小于所在回路的计算电流（对变压器回路，取变压器的额定电流；对电容器回路，取电容器额定电流的 1.35 倍）。

（2）按短路工作条件选择。对于可能通过短路电流的电器（如隔离开关、开关、熔断器开关、接触器等）应满足在短路条件下短时和峰值耐受电流的要求；对于断开短路电流的保护电器（如低压熔断器、低压断路器）应满足在短路条件下的分断能力要求；应采用接通和分断时安装处的预期短路电流验算电器在短路条件下的接通能力和分断能力，当短路点附近所接电动机额定电流之和超过短路电流 1%时，应计入电动机反馈电流的影响。

（3）按使用环境条件选择。考虑电器使用环境是否为特殊环境，如多尘环境、化工腐蚀环境、高原地区、热带地区、爆炸和火灾危险环境等。

2. 低压电器的选择，应符合现行国家的有关产品标准，并应符合下列规定：

（1）电器的额定电压、额定频率应与所在回路标称电压及标称频率相适应。

（2）电器的额定电流不应小于所在回路的计算电流。

（3）电器应适应所在场所的环境条件。

①对存在非导电粉尘的多尘环境，宜选用防尘型（IP5X）电器，对存在导电粉尘的多尘环境宜选用尘密型（IP6X）电器，多尘环境的分级及电器选择，见表 7.3.2-1；

②IP 防护等级由二个数字组成，第一个数字是防止外物侵入的等级，第二个数字是防水侵入的等级，数字越大则防护等级越高，见表 7.3.2-2；

③根据环境的化学腐蚀严重程度，选用与其相适应的电器，户内外腐蚀环境电气设备的选择，见表 7.3.2-3；

④根据所处环境的海拔高度、干热条件、太阳能辐射等因素对电器设备性能的影响程度，遵照有关标准、规范选用与其相适应的电器；

⑤高温（环境温度大于 40℃）、高湿（相对湿度大于 90%）的场所，应选用抗湿热型产品；

⑥有爆炸和火灾危险的场所，电器选择应满足相应环境及规范要求。

多尘环境的分级及电器的选择 表 7.3.2-1

	级　别	灰尘沉降量（月平均值）(mg/m²·d)	说　明
灰尘沉降量分级	Ⅰ	10～100	清洁环境
	Ⅱ	300～550	一般多尘环境
	Ⅲ	≥550	多尘环境
电器的选择	对于存在非导电性灰尘的一般多尘环境，宜采用防尘型（IP5X级）电器。对于多尘环境或存在导电性灰尘的一般多尘环境，宜采用尘密型（IP6X级）电器		

低压电器外壳防护等级 表 7.3.2-2

数值	防护类型		试验方法及条件
	第一个特征数字	第二个特征数字	
	防止人接触或靠近带电部件以及接触外壳内的活动部件，并防止外界固体物质进入设备	防止外壳内的设备受浸入的水的危害	
	防护程度简要说明	防护程度简要说明	
0	无防护	无防护	不做试验
1	防止大于 50mm 的固体物进入，如一只手（但不防止故障接近）	防水滴	见 GB/T 942.2—93
2	防止大于 12mm 的固体物进入，如手指	倾斜达 15°时，防水滴	
3	防止大于 2.5mm 的固体物，如直径或厚度大于 2.5mm 的导线、工具等	防淋水	
4	防止大于 1.0mm 的固体物，如直径超过 1.0mm 的导线等	防溅水	
5	防尘	防喷水	
6	密封防尘	防海浪	
7	—	防浸水	
8	—	防潜水	

注：如只需单独标志一种防护型的等级时，则被略去的数字位置以 X 补充。例如 IPX3 或 IP5X。

户内外腐蚀环境电气设备的选择 表 7.3.2-3

电气设备名称	户内环境类别			户外环境类别		
	0类	1类	2类	0类	1类	2类
配电装置和控制装置	封闭型	F1 级防腐型	F2 级防腐型	W 级户外型	WF1 级户外防腐型	WF2 级户外防腐型
电力变压器	普通型或全密闭型	全密闭型或防腐型	—	普通型或全密闭型	全密闭型或防腐型	—
电动机	基本系列（如 Y 系列电动机）	F1 级专用系列	F2 级专用系列	W 级户外型	WF1 级专用系列	WF2 级专用系列
控制电器和仪表（包括按钮、信号灯、电表、插座等）	保护型、封闭型或密闭型	F1 级防腐型	F2 级防腐型	W 级户外型	WF1 级户外防腐型	WF2 级户外防腐型
灯具	普通型或防水防尘型	防腐型		防水防尘型	户外防腐型	

续表

电气设备名称	户内环境类别			户外环境类别		
	0类	1类	2类	0类	1类	2类
电线	塑料绝缘电线	橡皮绝缘电线或塑料护套电线		塑料绝缘电线	塑料绝缘电线（1kV以上架空线路采用防腐钢芯铝绞线）	
电缆	塑料外护层电缆			塑料外护层电缆		
电缆桥架	普通型	F1 级防腐型	F2 级防腐型	普通型	WF1 级防腐型	WF2 级防腐型

注：适用环境类别和标志符号：F1、F2为户内1类、2类；W、WF1、WF2为户外0类、1类、2类

（4）电器应满足短路条件下的动稳定与热稳定的要求。用于断开短路电流的电器，应满足短路条件下的通断能力。

对于低压配电装置，需要考虑电器的极限分断能力 I_{cu}，运行分断能力 I_{cs}，短时耐受电流 I_{cw} 和闭合容量等参数。极限分断能力和运行分断能力，考核保护装置的最大开断电流；I_{cw} 考核短路条件下的热稳定；I_{cs} 考核短路条件下的动稳定。

3. 验算电器在短路条件下的接通能力和分断能力应采用接通或分断时安装处预期短路电流，当短路点附近所接电动机额定电流之和超过短路电波的1%时，应计入电动机反馈电流的影响。

4. 当维护测试和检修设备需断开电源时，应设置隔离电器。隔离电器应具有将电气装置从供电电源绝对隔开的功能，并应采取措施，防止任何设备无意地通电。

维修设备时断电用的隔离电器，应符合以下要求：

（1）机械维修时断电用的电器应接入主电源回路内。为此目的而装开关时，此开关应该能切断电气装置有关部分的满载电流。它们不一定需要断开所有带电导体。机械维修时的隔离，可以采用多极开关、断路器、用控制开关操作的接触器及插头和插座等电气来实现。

（2）机械维修时断电用的电器或这种电器用的控制开关应是人工操作的。断开触头之间的电气间隙应该是可见的或明显的，并用标记“开”或“断”可靠地标示出来。这种标示只有在每极断开触头的间隙已经达到隔离距离时才出现。

注：此标志可用符合“0”和“1”来分别指示断开和闭合的位置。

（3）机械维修时断电用电器的设计及安装应该防止意外的闭合。

注：这种闭合可能是由碰撞和振动造成。

（4）机械维修时断电用的电器，其安装位置及标志容易识别和便于使用。

对于断路器，可以采用抽出式底座作为隔离电器。对于大电流回路的空气断路器的抽架作为隔离电器，需要提供“连接”“试验”“退出”位置的准确定位，并应具有特定位置的闭锁功能，防止在操作过程中无意通电。

5. 在NT-C系统中，严禁断开PEN导体，不得装设断开PEN导体的电器。

在TN-C系统中，若PEN导体断开，由于不平衡电压或接地故障可能导致PEN导体上带电压，从而引起触电事故，见图7.3.2-1。

6. 隔离电器应符合下列规定：

（1）断开触头之间的隔离距离，应可见或能明显标示“闭合”和“断开”状态。

（2）隔离电器应能防止意外的闭合。

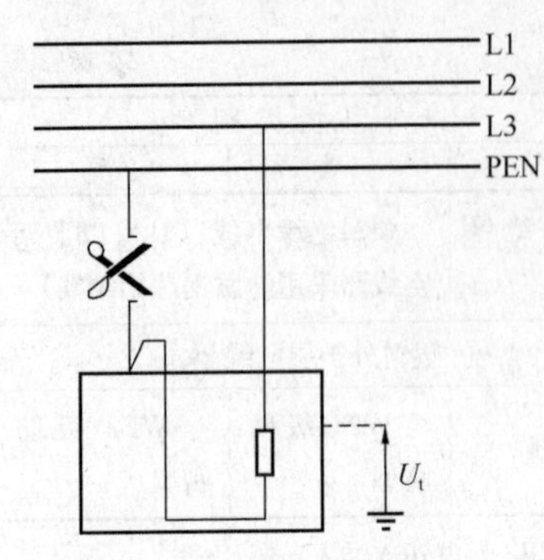

图 7.3.2-1 PEN 导体断开

(3) 应有防止意外断开隔离电器的锁定措施。

7. 隔离电器应采用下列电器：

(1) 单极或多极隔离器、隔离开关或隔离插头。

(2) 插头与插座。

(3) 连接片。

(4) 不需要拆除导线的特殊端子。

(5) 熔断器。

(6) 具有隔离功能的开关和断路器。

隔离电器可采用上述规定的 6 类器件，其选用和安装除应符合第 2 条的规定外，尚应符合下列要求：

①隔离电器应有效地将所有带电供电导体与有关回路隔离；

②在新的、清洁的、干燥的条件下，触头在断开的位置时，每极触头间能耐受的冲击电压与电气装置标称电压的关系，见表 7.3.2-4；

注：出于对隔离以外方面的考虑，最大距离还须大于冲击耐受电压对应的间距。

与标称电压对应的冲击耐受电压 **表 7.3.2-4**

装置的标称电压（V）		隔离电器的冲击耐受电压（kV）	
三相系统	带中性点的单相系统	过电压类别Ⅲ	过电压类别Ⅳ
230/400，277/480 400/690，577/1000	120～240	3 5 8	5 8 10

注：1. 对于瞬态大气过电压，接地系统和不接地系统没有区别。
2. 表中冲击耐受电压是按海拔 2000m 考虑的。

③隔离电器的设计和安装，应能防止意外的闭合；

注：这种闭合可能是由碰撞和振动所造成。

④应采取措施固定住无载隔离电器，以防无意的以及随意的断开；

注：为满足此要求，可将隔离电器设在能锁的地方或外护物内，或用挂锁锁住，作为替代措施，无载隔离电器与一个能带负荷断开的电器相连锁。

⑤所有用作隔离的电器应清楚地标示出它所隔离的回路，例如用标记。

8. 半导体开关电器，严禁作为隔离电器。

9. 独立控制电气装置的电路的每一部分，均应装设功能性开关电器。

10. 功能性开关电器选择：

(1) 功能性开关电器应能适合于可能有的最繁重的工作制。

(2) 功能性开关电器可仅控制电流而不必断开负载。

(3) 不应将断开器件、熔断器和隔离器用作功能性开关电器。

11. 功能性开关电器可采用下列器件：

(1) 开关。

(2) 半导体开关电器。

(3) 断路器。

(4) 接触器。

(5) 继电器。

(6) 16A 及以下的插头和插座。

12. 隔离器、熔断器和连接片，严禁作为功能性开关电器。

13. 多极电器所有极上的动触头应机械联动，并应可靠地同时闭合和断开，仅用于中性导体的触头应在其他触头闭合之前先闭合，在其他触头断开之后才断开。

14. 当多个低压断路器同时装入密闭箱体内时，应根据环境温度、散热条件及断路器的数量、特性等因素，确定降容系数。

15. 三相四线制系统中四极开关的选用。

(1) 保证电源转换的功能性开关电器应作用于所有带电导体，且不得使这些电源并联。

(2) TN-C-S、TN-S 系统中的电源转换开关，应采用切断相导体和中性导体的四极开关。

在电源转换时切断中性导体可以避免中性导体产生分流（包括在中性导体流过的三次谐波及其他高次谐波），这种分流会使线路上的电流矢量和不为零，以致在线路周围产生电磁场及电磁干扰。采用四极开关可保证中性导体电流只会流经相应的电源开关的中性导体，可以避免中性导体产生分流，避免在线路周围产生电磁场及电磁干扰，见图 7.3.2-2。

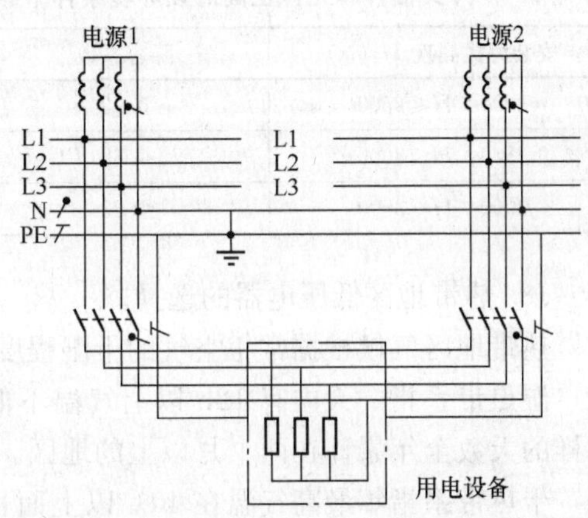

图 7.3.2-2　装有四极开关的交流三相电源

(3) 正常供电电源与备用发电机之间，其电源转换开关应采用四极开关，断开所有的带电导体。

(4) TT 系统的电源进线开关应采用四极开关，以避免电源侧故障时，危险电位沿中性导体引入。

(5) IT 系统中当有中性导体时应采用四极开关。

16. 在电路中需防止电流流经不期望的路径时，可选用具有断开中性极的开关电器，避免产生杂散电流。

17. 高原地区普通型低压电器的选用原则。

海拔超过 2000m 的地区划为高原地区。各地的海拔资料，见第 16 章附录附表Ⅰ。

高原气候的特征是气压、气温和绝对湿度都随海拔增高而减小，太阳辐射则随之增强。高原地区应采用相应的高原型电器。高原型产品按每 1000m 划分一个等级。海拔分级标识为 G×或 G×-×。如 G5 表示适用于海拔最高为 5000m；G3-4 表示适用海拔 3000m 以上至 4000m。

(1) 由于气温随海拔升高而降低，因此足以补偿海拔升高对电器温升的影响。当产品温升的增加不能为环境气温的降低所补偿时，应降低额定容量使用，其降低值为绝缘允许极限工作温度每超过 1℃，降低 1%额定容量。对连续工作的大发热量电器，如电阻器，可适当降低电流使用。

(2) 普通型低压电器在海拔 2500m 时仍有 60%的耐压裕度，可在其额定电压下正常运行。

(3) 海拔升高时双金属片热继电器和熔断器的动作特性有少许变化，但在海拔 4000m 以下时，仍在其技术条件规定的范围内。在海拔超过 4000m 时，对其动作电流应重新整定，以满足高原地区的要求。

(4) 低压电器的电气间隙和漏电距离的击穿强度随海拔增高而降低，其递减率一般为每 100m 降低 0.5%～1%，最大不超过 1%。

(5) 海拔升高，在正常负载下，低压电器的接通和分断短路电流能力、机械寿命和电气寿命有所下降。

在高海拔地区使用的开关器件和元件应按海拔高度的升高，降低额定接通和开断电流容量，降容系数，见表 7.3.2-5。

开关器件和元件在高海拔环境条件下额定接通和开断电流容量的降容系数　　表 7.3.2-5

安装海拔高度 H (m)	降容系数	安装海拔高度 H (m)	降容系数
$2000<H\leqslant 2500$	0.93	$3500<H\leqslant 4000$	0.78
$2500<H\leqslant 3000$	0.88	$4000<H\leqslant 4500$	0.75
$3000<H\leqslant 3500$	0.83	$4500<H\leqslant 5000$	0.68

18. 热带地区低压电器的选择。

热带地区气候根据常年空气的干湿程度分为湿热带和干热带。

湿热带系指一天内有 12h 以上气温不低于 20℃、相对湿度不低于 80%的气候条件，这样的天数全年累计在两个月以上的地区。其气候特征是高温伴随高湿。

干热带系指年最高气温在 40℃以上而长期处于低湿度的地区。其气候的特征是高温伴随低湿，气温日变化大，日照强烈且有较多的砂尘。

热带地区气候条件容易使低压电器的金属件及绝缘材料腐蚀、老化，绝缘性能降低，外观受损，密封材料产生变形开裂，熔化流失，导致密封结构的泄漏，绝缘油等介质受潮劣化。低压电器在户外使用时，将影响其载流量和绝缘强度。

热带地区低压电器选择和使用环境条件，见表 7.3.2-6。

热带型低压电器选择和使用环境条件　　表 7.3.2-6

环境因素		湿热带型	干热带型
海拔 (m)		≤2000	≤2000
空气温度 (℃)	年最高	40	45
	年最低	0	−5
空气相对湿度 (%)	最湿月平均最大相对湿度	95 (25℃)	—
	最干月平均最小相对湿度	—	10 (40℃时)
凝露		有	—
霉菌		有	—
砂尘		—	有

注：湿热带地区宜选用湿热带型低压电器产品，在型号后加“TH”。干热带地区宜选用干热型低压电器产品，在型号后加“TA”。

19. 爆炸和火灾危险环境电气设备选择。

(1) 爆炸和火灾危险环境的分区。根据发生事故的可能性和后果，按爆炸性混合物出现的频度、持续时间和危险程度的不同进行划分。爆炸和火灾危险环境的分区见表7.3.2-7。

爆炸和火灾危险环境的分区 **表 7.3.2-7**

类别	分区	环境特征
气体或蒸汽爆炸性混合物的爆炸危险环境	0 区	连续出现或长期出现爆炸性气体混合物环境的场所
	1 区	在正常运行时，可出现爆炸性气体混合物环境的场所
	2 区	在正常运行时，不可能出现爆炸性气体混合物环境，或即使出现也仅是短时存在的爆炸性气体混合物环境的场所
粉尘爆炸性混合物的爆炸危险环境	10 区	连续出现或长期出现爆炸性粉尘环境的场所
	11 区	有时会将积留下的粉尘扬起而偶然出现爆炸性粉尘混合物环境的场所
火灾危险环境	21 区	具有闪点高于环境温度的可燃液体，在数量和配置上能引起火灾危险环境的场所
	22 区	具有悬浮状、堆积状的可燃粉尘，虽不可能形成爆炸性混合物，但在数量和配置上能引起火灾危险环境的场所
	23 区	具有固体状可燃物质，在数量和配置上能引起火灾危险环境的场所

注：1. 正常运行是指正常的开车、运转、停车、作为产品的危险性物料的取出、密闭容器盖的开闭、安全阀、排放阀等工作状态。正常运行时所有工厂设备都在其设计参数范围内工作。

2. 在生产中 0 区是极个别的，大多数情况属于 2 区。在设计时应采取合理措施尽量减少 1 区。

3. 本表摘自国家标准《可燃性粉尘环境用电设备　第 3 部分：存在或可能存在可燃性粉尘的场所分类》GB 12476.3—2007。

(2) 爆炸及火灾危险环境电气设备的选择。

①电气设备特别是正常运行时能发生电火花的设备，应尽可能布置在爆炸危险环境以外；当必须设在危险环境内时，应布置在危险性较小的地点。爆炸危险环境内应尽量少用携带式电气设备。

②在气体或蒸汽爆炸性混合物的爆炸危险环境内，防爆电气设备的级别和组别，应不低于环境内爆炸性混合物的级别和组别。

③在粉尘爆炸性混合物的爆炸危险环境内，电气设备外壳表面温度不应超过 125℃；当必须超过时，其外壳表面温度不应超过粉尘自燃温度的 2/3，或以粉尘在堆积 5mm 厚时的自燃温度减 75℃。有更厚的粉尘堆积时，则采用相应允许的表面温度值。

④爆炸及火灾危险环境电气设备选型，见表 7.3.2-8、表 7.3.2-9。

爆炸危险环境电气设备选型 **表 7.3.2-8**

设备种类 \ 区域等级		0 区	1 区	2 区	10 区	11 区
电机			隔爆型、正压型	隔爆、正压、增安、无火花型①	尘密，正压防爆型	IP54
电器和仪表	固定安装		隔爆型	隔爆型	尘密、正压防爆型	IP65
	移动式				尘密、正压防爆型	
	推带式				尘密型	

续表

设备种类＼区域等级		0 区	1 区	2 区	10 区	11 区
照明灯具	固定安装及移动式		隔爆型	隔爆型、增安型	尘密型	
	携带式		隔爆型	隔爆		
变压器			隔爆型、正压型	隔爆、正压、增安型	尘密、正压防爆、充油防爆型	尘密
操作箱、柱				隔爆、正压型	尘密、正压防爆型	
控制盘		本质安全②(按钮)				
配电盘				隔爆型		

表中：① 无火花电动机用于通风不良及户内具有比空气重的介质区域内时需慎重考虑。

② 仅允许用 ia（本质安全型号之一）。

注：1. 0 区内在正常情况下，连续或经常存在爆炸性混合物的地点（如贮存易燃液体的贮藏或工艺设备内的上部空间），不宜设置电气设备。但为了测量、保护或控制的要求，可装设本质安全型电气设备。

2. 2 区和 11 区内电机正常运行时有火花的部件（如滑环），应采用下列类型之一的罩子：防爆通风、充气型，甚至封闭式等。

3. 2 区内事故排风电机应选用隔爆型。

4. 1 区内正常运行时，不发生火花的部件和按工作条件发热不超过 80℃ 的固定安装的电器和仪表，可选用尘密型。

5. 2 区内事故排风机用电机的固定安装的控制设备（如按钮），应选用任意一种防爆类型。

6. 携带式照明灯具的玻璃罩应有金属网保护。

火灾危险环境电气设备防护等级选型　　表 7.3.2-9

电气设备类型＼火灾危险区域等级		21 区	22 区	23 区
电机	固定安装	IP44	IP54	IP21
	移动式、携带式	IP54		IP54
电器和仪表	固定安装	充油型、IP54、IP44	IP54	IP44
	移动式、携带式	IP54		IP44
照明灯具	固定安装	IP2X	IP5X	IP2X
	移动式、携带式	IP5X		
配电装置				
接线盒				

注：1. 在火灾危险环境 21 区内固定安装的正常运行时有滑环等火花部件的电机，不宜采用 IP44 防护等级。

2. 在火灾危险环境 23 区内固定安装的正常运行时有滑环等火花部件的电机，不应采用 IP21 防护等级，而应采用 IP44 防护等级。

3. 在火灾危险环境 21 区内固定安装的正常运行时有火花部件的电器和仪表，不宜采用 IP44 防护等级。

4. 移动式和携带式照明灯具的玻璃罩，应有金属网保护。

5. 表中防护等级的标志应符合现行国家标准《外壳防护等级（IP 代码）》GB 4208 的规定。

7.3.3 低压熔断器

1. 分类

熔断器按分断范围及使用类别分类，见表7.3.3-1。

熔断器按分断范围及使用类别分类　　表7.3.3-1

按分断范围	g	全范围分断-连续承载电流不低于额定电流，可分断最小熔化电流至其额定分断电流之间的各种电流
	a	部分范围分断-连续承载电流不低于额定电流，只分断低倍额定电流至其额定分断电流之间的各种电流
按使用类别	G	一般用途：可用于保护包括电缆在内的各种负载
	M	用于保护电动机回路
	Tr	保护变压器的熔断体

注：分断范围和使用类别可以有不同的组合，如"gG"、"gM"、"gTr"、"aM"等，其中"gG"为具有全范围分断能力用作配电线路保护的熔断体，aM为部分范围分断能力用作电动机保护的熔断体。

2. 技术特性

（1）时间—电流特性曲线。是指在规定的熔断条件下，作为预期电流的函数的弧前时间或熔断时间曲线。目前，符合国家标准的熔断器主要类型有RT16、RT17、RT20、RL6、RL7、NH、NT型及aM型等，部分熔断器时间—电流特性曲线，见图7.3.3-1、7.3.3-2。

（2）约定时间和约定电流。gG和gM熔断体的约定时间和约定电流，见表7.3.3-2、表7.3.3-3。

（3）过电流选择比。上、下级熔断体的额定电流比为1.6∶1，具有选择性熔断，该比值即为过电流选择比。

（4）I^2t特性。熔断体允许通过的I^2t（焦耳积分）值，是用以衡量在故障时间内产生的热能。弧前I^2t是熔断器弧前时间内的焦耳积分；熔断I^2t是全熔断时间内的焦耳积分，是用以考核其过电流选择性、熔断器与断路器间的级间选择性配合的参数。

（5）分断能力。在规定的使用和性能条件下，熔断体在规定电压下能够分断的预期电流值。对交流熔断器是指交流分量有效值。

"gG"和"gM"熔断体的约定时间和约定电流　　表7.3.3-2

"gG"额定电流 I_r "gM"特性电流 I_{ch} (A)	约定时间 (h)	约定电流（A）	
		I_{nf}	I_f
$I_r<16$	1	①	①
$16\leqslant I_r\leqslant 63$	1	$1.25I_r$	$1.6I_r$
$63<I_r\leqslant 160$	2		
$160<I_r\leqslant 400$	3		
$400<I_r$	4		

注：1. 表中符号：I_f—约定熔断电流；I_{nf}—约定不熔断电流。

2. 表中数据符合现行国家标准GB 13539.1—2002及GB/T 13539.2—2002的规定。

3. 表中①见表7.3.3-4。

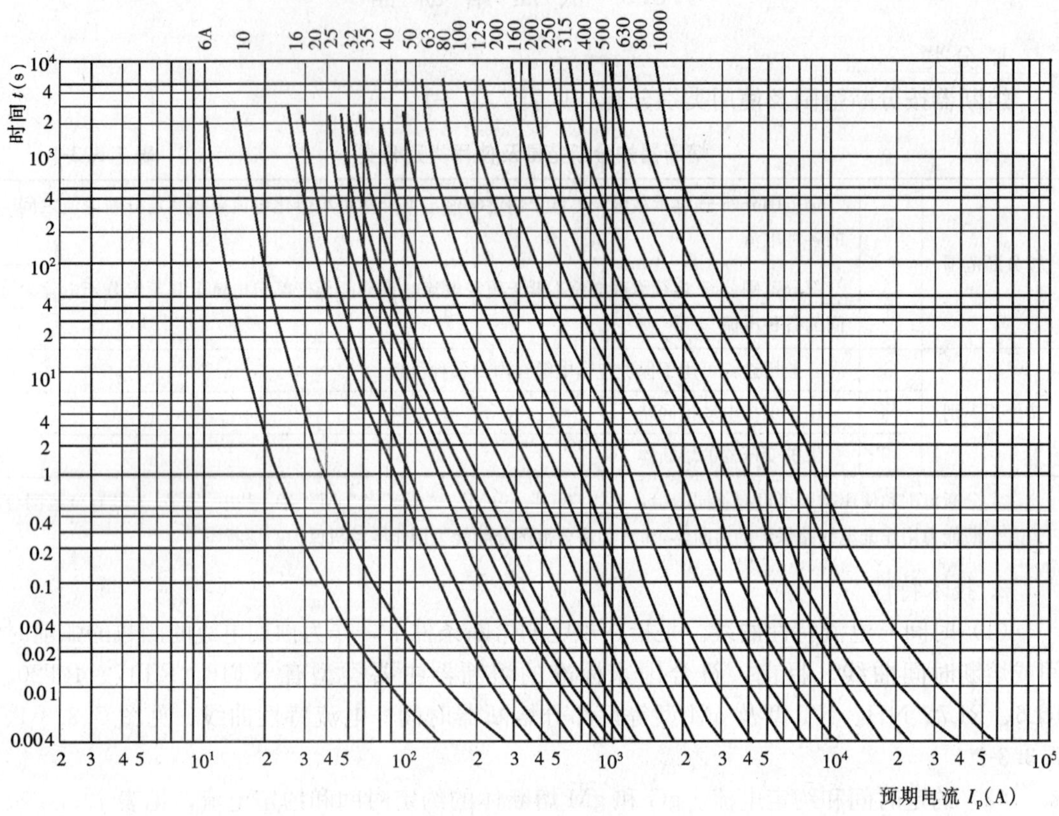

图 7.3.3-1 NT（RT16、RT17）型熔断器时间-电流特性曲线

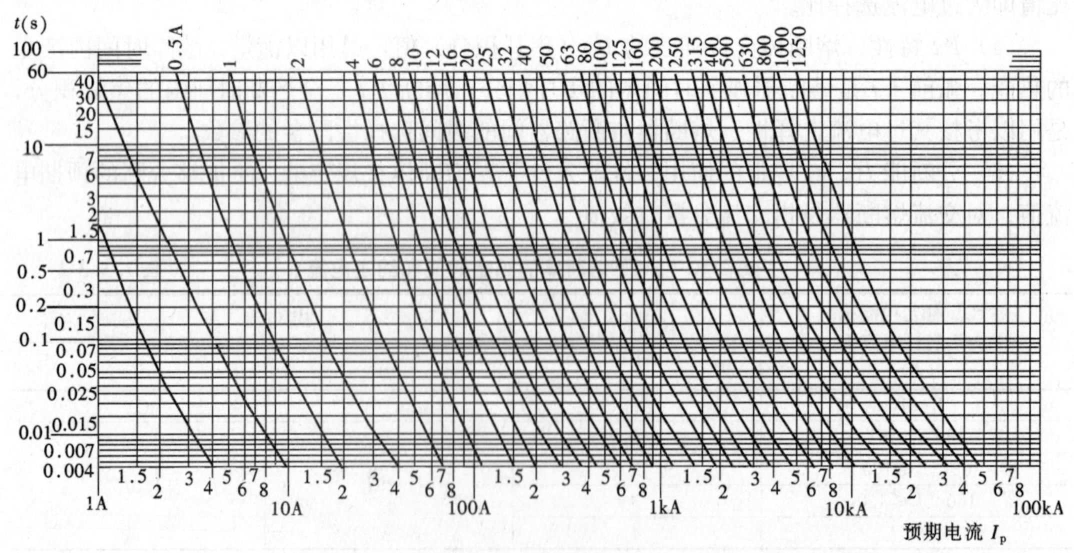

图 7.3.3-2 法国溯高美电气公司“aM”系列熔断器时间电流曲线

配电设计中最常用的 gG 和 aM 熔断器的约定时间和约定电流（A）　　表 7.3.3-3

类　别	额定电流 I_r	约定时间（h）	约定不熔断电流 I_{nf}	约定熔断电流 I_f
gG	$I_r \leqslant 4$	1	$1.5I_r$	$2.1I_r$（$1.6I_r$）
	$4 < I_r < 16$	1	$1.5I_r$	$1.9I_r$（$1.6I_r$）
	$16 \leqslant I_r \geqslant 63$	1	$1.25I_r$	$1.6I_r$
	$63 < I_r \leqslant 160$	2	$1.25I_r$	$1.6I_r$
	$160 < I_r \leqslant 400$	3	$1.25I_r$	$1.6I_r$
	$I_r > 400$	4	$1.25I_r$	$1.6I_r$
aM	全部 I_r	60s	$4I_r$	$6.3I_r$

注：1. 括号内数据用于螺栓连接熔断器。

2. aM 熔断器的分断范围是 $6.3I_r$ 至其额定分断电流之间，在低倍额定电流下不会误动作，容易躲过电动机的起动电流，但在高倍额定电流时比 gG 熔断器“灵敏”，有利于与接触器和过载保护器协调配合。aM 熔断器的额定电流可与电动机额定电流相近而不需特意加大，对上级保护器件的选择也很有利。

I_r＜16A 的“gG”熔断体的约定电流　　表 7.3.3-4

“gG”额定电流 I_r（A）	刀型触头熔断器、圆筒形帽熔断器		螺栓连接熔断器		偏置触刀熔断器	
	I_{nf}	I_f	I_{nf}	I_f	I_{nf}	I_f
$4 < I_r < 16$	$1.5I_r$	$1.9I_r$	$1.25I_r$	$1.6I_r$	$1.25I_r$	$1.6I_r$
$I_r \leqslant 4$	$1.5I_r$	$2.1I_r$	$1.25I_r$	$1.6I_r$	$1.25I_r$	$2.1I_r$

3. 低压熔断器选择

低压熔断器除了满足一般条件外，还需要按类别、极数、额定电流、分断能力进行选择，另外还需要计算熔体电流。

（1）熔断器额定电流选择。

$$I_{r1} \geqslant I_{r2} \tag{7.3.3-1}$$

式中　I_{r1}——熔断器额定电流，A；

I_{r2}——熔体额定电流，A。

（2）按正常工作电流选择。

$$I_{r2} \geqslant I_c \tag{7.3.3-2}$$

式中　I_{r2}——熔体额定电流，A；

I_c——所在线路计算电流，A。

（3）按用电设备起动时的尖峰电流选择配电线路的熔体电流：

$$I_{r2} \geqslant K_r[I_{rM1} + I_{c(n-1)}] \tag{7.3.3-3}$$

式中　K_r——配电线路熔体选择计算系数；取决于线路上最大一台电动机额定电流与线路计算电流的比值，见表 7.3.3-5；

I_{rM1}——线路上起动电流最大的一台电动机的额定电流，A；

$I_{c(n-1)}$——除起动电流最大的一台电动机以外的线路计算电流，A。

K_r 数 值 表 表 7.3.3-5

I_{rM1}/I_c	≤0.25	0.25~0.4	0.4~0.6	0.6~0.8
K_r	1.0	1.0~1.1	1.1~1.2	1.2~1.3

①电动机回路的熔体额定电流应大于电动机的额定电流，且其安秒特性曲线计及偏差后略高于电动机起动电流和起动时间的交点。当电动机频繁起动和制动时，熔体的额定电流应再加大 1~2 级。

②电动机的短路和接地故障保护电器应优先选用 aM 熔断器。额定电流的选择：除按规范要求直接查熔断器的安秒特性曲线外，本手册推荐采用下列方法。

a. aM 熔断器的熔断体额定电流，可按大于电动机的额定电流和电动机的起动电流不超过熔断体额定电流的 6.3 倍来选择。综合考虑，熔断体额定电流可按不小于电动机额定电流的 1.05~1.1 倍选择；

b. gG 熔断器的规格宜按熔断体允许通过的起动电流来选择。

单台电动机回路熔断器熔体选择，见表 7.3.3-6。aM 和 gG 熔断体允许通过的起动电流，见表 7.3.3-7。

单台电动机功率配置熔断器熔体选择 表 7.3.3-6

电动机额定功率（kW）	电动机额定电流（A）	电动机起动电流（A）	熔断体额定电流（A）	
			aM 熔断器	gG 熔断器
0.55	1.6	8	2	4
0.75	2.1	12	4	6
1.1	3	19	4	8
1.5	3.8	25	4 或 6	10
2.2	5.3	36	6	12
3	7.1	48	8	16
4	9.2	62	10	20
5.5	12	83	16	25
7.5	16	111	20	32
11	23	167	25	40 或 50
15	31	225	32	50 或 63
18.5	37	267	40	63 或 80
22	44	314	50	80
30	58	417	63 或 80	100
37	70	508	80	125
45	85	617	100	160
55	104	752	125	200
75	141	1006	160	200
90	168	1185	200	250
110	204	1388	250	315

续表

电动机额定功率（kW）	电动机额定电流（A）	电动机起动电流（A）	熔断体额定电流（A）	
			aM 熔断器	gG 熔断器
132	243	1663	315	315
160	290	1994	400	400
200	361	2474	400	500
250	449	3061	500	630
315	555	3844	630	800

注：1. 电动机额定电流取 4 极和 6 极的平均值；电动机起动电流取同功率中最高两项的平均值，均为 Y2 系列的数据，但对 Y 系列也基本适用。

2. aM 熔断器规格参考了法国"溯高美"（SOCOMEC）电气公司和奥地利"埃姆斯奈特"（MSchneider）公司的资料；gG 熔断器规格参考了欧洲熔断器协会的资料，但均按国产电动机数据予以调整。

aM 和 gG 熔断体允许通过的起动电流 **表 7.3.3-7**

熔断体额定电流（A）	允许通过的起动电流（A）		熔断体额定电流（A）	允许通过的电流（A）	
	aM 型熔断器	gG 型熔断器		aM 型熔断器	gG 型熔断器
2	12.6	5	63	396.9	240
4	25.2	10	80	504.0	340
6	37.8	14	100	630.0	400
8	50.4	22	125	787.7	570
10	63.0	32	160	1008	750
12	75.5	35	200	1260	1010
16	100.8	47	250	1575	1180
20	126.0	60	315	1985	1750
25	157.5	82	400	2520	2050
32	201.6	110	500	3150	2950
40	252.0	140	630	3969	3550
50	315.0	200			

注：1. aM 型熔断器数据引自奥地利"埃姆·斯奈特"（M·SCHNEIDER）公司的资料，其他公司的数据可能不同，但差异不大。

2. gG 型熔断器的允通起动电流是根据现行国家标准 GB13539.6—2002 的图 4a）（Ⅰ）和图 4b）（Ⅰ）"gG"型熔断体时间—电流带查出低限电流值，再参照我国的经验数据和欧洲熔断器协会的参考资料适当提高而得出，适用于刀形触头熔断器和圆筒形帽熔断器。

3. 本表适用电动机轻载和一般负载起动。对于重载起动、频繁起动和制动的电动机，按表中数据查得的熔断体电流宜加大一级。

4. 推荐按熔断体允许通过的起动电流选择熔断器的规格。这种方法可根据电动机的起动电流和起动负载直接选出熔断体规格，使用方便，已被规范采纳。

③当线路发生故障时，为保证熔体在规定的时间内熔断，熔体额定电流值不能选得太大。

（4）照明配电回路的熔体电流应按电光源启动状况和熔体时间电流特性选择：

$$I_{r2} \geqslant K_m I_c \qquad (7.3.3\text{-}4)$$

式中 K_m——照明线路熔体选择计算系数；取决于电光源启动状况和熔断时间-电流特

性，见表 7.3.3-8；

I_c——线路的计算电流，A。

K_m 数值表 **表 7.3.3-8**

熔断器型号	熔断体额定电流（A）	K_m		
		白炽灯、卤钨灯、荧光灯、LED灯	高压钠灯、金属卤化物灯	荧光高压汞灯
RL7、NT	≤63	1.0	1.2	1.1～1.5
RL6	≤63	1.0	1.5	1.3～1.7

（5）熔断器熔体应能迅速切断短路电流，熔体额定电流应满足如下要求：

$$\frac{I_d}{I_r} \geqslant K_r \quad (7.3.3\text{-}5)$$

式中 I_d——接地故障短路电流，A；

K_r——接地故障短路电流与熔体额定电流的比值，见表 7.3.3-9。

接地故障电流与熔体额定电流的比值（K_r） **表 7.3.3-9**

熔体额定电流（A）/ 切断时间（s）	4～10	16～32	40～63	80～200	125～500
5	4.5	5	5	6	7
0.4	8	9	10	11	—

（6）保护电力变压器的熔断器，熔体电流 I_r 计算，即

$$I_r = (1.4 \sim 2) I_{N\cdot T} \quad (7.3.3\text{-}6)$$

式中 $I_{N\cdot T}$——变压器的额定电流。熔断器装设在哪一侧，就选用哪一侧的额定值。

用于保护电压互感器的熔断器，其熔体额定电流可选用 0.5A，熔管可选用 RNZ 型。

（7）熔断器额定电压 U_r 和额定电流 I_r 的确定。

①接线路的额定电压选择，应满足：

$$U_r \geqslant U_n \quad (7.3.3\text{-}7)$$

式中 U_r——熔断器的额定电压，V；

U_n——线路的额定电压，V。

②按熔体的额定电流 I_{rN} 确定熔断器的额定电流 I_r。

（8）按短路电流校验熔断器的分断能力。

①熔断器的分断能力应大于被保护线路预期三相短路电流有效值，即：

$$I_b \geqslant I_{b3} \quad (7.3.3\text{-}8)$$

式中 I_b——熔断器的极限分断能力，kA；

I_{b3}——安装处预期三相短路电流有效值，kA。

②当制造厂提供熔断的极限分断能力为交流电流周期分量有效值时，则应满足 I_b

$\geqslant I_{b3}$。

4. 熔断器上、下级匹配

（1）为满足选择性保护，熔断器应根据其保护特性曲线上的数据及其实际误差来选择。若熔断时间的匹配裕度以10%来考虑，即+5%～-5%，则必须满足：

$$t_1 \geqslant \frac{1.05+\delta\%}{0.95-\delta\%} \times t_2 \tag{7.3.3-9}$$

式中　$\delta\%$——熔断器熔断时间误差，一般可按50%考虑；

t_1——对应于故障电流值，从特性曲线查得上一级熔体的熔断时间，s；

t_2——对应于故障电流值，从特性曲线查得下一级熔体的熔断时间，s。

一般取 $t_1 \geqslant 3t_2$。

此外，选择熔体还应考虑所保护的对象，如保护变压器、电炉、照明等的熔体的额定电流，应大于或等于实际负荷电流；而对保护输电线路，熔体的额定电流应小于或等于线路的安全电流。

（2）在一般配电线路，过载和短路电流较小的情况下，可按熔断器的时间-电流特性不相交，或按上下级熔体的额定电流选择比来实现。当弧前熔断时间大于0.01s时，按国家标准在一般情况下，其熔断体电流选择比（即熔体额定电流之比）不小于1.6∶1即认为满足选择性要求。

（3）在短路电流很大，而弧前熔断时间<0.01s时，除满足上述条件外，还需要用 I^2t 值进行校验，只有上游熔断器弧前 I^2t 大于下游熔断器 I^2t 值时，才能满足选择性要求。

（4）熔断器和断路器的配合，见表7.3.3-10。熔断器与剩余电流动作断路器的配合，见表7.3.3-11。

熔断器和断路器的配合　　　　**表7.3.3-10**

下游断路器过电流脱扣器整定电流（A）	上游熔断器的熔体额定电流（A）								
	20	25	32	50	63	80	100	125	160
	分断电流（kA）								
6	0.5	0.8	2.0	3.3	5.5	6.0	6.0	6.0	6.0
10	0.4	0.7	1.5		3.5	5.0	6.0	6.0	6.0
16			1.5	2.0	2.9	4.1	6.0	6.0	6.0
20				1.8	2.6	3.5	5.0	6.0	6.0
25				1.8	2.6	3.5	5.0	6.0	6.0
32					2.2	3.0	4.0	6.0	6.0
40						2.5	4.0	6.0	6.0
50/63							3.5	5.0	6.0

注：在未取得制造商提供的熔断器和断路器之间特性配合数据前，作设计参考。

熔断器和剩余电流动作断路器（RCCB）的配合　　表 7.3.3-11

下游的剩余电流动作断路器（A）		上游的 gG 型熔断器的熔体额定电流（A）			
		20	63	100	125
		最大短路电流 I_{sc}（r.m.s），kA			
2P-230V	20	8			
	40		30	20	
	63		30	20	
	100			6	
4P-400V	20	8			
	40		30	20	
	63		30	20	
	125				50

注：在未取得制造商提供的熔断器和 RCCB 之间特性配合数据前，作设计参考。

5. 熔断器与交流接触器的配合

常见的几种国产熔断器与交流接触器型号的配合，见表 7.3.3-12。

常用的几种国产熔断器与交流接触器型号的配合　　表 7.3.3-12

熔断器型号、规格	接触器型号、规格（380V，AC-3 的额定工作电流）				
	CJ45-系列	CJ20-系列	GC1-系列	GK1-系列	NC8-系列
RL6、RT16-10	CJ45-6.3				
RT16-16	CJ45-9M、9、12		GC1-09		
RT16-20		CJ20-9	GC1-12	CK1-10	NC8-09
RT16-25			GC1-16		NC8-12
RT16-32		CJ20-16	GC1-25	CK1-16	
RT16-40	CJ45-16、25				
RT16-50	CJ45-32、40	CJ20-25	GC1-32	CK1-25	NC8-16、25
RT16-63			GC1-40、50		NC8-32
RT16-80		CJ20-40	GC1-63	CK1-40	NC8-40
RT16-100	CJ45-50、63		GC1-80		NC8-50
RT16-125	CJ45-75、95		GC1-95		NC8-63
RT16-160	CJ45-110、140	CJ20-63		CK1-63～86	NC8-80
RT16-200					NC8-100
RT16-250	CJ45-170、205	CJ20-100	GC1-100、125	CK1-100～125	
RT16-315	CJ45-250、300	CJ20-160	GC1-160～250	CK1-160～250	
RT16-400		CJ20-250			
RT16-500	CJ45-400、475	CJ20-400	GC1-350～500	CK1-315～500	
RT16-630		CJ20-630	GC1-630		
RT16-800			GC1-800		
协调配合条件	2 类配合	2 类配合			

6. 熔断器与导线截面的配合

导线截面与熔体电流最大允许值，见表 7.3.3-13。

导体截面与熔体电流最大允许值 **表 7.3.3-13**

导体标称截面（mm^2）	导体绝缘及导体种类					
	PVC		XLPE/EPR		橡胶	
	铜	铝	铜	铝	铜	铝
	熔体电流最大允许值（A）					
1.5	16		—	—	16	
2.5	25	16	—	—	32	20
4	40	25	50	32	50	32
6	63	40	63	50	63	50
10	80	63	100	63	100	63
16	125	80	160	100	160	100
25	200	125	200	160	200	160
35	250	160	315	200	315	200
50	315	250	425	315	400	315
70	400	315	500	425	500	400
95	500	425	550	500	550	500
120	550	500	630	500	630	500
150	630	550	800	630	630	550

注：1. 表中 t 按 5s 计算。

2. 表中熔体电流值适用于符合 GB 13539.1—2002 的产品，本表按 RT16、RT17 型熔断器编制。

7.3.4 低压断路器

1. 低压断路器分类

（1）低压断路器符号，见表 7.3.4-1。

低压断路器符号 **表 7.3.4-1**

断路器类型	符号
微型断路器	MCB
塑壳断路器	MCCB
空气断路器	ACB

（2）低压断路器按用途分类，见表 7.3.4-2。

低压断路器用途分类 **表 7.3.4-2**

断路器类型	保护特性			主要用途
配电用低压断路器	选择型 B类	二段保护	瞬时、短延时	• 电源总开关 • 靠近配电变压器近端回路开关
		三段保护	瞬时、短延时、长延时	
	非选择型 A类	限流型	瞬时、长延时	靠近配电变压器近端回路开关
		一般型		回路末端开关

续表

断路器类型	保护特性			主要用途
电动机保护用低压断路器	全压启动	一般型	过电流脱扣器瞬时整定电流(8～15)I_{rt}	保护笼型电动机
		限流型	过电流脱扣器瞬时整定电流 $12I_{rt}$	靠近配电变压器近端电动机
	降压启动	过电流脱扣器瞬时整定电流 (3～8) I_{rt}		保护笼型和绕线转子电动机
照明用微型断路器	瞬时、长延时			保护照明回路和信号二次回路
剩余电流保护器	电磁式	高灵敏度型：快速型 (0.1s)，延时型 (0.1～2s)，反时限型 (<0.05s)；动作电流：5、15、30mA。		• 接地故障保护 • 电气火灾危险防护
	电子式	中灵敏度型：快速型(0.1s)，延时型(0.1～2s) 动作电流：50、100、200、300、500、1000mA。		
自动转换开关电器	PC 级	能够接通、承载但不可用于分断短路电流		电源的转换
	CB 级	配备有过电流脱扣器，其主触头能够接通并可用于分断短路电流		

注：1rt 表示过电流脱扣器额定电流，对可调式脱扣器则为长期通过的最大电流。

2. 技术特性

断路器的特性包括断路器的电流种类、极数、主电路的额定值和极限值（包括短路特性）、控制电路、辅助电路、脱扣器型式（分励脱扣器、过电流脱扣器、欠电压脱扣器等）、操作过电压等。低压断路器的短路和过电流脱扣器技术特性，见表 7.3.4-3。

低压断路器的短路和过电流脱扣器技术特性 **表 7.3.4-3**

电流特性类别	技术特性说明
额定极限短路分断能力 (I_{cu})	I_{cu}是断路器在规定的试验条件下的极限短路分断电流之值。 生产制造厂按相应的额定工作电压规定断路器在规定的条件下应能分断的极限短路分断能力值，用预期分断电流表示（在交流情况下用交流分量有效值表示）。 按规定的试验程序动作之后，不考虑断路器继续承载它的额定电流。 极限短路分断能力（I_{cu}）的试验程序为：otco。 其具体试验是：把线路的电流调整到预期短路电流值（例如：380V、50kA）而试验按钮未合，被试断路器处于合闸位置。按下试验按钮，断路器通过 50kA 短路电流，断路器立即开断（open，简称 o），并熄灭电弧，断路器应完好，且能再合闸。t 为间歇时间（休息时间），一般为 3min，此时线路仍处于热备状态，断路器再进行一次接通（close，简称 c）和紧接着的开断（o）（接通试验是考核断路器在峰值电流下的电动和热稳定性和动、静触头因弹跳的磨损）。此程序即为 co，断路器能完全分断，熄灭电弧，并无超出规定的损伤，就认定它的极限短路分断能力试验成功

续表

电流特性类别	技术特性说明
额定运行短路分断能力（I_{cs}）	I_{cs}是指断路器在规定试验条件下的一种比额定极限短路分断电流小的分断电流值。I_{cs}是I_{cu}的一个百分数。I_{cs}是I_{cu}的一个百分数，有25%，50%，75%和100%四种。 生产制造厂按相应的额定工作电压规定断路器在规定的条件下应能分断的运行短路分断能力值，用预期分断电流表示，相当于额定极限短路分断能力规定的百分数中的一档，并化整到最接近的整数。它可用I_{cu}的百分数表示。 按规定的试验程序之后须考虑断路器继续承载它的额定电流。 断路器的运行短路分断能力（I_{cs}）的试验程序为：otcotco。它比I_{cu}的试验程序多了一个co，经过试验，断路器能完全分断，熄灭电弧，并无超过规定的损伤，就认定它的额定运行短路分断能力试验通过
额定短时耐受电流（I_{cw}）	I_{cw}是指断路器在规定试验条件下短时间承受的电流值。 生产制造厂在规定的试验条件下对断路器确定的短时耐受电流值。对于交流，此电流为有效值。预期短路电流的交流分量在短延时间内认为是恒定的，相应的短延时应不小于0.05s，其优选值为0.05-0.1-0.2s-0.5-1.0s。额定短时耐受电流应不小于表7.3.4-4所示的相应值
额定短路接通能力（I_{cm}）	I_{cm}是指在规定条件下，包括开关电器接线端短路在内的接通能力。 在生产制造厂规定的额定工作电压、额定频率以及一定的功率因数（对于交流）或时间常数（对于直流）下，断路器的短路接通能力值，用最大预期峰值电流表示。对于交流，断路器的额定短路接通能力应不小于其额定极限短路分断能力乘以表7.3.4-5中系数n的乘积
额定短路分断能力（I_{cn}）	在规定条件下，包括开关电器接线端 短路在内的分断能力
额定短路分断能力分级	除另有规定外，优先选取：1.5，2.3，4.5，6，10，20，25，30，40，50，60，70，80，100kA
过电流脱扣器	过电流脱扣器包括瞬时过电流脱扣器、定时限过电流脱扣器（又称短延时过电流脱扣器）、反时限过电流脱扣器（又称长延时过电流脱扣器）。 1）瞬时或定时限过电流脱扣器在达到电流整定值时应瞬时（固有动作时间）或在规定时间内动作。其电流脱扣器整定值有±10%的准确度。 2）反时限过电流断开脱扣器在基准温度下的断开特性，见表7.3.4-6。反时限过电流断开脱扣器在基准温度下，在约定不脱扣电流，即电流整定值的1.05倍时，脱扣器的各相极同时通电，断路器从冷态开始，在小于约定时间内不应发生脱扣；在约定时间结束后，立即使电流上升至电流整定值的1.30倍，即达到约定脱扣电流，断路器在小于约定时间内脱扣。 反时限过电流脱扣器时间-电流特性应以制造厂提供曲线形式为准。这些曲线表明从冷态开始的断开时间与脱扣器动作范围内的电流变化关系。目前，符合国家标准的断路器主要型号有DW45、DW50、DW15HH、Emax、MT、S、S3～S7、NS、S250、C65（a、N、H、L）型等。 低压断路器的保护脱扣器电流范围，见表7.3.4-7。

注：IEC92《船舶电气》建议：具有三段保护的空气断路器（ACB）偏重于它的运行短路分断能力值，而大量使用于分支线路的塑壳断路器（MCCB）应确定它有足够的极限短路分断能力值。

额定短时耐受电流最小值　　表 7.3.4-4

额定电流 I_r（A）	额定短时耐受电流 I_{CW}的最小值（kA）
$I_r \leqslant 2500$	$1.2I_r$ 或 5kA 中取大者
$I_r > 2500$	30

（交流断路器的）短路接通和分断能力之间的比值 n（I_{cn}与 I_{cm}的关系）　　表 7.3.4-5

额定极限短路分断能力 I_{cu}（kA）	功率因数 $\cos\varphi$	系数 n	I_{cm}
$I_{cu} \leqslant 1.5$	0.95	1.41	$1.41I_{cn}$
$1.5 < I_{cu} \leqslant 3$	0.9	1.42	$1.42I_{cn}$
$3 < I_{cu} \leqslant 4.5$	0.8	1.47	$1.47I_{cn}$
$4.5 < I_{cu} \leqslant 6$	0.7	1.5	$1.5I_{cn}$
$6 < I_{cu} \leqslant 10$	0.5	1.7	$1.7I_{cn}$
$10 < I_{cu} \leqslant 20$	0.3	2.0	$2.0I_{cn}$
$20 < I_{cu} \leqslant 50$	0.25	2.1	$2.1I_{cn}$
$50 < I_{cu}$	0.2	2.2	$2.2I_{cn}$

反时限过电流断开脱扣器在基准温度下的断开动作特性　　表 7.3.4-6

所有相极通电		约定时间（h）
约定不脱扣电流	约定脱扣电流	
1.05 倍整定电流	1.30 倍整定电流	2*

注：* 当 $I_r \leqslant 63$A 时，为 1h。

低压断路器的保护脱扣器电流范围　　表 7.3.4-7

断路器类别	保护继电器的类型	过负荷保护	短路保护		
家庭型断路器 IEC60898	热磁	$I_r = I_n$	低整定值类型 B $3I_n \leqslant I_m < 5I_n$	标准整定值类型 C $5I_n \leqslant I_m < 10I_n$	高整定值类型 D $10I_n \leqslant I_m < 20I_n$①
工业用②模块断路器	热磁	$I_r = I_n$ 固定值	低整定值类型 B 或 Z $3.2I_n <$ 固定值 $< 4.8I_n$	标准整定值类型 C $7I_n <$ 固定值 $< 10I_n$	高整定值类型 D 或 K $10I_n <$ 固定值 $< 14I_n$
工业用②断路器 IEC60947-2	热磁	$I_r = I_n$ 固定值	固定值：$I_m =$（7～10）I_n		
		可调范围：$0.7I_n \leqslant I_r < I_n$	可调范围：—低整定值：（2～5）I_n —标准整定值：（5～10）I_n		
	电子	长延时 $0.4I_n \leqslant I_r < I_n$	延短时，可调范围：$1.5I_r \leqslant I_m < 10I_r$　瞬时（Ⅰ）固定值：$I_m =$（12～15）I_n		

注：表中①大多欧洲制造商认为 IEC60898 标准中的 $50I_n$ 高得不合实际。

②对于工业用途，IEC 标准没有规定值。上述值仅为通常使用的值。

3. 选择方法

低压断路器除了满足一般条件外，还需要按类别、极数、额定电流、分断能力进行选择，另外还需要计算断路器的脱扣器电流。

（1）低压断路器额定电压和额定电流的确定，见表 7.3.4-8。

断路器的额定电压和额定电流的确定 表 7.3.4-8

公式	符号含义
$U_n \geqslant U_{ln}$	U_n——断路器额定电压，V； U_{ln}——线路额定电压，V；
$I_{nQ} \geqslant I_c$	I_{nQ}——断路器壳架等级的额定电流，A； I_c——线路的计算负荷电流，A；
$I_{nt} \geqslant I_c$	I_{nt}——过电流脱扣器的额定电流，A

（2）低压断路器的选择，见表 7.3.4-9。

低压断路器的选择 表 7.3.4-9

选择类别	技术规定和计算
配电用断路器	仅用做短路保护时，即在另装过载保护电器的常见情况下，宜采用只带瞬动脱扣器的低压断路器，或把长延时脱扣器作为后备过电流保护。 1. 配电线路保护的低压断路器的额定电流 $$I_{rQ} \geqslant I_{rt} \quad (7.3.4\text{-}1)$$ $$I_{rt} \geqslant I_c \quad (7.3.4\text{-}2)$$ 式中 I_{rQ}——断路器壳架等级的额定电流（塑壳式或开启式中所能装的最大过电流脱扣器的额定电流），A； I_{rt}——反时限过电流脱扣器的额定电流，A； I_c——线路的计算负荷电流，A。 2. 瞬时过电流脱扣器的整定值 I_{set3}： $$I_{set3} \geqslant K_{rel3}\ [I'_{stM1} + I_{c(n-1)}] \quad (7.3.4\text{-}3)$$ 式中 K_{set3}——瞬时过电流脱扣器的可靠系数，考虑电动机启动电流误差和断路器瞬动电流误差，取 1.2； I'_{stM1}——线路上最大一台电动机的全启动电流（包括周期分量和非周期分量），A，其值可取电动机启动电流的 2～2.5 倍； $I_{c(n-1)}$——除启动电流最大的一台电动机以外的线路计算负荷电流，A。 3. 为满足各级间的选择性要求，选择性低压断路器瞬时脱扣器的电流整定值还应大于下一级保护电器所保护线路的故障电流。非选择性低压断路器瞬时脱扣器的电流整定值在大于回路正常工作时的尖峰电流的条件下，尽可能整定得小一些。 4. 定时限过电流脱扣器的整定值 I_{set2}： $$I_{set2} \geqslant K_{rel2}\ [I_{stM1} + I_{c(n-1)}] \quad (7.3.4\text{-}4)$$ 式中 K_{set2}——定时限过电流脱扣器的可靠系数，取 1.2； I_{stM1}——线路上最大一台电动机的启动电流，A； $I_{c(n-1)}$——除启动电流最大的一台电动机以外的线路计算负荷电流，A。 5. 定时限过电流脱扣器的整定时间通常有 0.1（或 0.2）、0.4、0.6、0.8s 等几种，根据需要确定。其整定时间要比下级任一组熔断器可能出现的最大熔断时间大一个级量，根据需要确定动作时间，上下级时间级差不小于 0.1～0.2s。 6. 反时限过电流脱扣器的整定值 I_{set1}： $$I_z \geqslant I_{set1} \geqslant I_c \quad (7.3.4\text{-}5)$$ 式中 I_z——导体的允许持续载流量，A； I_c——线路的计算负荷电流，A。 7. 额定短路接通能力。在规定的工作状态下，断路器的短路接通能力用最大预期峰值电流值表示，对于交流断路器应满足： $$I_{cm} \geqslant nI_{cu} \quad (7.3.4\text{-}6)$$ 式中 I_{cm}——交流断路器的额定短路接通能力，kA； I_{cu}——交流断路器的额定极限短路分断能力，kA； n——系数，见表 7.3.4-5。

续表

<table>
<tr><th>类别</th><th>技术规定和计算</th></tr>
<tr><td>配电用断路器</td><td>8. 为使断路器可靠切断接地故障电路，线路末端最小短路电流应不小于其断路器的瞬时（或短延时）脱扣器整定电流的 1.3 倍，即：
$$I_{kmin} \geqslant K_{set} I_{set} \quad (7.3.4\text{-}7)$$
式中 I_{kmin}——被保护线路末端最小短路电流，A；（对 TN 系统为相—N 或相—PEN 短路电流，对 TT 系统为相—N 短路电流）。
I_{set}——断路器瞬时（或短延时）脱扣器整定电流，A；（当有短延时，取其短延时整定电流）
K_{set}——断路器脱扣器的动作可靠系数取 1.3。
9. 当配电变压器容量较小且配电线路长、配电级数多、线路末端的接地故障电流较小，其线路首端保护电器的整定电流取值（一般比较大）难以满足可靠系数的要求时，宜减少配电系统级数，以便减小其首端保护电器的整定电流。
10. 为了满足动作可靠系数的要求，可采取如下措施提高线路的接地故障电流：
（1）变压器选用 D・y_n11 的接线方式，代替 Y・y_n0。
（2）加大接地线（PE，PEN）的截面，必要时接地线截面可与相线相等。
（3）改变配电线路方案，如：架空线路改为电线电缆，裸母线干线改为紧密型封闭式母线。
11. 低压断路器应根据工程特点、设计标准、负荷等级和系统要求等条件进行选择。对于有一级负荷的用电单位、规模较大的智能化建筑，宜选用智能化断路器，以便于实现计算机集中监控管理。
12. 严禁单独断开 TN-C 系统的 PEN 线，避免三相回路断零引起对电气设备及检修人员的危害。
13. 用于低压配电线路的塑壳（塑料外壳）式断路器，其额定电流不宜大于 1000A，特别需要时可以选用 1600A。
14. 断路器的接线方式，一般为上端接电源下端接出线。
15. 断路器的额定电流，应根据使用环境温度进行修正，装在封闭式的配电柜（箱）内时，其温度可能升高 10～15℃左右。一般断路器可按环境温度 40℃、微型断路器按 30℃为基准进行修正，或者按其额定电流的 85％选用（例如在北京地区），其修正值见表 7.3.4-10、表 7.3.4-11。
16. 电子设备系统（如：中央监控、消防中心、电信中心安全防范、音响电视及计算机房等），其配电线路的保护宜设置限制浪涌电流性能好、满足系统要求的保护电器。当线路末端选用微型断路器时，其上级宜优先选用同型号的高分断能力的断路器，或塑壳断路器。
17. 线路末端宜选用限流型并具有脱扣指示的微型断路器保护，其脱扣特性选择，宜符合下列原则：
（1）用于工业及民用建筑的低电感负荷（如：照明系统的白炽灯、卤钨灯，电阻性负荷）的线路保护时，宜选用 B 型特性断路器。
（2）用于高电感照明系统（如：线路中浪涌电流较大的荧光灯、气体放电灯等）负荷的电感性线路保护时，宜选用 C 型特性断路器。
（3）空调、冰箱、排风机等用电设备中的电机线路，宜选用适合保护电动机线路的 D 型特性断路器。
18. 低压配电系统宜选用带可调式脱扣器特性的断路器，其脱扣电流及延时时间，宜参考下列参数进行整定：
（1）长延时脱扣器整定电流可按脱扣器额定电流 I_H 的 0.9～1.1 倍（即 0.9～1.1I_H）、延时为 15s。
（2）短延时脱扣器整定电流可按 3～5I_H 选取，延时可根据配电级数选取 0.1s、0.2s 或 0.4s。
（3）瞬时脱扣器整定电流可按 10～15I_H 选取</td></tr>
</table>

续表

<table>
<tr><th>类别</th><th>技术规定和计算</th></tr>
<tr><td>照明用断路器</td><td>照明线路保护的低压短路器的过电流脱扣器的整定值。
反时限过电流脱扣器整定值 I_{set1}：$I_{set1} \geqslant K_{rel1} I_c$ (7.3.4-8)
瞬时过电流脱扣器整定值 I_{set3}：$I_{set3} \geqslant K_{rel3} I_c$ (7.3.4-9)
式中 I_c——照明线路的计算负荷电流，A；
K_{set1}、K_{set3}——可靠系数，取决于电光源起动状况和断路器特性，取 4-7，见表 7.3.4-12</td></tr>
<tr><td>三相四极开关</td><td>1. 三相四线制系统中四极开关的选用应遵照第 7.3.2 节第 15 条的规定。开关电器的极数选择，见表 7.3.4-13。
2. 带漏电保护的双电源转换开关应采用四极开关。两个电源开关带漏电保护其下级的电源转换开关应采用四极开关</td></tr>
<tr><td>电动机保护用断路器</td><td>1. 过电流脱扣器的额定电流和可调范围应根据整定电流选择；断路器的额定电流应不小于长延时脱扣器的额定电流。
2. 瞬时过电流脱扣器的整定值 I_{set3}：
$$I_{set3} = K_{rel3} I_{st} \quad (7.3.4\text{-}10)$$
式中 K_{set3}——瞬时过电流脱扣器的可靠系统，一般为 2～2.5，本节取 2.2；
I_{st}——电动机的启动电流，A。
电动机主回路应采用电动机保护用低压断路器，其瞬动过电流脱扣器的动作电流与长延时脱扣器动作电流之比（以下简称瞬动电流倍数）宜为 14 倍左右或 10～20 倍可调。
3. 用作后备保护的长延时脱扣器的整定值 I_{set4}：
$$I_{set4} \geqslant \frac{2.2 I_{st}}{K_{sd}} \quad (7.3.4\text{-}11)$$
式中 K_{sd}——断路器的瞬动电流倍数。
4. 用作过载保护的长延时脱扣器的整定值应接近但不小于电动机的额定电流，且在 7.2 倍整定电流下的动作时间应大于电动机的启动时间。
5. 按短路电流校验低压断路器的分断能力。
$$I_{cs} \geqslant I_{b3} \quad (7.3.4\text{-}12)$$
若满足上式有困难时，至少应保证：$I_{cu} \geqslant I_{b3}$
式中 I_{cu}——断路器在规定的工作条件下应能分断的额定极限短路分断能力值，用预期分断电流表示（在交流情况下用交流分量的有效值表示），kA；
I_{cs}——断路器在规定的工作条件下应能分断的额定运行短路分断能力值，用预期分断电流表示，相当于额定极限短路分断能力规定的百分数的一档，并化整到最接近的整数，kA；
I_{b3}——被保护线路最大三相短路电流有效值，kA。
6. 按短路电流校验低压断路器动作的灵敏性
$$I_{dmin} \geqslant K_{rel} I_{set3} \quad (7.3.4\text{-}13)$$
$$\text{或 } I_{dmin} \geqslant K_{rel} I_{set2} \quad (7.3.4\text{-}14)$$
式中 I_{dmin}——被保护线路末端最小接地故障电流，A；
I_{set3}——低压断路器瞬时过电流脱扣器的整定值，A；
I_{set2}——低压断路器定时限过电流脱扣器的整定值，A；
K_{rel}——低压断路器瞬时或定时限过电流脱扣器动作可靠系数，均取 1.3</td></tr>
</table>

续表

<table>
<tr><th>类别</th><th>技术规定和计算</th></tr>
<tr><td>变压器低压侧主保护断路器</td><td>
1. 变压器低压侧主保护断路器，过负荷保护整定值应与变压器允许的正常过负荷相适应，使变压器容量得到充分利用、实现高效运行又不影响变压器的寿命。还应与低压配电出线断路器有良好的选择性。

2. 变压器低压侧主保护长延时过电流脱扣器的整定电流，宜等于或接近于变压器低压侧额定电流，即：

$$I_{zd1} = K_{zd1} \cdot I_{eb} \tag{7.3.4-15}$$
式中 I_{zd1}——长延时过电流脱扣器的整定电流，A；
K_{zd1}——可靠系数，考虑整定误差一般取 1.1；
I_{eb}——变压器低压侧额定电流，A。

3. 变压器主保护短路短延时过电流脱扣整定电流由下式决定，即：

$$I_{zd2} = m \cdot K_{zd2} I_{eb} \tag{7.3.4-16}$$
式中 I_{zd2}——短路短延时电流脱扣器整定电流，A；
K_{zd2}——可靠系数取 1.3；
m——过电流倍数，当无确定值时可取 3～5；
I_{eb}——变压器低压侧额定电流。

4. 变压器低压侧断路器短延时脱扣器整定电流应大于或等于配出回路中最大回路保护断路器瞬时脱扣器整定电流的 1.3 倍，即：

$$I_{zd2} \geqslant 1.3 I_{zd3} \tag{7.3.4-17}$$
式中 I_{zd3}——配出回路中最大回路断路器瞬时脱扣器的额定电流，A。

一般情况下，其短路短延时脱扣器的额定电流可取长延时脱扣器额定电流的 3～5 倍，短路短延时的脱扣时间可取 0.2～0.4s。

5. 变压器主保护断路器瞬时过电流脱扣器的额定电流，一般不宜小于长延时过电流脱扣器额定电流的 10 倍，即：

$$I_{zd3} \geqslant 10 I_{zd1} \tag{7.3.4-18}$$
式中 I_{zd3}——断路器瞬时过电流脱扣器额定电流，A；
I_{dd1}——断路器长延时过电流脱扣器额定电流，A。

6. 变压器低压侧总出线开关的设置，宜根据当地供电系统（部门）的要求确定。一般宜设置长延时、短延时、瞬时三段保护，在不能保证系统选择性时，可不设瞬时跳闸保护。当没有双电源互投时，该开关可为刀型开关。

瞬动型断路器校验热效应的短路电流持续时间，见表 7.3.4-14
</td></tr>
</table>

断路器当以环境温度＋40℃为基准整定时的电流修正修　　表 7.3.4-10

整定电流（A）	在下列环境温度时，整定电流修正值（A）									
	20℃	25℃	30℃	35℃	40℃	45℃	50℃	55℃	60℃	
50	57.5	56.0	54.0	52.0	50.0	48.0	45.5	43.5	41.0	
63	72.5	70.5	68.0	65.5	63.0	60.5	57.5	54.5	51.5	
80	92.0	89.0	86.0	83.0	80.0	76.5	73.5	69.5	66.0	
100	115.0	111.5	108.0	104.0	100.0	96.0	91.5	87.0	82.5	
160					160.0	156.0	152.0	147.0	144.0	
200					200.0	195.0	190.0	185.0	180.0	
250					250.0	244.0	238.0	231.0	225.0	

微型断路器当以环境温度+30℃为基础整定时的电流修正值

（用于-N类B、C型特性曲线、-H类C型特性曲线） **表7.3.4-11**

整定电流（A）	在下列环境温度时，整定电流修正值（A）								
	20℃	25℃	30℃	35℃	40℃	45℃	50℃	55℃	60℃
1	1.05	1.02	1.00	0.98	0.95	0.93	0.90	0.88	0.85
2	2.08	2.04	2.00	1.96	1.92	1.88	1.84	1.80	1.74
3	3.18	3.09	3.00	2.91	2.82	2.70	2.61	2.49	2.37
4	4.24	4.12	4.00	3.88	3.76	3.64	3.52	3.36	3.24
6	6.24	6.12	6.00	5.88	5.76	5.64	5.52	5.40	5.30
10	10.6	10.3	10.0	9.70	9.30	9.00	8.60	8.20	7.80
16	16.8	16.5	16.0	15.5	15.2	14.7	14.2	13.8	13.5
20	21.0	20.6	20.0	19.4	19.0	18.4	17.8	17.4	16.8
25	26.2	25.7	25.0	24.2	23.7	23.0	22.2	21.5	20.7
32	33.5	32.9	32.0	31.4	30.4	29.8	28.4	28.2	27.5
40	42.0	41.2	40.0	38.8	38.0	36.8	35.6	34.4	33.2
50	52.5	51.5	50.0	48.5	47.4	45.5	44.0	42.5	40.5
63	66.2	64.9	63.0	61.1	58.0	56.7	54.2	51.7	49.2

注：配电箱内安装的多台微型断路器，由于排列组合等因素影响，箱内实际温度比外界环境温度高出10～15℃。

照明线路保护的低压断路器过电流脱扣器可靠系数 **表7.3.4-12**

脱扣器种类	可靠系数	白炽灯、卤钨灯	荧光灯	高压钠灯、金属卤化物灯	荧光高压汞灯、LED灯
反时限过电流	K_{set1}	1.0	1.0	1.0	1.1
瞬时过电流	K_{set3}	10～20	4～7	4～7	4～7

低压开关电器极数的选择 **表7.3.4-13**

开关功能类别	低压配电系统接地方式	低压配电系统型式		
		三相四线制	三相三线制	单相二线制
电源进线开关	TN-S	3	3	2
	TN-C-S	3	3	2
	TT	4	3	2
	IT	4	3	2
电源转换开关	TN-S	4	3	2
	TN-C-S	4	3	2
	TT	4	3	2
	IT	4	3	2

续表

开关功能类别	低压配电系统接地方式	低压配电系统型式		
		三相四线制	三相三线制	单相二线制
剩余电流保护开关	TN-S	4	3	2
	TN-C-S	4	3	2
	TT	4	3	2
	IT	4	3	2
备　注		有中性线引出	无中性线引出	相线及中性线

注：1. 在TN系统中低压出线包括应急电源出线开关及下级配电箱进线开关，因与电源转换无关，故选用三极开关。
2. 在TN系统中，照明配电箱的出线开关可选用单极开关。

瞬动型断路器校验热效应的短路电流持续时间　　表7.3.4-14

断路器开断速度	断路器全分断时间（s）	短路电流持续时间（s）
高速	＜0.08	0.10
中速	0.08～0.12	0.15
低速	＞0.12	0.20

4. 剩余电流保护器选择

（1）剩余电流保护器的选择，见表7.3.4-15。

剩余电流保护器的选择方法　　表7.3.4-15

类　别	技术规定和要求
运行环境条件	1. 环境温度：－5～＋55℃。 2. 相对湿度：85％（＋25℃时）或湿热型。 3. 海拔高度：＜2000m。 4. 外磁场：＜5倍地磁场值。 5. 抗振强度：0～8Hz，30min≥5g。 6. 半波，26g≥2000震次，持续时间6ms
装设场所	1. 下列场所宜装设剩余电流保护器： （1）连接移动电气设备的线路。 （2）潮湿场所。 （3）高温场所。 （4）有水蒸气的场所。 （5）有震动的场所。 （6）为确保人身安全，民用建筑中下列配电线路或设备终端线路处，应装设剩余电流保护器且动作于跳闸： ①民用建筑的低压进线处，并应根据用户条件确定其动作于跳闸或动作于报警信号； ②客房的插座，以及住宅、办公、学校、实验室、幼儿园、敬老院、医院病房、福利院、美容院、游泳池、浴室、厨房、卧室等插座回路； ③室外照明，广告照明等室外电气设施及室外地面电热融雪、水下照明等； ④医疗用浴缸，按摩理疗等康复设施

续表

<table>
<tr><th>类 别</th><th>技术规定和要求</th></tr>
<tr><td>装设场所</td><td>⑤夜间用电设备，工作电压超过 150V 的配电线路；
⑥装有隔离变压器的二次侧电压超过 30V 的配电线路；
⑦TT 系统供电的用电设备。
2. 下列场所不应装设剩余电流保护电器，但可以装设剩余电流报警信号：
（1）室内一般照明、应急照明、警卫照明、障碍标志灯。
（2）通信设备、安全防范设备、消防报警设备等。
（3）消防泵类、排烟风机、正压送风机、消防电梯等消防设备。
（4）大型厨房中的冰柜和冷藏间以及因突然断电将危及公共安全或造成巨大经济损失、人身伤亡的用电设备。
（5）对于医院手术室的插座，可选用剩余电流进行自动检测以在超越警戒参数值时发出漏电报警信号</td></tr>
<tr><td>选用原则</td><td>1. 在因电气系统发生泄漏或接地故障电流，可能导致人身伤亡及火灾的场所，剩余电流保护器应能在事故之前迅速切断故障电路。
2. 剩余电流保护器的分断能力，应能满足回路的过负荷及短路保护要求。当不能满足分断能力要求时，应另行增设短路保护断路器。
3. 对电压偏差较大的配电回路、电磁干扰强烈的地区、雷电活动频繁的地区（雷暴日超过 60）以及高温或低温环境中的电气线路和设备，应优先选用电磁型剩余电流保护器。
4. 安装在电源进线处及雷电活动频繁地区的电气设备，应选用耐冲击型的剩余电流保护器。
5. 在环境恶劣的场所，应选用有相应防护功能的剩余电流保护器。
6. 在有强烈振动的场所（如射击场等），宜选用电子型剩余电流保护器。
7. 单相 220V 电源供电的电气线路或设备，应选用二极二线式；三相三线 380V 电源供电的电气线路或设备，应选用三极三线式；三相四线 220/380V 或单相与三相共用的线路，应选用四极四线式或三极四线式剩余电流保护器。
8. 选用剩余电流报警时，其报警动作电流可以按其被保护回路最大电流的 1/1000～1/3000 选取，动作时间为 0.2s～2s。
9. 为防止人身遭受电击伤害，在室内正常环境下设置的剩余电流保护器，其动作电流应不大于 30mA，动作时间应不大于 0.1s。各不同场所的动作要求，见表 7.3.4-16。
10. 分级安装的剩余电流保护电器的动作特性应有选择性，上下级的电流比值一般可取3：1。配合选择，见表 7.3.4-17。
在一般室内正常环境下，末端线路剩余电流保护器的动作电流值不大于 30mA，上一级宜不大于 300mA，配电干线不大于 300mA。在火灾危险场所内，剩余电流监测或保护电器的动作电流不宜大于 300mA。配电线路和用电设备的泄漏电流估算值见表 7.3.4-18～表 7.3.4-20</td></tr>
<tr><td>设计与安装</td><td>1. 为防止人身电击伤害而采用剩余电流保护电器时，TN 系统宜安装在配电线路的末端，而 TT 系统可安装在电源进线处。
2. 在 TN—C 系统中，当需要装设剩余电流保护器时，应采取如下措施之一：
（1）将 TN—C 系统转换为 TN-C-S 系统，即在电源进线处，将 PEN 线转换为 PE 线和 N 线，PEN 进线先联接 PE 母线，并作接地，再联接 N 母线，同时 N 线与 PE 线分开不应再合并，见图 7.3.4-1。
（2）将装有剩余电流保护的线路和设备的外露可导电部分的保护接地改为局部 TT 系统（即设备外壳单独接地），见图 7.3.4-2。
3. 采用剩余电流保护电器的线路或设备，其外露可导电部分应做接地保护或与 PE 线连接，且不得与 N 线相接。
4. 严禁 PE 线或 PEN 线穿过剩余电流保护器的电流互感器的磁性回路</td></tr>
</table>

续表

类 别	技术规定和要求
设计与安装	5. TN系统的配电线路采用剩余电流保护器时，应将被保护线路或设备的外露可导电部分与剩余电流保护器电源侧的PE线相连接，在TT系统中则应与专用接地极相连接。 6. 剩余电流保护器后（负荷侧）的中性（N）线不得做重复接地，或与PE线相连接，亦不得与被保护设备的外露可导电部分联接。 7. 在TT系统中，不允许将装有剩余电流保护器的设备与未装剩余电流保护器的设备外露可导电部分的保护接地共用一组接地极。 8. 为减少大电流导电体，对剩余电流保护器灵敏度的影响，宜将剩余电流保护器与大电流导体间的距离保持在100mm以上。 9. 保护线PE不得接入保护装置内，以免造成剩余电流保护电器不动作

剩余电流保护电器动作参数选择　　表7.3.4-16

分类	接触状态	场所示例	允许接触电压	保护动作要求
Ⅰ类	人体非常潮湿	游泳池、浴池、桑拿浴室等照明灯具及插座	<15V	6～10mA <0.1s
Ⅱ类	人体比较潮湿	洗衣机房动力用电设备、厨房灶具用电设备等	<25V	10～30mA 0.1s
Ⅲ类	人体意外触电时，危险性较大	住宅中的插座，客房中的照明及插座，试验室的试验台电源，锅炉房动力设备、地下室电气设备	<50V	30～50mA 0.1s

剩余电流保护电器配合　　表7.3.4-17

保护级别 / 保护特性	第一级（I_{n1}）	第二级（I_{n2}）	
	干线	分干线	线路末端
动作电流（I_n）	≥10倍线路与设备泄漏电流总和、或≥2.5In2	≥10倍线路和设备泄漏电流总和	≥8～10倍设备泄漏电流。

220/380V单相及三相线路埋地、沿墙敷设穿管电线泄漏电流（mA/km）　　表7.3.4-18

绝缘材质	导线截面积（mm²）												
	4	6	10	16	25	35	50	70	95	120	150	185	240
聚氯乙烯	52	52	56	62	70	70	79	89	99	109	112	116	127
橡皮	27	32	39	40	45	49	49	55	55	60	60	60	61
聚乙烯	17	20	25	26	29	33	33	33	33	38	38	38	39

电动机泄漏电流（mA）　　表7.3.4-19

运行方式	电动机额定功率（kW）												
	1.5	2.2	5.5	7.5	11	15	18.5	22	30	37	45	55	75
正常运行	0.15	0.18	0.29	0.38	0.50	0.57	0.65	0.72	0.87	1.00	1.09	1.22	1.48
电动机起动	0.58	0.79	1.57	2.05	2.39	2.63	3.03	3.48	4.58	5.57	6.60	7.99	10.54

荧光灯、家用电器、计算机及住宅配电回路泄漏电流　　　　表 7.3.4-20

设备名称	形　　式	泄漏电流（mA）
荧光灯	安装在金属构件上	0.1
	安装在木质或混凝土构件上	0.02
家用电器	手握式Ⅰ级设备	≤0.75
	固定式Ⅰ级设备	≤3.5
	Ⅱ级设备	≤0.25
	Ⅰ级电热设备	≤0.75～5
计算机	移动式	1.0
	固定式	3.5
	组合式	15.0
住宅配电回路		一般为 2～8

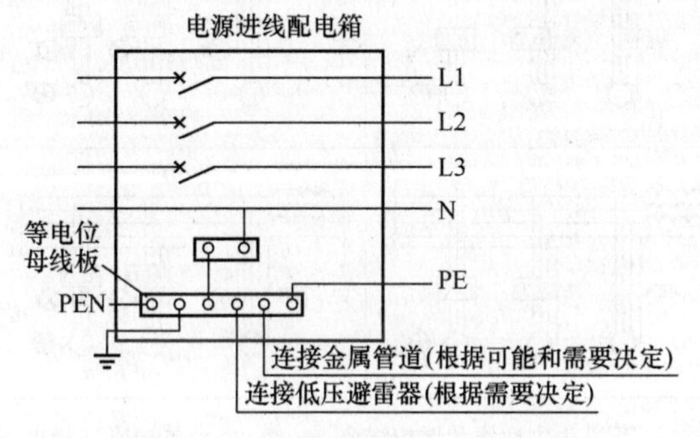

图 7.3.4-1　TN-C-S 系统接线示例

图 7.3.4-2　局部 TT 系统接线示例

(2) 线路漏电保护装置动作电流计算的经验公式：

对照明线路和居民生活用电的单相回路：

$$I_{\Delta n} \geqslant I_m/2000 \quad (7.3.4\text{-}19)$$

对三相四线制电力线路及电力照明混合回路：

$$I_{\Delta n} \geqslant I_m/1000 \quad (7.3.4\text{-}20)$$

式中　$I_{\Delta n}$——漏电保护装置的动作电流，A；

I_m——线路最大供电电流，A。

(3) 剩余电流保护装置的接线方式，见表 7.3.4-21。

剩余电流保护装置的接线方式　　　　表 7.3.4-21

接地型式 / 接线图 / 极别	单相（单极或双极）	接线图 三线（三极）	四线（三极或四极）
TT	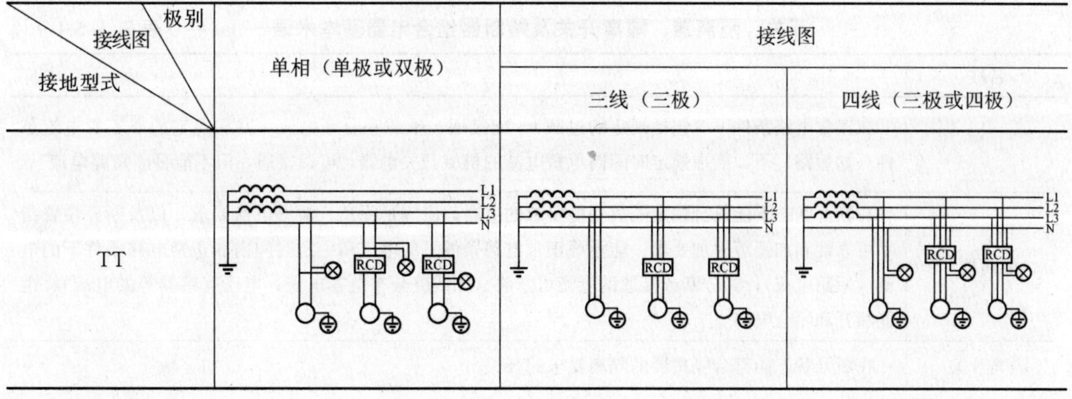		

续表

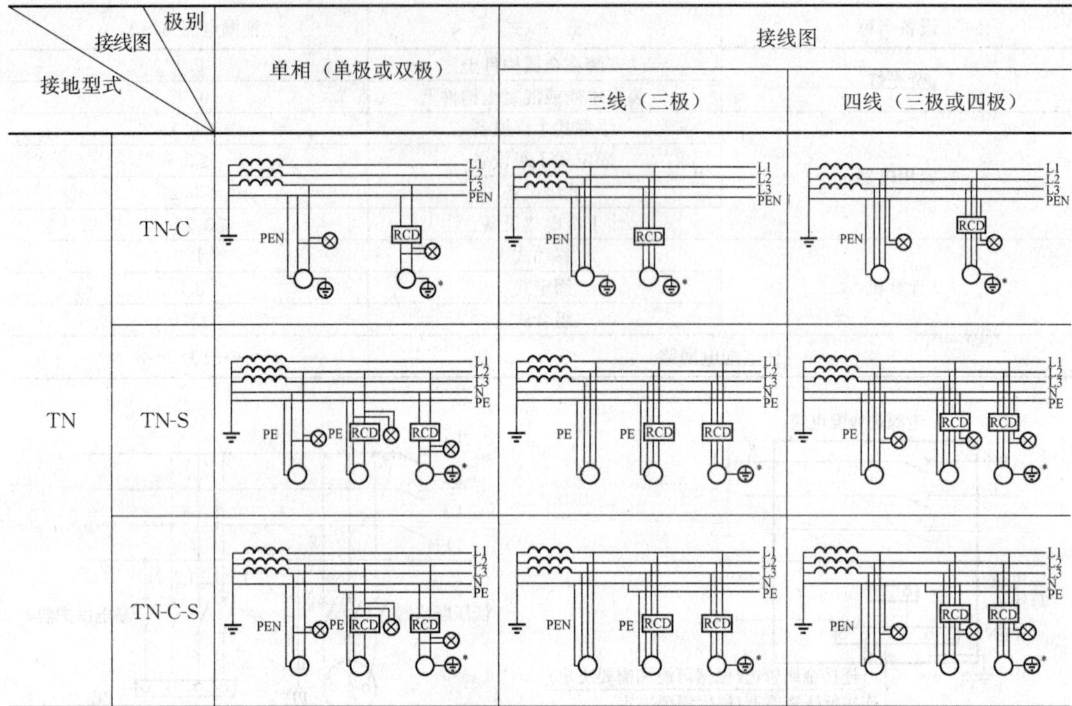

接地型式 \ 接线图 \ 极别		接线图		
		单相（单极或双极）	三线（三极）	四线（三极或四极）
TN	TN-C			
	TN-S			
	TN-C-S			

注：1. L1、L2、L3为相线；N为中性线；PE为保护线；PEN为中性线和保护线合一；为单相或三相电气设备；⊗为单相照明设备；RCD为剩余电流保护装置；为不与系统中性接地点相连的单独接地装置，作保护接地用。

2. 单相负载或三相负载在不同的接地保护系统中的接线方式图中，左侧设备为未装有剩余电流保护装置，中间和右侧为剩余电流保护装置的接线图。

3. 在TN-C系统中使用剩余电流保护装置的电气设备，其外露可接近导体的保护线应接在单独接地装置上而形成局部TT系统，如TN-C系统接线方式图中的右侧设备带＊的接线方式。

4. 表中TN-S及TN-C-S接地型式，单相和三相负荷的接线图中的中间和右侧接线图为根据现场情况，可任选其一的接地方式。

7.3.5 开关、隔离器、隔离开关及熔断器组合电器

1. 开关、隔离器、隔离开关及熔断器组合电器基本术语，见表7.3.5-1。

开关、隔离器、隔离开关及熔断器组合电器基本术语　　表7.3.5-1

名称	含　义
开关	在正常电路条件下（包括规定的过载），能接通、承载和分断电流，并在规定的非正常电流条件（如短路）下，能在规定时间内承载电流的机械开关电器，可以接通，但不能分断短路电流
隔离器	在断开状态下能符合规定隔离功能要求的电器，应满足距离、泄漏电流要求，以及断开位置指示可靠性和加锁等附加要求；能承载正常电路条件下的电流和一定时间内非正常电路条件下的电流（短路电流）；如分断或接通的电流可忽略（如线路分布电容电流、电压互感器等的电流），也能断开和闭合电路
隔离开关	在断开状态能符合隔离器的隔离要求的开关

续表

名称	含义
熔断器组合电器	它是熔断器开关电器的总称，是将开关电器或隔离电器与一个或多个熔断器组装在同一单元内的组合电器。通常包括下面六种组合： 1. 开关熔断器组—开关与熔断器串联构成的组合电器。 2. 熔断器式开关—用熔断体作为动触头的开关。 3. 隔离器熔断器组—隔离器与熔断器串联构成的组合电器。 4. 熔断器式隔离器—用熔断体作为动触头的隔离器。 5. 隔离开关熔断器组—隔离开关与熔断器串联构成的组合电器。 6. 熔断器式隔离开关—用熔断体作为动触头的隔离开关

注：1. 本表摘自现行国家标准《低压开关设备和控制设备　第3部分：开关、隔离器、隔离开关及熔断器组合电器》GB 14048.3—2002（系等同采用 IEC 标准 IEC60947.3：2001）。

2. 表中各类电器功能和图形符号，见表 7.3.5-2。

各类电器功能和图形符号　　表 7.3.5-2

类型		功能和符号		
		接通、承载、分断正常电流；承载规定时间内的短路电流；可接通短路电流	隔离功能（开距、泄漏小，断开位置指示，加锁）	同时有左侧两者功能
开关、隔离电器		开关	隔离器	隔离开关
熔断器组合电器	熔断器串联	开关熔断器组	隔离器熔断器组	隔离开关熔断器组
	熔断体作动触头	熔断器式开关	熔断器式隔离器	熔断器式隔离开关

2. 开关、隔离器、隔离开关及熔断器组合电器的分类，见表 7.3.5-3。

开关、隔离器、隔离开关及熔断器组合电器分类　　表 7.3.5-3

方法	类型
按使用类别分类	类别 A 用于经常操作环境。 类别 B 用于不经常操作，如只在维修时为提供隔离才操作的隔离器，或以熔断体触刀作动触头的开关电器。 使用类别分类及用途，见表 7.5.3-4
按人力操作方式分类	1. 有关人力操作。完全靠直接施加人力的操作，速度与力和操作者动作有关。 2. 无关人力操作。能量来源于人力的贮能操作，速度与力和操作者动作无关。 3. 半无关人力操作。完全靠直接施加达到某一阀值的人力操作
按隔离的适用性分类	1. 适合于隔离用。 2. 不适合于隔离用
按防护等级分类	按现行国家标准 GB/T 14048.1—2000 的规定

隔离器、隔离开关、开关及熔断器组合电器的使用类别及用途　　表 7.3.5-4

电流种类	使用类别		典型用途
	A类	B类	
交流	AC-20A	AC-20B	空载条件下闭合和断开
	AC-21A	AC-21B	通断电阻性负荷，包括中等程度的过负荷（$1.5I_n/1.5I_n$）
	AC-22A	AC-22B	通断电阻性和电感性负荷，包括中等程度的过负荷（$3I_n/3I_n$）
	AC-23A	AC-23B	通断电动机负荷或其他高电感性负荷（$10I_n/8I_n$）
直流	DC-20A	DC-20B	空载条件下闭合和断开
	DC-21A	DC-21B	通断电阻性负荷，包括中等程度的过负荷
	DC-22A	DC-22B	通断电阻性和电感性负荷，包括中等程度的过负荷（如并励电动机）
	DC-23A	DC-23B	通断高电感性负荷（如串励电动机）

注：1. 表中“典型用途”栏中括号内数据表示：接通电流/分断电流。
2. AC-20、DC-20 类在美国不允许使用。

3. 技术特性。

(1) 各种使用类别的额定接通和额定分断能力及验证条件，见表 7.3.5-5。

各种使用类别的接通和分断能力及验证条件　　表 7.3.5-5

电流种类	使用类别	接通能力		分断能力		操作循环次数
		I/I_r	$\cos\varphi$	I_c/I_r	$\cos\varphi$	
交流	AC-21A AC-21B	1.5	0.95	1.5	0.95	5
	AC-22A AC-22B	3	0.65	3	0.65	5
	AC-23A AC-23B	10	0.45/0.35	8	0.45/0.30	5/3
电流种类	使用类别	I/I_r	L/R (ms)	I_c/I_r	L/R (ms)	操作循环次数
直流	DC-21A DC-21B	1.5	1	1.5	1	5
	DC-22A DC-22B	4	2.5	4	2.5	5
	DC-23A DC-23B	4	15	4	15	5

注：1. 接通在外施电压为额定工作电压的 1.05 倍进行，分断在工频或直流恢复电压为额定工作电压的 1.05 倍进行。
2. 表中符号：I—接通电流；I_c—分断电流；I_r—额定工作电流。
3. AC-23 栏中，分子表示额定工作电流为 100A 及以下电器的数据；分母表示 100A 以上电器的数据。

①额定接通能力　是指在规定接通条件下能满意接通的电流值。对于交流，用电流周期分量有效值表示。

②额定分断能力　是指在规定分断条件下能满意分断的电流值。对于交流，用电流周期分量有效值表示。

(2) 短路特性。

①额定短时耐受电流（I_{cw}）：系指电器能够承受而不发生任何损坏的电流值。短时耐受电流值不得小于 12 倍最大额定工作电流。通电持续时间应为 1s（另有规定除外）。对于交流，是指交流分量有效值，并认为可能出现的最大峰值电流不会超过此有效值的 n 倍。比率 n 见表 7.3.5-6；

②额定短路接通能力（I_{cm}）：该值用最大预期电流峰值表示。开关或隔离开关的 I_{cm} 值由制造厂规定。对于交流预期电流峰值与有效值的关系，见表 7.3.5-6；

③额定限制短路电流：是在短路保护电器动作时间内能够良好地承受的预期短路电流值。对交流，用交流分量有效值表示，该值由制造厂规定。

（3）泄漏电流。隔离电器施加试验电压为 1.1 倍额定工作电压时，其泄漏电流不应超过下列允许值：

①新电器每极允许值为 0.5mA；

②经接通和分断试验后的电器，每极允许值为 2mA；

③任何情况下，极限值不应超过 6mA。

对应于试验电流的功率因数、时间常数和预期电流峰值与有效值的比率 *n*　　**表 7.3.5-6**

试验电流 I（A）	功率因数	时间常数（ms）	n	试验电流 I（A）	功率因数	时间常数（ms）	n
$I \leqslant 1500$	0.95	5	1.41	$6000 < I \leqslant 10000$	0.5	5	1.7
$1500 < I \leqslant 3000$	0.9	5	1.42	$10000 < I \leqslant 20000$	0.3	10	2.0
$3000 < I \leqslant 4500$	0.8	5	1.47	$20000 < I \leqslant 50000$	0.25	15	2.1
$4500 < I \leqslant 6000$	0.7	5	1.53	$50000 < I$	0.2	15	2.2

4. 选择方法。

（1）对隔离电器安全性的要求。

①隔离电器应为手操作的；

②隔离电器在断开位置时，其触头之间或其他隔离手段之间的隔离间隙和爬电距离，应符合 GB14048 系列标准《低压开关设备和控制设备》，等同 IEC60947 的有关规定；

③隔离间隙必须是看得见的，或装设指示动触头位置的明显而可靠的“通”、“断”标志。只有在全部触头都达到规定的间隙时，指示“断”的标志才出现；

④隔离电器在“断”的位置应能锁定。当电器有相关的几档时，只能有一个“通”和一个“断”的位置。

（2）隔离电器。

①当维护、测试和检修设备需断开电源时，应设置隔离电器。隔离电器宜采用同时断开电源所有极的隔离电器或彼此靠近的单极隔离电器；

②选择除满足一般要求外，还应使所在回路与带电部分隔离。当隔离电器误操作会造成严重事故时，应采取防止误操作的措施。在 TN-S 系统中，确定 N 线对地是低电位时，不需要将 N 线隔离，否则需要隔离；

③隔离电器的冲击耐受电压和泄漏电流应满足国家标准的有关规定；

④半导体电器严禁作隔离电器。可用作隔离电器的电器有：单极或多极隔离器、隔离开关或隔离插头；插头与插座；连接片；不需要拆除导线的特殊端子；熔断器；具有隔离功能的断路器。

（3）功能性开关电器。

①需要独立控制电气装置的电路的每一部分都应装设功能性开关电器；

②功能性开关电器一般采用开关、半导体开关电器、断路器、接触器、继电器、16A

及以下的插头的插座，但应能适合于可能有的最繁重的工作制。严禁使用隔离器、熔断器和连接片作功能性电器；

③选用的开关电器及其与熔断器组合电器的额定工作电流应大于该回路的计算电流。熔断器组合电器还应选择熔体额定电流，并校验熔断器的分断能力。开关电器还应校验其额定短时耐受电流、额定短路接通能力和额定限制短路电流是否满足配电系统的要求。

5. 选择基本要求。

(1) 按额定电压选择。

安装刀开关、负荷开关或隔离开关的线路，其额定交流电压和直流电压不应超过开关的交流额定值和直流额定值（一般交流电压不应超过500V，直流电压不应超过440V）。

(2) 按计算电流选择，应满足：

$$I_r \geqslant I_c \tag{7.3.5-1}$$

式中 I_r——刀开关、负荷开关或隔离开关的额定电流，A；

I_c——安装刀开关、负荷开关或隔离开关的线路计算电流，A。

(3) 按遮断电流选择。

刀开关、负荷开关或隔离开关遮断的负荷电流不应大于制造厂容许的遮断电流值。

(4) 按短路时的动、热稳定校验。

安装刀开关、负荷开关或隔离开关的线路，其三相短路电流不应超过制造厂规定的动、热稳定值。

6. 选择原则。

(1) 隔离电器。

①隔离电器一般指在运行时不能通断或切换负载电流、带电时只能通断空载电流的电器（如：隔离开关、熔断器、刀熔开关、插头插座及连接片等）。隔离电器应在空载或不带电时操作，并有明显的通断显示或标识；

②为了满足测试、维护、检修时的人身和设备安全要求，配电线路应装设隔离电器。隔离电器应能将所在回路与电源侧带电部分有效隔离；由同一配电箱（屏）供电的回路可以共用一套隔离电器；

符合隔离要求的短路保护电器，可以兼作隔离电器，隔离器、隔离开关（包括它们和熔断器组合电器）适宜作隔离电器。此外，以下电器或连接件也可作隔离用，如熔断器、具有隔离功能的断路器、电源插头与插座、连接片、不需拆除的特殊端子。星—三角、正反向和多速开关不能用作隔离电器。严禁用半导体电器作隔离用。隔离电器应装在控制电器的附近；当隔离电器误操作会造成严重事故时，应有防止误操作的措施，如设连锁或加锁；

③隔离电器应能满足该回路的额定电压、计算电流要求，并应按回路的短路和峰值电流进行耐受电流校验；

④当回路负荷较小、要求隔离电器有通断能力时，其断流能力应大于该回路预期电流；

⑤当选用刀开关做隔离电器时，不得用中央手柄式刀开关切断负荷电流，而其他能断开一定负荷电流的刀型开关，则必须选用带灭弧罩的刀开关。

(2) 开关电器。

①需要通、断电流的配电线路，应装设开关电器；

②宜选用开关、隔离开关（包括它们和熔断器组合电器）作通断电路用。已装设断路

器、接触器等保护、控制电器的回路，一般不必再装设开关电器；

③选用开关或隔离开关的额定电压应不低于该回路的额定电压；其额定工作电流应不小于该回路的计算电流；

④需要切断负荷电流时，开关的断流能力应不小于计算电流；

⑤开关的动、热稳定电流，应不小于该回路的三相短路电流有效值；

⑥需要装设开关电器和隔离电器的配电干线，如建筑物的低压配电线路进线处、配电箱的进线处，应装设隔离开关，一个电器可满足开关和隔离两者功能；需要同时有开关、隔离及保护三者功能的线路，应装设隔离开关熔断器组或熔断器式隔离开关。

7.3.6 接触器和起动器

1. 分类

（1）接触器和起动器的分类，见表 7.3.6-1。

接触器和起动器的分类 **表 7.3.6-1**

方 法	类 型
按电器的种类分类	接触器、直接起动器、星—三角起动器、两级自耦减压起动器、转子变阻式起动器及综合式起动器或保护式起动器
按电源分类	交流和直流两种
按灭弧介质分类	空气、油及真空
按操作方式分类	人力、电磁铁、电动机、气动及电气—气动
按控制方式分类	自动式（由主令开关操作或程序控制）、非自动式（手操作或按钮操作）
接触器按主触头的极数分类	单极、双极、三极、四极和五极
接触器按工作环境和使用条件分类	一般用途的接触器和特殊环境条件使用的接触器

（2）起动器的用途和分类，见表 7.3.6-2。

起动器的用途和分类 **表 7.3.6-2**

<table>
<tr><th colspan="3">类 别</th><th>用 途</th></tr>
<tr><td colspan="2" rowspan="2">全压直接起动器</td><td>电磁</td><td>供远距离频繁控制三相笼型异步电动机的直接起动、停止及可逆转换，并具有过载、断相及失压保护作用</td></tr>
<tr><td>手动</td><td>供不频繁控制三相笼型异步电动机的直接起动、停止，可具有过载、断相及欠压保持作用。由于结构简单、价廉、操作不受电网电压波动影响，故特别适于广大农村使用</td></tr>
<tr><td rowspan="7">减压起动器</td><td rowspan="2">星-三角起动器</td><td>自动</td><td>供三相笼型异步电动机作星-三角起动及停止用，并具有过载、断相及失压保护作用。在起动过程中，时间继电器能自动地将电动机定子绕组由星形转换为三角形联结</td></tr>
<tr><td>手动</td><td>供三相笼型异步电动机作星-三角起动及停止用</td></tr>
<tr><td rowspan="2">自耦减压起动器</td><td>自动</td><td rowspan="2">供三相笼型异步电动机作不频繁地减压起动及停止用，并具有过载、断相及失压保护作用</td></tr>
<tr><td>手动</td></tr>
<tr><td colspan="2">电抗减压起动器</td><td>供三相笼型异步电动机的减压起动用，起动时利用电抗线圈来降压，以限制起动电流</td></tr>
<tr><td colspan="2">电阻减压起动器</td><td>供三相笼型异步电动机或小容量直流电动机的减压起动作用，起动时利用电阻元件来降压，以限制起动电流</td></tr>
<tr><td colspan="2">延边星-三角起动器</td><td>供三相笼型异步电动机作延边三角形起动，并具有过载、断相及失压保护作用。在起动过程中，将电动机绕组接成延边三角形起动完毕时自动换接成三角形</td></tr>
<tr><td colspan="3">综合起动器</td><td>供远距离直接控制三相笼型异步电动机的起动和停止用，并具有过载、短路、失压保护作用和事故报讯指示装置</td></tr>
<tr><td colspan="3">软起动器</td><td>在起动过程中电压自动平滑无级地从初始值上升到全压，使电动机的转矩在起动中有一个匀速增加的过程使起动特性变软。该类产品是取代现行降压起动器的一种节能产品</td></tr>
</table>

2. 技术特性

接触器和起动器的技术特性，见表 7.3.6-3。

接触器和起动器的技术特性 **表 7.3.6-3**

类 别	技术特性要求
额定工作制	1. 八小时工作制（连续工作制）：主触头闭合，承载稳定电流，但不超过 8h。 2. 不间断工作制：主触头闭合，承载稳定电流超过 8h，达数周、数月甚至数年。 3. 断续周期工作制或断续工作制：主触头保持闭合的有载时间与无载时间都很短（有确定的比值），不足以使电器达到热平衡。断续工作制用通电时间和负载因数表征其特性，负载因数是通电时间与整个通断操作周期之百分比，标准值为 15%、25%、40%及 60%。 每小时操作循环次数（操作频率）的优选级别：接触器为 1、3、12、30、120、300、1200；起动器为 1、3、12、30。 4. 短时工作制：主触头闭合时间不足以使电器达到热平衡，无载时间足以使其温度恢复到正常状况。 5. 周期工作制：稳定或可变负载有规律地反复运行的一种工作制
负载特性	1. 耐受过载电流的能力：AC-3 或 AC-4 类别的接触器，应能承受表 7.3.6-4 中的过载条件。 2. 额定接通能力：对于交流用电流的对称分量有效值表示，见表 7.3.6-5。 3. 额定分断能力：对于交流用电流的对称分量有效值表示，见表 7.3.6-5
与短路保护电器（SCPD）的协调配合	接触器和起动器与 SCPD 的协调配合类型（保护型式）有两种： 1. 1 类配合：要求接触器或起动器在短路条件下不应对人及设备引起危害，在修理前，不能再使用。非重要的电动机负荷宜采用 1 类配合。 2. 2 类配合：要求接触器或起动器在短路条件下不应对人及设备引起危害，且应能继续使用，但允许触头熔焊。重要的电动机负荷应采用 2 类配合。 全国统一设计型号 CJ45 型交流接触器和熔断器进行的协调配合试验，符合 2 类配合的数据，见表 7.3.6-6

接触器耐受过载电流能力 **表 7.3.6-4**

额定工作电流（A）	试验电流	通电时间（s）
≤630	$8\times I_{r\max}$（AC—3）	10
>630	$6\times I_{r\max}$（AC—3），最小值为 5040A	10

部分交流接触器和起动器的接通、分断能力及其条件 **表 7.3.6-5**

使用类别	分断电流的倍数 (I_c/I_r)	通断条件			
		$\cos\varphi$	通电时间（s）	间隔时间（s）	操作循环次数
AC-1	1.5	0.80	0.05	10～240	50
AC-2	4.0	0.65	0.05	10～240	50
AC-3	8.0	0.45/0.35	0.05	10～240	50
AC-4	10.0	0.45/0.35	0.05	10～240	50
AC-5a	3.0	0.45	0.05	10～240	50
AC-5b	1.5	—	0.05	60	50
使用类别	接通电流的倍数 (I/I_r)	接通条件			
		$\cos\varphi$	通电时间（s）	间隔时间（s）	操作循环次数
AC-3	10.0	0.45/0.35	0.05	10	50
AC-4	12.0	0.45/0.35	0.05	10	50

注：1. $\cos\varphi$ 栏中，分子数值用于 $I_r\leqslant100$A，分母用于 $I_r>100$A 时。

2. 间隔时间栏中的 10～240s，按额定电流 I_r 值大小确定。

CJ45 型交流接触器和熔断器协调配合值 **表 7.3.6-6**

接触器型号	CJ45-6.3	CJ45-9M CJ45-9 CJ45-12	CJ45-16 CJ45-25	CJ45-32 CJ45-40	CJ45-50 CJ45-63	CJ45-75 CJ45-95	CJ45-110 CJ45-140	CJ45-170 CJ45-205	CJ45-250 CJ45-300	CJ45-400 CJ45-475
熔断器型号	RL6	RL6 RT16			RT16					
熔断体额定电流（A）	10	16	40	50	100	125	160	250	315	500

注：表中接触器和熔断器符合“2”类协调配合。

3. 接触器选择要点

（1）应根据负载特性和操作条件选择接触器的使用类别。

（2）选取的接触器的操作频率应符合被控设备的运行使用要求。

（3）选取的接触器的正常负载特性与过载特性应适应用电设备的不同工作制的发热要求。

（4）根据控制电路电压要求，选择接触器的吸引线圈电压；按照控制、联锁的需要，选择辅助触头的对数。

（5）接触器应配用适当的短路保护电器，两者性能应协调配合。

4. 接触器、起动器的选择方法

（1）接线路的额定电压选择

$$U_{n} \geqslant U_{ln} \tag{7.3.6-1}$$

式中 U_{n}——交、直流接触器或起动器的额定电压，V；

U_{ln}——线路的额定电压，V。

（2）按电动机的额定功率或计算电流选择接触器或起动器的等级，并应适当留有余量。根据安装地点的周围环境选择起动器的结构形式。

（3）按短路时的动、热稳定校验：

线路的三相短路电流不应超过接触器或允许的动、热稳定值。当使用接触器或起动器切断短路电流时，还应校验设备的分断能力。

（4）根据控制电源的要求选择吸引线圈的电压等级和电流种类。

（5）按联锁接点的数目和它需要遮断的电流大小确定辅助接点。

（6）根据操作次数校验接触器所允许的动作频率。

（7）根据控制设备所能耐受的操作频率、工作制度及负载特性等条件，正确选用交流接触器的额定电流，并应优先选用低噪声、节能产品。

5. 选用原则

（1）交流接触器。

接触器一般由电磁系统、主触头及灭弧罩、辅助触头、支架和底座等组成。当励磁线圈通电后，产生电磁力，吸合衔铁并带动主触头闭合，使主电路接通。同时常开辅助触头闭合，常闭辅助触头打开，使控制电路接通或断开。当励磁线圈失压（或欠压）时，电磁吸力不足（或消失），衔铁释放，主触头恢复原状，把主电路断开。故接触器不仅能通断电路，还能起到失压或欠压保护作用。

交流接触器的选用主要是形式、主电路参数、控制电路参数和辅助电路参数的确定，以及按电寿命、使用类别和工作制的选用：

①额定电流、电压及分断能力、动稳定及热稳定电流均应不小于该回路参数；

②所控电动机电流，应小于交流接触器的额定值；

③应根据交流接触器的安装场所及周围环境决定交流接触器的型式；

④交流接触器的吸引线圈的额定电压、耗电功率、辅助接点的容量、数量等，应满足控制回路的接线要求；

⑤接触器的允许操作频率应满足工艺要求；

⑥根据控制设备所能耐受的操作频率、次数及负载特性等条件，并按不同控制设备类别，见表 7.3.6-7，正确选用交流接触器的额定电流，同时在设计中应选用低噪声产品。

接触器的工作类型及应用 **表 7.3.6-7**

工作类别	负荷类型	接触器用法	应用举例
AC1	非感应性负荷 $\cos\varphi=0.8$	开断	电热
AC2	绕线型异步电动机 $\cos\varphi=0.65$	启动、停止、再生制动、点动	拉线机
AC3	笼形电动机 $\cos\varphi=0.45$，$I_e\leqslant100A$ $\cos\varphi=0.35$，$I_>100A$	启动、停止	电梯、自动扶梯、风机、空调机组、冷水泵、冷冻泵等
AC4	笼型电动机 $\cos\varphi=0.45$，$I_e\leqslant100A$ $\cos\varphi=0.35$，$I_e>100A$	启动、停止、再生制动、反向制动、点动	印刷机、拉丝机等

注：民用建筑中，绝大多数的电动机应用在 AC3 类别。

⑦应根据负载特性和操作条件选择接触器的使用类别。用于控制笼型电动机，通常选用 AC-3 类别；用于控制需要点动、反向运转或反向制动条件下的电动机，应选用 AC-4 类别；用于控制电阻炉、照明灯、电容器等用电设备时，应相应选用 AC-1、AC-5a、AC-5b、AC-6b 类别；

⑧AC-1、A-3 两种可以根据电动机满载时选用接触器。AC-2、AC-4 两种可以用降低控制容量的方法满足寿命要求；

⑨不间断工作制的设备，应选取特殊设计的接触器，如用银或银基触头的产品，以避免触头过热；如选用八小时工作制的接触器，应降低一级容量使用；

⑩用于断续工作制时，应考虑启动电流和通断持续率的影响。

⑪用于非电动机负载如电阻炉、电容器、电焊机、照明等除满足通断容量外，还应满足运行中出现的过电流；

⑫根据控制回路电压要求，选择接触器的吸引线圈电压；按照控制、连锁的需要，选择辅助触头的对数，必要时，应留有备用。

⑬与短路保护电器的协调配合、接触应配用适当的短路保护器，两者性能应协调配合。

(2) 磁力起动器。

选用磁力起动器时，应该考虑以下几个方面的问题：

①根据使用环境选择磁力起动器的结构形式，如开启式或保护式；

②根据线路要求确定磁力起动器是可逆式的还是不可逆式的，是有热保护的还是无热保护的；

③根据所控电动机的容量确定选用哪一级的磁力起动器；

④磁力起动器虽然在长期工作制、间断工作制和反复短时工作制下都可应用，但必须根据操作频率来选择起动器；

⑤磁力起动器能否起断相保护作用，主要取决于所配用的热继电器是否具有这项保护功能（其他装有热继电器的起动器也是如此）。

(3) 起动器选用应注意的几个问题。

由于电动机的型式、容量及使用场所不同，起动过程和要求也不相同。对于电动机的特性要求如下：

①要保证有足够的起动转距。

起动转矩必须大于机械静负载力矩及静摩擦力矩之和。在同一转动惯量下，两者相差越大，加速越快，起动时间就短。这对于重复起动的生产机械来说，会大大提高生产效率。

②限制启动电流。

鼠笼型交流电动机和直流串激式电动机，其启动电流一般都在额定电流的六倍以上。对于容量较小的电动机（7.5kW 以下），若直接起动，对电网影响不大，而当容量较大时就必须考虑由于起动电流而造成的压降会影响电源网络电压的稳定，特别是电源容量较小时就更加严重，以至妨碍其他用电设备的正常运行。此外，大的起动电流必然伴随有较长的起动时间，它会导致热损耗的增加。对于直流电动机，还会在换向器上产生较强的火花，造成换向的困难，因此要尽可能设法限制起动电流。

起动器还要适应机械设备的运行特点，例如鼓风机、空气压缩机等基本上是属于空载起动，只需克服静摩擦力矩；有的设备如卷扬机、吊车设备、轧钢机等，一启动就可能是额定负载，甚至过负载；而一些机床虽然起动时负载较轻，但变化较大，可以在过载情况下时起时停或反转，这些也构成对起动器的不同要求。概括起来可归纳为：要有足够大的启动力矩和尽可能小的起动电流；起动过程要尽可能短，并且不使电源网络受到影响，操作要简易、方便、安全可靠；功率损耗要小。

6. 交流接触器技术资料

(1) CK3 系列交流接触器。

CK3 系列交流接触器电流规格从 9～800A 共 18 种。按控制电路操作电压的种类分为交流操作、直流操作、交直流两用操作三种；按是否可逆分为不可逆型（标准型）和可逆型两种；按励磁方式分：长期励磁（标准型）和瞬时励磁（机械锁扣型）两种。适用于交流 50Hz、60Hz，额定工作电压 AC1000 及以下，额定电流至 800A 的电力系统中接通和分断电路，并可与适当的热过载继电器或电子式保护装置组合成电动机起动器，以保护运行中可能发生过载的设备。主要技术数据，见表 7.3.6-8。

(2) CJ45 系列交流接触器技术参数，见表 7.3.6-9。

CK3 系列交流接触器基本技术参数 **表 7.3.6-8**

型号			CK3-09F CK3-09	CK3-12F CK3-12	CK3-18F CK3-18	CK3-25F CK3-25	CK3-32	CK3-40	CK3-50	CK3-65	CK3-80
额定工作电压 U_e（V）			AC220/230V，AC380/400V，AC660/690V								
额定工作电流 I_e（A）	AC-3	220/230V	9	12	18	25	32	40	50	68	80
		380/400V	9	12	18	25	32	40	50	65	80
		660/690V	5	7	9	9	15	19	26	38	44
	AC-1	≤400V	20	20	25	32	50	60	65	100	105
额定绝缘电压 U_i（V）			690								
额定冲击耐受电压 U_{imp}（V）			6000								
飞弧距离（mm）			2								
电寿命（万次）（AC-3380/400V）			200	150	150	150	150	150	150	150	100
机械寿命（万次）			1500	1500	1500	1500	1500	1500	1500	1000	1000
型号			CK3-105	CK3-125	CK3-150	CK3-180	CK3-220	CK3-300	CK3-400	CK3-600	CK3-800
额定工作电压 U_e（V）			AC220/230，AC380/400，AC660/690								
额定工作电流 I_e（A）	AC-3	220/230V	105	125	150	180	220	300	400	600	800
		380/400V	105	125	150	180	220	300	400	600	800
		660/690V	64	72	103	150	150	230	360	600	630
	AC-1	≤400V	150	150	200	260	260	350	450	660	800
额定绝缘电压 U_i（V）			1000								
额定冲击耐受电压 U_{imp}（V）			8000								
飞弧距离（mm）			2							50	
电寿命（万次）（AC-3380/400V）			100	100	100	100	100	100	50	50	25
机械寿命（万次）			1000	1000	1000	1000	1000	1000	1000	500	250

注：1. 本表摘自常熟开关制造有限公司《产品选型手册》。
2. 请按 CK3 系列交流接触器、CJR3 热继电器配套订货。

CJ45 系列交流接触器技术参数 表 7.3.6-9

型号			CJ45-6.3	CJ45-9M	CJ45-9	CJ45-12	CJ45-16	CJ45-25	CJ45-32	CJ45-40	CJ45-50	CJ45-63	CJ45-75	CJ45-95	CJ45-110	CJ45-140	CJ45-170	CJ45-205	CJ45-250	CJ45-300	CJ45-400	CJ45-475
约定发热电流 I_{th}(A)			16		20		30		45		70		95		140		205		250	400		475
额定工作电压 U_r(V)			220,380,660																			
额定绝缘电压 U_i(V)			690																			
额定工作电流 I_r(A)	AC-3	380V	6.3	9	9	12	16	25	32	40	50	63	75	95	110	140	170	205	250	300	400	475
		660V	3.5	6.9	6.9	9.1	12.5	12.5	22.1	22.1	34.6	34.6	61	61	90	110	170	170	205	250	300	400
	AC-4	380V	5	6.3	6.3	9	12	16	25	32	40	50	63	75	90	110	140	170	205	250	300	300
		660V	2.8	5	6	6.7	8.9	8.9	17.8	17.8	25	25	52.8	52.8	60	95	100	122	160	160	190	190
控制笼型电动机功率(kW,AC-3)		380V	3	4	4	5.5	7.5	11	15	18.5	22	30	37	45	55	75	90	110	132	160	200	250
		660V	3	5.5	5.5	7.5	11	11	18.5	18.5	30	30	55	55	75	110	156	156	190	235	275	375
机械寿命(万次)			1000																			
电寿命(万次)	AC-3		100																			
	AC-4		5																			
额定接通能力(AC-3,A)			$10I_r$																			
额定分断能力(AC-3,A)			$8I_r$																			
短时耐受电流(A,AC-3,10s)			$8I_r$																			

7.3.7 热 继 电 器

1. 电动机保护元件的分工、配合

电动机保护配合曲线，见图 7.3.7-1。保护元件的保护分工，见表 7.3.7-1。

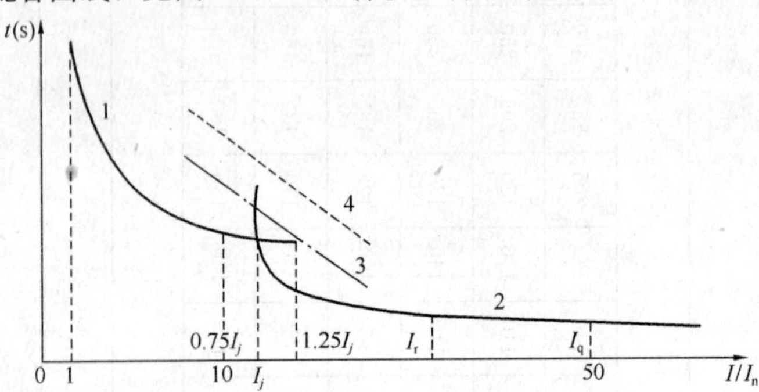

图 7.3.7-1 保护配合曲线

1—热继电器曲线；2—电磁脱扣器曲线；3—热继电器耐热极限曲线；4—SCPD（短路保护电器）耐热极限曲线

保护元件的保护分工 **表 7.3.7-1**

实际电流 I/额定电流 I_n	保 护 元 件
$I/I_n \leqslant 1$	保护元件不动作
$1 < I/I_n \leqslant 0.75I_j$	热继电器动作
$0.75I_j < I/I_n \leqslant 1.25I$	热继电器、SCPD 都可能动作，在此范围内热继电器的脱扣特性不能发生改变
$1.25I_j < I/I_n$	SCPD 动作

注：I_j 为热继电器脱扣曲线与 SCPD 电磁脱扣曲线的交点，由热继电器厂家提供，通常可采用 I_m 值。

2. 热继电器选用原则

热继电器通常与接触器装配成磁力起动器使用，主要用于电动机的过载保护。因此选用时，必须了解被保护电动机的工作环境、起动电流、负载性质、工作制以及电动机的过载能力等。

原则上应使热继电器的安秒特性尽可能接近、甚至重合电动机的过载特性，或者在电动机的过载特性之下，同时在电动机短时过载和启动的瞬间，热继电器应不受影响（不动作）。

热继电器的正确选用，与电动机的工作制有密切关系。当热继电器用以保护长期工作制或间断长期工作制的电动机时，一般可按电动机的额定电流来选用。例如，热继电器的整定值可等于 0.95～1.05 倍电动机的额定电流，或者取热继电器整定电流的中值等于电动机的额定电流，然后进行调整。

当热继电器用以保护反复短时工作制的电动机时，热继电器仅有一定范围的适应性。如果每小时操作次数很多，就要选用带超速保护电流互感器的热继电器。

对于正反转和通断频繁的特殊工作制电动机，不宜采用热继电器作为过载保护装置，而应使用埋入电动机绕组的温度继电器或热敏电阻来保护。

3. 热继电器的选用依据

（1）按额定电流选择热继电器的型号规格。

热继电器的额定电流应等于或略大于电动机的额定电流，即

$$I_{nj} = (0.95 \sim 1.05) I_{nd} \tag{7.3.7-1}$$

式中 I_{nj}——热继电器的额定电流，A；

I_{nd}——电动机的额定电流，A。

（2）按需要的整定电流选择热元件的编号和额定电流。

对于电动机回路，热继电器的整定电流应当等于电动机的额定电流，同时，整定电流应留有一定的上下限调整范围。

当热继电器的周围环境不为+35℃时，应按下式校正电流值：

$$I_t = I_{35}\sqrt{\frac{95-t}{60}} \tag{7.3.7-2}$$

式中 I_t——环境温度为 t℃时电流值，A；

I_{35}——热继电器在规定温度下的电流值，A；

t——环境温度,℃。

（3）根据热继电器特性曲线校验电动机过负载 20%时，应可靠动作，而且热继电器的动作时间必须大于电动机长期允许过负荷的时间及起动时间。

4. 热过载继电器主要技术数据

热过载继电器主要技术数据，见表 7.3.7-2。

7.3.8 单相、三相电源自复式过欠压保护器

1. 概述

根据现行国家行业标准《住宅建筑电气设计规范》JGJ 242—2011 的规定，每套住宅应该设置自恢复式过欠压保护器。

低压配电系统 TN-C-S、TN-S 和 TT 接地形式中，经常发生中性线断线、三相负载严重不平衡和高压断线等故障引起低压配电系统电位偏移。电位偏移过大，不仅会烧毁单相用电设备引起火灾、甚至会危及人身安全。其中 N 线断开是产生暂态过电压的主要原因，实现电源过压、欠压保护并能自动恢复，能给人们生活带来很多方便。

根据厦门大恒科技有限公司国家认可实验室对国内多个品牌的自复式过欠压保护器进行的测试发现，有的产品在使用电磁炉负荷时很快就烧毁了（个别的会起火），原因是有的产品使用电容器作降压元件为控制电路提供电源。另外使用电容降压能耗很大(无功损耗，测试中发现多数品牌超过 10W)。厦门大恒科技有限公司（网站：htt/www. spd-th. com，信箱：taihang@spd-th. com）研制开发生产的 TPS220 系列单相电源过欠压保护器，采用断路器为开关体的 AB 系列自复式三相过欠压保护器能够实现电源过欠压的保护，避免家用电器、办公自动化、照明电器等设备损坏，使用户避免遭受经济损失。

2. 技术数据

（1）单相电源自复式过欠压保护器技术数据，见表 7.3.8-1。

CJR3 系列热继电器主要技术数据 表 7.3.7-2

型　号	CJR3-13	CJR3-25-AN	CJR3-25	CJR3-50	CJR3-105B	CJR3-105	CJR3-160B	CJR3-160	CJR3-185	CJR3-240	CJR3-450
适配接触器型号	CK3-09F、12F	CK3-18F、25F	CK3-09～25	CK3-32、40、50	CK3-65、80	CK3-105	CK3-125	CK3-150	CK3-180	CK3-220	CK3-300、400
整定电流范围及代号	0. 1-0. 15A	0. 1-0. 15A	0. 1-0. 15A	4-6S	7-11V	18-26B	45-65J	45-65J	65-95M	85-125N	110-160P
	0. 13-0. 2B	0. 13-0. 2B	0. 13-0. 2B	5-8T	9-13W	24-36E	53-80L	53-80L	85-125N	110-160P	125-185R
	0. 15-0. 24C	0. 15-0. 24C	0. 15-0. 24C	6-9U	12-18X	28-40F	65-95M	65-95M	110-160P	126-185R	160-240S
	0. 2-0. 3D	0. 20-0. 3D	0. 2-0. 3D	7-11V	18-26B	34-50G	85-125N	85-125N	125-185R	160-240S	200-300T
	0. 24-0. 36E	0. 24-0. 36E	0. 24-0. 36E	9-13W	24-36E	45-65J	110-160P	110-160P			240-360U
	0. 3-0. 45F	0. 30-0. 45F	0. 3-0. 45F	12-18X	28-40F	65-95M					300-450V
	0. 36-0. 54G	0. 36-0. 54G	0. 36-0. 54G	18-26B	34-50G	85-105I					
	0. 48-0. 72H	0. 48-0. 72H	0. 48-0. 72H	24-36E	45-65J						
	0. 64-0. 96J	0. 64-0. 96J	0. 64-0. 96J	32-42I	48-68O						
	0. 8-1. 2K	0. 8-1. 2K	0. 8-1. 2K	40-50H	64-80R						
	0. 95-1. 45L	0. 95-1. 45L	0. 95-1. 45L		65-95M						
	1. 4-2. 2M	1. 4-2. 2M	1. 4-2. 2M		85-105I						
	1. 7-2. 6N	1. 7-2. 6N	1. 7-2. 6N								
	2. 2-3. 4P	2. 2-3. 4P	2. 2-3. 4P								
	2. 8-4. 2R	2. 8-4. 2R	2. 8-4. 2R								
	4-6S	4-6S	4-6S								
	5-8T	5-8T	5-8T								
	6-9U	6-9U	6-9U								
	7-11V	7-11V	7-11V								
	9-13W	9-13W	9-13W								
		12-18X	12-18X								
		16-22Q	16-22Q		M、I仅适用于配独立安装单元		P仅适用于CJR3-160BH				
		20-25Y	20-25Y								
功耗(VA/相)(2)	1. 1	2. 2		3. 6	6. 6	6. 6	7	8	9. 6	5. 2	12

注：1. 本表摘自常熟开关制造有限公司《产品选型手册》。

2. 热继电器脱扣级别为 10A；功耗根据整定电流的大小而有不同，该值是最大值。

单相电源自复式过欠压保护器技术参数　　表 7.3.8-1

型号/额定工作电流	TPS220/16A	TPS220/25A	TPS220/32A	TPS220/40A	TPS220/50A	TPS220/63A
额定工作电压	220V/ac	220V/ac	220V/ac	220V/ac	220V/ac	220V/ac
额定工作频率	50/60Hz	50/60Hz	50/60Hz	50/60Hz	50/60Hz	50/60Hz
过电压动作值	264V ±5V	264V ±5V	264V ±5V	264V ±5V	264V ±5V	264V ±5V
过电压恢复值	254V ±5V	254V ±5V	254V ±5V	254V ±5V	254V ±5V	254V ±5V
欠电压动作值	176V ±5V	176V ±5V	176V ±5V	176V ±5V	176V ±5V	176V ±5V
欠电压恢复值	186V ±5V	186V ±5V	186V ±5V	186V ±5V	186V ±5V	186V ±5V
保护动作时间	0.5s	0.5s	0.5s	0.5s	0.5s	0.5s
恢复延时时间	10s	10s	10s	10s	10s	10s
端口接线	2.5—25mm^2	2.5—25mm^2	2.5—25mm^2	2.5—25mm^2	2.5—25mm^2	2.5—25mm^2
正常工作温度范围	−20℃～60℃	−20℃～60℃	−20℃～60℃	−20℃～60℃	−20℃～60℃	−20℃～60℃
正常工作湿度范围	≤95%	≤95%	≤95%	≤95%	≤95%	≤95%
正常工作海拔高度	≤3000m	≤3000m	≤3000m	≤3000m	≤3000m	≤3000m

注：宽度尺寸：54mm；电源：内置变压器，功耗＜1.4W；外部复位：当产品出现不可恢复性损坏时，按压TEST钮2秒可强制复位通电。

(2) 三相电源自复式过欠压保护器技术数据，见表 7.3.8-2、表 7.3.8-3。

三相电源自复式过欠压保护器技术参数（一）　　表 7.3.8-2

型号/额定工作电流	AB-4P/16A	AB-4P/25A	AB-4P/32A	AB-4P/40A	AB-4P/50A	AB-4P/63A
额定工作电压	220Vac/380Vac	220Vac/380Vac	220Vac/380Vac	220Vac/380Vac	220Vac/380Vac	220Vac/380Vac
额定工作频率	50/60Hz	50/60Hz	50/60Hz	50/60Hz	50/60Hz	50/60Hz
短路电流分断能力	6kA	6kA	6kA	6kA	6kA	6kA
过负荷保护	热脱扣(C曲线)	热脱扣(C曲线)	热脱扣(C曲线)	热脱扣(C曲线)	热脱扣(C曲线)	热脱扣(C曲线)
过电压动作值	264V ±5V	264V ±5V	264V ±5V	264V ±5V	264V ±5V	264V ±5V
过电压恢复值	253V ±5V	253V ±5V	253V ±5V	253V ±5V	253V ±5V	253V ±5V
欠电压动作值	176V ±5V	176V ±5V	176V ±5V	176V ±5V	176V ±5V	176V ±5V
保护动作时间	1s	1s	1s	1s	1s	1s
恢复延时时间	10s	10s	10s	10s	10s	10s
端口接线	2.5—16mm^2	2.5—16mm^2	2.5—16mm^2	4—16mm^2	4—16mm^2	4—16mm^2

续表

型号/额定工作电流	AB-4P/16A	AB-4P/25A	AB-4P/32A	AB-4P/40A	AB-4P/50A	AB-4P/63A
正常工作温度范围	−20℃～60℃	−20℃～60℃	−20℃～60℃	−20℃～60℃	−20℃～60℃	−20℃～60℃
正常工作湿度范围	≤95%	≤95%	≤95%	≤95%	≤95%	≤95%
正常工作海拔高度	≤3000m	≤3000m	≤3000m	≤3000m	≤3000m	≤3000m
保护线路 AB-3PN	L1、L2、L3、N	L1、L2、L3、N	L1、L2、L3、N	L1、L2、L3、N	L1、L2、L3、N	L1、L2、L3、N

注：AB-4P 三相同步脱扣，在失效模式下能够手动合闸、分闸，能够保证供电的第一需要。

三相电源自复式过欠压保护器技术参数（二） **表 7.3.8-3**

型号/额定工作电流	AS-4P/32A ARx-4P/32A	AS-4P/40A ARx-4P/40A	AS-4P/50A ARx-4P/50A	AS-4P/63A ARx-4P/63A	AS-4P/80A ARx-4P/80A	AS-4P/100A ARx-4P/100A
额定工作电压	220Vac/380Vac	220Vac/380Vac	220Vac/380Vac	220Vac/380Vac	220Vac/380Vac	220Vac/380Vac
额定工作频率	50/60Hz	50/60Hz	50/60Hz	50/60Hz	50/60Hz	50/60Hz
漏电流保护 AR1	30mA	30mA	30mA	30mA	30mA	30mA
漏电流保护 AR2	100mA	100mA	100mA	100mA	100mA	100mA
漏电流保护 AR3	300mA	300mA	300mA	300mA	300mA	300mA
过电压动作值	264V ±5V	264V ±5V	264V ±5V	264V ±5V	264V ±5V	264V ±5V
过电压恢复值	253V ±5V	253V ±5V	253V ±5V	253V ±5V	253V ±5V	253V ±5V
欠电压动作值	176V ±5V	176V ±5V	176V ±5V	176V ±5V	176V ±5V	176V ±5V
欠电压恢复值	187V ±5V	187V ±5V	187V ±5V	187V ±5V	187V ±5V	187V ±5V
保护动作时间	1s	1s	1s	1s	1s	1s
恢复延时时间	10s	10s	10s	10s	10s	10s
端口接线	2.5—16mm^2	2.5—16mm^2	4—16mm^2	6—16mm^2	6—16mm^2	6—16mm^2
正常工作温度范围	−20℃～60℃	−20℃～60℃	−20℃～60℃	−20℃～60℃	−20℃～60℃	−20℃～60℃
正常工作湿度范围	≤95%	≤95%	≤95%	≤95%	≤95%	≤95%
正常工作海拔高度	≤3000m	≤3000m	≤3000m	≤3000m	≤3000m	≤3000m
控制线路 AB-4P	L1、L2、L3、N	L1、L2、L3、N	L1、L2、L3、N	L1、L2、L3、N	L1、L2、L3、N	L1、L2、L3、N

注：AR-4P、AS-4P 三相同步脱扣，在失效模式下能够手动合闸、分闸，能够保证供电的第一需要。

3. 应用示例

单相、三相电源过欠电压保护器安装在住宅配电箱或住宅家居配电箱内，见图 7.3.8-1。

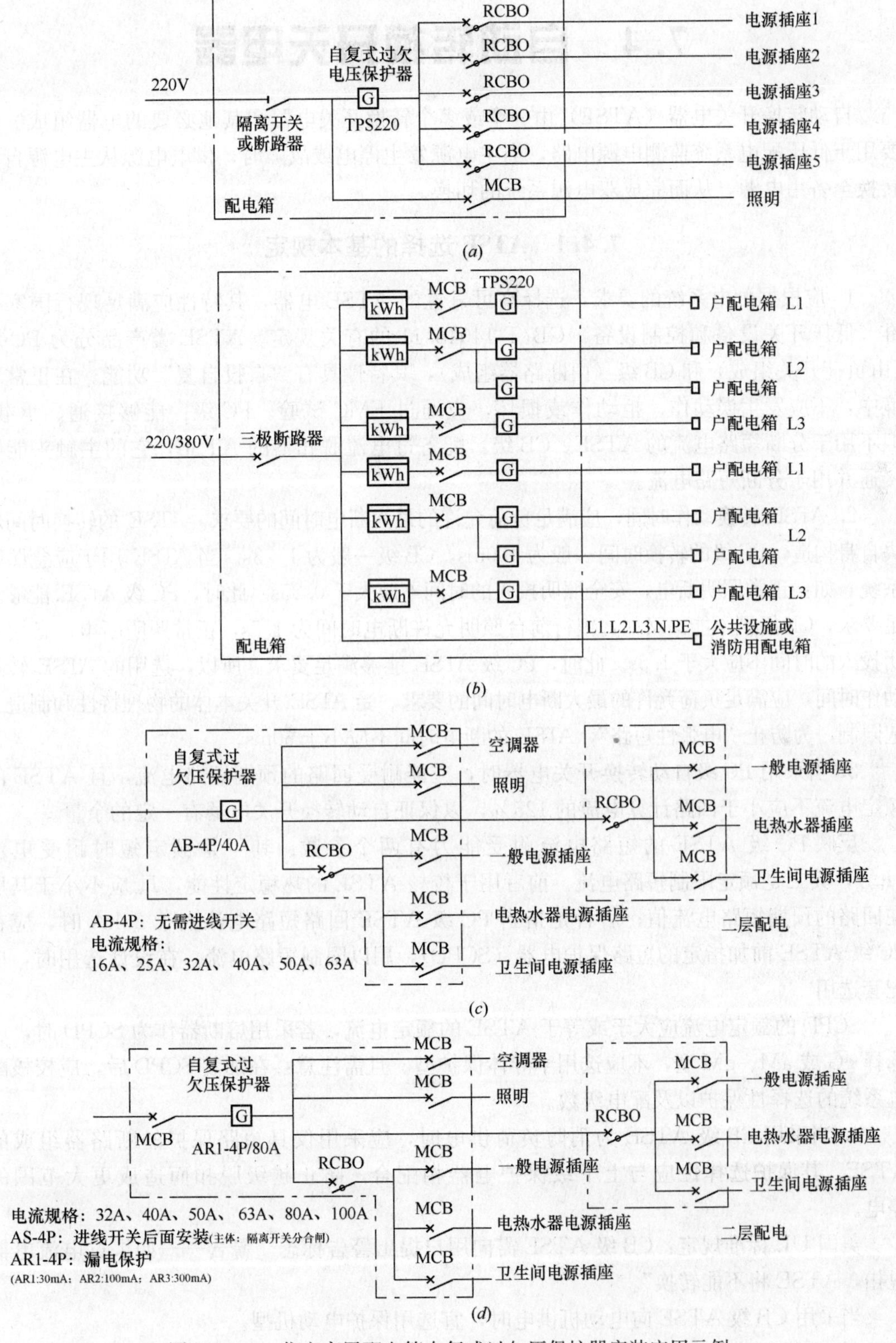

图 7.3.8-1 住宅家居配电箱自复式过欠压保护器安装应用示例
(a)、(c)、(d) 安装在住宅家居配电箱内；(b) 安装在住宅层配电箱内

7.4 自动转换开关电器

自动转换开关电器（ATSE）由一个或多个转换开关电器和其他必要的电器组成。主要用于低压配电系统监测电源电路，当主电源发生停电或故障时，供电电源从主电源自动转换至备用电源，从而完成双电源系统的切换。

7.4.1 ATSE 选择的基本规定

1. 应根据配电系统的要求，选择高可靠性的 ATSE 电器，其特性应满足现行国家标准《低压开关设备和控制设备》GB/T 14048.11 的有关规定。ATSE 类产品分为 PC 级（由负荷开关组成）和 CB 级（由断路器组成），其特性具有“自投自复”功能。在正常环境中，不应发生误动作、拒动作或损坏，应通过 EMC 试验。PC 级：能够接通、承载，但不用于分断短路电流的 ATSE。CB 级：配备过电流脱扣器的 ATSE，它的主触头能够接通并用于分断短路电流。

2. ATSE 转换动作时间，应满足负荷允许的最大断电时间的要求。ATSE 的转换时间取决自身构造，PC 级的转换时间一般为 100ms，CB 级一般为 1～3s。当 ATSE 用于应急照明系统，如：正常照明断电，安全照明投入的时间不应大于 0.25s。此时，PC 级 ATSE 能够满足要求，CB 级则不能。又如：银行前台照明允许断电时间为 1.5s，正常照明断电，备用照明投入的时间不应大于 1.5s。此时，PC 级 ATSE 能够满足要求。所以，选用的 ATSE 转换动作时间，应满足负荷允许的最大断电时间的要求。受 ATSE 开关本体的物理特性和制造工艺限制，为防止“电弧性短路”，ATSE 的断电时间不应小于 50ms。

3. 当采用 PC 级自动转换开关电器时，应能耐受回路的预期短路电流，且 ATSE 的额定电流不应小于回路计算电流的 125%，以保证自动转换开关电器有一定的余量。

反映 PC 级 ATSE 的短路电流耐受能力有两个参数：其一是额定短时耐受电流（I_{cw}），其二是额定限制短路电流。前者用于校核 ATSE 的热稳定性能，I_{cw}应不小于其所在回路的预期短路电流值；后者是指当 PC 级 ATSE 回路短路电流大于 25kA 时，应在 PC 级 ATSE 前加指定的短路保护电器（SCPD），用以限制短路电流，在设计选用时，应配套选用。

SCPD 的额定电流应大于或等于 ATSE 的额定电流，若采用熔断器作为 SCPD 时，应选择 gG 或 aM、gM 型，不应选用半导体保护型。且需注意：在加装 SCPD 后，应校核配电系统的选择性保护以及配电级数。

4. 当采用 CB 级 ATSE 为消防负荷供电时，应采用仅具短路保护的断路器组成的 ATSE。其保护选择性应与上下级保护电器相配合，防止越级脱扣而造成更大范围的停电。

美国 UL 标准规定：CB 级 ATSE 需向用户提出警告标志“警告——如果过电流电器脱扣，ATSE 将不能转换”。

当采用 CB 级 ATSE 向电动机供电时，宜选用保护电动机型。

5. 所选用的 ATSE 宜具有检修隔离功能；当 ATSE 本体没有检修隔离功能时，设计上应采取隔离措施；设计上应在 ATSE 的进线端加装具有隔离功能的电器。

6. ATSE 的切换时间应与供配电系统继电保护时间相配合，并应避免连续切换。当设计的供配电系统具有自动重合闸功能，或虽无自动重合闸功能但上一级变电所具有此功能时，工作电源突然断电，ATSE 不应立即投到备用电源侧，应有一段躲开自动重合闸时间的延时。避免刚切换到备用电源侧，又自复至工作电源，这种连续切换是比较危险的。

7. ATSE 为大容量电动机负荷供电时，应适当调整转换时间，在先断后合的转换过程中保证安全可靠切换。如果在先断后合的转换过程中加 50～100ms 的延时躲过同时产生弧光的时间，则可保证可靠切换。

ATSE 的转换时间并不是越短越好，尤其对于向大容量电动机负荷供电的 ATSE，当 ATSE 断开常用电源时，负载会产生反电动势，此反电动势和备用电源电势的相位差可能接近 180°，有可能产生大的冲击电流（2～3 倍正常启动电流），造成熔断器熔断或断路器脱扣，同时负载将承受极大的机械应力（4～9 倍正常机械应力，$F=kI^2$），造成电动机或相关连接装置的机械部分损坏。

在中间位置适时停留可使电动机避开危害。

7.4.2 ATSE 选择方法

1. 双电源自动转换开关电器（ATSE）选择基本方法。

除需要满足一般要求外，ATSE 还应按动作特性选择：

（1）按保护类别选择。

①PC 级：不用于分断短路电流，宜用于由放射式线路配电的重要负荷。当由树干式线路配电时需要加装过电流保护电器；

②CB 级：配备有过电流脱扣器，能够接通并用于分断短路电流。应用时需同时满足配电系统对过电流保护电器的特性要求。当采用 CB 级 ATSE 为消防负荷供电时应采用仅具短路保护的断路器组成的 ATSE。

（2）按正常负载特性选择。额定电流应大于线路的计算电流，其接通和分断能力不应小于其接通和分断的线路短时最大负荷电流。当采用 PC 级自动转换开关电器时，应能耐受回路的预期短路电流，且 ATSE 的额定电流不应小于回路计算电流的 125%。

（3）按短路特性选择。

①PC 级：额定短时耐受电流应满足条件 $I_t^2 t \geqslant Q_t$；额定限制短路电流不应小于安装地点的最大三相对称短路电流有效值；

②CB 级：额定短路分断能力不应小于安装地点的最大三相对称短路电流初始值。

（4）按转换时间选择。ATSE 的转换时间取决于自身构造，PC 级的转换时间一般为 100ms，CB 级一般为 1～3s。应适应不同备用电源和不同负荷性质的要求，满足负荷允许的最大断电时间的要求。

自动切断电源的最大安全持续时间（最长切断时间），见表 7.4.2-1。

自动切断电源的最大安全持续时间（最长切断时间）（s） **表 7.4.2-1**

交流接触电压 U_0（V）		$50<U_0\leqslant120$	$120<U_0\leqslant230$	$230<U_0\leqslant400$	$U_0>400$
系统接地形式	TN 或 IT	0.8	0.4	0.2	0.1
	TT	0.3	0.2	0.07	0.04

注：间接接触防护——自动切断电源和进行总等电位联结。

2. ATSE技术参数的选用应根据具体使用环境（如海拔高度、温度、湿度、污染程度等），依据国家现行标准、规范选用安全可靠的产品。

3. ATSE的开关主体应满足污染等级3级（适合一般工业用途电器）的要求。

4. ATSE适用于交流不超1000V或直流不超过1500V的紧急供电系统，其额定电压应与所在回路额定电压（交流为均方根值）相适应，应考虑正常工作时可能出现的最高或最低电压。其额定电流应大于所在回路的预期工作电流，还应承载异常情况下可能的过电流，选择ATSE额定电流不应小于回路计算电流的125%。其额定频率必须与所在电源回路的频率相适应。

5. ATSE应满足短路条件下的动稳定和热稳定要求。ATSE的额定限制短路电流或ATSE的短时耐受能力应大于或等于系统预期短路电流。CB级的ATSE应满足短路条件下的分断能力，PC级的ATSE应承载短路耐受电流的要求。

6. 当日常维护及损坏维修仍要确保连续供电时，下列场所宜选用旁路隔离型、旁路抽出型ATSE或采取其他相应措施：

（1）采用柴油发电机作为应急电源的特别重要场所的油机-市电型自动转换开关。

（2）国家及省市级广播电视中心内重要的演播室及机房。

（3）大型机场的航空雷达站。

（4）重要的大型通信机站。

（5）大型综合医院对供电系统连续性有特殊要求的手术室。

（6）银行、金融中心、评券交易所内对供电系统连续性有特殊要求的场所。

7. 系统中不要求ATSE切断短路故障，只要求在正常电源有故障表现（失电或电源有缺相、欠压、频率过高或过低等）时动作，并满足额定接通和分断能力时，应采用PC级。该电器应能承受系统短路电流冲击的要求。民用建筑中所使用的ATSE应以PC级为主，一级负荷中特别重要负荷应采用一体化结构的PC级ATSE，一级负荷及消防负荷宜采用PC级ATSE。

8. 系统要求ATSE有短路，过负荷等保护功能，PC级不能满足负荷的接通容量时，宜采用CB级。当采用CB级ATSE向电动机供电时，应满足电动机的保护要求。

9. 市电与发电机转换用的ATSE宜采用PC级、一体化结构、三位式的ATSE。当采用自投自复的ATSE时，自动复归应有适当的延时，延时时间可调，并与发电机停机时间相配合。

10. 当需要自动切断电源、或带高感抗、或大电动机负载转换时，ATSE应采用三位式。其他场所可根据需要选择二位式或三位式ATSE。一般而言，下列场所应采用（不延时）具有快速转换功能的二位式ATSE：①重要场所的安全照明；②重要计算机的电子数据处理装置；③重要场所用电设备的应急备用电源；④证券交易所、金融中心、银行、大型体育场馆、大型百货商场、超市等场所的应急备用照明。

下列场所宜采用三位式ATSE：①在系统主电源突然停电，但还要保证系统上、下级的动作时间有一个时间差这样要求的系统中；②要求备用电源的负荷投入要有一定的时间差，以便减小冲击的系统中；③ATSE本身有维修、检修及调试的需要的情况下。

11. 若干个ATSE链接时，应符合《低压配电设计规范》规定的线路保护要求。

12. 根据实际工程需要选择合理的 ATSE 动作时间，且 ATSE 应能躲过电源电压闪变瞬变等干扰。ATSE 动作时间宜参见表 7.4.2-2。目前生产的 ATSE 动作时间范围，见表 7.4.2-3。

负荷允许最大中断供电时间（s） **表 7.4.2-2**

负荷情况		负荷允许中断的动作时间（s）
计算机系统、通信系统等	A级	≤0.004
	B级	≤0.2
	C级	≤1.5
应急照明	一般场所	≤5
	高危险区	≤0.25
医疗设备	0级（不间断）	0（不间断自动供电）
	0.15级（极短时间隔）	≤0.15
	0.5级（短时间隔）	≤0.5
	15级（中等间隔）	≤15
	大于15级（长时间隔）	≥15

ATSE 动作时间范围 **表 7.4.2-3**

类别 时间	断路器投切型 （CB级）	负荷开关双投型 （PC级）	接触器双投型 （PC级）	控制保护器投切型 （CB级）
转换动作时间	1.5～3s	0.45～4s	0.1～0.3s	0.05s
切换延时	0～180s	0～250s可调	0～30s可调	0～30s可调

13. ATSE 上、下级动作时间应根据系统要求进行配合。人为延时 Δt_3 的确定原则：(1) 下级 ATSE 比上一级 ATSE 的总动作时间（Δt）应大于 10 个周波（即 0.2s），见图 7.4.2-1。(2) 如果正常电源与备用电源在电源侧设置了联络断路器，本级 ATSE 的总动作时间（Δt）应比上级联络开关的延时整定互投时间大 0.5s，见图 7.4.2-2。当变电室低压配电系统为单母线分段运行，并设母联开关时，ATSE 总动作时间应与变电室母联开关设定的动作时间整定值配合，应大于联络开关动作时间 0.5～1s 以上。变电室母联开关的动作时间大多为 1.5～2.5s，ATSE 总动作时间宜在 2～3s 以上。当采用发电机组作为应急电源时，发电机的启动和电源转换的全部时间大于 15s，ATSE 应选用“市电-发电机转换”专用型。当 ATSE 带大电动或高感抗负载转换时，应适当调整转换时间，在先断后合的转换过程中保证安全可靠切换。ATSE 具有自投自复功能时，当主电源恢复正常供电时，ATSE 应经延时后，切换回主电源。0s ATSE 装置设在主电源为市网系统，备用电源是发电机自调压、自调频系统，必须保证备用电源与市网相位在允许范围内投切电源。这时发电机有一段时间与市网“并网”。

14. 所选用的 ATSE 宜具有检修隔离功能；当 ATSE 本体没有检修隔离功能时，设计上应采取隔离措施。

15. ATSE 的切换时间应与配电系统继电保护时间相配合，并避免连续切换。

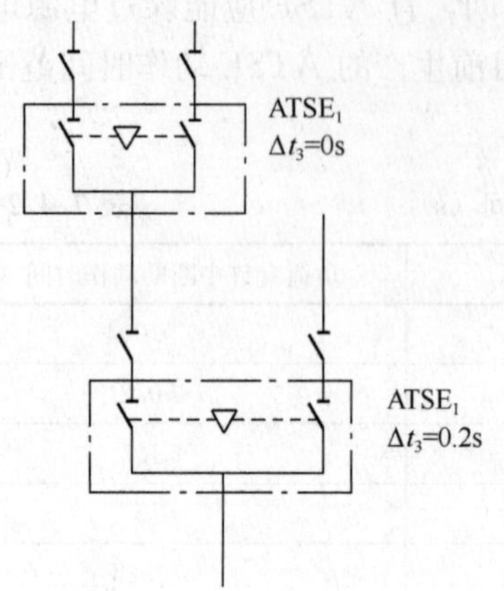

图 7.4.2-1 上、下级 ATSE 间人为延时的确定

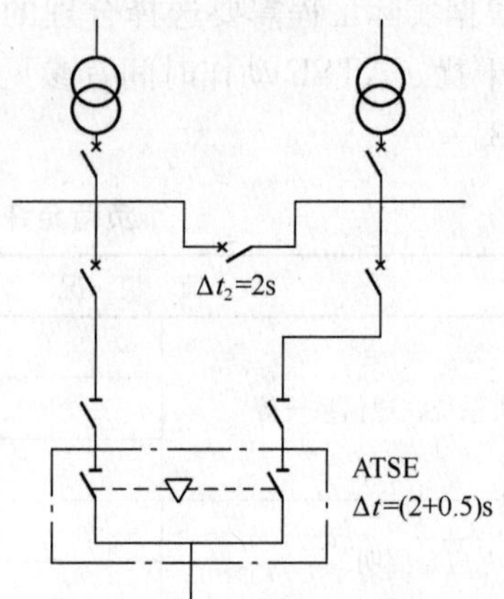

图 7.4.2-2 有联络断路器时中级 ATSE 延时整定时间的确定

7.5 KB0 系列控制与保护开关电器

7.5.1 概述

1. CPS（产品的类别代号）介绍

（1）“控制与保护开关电器”（控制保护器）是低压电器中的新型产品，作为新的大类产品，其产品类别代号为“CPS”，电气符号为（[symbol]）。

（2）《民用建筑电气设计规范实施指南》中指出：“CPS（KB0）对电动机保护而言是革命性的，它成功地解决了过去一直没有解决好的电动机保护配合问题”。“采用 CPS（KB0）的电动机主回路和控制回路得以简化，可靠性也得到提高”。

（3）产品符合的标准：《低压开关设备和控制设备　多功能电器：控制与保护开关电器》GB 14048.9—2008（等同采用 IEC 60947-6-2）。

（4）CPS 的主要特征为：在单一结构形式的产品上实现集成化的、内部协调配合的控制与保护功能，能够替代断路器（熔断器）、接触器、过载（或过流、断相）保护继电器、起动器、隔离器等多种传统的分离元器件。

（5）KB0 系列控制与保护开关电器是浙江中凯科技股份有限公司（网址：http//www.KB0.cn 电子信箱：zhongkai@KB0.cn）最新研发的填补国内空白的第一代 CPS 大类产品。

2. 产品用途与功能

（1）KB0 主要用于交流 50Hz（60Hz）、额定电压至 690V、电流自 0.16A 至 125A 的电力系统中接通、承载和分断正常条件下包括规定的过载条件下的电流，且能够接通、承载并分断规定的非正常条件下的电流（如短路电流）。

（2）KB0 采用模块化的单一产品结构型式，集成了传统的断路器（熔断器）、接触器、过载（或过流、断相）保护继电器、起动器、隔离器等的主要功能，具有远距离自动控制和就地直接人力控制功能，具有面板指示及机电信号报警功能，具有协调配合的时间。

(3) 电流保护具有反时限、定时限和瞬时三段保护特性。可实现对一般不频繁起动的、频繁起动的电动机负载、配电电路负载的控制与保护。

(4) 对控制回路隔离时，应选用配置 G20（模块）两常开辅助触头串联在图示控制回路中，见图 7.5.1-1。

(5) 主电路隔离刀闸与 G20（模块）辅助触头在操作手柄时同时通断。

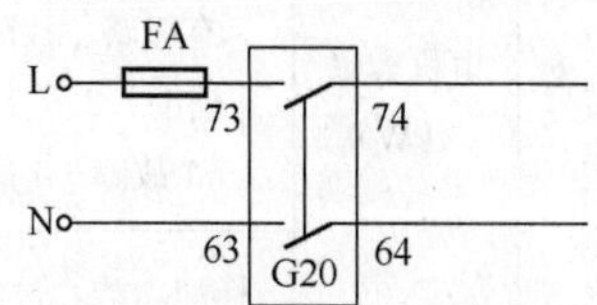

图 7.5.1-1 G20 模块接线示意图

3. 适用范围

(1) 冶金、煤矿、钢铁、石化、港口、船舶、铁路、发电厂等领域的电动机控制与保护系统。

(2) 现代化建筑中的照明、电源转换、泵、风机、空调、消防等电气控制与保护系统。

(3) 电动机控制中心（MCC)，尤其是智能化电控系统或要求高分断能力的 MCC（如要求 Icu 或 Ics 达到 80kA 的配电控制与保护系统)。

(4) 工厂或车间的单机控制与保护（相当于动力终端)。

4. 技术参数

(1) 三个外形尺寸（框架代号分别为 C、D、B)。

(2) 主电路极数分为：三极、四极。

(3) 主体额定电流等级：12A、16A、18A、32A、45A、63A、100A。

(4) 可配备的过载脱扣器：最小整定电流 0.16A，最大整定电流 100A。

(5) 短路分断能力等级：经济型（C）为 35kA，标准型（Y）50kA，高分断型（H）80kA。

(6) 预期短路电流下分断时间 2～3ms，限流系数 0.2 以下。

7.5.2 选择方法

1. 选择方法

KB0 系列控制与保护开关电器快速设计选型，见表 7.5.2-1～表 7.5.2-3。

基本型快速设计选型 **表 7.5.2-1**

序号	电机容量（kW）	产品型号及规格			整定电流范围（A）
		有短路、故障；辅助：2 开 1 闭+1 故障+1 短路	有短路、故障、剩余电流；辅助：2 开 1 闭+1 故障+1 短路	有短路、故障、剩余电流；辅助：3 开 2 闭+1 故障+1 短路	
		标配功能：过载、断相、短路、过流保护；起动延时、脱扣级别、复位模式可整定			
1	0.05～0.12	KB0-12C/R0.4/02M	KB0-12C/R0.4L/02M(30mA)	KB0-12C/R0.4L/06M(30mA)	0.16～0.4
2	0.12～0.33	KB0-12C/R1/02M	KB0-12C/R1L/02M(30mA)	KB0-12C/R1L/06M(30mA)	0.4～1
3	0.33～1	KB0-12C/R2.5/02M	KB0-12C/R2.5L/02M(30mA)	KB0-12C/R2.5L/06M(30mA)	1～2.5
4	1～2.5	KB0-12C/R6.3/02M	KB0-12C/R6.3L/02M(30mA)	KB0-12C/R6.3L/06M(30mA)	2.5～6.3

续表

序号	电机容量（kW）	产品型号及规格			整定电流范围（A）
		有短路、故障；辅助：2开1闭+1故障+1短路	有短路、故障、剩余电流；辅助：2开1闭+1故障+1短路	有短路、故障、剩余电流；辅助：3开2闭+1故障+1短路	
		标配功能：过载、断相、短路、过流保护；起动延时、脱扣级别、复位模式可整定			
5	2.2～4	KB0-12C/R12/02M	KB0-12C/R12L/02M(30mA)	KB0-12C/R12L/06M(30mA)	4.8～12
6	2.5～7.5	KB0-16C/R16/02M	KB0-16C/R16L/02M(30mA)	KB0-16C/R16L(06M(30mA)	6.4～16
7	3.3～7.5	KB0-32C/R18/02M	KB0-32C/R18L/02M(30mA)	KB0-32C/R18L/06M(30mA)	7.2～18
8	5.5～15	KB0-32C/R32/02M	KB0-32C/R32L/02M(30mA)	KB0-32C/R32L/06M(30mA)	12.8～32
9	7.5～18.5	KB0-45C/R45/02M	KB0-45C/R45L/02M(30mA)	KB0-45C/R45L/06M(30mA)	18～45
10	7.5～22	KB0-50C/R50/02M	KB0-50C/R50L/02M(30mA)	KB0-50C/R50L/06M(30mA)	20～50
11	11～30	KB0-63C/R63/02M	KB0-63C/R63L/02M(30mA)	KB0-63C/R63L/06M(30mA)	25～63
12	18.5～45	KB0-100C/R100/02M	KB0-100C/R100L/02M(30mA)	KB0-100C/R100L/06M(30mA)	40～100
13	22～55	KB0-125C/R125/02M	KB0-125C/R125L/02M(30mA)	KB0-125C/R125L/06M(30mA)	50～125

注：本表产品型号为部分典型型号，如有其他要求，请见详细选型表。

隔离型快速设计选型 **表 7.5.2-2**

序号	电机容量（kW）	产品型号及规格			整定电流范围（A）
		有短路、故障；辅助：2开1闭+1故障+1短路	有短路、故障、剩余电流；辅助：2开1闭+1故障+1短路	有短路、故障、剩余电流；辅助：3开2闭+1故障+1短路	
		标配功能：过载、断相、短路、过流保护；起动延时、脱扣级别、复位模式可整定			
1	0.05～0.12	KB0-12C/R0.4-02MG	KB0-12C/R0.4L/0.2MG(30mA)	KB0-12C/R0.4L/06MG(30mA)	0.16～0.4
2	0.12～0.33	KB0-12C/R1/02MG	KB0-12C/R1L/02MG(30mA)	KB0-12C/R1L/06MG(30mA)	0.4～1
3	0.33～1	KB0-12C/R2.5/02MG	KB0-12C/R2.5L/02MG(30mA)	KB0-12C/R2.5L/06MG(30mA)	1～2.5
4	1～2.5	KB0-12C/R6.3/02MG	KB0-12C/R6.3L/02MG(30mA)	KB0-12C/R6.3L/06MG(30mA)	2.5～6.3
5	2.2～4	KB0-12C/R12/02MG	KB0-12C/R12L/02MG(30mA)	KB0-12C/R12L/06MG(30mA)	4.8～12
6	2.5～7.5	KB0-16C/R16/02MG	KB0-16C/R16L/02MG(30mA)	KB0-16C/R16L/06MG(30mA)	6.4～16
7	3.3～7.5	KB0-32C/R18/02MG	KB0-32C/R18L/02MG(30mA)	KB0-32C/R18L/06MG(30mA)	7.2～18
8	5.5～15	KB0-32C/R32/02MG	KB0-32C/R32L/02MG(30mA)	KB0-32C/R32L/06MG(30mA)	12.8～32
9	7.5～18.5	KB0-45C/R45/02MG	KB0-45C/R45L/02MG(30mA)	KB0-45C/R45L/06MG(30mA)	18～45
10	7.5～22	KB0-50C/R50/02MG	KB0-50C/R50L/02MG(30mA)	KB0-50C/R50L/06MG(30mA)	20～50
11	11～30	KB0-63C/R63/02MG	KB0-63C/R63L/02MG(30mA)	KB0-63C/R63L/06MG(30mA)	25～63
12	18.5～45	KB0-100C/R100/02MG	KB0-100C/R100L/02MG(30mA)	KB0-100C/R100L/06MG(30mA)	40～100
13	22～55	KB0-125C/R125/02MG	KB0-125C/R125L/02MG(30mA)	KB0-125C/R125L/06MG(30mA)	50～125

注：本表产品表型号为部分典型型号，如有其他要求，请见详细的产品选型表。

表 7.5.2-3

消防型快速选型

序号	电机容量(kW)	产品型号及规格					整定电流范围(A)
		有短路、故障；辅助：2开1闭+1故障+1短路	有短路、故障、剩余电流；辅助：2开1闭+1故障+1短路	有短路、故障、剩余电流；辅助：3开2闭+1故障+1短路	有短路、故障；辅助：4开4闭+1故障+1短路	有短路、故障、剩余电流；辅助：4开4闭+1故障+1短路	
		标配功能：过载、断相、短路、过流保护；起动延时、脱扣级别、复位模式可整定					
1	0.05～0.12	KB0-12C/R0.4/02MF	KB0-12C/R0.4L/02MF (30mA)	KB0-12C/R0.4L/06MF (30mA)	KB0-12C/R0.4/00+06MF	KB0-12C/R0.4L/00+06MF (200mA)	0.16～0.4
2	0.12～0.33	KB0-12C/R1/02MF	KB0-12C/R1L/02MF (30mA)	KB0-12C/R1L/06MF (30mA)	KB0-12C/R1/00+06MF	KB0-12C/R1L/00+06MF (200mA)	0.4～1
3	0.33～1	KB0-12C/R2.5/02MF	KB0-12C/R2.5L/02MF (30mA)	KB0-12C/R2.5L/06MF (30mA)	KB0-12C/R2.5/00+06MF	KB0-12C/R2.5L/00+06MF (200mA)	1～2.5
4	1～2.5	KB0-12C/R6.3/02MF	KB0-12C/R6.3L/02MF (30mA)	KB0-12C/R6.3L/06MF (30mA)	KB0-12C/R6.3/00+06MF	KB0-12C/R6.3L/00+06MF (200mA)	2.5～6.3
5	2.2～4	KB0-12C/R12/02MF	KB0-12C/R12L/02MF (30mA)	KB0-12C/R12L/06MF (30mA)	KB0-12C/R12/00+06MF	KB0-12C/R12L/00+06MF (200mA)	4.8～12
6	2.5～7.5	KB0-16C/R16/02MF	KB0-16C/R16L/02MF (30mA)	KB0-16C/R16L/06MF (30mA)	KB0-16C/R16/00+06MF	KB0-16C/R16L/00+06MF (200mA)	6.4～16
7	3.3～7.5	KB0-32C/R18/02MF	KB0-32C/R18L/02MF (30mA)	KB0-32C/R18L/06MF (30mA)	KB0-32C/R18/00+06MF	KB0-32C/R18L/00+06MF (200mA)	7.2～18
8	5.5～15	KB0-32C/R32/02MF	KB0-32C/R32L/02MF (30mA)	KB0-32C/R32L/06MF (30mA)	KB0-32C/R32/00+06MF	KB0-32C/R32L/00+06MF (200mA)	12.8～32
9	7.5～18.5	KB0-45C/R45/02MF	KB0-45C/R45L/02MF (30mA)	KB0-45C/R45L/06MF (30mA)	KB0-45C/R45/00+06MF	KB0-45C/R45L/00+06MF (200mA)	18～45
10	7.5～22	KB0-50C/R50/02MF	KB0-50C/R50L/02MF (30mA)	KB0-50C/R50L/06MF (30mA)	KB0-50C/R50/00+06MF	KB0-50C/R50L/00+06MF (200mA)	20～50
11	11～30	KB0-63C/R63/02MF	KB0-63C/R63L/02MF (30mA)	KB0-63C/R63L/06MF (30mA)	KB0-63C/R63/00+06MF	KB0-63C/R63L/00+06MF (20mA)	25～63
12	18.5～45	KB0-100C/R100/02MF	KB0-100C/R100L/02MF (30mA)	KB0-100C/R100L/06MF (30mA)	KB0-100C/R100/00+06MF	KB0-100C/R100L/00+06MF (20mA)	40～100
13	22～55	KB0-125C/R125/02MF	KB0-125C/R125L/02MF (30mA)	KB0-125C/R125L/06MF (30mA)	KB0-125C/R125/00+06MF	KB0-125C/R125L/00+06MF (20mA)	50～125

注：本表产品型号为部分典型型号，如有其他要求，请见详细的产品选型表。

2. 示例

KB0 热磁式系列一次系统图设计举例，见表 7.5.2-4。

KB0 热磁式系列一次系统图设计举例 **表 7.5.2-4**

序号	设计符号	设计选型	备 注
基本型	4kW排风机	KB0-12C/M10/02M（不带隔离功能） 或 KB0-12C/M10/02MG（带隔离功能）	
消防型	5.5kW排风机	KB0-16C/M16/06MF	
双速电动机控制器	11kW/4kW	KB0D−32C/M25/M10/06MF 低速4kW 高速11kW (消防)	
星三角减压启动器	37kW	KB0J～100C/M18/06M	
星三角减压启动器	75kW	KB0J2-100C/M100/06M	63A（45KW） 80A（55KW） 100A（75KW） 125A（90KW） 125A（110KW）
双电源自动转换开关电器	18.5kW	KB0S3-45C/43M45/09＋02M（CB） KB0S3-45C/40M45/09＋02M（PC）	
可逆性控制与保护开关电器	2.2kW	KB0N-12C/M6.3/09＋06M	

8 常用电气设备配电

8.1 低压电动机

8.1.1 一般规定

1. 设计要点。

(1) 电动机的工作制、额定功率、堵转转矩、最小转矩、最大转矩、转速及其调节范围等电气和机械参数，应满足电动机所拖动的机械在各种运行方式下的要求。

(2) 民用建筑大多采用笼型电机，因此，本节主要介绍笼型电机的配电设计及计算。

2. 计算方法。

(1) 电动机的额定功率和额定电流。

电动机的额定功率即额定输出功率或满载功率，是指电动机满载运行时在电动机轴伸处的输出功率，它不包括电动机的机械损耗和电气损耗。

电动机的额定电流或称满载电流，是指电动机满载运行时由电动机接线端子处输入的电流，它包括电动机的损耗。三相电动机的额定电流 I_r（A）按下式计算：

$$I_r = \frac{P_r}{\sqrt{3}U_r\eta\cos\varphi} \tag{8.1.1-1}$$

式中 P_r——电动机的额定功率，kW；

U_r——电动机的额定电压，kV；

η——电动机的满载时效率；

$\cos\varphi$——电动机满载时功率因数。

(2) 笼型三相电动机的启动电流和起动时间。

①起动电流（有效值）特指不包括暂态过程非周期分量的最大稳态起动电流。按最不利的情况考虑，电动机的起动电流可取其堵转电流，电动机参数中一般会给出堵转电流对额定电流的比值。不同额定功率、极数和起动性能的电动机，这一比值约为 4～8.4；

②接通电流峰值（最大值）指包括周期分量和非周期分量的全电流瞬时最大值。通常，接通电流峰值可取起动电流的 $2\sqrt{2}$倍；

③起动时间的长短决定于负载转矩、整个传动系统的转动惯性和加速转矩。

(3) 电动机起动电压要求。

交流电动机起动时，各级配电母线上的电压应符合表 8.1.1-2 所列要求。

(4) 电动机全压起动时电压下降的计算。

①电动机全压起动时电压下降的计算，计算电路见图 8.1.1-1。

②起动回路的额定输入容量：

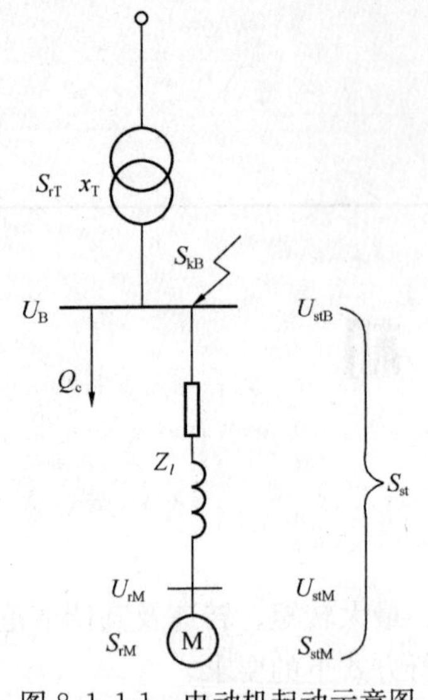

图 8.1.1-1 电动机起动示意图

$$S_{st}=\frac{1}{\frac{1}{S_{atM}}+\frac{Z_l}{U_B^2}} \tag{8.1.1-2}$$

③母线短路容量：

$$S_{kB}=\frac{S_{rT}}{x_T+\frac{S_{rT}}{S_k}} \tag{8.1.1-3}$$

④母线电压相对值：

$$u_{stB}=\frac{S_{kB}+Q_c}{S_{kB}+Q_c+S_{st}} \tag{8.1.1-4}$$

电动机端子电压相对值：

$$u_{stM}=u_{stB}\frac{S_{st}}{S_{stM}} \tag{8.1.1-5}$$

式中 S_k——供电变压器一次侧短路容量，MVA；
S_{rT}——供电变压器的额定容量，MVA；
S_{kB}——母线短路容量，MVA；
x_T——供电变压器的电抗相对值，可取其阻抗电压相对值 $u_{kT}\%$；
Q_c——供电变压器母线上的其他负荷的无功功率，MVA；
Z_l——电动机配电线路的阻抗，Ω；
S_{rM}——电动机的额定功率，MVA；
S_{stM}——电动机额定起动容量，MVA，其值为 $k_{st}S_{rM}$；
k_{st}——电动机额定起动电流倍数；
S_{st}——起动回路的额定输入容量，MVA；
U_B——母线标称电压，kV，取网络标称电压 U_n；
u_{stB}——电动机起动时母线电压相对值；
u_{stM}——电动机起动时的端子电压相对值；
U_{stB}——电动机起动时母线电压，kV；
U_{stM}——电动机起动时的端子电压，kV；
U_{rM}——电动机额定电压，kV。

(5) 电动机降压起动。当电动机不符合全压起动条件时，应采用降压起动方式。

3. 电气装置选择。

根据现行国家《民用建筑电气设计规范》JGJ 16 的规定，额定功率 0.55kW 及以上，额定电压不超过 1000V 的一般用途低压电动机电气装置选择，见表 8.1.1-1。

低压电动机电气装置选择 **表 8.1.1-1**

项 目	技术规定和要求
电动机的起动	1. 电动机起动时，其端子电压应保证机械要求的起动转矩，且在配电系统中引起的电压波动不应妨碍其他用电设备的工作，应保证接触器线圈的电压不低于释放电压。电动机起动时母线上电压的要求，见表 8.1.1-2。

续表

<table>
<tr><th>项 目</th><th>技术规定和要求</th></tr>
<tr><td>电动机的起动</td><td>2. 当符合下列条件时，笼型电动机应全压起动：
(1) 机械能承受电动机全压起动时的冲击转矩；
(2) 电动机起动时，配电母线的电压应符合第1条的规定。
(3) 电动机起动时，不应影响其他负荷的正常运行。
3. 当不符合全压起动条件时，笼型电动机应降压起动。
4. 当机械有调速要求时，笼型电动机的起动方式应与调速方式相配合。电动机的转速用式（8.1.1-4）和式（8.1.1-5）计算：
$$n=(1-s)60f/p \quad (8.1.1\text{-}6)$$
$$s=(n_0-n)/n_0 \quad (8.1.1\text{-}7)$$
式中 s——转差率；
n_0——同步转速，也是旋转磁场的转速，r/min；
n——异步电动机的转速，r/min；
p——磁极对数；
f——电源频率，Hz，我国为50Hz。
不同磁极对数的电动机同步转速值，见表8.1.1-3，转速与功率的关系，见表8.1.1-4。
5. 绕线转子电动机起动方式的选择应符合下列要求：
(1) 起动电流的平均值不应超过额定电流的2倍；
(2) 起动转矩应满足机械的要求；
(3) 当机械有调速要求时，电动机的起动方式应与调速方式相配合。
绕线转子电动机宜采用在转子回路中接入频敏变阻器的方式起动。对在低速运行和起动力矩大的传动装置，其电动机不宜采用频敏变阻器起动，宜采用电阻器启动。
6. 直流电动机宜采用调节电源电压或电阻器降压起动，并应符合下列要求：
(1) 起动电流不应超过电动机的最大允许电流；
(2) 起动转矩和调速特性应满足机械的要求</td></tr>
<tr><td>电动机的保护</td><td>1. 交流电动机应装设相间短路保护和接地故障保护，并应根据具体情况分别装设过负荷、断相或低电压保护。
2. 交流电动机的相间短路保护应按下列规定装设：
(1) 每台电动机宜单独装设相间短路保护，符合下列条件之一时，数台电动机可共用一套相间短路保护电器：
①总计算电流不超过20A，且允许无选择地切断不重要负荷时；
②根据工艺要求，必须同时启停的一组电动机，不同时切断将危及人身设备安全时。
(2) 短路保护电器宜采用熔断器或低压断路器的瞬动过电流脱扣器，必要时可采用带瞬动元件的过电流继电器。保护器件的装设应符合下列要求：
①短路保护兼作接地故障保护时，应在每个相导体上装设；
②仅作相间短路保护时，熔断器应在每个相导体上装设，过电流脱扣器或继电器应至少在两相上装设；
③当只在两相上装设时，在有直接电气联系的同一网络中，保护器件应装设在相同的两相上。
3. 当电动机正常运行、正常启动或自启动时，短路保护器件不应误动作，并应符合下列要求：
(1) 应正确选择保护电器的使用类别，熔断器、低压断路器和过电流继电器，宜选用保护电动机型；
(2) 熔断体的额定电流应根据其安秒特性曲线计及偏差后略高于电动机起动电流和起动时间的交点来选取，并不得小于电动机的额定电流；当电动机频繁起动和制动时，熔断体的额定电流应再加大1～2级；</td></tr>
</table>

续表

<table>
<tr><th>项 目</th><th>技术规定和要求</th></tr>
<tr><td>电动机的保护</td><td>(3) 瞬动过电流脱扣器或过电流继电器瞬动元件的整定电流，应取电动机起动电流的 2～2.5 倍。
4. 交流电动机的接地故障保护应按下列规定装设：
(1) 间接接触保护采用自动断电法时，每台电动机宜单独装设接地故障保护；当数台电动机共用一套短路保护电器时，数台电动机可共用一套接地故障保护器件；
(2) 当电动机的短路保护器件满足接地故障保护要求时，应采用短路保护兼作接地故障保护。
5. 交流电动机的过负荷保护应按下列规定装设：
(1) 对于运行中容易过负荷的和连续运行的电动机以及起动或自起动条件严酷而要求限制启动时间的电动机，应装设过负荷保护，过负荷保护宜动作于断开电源。
(2) 对于短时工作或断续周期工作的电动机，可不装设过负荷保护；当运行中可能堵转时，应装设堵转保护，其时限应保证电动机起动时不动作。
(3) 对于突然断电将导致比过负荷损失更大的电动机，不宜装设过负荷保护；当装设过负荷保护时，可使过负荷保护作用于报警信号。
(4) 过负荷保护器件宜采用热继电器或过负荷继电器，热继电器宜采用电子式的；对容量较大的电动机，可采用反时限的过电流继电器，有条件时，也可采用温度保护装置。
(5) 过负荷保护器件的动作特性应与电动机的过负荷特性相配合；当电动机正常运行、正常起动或自起动时，保护器件不应误动作，并应符合下列要求：
①热继电器或过负荷继电器的整定电流，应接近并不小于电动机的额定电流；
②过负荷电流继电器的整定值应按下式确定：
$$I_{zd}=K_k K_{jx} K_{ed}/K_h n \quad (8.1.1\text{-}8)$$
式中 I_{zd}——过电流继电器的整定电流，A；
K_k——可靠系数，动作于断电时取 1.2，作用于信号时取 1.05；
K_{jx}——接线系数，接于相电流时取 1.0，接于相电流差时取 1.73；
I_{ed}——电动机的额定电流，A；
K_h——继电器的返回系数，取 0.85；
n——电流互感器变比。
必要时，可在启动过程的一定时限内短接或切除过负荷保护器件。
(6) 过负荷保护器件应根据机械的特点选择合适的类型，标准的过负荷保护器件通电时的动作电流应符合表 8.1.1-5 的规定
(7) 保护电器的动作特性应与机械的运行特性相配合，轻载负荷应选用 10A 或 10 类过负荷保护电器，中载负荷宜选用 20 类过负荷保护电器，重载负荷宜选用 30 类过负荷保护电器。负荷分类与过负荷保护电器的选择，见表 8.1.1-6。过负荷保护器件的类型，见图 8.1.1-2。
6. 交流电动机的断相保护应按下列规定装设：
(1) 当连续运行的三相电动机采用熔断器保护时，应装设断相保护；当采用低压断路器保护时，宜装设断相保护；
(2) 对于短时工作或断续周期工作的电动机或额定功率不超过 3kW 的电动机，可不装设断相保护；
(3) 断相保护器件宜采用带断相保护的热继电器，也可采用温度保护或专用的断相保护装置。
7. 交流电动机的低电压保护应按下列规定装设：
(1) 对于按工艺或安全条件不允许自起动的电动机，应装设低电压保护；当电源电压短时降低或中断时，应断开足够数量的电动机，并应符合下列规定；</td></tr>
</table>

续表

项　目	技术规定和要求
电动机的保护	①一次要电动机宜装设瞬时动作的低电压保护； ②不允许或不需要自起动的重要电动机应装设短延时的低电压保护，其时限宜为 0.5～1.5s。 （2）对于需要自起动的重要电动机，不宜装设低电压保护；当按工艺要求或安全条件在长时间停电后不允许自起动时，应装设长延时的低电压保护，其时限宜为 9～20s。 （3）低电压保护器件宜采用低压断路器的欠电压脱扣器或接触器的电磁线圈，当采用接触器的电磁线圈作低电压保护时，其控制回路宜由电动机主回路供电；当由其他电源供电且主回路失压时，应自动断开控制电源。 （4）对于不装设低电压保护或装设延时低电压保护的重要电动机，当电源电压中断后在规定的时限内恢复时，其接触器应维持吸合状态或能重新吸合。 8. 直流电动机应装设短路保护，并应根据需要装设过负荷保护、堵转保护；他励、并励、复励电动机宜装设弱磁或失磁保护；串励电动机和机械有超速危险的直流电动机应装设超速保护
电动机的主回路	1. 低压交流电动机的主回路应由隔离电器、短路保护电器、控制电器、过负荷保护电器、附加保护器件和导线等组成。 2. 隔离电器的装设应符合下列要求： （1）每台电动机主回路上宜装设隔离电器，当符合下列条件之一时，数台电动机可共用一套隔离电器： ①共用一套短路保护电器的一组电动机； ②由同一配电箱（屏）供电，且允许无选择性地断开的一组电动机。 （2）隔离电器应把电动机及其控制电器与带电体有效地隔离； （3）隔离电器宜装设在控制电器附近或其他便于操作和维修的地点；无载开断的隔离电器应能防止被无意识的开断。 3. 隔离电器应采用多极、单极隔离开关或隔离器，插头或插座，熔断器，连接片，不需要拆除导线的特殊端子，具有隔离功能的断路器等规定的器件。 4. 短路保护电器应与其负荷侧的控制电器和过负荷保护电器相配合，并应符合下列要求： （1）非重要的电动机负荷宜采用 1 类配合①，重要的电动机负荷应采用 2 类配合②； 注：①1 类配合：在短路情况下，接触器、热继电器可损坏，但不应危及操作人员的安全和不应损坏其他器件； ②2 类配合：在短路情况下，接触器、起动器的触点可熔化，且应能继续使用，但不应危及操作人员的安全和不应损坏其他器件。 （2）电动机主回路各保护器件在短路条件下的性能、过负荷继电器与短路保护电器之间选择性配合应满足现行国家标准《低压开关设备和控制设备》GB/T 14048.11 的规定； （3）接触器或起动器的限制短路电流不应小于安装处的预期短路电流；短路保护电器宜采用接触器或起动器产品标准中规定的形式和规格。 5. 短路保护电器的性能应符合下列要求： （1）保护特性应符合本表电动机的保护第 2 条的规定 兼作接地故障保护时，还应符合《民用建筑电气设计规范》JGJ 16—2008 第 7 章的规定。 （2）短路保护电器应满足短路分断能力的要求。 6. 控制电器及过负荷保护电器的装设应符合下列要求： （1）每台电动机宜分别装设控制电器，当工艺要求或使用条件许可时，一组电动机可共用一套控制电器； （2）控制电器宜采用接触器、启动器或其他电动机专用控制开关；启动次数较少的电动机，可采用低压断路器兼作控制电器；当符合保护和控制要求时，3kW 及以下电动机可采用封闭式负荷开关；小容量的电动机，可采用组合式保护电器；

续表

项目	技术规定和要求
电动机的主回路	(3) 控制电器应能接通和分断电动机的堵转电流，其使用类别和操作频率应符合电动机的类型和机械的工作制 (4) 控制电器宜装设在电动机附近或其他便于操作和维修的地点；过负荷保护电器宜靠近控制电器或为其组成部分。 7. 电线或电缆的选择应符合下列要求： (1) 电动机主回路电线或电缆的载流量不应小于电动机的额定电流，当电动机为短时或断续工作时，应使其在短时负载下或断续负载下的载流量不小于电动机的短时工作电流或标称负载持续率下的额定电流； (2) 电动机主回路的电线或电缆应按机械强度和电压损失进行校验；对于必须确保可靠的线路，尚应校验在短路条件下的热稳定； (3) 绕线转子电动机转子回路电线或电缆的载流量应符合下列要求： ①起动后电刷不短接时，不应小于转子额定电流；当电动机为断续工作时，应采用在断续负载下的载流量； ②起动后电刷短接，当机械的起动静阻转矩不超过电动机额定转矩的35%时，不宜小于转子额定电流的35%；当机械的起动静阻转矩为电动机额定转矩的35%～65%时，不宜小于转子额定电流的50%；当机械的起动静阻转矩超过电动机额定转矩的65%时，不宜小于转子额定电流的65%；当电线或电缆的截面小于16mm² 时，宜选大一级
电动机的控制回路	1. 电动机的控制回路宜装设隔离电器和短路保护电器。当由电动机主回路供电且符合下列条件之一时，可不另装设： (1) 主回路短路保护电器的额定电流不超过20A时； (2) 控制回路接线简单、线路很短且有可靠的机械防护时； (3) 控制回路断电会造成严重后果时。 2. 控制回路的电源和接线应安全、可靠，简单适用，并应符合下列要求： (1) TN和TT系统中的控制回路发生接地故障时，控制回路的接线方式应能防止电动机意外启动和不能停车；必要时，可在控制回路中装设隔离变压器； (2) 对可靠性要求高的复杂控制回路，可采用直流电源；直流控制回路宜采用不接地系统，并应装设绝缘监视； (3) 额定电压不超过交流50V或直流120V的控制回路的接线和布线，应能防止引入较高的电位。 3. 电动机控制按钮或控制开关，宜装设在电动机附近便于操作和观察的地点。在控制点不能观察到电动机或所拖动的机械时，应在控制点装设指示电动机工作状态的信号和仪表。 4. 自动控制、联锁或远方控制的电动机，宜有就地控制和解除远方控制的措施，当突然起动可能危及周围人员时，应在机旁装设起动预告信号和应急断电开关或自锁式按钮。 对于自动控制或联锁控制的电动机，还应有手动控制和解除自动控制或联锁控制的措施。 5. 对操作频繁的可逆运转电动机，正转接触器和反转接触器之间除应有电气联锁外，还应有机械联锁
其他保护电器或起动装置的选择	1. 电动机主回路宜采用组合式保护电器，其选择应符合下列要求： (1) 控制与保护开关电器（CPS）宜用于频繁操作及不频繁操作的电动机回路。其他类型的组合式保护电器宜用于小容量的电动机回路； (2) 组合式保护电器除应按其功能选择外，尚应符合本节对保护电器的相关要求。 2. 民用建筑中，大功率的水泵、风机宜采用软起动装置，软起动装置可按下列要求设置： (1) 电动机由软起动装置起动后；宜将软起动装置短接，并由旁路接触器接通电动机主回路；

续表

项目	技术规定和要求
其他保护电器或起动装置的选择	(2) 每台电动机宜分别装设软起动装置，当符合下列条件之一时，数台电动机可共用一套软起动装置： ①共用一套短路保护电器和控制电器的电动机组； ②对具有“使用/备用”的电动机组，软起动装置仅用于起动电动机时。 (3) 选用软起动装置时，对电磁兼容的要求，应符合现行国家相关电磁兼容标准的规定。 3. 电动机主回路中可采用电动机综合保护器。电动机综合保护器应具有过负荷保护、断相保护、缺相保护、温度保护、三相不平衡保护等功能
节能要求	1. 电动机宜采用高效能电动机，其能效宜符合现行国家标准《中小型三相异步电动机能效限定值及节能评价值》GB 18613 节能评价值的规定。电动机能效限定值，见表 8.1.1-7，电动机节能评价值，见表 8.1.1-8。 2. 当机械工作在不同工况时，在满足工艺要求的情况下，电动机宜采用调速装置，并符合下列规定： (1) 当笼型电动机只有 2～3 个工况时，宜采用变极对数调速；当工况多于 3 个时，宜采用变频调速。 (2) 绕线转子电动机的调速应符合本表电动机的起动第 5 条的规定。 (3) 调速装置应符合国家电磁兼容相关标准的规定。 3. 当控制电器能满足控制要求时，长时间通电的控制电器宜采用节电型产品

电动机起动时母线上电压的要求 **表 8.1.1-2**

电动机起动类型	配电母线上的电压/额定电压的最小值
频繁起动	90%
不频繁起动	85%
当电动机不与照明或其他对电压波动敏感的负荷合用变压器，且不频繁起动时	80%
当电动机由单独的变压器供电时	其允许值应按机械要求的起动转矩确定

注：1. 电动机频繁起动是指每小时起动数十次以上。

2. 据有关资料介绍，电动机-变压器组接线形式，当电动机的容量不超过变压器容量的 80%时，电动机可顺利起动。

电动机的同步转速与磁极对数 **表 8.1.1-3**

磁极对数（对）	1	2	3	4
同步频率 n_0（r/min）	3000	1500	1000	750

转速与功率的关系 **表 8.1.1-4**

转速 n/n_e	0.25	0.5	0.75	1.0
功率 P/P_e	1.5625%	12.5%	42.1875%	100%

过负荷保护器件通电时的动作电流 **表 8.1.1-5**

类别	$1.05I_e$ 时的脱扣时间（h）	$1.2I_e$ 时的脱扣时间（h）	$1.5I_e$ 时的脱扣时间（min）	$7.2I_e$ 时的脱扣时间（s）
10A	＞2	＜2	＜2	2～10
10	＞2	＜2	＜4	4～10
20	＞2	＜2	＜8	6～20
30	＞2	＜2	＜12	9～30

注：1. 电磁式、热式无空气温度补偿（+40℃）为 $1.0I_e$；热式有空气温度补偿（+20℃）为 $1.05I_e$。

2. 当电动机启动时间超过 30s 时，应向厂家订购与电动机过载特性相配合的非标准过载保护器件，或在启动过程的一定时限内短接或切除过载保护器件。额定功率大于 3kW 的连续运行电动机宜装设过载保护。过载保护器件宜采用热继电器或过载继电器，优先采用电子式的热继电器。

负荷分类与过负荷保护电器的选择 **表 8.1.1-6**

负载类型	启动特性	过负荷保护电器类型
轻 载	启动时间短，起始转矩小	10A 级或 10 级
中 载	启动时间较长，起始转矩较大	20 级
重 载	启动时间长，起始转矩大	30 级

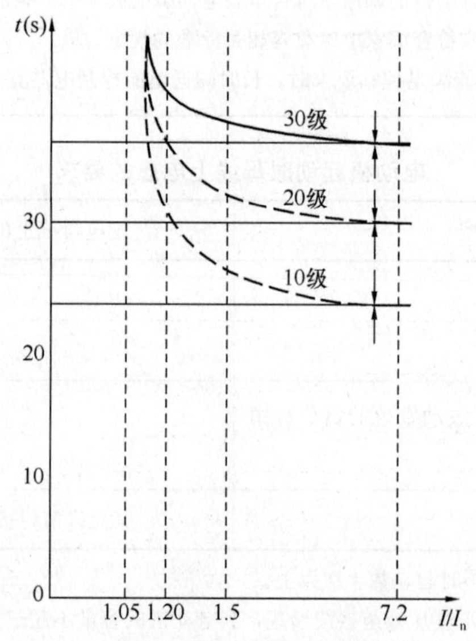

图 8.1.1-2 过负荷保护器件的类型

电动机能效限定值 **表 8.1.1-7**

额定功率（kW）	效率（%） 2 极	4 极	6 极	额定功率（kW）	效率（%） 2 极	4 极	6 极
0.55	—	71.0	65.0	4	84.2	84.2	82.0
0.75	75.0	73.0	69.0	5.5	85.7	85.7	84.0
1.1	76.2	76.2	72.0	7.5	87.0	87.0	86.0
1.5	78.5	78.5	76.0	11	88.4	88.4	87.5
2.2	81.0	81.0	79.0	15	89.4	89.4	89.0
3	82.6	82.6	81.0	18.5	90.0	90.0	90.0

续表

额定功率(kW)	效率(%)			额定功率(kW)	效率(%)		
	2极	4极	6极		2极	4极	6极
22	90.5	90.5	90.0	110	94.0	94.5	94.0
30	91.4	91.4	91.5	132	94.5	94.8	94.2
37	92.0	92.0	92.0	160	94.6	94.9	94.5
45	92.5	92.5	92.5	200	94.8	94.9	94.5
55	93.0	93.0	92.8	250	95.2	95.2	94.5
75	93.6	93.6	93.5	315	95.4	95.2	—
90	93.9	93.9	93.8				

电动机节能评价值 **表 8.1.1-8**

额定功率(kW)	效率(%)			额定功率(kW)	效率(%)		
	2极	4极	6极		2极	4极	6极
0.55	—	80.7	75.4	30	92.9	93.2	92.5
0.75	77.5	82.3	77.7	37	93.3	93.6	93.0
1.1	82.8	83.8	79.9	45	93.7	93.9	93.5
1.5	84.1	85.0	81.5	55	94.0	94.2	93.8
2.2	85.6	86.4	83.4	75	94.6	94.7	94.2
3	86.7	87.4	84.9	90	95.0	95.0	94.5
4	87.6	88.3	86.1	110	95.0	95.4	95.0
5.5	88.6	89.2	87.4	132	95.4	95.4	95.0
7.5	89.5	90.1	89.0	160	95.4	95.4	95.0
11	90.5	91.0	90.0	200	95.4	95.4	95.0
15	91.3	91.8	91.0	250	95.8	95.8	95.0
18.5	91.8	92.2	91.5	315	95.8	95.8	—
22	92.2	92.6	92.0				

8.1.2 电动机起动、保护电器及导线选择

1. 一般要求

（1）低压交流电动机的主回路由隔离电器、短路保护电器、控制电器、过载保护电器、附加保护器件、导线等组成。

（2）所有交流电动机均应装设相间短路保护、接地故障保护，并根据具体情况分别装设过载、断相及低电压保护。同步电动机应装设失步保护。

（3）符合隔离电器附加安全要求的短路保护电器可兼作隔离电器。即隔离电器在其触头处于断开情况下，必须满足隔离功能所要求的绝缘距离，绝缘距离应符合GB 14048有关条款的规定。隔离电器还应装设指示动触头位置的指示装置，该位置指示器应以可靠的方式与动触头相连接。

（4）电动机的保护配合分为1类配合和2类配合，见表8.1.2-1。

1类配合要求在短路情况下接触器、热继电器可以损坏，但不能危及操作人员的安全和其他器件不能损坏；

2类配合规定：短路时，接触器、起动器触点可允许熔化，但能够继续使用，不能危及操作人员的安全和其他器件不能损坏。

1类配合和2类配合 **表8.1.2-1**

配合类别	定义	特点
1类配合	在短路情况下接触器、热继电器的损坏是可以接受的： 1. 不危及操作人员的安全 2. 除接触器、热继电器以外，其他器件不能损坏	允许供电中断，直到维修或更换接触器和热继电器后才可恢复供电 对供电连续性要求不高 维护保养时间长
2类配合	短路时，接触器、起动器触点可容许熔化，且能够继续使用。同时，不能危及操作人员的安全和不能损坏其他器件	供电连续性十分重要，而且触点必须很容易的分开维护、保养时间短

注：据有关资料介绍，IEC正在制定要求更高的3类配合标准。

（5）电动机所拖动的机械按其起动、运行特性可分为三类，保护电器的动作特性应与机械的运行特性相配合。

轻载：起动时间短，起动静阻转矩小；

中载：起动时间较长，起动静阻转矩较大；

重载：起动时间长，起动静阻转矩大。

（6）控制电器应能接通和分断电动机的堵转电流，其使用类别和操作频率应符合电动机的类型和机械的工作制。

（7）过载保护器件应根据机械的特点选择合适的类型，见表8.1.1-5。

（8）电动机主回路宜优先采用组合式保护电器。

组合式保护电器分为三类：第一类是控制与保护开关电器（CPS），CPS为除手动控制外还能够自动控制、带或不带就地人力操作装置的开关电器，CPS可以是单一电器，也可以不是单一电器组成，但CPS被认为是一个整体；第二类为集隔离电器、短路保护电器、过载保护电器于一体；第三类为隔离电器、短路保护电器的组合。

（9）民用建筑中，大功率的电动机宜采用软起动装置，电动机起动时，由软起动装置起动电动机。当电动机起动后，宜将软起动装置短接，由旁路接触器接通电动机主回路。

（10）电动机主回路中宜采用电动机综合保护器。电动机综合保护器应包含过载保护、断相保护、缺相保护、温度保护、三相不平衡保护等功能。

（11）电动机主回路导线的载流量应大于电动机的额定电流。当电动机经常接近满载工作时，导线载流量应有适当的裕量。

2. 电动机起动方式

电动机起动方式及其特点，见表8.1.2-2。笼型电动机起动方式的比较，见表8.1.2-3。直流电动机起动方式的比较，见表8.1.2-4。

按电源容量估算的允许全压起动的电动机最大功率，见表8.1.2-5。

10（6）/0.4kV变压器允许直接起动鼠笼型电动机的最大功率，见表8.1.2-6。

电动机起动方式及其特点 **表 8.1.2-2**

起动方式	全压起动	变压器—电动机组起动	电抗器降压起动	自耦变压器降压起动	软 起 动	星—三角降压起动
起动电压	U_n	kU_n	kU_n	kU_n	(0.4～0.9) U_n（电压斜坡）	$\frac{1}{\sqrt{3}}U_n=0.58U_n$
起动电流	I_{st}	kI_{st}	kI_{st}	k^2I_{st}	(2～5) I_n（额定电流）	$\left(\frac{1}{\sqrt{3}}\right)^2I_{st}=0.33I_{st}$
起动转矩	M_{st}	k^2M_{st}	k^2M_{st}	k^2M_{st}	(0.15～0.8) M_{st}	$\left(\frac{1}{\sqrt{3}}\right)^2M_{st}=0.33M_{st}$
突跳起动	—	—	—	—	可选（90%U_n 或 80%M_{st} 直接起动）	—
适用范围	高、低压电动机	高、低压电动机	高压电动机	高、低压电动机	低压电动机	定子绕组为三角形接线的中心型低压电动机
起动特点	起动方法简单、起动电流大、起动转矩大	起动电流较大，起动转矩较小		起动电流小，起动转矩较大	起动电流小并可调，起动转矩可调	起动电流小，起动转矩小

注：1. 表中 U_n—标称电压；I_{st}、M_{st}—电动机的全压起动电流和起动转矩；k—起动电压与标称电压的比值，对于自耦变压器为变比。

2. 电动机起动时，如起动电器受电端电压降低为标称电压的 u_{st} 倍，则表中起动电压、起动电流、起动转矩尚应分别乘以 u_{st} 及 u_{st}^2。

3. 降压起动电流小，但起动转矩也小，起动时间延长，绕组温升高，起动电器复杂，只在不符合全压起动条件时才宜采用。降压起动方式有电抗器降压起动、自耦变压器降压起动、星—三角降压起动和变压器—电动机组起动。

电动机起动方式的比较 **表 8.1.2-3**

起动方式	全压起动	星—三角降压起动	软起动	自耦变压器降压起动	电阻降压起动	变频起动
起动电压	$1.0U_r$	$0.58U_r$ ($0.58U_r$)	$0.3\sim0.7U_r$ (KU_r)	$0.65U_r$，$0.8U_r$ (KU_r)	KU_r	$0.38\sim0.48U_r$
起动电流	$6.5I_r$	$2.2I_r$ ($0.33I_{st}$)	$0.59\sim3.2I_r$ (KI_{st})	$2.75I_r$，$4.16I_r$ (K^2I_{st})	KI_{st}	$1.0\sim1.5I_r$
起动转矩	$2M_r$	$0.67M_r$ ($0.33M_{st}$)	$0.18\sim0.98M_r$ (K^2M_{st})	$0.85M_r$，$1.28M_r$ (K^2M_{st})	K^2M_{st}	$0.7\sim1.2M_r$
主要性能特点及应用	（1）起动电流较大； （2）起动转矩较大； （3）允许起动次数较高； （4）用于小功率电动机及不频繁起动场合； （5）是最简单、最可靠、最经济的起动方式，应优先采用	（1）起动电流小，二次冲击电流较大； （2）起动转矩较小； （3）允许起动次数较高； （4）应有转换间歇时间约为50ms； （5）适用于定子绕组为三角形接线的6个引出端子的电动机（如Y2型）	（1）可方便调整斜坡和起动转矩； （2）在加速和减速时对电动机的转矩可进行线性控制； （3）通过转矩控制，起动器电流限制在 $5I_n$ 以内，用于标准运行，在15s转矩斜坡上为 $4I_n$； （4）允许启动次数较高	（1）起动电流小； （2）起动转矩较大； （3）只允许连续起动2～3次（K为自耦变压器的变比）	（1）起动电流大； （2）起动转矩小； （3）允许起动次数由起动电阻容量决定； （4）变压器耗电量较大，不节能。	（1）起动电流小； （2）起动转矩大； （3）起动时间可无级调节； （4）用于频繁起动及要求调速场合

注：U_r—电动机额定电压；I_r—电动机额定电流；M_r—电动机额定转矩；I_{st}，M_{st}—电动机的全压起动电流和起动转矩；K—起动电压/额定电压。

直流电动机起动方式比较　　表 8.1.2-4

起动方式	优　点	缺　点	备　注
全压起动	简单，经济	起动转矩很大，对设备形成冲击；起动电流很大，换向困难	一般不采用
电枢回路串电阻起动	减小起动电流，起动后逐级切除电阻以获得足够起动转矩	能耗过大	用于小型直流电动机的起动
降低电枢电压启动	起动前，降低电动机电枢两端电压，以减小起动电流 I_{st}，并将 I_{st}控制在 1.5～$2I_N$ 内；起动转矩易控制，起动平稳，能耗低	投资大，多采用晶闸管整流起动	较理想的起动方式

按电源容量估算的允许全压起动的电动机最大功率　　表 8.1.2-5

电动机连接处电源容量的类别		允许全压起动的电动机最大功率（kW）
供电系统在连接处的三相短路容量 S_k（kVA）（电动机额定启动电流倍数为 4.5～7 时）		（0.02～0.03）S_k
10(6)/0.4kV 变压器的额定容量 S_{rT}（kVA）（变压器高压侧短路容量≥$50S_{rT}$）	经常起动	$0.2S_{rT}$
	不经常起动	$0.3S_{rT}$
柴油发电机组（P_{rG}≥200kW）	碳阻式自动调压	（0.12～0.15）P_{rG}
	带励磁机构的可控硅调压	（0.15～0.25）P_{rG}
	可控硅、相复励自动调压	（0.15～0.3）P_{rG}
	三次谐波励磁调压	（0.25～0.5）P_{rG}
	无励磁	（0.25～0.37）P_{rG}
小型发电机功率 P_{rG}（kW）		（0.12～0.15）P_{rG}

6（10）/0.4kV 变压器允许直接起动鼠笼型电动机的最大功率　　表 8.1.2-6

变压器供电的其他负荷	起动时允许电压降（%）	供电变压器容量 S_b（kVA）					
		100	250	315	500	800	1000
		鼠笼型电动机的最大功率					
$S_{fh}=0.5S_b$	10	22	40	75	115	155	215
$\cos\varphi=0.7$	15	30	55	100	185	240	280
$S_{fh}=0.6S_b$	10	17	30	75	100	130	185
$\cos\varphi=0.8$	15	30	55	100	185	240	280

注：1. 表中的电动机起动容量系指与母线直接相连的电动机。若有供电距离时，还应计及此线路的起动压降。

2. S_b——配电变压器的额定容量，kVA。

3. 低压配电设计中笼型电动机全压起动的判断条件可简化为：电动机起动时配电母线的电压不低于系统标称电压的 85%。通常，只要电动机额定功率不超过电源变压器额定容量的 30%，即可全压起动。

3. 电动机保护类型

交流电动机保护类型比较，见表 8.1.2-7，电动机低电压保护类型，见表 8.1.2-8，直流电动机保护类型及设置要求，见表 8.1.2-9，低压断路器脱扣曲线，见图 8.1.2-1，熔断器的限流曲线，见图 8.1.2-2，短路保护电器的安装位置，见图 8.1.2-3，短路保护电器的分断能力，见表 8.1.2-10。

交流电动机保护类型比较　　　　表 8.1.2-7

保护类型	特　点	保护电器	设置要求
相间短路保护	保护电动机、启动器、电缆等免受大的故障电流，一般故障电流在 $10I_n$ 以上，相间短路保护电器动作	断路器、熔断器、过电流继电器、CPS 等	必须设置
接地故障保护	由于绝缘故障造成的，不同的接地形式接地故障电流差别较大	断路器、剩余电流保护电器（RCD）、CPS 等	必须设置，如短路保护能满足接地保护的要求，可以用短路保护兼顾
过负荷保护	由于电气或机械原因造成的，故障电流一般在 $10I_n$ 以下	热继电器、过负荷继电器、断路器、CPS、综合保护器等	根据需要装设
断相保护	过负荷保护的一种，非断相的两相电压升高，电流增大，呈现“过载”特征		根据需要装设
绕组温度保护	埋设在绕组线圈内的感温元件探测到绕组温度超高，发出信号也可动作跳闸	温度继电器、综合保护器等	根据需要装设
低电压保护	非重要电动机装设低电压保护，不允许其自起动，以保证重要电动机恢复来电后可以自起动	断路器的欠电压脱扣器、接触器的电磁线圈	根据需要装设

电动机低电压保护类型　　　　表 8.1.2-8

保护类型	动作时限	用　途
瞬时动作	瞬动	次要电动机
短延时保护	0.5～1.5s	不允许或不需要自起动的重要电动机
长延时保护	9～20s	按工艺要求或安全条件在长时间停电后不允许自起动的重要电动机

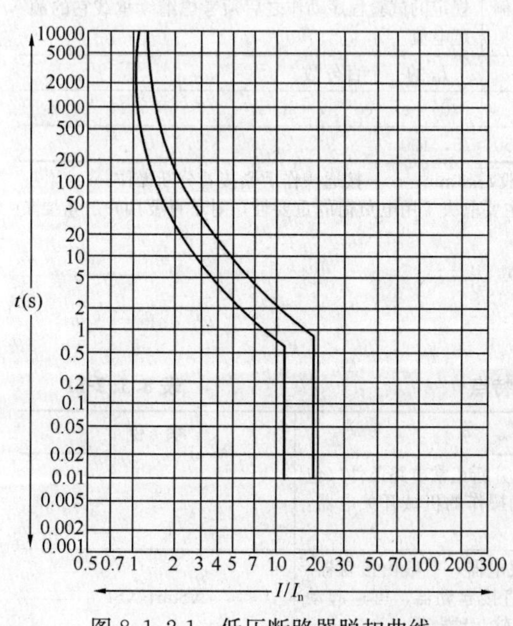

图 8.1.2-1　低压断路器脱扣曲线

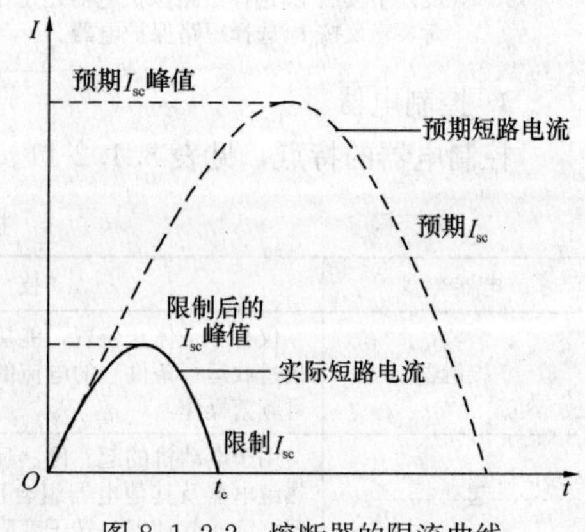

图 8.1.2-2　熔断器的限流曲线

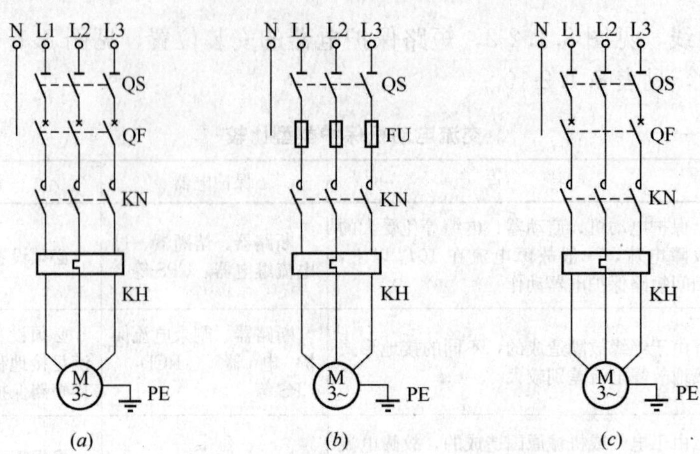

图 8.1.2-3 短路保护电器的安装位置

注：图中（*a*）、（*b*）是较好的安装方案，建议推广使用。

直流电动机保护类型及设置要求 **表 8.1.2-9**

保护类型	设置规定和要求
短路保护	必须设置
过负荷保护	根据需要装设
堵转保护	根据需要装设
弱磁或失磁保护	他励、并励、复励电动机，宜装设
超速保护	串励电动机和机械有超速危险的直流电动机，应装设

短路保护电器的分断能力 **表 8.1.2-10**

名 称	额定极限短路分断能力	额定运行短路分断能力
文字符号	I_{cu}	I_{cs}
定义	在规定的试验电压及其他规定的条件下，按照规定的试验程序动作之后不考虑继续承载它的额定电流	在规定的试验电压及其他规定的条件下，按照规定的试验程序动作之后须考虑继续承载它的额定电流
表示方法	预期短路电流有效值	I_{cu}的一个百分数
试验操作顺序	0 — *t* — co	0 — *t* — co — *t* — co
I_{cs}/I_{cu} （%）	25，50，75，100	

注：1. 0—分断操作；*t*—两个相邻操作间的时间间隔，一般 $t \geqslant 3\text{min}$；co—接通操作后紧接着分断操作。
2. 设计中按照 I_{cu}选择短路保护电器还是用 I_{cs}选择，主要取决于用电负荷的重要性，对于重要用户、重要负荷，建议按 I_{cs}选择短路保护电器。

4. 控制电器

控制电器的特点，见表 8.1.2-11。

控制电器的特点 **表 8.1.2-11**

电器类型	技 术 特 点	举 例
接触器	仅有一个休止位置，能接通、承载和分断正常电路条件（包括过载运行条件）的电流的一种非手动操作的机械开关电器，可频繁操作	—
起动器	用于电动机的起、停、反转用的开关电器，一般由接触器、热继电器及其他电器组合而成。包括直接起动器、可逆起动器、降压起动器、转子变阻式起动器、软起动器等	XStart-XS1

续表

电器类型	技术特点	举例
专用控制开关	专门用于电动机控制的开关电器，通常该控制开关还带有保护功能	GV2、GV3、MS325 等
低压断路器	起动次数较少的电动机	T 系列、NS 系列等
封闭式负荷开关	3kW 及以下电动机，手动不频繁操作手柄与铁壳有机械连锁装置	CFH3、HH3 等
控制与保护开关电器	小容量的电动机	KB0 系列，目前可以控制额定电流不大于 125A 的电动机

5. 电动机起动、保护、控制电器及导线截面选择（见表 8.1.2-14～表 8.1.2-21）

（1）低压电动机起动、保护、控制电器及导线截面选择表使用说明，见表 8.1.2-12。

低压电动机起动、保护、控制电器及导线选择表使用说明　　表 8.1.2-12

类　别	技 术 说 明
1. 适用条件	（1）适用于电压 380V、50Hz 的三相笼型异步电动机，电动机保护配合为 2 类（短路分断后，用电设备分支回路的保护电器不允许出现损坏。接触器触头可能发生的熔焊视作特例外，如果这种熔焊在不发生明显变形时能轻松地断开）。 （2）电动机起动时间不超过 30s，起动频率不超过 30 次/h（选用软起动器时不超过 10 次/h）。一般负载起动
2. 低压断路器电流脱扣器的整定电流选择	（1）单台电动机低压断路器的长延时过电流脱扣器整定电流取大于或等于电动机满载或额定电流的 1.2 倍。 （2）瞬时过电流脱扣器或过电流继电器瞬动元件的整定电流应大于或等于电动机起动电流（I_{st}）的 2～2.5 倍。 （3）过电流脱扣器瞬时整定电流取过电流脱扣器额定电流或可调式脱扣器长期通过的最大电流的 8～15 倍（电动机直接起动）/3～8 倍（电动机间接起动）
3. 熔断器的熔体额定电流选择	（1）单台电动机，熔断器熔体的额定电流应根据其安秒特性曲线计及偏差后略高于电动机启动电流和启动时间的交点来选取，并且不得小于电动机的额定电流。 （2）当电动机频繁起动和制动时，熔体的额定电流应再加大 1～2 级。 （3）为简化计算，对于 gG 类熔体的额定电流可按不小于电动机额定电流的 1.5～2.5 倍选取，而采用 aM 类熔体时，可按不小于 1.05～1.1 倍选取。 （4）开关熔断器组和熔断器式开关的额定电流，应按所需的熔断器额定电流选择，但不小于电动机额定电流的 1.5 倍
4. 热继电器的整定电流选择	（1）热继电器的整定电流按接近但不小于电动机的额定电流选取。 （2）为方便设计，热继电器可按整定电流调节范围的上限不小于电动机额定电流 1.05～1.2 倍的条件选配热继电器的规格。 （3）热继电器的整定电流应选用可调型。以便在工程正常运行后，可根据实测数据对其整定电流加以修正

续表

类 别	技 术 说 明
5. 接触器的选择	（1）接触器在规定的工作条件下的额定工作电流应不小于电动机的额定电流。 （2）用于不频繁起动的笼型异步电动机的控制电器，采用 AC-3 类接触器。 （3）当用于较频繁起停、正反向起停以及反复制动的笼型异步电动机机应采用 AC-4 类接触器
6. 导体截面的选择	（1）电动机分支回路导线系为选用聚氯乙烯（PVC）绝缘 BV 型及 BYJ 型铜芯电线，环境温度在 40℃及以下时的条件。主回路导体载流量按不小于电动机的额定电流来选配。未考虑线路电压降、谐波电流等因素可能对导体截面的选择产生的影响。 （2）保护电器与导体的配合满足：断路器长延时过电流脱扣器整定电流小于或等于 1～1.1 倍导体长期允许载流量
7. 低压电动机起动、起动、控制电器及导体截面选择表	（1）低压电动机保护、控制电器及导体截面选择表 8.1.2-14～表 8.1.2-20 是以 Y2 系列三相笼型异步电动机的技术参数进行编制的，对于其他型号三相异步电动机可依其对应的电动机额定功率或额定电流以及电动机起动方式，保护、控制电器组合方案，参考使用。 （2）电动机的起动电流取其堵转电流。表中“起动电流”栏中括号内数据表示起动电流为额定电流的倍数。 （3）表中 gG—表示通用的全范围熔断容量的熔断器。 aM—表示用于保护电动机电路的部分范围熔断容量的熔断器。 GM—表示用于保护电动机电路的全范围熔断容量的熔断器。 （4）aM 型熔断器是现今广为采用的类型，此类熔断器只能对电路的短路和接地保护有效，并不能对电动机过负荷提供保护。而需要对小于 $4I_n$（额定电流）的过负荷保护就必须配合其他的开关设备（如断路接触器、断路器）。当前一个新进展是采用了 gM 类型熔断器保护电动机电路，gM 型熔断器设计上使其能够承受起动和故障条件，即具有双重额定值，因而有两个电流值（I_n和 I_{ch}），第一个值 I_n 系指熔断器和熔断器盒的额定电流，第二个值 I_{ch}则指明熔断器的时间—电流特性（熔体所符合的熔断时间/电流特性），表示可经受住的电动机起动电流。gM 类型熔断器实际上就是 gG 型熔断器。 （5）用于电动机控制的接触器系为 380V、AC-3 类的额定电流，可用于拖动空调机、压缩机等的笼型电动机的起停控制。在功率因数（感性）为 0.35 时，应具有切断≥$8I_n$（接触器的额定电流）和通过≥$10I_n$（接触器的额定电流）的能力。 （6）用于星—三角起动方式时，接触器、热继电器在三角形接线回路中，整定值（选取值）按不小于电动机满载电流的 0.58 选取。 （7）应用于软起动器的保护和控制电器可选用表中两种组合方案中的一种： 断路器＋接触器＋热继电器＋（软起动器）； 或　熔断器＋接触器＋热继电器＋（软起动器）。 根据 IEC 60947—4—2 标准规定，短路保护电器应与负荷侧的控制电器和过载保护电器相配合，当电动机保护配合选用 2 类配合（允许接触器的触点有轻微的粘连，启动器不能发生无法修理的损坏）时，保护电器应选用快速熔断器以保证发生短路时能对起动器进行保护。 当选配有限流功能的软起动器时，可根据需要设置一个功率大于 1VA 的电流互感器，变比倍数的设置范围取 1.5～4。 （8）采用软起动方式时，电动机的保护和控制电器以及导体截面、根数、管径等规格参数，可参照不同接线，应用《电动机采用软起动方式时，保护、控制电器及导体截面选择表》内的相关数据进行选择。应强调说明的是：有些制造厂已在其配套生产的软起动器内设置有防止电动机和导线（电缆）过载保护功能，或内置有旁路开关设备。因此，在应用电动机保护、控制电器选择表时应注意了解所采用的软起动装置的产品性能并密切与制造厂配合。 （9）软起动器应用于电动机一般起动运行特性时，可根据电动机的额定功率来选择；用于重载起动运行特性时，应选择比电动机额定功率大一个规格的软起动器。宜选用带有旁路接触器的软起动器（大规格软启动器已内置有旁路接触器，无内置的软起动器预留有可外接旁路接触器的连接端子），以便在正常运行时减少功率损耗，有利节能。采用软起动器与电动机绕组成三角形接线时，软起动器通过的电流为 $0.58I_r$

续表

类别	技术说明
7. 低压电动机起动、保护、控制电器及导线截面选择表	（10）由于各制造厂生产的保护控制电器的产品性能参数有所不同，即使同一制造厂的规格相同而型号不同的电器产品的技术参数也略有差异，因此选择表中只列出保护控制电器的规格参数，未列出型号，所以在使用表中的开关电器的技术参数时，应根据工程实际设计的电动机主回路配电系统和电器器件的配合，进行相应的调整。但要注意选择的电器器件应符合电动机所拖动的机械设备启动、运行特性要求，短路保护电器应满足分断能力条件，以及电器与导体截面的选择配合。 （11）电动机起动、保护、控制电器及导体截面选择表中的 Y2 系列电动机全部型号及电流参数，仅在《电动机采用全压起动方式时，保护、控制电器［熔断器＋接触器＋热继电器］及导体截面选择》表 8.1.2-14～表 8.1.2-16 列出；在其他选择表中只列出了常用的电动机 2 极～6 极的型号及电流参数

（2）注意事项。

①电动机起动、控制、保护电器采用制造厂负责提供的专用设备时，产品（设备）的性能参数应满足工程技术条件要求，并协调好低压配电设计与成套设备的保护配合；

②低压笼型电动机均允许采用全压起动方式，但长轴传动的深井泵之类的电动机不宜采用全压起动；

③长延时过电流脱扣器用作后备保护时，其整定电流 I_z 应满足相应的瞬时过电流脱扣器整定电流可按电动机起动电流的 2～2.5 倍的条件确定：

$$I_Z = \frac{(2 \sim 2.5)I_{st}}{K_{sd}} \tag{8.1.2-1}$$

式中 K_{sd}——断路器的瞬时过电流脱扣器的瞬动电流倍数；

④开关熔断器组和熔断器式开关的额定电流不宜小于电动机额定电流的 1.5 倍；

⑤在从星型级转换到三角形级时，为了防止通过星型接触器发生相间短路，应有约 50ms 的转换间歇时间。为避免在星—三角起动的电动机绕组切换过程出现过高的转换电流峰值，可采用不中断转换的星—三角启动方式，但需增加配置过渡接触器（电流为 $0.26I_r$）和过渡电阻：

$$R = \frac{U_r}{\sqrt{3} \times 1.5I_r} \tag{8.1.2-2}$$

⑥控制线缆与电动机的电源回路线缆共管时，若线路较长或弯头较多时，控制线缆总截面不应小于电动机的电源回路线缆总截面的 10%；

⑦380V 电动机电路的二次控制回路电源电压应首选与电动机主电路电源电压相同的等级。如控制回路电源为单相 220V，而配电母线上配出有多个三相 380V 电动机回路时，宜采用在配电母线段上集中设置控制电源等用电的方案；

⑧电动机宜采用高效能电动机（如 YX_2 系列）；电动机主回路宜采用组合式保护电器；

⑨笼型电动机只有 2～3 个工况时宜采用变极对数调速；工况较多时宜采用变频调速。电动机调速与节能效果，见表 8.1.2-13。

电动机调速与节能效果 **表 8.1.2-13**

转速 n/n_e	0.25	0.5	0.75	1.0
功率 P/P_e	1.5625%	12.5%	42.1875%	100%

Y2 系列（IP54）电动机起动、保护、控制电器（熔断器＋接触器＋热继电器）及导线截面选择 **表 8.1.2-14**

三相异步电动机				轻载/一般负载全压起动方式				BV、BYJ 型导线根数×截面（mm^2）及钢管直径（mm）	
Y2 系列 380V，50Hz	额定功率（kW）	额定电流（A）	起动电流（A）	熔断体额定电流 A		接触器额定电流 AC-3（A）	热继电器整定电流（A）	配线	SC
				gG 类	aM 类				
—	0.37	1.0	—	4	4	9	1～1.6	4×2.5	20
801-4	0.55	1.5	7.8(5.2)	4	4	9	1.6～2.5	4×2.5	20
801-6		1.7	8.0(4.7)						
90L-8		2.1	8.4(4.0)						
801-2	0.75	1.8	11(6.1)	6	4	9	1.8～3.5	4×2.5	20
802-4		2.0	12(6.0)						
90S-6		2.2	12.1(5.5)						
100L1-8		2.4	9.6(4.0)						
802-2	1.1	2.5	17.5(7.0)	8	4	9	2.5～4	4×2.5	20
90S-4		2.8	19.6(7.0)						
90L-6		3.1	17.1(5.5)						
110L2-8		3.4	17.0(5.0)						
90S-2	1.5	3.4	23.8(7.0)	10	6	9	3.5～5	4×2.5	20
90L-4		3.7	25.9(7.0)						
100L-6		3.9	21.5(5.5)						
112M-8		4.4	22.0(5.0)						
90L-2	2.2	4.8	33.6(7.0)	12	8	12	4.5～6.5	4×2.5	20
100L1-4		5.1	35.7(7.0)						
112M-6		5.5	35.8(6.5)						
132S-8		6.0	36.0(6.0)						

续表

三相异步电动机				轻载/一般负载全压起动方式				BV、BYJ型导线根数×截面(mm^2)及钢管直径(mm)	
Y2系列 380V,50Hz	额定功率 (kW)	额定电流 (A)	起动电流 (A)	熔断体额定电流 A		接触器额定电流 AC-3 (A)	热继电器整定电流(A)	配线	SC
				gG类	aM类				
100L-2	3.0	6.3	47.3(7.5)	16	10	17(16)	6～10	4×2.5	20
100L2-4		6.7	46.9(7.0)						
132S-6		7.4	48.1(6.5)						
132M-8		7.9	47.4(6.0)						
112M-2	4.0	8.2	61.5(7.5)	20	12	17(16)	7.5～11	4×2.5	20
112M-4		8.8	61.6(7.0)						
132M1-6		9.6	62.4(6.5)						
160M1-8		10.2	61.2(6.0)						
132S1-2	5.5	11.1	83.3(7.5)	25	16	17(16)	12～18	4×2.5	20
132S-4		11.7	81.9(7.0)						
132M2-6		12.9	83.9(6.5)						
160M2-8		13.6	81.6(6.0)						
132S2-2	7.5	15.0	112.5(7.5)	32	20	26(25)	13～19	$\frac{4\times4}{4\times6}$	$\frac{20}{25}$
132M-4		15.6	109.2(7.0)						
160M-6		17.0	110.5(6.5)						
160L-8		17.8	106.8(6.0)						

续表

三相异步电动机				轻载/一般负载全压起动方式				BV、BYJ 型导线根数×截面(mm^2)及钢管直径(mm)	
Y2 系列 380V,50Hz	额定功率 (kW)	额定电流 (A)	起动电流 (A)	熔断体额定电流 A gG 类	熔断体额定电流 A aM 类	接触器额定电流 AC-3 (A)	热继电器整定电流(A)	配线	SC
160M1-2	11	21.3	159.8(7.5)	50	25	32	22～32	$\frac{4\times6}{4\times10}$	$\frac{25}{32}$
160M-4		22.3	167.3(7.5)						
160L-6		24.2	157.3(6.5)		32				
180L-8		25.2	166.3(6.6)						
160M2-2	15	28.7	215.3(7.5)	63	32	50	29～42	4×10	32
160L-4		30.1	225.8(7.5)		40				
180L-6		31.6	221.2(7.0)						
200L-8		34.0	224.4(6.6)						
160L2-2	18.5	34.7	260.3(7.5)	80	40	50	32～45	4×16	40
180M-4		36.4	262.1(7.2)						
200L1-6		38.1	266.7(7.0)		50				
225S-8		40.5	267.3(6.6)						
180M2-2	22	41.2	309.0(7.5)	80	50	65	36～52	$\frac{4\times16}{3\times25+1\times16}$	$\frac{40}{50}$
180L-4		43.1	310.3(7.2)						
200L2-6		44.5	311.5(7.0)						
225M-8		47.3	315.5(6.6)		63				

续表

三相异步电动机				轻载/一般负载全压起动方式				BV、BYJ 型导线根数×截面(mm^2)及钢管直径(mm)	
Y2 系列 380V,50Hz	额定功率(kW)	额定电流(A)	起动电流(A)	熔断体额定电流 A gG 类	熔断体额定电流 A aM 类	接触器额定电流 AC-3(A)	热继电器整定电流(A)	配线	SC
200L1-2		55.3	414.8(7.5)		63				
200L-4	30	57.6	414.7(7.2)	125		75	55～80	3×25+1×16	50
225M-6		58.6	410.2(7.0)		80				
250M-8		63.4	418.4(6.6)						
200L2-2		67.9	509.3(7.5)						
225S-4	37	69.8	502.6(7.2)	160	80	96(95)	65～90	3×35+1×16	50
250M-6		71.0	497.0(7.0)						
280S-8		76.8	506.9(6.6)		100				
225M-2		82.1	615.8(7.5)						
225M-4		84.5	608.4(7.2)		100				
280S-6	45	85.9	601.3(7.0)	160		110	80～110	$\frac{3×50+1×25}{3×70+1×35}$	$\frac{65}{80}$
280M-8		92.6	611.2(6.6)		125				
315S-10		99.7	618.0(6.2)						
250M-2		100.1	750.8(7.5)						
250M-4		103.1	742.3(7.2)		125				
280M-6	55	104.7	733.9(7.0)	200		145(140)	100～135	3×70+1×35	80
315S-8		112.9	745.1(6.6)						
315M-10		121.2	753.9(6.2)		160				

续表

三相异步电动机				轻载/一般负载全压起动				BV、BYJ 型导线根数×截面(mm^2)及钢管直径(mm)	
Y2 系列 380V,50Hz	额定功率 (kW)	额定电流 (A)	起动电流 (A)	熔断体额定电流 A		接触器额定电流 AC-3 (A)	热继电器整定电流(A)	配线	SC
				gG 类	aM 类				
280S-2		134.0	1005.0(7.5)						
280S-4		139.7	1005.8(7.2)		160				
315S-6	75	141.7	991.9(7.5)	250		185	130～175	$\frac{3\times95+1\times50}{3\times120+1\times70}$	$\frac{80}{100}$
315M-8		151.3	998.6(6.6)		200				
315L1-10		162.2	1005.4(6.2)						
280M-2		160.2	1201.5(7.5)						
280M-4		166.9	1151.6(6.8)						
315M-6	90	169.5	1186.5(7.0)	315	200	210(205)	132～220	$\frac{3\times120+1\times70}{3(2\times50)+1\times50}$ 或 2(3×50+1×25)	$\frac{100}{100}$ 或 2(65)
315L1-8		170.8	1174.8(6.9)						
315L2-10		191.0	1184.2(6.2)						
315S-2		195.4	1387.3(7.1)						
315S-4		201.0	1386.9(6.9)						
315L1-6	110	206.8	1385.6(6.7)	315	250	260(250)	180～275	3(2×70)+1×70 或 2(3×70+1×35)	100 或 2(80)
315L2-8		216.9	1388.2(6.4)						
355M1-10		230.0	1380.0(6.0)						

续表

三相异步电动机				轻载/一般负载全压起动				BV、BYJ 型导线根数×截面(mm^2)及钢管直径(mm)	
Y2 系列 380V,50Hz	额定功率 (kW)	额定电流 (A)	起动电流 (A)	熔断体额定电流 A		接触器额定电流 AC-3 (A)	热继电器整定电流(A)	配线	SC
				gG 类	aM 类				
315M-2	132	233.3	1656.4(7.1)	400	315	305(300)	220～310	3(2×70)+1×70 或 2(3×70+1×35) / 3(2×95)+1×95 或 2(3×95+1×50)	100 或 2(80) / 125 或 2(80)
315M-4		240.5	1659.(6.9)						
315L2-6		244.8	1640.2(6.7)						
355M1-8		260.3	1655.9(6.4)						
335M2-10		275.1	1650.7(6.0)						
315L1-2	160	279.4	1983.7(7.1)	500	315	400	260～380	3(2×120)+1×120 或 2(3×120+1×70)	125 或 2(100)
315L1-4		287.9	1986.5(6.9)		400				
355M1-6		291.5	1953.1(6.7)						
355M2-8		310.0	1984.0(6.4)						
355L-10		333.5	2000.8(6.0)						
315L2-2	200	347.8	2469.2(7.1)	630	400	460	355～500	3(2×120)+1×120 或 2(3×120+1×70)	125 或 2(100)
315L2-4		358.8	2475.7(6.9)						
355M2-6		363.6	2436.1(6.7)						
355L-8		386.3	2472.3(6.4)		500				

注：1. 表中“导线根数×截面”和“钢管直径”栏的横格内只列有一组导体截面和管径者，适用于环境温度不超过 40℃；列有分式的导体截面和管径者，分子标注的规格适用于环境温度不超过 35℃，分母标注的规格适用于环境温度不超过 40℃。

2. “接触器额定电流”栏内的括号内、外数据，仅表示不同制造厂的产品的电流规格有所不同。

Y2 系列（IP54）电动机起动、保护、控制电器［断路器（长延时、瞬时过电流脱扣器）＋接触器］及导线截面选择　表 8.1.2-15

三相异步电动机				轻载/一般负载全压起动方式				BV、BYJ 型导线根数×截面(mm^2)及钢管直径(mm)	
Y2 系列 380V，50Hz	额定功率 (kW)	额定电流 (A)	起动电流 (A)	断路器长延时过电流脱扣器整定电流(Iz) (A) 可调范围	不可调	断路器瞬时过电流脱扣器整定电流 (A)	接触器额定电流 AC-3 (A)	配线	SC
—	0.37	1.0	—	1～1.6	1.6	12～14I_z	9	4×2.5	20
801-4	0.55	1.5	7.8(5.2)	1.6～2.5	2.5	12～4I_z	9	4×2.5	20
801-6		1.7	8.0(4.7)						
90L-8		2.1	8.4(4.0)						
801-2	0.75	1.8	11(6.1)	2.0～3	3.2	12～14I_z	9	4×2.5	20
802-4		2.0	12(6.0)						
90S-6		2.2	12.1(5.5)						
802-2	1.1	2.5	17.5(7.0)	2.5～4	4	12～14I_z	9	4×2.5	20
90S-4		2.8	19.6(7.0)						
90L-6		3.1	17.1(5.5)						
90S-2	1.5	3.4	23.8(7.0)	4～6.3	5	12～14I_z	9	4×2.5	20
90L-4		3.7	25.9(7.0)						
100L-6		3.9	21.5(5.5)						
90L-2	2.2	4.8	33.6(7.0)	6～10	7.5	12～14I_z	12	4×2.5	20
100L1-4		5.1	35.7(7.0)						
112M-6		5.5	35.8(6.5)						
100L-2	3.0	6.3	47.3(7.5)	6～10	10	12～14I_z	17(16)	4×2.5	20
100L2-4		6.7	46.9(7.0)						
132S-6		7.4	48.1(6.5)						

续表

三相异步电动机				轻载/一般负载全压起动方式				BV、BYJ 型导线根数×截面(mm^2)及钢管直径(mm)	
Y2 系列 380V,50Hz	额定功率 (kW)	额定电流 (A)	起动电流 (A)	断路器长延时过电流脱扣器整定电流(Iz)(A)		断路器瞬时过电流脱扣器整定电流 (A)	接触器额定电流 AC-3 (A)	配线	SC
				可调范围	不可调				
112M-2	4.0	8.2	61.5(7.5)	9~14	11	12~14I_z	17(16)	4×2.5	20
112M-4		8.8	61.6(7.0)						
132M1-6		9.6	62.4(6.5)						
132S1-2	5.5	11.1	83.3(7.5)	13~18	16	12~14I_z	17(16)	4×2.5	20
132S-4		11.7	81.9(7.0)						
132M2-6		12.9	83.9(6.5)						
132S2-2	7.5	15.0	112.5(7.5)	17~25	25	12~14I_z	26(25)	$\frac{4\times4}{4\times6}$	$\frac{20}{25}$
132M-4		15.6	109.2(7.0)						
160M-6		17.0	110.5(6.5)						
160M1-2	11	21.3	159.8(7.5)	22~32	32	12~14I_z	32	$\frac{4\times6}{4\times10}$	$\frac{25}{32}$
160M-4		22.3	167.3(7.5)						
160L-6		24.2	157.3(6.5)						
160M2-2	15	28.7	215.3(7.5)	28~40	40	12~14I_z	50	4×10	32
160L-4		30.1	225.8(7.5)						
180L-6		31.6	221.2(7.0)						
160L2-2	18.5	3.47	260.3(7.5)	40~50	50	12~14I_z	50	4×16	40
180M-4		36.4	262.1(7.2)						
200L1-6		38.1	266.7(7.0)						

续表

三相异步电动机				轻载/一般负载全压起动方式				BV、BYJ 型导线根数×截面(mm^2)及钢管直径(mm)	
Y2 系列 380V，50Hz	额定功率 (kW)	额定电流 (A)	起动电流 (A)	断路器长延时过电流脱扣器整定电流(Iz) (A)		断路器瞬时过电流脱扣器整定电流 (A)	接触器额定电流 AC-3 (A)	配线	SC
				可调范围	不可调				
180M2-2	22	41.2	309.0(7.5)	45～63	55	12～14I_z	65	$\frac{4\times16}{3\times25+1\times16}$	$\frac{40}{50}$
180L-4		43.1	310.3(7.2)						
200L2-6		44.5	311.5(7.0)						
200L1-2	30	55.3	414.8(7.5)	48～80	70	12～14I_z	75	3×25+1×16	50
200L-4		57.6	414.7(7.2)						
225M-6		58.6	410.2(7.0)						
200L2-2	37	67.9	509.3(7.5)	60～100	85	12～14I_z	96(95)	3×35+1×16	50
225S-4		69.8	502.6(7.2)						
250M-6		71.0	497.0(7.0)						
225M-2	45	82.1	615.8(7.5)	90～150	100	12～14I_z	110	$\frac{3\times50+1\times25}{3\times70+1\times35}$	$\frac{65}{80}$
225M-4		84.5	608.4(7.2)						
280S-6		85.9	601.3(7.0)						
250M-2	55	100.1	750.8(7.5)	90～150	125	12～14I_z	145(140)	3×70+1×35	80
250M-4		103.1	742.3(7.2)						
280M-6		104.7	733.9(7.0)						
280S-2	75	134.0	1005.0(7.5)	100～200	160	12～14I_z	185	$\frac{3\times95+1\times150}{3\times120+1\times70}$	$\frac{80}{100}$
280S-4		139.7	1005.8(7.2)						
315S-6		141.7	991.9(7.0)						

续表

三相异步电动机				轻载/一般负载全压起动方式				BV、BYJ 型导线根数×截面(mm^2)及钢管直径(mm)	
Y2 系列 380V，50Hz	额定功率 (kW)	额定电流 (A)	起动电流 (A)	断路器长延时过电流脱扣器整定电流(Iz) (A) 可调范围	断路器长延时过电流脱扣器整定电流(Iz) (A) 不可调	断路器瞬时过电流脱扣器整定电流 (A)	接触器额定电流 AC-3 (A)	配线	SC
280M-2	90	160.2	1201.5(7.5)	160～250	220	12～14I_z	210(205)	$\frac{3×120+1×70}{3(2×50)+1×50}$ 或 2(3×50+1×25)	$\frac{100}{100}$ 或 2(65)
280M-4		166.9	1151.6(6.8)						
315M-6		169.5	1186.5(7.0)						
315S-2	110	195.4	1387.3(7.1)	160～315	250	12～14I_z	260(250)	3(2×70)+1×70 或 2(3×70+1×35)	100 或 2(80)
315S-4		201.0	1386.9(6.9)						
315L1-6		206.8	1385.6(6.7)						
315M-2	132	233.3	1656.4(7.1)	200～350	300	12～14I_z	305(300)	$\frac{3(2×70)+1×70 或 2(3×70+1×35)}{3(2×95)+1×95 或 2(3×95+1×50)}$	$\frac{100 或 2(80)}{125 或 2(80)}$
315M-4		240.5	1659.2(6.9)						
315L2-6		244.8	1640.2(6.7)						
315L1-2	160	279.4	1983.7(7.1)	315～550	350	12～14I_z	400	3(2×120)+1×120 或 2(3×120+1×70)	125 或 2(100)
315L1-4		287.9	1986.5(6.9)						
315M1-6		291.5	1953.1(6.7)						
315L2-2	200	347.8	2469.2(7.1)	315～550	450	12～14I_z	460	3(2×120)+1×120 或 2(3×120+1×70)	125 或 2(100)
315L2-4		358.8	2475.7(6.9)						
355M2-6		363.6	2436.1(6.7)						

注：1. 表中“导线根数×截面”和“钢管直径”栏的横格内只列有一组导体截面和管径者，适用于环境温度不超过 40℃；列有分式的导体截面和管径者，分子标注的规格适用于环境温度不超过 35℃，分母标注的规格适用于环境温度不超过 40℃。

2. “接触器额定电流”栏内的括号内、外数据，仅表示不同制造厂的产品的电流规格有所不同。

Y2系列(IP54)电动起动、保护控制电器[断路器瞬时过电流脱扣器)+接触器+热继电器]及导线截面选择 表 8.1.2-16

三相异步电动机				轻载/一般负载全压起动方式				BV、BYJ型导线根数×截面(mm^2)及钢管直径(mm)	
Y2系列 380V、50Hz	额定功率 (kW)	额定电流 (A)	起动电流 (A)	断路器瞬时过电流脱扣器 额定电流 (A)	断路器瞬时过电流脱扣器 动作电流 (A)	接触器 额定电流 AC-3 (A)	热继电器 整定电流 (A)	配线	SC
—	0.37	1.0	—	1.6	21	9	1～1.6	4×2.5	20
—	0.55	1.5	7.8(5.2)	2.0	26	9	1.6～2.5	4×2.5	20
		1.7	8.0(4.7)						
		2.1	8.4(4.0)						
801-2	0.75	1.8	11(6.1)	3.2(4)	42(51)	9	1.8～3.5	4×2.5	20
802-4		2.0	12(6.0)						
90S-6		2.2	12.1(5.5)						
802-2	1.1	2.5	17.5(7.0)	5(4)	65(51)	9	2.5～4	4×2.5	20
90S-4		2.8	19.6(7.0)						
90L-6		3.1	17.1(5.5)						
90S-2	1.5	3.4	23.8(7.0	6.3	82(78)	9	3.5～5	4×2.5	20
90L-4		3.7	25.9(7.0)						
100L-6		3.9	21.5(5.5)						
90L-2	2.2	4.8	33.6(7.0)	10	130(138)	12	4.5～6.5	4×2.5	20
100L1-4		5.1	35.7(7.0)						
112M-6		5.5	35.8(6.5)						
100L-2	3.0	6.3	47.3(7.5)	10	130(138)	17(16)	6～10	4×2.5	20
100L2-4		6.7	46.9(7.0)						
132S-6		7.4	48.1(6.5)						

续表

三相异步电动机				轻载/一般负载全压起动方式				BV、BYJ型导线根数×截面(mm^2)及钢管直径(mm)	
Y2系列 380V、50Hz	额定功率 (kW)	额定电流 (A)	起动电流 (A)	断路器瞬时过电流脱扣器 额定电流 (A)	断路器瞬时过电流脱扣器 动作电流 (A)	接触器 额定电流 AC-3 (A)	热继电器 整定电流 (A)	配线	SC
112M-2		8.2	61.5(7.5						
112M-4	4.0	8.8	61.6(7.0)	12.5(14)	163(170)	17(16)	7.5～11	4×2.5	20
1132M1-6		9.6	62.4(6.5)						
132S1-2		11.1	83.3(7.5)						
132S-4	5.5	11.7	81.9(7.0)	16(18)	210(223)	17(16)	12～18	4×2.5	20
132M2-6		12.9	83.9(6.5)						
132S2-2		15.0	112.5(7.5)						
132M-4	7.5	15.6	109.2(7.0)	25	325(327)	26(25)	13～19	4×4/4×6	20/25
160M-6		17.0	110.5(6.5)						
160M1-2		21.3	159.8(7.5)						
160M-4	11	22.3	167.3(7.5)	32	415	32	22～32	4×6/4×10	25/32
160L-6		24.2	157.3(6.5)						
160M2-2		28.7	215.3(7.5)						
160L-4	15	30.1	225.8(7.5)	40	520	50	29～42	4×10	32
180L-6		31.6	221.2(7.0)						
160L2-2		34.7	260.3(7.5)						
180M-4	18.5	36.4	262.1(7.2)	50	650	50	32～45	4×16	40
200L1-6		38.1	266.7(7.0)						
180M2-2		41.2	309.0(7.5)						
180L-4	22	43.1	310.3(7.2)	63	820	65	36～52	4×16/3×25+1×16	40/50
200L2-6		44.5	311.5(7.0)						

续表

三相异步电动机				轻载/一般负载全压起动方式				BV、BYJ型导线根数×截面(mm^2)及钢管直径(mm)	
Y2系列 380V、50Hz	额定功率 (kW)	额定电流 (A)	起动电流 (A)	断路器瞬时过电流脱扣器 额定电流 (A)	断路器瞬时过电流脱扣器 动作电流 (A)	接触器 额定电流 AC-3 (A)	热继电器 整定电流 (A)	配线	SC
200L1-2	30	55.3	414.8(7.5)	80	1040(1000)	75	55～80	3×25+1×16	50
200L-4		57.6	414.7(7.2)						
225M-6		58.6	410.2(7.0)						
200L2-2	37	67.9	509.3(7.5)	100	1300	96(95)	65～90	3×35+1×16	50
225S-4		69.8	502.6(7.2)						
250M-6		71.0	497.0(7.0)						
225M-2	45	82.1	615.8(7.5)	125	1625	110	80～110	$\frac{3\times50+1\times25}{3\times70+135}$	$\frac{65}{80}$
225M-4		84.5	608.4(7.2)						
280S-6		85.9	601.3(7.0)						
250M-2	55	100.1	750.8(7.5)	160(150)	2080(1950)	145(140)	100～135	3×70+1×35	80
250M-4		103.1	742.3(7.2)						
280M-6		104.7	733.9(7.0)						
280S-2	75	134.0	1005.0(7.5)	175	2100	185	130～175	$\frac{3\times95+1\times50}{3\times120+1\times70}$	$\frac{80}{100}$
280S-4		139.7	1005.8(7.2)						
315S-6		141.7	991.9(7.0)						
280M-2	90	160.2	1201.5(7.5)	220(200)	2640(2600)	210(205)	132～220	$\frac{3\times120+1\times70}{3(2\times50)+1\times50}$ 或 2(3×50+1×25)	$\frac{100}{100}$ 或 2(65)
280M-4		166.9	1151.6(6.8)						
315M-6		169.5	1186.5(7.0)						
315S-2	110	195.4	1387.3(7.1)	250	3000	260(250)	180～275	3(2×70)+1×70 或 2(3×70+1×35)	100 或 2(80)
315S-4		201.0	1386.9(6.9)						
315L1-6		206.8	1385.6(6.7)						
315M-2	132	233.3	1656.4(7.1)	320	3840	305(300)	220～310	3(2×70)+1×70 或 2(3×70+1×35)	100 或 2(80)
315M-4		240.5	1659.2(6.9)						
315L2-6		244.8	1640.2(6.7)					3(2×95)+1×95 或 2(3×95+1×50)	125 或 2(80)

注：1. 表中“导线根数×截面”和“钢管直径”栏的横格内只列有一组导体截面和管径者，适用于环境温度不超过40℃；列有分式的导体截面和管径者，分子标注的规格适用于环境温度不超过35℃，分母标注的规格适用于环境温度不超过40℃。

2. “断路器瞬时过电流脱扣器”和“接触器额定电流”栏内的括号内、外数据，仅表示不同制造厂的产品的电流规格有所不同。

Y 系列（IP44）电动机起动、保护、控制电器及导线截面选择　　表 8.1.2-17

电动机型号 Y (IP44)	额定功率 (kW)	额定电流 (A)	起动电流 (A)	轻载/一般负载全压起动方式					BV 型导线根数×截面(mm²)及钢管直径(mm)			
				熔断体(A)		断路器/脱扣器额定电流(A)	接触器额定电流(A)	热继电器整定电流(A)	30℃		35℃	
				aM 型	gG 型				配线	SC	配线	SC
801-4	0.55	1.5	9.0	2	4	63/2	6.3	1.6	4×1.5	20	4×1.5	20
801-2	0.75	1.8	11.7	4	6	63/4	6.3	1.9	4×1.5	20	4×1.5	20
802-4		2.0	12.0					2.1				
90S-6		2.3	12.7					2.4				
802-2	1.1	2.5	17.5	4	8	63/4	6.3	2.6	4×1.5	20	4×1.5	20
90S-4		2.7	17.6					2.8				
90L-6		3.2	17.6					3.4				
90S-2	1.5	3.4	23.8	4	10	63/4	6.3	3.6	4×1.5	20	4×1.5	20
90L-4		3.7	24.1					3.9				
100L-6		4.0	24.0	6		63/6		4.2				
90L-2	2.2	4.7	32.9	6	12/16	63/6	9 (12)	4.9	4×1.5	20	4×1.5	20
100L2-4		5.0	35.0					5.3				
112M-6		5.6	33.6					5.9				
132S-8		5.8	31.9					6.1				
100L-2	3	6.4	44.8	8	16/20	63/10	9 (16)	6.7	4×1.5	20	4×1.5	20
100L2-4		6.8	47.6					7.1				
132S-6		7.2	46.8					7.6				
132M8		7.7	42.4	10				8.1				
112M-2	4	8.2	57.4	10	20/25	100/10	12 (16)	8.6	4×1.5	20	4×1.5	20
112M-4		8.8	61.6					9.2				
132M1-6		9.4	61.1			100/16		9.9				
160M1-8		9.9	59.4	12				10.4				
132S1-2	5.5	11.1	77.7	12	25/32	100/16	12 (16)	11.7	4×2.5	20	4×2.5	20
132S-4		11.6	81.2	16				12.2				
132M2-6		12.6	81.9				16	13.2				
160M2-8		13.3	79.8					14				
132S2-2	7.5	15.0	105	20	32/40	100/20	16	15.8	4×2.5	20	4×2.5	20
132M-4		15.4	107.8					16.2				
160M-6		17.0	110.5				25	17.9				
160L-8		17.7	97.4					18.6				

续表

<table>
<tr><th rowspan="3">电动机型号
Y
(IP44)</th><th rowspan="3">额定
功率
(kW)</th><th rowspan="3">额定
电流
(A)</th><th rowspan="3">起动
电流
(A)</th><th colspan="5">轻载/一般负载全压起动方式</th><th colspan="4">BV 型导线根数×截面(mm²)
及钢管直径(mm)</th></tr>
<tr><th colspan="2">熔断体(A)</th><th rowspan="2">断路器/脱
扣器额定
电流(A)</th><th rowspan="2">接触器
额定电
流(A)</th><th rowspan="2">热继电器
整定电流
(A)</th><th colspan="2">30℃</th><th colspan="2">35℃</th></tr>
<tr><th>aM 型</th><th>gG 型</th><th>配线</th><th>SC</th><th>配线</th><th>SC</th></tr>
<tr><td>160M1-2</td><td rowspan="4">11</td><td>21.8</td><td>152.6</td><td rowspan="2">25</td><td rowspan="4">50</td><td rowspan="2">100/25</td><td rowspan="4">25
(32)</td><td>23</td><td rowspan="4">4×4</td><td rowspan="4">20</td><td rowspan="4">4×6</td><td rowspan="4">25</td></tr>
<tr><td>160M-4</td><td>22.6</td><td>158.2</td><td>24</td></tr>
<tr><td>160L-6</td><td>24.6</td><td>159.9</td><td rowspan="2">32</td><td rowspan="2">100/32</td><td>26</td></tr>
<tr><td>180L-8</td><td>25.1</td><td>150.6</td><td>26.5</td></tr>
<tr><td>160M2-2</td><td rowspan="4">15</td><td>29.4</td><td>205.8</td><td rowspan="4">40</td><td rowspan="4">63</td><td rowspan="4">100/40</td><td rowspan="2">32
(50)</td><td>31</td><td rowspan="4">4×6</td><td rowspan="4">25</td><td rowspan="4">4×10</td><td rowspan="4">32</td></tr>
<tr><td>160L-4</td><td>30.3</td><td>212.1</td><td>32</td></tr>
<tr><td>180L-6</td><td>33.4</td><td>217.1</td><td rowspan="2">40
(50)</td><td>35</td></tr>
<tr><td>200L-8</td><td>34.1</td><td>204.6</td><td>36</td></tr>
<tr><td>160L-2</td><td rowspan="4">18.5</td><td>35.5</td><td>248.5</td><td rowspan="3">40</td><td rowspan="4">80</td><td rowspan="3">100/40</td><td rowspan="3">40
(50)</td><td>37.5</td><td rowspan="4">4×10</td><td rowspan="4">32</td><td rowspan="4">4×10</td><td rowspan="4">32</td></tr>
<tr><td>180M-4</td><td>35.9</td><td>251.3</td><td>37.5</td></tr>
<tr><td>200L1-6</td><td>37.7</td><td>245.1</td><td>39.5</td></tr>
<tr><td>225S-8</td><td>41.3</td><td>247.8</td><td>50</td><td>100/50</td><td></td><td>43</td></tr>
<tr><td>180M-2</td><td rowspan="4">22</td><td>42.2</td><td>295.4</td><td rowspan="3">50</td><td rowspan="4">80</td><td rowspan="4">100/50</td><td rowspan="4">50</td><td>44</td><td rowspan="4">4×16</td><td rowspan="4">32</td><td rowspan="4">4×16</td><td rowspan="4">32</td></tr>
<tr><td>180L-4</td><td>42.5</td><td>297.5</td><td>45</td></tr>
<tr><td>200L2-6</td><td>44.6</td><td>289.9</td><td>47</td></tr>
<tr><td>225M-8</td><td>47.6</td><td>285.6</td><td>63</td><td>50</td></tr>
<tr><td>200L1-2</td><td rowspan="4">30</td><td>56.9</td><td>398.3</td><td rowspan="3">63</td><td rowspan="4">100</td><td rowspan="3">100/63</td><td rowspan="4">63</td><td>60</td><td rowspan="4">4×16</td><td rowspan="4">40</td><td rowspan="4">3×25+
1×16</td><td rowspan="4">50</td></tr>
<tr><td>200L-4</td><td>56.8</td><td>397.6</td><td>60</td></tr>
<tr><td>225M-6</td><td>59.5</td><td>386.8</td><td>62</td></tr>
<tr><td>250M-8</td><td>63.0</td><td>378.0</td><td>80</td><td>100/80</td><td>66</td></tr>
<tr><td>200L2-2</td><td rowspan="4">37</td><td>69.8</td><td>488.6</td><td rowspan="3">80</td><td rowspan="4">125</td><td rowspan="3">100/80</td><td rowspan="3">75</td><td>73</td><td rowspan="4">3×25+
1×16</td><td rowspan="4">50</td><td rowspan="4">3×35+
1×16</td><td rowspan="4">70</td></tr>
<tr><td>225S-4</td><td>69.8</td><td>488.6</td><td>73</td></tr>
<tr><td>250M-6</td><td>72.0</td><td>468.0</td><td>76</td></tr>
<tr><td>280S-8</td><td>78.2</td><td>469.2</td><td>100</td><td>100/100</td><td>95</td><td>82</td></tr>
<tr><td>225M-2</td><td rowspan="4">45</td><td>83.9</td><td>587.3</td><td rowspan="4">100</td><td rowspan="4">160</td><td rowspan="4">160/100</td><td rowspan="4">95
(110)</td><td>88</td><td rowspan="4">3×35+
1×16</td><td rowspan="4">50</td><td rowspan="4">3×50+
1×16</td><td rowspan="4">70</td></tr>
<tr><td>225M-4</td><td>84.2</td><td>589.4</td><td>88</td></tr>
<tr><td>280S-6</td><td>85.4</td><td>555.1</td><td>90</td></tr>
<tr><td>280M-8</td><td>93.2</td><td>559.2</td><td>98</td></tr>
<tr><td>250M-2</td><td rowspan="4">55</td><td>102.7</td><td>718.9</td><td rowspan="4">125</td><td rowspan="4">160</td><td rowspan="4">160/125</td><td rowspan="3">110</td><td>108</td><td rowspan="4">3×50+
1×25</td><td rowspan="4">70</td><td rowspan="4">3×50+
1×25</td><td rowspan="4">70</td></tr>
<tr><td>250M-4</td><td>102.5</td><td>717.5</td><td>108</td></tr>
<tr><td>280M-6</td><td>104.9</td><td>681.9</td><td>110</td></tr>
<tr><td>315S-8</td><td>114.0</td><td>741.0</td><td>140</td><td>120</td></tr>
</table>

续表

电动机型号 Y (IP44)	额定功率 (kW)	额定电流 (A)	起动电流 (A)	轻载/一般负载全压起动方式					BV 型导线根数×截面(mm^2)及钢管直径(mm)			
				熔断体(A)		断路器/脱扣器额定电流(A)	接触器额定电流(A)	热继电器整定电流(A)	30℃		35℃	
				aM 型	gG 型				配线	SC	配线	SC
280S-2	75	140.1	980.7	160	200	250/160	140 (170)	147	3×70+1×35	80	3×95+1×50	80
280S-4		139.7	977.9					147				
315S-6		141.0	916.5				170	147				
315M-8		152.0	988.0					160				
280M-2	90	167.0	1169.0	200	250	250/200	170	175	3×95+1×50	80	3×120+1×70	100
280M-4		164.3	1150.0					173				
315M-6		169.0	1098.5					177				
315L1-8		179.0	1163.5				205	188				
315S-2	110	203.0	1380.4	250	315	250/250	205 (250)	215	3×120+1×50	100	3×150+1×70	100
315S-4		201.0	1366.8					210				
315L1-6		205.0	1332.5					215				
315L2-8		218.0	1373.4				250	230				
315M-2	132	238.3	1620.4	315	315	400/320	250	250	3×185+1×90	—	3×185+1×90	—
315M-4		240.0	1632.0					250				
315L2-6		246.0	1599.0					260				
355M1-8		264.0	1663.2				300	275				
315L1-2	160	283.7	1929.2	400	400	400/320	300 (400)	300	2(3×70+1×35)	2×80	2(3×95+1×50)	2×80
315L1-4		291.5	1980.2					305				
355M1-6		300.0	1950.0					315				
355M2-8		319.0	2009.7			400/400	400	335				
315L-2	185	337.8	2297.0	400	500	400/400	400	355	2(3×95+1×50)	2×80	2(3×120+1×70)	2×100
315L-4		334.2	2272.6					350				
355M2-6		347.3	2257.5					365				
355L1-8		368.0	2318.4					385				
315L2-2	200	358.4	2437.0	400	500	400/400	400	375	2(3×120+1×50)	2×100	2(3×150+1×70)	2×100
355L2-4		362.2	2463.0					380				
355M3-6		375.0	2437.5					395				
355L2-8		438.0	2759.4	500		630/500	475	460				

注：1. gG 型熔断体栏中的分子和分母，分别适用于轻载和一般负载。

2. 接触器栏中括号内的规格，适用于 gG 型熔断体并满足 2 类协调配合的条件。

Y2系列(IP54)电动机采用　　起动方式时，保护、控制电器[断路器(瞬时过电流脱扣器)+接触器+热继电器]及导体截面选择　　表8.1.2-18

三相异步电动机				断路器		接触器			热继电器	BV、BYJ型	钢管直径
				瞬时过电流脱扣器		额定电流(AC-3)			整定电流	导线根数×截面(mm²)	(mm)
Y2系列 380V 50Hz	额定功率 (kW)	额定电流 (A)	起动电流 (A)	额定电流 (A)	动作电流范围 (A)	主电路 (A)	Y启动 (A)	△运行 (A)	范围 (A)	电源回路/起动转换回路	SC
100L-2	3.0	6.3	47.3(7.5)	10	60～130	12	9	12	4～6	(5×2.5)/(7×2.5)	20/25
100L2-4		6.7	46.9(7.0)								
132S-6		7.4	48.1(6.5)								
112M-2	4.0	8.2	61.5(7.5)	12.5(14)	75～163 (170)	12	9	12	6～8.5	(5×2.5)/(7×2.5)	20/25
112M-4		8.8	61.6(7.0)								
132M1-6		9.6	62.4(6.5)								
132S1-2	5.5	11.1	83.3(7.5)	16(18)	96～192 (223)	12	9	12	7～10	(5×2.5)/(7×2.5)	20/25
132S-4		11.7	81.9(7.0)								
132M2-6		12.9	83.9(6.5)								
132S2-2	7.5	15.0	112.5(7.5)	25	150～300	16	9	16	9～13	(5×4)/(7×2.5) (5×6)/(7×4)	20/25 25/25
132M-4		15.6	109.2(7.0)								
160M-6		17.0	110.5(6.5)								
160M1-2	11	21.3	159.8(7.5)	32	192～415	20	12	20	13～19	(5×6)/(7×4) (5×10)/(7×6)	25/25 32/32
160M-4		22.3	167.3(7.5)								
160L-6		24.2	157.3(6.5)								
160M2-2	15	28.7	215.3(7.5)	40	240～520	26(25)	17(16)	26(25)	18～25	(5×10)/(7×6)	32/32
160L-4		30.1	225.8(7.5)								
180L-6		31.6	221.2(7.0)								

续表

Y2 系列 380V 50Hz	三相异步电动机 额定功率 (kW)	三相异步电动机 额定电流 (A)	三相异步电动机 起动电流 (A)	断路器 瞬时过电流脱扣器 额定电流 (A)	断路器 瞬时过电流脱扣器 动作电流范围 (A)	接触器 额定电流(AC-3) 主电路 (A)	接触器 额定电流(AC-3) Y启动 (A)	接触器 额定电流(AC-3) △运行 (A)	热继电器 整定电流 范围 (A)	BV、BYJ 型 导线根数×截面(mm^2) 电源回路/起动转换回路	钢管直径 (mm) SC
160L2-2		34.7	260.3(7.5)								
180M-4	18.5	36.4	262.1(7.2)	50	300～650	32	26(25)	32	20～30	(5×16)/(7×6)	40/32
200L1-6		38.1	266.7(7.0)								
180M2-2		41.2	309.0(7.5)								
180L-4	22	43.1	310.3(7.2)	63	378～820	37	26(25)	37	23～40	(5×16)/(7×10) (3×25+2×16)/(7×16)	40/40 50/50
200L2-6		44.5	311.5(7.0)								
200L1-2		55.3	414.8(7.5)								
200L-4	30	57.6	414.7(7.2)	80	480～1040	50	26(25)	50	32～50	(3×25+2×16)/(7×16)	50/50
225M-6		58.6	410.2(7.0)								
200L2-2		67.9	509.3(7.5)								
225S-4	37	69.8	502.6(7.2)	100	600～1300	65	32	65	40～60	(3×35+2×16)/(7×16)	50/50
250M-6		71.0	497.0(7.0)								
225M-2		82.1	615.8(7.5)								
225M-4	45	84.5	608.4(7.2)	125	750～1625	75	50	75	55～80	(3×50+2×25)/(7×25) (3×70+2×25)/(7×35)	65/65 80/65
280S-6		85.9	601.3(7.0)								
250M-2		100.1	750.8(7.5)								
250M-4	55	103.1	742.3(7.2)	160(150)	960～2080 (1950)	96(95)	65	96(95)	65～90	(3×70+2×35)/(7×35)	80/65
280M-6		104.7	733.9(7.0)								
280S-2		134.0	1005.0(7.5)								
280S-4	75	139.7	1005.8(7.2)	175	1050～2275	110	65	110	80～110	(3×95+2×50)/(7×50) (3×120+2×70)/(7×70)	100/80 100/100
315S-6		141.7	991.9(7.0)								

续表

Y2系列 380V 50Hz	三相异步电动机 额定功率 (kW)	额定电流 (A)	起动电流 (A)	断路器 瞬时过电流脱扣器 额定电流 (A)	动作电流范围 (A)	接触器 额定电流(AC-3) 主电路 (A)	Y启动 (A)	△运行 (A)	热继电器整定电流范围 (A)	BV、BYJ型 导线根数×截面(mm^2) 电源回路/起动转换回路	钢管直径 (mm) SC
280M-2	90	160.2	1201.5(7.5)	220(200)	1320～2860 (2600)	145(140)	75	145(140)	100～135	(3×120+2×70)/(7×70) [3(2×50)+2×50]/(7×70)	100/100 100/100
280M-4		166.9	1151.6(6.8)								
315M-6		169.5	1186.5(7.0)								
315S-2	110	195.4	1387.3(7.1)	250	1500～3250	185	96(95)	185	130～175	[3(2×70)+2×70]/(7×70) [3(2×70)+2×70] (6×95+1×70)	100/100 100/125
315S-4		201.0	1386.9(6.9)								
315L1-6		206.8	1385.6(6.7)								
315M-2	132	233.3	1656.4(7.1)	320	1920～4160	210(205)	110	210(205)	132～220	[3(2×70)+2×70] (6×95+1×70) [3(2×95)+2×95] (6×120+1×95)	100/125 125/125
315M-4		240.5	1659.2(6.9)								
315L2-6		244.8	1640.2(6.7)								
315L1-2	160	279.4	1983.7(7.1)	400	2400～5200	260(250)	145(140)	260(250)	165～235	母线槽 400A/(7×120) 或 [3(2×120)+2×120] (7×120)	125 或 125/125
315L1-4		287.9	1986.5(6.9)								
315M1-6		291.5	1953.1(6.7)								
315L2-2	200	347.8	2469.2(7.1)	500	3000～7800	260(250)	185	260(250)	200～330	母线槽 500A/250A	—
315L2-4		358.8	2475.7(6.9)								
355M2-6		363.6	2436.1(6.7)								
—	250	447	3084(6.9)	500	3000～7800	305(300)	185	305(300)	200～330	母线槽 500A/400A	—
—	315	560	3864(6.9)	630	3780～8190	400	210(200)	400	265～375	母线槽 630A/400A	—

注：1. 表中"导线根数×截面"和"钢管直径"栏的横格内只列有一行导体截面和管径者，适用于环境温度不超过40℃；列有分式的导体截面和管径者，分子标注的规格适用于环境温度不超过35℃，分母标注的规格适用于环境温度不超过40℃。

2. "断路器瞬时过电流脱扣器"和"接触器"栏内的括号内、外数据，仅表示不同制造厂的产品的电流规格有所不同。

3. "接触器"栏内的"主电路"、"Y启动"、"Δ运行"分别表示"主接触器"、"星型起动接触器"、"三角形运行接触器"。

4. 本选择表中的热继电器电流参数适用于热继电器装设在主接触器的下侧与电动机绕组串连的条件，整定电流按电动机额定电流的0.58倍选取。当热继电器装设在电源进线上(即装设在电源保护断路器的下端、三个启动转换接触器的前端)时，则热继电器的整定电流应为电动机的额定电流。

5. 断路器的瞬时过电流脱扣器的动作电流系按可调型电磁脱扣器标注的。

6. 起动转换回路中的保护导体截面，系按与回路负荷导体等截面或与电源回路中的保护导体相一致标注的，这是为了便于施工安装。在设计时对于保护导体截面 $S \geq 25mm^2$ 时也可按回路负荷导体截面的1/2配置。

7. 电源回路系按 L_1、L_2、L_3、N、PE五线配置。设计时应根据工程具体要求进行调整。当220/380V配电母线段上配出有多个三相380V电动机回路，如需要设置单相220V控制电源等用电时，宜采用在配电母线段上集中设置单相220V用电的方案。

Y2 系列(IP54)电动机采用软起动方式时，保护电器(熔断器+接触器+热继电器)及导体截面选择 **表 8.1.2-19**

三相异步电动机				熔断器		电流互感器*	接触器		热继电器整定电流范围(A)	BV、BYJ 型导线根数×截面(mm^2)	钢管直径(mm)	可选配 0.23/0.415kV 软起动器的技术参数					
				熔体额定电流(A)			额定电流(AC-3)					软起动器与电动机直接连接的接线方式			软起动器与电动机绕组连接成三角形接线方式		
												额定电流(A)	设置电流(A)		额定电流(A)	设置电流(A)	
Y2 系列 380V 50Hz	额定功率(kW)	额定电流(A)	启动电流(A)	gG 类	aM 类	(A)	主接触器(A)	旁路接触器(A)		配线	SC		标准应用场合	重载应用场合		标准应用场合	重载应用场合
160M1-2		21.3	159.8(7.5)														
160M-4	11	22.3	167.3(7.5)	50	32	40	32	32/20	22～32	$\frac{4\times6}{4\times10}$	$\frac{25}{32}$	22	21	28.5	22	—	14.8
160L-6		24.2	157.3(6.5)														
160M2-2		28.7	215.3(7.5)														
160L-4	15	30.1	225.8(7.5)	63	40	40	50	50/26	29～42	4×10	32	32	28.5	35	29	14.8	21
180L-6		31.6	221.2(7.0)														
160L2-2		34.7	260.3(7.5)														
180M-4	18.5	36.4	262.1(7.2)	80	50	50	50	50/32	32～45	4×16	40	38	35	42	38	21	28.5
200L1-6		38.1	266.7(7.0)														
180M2-2		41.2	309.0(7.5)														
180L-4	22	43.1	310.3(7.2)	80	50	60	65	65/37	36～52	$\frac{4\times16}{3\times25+1\times16}$	$\frac{40}{50}$	47	42	57	55	28.5	35
200L2-6		44.5	311.5(7.0)														
200L1-2		55.3	414.8(7.5)														
200L-4	30	57.6	414.7(7.2)	125	80	75	75	75/50	55～80	3×25+1×16	50	62	57	69	66	35	42
225M-6		58.6	410.2(7.0)														
200L2-2		67.9	509.3(7.5)														
225S-4	37	69.8	502.6(7.2)	160	80	100	96(95)	96/65	65～90	3×35+1×16	50	75	69	81	81	42	57
250M-6		71.0	497.0(7.0)														

续表

三相异步电动机				熔断器		电流互感器*	接触器		热继电器整定电流范围(A)	BV、BYJ型导线根数×截面(mm²)	钢管直径(mm)	可选配0.23/0.415kV软起动器的技术参数					
				熔体额定电流(A)			额定电流(AC-3)					软起动器与电动机直接连接的接线方式			软起动器与电动机绕组连接成三角形接线方式		
Y2系列 380V 50Hz	额定功率(kW)	额定电流(A)	启动电流(A)	gG类	aM类	(A)	主接触器(A)	旁路接触器(A)		配线	SC	额定电流(A)	设置电流(A) 标准应用场合	设置电流(A) 重载应用场合	额定电流(A)	设置电流(A) 标准应用场合	设置电流(A) 重载应用场合
225M-2		82.1	615.8(7.5)														
225M-4	45	84.5	608.4(7.2)	160	100	125	110	110/75	80～110	3×50+1×25 / 3×70+1×35	65/80	88	81	100	107	57	69
280S-6		85.9	601.3(7.0)														
250M-2		100.1	750.8(7.5)														
250M-4	55	103.1	742.3(7.2)	200	125	150	145(140)	145/96	100～135	3×70+1×35	80	110	100	131	130	69	81
280M-6		104.7	733.9(7.0)														
280S-2		134.0	1005.0(7.5)														
280S-4	75	139.7	1005.8(7.2)	250	160	200	185	185/110	130～175	3×95+1×50 / 3×120+1×70	80/100	140	131	162	152	81	100
315S-6		141.7	991.9(7.0)														
280M-2		160.2	1201.5(7.5)														
280M-4	90	166.9	1151.6(6.8)	315	200	300	210	210/145	132～220	3×120+1×70 / 3(2×50)+1×50 或 2(3×50+1×25)	100/100 或 2(65)	170	162	195	191	100	131
315M-6		169.5	1186.5(7.0)														
315S-2		195.4	1387.3(7.1)														
315S-4	110	201.0	1386.9(6.9)	315	250	400	260(250)	260/185	180～275	3(2×70)+1×70 或 2(3×70+1×35)	100 或 2(80)	210	195	233	242	131	162
315L1-6		206.8	1385.6(6.7)														
315M-2		233.3	1656.4(7.1)							3(2×70)+1×70 或 2(3×70+1×35)	100 或 2(80)						
315M-4	132	240.5	1659.2(6.9)	400	315	400	305(300)	305/210	220～310			250	233	285	294	162	195
315L2-6		244.8	1640.2(6.7)							3(2×95)+1×95 或 2(3×95+1×50)	125 或 2(80)						

续表

三相异步电动机				熔断器		电流互感器*	接触器		热继电器整定电流范围(A)	BV、BYJ型导线根数×截面(mm²)	钢管直径(mm)	可选配0.23/0.415kV软起动器的技术参数					
				熔体额定电流(A)			额定电流(AC-3)					软起动器与电动机直接连接的接线方式			软起动器与电动机绕组连接成三角形接线方式		
Y2系列380V 50Hz	额定功率(kW)	额定电流(A)	启动电流(A)	gG类	aM类	(A)	主接触器(A)	旁路接触器(A)		配线	SC	额定电流(A)	设置电流(A)		额定电流(A)	设置电流(A)	
													标准应用场合	重载应用场合		标准应用场合	重载应用场合
315L1-2		279.4	1983.7(7.1)														
315L1-4	160	287.9	1986.5(6.9)	500	400	400	400	400/260	260～380	母线槽400A或 3(2×120)+1×120 或2(3×120+1×70)	— 125 或2(100)	320	285	388	364	195	233
315M1-6		291.5	1953.1(6.7)														
315L2-2		347.8	2469.2(7.1)														
315L2-4	200	358.8	2475.7(6.9)	630	400	600	460	460/260	355～500	母线槽500A	—	410	388	437	433	233	285
355M2-6		363.6	2436.1(6.7)														
—	250	447	3084(6.9)	700 或 2×350	500	600	460	460/305	355～500	母线槽500A	—	480	437	560	554	285	388
—	315	560	3864(6.9)	800 或 2×450	630	800	580	580/400	465～650	母线槽630A	—	590	560	605	710	388	437

注：1. *——应向设备供货商咨询后根据需要设置。
2. 表中"导线根数×截面"和"钢管直径"栏的横格内只列有一组导体截面和管径以及虽标注有两行但中间有"或"字者，适用于环境温度不超过40℃；列有分式的导体截面和管径者，分子标注的规格适用于环境温度不超过35℃，分母标注的规格适用于环境温度不超过40℃。
3. 表中标称截面及其导管管径规格系按电动机与软起动器直接连接的主回路接线(参见本节软起动方案一图8.1.2-7(*a*)标注的。当软起动器连接有旁路接触器时，应根据旁路接线方式，增加旁路回路接线。
4. 表中"旁路接触器"栏内，分子的数据用于软起动器直接连接有旁路接触器的主回路接线(参见本节软起动方案二图8.1.2-7(*b*)；分母的数据用于软起动器与电动机绕组连接成三角形接线、有旁路接触器的主回路接线(参见本节软起动方案三图8.1.2-7(*c*))。
5. "接触器额定电流"栏内的括号内、外数据，仅表示不同制造厂的产品的电流规格有所不同。
6. 如果电动机电流的总和不超过应选定类型的软起动器的额定电流时，电动机可以并联连接，但应对每台电动机配置热保护。
7. 如果软起动器在启动结束时被旁路，电动机始终处于冷状态下起动，软启动器可以大一个型号，但应取得生产制造商的确认。
8. 当软起动器串联连接到电动机三角形绕组端子上时，可使软起动器中的电流降低$\sqrt{3}$，从而可以选用较低的软起动器的额定值，但制动和减速停机功能将受影响，而只能采用自由停机。
9. 软起动器在加速减速阶段，较轻的负荷可能受到低频谐波干扰影响。为减小干扰，可在电源进线接触器与软起动器之间配置线路电抗器，电抗值可根据额定线电压的3%～5%的电压降来确定。

Y2 系列(IP54)电动机采用软起动方式时，保护、控制电器(断路器＋接触器＋热继电器)及导体截面选择　　表 8.1.2-20

三相异步电动机				断路器	电流互感器*	接触器		热继电器整定电流范围(A)	BV、BYJ 型导线根数×截面(mm^2)	钢管直径(mm)	可选配 0.23/0.415kV 软起动器的技术参数					
						额定电流(AC-3)					软起动器与电动机直接连接的接线方式			软起动器与电动机绕组连接成三角形接线方式		
Y2 系列 380V，50Hz	额定功率(kW)	额定电流(A)	启动电流(A)	电磁脱扣器额定电流(A)	(A)	主接触器(A)	旁路接触器(A)		配线	SC	额定电流(A)	设置电流(A) 标准应用场合	设置电流(A) 重载应用场合	额定电流(A)	设置电流(A) 标准应用场合	设置电流(A) 标准应用场合
160M1-2	11	21.3	159.8(7.5)	32	40	32	32/20	22～32	4×6/4×10	25/32	22	21	28.5	22	—	14.8
160M-4		22.3	167.3(7.5)													
160L-6		24.2	157.3(6.5)													
160M2-2	15	28.7	215.3(7.5)	40	40	50	50/26	29～42	4×10	32	32	28.5	35	29	14.8	21
160L-4		30.1	225.8(7.5)													
180L-6		31.6	221.2(7.0)													
160L2-2	18.5	34.7	260.3(7.5)	50	50	50	50/32	32～45	4×16	40	38	35	42	38	21	28.5
180M-4		36.4	262.1(7.2)													
200L1-6		38.1	266.7(7.0)													
180M2-2	22	41.2	309.0(7.5)	63	60	65	65/37	36～52	4×16/3×25＋1×16	40/50	47	42	57	55	28.5	35
180L-4		43.1	310.3(7.2)													
200L2-6		44.5	311.5(7.0)													
200L1-2	30	55.3	414.8(7.5)	80	75	75	75/50	55～80	3×25＋1×16	50	62	57	69	66	35	42
200L-4		57.6	414.7(7.2)													
225M-6		58.6	410.2(7.0)													

续表

三相异步电动机				熔断器	电流互感器*	接触器		热继电器整定电流范围(A)	BV、BYJ 型导线根数×截面(mm^2)	钢管直径(mm)	可选配 0.23/0.415kV 软起动器的技术参数					
						额定电流(AC-3)					软起动器与电动机直接连接的接线方式			软起动器与电动机绕组连接成三角形接线方式		
												设置电流(A)			设置电流(A)	
Y2 系列 380V，50Hz	额定功率(kW)	额定电流(A)	启动电流(A)	电磁脱扣器额定电流(A)	(A)	主接触器(A)	旁路接触器(A)		配线	SC	额定电流(A)	标准应用场合	重载应用场合	额定电流(A)	标准应用场合	重载应用场合
200L2-2		67.9	509.3(7.5)													
225S-4	37	69.8	502.6(7.2)	100	100	96(95)	96/5	65～90	3×35+1×16	50	75	69	81	81	42	57
250M-6		71.0	497.0(7.0)													
225M-2		82.1	615.8(7.5)													
225M-4	45	84.5	608.4(7.2)	125	125	110	110/75	80～110	$\frac{3×50+1×25}{3×70+1×35}$	$\frac{65}{80}$	88	81	100	107	57	69
280S-6		85.9	601.3(7.0)													
250M-2		100.1	750.8(7.5)													
250M-4	55	103.1	742.3(7.2)	160(150)	150	145(140)	145/96	100～135	3×70+1×35	80	110	100	131	130	69	81
280M-6		104.7	733.9(7.0)													
280S-2		134.0	1005.0(7.5)													
280S-4	75	139.7	1005.8(7.2)	175	200	185	185/110	130～175	$\frac{3×95+1×50}{3×120+1×70}$	$\frac{80}{100}$	140	131	162	152	81	100
315S-6		141.7	991.9(7.0)													
280M-2		160.2	1201.5(7.5)													
280M-4	90	166.9	1151.6(6.8)	220(200)	300	210	210/145	132～220	$\frac{3×120+1×70}{3(2×50)+1×50}$ 或 2(3×50+1×25)	$\frac{100}{100}$ 或 2(65)	170	162	195	191	100	131
315M-6		169.5	1186.5(7.0)													

续表

三相异步电动机				熔断器	电流互感器*	接触器		热继电器整定电流范围(A)	BV、BYJ 型导线根数×截面(mm²)	钢管直径(mm)	可选配 0.23/0.415kV 软起动器的技术参数					
						额定电流(AC-3)					软起动器与电动机直接连接的接线方式			软起动器与电动机绕组连接成三角形接线方式		
												设置电流(A)			设置电流(A)	
Y2 系列 380V, 50Hz	额定功率(kW)	额定电流(A)	启动电流(A)	电磁脱扣器额定电流(A)	(A)	主接触器(A)	旁路接触器(A)		配线	SC	额定电流(A)	标准应用场合	重载应用场合	额定电流(A)	标准应用场合	重载应用场合
315S-2		195.4	1387.3(7.1)													
315S-4	110	201.0	1386.9(6.9)	250	400	260(250)	260/185	180～275	3(2×70)+1×70 或 2(3×70+1×35)	100 或 2(80)	210	195	233	242	131	162
315L1-6		206.8	1385.6(6.7)													
315M-2		233.3	1656.4(7.1)													
315M-4	132	240.5	1659.2(6.9)	320	400	305(300)	305/210	220～310	3(2×70)+1×70 或 2(3×70+1×35) / 3(2×95)+1×95 或 2(3×95+1×50)	100 或 2(80) / 125 或 2(80)	250	233	285	294	162	195
315L2-6		244.8	1640.2(6.7)													
315L1-2		279.4	1983.7(7.1)													
315L1-4	160	287.9	1986.5(6.9)	400	400	400	400/260	260～380	母线槽 400A 或 3(2×120)+1×120 或 2(3×120+1×70)	— 125 或 2(100)	320	285	388	364	195	233
315M1-6		291.5	1953.1(6.7)													
315L2-2		347.8	2469.2(7.1)													
315L2-4	200	358.8	2475.7(6.9)	500	600	460	460/260	355～500	母线槽 500A	—	410	388	437	433	233	285
355M2-6		363.6	2436.1(6.7)													
—	250	447	3084(6.9)	500	600	460	460/305	355～500	母线槽 500A	—	480	437	560	554	285	388
—	315	560	3864(6.9)	630	800	580	580/400	465～650	母线槽 630A	—	590	560	605	710	388	437

注：1. *——应向设备供货商咨询后根据需要设置。

2. 表中“导线根数×截面”和“钢管直径”栏的横格内，只列有一组导体截面和管径以及虽标注有两行但中间有“或”字者，适用于环境温度不超过 40℃；列有分式的导体截面和管径者，分子标注的规格适用于环境温度不超过 35℃，分母标注的规格适用于环境温度不超过 40℃。

3. 表中标称截面及其导管管径规格系按电动机与软起动器直接连接的主回路接线标注的。当软起动器连接有旁路接触器时，应根据旁路接线方式，增加旁路回路接线。

4. 表中“旁路接触器”栏内，分子的数据用于软起动器直接连接有旁路接触器的主回路接线；分母的数据用于软起动器与电动机绕组连接成三角形接线、有旁路接触器的主回路接线。

5. “接触器额定电流”栏内的括号内、外数据，仅表示不同制造厂的产品的电流规格有所不同。

6. 由于软起动生产厂的产品性能参数存在差异，因此软起动器的选配，应向实际产品供应商进行技术咨询。

异步电动机采用变频器起动、保护控制电器及导线截面选择　　表 8.1.2-21

380V、50Hz 三相异步电动机			断路器		接触器	热继电器	XLPE 绝缘电缆铜导体根数×导体截面(mm²)-SC 金属导管管径(mm)(≤40℃)	可选配的三相 400V、50Hz 变频器技术参数	
额定功率(kW)	额定电流(A)	起动电流(A)	长延时过电流 I_z (A) 可调范围	长延时过电流 I_z (A) 不可调	额定电流(A)	电流整定范围(A)		额定电流(A)	起动电流(A)
3.0	6.7	46.9	6～10	10	18	6～10	4×2.5－20	7.8	9.3
4.0	8.8	61.6	9～14	11	18	7.5～11	4×2.5－20	10.5	12.6
5.5	11.7	81.9	13～18	16	18	12～18	4×2.5－20	14.3	17.1
7.5	15.6	109.2	17～25	25	25	13～19	4×4－20	17.6	21.1
11	22.3	167.3	22～32	32	40	22～32	4×6－25	27.7	33.2
15	30.1	225.8	28～40	40	50	29～42	4×10－32	33.0	39.6
18.5	36.4	262.1	40～50	50	50	32～45	4×16－40	41.0	49.2
22	43.1	310.3	45～63	55	65	36～52	4×16－40	48.0	57.6
30	57.6	414.7	48～80	70	80	55～80	3×25＋1×16－50	66.0	79.2
37	69.8	502.6	60～100	85	95	65～90	3×35＋1×16－50	79.0	94.8
45	84.5	608.4	90～150	100	115	80～110	3×50＋1×25－65 3×70＋1×35－80	94.0	112.8
55	103.1	742.3	90～150	125	145	100～135	3×70＋1×35－80	116.0	139.2
75	139.7	1005.8	100～200	180	185	130～175	3×95＋1×50－80	160.0	192.0
90	166.9	1151.6	160～250	220	225	132～220	3×120＋1×70－100	179.0	214.8
110	201.0	1386.9	160～315	250	265	180～275	3(2×70)＋1×70－100	215.0	258.0
132	240.5	1659.2	200～350	300	330	220～310	3(2×95)＋1×95－125 或 2(3×95＋1×50－80)	259.0	310.8
160	287.9	1986.5	315～550	350	400	260～380	3(2×120)＋1×120－125 或 2(3×120＋1×70－100)	314.0	376.8
200	358.8	2475.7	315～550	450	500	355～500	母线槽 500A	427.0	512.4
250	447.0	3084.0	—	500	500	355～500	母线槽 500A	481.0	577.2
315	560.0	3864.0	—	630	630	465～650	母线槽 630A	616.0	739.2

注：1. 断路器瞬时过电流脱扣器整定电流，A，6～12I_z。

2. 由于变频器生产厂的产品规格、性能不尽相同，表中可选配的变频器技术参数仅作参考。实际选配时应向供货厂商咨询。

3. 变频器容量的选择：

(1) 电动机连续运行时：

$$I_{rsd} \geqslant (1.05 \sim 1.1) I_n \text{ 或 } I_{rsd} \geqslant (1.05 \sim 1.1) I_{max} \quad (8.1.2\text{-}3)$$

式中：I_{rsd}——变频器额定输出电流，A；I_n——电动机额定电流，A；I_{max}——电动机实际最大电流，A。

(2) 电动机直接起动时：

$$I_{rsd} \geqslant I_k / K_g \quad (8.1.2\text{-}4)$$

式中：I_k——在额定状态下电动机起动时的堵转电流，A；K_g——变频器的允许过载倍数，K_g 可取 1.3～1.5。

4. 变频器控制柜一般均配置散热风扇，风扇回路宜增加保护熔断器，以避免风扇发生故障而导致变频器停机。

5. 变频器附加的配套设备选择，见表 8.1.2-22。

变频器附加的配套设备选择 **表 8.1.2-22**

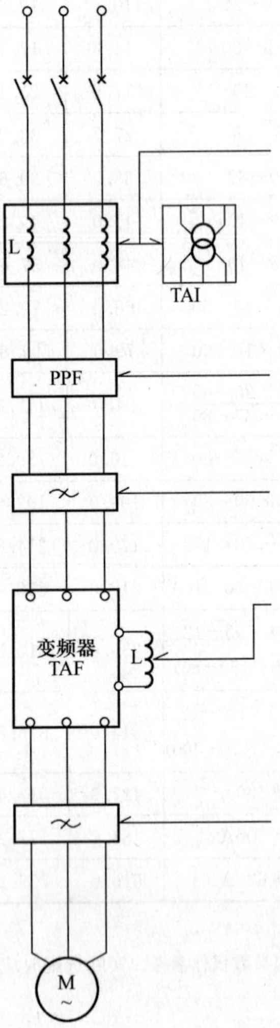

示 意 图	变频器附加的配套设备功能	
L TAI PPF 变频器 TAF L M ~	线路电抗器/隔离变压器	1. 增大变频器和电源系统的电气距离，隔离变频器产生的谐波电流流入电源系统而引起电压畸变。 2. 可吸收无功功率以及对线路电源的过电压保护。 3. 下列环境条件下推荐配装线路电抗器或隔离变压器： （1）三相电源电压不平衡度超过 2%，或相间电压降超过 3%（为标称系统电压）时； （2）单相 220V～240V、50/60Hz 电源供电的，电机功率为 110kW 及以上时，或三相 500～690V、50/60Hz 电源供电的，电机功率为 90kW 及以上时； （3）在同一线路上安装有大量的变频器，或多台变频器并联紧密连接时； （4）电源系统存在来自其他设备的明显扰动（干扰、过电压）； （5）变频器由特低阻抗线路供电（在配电变压器附近比配置的变频器额定值高 10 倍）； 4. 线路电抗器有配套产品可选，采用隔离变压器解决方案时，需另外选配
	无源滤波器	1. 在吸收高次谐波的同时，可补偿无功功率，改善功率因数。 2. 可满足在连接点处的短路比（R_{sce}）>66%时，三相变频器的谐波电流发射量应控制在 $THD_I \leqslant 16\%$。 3. 可与直流电抗器一起使用，对降低 THD_I 值更有效果。 4. 通常多配装在对抑制谐波骚扰有更严格要求的系统中。有配套产品可选
	输入滤波器	1. 可抑制电源线路上的传导辐射，削弱无线电干扰。 2. 有配套产品：可选内置的集成型滤波器或附加的输入滤波器。 3. 附加的输入滤波器只能使用在 TN、TT 系统类型的电网中
	直流电抗器	1. 改善变频器功率因数，可提高至 0.95。 2. 线路电流大于 16A，小于 75A 的变频器或公共连接点处的 $R_{sce} \geqslant 120$ 时，与变频器一起使用，可满足设备在低压供电系统中产生的谐波电流的限制要求。 3. 有配套产品：可选内置型（电机功率≥90kW）或预留位置型变频器
	输出滤波器（电机电抗器/正弦滤波器）	1. 电机电抗器——用于电缆长度<300m 以及： （1）将电机端子上的过电压限制到 1000V（在 400V～时）； （2）滤除在将滤波器与电机之间的接触器断开而引起的扰动； （3）减小电机接地泄漏电流。 2. 正弦滤波器——用于电缆长度>300m 以及： （1）超长电缆运行；未能使用屏蔽电缆；电机并联； （2）在变频器与电机之间有一个中间变压器。 3. 是否应用输出滤波器，由变频器至电机的电缆连接长度（如：屏蔽电缆>5m，非屏蔽电缆>150m）和类型（屏蔽型或非屏蔽型电缆）决定。但电缆允许长度随变频器与电机电抗器/正弦滤波器组合而变化

注：1. 变频器附加的配套设备，应根据变频器与电源系统运行的需要有选择性的配置。
2. 优先选用内置有抑制谐波技术的、符合设备谐波电流发射限值要求的变频器。

(3) YLB 系列深井水泵电动机起动、保护、控制电器及导线截面选择，见表 8.1.2-23。

(4) YQS2 系列井用潜水电动机起动、保护、控制电器及导线截面选择，见表 8.1.2-24。

YLB 系列深井水泵电动机起动、保护、控制电器及导线截面选择　表 8.1.2-23

<table>
<tr><th rowspan="3">电动机型号YLB</th><th rowspan="3">额定功率(kW)</th><th rowspan="3">额定电流(A)</th><th rowspan="3">起动电流(A)</th><th colspan="5">一般负载自耦变压器降压起动</th><th colspan="4">BV、BYJ 型导线根数×截面(mm²)及钢管直径(mm)</th></tr>
<tr><th colspan="2">熔断体(A)</th><th rowspan="2">断路器/脱扣器额定电流(A)</th><th rowspan="2">接触器额定电流(A)</th><th rowspan="2">热继电器整定电流(A)</th><th colspan="2">30℃</th><th colspan="2">35℃</th></tr>
<tr><th>aM 型</th><th>gG 型</th><th>配线</th><th>SC</th><th>配线</th><th>SC</th></tr>
<tr><td>132-1-2</td><td>5.5</td><td>10.8</td><td>76</td><td>12</td><td>25</td><td>100/16</td><td>16/12/6.3</td><td>11.3</td><td>4×1.5</td><td>20</td><td>4×1.5</td><td>20</td></tr>
<tr><td>132-2-2</td><td>7.5</td><td>14.5</td><td>102</td><td>16</td><td>32</td><td>100/16</td><td>16/12/6.3</td><td>15.2</td><td>4×1.5</td><td>20</td><td>4×1.5</td><td>20</td></tr>
<tr><td>160-1-2</td><td rowspan="2">11</td><td>22.0</td><td>154</td><td rowspan="2">25</td><td rowspan="2">50</td><td rowspan="2">100/25</td><td rowspan="2">25/16/6.3</td><td>23</td><td rowspan="2">4×4</td><td rowspan="2">20</td><td rowspan="2">4×4</td><td rowspan="2">20</td></tr>
<tr><td>160-1-4</td><td>22.5</td><td>158</td><td>23.5</td></tr>
<tr><td>160-2-2</td><td rowspan="2">15</td><td rowspan="2">30.0</td><td rowspan="2">210</td><td rowspan="2">32</td><td rowspan="2">63</td><td rowspan="2">100/32</td><td rowspan="2">32/25/9</td><td rowspan="2">31.5</td><td rowspan="2">4×6</td><td rowspan="2">25</td><td rowspan="2">4×6</td><td rowspan="2">25</td></tr>
<tr><td>160-2-4</td></tr>
<tr><td>180-1-2</td><td rowspan="2">18.5</td><td>36.0</td><td>252</td><td rowspan="2">40</td><td rowspan="2">80</td><td rowspan="2">100/40</td><td rowspan="2">40/25/12</td><td>38</td><td rowspan="2">4×10</td><td rowspan="2">32</td><td rowspan="2">4×10</td><td rowspan="2">32</td></tr>
<tr><td>180-1-4</td><td>36.6</td><td>256</td><td>38.5</td></tr>
<tr><td>180-2-2</td><td rowspan="2">22</td><td>42.3</td><td>296</td><td rowspan="2">50</td><td rowspan="2">80</td><td rowspan="2">100/50</td><td rowspan="2">50/32/16</td><td>44.5</td><td rowspan="2">4×10</td><td rowspan="2">32</td><td rowspan="2">4×10</td><td rowspan="2">32</td></tr>
<tr><td>180-2-4</td><td>42.9</td><td>300</td><td>45</td></tr>
<tr><td>200-1-2</td><td rowspan="2">30</td><td>58.2</td><td>407</td><td rowspan="2">63</td><td rowspan="2">125</td><td rowspan="2">100/63</td><td rowspan="2">63/40/16</td><td>61</td><td rowspan="2">4×16</td><td rowspan="2">32</td><td rowspan="2">3×25+1×16</td><td rowspan="2">50</td></tr>
<tr><td>200-1-4</td><td>58.4</td><td>409</td><td>61</td></tr>
<tr><td>200-2-2</td><td rowspan="2">37</td><td>69.8</td><td>489</td><td rowspan="2">80</td><td rowspan="2">125</td><td rowspan="2">100/80</td><td rowspan="2">75/50/25</td><td>73</td><td rowspan="2">3×25+1×16</td><td rowspan="2">50</td><td rowspan="2">3×25+1×16</td><td rowspan="2">50</td></tr>
<tr><td>200-2-4</td><td>71.2</td><td>498</td><td>75</td></tr>
<tr><td>200-3-4</td><td>45</td><td>85.6</td><td>599</td><td>100</td><td>160</td><td>160/100</td><td>95/63/25</td><td>90</td><td>3×35+1×16</td><td>50</td><td>3×35+1×16</td><td>50</td></tr>
<tr><td>250-1-4</td><td>55</td><td>103.7</td><td>726</td><td>125</td><td>200</td><td>160/125</td><td>110/75/32</td><td>109</td><td>3×50+1×25</td><td>70</td><td>3×50+1×25</td><td>70</td></tr>
<tr><td>250-2-4</td><td>75</td><td>140.1</td><td>981</td><td>160</td><td>250</td><td>250/160</td><td>140/95/40</td><td>147</td><td>3×70+1×35</td><td>80</td><td>3×70+1×35</td><td>80</td></tr>
<tr><td>250-3-4</td><td>90</td><td>167.3</td><td>1171</td><td>200</td><td>250</td><td>250/200</td><td>170/110/50</td><td>176</td><td>3×95+1×50</td><td>80</td><td>3×95+1×50</td><td>80</td></tr>
<tr><td>280-1-4</td><td>110</td><td>202.2</td><td>1415</td><td>250</td><td>315</td><td>250/250</td><td>205/160/63</td><td>212</td><td>3×120+1×50</td><td>100</td><td>3×120+1×50</td><td>100</td></tr>
<tr><td>280-2-4</td><td>132</td><td>241</td><td>1687</td><td>250</td><td>315</td><td>400/250</td><td>250/170/63</td><td>253</td><td>3×150+1×70</td><td>100</td><td>2(3×70+1×35)</td><td>2×80</td></tr>
</table>

注：1. 电动机技术数据，不同制造厂家略有差异。
2. 自耦变压器的额定功率(短时工作制)应不小于电动机的额定功率。接触器的 3 个规格分别对应图 8.1.2-6 中的 KM3、KM2、KM1。

YQS2系列井用潜水电动机起动、保护、控制电器及导线截面选择　表8.1.2-24

电动机型号YQS2	额定功率（kW）	额定电流（A）	起动电流（A）	一般负载全压起动					BV、BYJ型导线根数×截面（mm^2）及钢管直径（mm）			
				熔断体（A）		断路器定电流（A）	接触器额定电流（A）	热继电器整定电流（A）	30℃		35℃	
				aM型	gG型				配线	SC	配线	SC
150-3	3	7.4	52	8	20	100/10	9 (16)	7.8	4×1.5	20	4×1.5	20
150-4	4	9.4	66	10	25	100/16	12 (16)	9.9	4×1.5	20	4×1.5	20
200-4		9.5	67					10				
150-5.5	5.5	12.5	88	16	32	100/16	16	13.1	4×1.5	20	4×1.5	20
200-5.5		12.5	88					13.1				
150-7.5	7.5	16.8	118	20	40	100/20	25	17.6	4×2.5	20	4×2.5	20
200-7.5		16.7	117					17.5				
150-9.2	9.2	19.9	139	25	40	100/25	25	21	4×4	20	4×4	20
200-9.2		20.1	141					21				
150-11	11	23.6	165	25	50	100/25	32	25	4×4	20	4×4	20
200-11		23.7	166					25				
250-11		23.8	166					25				
150-13	13	27.8	194	32	50	100/32	32	29	4×6	25	4×6	25
200-13		27.7	194					29				
250-13		27.5	192					29				
150-15	15	31.9	223	40	63	100/40	40 (50)	33.5	4×10	32	4×10	32
200-15		31.6	222					33				
250-15		31.3	219					33				
200-18.5	18.5	37.8	265	50	80	100/40	40 (50)	40	4×10	32	4×10	32
250-18.5		37.7	264					40				
200-22	22	44.6	312	50	80	100/50	50	47	4×16	32	4×16	32
250-22		44.4	311					47				
200-25	25	50.8	356	63	100	100/63	63	53	4×16	32	4×16	32
250-25		49.8	349					52				
200-30	30	60.4	423	80	125	100/63	63	63	3×25+1×16	50	3×25+1×16	50
250-30		59.2	414					62				
200-37	37	74.1	519	80	125	100/80	75	78	3×25+1×16	50	3×25+1×16	50
250-37		72.2	505					76				
200-45	45	88.8	577	100	160	160/100	95	93	3×35+1×16	50	3×35+1×16	50
250-45		87.0	566					91				
250-55	55	105.9	688	125	160	160/125	110	111	3×50+1×25	70	3×50+1×25	70
300-55		107.3	697					113				
250-63	63	121.3	789	160	200	160/125	140	126	3×70+1×35	80	3×70+1×35	80
300-63		122.9	799					129				
250-75	75	142.6	927	160	200	250/160	170	150	3×70+1×35	80	3×70+1×35	80
300-75		145.4	945					153				

注：1. 电动机技术数据，不同制造厂家略有差异。
2. 接触器栏中括号内的规格，适用于gG型熔断体并满足2类协调配合的条件。

6. 笼型电动机常用降压起动方式主回路接线

低压笼型电动机常用的降压起动方式主回路接线，见图8.1.2-4～图8.1.2-8。

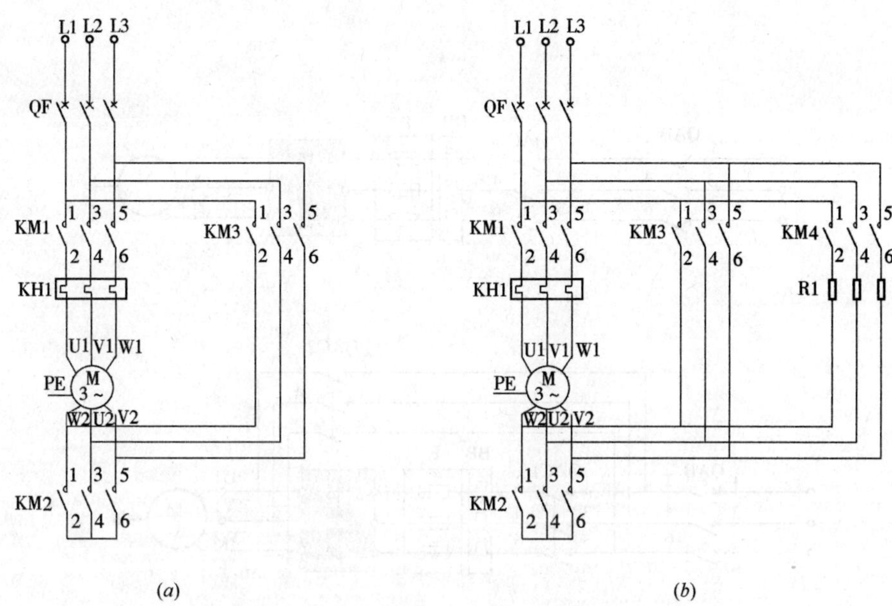

图 8.1.2-4　笼型电动机星—三角转换起动主回路接线

(a)常用星—三角起动(起动时间不超过 10s)

KM1—主接触器，电流为 0.58I_r；KM2—星形接触器，电流为 0.33I_r；KM3—三角形接触器，电流为 0.58I_r；

(b)不中断的星—三角起动

KM1—主接触器，电流为 0.58I_r；KM2—星形接触器，电流为 0.58I_r(为分断过渡电阻的电流，需较大规格)；

KM3—三角形接触器，电流为 0.58I_r；KM4—过渡接触器，电流为 0.26I_r；R1—过渡电阻

注：为避免出现过高的转换电流峰值，可采用不中断转换的星—三角起动方式，其主回路接线见图 8.1.2-5(b)。电动机在星形级结束后，通过过渡接触器和过渡电阻，维持电流不中断；经 50ms 后无间歇地转换到三角形级。

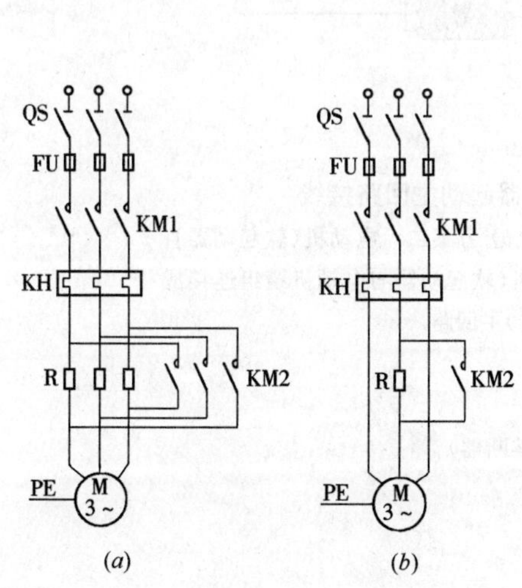

图 8.1.2-5　笼型电动机电阻降压起动主回路接线

(a) 降低起动电流；(b) 降低起动转矩

KM1—主回路接触器，电流为 I_r；KM2—加速接触器，电流为 I_r(按 AC—1 条件选用)；R—起动电阻

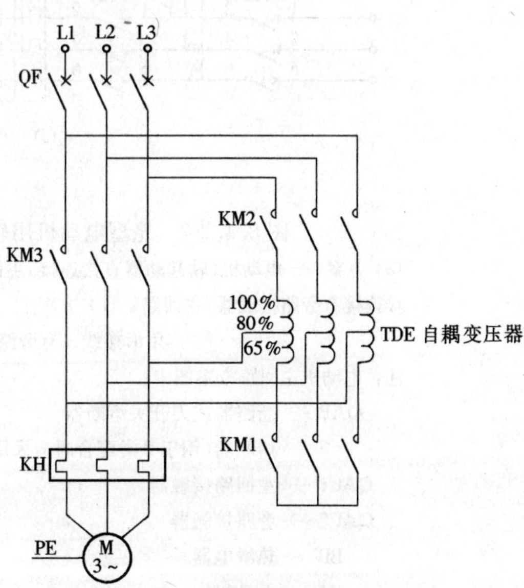

图 8.1.2-6　笼型电动机自耦变压器降压起动主回路接线

KM1—星形接触器，电流为 0.25I_r(按最高抽头电压为 0.8U_r)；KM2—变压器接触器，电流为 0.64I_r(按最高抽头电压为 0.8U_r)；KM3—主接触器，电流为 I_r

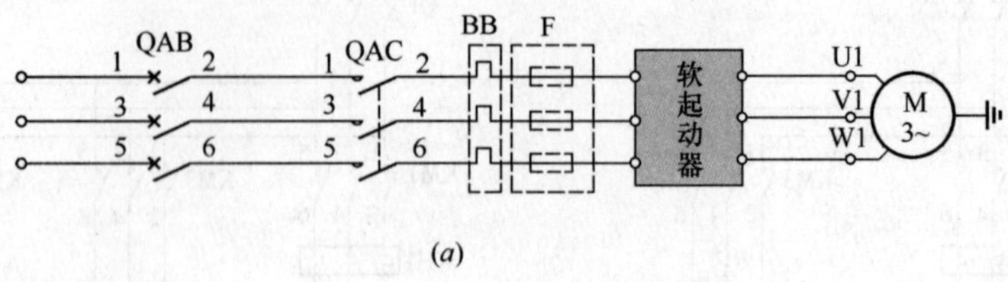

(*a*)

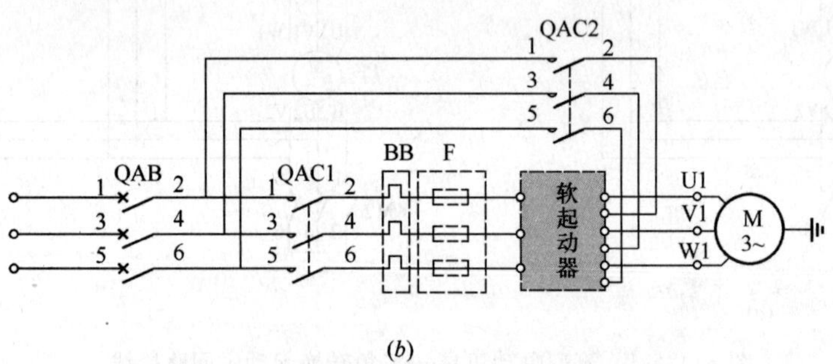

(*b*)

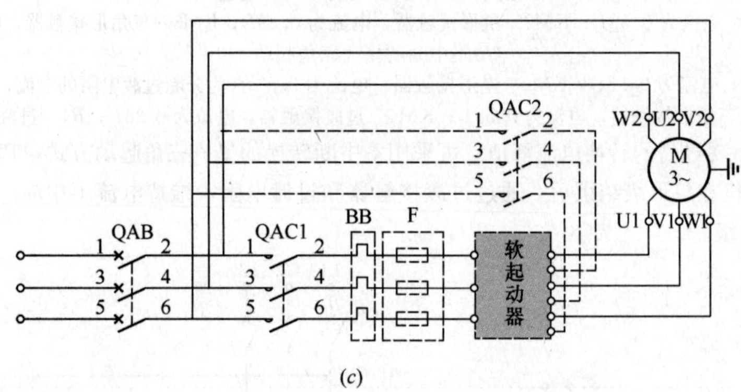

(*c*)

图 8.1.2-7　笼型电动机用软起动器起动主回路接线

(*a*) 方案一　电动机(软起动器直接连接)主回路；(*b*) 方案二　电动机(软起动器直接连接有旁路接触器)主回路；(*c*) 方案三　电动机(软起动器与电动机绕组连接成三角形接线、有旁路接触器)主回路。

注：电动机主回路方案图中：

QAB——断路器或刀开关熔断器

F——熔断器(用于 2 类配合时应采用快速熔断器)

QAC1——主回路接触器

QAC2——旁路接触器

BB——热继电器

M——电动机

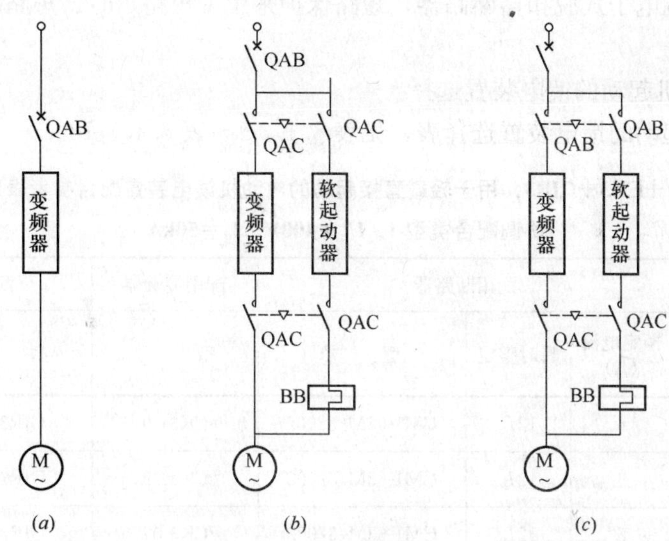

图 8.1.2-8 异步电动机用变频器起动主回路接线

(*a*) 方案一，为变频器直接起动控制，变频器发生故障，只能断电停止运行，进行维修；
(*b*) 方案二，为变频器和软起动控制；(*c*) 方案三，为变频器和软起动控制
方案二、三，为变频器和软起动控制，变频器发生故障，可手动切换至软起动旁路，
为保证系统运行安全，应在主电路和旁路上配装可进行机械和电气连锁的控制电器
(断路器或接触器)。

注：1. 通用的变频器均自带就地/远程控制转换按键，可实现手动/自动转换。因此不必须(不必要)在变频器二次回路中再设置手动/自动转换开关。

2. 为解决变频器起动时间较长(可能需要 5s～10s)，在起动过程出现传动的工艺系统工作不稳定，可采取设有 PLC(可编程逻辑控制器)的启动触点直接接到变频器，不通过接触器辅助触点转换，从而可取消断路器与变频器之间的接触器。

8.1.3 电动机起动的馈电装置选择

1. 协调配合类型

根据现行国家标准 GB 14048.4，接触器和起动器生产商应推荐一种适用的短路保护电器(SCPD)。其配合类型有两种：

"1"型协调配合：要求接触器或起动器在短路条件下不应对人及设备引起危害，在未修理和更换零件前，允许不能继续使用。

"2"型协调配合：要求接触器或起动器在短路条件下不应对及设备引起危害，且应能够继续使用，允许触头熔焊，但制造厂应指明关于设备维修所采用的方法。

注：选用不同于制造厂推荐的短路保护电器(SCPD)时，协调配合可能会无效。

2. 上下级保护

起动器和相应的短路保护电器(SCPD)上下级保护有两种方案：

(1) 经济型方案：对电动机负载的热保护，采用热继电器或电动机保护器，短路保护采用不带热保护而带短路保护的磁断路器。

(2) 实用型方案：对电动机负载的热保护，采用热继电器或电动机保护器，连接电缆

的热保护采用可调电子式脱扣器断路器，短路保护采用带短路延时、短路瞬时可调电子式脱扣器断路器。

3. 用于电动机起动的馈电装置选择

用于电动机起动的馈电装置选择表，见表 8.1.3-1～表 8.1.3-13。

CM1(CM2)+CK3+CJR3，用于轻载直接起动的电动机馈电装置配合参考表(经济型)

协调配合类型 1，U_e=400V，I_q=50kA　　　表 8.1.3-1

电机参数		配用断路器			配用接触器	配用热继电器	
额定功率(kW)	额定电流(A)	额定电流(A)	瞬时整定	型　号	型　号	型　号	整定电流范围代号
0.37	1.2	6	$12I_n$	CM1-63M/32002	CK3-09	CJR3-25	L
0.55	1.6	6	$12I_n$	CM1-63M/32002	CK3-09	CJR3-25	M
0.75	2	6	$12I_n$	CM1-63M/32002	CK3-09	CJR3-25	N
1.1	2.8	6	$12I_n$	CM1-63M/32002	CK3-09	CJR3-25	P
1.5	3.7	6	$12I_n$	CM1-63M/32002	CK3-09	CJR3-25	R
2.2	5.3	6	$12I_n$	CM1-63M/32002	CK3-09	CJR3-25	S
3	7	10	$12I_n$	CM1-63M/32002	CK3-09	CJR3-25	T
4	9	16	$12I_n$	CM1-63M/32002	CK3-12	CJR3-25	V
5.5	12	16	$12I_n$	CM1-63M/32002	CK3-18	CJR3-25	W
7.5	16	20	$12I_n$	CM1-63M/32002	CK3-18	CJR3-25	X
11	23	32	$12I_n$	CM1-63M/32002	CK3-25	CJR3-25	Y
15	30	40	$12I_n$	CM1-63M/32002	CK3-32	CJR3-50	E
18.5	37	50	$12I_n$	CM1-63M/32002	CK3-40	CJR3-50	I
22	43	50	$12I_n$	CM1-63M/32002	CK3-50	CJR3-50	H
30	59	80	$12I_n$	CM2-125M/32002	CK3-65	CJR3-105B	J
37	72	100	$12I_n$	CM2-125M/32002	CK3-80	CJR3-105B	R
45	85	100	$12I_n$	CM2-125M/32002	CK3-105	CJR3-105	M
55	105	125	$12I_n$	CM2-225M/32002	CK3-125	CJR3-160B	N
75	140	160	$12I_n$	CM2-225M/32002	CK3-150	CJR3-160B	P
90	170	200	$12I_n$	CM2-225M/32002	CK3-180	CJR3-160	R
110	210	250	$12I_n$	CM2-400M/32002	CK3-220	CJR3-185	S
132	250	315	$12I_n$	CM2-400M/32002	CK3-300	CJR3-240	T

续表

电机参数		配用断路器			配用接触器	配用热继电器	
额定功率(kW)	额定电流(A)	额定电流(A)	瞬时整定	型 号	型 号	型 号	整定电流范围代号
160	300	350	$12I_n$	CM2-400M/32002	CK3-400	CJR3-240	U
200	340	400	$12I_n$	CM2-400M/32002	CK3-400	CJR3-240	V
250	420	500	$12I_n$	CM2-630M/32002	CK3-600	CJR3-450	V
290	520	630	$12I_n$	CM2-630M/32002	CK3-600	CJR3-450	W
315	560	630	$12I_n$	CM2-630M/32002	CK3-600	CJR3-450	W
355	650	800	$12I_n$	CW2-2000	CK3-800		

注：1. 本表所采用的馈电装置由常熟开关制造有限公司生产。

CM1(CM2)+CK3+CD1，用于重载直接起动的电动机馈电装置配合参考表(经济型)

协调配合类型 1，U_e=400V，I_q=50kA　　　表 8.1.3-2

电机参数		配用断路器			配用接触器	配用热继电器	
额定功率(kW)	额定电流(A)	额定电流(A)	瞬时整定	型 号	型 号	型 号	整定电流范围代号
0.37	1.2	6	$12I_n$	CM1-63M/32002	CK3-09	CD1-32	A
0.55	1.6	6	$12I_n$	CM1-63M/32002	CK3-09		B
0.75	2	6	$12I_n$	CM1-63M/32002	CK3-09		B
1.1	2.8	6	$12I_n$	CM1-63M/32002	CK3-09		C
1.5	3.7	6	$12I_n$	CM1-63M/32002	CK3-09		C
2.2	5.3	6	$12I_n$	CM1-63M/32002	CK3-09		C
3	7	10	$12I_n$	CM1-63M/32002	CK3-09		D
4	9	16	$12I_n$	CM1-63M/32002	CK3-12		D
5.5	12	16	$12I_n$	CM1-63M/32002	CK3-18		D
7.5	16	20	$12I_n$	CM1-63M/32002	CK3-18		E
11	23	32	$12I_n$	CM1-63M/32002	CK3-25		E
15	30	40	$12I_n$	CM1-63M/32002	CK3-32	CD1-60	F
18.5	37	50	$12I_n$	CM1-63M/32002	CK3-40		G
22	43	50	$12I_n$	CM1-63M/32002	CK3-50		G
30	59	80	$12I_n$	CM2-125M/32002	CK3-65	CD1-100	H
37	72	100	$12I_n$	CM2-125M/32002	CK3-80		H
45	85	100	$12I_n$	CM2-125M/32002	CK3-105	CD1-200	I
55	105	125	$12I_n$	CM2-225M/32002	CK3-125		I
75	140	160	$12I_n$	CM2-225M/32002	CK3-150		J
90	170	200	$12I_n$	CM2-225M/32002	CK3-180	CD1-450	K
110	210	250	$12I_n$	CM2-400M/32002	CK3-220		L
132	250	315	$12I_n$	CM2-400M/32002	CK3-300		M
160	300	350	$12I_n$	CM2-400M/32002	CK3-400		M
200	340	400	$12I_n$	CM2-400M/32002	CK3-400		N
250	420	500	$12I_n$	CM2-630M/32002	CK3-600		N
290	520	630	$12I_n$	CM2-630M/32002	CK3-600		
315	560	630	$12I_n$	CM2-630M/32002	CK3-600		
355	650	800	$12I_n$	CW2-2000	CK3-800		

注：1. 如开关柜额定冲击耐受电压为 8000V，则 CM1-63M/32002 改用 CM2-125M/32002。
2. 本表所采用的馈电装置由常熟开关制造有限公司生产。

CM1E+CK3+CJR3，用于轻载直接起动的电动机馈电装置配合参考表(实用型)

协调配合类型 1，U_e=400V，I_q=50kA **表 8.1.3-3**

电机参数		配用断路器		配用接触器	配用热继电器	
额定功率(kW)	额定电流(A)	额定电流(A)	型　号	型　号	型　号	整定电流范围代号
0.37	1.2	32	$CM1_E$-100M/33002	CK3-09	CJR3-25	L
0.55	1.6	32	$CM1_E$-100M/33002	CK3-09	CJR3-25	M
0.75	2	32	$CM1_E$-100M/33002	CK3-09	CJR3-25	N
1.1	2.8	32	$CM1_E$-100M/33002	CK3-09	CJR3-25	P
1.5	3.7	32	$CM1_E$-100M/33002	CK3-09	CJR3-25	R
2.2	5.3	32	$CM1_E$-100M/33002	CK3-09	CJR3-25	S
3	7	32	$CM1_E$-100M/33002	CK3-09	CJR3-25	T
4	9	32	$CM1_E$-100M/33002	CK3-12	CJR3-25	V
5.5	12	32	$CM1_E$-100M/33002	CK3-18	CJR3-25	W
7.5	16	32	$CM1_E$-100M/33002	CK3-18	CJR3-25	X
11	23	32	$CM1_E$-100M/33002	CK3-25	CJR3-25	Y
15	30	63	$CM1_E$-100M/33002	CK3-32	CJR3-50	E
18.5	37	63	$CM1_E$-100M/33002	CK3-40	CJR3-50	I
22	43	63	$CM1_E$-100M/33002	CK3-50	CJR3-50	H
30	59	100	$CM1_E$-100M/33002	CK3-65	CJR3-105B	J
37	72	100	$CM1_E$-100M/33002	CK3-80	CJR3-105B	R
45	85	100	$CM1_E$-100M/33002	CK3-105	CJR3-105	M
55	105	225	$CM1_E$-225M/33002	CK3-125	CJR3-160B	N
75	140	225	$CM1_E$-225M/33002	CK3-150	CJR3-160B	P
90	170	225	$CM1_E$-225M/33002	CK3-180	CJR3-160	R
110	210	400	$CM1_E$-400M/33002	CK3-220	CJR3-185	S
132	250	400	$CM1_E$-400M/33002	CK3-300	CJR3-240	T
160	300	400	$CM1_E$-400M/33002	CK3-400	CJR3-240	U
200	340	400	$CM1_E$-400M/33002	CK3-400	CJR3-240	V
250	420	630	$CM1_E$-630M/33002	CK3-600	CJR3-450	V
290	520	630	$CM1_E$-630M/33002	CK3-600	CJR3-450	W
315	560	630	$CM1_E$-630M/33002	CK3-600	CJR3-450	W
355	650	800	$GM1_E$-2000	CK3-800		

注：本表所采用的馈电装置由常熟开关制造有限公司生产。

CM1E+CK3+CD1，用于重载直接起动的电动机馈电装置配合参考表(实用型)

协调配合类型1，U_e=400V，I_q=50kA **表 8.1.3-4**

电机参数		配用断路器		配用接触器	配用热继电器	
额定功率(kW)	额定电流(A)	额定电流(A)	型　号	型　号	型　号	整定电流范围代号
0.37	1.2	32	CM1E-100M/33002	CK3-09	CD1-32	A
0.55	1.6	32	CM1E-100M/33002	CK3-09		B
0.75	2	32	CM1E-100M/33002	CK3-09		B
1.1	2.8	32	CM1E-100M/33002	CK3-09		C
1.5	3.7	32	CM1E-100M/33002	CK3-09		C
2.2	5.3	32	CM1E-100M/33002	CK3-09		C
3	7	32	CM1E-100M/33002	CK3-09		D
4	9	32	CM1E-100M/33002	CK3-12		D
5.5	12	32	CM1E-100M/33002	CK3-18		D
7.5	16	32	CM1E-100M/33002	CK3-18		E
11	23	32	CM1E-100M/33002	CK3-25		E
15	30	63	CM1E-100M/33002	CK3-32	CD1-60	F
18.5	37	63	CM1E-100M/33002	CK3-40		G
22	43	63	CM1E-100M/33002	CK3-50		G
30	59	100	CM1E-100M/33002	CK3-65	CD1-100	H
37	72	100	CM1E-100M/33002	CK3-80		H
45	85	100	CM1E-100M/33002	CK3-105	CD1-200	I
55	105	225	CM1E-225M/33002	CK3-125		I
75	140	225	CM1E-225M/33002	CK3-150		J
90	170	225	CM1E-225M/33002	CK3-180		K
110	210	400	CM1V-400M/33002	CK3-220	CD1-450	L
132	250	400	CM1E-400M/33002	CK3-300		M
160	300	400	CM1E-400M/33002	CK3-400		M
200	340	400	CM1E-400M/33002	CK3-400		N
250	420	630	CM1E-630M/33002	CK3-600		N
290	520	630	CM1E-630M/33002	CK3-600		
315	560	630	CM1E-630M/33002	CK3-600		
355	650	800	CW2-2000	CK3-800		

注：本表所采用的馈电装置由常熟开关制造有限公司生产。

CM1(CM1)+CK3+CJR3，用于Y/Δ起动的电动机馈电装置配合参考表(经济型)

协调配合类型1，U_e=400V，I_q=50kA **表8.1.3-5**

接线示意图							
电机M参数		配用断路器QF			配用接触器	配用热继电器T	
额定功率(kW)	额定电流(A)	额定电流(A)	瞬时整定	型　号	K_N、K_Δ、K_Y型　号	型　号	整定电流范围代号
0.37	1.2	6	$12I_n$	CM1-63M/32002	CK3-09	CJR3-25	J
0.55	1.6	6	$12I_n$	CM1-63M/32002	CK3-09	CJR3-25	K
0.75	2	6	$12I_n$	CM1-63M/32002	CK3-09	CJR3-25	L
1.1	2.8	6	$12I_n$	CM1-63M/32002	CK3-09	CJR3-25	M
1.5	3.7	6	$12I_n$	CM1-63M/32002	CK3-09	CJR3-25	N
2.2	5.3	6	$12I_n$	CM1-63M/32002	CK3-09	CJR3-25	P
3	7	10	$12I_n$	CM1-63M/32002	CK3-09	CJR3-25	R
4	9	16	$12I_n$	CM1-63M/32002	CK3-12	CJR3-25	S
5.5	12	16	$12I_n$	CM1-63M/32002	CK3-18	CJR3-25	T
7.5	16	20	$12I_n$	CM1-63M/32002	CK3-18	CJR3-25	V
11	23	32	$12I_n$	CM1-63M/32002	CK3-25	CJR3-25	X
15	30	40	$12I_n$	CM1-63M/32002	CK3-32	CJR3-50	X
18.5	37	50	$12I_n$	CM1-63M/32002	CK3-40	CJR3-50	B
22	43	50	$12I_n$	CM1-63M/32002	CK3-50	CJR3-50	B
30	59	80	$12I_n$	CM2-125M/32002	CK3-65	CJR3-105B	F
37	72	100	$12I_n$	CM2-125M/32002	CK3-80	CJR3-105B	G
45	85	100	$12I_n$	CM2-125M/32002	CK3-105	CJR3-105	J
55	105	125	$12I_n$	CM2-225M/32002	CK3-125	CJR3-160B	L
75	140	160	$12I_n$	CM2-225M/32002	CK3-150	CJR3-160B	M
90	170	200	$12I_n$	CM2-225M/32002	CK3-180	CJR3-160	N
110	210	250	$12I_n$	CM2-400M/32002	CK3-220	CJR3-185	P
132	250	315	$12I_n$	CM2-400M/32002	CK3-300	CJR3-240	P
160	300	350	$12I_n$	CM2-400M/32002	CK3-400	CJR3-240	R
200	340	400	$12I_n$	CM2-400M/32002	CK3-400	CJR3-240	S
250	420	500	$12I_n$	CM2-630M/32002	CK3-600	CJR3-450	U
290	520	630	$12I_n$	CM2-630M/32002	CK3-600	CJR3-450	U
315	560	630	$12I_n$	CM2-630M/32002	CK3-600	CJR3-450	U
355	650	800	$12I_n$	CW2-2000	CK3-800		

注：1. 如开关柜额定冲击耐受电压为8000V，则CM1-63M/32002改用CM2-125M/32002。

2. 本表所采用的馈电装置由常熟开关制造有限公司生产。

CM1(CM2)＋CK3＋CJR3，软起动器启动，Ⅰ类配合，U_e＝400V　表 8.1.3-6

电动机参数		断路器			接触器		400V65kA 快速熔断器(max)			软启动器	
额定功率(kW)	额定电流(A)	额定电流(A)	瞬时整定(A)	型　号	主回路	旁路 AC-3	型　号	额定电流(A)	I^2t	型号	额定电流(A)
15	30	40	$12I_n$	CM1-63M/32002	CK3-32	CK3-32	RST3-500/80	80	13340	CR2-30	30
18.5	37	50	$12I_n$	CM1-63M/32002	CK3-40	CK3-40	RST3-500/80	80	13340	CR2-40	40
22	43	50	$12I_n$	CM1-63M/32002	CK3-50	CK3-50	RST3-500/80	80	13340	CR2-50	50
30	59	80	$12I_n$	CM2-125M/32002	CK3-65	CK3-65	RST3-500/200	200	1070000	CR2-63	63
37	72	100	$12I_n$	CM2-125M/32002	CK3-80	CK3-80	RST3-500/200	200	1070000	CR2-75	75
45	85	100	$12I_n$	CM2-125M/32002	CK3-105	CK3-105	RST3-500/200	200	1070000	CR2-85	85
55	105	125	$12I_n$	CM2-225M/32002	CK3-105	CK3-105	RST3-500/250	250	2462000	CR2-105	105
75	140	160	$12I_n$	CM2-225M/32002	CK3-150	CK3-150	RST10-660/500	500	173000	CR2-142	142
90	170	200	$12I_n$	CM2-225M/32002	CK3-180	CK3-180	RST10-660/550	550	232000	CR2-175	175
110	198	250	$12I_n$	CM2-400M/32002	CK3-220	CK3-220	RST10-660/900	900	835000	CR2-200	200
132	250	315	$12I_n$	CM2-400M/32002	CK3-300	CK3-300	RST10-660/900	900	835000	CR2-250	250
160	300	350	$12I_n$	CM2-400M/32002	CK3-300	CK3-300	RST10-660/900	900	835000	CR2-300	300
185	334	400	$12I_n$	CM2-400M/32002	CK3-400	CK3-400	RST10-660/710	710	476000	CR2-340	340
200	340	400	$12I_n$	CM2-400M/32002	CK3-400	CK3-400	RST10-660/710	710	476000	CR2-370	370
220	388	500	$12I_n$	CM2-630M/32002	CK3-600	CK3-600	RST10-660/900	900	835000	CR2-400	400
250	420	500	$12I_n$	CM2-630M/32002	CK3-600	CK3-600	RST10-660/900	900	835000	CR2-450	450
280	497	630	$12I_n$	CM2-630M/32002	CK3-600	CK3-600	RST10-660/1250	1250	2200000	CR2-500	500
300	527	630	$12I_n$	CM2-630M/32002	CK3-600	CK3-600	RST10-660/1250	1250	2200000	CR2-530	530
315	560	630	$12I_n$	CM2-630M/32002	CK3-600	CK3-600	RST10-660/1250	1250	2200000	CR2-570	570
355	650	800	$12I_n$	CM2-2000	CK3-800	CK3-800	RST10-660/1250	1250	2200000	CR2-630	630
400	693	1000	$12I_n$	CM2-2000	CK3-800	CK3-800	RST11-1000/2000	2000	4600000	CR2-700	700
450	785	100	$12I_n$	CM2-2000	CK3-800	CK3-800	RST11-1000/2000	2000	4600000	CR2-800	800
500	860	1000	$12I_n$	CM2-2000	—	—	RST11-1000/2000	2000	4600000	CR2-900	900

注：本表所采用的馈电装置由常熟开关制造有限公司生产。

CM1(CM2)+CK3+CD1，用于重载直接起动的电动机馈电装置配合参考表(经济型)

协调配合类型 2，U_e=400V，I_q=50kA　　表 8.1.3-7

电机参数		配用断路器			配用接触器	配用热继电器	
额定功率(kW)	额定电流(A)	额定电流(A)	瞬时整定	型　号	型　号	型　号	整定电流范围代号
0.37	1.2	6	$12I_n$	CM1-63M/32002	CK3-09	CD1-32	A
0.55	1.6	6	$12I_n$	CM1-63M/32002	CK3-09		B
0.75	2	6	$12I_n$	CM1-63M/32002	CK3-09		B
1.1	2.8	6	$12I_n$	CM1-63M/32002	CK3-09		C
1.5	3.7	6	$12I_n$	CM1-63M/32002	CK3-09		C
2.2	5.3	6	$12I_n$	CM1-63M/32002	CK3-09		C
3	7	10	$12I_n$	CM1-63M/32002	CK3-09		D
4	9	16	$12I_n$	CM1-63M/32002	CK3-12		D
5.5	12	16	$12I_n$	CM1-63M/32002	CK3-18		D
7.5	16	20	$12I_n$	CM1-63M/32002	CK3-18		E
11	23	32	$12I_n$	CM1-63M/32002	CK3-25	CD1-60	E
15	30	40	$12I_n$	CM1-63M/32002	CK3-32		F
18.5	37	50	$12I_n$	CM1-63M/32002	CK3-40	CD1-60	G
22	43	50	$12I_n$	CM1-63M/32002	CK3-50		G
30	59	80	$12I_n$	CM2-125M/32002	CK3-65	CD1-100	H
37	72	100	$12I_n$	CM2-125M/32002	CK3-80		H
45	85	100	$12I_n$	CM2-125M/32002	CK3-105	CD1-200	I
55	105	125	$12I_n$	CM2-225M/32002	CK3-125		I
75	140	160	$12I_n$	CM2-225M/32002	CK3-150		J
90	170	200	$12I_n$	CM2-225M/32002	CK3-180	CD1-450	K
110	210	250	$12I_n$	CM2-400M/32002	CK3-220		L
132	250	315	$12I_n$	CM2-400M/32002	CK3-300		M
160	300	350	$12I_n$	CM2-400M/32002	CK3-400		M
200	340	400	$12I_n$	CM2-400M/32002	CK3-400		N
250	420	500	$12I_n$	CM2-630M/32002	CK3-600		N
290	520	630	$12I_n$	CM2-630M/32002	CK3-600		
315	560	630	$12I_n$	CM2-630M/32002	CK3-600		
355	650	800	$12I_n$	CW2-2000	CK3-800		

注：1. 如开关柜额定冲击耐受电压为 8000V，则 CM1-63M/32002 改用 CM2-125M/32002。

2. 本表所采用的馈电装置由常熟开关制造有限公司生产。

CM1E+CK3+CJR3，用于轻载直接起动的电动机馈电装置配合参考表(实用型)

协调配合类型 2，U_e=400V，I_q=50kA　　表 8.1.3-8

电机参数		配用断路器		配用接触器	配用热继电器	
额定功率(kW)	额定电流(A)	额定电流(A)	型　号	型　号	型　号	整定电流范围代号
0.37	1.2	32	$CM1_E$-100M/33002	CK3-09	CJR3-25	L
0.55	1.6	32	$CM1_E$-100M/33002	CK3-09	CJR3-25	M
0.75	2	32	$CM1_E$-100M/33002	CK3-09	CJR3-25	N
1.1	2.8	32	$CM1_E$-100M/33002	CK3-09	CJR3-25	P
1.5	3.7	32	$CM1_E$-100M/33002	CK3-09	CJR3-25	R
2.2	5.3	32	$CM1_E$-100M/33002	CK3-09	CJR3-25	S
3	7	32	$CM1_E$-100M/33002	CK3-09	CJR3-25	T
4	9	32	$CM1_E$-100M/33002	CK3-12	CJR3-25	V
5.5	12	32	$CM1_E$-100M/33002	CK3-18	CJR3-25	W
7.5	16	32	$CM1_E$-100M/33002	CK3-18	CJR3-25	X
11	23	32	$CM1_E$-100M/33002	CK3-25	CJR3-25	Y
15	30	63	$CM1_E$-100M/33002	CK3-32	CJR3-50	E
18.5	37	63	$CM1_E$-100M/33002	CK3-40	CJR3-50	I
22	43	63	$CM1_E$-100M/33002	CK3-50	CJR3-50	H
30	59	100	$CM1_E$-100M/33002	CK3-65	CJR3-105B	J
37	72	100	$CM1_E$-100M/33002	CK3-80	CJR3-105B	R
45	85	100	$CM1_E$-100M/33002	CK3-105	CJR3-105	M
55	105	225	$CM1_E$-225M/33002	CK3-125	CJR3-160B	N
75	140	225	$CM1_E$-225M/33002	CK3-150	CJR3-160B	P
90	170	225	$CM1_E$-225M/33002	CK3-180	CJR3-160	R
110	210	400	$CM1_E$-400M/33002	CK3-220	CJR3-185	S
132	250	400	$CM1_E$-400M/33002	CK3-300	CJR3-240	T
160	300	400	$CM1_E$-400M/33002	CK3-400	CJR3-240	U
200	340	400	$CM1_E$-400M/33002	CK3-400	CJR3-240	V
250	420	630	$CM1_E$-630M/33002	CK3-600	CJR3-450	V
290	520	630	$CM1_E$-630M/33002	CK3-600	CJR3-450	W
315	560	630	$CM1_E$-630M/33002	CK3-600	CJR3-450	W
355	650	800	CW2-2000	CK3-800		

注：本表所采用的馈电装置由常熟开关制造有限公司生产。

CM1(CM2)+CK3+CJR3，直接起动，2类配合，U_e=400V **表 8.1.3-9**

电机参数		断 路 器			接触器	热继电器	
额定功率（kW）	额定电流（A）	额定电流（A）	瞬时整定（A）	型 号	型 号	型 号	整定电流范围代号
0.37	1.2	6	$12I_n$	CM1-63M/32002	CK3-09	CJR3-25	L
0.55	1.6	6	$12I_n$	CM1-63M/32002	CK3-09	CJR3-25	M
0.75	2	6	$12I_n$	CM1-63M/32002	CK3-09	CJR3-25	N
1.1	2.8	6	$12I_n$	CM1-63M/32002	CK3-09	CJR3-25	P
1.5	3.7	6	$12I_n$	CM1-63M/32002	CK3-09	CJR3-25	R
2.2	5.3	6	$12I_n$	CM1-63M/32002	CK3-09	CJR3-25	S
3	7	10	$12I_n$	CM1-63M/32002	CK3-09	CJR3-25	T
4	9	16	$12I_n$	CM1-63M/32002	CK3-12	CJR3-25	V
5.5	12	16	$12I_n$	CM1-63M/32002	CK3-18	CJR3-25	W
7.5	16	20	$12I_n$	CM1-63M/32002	CK3-18	CJR3-25	X
11	23	32	$12I_n$	CM1-63M/32002	CK3-25	CJR3-25	Y
15	30	40	$12I_n$	CM1-63M/32002	CK3-32	CJR3-50	E
18.5	37	50	$12I_n$	CM1-63M/32002	CK3-40	CJR3-50	I
22	43	50	$12I_n$	CM1-63M/32002	CK3-50	CJR3-50	H
30	59	80	$12I_n$	CM2-125M/32002	CK3-65	CJR3-105B	J
37	72	100	$12I_n$	CM2-125M/32002	CK3-80	CJR3-105B	R
45	85	100	$12I_n$	CM2-125M/32002	CK3-105	CJR3-105	M
55	105	125	$12I_n$	CM2-225M/32002	CK3-125	CJR3-160B	N
75	140	160	$12I_n$	CM2-225M/32002	CK3-150	CJR3-160B	P
90	170	200	$12I_n$	CM2-225M/32002	CK3-180	CJR3-160	R
110	198	250	$12I_n$	CM2-400M/32002	CK3-220	CJR3-185	S
132	250	315	$12I_n$	CM2-400M/32002	CK3-300	CJR3-240	T
160	300	350	$12I_n$	CM2-400M/32002	CK3-400	CJR3-240	U
200	340	400	$12I_n$	CM2-400M/32002	CK3-400	CJR3-240	V
250	420	500	$12I_n$	CM2-630M/32002	CK3-600	CJR3-450	V
290	520	630	$12I_n$	CM2-630M/32002	CK3-600	CJR3-450	W
315	560	630	$12I_n$	CM2-630M/32002	CK3-600	CJR3-450	W
355	650	800	$12I_n$	CW1-2000	CK3-800		

注：1. 本表所采用的馈电装置由常熟开关制造有限公司生产。

CM1E+CK3+CD1，用于重载直接起动的电动机馈电装置配合参考表(实用型)

协调配合类型 2，U_e=400V，I_q=50kA **表 8.1.3-10**

电机参数		配用断路器		配用接触器	配用热继电器	
额定功率(kW)	额定电流(A)	额定电流(A)	型　号	型　号	型　号	整定电流范围代号
0.37	1.2	32	CM1$_{E}$-100M/33002	CK3-09	CD1-32	A
0.55	1.6	32	CM1$_{E}$-100M/33002	CK3-09		B
0.75	2	32	CM1$_{E}$-100M/33002	CK3-09		B
1.1	2.8	32	CM1$_{E}$-100M/33002	CK3-09		C
1.5	3.7	32	CM1$_{E}$-100M/33002	CK3-09		C
2.2	5.3	32	CM1$_{E}$-100M/33002	CK3-09		C
3	7	32	CM1$_{E}$-100M/33002	CK3-09		D
4	9	32	CM1$_{E}$-100M/33002	CK3-12		D
5.5	12	32	CM1$_{E}$-100M/33002	CK3-18		D
7.5	16	32	CM1$_{E}$-100M/33002	CK3-18		E
11	23	32	CM1$_{E}$-100M/33002	CK3-25		E
15	30	63	CM1$_{E}$-100M/33002	CK3-32	CD1-60	F
18.5	37	63	CM1$_{E}$-100M/33002	CK3-40		G
22	43	63	CM1$_{E}$-100M/33002	CK3-50		G
30	59	100	CM1$_{E}$-100M/33002	CK3-65	CD1-100	H
37	72	100	CM1$_{E}$-100M/33002	CK3-80		H
45	85	100	CM1$_{E}$-100M/33002	CK3-105	CD1-200	I
55	105	225	CM1$_{E}$-225M/33002	CK3-125		I
75	140	225	CM1$_{E}$-225M/33002	CK3-150		J
90	170	225	CM1$_{E}$-225M/33002	CK3-180	CD1-450	K
110	210	400	CM1$_{E}$-400M/33002	CK3-220		L
132	250	400	CM1$_{E}$-400M/33002	CK3-300		M
160	300	400	CM1$_{E}$-400M/33002	CK3-400		M
200	340	400	CM1$_{E}$-400M/33002	CK3-400		N
250	420	630	CM1$_{E}$-630M/33002	CK3-600		N
290	520	630	CM1$_{E}$-630M/33002	CK3-600		
315	560	630	CM1$_{E}$-630M/33002	CK3-600		
355	650	800	CW2-2000	CK3-800		

注：本表所采用的馈电装置由常熟开关制造有限公司生产。

CM1(CM2)+CK3+CJR3，用于Y/Δ起动的电动机馈电装置配合参考表(经济型)

协调配合类型2，U_e=400V，I_q=50kA **表8.1.3-11**

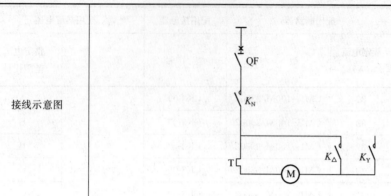

接线示意图							
电机M参数		配用断路器QF			配用接触器	配用热继电器T	
额定功率(kW)	额定电流(A)	额定电流(A)	瞬时整定	型号	K_N、K_Δ、K_Y 型号	型号	整定电流范围代号
0.37	1.2	6	$12I_n$	CM1-63M/32002	CK3-09	CJR3-25	J
0.55	1.6	6	$12I_n$	CM1-63M/32002	CK3-09	CJR3-25	K
0.75	2	6	$12I_n$	CM1-63M/32002	CK3-09	CJR3-25	L
1.1	2.8	6	$12I_n$	CM1-63M/32002	CK3-09	CJR3-25	M
1.5	3.7	6	$12I_n$	CM1-63M/32002	CK3-09	CJR3-25	N
2.2	5.3	6	$12I_n$	CM1-63M/32002	CK3-09	CJR3-25	P
3	7	10	$12I_n$	CM1-63M/32002	CK3-09	CJR3-25	R
4	9	16	$12I_n$	CM1-63M/32002	CK3-12	CJR3-25	S
5.5	12	16	$12I_n$	CM1-63M/32002	CK3-18	CJR3-25	T
7.5	16	20	$12I_n$	CM1-63M/32002	CK3-18	CJR3-25	V
11	23	32	$12I_n$	CM1-63M/32002	CK3-25	CJR3-25	X
15	30	40	$12I_n$	CM1-63M/32002	CK3-32	CJR3-50	X
18.5	37	50	$12I_n$	CM1-63M/32002	CK3-40	CJR3-50	B
22	43	50	$12I_n$	CM1-63M/32002	CK3-50	CJR3-50	B
30	59	80	$12I_n$	CM2-125M/32002	CK3-65	CJR3-105B	F
37	72	100	$12I_n$	CM2-125M/32002	CK3-80	CJR3-105B	G
45	85	100	$12I_n$	CM2-125M/32002	CK3-105	CJR3-105	J
55	105	125	$12I_n$	CM2-225M/32002	CK3-125	CJR3-160B	L
75	140	160	$12I_n$	CM2-225M/32002	CK3-150	CJR3-160B	M
90	170	200	$12I_n$	CM2-225M/32002	CK3-180	CJR3-160	N
110	210	250	$12I_n$	CM2-400M/32002	CK3-220	CJR3-185	P
132	250	315	$12I_n$	CM2-400M/32002	CK3-300	CJR3-240	P
160	300	350	$12I_n$	CM2-400M/32002	CK3-400	CJR3-240	R
200	340	400	$12I_n$	CM2-400M/32002	CK3-400	CJR3-240	S
250	420	500	$12I_n$	CM2-630M/32002	CK3-600	CJR3-450	U
290	520	630	$12I_n$	CM2-630M/32002	CK3-600	CJR3-450	U
315	560	630	$12I_n$	CM2-630M/32002	CK3-600	CJR3-450	U
355	650	800	$12I_n$	CW2-2000		CK3-800	

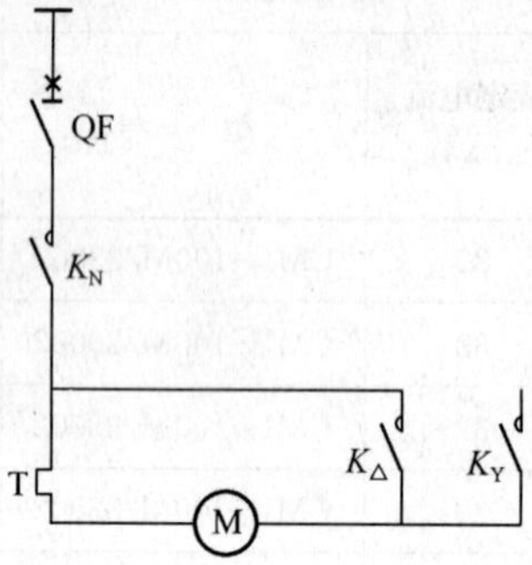

注：1. 如开关柜额定冲击耐受电压为8000V，则CM1-63M/32002改用CM2-125M/32002。

2. 本表所采用的馈电装置由常熟开关制造有限公司生产。

CM1E+CK3+CJR3，用于Y/Δ起动的电动机馈电装置配合参考表(实用型)

协调配合类型2，U_e=400V，I_q=50kA **表8.1.3-12**

接线示意图

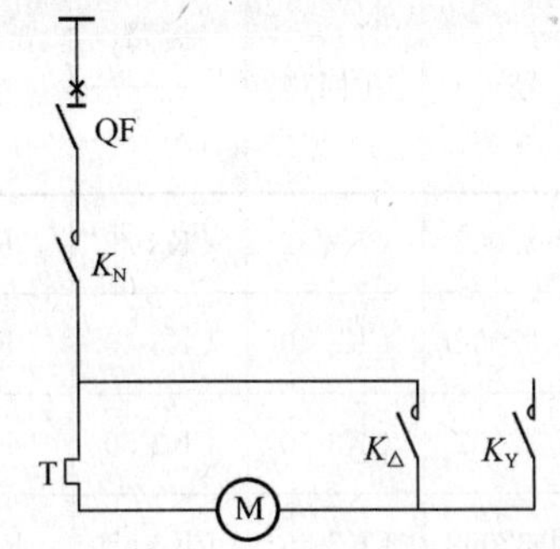

电机M参数		配用断路器QF		配用接触器	配用热继电器T	
额定功率(kW)	额定电流(A)	额定电流(A)	型号	K_N、K_Δ、K_Y型号	型号	整定电流范围代号
0.37	1.2	32	CM1E-100M/33002	CK3-09	CJR3-25	J
0.55	1.6	32	CM1E-100M/33002	CK3-09	CJR3-25	K
0.75	2	32	CM1E-100M/33002	CK3-09	CJR3-25	L
1.1	2.8	32	CM1E-100M/33002	CK3-09	CJR3-25	M
1.5	3.7	32	CM1E-100M/33002	CK3-09	CJR3-25	N
2.2	5.3	32	CM1E-100M/33002	CK3-09	CJR3-25	P
3	7	32	CM1E-100M/33002	CK3-09	CJR3-25	R
4	9	32	CM1E-100M/33002	CK3-12	CJR3-25	S
5.5	12	32	CM1E-100M/33002	CK3-18	CJR3-25	T
7.5	16	32	CM1E-100M/33002	CK3-18	CJR3-25	V
11	23	32	CM1E-100M/33002	CK3-25	CJR3-25	X
15	30	63	CM1E-100M/33002	CK3-32	CJR3-50	X
18.5	37	63	CM1E-100M/33002	CK3-40	CJR3-50	B
22	43	63	CM1E-100M/33002	CK3-50	CJR3-50	B
30	59	100	CM1E-100M/33002	CK3-65	CJR3-105B	F
37	72	100	CM1E-100M/33002	CK3-80	CJR3-105B	G
45	85	100	CM1E-100M/33002	CK3-105	CJR3-105	J
55	105	225	CM1E-225M/33002	CK3-125	CJR3-160B	L
75	140	225	CM1E-225M/33002	CK3-150	CJR3-160B	M
90	170	225	CM1E-225M/33002	CK3-180	CJR3-160	N
110	210	400	CM1E-400M/33002	CK3-220	CJR3-185	P
132	250	400	CM1E-400M/33002	CK3-300	CJR3-240	P
160	300	400	CM1E-400M/33002	CK3-400	CJR3-240	R
200	340	400	CM1E-400M/33002	CK3-400	CJR3-240	S
250	420	630	CM1E-630M/33002	CK3-600	CJR3-450	U
290	520	630	CM1E-630M/33002	CK3-600	CJR3-450	U
315	560	630	CM1E-630M/33002	CK3-600	CJR3-450	U
355	650	800	CW1-2000	CK3-800		

注：本表所采用的馈电装置由常熟开关制造有限公司生产。

CM1(CM2)+CK3+CJR3，软起动器启动，2类配合，U_e=400V 表 8.1.3-13

电动机参数		断路器			接触器		400V65kA 配用快速熔断器(max)			配用软启动器	
额定功率(kW)	额定电流(A)	额定电流(A)	瞬时整定(A)	型号	主回路	旁路 AC-3	型号	额定电流(A)	I^2t	型号	额定电流(A)
15	30	40	$12I_n$	CM1-63M/32002	CK3-32	CK3-32	RST3-500/80	80	13340	CR2-30	30
18.5	37	50	$12I_n$	CM1-63M/32002	CK3-40	CK3-40	RST3-500/80	80	13340	CR2-40	40
22	43	50	$12I_n$	CM1-63M/32002	CK3-50	CK3-50	RST3-500/80	80	13340	CR2-50	50
30	59	80	$12I_n$	CM2-125M/32002	CK3-65	CK3-65	RST3-500/200	200	1070000	CR2-63	63
37	72	100	$12I_n$	CM2-125M/32002	CK3-80	CK3-80	RST3-500/200	200	1070000	CR2-75	75
45	85	100	$12I_n$	CM2-125M/32002	CK3-105	CK3-105	RST3-500/200	200	1070000	CR2-85	85
55	105	125	$12I_n$	CM2-225M/32002	CK3-105	CK3-105	RST3-500/250	250	2462000	CR2-105	105
75	140	160	$12I_n$	CM2-225M/32002	CK3-150	CK3-150	RST10-660/500	500	173000	CR2-142	142
90	170	200	$12I_n$	CM2-225M/32002	CK3-180	CK3-180	RST10-660/550	550	232000	CR2-175	175
110	198	250	$12I_n$	CM2-400M/32002	CK3-220	CK3-220	RST10-660/900	900	835000	CR2-200	200
132	250	315	$12I_n$	CM2-400M/32002	CK3-300	CK3-300	RST10-660/900	900	835000	CR2-250	250
160	300	350	$12I_n$	CM2-400M/32002	CK3-300	CK3-300	RST10-660/900	900	835000	CR2-300	300
185	334	400	$12I_n$	CM2-400M/32002	CK3-400	CK3-400	RST10-660/710	710	476000	CR2-340	340
200	340	400	$12I_n$	CM2-400M/32002	CK3-400	CK3-400	RST10-660/710	710	476000	CR2-370	370
220	388	500	$12I_n$	CM2-630M/32002	CK3-600	CK3-600	RST10-660/900	900	835000	CR2-400	400
250	420	500	$12I_n$	CM2-630M/32002	CK3-600	CK3-600	RST10-660/900	900	835000	CR2-450	450
280	497	630	$12I_n$	CM2-630M/32002	CK3-600	CK3-600	RST10-660/1250	1250	2200000	CR2-500	500
300	527	630	$12I_n$	CM2-630M/32002	CK3-600	CK3-600	RST10-660/1250	1250	2200000	CR2-530	530
315	560	630	$12I_n$	CM2-630M/32002	CK3-600	CK3-600	RST10-660/1250	1250	2200000	CR2-570	570
355	650	800	$12I_n$	CW2-2000	CK3-800	CK3-800	RST10-660/1250	1250	2200000	CR2-630	630
400	693	1000	$12I_n$	CW2-2000	CK3-800	CK3-800	RST11-1000/2000	2000	4600000	CR2-700	700
450	785	100	$12I_n$	CW2-2000	CK3-800	CK3-800	RST11-1000/2000	2000	4600000	CR2-800	800
500	860	1250	$12I_n$	CW2-2000	—	—	RST11-1000/2000	2000	4600000	CR2-900	900

注：本表所采用的馈电装置由常熟开关制造有限公司生产。

4. KB0 系列用于电动机起动设备选型

KB0 系列控制与保护开关电器用于风机、水泵起动设备选型，见表 8.1.3-14。

KB0 系列控制与保护开关电器用于风机、水泵起动设备选型　　表 8.1.3-14

序号	被控电动机功率（kW）	控制与保护开关电器型号/规格		（消防型）控制与保护开关电器型号/规格		热脱扣器可调电流范围（A）	KB0 控制与保护开关电器外形尺寸（mm）
		电动机保护特点	电动机保护特点	电动机保护特点	电动机保护特点		
		断路器＋接触器＋热继电器	隔离电器＋断路器＋接触器＋热继电器	断路器＋接触器＋热继电器（过载过流不跳闸，短路时跳闸）	隔离电器＋断路器＋接触器＋热继电器（过载过流不跳闸，短路时跳闸）		
1	0.75	KB0-12/M2.5/06M	KB0-12/M2.5/06MG	KB0-12/M2.5/06MF	KB0-12/M2.5/06MFG	1.5～2.5	93×184×150（不带隔离）
2	1.1	KB0-12/M4/06M	KB0-12/M4/06MG	KB0-12/M4/06MF	KB0-12/M4/06MFG	2.3～4	
3	1.5	KB0-12/M4/06M	KB0-12/M4/06MG	KB0-12/M4/06MF	KB0-12/M4/06MFG	2.3～4	
4	2.2	KB0-12/M6.3/06M	KB0-12/M6.3/06MG	KB0-12/M6.3/06MF	KB0-12/M6.3/06MFG	3.5～6.3	
5	3	KB0-12/M12/06M	KB0-12/M12/06MG	KB0-12/M12/06MF	KB0-12/M12/06MFG	6.0～12	
6	4	KB0-12/M12/06M	KB0-12/M12/06MG	KB0-12/M12/06MF	KB0-12/M12/06MFG	6.0～12	
7	5.5	KB0-16/M16/06M	KB0-16/M16/06MG	KB0-16/M16/06MF	KB0-16/M16/06MFG	10～16	93×184×159（带隔离）
8	7.5	KB0-32/M25/06M	KB0-32/M25/06MG	KB0-32/M25/06MF	KB0-32/M25/06MFG	16～25	
9	11	KB0-32/M32/06M	KB0-32/M32/06MG	KB0-32/M32/06MF	KB0-32/M32/06MFG	23～32	
10	15	KB0-45c/M40/06M	KB0-45C/M40/06MG	KB0-45C/M40/06MF	KB0-45C/M40/06MFG	28～40	
11	18.5	KB0-45C/M45/06M	KB0-45C/M45/06MG	KB0-45C/M45/06MF	KB0-45C/M45/06MFG	35～45	
12	22	KB0-63/M50/06M	KB0-63/M50/06MG	KB0-63/M50/06MF	KB0-63/M50/06MFG	35～50	118×246×188（不带隔离）
13	30	KB0-100/M80/06M	KB0-100/M80/06MG	KB0-100/M80/06MF	KB0-100/M80/06MFG	60～80	
14	37	KB0-100/M100/06M	KB0-100/M100/06MG	KB0-100/M100/06MF	KB0-100/M100/06MFG	75～100	
15	45	KB0-100/M100/06M	KB0-100/M100/06MG	KB0-100/M100/06MF	KB0-100/M100/06MFG	75～100	118×246×197（带隔离）
16	55	KB0-125/M125/06M	KB0-125/M125/06MG	KB0-125/M125/06MF	KB0-125/M125/06MFG	92～125	

注：1. KB0 系列控制与保护开关电器是集隔离器功能、断路器短路保护（并报警）功能、热继电器过载、过流、断相保护（并报警）功能、交流接触器控制功能为一体的多功能电动机保护产品。

2. 表中型号规格的标注有：KB0-××/××/××M，M—为线圈控制电压 220V；BK0-××/××/02××为辅助触头二常开一常闭，并附带一对过载报警触头和一对短路报警触头；KB0-××/××/06××为辅助触头三常开二常闭，并附带一对过载报警触头和一对短路报警触头。

3. 表中型号规格的标注有：KB0-××/××/××F，F—为消防型产品，除具有注 1 功能外，还具有过载过流不跳闸（并报警）、短路时跳闸的功能（并发出短路报警信号），适用于消防风机及消防泵。

4. 表中型号规格的标注有：KB0-××/××/××G，G—为具有隔离电器功能。

8.2 电梯、自动扶梯及自动人行道

8.2.1 电梯的控制

1. 电梯的控制方式

(1)简易自动式

简易自动式是自动控制方式中最简单的一种方式，一般用于客梯、货梯和病床梯上。

这种电梯的厅站外呼按钮只有一个，而且上行和下行都用一个按钮。轿厢由轿内内选按钮或厅站外呼按钮来启动运行，最后停靠在内选或外呼的那一层。在执行某个呼梯指令运行中的轿厢不应答其他的呼梯。

(2)集选控制方式

集选控制方式比简易自动式的自动化程度要高，其特点是：

① 厅站门旁有表示上下两个方向的呼梯按钮；

② 它有记忆轿内和厅外选层和呼梯的信号；

③ 在顺向运行的电梯厅外呼叫时可按顺序停靠，如果运行前无呼叫信号，轿厢自动反向运行；

④ 它可以编组，当有数个呼叫信号时，它可以统一指挥 3 台以下的轿厢运动，避免空载，使之运输能力提高；

⑤ 乘客少时可以自选控制，人流多时也可以由司机控制，比较方便。

(3)群控方式

群控方式的出现是建立在计算机技术高度发展的基础上的，特别适用于大型办公楼，上下班时乘客非常多，运输量急增的情况下。群控方式有以下特点：

这种控制方式无需司机操作。在机房或轿厢下，设有负荷自动计量装置，由与其相连的继电器和计算机不停地计算着轿厢内的乘客数量，上下方向的停站数，厅站的呼梯及轿厢的所在位置等，以此来选择最适宜的客流情况的输送方式。也就是说，它可以像熟练的司机那样自动选择最理想的输送方式。其输送方式大致分为四种：

① 上行客流顶峰状态(早晨上班上行乘客非常多)；

② 平常时间状态(午餐时上行、下行交错往返，中等程度的客流量)；

③ 下行客流顶峰状态(下班时下行乘客非常多)；

④ 客闲时间状态(清晨或夜间时)。

2. 电梯门的控制

电梯门的控制方式有三种形式：手动控制(这是最早的控制方式，极少使用，从略)；光电控制；接触装置控制。

(1)光电控制

这种装置的特点是在轿厢停止运动时，门是开着的，并受光电装置控制。光电控制是由一个光源和一个安装在门缝里的光电元件组成。轿厢的门开启时间是有一定限制的(一般情况下小于 10s，但是基站可以大于 10s)。当超过关门时间时，也就是说还有乘客出入轿厢门时，由于乘客切割了光线，光电装置就把信号送入控制系统，从而延缓关门时间；一旦无乘客出入时，门就迅速地关闭，轿厢开始启动(以上均属正常使用情况)。如出现异常情况，例如，轿厢已经满载，5s 后还有乘客强行乘梯，或有什么障碍物阻碍电梯轿厢关门，这时为了提高运输能力，电梯轿厢还设有强行关门装置，实行强行关门。如果乘客有意阻止关门，此时蜂鸣器就鸣响，门也不再自动地反向运动而一直停在原来的位置上。这样由于门关不上而不能启动，所以轿厢内的乘客便对强行乘梯者有意见。一旦强行乘梯者离开(或排除障碍物)门就会很快关闭，轿厢随即启动运行。

(2)接触装置控制

这种轿厢是在门的边上设有一个接触灵敏的装置，只要这种装置一碰到乘客就立即停止关门，并同时向反向移动，一旦乘客进入轿厢(或走出轿厢)门又立即关上。用这种方法可以保证乘客的安全。

3. 电梯的容量与速度

电梯容量即指电梯的载重量与载客量，其品种众多，载重量有：550、600、850、900、1000、1150、1350、1600kg 等，载客量有 8、9、11、13、15、17、20、24 人等。

常用客梯的速度为 1.5、2.0、2.5、3.0 及 3.5m/s。为满足超高层旅馆之需客梯速度可达 4.0、6.0、7.0m/s 等。货梯速度一般为 0.5、1.0、1.5m/s。

4. 电梯的停站方式

电梯速度大小与建筑层数直接有关，一般高度越高，电梯速度应越快。但是电梯速度越高并不一定能体现其最高的工作效率，其原因还与停站多少有关。因为停靠站越多，高速电梯并不能发挥作用，高速电梯只有在十几层不停靠时才能体现其高速行进的特点，因而在 30 层以上的旅馆，应将电梯划分高、低区运行。例如某旅馆高 30 余层，1～4 层为公共部分，5～30 层为客房层。电梯设计时分高低区运行，低区电梯停 1～4 层、5～17 层，高区电梯停 1～4 层、18～30 层。这样的分区运行方式比每层均停方式的工作效率要高。表 8.2.1-1 为旅馆电梯速度的选定参考表。

旅馆电梯速度的选定参考表　　表 8.2.1-1

旅馆旅客数（人）	100		200		300		400		500				600	
层　数	6		8		9		12		14				16	
速度（m/min）	60		90		105		105		105		120		120	
每台电梯的定员（人）	11	13	13	15	15	17	15	17	15	17	15	17	15	17
台　数	2	1	2	2	2	2	3	2	3	3	3	2	4	3

8.2.2 电梯的配电设计

1. 设计基本规定

电梯、自动扶梯和自动人行道的配电设计应符合现行国家标准《民用建筑电气设计规范》JGJ 16 的规定和要求，见表 8.2.2-1。

电梯、自动扶梯和自动人行道配电设计　　表 8.2.2-1

项　目	技术规定和要求
供电	1. 一级负荷的客梯，应由引自两路独立电源的专用回路供电；二级负荷的客梯，可由两回路供电，其中一回路应为专用回路。 2. 当二类高层住宅中的客梯兼作消防电梯时，其供电应符合《民用建筑电气设计规范》JGJ 16—2008 第 13.9.11 条的规定。 3. 三级负荷的客梯，宜由建筑物低压配电柜以一路专用回路供电，当有困难时，电源可由同层配电箱接引。 4. 采用单电源供电的客梯，应具有自动平层功能。 自动扶梯和自动人行道宜为三级负荷，重要场所宜为二级负荷。 5. 电梯、自动扶梯和自动人行道的供电容量，应按其全部用电负荷确定，向多台电梯供电，应计入同时系数

续表

项　目	技术规定和要求
主电源开关和导线选择	1. 每台电梯、自动扶梯和自动人行道应装设单独的隔离电器和保护电器。 2. 主电源开关宜采用低压断路器。 3. 低压断路器的过负荷保护特性曲线应与电梯、自动扶梯和自动人行道设备的负荷特性曲线相配合。 4. 选择电梯、自动扶梯和自动人行道供电导线时，应由其铭牌电流及其相应的工作制确定，导线的连续工作载流量不应小于计算电流，并应对导线电压损失进行校验。 5. 对有机房的电梯，其主电源开关应能从机房入口处方便接近。 6. 对无机房的电梯，其主电源开关应设置在井道外工作人员方便接近的地方，并应具有必要的安全防护
电梯机房、井道配电	1. 机房配电应符合下列规定： (1) 电梯机房总电源开关不应切断下列供电回路： ① 轿厢、机房和滑轮间的照明和通风； ② 轿顶、机房、底坑的电源插座； ③ 井道照明； ④ 报警装置。 (2) 机房内应设有固定的照明，地表面的照度不应低于 200lx，机房照明电源应与电梯电源分开，照明开关应设置在机房靠近入口处。 (3) 机房内应至少设置一个单相带接地的电源插座。 (4) 在气温较高地区，当机房的自然通风不能满足要求时，应采取机械通风。 (5) 电力线和控制线应隔离敷设。 (6) 机房内配线应采用电线导管或电线槽保护，严禁使用可燃性材料制成的电线导管或电线槽。 2. 井道配电应符合下列规定： (1) 电梯井道应为电梯专用，井道内不得装设与电梯无关的设备、电缆等。 (2) 井道内应设置照明，且照度不应小于 50lx，并应符合下列要求： ① 应在距井道最高点和最低点 0.5m 以内各装一盏灯，中间每隔不超过 7m 的距离应装设一盏灯，并应分别在机房和底坑设置控制开关； ② 轿顶及井道照明电源宜为 36V；当采用 220V 时，应装设剩余电流动作保护器； ③ 对于井道周围有足够照明条件的非封闭式井道，可不设照明装置。 (3) 在底坑应装有电源插座。 (4) 井道内敷设的电缆和电线应是阻燃和耐潮湿的，并应使用难燃型电线导管或电线槽保护，严禁使用可燃性材料制成的电线导管或电线槽。 (5) 附设在建筑物外侧的电梯，其布线材料和方法及所用电器器件均应考虑气候条件的影响，并应采取防水措施
客梯防灾系统设置标准	1. 当高层建筑内的客梯兼作消防电梯时，应符合防灾设置标准，并应采用下列相应的应急操作措施： (1) 客梯应具有防灾时工作程序的转换装置； (2) 正常电源转换为防灾系统电源时，消防电梯应能及时投入； (3) 发现灾情后，客梯应能迅速依次停落在首层或转换层。 2. 电梯的控制方式应根据电梯的类别、使用场所条件及配置电梯数量等因素综合比较确定。 3. 客梯的轿厢内宜设有与安防控制室及机房的直通电话；消防电梯应设置与消防控制室的直通电话
间接接触保护	电梯机房、井道和轿厢中电气装置的间接接触保护，应符合下列规定： 1. 与建筑物的用电设备采用同一接地形式保护时，可不另设接地网。 2. 与电梯相关的所有电气设备及导管、线槽的外露可导电部分均应可靠接地；电梯的金属构件，应采取等电位联结。 3. 当轿厢接地线利用电缆芯线时，电缆芯线不得少于两根，并应采用铜芯导体，每根芯线截面不得小于 2.5mm^2

2. 技术措施

(1) 电梯、自动扶梯和自动人行道配电设计技术措施，见表 8.2.2-2。

电梯、自动扶梯和自动人行道配电设计技术措施 **表 8.2.2-2**

类别	技术规定和要求
供电负荷等级	1. 本技术措施所规定的内容仅限于公共建筑、居住建筑中设置的电梯、自动扶梯和自动人行道的配电设计。其电气控制设备均由制造厂家（或公司）成套供应。 2. 电梯、自动扶梯和自动人行道的负荷分级及供电要求，应符合国家标准《供配电系统设计规范》GB 50052 的规定。高层建筑中的消防电梯，应符合国家标准《高层民用建筑设计防火规范》GB 50045 的规定。
主电源开关和供电导线选择	1. 电梯、自动扶梯和自动人行道的主开关 低压断路器的过电流保护装置的负荷电流-时间特性应同电梯、自动扶梯和自动人行道设备负载-时间特性曲线相配合。 2. 选择电梯、自动扶梯和自动人行道供电导线时，应由其铭牌电流及其相应的工作制确定，导线的连续工作载流量应不小于计算电流，线路较长时，还应检验其电压损失。 (1) 单台交流电梯供电导线的连续工作载流量应大于其铭牌连续工作制额定电流的 140%或铭牌 0.5h（或 1h）工作制额定电流的 90%。 (2) 单台直流电梯供电导线的连续工作载流量，应大于交直流变流器的连续工作制交流额定输入电流的 140%。 (3) 向多台电梯供电电源容量的计算，应计入同时系数，见表 8.2.2-3。 3. 电梯的工作照明和通讯装置以及各处用电插座的电源，宜由机房内电源配电箱（柜）单独供电，其电源可以从电梯的主电源开关前取得；厅站指示层照明宜由电梯自身电力电源供电。 4. 客梯电力驱动方式分为交流驱动和直流驱动。 (1) 交流驱动分为：交流调压调速和变频调速。 (2) 直流驱动分为：晶闸管供电的直流电动机驱动和斩波控制直流电动机驱动。 5. 自动扶梯与自动人行道应根据建筑物的性质、服务对象，确定自动扶梯、自动人行道运送能力和设备类型、台数。 (1) 交流自动扶梯计算电流应为每级拖动电机的连续工作制额定电流与每级的照明负荷电流之和。 (2) 自动人行道计算电流为铭牌连续工作制额定电流与照明负荷电流之和。 (3) 选择自动扶梯、自动人行道的配电线缆时，应依据设备的计算电流及其相应的工作制确定，并应考虑线路的敷设环境条件。线缆的连续工作载流量应不小于计算电流，并应校验其中压损失。 (4) 自动扶梯与自动人行道在全线各段均空载时，应能暂停或低速运行
电梯机房及井道配电	1. 电梯、自动扶梯和自动人行道的电源应由专用回路供电，并不得和其他导线敷设于同一电线管或电线槽中，不应敷设在电梯井道内；除电梯专用的信号与控制线路外，其他线路不得沿电梯井道敷设。 2. 有专用机房的电梯主电源开关应设置在方便接近的机房人口处。 3. 无专用机房的电梯主电源开关应设置在井道旁工作人员方便接近的地方，并应具有必要的安全防护。 4. 在同一机房安装多台电梯时，各台电梯主开关的操作机构应装设识别标志。 5. 电梯井道内配电线路应符合下述条件： (1) 敷设在建筑物外侧的观光电梯，其布线材料和方法及所用电器设备均应考虑气象条件的影响，并做好防水处理。 (2) 在机房、轿顶、底坑应装有单相带接地插孔的电源插座。电压不同的电源插座，应有明显区别，不得存在互换的可能和弄错的危险
客梯防灾系统设置标准	1. 对于超高层建筑和级别高的宾馆、大厦等大型公共建筑，在防灾控制中心宜设置显示各部电梯运行状态的模拟盘及电梯自身故障或出现异常状态时的操作盘。 2. 设有消防控制室的高层建筑中，乘客电梯的轿厢内宜设有和保安控制室及机房值班室的通讯电话，根据需要亦可以设闭路监视摄像机。

续表

类　别	技术规定和要求
客梯防灾系统设置标准	3. 乘客电梯轿厢内应有应急照明，连续供电不小于20min；轿厢内的工作照明灯数不应少于两个，轿厢地面的照度不应低于5lx。 4. 具有消防功能的电梯，必须在基站或撤离层设置消防开关。 5. 对于大型公共建筑，在防灾中心宜设置显示各部电梯运行状态的模拟盘及电梯自身故障或出现异常状态时的操纵盘，其内容包括： (1) 电梯异常的指示器； (2) 轿厢位置的指示器； (3) 轿厢启动和停止的指示器、远距离操纵装置； (4) 停电时运行的指示器和操纵装置； (5) 地震时运行的指示器和操纵装置； (6) 火灾时运行的指示器和操纵装置
直接触电及间接接触保护	1. 在机房和滑轮间，必须采用防护罩以防止直接触电。所用外壳防护等级最低为IP2X。 2. 电梯机房、井道和轿厢中电气装置的间接接触保护，应符合下列规定： (1) 电源中性线和接地线应始终分开。接地装置的接地电阻值不应大于4Ω。 (2) 接地支线采用黄绿相间的绝缘导线，并应分别直接接至接地干线接线柱上，不得相互连接后再接地。 (3) 导体之间和导体对地之间的绝缘电阻值不得小于： ① 电力电路和电气安全装置电路：0.5MΩ； ② 其他电路（控制、照明、信号等）：0.25MΩ。 (4) 保护线端子和电压为220V及以上的端子应有明显标记

同时使用系数　　表 8.2.2-3

台　数	1	2	3	4	5	6	7	8	9
使用程度频繁	1.00	0.91	0.85	0.80	0.76	0.72	0.69	0.67	0.64
使用程度一般	1.00	0.85	0.78	0.72	0.67	0.65	0.59	0.56	0.54

(2) 升降类停车设备配电设计技术措施，见表8.2.2-4。

升降类停车设备配电设计技术措施　　表 8.2.2-4

类　别	技术规定和要求
设备分类及特点	1. 本规定的内容，适用于公共停车场、机关学校、写字楼、宾馆饭店、剧场、体育场馆、公寓、住宅小区等地下地上停车场的配电设计，其电气控制设备，均由制造厂（或公司）成套供应。 2. 机械式停车设备分为升降横移类、垂直循环类、水平循环类、多层循环类、平面移动类、巷道堆垛类、垂直升降类等类型

续表

类 别	技术规定和要求
设备分类及特点	3. 机械式停车设备与传统的自然地下停车库相比，在许多方面都显示出优越性，机械式停车设备具有突出的节地优势，可更加有效的保证人身和车辆的安全，从管理上可以做到彻底的人车分流，还可以免除采暖通风设施，运行中的耗电量比人工管理的地下车库大大减少。 4. 机械式停车设备的主要特点。 (1) 占地面积小、配置灵活、建设周期短。 (2) 操作简便、维护保养费用低。 (3) 可采用自动控制、运行安全可靠。 (4) 运行平稳，工作噪音低。 (5) 有防坠装置、光电传感器、限位保护、急停开关等安全装置
安全要求与措施	1. 机械式停车设备的电气系统应保证传动性能和控制性能准确可靠，能防止由于电气设备本身引起的危险，或由于机械运动等损伤导致电气设备产生的危险。 2. 供电电源：机械式停车设备，一般采用 AC380V、3 相、50Hz 电源，应由专用馈电线路供电，当采用软电缆供电时，应备专用接地线。 3. 机械式停车设备上专用馈电路进线端应设总断路器，应由专用回路供电。 4. 机械式停车设备上应设总线路接触器，应能分断所有机构上动力回路或控制回路。停车设备上设总机构的断路器时，可不设总线路接触器。 5. 接卸式停车设备控制电路应保证控制性能符合机械与电气系统的要求，不得有错误的回路、寄生回路和虚假回路。 6. 遥控回路及自动控制电路所控制的任何机构，一旦控制失灵，停车设备应立即停止工作。 7. 电气室、操纵室、控制屏、保护箱内部的配线，主回路小截面导线与控制回路的导线，可采用塑料绝缘导线。 8. 室外工作的机械停车设备，电缆应敷设于金属管中，金属管应经防腐处理。如用金属线槽或金属软管代替，必须有良好的防雨及防腐措施。室内工作的机械停车设备，电缆应敷设于线槽或金属管中，电缆可直接敷设。在机械损伤、化学腐蚀或油污侵蚀的地方，应有防护措施。 9. 电动机的保护。 (1) 直接与电源相连的电动机应进行短路保护、缺相保护。 (2) 直接与电源相连的电动机采用手动复位的自动断路器时尚应进行过载保护。 10. 插座的电源应和停车设备的动力电源分开，插座应采用 2+3 孔 10A 插座、250V，由主电源直接供电。 11. 对露天装设的主要电器元件，应有防潮湿、水、雨雪、沙、灰尘等杂物侵入的措施。 12. 机械式停车设备进线处宜设主隔离开关，或采取其他隔离措施。 13. 在机械式停车设备操作方便处，必须设置紧急停车开关，在紧急情况下能迅速切断动力控制电源，但不应切断电源插座、照明、通讯、消防和报警电路的电源。 14. 接地系统采用 TN-S 停车设备的金属结构及所有电气设备的金属外壳、管槽，电缆金属保护层和变压器低压侧均应有可靠的接地。中性线与 PE 线应分别设置，接地电阻不大于 4Ω。 15. 导体之间和导体对地之间的绝缘电阻值不得小于： (1) 动力电路和电气安全装置电路 0.5MΩ。 (2) 其他电路（控制、照明、信号等）0.25MΩ。

续表

类别	技术规定和要求
安全要求与措施	16. 电动机、电控柜、操作箱等所有外壳防护等级，室内不低于1P34；室外不低于1P44。 17. 机械式停车设备，为防止电磁干扰，电子元器件线路、信号线路等应采用屏蔽线，或导线穿钢管敷设。 18. 机械式停车设备应设正常照明，照明应由专用电源回路供电，应由机械式停车设备主断路器进线端分接引出，当主断路器切断电源时，照明回路不应断电，各照明回路应设断路器作短路保护。 19. 车道、出入口附近及人出入的地方，应设照明灯具，以确保安全。车库照度不低于75lx；机器房、电气室等照度不应低于100lx。 20. 机械式停车设备应有指示总电源分合状态的信号，必要时还应设故障信号和报警信号

8.2.3 电梯配电用电容量和电流的计算

1. 电梯用电容量计算

(1) 单台电梯用电容量计算

$$P_N=\frac{(1-K_P)\cdot G\cdot v}{102\eta} \tag{8.2.3-1}$$

式中 P_N——曳引电动机额定功率，kW；

K_P——平衡系数，取0.45～0.55；

v——电梯额定运行速度，m/s；

G——电梯额定载重量，kg；

η——电梯传动总效率，交流电梯取0.55。

(2) 多台电梯用电容量计算：

① 按单位面积功率指标法计算：

$$P_{N\Sigma}=\frac{\Sigma P_0\cdot S_p}{1000} \tag{8.2.3-2}$$

式中 $P_{N\Sigma}$——多台电梯用电容量，kW；

P_0——单位面积所需功率，一般取8W/m^2；

S_p——大楼总建筑面积，m^2。

② 按功率统计法计算：

$$P_{N\Sigma}=\Sigma P_N\cdot C \tag{8.2.3-3}$$

式中 P_N——单台电梯曳引电机功率，kW；

C——电梯台数。

上述几种电梯容量估算方法，在电梯供电系统工程初步设计中是允许的。

(3) 电梯、自动扶梯和自动人行道的供电容量，应按它的全部用电负荷确定，即为拖动电机的电源容量与其他附属用电容量之和。对于由电动发电机组向直流曳引机供电的直流电梯，其电动机的功率是指拖动发电机的电动机或其他直流电源装置的功率。

单台电梯拖动电机所需的电源容量：

$$S \geqslant \sqrt{3} \cdot U \cdot I \cdot 10^{-3} \quad (8.2.3\text{-}4)$$

式中 S——电源容量，kV·A；

U——电源电压，V；

I——直流电梯为满载上行时的电流，A；交流电梯为满载电流。当额定电流为50A及以下时，为额定电流的1.25倍；当额定电流大于50A时，为额定电流的1.1倍。

当电梯数量为二台及以上时，应考虑同时使用系数，见表8.2.2-3。

自动扶梯和自动人行道的用电容量可为电动机铭牌容量。

2. 电梯供电系统用电容量计算

（1）若大楼内工作电梯较少（如只有一台或两台），虽然电梯处于频繁短时工作制，但计算供电容量时，可近似认为电梯仍处于长期工作制。电梯供电容量与单梯用电量相等，即：

$$P_n = P_N + P_f \quad (8.2.3\text{-}5)$$

式中 P_n——供电系统供电容量，kW；

P_N——曳引电动机额定功率，kW；

P_f——电梯附属设备用电量，kW。

（2）若大楼内工作电梯较多（多于2台）且同时工作，计算供电容量时应将电梯按重复短时工作制考虑。客梯负载持续率 F_c 取60%，货梯、医用梯、服务梯等取40%。二项式法与需要系数法均可计算出供电容量。但需注意，计算的容量应是将持续率 F_c 一律变换为25%时的有用功率，即：

$$P_n = P_N\sqrt{\frac{F_c}{0.25}} + P_f = 2P_N\sqrt{F_c} + P_f \quad (8.2.3\text{-}6)$$

3. 电梯计算电流的计算

（1）按长期工作制计算：

$$I_c = I_r + I_f \quad (8.2.3\text{-}7)$$

（2）按反复短时工作制计算：

$$I_c = 1.15 I_r \sqrt{F_c} + I_f \quad (8.2.3\text{-}8)$$

式中 I_c——电梯曳引电机计算电流，A；

I_r——曳引电动机额定电流，A；

I_f——电梯附属设备工作电流，A。

4. 电梯尖峰电流计算

$$I_p = I_c + I_{st} + I_r \quad (8.2.3\text{-}9)$$

式中 I_p——电梯曳引电机尖峰电流，A；

I_{st}——电梯曳引电机启动电流，A；

I_c——电梯曳引电机计算电流，A；

I_r——电梯曳引电机额定电流，A。

计算出电梯供电容量、计算电流及峰值电流，便可根据电梯供电系统的要求选择相应的电气设备。

8.2.4 电梯、扶梯和自行人行道电源开关及导线截面选择

1. 一般规定

选择电梯或自动扶梯供电导线时，应由电动机铭牌额定电流及其相应的工作制确定，并应符合下列规定：

（1）单台交流电梯供电导线的连续工作载流量，应大于其铭牌连续工作制额定电流的140%或铭牌0.5h_o（或1h_o）工作制额定电流的90%。

（2）向多台电梯供电应计入同时系数。

（3）自动扶梯应按连续工作制计。

2. 交直流电梯、自动扶梯电源开关及导线截面选择

（1）直流客梯电源开关及导线截面选择，见表8.2.4-1。

（2）客梯电源开关及导线截面选择，见表8.2.4-2。

（3）无机房乘客电梯电源开关及导线截面选择，见表8.2.4-3。

（4）交流客货电梯电源开关及导线截面选择，见表8.2.4-4。

（5）小机房电梯电源开关及导线截面选择，见表8.2.4-5。

（6）观光电梯电源开关及导线截面选择，见表8.2.4-6。

（7）不同调速形式客电梯电源开关及导线截面选择，见表8.2.4-7。

（8）货梯电源开关及导线截面选择，见表8.2.4-8。

（9）自动扶梯电源开关及导线截面选择，见表8.2.4-9。

（10）自动人行道电源开关及导线截面选择，见表8.2.4-10。

直流客梯电源开关及导线截面选择表 **表8.2.4-1**

设备名称	规格	总耗电功率（kW）	cosφ	计算电流（A）	低压断路器		BV型导线截面(mm^2)/30℃时导线及SC管径
					额定电流（A）	脱扣器电流（A）	
直流客梯	750kg(1.5m/s)	22	0.8	41.7	100	50	10/25
	750kg(1.75m/s)	22	0.8	41.7	100	50	10/25
	1000kg(1.5m/s)	22	0.8	41.7	100	50	10/25
	1000kg(1.75m/s)	30	0.8	56.9	100	80	25/32
	1000kg(2.25m/s)	30	0.8	56.9	100	80	25/32
	1500kg(1.5m/s)	30	0.8	56.9	100	80	25/32
	1500kg(1.75m/s)	40	0.8	75.8	100	100	32/32
	1500kg(2.5m/s)	40	0.8	75.8	100	100	32/32

客梯电源开关及导线截面选择 表 8.2.4-2

电梯型号		额定载重量 kg(人)	额定速度 (m/s)	标称容量 (kW)	计算电流 (A)	低压断路器		BV型导线截面 (mm²)/SC管径(mm)		生产厂家
						额定电流 (A)	脱扣器电流 (A)	35℃时导线	管径	
GPS 111 系列	450-CO	450(6)	1.0	4.5	21.2	100	32	5×6	25	上海三菱电梯有限公司
	550-CO	550(7)	1.0	5.5	24.8	100	32	5×10	32	
			1.5/1.75	9.5/11.0	32.1/36.4	100	50	5×16	40	
	600-CO	600(8)	1.0	5.5(7.5)	29.1	100	40	5×10	32	
			1.5/1.75	9.5/11.0	34.9/39.8	100	50	5×16	40	
	700-CO	700(9)	1.0	7.5	32.5	100	40	5×10	32	
			1.5/1.75	9.5/11.0	39.2/44.7	100	50	5×16	40	
	800-CO	800(10)	1.0	9.5	40.5	100	50	5×16	40	
			1.5/1.75	13/15	48.7/55.8	100	80	3×35+2×16	50	
			2.0/2.5	15/18.0	61.5/75.4	100	100	3×50+2×25	70	
	900-CO	900(12)	1.0	9.5	40.1	100	50	5×16	40	
			1.5/1.75	13/15	48.7/55.8	100	80	3×35+2×16	50	
			2.0/2.5	15/18.5	61.5/75.4	100	100	3×50+2×25	70	
	1000-CO	1000(13)	1.0	9.5	45.7	100	63	5×16	40	
			1.5/1.75	13/15	55.8/64.1	100	80	3×35+2×16	50	
			2.0/2.5	15/18.5	70.7/86.9	160	100	3×50+2×25	70	
	1150-CO	1150(15)	1.0	15	56.1	100	80	3×35+2×16	50	
			1.5/1.75	15/18.5	67.5/77.0	100	100	3×50+2×25	70	
			2.0/2.5	18.5/22.0	81.1/98.7	160	125	3×70+2×35	80	
	1350-CO	1350(18)	1.0	15	62.1	100	80	3×35+2×16	50	
			1.5/1.75	18.5	75.1/85.8	160	100	3×50+2×25	70	
			2.0/2.5	22/26.0	90.5/110.5	160	135	3×70+2×35	80	
P0630G	10L-CO	630(8)	1.0	8.5	49	100	80	5×16	40	天津奥的斯电梯有限公司
	16L-CO		1.6	8.5	50	100	80	5×16	40	
P0680J	10L-CO 15L-CO 17L-CO	680(9)	1.0	8.5	49	100	80	5×16	40	
			1.5	8.5	50	100	80	5×16	40	
			1.75	15	72	100	100	3×35+2×16	50	
				11	53	100	80	5×16	40	
P0750J	10L-CO 15L-CO 17L-CO	750(10)	1.0	8.5	46	100	80	5×16	40	
			1.5	15	79	100	100	3×35+2×16	50	
			1.75	15	82	160	100	3×35+2×16	50	
				11	53	100	80	5×16	40	

续表

电梯型号		额定载重量 kg(人)	额定速度 (m/s)	标称容量 (kW)	计算电流 (A)	低压断路器		BV型导线截面 (mm^2)/SC管径(mm)		生产厂家
						额定电流 (A)	脱扣器电流 (A)	35℃时导线	管径	
P0800G	10L-CO	800(10)	1.0	8.5	47	100	80	5×16	40	天津奥的斯电梯有限公司
	16L-CO		1.6	15	80	100	100	3×35+2×16	50	
P0900J	10L-CO 15L-CO 17L-CO	900(12)	1.0	8.5	48	100	80	5×16	40	
			1.6	15	85	160	100	3×35+2×16	50	
			1.75	15	82	160	100	3×35+2×16	50	
				14	76	100	100	3×35+2×16	50	
P1000G	10L-CO	1000(13)	1.0	8.5	50	100	80	5×16	40	
P1000J	15L-CO 16L-CO 17L-CO		1.5	15	86	160	100	3×35+2×16	50	
			1.6							
			1.75	15	86	160	100	3×35+2×16	50	
				14	86	160	100	3×35+2×16	50	
P1000G	20L-CO 25L-CO		2.0	20	79	100	100	3×35+2×16	50	
			2.5	27	85	160	100	2×50+2×25	70	
P1150G P1150J	15L-CO 17L-CO 20L-CO 25L-CO	1150(15)	1.5	26	72	100	100	3×50+2×25	70	
			1.75	26	73	100	100	3×50+2×25	70	
			2.0	26	77	100	100	3×50+2×25	70	
			2.5	27	91	160	110	3×70+2×35	80	
P1350J	15L-CO 17L-CO 20L-CO 25L-CO	1350(17)	1.5	26	83	160	100	3×50+2×25	70	
			1.75	26	84	160	100	3×50+2×25	70	
			2.0	26	99	160	120	3×70+2×35	80	
			2.5	27	99	160	120	3×70+2×35	80	
NPH系列	450-60	450(6)	1.0	5.0	21.3	100	32	5×6	25	广州日立电梯有限公司
	-60 550-90 -105	550(7)	1.0	6.0	25.5	100	32	5×10	32	
			1.5	7.0	29.8	100	40	5×10	32	
			1.75	8.0	34.0	100	50	5×10	32	
	-60 630-90 -105	630(8)	1.0	6.0	25.5	100	32	5×10	32	
			1.5	7.0	29.8	100	40	5×10	32	
			1.75	8.0	34.0	100	50	5×10	32	
	-60 700-90 -105	700(9)	1.0	8.0	34.0	100	50	5×10	32	
			1.5	9.0	38.3	100	50	5×16	40	
			1.75	10	42.5	100	63	5×16	40	

续表

电梯型号		额定载重量 kg(人)	额定速度 (m/s)	标称容量 (kW)	计算电流 (A)	低压断路器		BV型导线截面 (mm²)/SC管径(mm)		生产厂家
						额定电流 (A)	脱扣器电流 (A)	35℃时导线	管径	
NPH系列	-60 -90 750-105 -120 -150	750(10)	1.0	8.0	34.0	100	50	5×16	40	广州日立电梯有限公司
			1.5	10	42.5	100	63	5×16	40	
			1.75	11	46.8	100	63	3×25+2×16	50	
			2.0	12	51.1	100	63	3×25+2×16	50	
			2.5	14	59.6	100	80	3×25+2×16	50	
	-60 -90 800-120 -150	800(10)	1.0	8.0	34.0	100	50	5×16	40	
			1.5	10	42.5	100	63	5×16	40	
			2.0	14	59.6	100	80	3×35+2×16	50	
			2.5	16	68.1	100	100	3×50+2×25	70	
	-60 -90 900-105 -120 -150	900(12)	1.0	8.0	34.0	100	50	5×10	32	
			1.5	10.0	42.5	100	63	5×16	40	
			1.75	11	46.8	100	63	5×16	40	
			2.0	14	59.6	100	80	3×35+2×16	50	
			2.5	17	72.3	100	100	3×50+2×25	70	
	-60 -90 1000-105 -120 -150	1000(13)	1.0	9.0	38.3	100	50	5×16	40	
			1.5	11	46.8	100	63	5×16	40	
			1.75	12	51.1	100	63	5×16	40	
			2.0	14	59.6	100	80	3×35+2×16	50	
			2.5	17	72.3	100	100	3×50+2×25	70	
	-60 -90 1150-105 -120 -150	1150(15)	1.0	10	42.5	100	63	5×16	40	
			1.5	12	51.1	100	63	5×16	40	
			1.75	14	59.6	100	80	3×35+2×16	50	
			2.0	16	68.1	100	100	3×50+2×25	70	
			2.5	19	80.8	100	100	3×50+2×25	70	
	-60 -90 1350-105 -120 -150	1350(18)	1.0	12	51.1	100	63	3×25+2×16	50	
			1.5	14	59.6	100	80	3×35+2×16	50	
			1.75	17	72.3	100	100	3×50+2×25	70	
			2.0	17	72.3	100	100	3×50+2×25	70	
			2.5	21	89.3	160	125	3×70+2×35	80	
	-60 -90 1600-105 -120	1600(20)	1.0	14	59.6	100	80	3×35+2×16	50	
			1.5	15	63.8	100	100	3×35+2×16	50	
			1.75	19	80.8	100	100	3×50+2×35	70	
			2.0	21	89.3	160	125	3×70+2×35	80	

无机房乘客电梯电源开关及导线截面选择 **表 8.2.4-3**

电梯型号		额定载重量kg(人)	额定速度(m/s)	标称容量(kW)	计算电流(A)	低压断路器		BV型导线截面(mm^2)/SC管径(mm)		生产厂家
						额定电流(A)	脱扣器电流(A)	35℃时导线	管径	
ELENESSA	630-CO	630(8)	1.0	5.5	24.8	100	32	5×6	25	上海三菱电梯有限公司
			1.6	6.0	25.5	100	32	5×6	25	
			1.75	7.5	32.5	100	40	5×10	32	
	630-2S	630(8)	1.0	6.0	25.5	100	32	5×6	25	
			1.6	7.0	29.8	100	40	5×6	25	
			1.75	8.0	34	100	50	5×16	40	
	825-CO	825(11)	1.0	6.5	29.8	100	40	5×6	25	
			1.6	7.5	32.5	100	40	5×10	32	
			1.75	8.5	38	100	50	5×16	40	
	825-2S	825(11)	1.0	7.0	29.8	100	40	5×6	25	
			1.6	8.0	34	100	50	5×16	40	
			1.75	9.0	38.3	100	50	5×16	40	
	1050-CO	1050(14)	1.0	7.0	29.8	100	40	5×6	25	
			1.6	8.5	38	100	50	5×16	40	
			1.75	10	42.5	100	50	5×16	40	
	1050-2S	1050(14)	1.0	7.5	32.5	100	50	5×6	25	
			1.6	8.5	38	100	50	5×16	40	
			1.75	10	42.5	100	50	5×16	40	
ELENESSA/D	1050-CO	1050(14)	1.0	8.0	34	100	50	5×16	40	
			1.6	9.0	38.3	100	50	5×16	40	
			1.75	11	53	100	80	3×25+2×16	50	
	1050-2S	1050(14)	1.0	8.5	38	100	50	5×16	40	
			1.6	9.5	45.7	100	60	5×16	40	
			1.75	11.5	54	100	80	3×25+2×16	50	
P8D-08-1.0-L		630(8)	1.0	4.3	19	100	32	5×6	25	天津奥的斯电梯有限公司
P8D-08-1.6-L			1.6	6.5	24	100	32	5×6	25	
P10W-08-1.0-L		800(10)	1.0	6.6	25	100	32	5×6	25	
P10W-08-1.6-L			1.6	9.0	38.3	100	50	5×16	40	
P10W-09-1.0-L			1.0	6.6	25	100	32	5×6	25	
P10W-09-1.6-L			1.6	9.0	38.3	100	50	5×16	40	

续表

<table>
<tr><th rowspan="3" colspan="2">电梯型号</th><th rowspan="3">额定
载重量
kg(人)</th><th rowspan="3">额定
速度
(m/s)</th><th rowspan="3">标称
容量
(kW)</th><th rowspan="3">计算
电流
(A)</th><th colspan="2">低压断路器</th><th colspan="2">BV 型导线截面
(mm²)/SC 管径(mm)</th><th rowspan="3">生产
厂家</th></tr>
<tr><th>额定
电流
(A)</th><th>脱扣
器电流
(A)</th><th>35℃时导线</th><th>管径</th></tr>
<tr></tr>
<tr><td colspan="2">P13D-09-1.0-L</td><td rowspan="2">1000(13)</td><td>1.0</td><td>6.6</td><td>31</td><td>100</td><td>40</td><td>5×10</td><td>32</td><td rowspan="6">天津奥的斯电梯有限公司</td></tr>
<tr><td colspan="2">P13D-09-1.6-L</td><td>1.6</td><td>10.3</td><td>42.5</td><td>100</td><td>50</td><td>5×16</td><td>40</td></tr>
<tr><td colspan="2">P13W-09-1.0-L</td><td rowspan="4">1000(13)</td><td>1.0</td><td>6.6</td><td>31</td><td>100</td><td>40</td><td>5×10</td><td>32</td></tr>
<tr><td colspan="2">P13W-09-1.6-L</td><td>1.6</td><td>10.3</td><td>42.5</td><td>100</td><td>50</td><td>5×16</td><td>40</td></tr>
<tr><td colspan="2">P13W-10-1.0-L</td><td>1.0</td><td>6.6</td><td>31</td><td>100</td><td>40</td><td>5×10</td><td>32</td></tr>
<tr><td colspan="2">P13W-10-1.6-L</td><td>1.6</td><td>10.3</td><td>42.5</td><td>100</td><td>50</td><td>5×16</td><td>40</td></tr>
<tr><td colspan="11">注:D—代表深轿厢;W—代表宽轿厢</td></tr>
<tr><td rowspan="4">UAX</td><td>800-CO60</td><td>800</td><td>1.0</td><td>6.0</td><td>24</td><td>100</td><td>32</td><td>5×6</td><td>25</td><td rowspan="4">广州日立电梯有限公司</td></tr>
<tr><td>800-CO90</td><td>800</td><td>1.5</td><td>7.0</td><td>29.8</td><td>100</td><td>40</td><td>5×6</td><td>25</td></tr>
<tr><td>1000-CO60</td><td>1000</td><td>1.0</td><td>6.0</td><td>25.5</td><td>100</td><td>32</td><td>5×6</td><td>25</td></tr>
<tr><td>1000-CO90</td><td>1000</td><td>1.5</td><td>8.0</td><td>34</td><td>100</td><td>40</td><td>5×10</td><td>32</td></tr>
</table>

交流客货电梯电源开关及导线截面选择　　表 8.2.4-4

<table>
<tr><th rowspan="2">设备
名称</th><th rowspan="2">规　　格</th><th rowspan="2">总功率
(kW)</th><th rowspan="2">cosφ</th><th rowspan="2">计算电流
(A)</th><th>熔断器式
隔离开关</th><th>具有隔离功能
的断路器</th><th>BV 型导线截面
(mm²)</th></tr>
<tr><th>额定电流
(A)</th><th>脱扣器整定
电流(A)</th><th>环境温度
30℃</th></tr>
<tr><td rowspan="12">交流客
货电梯</td><td>100kg(0.5m/s)</td><td>2.5</td><td>0.5</td><td>7.6</td><td>32/10</td><td>40/10</td><td>2.5</td></tr>
<tr><td>200kg(0.5m/s)</td><td>2.5</td><td>0.5</td><td>7.6</td><td>32/10</td><td>40/10</td><td>2.5</td></tr>
<tr><td>350kg(0.5m/s)</td><td>2.5</td><td>0.5</td><td>7.6</td><td>32/10</td><td>40/10</td><td>2.5</td></tr>
<tr><td>500kg(0.5m/s)</td><td>9</td><td>0.5</td><td>27.3</td><td>63/32</td><td>100/32</td><td>6</td></tr>
<tr><td>500kg(1.0m/s)</td><td>9</td><td>0.5</td><td>27.3</td><td>63/32</td><td>100/32</td><td>6</td></tr>
<tr><td>500kg(1.0m/s)</td><td>12</td><td>0.55</td><td>33.1</td><td>63/40</td><td>100/40</td><td>10</td></tr>
<tr><td>500kg(1.75m/s)</td><td>12</td><td>0.55</td><td>33.1</td><td>63/40</td><td>100/40</td><td>10</td></tr>
<tr><td>750kg(0.5m/s)</td><td>9</td><td>0.5</td><td>27.3</td><td>63/32</td><td>100/32</td><td>6</td></tr>
<tr><td>750kg(1.0m/s)</td><td>9</td><td>0.5</td><td>27.3</td><td>63/32</td><td>100/32</td><td>6</td></tr>
<tr><td>1000kg(0.5m/s)</td><td>9</td><td>0.5</td><td>27.3</td><td>63/32</td><td>100/32</td><td>6</td></tr>
<tr><td>1000kg(1.0m/s)</td><td>12</td><td>0.55</td><td>33.1</td><td>63/40</td><td>100/40</td><td>10</td></tr>
<tr><td>1000kg(1.5m/s)</td><td>17</td><td>0.55</td><td>46.9</td><td>63/50</td><td>100/50</td><td>16</td></tr>
</table>

续表

设备名称	规格	总功率(kW)	cosφ	计算电流(A)	熔断器式隔离开关 额定电流(A)	具有隔离功能的断路器 脱扣器整定电流(A)	BV型导线截面(mm^2) 环境温度30℃
交流客货电梯	1000kg(1.75m/s)	24	0.6	60.6	100/100	100/80	25
	1500kg(0.5m/s)	17	0.55	46.9	63/50	100/50	16
	1500kg(0.75m/s)	17	0.55	46.9	63/50	100/50	16
	1500kg(1.0m/s)	21	0.6	51.3	63/63	100/63	16
	1500kg(1.5m/s)	24	0.6	60.6	100/100	100/80	25
	2000kg(0.25m/s)	12	0.55	33.1	63/40	100/40	10
	2000kg(0.75m/s)	17	0.55	46.9	63/50	100/50	16
	2000kg(1.0m/s)	24	0.6	60.6	100/100	100/80	25
	3000kg(0.5m/s)	12	0.55	33.1	63/50	100/50	10
	3000kg(0.5m/s)	21	0.6	51.3	63/63	100/63	16
	3000kg(0.75m/s)	24	0.6	60.6	100/100	100/80	25
	5000kg(0.25m/s)	21	0.6	51.3	63/63	100/63	16

小机房电梯电源开关及导线截面选择 **表 8.2.4-5**

货梯型号		额定载重量kg(人)	额定速度(m/s)	标称容量(kW)	计算电流(A)	低压断路器 额定电流(A)	低压断路器 脱扣器电流(A)	BV型导线截面(mm^2)/SC管径(mm) 35℃时导线	管径	生产厂家
HGP	-60 630-90 -105	630(8)	1.0	3.5	15.4	100	32	5×6	25	广州日立电梯有限公司
			1.5	5.5	24.8	100	32	5×6	25	
			1.75	6.5	29.8	100	40	5×6	25	
	-60 825-90 -105	825(10)	1.0	4.5	24.2	100	32	5×6	25	
			1.5	6.5	29.2	100	40	5×6	25	
			1.75	7.5	32.5	100	40	5×10	32	
	-60 1050-90 -105	1050(14)	1.0	5.5	24.8	100	32	5×6	25	
			1.5	8.5	30.4	100	40	5×10	32	
			1.75	10	42.5	100	63	5×16	40	

观光电梯电源开关及导线截面选择 **表 8.2.4-6**

<table>
<tr><th colspan="3" rowspan="2">货梯型号</th><th rowspan="2">额定
载重量
kg(人)</th><th rowspan="2">额定
速度
(m/s)</th><th rowspan="2">标称
容量
(kW)</th><th rowspan="2">计算
电流
(A)</th><th colspan="2">低压断路器</th><th colspan="2">BV 型导线截面
(mm²)/SC 管径(mm)</th><th rowspan="2">生产
厂家</th></tr>
<tr><th>额定
电流
(A)</th><th>脱扣
器电流
(A)</th><th>35℃时导线</th><th>管径</th></tr>
<tr><td rowspan="12">平面形观光电梯</td><td rowspan="6">NPH-O</td><td rowspan="3">-60
630-90
-105</td><td rowspan="3">630(8)</td><td>1.0</td><td>9.0</td><td>38.3</td><td>100</td><td>63</td><td>5×16</td><td>40</td><td rowspan="33">广州
日立
电梯
有限
公司</td></tr>
<tr><td>1.5</td><td>9.0</td><td>38.3</td><td>100</td><td>63</td><td>5×16</td><td>40</td></tr>
<tr><td>1.75</td><td>9.0</td><td>38.3</td><td>100</td><td>63</td><td>5×16</td><td>40</td></tr>
<tr><td rowspan="3">-60
800-90
-105</td><td rowspan="3">800(10)</td><td>1.0</td><td>9.0</td><td>38.3</td><td>100</td><td>63</td><td>5×16</td><td>40</td></tr>
<tr><td>1.5</td><td>9.0</td><td>38.3</td><td>100</td><td>63</td><td>5×16</td><td>40</td></tr>
<tr><td>1.75</td><td>10</td><td>42.5</td><td>100</td><td>63</td><td>5×16</td><td>40</td></tr>
<tr><td rowspan="6">NPH-O</td><td rowspan="3">-60
900-90
-105</td><td rowspan="3">900(12)</td><td>1.0</td><td>9.0</td><td>38.3</td><td>100</td><td>63</td><td>5×16</td><td>40</td></tr>
<tr><td>1.5</td><td>10</td><td>42.5</td><td>100</td><td>63</td><td>5×16</td><td>40</td></tr>
<tr><td>1.75</td><td>10</td><td>42.5</td><td>100</td><td>63</td><td>5×16</td><td>40</td></tr>
<tr><td rowspan="3">-60
1000-90
-105</td><td rowspan="3">1000(13)</td><td>1.0</td><td>9.0</td><td>38.3</td><td>100</td><td>63</td><td>5×16</td><td>40</td></tr>
<tr><td>1.5</td><td>10</td><td>42.5</td><td>100</td><td>63</td><td>5×16</td><td>40</td></tr>
<tr><td>1.75</td><td>10</td><td>42.5</td><td>100</td><td>63</td><td>5×16</td><td>40</td></tr>
<tr><td rowspan="6">六角形观光电梯</td><td rowspan="6">NPH-O</td><td rowspan="3">-60
900-90
-105</td><td rowspan="3">900(12)</td><td>1.0</td><td>9.0</td><td>38.3</td><td>100</td><td>63</td><td>5×16</td><td>40</td></tr>
<tr><td>1.5</td><td>10</td><td>42.5</td><td>100</td><td>63</td><td>5×16</td><td>40</td></tr>
<tr><td>1.75</td><td>10</td><td>42.5</td><td>100</td><td>63</td><td>5×16</td><td>40</td></tr>
<tr><td rowspan="3">-60
1000-105
-105</td><td rowspan="3">1000(13)</td><td>1.0</td><td>10</td><td>42.5</td><td>100</td><td>63</td><td>5×16</td><td>40</td></tr>
<tr><td>1.5</td><td>10</td><td>42.5</td><td>100</td><td>63</td><td>5×16</td><td></td></tr>
<tr><td>1.75</td><td>13</td><td>48.7</td><td>100</td><td>80</td><td>3×25+2×16</td><td>50</td></tr>
<tr><td rowspan="9">半圆形观光电梯</td><td rowspan="9">NPH-O</td><td rowspan="3">-60
900-90
-105</td><td rowspan="3">900(12)</td><td>1.0</td><td>9.0</td><td>38.3</td><td>100</td><td>63</td><td>5×16</td><td>40</td></tr>
<tr><td>1.5</td><td>10</td><td>42.5</td><td>100</td><td>63</td><td>5×16</td><td>40</td></tr>
<tr><td>1.75</td><td>10</td><td>42.5</td><td>100</td><td>63</td><td>5×16</td><td>40</td></tr>
<tr><td rowspan="3">-60
1000-90
-105</td><td rowspan="3">1000(13)</td><td>1.0</td><td>10</td><td>42.5</td><td>100</td><td>63</td><td>5×16</td><td>40</td></tr>
<tr><td>1.5</td><td>10</td><td>42.5</td><td>100</td><td>63</td><td>5×16</td><td></td></tr>
<tr><td>1.75</td><td>13</td><td>48.7</td><td>100</td><td>80</td><td>3×25+2×16</td><td>50</td></tr>
<tr><td rowspan="3">-60
1150-90
-105</td><td rowspan="3">1150(15)</td><td>1.0</td><td>10</td><td>42.5</td><td>100</td><td>63</td><td>5×16</td><td>40</td></tr>
<tr><td>1.5</td><td>13</td><td>48.7</td><td>100</td><td>80</td><td>3×25+2×16</td><td>50</td></tr>
<tr><td>1.75</td><td>13</td><td>48.7</td><td>100</td><td>80</td><td>3×25+2×16</td><td>50</td></tr>
</table>

不同调速形式客梯电源开关及导线截面选择　　表 8.2.4-7

调速形式	定　员（人）	载重量（kg）	运行速度（m/s）	电功率（kW）	建议 BV 型铜导线截面（mm^2）	熔断器式隔离开关	带隔离功能的断路器
双速调速 AC-2	11	750	1.0	7.5	10	32/32	32/32
	13	900		11	25	100/50	100/50
	15	1000		11	25	100/50	100/50
	17	1150		15	35	100/63	100/63
	11	750	1.5	7.5	25	100/50	100/50
	13	900		15	35	100/63	100/63
	15	1000		15	35	100/63	100/63
	17	1150		18.5	50	160/100	160/100
	11	750	1.75	7.5	25	100/50	100/50
	13	900		15	35	100/63	100/63
	15	1000		18.5	50	160/100	160/100
可控硅调速 ACVV	11	750	1.0	7.5	10	32/32	32/32
	13	900		9.5	25	100/50	100/50
	15	1000		9.5	25	100/50	100/50
	17	1150		11	25	100/50	100/50
	11	750	1.5	9.5	25	100/50	100/50
	13	900		13	35	100/63	100/63
	15	1000		13	35	100/63	100/63
	17	1150		15	35	100/63	100/63
	11	750	1.75	11	25	100/40	100/40
	13	900		15	35	100/63	100/63
	15	1000		15	35	100/63	100/63
	17	1150		18.5	50	160/100	160/100
变频变压调速 VVVF	13	900	2.0	18	35	63/63	63/63
	15	1000		18	35	63/63	63/63
	17	1150		20	35	63/63	63/63
	20	1350		22	50	100/80	100/80
	24	1600		27	70	160/100	160/100
	13	900	2.5	22	50	100/80	100/80
	15	1000		22	50	100/80	100/80
	17	1150		24	50	100/80	100/80
	20	1350		27	70	160/100	160/100
	17	1150	3.0	24	50	100/80	100/80
	20	1350		27	70	160/100	160/100
	24	1600		33	70	160/100	160/100
	17	1150	3.5	27	50	100/80	100/80
	20	1350		33	70	160/100	160/100
	24	1600		39	70	160/100	160/100
	17	1150	4.0	33	70	160/100	160/100
	20	1350		39	120	200/160	200/160
	24	1600		43	120	200/160	200/160

注：1. 熔断器式隔离开关一栏中，分子、分母分别为熔管的额定电流和熔体额定电流，单位为 A。
2. 带隔离功能的断路器一栏中，分子、分母分别为脱扣器的额定电流和脱扣器整定电流，单位为 A。
3. 表中数据仅供参考，工程设计中可依据具体情况进行调整。

货梯电源开关及导线截面选择　　表 8.2.4-8

货梯型号		额定载重量 kg(人)	额定速度 (m/s)	标称容量 (kW)	计算电流 (A)	低压断路器 额定电流 (A)	低压断路器 脱扣器电流 (A)	BV 型导线截面 (mm²)/SC 管径(mm) 35℃时导线	BV 型导线截面 (mm²)/SC 管径(mm) 管径	生产厂家
SG-VF(A)	－630	630	0.63/1.0	7.5	32.5	100	40	5×10	32	上海三菱电梯有限公司
	－1000	1000	0.63	7.5	32.5	100	40	5×10	32	
			1.0	11.0	44.7	100	63	5×16	40	
	－2000	2000	0.63	11.0	44.7	100	63	5×16	40	
			1.0	15.0	56.1	100	80	3×35＋2×16	50	
F10-06	－CO(H)	1000	0.63	10.5	33.6	100	50	5×10	32	天津澳的斯电梯有限公司
	－2CO(H)					100				
F20-06	－CO(H) －2CO(H)	2000	0.63	13.4	43.4	100	63	5×16	40	
F30-04	－CO(H)	3000	0.4	13.4	43.4	100	63	5×16	40	
	－2CO(H)					100				
NF-1000	－2S30 －2S60	1000	0.5	8	34	100	50	5×10	32	广州日立电梯有限公司
			1.0	8	34	100	50	5×10	32	
NF-1600	－2S30 －2S60	1600	0.5	10	42.5	100	63	5×1	40	
			1.0	12.5	51.4	100	63	3×25＋2×16	50	
NF-2000	－2S30 －2S60	2000	0.5	10	42.5	100	63	5×16	40	广州日立电梯有限公司
			1.0	10	42.5	100	63	5×16	40	
NF-3000	－2S30 －2S60	3000	0.5	12.5	51.4	100	63	3×25＋2×16	50	
			10	25	88.4	160	125	3×70＋2×35	80	

自动扶梯电源开关及导线截面选择　　表 8.2.4-9

扶梯型号	倾斜角度	提升高度 (mm)	额定速度 (m/s)	电机功率 (kW)	计算电流 (A)	低压断路器 额定电流 (A)	低压断路器 脱扣器电流 (A)	BV 型导线截面 (mm²)/SC 管径(mm) 30℃时导线	BV 型导线截面 (mm²)/SC 管径(mm) 管径	生产厂家
JS-B JS-LB JS-SB JP-B	30°	HE≤6000	0.5	5.5(HE 4500) 7.5(4500＜HE≤6000)	24	100	32	5×6	25	上海三菱电梯有限公司
JS-B JS-LB JS-SB JP-B	30°	6000＜HE≤6500	0.5	7.5	29	100	40	5×10	32	
J2S-B J2S-LB J2S-SB J2P-B	30°	6500＜HE≤9500	0.5	11.0	35	100	50	5×10	32	
JS-B JS-LB JS-SB JP-B	35°	HE≤6000	0.5	5.5(HE≤4500) 7.5(4500＜HE≤6000)	24	100	40	5×10	32	

续表

扶梯型号	倾斜角度	提升高度(mm)	额定速度(m/s)	电机功率(kW)	计算电流(A)	低压断路器		BV型导线截面(mm²)/SC管径(mm)		生产厂家
						额定电流(A)	脱扣器电流(A)	30℃时导线	管径	
506NCE	30°	≤6500	0.5	7.5(H≤5000) 11.7(5000<H≤6500)	29	100	40	5×10	32	天津奥的斯电梯有限公司
506NCE	30°	≤6500	0.5	7.5(H≤4000) 11.7(4000<H≤6500)	35.5	100	50	5×10	32	天津奥的斯电梯有限公司
506NCE	35°	≤6000	0.5	7.5(H≤5000) 11.7(5000<H≤6000)	29	100	40	5×10	32	天津奥的斯电梯有限公司
506NCE	35°	≤6000	0.5	7.5(H≤4000) 11.7(4000<H≤6000)	35.5	100	50	5×10	32	天津奥的斯电梯有限公司
EN、NL、N、P注	30°/35°	≤5500	0.5	5.5	24	100	32	5×6	25	广州日立电梯有限公司
		5500≤H≤7500	0.5	7.5	29	100	40	5×10	32	
		7500≤H≤9500	0.5	11	35	100	50	5×10	32	
	30°/35°	≤4500	0.5	5.5	24	100	32	5×6	25	
		4500<H≤6500	0.5	7.5	29	100	40	5×10	32	
		6500≤H≤9500	0.5	11	35	100	50	5×10	32	

注：EN、NL仅适用于室内、N型用于室外，P型室内、室外均适用。

自动人行道电源开关及导线截面选择　　　　表8.2.4-10

自动人行道型号	倾斜角度	梯级宽度(mm)	名义长度(m)	电机功率(kW)	计算电流(A)	低压断路器		BV型导线截面(mm²)/SC管径(mm)		生产厂家
						额定电流(A)	脱扣器电流(A)	30℃时导线	管径	
CS-LB CS-B	0°	1000	70	5.5	24	100	32	5×6	25	上海三菱电梯有限公司
			100	7.5	29	100	40	5×10	32	
CS-LB CS-B	0°	1000	50	5.5	24	100	32	5×6	25	
			70	7.5	29	100	40	5×10	32	
			100	11	35	145	50	5×10	32	
1200EX	0°	1200	L≤60	3.7	18.7	100	32	5×6	25	广州日立电梯有限公司
			60<L≤95	5.5	24	100	32	5×6	25	
			95<L≤125	7.5	29	100	40	5×10	32	
			125<L≤150	11	35	100	50	5×10	32	
ECH3	0°	1000	52	4.5	22.8	100	32	5×6	25	天津奥的斯电梯有限公司
			58	5.8	26.4	100	32	5×6	25	
			80	8.0	29.8	100	40	5×10	32	
		800	47	4.5	22.8	100	32	5×6	25	
			65	5.8	26.4	100	32	5×6	25	
			80	8.0	29.8	100	40	5×10	22	

3. 电梯机房、井道电气设备布置(见图8.2.4-1)

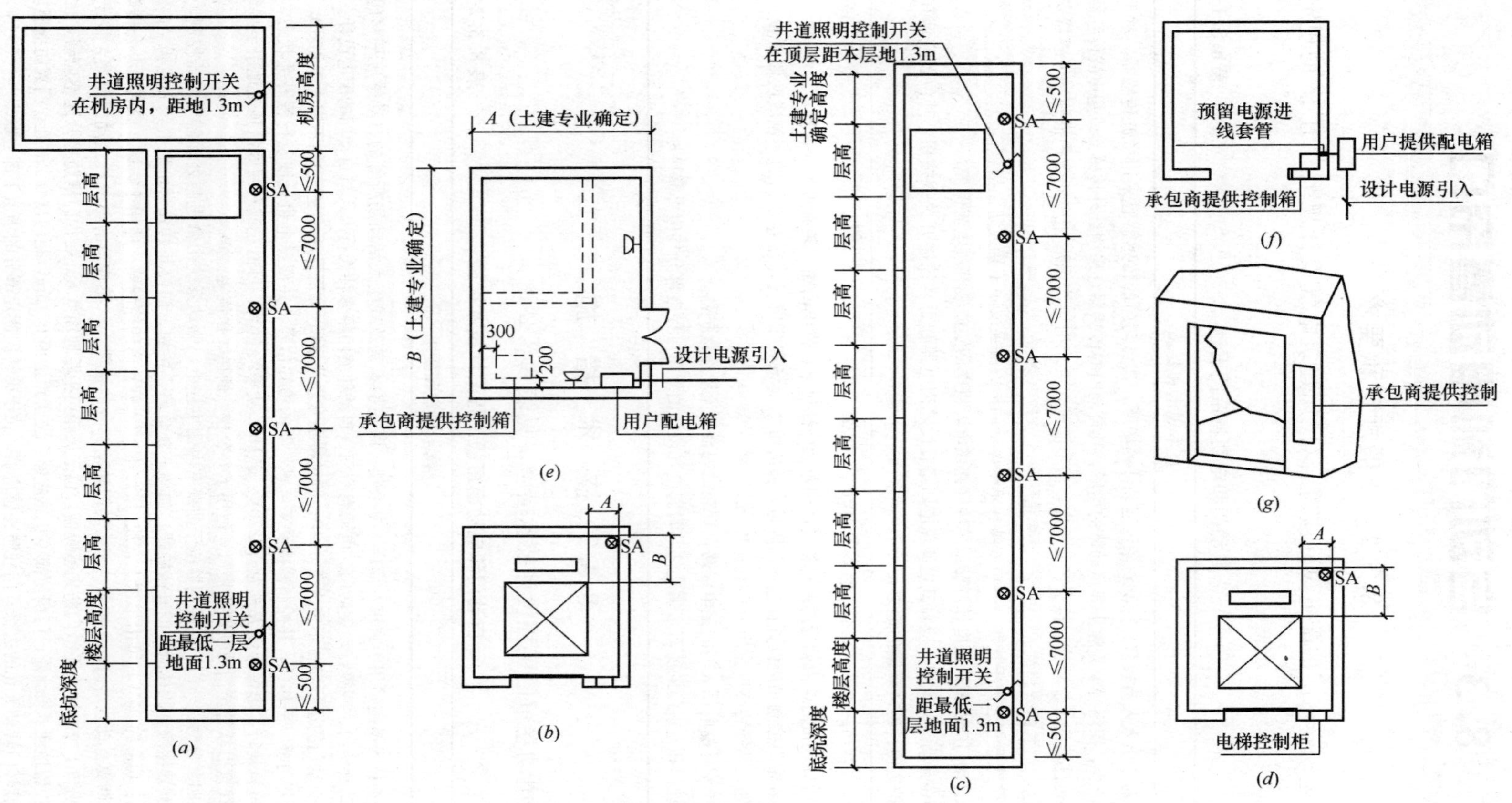

图 8.2.4-1 电梯机房及井道电气设备布置图

(a)有机房电梯井道灯具安装位置图；(b)有机房电梯井道灯具安装位置图；(c)无机房电梯井道灯具安装；(d)无机房电梯井道灯具安装位置图

注：1. 井道灯具其外形尺寸必须小于 A、B，且分别在机房和底坑设置一控制开关。
2. 井道底坑设置单相三孔型插座，安装高度距底坑 1.0m。
3. 楼层高度、机房面积及高度、底坑深度由土建专业确定，A、B 分别为轿箱到井道壁的距离。
4. 用户配电箱有机房电梯，应设在机房入口处便利的地方；无机房电梯，应设置在井道外工作人员方便接近的地方，且具有必要的安全措施。
5. 消防电梯在首层消防电梯井道外壁上应设置供消防人员专用的操作按钮，其轿箱内应设置专用消防对讲电话。
6. 消防电梯的动力与控制电缆、电线应采取防水措施。

8.3 自动门和电动卷帘门

8.3.1 一般规定和要求

自动门和电动卷帘门的配电设计应符合《民用建筑电气设计规范》JGJ 16 的规定和要求，见表 8.3.1-1。

自动门和电动卷帘门设计　　表 8.3.1-1

项目	技术规定和要求
自动门	1. 对于出入人流较多、探测对象为运动体的场所，其自动门的传感器宜采用微波传感器。对于出入人流较少，探测对象为静止或运动体的场所，其自动门的传感器宜采用红外传感器或超声波传感器。 2. 传感器的工作环境宜符合产品规定，当不能满足要求时，应采取相应的防护措施。传感器安装在室外时，应有防水措施。 3. 传感器宜远离干扰源，并应安装在不受振动的地方或采取防干扰或防振措施。 4. 自动门应由就近配电箱(屏)引单独回路供电，供电回路应装有过电流保护。 5. 在自动门的就地，应对其电源供电回路装设隔离电器和手动控制开关或按钮，其位置应选在操作和维护方便且不碍观瞻的地方
电动卷帘门	电动卷帘门的配电及控制应符合下列要求： 1. 电动卷帘门应由就近的配电箱(屏)引单独回路供电，供电回路应装有过负荷保护； 2. 卷帘门控制箱应设置在卷帘门附近，并应根据现场实际情况，在卷帘门的一侧或两侧设置手动控制按钮，其安装高度宜为中心距地 1.4m。 用于室外的电动大门的配电线路，宜装设剩余电流动作保护器。 自动门和卷帘门的所有金属构件及附属电气设备的外露可导电部分均应可靠接地

8.3.2 技术措施

自动门和电动卷帘门工程设计技术措施，见表 8.3.2-1。

自动门和电动窗帘门工程设计技术措施　　表 8.3.2-1

项目	技术规定和要求
自动门	1. 本技术措施适用于宾馆、商店、办公楼、医院手术室及残疾人活动场所等的自动感应平移门、两翼自动旋转门、四翼自动旋转门、电动卷帘门、自动伸缩门等多种人行出入口自动门的配电设计。 2. 自动门的运行噪音不宜大于 60dB；但对特别安静的场所(如医院手术室等)则不宜大于 45dB。 3. 自动感应平移门，其控制器接受来自感觉器的检知信号，并根据电机反馈及行程开关状态，控制传动电机运行。电源敷线方式为 AC220V、50Hz、功率约 90W，可由左或右两侧沿顶或地引至接线盒，由接线盒引软管至门内预留管接口。适用于办公楼、商店、医院等。 4. 四翼自动旋转门，其控制器位于曲壁室内侧主柱上，驱动系统由微电脑处理器变频器控制，当红外探测器探测到物体时，门开始旋转。如按下紧急停止按钮，门停止转动。电源敷线方式为 AC220V、50Hz、功率约 90W，可由吊顶上方或门的一侧引入旋转门的控制器。适用于宾馆、商店、办公楼等。 5. 两翼自动旋转门，主控箱位于旋转门转动部分的横梁上。感应器有红外线运动探测器，位于旋转门进出口上方；中央平滑门防夹感应器，位于展箱门柜距地面 0.6m 处；门扇防撞减速感应器，位于展箱立柜距地面 0.6m 处；门扇防撞停止感应器，位于距地面 0.46m，距门扇 0.2m 处；门翼防撞感应器，位于旋转门转动天花的边缘；门柱防夹感应器，位于旋转门固定部分的华盖下部边缘。

续表

项目	技术规定和要求
自动门	电源敷线方式为 AC220V、50Hz、功率约为 25W×2，可由吊顶上方或门的一侧引入旋转门控制器；如旋转门上带有照明灯具，则需沿旋转门电源管线路再敷设一根照明线路。适用于宾馆、商店、办公楼等。 6. 自动伸缩门，由门体、驱动装置、控制系统组成。开门机采用单相电容运转电机，可遥控电动操作，停电或故障停机时，使用专用钥匙脱开离合器，实现开关门。产品分有轨和无轨伸缩门。控制箱设在有人值班室能直接观察车辆进出情况。电源为 AC220V、50Hz、功率约为 370W，适用于大门等。 7. 自动门的所有金属构件及附属电气设备的外露导电部分均应可靠接地。 8. 实现人员出入门时对门的管理和开启控制，可与室内冷(热)能、照明等设备系统进行反馈控制，避免门开启或室内无人时，上述设备系统仍处于运行状态，从而降低能源消耗，以利节能
电动卷帘门	电动卷帘门的配电及控制应符合下列要求： 1. 用于火灾隔离用的电动卷帘门应有可靠的双电源供电，用于一般目的的电动帘门应由就近的配电箱引单独回路供电，供电回路须装有过电流保护； 2. 用于火灾隔离用的电动卷帘门的控制应符合国标《火灾自动报警系统设计规范》GB 50116 的要求

9 导体选择

9.1 一般规定和要求

9.1.1 概 述

1. 基本规定

（1）电线和电缆是分配电能的主要传输介质、选择是否合理，直接关系到线路投资的经济性和电力供应的可靠性，并直接影响电力网的安全经济运行。

（2）电线和电缆的类型应按敷设方式及环境条件选择，对绝缘电线和电缆，还应满足其工作电压的要求。电线和电缆截面的选择必须满足安全、可靠和经济的条件。

（3）配电线路导体选择应符合现行国家标准《低压配电设计规范》GB 50054 和《民用建筑电气设计规范》JGJ 16 的规定，配电线路导体选择，见表 9.1.1-1。

配电线路导体选择 **表 9.1.1-1**

类　别	技术规定和要求
基本规定	1. 电缆、电线可选用铜芯或铝芯，民用建筑中的配电线路、控制和测量线路均应采用铜芯电缆或电线；下列场所应选用铜芯电缆或电线： （1）易燃、易爆场所。 （2）重要的公共建筑和居住建筑。 （3）特别潮湿场所和对铝有腐蚀的场所。 （4）人员聚集较多的场所。 （5）重要的资料室、计算机房、重要的库房。 （6）移动设备或有剧烈振动的场所。 （7）有特殊规定的其他场所。 2. 导体的绝缘类型应按敷设方式及环境条件选择，并应符合下列规定： （1）在一般工程中，在室内正常条件下，可选用聚氯乙烯绝缘聚氯乙烯护套的电缆或聚氯乙烯绝缘电线；有条件时，可选用交联聚乙烯绝缘电力电缆和电线。 普通聚氯乙烯材料在燃烧时逸出氯化氢气体量达 300mg/g，火灾中 PVC 电缆放出浓烈的毒性烟气，使人中毒窒息，且烟气的沉淀物有导电和腐蚀性。因此对有低毒难燃性防火要求的场所，可采用交联聚乙烯、乙丙橡胶不含卤素的电缆。防火有低毒性要求时，不宜用聚氯乙烯电缆和电线； （2）消防设备供电线路的选用，应符合火灾自动报警系统对导线选择及敷设的规定和要求； （3）对一类高层建筑以及重要的公共场所等防火要求高的建筑物，应采用阻燃低烟无卤交联聚乙烯绝缘电力电缆、电线或无烟无卤电力电缆、电线。 阻燃电线电缆应符合 GB/T 18380.3 的要求；耐火电线电缆应符合 GB/T 12666.6 的要求；矿物绝缘电缆采用的矿物绝缘材料和金属铜套，在火焰中应具有不燃性能和无烟无毒的性能，还应具有抗喷淋水、抗机械冲击能力，并且其有机材料外护套应满足无卤、低烟、阻燃的要求。 3. 绝缘导体应符合工作电压的要求，室内敷设塑料绝缘电线不应低于 0.45/0.75kV，电力电缆不应低于 0.6/1kV；当外部电气干扰影响很小时，可选用较低的额定电压

续表

类　别	技术规定和要求
导体截面的选择	1. 按敷设方式、环境条件确定的导体截面，其导体载流量不应小于预期负荷的最大计算电流和按保护条件所确定的电流。导体应满足线路保护的要求。 2. 线路电压损失不应超过允许值。线路电压损失应满足用电设备正常工作及启动时端电压的要求。 3. 导体应满足动稳定与热稳定的要求。导体的动稳定主要是裸导体敷设时应作校验，电力电缆应作热稳定校验。 4. 导体最小截面应满足机械强度的要求，配电线路每一相导体截面不应小于表 9.1.1-2 的规定。固定敷设的导体最小截面，应根据敷设方式、绝缘子支持点间距和导体材料按表 9.1.1-3 的规定确定。 5. 用于负荷长期稳定的电缆，经技术经济比较确认合理时，可按经济电流密度选择导体截面，且应符合现行国家标准《电力工程电缆设计规范》GB 50217—2007 的有关规定
环境温度与载流量校正系数	1. 导体的负荷电流在正常持续运行中产生的温度，不应使绝缘的温度超过表 9.1.1-4 的规定。 2. 导体敷设的环境温度与载流量校正系数应符合下列规定： （1）当沿敷设路径各部分的散热条件不相同时，电缆载流量应按最不利的部分选取，设计中应尽量避免 将线路敷设在最不利条件处。 （2）导体敷设处的环境温度，应满足下列规定： ① 对于直接敷设在土壤中的电缆，应采用埋深处历年最热月的平均地温。 气象温度的历年变化有分散性，宜以不少于 10 年的统计值表征。 直埋敷设时的环境温度，需取埋深处的对应值，因为不同埋深层次的温度差别较大。电缆直埋敷设在干燥或潮湿土壤中，除实施换土处理等能避免水分迁移的情况外，土壤热阻系数宜选择不小于 2.0K·m/W； ② 敷设在室外空气中或电缆沟中时，应采用敷设地区最热月的日最高温度平均值； ③ 敷设在室内空气中时，应采用敷设地点最热月的日最高温度平均值，有机械通风的应按通风设计温度； ④ 敷设在室内电缆沟中时，应采用敷设地点最热月的日最高温度平均值加 5℃。 （3）导体的允许载流量，应根据敷设处的环境温度进行校正，校正系数应符合表 9.1.1-5 和表 9.1.1-6 的规定。 （4）当土壤热阻系数与载流量对应的热阻系数不同时，敷设在土壤中的电缆的载流量应进行校正，其校正系数应符合表 9.1.1-7 的规定。 3. 电线、电缆在不同敷设方式时，其载流量的校正系数应符合下列规定： （1）多回路或多根多芯电缆成束敷设的载流量校正系数应符合表 9.1.1-8 的规定。 ① 电缆束的校正系数适用于具有相同最高运行温度的绝缘导体或电缆束； ② 含有不同允许最高运行温度的绝缘导体或电缆束，束中所有绝缘导体或电缆的载流量应根据其中允许最高运行温度最低的那根电缆的温度来选择，并用适当的电缆束校正系数校正； ③ 假如一根绝缘导体或电缆预计负荷电流不超过它成束电缆敷设时的额定电流的 30%，在计算束中其他电缆的校正系数时，此电缆可忽略不计。 （2）多回路直埋电缆的载流量校正系数，应符合表 9.1.1-9 的规定。 直埋电缆多于一回路，当土壤热阻系数高于 2.5K·m/W 时，应适当降低载流量或更换电缆周围的土壤。 为方便使用，将 GB/T 16895.15—2002 中电缆敷设在埋地管道内多回路电缆、敷设在自由空气中多根多芯电缆束及敷设在自由空气中单芯电缆多回路成束敷设的降低系数，见表 9.1.1-10～表 9.1.1-13，供参考。 （3）当线路中存在高次谐波时，在选择导体截面时应对载流量加以校正，校正系数应符合表 9.1.1-14 的规定。当预计中性导体电流高于相导体电流时，电缆截面应按中性导体电流来选择。当中性导体电流大于相电流 135%而且按中性导体电流选择电缆截面时，电缆的载流量可不校正。当按中性导体电流选择电缆截面，而中性导体电流不高于相电流时，应按表 9.1.1-14 选用校正系数

续表

<table>
<tr><th>类 别</th><th>技术规定和要求</th></tr>
<tr><td>中性导体和保护导体截面</td><td>1. 中性导体和保护导体截面的选择应符合下列规定：
(1) 具有下列情况时，中性导体应和相导体具有相同截面：
① 任何截面的单相两线制电路；
② 三相四线和单相三线电路中，相导体截面不大于 16mm^2（铜）或 25mm^2（铝）。
(2) 三相四线制电路中，相导体截面大于 16mm^2（铜）或 25mm^2（铝）且满足下列全部条件时，中性导体截面可小于相导体截面：
① 在正常工作时，中性导体预期最大电流不大于减小了的中性导体截面的允许载流量。
② 对 TT 或 TN 系统，在中性导体截面小于相导体截面的地方，中性导体上需装设相应于该导体截面的过电流保护，该保护应使相导体断电但不必断开中性导体。当满足下列两个条件时，则中性导体上不需要装设过电流保护：
a. 回路相导体的保护装置已能保护中性导体；
b. 在正常工作时可能通过中性导体上的最大电流明显小于该导体的载流量。
③ 中性导体截面不小于 16mm^2（铜）或 25mm^2（铝）。
(3) 保护导体必须有足够的截面，其截面可用下列方法之一确定：
① 当切断时间在 0.1～5s 时，保护导体的截面应按下式确定：
$$S \geqslant \frac{\sqrt{I^2 t}}{K} \quad (9.1.1)$$
式中 S——截面积，mm^2；
I——发生了阻抗可以忽略的故障时的故障电流（方均根值），A；
t——保护电器自动切断供电的时间，s；
K——取决于保护导体、绝缘和其他部分的材料以及初始温度和最终温度的系数，可按现行国家标准《电气设备的选择和安装接地配置、保护导体和保护联结导体》GB 16895.3 计算和选取。
当计算所得截面尺寸是非标准尺寸时，应采用较大标准截面的导体；
② 当保护导体与相导体使用相同材料时，保护导体截面不应小于表 9.1.1-15 的规定。
在任何情况下，供电电缆外护物或电缆组成部分以外的每根保护导体的截面均应符合下列规定：
a. 有防机械损伤保护时，铜导体不得小于 2.5mm^2；铝导体不得小于 16mm^2；
b. 无防机械损伤保护时，铜导体不得小于 4mm^2；铝导体不得小于 16mm^2。
(4) TN-C、TN-C-S 系统中的 PEN 导体应满足下列要求：
① 必须有耐受最高电压的绝缘；
② TN-C-S 系统中的 PEN 导体从某点分为中性导体和保护导体后，不得再将这些导体互相连接。
2. 外界可导电部分，严禁用作 PEN 导体</td></tr>
</table>

导体最小允许截面 **表 9.1.1-2**

布线系统形式	线路用途	导体最小截面（mm^2）	
		铜	铝
固定敷设的电缆和绝缘电线	电力和照明线路	1.5	2.5
	信号和控制线路	0.5	—
固定敷设的裸导体	电力（供电）线路	10	16
	信号和控制线路	4	—
用绝缘电线和电缆的柔性连接	任何用途	0.75	—
	特殊用途的特低压电路	0.5	—

固定敷设的导体最小截面 **表 9.1.1-3**

敷设方式	绝缘子支持点间距（m）	导体最小截面（mm²）	
		铜导体	铝导体
裸导体敷设在绝缘子上	—	10	16
绝缘导体敷设在绝缘子上	≤2	1.5	10
	>2，且≤6	2.5	10
	>6，且≤16	4	10
	>16，且≤25	6	10
绝缘导体穿导管敷设或在槽盒中敷设	—	1.5	10

各类绝缘最高运行温度（℃） **表 9.1.1-4**

绝缘类型	导体的绝缘	护套
聚氯乙烯（PVC）	70	—
交联聚乙烯（XLEP）和乙丙橡胶（EPR）	90	—
聚氯乙烯（PVC）护套矿物绝缘电缆或可触及的裸护套矿物绝缘电缆	—	70
不允许触及和不与可燃物相接触的裸护套矿物绝缘电缆	—	105

环境空气温度不等于30℃时的校正系数（敷设在空气中） **表 9.1.1-5**

环境温度（℃）	绝缘			
	PVC	XLPE或EPR	矿物绝缘*	
			PVC外护层和易于接触的裸护套（70℃）	不允许接触的裸护套（105℃）
10	1.22	1.15	1.26	1.14
15	1.17	1.12	1.20	1.11
20	1.12	1.08	1.14	1.07
25	1.06	1.04	1.07	1.04
35	0.94	0.96	0.93	0.96
40	0.87	0.91	0.85	0.92
45	0.79	0.87	0.77	0.88
50	0.71	0.82	0.67	0.84
55	0.61	0.76	0.57	0.80
60	0.50	0.71	0.45	0.75
65	—	0.65	—	0.70
70	—	0.58	—	0.65
75	—	0.50	—	0.60
80	—	0.41	—	0.54
85	—	—	—	0.47
90	—	—	—	0.40
95	—	—	—	0.32

注：1. 用于敷设在空气中的电缆载流量校正；

2. *更高的环境温度，与制造厂协商解决；

3. PVC—聚氯乙烯、XLPE—交联聚乙烯、EPR—乙丙橡胶。

地下温度不等于20℃的电缆载流量的校正系数　　表9.1.1-6

埋地环境温度（℃）	绝缘	
	PVC	XLPE和EPR
10	1.10	1.07
15	1.05	1.04
25	0.95	0.96
30	0.89	0.93
35	0.84	0.89
40	0.77	0.85
45	0.71	0.80
50	0.63	0.76
55	0.55	0.71
60	0.45	0.65
65	—	0.60
70	—	0.53
75	—	0.46
80	—	0.38

注：用于敷设在地下管道中的电缆载流量校正。

土壤热阻系数不同于2.5K·m/W时电缆的载流量校正系数　　表9.1.1-7

热阻系数（K·m/W）	1	1.5	2	2.5	3
校正系数	1.18	1.10	1.05	1.00	0.96

注：1. 此校正系数适用于埋地管道中电缆，管道埋设深度不大于0.8m；

2. 对于直埋电缆，当土壤热阻系统小于2.5K·m/W时，此校正系数可提高。

3. 校正系数的综合误差在±5%以内。

多回路或多根多芯电缆成束敷设的校正系数　　表9.1.1-8

项目	排列（电缆相互接触）	回路数或多芯电缆数											
		1	2	3	4	5	6	7	8	9	12	16	20
1	嵌入式或封闭式成束敷设在空气中的一个表面上	1.00	0.80	0.70	0.65	0.60	0.57	0.54	0.52	0.50	0.45	0.41	0.38
2	单层敷设在墙、地板或无孔托盘上	1.00	0.85	0.79	0.75	0.73	0.72	0.72	0.71	0.70	多于9个回路或9根多芯电缆不再减小校正系数		
3	单层直接固定在木质顶棚下	0.95	0.81	0.72	0.68	0.66	0.64	0.63	0.62	0.61			
4	单层敷设在水平或垂直的有孔托盘上	1.00	0.88	0.82	0.77	0.75	0.73	0.73	0.72	0.72			
5	单层敷设在梯架或夹板上	1.00	0.87	0.82	0.80	0.80	0.79	0.79	0.78	0.78			

注：1. 适用于尺寸和负荷相同的电缆束。

2. 相邻电缆水平间距超过了2倍电缆外径时，可不校正。

3. 下列情况可使用同一系数：

（1）由2根或3根单芯电缆组成的电缆束。

（2）多芯电缆。

4. 当系统中同时有2芯和3芯电缆时，应以电缆总数作为回路数，2芯电缆应作为两根带负荷导体，3芯电缆应作为3根带负荷导体查取表中相应系数。

5. 当电缆束中含有n根单芯电缆时，可作为$n/2$回路（2根负荷导体回路）或$n/3$回路（3根负荷导体回路）。

多回路直埋电缆的校正系数　　表 9.1.1-9

回路数	电缆间的间距 a				
	无间距（电缆相互接触）	一根电缆外径	0.125m	0.25m	0.5m
2	0.75	0.80	0.85	0.90	0.90
3	0.65	0.70	0.75	0.80	0.85
4	0.60	0.60	0.70	0.75	0.80
5	0.55	0.55	0.65	0.70	0.80
6	0.50	0.55	0.60	0.70	0.80
多芯电缆	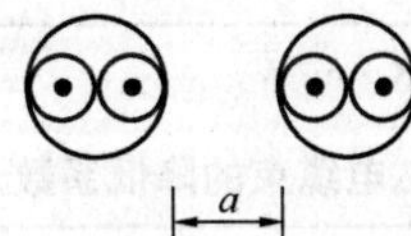 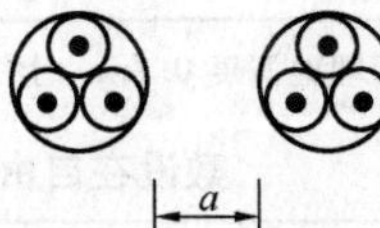				
单芯电缆	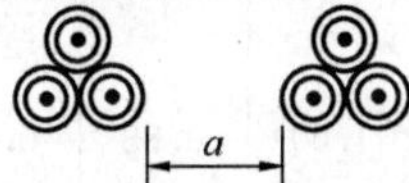 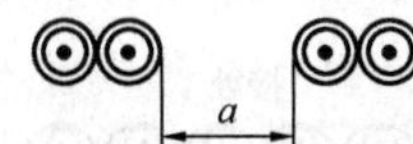				

注：1. 适于埋地深度 0.7m，土壤热阻系数为 2.5K·m/W。

2. 有些情况下误差会达到±10%。

埋地敷设在单路管道内的多芯电缆的降低系数　　表 9.1.1-10

电缆根数	管道之间距离（a）			
	无间隙（相互接触）	0.25m	0.5m	1.0m
2	0.85	0.90	0.95	0.95
3	0.75	0.85	0.90	0.95
4	0.70	0.80	0.85	0.90
5	0.65	0.80	0.85	0.90
6	0.60	0.80	0.80	0.90
多芯电缆	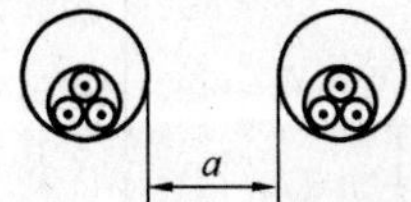			

注：上表所给值适于埋地深度 0.7m，土壤热阻系数为 2.5K·m/W。

埋地敷设在单路管道内的单芯电缆的降低系数　　表 9.1.1-11

由 2 根或 3 根单芯电缆组成的回路数	管道之间距离（a）			
	无间隙（相互接触）	0.25m	0.5m	1.0m
2	0.80	0.90	0.90	0.95
3	0.70	0.80	0.85	0.90
4	0.65	0.75	0.80	0.90
5	0.60	0.70	0.80	0.90
6	0.60	0.70	0.80	0.90
多芯电缆	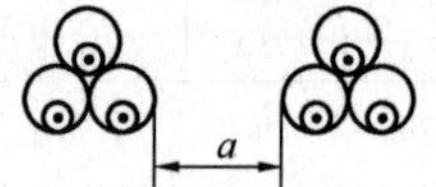 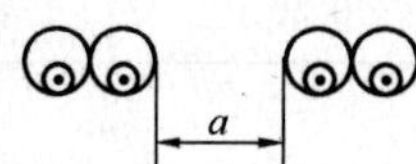			

注：上表所给值适于埋地深度 0.7m，土壤热阻系数为 2.5K·m/W。

敷设在自由空气中多根多芯电缆束的降低系数　　表 9.1.1-12

敷设方法		托盘数	电缆数					
			1	2	3	4	6	9
有孔托盘（注 2）	接触 ≥20mm	1	1.00	0.88	0.82	0.79	0.76	0.73
		2	1.00	0.87	0.80	0.77	0.73	0.68
		3	1.00	0.86	0.79	0.76	0.71	0.66
有孔托盘（注 2）	有间距 D_e ≥20mm	1	1.00	1.00	0.98	0.95	0.91	—
		2	1.00	0.99	0.96	0.92	0.87	—
		3	1.00	0.98	0.95	0.91	0.85	—
垂直安装有孔托盘（注 3）	≥225mm 接触	1	1.00	0.88	0.82	0.78	0.73	0.72
		2	1.00	0.88	0.81	0.76	0.71	0.70
	≥225mm D_e 有间距	1	1.00	0.91	0.89	0.88	0.87	—
		2	1.00	0.91	0.88	0.87	0.85	—

续表

敷设方法		托盘数	电缆数 1	2	3	4	6	9
梯架夹板等（注2）	接触 ≥20mm	1	1.00	0.87	0.82	0.80	0.79	0.78
		2	1.00	0.86	0.80	0.78	0.76	0.73
		3	1.00	0.85	0.79	0.76	0.73	0.70
	有间距 D_e ≥20mm	1	1.00	1.00	1.00	1.00	1.00	—
		2	1.00	0.99	0.98	0.97	0.96	—
		3	1.00	0.98	0.97	0.96	0.93	—

注：1. 所给数值为导体截面和电缆型号得出的平均值，这些值的分散性一般少于±5%；

2. 所给值用于两个托盘间垂直距离为300mm而托盘与墙之间间距不少于20mm的情况，小于这一距离时降低系数应当减小；

3. 所给值为托盘背靠背安装，水平距离为225mm，当小于这一距离时降低系数应减小；

4. 这些降低系数只适于单层成束敷设电缆，如上所示。不适用于多层相互接触的成束电缆，多层敷设的降低系数可能很小，应当采用一个适当方法确定。

敷设在自由空气中单芯电缆多回路成束敷设的降低系数（注1）　**表9.1.1-13**

敷设方法		托盘数	三相回路数（注2） 1	2	3	对以下情况的额定值作倍数使用
有孔托盘（注3）	接触 ≥20mm	1	0.98	0.91	0.87	水平排列的3根电缆
		2	0.96	0.87	0.81	
		3	0.95	0.85	0.78	
垂直安装的有孔托盘（注4）	≥225mm 接触	1	0.96	0.86		垂直排列的3根电缆
		2	0.95	0.84		
梯架和夹板等（注3）	接触 ≥20mm	1	1.00	0.97	0.96	水平排列的3根电缆
		2	0.98	0.93	0.89	
		3	0.97	0.90	0.86	

续表

敷设方法		托盘数	三相回路数（注2）			对以下情况的额定值作倍数使用
			1	2	3	
有孔托盘（注3）	≥2D_e　D_e　≥20mm	1 2 3	1.00 0.97 0.96	0.98 0.93 0.92	0.96 0.89 0.86	三角形排列的3根电缆
垂直安装的有孔托盘（注4）	≥225mm　≥2D_e　D_e　有间距	1 2	1.00 1.00	0.91 0.90	0.89 0.86	
梯架夹板等（注3）	≥2D_e　D_e　≥20mm	1 2 3	1.00 0.97 0.96	1.00 0.95 0.94	1.00 0.93 0.90	

注：1. 表中给的值为各种导体截面和电缆型号得出的平均值，这些值的变化范围一般小于±5%；

2. 每相有多根电缆并联的回路时，由这些导体组成的每个三相回路使用此表时应作为一回路考虑；

3. 表中所给的数值为两托盘之间的垂直距离为300mm，小于这一距离时降低系数应当减小；

4. 表中所给的值为两托盘背靠背安装，水平距离为225mm，托盘与墙的间距不小于20mm，小于这一距离是降低系数应当减小；

5. 表列值为单层排列（或三角形排列）电缆的降低系数。但不适用于多层相互接触排列的电缆，这种排列的降低系数值可能很低，必须采用适当方法决定。

4芯和5芯电缆存在高次谐波电流的校正系数　　表9.1.1-14

相电流中三次谐波分量（%）	降低系数	
	按相电流选择截面	按中性导体电流选择截面
0～15	1.00	—
15～33	0.86	—
33～45	—	0.86
>45	—	1.00

注：1. 此表所给的校正系数仅适用于4芯或5芯电缆内中性导体与相导体有相同的绝缘和相等的截面。当预计有显著（大于10%）的9次、12次等高次谐波存在时，可用一个较小的校正系数。当在相与相之间存在大于50%的不平衡电流时，可使用一个更小的校正系数。

由于三次谐波引起的中性导体电流，有可能超过工频相电流，那么中性导体电流对回路中的电缆截流量有显著影响。

2. 表9.1.1-5～表9.1.1-14数据均摘自国家标准GB/T 16895.15—2002第523节：布线系统载流量。

3. 谐波电流校正系数应用示例：

设想一具有计算电流39A的三相回路，使用4芯PVC绝缘电缆，固定在墙上。

从载流量表可知6mm² 铜芯电缆的载流量为41A。假如回路中不存在谐波电流，选择该电缆是适当的，假如有20%三次谐波，采用0.86的校正系数，计算电流为：39/0.86A=45A，则应采用10mm² 铜芯电缆。

假如有40%三次谐波，则应按中性导体电流选择截面，中性导体电流为：39×0.4×3A=46.8A。

采用0.86的校正系数，计算电流为：46.8/0.86A=54.4A。

对于这一负荷采用10mm² 铜芯电缆是适当的。

假如有50%三次谐波，仍按中性导体电流选择截面，中性导体电流为：39×0.5×3A=58.5A。

采用校正系数为1，计算电流为58.5A，对于这一中性导体电流，需要采用16mm² 铜芯电缆是适当的。

以上电缆截面的选择，仅考虑电缆的载流量，未考虑其他设计方面的问题。

保护导体的最小截面（单位：mm^2）　　**表 9.1.1-15**

相导体的截面 S	相应保护导体的最小截面 S
$S \leqslant 16$	S
$16 < S \leqslant 35$	16
$35 < S \leqslant 400$	$\geqslant S/2$
$400 < S \leqslant 800$	200
$S > 800$	$S/4$

2. 电缆选择设计规范的规定

电缆选择各类设计规范的规定内容，见表 9.1.1-16。

电缆选择各类设计规范的规定内容　　**表 9.1.1-16**

设计规范类别	技术规定和要求
《电力工程电缆设计规范》GB 50217—2007	3.1.1　控制电缆应采用铜导体。 3.1.2　用于下列情况的电力电缆，应选用铜导体： 1　电机励磁、重要电源、移动式电气设备等需保持连接具有高可靠性的回路。 2　振动剧烈、有爆炸危险或对铝有腐蚀等严酷的工作环境。 3　耐火电缆。 4　紧靠高温设备布置。 5　安全性要求高的公共设施。 6　工作电流较大，需增多电缆根数时。 3.1.3　除限于产品仅有铜导体和第 3.1.1、3.1.2 条确定应选用铜导体的情况外，电缆导体材质可选用铜或铝导体
《低压配电设计规范》GB 50054—2011	3.2.1　导体的类型应按敷设方式及环境条件选择。绝缘导体除满足上述条件外，尚应符合工作电压的要求。 3.2.2　选择导体截面，应符合下列规定： 1　按敷设方式及环境条件确定的导体载流量，不应小于计算电流； 2　导体应满足线路保护的要求； 3　导体应满足动稳定与热稳定的要求； 4　线路电压损失应满足用电设备正常工作及启动时端电压的要求； 5　导体最小截面应满足机械强度的要求。固定敷设的导体最小截面，应根据敷设方式、绝缘子支持点间距和导体材料按表 3.2.2 的规定确定。 6　用于负荷长期稳定的电缆，经技术经济比较确认合理时，可按经济电流密度选择导体截面，且应符合现行国家标准《电力工程电缆设计规范》GB 50217 的有关规定
《民用建筑电气设计规范》JGJ 16—2008	7.4.1　低压配电导体选择应符合下列规定： 1　电缆、电线可选用铜芯或铝芯，民用建筑宜采用铜芯电缆或电线； 下列场所应选用铜芯电缆或电线： 1）易燃、易爆场所； 2）重要的公共建筑和居住建筑； 3）特别潮湿场所和对铝有腐蚀的场所； 4）人员聚集较多的场所； 5）重要的资料室、计算机房、重要的库房； 6）移动设备或有剧烈振动的场所； 7）有特殊规定的其他场所。 2　导体的绝缘类型应按敷设方式及环境条件选择，并应符合下列规定： 1）在一般工程中，在室内正常条件下，可选用聚氯乙烯绝缘聚氯乙烯护套的电缆或聚氯乙烯绝缘电线；有条件时，可选用交联聚乙烯绝缘电力电缆和电线； 2）消防设备供电线路的选用，应符合本规范第 13.10 节的规定； 3）对一类高层建筑以及重要的公共场所等防火要求高的建筑物，应采用阻燃低烟无卤交联聚乙烯绝缘电力电缆、电线或无烟无卤电力电缆、电线。 3　绝缘导体应符合工作电压的要求，室内敷设塑料绝缘电线不应低于 0.45/0.75kV，电力电缆不应低于 0.6/1kV

续表

设计规范类别	技 术 规 定 和 要 求
《建筑设计防火规范》GB 50016—2006	11.1 消防电源及其配电 11.1.6 消防用电设备的配电线路应满足火灾时连续供电的需要，其敷设应符合下列规定： 1 暗敷时，应穿管并应敷设在不燃烧体结构内且保护层厚度不应小于30mm。明敷时（包括敷设在吊顶内），应穿金属管或封闭式金属线槽，并应采取防火保护措施； 2 当采用阻燃或耐火电缆时，敷设在电缆井、电缆沟内可不采取防火保护措施； 3 当采用矿物绝缘类不燃性电缆时，可直接明敷； 4 宜与其他配电线路分开敷设；当敷设在同一井沟内时，宜分别布置在井沟的两侧
《高层民用建筑设计防火规范》GB 50045—95（2005年）	9.1 消防电源及其配电 9.1.4 消防用电设备的配电线路应满足火灾时连续供电的需要，其敷设应符合下列规定： 9.1.4.1 暗敷设时，应穿管并应敷设在不燃烧体结构内且保护层厚度不应小于30mm；明敷设时，应穿有防火保护的金属管或有防火保护的封闭式金属线槽； 9.1.4.2 当采用阻燃或耐火电缆时，敷设在电缆井、电缆沟内可不采取防火保护措施； 9.1.4.3 当采用矿物绝缘类不燃性电缆时，可直接敷设； 9.1.4.4 宜与其他配电线路分开敷设；当敷设在同一井沟内时，宜分别布置在井沟的两侧
《住宅建筑电气设计规范》JGJ 242—2011	6.4.1 住宅建筑套内的电源线应选用铜材质导体。 6.4.2 敷设在电气竖井内的封闭母线、预制分支电缆、电缆及电源线等供电干线，可选用铜、铝或合金材质的导体。 6.4.3 高层住宅建筑中明敷的线缆应选用低烟、低毒的阻燃类线缆。 6.4.4 建筑高度为100m或35层及以上的住宅建筑，用于消防设施的供电干线应采用矿物绝缘电缆；建筑高度为50m～100m且19层～34层的一类高层住宅建筑，用于消防设施的供电干线应采用阻燃耐火线缆，宜采用矿物绝缘电缆10层～18层的二类高层住宅建筑，用于消防设施的供电干线应采用阻燃耐火类线缆。 6.4.5 19层及以上的一类高层住宅建筑，公共疏散通道的应急照明应采用低烟无卤阻燃的线缆。10层～18层的二类高层层住宅建筑，公共疏散通道的应急照明宜采用低烟元卤阻燃的线缆
《人民防空地下室设计规范》GB 50033—2005	7.4 线路敷设 7.4.1 进、出防空地下室的动力、照明线路，应采用电缆或护套线。 7.4.2 电缆和电线应采用铜芯电缆和电线
《交通建筑电气设计规范》JGJ 243—2011	6.4.1 配电线路的敷设应考虑安装和维护简便。 6.4.2 配电线路应避免对外部环境的有害影响： 1 应避免火焰蔓延对建筑物和消防系统的影响； 2 应避免燃烧产生含卤烟雾对人身的伤害； 3 应避免产生过强的电磁辐射对弱电系统的影响； 6.4.3 交通建筑中除直埋敷设的电缆和穿管暗敷的电缆外，成束敷设的电线电缆应采用阻燃型电线电缆；用于消防负荷的应采用阻燃耐火电线电缆或矿物绝缘（MI）电缆。 6.4.7 Ⅱ类及以上民用机场航站楼、特大型和大型铁路旅客车站、集机场航站楼或铁路及城市轨道交通车站等为一体的大型综合交通枢纽站、一级港口客运站、一级汽车客运站、地铁车站、磁浮列车站及具有一类耐火等级的交通建筑内成束敷设的配电线缆应采用绝缘及护套为无卤低烟的阻燃型线缆。 6.4.8 具有二类耐火等级的交通建筑内成束敷设的配电线缆宜采用绝缘及护套为无卤低烟的阻燃型线缆；但在人员密集场所明敷的配电线缆应采用绝缘及护套为无卤低烟的阻燃型线缆。 6.4.9 无卤低烟阻燃线缆宜采用辐照交联型

续表

设计规范类别	技术规定和要求
《医疗建筑电气设计规范》JGJ 312—2013	4.3.1 电线、电缆宜采用铜导体。 4.3.2 当电线、电缆成束敷设时，应采用阻燃型。 除直埋电缆和穿管敷设的电线、电缆外，馈电及控制线缆，二级及以上医院以及类似等级医疗建筑，应采用低烟无卤阻燃型，一级及以下医院以及类似等级医疗建筑，宜采用低烟无卤阻燃型。 4.3.3 X射线机供电线路导线截面，应符合下列规定： 单台X射线机供电线路导线截面应满足X射线机电源内阻要求，并应对选用的导线截面进行电压损失校验。 多台X射线机共用一条供电线路时，其共用部分的导线截面，应按供电条件要求电源内阻最小值的X射线机确定的导线截面，再至少加大一级选择。 4.3.4 为应急系统供电的电源线缆，宜采用矿物绝缘电缆。 4.3.5 医技楼等谐波源较多的供配电系统，当设有源滤波装置时，相应回路的中性导体截面可不增大；当设无源滤波装置时，相应回路的中性导体截面与相线截面相同
《体育建筑电气设计规范》JGJ ×××—201×（征求意见稿）	7.4.1 导体材料的选择应符合下列规定： 1 乙级及以上等级的体育建筑应采用铜芯电缆或电线； 2 丙级体育建筑宜选用铜芯电缆或电线。 7.4.2 导体的绝缘类型应按敷设方式及环境条件选择，并应符合下列规定： 1 特级体育建筑或特大型体育场馆，其消防设备供电干线或分支干线，应采用矿物绝缘电缆；线路的敷设保护措施符合防火要求时，可采用有机绝缘耐火类电缆。 2 甲级、乙级的体育建筑或大中型的体育场馆，其消防设备供电干线或分支干线，宜采用矿物绝缘电缆，也可采用有机绝缘耐火类电缆。 3 特级和甲级的体育建筑或特大型、大型的体育场馆，应采用阻燃低烟无卤交联聚乙烯绝缘电力电缆、电线或无烟无 卤电力电缆、电线。 4 乙级和丙级的体育建筑或中型体育场馆，宜采用阻燃低烟无卤交联聚乙烯绝缘电力电缆电线或无烟无卤电力电缆、电线。 5 丁级体育建筑可选用聚氯乙烯绝缘聚氯乙烯护套的电缆或聚氯乙烯绝缘电线。 6 消防设备的分支线路和控制线路，宜选用与消防供电干线或分支干线耐火等级降一类的电线或电缆。 7.4.3 敷设在室外空气环境中的电力电缆（如体育照明等），应选用金属铠装型铜芯电力电缆
《教育建筑电气设计规范》JGJ 310—2013	5.3.1 教育建筑内低压配电线缆的选择应符合下列规定： 1 线缆的类型应按敷设方式及环境条件选择。 2 线缆宜选用铜芯。 3 线缆绝缘材料及护套的选择，应避免火焰蔓延对建筑物和消防系统的影响；应避免燃烧产生含卤烟雾对人身的伤害。 5.3.2 教育建筑中除直埋敷设的电缆和穿管暗敷的电线电缆外，其他明敷的电线电缆应采用无卤低烟阻燃型电线电缆。 5.3.3 对于重要实验室特殊区域负荷的配电线路，当需要在火灾发生时继续维持工作时，应根据负荷特性要求采取耐火配线措施，并应满足相应的供电时间要求

续表

设计规范类别	技术规定和要求
《金融建筑电气设计规范》JGJ 284—2012	8.2.2 金融设施配电线路导体的选择应符合下列规定： 1 特级和一级金融设施的数据中心机房供电线路宜采用配电小母线。 2 当电线电缆成束敷设时，应采用阻燃型电线电缆。 3 除直埋敷设的电缆和穿管敷设的电线电缆外，用于特级、一级金融场所的电线电缆应采用无卤低烟型，用于二级、三级金融场所的电线电缆宜采用无卤低烟型
《会展建筑电气设计规范》JGJ ×××—201×（报批稿）	6.3.1 会展建筑下列系统和场所应选用铜芯电线电缆： 1 所有消防线路； 2 会议、演出预留布线区域和展沟内布线区域。 6.3.2 会展建筑中除直埋敷设的电缆和穿导管暗敷的电线电缆外，成束敷设的电缆应采用阻燃型或阻燃耐火型电缆，在人员密集场所明敷的配电电缆应采用无卤低烟的阻燃或阻燃耐火型电缆

3. 选择条件

（1）对较大负荷电流线路，宜先按允许温升（发热条件）选择截面，然后校验其他条件。

（2）对靠近变电所的小负荷电流线路，宜先按短路热稳定条件选择截面，然后校验其他条件。

（3）对长距离线路或电压质量要求高的线路，宜按电压损失条件选择截面，然后校验其他条件。

（4）为满足机械强度的要求，架空线路和绝缘电线需满足最小允许截面要求。

（5）当电缆用于长期稳定的负荷时，经技术经济比较确认合理时，可按经济电流密度选择导体截面，一般情况下，比按允许温升选择的截面大1～2级。

（6）低压电线电缆还应满足过负荷保护的要求；TN系统中还应保证间接接触防护电器能可靠断开电路。

导体截面选择的条件，见表9.1.1-17。

导体截面选择条件 **表9.1.1-17**

序号	导体截面选择条件	导体类型			
		架空裸线	绝缘电线	电　缆	硬母线
1	允许温升	√	√	√	√
2	电压损失	√	√	√	√
3	短路热稳定		√	√	√
4	短路动稳定				√
5	机械强度	√	√		
6	经济电流密度	√		√	
7	与线路保护的配合		√	√	

注："√"表示适用，无标记则一般不用。

9.1.2　设　计　要　点

根据《全国民用建筑工程设计技术措施·电气》2009 的规定，配电线路导体选择设计要点，见表 9.1.2-1。

配电线路导线选择设计要点　　表 9.1.2-1

类　别	技术规定和要求
基本规定	1. 电线电缆的芯线材料一般选用铝芯或铜芯导体，下列场所应选用铜芯电缆或导线： (1) 供电可靠性要求较高的干线回路，一、二级负荷或三级负荷中重要负荷的配线。 (2) 居住建筑、幼儿园、福利院、医院等用电设备的配电线路。 (3) 有爆炸、火灾危险、潮湿、腐蚀、按八度及以上抗震设防的场所，及连接移动设备的配电线路。 (4) 重要的公共建筑及人员集聚场所。 (5) 监测及控制回路。 (6) 应急（含消防）系统的线路。 (7) 室外配电的电缆线路。 2. 电缆线路的芯数选择： (1) TN-C 系统应选用三相四芯电缆。 (2) TN-S 系统应选用三相五芯电缆。 (3) 大电流远距离配电的交流电缆线路，为方便安装及减少中间接头，可选用非金属铠装单芯电缆品字形捆绑或平行交叉换位敷设方式，以降低线路阻抗；严禁采用钢带铠装的单芯电缆，以免造成涡流损失。 (4) 高压 10kV 交流电缆线路，一般采用三芯电力电缆。 3. 绝缘水平选择： (1) 应根据系统电压等级，正确选择电线电缆的额定电压，确保长期安全运行。 (2) 交流系统中电力电缆缆芯的相间绝缘电压等级，不得低于工作回路的线电压。 (3) 交流系统中电力电缆缆芯与屏蔽层或金属护套之间的绝缘电压等级选择，应符合下列规定： ① 中性点直接接地或经低阻抗接地的系统，当接地保护动作不超过 1min 切除故障时，应按回路工作相电压的 100%选择； ② 对于（2）款以外的供电系统，不宜低于回路工作相电压的 133%。在单相接地故障可能持续 8h 以上、或发电机回路等供电安全性要求较高的线路，宜按回路工作相电压的 173%选择。 (4) 高压电缆，绝缘水平的选择，见表 9.1.2-2。 (5) 低压配电线路的绝缘水平选择： ① 吊灯软线 0.25kV； ② 室内配线（包括软电线）0.45/0.75kV； ③I T 系统配线 0.45/0.75kV； ④ 架空进户线 0.45/0.75kV； ⑤ 架空线 0.6、1.0kV； ⑥ 室内外电缆配线 0.6/1.0kV。 4. 应根据建筑工程的项目特点、负荷等级、用电设备对电气系统的供配电要求、线路的敷设方式等，选择不同的绝缘材料及护套电缆： (1) 聚氯乙烯绝缘聚氯气烯护套电缆（VV 型全塑电缆），由于其制造工艺简单、价格便宜、重量轻、耐酸碱及不延燃等优点，适用于一般工程。

续表

<table>
<tr><th>类 别</th><th>技术规定和要求</th></tr>
<tr><td>基本规定</td><td>（2）重要的高层建筑、地下客运设施、商业城、重要的公共建筑及人员密集场所，宜选用阻燃型（ZR型电缆）电力电缆。
（3）对防火要求更高（如：应急和通信、消防、电梯等系统的电源回路）的线路，应选用耐火型（即NH型）电力电缆，或矿物绝缘电缆。
（4）敷设在吊顶、地沟、隧道及电缆槽内的电缆，宜选用阻燃型电缆。
（5）交联聚乙烯绝缘电力电缆，有结构简单、允许温度高、载流量大、重量轻的优点，但价格偏高，宜在高层建筑中优先选用。
（6）根据建筑工程的项目条件，宜优先选用交联聚乙烯绝缘电缆代替PVC电缆。一类防火建筑以及金融、剧场、展厅、旅馆、医院、机场大厅、地下商场、娱乐场所等，其配电线路应采用低烟无卤型交联聚乙烯绝缘电缆。
5. 应根据敷设方式和运行场所条件，选择不同防护结构的电缆：
（1）直埋电缆宜选择能承受机械张力的钢丝或钢带铠装电缆。
（2）室内电缆沟、电缆桥架、隧道、穿管等敷设时，宜选用带外护套不带铠装的电力电缆。
（3）空气中敷设的电缆、有防鼠害和蚁害要求的场所，应选用铠装电缆</td></tr>
<tr><td>选择方法</td><td>1. 按电线、电缆的允许温升选择：
（1）电线、电缆的允许温升应不超过其允许值，按发热条件、电线、电缆的允许持续工作电流（允许载流量）应不小于线路的工作电流，见表9.1.2-3。
（2）电线、电缆持续载流量标准，应以有关部门正式发布或推荐的数据为准。
（3）各种型号的电线、电缆的持续载流量，应根据不同的敷设条件、环境温度等条件进行修正。
2. 按电压损失允许值选择：
（1）电线、电缆线路的电压损失不应超过规范规定的允许值，见表9.1.2-4。
（2）由变压器低压母线配出的动力干线回路，至动力箱（柜）处的电压损失不宜超过2%；照明干线不宜超过1%；室外干线不宜超过2.5%。
（3）室内照明分支线电压损失不宜超过2%。
（4）室外照明分支线电压损失不宜超过4%。
3. 按机械强度选择：
（1）照明灯头线的截面选择，见表9.1.2-5。
（2）移动用电设备线路的最小截面，应符合下列规定：
①生活用移动设备软线不小于0.75mm^2；
②生产用移动设备软线不小于1.0mm^2。
（3）架设在绝缘支持件上的绝缘电线的最小截面，应不小于表9.1.2-6所列的数据。
（4）室内敷设绝缘线的最小截面，见表9.1.2-7。
4. 按短路热稳定条件选择导线的截面：
（1）对于相线短路持续时间不大于5s，其绝缘电线或电缆的截面应满足本手册第9.1.3节公式（9.1.3-5）的要求。
（2）对于保护线PE，或中性保护线PEN的截面热稳定校验，应满下式要求：
$$S_p \geqslant \frac{I_{dp}}{K}\sqrt{t} \quad (9.1.2)$$
式中 I_{dp}——接地故障电流（IT系统为二相短路电流），A；
K——热稳定系数，见表7.1.1-1；
t——短路电流持续时间，s</td></tr>
</table>

续表

类 别	技术规定和要求
计入谐波电流的影响，导线截面选择要点	1. 单相二线中性线电流应包括基波电流及谐波电流。二相三线中性线电流应为二相不平衡电流及二相的谐波电流之和。三相四线中性线电流应为三相不平衡电流及三相的谐波电流之和。在两相二线及三相三线系统（380V供电）中，线路电流应包括基波电流及谐波电流。 2. 三相平衡系统中，三相回路的3次谐波电流大于10%时，中性线截面不应小于相线截面： 3. 中性线电流应通过计算确定，当中性线电流大于相线电流时，应按中性线电流选择缆线截面。 4. 三相平衡系统中，4芯和5芯电力电缆中存在谐波电流时，导体截面应根据表9.1.1-14谐波电流校正系数来选择。 5. 在三相不平衡系统中，最大相电流大于中性线电流时，应按最大相电流选择缆线截面。 6. 在不间断电源（UPS）及集中装设的大容量的照明调光装置等谐波源的电源主回路的进出端，宜设置原边为三角形，副边为三角形或星形接线方式的隔离变压器。 7. 为减少保护导线内的电流感应，宜采用同心中性线电力电缆（保护导体、中性线导体、相线导体多芯对称在同一外护层内），或抗电磁干扰性能强的金属屏蔽电力电缆。对于大电流负荷或大功率设备宜采用封闭式母线（母线槽）布线。 8. 当配电系统中采用有源电力滤波装置时，其电源侧的中性导体可不计入谐波电流的影响。当装设无源滤波装置时，回路中的中性导体宜与相导体等截面。 9. 为X光机、CT机、核磁共振机等谐波较严重的大功率设备的供电线路，应按医疗设备要求的阻抗值进行设计。 10. 供配电系统的缆线选择应与工程的谐波抑制与治理技术方案相适应，并确保供配电系统与用电设备之间谐波骚扰的电磁兼容性。 11. 缆线敷设应根据线路路径的电磁环境特点、线路性质和重要程度，分别采取有效的防护或屏蔽、隔离措施。 12. 电力电缆与信息设施系统的传输线路、信号电压明显不同的信息设施系统的传输系统，不应合用保护导管或槽盒
导线截面选择	1. 除满足导线载流量的要求外，铜芯导线截面最小值，如下： （1）单相进户线不小于10mm²，三相进户线不小于6mm²。 （2）动力、照明配电箱的进线不小于6mm²。 （3）控制箱进线截面比分支线至少大一级。 （4）动力、照明分支回路不小于1.5mm²。 （5）居住建筑电源插座回路不小于2.5mm²。 2. 除业主有预留发展要求外，铜导体的截面宜按下列原则确定： （1）配电箱（柜）的进线截面不大于进线总开关端子的接线容量。 （2）专用回路供电的配电箱（柜）的进户线载流量宜为计算容量的1.25～1.5倍。 （3）照明干线，插接母线宜为计算电流的1.3～1.5倍。 （4）变压器二次侧母线，低压开关柜水平母线，除应满足短路电流冲击外其截流量不宜大于变压器二次侧额定电流的1.5倍。 3. 中性线N及保护线PE及中性保护线PEN宜按下述原则选择： （1）变压器低压母线低压开关柜中性母线N及保护母线PE的截面积不小于其相线截面的一半。 （2）电力、照明干线电缆或导线其N、PE及PEN的截面的选用参照表9.1.3-7选用。 （3）照明箱、动力箱进线的N、PE、PEN线的最小截面不小于6mm²。 （4）对于三相四线制，配电线路符合下列情况之一时，其N、PE、PEN的截面应不小于相线截面：

续表

类 别	技术规定和要求
导线截面选择	① 以气体放电流为主的配电线路； ② 单相配电回路； ③ 可控硅调光回路； ④ 计算机电源回路。 4. 电梯、自动扶梯电缆截面的选择，与其工作制有很大关系，当电梯速度在3m/s以上时，可参照下列原则： (1) 二台及以下电梯或自动扶梯按长期工作制选择电缆。 (2) 多台客梯可按反复短时工作考虑使用率60%。 (3) 货梯杂物梯按反复短时工作考虑使用率40%。 5. 电线、电缆载流量，除应满足其回路的运行负荷要求，尚应考虑环境温度、线路的敷设方式和条件等综合因素的影响

电缆绝缘水平选择表（kV） **表 9.1.2-2**

系统标称电压U_H	3	6	10	35
电缆的额定电压U_O/U	3/3	6/6	8.7/10	26/35
缆芯之间工频最高电压	3.6	7.2	12	42
缆芯对地的雷电冲击耐受电压峰值	—	75	95	250

电线、电缆导体极限温度允许值（℃） **表 9.1.2-3**

绝缘类别	聚氯乙烯	交联聚乙烯、乙丙橡胶	丁基橡胶	油浸纸
极限温度允许值	160	250	200	250

用电设备端子电压偏差允许值 **表 9.1.2-4**

用电设备名称		电压偏差允许值U（%）
电动机	正常情况下	−5～+5
	特殊情况下	−10～+5
照明灯	视觉要求较高场所	−2.5～+5
	一般工作场所	−5～+5
	应急照明、道路照明、警卫照明	−10～+5
其他用电设备	无特殊要求时	−5～+5

绝缘电线最小允许截面 **表 9.1.2-5**

用途及敷设方式	线芯的最小截面（mm^2）		
	铜芯软线	铜线	铝线
室内灯头线	0.5	1.0	2.5
室外灯头线	1.0	1.0	2.5

支架敷设绝缘线最小截面 **表 9.1.2-6**

绝缘支持物间距L		铜芯电线（mm^2）	铝芯电线（mm^2）
室外	$L \leqslant 2m$	1.0	2.5
室内	$L \leqslant 2m$	1.5	2.5
	$2m < L \leqslant 6m$	2.5	4
	$6m < L \leqslant 15m$	4	6
	$15m < L \leqslant 25m$	6	10

室内敷设绝缘电线最小截面 **表 9.1.2-7**

敷设方式	铜芯软线（mm^2）	铜线（mm^2）	铝线（mm^2）
穿管敷设	1.0	1.0	2.5
塑料护套线沿墙明敷	—	1.0	2.5
板孔穿线敷设	—	1.5	2.5
槽盒、槽板敷设	—	1.0	2.5

9.1.3 导体截面选择计算

1. 按允许温升选择

导体按允许温升选择截面计算方法，见表9.1.3-1。

导体按允许温升选择截面计算方法　　表9.1.3-1

类　别	技术规定和计算公式
设计要点	1. 为了保证安全供电，导线在通过正常最大负荷电流时产生的发热温度，不应超过其正常运行时的最高允许温度。 2. 按敷设方式、环境条件确定的电线和电缆的载流量，不应小于其线路的最大计算电流，即按允许温升选择截面
计算方法	1. 按允许温升选择导体截面的计算公式为： $$KI_z \geqslant I_{max} \quad (9.1.3\text{-}1)$$ 式中 I_z——导体允许长期工作电流（载流量），A；即在额定环境温度等规定工作条件下，导体能够连续承受而不致其稳定温度超过允许值的最大 持续电流； I_{max}——通过导体的实际最大持续工作电流，A； K——与环境温度、敷设方式等实际工作条件有关的校正系数。 当导体允许最高温度为70℃和不计日照时，K值可用下式计算： $$K=\sqrt{\frac{\theta_z-\theta}{\theta_z-\theta_0}} \quad (9.1.3\text{-}2)$$ 式中 θ_z——导体长期发热允许最高温度，℃； θ——导体安装地点实际环境温度，℃； θ_0——导体额定允许载流量时的基准环境温度，℃。 因此，当敷设处环境温度与额定值不同时，载流量应进行校正；当土壤热阻系数与载流量对应的热阻系数不同时，载流量应进行校正；当多回路敷设时载流量应进行校正。这些校正系数均可从表9.1.1-5～表9.1.1-13中查得。 2. 电线、电缆的持续载流量，可从第9.2节、第9.3节中查得。 3. 选择电线电缆的环境温度可查《低压配电设计规范》GB 50054—2011、《电力工程电缆设计规范》GB 50217—2007。当沿敷设路径各部分的散热条件各不相同时，电缆载流量应按最不利的部分（敷设长度超过5m时）选取。 4. 当负荷为断续工作或短时工作时，应折算成等效发热电流并按允许温升选择导体的截面，或者按照工作制校正电线、电缆的载流量
示　例	已知：某10kV回路采用LJ型架空线路供电，线路最大负荷时，有功负荷为2000kW，无功负荷为950kvar，空气中最高温度为38℃。试按允许温升条件选择导线的截面积。 计算过程：该回路的最大持续工作电流为： $$I_{max}=\frac{\sqrt{P^2+Q^2}}{\sqrt{3}U_n}=\frac{\sqrt{2000^2+950^2}}{\sqrt{3}\times 10}=127.83\text{A}$$ 根据LJ型导线技术数据表选择LJ-95型导线，其在20℃条件下的允许载流量为338A，则在实际环境温度下的载流量为： $$KI_z=\sqrt{\frac{70-38}{70-20}}\times 338=216.32\text{A}>127.83\text{A}$$ 故LJ-95型导线满足按允许温升的选择条件

2. 按经济电流密度选择

导体按经济电流密度选择经济截面计算方法，见表9.1.3-2。

导体按经济电流密度选择经济截面计算方法 **表 9.1.3-2**

<table>
<tr><th>类　别</th><th>技术规定和计算公式</th></tr>
<tr><td>设计要点</td><td>1. 从全面经济效益考虑，使线路的年运行费用接近于最小，又适当考虑有色金属节约的导线截面，称为经济截面。
2. 与经济截面对应的导体电流密度，称为经济电流密度</td></tr>
<tr><td>计算方法</td><td>1. 按经济电流密度计算导体截面的公式为：
$$A_{ec}=I_c/J_{ec} \quad (9.1.3\text{-}3)$$
式中 A_{ec}——导体经济截面，mm^2；
I_c——线路的计算电流，A；
J_{ec}——经济电流密度，A/mm^2；我国现行的经济电流密度值，见表 9.1.3-3。
2. 按上式计算出导体经济截面后，应选择最接近的标准截面，然后校验其他条件（包括允许温升的条件）</td></tr>
<tr><td>示　例</td><td>已知：有一条用 LJ 型铝绞线架设的长 5km 的 35kV 架空线路，计算负荷为 4830kW，$\cos\varphi=0.7$，$T_{max}=4800h$。试选择其经济截面，并校验其发热条件和机械强度。
计算过程：
（1）选择经济截面。
$$I_c=\frac{P_c}{\sqrt{3}U_n\cos\varphi}=\frac{4830}{\sqrt{3}\times35\times0.7}=114A$$
由表查得 $J_{ec}=1.15A/mm^2$，因此：
$$A_{ec}=\frac{114}{1.15}=99mm^2$$
选最接近的标准截面 $95mm^2$，即选 LJ-95 型铝绞线。
（2）校验发热条件。查表得 LJ-95 的允许载流量（室外温度 25℃）
$$I_z=325A>I_c=114A$$
因此满足发热条件。
（3）校验机械强度。查表得 35kV 架空线路铝绞线的最小允许截面 $A_{min}=35mm^2$。因此所选 LJ-95 也是满足机械强度要求的</td></tr>
</table>

电线和电缆的经济电流密度（A/mm^2） **表 9.1.3-3**

线路类别	导线材质	年最大负荷利用小时		
		3000h 以下	3000～5000h	5000h 以上
架空线路	铜	3.00	2.25	1.75
	铝	1.65	1.15	0.90
电缆线路	铜	2.50	2.25	2.00
	铝	1.92	1.73	1.54

3. 按电压损失校验导体截面

按电压损失条件选择导体截面计算方法，见表 9.1.3-4。

按电压损失条件选择导体截面计算方法 **表 9.1.3-4**

类 别	技术规定和计算公式
设计要点	1. 按电压损失条件选择导体截面，是要保证用电设备端子处的电压偏差不超过允许值，保证负荷电流在线路上产生的电压损失不超过允许值。 2. 应先掌握电压损失的计算方法，然后再根据实际负荷情况做出具体的计算。
计算方法	1. 线路电压损失的计算。 (1) 带有集中负荷的线路，计算公式见表 9.1.3-5。 (2) 带有均匀分布负荷的三相平衡线路。可将其分布负荷集中于分布线段的中点，然后按集中负荷计算其电压损失。 2. 先按电压损失条件选择导体截面的计算步骤： (1) 由于截面未知，可先以线路单位长度的电抗平均值进行计算。 ① 10kV 架空裸线：$x_0=0.35\Omega/km$； ② 10kV 电力电缆：$x_0=0.10\Omega/km$； ③ 1kV 电力电缆：$x_0=0.07\Omega/km$。 (2) 根据已知 $\Delta U\%$ 允许值，求出单位长度电阻 r 的最小值，相应公式见表 9.1.3-5。 (3) 根据公式 $S\geqslant\frac{\rho}{r}$ 导出满足电压损失要求的导线截面 S (mm^2)。式中 ρ 为导线材料电阻率的计算值 ($\times10^{-9}\Omega\cdot m$)，铜取 18.4，铝取 31.0。 (4) 根据上式所得值选出导体标称截面后，再根据线路布置情况查得实际 r 和 x，代入表 9.1.3-5 中的相应计算公式进行校验，直至满足条件。 3. 电线、电缆的电压允许值。 (1) 用电设备端子处的电压偏差不超过《民用建筑电气设计规范》JGJ 16 规定的允许值。 (2) 由总降压变电所至建筑终端变电所的高压配电线路的电压损失不宜超过 5%
示 例	已知：一根 5km 的 35kV 架空线路，计算负荷为 4830kW，$\cos\varphi=0.7$，$T_{max}=4800h$。拟选用 LJ-95 型铝绞线，试问该线路能否满足允许电压损耗 5% 的要求？已知该线路导线为水平排列，线距为 1m。 计算过程：已知 $P_c=4830kW$，$\cos\varphi=0.7$，则： $\tan\varphi=1.0$，$Q_c=4830kvar$。又 $a_{av}=1.26a=1.26m$，$A=95mm^2$，查表可知 $r_0=0.36\Omega/km$，$x_0=0.35\Omega/km$。 故线路的电压损耗值为： $$\Delta U=\frac{PR+QX}{U_n}=\frac{4830\times(5\times0.36)+4830\times(5\times0.35)}{35}=490V$$ 线路电压损耗百分值为： $$\Delta U\%=\frac{\Delta U}{U_n}\times100\%=\frac{490\times10^{-3}}{35}\times100\%=1.4\%$$ 电压损耗小于 $\Delta U_z=5\%$，因此所选 LJ-95 型铝绞线满足允许电压损耗要求

线路电压损失的计算 表 9.1.3-5

线路种类	负荷情况	导体截面情况	计算公式
三相平衡负荷线路	带1个集中负荷	线路全长采用同一截面	$\Delta U\% = \frac{1}{10U_n^2}(Pr+Qx)l$
	带n个集中负荷		$\Delta U\% = \frac{1}{10U_n^2}\left(r\sum_{i=1}^{n}P_il_i + x\sum_{i=1}^{n}Q_il_i\right)$
接于线电压的单相负荷线路	带1个集中负荷		$\Delta U\% = \frac{2}{10U_n^2}(Pr+Qx')l$
接于相电压的单相负荷线路	带1个集中负荷		$\Delta U\% = \frac{2}{10U_{nph}^2}(Pr+Qx')l$
直流负荷线路	带1个集中负荷		$\Delta U\% = \frac{2}{10U_{DC}^2}Prl$

注：式中 $\Delta U\%$——线路电压损失百分数，%；

P、Q——分别是某一个集中负荷的有功功率，kW、无功功率，kvar；

P_i、Q_i——分别是第 i 个集中负荷的有功功率，kW、无功功率，kvar；

r、x——分别是三相电力线路单位长度的电阻、电抗，Ω/km；

x'——单相电力线路单位长度的电抗，Ω/km。工程计算时其值可近似为 x；

l——某一个集中负荷至线路首端的线路长度，km；

l_i——第 i 个集中负荷至线路首端的部分线路长度，km；

U_n——线路标称线电压，kV；

U_{nph}——线路标称相电压，kV；

U_{DC}——线路直流电压，kV。

4. 按短路热稳定条件校验导体截面

导体按短路热稳定条件校验截面计算方法，见表 9.1.3-6。

导体按短路热稳定条件校验截面计算方法 表 9.1.3-6

类别	技术规定和计算公式
设计要点	1. 当短路电流流过导体时，会产生很高的温度，即产生热效应（使温度骤升，加速导体绝缘老化或损坏绝缘）。 2. 对电缆和绝缘电线需要按短路热稳定条件校验截面
计算方法	1. 高压电缆的短路热稳定校验。 (1) 高压电缆的导体截面应满足热稳定条件： $$S \geqslant \frac{\sqrt{Q_t}}{K} \times 10^3 \quad (9.1.3\text{-}4)$$ 式中 S——高压电缆的导体截面，mm^2； Q_t——短路电流热效应。对远离发电机端处，$Q_t = I''^2_{k3}(t_k+0.05)$；当 $t_k > 1s$ 时，$Q_t = I''^2_{k3}t_k$； I''_{k3}——短路点处的最大三相对称短路电流（超瞬态短路电流）初始值，kA； t_k——短路持续时间，s，$t_k = t_p + t_b$； t_p——保护动作时间，s； t_b——断路器全分断时间，s，对高速断路器取 0.1s；

续表

类　别	技术规定和计算公式
计算方法	K——热稳定系数；其值取决于保护导体、绝缘和其他部分的材料以及初始温度和最终温度。可按现行国家标准《建筑物电气装置　第5-54部分：电气设备的选择和安装　接地配置、保护导体和保护联结导体》GB 16895.3—2004计算和选取。 （2）短路点选取。短路点取在电缆线路中间分支或接头处，当线路全长无分支或接头时则取在电缆末端。 （3）保护动作时间选取。 ① 对电动机等馈线的电缆，应取主保护动作时间。当主保护有死区时，应取对该死区起作用的后备保护动作时间，并应采用相应的短路电流值； ② 对其他电缆，宜取后备保护动作时间，并应采用相应的短路电流值。 2. 低压电线电缆的短路热稳定校验。 （1）当短路持续时间大于0.1s但不大于5s时，按下式进行校验： $$S \geqslant \frac{I_k}{K}\sqrt{t} \quad (9.1.3\text{-}5)$$ 式中　S——低压绝缘电线或电缆的导体截面，mm^2； I_k——低压短路电流交流分量有效值，A； t——短路电流持续时间，s； K——不同绝缘材料铜导体的热稳定系数，见第7.2.2节表7.2.2-1。 （2）当短路持续时间小于0.1s时，按下式进行校验： $$K^2S^2 \geqslant I^2t$$ 式中　I^2t可从熔断路或断路器的技术数据中查到。 （3）短路点选取。短路点取在电线电缆线路中间分支或接头处，当线路全长无分支或接头时则取在线路末端。 （4）短路电流持续时间的确定。 ① 当采用熔断器保护时，短路持续时间根据熔断器的时间-电流特性曲线确定； ② 当采用断路器短延时过电流脱扣器保护时，取决于短延时过电流脱扣器的整定时间。当采用断路器瞬时过电流脱扣器保护时，取断路器的全分断时间
示　例	已知：某照明配电干线采用ZBYJV-0.6/1型电缆，按允许温升条件选择的电缆截面积为$10mm^2$，线路末端短路电流为$I_k=3.66kA$，短路持续时间为0.1s，该电缆的热稳定系数为$143A\cdot\sqrt{s}/(mm^2)$，试校验该电缆是否满足短路热稳定条件。 计算过程：根据题意，满足热稳定条件的最小允许截面积为： $$S_{min}=\frac{I_k}{K}\sqrt{t}=\frac{3.66\times10^3}{143}\times\sqrt{0.1}=8.1(mm^2)$$ 电缆的实际截面积为$10mm^2$，大于最小截面积，故该电缆满足热稳定条件

5. 中性线、保护线和保护中性线选择

低压配电系统中性线、保护线和保护中性线截面选择计算方法，见表9.1.3-7。

低压配电系统中性线保护线和保护中性线截面选择计算方法　　表 9.1.3-7

<table>
<tr><th>类　别</th><th>技术规定和计算公式</th></tr>
<tr><td>设计要点</td><td>1. 中性线截面选择要考虑线路中最大不平衡负荷电流及谐波电流的影响。
2. 保护线截面选择要满足单相短路电流通过时的短路热稳定度。
3. 保护中性线截面选择要兼顾中性线和保护线截面的要求</td></tr>
<tr><td>计算方法</td><td>1. 中性线（N线）截面选择。
(1) 单相两线制线路：
$$S_N = S_\varphi \quad (9.1.3\text{-}6)$$
式中 S_N——中性线截面，mm^2；
S_φ——相线截面，mm^2。
(2) 三相四线制线路。
① 当 $S_\varphi \leqslant 16mm^2$（铜）或 $25mm^2$（铝）时：$S_N = S_\varphi$　(9.1.3-7)
② 当 $S_\varphi > 16mm^2$（铜）或 $25mm^2$（铝），且在正常工作时，包括谐波电流在内的中性导体预期最大电流不大于中性导体的允许载流量，并且中性导体已进行了过电流保护时，中性导体截面可小于相导体截面，且应满足：
$$S_N \geqslant 16mm^2(\text{铜})\text{或}25mm^2(\text{铝}) \quad (9.1.3\text{-}8)$$
(3) 存在谐波的三相线路。在三相四线制线路中存在谐波电流时，计算中性导体的电流应计入谐波电流的效应。当中性导体电流大于相导体电流时，电缆相导体截面应按中性导体电流选择。当三相平衡系统中存在谐波电流，4 芯或 5 芯电缆内中性导体与相导体材料相同和截面相等时，电缆载流量的降低系数应按表 9.1.1-14 确定。
2. 保护线（PE线）截面选择。
(1) 根据热稳定要求，PE线截面按表 9.1.3-8 选择。表 9.1.3-8 适用于与相线材质相同时的PE线截面选择，否则，PE线截面的确定要符合国家现行规范的规定。
(2) 电缆外的保护线或与相线不在同一外护物之内的保护线，其截面不应小于：有机械损伤保护时，$2.5mm^2$（铜）或 $16mm^2$（铝）；无机械损伤保护时，$4mm^2$（铜）或 $16mm^2$（铝）。
(3) 当两个或更多回路共用一根保护线时，应根据回路中最严重的预期故障电流或短路电流和动作时间确定截面积。对应于回路中的最大相线截面时，按表 9.1.3-8 选择。
3. 保护中性线（PEN线）截面选择。
(1) 保护中性线截面选择应同时满足上述保护线和中性线的要求，取其中最大值。
(2) 考虑到机械强度原因，在电气装置中固定使用的 PEN 线截面不应小于 $10mm^2$（铜）或 $16mm^2$（铝）</td></tr>
<tr><td>示　例</td><td>已知：有一条采用 BV-750 型铜芯塑料线明敷的 AC 220/380V 的 TN-S线路，最大持续工作电流为 140A，如果采用 BV-750 型铜芯塑料线穿硬塑料管埋地敷设，当地最热月平均气温为＋25℃。试按发热条件选择此线路的导线截面。
计算过程：查表得 25℃时 5 根单芯线穿硬塑料管的 BV-750 型铜芯塑料线截面为 $70mm^2$，$I_z = 148A > I_{max} = 140A$。因此按发热条件，相线截面可选 $70mm^2$，N线选为 $35mm^2$，PE线截面也选为 $35mm^2$。
所选结果可表示为：BV-450/750V－3×70＋2×35</td></tr>
</table>

PE 线最小截面积 **表 9.1.3-8**

相线截面（mm^2）	$S_\varphi \leqslant 16$	$16 < S_\varphi \leqslant 35$	$S_\varphi > 35$
PE 线截面（mm^2）	S_φ	16	$\geqslant S_\varphi/2$

6. 硬母线截面选择

硬母线截面选择计算方法，见表 9.1.3-9。

硬母线截面选择计算方法 **表 9.1.3-9**

类　别	技术规定和计算公式
设计要点	1. 传输大电流的场合可采用硬母线。硬母线可分为裸母线和母线槽（封闭式母线）两大类，裸母线可再细分为成套高低压开关柜内母线与现场安装的高低压配电母线两类。 2. 母线按发热条件选择截面，按短路动、热稳定校验截面。 3. 因为成套高低压开关柜和母线槽都属于定型产品，其母线需要经短路动、热稳定试验，产品样本中会给出母线的额定峰值耐受电流、额定短时耐受电流及耐受时间，可按这些参数进行校验。故成套高低压开关柜内母线的动、热稳定校验与母线槽的计算方法相同。 4. 现场安装的高低压配电母线的动、热稳定校验需要综合考虑母线材质、截面、绝缘子间距及相间距等因素
计算方法	1. 按允许温升选择截面。 $I_z \geqslant I_{max}$ (9.1.3-9) 式中 I_z——按安装地点的实际环境条件确定的母线载流量，A； I_{max}——通过母线的最大长期工作电流，A。 变压器低压侧与低压开关柜内的 N 母线、PE 母线的截面不应小于相母线截面的一半。 2. 按短路动稳定校验截面。 （1）成套高低压开关柜内母线、母线槽的短路动稳定校验。 $i_{max} \geqslant i_{p3}$ (9.1.3-10) 式中 i_{max}——母线的额定峰值耐受电流，kA； i_{p3}——安装地点的最大短路电流峰值，kA。 （2）现场安装的高低压配电母线的动稳定校验。 $\sigma_c \leqslant \sigma_z$ (9.1.3-11) 式中 σ_c——短路电流作用于母线的计算应力，MPa。 当跨距数大于 2 时，母线的应力为 $\sigma_c = 1.73K_f i_{p3}^2 \dfrac{l_c^2}{DW} \times 10^{-8}$； K_f——矩形截面导体的形状系数，可从形状系数曲线中查得； i_{p3}——母线的最大短路电流峰值，kA； I_c——绝缘子间跨距，m； D——相邻母线中心间距，m； W——母线截面系数，m^3。当母线竖放时，$W = 0.167hb^2$；当母线平放时，$W = 0.167bh^2$； b——母线的厚度，m； h——母线的宽度，m； σ_z——母线最大允许应力，MPa；硬铜为 170MPa，硬铝为 70MPa。 3. 按短路热稳定校验截面。 （1）成套的高低压开关柜内母线、母线槽的短路热稳定校验。

续表

<table>
<tr><th>类　别</th><th>技术规定和计算公式</th></tr>
<tr><td>计算方法</td><td>$$I_t^2 t \geqslant Q_t \tag{9.1.3-12}$$
式中 I_t——开关柜母线、母线槽额定短时耐受电流，kA；
t——开关柜母线、母线槽额定短时耐受时间（高压柜为 4s，低压柜为 1s）；
Q_t——短路电流热效应，与表 9.1.3-6 中高压电缆的短路电流热效应计算公式式（9.1.3-4）相同。
（2）现场安装高低压配电母线的热稳定校验。
$$S \geqslant \frac{\sqrt{Q_t}}{K} \times 10^3 \tag{9.1.3-13}$$
式中 S——母线截面，mm^2；
Q_t——短路电流热效应。对远离发电机端处，$Q_t = I''^2_{k3}(t_k + 0.05)$，当 $t_k > 1s$ 时，$Q_t = I''^2_{k3} t_k$；
I''_{k3}——短路点处的最大三相对称短路电流初始值，kA；短路点取在母线第一个分支处；
t_k——短路持续时间，s；$t_k = t_p + t_b$；
t_p——保护动作时间，s；保护动作时间宜取主保护动作时间，当主保护有死区时，应取对该死区起作用的后备保护动作时间，并应采用相应的短路电流值；
t_b——断路器全分断时间，s；对高速断路器取 0.1s；
K——热稳定系数，可按现行国家标准《建筑物电气装置　第 5-54 部分：电气设备的选择和安装接地配置、保护导体和保护联结导体》GB 16895.3—2004 计算和选取</td></tr>
<tr><td>示　例</td><td>示例 1：已知某变电所 AC380V 侧采用 80mm×10mm 铜母线，其三相短路稳态电流为 36.5kA，短路保护动作时间为 0.5s，低压断路器的断路时间为 0.05s，试校验此母线的热稳定度。
计算过程：查表可知，该母线的热稳定系数 $K=171A\cdot\sqrt{s}/mm^{-2}$，根据母线热稳定的要求：
$$S \geqslant \frac{\sqrt{Q_t}}{K} \times 10^3$$
$$\text{则：} S_{min} = \frac{\sqrt{Q_t}}{K} \times 10^3 = \frac{\sqrt{I''^2_{k3}(t_k + 0.05)}}{K} \times 10^3$$
$$= \frac{36.5}{171} \times \sqrt{(0.5 + 0.05) + 0.05} \times 10^3 = 165mm^2$$
由于母线实际截面为 $80mm^2$，大于最小截面 $165mm^2$，因此该母线满足短路热稳定的要求。
示例 2：已知某终端负荷变电所 AC380V 侧采用 80mm×10mm 的铝母线，水平放置，相邻两母线之间的轴线距离为 $D=0.2m$，绝缘子间跨距为 0.9m，跨距数大于 2，此母线接有一台 500kW 的电动机，反馈冲击电流为 6.3kA，母线的三相短路冲击电流为 67.2kA。试检验此母线的动稳定度。
计算过程：根据题意，查形状系数表可知 $K_f=1$，截面系数 $W=0.167bh^2=0.167\times0.01\times0.08^2=1.07\times10^{-5}$（$m^3$），则：
$$\sigma_c = 1.73K_f i_{p3}^2 \frac{l_c^2}{DW} \times 10^{-2} = 1.73 \times (67.2 + 6.3)^2 \frac{0.9^2}{0.2 \times 1.07 \times 10^{-5}} \times 10^{-8}$$
$$= 35.4MPa$$
而此铝母线的允许应力为
$$\sigma_z = 70MPa > \sigma_c$$
因此该母线的动稳定度满足要求</td></tr>
<tr><td>相关规范</td><td>《3～110kV 高压配电装置设计规范》GB 50060—2008
4.1.7　验算额定短时耐受电流时，裸导体的最高允许温度，硬铝及铝锰合金可取+200℃，硬铜可取+300℃，短路前的导体温度应采用额定负荷下的工作温度。
《低压配电设计规范》GB 50054—2011
5.4.4　裸导体的线间及裸导体至建筑物表面的最小净距应符合表 5.4.4 的规定。导体固定点的间距，应符合在通过最大短路电流时的动稳定要求</td></tr>
</table>

9.2 导体载流量

9.2.1 电线电缆载流量表使用说明

1. 各种常用的电线、电缆的长期连续负荷额定载流量，应以国家标准为准。国家标准《建筑物电气装置 第5部分：电气设备的选择和安装 第523节：布线系统载流量》GB/T 16895.15—2002、idt IEC 60364-5-523：1999于2003年3月1日实施。当选用特殊的或新型的电线电缆产品有关部门没有公布数据时，方可选用厂家负责提供的该类型电线电缆长期允许载流量数据，但应在工程设计图纸中予以注明。

2. 各种类型的电线、电缆导体允许持续载流量是在给定的基准条件下确定，当实际敷设条件不同于基准条件时，应按以下不同的基准条件乘以不同的校正（降低）系数。

根据我国地理气候条件，对空气中敷设的电线电缆给出了环境温度为25℃、30℃、35℃、40℃四种情况下的载流量；对土壤中敷设的电缆给出了土壤热阻系数为1K·m/W、1.5K·m/W、2K·m/W、2.5K·m/W四种情况下的载流量。

（1）环境空气温度不等于30℃时的校正系数，见表9.1.1-5。地下温度不等于20℃时的电缆载流校正系数，见表9.1.1-6。

（2）土壤热阻系数不同于2.5k·m/W时载流量校正系数，见表9.1.1-7。

（3）多回路或多根多芯电缆束敷设的降低系数，见表9.1.1-8。

（4）多回路直埋电缆的降低系数，见表9.1.1-9。

（5）埋地敷设在单路管道内多芯电缆的降低系数，见表9.1.1-10。

（6）埋地敷设在单路管道内单芯电缆的降低系数，见表9.1.1-11。

（7）敷设在 自由空气中多根多芯电缆束的降低系数，见表9.1.1-12。

（8）敷设在自由空气中单芯电缆多回路成束敷设的降低系数，见表9.1.1-13。

（9）4芯和5芯电缆存在谐波电流的降低系数，见表9.1.1-14。

3. 表中电线电缆载流量数据主要来源于国家标准，并对国家标准中的数据进行了重新编排和计算，以方便设计人员使用。对国家标准中未涵盖的部分常用数据做了适当补充。

4. 本手册主要选择了以下较常用的产品：

聚氯乙烯绝缘（耐热）电线、软线、护套线；聚氯乙烯绝缘电缆；交联聚乙烯绝缘电缆；交联聚乙烯绝缘、聚氯乙烯绝缘预分支电缆；矿物绝缘电缆；辐照交联低烟无卤阻燃电线、电缆；通用橡套软电缆；矩形母线和母线槽；铝合金电缆；滑触线及裸线型材等。

5. 电线敷设方式有穿管明敷和穿管暗敷；电缆敷设方式有明敷、穿管明敷、穿管暗敷、直埋以及在埋地管道内敷设。

6. 电线、电缆线芯允许长期工作温度，见表9.2.1。

电线、电缆线芯允许长期工作温度　　表9.2.1

电线、电缆种类	线芯允许长期工作温度（℃）
500V橡皮绝缘线、500V通用橡套软线、500V橡皮绝缘电力电缆	65
聚氯乙烯绝缘电线450/750V	70

续表

电线、电缆种类		线芯允许长期工作温度（℃）
交联聚氯乙烯绝缘电力电缆	1～10kV	90
	0.6～1kV	90
聚氯乙烯绝缘电力电缆	1～10kV	70
	0.6～1kV	70
矿物绝缘电力电缆，轻载500V，重载750V		金属护套70
		金属护套105

注：1. 500V矿物绝缘电缆可在250℃高温下长期使用，铜不氧化，IEC60394-5-523（1999）标准推荐在非暴露触摸且不与可燃材料接触时，可在105℃或更高温度下使用。

2. 当电线、电缆的运行环境温度超过或低于正常温度时，应进行温度修正。

7. 电线、电缆环境温度选择。

（1）电线和电缆室内敷设在配电间、吊顶内、电缆沟、隧道、线槽内或桥架上，宜按35℃选用。

（2）电缆线路室外敷设时，空气中宜按40℃，直埋宜按25℃，电缆沟内、隧道内宜按40℃选用。

（3）电线室内穿管敷设在墙内、楼板内或室内穿管明敷时宜按30℃选用。

（4）封闭式开关柜内的母线及封闭式母线槽宜按40℃选用。

（5）当电缆敷设在不同温度环境时，应按最不利条件选择，但当不利温度环境内的电缆长度不超过5m时，可不予考虑。

9.2.2 450/750V及以下聚氯乙烯、聚烯烃绝缘电线持续载流量

1. 聚氯乙烯绝缘电线持续载流量，见表9.2.2-1～表9.2.2-4。

2. WDZ-BYJ（F）聚烯烃绝缘无卤低烟阻燃电线持续载流量，见表9.2.2-5。

3. 聚氯乙烯绝缘电线的额定电压及制造规格，见表9.2.2-6。

BV型绝缘电线敷设在明敷导管内的持续载流量（A） **表9.2.2-1**

型号	BV															
额定电压(kV)	0.45/0.75															
导体工作温度(℃)	70															
环境温度(℃)	25				30				35				40			
标称截面(mm²)	电线根数															
	2	3	4	5、6	2	3	4	5、6	2	3	4	5、6	2	3	4	5、6
1.5	18	15	13	11	17	15	13	11	15	14	12	10	14	13	11	9
2.5	25	22	20	16	24	21	19	16	22	19	17	15	20	18	16	13

续表

型号	BV															
额定电压(kV)	0.45/0.75															
导体工作温度(℃)	70															
环境温度(℃)	25				30				35				40			
标称截面(mm²)	电线根数															
	2	3	4	5、6	2	3	4	5、6	2	3	4	5、6	2	3	4	5、6
4	33	29	26	23	32	28	25	22	30	26	23	20	27	24	21	19
6	43	38	33	29	41	36	32	28	38	33	30	26	35	31	27	24
10	60	53	47	41	57	50	45	39	53	47	42	36	49	43	39	33
16	80	72	63	56	76	68	60	53	71	63	56	49	66	59	52	46
25	107	94	84	74	101	89	80	70	94	83	75	65	87	77	69	60
35	132	116	106	92	125	110	100	87	117	103	94	81	108	95	87	75
50	160	142	127	111	151	134	120	105	141	125	112	98	131	116	104	91
70	203	181	162	142	192	171	153	134	180	160	143	125	167	148	133	116
95	245	219	196	171	232	207	185	162	218	194	173	152	201	180	160	140
120	285	253	227	199	269	239	215	188	252	224	202	176	234	207	187	163

注：1. 导线根数系指带负荷导线根数。

2. 表中数据根据国家标准 CB/T 16895.15—2002 第 523 节：布线系统载流量编制或根据其计算得出。

BV 型绝缘电线敷设在隔热墙中导管内的持续载流量(A)　　　　表 9.2.2-2

型号	BV															
额定电压(kV)	0.45/0.75															
导体工作温度(℃)	70															
环境温度(℃)	25				30				35				40			
标称截面	电线根数															
(mm²)	2	3	4	5、6	2	3	4	5、6	2	3	4	5、6	2	3	4	5、6
1.5	14	13	11	9	14	13	11	9	13	12	10	8	12	11	9	8
2.5	20	19	15	13	19	18	15	13	17	16	14	12	16	15	13	11
4	27	25	21	19	26	24	20	18	24	22	18	16	22	20	17	15
6	36	32	28	24	34	31	27	23	31	29	25	21	29	26	23	20
10	48	44	38	33	46	42	36	32	43	39	33	30	40	36	31	27
16	64	59	50	44	61	56	48	42	57	52	45	39	53	48	41	36
25	84	77	67	59	80	73	64	56	75	68	60	52	69	63	55	48
35	104	94	83	73	99	89	79	69	93	83	74	64	86	77	68	60
50	126	114	100	87	119	108	95	83	111	101	89	78	103	93	82	72
70	160	144	127	111	151	136	120	105	141	127	112	98	131	118	104	91
95	192	173	153	134	182	164	145	127	171	154	136	119	158	142	126	110
120	222	199	178	155	210	188	168	147	197	176	157	138	182	163	146	127
150	254	228	203	178	240	216	192	168	225	203	180	157	208	187	167	146
185	289	259	231	202	273	245	221	191	256	230	204	179	237	213	189	166
240	340	303	271	237	321	286	256	224	301	268	240	210	279	248	222	194
300	389	347	310	271	367	328	293	256	344	308	275	240	319	285	254	222

注：1. 导线根数系指带负荷导线根数。

2. 墙内壁的表面散热系数不小于 10W/(m²·K)。

3. 表中数据根据国家标准 GB/T 16895.15—2002 第 523 节：布线系统载流量编制或根据其计算得出。

BV-105 型绝缘电线敷设在明敷导管内的持续载流量(A) **表 9.2.2-3**

型号	BV-105											
额定电压(kV)	0.45/0.75											
导体工作温度(℃)	105											
环境温度(℃)	50			55			60			65		
标称截面	电线根数											
(mm²)	2	3	4	2	3	4	2	3	4	2	3	4
1.5	19	17	16	18	16	15	17	15	14	16	14	13
2.5	27	25	23	25	23	21	24	22	20	23	21	19
4	39	34	31	37	32	29	35	30	28	33	28	26
6	51	44	40	48	41	38	46	39	36	43	37	34
10	76	67	59	72	63	56	68	60	53	64	57	50
16	95	85	75	90	81	71	85	76	67	81	72	63
25	127	113	101	121	107	96	114	102	91	108	96	86
35	160	138	126	152	131	120	144	124	113	136	117	107
50	202	179	159	192	170	151	182	161	143	172	152	135
70	240	213	193	228	203	184	217	192	174	204	181	164
95	292	262	233	278	249	222	264	236	210	249	223	198
120	347	311	275	331	296	261	314	281	248	296	265	234
150	399	362	320	380	345	305	360	327	289	340	308	272

注：1. BV-105 的绝缘中加了耐热增塑剂，线芯允许工作温度可达 105℃，适用于高温场所，但要求电线接头用焊接或绞接后表面锡焊处理。电线实际允许工作温度还取决于电线与电线及电线与电器接头的允许温度，当接头允许温度为 95℃时，表中数据应乘以 0.92；85℃时应乘以 0.84。

2. 摘自《工业与民用配电设计手册》第三版。

RV 型等绝缘电线明敷设的持续载流量(A) **表 9.2.2-4**

型号	RV、RVV、RVB、RVS、RFB、RFS、BVV、BVNVB							
额定电压(kV)	0.3/0.3、0.3/0.5、0.45/0.75							
导体工作温度(℃)	70							
环境温度(℃)	25	30	35	40	25	30	35	40
标称截面(mm²)	电线芯数							
	2				3			
0.12	4.2	4	3.8	3.5	3.2	3	2.8	2.6
0.2	5.8	5.5	5.2	4.8	4.2	4	3.8	3.5
0.3	7.4	7	6.6	6	5.3	5	4.7	4.4
0.4	9	8.5	8	7.4	6.4	6	5.6	5.2
0.5	10	9.5	9	8	7.4	7	6.6	6
0.75	13	12.5	12	11	9.5	9	8.5	7.8
1.0	16	15	14	13	12	11	10	9.6
1.5	20	19	18	17	18	17	16	15
2.0	23	22	20	19	20	19	18	17
2.5	29	27	25	24	25	24	23	21
4	38	36	34	31	34	32	30	28
6	50	47	44	41	44	41	39	36
10	69	65	61	57	60	57	54	50

WDZ-BYJ(F)型绝缘电线明敷时持续载流量(A)　　表 9.2.2-5

型　　号	WDZ-BYJ(F)															
额定电压(kV)	0.45/0.75															
导体工作温度(℃)	135(最大载流量)								90(推荐载流量)							
环境温度(℃)	25		30		35		40		25		30		35		40	
标称截面(mm^2)	电　线　根　数															
	2	3	2	3	2	3	2	3	2	3	2	3	2	3	2	3
1.5	34	27	33	26	32	25	32	25	26	20	25	19	23	18	23	18
2.5	46	37	45	36	44	35	43	34	35	27	33	26	32	24	31	24
4	62	49	60	47	58	46	57	45	46	36	44	34	42	33	41	32
6	79	63	77	61	75	59	73	58	60	47	57	45	55	43	53	42
10	109	92	106	90	103	87	100	85	86	69	82	66	79	63	76	61
16	152	125	148	121	144	118	140	115	114	94	109	90	104	86	100	83
25	207	174	201	169	195	164	190	160	153	131	147	125	140	119	135	115
35	256	212	249	206	242	200	235	195	193	159	185	152	176	145	170	140
50	310	267	302	259	293	252	285	245	233	199	223	190	213	182	205	175
70	397	343	386	333	375	324	365	315	302	256	288	245	275	234	265	225
95	495	430	482	418	468	406	455	395	370	324	354	310	338	296	325	285
120	583	506	567	492	551	478	535	465	438	381	419	365	400	348	385	335
150	670	588	651	572	633	556	615	540	501	444	479	425	457	405	440	390
185	773	692	752	673	731	654	710	635	581	518	555	495	530	473	510	455
240	931	833	906	810	880	787	855	765	701	627	670	599	639	572	615	550
300	1079	975	1049	948	1019	921	990	895	815	729	779	697	743	665	715	640

注：1. 单根电缆载流量按表中数据选取。
2. 耐火型电线型号为 WDZN-BYJ(F)，其载流量可参考上表。
3. 表中数据根据生产厂家提供的资料编制、计算得出，仅供设计人员参考。

聚氯乙烯绝缘电线的额定电压及制造规格　　表 9.2.2-6

型号	额定电压(V)	芯数	标称截面(mm^2)	型号	额定电压(V)	芯数	标称截面(mm^2)
BV	300/500	1	0.5～1	RV	300/500	1	0.3～1
	450/750	1	1.5～400		450/750	1	1.5～70
BLV	450/750	1	2.5～400	RVB	300/300	2	0.3～1.0
BVR	450/750	1	2.5～70	RVS	300/300	2	0.3～0.75
BVV	300/500	1	0.75～10				
		2，3，4，5	1.5～35	RVV	300/300	2，3	0.5～0.75
BLVV	300/500	1	2.5～10		300/500	2，3，4，5	0.75～2.5
BVVB	300/500	2，3	0.75～10	RVVB	300/300	2	0.5～0.75
BLVVB	300/500	2，3	2.5～10		300/500		0.75
BV-105	450/750	1	0.5～6	RV-105	450/750	1	0.5～6

9.2.3 电力电缆持续载流量

1. 铜(铝)芯聚氯乙烯绝缘聚氯乙烯护套电力电缆持续载流量，见表 9.2.3-1。
2. 铜(铝)芯交联聚乙烯绝缘电力电缆持续载流量，见表 9.2.3-2、表 9.2.3-3。
3. 铜芯预分支电力电缆持续载流量，见表 9.2.3-4。
4. 铜芯交联聚乙烯绝缘无卤阻燃耐火电力电缆持续载流量，见表 9.2.3-5、表 9.2.3-6。
5. 允许接触裸护套矿物绝缘电力电缆持续载流量，见表 9.2.3-7。
6. 不允许接触裸护套矿物绝缘电力电缆持续载流量，见表 9.2.3-8。
7. 0.6/1kV 架空绝缘电力电缆导体载流量，见表 9.2.3-9。

表 9.2.3-1

VV、VLV 型铜(铝)导体三芯电力电缆持续载流量(A)

型 号	VV、VLV															
额定电压(kV)	0.6/1															
导体工作温度(℃)	70															
敷设方式	敷设在隔热墙中的导管内								敷设在明敷的导管内							
环境温度(℃)	25		30		35		40		25		30		35		40	
标称截面(mm^2)	铜芯	铝芯	铜芯	铝芯	铜芯	铝芯	铜芯	铝芯	铜芯	铝芯	铜芯	铝芯	铜芯	铝芯	铜芯	铝芯
1.5	13	—	13	—	12	—	11	—	15	—	15	—	14	—	13	—
2.5	18	13	17	13	15	12	14	11	21	15	20	15	18	14	17	13
4	24	18	23	17	21	15	20	14	28	22	27	21	25	19	23	18
6	30	24	29	23	27	21	25	20	36	28	34	27	31	25	29	23
10	41	32	39	31	36	29	33	26	48	38	46	36	43	33	40	40
16	55	43	52	41	48	38	45	35	65	50	62	48	58	45	53	41
25	72	56	68	53	63	49	59	46	84	65	80	62	75	58	69	53
35	87	68	83	65	78	61	72	56	104	81	99	77	93	72	86	66
50	104	82	99	78	93	73	86	67	125	97	118	92	110	86	102	80
70	132	103	125	98	117	92	108	85	157	122	149	116	140	109	129	100
95	159	125	150	118	141	110	130	102	189	147	179	139	168	130	155	120
120	182	143	172	135	161	126	149	117	218	169	206	160	193	150	179	139
150	207	164	196	155	184	145	170	134	—	—	—	—	—	—	—	—
185	236	186	223	176	209	165	194	153	—	—	—	—	—	—	—	—
240	276	219	261	207	245	194	227	180	—	—	—	—	—	—	—	—
300	315	251	298	237	280	222	259	206	—	—	—	—	—	—	—	—

续表

型　号	VV、VLV															
额定电压(kV)	0.6/1															
导体工作温度(℃)	70															
敷设方式	敷设在空气中								敷设在埋地的管道内							
土壤热阻系数(K·m/W)									1		1.5		2		2.5	
环境温度(℃)	25		30		35		40		20							
标称截面(mm²)	铜芯	铝芯	铜芯	铝芯	铜芯	铝芯	铜芯	铝芯	铜芯	铝芯	铜芯	铝芯	铜芯	铝芯	铜芯	铝芯
1.5	19	—	18	—	16	—	15	—	21	—	19	—	18	—	18	—
2.5	26	20	25	19	23	17	21	16	28	21	26	19	25	18	24	18
4	36	27	34	26	31	24	29	22	36	28	34	26	32	25	31	24
6	45	34	43	33	40	31	37	28	46	35	42	33	40	31	39	30
10	63	48	60	46	56	43	52	40	61	47	57	44	54	42	52	40
16	84	64	80	61	75	57	69	53	79	61	73	57	70	54	67	52
25	107	82	101	78	94	73	87	67	101	77	94	72	90	69	86	66
35	133	101	126	96	118	90	109	83	121	94	113	88	109	84	103	80
50	162	124	153	117	143	109	133	101	143	110	134	103	128	98	122	94
70	207	159	196	150	184	141	170	130	178	138	166	128	158	122	151	117
95	252	193	238	183	223	172	207	159	211	162	196	151	187	144	179	138
120	292	224	276	212	259	199	240	184	239	185	223	172	213	164	203	157
150	338	259	319	245	299	230	277	213	271	210	253	195	241	186	230	178
185	385	296	364	280	342	263	316	243	304	236	283	220	270	210	258	200
240	455	349	430	330	404	310	374	287	350	271	326	253	311	241	297	230
300	526	403	497	381	467	358	432	331	396	306	369	286	352	273	336	260

注：墙内壁的表面散热系数不小于 10W/(m²·K)。

本表根据国家标准 GB/T 16895.15—2002 第 523 节：布线系统载流量编制或根据其计算得出。

YJV、YJLV 型铜(铝)导体三芯电力电缆持续载流量(A) **表 9.2.3-2**

型 号	YJV、YJLV																							
额定电压(kV)	0.6/1																							
导体工作温度(℃)	90																							
敷设方式	敷设在隔热墙中的导管内								敷设在明敷的导管内								敷设在埋地的管道内							
土壤热阻系数(K·m/W)																	1		1.5		2		2.5	
环境温度(℃)	25		30		35		40		25		30		35		40		20							
标称截面(mm^2)	铜芯	铝芯	铜芯	铝芯	铜芯	铝芯	铜芯	铝芯	铜芯	铝芯	铜芯	铝芯	铜芯	铝芯	铜芯	铝芯	铜芯	铝芯	铜芯	铝芯	铜芯	铝芯	铜芯	铝芯
1.5	16	—	16	—	15	—	14	—	19	—	19	—	18	—	17	—	25	—	24	—	23	—	22	—
2.5	22	18	22	18	21	17	20	16	27	21	26	21	24	20	23	19	34	25	31	24	30	23	29	22
4	31	24	30	24	28	23	27	21	36	29	35	28	33	26	31	25	43	34	40	31	38	30	37	29
6	39	32	38	31	36	29	34	28	45	36	44	35	42	33	40	31	54	42	50	39	48	37	46	36
10	53	42	51	41	48	39	46	37	62	49	60	48	57	46	54	43	71	55	67	52	64	49	61	47
16	70	57	68	55	65	52	61	50	83	66	80	64	76	61	72	58	93	71	86	67	82	64	79	61
25	92	73	89	71	85	68	80	64	109	87	105	84	100	80	95	76	119	92	111	85	106	81	101	78
35	113	90	109	87	104	83	99	79	133	107	128	103	122	98	116	93	143	110	134	103	128	98	122	94
50	135	108	130	104	124	99	118	94	160	128	154	124	147	119	140	112	169	132	158	123	151	117	144	112
70	170	136	164	131	157	125	149	119	201	162	194	156	186	149	176	141	210	162	195	151	186	144	178	138
95	204	163	197	157	189	150	179	142	242	195	233	188	223	180	212	171	248	193	232	180	221	172	211	164
120	236	187	227	180	217	172	206	163	278	224	268	216	257	207	243	196	283	219	264	204	252	195	240	186
150	269	214	259	206	248	197	235	187	—	—	—	—	—	—	—	—	319	247	298	231	284	220	271	210
185	306	242	295	233	283	223	268	212	—	—	—	—	—	—	—	—	358	278	334	490	319	247	304	236
240	359	283	346	273	332	262	314	248	—	—	—	—	—	—	—	—	414	320	386	299	368	285	351	272
300	411	325	396	313	380	300	360	284	—	—	—	—	—	—	—	—	467	363	435	338	415	323	396	308

续表

型　　号	YJV、YJLV								YJV_{22}、$YJLV_{22}$															
额定电压(kV)	0.6/1								8.7/10															
导体工作温度(℃)	90																							
敷设方式	敷设在空气中																敷设在土壤中							
土壤热阻系数(K·m/W)																								
环境温度(℃)	25		30		35		40		25		30		35		40		20							
标称截面(mm^2)	铜芯	铝芯	铜芯	铝芯	铜芯	铝芯	铜芯	铝芯	铜芯	铝芯	铜芯	铝芯	铜芯	铝芯	铜芯	铝芯	铜芯	铝芯	铜芯	铝芯	铜芯	铝芯	铜芯	铝芯
1.5	23		23		22		20		—	—	—	—	—	—	—	—	—	—	—	—	—	—	—	—
2.5	33	24	32	24	30	23	29	21			—	—	—	—	—	—	—	—	—	—	—	—	—	—
4	43	33	42	32	40	30	38	29	—	—	—	—	—	—	—	—	—	—	—	—	—	—	—	—
6	56	43	54	42	51	40	49	38	—	—	—	—	—	—	—	—	—	—	—	—	—	—	—	—
10	78	60	75	58	72	55	68	52	—	—	—	—	—	—	—	—	—	—	—	—	—	—	—	—
16	104	80	100	77	96	73	91	70	—	—	—	—	—	—	—	—	—	—	—	—	—	—	—	—
25	132	100	127	97	121	93	115	88	—	—	—	—	—	—	—	—	—	—	—	—	—	—	—	—
35	164	124	158	120	151	115	143	109	173	131	(166)	126	(159)	121	151	114	167	130	149	116	136	106	129	100
50	199	151	192	146	184	140	174	132	210	159	202	153	194	147	183	139	198	156	177	139	162	127	153	120
70	255	194	246	187	236	179	223	170	265	204	255	196	245	188	232	178	247	192	220	171	201	156	190	148
95	309	236	298	227	286	217	271	206	322	248	310	238	298	228	282	216	291	230	259	205	237	187	224	177
120	359	273	346	263	332	252	314	239	369	287	355	276	341	265	323	251	331	262	295	234	270	214	255	202
150	414	316	399	304	383	291	363	276	422	322	406	310	390	298	369	282	375	295	335	263	306	240	289	227
185	474	360	456	347	437	333	414	315	480	370	462	356	444	342	420	323	419	331	374	295	342	270	323	255
240	559	425	538	409	516	392	489	372	567	436	545	419	523	402	495	381	487	382	435	341	397	311	375	294
300	645	489	621	471	596	452	565	428	660	499	635	480	610	461	577	436	552	430	493	383	450	350	425	331
400	—	—	—	—	—	—	—	—	742	558	713	537	684	516	648	488	601	460	537	410	490	375	463	354

注：1. 表中额定电压为 0.6/1kV 的数据根据国家标准 GB/T 16895.15—2002 第 523 节：布线系统载流量编制或根据其计算得出，额定电压为 8.7/10kV 的数据摘自《工业与民用配电设计手册》第三版。

2. 墙内壁的表面散热系数不小于 $10W/(m^2 \cdot K)$。

0.6/1kV YJY 型铜导体单芯交联聚乙烯绝缘电力电缆技术参数 **表 9.2.3-3**

导体截面 (mm^2)	结构尺寸(mm)				电缆质量 (kg/km)	主要技术参数		
	导体外径	绝缘厚度	护套厚度	电缆外径		20℃时导体电阻≤Ω/km	载流量 (A)	电压降 (V/A·m×10³)
10	4.05	0.7	1.4	9.0	150	1.83	85	2.0
16	5.1	0.7	1.4	9.5	215	1.15	113	1.3
25	6.0	0.9	1.4	11.5	310	0.727	150	0.84
35	7.0	0.9	1.4	12.0	410	0.524	181	0.63
50	8.3	1.0	1.4	14.0	570	0.387	261	0.49
70	10.0	1.1	1.4	16.0	770	0.268	290	0.36
95	11.6	1.1	1.7	17.6	1030	0.193	350	0.29
120	13.0	1.2	1.7	19.2	1280	0.153	410	0.24
150	14.6	1.4	1.8	21.3	1590	0.124	474	0.21
185	16.2	1.6	1.8	23.3	1950	0.0991	544	0.19
240	18.8	1.7	1.8	25.7	2490	0.754	647	0.16
300	22.4	1.8	2.1	30.2	3140	0.0601	749	0.15
400	26.0	2.0	2.2	34.9	4140	0.0470	907	0.131
500	29.0	2.2	2.3	37.7	5140	0.0366	1052	0.120
630	32.6	2.4	2.4	41.8	6440	0.0283	1150	0.111
800	36.9	2.6	2.6	46.5	8450	0.0221	1380	0.104

注：本表摘自中科英华高技术股份有限公司郑州电缆有限公司《电线电缆产品手册》。

YFD-YJV、YFD-VV型铜导体单芯预分支电缆持续载流量(A) **表 9.2.3-4**

型　号	YFD-YJV								YFD-VV							
额定电压(kV)	0.6/1															
导体工作温度(℃)	90								70							
敷设方式	敷设在空气中															
环境温度(℃)	25		30		35		40		25		30		35		40	
标称截面(mm²)	D_e		D_e		De		D_e		D_e		D_e		D_e		D_e	
10	96	85	93	82	89	78	85	75	86	74	81	70	76	65	71	61
16	128	114	124	110	118	105	113	100	114	98	108	93	101	87	94	81
25	171	150	165	145	157	138	150	132	148	128	140	120	131	113	122	105
35	206	186	199	180	190	172	191	164	184	158	173	149	163	140	151	130
50	302	223	291	215	278	205	265	196	223	192	210	181	197	170	183	158
70	330	290	319	280	304	267	290	255	281	242	265	228	249	214	231	199
95	395	353	381	341	364	325	347	310	346	298	326	281	306	264	284	245
120	467	410	451	396	430	378	410	360	398	344	376	324	353	304	327	282
150	535	477	517	460	493	439	470	419	448	386	423	364	397	342	368	317
185	604	546	583	526	556	502	530	479	533	459	502	433	471	407	437	377
240	729	644	704	621	672	593	640	565	636	549	600	517	563	486	522	450
300	826	733	797	707	761	675	725	643	739	636	696	600	654	563	606	522
400	963	878	929	848	887	809	845	771	893	769	841	725	790	681	732	631

注：1. 根据《额定电压0.6/1kV铜芯塑料绝缘预制分支电力电缆》JG/T 147—2002要求：

(1) 主干电缆截面为10mm²，支线电缆截面为6mm²；主干电缆截面为16mm²，支线电缆截面为10、16mm²；主干电缆截面为25mm²，支线电缆截面为10～25mm²；主干电缆截面为35mm²，支线电缆截面为10～35mm²；主干电缆截面为50～95mm²，支线电缆截面为10～50mm²；主干电缆截面为120mm²，支线电缆截面为10～70mm²；主干电缆截面为150、185mm²；支线电缆截面为10～95mm²；主干电缆截面为240、300mm²；支线电缆截面为10～120mm²，主干电缆截面为400mm²，支线电缆截面为10～150mm²。

(2) 绞合的预分支电缆主干电缆的最大截面为300mm²。

2. 表中数据根据生产厂家的技术资料编制、计算得出，仅供设计人员参考。

3. D_e 指电缆外径。

表 9.2.3-5

WDZ-YJ(F)E型电力电缆明敷时持续载流量(A)

型　号	WDZ-YJ(F)E							
额定电压(kV)	0.6/1							
导体工作温度(℃)	135(最大载流量)				90(推荐载流量)			
环境温度(℃)	25	30	35	40	25	30	35	40
标称截面(mm²)	三　芯							
1.5	33	32	31	31	26	25	23	23
2.5	44	43	42	41	34	32	31	30
4	58	57	55	54	44	42	40	39
6	75	73	71	69	57	54	52	50
10	105	102	99	97	79	76	72	70
16	136	132	128	125	107	102	97	94
25	185	180	175	170	136	130	124	120
35	228	222	216	210	171	163	156	150
50	277	270	262	255	210	201	192	185
70	354	344	334	325	267	256	244	235
95	436	424	412	400	330	316	301	290
120	512	498	484	470	387	370	353	340
150	583	567	551	535	444	425	405	390
185	675	657	638	620	513	490	468	450
240	806	784	762	740	615	588	561	540

注：1. 四芯及以上电缆载流量按三芯电缆载流量选用。

2. 耐火型电缆型号为 WDZN-YJ(F)E，其载流量可参考本表。

3. 表中数据根据生产厂家提供的资料编制、计算得出，仅供设计参考。

0.6/1kV WDZ-YJ(F)Y 型辐照交联聚乙烯绝缘电力电缆载流量(环境温度 40℃，工作温度 135℃)

表 9.2.3-6

芯数	单芯				二芯	三、四、五芯
排列	⊙	⊙⊙	⊙⊙⊙	⊙ ⊙ ⊙		
截面 mm²	铜芯	铜芯	铜芯	铜芯	铜芯	铜芯
2.5	40	51	43	55	46	41
4	50	67	58	72	62	54
6	68	84	77	93	78	66
10	95	110	100	120	110	92
16	128	140	133	170	140	120
25	168	198	175	220	180	162
35	210	230	120	260	220	200
50	255	292	266	330	270	240
70	330	375	330	420	360	300
95	420	460	428	540	450	380
120	485	540	510	610	520	450
150	560	620	580	700	600	520
185	660	710	680	810	680	600
240	780	830	800	1000	800	720
300	980	1050	1020	1270	1030	920

注：1. 辐照交联低烟无卤电力电缆的特点：

(1) 载流量大：辐照交联电缆，经高能电子束辐照后，材料的分子结构从线形变成三维网状分子结构，耐温等级从非交联的70℃提高到90℃、105℃、125℃、甚至150℃，比同规格的电缆的载流量提高15～50%。

(2) 绝缘电阻大：由于辐照交联电缆避免了采用氢氧化物作为阻燃剂，因此防止了交联和因绝缘层吸收空气中的水分而使绝缘电阻下降现象。从而保证了绝缘电阻值。

(3) 使用寿命长，过载能力强：由于辐照交联后的聚烯烃材料的耐温等级高，老化温度高，所以延长了电缆在使用过程中循环发热的使用寿命。

(4) 环保、安全：由于电缆所采用的材料都是无卤环保材料，所以电缆的燃烧性符合环保要求。

(5) 产品质量稳定：传统的温水交联电缆的质量受水温度、挤制工艺、交联添加剂等因素的影响，质量不稳定，而辐照交联电缆的质量取决于电子束的辐照剂量，辐照剂量是由计算机控制，少了人为的因素，所以质量稳定。

2. 本表摘自中科英华高技术股份有限公司郑州电缆有限公司《电线电缆产品手册》。

PVC外护层或允许接触裸护套矿物绝缘电缆持续载流量(A) **表 9.2.3-7**

型　号		BTTVQ(轻载)、BTTVZ(重载)															
金属护套温度(℃)		70															
环境温度(℃)		25								30							
导线根数		两根	三根	三根	两根	三根	三根	三根	三根	两根	三根	三根	两根	三根	三根	三根	三根
标称截面(mm²)		两芯或单芯	多芯或单芯三角形排列	单芯相互接触排列	两芯或单芯	多芯或单芯三角形排列	单芯相互接触排列	单芯垂直有间距排列	单芯水平有间距排列	两芯或单芯	多芯或单芯三角形排列	单芯相互接触排列	两芯或单芯	多芯或单芯三角形排列	单芯相互接触排列	单芯垂直有间距排列	单芯水平有间距排列
		或	或	或	≥D_e 或 ≥0.3D_e	≥D_e 或 ≥0.3D_e	或 ≥D_e	D_e ≥D_e	D_e ≥D_e	或	或	或	≥D_e 或 ≥0.3D_e	≥D_e 或 ≥0.3D_e	或 ≥D_e	D_e ≥D_e	D_e ≥D_e
500V 轻载	1.5	24	20	22	26	22	24	27	31	23	19	21	25	21	23	26	29
	2.5	33	27	31	35	29	33	36	41	31	26	29	33	28	31	34	39
	4	42	37	40	47	39	39	48	53	40	35	38	44	37	41	45	51
750V 重载	1.5	26	22	24	27	23	27	29	34	25	21	23	26	22	26	28	32
	2.5	36	29	33	38	32	36	39	46	34	28	31	36	30	34	37	43
	4	48	39	43	50	42	48	52	59	45	37	41	47	40	45	49	56
	6	60	51	55	64	54	60	66	75	57	49	52	60	51	57	62	71
	10	82	69	74	87	73	82	89	101	77	65	70	82	69	77	84	95
	16	109	101	98	116	98	109	117	133	102	86	92	109	92	102	110	125
	25	142	119	128	151	128	141	151	173	133	112	120	142	120	132	142	162
	35	174	146	157	186	157	172	185	210	163	137	147	174	147	161	173	197
	50	216	180	193	230	194	211	227	258	202	169	181	215	182	198	213	242
	70	264	221	236	282	238	257	277	314	247	207	221	264	223	241	259	294
	95	316	266	282	339	285	309	330	375	296	249	264	317	267	289	309	351
	120	363	306	324	389	329	354	377	430	340	286	303	364	308	331	353	402
	150	415	349	370	445	376	403	428	485	388	327	346	416	352	377	400	454
	185	470	396	419	505	426	455	477	542	440	371	392	472	399	426	446	507
	240	549	464	488	590	498	530	531	604	514	434	457	552	466	496	497	565

续表

型号		BTTVQ(轻载)、BTTVZ(重载)															
金属护套温度(℃)		70															
环境温度(℃)		35								40							
导线根数		两根	三根	三根	两根	三根	三根	三根	三根	两根	三根	三根	两根	三根	三根	三根	三根
标称截面（mm^2）		两芯或单芯	多芯或单芯三角形排列	单芯相互接触排列	两芯或单芯	多芯或单芯三角形排列	单芯相互接触排列	单芯垂直有间距排列	单芯水平有间距排列	两芯或单芯	多芯或单芯三角形排列	单芯相互接触排列	两芯或单芯	多芯或单芯三角形排列	单芯相互接触排列	单芯垂直有间距排列	单芯水平有间距排列
		或	或	或	≥D_e 或 ≥0.3D_e	≥D_e 或 ≥0.3D_e	或 ≥D_e	D_e ≥D_e	D_e ≥D_e	或	或	或	≥D_e 或 ≥0.3D_e	≥D_e 或 ≥0.3D_e	或 ≥D_e	D_e ≥D_e	D_e ≥D_e
500V 轻载	1.5	21	17	19	23	19	21	24	26	19	16	17	21	17	19	22	24
	2.5	28	24	26	30	26	28	31	36	26	22	24	28	23	26	28	33
	4	37	32	35	40	34	38	41	47	34	29	32	37	31	34	38	43
750V 重载	1.5	23	19	21	24	20	24	26	29	21	17	19	22	18	22	23	27
	2.5	31	26	28	33	27	31	34	39	28	23	26	30	25	28	31	36
	4	41	34	38	43	37	41	45	52	38	31	34	39	34	38	41	47
	6	53	44	48	55	47	53	57	66	48	40	44	51	43	48	52	60
	10	71	60	65	76	64	71	78	88	65	55	59	69	58	65	71	80
	16	94	79	85	101	85	94	102	116	86	73	78	92	78	86	93	106
	25	123	102	111	132	111	122	132	150	113	95	102	120	102	112	120	137
	35	151	127	136	161	136	149	160	183	138	116	124	147	124	136	147	167
	50	187	157	168	199	169	184	198	225	171	143	153	182	154	168	181	205
	70	229	192	205	245	207	224	240	273	209	175	187	224	189	204	220	249
	95	275	231	245	294	248	268	287	326	251	211	224	269	226	245	262	298
	120	316	265	281	338	286	307	328	373	289	243	257	309	261	281	300	341
	150	360	304	321	386	327	350	372	422	329	277	294	353	299	320	340	385
	185	409	345	364	438	371	396	414	471	374	315	333	401	339	362	379	430
	240	478	403	425	513	433	461	462	525	436	368	388	469	396	421	422	480

注：1. D_e 指电缆外径。

2. 表中数据根据国家标准 GB/T 16895.15—2002 第 523 节：布线系统载流量编制或根据其计算得出。

不允许接触裸护套矿物绝缘电缆持续载流量(A) 表 9.2.3-8

型号		BTTQ(轻载)、BTTZ(重载)															
金属护套温度(℃)		105															
环境温度(℃)		25								30							
导线根数		两根	三根	三根	两根	三根	三根	三根	三根	两根	三根	三根	两根	三根	三根	三根	三根
标称截面(mm²)		两芯或单芯	多芯或单芯三角形排列	单芯扁平排列	两芯或单芯	多芯或单芯三角形排列	单芯扁平排列	单芯垂直有间距排列	单芯水平有间距排列	两芯或单芯	多芯或单芯三角形排列	单芯扁平排列	两芯或单芯	多芯或单芯三角形排列	单芯扁平排列	单芯垂直有间距排列	单芯水平有间距排列
		或	或	或	≥D_e 或 ≥0.3D_e	≥D_e 或 ≥0.3D_e	或 ≥D_e	D_e ≥D_e	D_e ≥D_e	或	或	或	≥D_e 或 ≥0.3D_e	≥D_e 或 ≥0.3D_e	或 ≥D_e	D_e ≥D_e	D_e ≥D_e
500V 轻载	1.5	29	24	28	32	27	30	34	38	28	24	27	31	26	29	33	37
	2.5	39	34	37	42	36	40	44	50	38	33	36	41	35	39	43	49
	4	53	45	48	56	47	53	58	66	51	44	47	54	46	51	56	64
750V 重载	1.5	32	27	31	34	29	33	36	41	31	26	30	33	28	32	35	40
	2.5	43	36	42	46	39	44	48	56	42	35	41	45	38	43	47	54
	4	57	48	55	62	52	58	63	72	55	47	53	60	50	56	61	70
	6	72	61	69	79	66	73	81	92	70	59	67	76	64	71	78	89
	10	99	84	94	108	90	99	109	124	96	81	91	104	87	96	105	120
	16	132	111	123	142	119	132	142	163	127	107	119	137	115	127	137	157
	25	172	145	160	186	156	170	185	212	166	140	154	179	150	164	178	204
	35	211	177	194	228	191	208	224	257	203	171	187	220	184	200	216	248
	50	261	220	239	282	237	236	276	316	251	212	230	272	228	247	266	304
	70	319	270	291	346	290	312	335	384	307	260	280	333	279	300	323	370
	95	383	324	347	416	348	373	400	458	369	312	334	400	335	359	385	441
	120	440	373	398	478	400	427	427	525	424	359	383	460	385	411	411	505
	150	504	426	452	547	458	487	517	587	485	410	435	526	441	469	498	565
	185	572	483	511	619	520	551	579	654	550	465	492	596	500	530	557	629
	240	668	565	594	724	607	641	648	732	643	544	572	697	584	617	624	704

续表

型号		BTTQ(轻载)、BTTZ(重载)															
金属护套温度(℃)		105															
环境温度(℃)		35								40							
导线根数		两根	三根	三根	两根	三根	三根	三根	三根	两根	三根	三根	两根	三根	三根	三根	三根
标称截面(mm²)		两芯或单芯	多芯或单芯三角形排列	单芯扁平排列	两芯或单芯	多芯或单芯三角形排列	单芯扁平排列	单芯垂直有间距排列	单芯水平有间距排列	两芯或单芯	多芯或单芯三角形排列	单芯扁平排列	两芯或单芯	多芯或单芯三角形排列	单芯扁平排列	单芯垂直有间距排列	单芯水平有间距排列
		或	或	或	≥D_e 或 ≥0.3D_e	≥D_e 或 ≥0.3D_e	或 ≥D_e	D_e ≥D_e	D_e ≥D_e	或	或	或	≥D_e 或 ≥0.3D_e	≥D_e 或 ≥0.3D_e	或 ≥D_e	D_e ≥D_e	D_e ≥D_e
500V 轻载	1.5	26	23	25	29	24	27	31	35	25	22	24	28	23	26	30	34
	2.5	36	31	34	39	33	37	41	47	34	30	33	37	32	35	39	45
	4	48	42	45	51	44	48	53	61	46	40	43	49	42	46	51	58
750V 重载	1.5	29	24	28	31	26	30	33	38	28	23	27	30	25	29	32	36
	2.5	40	33	39	43	36	41	45	51	38	32	37	41	34	39	43	49
	4	52	45	50	57	48	53	58	67	50	43	48	55	46	51	56	64
	6	67	56	64	72	61	68	74	85	64	54	61	69	58	65	71	81
	10	92	77	87	99	83	92	100	115	88	74	83	95	80	88	96	110
	16	121	102	114	131	110	121	131	150	116	98	109	126	105	116	126	144
	25	159	134	147	171	144	157	170	195	152	128	141	164	138	150	163	187
	35	194	164	179	211	176	192	207	238	186	157	172	202	169	184	198	228
	50	240	203	220	261	218	237	255	291	230	195	211	250	209	227	244	279
	70	294	249	268	319	267	288	310	355	282	239	257	306	256	276	297	340
	95	354	299	320	384	321	344	369	423	339	287	307	368	308	330	354	405
	120	407	314	367	441	369	394	394	484	390	330	352	423	354	378	378	464
	150	465	393	417	504	423	450	478	542	446	377	400	483	405	431	458	519
	185	528	446	472	572	480	508	534	603	506	427	452	548	460	487	512	578
	240	617	522	549	669	560	592	599	675	591	500	526	641	537	567	574	647

注：1. D_e 指电缆外径。

2. 表中数据根据国家标准 GB/T 16895.15—2002 第 523 节：布线系统载流量编制或根据其计算得出。

0.6/1kV 架空绝缘电力电缆导体载流量(A) 表 9.2.3-9

导体标称截面 (mm²)	JKY、JKV			JKLY、JKLV			JKYJ	JKLYJ
	单芯	2芯	4芯	单芯	2芯	4芯	3+C芯	
16	110	100	90	85	78	68	95	72
25	145	135	120	120	97	93	120	93
35	185	175	145	150	125	110	151	115
50	215	210	170	180	155	130	183	140
70	275	255	215	205	194	170	234	185
95	330	305	275	260	235	200	295	215
120	410	355	305	315	280	240	337	265
150	475	—	—	360	—	—	—	—
185	550	—	—	420	—	—	—	—
240	635	—	—	500	—	—	—	—

注：1. 表中C芯表示第4芯，截面可以从16～120mm² 任选，本表中的载流量值系与相线等截面。

2. 表中：JKY(JKLY)—铜(铝)芯聚乙烯绝缘架空电缆；

JKV(JKLV)—铜(铝)芯聚氯乙烯绝缘架空电缆；

JKYJ(JKLYJ)—铜(铝)芯交联聚乙烯绝缘架空电缆。

9.2.4 450/750V 及以下通用橡套软电缆载流量

通用橡套软电缆持续载流量，见表 9.2.4-1、表 9.2.4-2。

YQ、YZ 型等通用橡套软电缆持续载流量(A) 表 9.2.4-1

型号		YQ、YQW、YHQ		YZ、YZW、YHZ							
额定电压(kV)		0.3/0.3		0.3/0.5							
导体工作温度(℃)		65									
环境温度(℃)		25	25	25	30	35	40	25	30	35	40
标称截面(mm²) 主线芯	中性线	二芯	三芯	二芯				三芯、四芯			
0.5	0.5	11	9	12	11	10	9	9	8	7	7
0.75	0.75	14	12	14	13	12	11	11	10	9	8
1.0	1.0	—	—	17	15	14	13	13	12	11	10
1.5	1.5	—	—	21	19	18	16	18	16	15	14
2.0	2.0	—	—	26	24	22	20	22	20	19	17
2.5	2.5	—	—	30	28	25	23	25	23	21	19
4	4	—	—	41	38	35	32	36	32	30	27
6	6	—	—	53	49	45	41	45	42	38	35

注：三芯电缆中一根线芯不载流时，其载流量按二芯电缆数据。

YC型等通用橡套软电缆持续载流量（A） **表9.2.4-2**

型号		YC、YCW、YHC							
额定电压（kV）		0.45/0.75							
导体工作温度（℃）		65							
环境温度（℃）		25	30	35	40	25	30	35	40
标称截面（mm²）		二芯				三芯、四芯			
主线芯	中性线								
2.5	2.5	30	29	25	23	26	24	22	20
4	4	39	36	33	30	34	31	29	26
6	6	51	47	44	40	43	40	37	34
10	10	74	69	64	58	63	58	54	49
16	16	98	91	84	77	84	78	72	66
25	16	135	126	116	106	115	107	99	90
35	16	167	156	144	132	142	132	122	112
50	16	208	194	179	164	176	164	152	139
70	25	259	242	224	204	224	209	193	177
95	35	318	297	275	251	273	255	236	215
120	35	371	346	320	293	316	295	273	349

注：三芯电缆中一根线芯不载流时，其载流量按二芯电缆数据。

9.2.5 0.6～35kV YJLHV型铝合金电缆持续载流量

1. 概述

0.6/1kV～26/35kV YJLHV型铝合金导体交联聚乙烯绝缘铝合金电缆适用于工业、民用建筑非消防负荷输配电系统线路设计。

金杯电工衡阳电缆有限公司（原衡阳电缆厂）（网址：http：//www.gold-cup.cn）自主研发的铝合金导体，采用特殊的成分配方，铝合金导体完全符合CSAC22.2No.38关于ACM合金导体的标准，也符合GB/T 12706.1及IEC 60502.1最新版的各项标准。金杯电工YJLHV型铝合金电缆采用自主设计的型线绞合结构，导体的填充系数达93%以上，高于传统的圆形紧压导体填充系数的83%，提高了有效的导体截面积。在满足相同载流量的前提下，铝合金电缆的重量是铜缆的一半，制造成本降低30%，运输成本和敷设成本降低20%～50%，铝合金导体的截面积比铜缆大一个规格，通过计算，铝合金电缆的损耗和铜缆相当。

2. 铝合金电缆型号及应用

铝合金电缆型号及应用，见表 9.2.5-1。

铝合金电缆型号及应用　　表 9.2.5-1

电缆型号	电 缆 名 称	应 用 场 所
YJLHV	铝合金导体交联聚乙烯绝缘聚氯乙烯护套电力电缆	室内、室外，不能承受一定的机械压力
$YJLHV_{60}$	铝合金导体交联聚乙烯绝缘铝合金带联锁铠装电力电缆	室内，能承受一定机械压力
$YJLHV_{62}$	铝合金导体交联聚乙烯绝缘铝合金带联锁铠装聚氯乙烯护套电力电缆	室内、室外、隧道、电缆沟及地下，能承受一定的机械压力
$YJLHV_{22}$	铝合金导体交联聚乙烯绝缘双钢带铠装聚氯乙烯护套电力电缆	室内、室外、隧道、电缆沟、竖井及地下，能承受一定的机械压力

注：阻燃系列、耐火系列、无卤低烟系列电缆型号的表示方法符合 GB/T 19666—2005 的要求，即在基本型号前添加阻燃/耐火/无卤低烟特性代号，中间用“—”连接即可。例如铝合金导体交联聚氯乙烯浒苔阻燃 C 类电力电缆表示方法为：ZC-YJLHV。

3. 铝合金电缆技术数据

(1) YJLH-0.6/1kV 铝合金导体交联聚乙烯绝缘聚氯乙烯护套电力电缆技术数据，见表 9.2.5-2。

(2) YJLHV-6/10kV 铝合金导体交联聚乙烯绝缘聚氯乙烯护套电力电缆技术数据，见表 9.2.5-3。

(3) $YJLHV_{22}$-6/10kV 铝合金导体交联聚乙烯绝缘双钢带铠装聚氯乙烯护套电力电缆技术数据，见表 9.2.5-4。

YJLHV-0.6/1kV 铝合金导体交联聚乙烯绝缘聚氯乙烯护套电力电缆技术数据 表 9.2.5-2

电缆芯数	标称截面 (mm^2)	导线直径 (mm)	绝缘厚度 (mm)	电缆的近似外径 (mm)	电缆的近似质量 (kg/km)	20℃导体直流电阻 (Ω/km)	连续负荷载流量推荐值（A）	
							空气中	土壤中
单芯	1×16	4.8	0.7	9.1	106	≤1.91	80	100
	1×25	6.0	0.9	10.8	150	≤1.20	115	130
	1×35	7.0	0.9	11.8	187	≤0.868	140	150
	1×50	8.3	1.0	13.3	239	≤0.641	170	180
	1×70	10.0	1.1	15.2	315	≤0.443	215	225
	1×95	11.6	1.1	17.0	410	≤0.320	275	270
	1×120	13.0	1.2	18.6	494	≤0.253	320	305
	1×150	14.6	1.4	20.8	615	≤0.206	370	350
	1×185	16.2	1.6	22.8	746	≤0.164	415	380
	1×240	18.4	1.7	25.4	944	≤0.125	490	435
	1×300	20.6	1.8	28.0	1156	≤0.100	565	495
	1×400	23.5	2.0	31.5	1471	≤0.0778	640	555

续表

电缆芯数	标称截面 (mm²)	导线直径 (mm)	绝缘厚度 (mm)	电缆的近似外径 (mm)	电缆的近似质量 (kg/km)	20℃导体直流电阻 (Ω/km)	连续负荷载流量推荐值（A）	
							空气中	土壤中
2芯	2×16	4.8	0.7	16.6	264	≤1.91	65	80
	2×25	6.0	0.9	20.0	378	≤1.20	95	95
	2×35	7.0	0.9	22.0	469	≤0.868	115	115
	2×50	8.3	1.0	25.0	607	≤0.641	150	145
	2×70	10.0	1.1	28.8	801	≤0.443	185	170
	2×95	11.6	1.1	33.0	1052	≤0.320	220	205
	2×120	13.0	1.2	36.4	1283	≤0.253	255	230
	2×150	14.6	1.4	40.6	1590	≤0.206	285	255
	2×185	16.2	1.6	44.8	1944	≤0.164	325	285
	2×240	18.4	1.7	50.0	2459	≤0.125	385	335
	2×300	20.6	1.8	55.2	3018	≤0.100	425	385
	2×400	23.5	2.0	62.2	3843	≤0.0778	490	450
3芯	3×16	4.8	0.7	17.6	321	≤1.91	65	80
	3×25	6.0	0.9	21.2	466	≤1.20	95	95
	3×35	7.0	0.9	23.4	588	≤0.868	115	115
	3×50	8.3	1.0	26.6	764	≤0.641	150	145
	3×70	10.0	1.1	30.9	1032	≤0.443	185	170
	3×95	11.6	1.1	35.2	1346	≤0.320	220	205
	3×120	13.0	1.2	38.8	1645	≤0.253	255	230
	3×150	14.6	1.4	43.5	2063	≤0.206	285	255
	3×185	16.2	1.6	48.0	2528	≤0.164	325	285
	3×240	18.4	1.7	53.6	3209	≤0.125	385	335
	3×300	20.6	1.8	59.2	3945	≤0.100	425	≤385
	3×400	23.5	2.0	66.9	5062	≤0.0778	490	450

续表

电缆芯数	标称截面 (mm²)	导线直径 (mm)	绝缘厚度 (mm)	电缆的近似外径 (mm)	电缆的近似质量 (kg/km)	20℃导体直流电阻 (Ω/km)	连续负荷载流量推荐值（A）	
							空气中	土壤中
4芯	4×16	4.8	0.7	19.2	391	≤1.91	65	80
	4×25	6.0	0.9	23.3	576	≤1.20	95	95
	4×35	7.0	0.9	25.7	731	≤0.868	115	115
	4×50	8.3	1.0	29.5	968	≤0.641	150	145
	4×70	10.0	1.1	34.3	1310	≤0.443	185	170
	4×95	11.6	1.1	39.0	1712	≤0.320	220	205
	4×120	13.0	1.2	43.3	2118	≤0.253	255	230
	4×150	14.6	1.4	48.3	2630	≤0.206	285	255
	4×185	16.2	1.6	53.5	3250	≤0.164	325	285
	4×240	18.4	1.7	59.7	4124	≤0.125	385	335
	4×300	20.6	1.8	65.9	5067	≤0.100	425	385
	4×400	23.5	2.0	74.5	6502	≤0.0778	490	450
5芯	5×16	4.8	0.7	21.0	468	≤1.91	65	80
	5×25	6.0	0.9	25.6	695	≤1.20	95	95
	5×35	7.0	0.9	28.3	887	≤0.868	115	115
	5×50	8.3	1.0	32.8	1194	≤0.641	150	145
	5×70	10.0	1.1	38.1	1615	≤0.443	185	170
	5×95	11.6	1.1	43.4	2128	≤0.320	220	205
	5×120	13.0	1.2	47.9	2605	≤0.253	255	230
	5×150	14.6	1.4	53.7	32.62	≤0.206	285	255
	5×185	16.2	1.6	59.5	4030	≤0.164	325	285
	5×240	18.4	1.7	66.4	5114	≤0.125	385	335
	5×300	20.6	1.8	73.3	6282	≤0.100	425	385
	5×400	23.5	2.0	82.8	8052	≤0.0778	490	450

YJLHV-6/10kV 铝合金导体交联聚乙烯绝缘聚氯乙烯护套电力电缆技术数据　　**表 9.2.5-3**

电缆芯数	标称截面 mm²	导体直径 mm	绝缘厚度 mm	电缆的近似外径 mm	电缆的近似重量 kg/km	20℃导体直流电阻 Ω/km	连续负荷载流量推荐值（A）							
							空气中				土壤中			
							三角形		扁平形		三角形		扁平形	
							单侧	两侧	单侧	两侧	单侧	两侧	单侧	两侧
单芯	1×25	6.0	3.4	19.8	426	≤1.20	100	100	114	114	104	104	113	113
	1×35	7.0	3.4	20.8	483	≤0.868	127	127	146	141	117	117	134	129
	1×50	8.3	3.4	22.3	547	≤0.641	155	155	173	168	139	139	160	155
	1×70	10.0	3.4	23.8	651	≤0.443	196	196	228	214	174	174	195	181
	1×95	11.6	3.4	25.7	774	≤0.320	241	241	278	260	208	239	230	212
	1×120	13.0	3.4	27.1	934	≤0.253	283	278	319	292	239	234	261	234
	1×150	14.6	3.4	28.7	1053	≤0.206	328	319	365	337	269	260	295	267
	1×185	16.2	3.4	30.4	1196	≤0.164	372	365	424	367	300	293	330	284
	1×240	18.4	3.4	32.9	1425	≤0.125	442	424	502	424	348	330	378	322
	1×300	20.6	3.4	35.3	1692	≤0.100	506	493	588	479	391	378	430	360
	1×400	23.5	3.4	38.5	2041	≤0.0778	611	579	707	546	456	424	500	398
	1×500	26.4	3.4	42.0	2476	≤0.0605	712	661	830	611	517	466	565	432
3芯	3×25	6.0	3.4	39.8	1472	≤1.20	100				90			
	3×35	7.0	3.4	42.2	1682	≤0.868	123				110			
	3×50	8.3	3.4	45.2	1928	≤0.641	146				125			
	3×70	10.0	3.4	48.6	2410	≤0.443	178				152			
	3×95	11.6	3.4	52.8	2860	≤0.320	219				182			
	3×120	13.0	3.4	55.8	3427	≤0.253	251				205			
	3×150	14.6	3.4	59.6	3875	≤0.206	283				223			
	3×185	16.2	3.4	63.0	4392	≤0.164	324				252			
	3×240	18.4	3.4	68.3	5178	≤0.125	378				292			
	3×300	20.6	3.4	73.3	6147	≤0.100	433				332			
	3×400	23.5	3.4	80.3	7106	≤0.0778	506				378			
	3×500	26.4	3.4	87.9	8245	≤0.0605	579				428			

YJLHV$_{22}$-6/10kV 铝合金导体交联聚乙烯绝缘双钢带铠装聚氯乙烯护套电力电缆技术数据　　表 9.2.5-4

电缆芯数	标称截面 mm^2	导体直径 mm	绝缘厚度 mm	电缆的近似外径 mm	电缆的近似质量 kg/km	20℃导体直流电阻 Ω/km	连续负荷载流量推荐值（A）							
							空气中				土壤中			
							三角形		扁平形		三角形		扁平形	
							单侧	两侧	单侧	两侧	单侧	两侧	单侧	两侧
单芯	1×25	6.0	3.4	23.4	767	≤1.20	96	96	110	110	100	100	109	109
	1×35	7.0	3.4	24.4	840	≤0.868	122	122	141	136	112	112	129	124
	1×50	8.3	3.4	25.7	929	≤0.641	149	149	167	162	133	133	154	149
	1×70	10.0	3.4	27.2	1047	≤0.443	189	189	221	207	167	167	188	174
	1×95	11.6	3.4	29.1	1197	≤0.320	233	233	270	252	200	200	222	204
	1×120	13.0	3.4	31.9	1575	≤0.253	274	269	310	283	230	225	252	225
	1×150	14.6	3.4	33.5	1743	≤0.206	318	309	355	327	259	250	285	257
	1×185	16.2	3.4	35.2	1901	≤0.164	361	354	413	358	289	282	319	273
	1×240	18.4	3.4	37.7	2173	≤0.125	430	412	490	412	336	318	366	310
	1×300	20.6	3.4	39.9	2470	≤0.100	493	480	575	466	378	365	417	347
	1×400	23.5	3.4	43.3	2866	≤0.0778	597	565	693	532	441	410	486	384
	1×500	26.4	3.4	47.0	3345	≤0.0605	697	646	815	596	502	451	550	417
三芯	3×25	6.0	3.4	44.8	2470	≤1.20	100				90			
	3×35	7.0	3.4	47.4	2736	≤0.868	123				107			
	3×50	8.3	3.4	50.4	3059	≤0.641	141				120			
	3×70	10.0	3.4	54.0	3526	≤0.443	173				152			
	3×95	11.6	3.4	58.9	4144	≤0.320	214				182			
	3×120	13.0	3.4	63.6	4854	≤0.253	246				205			
	3×150	14.6	3.4	66.4	5386	≤0.206	278				219			
	3×185	16.2	3.4	71.8	6029	≤0.164	320				247			
	3×240	18.4	3.4	75.3	6926	≤0.125	373				292			
	3×300	20.6	3.4	81.9	8095	≤0.100	428				328			
	3×400	23.5	3.4	91.1	10430	≤0.0778	501				374			
	3×500	26.4	3.4	97.2	11943	≤0.0605	574				424			

9.2.6 低压母线槽持续载流量

铜、铝母线槽持续载流量，见表 9.2.6-1，铜、铝母线槽电气指标，见表 9.2.6-2，母线槽常用的外壳防护等级，见表 9.2.6-3。

铜、铝母线槽持续载流量（A） 表 9.2.6-1

空气绝缘母线槽	—	—	63	100	125	160	200	250	315	400	500	630	800	1000	1250	1600	2000	2500	3150	4000	5000
密集绝缘母线槽	25	40	63	100	—	160	200	250	—	400	—	630	800	1000	1250	1600	2000	2500	3150	4000	5000
耐火母线槽	—	—	63	100	125	160	200	250	315	400	500	630	800	1000	1250	1600	2000	2500	3150	4000	5000

铜、铝母线槽电气指标 表 9.2.6-2

类　型	空气绝缘	密集绝缘	耐　火
额定电压（kV）	0.35/0.66		0.38/0.66/1/1.14
导　体	L1+L2+L3，L1+L2+L3+N，L1+L2+L3+N+PE		
额定频率（Hz）	50/60		
外壳防护等级	≥IP30	≥IP40	≥IP44

母线槽的外壳防护等级选择（参考） 表 9.2.6-3

代号	含　义	应用场所	代号	含　义	应用场所
IP30	能防止厚度或直径大于 2.5mm 的物体进入母线槽壳体内	适用于室内专用工作场所，可提高空气型母线槽的散热效果	IP54	不能防止尘埃进入；能防溅水，任何方向的溅水无有害影响	适用于室内潮湿场所，室外有顶棚的场所
			IP65	无尘埃进入；能防喷水	适用于室外无遮盖的场所
IP40	能防止厚度或直径大于 1mm 的物体进入母线槽壳体内	适用于室内普通场所	G5IP66	无尘埃进入；能防海浪，进入外壳的水量不致达到有害程度	适用于码头等场所
IP41	能防止厚度或直径大于 1mm 的物体进入母线槽壳体内，同时，垂直滴水无有害影响	适用于室内可能出现滴水的场所	IP68	无尘埃进入；在规定的压力下长时间潜水时，水不应进入壳体内	适用于防有害气体进入壳体内的室外无遮盖场所

注：表摘自《低压母线槽选用、安装及验收规程》CECS170：2004。

9.2.7 涂漆矩形母线持续载流量

涂漆矩形母线的持续载流量，见表 9.2.7-1、表 9.2.7-2。

涂漆矩形母线在70℃时持续载流量(A) **表 9.2.7-1**

规格尺寸 宽×厚 (mm)	铜母线(TMY)								铝母线(LMY)							
	交流				直流				交流				直流			
	25℃	30℃	35℃	40℃	25℃	30℃	35℃	40℃	25℃	30℃	35℃	40℃	25℃	30℃	35℃	40℃
15×3	210	197	185	170	210	197	185	170	165	155	145	134	165	155	145	134
20×3	275	258	242	223	275	258	242	223	215	202	189	174	215	202	189	174
25×3	340	320	299	276	340	320	299	276	265	249	233	215	265	249	233	215
30×4	475	446	418	385	475	446	418	385	365	343	321	296	370	348	326	300
40×4	625	587	550	506	625	587	550	506	480	451	422	389	480	451	422	389
40×5	700	659	615	567	705	664	620	571	540	507	475	438	545	512	480	446
50×5	860	809	756	697	870	818	765	705	665	625	585	539	670	630	590	543
50×6.3	955	898	840	774	960	902	845	778	740	695	651	600	745	700	655	604
63×6.3	1255	1056	990	912	1145	1079	1010	928	870	818	765	705	880	827	775	713
80×6.3	1480	1390	1300	1200	1510	1420	1330	1225	1150	1080	1010	932	1170	1100	1030	950
100×6.3	1810	1700	1590	1470	1875	1760	1650	1520	1425	1340	1255	1155	1455	1368	1280	1180
63×8	1320	1240	1160	1070	1345	1265	1185	1090	1025	965	902	831	1040	977	915	844
80×8	1690	1590	1490	1370	1755	1650	1545	1420	1320	1240	1160	1070	1355	1274	1192	1100
100×8	2080	1955	1830	1685	2180	2050	1920	1770	1625	1530	1430	1315	1690	1590	1488	1370
125×8	2400	2255	2110	1945	2600	2445	2290	2105	1900	1785	1670	1540	2040	1918	1795	1655
63×10	1900	1786	1670	1540	1990	1870	1750	1610	1480	1390	1300	1200	1540	1450	1355	1250
100×10	2310	2170	2030	1870	2470	2320	2175	2000	1820	1710	1600	1475	1910	1795	1680	1550
125×10	2650	2490	2330	2150	2950	2770	2595	2390	2070	1945	1820	1680	2300	2160	2020	1865

注：1. 本表系母线立放数据，当母线平放且宽度≤63mm时，表中数据应乘以0.95，>63mm时应乘以0.92。两片母线间距等于厚度。

2. 本表摘自国家建筑标准设计图集《建筑电气常用数据》04DX101-1。

2～3 片组合涂漆母线在 70℃ 时持续载流量（A） **表 9.2.7-2**

母线尺寸（宽×厚）（mm）	铜母线（TMY）								铝母线（LMY）							
	交流				直流				交流				直流			
	25℃	30℃	35℃	40℃	25℃	30℃	35℃	40℃	25℃	30℃	35℃	40℃	25℃	30℃	35℃	40℃
2(63×6.3)	1740	1636	1531	1409	1990	1871	1751	1612	1350	1269	1188	1094	1555	1462	1368	1260
2(80×6.3)	2110	1983	1857	1709	2630	2472	2314	2130	1630	1532	1434	1320	2055	1932	1808	1665
2(100×6.3)	2470	2322	2174	2001	3245	3050	2856	2628	1935	1819	1703	1567	2515	2364	2213	2037
2(63×8)	2160	2030	1901	1750	2485	2336	2187	2013	1680	1579	1478	1361	1840	1730	1619	1490
2(80×8)	2620	2463	2306	2122	3095	2910	2724	2508	2040	1918	1795	1652	2400	2256	2112	1944
2(100×8)	3060	2876	2693	2479	3810	3581	3353	3086	2390	2247	2103	1936	2945	2768	2592	2385
2(125×8)	3400	3196	2992	2754	4400	4136	3872	3564	2650	2491	2332	2147	3350	3149	2948	2714
2(63×10)	2560	2406	2253	2074	2725	2562	2398	2207	2010	1889	1769	1628	2110	1983	1857	1709
2(80×10)	3100	2914	2728	2511	3510	3299	3089	2843	2410	2265	2121	1952	2735	2571	2407	2215
2(100×10)	3610	3393	3177	2924	4325	4066	3806	3503	2860	2688	2517	2317	3350	3149	2948	2714
2(125×10)	4100	3854	3608	3321	5000	4700	4400	4050	3200	3008	2816	2592	3900	3666	3432	3159

续表

母线尺寸（宽×厚）(mm)	铜母线(TMY)								铝母线(LMY)							
	交流				直流				交流				直流			
	25℃	30℃	35℃	40℃	25℃	30℃	35℃	40℃	25℃	30℃	35℃	40℃	25℃	30℃	35℃	40℃
3(63×6.3)	2240	2106	1971	1814	2495	2345	2196	2021	1720	1617	1514	1393	1940	1824	1707	1571
3(80×6.3)	2720	2557	2394	2203	3220	3027	2834	2608	2100	1974	1848	1701	2460	2312	2165	1993
3(100×6.3)	3170	2980	2790	2568	3940	3703	3467	3191	2500	2350	2200	2025	3040	2858	2675	2462
3(63×8)	2790	2623	2455	2260	3020	2839	2658	2446	2180	2049	1918	1766	2330	2190	2050	1887
3(80×8)	3370	3168	2966	2730	3850	3619	3388	3119	2620	2463	2306	2122	2975	2797	2618	2410
3(100×8)	3930	3694	3458	3183	4690	4409	4127	3799	3050	2867	2684	2471	3620	3403	3186	2932
3(125×8)	4340	4080	3819	3515	5600	5264	4928	4536	3380	3177	2974	2738	4250	3995	3740	3443
3(63×10)	3300	3102	2904	2673	3530	3318	3106	2859	2650	2491	2332	2147	2720	2557	2394	2203
3(80×10)	3990	3751	3511	3232	4450	4183	3916	3605	3100	2914	2728	2511	3440	3234	3027	2786
3(100×10)	4650	4371	4092	3767	5385	5062	4739	4362	3650	3431	3212	2957	4160	3910	3661	3370
3(125×10)	5200	4888	4576	4212	6250	5875	5500	5063	4100	3854	3608	3321	4860	4568	4277	3937

注：本表系母线立放的数据，母线间距等于厚度。

9.2.8 铜包铝母线载流量

铜包铝母线也称为铜包铝排或铜铝复合排。是根据铜和铝的特性，采用特定的工艺使铜、铝两种金属的界面之间相互融合或扩散，形成紧密的冶金结合，成为双金属的复合导体，作为输变电设备中的载流导体。铜包铝母线型式代号用TBLM表示，也可用TLM表示。类别代号硬度状态：软态用R表示，硬态用Y表示。

1. 技术特点

(1) 界面结合强度高。

采用连铸连轧直接成型工艺，铜、铝界面结合方式为固液熔合，形成一定厚度的结合层，因而界面结合强度高，在进行剪切、冲孔、折弯时铜铝之间不会产生位移，能经受较大范围热胀冷缩产生的应力。

(2) 优良的导电性能和机械性能。

铜层截面占整个截面的20%，且原材料采用高纯阴极铜和精度为99.99%的高精铝，导电率大于90%，接近铜排，其抗拉强度和硬度比铝排高很多，接近铜排，因而，其载流量和短路时的动、热稳定性能完全满足各种高、低压配电设备和电气控制设备的要求。

(3) 最佳的经济效益。

经大量试验和计算机有限元分析，当铜层截面占整个截面的20%时，能达到最佳性价比，截面的选用只比原选铜排大一级标准规格，无须改变电气设备的结构和尺寸，毋须重新设计，达到最佳经济效益。相同截面每米铜铝复合排的价格是铜排的50%～55%。

(4) 重量轻、使用寿命长。

由于铜铝复合排比重是铜排的44%，因而减轻了电气设备的重量，安装方便，同时其本身自重产生的弯曲应力比铜排小得多，使用寿命比铜排长。

2. 技术数据

(1) 直流电阻率和导电率。铜包铝母线在20℃时的直流电阻率和导电率，见表9.2.8-1。

铜包铝母线的直流电阻率　　表9.2.8-1

型　号	20℃直流电阻率 (Ω·mm²/m)	导电率 (%IACS)
TBLM-R	≤0.02554	≥67.5
TBLM-Y	≤0.02606	≥66.2

注：1. 20℃时铜包铝母线的物理参数应取下列数值；
(1) 密度：3.94g/cm³。
(2) 电阻温度系数：4.0×10^{-3}/℃。
(3) 线膨胀系数：2.25×10^{-5}/℃。
2. 型号中类别代号：
(1) 截面形状：全圆边形用Q表示，圆角形用Y表示。
(2) 硬度状态：软态用R表示，硬态用Y表示。
铜包铝母线型式代号用TBLM表示，也可用TLM表示。
3. 示例：
铜包铝母线（全圆边形）软态时，窄边（a）为10mm、宽边（b）为100mm的表示方法：
TBLM—QR—10×100

(2) 铜包铝母线 TBLM 技术参数，见表 9.2.8-2。

TBLM 型母线技术参数 **表 9.2.8-2**

类别	技术参数
铜、铝体积比	20∶80，铜层体积比允许范围为 18%～22%
铜、铝质量比	45∶55
密度（g/cm³）	3.94，其允许偏差为±3.2%
抗拉强度（N/mm²）	≥110
伸长率（%）	≥11
界面结合的剪切强度（MPa）	≥35
材质	铜层含铜量不小于 99.9% 铝芯含铝量不小于 99.7%

3. 载流量

(1) 环境温度为 35℃不同温升时的单片铜包铝母线载流量，见表 9.2.8-3。

TBLM-Y 型单片铜包铝母线载流量（环境温度为 35℃不同温升的载流量） **表 9.2.8-3**

产品规格（mm）	铜层厚度（mm）	质量（kg/m）		不同温升下的载流量（A）		
		全圆边	圆角	50K	60K	70K
3×40	0.28	0.465	0.471	395	438	477
4×40	0.36	0.617	0.628	514	569	620
5×40	0.45	0.767	0.783	594	658	717
6×40	0.53	0.915	0.940	665	736	820
4×50	0.37	0.775	0.783	609	674	735
5×50	0.64	0.964	0.980	721	799	870
6×50	0.54	1.152	1.177	815	902	982
8×50	0.69	1.524	1.571	949	1051	1145
4×60	0.37	0.932	0.943	757	839	913
5×60	0.46	1.161	1.177	856	948	1033
6×60	0.55	1.388	1.414	883	978	1066
8×60	0.71	1.837	1.886	1013	1123	1223
10×60	0.86	2.280	2.359	1135	1257	1369
4×80	0.38	1.247	1.259	909	1007	1097
5×80	0.47	1.555	1.571	1010	1119	1219
6×80	0.56	1.861	1.886	1175	1263	1376
8×80	0.73	2.468	2.517	1339	1483	1530
10×80	0.89	3.068	3.147	1410	1562	1702
5×100	0.47	1.949	1.965	1195	1323	1442
6×100	0.57	2.330	2.359	1344	1488	1621

续表

产品规格 (mm)	铜层厚度 (mm)	质量（kg/m）		不同温升下的载流量（A）		
		全圆边	圆角	50K	60K	70K
8×100	0.74	3.098	3.147	1523	1687	1838
10×100	0.91	3.856	3.935	1734	1920	2092
12×100	1.08	4.606	4.723	1922	2128	2319
6×120	0.57	2.806	2.832	1580	1750	1906
8×120	0.75	3.728	3.778	1778	1969	2145
10×120	0.92	4.644	4.723	2018	2235	2435
12×120	1.09	5.552	5.669	2240	2481	2702
6×140	0.63	3.279	3.302	1708	1892	2061
8×140	0.76	4.359	4.399	1990	2203	2400
10×140	0.94	5.432	5.495	2258	2500	2725
12×140	1.10	6.498	6.589	2509	2779	3027
6×160	0.58	3.752	3.775	1980	2193	2390
8×160	0.76	4.989	5.030	2238	2478	2700
10×160	0.94	6.220	6.283	2545	2818	3070
12×160	1.11	7.443	7.534	2827	3130	3410
6×180	0.58	4.225	4.248	2093	2318	2525
8×180	0.76	5.620	5.660	2407	2666	2904
10×180	0.94	7.007	7.071	2675	2962	3226
12×180	1.12	8.389	8.480	2942	3258	3549
6×200	0.58	4.698	4.720	2162	2395	2608
8×200	0.77	6.250	6.291	2486	2754	3000
10×200	0.95	7.796	7.859	2760	3056	3329
12×200	1.13	9.335	9.428	3063	3393	3696

注：1. 本表摘自中华人民共和国电力行业标准《输变电设备用铜包铝母线》DL/T 247—2012。

2. 载流量依据为上海电缆研究所实测数据，以及 JB/T 10181—2000 计算出的不同环境温度下的数据（铜层截面积占整体截面积的 20%）。

3. 母线立放，无涂覆层，数据为交流载流量。

4. 母线平放，宽度小于或等于 63mm 时，表中数据乘以 0.95；宽度大于 63mm 时，数据乘以 0.92。

5. 宽度小于或等于 50mm 时，直流载流量与交流载流量相同；宽度大于 50mm 时，直流载流量比交流载流量提高 5%～8%，宽度越宽，提高越多。

6. 母线表面有涂层、包覆层时载流量提高 5%。

7. 数据为室内测试，没有考虑风速等室外因素的影响。

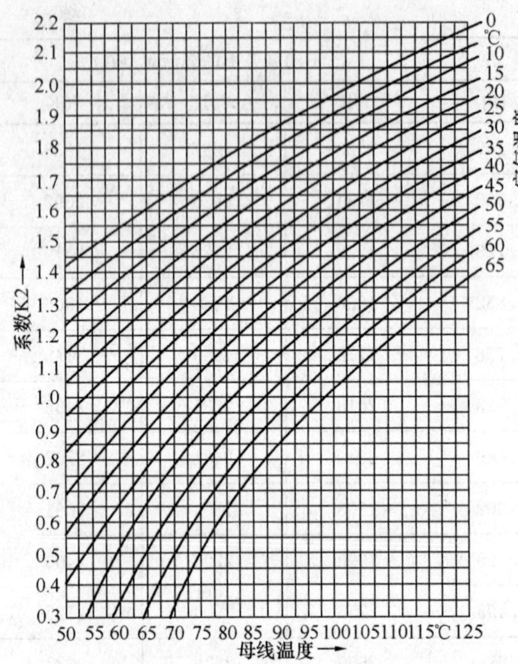

图 9.2.8 不同环境温度、不同母线温度时载流量修正系数

注：1. 环境温度为 35℃，母线温升为 35K、40K、50K、60K、70K 时修正系数分别为 1.08、1.17、1.31、1.45、1.57。

2. 母线温升为 30K，环境温度为 20℃、25℃、30℃、35℃、40℃时修正系数分别是 1.28、1.19、1.09、1、0.9。

3. 母线温升为 70K，环境温度为 20℃、25℃、30℃、35℃、40℃时修正系数分别是 1.78、1.70、1.65、1.57、1.5。

（2）不同环境温度、不同母线温度时载流量计算。

在载流量表中给出的是导体周围空气温度为 35℃，导体允许温升为 50K、60K、70K 时不同导体截面的载流量，若导体周围空气温度为其他温度，或导体允许温升为其他数值时，可利用图 9.2.8 求出修正系数进行修正。图 9.2.8 取至德国国家标准 DIN43671，图中的基准点是当周围环境温度平均值 35℃，母线工作温度 65℃（温升 30K）时修正系数定为 1，也就是说，表中 30K—列为基准电流值，其他条件下载流量按图查出修正系数进行换算。

每相母线若由两根、三根、四根铜铝复合排并联构成，则载流量为载流量表中单排载流量乘以同相并联根数再乘以系数 K。修正系数 K 值见表 9.2.8-4。

并联母线载流量修正系数 *K* 值　表 9.2.8-4

相并联根数	修正系数 K
2	0.85
3	0.75
4	0.70

4. 应用示例

TBLM 型母线选择应用示例，见表 9.2.8-5。

TBLM-Y 型母线选择应用示例　表 9.2.8-5

电流等级 (A)	母线槽			低压开关柜				
	低压		高压	水平母线		断路器主回路垂直母线		抽屉柜垂直母线
	密集型	空气型		IP40	IP30	IP40	IP30	
400	4×50	4×50						
630	6×50	6×50				6×60	6×50	
800	6×60	6×60	8×60		6×60	6×80	6×60	
1000	6×80	6×100	8×100	6×100	6×80	(6×60)×2	6×100	6×100
1250	6×125	6×140	10×100	6×120	6×100	(6×80)×2	6×120	6×120
1600	6×160	6×180	10×140	10×100	8×100	(8×80)×2	10×100	6×140
2000	6×200	(6×125)×2	(8×100)×2	(10×80)×2	10×100	(10×80)×2	(8×80)×2	

续表

电流等级(A)	母线槽			低压开关柜				
	低压		高压	水平母线		断路器主回路垂直母线		抽屉柜垂直母线
	密集型	空气型		IP40	IP30	IP40	IP30	
2500	8×200	(6×140)×2	(10×100)×2	(10×100)×2	10×125	(10×80)×3	(10×80)×2	
3150	(6×160)×2	(6×180)×2	(10×140)×2	(10×100)×3	(10×100)×2	(10×100)×3	(10×100)×2	
4000	(8×160)×2		(10×2000)×2	(10×120)×3	(10×120)×2	(10×100)×4	(10×100)×3	
5000	(8×200)×2		(12×200)×2	(10×120)×4	(10×120)×3	(10×100)×6	(10×120)×4	
6300	(10×200)×2		(10×200)×3		(10×120)×4	(10×100)×8	(10×100)×6	
7200	(10×200)×3		(10×200)×4					

9.2.9 滑触线载流量

滑触线的载流量，见表 9.2.9。

滑触线的载流量（$\theta_n=70℃$） **表 9.2.9**

规格		导体		外形尺寸宽×高(mm)	不同环境温度的载流量(A)			
		截面(mm²)	材质		30℃	35℃	40℃	50℃
单极组合式	60A	50	镀锌钢	26.2×22.3	75	54	51	48
	100A	63			95	90	85	80
	125A	93			119	113	107	100
	160A	50	铜		153	145	136	128
	200A	104	铝+不锈钢		191	181	171	160
	250A	63	铜		238	226	213	199
	315A	120	铝+不锈钢		300	285	269	251
	400A	93	铜		381	362	341	319
	400A	157	铝+不锈钢		381	362	341	319
	630A	318	铝+不锈钢	39×53.5	601	570	537	503
	800A	406			763	724	682	638
	1000A	618			953	905	852	797
	1200A	770			1192	1131	1066	997
安全式		16		76×115	93	87	80	71
		25			128	120	110	98
		35			162	153	140	125
		50			197	185	170	151
		70			244	229	210	187

注：本表摘自无锡永大滑导电器有限公司资料。

9.2.10 裸线持续载流量

裸线持续载流量，见表9.2.10-1、表9.2.10-2。

LJ、HLJ、LGJ型裸铝绞线的持续载流量（A，$\theta_n=70℃$） **表9.2.10-1**

截面(mm²)	LJ型								HLJ型				LGJ型			
	室内				室外				室内				室外			
	25℃	30℃	35℃	40℃	25℃	30℃	35℃	40℃	25℃	30℃	35℃	40℃	25℃	30℃	35℃	40℃
10	55	52	48	45	75	70	66	61	74	70	66	61				
16	80	75	70	65	105	99	92	85	96	91	85	79	105	98	92	85
25	110	103	97	89	135	127	119	109	126	119	111	103	135	127	119	109
35	135	127	119	109	170	160	150	138	154	145	136	126	170	159	149	137
50	170	160	150	138	215	202	189	174	193	182	170	158	220	207	193	178
70	215	202	189	174	265	249	233	215	236	222	208	193	275	259	228	222
95	260	244	229	211	325	305	286	247	283	266	249	231	335	315	295	272
120	310	292	273	251	375	352	330	304	324	306	286	265	380	357	335	307
150	370	348	326	300	440	414	387	356	375	353	330	306	445	418	391	360
185	425	400	374	344	500	470	440	405	425	400	374	347	515	484	453	416
240					610	574	536	494	496	467	437	405	610	574	536	494
300					680	640	597	550	570	536	502	465	700	658	615	566

裸铜绞线的持续载流量（A，$\theta_n=70℃$） **表9.2.10-2**

截面(mm²)	TJ型								TRJ型
	室内				室外				室内
	25℃	30℃	35℃	40℃	25℃	30℃	35℃	40℃	30℃
4	25	24	22	20	50	47	44	41	
6	35	33	31	28	70	66	62	57	
10	60	56	53	49	95	89	84	77	72
16	100	94	88	81	130	122	114	105	95
25	140	132	123	104	180	169	158	146	143
35	175	165	154	143	220	207	194	178	177
50	220	207	194	178	270	254	238	219	218
70	280	263	246	227	340	320	300	276	296
95	340	320	299	276	415	390	365	336	349
120	405	380	356	328	485	456	426	393	415
150	480	451	422	389	570	536	501	461	465
185	550	516	484	445	645	606	567	522	570
240	650	610	571	526	770	724	678	624	666
300					890	835	783	720	800
400									981
500									1142

注：TRJ型线的载流量为计算数据，供使用参考。当本型导线应用在电弧炼钢炉上时，因受热辐射较大，一般按电流密度1.5A/mm² 选择截面。

9.2.11 型材持续载流量

型材持续载流量，见表9.2.11-1～表9.2.11-5。

扁钢持续载流量（A，$\theta_n=70℃$、$\theta_a=25℃$） 表 9.2.11-1

扁钢尺寸（宽×厚，mm）	截面（mm^2）	载流量		重量（kg/m）
		交流	直流	
20×3	60	65	100	0.47
25×3	75	80	120	0.59
30×3	90	94	140	0.71
40×3	120	125	190	0.94
50×3	150	155	230	1.18
63×3	189	185	280	1.48
70×3	210	215	320	1.65
75×3	225	230	345	1.77
80×3	240	245	365	1.88
90×3	270	275	410	2.12
100×3	300	305	460	2.36
20×4	80	70	115	0.63
25×4	100	85	140	0.79
30×4	120	100	165	0.94
40×4	160	130	220	1.26
50×4	200	165	270	1.57
63×4	252	195	325	1.97
70×4	280	225	375	2.20
80×4	320	260	430	2.51
90×4	360	290	480	2.83
100×4	400	325	535	3.14
25×5	125	95	170	0.98
30×5	150	115	200	1.18
40×5	200	145	265	1.57
50×5	250	180	325	1.96
63×5	315	215	390	2.48
80×5	400	280	510	3.14
100×5	500	350	640	3.93
63×6.3	397	210		3.12
80×6.3	504	275		3.96
80×8	640	290		5.02
100×10	1000	390		7.85

注：本表系扁钢立放时数据。当平放且宽度≤63mm时，表中数据应乘以0.95，宽度>63mm时应乘以0.92。

管形导体持续载流量（A，$\theta_n=70℃$、$\theta_a=25℃$） 表 9.2.11-2

铝管			铜管				钢管						
内径/外径（mm）	截面（mm^2）	载流量	内径/外径（mm）	截面（mm^2）	载流量	质量（kg/m）	公称直径		外径（mm）	截面（mm^2）	载流量		质量（kg/m）
							(mm)	(in)			交流	直流	
13/16	68	295	12/15	64	340	0.566	8	1/4	13.5	79	75	138	0.62
17/20	87	345	14/18	101	460	0.894	10	3/8	17	105	90	178	0.82
18/22	126	425	16/20	113	505	1.006	15	1/2	21.3	160	118	246	1.25
27/30	134	500	18/22	126	555	1.118	20	3/4	26.8	207	145	305	1.63
26/30	176	575	20/24	138	600	1.230	25	1	33.5	309	180	427	2.42
25/30	216	640	22/26	151	650	1.341	32	$1\frac{1}{4}$	42.3	398	220	540	3.13
36/40	239	765	25/30	216	830	1.922	40	$1\frac{1}{2}$	48	489	255	644	3.84
35/40	295	850	29/34	247	925	2.201	50	2	60	621	320	745	4.88
40/45	334	935	35/40	295	1100	2.620	70	$2\frac{1}{2}$	75.5	845	390	995	6.64

续表

铝管			铜管				钢管						
内径/外径（mm）	截面（mm²）	载流量	内径/外径（mm）	截面（mm²）	载流量	质量（kg/m）	公称直径		外径（mm）	截面（mm²）	载流量		质量（kg/m）
							（mm）	（in）			交流	直流	
45/50	373	1040	40/45	334	1200	2.969	80	3	88.5	1061	455	1230	8.34
50/55	412	1545	45/50	373	1330	3.318	100	4	114	1370	670		10.85
54/60	537	1340	49/55	400	1580	4.359					（770）		
64/70	632	1145	53/60	621	1860	5.526	125	5	140	1910	800		15.04
74/80	726	1770	62/70	829	2295	7.377					（890）		
72/80	955	2035	72/80	955	2610	8.498	150	6	165	2260	900		17.81
75/85	1256	2400	75/85	1257	3070	11.18					（1000）		
90/95	527	1925	90/95	727	2460	6.462							
90/100	1492	2840	93/100	1061	3060	9.438							

注：括号内数字为有纵向切口钢管之载流量。

镀锌钢绞线持续载流量（$\theta_n=70℃$、$\theta_a=25℃$） **表 9.2.11-3**

规格	结构（股/直径，mm）	截面（mm²）	外径（mm）	载流量（A）	质量（kg/km）	规格	结构（股/直径，mm）	截面（mm²）	外径（mm）	载流量（A）	质量（kg/km）
GJ-25	7/2.2	26.6	6.6	86	228	GJ-70	19/2.2	72.2	11.0	147	615
GJ-35	7/2.6	37.2	7.8	98	318	GJ-95	19/2.5	93.2	12.5	184	795
GJ-50	7/3.0	49.5	9.0	110	424	GJ-120	19/2.8	116.9	14.0	214	995

型钢持续载流量（$\theta_n=70℃$、$\theta_a=25℃$） **表 9.2.11-4**

名称	号数	尺寸（宽×宽×厚，mm）	截面（mm²）	载流量（A）		质量（kg/km）
				交流	直流	
等边角钢	2.5	25×25×3	143	150	220	1.123
	3	30×30×4	227	185	305	1.780
	3.6	36×36×4	275	210	355	2.162
	4	40×40×4	308	250	410	2.419
	4.5	45×45×5	429	296		3.369
	5	50×50×5	480	315	565	3.769
	6.3	63×63×6	728	395		5.720
	7.5	75×75×8	1150	520	1085	9.024
轻型钢轨	7	65×54×25	1070	410		8.42
	11	80.5×66×32	1431	510		11.20
	15	91×76×37	1880	595		14.72
	18	90×80×40	2307	700		18.06
	24	107×90×50	3124	750		24.95
普通槽轨	5	50×37×4.5	693	370	735	5.44
	8	80×43×5	1024	485	1045	8.04
	10	100×48×5.3	1274	580	1275	10.00
	14	140×58×6	1851	810	1780	14.53

圆导体持续载流量（$\theta_n=70℃$、$\theta_a=25℃$）　　表 9.2.11-5

直径（mm）	截面（mm²）	圆铝（A）		圆铜（A）		圆钢（A）		直径（mm）	截面（mm²）	圆铝（A）		圆铜（A）		圆钢（A）	
		交流	直流	交流	直流	交流	直流			交流	直流	交流	直流	交流	直流
6	28	120		155		25	34	22	380	740	745	955	965	140	333
7	39	150		195				25	491	885	900	1140	1165		
8	50	180		235		45	80	26	504					150	422
10	79	245		320		60	108	27	573	980	1000	1270	1290		
12	113	320		415		70	140	28	616	1025	1050	1325	1360		
14	154	390		505		80	174	30	707	1120	1155	1450	1490	170	520
15	177	435		565				35	961	1370	1450	1770	1865		
16	201	475		610	615	95	212	38	1134	1510	1620	1960	2100		
18	255	560		720	725	110	250	40	1257	1610	1750	2080	2260		
19	284	605	610	780	785			42	1385	1700	1870	2200	2430		
20	314	650	655	835	840	125	209	45	1590	1850	2060	2380	2670		
21	346	695	700	900	905										

9.2.12 1kV（WD）ZAN-BTLV（Q）、BTLY（Q）型柔性矿物绝缘电缆

1. 概述

为了改善 NH 型电缆的品质，上海高桥电缆集团有限公司（Http://www.gaolan.net.cn E-mail:sh@gaolan.net.cn）研制开发生产了完全新型的 MI 矿物绝缘耐火电缆即 BTL 系列，它的导体为圆形铜绞线（相对 BTT 的实心铜杆较软），绝缘层为云带，护套为连续包覆的金属管（不同于 BTT 的铜管拉拔工艺），在其外覆以火焰不下熔不燃可膨胀阻火的无机物及外护套塑料。

2. 电缆标准差异对比

1kV 柔性矿物绝缘电缆特性及应用对比，见表 9.2.12-1。

1kV 柔性矿物绝缘电缆特性及应用对比　　表 9.2.12-1

型号	BTTZ、BTTQ*	ZAN-BTLV、WDZAN-BTLY ZAN-BTLVQ、WDZAN-BTLYQ
特性	1. 敷设时不需要穿管； 2. 额定电压 450/750V 及以下； 3. 安装时需要使用铜接头分段敷设； 4. 分段接头多，防水性能受影响； * BTTZ 为 750V 矿物绝缘电缆（重型），BTTQ 为 500V 矿物绝缘电缆（轻型）	1. 敷设时不需要穿管； 2. 额定电压 0.6/1kV； 3. 安装时可以整段敷设；在必要时，也可做接头； 4. 中间可无接头，完整的金属套，严格的防水、防鼠蚁功能

注：1. 1kV 柔性矿物电缆适用于轨道交通、医院、学校、商场、展馆、车库、娱乐场所、数据中心等重要场所输配电线路中。
2. * 表示 $95m^2$ 及以上导体规格建议采用单芯电缆，以方便敷设。

3. 技术数据

1kV 柔性矿物电缆技术数据，见表 9.2.12-2～表 9.2.12-7。

0.6/1kV 柔性矿物绝缘单芯电力电缆技术数据 **表 9.2.12-2**

芯数×截面（mm^2）	导体外径（mm）	绝缘计算厚度（mm）	金属套厚度（mm）	金属套截面（mm^2）	金属套最大电阻（Ω/km）	外护套厚度（mm）	计算外径（mm）		计算质量（kg/km）		20℃导体直流电阻（Ω/km）	70℃绝缘最小电阻（MΩ·km）	载流量 A（40℃空气中敷设）
							ZAN-BTLV、WDZAN-BTLY	ZAN-BTLVQ、WDZAN-BTLYQ	ZAN-BTLV、WDZAN-BTLY	ZAN-BTLVQ、WDZAN-BTLYQ			
1×10	4.0	1.4	1.0	24.5	1.83	1.6	29	24	682	365	1.83	100	108
1×16	5.0	1.4	1.0	27.6	1.15	1.6	30	25	782	453	1.15	100	141
1×25	6.0	1.4	1.0	30.8	1.15	1.7	32	27	916	574	0.727	100	185
1×35	7.0	1.4	1.0	33.9	1.15	1.7	33	28	1051	696	0.524	100	227
1×50	8.1	1.4	1.0	37.4	0.727	1.7	34	29	1220	852	0.387	100	282
1×70	9.9	1.4	1.0	43.0	0.524	1.8	36	31	1513	1121	0.268	100	345
1×95	11.6	1.4	1.0	48.4	0.387	1.9	38	33	1806	1393	0.193	100	417
1×120	12.9	1.4	1.0	52.5	0.268	1.9	39	34	2105	1676	0.153	100	483
1×150	14.3	1.4	1.0	56.9	0.193	2.0	40	35	2427	1980	0.124	100	555
1×185	16.2	1.4	1.0	62.8	0.193	2.0	42	37	2908	2437	0.0991	100	639
1×240	18.3	1.4	1.2	84.1	0.153	2.1	45	40	3516	3014	0.0754	100	759
1×300	20.6	1.4	1.2	92.7	0.124	2.2	48	43	4168	3637	0.0601	100	1123
1×400	23.2	1.4	1.2	102.5	0.0754	2.3	50	45	5095	4531	0.0470	100	1417
1×500	26.6	1.4	1.2	115.4	0.0601	2.4	55	50	6288	5666	0.0366	100	1710
1×630	30.0	1.4	1.2	128.2	0.0470	2.5	58	53	7432	6774	0.0283	100	2101

表 9.2.12-3

0.6/1kV 柔性矿物绝缘 2 芯电力电缆技术数据

芯数×截面（mm^2）	导体外径（mm）	绝缘计算厚度（mm）	金属套厚度（mm）	金属套截面（mm^2）	金属套最大电阻（Ω/km）	外护套厚度（mm）	计算外径（mm）		计算质量（kg/km）		20℃导体直流电阻（Ω/km）	70℃绝缘最小电阻（MΩ·km）	载流量 A（40℃空气中敷设）
							ZAN-BTLV、WDZAN-BTLY	ZAN-BTLVQ、WDZAN-BTLYQ	ZAN-BTLV、WDZAN-BTLY	ZAN-BTLVQ、WDZAN-BTLYQ			
2×1.5	1.4	1.4	1.0	29.4	12.1	1.7	31	26	639	309	12.1	100	30
2×2.5	1.8	1.4	1.0	31.9	7.41	1.7	31	26	692	351	7.41	100	40
2×4	2.3	1.4	1.0	34.9	4.61	1.7	32	27	760	408	4.61	100	52
2×6	2.8	1.4	1.0	38.1	3.08	1.8	34	29	967	601	3.08	100	67
2×10	4.0	1.4	1.0	49.0	1.83	2.0	41	36	1382	928	1.83	100	90
2×16	5.0	1.4	1.0	55.3	1.15	2.1	43	38	1637	1157	1.15	100	118
2×25	6.0	1.4	1.0	61.6	1.15	2.1	45	40	1967	1463	0.727	100	155
2×35	7.0	1.4	1.0	67.9	1.15	2.2	48	43	2306	1775	0.524	100	192
2×50	8.1	1.4	1.0	74.8	0.727	2.3	50	45	2708	2151	0.387	100	239
2×70	9.9	1.4	1.0	86.1	0.524	2.4	54	49	3421	2818	0.268	100	293
2×95	11.6	1.4	1.0	96.8	0.387	2.5	57	52	4136	3490	0.293	100	355
2×120	12.9	1.4	1.0	104.9	0.268	2.6	60	55	4854	4175	0.153	100	411
2×150	14.3	1.4	1.0	113.7	0.193	2.7	63	58	5646	4932	0.124	100	473
2×185	16.2	1.4	1.0	125.7	0.193	2.8	67	62	6925	6163	0.0991	100	544
2×240	18.3	1.4	1.2	168.1	0.153	3.0	73	68	8364	7540	0.0754	100	645
2×300	20.6	1.4	1.2	185.5	0.124	3.2	77	72	10003	9127	0.0601	100	980
2×400	23.2	1.4	1.2	205.1	0.0754	3.4	82	77	12230	11288	0.0470	100	1232

表 9.2.12-4

0.6/1kV 柔性矿物绝缘 3 芯电力电缆技术数据

芯数×截面（mm^2）	导体外径（mm）	绝缘计算厚度（mm）	金属套厚度（mm）	金属套截面（mm^2）	金属套最大电阻（Ω/km）	外护套厚度（mm）	计算外径（mm）		计算质量（kg/km）		20℃导体直流电阻（Ω/km）	70℃绝缘最小电阻（MΩ·km）	载流量 A（40℃空气中敷设）
							ZAN-BTLV、WDZAN-BTLY	ZAN-BTLVQ、WDZAN-BTLYQ	ZAN-BTLV、WDZAN-BTLY	ZAN-BTLVQ、WDZAN-BTLYQ			
3×1.5	1.4	1.4	1.0	31.5	12.1	1.7	31	26	693	365	12.1	100	25
3×2.5	1.8	1.4	1.0	34.2	7.41	1.7	32	27	757	408	7.41	100	33
3×4	2.3	1.4	1.0	37.4	4.61	1.8	33	28	845	484	4.61	100	43
3×6	2.8	1.4	1.0	40.9	3.08	1.8	34	29	960	585	3.08	100	55
3×10	4.0	1.4	1.0	73.5	1.83	2.0	43	38	1626	1150	1.83	100	75
3×16	5.0	1.4	1.0	82.9	1.15	2.1	45	40	1953	1449	1.15	100	99
3×25	6.0	1.4	1.0	92.4	1.15	2.2	48	43	2371	1841	0.727	100	131
3×35	7.0	1.4	1.0	101.8	1.15	2.3	50	45	2796	2239	0.524	100	166
3×50	8.1	1.4	1.0	112.2	0.727	2.4	52	47	3344	2756	0.387	100	206
3×70	9.9	1.4	1.0	129.1	0.524	2.5	57	52	4276	3639	0.268	100	252
3×95	11.6	1.4	1.0	145.1	0.387	2.6	61	56	5222	4538	0.293	100	305
3×120	12.9	1.4	1.0	157.4	0.268	2.7	64	59	6168	5449	0.153	100	353
3×150	14.3	1.4	1.0	170.6	0.193	2.8	67	62	7217	6461	0.124	100	406
3×185	16.2	1.4	1.0	188.5	0.193	3.0	71	66	8777	7968	0.0991	100	467
3×240	18.3	1.4	1.2	252.2	0.153	3.2	77	72	10719	9842	0.0754	100	554
3×300	20.6	1.4	1.2	278.2	0.124	3.3	82	77	12890	11954	0.0601	100	954
3×400	23.2	1.4	1.2	307.6	0.0754	3.5	88	83	15914	14906	0.0470	100	1141

表 9.2.12-5

0.6/1kV 柔性矿物绝缘 4 芯电力电缆技术数据

芯数×截面(mm^2)	导体外径(mm)	绝缘计算厚度(mm)	金属套厚度(mm)	金属套截面(mm^2)	金属套最大电阻(Ω/km)	外护套厚度(mm)	计算外径(mm)		计算质量(kg/km)		20℃导体直流电阻(Ω/km)	70℃绝缘最小电阻(MΩ·km)	载流量 A(40℃空气中敷设)
							ZAN-BTLV、WDZAN-BTLY	ZAN-BTLVQ、WDZAN-BTLYQ	ZAN-BTLV、WDZAN-BTLY	ZAN-BTLVQ、WDZAN-BTLYQ			
4×1.5	1.4	1.4	1.0	31.5	12.1	1.7	33	28	767	408	12.1	100	25
4×2.5	1.8	1.4	1.0	34.2	7.41	1.7	34	29	846	475	7.41	100	35
4×4	2.3	1.4	1.0	37.4	4.61	1.8	35	30	968	586	4.61	100	45
4×6	2.8	1.4	1.0	40.9	3.08	1.8	36	31	1100	703	3.08	100	58
4×10	4.0	1.4	1.0	98.0	1.83	2.1	46	41	1975	1463	1.83	100	77
4×16	5.0	1.4	1.0	110.6	1.15	2.2	49	44	2369	1826	1.15	100	102
4×25	6.0	1.4	1.0	123.2	1.15	2.3	51	46	2913	2341	0.727	100	135
4×35	7.0	1.4	1.0	135.7	1.15	2.4	54	49	3472	2869	0.524	100	170
4×50	8.1	1.4	1.0	149.5	0.727	2.5	57	52	4172	3535	0.387	100	212
4×70	9.9	1.4	1.0	172.2	0.524	2.6	61	56	5343	4652	0.268	100	259
4×95	11.6	1.4	1.0	193.5	0.387	2.8	66	61	6564	5821	0.193	100	313
4×120	12.9	1.4	1.0	209.9	0.268	2.9	69	64	7801	7018	0.153	100	362
4×150	14.3	1.4	1.0	227.5	0.193	3.0	73	68	9157	8331	0.124	100	416
4×185	16.2	1.4	1.0	251.3	0.193	3.2	78	73	11172	10288	0.0991	100	480
4×240	18.3	1.4	1.0	277.7	1.153	3.3	83	78	13719	12771	0.0754	100	569
4×300	20.6	1.4	1.2	371.0	0.124	3.6	90	85	16530	15502	0.0601	100	960
4×400	23.2	1.4	1.2	410.2	0.0754	3.8	96	91	20439	19332	0.0470	100	1150

0.6/1kV 柔性矿物绝缘 3+1 芯电力电缆技术数据 表 9.2.12-6

芯数×截面 (mm^2)	导体外径 (mm)		绝缘计算厚度 (mm)		金属套厚度 (mm)		金属套截面 (mm^2)	金属套最大电阻 (Ω/km)	外护套厚度 (mm)	计算外径(mm)		计算质量(kg/km)		20℃导体直流电阻 (Ω/km)		70℃绝缘最小电阻 (MΩ·km)	载流量 A (40℃空气中敷设)
	相线	中性线	相线	中性线	相线	中性线				ZAN-BTLV、WDZAN-BTLY	ZAN-BTLVQ、WDZAN-BTLYQ	ZAN-BTLV、WDZAN-BTLY	ZAN-BTLVQ、WDZAN-BTLYQ	相线	中性线		
3×4+1×2.5	2.25	1.78	1.4	1.4	1.0	1.0	40.9	4.61	1.7	34	29	933	560	4.61	7.41	100	45
3×6+1×4	2.76	2.25	1.4	1.4	1.0	1.0	44.7	3.08	1.8	35	30	1057	669	3.08	4.61	100	58
3×10+1×6	4.0	2.76	1.4	1.4	1.0	1.0	52.6	1.83	1.9	38	33	1883	1463	1.83	3.08	100	77
3×16+1×10	5.0	4.0	1.4	1.4	1.0	1.0	107.4	1.15	2.3	49	44	2271	1718	1.15	1.83	100	102
3×25+1×16	6.0	5.0	1.4	1.4	1.0	1.0	120.0	1.15	2.3	52	47	2779	2198	0.727	1.15	100	135
3×35+1×16	7.0	5.0	1.4	1.4	1.0	1.0	129.4	1.15	2.4	54	49	3178	2573	0.524	1.15	100	170
3×50+1×25	8.1	6.0	1.4	1.4	1.0	1.0	142.9	0.727	2.5	57	52	3845	3207	0.387	0.727	100	211
3×70+1×35	9.9	7.0	1.4	1.4	1.0	1.0	163.0	0.524	2.6	61	56	4879	4192	0.268	0.524	100	259
3×95+1×50	11.6	8.1	1.4	1.4	1.0	1.0	182.5	0.387	2.8	65	60	5966	5231	0.193	0.387	100	313
3×120+1×70	12.9	9.9	1.4	1.4	1.0	1.0	200.4	0.268	2.9	68	63	7164	6387	0.153	0.268	100	362
3×150+1×70	14.3	9.9	1.4	1.4	1.0	1.0	213.6	0.193	3.0	71	66	8173	7362	0.124	0.268	100	417
3×185+1×95	16.2	11.6	1.4	1.4	1.0	1.0	236.9	0.193	3.1	76	71	10010	9143	0.0991	0.193	100	480
3×240+1×120	18.3	12.9	1.4	1.4	1.0	1.0	260.8	0.153	3.3	80	75	12162	11245	0.0754	0.153	100	569
3×300+1×150	20.6	14.3	1.4	1.4	1.2	1.0	335.1	0.124	3.4	86	81	14616	13637	0.0601	0.124	100	960
3×400+1×185	23.2	16.2	1.4	1.4	1.2	1.0	370.5	0.0754	3.6	92	87	17970	16917	0.0470	0.0991	100	1150

表 9.2.12-7 0.6/1kV柔性矿物绝缘5芯、4+1芯电力电缆技术数据

芯数×截面(mm²)	导体外径(mm)		绝缘计算厚度(mm)		金属套厚度(mm)		金属套截面(mm²)	金属套最大电阻(Ω/km)	外护套厚度(mm)	计算外径(mm)		计算质量(kg/km)		20℃导体直流电阻(Ω/km)		70℃绝缘最小电阻(MΩ·km)	载流量A(40℃空气中敷设)
	相线	中性线	相线	中性线	相线	中性线				ZAN-BTLV、WDZAN-BTLY	ZAN-BTLVQ、WDZAN-BTLYQ	ZAN-BTLV、WDZAN-BTLY	ZAN-BTLVQ、WDZAN-BTLYQ	相线	中性线		
5×4	2.25	1.78	1.4	1.4	1.0	1.0	40.9	4.61	1.7	39	34	1071	637	4.61	4.61	100	45
5×6	2.76	2.25	1.4	1.4	1.0	1.0	44.7	3.08	1.8	41	36	1239	787	3.08	3.08	100	58
5×10	4.0	2.76	1.4	1.4	1.0	1.0	118.6	1.83	1.9	49	44	2335	1783	1.83	1.83	100	77
5×16	5.0	4.0	1.4	1.4	1.0	1.0	135.1	1.15	2.3	52	47	2833	2247	1.15	1.15	100	102
4×25+1×16	6.0	5.0	1.4	1.4	1.0	1.0	150.8	1.15	2.3	55	50	3369	2752	0.727	1.15	100	135
4×35+1×16	7.0	5.0	1.4	1.4	1.0	1.0	163.4	1.15	2.4	57	52	3926	3280	0.524	1.15	100	170
4×50+1×25	8.1	6.0	1.4	1.4	1.0	1.0	180.3	0.727	2.5	61	56	4750	4064	0.387	0.727	100	211
4×70+1×35	9.9	7.0	1.4	1.4	1.0	1.0	206.1	0.524	2.6	65	60	6029	5289	0.268	0.524	100	259
4×95+1×50	11.6	8.1	1.4	1.4	1.0	1.0	230.9	0.387	2.8	70	65	7440	6649	0.193	0.387	100	313
4×120+1×70	12.9	9.9	1.4	1.4	1.0	1.0	252.9	0.268	2.9	74	69	8918	8074	0.153	0.268	100	362
4×150+1×95	14.3	9.9	1.4	1.4	1.0	1.0	270.5	0.193	3.0	79	74	10607	9710	0.124	0.193	100	417
4×185+1×95	16.2	11.6	1.4	1.4	1.0	1.0	299.7	0.193	3.1	83	78	12546	11593	0.0991	0.193	100	480
4×240+1×120	18.3	12.9	1.4	1.4	1.2	1.0	388.7	0.153	3.3	89	84	15360	14339	0.0754	0.153	100	569

9.3 国家标准推荐电力电缆持续载流量

9.3.1 10kV及以下常用电力电缆允许100%持续载流量

国家标准是指《电力工程电缆设计规范》GB 50217—2007推荐的电力电缆持续载流量。

1. 1～3kV常用电力电缆允许持续载流量（见表9.3.1-1～表9.3.1-4）

1～3kV油纸、聚氯乙烯绝缘电缆空气中敷设时允许载流量（A）　表9.3.1-1

绝缘类型		不滴流纸			聚氯乙烯		
护　套		有钢铠护套			无钢铠护套		
电缆导体最高工作温度(℃)		80			70		
电缆芯数		单芯	二芯	三芯或四芯	单芯	二芯	三芯或四芯
电缆导体截面（mm^2）	2.5	—	—	—	—	18	15
	4	—	30	26	—	24	21
	6	—	40	35	—	31	27
	10	—	52	44	—	44	38
	16	—	69	59	—	60	52
	25	116	93	79	95	79	69
	35	142	111	98	115	95	82
	50	174	138	116	147	121	104
	70	218	174	151	179	147	129
	95	267	214	182	221	181	155
	120	312	245	214	257	211	181
	150	356	280	250	294	242	211
	185	414		285	340		246
	240	495		338	410		294
	300	570		383	473		328
环境温度(℃)		40					

注：1. 适用于铝芯电缆；铜芯电缆的允许持续载流量值可乘以1.29。

2. 单芯只适用于直流。

1～3kV油纸、聚氯乙烯绝缘电缆直埋敷设时允许载流量（A）　　表9.3.1-2

绝缘类型	不滴流纸			聚氯乙烯					
护　套	有钢铠护套			无钢铠护套			有钢铠护套		
电缆导体最高工作温度(℃)	80			70					
电缆芯数	单芯	2芯	3芯或4芯	单芯	2芯	3芯或4芯	单芯	2芯	3芯或4芯
电缆导体截面(mm^2) 4		34	29	47	36	31	—	34	30
6	—	45	38	58	45	38	—	43	37
10	—	58	50	81	62	53	77	59	50
16	—	76	66	110	83	70	105	79	68
25	143	105	88	138	105	90	134	100	87
35	172	126	105	172	136	110	162	131	105
50	198	146	126	203	157	134	194	152	129
70	247	182	154	244	184	157	235	180	152
95	300	219	186	295	226	189	281	217	180
120	344	251	211	332	254	212	319	249	207
150	389	284	240	374	287	242	365	273	237
185	441	—	275	424	—	273	410	—	264
240	512	—	320	502	—	319	483	—	310
300	584	—	356	561	—	347	543	—	347
400	676	—	—	639	—	—	625	—	—
500	776	—	—	729	—	—	715	—	—
630	904	—	—	846	—	—	819	—	—
800	1032	—	—	981	—	—	963	—	
土壤热阻系数(K·m/W)	1.5			1.2					
环境温度(℃)	25								

注：1. 表中系铝芯电缆数值；铜芯电缆的允许持续载流量值可乘以1.29。

2. 单芯只适用于直流。

1～3kV 交联聚乙烯绝缘电缆空气中敷设时允许载流量（A）　　　　表 9.3.1-3

电缆芯数		三芯		单芯							
单芯电缆排列方式				品字形				水平形			
金属层接地点				单侧		两侧		单侧		两侧	
电缆导体材质		铝	铜	铝	铜	铝	铜	铝	铜	铝	铜
电缆导体截面（mm^2）	25	91	118	100	132	100	132	114	150	114	150
	35	114	150	127	164	127	164	146	182	141	178
	50	146	182	155	196	155	196	173	228	168	209
	70	178	228	196	255	196	251	228	292	214	264
	95	214	273	241	310	241	305	278	356	260	310
	120	246	314	283	360	278	351	319	410	292	351
	150	278	360	328	419	319	401	365	479	337	392
	185	319	410	372	479	365	461	424	546	369	438
	240	378	483	442	565	424	546	502	643	424	502
	300	419	552	506	643	493	611	588	738	479	552
	400	—	—	611	771	579	716	707	908	546	625
	500	—	—	712	885	661	803	830	1026	611	693
	630	—	—	826	1008	734	894	963	1177	680	757
环境温度（℃）		40									
电缆导体最高工作温度（℃）		90									

注：1. 允许载流量的确定，还应遵守缆芯工作温度大于 70℃ 的电缆，计算持续允许载流量时，尚应符合下列规定：

（1）数量较多的该类电缆敷设于未装机械通风的隧道、竖井时，应计入对环境温升的影响。

（2）电缆直埋敷设在干燥或潮湿土壤中，除实施换土处理等能避免水分迁移的情况外，土壤热阻系数宜选取不小于 2.0℃K·m/W。

2. 水平排列电缆相互间中心距为电缆外径的 2 倍。

1～3kV 交联聚乙烯绝缘电缆直埋敷设时允许载流量（A）　　　　表 9.3.1-4

电缆芯数		三芯		单芯			
单芯电缆排列方式				品字形		水平形	
金属屏蔽层接地点				单侧		单侧	
电缆导体材质		铝	铜	铝	铜	铝	铜
电缆导体截面（mm^2）	25	91	117	104	130	113	143
	35	113	143	117	169	134	169
	50	134	169	139	187	160	200
	70	165	208	174	226	195	247
	95	195	247	208	269	230	295
	120	221	282	239	300	261	334
	150	247	321	269	339	295	374
	185	278	356	300	382	330	426
	240	321	408	348	435	378	478
	300	365	469	391	495	430	543
	400	—	—	456	574	500	635
	500	—	—	517	635	565	713
	630	—	—	582	704	635	796
电缆导体最高工作温度（℃）		90					
土壤热阻系数（K·m/W）		2.00					
环境温度（℃）		25					

注：水平排列电缆相互间中心距为电缆外径的 2 倍。

2.6kV 常用电缆允许持续载流量（见表 9.3.1-5、表 9.3.1-6）

6kV 三芯电万电缆空气中敷设时允许载流量（A）　　表 9.3.1-5

绝缘类型		不滴流纸	聚氯乙烯		交联聚乙烯	
钢铠护套		有	无	有	无	有
电缆导体最高工作温度(℃)		80	70		90	
电缆导体截面（mm^2）	10		40	—	—	—
	16	58	54	—	—	—
	25	79	71	—	—	—
	35	92	85	—	114	—
	50	116	108	—	141	—
	70	147	129	—	173	—
	95	183	160	—	209	—
	120	213	185	—	246	—
	150	245	212	—	277	—
	185	280	246	—	323	—
	240	334	293	—	378	—
	300	374	323	—	432	—
	400	—	—	—	505	—
	500	—	—	—	584	—
环境温度(℃)		40				

注：1. 表中系铝芯电缆数值；铜芯电缆的允许持续载流量值可乘以 1.29。

2. 缆芯工作温度大于 70℃时，允许持续载流量的确定还应遵守表 9.3.1-3 注 1。

6kV 三芯电力电缆直埋敷设时允许载流量（A）　　表 9.3.1-6

绝缘类型		不滴流纸	聚氯乙烯		交联聚乙烯	
钢铠护套		有	无	有	无	有
电缆导体最高工作温度(℃)		80	70		90	
电缆导体截面（mm^2）	10	—	51	50	—	—
	16	63	67	65	—	—
	25	84	86	83	87	87
	35	101	105	100	105	102
	50	119	126	126	123	118
	70	148	149	149	148	148
	95	180	181	177	178	178
	120	209	209	205	200	200
	150	232	232	228	232	222
	185	264	264	255	262	252
	240	308	309	300	300	295
	300	344	346	332	343	333
	400	—	—	—	380	370
	500	—	—	—	432	422
土壤热阻系数(K·m/W)		1.5	1.2		2.0	
环境温度(℃)		25				

注：表中系铝芯电缆数值，铜芯电缆的允许持续载流量值可乘以 1.29。

3. 10kV 常用电力电缆允许持续载流量（见表 9.3.1-7）

10kV 三芯电力电缆允许载流量（A）　　表 9.3.1-7

绝缘类型		不滴流纸		交联聚乙烯			
钢铠护套				无		有	
电缆导体最高工作温度(℃)		65		90			
敷设方式		空气中	直埋	空气中	直埋	空气中	直埋
电缆导体截面（mm^2）	16	47	59	—	—	—	—
	25	63	79	100	90	100	90
	35	77	95	123	110	123	105
	50	92	111	146	125	141	120
	70	118	138	178	152	173	152
	95	143	169	219	182	214	182
	120	168	196	251	205	246	205
	150	189	220	283	223	278	219
	185	218	246	324	252	320	247
	240	261	290	378	292	373	292
	300	295	325	433	332	428	328
	400	—	—	506	378	501	374
	500	—	—	579	428	574	424
环境温度(℃)		40	25	40	25	40	25
土壤热阻系数(K·m/W)		—	1.2	—	2.0	—	2.0

注：1. 表中系铝芯电缆数值；铜芯电缆的允许持续载流量值可乘以 1.29。

2. 缆芯工作温度大于 70℃时，允许载流量的确定还应遵守表 9.3.1-3 注 1。

9.3.2 敷设条件不同时电缆允许持续载流量的校正系数

1. 敷设条件不同时电缆允许持续载流量的校正系数，见表 9.3.2-1～表 9.3.2-6。

35kV 及以下电缆在不同环境温度时的载流量校正系数　　表 9.3.2-1

敷设位置		空气中				土壤中			
环境温度(℃)		30	35	40	45	20	25	30	35
电缆导体最高工作温度(℃)	60	1.22	1.11	1.0	0.86	1.07	1.0	0.93	0.85
	65	1.18	1.09	1.0	0.89	1.06	1.0	0.94	0.87
	70	1.15	1.08	1.0	0.91	1.05	1.0	0.94	0.88
	80	1.11	1.06	1.0	0.93	1.04	1.0	0.95	0.90
	90	1.09	1.05	1.0	0.94	1.04	1.0	0.96	0.92

注：其他环境温度下载流量的校正系数 K_t，可按第 9.1.3 节计算。

不同土壤热阻系数时电缆载流量的校正系数　表 9.3.2-2

土壤热阻系数(K·m/W)	分类特征(土壤特性和雨量)	校正系数
0.8	土壤很潮湿，经常下雨。如湿度大于9%的沙土；湿度大于10%的沙-泥土等	1.05
1.2	土壤潮湿，规律性下雨。如湿度大于7%但小于9%的沙土；湿度为12%～14%的沙-泥土等	1.0
1.5	土壤较干燥，雨量不大。如湿度为8%～12%的沙-泥土等	0.93
2.0	土壤干燥，少雨。如湿度大于4%但小于7%的沙土；湿度为4%～8%的沙-泥土等	0.87
3.0	多石地层，非常干燥。如湿度小于4%的沙土等	0.75

注：1. 本表适用于缺乏实测土壤热阻系数时的粗略分类，对110kV及以上电压电缆线路工程，宜以实测方式确定土壤热阻系数。

2. 本表中校正系数适于第9.3.1节中各表中采取土壤热阻系数为1.2℃·m/W的情况，不适用于三相交流系数的高压单芯电缆。

土中直埋多根并行敷设时电缆载流量的校正系数　表 9.3.2-3

并列根数		1	2	3	4	5	6
电缆之间净距(mm)	100	1	0.9	0.85	0.80	0.78	0.75
	200	1	0.92	0.87	0.84	0.82	0.81
	300	1	0.93	0.90	0.97	0.86	0.85

注：本表不适用于三相交流系统单芯电缆。

空气中单层多根并行敷设时电缆载流量的校正系数　表 9.3.2-4

并列根数		1	2	3	4	6
电缆中心距	$S=d$	1.00	0.90	0.85	0.82	0.80
	$S=2d$	1.00	1.00	0.98	0.95	0.90
	$S=3d$	1.00	1.00	1.00	0.98	0.96

注：1. S为电缆中心间距离，d为电缆外径。

2. 本表按全部电缆具有相同外径条件制定，当并列敷设的电缆外径不同时，d值可近似地取电缆外径的平均值。

3. 本表不适用于交流系统中使用的单芯电力电缆。

在电缆桥架上无间距配置多层并列电缆时持续载流量的校正系数　表 9.3.2-5

叠置电缆层数		一	二	三	四
桥架类别	梯　架	0.8	0.65	0.55	0.5
	托　盘	0.7	0.55	0.5	0.45

注：呈水平状并列电缆数不少于7根。

1～6kV电缆户外明敷无遮阳时载流量的校正系数　表 9.3.2-6

截面(mm^2)				35	50	70	95	120	150	185	240
电压(kV)	1	芯数	3				0.90	0.98	0.97	0.96	0.94
	6		3	0.96	0.95	0.94	0.93	0.92	0.91	0.9	0.88
			单				0.99	0.99	0.99	0.99	0.98

注：运用本表系数校正对应的载流量基础值，是采取户外环境温度的户内空气中电缆载流量。

2. 电缆持续允许载流量的环境温度，应按使用地区的气象温度多年平均值确定，见表 9.3.2-7.

电缆持续允许载流量的环境温度（℃）　　表 9.3.2-7

电缆敷设场所	有无机械通风	选取的环境温度
土中直埋	—	埋深处的最热月平均地温
水下	—	最热月的日最高水温平均值
户外空气中、电缆沟	—	最热月的日最高温度平均值
有热源设备的厂房	有	通风设计温度
	无	最热月的日最高温度平均值另加 5℃
一般性厂房、室内	有	通风设计温度
	无	最热月的日最高温度平均值
户内电缆沟	无	最热月的日最高温度平均值另加 5℃ *
隧道		
隧道	有	通风设计温度

注：* 数量较多的电缆工作温度大于 70℃的电缆敷设于未装机械通风的隧道、电气竖井时，应计入对环境温升的影响，不能直接采取仅加 5℃。

3. 35kV 及以下电缆敷设度量时的附加长度，见表 9.3.2-8。

35kV 及以下电缆敷设度量时的附加长度　　表 9.3.2-8

项目名称		附加长度（m）
电缆终端的制作		0.5
电缆接头的制作		0.5
由地坪引至各设备的终端处	电动机（按接线盒对地坪的实际高度）	0.5～1
	配电屏	1
	车间动力箱	1.5
	控制屏或保护屏	2
	厂用变压器	3
	主变压器	5
	磁力启动器或事故按钮	1.5

注：对厂区引入建筑物，直埋电缆因地形及埋设的要求，电缆沟、隧道、吊架的上下引接，电缆终端、接头等所需的电缆预留量，可取图纸量出的电缆敷设路径长度的 5%。

9.4 线路电压损失

9.4.1 电压损失计算

1. 线路电压损失计算

线路的电压损失计算公式，见表 9.4.1-1。

线路的电压损失计算公式 **表 9.4.1-1**

线路种类	负荷情况	计算公式
三相平衡负荷线路	(1) 终端负荷用电流矩 Il (A·km)表示	$\Delta u\%=\frac{\sqrt{3}}{10U_n}(R'_0\cos\varphi+X'_0\sin\varphi)Il=\Delta u_a\%Il$
	(2) 几个负荷用电流矩 I_il_i (A·km)表示	$\Delta u\%=\frac{\sqrt{3}}{10U_n}\Sigma[(R'_0\cos\varphi+X'_0\sin\varphi)I_il_i]=\Sigma(\Delta u_a\%I_il_i)$
	(3) 终端负荷用负荷矩 Pl (kW·km) 表示	$\Delta u\%=\frac{1}{10U_n^2}(R'_0+X'_0\mathrm{tg}\varphi)Pl=\Delta u_p\%Pl$
	(4) 几个负荷用负荷矩 P_il_i (kW·km) 表示	$\Delta u\%=\frac{1}{10U_n^2}\Sigma[(R'_0+X'_0\mathrm{tg}\varphi)P_il_i]=\Sigma(\Delta u_p\%P_il_i)$
	(5) 整条线路的导线截面、材料及敷设方式均相同且 $\cos\varphi=1$，几个负荷用负荷矩 P_il_i (kW·km)表示	$\Delta u\%=\frac{R'_0}{10U_n^2}\Sigma P_il_i=\frac{1}{10U_n^2\gamma S}\Sigma P_il_i=\frac{\Sigma P_il_i}{CS}$
接于线电压的单相负荷线路	(1) 终端负荷用电流矩 Il (A·km)表示	$\Delta u\%=\frac{2}{10U_n}(R'_0\cos\varphi+X''_0\sin\varphi)Il=1.15\Delta u_a\%Il$
	(2) 几个负荷用电流矩 I_il_i (A·km) 表示	$\Delta u\%=\frac{2}{10U_a}\Sigma[(R'_0\cos\varphi+X''_0\sin\varphi)I_il_i]$ $\approx1.15\Sigma(\Delta u_a\%I_il_i)$
	(3) 终端负荷用负荷矩 Pl (kW·km) 表示	$\Delta u\%=\frac{2}{10U_n^2}(R'_0+X''_0\mathrm{tg}\varphi)Pl\approx2\Delta u_p\%Pl$
	(4) 几个负荷用负荷矩 P_il_i (kW·km) 表示	$\Delta u\%=\frac{2}{10U_n^2}\Sigma[(R'_0+X''_0\mathrm{tg}\varphi)P_il_i]\approx2\Sigma(\Delta u_p\%P_il_i)$
	(5) 整条线路的导线截面、材料及敷设方式均相同且 $\cos\varphi=1$，几个负荷用负荷矩 P_il_i (kW·km) 表示	$\Delta u\%=\frac{2R'_0}{10U_n^2}\Sigma P_il_i$
接于相电压的两相N线平衡负荷线路	(1) 终端负荷用电流矩 Il (A·km) 表示	$\Delta u\%=\frac{1.5\sqrt{3}}{10U_n}(R'_0\cos\varphi+X''_0\sin\varphi)Il=1.5\Delta u_a\%Il$
	(2) 终端负荷用负荷矩 Pl (kW·km) 表示	$\Delta u\%=\frac{2.25}{10U_n^2}(R'_0+X''_0\mathrm{tg}\varphi)Pl\approx2.25\Delta u_p\%Pl$
	(3) 终端负荷且 $\cos\varphi=1$，用负荷矩 Pl (kW·km) 表示	$\Delta u\%=\frac{2.25R'_0}{10U_n^2}Pl=\frac{2.25}{10U_n^2\gamma S}Pl=\frac{Pl}{CS}$
接相电压的单相负荷线路	(1) 终端负荷用电流矩 Il (A·km) 表示	$\Delta u\%=\frac{2}{10U_{nph}}(R'_0\cos\varphi+X''_0\sin\varphi)Il\approx2\Delta u_a\%Il$
	(2) 终端负荷用负荷矩 Pl (kW·km) 表示	$\Delta u\%=\frac{2}{10U_{nph}^2}(R'_0+X''_0\mathrm{tg}\varphi)Pl\approx6\Delta u_p\%Pl$
	(3) 终端负荷且 $\cos\varphi=1$ 或直流线路用负荷矩 Pl (kW·km) 表示	$\Delta u\%=\frac{2R'_0}{10U_{nph}^2}Pl=\frac{2}{10U_{nph}^2\gamma S}Pl=\frac{Pl}{CS}$

续表

<table>
<tr><th>线路种类</th><th>负 荷 情 况</th><th>计 算 公 式</th></tr>
<tr><td>符号说明</td><td colspan="2">$\Delta u\%$——线路电压损失百分数，%；
$\Delta u_a\%$——三相线路每 1A·km 的电压损失百分数，%/A·km；
$\Delta u_p\%$——三相线路每 1kW·km 的电压损失百分数，%/kW·km；
U_n——标称线电压，kV；
U_{nph}——标称相电压，kV；
X''_0——单相线路单位长度的感抗，Ω/km，其值可取 X'_0 值①；
R'_0、X'_0——三相线路单位长度的电阻和感抗，Ω/km；
I——负荷计算电流，A；
l——线路长度，km；
P——有功负荷，kW；
γ——电导率，S/μm，$\gamma=\frac{1}{\rho}$，ρ 为电阻率（Ω·μm）见表的表下注；
S——线芯标称截面，mm²；
$\cos\varphi$——功率因数；
C——功率因数为 1 时的计算系数，见表 9.4.1-2</td></tr>
</table>

① 实际上单相线路的感抗值与三相线路的感抗值不同，但在工程计算中可以忽略其误差，对于 220/380V 线路的电压损失，导线截面为 50mm² 及以下时误差约 1%，50mm² 以上时最大误差约 5%。

线路电压损失的计算系数 C 值（$\cos\varphi=1$）　　表 9.4.1-2

线路标称电压（V）	线路系统	C值计算公式	导线C值（θ=50℃）		导线C值（θ=65℃）	
			铝	铜	铝	铜
220/380	三相四线	$10\gamma U_n^2$	45.70	75.00	43.40	71.10
220/380	两相三线	$\frac{10\gamma U_n^2}{2.25}$	20.30	33.30	19.30	31.60
220	单相及直流	$5\gamma U_{nph}^2$	7.66	12.56	7.27	11.92
110			1.92	3.14	1.82	2.98
36			0.21	0.34	0.20	0.32
24			0.091	0.15	0.087	0.14
12			0.023	0.037	0.022	0.036
6			0.0057	0.0093	0.0054	0.0089

注 1. 20℃时 ρ 值（Ω·μm），铝导线、铝母线为 0.0282；铜母线、铜导线为 0.0172，$\gamma=\frac{1}{\rho}$。

2. 计算 C 值时，导线工作温度为 50℃，铝导线 γ 值（S/μm）为 31.66，铜导线为 51.91，母线工作温度为 65℃，铝母线 γ 值（S/μm）为 30.05，铜导线为 49.27。

3. U_n 为标称线电压，kV，U_{nph} 为标称相电压，kV。

2. 在不同功率因数下满负荷时 10（6）/0.4kV 变压器的电压损失

在不同功率因数下，满负荷时 10（6）/0.4kV 变压器的电压损失，见表 9.4.1-3。

当为其他负荷率时可用此数据表按比例计算，当功率因数低于 0.5 时，电压损失可按下式估算：

$$\Delta u_T \approx \beta u_T \tag{9.4.1-1}$$

式中 u_T——变压器的阻抗电压，%；

β——变压器的负荷率，即实际负荷与额定容量 S_{rT} 的比值。

在不同功率因数下满负荷时10（6）/0.4kV变压器的电压损失（单位：%）　　表9.4.1-3

功率因数（cosφ）	SC（B）9型和S9型变压器容量（kV·A）										
	200	250	315	400	500	630	800	1000	1250	1600	2000
1	1.2	1.0	1.0	0.9	0.9	0.9(0.9)	0.8	0.8	0.7	0.7	0.7
	1.3	1.2	1.2	1.1	1.0	1.0	0.9	1.0	0.9	0.9	0.9
0.95	2.3	2.2	2.2	2.1	2.1	2.0(2.2)	2.1	2.1	2.1	2.0	2.0
	2.4	2.3	2.3	2.2	2.2	2.3	2.2	2.3	2.3	2.2	2.2
0.9	2.7	2.6	2.6	2.5	2.5	2.5(2.7)	2.7	2.7	2.7	2.7	2.7
	2.8	2.8	2.7	2.6	2.6	2.8	2.7	2.8	2.8	2.7	2.7
0.8	3.2	3.1	3.1	3.1	3.1	3.0(3.4)	3.3	3.3	3.3	3.3	3.3
	3.3	3.3	3.2	3.2	3.1	3.4	3.4	3.5	3.4	3.4	3.4
0.7	3.6	3.5	3.5	3.4	3.4	3.4(3.8)	3.7	3.7	3.7	3.7	3.7
	3.6	3.6	3.5	3.5	3.5	3.8	3.8	3.8	3.8	3.8	3.8
0.6	3.8	3.7	3.7	3.7	3.7	3.6(4.1)	4.0	4.0	4.0	4.0	4.0
	3.8	3.8	3.8	3.7	3.7	4.1	4.1	4.1	4.1	4.1	4.1
0.5	3.9	3.9	3.9	3.8	3.8	3.8(4.3)	4.2	4.2	4.2	4.2	4.2
	3.9	3.9	3.9	3.9	3.9	4.3	4.3	4.3	4.3	4.3	4.3

注：1. SC(B)9型和S9型变压器阻抗电压为4%（630kV·A括号内阻抗电压为6%），但容量≥630kV·A时SC(B)9型变压器阻抗电压为6%；S9型变压器阻抗电压为4.5%。

2. 每栏中第二行为S9型变压器的压降值。

3. 变压器高压侧为稳定的额定电压时，低压侧线路允许电压损失计算值（见表9.4.1-4）。

变压器高压侧为稳定的额定电压时，低压侧线路允许电压损失计算值[①]（单位：%）　　表9.4.1-4

负荷率	功率因数（cosφ）	SC（B）9型（kV·A）										
		200	250	315	400	500	630	800	1000	1250	1600	2000
1.0	1	8.8	9.0	9.0	9.1	9.1	9.1(9.1)	9.2	9.2	9.3	9.3	9.3
		8.7	8.8	8.8	8.9	9.0	9.0	9.1	9.0	9.1	9.1	9.1
	0.95	7.7	7.8	7.8	7.9	7.9	8.0(7.8)	7.9	7.9	7.9	8.0	8.0
		7.6	7.7	7.7	7.8	7.8	7.7	7.8	7.7	7.7	7.8	7.8
	0.9	7.3	7.4	7.4	7.5	7.5	7.5(7.3)	7.3	7.4	7.4	7.4	7.4
		7.2	7.2	7.3	7.4	7.4	7.2	7.3	7.2	7.2	7.3	7.3
	0.8	6.8	6.9	6.9	6.9	6.9	7.0(6.6)	6.7	6.7	6.8	6.8	6.8
		6.7	6.7	6.8	6.8	6.9	6.6	6.6	6.5	6.6	6.6	6.6
	0.7	6.4	6.5	6.5	6.6	6.6	6.6(6.2)	6.3	6.3	6.3	6.3	6.4
		6.4	6.4	6.5	6.5	6.5	6.2	6.2	6.2	6.2	6.2	6.2
	0.6	6.2	6.3	6.3	6.3	6.3	6.4(5.9)	6.0	6.0	6.0	6.0	6.0
		6.2	6.2	6.2	6.3	6.3	5.9	5.9	5.9	5.9	5.9	5.9
	0.5	6.1	6.1	6.1	6.2	6.2	6.2(5.7)	5.8	5.8	5.8	5.8	5.8
		6.1	6.1	6.1	6.1	6.1	5.7	5.7	5.7	5.7	5.7	5.7

续表

负荷率	功率因数	SC(B)9 型(kV·A)										
	(cosφ)	200	250	315	400	500	630	800	1000	1250	1600	2000
0.8	1	9.1	9.2	9.2	9.3	9.3	9.3(9.3)	9.4	9.4	9.4	9.5	9.5
		9.0	9.0	9.1	9.1	9.2	9.2	9.3	9.2	9.2	9.3	9.3
	0.95	8.2	8.3	8.3	8.3	8.3	8.4(8.2)	8.3	8.3	8.3	8.4	8.4
		8.1	8.1	8.2	8.2	8.3	8.2	8.2	8.1	8.2	8.2	8.2
	0.9	7.8	7.9	7.9	8.0	8.0	8.0(7.8)	7.9	7.9	7.9	8.0	8.0
		7.7	7.8	7.8	7.9	7.9	7.8	7.8	7.7	7.8	7.8	7.8
	0.8	7.4	7.5	7.5	7.5	7.6	7.5(7.3)	7.4	7.4	7.4	7.4	7.4
		7.4	7.4	7.4	7.5	7.5	7.3	7.3	7.2	7.3	7.3	7.3
	0.7	7.2	7.2	7.2	7.3	7.3	7.3(7.0)	7.0	7.0	7.0	7.1	7.1
		7.1	7.1	7.2	7.2	7.2	7.0	7.0	6.9	7.0	7.0	7.0
	0.6	7.0	7.0	7.0	7.1	7.1	7.1(6.8)	6.8	6.8	6.8	6.8	6.8
		7.0	7.0	7.0	7.0	7.0	6.7	6.7	6.7	6.7	6.7	6.8
	0.5	6.9	6.9	6.9	6.9	6.9	6.9(6.6)	6.6	6.6	6.6	6.6	6.6
		6.9	6.9	6.9	6.9	6.9	6.6	6.6	6.6	6.6	6.6	6.6

①本表按用电设备允许电压偏差为±5%，变压器空载电压比低压系统标称电压高5%（相当于变压器高压侧为稳定的系统标称电压）进行计算，将允许总的电压损失10%扣除变压器电压损失（见表9.4.1-3），即得本表数据。当照明允许偏差为+5%～−2.5%时，应按本表数据减少2.5%。

9.4.2 线路电压损失计算表格

1. 电缆线路的电压损失

（1）35kV交联聚乙烯绝缘电力电缆的电压损失计算，见表9.4.2-1。

（2）10（6）kV交联聚乙烯绝缘电力电缆的电压损失计算，见表9.4.2-2。

（3）1kV聚乙烯（PVC）、交联聚乙烯（XLPE）绝缘电力电缆用于3相380V系统的电压损失计算，见表9.4.2-3。

（4）1kV聚氯乙烯绝缘聚氯乙烯护套单芯电力电缆或分支电力电缆用于3相380V系统的电压损失计算，见表9.4.2-4。多芯电缆3相380V系统电压降，见表9.4.2-5。

单芯电缆3相380V系统电压降，见表9.4.2-6. 3相380V系统负荷电流矩查询表，见图9.4.2-1。

（5）矿物绝缘电力电缆用于3相线路电压损失计算，见表9.4.2-7。

2. 绝缘导线的电压损失

绝缘电线明敷或穿管用于3相380V系统的电压损失计算，见表9.4.2-8。

3. 特低电压铜芯导线（两线，cosφ=1）的电压损失计算，见表9.4.2-9。

4. 不间断电源（UPS）回路的电压损失

不间断电源（UPS）交流回路的电压损失计算，见表9.4.2-10，不间断电源（UPS）直流回路的电压损失计算，见表9.4.2-11。

5. 3相380V矩形铜（铝）母线的电压损失计算，见表9.4.2-12。

6. 母线槽的电压损失

密集绝缘式铜母线槽的电压损失计算，见表9.4.2-13。空气绝缘铜母线槽的线间电压损失计算，见表9.4.2-14。空气绝缘式铝母线槽的线间电压损失计算，见表9.4.2-15。

7. 3相380V滑触线的电压损失计算，见表9.4.2-16。

8. 电动机、照明电路的电压损失

电动机、照明电路的电压损失 ΔU（V/A·km）简化计算，见表 9.4.2-17。电动机起动阶段注入配电装置的电源电路的电压损失增大系数，见表 9.4.2-18。

9. 3 相 380V 平衡负荷架空线路的电压损失计算，见表 9.4.2-19。

35kV 交联聚乙烯绝缘电力电缆的电压损失计算 **表 9.4.2-1**

导体标称截面（mm²）		35kV 交联聚乙烯绝缘电力电缆的电压损失							
		电阻 θ=75℃（Ω/km）	感抗（Ω/km）	电压损失［%/（MW·km）］			电压损失［%/（A·km）］		
				cosφ					
				0.8	0.85	0.9	0.8	0.85	0.9
铜	3×50	0.428	0.137	0.043	0.042	0.390	2.099	2.158	2.202
	3×70	0.305	0.128	0.033	0.031	0.029	1.589	1.613	1.638
	3×95	0.225	0.121	0.026	0.025	0.022	1.250	1.262	1.267
	3×120	0.178	0.116	0.022	0.020	0.018	1.049	1.049	1.044
	3×150	0.143	0.112	0.019	0.017	0.015	0.896	0.896	0.881
	3×185	0.116	0.109	0.016	0.015	0.013	0.782	0.772	0.752
	3×240	0.090	0.104	0.014	0.013	0.011	0.663	0.653	0.624
	3×300	0.072	0.103	0.012	0.011	0.009	0.593	0.571	0.544
	3×400	0.054	0.103	0.011	0.010	0.008	0.519	0.496	0.465
铝	3×50	0.702	0.137	0.066	0.064	0.062	3.188	3.312	3.423
	3×70	0.500	0.128	0.049	0.047	0.045	2.360	2.437	2.503
	3×95	0.370	0.121	0.038	0.036	0.034	1.824	1.875	1.909
	3×120	0.292	0.116	0.031	0.030	0.028	1.503	1.530	1.552
	3×150	0.234	0.112	0.026	0.025	0.023	1.258	1.277	1.286
	3×185	0.189	0.109	0.022	0.021	0.019	1.071	1.080	1.076
	3×240	0.146	0.104	0.018	0.017	0.015	0.888	0.885	0.873
	3×300	0.117	0.103	0.016	0.015	0.013	0.769	0.761	0.742
	3×400	0.088	0.103	0.014	0.012	0.011	0.654	0.639	0.614

10（6）kV 交联聚乙烯绝缘电力电缆的电压损失计算 **表 9.4.2-2**

导体标称截面（mm²）		10kV 交联聚乙烯绝缘电力电缆的电压损失								6kV 交联聚乙烯绝缘电力电缆的电压损失							
		电阻 θ=80℃（Ω/km）	感抗（Ω/km）	电压损失［%/MW·km］			电压损失［%/A·km］			电阻 θ=80℃（Ω/km）	感抗（Ω/km）	电压损失［%/MW·km］			电压损失［%/A·km］		
				cosφ								cosφ					
				0.8	0.85	0.9	0.8	0.85	0.9			0.8	0.85	0.9	0.8	0.85	0.9
铜	16	1.359	0.133	1.459	1.441	1.423	0.020	0.021	0.022	1.359	0.124	4.033	3.988	3.942	0.034	0.035	0.037
	25	0.870	0.120	0.960	0.944	0.928	0.013	0.014	0.015	0.870	0.111	2.648	2.608	2.566	0.022	0.023	0.024
	35	0.622	0.113	0.707	0.692	0.677	0.010	0.010	0.011	0.622	0.105	1.947	1.909	1.869	0.016	0.017	0.018
	50	0.435	0.107	0.515	0.501	0.487	0.007	0.007	0.008	0.435	0.099	1.415	1.379	1.341	0.012	0.012	0.013
	70	0.310	0.101	0.386	0.373	0.359	0.005	0.006	0.006	0.310	0.093	1.055	1.021	0.986	0.009	0.009	0.009

续表

导体标称截面（mm²）		10kV交联聚乙烯绝缘电力电缆的电压损失								6kV交联聚乙烯绝缘电力电缆的电压损失							
		电阻 θ=80℃（Ω/km）	感抗（Ω/km）	电压损失[%/MW·km]			电压损失[%/A·km]			电阻 θ=80℃（Ω/km）	感抗（Ω/km）	电压损失[%/MW·km]			电压损失[%/A·km]		
				cosφ								cosφ					
				0.8	0.85	0.9	0.8	0.85	0.9			0.8	0.85	0.9	0.8	0.85	0.9
铜	95	0.229	0.096	0.301	0.289	0.276	0.004	0.004	0.004	0.229	0.089	0.822	0.789	0.756	0.007	0.007	0.007
	120	0.181	0.095	0.252	0.240	0.227	0.004	0.004	0.004	0.181	0.087	0.684	0.653	0.620	0.006	0.006	0.006
	150	0.145	0.093	0.215	0.203	0.190	0.003	0.003	0.003	0.145	0.085	0.580	0.549	0.517	0.005	0.005	0.005
	185	0.118	0.090	0.186	0.174	0.162	0.003	0.003	0.003	0.118	0.082	0.499	0.469	0.438	0.004	0.004	0.004
	240	0.091	0.087	0.156	0.145	0.133	0.002	0.002	0.002	0.091	0.080	0.419	0.391	0.360	0.004	0.003	0.003
铝	16	2.230	0.133	2.330	2.312	2.294	0.032	0.034	0.036	2.230	0.124	6.453	6.408	6.361	0.054	0.057	0.060
	25	1.426	0.120	1.516	1.500	1.484	0.021	0.022	0.023	1.426	0.111	4.193	4.152	4.111	0.035	0.037	0.038
	35	1.019	0.113	1.104	1.089	1.074	0.015	0.016	0.017	1.019	0.105	3.049	3.011	2.972	0.025	0.027	0.028
	50	0.713	0.107	0.793	0.779	0.765	0.011	0.012	0.012	0.713	0.099	2.187	2.151	2.114	0.018	0.019	0.020
	70	0.510	0.101	0.586	0.573	0.559	0.008	0.008	0.009	0.510	0.093	1.611	1.577	1.542	0.013	0.014	0.014
	95	0.376	0.096	0.448	0.436	0.423	0.006	0.006	0.007	0.376	0.089	1.230	1.198	1.164	0.010	0.011	0.011
	120	0.297	0.095	0.368	0.3560	0.343	0.005	0.005	0.005	0.297	0.087	1.006	0.975	0.942	0.008	0.009	0.009
	150	0.238	0.093	0.308	0.296	0.283	0.004	0.004	0.004	0.238	0.085	0.838	0.808	0.776	0.007	0.007	0.007
	185	0.192	0.090	0.260	0.248	0.236	0.004	0.004	0.004	0.192	0.082	0.704	0.674	0.644	0.006	0.006	0.006
	240	0.148	0.087	0.213	0.202	0.190	0.003	0.003	0.003	0.148	0.080	0.578	0.549	0.519	0.005	0.005	0.005

1kV聚氯乙烯（PVC）、交联聚乙烯（XLPE）绝缘电力电缆用于3相380V系统的电压损失计算 **表9.4.2-3**

导体标称截面（mm²）		电阻（Ω/km）	感抗（Ω/km）	电压损失[%/（A·km）]					
				cosφ					
				0.5	0.6	0.7	0.8	0.9	1.0
PVC绝缘铜导体	2.5	7.981	0.100	1.858	2.219	2.579	2.938	3.294	3.638
	4	4.988	0.093	1.174	1.398	1.622	1.844	2.065	2.274
	6	3.325	0.093	0.795	0.943	1.091	1.238	1.383	1.516
	10	2.035	0.087	0.498	0.588	0.678	0.766	0.852	0.928
	16	1.272	0.082	0.322	0.378	0.433	0.486	0.538	0.580
	25	0.814	0.075	0.215	0.250	0.284	0.317	0.349	0.371
	35	0.581	0.72	0.161	0.185	0.209	0.232	0.253	0.265
	50	0.407	0.072	0.121	0.138	0.153	0.168	0.181	0.186
	70	0.291	0.069	0.094	0.105	0.115	0.125	0.133	0.133
	95	0.214	0.069	0.076	0.084	0.091	0.097	0.102	0.098
	120	0.169	0.069	0.066	0.071	0.076	0.081	0.083	0.077
	150	0.136	0.070	0.059	0.063	0.066	0.069	0.070	0.062
	185	0.110	0.070	0.053	0.056	0.058	0.059	0.059	0.050
	240	0.085	0.070	0.047	0.049	0.050	0.050	0.049	0.039
XLPE绝缘铜导体	4	5.332	0.097	1.253	1.494	1.733	1.971	2.207	2.430
	6	3.554	0.092	0.846	1.006	1.164	1.321	1.476	1.620
	10	2.175	0.085	0.529	0.626	0.722	0.816	0.909	0.991
	16	1.359	0.082	0.342	0.402	0.460	0.518	0.574	0.619
	25	0.870	0.082	0.231	0.268	0.304	0.340	0.373	0.397
	35	0.622	0.080	0.173	0.199	0.224	0.249	0.271	0.284

续表

导体标称截面(mm²)		电阻(Ω/km)	感抗(Ω/km)	电压损失[%/(A·km)] cosφ					
				0.5	0.6	0.7	0.8	0.9	1.0
XLPE绝缘铜导体	50	0.435	0.079	0.130	0.148	0.165	0.180	0.194	0.198
	70	0.310	0.078	0.101	0.113	0.124	0.134	0.143	0.141
	95	0.229	0.077	0.083	0.091	0.098	0.105	0.109	0.104
	120	0.181	0.077	0.072	0.078	0.083	0.087	0.090	0.083
	150	0.145	0.077	0.063	0.068	0.071	0.074	0.075	0.060
	185	0.118	0.078	0.058	0.061	0.063	0.064	0.064	0.054
	240	0.091	0.077	0.051	0.053	0.054	0.054	0.053	0.041
PVC绝缘铝导体	2.5	13.085	0.100	3.022	3.615	4.208	4.799	5.388	5.964
	4	8.178	0.093	1.901	2.270	2.640	3.008	3.373	3.728
	6	5.452	0.093	1.279	1.525	1.770	2.014	2.255	2.485
	10	3.313	0.087	0.789	0.938	1.085	1.232	1.376	1.510
	16	2.085	0.082	0.508	0.600	0.692	0.783	0.872	0.950
	25	1.334	0.075	0.334	0.392	0.450	0.507	0.562	0.608
	35	0.954	0.072	0.246	0.287	0.328	0.368	0.406	0.435
	50	0.668	0.072	0.181	0.209	0.237	0.263	0.288	0.305
	70	0.476	0.069	0.136	0.155	0.175	0.192	0.209	0.217
	95	0.351	0.069	0.107	0.121	0.135	0.147	0.158	0.160
	120	0.278	0.069	0.091	0.101	0.111	0.120	0.128	0.127
	150	0.223	0.070	0.078	0.087	0.094	0.101	0.105	0.102
	185	0.180	0.070	0.069	0.075	0.080	0.085	0.088	0.082
	240	0.139	0.070	0.059	0.064	0.067	0.070	0.071	0.063
XLPE绝缘铝导体	4	8.742	0.097	2.031	2.426	2.821	3.214	3.605	3.985
	6	5.828	0.092	1.365	1.627	1.889	2.150	2.409	2.656
	10	3.541	0.085	0.841	0.999	1.157	1.314	1.469	1.614
	16	2.230	0.082	0.541	0.640	0.738	0.836	0.931	1.016
	25	1.426	0.082	0.357	0.420	0.482	0.542	0.601	0.650
	35	1.019	0.080	0.264	0.308	0.351	0.393	0.434	0.464
	50	0.713	0.079	0.194	0.224	0.253	0.282	0.308	0.325
	70	0.510	0.078	0.147	0.168	0.188	0.207	0.225	0.232
	95	0.376	0.077	0.116	0.131	0.145	0.158	0.170	0.171
	120	0.297	0.077	0.098	0.109	0.120	0.129	0.137	0.135
	150	0.238	0.077	0.085	0.093	0.101	0.108	0.113	0.108
	185	0.192	0.078	0.075	0.081	0.087	0.091	0.094	0.087
	240	0.148	0.077	0.064	0.069	0.072	0.075	0.076	0.067

注：1. 表中导体电阻系对应PVC-60℃、XLPE-80℃工作温度时的电阻值。

2. 本表摘自《工业与民用配电设计手册》第三版。

1kV聚氯乙烯绝缘聚氯乙烯护套单芯电力电缆或分支电力电缆用于3相380V系统的电压损失计算　表9.4.2-4

	导体标称截面(mm^2)	电阻 θ=60℃ (Ω/km)	感抗 (Ω/km)	电压损失[%(A·km)] cosφ					
				0.5	0.6	0.7	0.8	0.9	1.0
铜芯	16	1.272	0.164	0.355	0.407	0.459	0.510	0.552	0.580
	25	0.814	0.159	0.248	0.280	0.312	0.340	0.366	0.371
	35	0.581	0.156	0.194	0.216	0.236	0.255	0.283	0.265
	50	0.407	0.154	0.154	0.167	0.180	0.191	0.197	0.186
	70	0.291	0.147	0.124	0.134	0.141	0.146	0.149	0.133
	95	0.214	0.144	0.105	0.111	0.115	0.117	0.117	0.098
	120	0.169	0.142	0.095	0.098	0.099	0.100	0.098	0.077
	150	0.136	0.141	0.087	0.089	0.089	0.088	0.083	0.062
	185	0.110	0.140	0.080	0.081	0.081	0.078	0.073	0.050
	240	0.085	0.138	0.074	0.073	0.072	0.069	0.062	0.039
	300	0.068	0.138	0.066	0.069	0.067	0.062	0.055	0.031
	400	0.055	0.135	0.066	0.064	0.062	0.057	0.049	0.025
	500	0.042	0.137	0.064	0.061	0.058	0.053	0.044	0.019
	630	0.033	0.136	0.061	0.059	0.055	0.049	0.041	0.015

注：1. 电缆为平行排列，中心距2D（电缆外径）。
2. 分支电缆的截面组合：
当主干电缆截面≤185mm^2时，分支电缆截面不大于主电缆截面；
当主干电缆截面＞185mm^2时，分支电缆截面为185mm^2。

多芯电缆3相380V系统电压降　表9.4.2-5

导体截面(mm^2)	直流电阻(Ω/km) 20℃	交流电阻(Ω/km)		电抗(Ω/km) 20℃	电压降[%/(km·A)] 功率因数						
		80℃	90℃		0.5	0.6	0.7	0.8	0.85	0.9	1.0
16	1.776	2.205	2.276	0.080	0.054	0.632	0.730	0.826	0.874	0.920	1.005
25	1.136	1.411	1.457	0.081	0.353	0.415	0.477	0.537	0.566	0.595	0.643
35	0.812	1.008	1.041	0.078	0.261	0.304	0.347	0.389	0.409	0.429	0.460
50	0.568	0.706	0.729	0.075	0.190	0.220	0.250	0.278	0.291	0.304	0.332
70	0.406	0.504	0.520	0.074	0.144	0.165	0.185	0.204	0.213	0.222	0.230
95	0.299	0.372	0.384	0.072	0.113	0.128	0.142	0.155	0.162	0.167	0.170
120	0.237	0.294	0.304	0.071	0.095	0.107	0.117	0.127	0.131	0.135	0.135
150	0.189	0.236	0.243	0.071	0.082	0.091	0.099	0.106	0.109	0.111	0.108
185	0.154	0.191	0.197	0.072	0.072	0.079	0.085	0.090	0.092	0.093	0.088
240	0.118	0.148	0.152	0.071	0.062	0.067	0.071	0.074	0.075	0.075	0.068
300	0.095	0.118	0.122	0.070	0.055	0.058	0.061	0.063	0.063	0.063	0.055
400	0.071	0.089	0.092	0.070	0.048	0.051	0.052	0.053	0.052	0.052	0.042
500	0.057	0.072	0.074	0.069	0.045	0.046	0.047	0.046	0.046	0.045	0.034

注：1. 对于单相（相线和中性线）供电的方式，需要乘系数0.577，并且使用相电压计算电压降。
2. 环境温度为30℃，电缆运行温度为80℃。
3. 表9.5.2-5、表9.5.2-6数据摘自GB/T 16895.15《建筑物电气装置　第5部分：电气装置的选择和安装　第523节：布线系统载流量》。

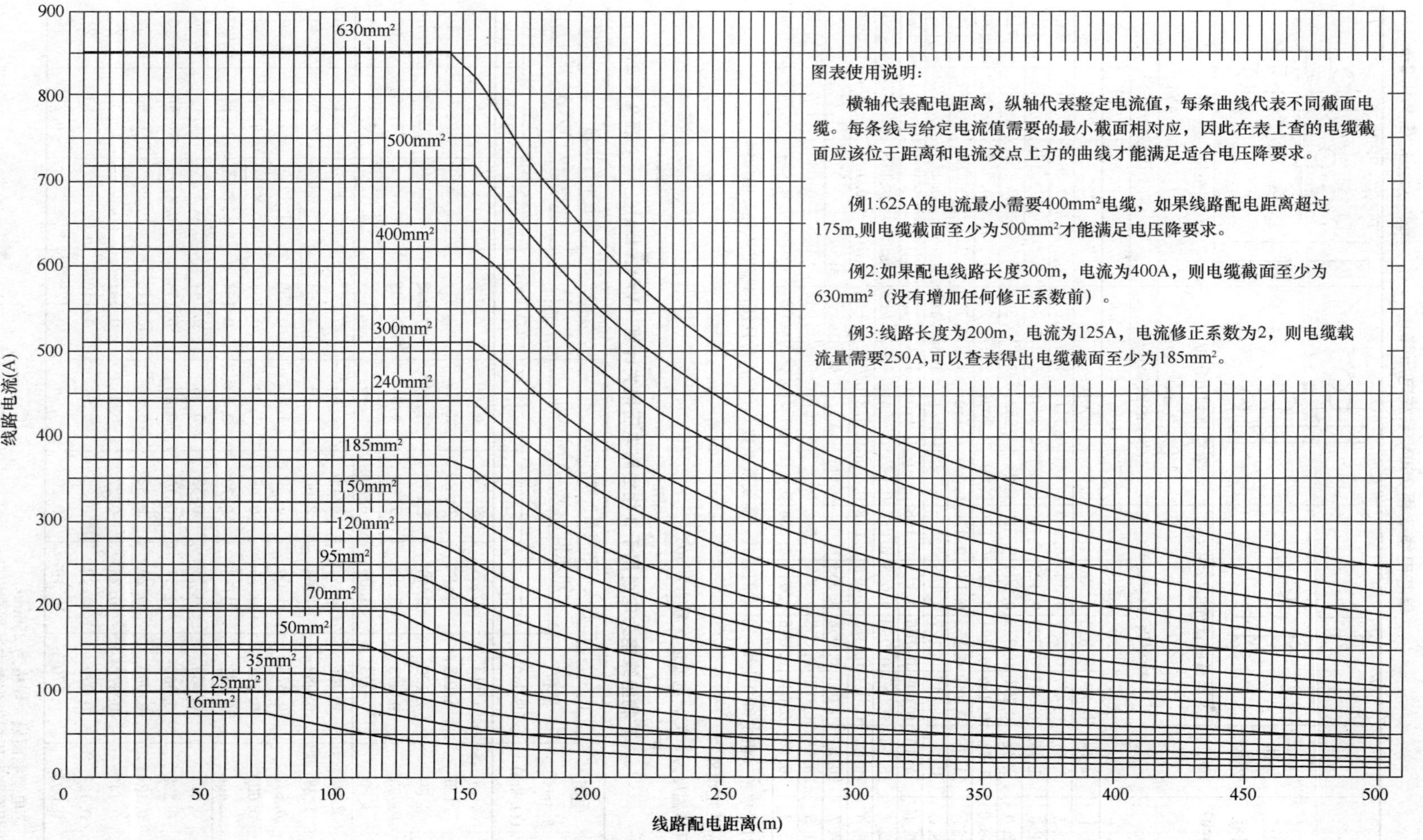
900
800
700
600
500
400
300
200
100
0
线路电流(A)
630mm²
500mm²
400mm²
300mm²
240mm²
185mm²
150mm²
120mm²
95mm²
70mm²
50mm²
35mm²
25mm²
16mm²
0
50
100
150
200
250
300
350
400
450
500
线路配电距离(m)
图表使用说明：
横轴代表配电距离，纵轴代表整定电流值，每条曲线代表不同截面电缆。每条线与给定电流值需要的最小截面相对应，因此在表上查的电缆截面应该位于距离和电流交点上方的曲线才能满足适合电压降要求。
例1:625A的电流最小需要400mm²电缆，如果线路配电距离超过175m,则电缆截面至少为500mm²才能满足电压降要求。
例2:如果配电线路长度300m，电流为400A，则电缆截面至少为630mm²（没有增加任何修正系数前）。
例3:线路长度为200m，电流为125A，电流修正系数为2，则电缆载流量需要250A,可以查表得出电缆截面至少为185mm²。

图 9.4.2-1 3 相 380V 系统负荷电流矩查询表

注：1. 假定回路满负荷运行，功率因数为 0.85，设备利用率为 100%，环境温度为 30℃，电缆运行温度为 80℃，电压降为 5%。

2. 本表格根据加铝（天津）铝合金产品有限公司提供的技术参数编制。

单芯电缆3相380V系统电压降 **表9.4.2-6**

导体截面（mm^2）	电缆外径（mm）	导体外径（mm）	三角形排列电压损失[%/(km·A)]				紧靠排列电压损失[%/(km·A)]				有间距排列电压损失[%/(km·A)]			
			功率因数（cosφ）				功率因数（cosφ）				功率因数（cosφ）			
			0.7	0.8	0.9	1.0	0.7	0.8	0.9	1.0	0.7	0.8	0.9	1.0
16	9.4	4.0	0.730	0.826	0.920	1.005	0.734	0.830	0.923	1.005	0.763	0.854	0.941	1.005
25	10.5	5.86	0.477	0.537	0.595	0.643	0.481	0.541	0.598	0.643	0.510	0.564	0.615	0.643
35	11.6	6.95	0.347	0.389	0.429	0.460	0.352	0.393	0.432	0.460	0.380	0.417	0.449	0.460
50	13.0	8.24	0.250	0.278	0.304	0.322	0.254	0.282	0.307	0.322	0.283	0.306	0.325	0.322
70	150.0	9.72	0.185	0.204	0.222	0.230	0.190	0.208	0.225	0.230	0.218	0.232	0.242	0.230
95	165	11.35	0.142	0.155	0.167	0.170	0.147	0.159	0.170	0.170	0.175	0.183	0.187	0.170
120	18.2	12.8	0.117	0.127	0.135	0.135	0.122	0.131	0.138	0.135	0.150	0.155	0.155	0.135
150	20.4	14.40	0.099	0.106	0.111	0.108	0.103	0.110	0.114	0.108	0.132	0.134	0.131	0.108
185	22.4	15.95	0.085	0.090	0.093	0.088	0.089	0.094	0.096	0.088	0.118	0.118	0.113	0.088
240	25.0	18.23	0.071	0.074	0.075	0.068	0.075	0.078	0.078	0.068	0.104	0.102	0.096	0.068
300	27.7	20.51	0.061	0.063	0.063	0.055	0.066	0.067	0.066	0.055	0.094	0.091	0.084	0.055
400	31.5	23.66	0.052	0.053	0.052	0.042	0.057	0.057	0.054	0.042	0.085	0.080	0.072	0.042
500	35.2	26.46	0.047	0.046	0.045	0.034	0.051	0.050	0.048	0.034	0.080	0.074	0.065	0.034

注：1. 对于单相（相线和中性线）供电的方式，需要乘系数0.577，并且使用相电压计算电压降。

2. *De*为电缆外径。

3. 环境温度为30℃，电缆运行温度为80℃。

矿物绝缘电力电缆用于3相线路电压损失计算（V/A·km） **表9.4.2-7**

导体标称截面（mm^2）	电阻 θ=60℃（Ω/km）	三芯或单芯三角形排列				单芯平行排列			
		感抗（Ω/km）	电压损失[V/(A·km)]			感抗（Ω/km）	电压损失[V/(A·km)]		
			cosφ				cosφ		
			0.6	0.8	1.0		0.6	0.8	1.0
1	21.7	0.115	22.70	30.20	37.60				
1.5	14.5	0.108	15.20	20.20	25.10	0.213	15.36	20.31	25.10
2.5	8.89	0.100	9.40	12.40	15.40	0.202	9.51	12.52	15.40
4	5.53	0.093	5.90	7.80	9.60	0.192	6.02	7.85	9.60
6	3.70	0.093	4.00	5.20	6.40	0.184	4.10	5.32	6.40
10	2.20	0.087	2.40	3.14	3.80	0.177	2.55	3.24	3.80
16	1.38	0.082	1.60	2.00	2.40	0.164	1.66	2.08	2.40
25	0.872	0.075	1.00	1.29	1.50	0.159	1.12	1.38	1.50
35	0.629	0.072	0.75	0.95	1.10	0.156	0.87	1.03	1.10
50	0.464	0.072	0.58	0.72	0.80	0.154	0.70	0.80	0.80
70	0.322	0.069	0.45	0.52	0.56	0.147	0.54	0.60	0.56
95	0.232	0.069	0.34	0.40	0.40	0.144	0.44	0.40	0.40
120	0.184	0.069	0.29	0.33	0.30	0.142	0.39	0.33	0.30
150	0.145	0.070	0.25	0.27	0.25	0.141	0.35	0.35	0.25
185	0.121	0.070	0.22	0.24	0.21	0.140	0.32	0.31	0.21
240	0.093	0.070	0.19	0.20	0.16	0.138	0.29	0.27	0.16

注：1. 三芯电缆截面最大规格为$25mm^2$。
2. 单相线路电压损失为表中数据乘以2。

绝缘导线明敷或穿管用于3相380V系统的电压损失计算 **表9.4.2-8**

导体标称截面（mm^2）		电阻 θ=60℃（Ω/km）	导线明敷（相间距离150mm）							导线穿管						
			感抗（Ω/km）	电压损失［%/（A·km）］						感抗（Ω/km）	电压损失［%/（A·km）］					
				cosφ							cosφ					
				0.5	0.6	0.7	0.8	0.9	1.0		0.5	0.6	0.7	0.8	0.9	1.0
绝缘铜导体	1.5	13.933	0.368	3.321	3.945	4.565	5.181	5.789	6.351	0.138	3.230	3.861	4.490	5.118	5.743	6.351
	2.5	8.360	0.353	2.045	2.415	2.782	3.145	3.500	3.810	0.127	1.995	2.333	2.709	3.083	3.455	3.810
	4	5.172	0.338	1.312	1.538	1.760	1.978	2.189	2.357	0.119	1.226	1.458	1.689	1.918	2.145	2.357
	6	3.467	0.325	0.918	1.067	1.212	1.353	1.487	1.580	0.112	0.834	0.989	1.143	1.295	1.444	1.580
	10	2.040	0.306	0.586	0.670	0.751	0.828	0.898	0.930	0.108	0.508	0.597	0.686	0.773	0.858	0.930
	16	1.248	0.290	0.399	0.447	0.493	0.535	0.570	0.569	0.102	0.325	0.379	0.431	0.483	0.532	0.569
	25	0.805	0.277	0.293	0.321	0.347	0.369	0.385	0.367	0.099	0.223	0.256	0.289	0.321	0.350	0.367
	35	0.579	0.266	0.237	0.255	0.271	0.284	0.290	0.264	0.095	0.169	0.193	0.216	0.237	0.256	0.264
	50	0.398	0.251	0.190	0.200	0.209	0.214	0.213	0.181	0.091	0.127	0.142	0.157	0.170	0.181	0.181
	70	0.291	0.242	0.162	0.168	0.172	0.172	0.168	0.133	0.088	0.101	0.118	0.122	0.130	0.137	0.133
	95	0.217	0.231	0.141	0.144	0.145	0.142	0.135	0.099	0.089	0.085	0.092	0.098	0.104	0.107	0.099
	120	0.171	0.223	0.127	0.128	0.127	0.123	0.115	0.078	0.083	0.071	0.077	0.082	0.085	0.087	0.078
	150	0.137	0.216	0.117	0.116	0.114	0.109	0.099	0.063	0.082	0.064	0.068	0.071	0.073	0.073	0.063
	185	0.112	0.209	0.108	0.107	0.104	0.098	0.087	0.051	0.082	0.058	0.060	0.062	0.063	0.062	0.051
	240	0.086	0.200	0.099	0.096	0.092	0.086	0.075	0.039	0.080	0.051	0.053	0.053	0.053	0.051	0.039
绝缘铝导体	2.5	13.419	0.353	3.198	3.799	4.397	4.990	5.575	6.117	0.127	3.108	3.716	4.323	4.928	5.530	6.117
	4	8.313	0.338	2.028	2.397	2.762	3.124	3.477	3.789	0.119	1.942	2.317	2.691	3.064	3.434	3.789
	6	5.572	0.325	1.398	1.642	1.884	2.121	2.350	2.540	0.112	1.314	1.565	1.814	2.062	2.308	2.540
	10	3.350	0.306	0.884	1.028	1.169	1.305	1.435	1.527	0.108	0.806	0.956	1.104	1.251	1.396	1.527
	16	2.099	0.290	0.593	0.680	0.764	0.845	0.919	0.957	0.102	0.519	0.611	0.703	0.793	0.881	0.957
	25	1.320	0.277	0.410	0.462	0.511	0.557	0.596	0.602	0.099	0.340	0.397	0.453	0.508	0.561	0.602
	35	0.947	0.266	0.321	0.356	0.389	0.418	0.441	0.432	0.095	0.253	0.294	0.333	0.371	0.407	0.432
	50	0.653	0.251	0.248	0.270	0.290	0.307	0.318	0.297	0.091	0.185	0.212	0.238	0.263	0.286	0.297
	70	0.477	0.242	0.204	0.219	0.231	0.240	0.244	0.217	0.088	0.143	0.162	0.181	0.198	0.213	0.217
	95	0.350	0.231	0.171	0.180	0.187	0.191	0.190	0.160	0.089	0.115	0.128	0.141	0.152	0.161	0.160
	120	0.280	0.223	0.152	0.158	0.162	0.163	0.159	0.128	0.083	0.097	0.107	0.116	0.125	0.131	0.128
	150	0.226	0.216	0.137	0.141	0.142	0.141	0.136	0.103	0.082	0.084	0.092	0.099	0.105	0.109	0.103
	185	0.183	0.209	0.124	0.126	0.126	0.124	0.117	0.083	0.082	0.074	0.080	0.085	0.089	0.091	0.083
	240	0.140	0.200	0.111	0.111	0.110	0.106	0.097	0.064	0.080	0.064	0.068	0.071	0.073	0.073	0.064

注：1. 两相三线线路使用表中数据乘以1.5；单相220V线路使用表中数据乘以2。

2. 表中数据未计入非线性负荷产生的谐波电流在中性线中引起的电压损失。

特低电压铜芯导线（两线 $\cos\varphi=1$）的电压损失计算 **表 9.4.2-9**

电压损失（%）	42V						36V						24V						12V					
	铜导体截面（mm^2）																							
	1.5	2.5	4	6	10	16	1.5	2.5	4	6	10	16	1.5	2.5	4	6	10	16	1.5	2.5	4	6	10	16
	负荷矩（W·m）																							
1	629	1047	1703	2521	4277	6691	461	768	1249	1851	3139	5132	206	343	557	825	1340	2288	51.3	85.4	139	205	349	570
2	1258	2094	3406	5042	8554	11983	924	1536	2499	3700	6277	10259	412	685	1650	1650	2799	4576	104	171	277	411	698	1141
3	1888	3142	5108	7564	12830	20975	1387	2304	3748	5550	9415	15390	618	1028	1114	2475	4199	6804	154	256	416	616	1047	1711
4	2517	4189	5811	10085	17107	27966	1849	3072	4915	7400	12553	20520	823	1372	1671	3300	5560	9151	205	342	554	821	1396	2282
5	3146	5236	6514	12606	21384	34958	2316	3840	6247	9250	15691	25649	1029	1714	2759	4126	6998	11439	256	427	693	1026	1745	2852
6	3775	6283	10216	15127	25661	41950	2773	4608	7496	11100	18830	30934	1234	2056	3111	4950	8398	13727	307	513	832	1231	2094	3422
7	4404	7330	11919	17648	29937	48941	3236	5376	8746	12950	21967	35908	1441	2399	3863	5776	9798	16015	378	598	970	1437	2443	3993
8	5034	8377	13622	20170	34214	55933	3698	6144	9995	14800	25108	41039	1647	2742	4114	6600	11197	18304	410	684	1109	1642	2792	4563
9	5663	9225	15325	22691	38491	62924	4160	6912	11244	16650	28244	46169	1883	3084	4966	7426	12597	20591	462	769	1247	1848	3141	5134
10	6292	10472	17028	25212	42768	69916	4622	7680	12494	18500	31382	51298	2058	3427	5518	8251	13397	22879	513	855	1386	2053	3489	5704

注：1. 本表用于特低电压的交流及直流线路的电压损失计算。

2. 线路电压损失计算公式［终端负荷用电流矩（A·km）］

① 三相平衡负荷线路：$\Delta U\%=\frac{\sqrt{3}}{10U_n}(R'\cos\varphi+X'\sin\varphi)\ I\cdot L=\Delta U_i\%\cdot I\cdot L$

② 接于线电压的单相负荷线路：$\Delta U\%=\frac{\sqrt{2}}{10U_n}(R'\cos\varphi+X'\sin\varphi)\ I\cdot L=1.15\Delta U_i\%\cdot I\cdot L$

③ 接于相电压的两相—N线负荷线路：$\Delta U\%=\frac{1.5\sqrt{3}}{10U_n}(R'\cos\varphi+X'_l\sin\varphi)\ I\cdot L=1.5\Delta U_i\%\cdot I\cdot L$

④ 接于相电压的单相负荷线路：$\Delta U\%=\frac{\sqrt{2}}{10U_{nph}}(R'\cos\varphi+X'_l\sin\varphi)\ I\cdot L=2\Delta U_i\%\cdot I\cdot L$

⑤ 接于交流单相负荷且 $\cos\varphi=1$ 或直流线路：$\Delta U\%=\frac{P_c\cdot L}{C\cdot S}$

式中 $\Delta U\%$——线路电压损失百分数，%；

U_n——标称电压，kV；

R'、X'——三相线路单位长度的电阻和感抗，Ω/km；

I——负荷计算电流，A；

$\cos\varphi$——功率因数；

P_c——有功负荷，W。

$\Delta U_i\%$——三相线路每 1A·km 的电压损失百分数，%/A·km；

U_{nph}——标称相电压，kV；

X'_1——单相线路单位长度的感抗，Ω/km，工程计算中其值可取 X' 值；

L——线路长度，km；

S——导体标称截面，mm^2；

C——功率因数为 1 时的计算系数，220V；$C=12.56$（铜）、$C=7.66$（铝）。

不间断电源（UPS）交流回路的电压损失计算　　表 9.4.2-10

不间断电源（UPS）交流电路保护装置的额定电流（A）	绝缘铜导体标称截面（mm²）											
	10	16	25	35	50	70	95	120	150	185	240	300
	3 相 380V、交流回路、每 100m 线路的电压降百分比（%）											
10	0.9											
15	1.2											
20	1.6	1.1										
25	2.0	1.3	0.9									
32	2.6	1.7	1.1									
40	3.3	2.1	1.4	1.0								
50	4.1	2.6	1.7	1.3	1.0							
63	5.1	3.3	2.2	1.6	1.2	0.9						
70	5.7	3.7	2.4	1.7	1.3	1.0	0.8					
80	6.5	4.2	2.7	2.1	1.5	1.2	0.9	0.7				
100	8.2	5.3	3.4	2.6	2.0	2.0	1.0	0.9	0.8			
125		6.6	4.3	3.2	2.4	2.4	1.4	1.1	1.0	0.8		
160			5.5	4.3	3.2	3.2	1.8	1.5	1.2	1.1	0.9	
200				5.3	3.9	3.9	2.2	1.8	1.6	1.3	1.2	0.9
250					4.9	4.9	2.8	2.3	1.9	1.7	1.4	1.2
320							3.5	2.9	2.5	2.1	1.9	1.5
400							4.4	3.6	3.1	2.7	2.3	1.9
500								4.5	3.9	3.4	2.9	2.4
600									4.9	4.2	3.6	3.0
800										5.3	4.4	3.8
1000											6.5	4.7

注：1. 本表适用于 3 相 380V/400V/415V，50～60Hz $\cos\varphi=0.8$，三相平衡系统。中性线导体截面为相线的 1.5～2 倍。

2. 对于 3 相 230V 线路，使用表中的数据时应乘以$\sqrt{3}$，单相 208V/230V 线路应乘以 2。

3. 不间断电源（UPS）交流回路允许的最大电压降为 3%。

4. 在三相系统中，中性线中单相负荷的三次谐波（以及它的倍数）会增加，因此中性线导体截面应≥1.5×相线导体截面。

不间断电源（UPS）直流回路的电压损失计算　　表 9.4.2-11

不间断电源(UPS)直流电路保护装置的额定电流(A)	绝缘铜导体标称截面(mm²)									
	25	35	50	70	95	120	150	185	240	300
	直流回路、每 100m 线路的电压降百分比(%)									
100	5.1	3.6	2.6	1.9	1.3	1.0	0.8	0.7	0.5	0.4
125		4.5	3.2	2.3	1.6	1.3	1.0	0.8	0.6	0.5
160			4.0	2.9	2.2	1.6	1.2	1.1	0.6	0.7
200				3.6	2.7	2.2	1.6	1.3	1.0	0.8
250					3.3	2.7	2.2	1.7	1.3	1.0
320						3.4	2.7	2.1	1.6	1.3
400							3.4	2.8	2.1	1.6
500								3.4	2.6	2.1
600								4.3	3.3	2.7

续表

不间断电源(UPS)直流电路保护装置的额定电流(A)	绝缘铜导体标称截面(mm^2)									
	25	35	50	70	95	120	150	185	240	300
	直流回路、每100m线路的电压降百分比(%)									
800									4.2	3.4
1000									5.3	4.2
1250										5.3

注：不间断电源（UPS）直流回路允许的最大电压降为1%。

3相380V矩形铜（铝）母线的电压损失计算　　表9.4.2-12

	母线尺寸宽×厚(mm)	电阻 θ=65℃ (Ω/km)	感抗(Ω/km) 母线中心间距250mm		电压损失[%/(A·km)] 母线中心间距250mm竖放或平放 cosφ					
			竖放	平放	0.5	0.6	0.7	0.8	0.9	1.0
铜母线	25×3	0.279	0.240	0.217	0.158	0.164	0.167	0.167	0.162	0.127
	30×4	0.175	0.227	0.205	0.130	0.131	0.130	0.126	0.117	0.080
	40×4	0.132	0.212	0.188	0.114	0.113	0.111	0.106	0.096	0.060
	40×5	0.107	0.210	0.187	0.107	0.106	0.102	0.096	0.086	0.049
	50×5	0.087	0.199	0.174	0.098	0.096	0.092	0.086	0.075	0.039
	50×6.3	0.072	0.197	0.173	0.094	0.092	0.087	0.080	0.069	0.033
	63×6.3	0.062	0.188	0.163	0.088	0.085	0.081	0.074	0.063	0.028
	80×6.3	0.047	0.172	0.146	0.079	0.076	0.071	0.064	0.054	0.022
	100×6.3	0.039	0.160	0.132	0.072	0.069	0.065	0.058	0.048	0.018
	63×8	0.047	0.185	0.162	0.084	0.080	0.075	0.068	0.056	0.022
	80×8	0.037	0.170	0.145	0.075	0.072	0.067	0.060	0.049	0.017
	100×8	0.031	0.158	0.132	0.069	0.066	0.061	0.054	0.044	0.014
	125×8	0.027	0.149	0.121	0.065	0.062	0.057	0.051	0.041	0.012
	63×10	0.039	0.182	0.160	0.079	0.077	0.072	0.064	0.052	0.018
	80×10	0.031	0.168	0.143	0.073	0.070	0.065	0.057	0.046	0.014
	100×10	0.026	0.156	0.131	0.068	0.064	0.059	0.052	0.042	0.012
	125×10	0.022	0.147	0.123	0.063	0.060	0.055	0.048	0.038	0.010
铝母线	25×3	0.457	0.240	0.217	0.199	0.213	0.224	0.232	0.235	0.208
	30×4	0.286	0.227	0.205	0.155	0.161	0.165	0.166	0.162	0.130
	40×4	0.215	0.212	0.188	0.133	0.136	0.138	0.136	0.130	0.098
	40×5	0.172	0.210	0.187	0.122	0.124	0.123	0.120	0.112	0.078
	50×5	0.138	0.199	0.174	0.110	0.110	0.109	0.105	0.096	0.063
	50×6.3	0.116	0.197	0.173	0.104	0.104	0.101	0.096	0.087	0.053
	63×6.3	0.097	0.188	0.163	0.096	0.095	0.092	0.087	0.077	0.044
	80×6.3	0.074	0.172	0.146	0.085	0.083	0.080	0.074	0.065	0.034
	100×6.3	0.060	0.160	0.132	0.077	0.075	0.071	0.066	0.057	0.028
	63×8	0.074	0.185	0.162	0.090	0.088	0.084	0.078	0.067	0.034
	80×8	0.057	0.170	0.145	0.080	0.078	0.074	0.067	0.057	0.026
	100×8	0.047	0.158	0.132	0.073	0.070	0.066	0.060	0.051	0.021
	125×8	0.040	0.149	0.121	0.068	0.065	0.061	0.055	0.046	0.018
	63×10	0.060	0.182	0.160	0.086	0.083	0.079	0.072	0.061	0.028
	80×10	0.047	0.168	0.143	0.077	0.074	0.070	0.063	0.053	0.021
	100×10	0.039	0.156	0.131	0.071	0.068	0.063	0.057	0.047	0.018
	125×10	0.034	0.147	0.123	0.066	0.063	0.059	0.053	0.043	0.016

密集绝缘式铜母线槽的电压损失计算 **表 9.4.2-13**

铜母线槽额定电流（A）	相线对中性线阻抗值 80℃（mΩ/m）		铝整体接地线电阻值（mΩ/m）	功率因数（cosφ）													短时耐受电流（kA）	
				1.00	0.95	0.90	0.85	0.80	0.75	0.70	0.60	0.50	0.40	0.30	0.20	0.10		
	电阻 R	感抗 X	R	密集绝缘式铜母线槽线间电压损失(V/m)													1s	3s
250	0.133	0.102	0.266	0.0577		0.0712		0.0727		0.072		0.0672		0.0596	0.055			
400	0.070	0.063	0.210	0.0484		0.0626		0.0649		0.0651		0.0620		0.0562	0.0524			
630	0.070	0.063	0.210	0.0763		0.0986		0.1022		0.1025		0.0977		0.0884	0.0826			
800	0.0610	0.0302	0.1444	0.085	0.093	0.094	0.094	0.093	0.091	0.089	0.084	0.078	0.072	0.065	0.058	0.050	40	
1000	0.0535	0.0262	0.1312	0.093	0.102	0.103	0.103	0.101	0.100	0.097	0.092	0.086	0.079	0.071	0.063	0.054	50	
1200	0.0384	0.0207	0.1148	0.080	0.089	0.091	0.090	0.090	0.088	0.087	0.082	0.077	0.071	0.065	0.058	0.051	50	
1350	0.0344	0.0190	0.1115	0.081	0.090	0.092	0.092	0.091	0.090	0.088	0.084	0.079	0.073	0.067	0.060	0.052	50	
1600	0.0289	0.0167	0.0984	0.080	0.092	0.095	0.096	0.096	0.095	0.094	0.090	0.086	0.080	0.074	0.068	0.060	50	
2000	0.0256	0.0138	0.0884	0.089	0.099	0.101	0.100	0.100	0.098	0.096	0.091	0.086	0.079	0.072	0.064	0.056	65	40
2500	0.0177	0.0105	0.0722	0.077	0.087	0.089	0.089	0.089	0.088	0.086	0.082	0.078	0.072	0.066	0.060	0.053	75	40
3000	0.0157	0.0092	0.0656	0.082	0.093	0.094	0.095	0.094	0.093	0.091	0.087	0.082	0.076	0.070	0.063	0.056	75	40
3200	0.0131	0.0082	0.0710	0.087	0.099	0.101	0.101	0.100	0.099	0.097	0.093	0.088	0.082	0.075	0.067	0.059	100	40
4000	0.0115	0.0056	0.0558	0.080	0.088	0.088	0.088	0.087	0.085	0.083	0.079	0.073	0.067	0.061	0.054	0.046	100	40
5000	0.0082	0.0046	0.0558	0.071	0.080	0.081	0.081	0.081	0.080	0.078	0.074	0.070	0.065	0.059	0.053	0.047	100	40

注：1. 三相平衡负荷，线间电压降使用表中所列数值。

2. 三相平衡负荷，相线对中性线电压降为表中数值乘以 0.577。

3. 接于线电压的单相电压降为表中数值乘以 1.15。

4. 实际电流不为表中的额定电流值时，为表中数值乘以系数：(实际电流/额定电流)。

5. 表中所示线间电压降值是在单一的集中负荷下测试的，对于分散负荷应乘以系数 0.5。

示例：1000A 铜母线槽，$\cos\varphi=0.5$，50Hz，计算电压降 Ud；

集中负荷时：$\Delta U_d=\sqrt{3}I\cdot L\ (R\cos\varphi+X\sin\varphi)\ =\sqrt{3}x1\ (0.0535\times0.5+0.0262\times0.866)\ =0.0856$V/m（伏/米）

分散负荷时：$\Delta U_d=0.0856/2=0.0428$V/m（伏/米）

6. 本表数据摘自施耐德电气公司 I-LINEⅡ型产品技术参数资料。

空气绝缘式铜母线槽的线间电压损失计算 **表 9.4.2-14**

铜母线槽额定电流(A)	相线对中性线阻抗值(mΩ/m)		接地线电阻值(mΩ/m) R	空气绝缘式铜母线槽线间电压降[V/(100m/A)]				短时耐受电流(kA)	额定峰值电流(kA)
				功率因数 cosφ					
	电阻 R	电抗 X		1.00	0.90	0.80	0.70		
100	2.938	0.739	0.273	0.10600	0.11265	0.10854	0.10246	10	17
160	2.050	0.505	0.243	0.07395	0.07535	0.07127	0.06618	10	20
250	0.661	0.457	0.243	0.02383	0.02870	0.02904	0.02856	10	22
400	0.369	0.292	0.105	0.01331	0.01621	0.01647	0.01624	21.5	45
500	0.171	0.295	0.105	0.00617	0.00993	0.01096	0.01149	25	52.5
630	0.216	0.197	0.061	0.00779	0.00965	0.00987	0.00978	31	65
800	0.092	0.190	0.061	0.00334	0.00568	0.00636	0.00673	34	71.5

注:当环境温度不同于35℃时,铜母线槽的额定电流应乘以下列修正系数:30℃—1.03;35℃—1.00;40℃—0.97;45℃—0.94。

空气绝缘式铝母线槽的线间电压损失计算 **表 9.4.2-15**

铝母线槽额定电流(A)	导体阻抗(mΩ/m)				接地线电阻(故障时)(mΩ/m)	空气绝缘式铝母线槽线间电压降(V/A·m)						短时耐受电流 I_{cw}(kA)	峰值短路电流(kA)
	电阻		电抗 X	阻抗 Z		功率因数 cosφ							
	R_{20}	$R_{(满载)}$				1.0	0.95	0.9	0.85	0.80	0.75		
800	0.071	0.073	0.043	0.058	0.186	0.102	0.115	0.118	0.118	0.117	0.116	40	84
1000	0.057	0.064	0.042	0.076	0.168	0.111	0.128	0.131	0.132	0.132	0.131	50	105
1250	0.043	0.055	0.013	0.056	0.120	0.118	0.121	0.119	0.115	0.111	0.107	50	105
1350	0.038	0.049	0.013	0.051	0.118	0.115	0.119	0.117	0.114	0.111	0.107	50	105
1600	0.032	0.035	0.025	0.043	0.107	0.096	0.113	0.116	0.118	0.118	0.118	65	143
2000	0.025	0.033	0.012	0.035	0.117	0.113	0.121	0.120	0.118	0.116	0.113	65	143
2500	0.021	0.029	0.010	0.031	0.065	0.127	0.133	0.132	0.129	0.126	0.122	90	198
3200	0.016	0.020	0.008	0.021	0.047	0.109	0.117	0.117	0.115	0.113	0.110	100	220
4000	0.012	0.017	0.008	0.018	0.039	0.114	0.126	0.127	0.127	0.125	0.122	120	264
5000	0.010	0.014	0.005	0.015	0.036	0.118	0.126	0.125	0.123	0.121	0.118	150	330

注:1. 表中线间电压降用于三相平衡负荷线路,终端负荷(α取1)。技术参数取自施耐德电气公司。

2. 电压降计算式:$\Delta U=\alpha\cdot\sqrt{3}\cdot I\cdot(R\cdot\cos\varphi+x\cdot\sin\varphi)\cdot L\cdot 10^{-3}$ (V),α——负荷分布系数。

3. 铝母线槽与配电装置上的铜母排连接,应选用与其配套的专用法兰并通过中间过渡铜铝母排进行连接。

3相380V滑触线的电压损失计算 **表 9.4.2-16**

滑触线规格(A)	电阻 θ=65℃(Ω/km)	感抗(Ω/km)	滑触线电压损失[%/(A·km)]					
			cosφ					
			0.5	0.6	0.7	0.8	0.9	1.0
200	0.387	0.182	0.160	0.172	0.183	0.191	0.195	0.176
300	0.302	0.182	0.141	0.156	0.156	0.159	0.160	0.138
500	0.116	0.148	0.085	0.086	0.085	0.083	0.077	0.053
800	0.083	0.148	0.077	0.077	0.075	0.071	0.063	0.038
60	1.008	0.100	0.288	0.334	0.380	0.424	0.466	0.496
100	0.726	0.097	0.204	0.234	0.263	0.291	0.317	0.331

续表

滑触线规格 (A)	电阻 θ=65℃ (Ω/km)	感抗 (Ω/km)	滑触线电压损失[%/(A·km)]					
			cosφ					
			0.5	0.6	0.7	0.8	0.9	1.0
150	0.435	0.087	0.134	0.151	0.167	0.182	0.196	0.198
10/50	2.188	0.155	0.560	0.655	0.749	0.841	0.929	0.998
15/80	1.458	0.130	0.384	0.446	0.508	0.567	0.624	0.665
35/140	0.625	0.128	0.193	0.218	0.241	0.263	0.282	0.285
70/210	0.312	0.098	0.110	0.121	0.131	0.141	0.148	0.142

电动机,照明电路的电压降 ΔU(V/A·km)简化计算　　表 9.4.2-17

导体标称截面 (mm²)		三相平衡电路				单相电路			
		电动机			照明	电动机			照明
		正常运行	起动阶段			正常运行	起动阶段		
铜	铝	cosφ				cosφ			
		0.8	0.35	0.45	1	0.8	0.35	0.45	1
1.5		20	9.4	11.8	25	24	10.6	13.6	30
2.5		12	5.7	7.13	15	14.4	6.4	8.24	18
4		8	3.6	4.5	9.5	9.1	4.1	5.2	11.2
6	10	5.3	2.5	3.04	6.2	6.1	2.9	3.52	7.5
10	16	3.2	1.5	1.87	4.5	3.7	1.7	2.17	4.5
16	25	2.05	1.0	1.22	2.4	2.36	1.15	1.40	2.8
25	35	1.30	0.65	0.82	1.5	1.50	0.75	0.95	1.8
35	50	1.00	0.52	0.62	1.1	1.15	0.60	0.72	1.29
50	70	0.75	0.41	0.47	0.77	0.86	0.47	0.55	0.95
70	120	0.56	0.32	0.37	0.55	0.64	0.37	0.43	0.64
95	150	0.42	0.26	0.31	0.40	0.48	0.30	0.35	0.47
120	185	0.34	0.23	0.27	0.31	0.39	0.26	0.31	0.37
150	240	0.29	0.21	0.24	0.27	0.33	0.24	0.28	0.30
185	300	0.25	0.19	0.22	0.20	0.29	0.22	0.25	0.24
240	400	0.21	0.17	0.20	0.16	0.24	0.20	0.23	0.19
300	500	0.18	0.16	0.18	0.13	0.21	0.19	0.21	0.15

注：电动机起动阶段的 cosφ，一般按 0.35 选取。

电动机起动阶段注入配电装置的电源电路的电压损失增大系数　　表 9.4.2-18

电动机起动方式	星-三角起动		直接起动				
起动电流倍数	2	3	4	5	6	7	8
I_E/I_d	增大系数 K						
2	1.50	2.00	2.50	3.00	3.50	4.00	4.50
4	1.25	1.50	1.75	2.00	2.25	2.50	2.75

续表

电动机起动方式	星-三角起动		直接起动				
起动电流倍数	2	3	4	5	6	7	8
I_E/I_d	增 大 系 数 K						
6	1.17	1.34	1.50	1.67	1.84	2.00	2.17
8	1.13	1.25	1.38	1.50	1.63	1.75	1.88
10	1.10	1.23	1.34	1.45	1.56	1.67	1.78
15	1.07	1.14	1.20	1.27	1.34	1.40	1.47

注：1. 本表系为电动机起动阶段注入配电装置（配电盘）的电源电路的电压降的增大系数。

2. 表中　I_E——配电保护装置总配电电流，A；

I_d——电动机负荷电流，A。

3. 应用本表格简化计算举例

三相电路，铜导线截面为50mm²，线路长度为50m，为一台U_r=400V电动机供电：

（1）正常运行情况下，电流I_d=120A，cosφ=0.8。

（2）起动阶段，电流为600A，cos=φ=0.35。

（3）配电装置总配电：I_E=1200A，前端电源电路电压降（ΔU_2）为10V。

① 电动机正常运行情况下的电压降：

从电压降简化计算表9.4.2-17中查得，

$\Delta U_1=0.75\times120\times0.05=4.5$V；已知$\Delta U_2=10$V，

总电压降$\Delta U=10+4.5=14.5$V。

即$\Delta U\%=\frac{\Delta U}{U_r}\times100=\frac{14.5}{400}\times100=3.625\%$；

② 电动机直接起动阶段的电压降：

$\Delta U_1=0.41\times600\times0.05=12.3$V；

$I_E/I_d=\frac{1200}{120}=10$；起动电流倍数$=\frac{600}{120}=5$，

则$\Delta U'_2=\Delta U_2\cdot k=10\times1.45=14.5$V；（$k=1.45$）

总电压降$\Delta U=12.3+14.5=26.8$V

即$\Delta U\%=\frac{26.8}{400}\times100=6.7\%$

3相380V平衡负荷架空线路的电压损失计算　　表9.4.2-19

型号	导体标称截面(mm²)	电阻 θ=60℃ (Ω/km)	感抗 D_j=0.8m (Ω/km)	环境温度35℃时的允许负荷(kVA)	电压损失[%/(kW·km)]						电压损失[%/(kW·km)]					
					cosφ						cosφ					
					0.5	0.6	0.7	0.8	0.9	1.0	0.5	0.6	0.7	0.8	0.9	1.0
TJ（裸铜绞线）	16	1.344	0.381	75	1.384	1.280	1.198	1.127	1.058	0.931	0.456	0.505	0.552	0.594	0.627	0.613
	25	0.853	0.367	104	1.026	0.926	0.847	0.779	0.712	0.590	0.338	0.366	0.393	0.412	0.422	0.389
	35	0.612	0.357	128	0.847	0.749	0.673	0.607	0.542	0.424	0.279	0.296	0.310	0.320	0.321	0.279
	50	0.430	0.346	157	0.708	0.613	0.539	0.475	0.413	0.298	0.233	0.242	0.249	0.250	0.244	0.196
	70	0.305	0.332	197	0.607	0.516	0.444	0.383	0.322	0.211	0.200	0.204	0.205	0.202	0.191	0.139
	95	0.225	0.322	240	0.540	0.452	0.384	0.322	0.263	0.156	0.178	0.178	0.176	0.170	0.156	0.103
	120	0.179	0.315	280	0.499	0.413	0.345	0.286	0.229	0.124	0.164	0.163	0.160	0.151	0.136	0.081
	150	0.140	0.307	330	0.465	0.380	0.314	0.256	0.201	0.098	0.153	0.150	0.145	0.135	0.119	0.065
	185	0.116	0.300	373	0.440	0.357	0.293	0.237	0.181	0.081	0.145	0.141	0.135	0.125	0.103	0.053
	240	0.089	0.292	446	0.412	0.331	0.268	0.214	0.160	0.063	0.135	0.131	0.124	0.113	0.095	0.041

续表

型号	导体标称截面（mm^2）	电阻 $\theta=60℃$（Ω/km）	感抗 $D_j=0.8m$（Ω/km）	环境温度35℃时的允许负荷（kVA）	电压损失[%/(kW·km)]						电压损失[%/(kW·km)]					
					cosφ						cosφ					
					0.5	0.6	0.7	0.8	0.9	1.0	0.5	0.6	0.7	0.8	0.9	1.0
LJ（裸铝绞线）	16	2.090	0.381	61	1.889	1.795	1.714	1.643	1.574	1.448	0.625	0.709	0.790	0.865	0.932	0.953
	25	1.307	0.367	78	1.340	1.240	1.162	1.094	1.027	0.905	0.441	0.490	0.535	0.576	0.608	0.596
	35	0.967	0.357	99	1.092	1.995	0.918	0.852	0.788	0.669	0.359	0.393	0.423	0.449	0.467	0.441
	50	0.671	0.345	124	0.070	0.780	0.706	0.642	0.579	0.465	0.288	0.308	0.325	0.338	0.343	0.306
	70	0.466	0.335	153	0.719	0.628	0.556	0.494	0.434	0.323	0.235	0.248	0.256	0.260	0.257	0.212
	95	0.349	0.322	188	0.626	0.537	0.468	0.408	0.349	0.242	0.206	0.212	0.216	0.215	0.207	0.159
	120	0.275	0.315	217	0.566	0.480	0.412	0.353	0.296	0.191	0.186	0.190	0.190	0.186	0.175	0.126
	150	0.225	0.307	255	0.524	0.439	0.373	0.316	0.260	0.157	0.172	0.175	0.172	0.166	0.154	0.103
	185	0.183	0.301	290	0.486	0.404	0.539	0.283	0.228	0.128	0.160	0.159	0.156	0.149	0.135	0.084
	240	0.140	0.293	371	0.447	0.367	0.303	0.249	0.195	0.098	0.147	0.142	0.140	0.131	0.116	0.064

10 配电布线系统

10.1 一般规定和要求

10.1.1 概 述

1. 基本规定

(1) 10kV 及以下民用建筑室内、外电缆及室内绝缘电线、封闭式母线等配电线路布线系统的选择和敷设，应符合现行国家标准《民用建筑电气设计规范》JGJ 16 的规定。

(2) 布线系统的敷设方法应根据建筑物构造、环境特征、使用要求、用电设备分布等敷设条件及所选用导体的类型等因素综合确定。

当几种布线方式同时能满足要求时，则应根据建筑物的使用要求、用电设备发布等因素综合比较，决定合理的布线方式及敷设方法。

(3) 布线系统的选择和敷设，应避免因环境温度、外部热源、浸水、灰尘聚集及腐蚀性或污染物质等外部影响对布线系统带来的损害，并应防止在敷设和使用过程中因受撞击、振动、电线或电缆自重和建筑物的变形等各种机械应力作用而带来的损害。

①布线系统应适合现场的最高环境温度并保证各类绝缘电线或电缆的导体在负荷电流持续运行时，线芯最高运行温度不应超过第 9.1.1 节表 9.1.1-4 所列数值。

② 为了避免外部热源（如蒸汽管、热水管、用电设备等）的影响，可采用下列的方法之一或与之等效的方法来保护布线系统：

a. 设置防护罩；

b. 将布线系统设置在距热源足够远的地方；

c. 选择布线系统时，适当考虑可能出现的额外温升；

d. 局部加强或更换布线系统的绝缘材料。

③ 处在可能发生中等及以上程度冲击的地方的固定敷设布线系统，应采用以下保护措施：

a. 合理利用布线系统本身的机械强度；

b. 正确选择布线地段；

c. 采用局部或整体的加强机械保护；

d. 综合采用上述保护措施。

④ 管路垂直敷设时，为保证管内电线不因自重而折断，应按下列规定装设电线固定盒，在盒内用线夹将电线固定：

a. 电线截面积为 $50mm^2$ 及以下，长度大于 30m 时；

b. 电缆截面积为 $50mm^2$ 以上，长度大于 20m 时。

⑤ 当布线系统受到持续性张力时（垂直敷设的自身重量），应适当地选择电线或电缆

的型号和截面以及敷设方法，以免电线或电缆由于自身的重量而受到损害。

⑥ 由于建筑物变形位移而可能引起布线系统受到损害的地方，所采用的电缆支架和防护设施应允许相应的移动，以免电线或电缆受到过大的机械应力。对于可挠或活动的结构应采用柔性布线系统。

(4) 金属导管、可挠金属电线保护套管、刚性塑料导管（槽盒）及金属槽盒等布线，应采用绝缘电线和电缆。在同一根导管或槽盒内有两个或两个以上回路时，所有绝缘电线和电缆都应具有与最高标称电压回路绝缘相同的绝缘等级。

(5) 布线用塑料导管、槽盒及附件应采用非火焰蔓延类制品。

(6) 为了保证不因电线导管的敷设而影响楼板的强度。敷设在钢筋混凝土现浇楼板内的电线导管的最大外径不宜大于板厚的 1/3。

(7) 布线系统中的所有金属导管、金属构架的接地要求，应符合接地和特殊场所的安全防护的有关规定。布线系统中所有金属导管、金属构架均系电气装置的外露可导电部分，除另有规定外均应接地，这是电击防护中的间接接触防护的基本措施之一。

(8) 布线用各种电缆、电缆桥架、金属槽盒及封闭式母线在穿越防火分区楼板、隔墙时，其空隙应采用相当于建筑构件耐火极限的不燃烧材料填塞密实。防止火灾蔓延、扩大灾情。

2. 设计技术措施

(1) 低压配电线路敷设应符合《全国民用建筑工程设计技术措施·电气》2009 年版的规定和要求。

(2) 配线用的钢导管及金属槽盒在内的外界可导电部分严禁用作 PEN 导体。

(3) 布线用塑料管、塑料槽盒及附件，应采用氧指数为 27 以上的阻燃型制品。

(4) 电源插座回路与照明回路宜分别供电。低压配电线路支线宜以防火分区或结构缝为界。

(5) 线缆穿越防火分区、楼板、墙体的洞口等处应做防火封堵。通常可采用消防部门检测合格的防火堵料。

(6) 电缆持续允许载流量的环境温度确定可按第 9.3.2 节表 9.3.2-7 查取。

(7) 有条件时，强电和强电线路宜分别设置在配电间和弱电间内。如受条件限制必须合用电气间，强电与弱电线路应分别在电气间的两侧敷设或采取隔离措施。强弱电线路间距应满足规程要求。

当工程设有电信布线系统时，不应将电信管线与强电管道同路径敷设。

(8) 穿管的绝缘导线（两根除外）总截面积（包括外护层）不应超过管内截面积的 40%，暗配的导管，埋设深度与建筑物、构筑物表面的距离不应小于 15mm。

10.1.2 室内布线系统设计要点

1. 建筑电气室内布线系统设计施工应遵守国家现行相关的规范和标准，工程中使用的电缆、管材、母线、桥架等均应符合国家和相关部门的产品技术标准，要求 3C 强制认证的需有相应的认证标志。

2. 内线工程使用的金属配件、金属管材等均应做防腐处理，除设计另有要求外，均应刷防锈底漆一道，明敷时应刷灰色面漆两道，潮湿场所等还可采取镀锌处理。钢管内外壁均应做防腐处理，暗敷于混凝土中的钢管外壁无需做防腐处理。

3. 砖砌体内的钢管无防腐层或防腐层脱落处应刷防锈底漆一道。

4. 埋入墙体或混凝土内的管线，距离表层的净距不应小于 15，线管在砖墙内内剔槽敷设时必须采用 M10 水泥砂浆保护；消防控制、通信、报警线路采用暗敷时应敷设在不燃烧体的结构内，且保护层厚度不小于 30。

5. 钢管埋入土层和有腐蚀性的垫层应采用水泥砂浆全面保护或采取其他防护措施。

6. 管线通过建筑物的伸缩缝、沉降缝时应有补偿装置。

7. 管路暗敷设时宜沿最短路径敷设，并应减少弯曲和重叠交叉，管路超过规定长度时需加大管径或加装接线盒，接线盒之间的间距需符合下列规定：

（1）无弯曲时 30m。

（2）有一个弯时 20m。

（3）有二个弯时 15m。

（4）有三个弯时 8m。

8. 进入灯头盒和开关盒的导线数量不宜超过 4 根，否则宜采用高身接线盒。

9. 暗装灯头盒、开关盒及接线盒的备用敲落孔一律不得敲落，当暗装在具有易燃结构部位及易燃装饰材料附近时，应对周围的易燃物做好隔热防火处理。中间接线盒或分线盒均应加盖密封，盖板应涂刷与该墙面或顶棚相同颜色的油漆，或者采用盒盖直接坯腻子密封。

10. 各种金属构件的安装螺孔不得采用电、气焊开孔。

11. 电气线路中的金属管、金属槽盒、金属接线盒等正常情况下不带电的外露可导电部分均应接 PE 线，并连接成一个整体。

12. 配线工程的支持件应采用预埋螺栓、预埋铁件、涨锚螺栓等方法固定，严禁使用木塞法固定。使用涨管时应钻孔，钻孔规格应与涨管相配套。

13. 穿金属管的线路应将同一个交流回路的所有相线及中线穿于同一根管内。单相的交流单芯电缆，不应单独穿于穿线钢管内。

14. 不同回路、不同电压等级和交、直流线路不应穿于同一根管内，但下列情况除外：

（1）标称电压为 50V 及以下的回路。

（2）同一台电机的所有回路（包括操作回路）。

（3）同一设备或同一联动系统设备的主回路和无电磁兼容要求的控制回路。

（4）无电磁兼容要求的各种用电设备的信号回路、测量回路、控制回路。

（5）同一照明灯具的几个回路。

15. 明敷或暗敷于潮湿场所的导管，应采用焊接钢管，且宜采用热镀锌焊接钢管。明配或暗配于干燥场所的导管，可采用电缆管。暗配于楼板内的钢管宜采。

16. 明配管使用的附件如灯头盒、开关盒、接线盒等应使用明装式，吊顶内配管附件按暗配管处理。用焊接钢管，并且钻孔直径应与胀管规格相配合。

17. 吊顶内敷设的导管、槽盒应有单独的吊挂或支撑装置，但直径 20 及以下的焊接钢管、直径 25 及以下电线管（含 JDG 和 KGB 钢管），可利用吊顶内的吊杆或主龙骨。吊顶内的接线盒等应单独固定。

18. 布线中包括的硬塑料管、半硬塑料管、塑料线槽等氧指数≥27。硬塑料管、塑料线槽应按要求有阻燃标识。

19. 埋设在墙内或混凝土内的硬塑料管，应采用中型及以上的塑料管。

20. 室内电气线路与其他管道之间的最小净距如设计无特殊说明时按第 10.1.3 节表 10.1.3-3 进行调整；

21. 电缆埋地过路或穿过楼板或墙时，应穿钢管保护，钢管内径不应小于电缆外径的 1.5 倍。

22. 导线连接应。

（1）导线在箱盒内的连接宜采用压接法，也可使用接线端子或线夹连接等。铜芯导线也可采用交叉缠绕的方式。

（2）导线与电气设备端子间的连接：单股铜芯及导线截面为 2.5mm^2 线应压接端子或搪锡后连接。多股铝芯导线及导线截面超过 2.5mm^2 的多股铜芯导线应压接端子后与电气设备连接（铜芯导线且设备自带插接式端子除外）。

（3）铜、铝导线相连应采取过渡措施，一般可采用铜铝过渡端子、过渡套管、过渡线夹等，且过渡连接时，铜端子宜采取搪锡处理。

（4）电线、电缆的芯线连接套管、端子等金具，应采用与芯线相适应的规格，且不应采用开口端子。

（5）铜芯导线及铜芯接线端子搪锡时不应使用酸性焊剂。

（6）电气设备的端子接线不得多于 2 根。

23. 线路中绝缘导体或裸导体的颜色标记。

（1）交流三相线路：L1 相为黄色，L2 相为绿色，L3 相为红色，N 线为淡蓝色，PE 线为绿/黄双色。

（2）直流线路：正极（＋）为赭色，负极（－）为蓝色。

（3）绿黄双色只用于标记 PE 导体，不能用于其他标识。淡蓝色只能用于 N 线。

（4）导体色标可用规定的颜色或绝缘导体的表面颜色标识在导体的全部长度上，也可标记在导体上的易识别部位。

24. 爆炸性环境配线。

爆炸性环境配线技术要求，见表 10.1.2-1。

爆炸性环境配线技术要求　　　　**表 10.1.2-1**

技术要求 / 项目 / 爆炸危险区域		电缆配线和钢管明配线路用绝缘导线的最小截面			接线盒、分支盒	移动电缆	管子连接
		电力	照明	控制			
爆炸性气体环境电缆配线	1区	铜芯 2.5mm^2 以上	铜芯 2.5mm^2 以上	铜芯 2.5mm^2 以上	防爆型	重型	
	2区	铜芯 1.5mm^2 以上 铝芯 2.5mm^2 以上	铜芯 1.5mm^2 以上 铝芯 2.5mm^2 以上	铜芯 1.5mm^2 以上 铝芯 2.5mm^2 以上	隔爆、增安型	中型	
爆炸危险环境钢管配线	1区	铜芯 2.5mm^2 以上	铜芯 2.5mm^2 以上	铜芯 2.5mm^2 以上	防爆型		对 D_g25mm 及以下的钢管螺纹旋合应不少于 5 扣，对 D_g32mm 及以上的应不小于 6 扣并有锁紧螺母

续表

技术要求 \ 项目 / 爆炸危险区域		电缆配线和钢管明配线路用绝缘导线的最小截面			接线盒、分支盒	移动电缆	管子连接
		电力	照明	控制			
爆炸危险环境钢管配线	2区	铜芯 1.5mm^2 以上 铝芯 2.5mm^2 以上	铜芯 1.5mm^2 以上 铝芯 2.5mm^2 以上	铜芯 1.5mm^2 以上 铝芯 2.5mm^2 以上	隔爆、增安型		对 D_g25mm 及以下的螺纹旋合应不少于 5 扣，对 D_g32mm 及以上的应不小于 6 扣
爆炸性粉尘环境电缆配线	10区	铜芯 2.5mm^2 以上				重型	
	11区	铜芯 1.5mm^2 以上 铝芯 2.5mm^2 以上				中型	
爆炸性粉尘环境钢管配线	10区	铜芯 2.5mm^2 以上			尘密型		螺纹旋合应不少于 5 扣
	11区	铜芯 1.5mm^2 以上 铝芯 2.5mm^2 以上			尘密型，也可采用防尘型		螺纹旋合应不少于 5 扣

注：1. 铝芯绝缘导线或电缆的连接与封端应采用压接。

2. 尘密型是规定标志为 DT 的粉尘防爆类型；防尘型是规定标志为 DP 的防爆类型。

10.1.3 布线方式及间距

1. 按环境条件选择线路布线方式见表 10.1.3-1、表 10.1.3-2。

按环境条件选择线路布线方式 **表 10.1.3-1**

导线类别	布线方式	常用导线型号	导线使用环境																	
			干燥		潮湿	特别潮湿	高温	多尘	化学腐蚀	火灾危险区			爆炸危险区				户外	高层建筑	一般民用	进户线
			生活	生产						21	22	23	1	2	10	11				
塑料护套线	直敷配线	BLVV、BVV型	✓	✓	×	×	×	×	×	×	×	×	×	×	×	×	×	+	✓	×
绝缘线	瓷夹(塑料卡)	BLV、BV	✓	✓	×	×	×	×	×	×	×	×	×	×	×	×	×	—	+	×
	鼓型绝缘子		+	✓	✓	—	✓	✓	×	+①	+①	+	×	×	×	×	+	—	—	×
	蝶针式绝缘子		×	✓	✓	✓	✓	✓	+	+①	+①	+	×	×	×	×	✓⑤	—	—	✓
	钢管明敷		—	+	+	+	✓	+	+②	✓	✓	✓	✓	✓	✓	✓	+	✓	✓	✓
	钢管埋地		—	✓	✓	✓	✓	✓	+	✓	✓	✓	✓	✓	✓	✓	+②	✓	✓	✓
	电线管明敷		+	+	+	×	+	+	×	+	+	+	×	×	×	×	—	✓	✓	×
	硬塑料管明敷		+	✓	✓	✓	+	✓	✓	+	+	+	×	×	×	×	—	—	—	+
	硬塑料管埋地		+	+	+	+	—	+	✓	—	—	—	×	×	×	×	+	—	—	+
	波纹管敷设		✓		+	+	+		+	+	+	+	×	×	×	×	×	—	✓	×
	槽盒配线		✓	✓	×	×	×	×	×	×	×	×	×	×	×	×	×	✓	✓	×

续表

导线类别	布线方式	常用导线型号	导线使用环境																	
			干燥		潮湿	特别潮湿	高温	多尘	化学腐蚀	火灾危险区			爆炸危险区				户外	高层建筑	一般民用	进户线
			生活	生产						21	22	23	1	2	10	11				
裸导体	瓷瓶明敷	LJ、TJ、LMY、TMY型	×	✓	+	—	✓	+	—	+⑥	+⑥	+⑥	×	×	×	×	✓⑤	—	—	×
母线槽	支架明敷	各型号	—	✓	+	—	+	+	×	+	+	+	+	+	+	+	+	—	—	+
电缆	地沟内敷设	VLV、VV、YJLV、YJV型	—	✓	+	—	✓	+	—	+	+	+	+④	+④	—	—	+	✓	✓	✓
	支架明敷	VLV、VV、YJLV、YJV型	—	✓	✓	✓	+	✓	✓	+	+	+	+③	+③	+	+	—	—	—	+
	直埋地	VLV_{22}、VV_{22}、$YJLV_{22}$、YJV_{22}型	—	—	—	—	—	—	—	—	—	—	—	—	—	—	✓	—	—	✓
	桥架敷设	各型号	—	✓	+	—	+	✓	+	+	+	+	+③	+③	+③	+	+	✓	—	+

表中：① 应远离可燃物，且不应敷设在木质吊顶、墙壁上及可燃液体管道栈桥上。

② 应采用镀锌钢管并做好防腐处理。

③ 应采用铠装电缆。

④ 地沟内应埋砂并设排水措施。

⑤ 屋外架空用裸导体，沿墙用绝缘线。

⑥ 可用硬裸母线，但应连接可靠，尽量采用焊接；在21和23区内，母线宜装金属网防护罩，孔径不大于12mm，在22区内应有IP5×结构的防尘罩。

注：表中“✓”推荐使用，“+”可以采用，“—”建议不用，“×”不允许使用。

各种电缆外护层及铠装的适用敷设场合 **表 10.1.3-2**

护套或外护层	铠装	代号	布线方式								环境条件						备注
			室内	电缆沟	电缆桥架	隧道	管道	竖井	埋地	水下	火灾危险	移动	多烁石	一般腐蚀	严重腐蚀	潮湿	
一般橡套	无		✓	✓	✓	✓	✓					✓		✓		✓	
不延燃橡套	无	F	✓	✓	✓	✓	✓				✓	✓		✓			耐油
聚氯乙烯护套	无	V	✓	✓	✓	✓	✓		✓		✓	✓		✓	✓	✓	
聚乙烯护套	无	Y	✓	✓	✓	✓	✓		✓			✓		✓	✓	✓	矿物绝缘电缆
铜护套	无		✓		✓	✓		✓			✓			✓	✓	✓	

续表

护套或外护层	铠装	代号	布线方式								环境条件						备注
			室内	电缆沟	电缆桥架	隧道	管道	竖井	埋地	水下	火灾危险	移动	多烁石	一般腐蚀	严重腐蚀	潮湿	
聚氯乙烯护套	钢带	22	✓	✓	✓	✓			✓					✓	✓	✓	
聚乙烯护套	钢带	23	✓	✓	✓	✓			✓					✓	✓	✓	
聚氯乙烯护套	细钢丝	32				✓	✓	✓	✓	✓	✓		✓	✓	✓	✓	
聚乙烯护套	细钢丝	33				✓	✓	✓	✓	✓	✓		✓	✓	✓	✓	
聚氯乙烯护套	粗钢丝	42				✓	✓	✓	✓	✓	✓		✓	✓	✓	✓	
聚乙烯护套	粗钢丝	43				✓	✓	✓	✓	✓	✓		✓	✓	✓	✓	

注：1. "✓" 表示适用；无标记则不推荐采用。

2. 具有防水层的聚氯乙烯护套电缆可在水下敷设。

3. 如需要用于湿热带地区的防霉特种护层可在型号规格后加代号"TH"。

4. 单芯钢带铠装电缆不适用于交流线路。

2. 室内配电线路敷设距离方面的规定，见表 10.1.3-3～表 10.1.3-7。

室内电气线路与其他管道之间的最小净距（m）　　表 10.1.3-3

布线方式	管道及设备名称	管　线	电　缆	绝缘导线	裸导(母)线	滑触线	母线槽	配电设备
平　行	煤气管	0.5	0.5	1.0	1.8	1.5	1.5	1.5
	乙炔管	1.0	1.0	1.0	2.0	3.0	3.0	3.0
	氧气管	0.5	0.5	0.5	1.8	1.5	1.5	1.5
	蒸汽管	1.0/0.5	1.0/0.5	1.0/0.5	1.8	1.5	1.0/0.5	0.5
	热水管	0.3/0.2	0.5	0.3/0.2	1.8	1.5	0.3/0.2	0.1
	通风管	0.1	0.5	0.1	1.8	1.5	0.1	0.1
	上下水管	0.1	0.5	0.1	1.8	1.5	0.1	0.1
	压缩空气管	0.1	0.5	0.1	1.8	1.5	0.1	0.1
	工艺设备	0.1			1.8	1.5		
交　叉	煤气管	0.1	0.3	0.3	0.5	0.5	0.5	
	乙炔管	0.1	0.5	0.5	0.5	0.5	0.5	
	氧气管	0.1	0.3	0.3	0.5	0.5	0.5	
	蒸汽管	0.3	0.3	0.3	0.5	0.5	0.3	
	热水管	0.1	0.1	0.1	0.5	0.5	0.1	
	通风管	0.1	0.1	0.1	0.5	0.5	0.1	
	上下水管	0.1	0.1	0.1	0.5	0.5	0.1	
	压缩空气管	0.1	0.1	0.1	0.5	0.5	0.1	
	工艺设备	0.1			1.5	1.5		

注：1. 表中分子数字为线路在管道上面时及分母数字为线路在管道下面时的最小净距。

2. 线路与蒸汽管不能保持表中距离时，可在蒸汽管与线路间加隔热层，平行净距可减至 0.2m。交叉处只需考虑施工维修方便。

3. 线路与热水管不能保持表中距离时，可在热水管外包隔热层。

4. 裸母线与其他管道交叉不能保持表中距离时，应在交叉处的裸母线外面加装保护网或罩。

绝缘导线与地面之间的最小距离　　表 10.1.3-4

敷设方式	最小距离（m）		敷设方式	最小距离（m）	
水平敷设	室内	2.5	垂直敷设	室内	1.8
	室外	2.7		室外	2.7

室内沿墙、顶棚布线的绝缘电线固定点最大间距　　表 10.1.3-5

敷设方式	电线截面（mm²）	固定点最大间距（m）
瓷（塑料）线夹布线	1～4 6～10	0.6 0.8
鼓形绝缘子布线	1～4 6～10 16～25	1.5 2.0 3.0

室内、室外绝缘导线之间的最小距离　　表 10.1.3-6

固定点间距（m）	导线最小间距（mm）		固定点间距（mm）	导线最小间距（mm）	
	室内配线	室外配线		室内配线	室外配线
1.5 及以下	35	100	3.0～6.0	70	100
1.5～3.0	50	10	6.0 以上	100	150

高温或腐蚀性场所绝缘电线间及导线至建筑物表面最小净距　　表 10.1.3-7

电线固定点间距 L（m）	最小净距（mm）	电线固定点间距 L（m）	最小净距（mm）
$L\leqslant 2$ $2<L\leqslant 4$	75 100	$4<L\leqslant 6$ $6<L\leqslant 10$	150 200

10.2 布 线 系 统

10.2.1 直敷布线

1. 直敷布线是采用线卡将护套绝缘电线直接布设在敷设面上的明敷布线方式，直敷布线适用于正常环境室内场所和挑檐下的室外场外。其使用场所目前已较为局限，主要用于居住及办公建筑室内照明及日用电器电源插座线路的布线。

2. 建筑物顶棚内、墙体及顶棚的抹灰层、保温层及装饰面板内，严禁采用直敷布线。

严禁将护套绝缘电线直接敷设在建筑物墙体及顶棚的抹灰层、保温层及装饰面板内的规定是基于以下几点理由：

（1）常因电线质量不佳或施工粗糙、违反规程规定而造成漏电严重，危及人身安全。

（2）不能检修和更换电线。

（3）会因从墙面钉入铁件而损坏线路，引发事故。

（4）电线因受水泥、石灰等碱性介质的腐蚀而加速老化，严重时会使绝缘产生龟裂，受潮时可能发生严重漏电。

3. 直敷布线应采用护套绝缘电线，其截面不宜大于 6mm²。因为 100mm² 及以上的护套绝缘线其线芯由多股线构成，其柔性大，施工时难以保证线路的横平竖直，影响工程质量和美观。况且作为照明和日用电器电源插座线路 6mm² 铜芯护套绝缘电线，其载流能力已足够满足使用要求。

4. 直敷布线的护套绝缘电线，应采用线卡沿墙体、顶棚或建筑物构件表面直接敷设。

直敷布线护套绝缘电缆在敷设面上应平直、不松弛和不扭曲，线卡固定点的间距宜为

150～200mm，不应大于300mm。在终端、转弯和进入接线盒（箱）或器具处，均应装设线卡固定，线卡距终端、转弯中点、盒（箱）、器具边缘的距离宜为50～100mm。

5. 直敷布线在室内敷设时，为保障布线的运行安全和防止人员遭受电击，电线水平敷设至地面的距离不应小于2.5m，垂直敷设至地面低于1.8m部分应穿导管保护。

6. 护套绝缘电线与接地导体及不发热的管道紧贴交叉时，为加强护套绝缘电线的绝缘性能并获得相应的机械防护，宜加绝缘导管保护，敷设在易受机械损伤的场所应用钢导管保护。

7. 直敷布线电线至地面的最小距离：

（1）电线水平敷设：室内≥2.5m，室外≥2.7m。

（2）导线垂直敷设至面低于1.80m的部分应穿导管保护。

10.2.2　金属导管布线

1. 金属导管布线宜用于室内、外场所，不宜用于对金属导管有严重腐蚀的场所。敷设在管内的电缆宜采用护套电缆。穿金属导管布线的绝缘电线，其电压等级应不低于750V。

2. 为保障线路安全，延长钢导管的使用寿命，应采用厚壁金属导管。明敷于潮湿场所或埋地敷设的金属导管，应采用管壁厚度不小于2mm的厚壁钢导管（又称焊接钢管）明敷或暗敷于干燥场所的金属导管宜采用管壁厚度不小于1.5mm的电线管。

3. 为了满足电线在通电以后的散热要求外，并满足线路在施工穿线或维修更换电线时，不损坏导体及其绝缘等要求。穿导管的绝缘电线（两根除外），其总截面积（包括外护层）不应超过导管内截面积的40%。当线路很短、无弯曲、穿线容易时，可提高到60%。两根绝缘导线穿在同一根管内时，管内径不应小于2根导线直径之和的1.35倍。

有的设计单位对电线穿保护导管的管径按下列原则选择可供参考：

（1）电线导体截面积为1～6mm^{2}时，按电线总截面积不大于导管内截面积的35%计算。

（2）电线导体截面积为10～50mm^{2}时，按电线总截面积不大于导管内截面积的30%计算。

（3）电线导体截面积为70～150mm^{2}时，按电线总截面积不大于导管内截面积的25%计算。

4. 穿金属导管的交流线路，应将同一回路的所有相导体和中性导体穿于同一根导管内。互为备用的线路不得共管。

注："金属导管"系指建筑电气工程中广泛使用的钢导管等铁磁性管材。此种管材会因管内存在不平衡交流电流产生的涡流效应使管材温度升高，影响导管内绝缘电线的载流能力，绝缘迅速老化，甚至脱落，发生漏电、短路、着火等故障。

5. 除下列情况外，不同回路的线路不宜穿于同一根金属导管内：

（1）标称电压为50V及以下的回路。

（2）同一设备或同一联动系统设备的主回路和无电磁兼容要求的控制回路。

（3）同一照明灯具的几个回路。

6. 为避免金属导管布线系统，因外部热源及其他机械损伤而带来的损害，保证运行安全。当电线管与热水管、蒸汽管同侧敷设时，应敷设在热水管、蒸汽管的下面；当有困难时，也可敷设在其上面。相互间的净距宜符合下列规定：

(1) 当电线管路平行敷设在热水管下面时，净距不宜小于 200mm；当电线管路平行敷设在热水管上面时，净距不宜小于 300mm；交叉敷设时，净距不宜小于 100mm。

(2) 当电线管路敷设在蒸汽管下面时，净距不宜小于 500mm；当电线管路敷设在蒸汽管上面时，净距不宜小于 1000mm；交叉敷设时，净距不宜小于 300mm。

当不能符合上述要求时，应采取隔热措施。当蒸汽管有保温措施时，电线管与蒸汽管间的净距可减至 200mm。

电线管路与其他管道（不包括可燃气体及易燃、可燃液体管道）的平行净距不应小于 100mm；交叉净距不应小于 50mm。

7. 当金属导管布线的管路较长或转弯较多时，宜加装拉线盒（箱），也可加大管径。拉线盒，两个拉线点之间的距离应符合以下要求：

(1) 无弯的管路，不超过 30m。

(2) 两个拉线点之间有一个弯时，不超过 20m。

(3) 两个拉线点之间有两个弯时，不超过 15m。

(4) 两个拉线点之间有三个弯时，不超过 8m。此规定可供参考，但实际操作意义不大。

8. 钢管在楼板内暗敷设要求。

(1) 楼面垫层厚度为 35～50 时，可敷设 *DN*15 及以下钢管或电线管。

(2) 楼面垫层厚度为 50～70 时，可敷设 *DN*25 及以下钢管或电线管。

(3) 楼面垫层厚度为 90 以上时，可敷设 *DN*32 及以下钢管或电线管。

(4) 敷设在钢筋混凝土现浇楼板内的钢管或电线导管的最大外径不宜大于板厚的 1/3。

(5) 有防水层时，钢管不允许通过防水层。

(6) 平行敷设时，钢管之间不允许贴邻敷设。

(7) 以上管路敷设时只考虑一个交叉，若无交叉管径可相应增大。

(8) 消防用电设备的配电线路暗敷应满足消防规范要求。

9. 暗敷于地下的管路不宜穿过设备基础，当穿过建筑物基础时，应加保护管保护；当穿过建筑物变形缝时，应设补偿装置。

10. 为保证线路安全运行，绝缘电线不宜穿金属导管在室外直接埋地敷设。必要时，对于次要负荷且线路长度小于 15m 的，可采用穿金属导管敷设，但应采用壁厚不小于 2mm 的钢导管并采取可靠的防水、防腐蚀措施。

11. 交流单芯线缆，不得单独穿于钢管内。

10.2.3 可挠金属电线保护套管布线

1. 可挠金属电线保护套管（普利卡金属套管）布线宜用于室内、外场所，也可用于建筑物顶棚内。

可挠金属电线保护套管，以其优良的抗压、抗拉、弯曲、耐腐蚀、阻燃性能，广泛应用于建筑、机电和铁路等行业。在民用建筑中主要用于室内场所明敷设及在墙体、地面、混凝土楼板以及在建筑物吊顶内暗敷设。

2. 布线系统所采用的可挠金属电线保护套管，分为基本型和防水型两类。明敷或暗敷于建筑物顶棚内正常环境的室内场所时，可采用双层金属层的基本型可挠金属电线保护套管。明敷于潮湿场所或暗敷于墙体、混凝土地面、楼板垫层或现浇钢筋混凝土楼板内或直埋地下时，应采用双层金属层外覆聚氯乙烯护层的防水型可挠金属电线保护套管。

3. 对于可挠金属电线保护套管布线，为满足布线施工及运行的安全，其管内配线应符合第 10.2.2 节金属导管布线第 3～5 条的规定。

4. 对于可挠金属电线保护套管布线，其管路与热水管、蒸汽管或其他管路的敷设要求与平行、交叉距离，应符合第 10.2.2 节金属导管布线第 6 条管道相互间的净距规定。

5. 当可挠金属电线保护套管布线的线路较长或转弯较多时，为确保安全及便于穿线，不应符合第 10.2.2 节金属导管布线第 7 条管线较长时，加装拉线盒或加大管径的规定。室内接线盒的位置不应选在二次装修的厅堂内，一般宜设在较隐蔽但又可能装修的部位。

6. 暗配管要有一定的埋设深度。覆层太浅不便于与盒箱连接，还会使表面产生裂缝或脱落影响工程质量。在某些潮湿场所埋设太浅时，还会出现因导管锈蚀在墙面上出现印痕影响美观或损坏导管。对于暗敷于建筑物、构筑物内的可挠金属电线保护套管，其与建筑物、构筑物表面的外护层厚度不应小于 15mm。

7. 在可挠金属电线保护套管有可能受重物压力或明显机械冲击的部位，应采取保护措施。

8. 可挠金属电线保护套管布线，其套管的金属外壳应可靠接地，保护套管与管、盒（箱）必须与保护导体（PE）可靠连接。连接应采用可挠金属电线保护套管专用接地夹，跨线为截面不少于 $4mm^2$ 的多股软铜线。当保护套管与盒（箱）连接时，无电气连接部分的两端应跨接接地导体。不得利用套管的金属外壳作接地导体。

9. 暗敷于地下的可挠金属电线保护套管的管路不应穿过设备基础。当穿过建筑物基础时，应加保护管保护；当穿过建筑物变形缝时，应设补偿装置。

10. 为保证可挠金属电线保护套管布线质量和运行安全，可挠金属电线保护套管之间及与盒、箱或钢制电线保护导管的连接，必须采用符合标准的专用附件。专用附件主要包括各种类型的连接器、绝缘护套、固定夹子及接地夹等。

10.2.4 金属槽盒布线

1. 金属槽盒也称作槽式桥架，一般由厚度为 0.4～1.5mm 的整张钢板弯制而成的槽形部件，其概念上与盘架的区别是高、宽比不同，盘架浅而宽，而金属槽盒则具有一定的深度和封闭性。适用于民用建筑中正常环境的室内场所绝缘电线及电缆的敷设。它可以在室内架设，也可以在电缆沟、电缆隧道内以及电气竖井内架设。有严重腐蚀的场所不宜采用金属槽盒。具有槽盖的封闭式金属槽盒，可在建筑顶棚内敷设。

2. 为防止不平衡电流产生的涡流效应，同一配电回路的所有相导体和中性导体，应敷设在同一金属槽盒内。

3. 同一路径无电磁兼容要求的配电线路，可敷设于同一金属槽盒内。应急配电线路与正常配电线路应分槽敷设。槽盒内电线或电缆的总截面（包括外护层）不应超过槽盒内截面的 20％，载流导体不宜超过 30 根。

控制和信号线路的线缆的总截面不应超过槽盒内截面的50%，线缆根数不限。

有电磁兼容要求的线路与其他线路敷设于同一金属槽盒内时，应用隔板隔离或采用屏蔽电线、电缆。

注：1. 控制、信号等线路可视为非载流导体；

2. 三根以上载流电线或电缆在槽盒内敷设，当乘规定的载流量校正系数时，可不限电线或电缆根数，其在槽盒内的总截面不应超过槽盒内截面的20%。

3. 同一路径的不同回路可以共槽敷设，是金属槽盒布线较金属导管布线的一个突破。金属槽盒布线在大型民用建筑，特别是功能要求较高、电气线路较多的工程中，越来越普遍应用。多个回路可以共槽敷设是基于金属槽盒布线，电线电缆填充率小、散热条件好、施工及维护方便及线路间相互影响较小等原因。

4. 一般情况下，管、槽内电线多于3根时，每根电线最大允许载流量应根据载流电线根数的多少乘不同的降低系数。但如果符合本条所规定的填充率及载流导体的根数要求时，可不考虑多根电线其槽敷设时，电线、电缆最大允许载流量的降低问题。

4. 电线或电缆在金属槽盒内不应有接头。电线在金属槽盒内接头，破坏了电线的原有绝缘，并会因接头不良，包扎绝缘受潮损坏而引起短路故障。当在槽盒内有分支时，其分支接头应设在便于安装、检查的部位。电线、电缆和分支接头的总截面（包括外护层）不应超过该点槽盒内截面的75%。

5. 金属槽盒布线的线路连接、转角、分支及终端处应采用专用附件。金属槽盒的附件包括直通、水平二通、水平三通、水平四通、垂直弯通、垂直三通、弯通、变径二通及终端通等多种。

6. 为避免金属槽盒布线系统，因外部热源及腐蚀性气体、液体而带来的损害，保证运行安全。金属槽盒不宜敷设在腐蚀性气体管道和热力管道的上方及腐蚀性液体管道的下方，当有困难时，应采取防腐、隔热措施。

7. 金属槽盒布线与各种管道平行或交叉时，其最小净距，见表10.2.4-1。

金属槽盒和电缆桥架与各种管道的最小净距（单位：m）　　表10.2.4-1

管道类别		平行净距	交叉净距
一般工艺管道		0.4	0.3
具有腐蚀性气体管道		0.5	0.5
热力管道	有保温层	0.5	0.3
	无保温层	1.0	0.5

注：本表摘自《建筑电气工程施工质量验收规范》GB 50303—2002。

8. 金属槽盒垂直或大于45°倾斜敷设时，应采取防止电线或电缆在槽盒内滑动。可采用尼龙卡带、绑线或金属卡子固定，固定点间距不宜超过2m。

9. 金属槽盒敷设时，宜在下列部位设置吊架或支架：

(1) 直线段不大于2m或槽盒接头处。

(2) 槽盒首端、终端及进出接线盒0.5m处。

(3) 槽盒转角处。

对敷设距离较长的槽盒，考虑支承点与接头的位置要求，应统一选择跨距和槽盒的承载能力。

10. 金属槽盒不得在穿过楼板或墙体等处进行连接。金属槽盒水平敷设时，槽盒之间的连接应尽量设置在跨距的 1/4 左右处。

11. 金属槽盒及其支架应可靠接地，且全长不应少于 2 处与接地保护导体（PE）相连。对于采用铰链连接的场合，应采用截面不小于 $4mm^2$ 的铜导体跨线，将两侧槽盒连接。

12. 金属槽盒布线的直线段长度超过 30m 时，宜设置伸缩节；跨越建筑物变形缝处宜设置补偿装置。钢制金属槽盒的伸缩量可按式（10.2.4-1）计算：

$$\Delta I = 11.2(T_1 - T_2)L \times 10^{-3} \quad (10.2.4\text{-}1)$$

式中 ΔI——伸缩量，mm；

L——槽盒长度，m；

$T_1 - T_2$——温度差，℃

根据上式计算的钢制金属槽盒的伸缩量，见表 10.2.4-2。

钢制金属槽盒伸缩量 **表 10.2.4-2**

温差（℃）	槽盒长度（m）	伸缩量（mm）
40	30	13.44
	40	17.92
	50	22.40
	60	26.88
50	30	16.80
	40	22.40
	50	28.00
	60	33.60

注：在直线段长度超过 30m 宜设置伸缩节，一般当温差为 40℃时，50m 设一个；温差为 50℃时，40m 设一个；温差为 60℃时，30m 设一个。以免因热胀冷缩产生过大的应力而破坏槽盒布线系统。建筑物变形缝处设补偿装置是为了防止因建筑物变形切断槽盒或电线、电缆，保证供电安全、可靠。

10.2.5 刚性塑料导管（槽盒）布线

1. 刚性塑料导管（槽盒）是绝缘导管（槽盒）的一种，该产品除具有抗压力强、耐腐蚀、防虫害、阻燃、绝缘等特点外，施工过程中与金属导管相比，还具有重量轻、运输便利、易截易弯曲等优点，给施工带来极大的方便。因此，广泛用于民用建筑工程布线系统中。

刚性塑料导管（槽盒）布线宜用于室内场所和有酸碱腐蚀性介质的场所，在高温和易受机械损伤的场所不宜采用明敷设。

2. 根据国家标准《电气安装用导管系统第 1 部分：通用要求》GB/T 1388.1 将塑料导管按其抗压、抗冲击等性能分为超重型、重型、中型、轻型及超轻型五种类型。从外观看，各型管在相同标称管径时，管壁厚度不同。暗敷于墙内或混凝土内的刚性塑料导管，应选用中型及以上管材。

3. 当采用刚性塑料导管布线时，绝缘电线总截面与导管内截面积的比值，应符合第

10.2.2 节第 3 条电线穿管导管内截面积的规定。

4. 同一路径的无电磁兼容要求的配电线路，可敷设于同一根线槽内。线槽内电线或电缆的总截面积及根数应符合第 10.2.4 节第 3 条的规定。

5. 不同回路的线路不宜穿于同一根刚性塑料导管内，当符合第 10.2.2 节金属导管布线第 5 条第 1～3 款的规定时，可除外。

6. 电线、电缆在塑料槽盒内不得有接头，分支接头应在接线盒内进行。

7. 由于刚性塑料导管材质发脆，抗机械损伤能力差，刚性塑料导管暗敷或埋地敷设时，引出地面或楼面的一定高度的管路内，应穿钢管或采取其他防止机械损伤措施。

8. 当刚性塑料导管布线的管路较长或转弯较多时，宜加装拉线盒（箱）或加大管径。

9. PVC 刚性塑料管的热膨胀系数为 5.5×10^{-2} mm/（m·℃），相当于每变化 10℃时，30m 长的直线管道伸缩 16.5mm。塑料管伸缩接头内允许伸缩长度，依管径不同在16～24mm 范围内。因此，沿建筑的表面或在支架上敷设的刚性塑料导管（槽盒），宜在线路直线段部分每隔 30m 加装伸缩接头或其他温度补偿装置。当管路弯曲时，弯曲部分具有一定的补偿作用。

10. 为了防止因建筑物变形切断导管（槽盒）或电线、电缆，保证供电安全、可靠。刚性塑料导管（槽盒）在穿过建筑物变形缝时，应装设补偿装置。

11. 塑料线导管（槽盒）布线，在线路连接、转角、分支及终端处应采用专用附件。塑料线导管（槽盒）的氧指数应为 27 以上，其中 25 宽塑料槽盒适用于弱电及照明配线。

10.2.6 电力电缆布线

1. 电力电缆布线规定

（1）电缆布线的敷设方式应根据工程条件、环境特点、电缆类型和数量等因素，按满足运行可靠、便于维护和技术、经济合理等原则综合确定。

（2）电缆路径的选择应符合下列要求：

① 应避免电缆遭受机械性外力、过热、腐蚀等危害；

② 应避开场地规划中的施工用地或建设用地；

③ 应在满足安全条件下，使电缆路径最短；

④ 应便于敷设、维护。

（3）电缆在室内、电缆沟、电缆隧道和电气竖井内明敷时，不应采用易延燃的外护层。

（4）电缆不宜在有热力管道的隧道或沟道内敷设。

（5）电缆敷设时，任何弯曲部位都应满足允许弯曲半径的要求。电缆的最小允许弯曲半径，不应小于表 10.2.6-1 的规定。在设计中应对电缆在电缆隧道或电缆沟的转弯、分支部位；大截面电缆在支架上的排列及电缆引入上部地坪安置的配电柜中供连接电缆的空间，都必须予以充分考虑，留有足够空间。

（6）电缆支架采用钢制材料时，应采取热镀锌防腐。电缆支架，除支持单相工作电流大于 1000A 的交流系统电缆情况外，宜采用钢制并应采取防腐措施。当交流单相大截面电缆工作电流达 1450A 时，因涡流作用引起钢制电缆支架产生铁损，可达160W/m（三相呈品字形配置）至 530W/m（分相配置），约占电缆损失的 20%～

70%，应引起高度重视，采取必要措施。可采用由不锈钢、玻璃钢或铝合金等非磁性材料制成的电缆支架。

（7）每根电力电缆宜在进户处、接头、电缆终端头等处留有一定余量。

电缆最小允许弯曲半径 **表 10.2.6-1**

电缆种类	最小允许弯曲半径
无铅包和钢铠护套的橡皮绝缘电力电缆	$10d$
有钢铠护套的橡皮绝缘电力电缆	$20d$
聚氯乙烯绝缘电力电缆	$10d$
交联聚乙烯绝缘电力电缆	$15d$
控制电缆	$10d$

注：1. d 为电缆外径。

2. 本表数据摘自《建筑电气工程施工质量验收规范》GB 50303。

2. 电缆埋地敷设

（1）当沿同一路径敷设的室外电缆小于或等于 8 根且场地有条件时，宜优先采用电缆直接埋地敷设。在城镇较易翻修的人行道下或道路边，也可采用电缆直埋敷设。

（2）埋地敷设的电缆宜采用有外护层的铠装电缆。在无机械损伤可能的场所，也可采用无铠装塑料护套电缆。在流沙层、回填土地带等可能发生位移的土壤中，应采用钢丝铠装电缆。

（3）在有化学腐蚀或杂散电流腐蚀的土壤中，不得采用埋地敷设电缆。土壤存在杂散电流，会使电缆金属外包层因杂散电流的阳极化作用产生的电腐蚀而损坏。杂散电流从电缆周围土壤中流入的地带称阴极地带，反之从电缆流至周围土壤的地带称阳极地带。

（4）电缆在室外直接埋地敷设时，电缆外皮至地面的深度不应小于 0.7m，并应在电缆上下分别均匀铺设 100mm 厚的细砂或软土，并覆盖混凝土保护板或类似的保护层。混凝土保护板对防止电缆遭受机械损伤的效果好。

在寒冷地区，电缆宜埋设于冻土层以下。当无法深埋时，应采取措施，防止电缆受到损伤。寒冷地区，电缆宜埋设于冻土层以下，是防止电缆因土壤冻裂而受力断裂。当无法深埋时，可将电缆直埋在地下水位低、土壤排水性能好的地区并上下各铺以厚度不少于 200mm 的细砂，或采取防止电缆受损的其他保护措施。

（5）电缆通过有振动和承受压力的下列各地段应穿导管保护，保护管的内径不应小于电缆外径的 1.5 倍：

① 电缆引入和引出建筑物和构筑物的基础、楼板和穿过墙体等处；

② 电缆通过道路和可能受到机械损伤等地段；

③ 电缆引出地面 2m 至地下 0.2m 处的一段和人容易接触使电缆可能受到机械损伤的地方。

（6）埋地敷设地电缆严禁平行敷设于地下管道的正上方或下方。电缆与电缆及各种设施平行或交叉的净距离，不应小于表 10.2.6-2 的规定。

（7）电缆与建筑物平行敷设时，电缆应埋设在建筑物的散水坡外。电缆进出建筑物时，所穿保护管应超出建筑物散水坡 200mm，且应对管口实施阻水堵塞。

电缆与电缆或其他设施相互间容许最小净距（单位：m） **表 10.2.6-2**

项目	敷设条件	
	平行	交叉
建筑物、构筑物基础	0.5	—
电杆	0.6	—
乔木	1.0	—
灌木丛	0.5	—
10kV 及以下电力电缆之间，以及与控制电缆之间	0.1	0.5（0.25）
不同部门使用的电缆	0.5（0.1）	0.5（0.25）
热力管沟	2.0（1.0）	0.5（0.25）
上、下水管道	0.5	0.5（0.25）
油管及可燃气体管道	1.0	0.5（0.25）
公路	1.5（与路边）	（1.0）（与路面）
排水明沟	1.0（与沟边）	（0.5）（与沟底）

注：1. 表中所列净距，应自各种设施（包括防护外层）的外缘算起；
2. 路灯电缆与道路灌木丛平行距离不限；
3. 表中括号内数字是指局部地段电缆穿导管、加隔板保护或加隔热层保护后允许的最小净距。

3. 电缆在电缆沟或隧道内敷设

（1）当电缆与地下管网交叉不多、地下水位较低或道路开挖不便且电缆需分期敷设的地段，当同一路径的电缆根数小于或等于 18 根时，宜采用电缆沟布线。当电缆多于 18 根时，宜采用电缆隧道布线。

（2）电缆在电缆沟和电缆隧道内敷设时，其支架层间垂直距离和通道净宽不应小于表 10.2.6-3 和表 10.2.6-4 的规定，应满足电缆能方便地敷设和固定，且在多根电缆同置于一层支架上时，有更换或增设任一电缆的可能。

（3）电缆水平敷设时，最上层支架距电缆沟顶板或梁底的净距，应满足电缆引接至上侧柜盘时的允许弯曲半径要求。该值不宜小于表 10.2.6-3 所列数值再加 80～150mm。最上层支架距其他设备或装置的净距，不得小于 300mm，当无法满足时应设置防护板。

（4）电缆在电缆沟或电缆隧道内敷设时，支架间或固定点间的距离不应大于表 10.2.6-5 的规定。

电缆支架层间垂直距离的允许最小值（单位：mm） **表 10.2.6-3**

电缆电压级和类型，敷设特征		普通支架、吊架	桥架
控制电缆明敷		120	200
电力电缆明敷	10kV 及以下，但 6～10kV 交联聚乙烯电缆除外	150～200	250
	6～10kV 交联聚乙烯	200～250	300
电缆敷设在槽盒中		h+80	h+100

注：h 表示槽盒外壳高度。

电缆沟、隧道中通道净宽允许最小值（单位：mm） **表 10.2.6-4**

电缆支架配置及其通道特征	电缆沟沟深			电缆隧道
	<600	600～1000	>1000	
两侧支架间净通道	300	500	700	1000
单列支架与壁间通道	300	450	600	900

电缆支架间或固定点间的最大距离（单位：mm） **表 10.2.6-5**

电缆特征	敷设方式	
	水平	垂直
未含金属套、铠装的全塑小截面电缆	400*	1000
除上述情况外的 10kV 及以下电缆	800	1500
控制电缆	800	1000

注：1. * 能维持电缆平直时，该值可增加 1 倍。

2. 表中数据是实现电缆配置整齐和满足支持件的承载能力和不损坏电缆的外护层及缆芯的一般性要求。

3. 10kV 及以下电缆在水平敷设时，普通臂式支架以 800mm 跨距实施配置，一般效果较好，但用于小截面全塑型电缆时，因其刚性不足，形成松弛下垂，工程中常采取缩小跨距一半的做法。

（5）电缆沟和电缆隧道应采取防水措施，其底部应做不小于 0.5% 的坡度坡向集水坑（井）。积水可经逆止阀直接接入排水管道或经集水坑（井）用泵排出。

（6）电缆支架的长度，在电缆沟内不宜大于 0.35m；在隧道内不宜大于 0.50m。在盐雾地区或化学气体腐蚀地区，电缆支架应涂防腐漆、热镀锌或采用耐腐蚀刚性材料制作。

（7）支架上电缆排列顺序应遵从便于运行维护管理，有利于降低对电信电缆回路的电磁干扰，实行防火分隔等原则。

在多层支架上敷设电力电缆时，电力电缆宜放在控制电缆的上层。1kV 及以下的电力电缆和控制电缆可并列敷设。

当两侧均有支架时，1kV 及以下的电力电缆和控制电缆宜与 1kV 以上的电力电缆分别敷设在不同侧支架上。

（8）电缆沟在进入建筑物处应设防火墙。电缆隧道进入建筑物及变电所处，应设带门的防火墙，此门应为甲级防火门并应装锁，防止火灾蔓延。

（9）隧道内采用电缆桥架、托盘敷设时，应符合本规范第 8.10 节的有关规定。

（10）电缆沟盖板应满足可能承受荷载和适合环境且经久耐用的要求，可采用钢筋混凝土盖板或钢盖板，可开启的地沟盖板的单块重量不宜超过 50kg。

（11）电缆隧道的净高不应低于 1.9m，局部或与管道交叉处净高不宜小于 1.4m，较长的隧道应注意计入纵向排水坡度后仍能满足。隧道内应有通风设施，宜采取自然通风。

为降低环境湿度和驱除潮气，电缆隧道要考虑通风设施，一般宜采用自然风。只有在进出风温差超过 10℃，且每米电缆隧道内的电力电缆损耗超过 150W 时，需考虑机械通风，机械通风宜采用自然进风，机械排风方式，当出现火灾时应立即自动关闭风机。

（12）“人孔”，是作为进出电缆隧道的出入口。顾名思义，更重要的是作为事故时安全出口。电缆隧道应每隔不大于 75m 的距离设安全径（人孔）；安全孔距隧道的首、末端不宜超过 5m。安全孔的直径不得小于 0.7m。

(13) 电缆隧道内应设照明，其电压不应超过36V，当照明电压超过36V时，应采取安全措施。

(14) 与电缆隧道无关的其他管线不得穿过电缆隧道。

4. 电缆在排管内敷设

(1) 电缆排管内敷设方式宜用于电缆根数不超过12根，不宜采用直埋或电缆沟敷设的地段。

(2) 电缆排管可采用混凝土管、混凝土管块、玻璃钢电缆保护管及聚氯乙烯管等。

其他材质只要符合抗压及耐环境腐蚀要求，都可用做电缆排管（如陶瓷管、玻纤增强塑料管等）。

(3) 敷设在排管内的电缆宜采用塑料护套电缆。

(4) 电缆排管管孔数数量应根据实际需要确定，并应根据发展预留备用管孔。备用管孔不宜小于实际需要管孔数的10%。

(5) 当地面上均匀荷载超过100kN/m^{2}时，必须采取加固措施，防止排管受到机械损伤。

(6) 排管孔的内径不应小于电缆外径的1.5倍，且电力电缆的管孔内径不应小于90mm，控制电缆的管孔内径不应小于75mm。

(7) 电缆排管敷设时应符合下列要求：

① 排管安装时，应有倾向人（手）孔井侧不小于0.5%的排水坡度，必要时可采用人字坡，并在人（手）孔井内设集水坑；

② 排管顶部距地面不宜小于0.7m，位于人行道下面的排管距地面不应小于0.5m；

③ 排管沟底部应垫平夯实，并应铺设不少于80mm厚的混凝土垫层。

(8) 电缆人孔井的净空高度不应小于1.8m，其上部人孔的直径不应小于0.7m。

(9) 当线路转角、分支或变更敷设方式时，应设电缆人（手）孔井，在直线段上应设置一定数量的电缆人（手）孔井，人（手）孔井间的距离不宜大于100m。

5. 电缆在室内敷设

(1) 室内电缆敷设应包括电缆在室内沿墙及建筑构件明敷、穿金属导管埋地暗敷。

(2) 无铠装的电缆在室内明敷时，水平敷设至地面的距离不宜小于2.5m，垂直敷设至地面的距离不宜小于1.8m。除明敷在电气专用房间外，当不能满足上述要求时，应有防止机械损伤的措施。

(3) 相同电压的电缆并列明敷时，电缆的净距不应小于35mm和电缆的外径。

1kV及以下电力电缆及控制电缆与1kV以上电力电缆宜分开敷设。当并列明敷设时，其净距不应小于150mm。

(4) 电缆明敷设时，电缆支架间或固定点间的距离应符合表10.2.6-5的规定。

(5) 电缆明敷设时，电缆与热力管道的净距不宜小于1m。当不能满足上述要求时，应采取隔热措施。电缆与非热力管道的净距不宜小于0.5m。当其净距小于0.5m时，应在与管道接近的电缆段上以及由接近段两端向外延伸不小于0.5m以内的电缆段上，采取防止电缆受机械损伤的措施。

(6) 在有腐蚀性介质的房屋内明敷的电缆，宜采用塑料护套电缆。

(7) 电缆水平悬挂在钢索上时固定点的间距，电力电缆不应大于0.75m，控制电缆不应大于0.6m。

(8) 电缆在室内埋地穿导管敷设或电缆通过墙、楼板穿导管时，穿导管的管内径不应小于电缆外径的1.5倍。

6. 铝合金电力电缆敷设

0.6/1kV铝合金导体交联聚乙烯绝缘铝合金联锁铠装电力电缆，由于结构型式、电气参数、使用和安装上与普通铜缆有差别，为了规范和指导铝合金电力电缆的敷设、安装和施工做法，铝合金电力电缆敷设应符合下列要求：

(1) 电缆在敷设前，均应检查电缆是否完好，且均应测试电缆的绝缘电阻是否达到相关标规定的要求。

(2) 电缆在下列场所敷设时，由于环境条件可能造成电缆振动和伸缩，应考虑将电缆蛇形（S形）敷设，其弯曲半径不小于电缆外径的7倍。

① 在温度变化大的场合；

② 在振动场所；

③ 建筑物的沉降缝和伸缩缝之间。

(3) 电缆敷设时，在终端、转弯处、中间接头、电缆分支箱、盒两侧应加以固定。电缆敷设于保护管或排管内时，保护管或排管内径不应小于电缆外径的1.5倍，还应根据实际转弯数确定管径。配电箱、接线盒等应有足够的空间容纳电缆的布放及端子连接。

(4) 敷设的路径尽量避开和减少穿越地下管道、公路、铁路和通信电缆等。计算敷设电缆所需长度时候，应留有适当余量附加长度。

(5) 单芯电缆敷设时，排列方式，见图10.2.6-1。

(6) 铝合金电缆中间接头、终端、分支接头、分支接线箱及接地配件宜由电缆生产厂家提供与之配套的产品，并符合国家标准要求，应提供相关测试报告。

(7) 交流供电回路由多根电缆并联组成时，各电缆结构应相同，宜等长，选用相同材质及截面的导体。

(8) 电缆进行终端、中间接头或分支接头等连接时，应对导体进行清洁，并使用抗氧化油膏，严格按照施工工艺执行。

(9) 电缆拖放时，应使牵引力作用在缆芯上，而不能作用在护套或铠装上。电缆最大允许拉力计算式：$T_m = S \times \sigma$。式中：S为电缆导体截面总和（mm^2），σ为导体允许抗拉强度（N/mm^2），铜芯为68.6N/mm^2，铝芯为39.2N/mm^2，AA-8030铝合金芯为53N/mm^2。

(10) 电缆进入电缆沟、隧道、夹层、竖井、配电柜（箱），穿墙或楼板孔洞的封堵，应按照相关标准规范实施。电缆穿入保护管时，管口应封堵。支架、隔板等部件的固定，宜采用胀锚螺栓和塑料胀管作为紧固方案。胀锚螺栓、螺钉、螺栓、螺母、垫圈等紧固件应采用镀锌标准件，支架及支撑钢构件除注明外通常采用Q235-A钢制造。现场制作的金属支架、配件等应按要求镀锌或涂漆。

(11) 剥除铠装时不应破坏绝缘。可以使用专用工具剥除铠装，也可以使用普通弓锯。操作要注意弓锯的位置应该和电缆的铠装成大约60°的角度，防止缆芯被破坏。

(12) 电缆通过导轮转弯敷设时，为避免转弯处电缆受损，电缆容许的最大侧压力不应超过：分相统包电缆P_m=2500N/m，其他挤塑绝缘或自容式充油电缆P_m=3000N/m，铝合金联锁铠装电缆 $P_m = 4380\text{N/m}$。

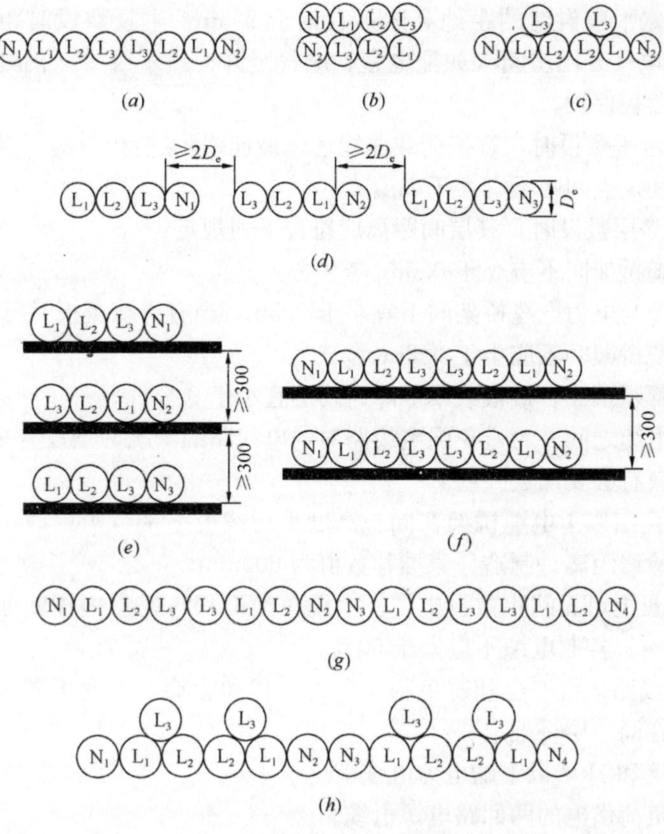

图 10.2.6-1 单芯铝合金电缆敷设排列方式

10.2.7 电缆桥架布线

1. 电缆桥架布线包括电缆在梯式桥架和托盘式桥架内布线。

电缆桥架布线适用于电缆数量较多或较集中的场所，可在建筑物内、电缆沟、电缆隧道内或电气竖井内明敷设。

梯架在电缆敷设中是应用最广泛的一种电缆桥架，其结构简单，重量轻、强度高安装方便、散热性好。托盘式桥架相对梯架而言，具有屏蔽性和对电缆的防护性能都比较好的特点，特别适用于较柔软的电线、电缆敷设。在无屏蔽和防护要求的条件下，电缆截面积较大，电力电缆和控制电缆，宜采用梯架。在电气间内敷设的电缆桥架一般用梯架。

托盘式桥架按盘底面有无花孔而分成有孔盘架和无孔盘架。当盘架配上盖板后即可构成全封闭式桥架，对电缆的防干扰屏蔽起到良好作用。

2. 在有腐蚀或特别潮湿的场所采用电缆桥架布线时，应根据腐蚀介质的不同采取相应的防护措施，并宜选用塑料护套电缆。

电缆桥架的防腐蚀处理有镀锌、喷涂防腐漆、粉末静电喷涂、镀锌钝化、高耐蚀镀锌钝化及镀锌镍合金等形式。粉末静电喷漆，具有塑料桥架的绝缘性、防腐性，特别适用于重酸、重碱的腐蚀环境中，较一般镀锌桥架使用寿命高 4～6 倍。镀锌钝化，高耐蚀镀锌钝化、镀锌镍合金也均比一般镀锌桥架使用寿命长，分别为其使用寿命的 2、4 及 5 倍。

3. 电缆桥架水平敷设时的距地高度不宜低于 2.5m，垂直敷设时距地高度不宜低于 1.8m。除敷设在电气专用房间（如配电室、电气竖井、技术层等）内外，当不能满足要求时，应加金属盖板保护。

4. 电缆桥架水平敷设时，宜按荷载曲线选取最佳跨距进行支撑，跨距宜为 1.5～3m。垂直敷设时，其固定点间距不宜大于 2m。

5. 电缆桥架多层敷设时，其层间距离应符合下列规定：

（1）电力电缆桥架间不应小于 0.3m。

（2）电信电缆与电力电缆桥架间不宜小于 0.5m，当有屏蔽盖板时可减少到 0.3m。

（3）控制电缆桥架间不应小于 0.2m。

（4）桥架上部距顶棚、楼板或梁等障碍物不宜小于 0.3m。

强电、弱电电缆之间、为避免强电线路对弱电线路的干扰，当没有采取其他屏蔽措施时，桥架层间距离有必要加大一些。

6. 当两组或两组以上电缆桥架在同一高度平行或上下平行敷设时，各相邻电缆桥架间应预留维护、检修距离。制造厂家推荐数值为 600mm。

7. 在电缆托盘上可无间距敷设电缆。电缆总截面积与托盘内横断面积的比值，电力电缆不应大于 40%；控制电缆不应大于 50%。

8. 为了保障线路运行安全和避免相互间的干扰和影响，下列不同电压、不同用途的电缆，不宜敷设在同一层桥架上：

（1）1kV 以上和 1kV 以下的电力电缆。

（2）向同一负荷供电的两回路电源电缆。

（3）应急照明和其他照明的电缆。

（4）电力和电信电缆。

当受条件限制需安装在同一层桥架上时，应用隔板隔开。

9. 电缆桥架不宜敷设在腐蚀性气体管道和热力管道的上方及腐蚀性液体管道的下方。当不能满足上述要求时，应采取防腐、隔热措施。

10. 为了桥架安全运行，电缆桥架与各种管道平行或交叉时，其最小净距应符合第 10.2.4 节表 10.2.4-1 的规定。

11. 为了防止破坏电缆的绝缘层和外护层，电缆桥架转弯处的弯曲半径，不应小于桥架内电缆最小允许弯曲半径的最大值。各种电缆最小允许弯曲半径不应小于第 10.2.6 节表 10.2.6-1 的规定。

12. 电缆桥架不得在穿过楼板或墙壁处进行连接。电缆桥架在穿越防火墙及防火楼板时，应采用防火堵料封堵。用于消防系统的电缆桥架应满足消防要求。

13. 钢制电缆桥架直线段长度超过 30m、铝合金或玻璃钢制电缆桥架长度超过 15m 时，宜设置伸缩节。电缆桥架跨越建筑物变形缝处，应设置补偿装置。

钢制电缆桥架伸缩量计算，见表 10.2.4 节式（10.2.4-1）。铝合金电缆桥架的伸缩量可按下列公式 10.2.7-1 计算：

$$\Delta I = 24(T_1 - T_2)L \times 10^{-3}(\text{mm}) \qquad (10.2.7\text{-}1)$$

式中　ΔI——伸缩量；

T_1-T_2——温度差；

L——桥架长度，m。

14. 金属电缆桥架及其支架和引入或引出电缆的金属导管应可靠接地，全长不应少于2处与接地保护导体（PE）相连。

15. 电缆桥架内的电缆在首端、尾端、转弯及每隔50m处，应设标记，注明电缆干线编号、型号及用途。

10.2.8 预制分支电缆布线

1. 预制分支电缆是在聚氯乙烯绝缘及护套、交联聚乙烯绝缘聚氯乙烯护套或交联聚乙烯绝缘聚烯烃护套的非阻燃、阻燃、低烟低卤、耐火型或无烟无卤型等单芯或多芯电力电缆上，按用户要求的规格和分支距离由制造厂采用全过程机械化制作分支接头。因其具有载流量大；耐酸、碱腐蚀能力强；气密性、防水性能好；安装方便、快捷；故障率低、运行可靠等优点。预制分支电缆布线宜用于高层、多层及大型公共建筑物室内低压树干式配电系统。

2. 预制分支电缆应根据使用场所的环境特征及功能要求，选用具有聚氯乙烯绝缘聚氯乙烯护套、交联聚乙烯绝缘聚氯乙烯护套或聚烯烃护套的普通、阻燃或耐火型的单芯或多芯预制分支电缆。

在敷设环境和安装条件允许时，宜选用单芯预制分支电缆。

预制分支电缆应根据使用场所的环境条件（温、湿度及腐蚀性等）及使用功能要求（阻燃、耐火等）进行选型：

（1）一般场所或一般负荷，选用VV型聚氯乙烯绝缘聚氯乙烯护套预制分支电缆。

（2）设计应根据对线路的阻燃、低卤或耐火等功能要求，选用相适应的阻燃、低卤或耐火型电缆。

（3）使用环境平均温度大于35℃或负荷较大时，选用YJV型交联聚乙烯绝缘聚氯乙烯护套预制分支电缆。

（4）选择主干电缆截面和分支电缆截面应留有约30%的余量，并满足电压降的要求。

（5）基于以下几点，推荐选用单芯预制分支电缆：

① 单芯电缆载流量大，相同截面的同型预制分支电缆，在空气中明敷设时，单芯电缆的载流量是多芯电缆的1.4倍；

② 单芯电缆的主电缆截面大，可达1000mm^2，作为干线电缆可有充足的余量选择；

③ 多芯电缆的分支接头需特殊制作，制造工艺复杂。因此，在价格及可靠性上不及单芯电缆。

3. 预制分支电缆布线，宜在室内及电气竖井内沿建筑物表面以支架或电缆桥架（梯架）等构件明敷设。预制分支电缆垂直敷设时，一般采用吊装方式，应根据主干电缆最大直径预留穿越楼板的洞口，同时尚应在主干电缆最顶端的楼板上预留吊钩，以便固定主干电缆。电缆在吊装悬挂后应立即固定，固定点间距宜为1.5～2m。

4. 预制分支电缆布线，除符合本节规定外，尚应根据预制分支电缆布线所采取的不同敷设方法，分别符合第10.2.6节电力电缆布线第1～5条中相应敷设方法的相关规定。

5. 当预制分支电缆的主干电缆采用单芯电缆用在交流电路时，为防止产生的涡流效应给布线系统造成的不良影响，电缆的固定用夹具应选用专用附件。严禁使用封闭导磁金属夹具。

6. 预制分支电缆布线，应防止在电缆敷设和使用过程中，因电缆自重和敷设过程中的附加外力等机械应力作用而带来的损害。

预制分支电缆安装，可采用顶层下放或从底层向上拉起的方式。均应考虑电缆自重将带来的危害。必要时，可附加钢丝绳以减少作用在电缆上的拉力。

10.2.9 矿物绝缘（MI）电缆布线

1. 矿物绝缘（MI）电缆是将高电导率的铜导体嵌置在内有紧密压实的氧化镁绝缘材料的无缝铜管中，构成铜芯铜护套矿物绝缘电缆，也称氧化镁防火电缆（MI电缆）。金属护套无机矿物绝缘（YTTW系列）电缆是在同一金属护套内，由无机矿物带、纤维和纤维带作绝缘层的单根或多根绞合的软铜线芯组成的电缆。宜用于民用建筑中高温或有耐火要求的场所。

矿物绝缘（MI）电缆的长期使用温度可达250℃，在950～1000℃下可维持3小时不损坏。铜护套在1083℃下熔融，而氧化镁绝缘材料的熔点为2800℃。

2. 矿物绝缘电缆应根据使用要求和敷设条件，选择电缆沿电缆桥架敷设、电缆在电缆沟或隧道内敷设、电缆沿支架敷设或电缆穿导管敷设等方式。

3. 下列情况应采用带塑料护套的矿物绝缘电缆：

（1）电缆明敷在有美观要求的场所。

（2）穿金属导管敷设的多芯电缆。

（3）对铜有强腐蚀作用的化学环境。

（4）电缆最高温度超过70℃但低于90℃，同其他塑料护套电缆敷设在同一桥架、电缆沟、电缆隧道时，或人可能触及的场所。

带塑料护套矿物绝缘电缆的PVC护套是为了增强美观，避免铜护套腐蚀和施工时保护铜护套不受损伤。PVC护套并有隔热作用，可用在电缆最高温度超过70℃但低于90℃，或与其他塑料护套电缆并列敷设或人员可能触及70～90℃电缆外皮的场所。

4. 矿物绝缘电缆应根据电缆敷设环境，确定电缆最高使用温度，合理选择相应的电缆载流量，确定电缆规格。矿物绝缘电缆，在不同的线芯最高使用温度下，相同截面的电缆可具有不同的载流量。使用温度愈高，载流量愈大。因此，在选择电缆载流量进而确定电缆规格时，应根据环境温度、性质、电缆用途合理确定线芯最高使用温度。

（1）常规线路：按最高使用温度不超过70℃，适用于电缆沿墙、支架、梯架上明敷设；线路与其他塑料电缆共同敷设同一桥架、竖井、电缆沟、电缆隧道及如果电缆护套温度过高，易引起人员伤害或设备损坏的场合。

（2）经济线路：按最高使用温度105℃，适用于单独敷设在电缆桥架、电缆沟、穿管等人员无法触及的场合。

（3）特殊线路：按最高使用温度为150～250℃之间，适用于埋地敷设且线路两端的连接不影响设备运行的线路及长期环境温度高于70℃的场所。

5. 应根据线路实际长度及电缆交货长度，合理确定矿物绝缘电缆规格，宜避免中间接头。矿物绝缘电缆中间接头是线路运行耐火性能的薄弱环节，应设法避免。

当根据线路计算电流、线芯最高使用温度给定的电缆载流量确定的电缆，其交货长度小于线路敷设长度时，可采用小截面电缆双拼连接或将多芯电缆改选为多根单芯电缆。

示例1：计算电流为800A、长度为50m的配电线路，按最高使用温度不超过70℃要求，根据制造厂提供的载流表可选用300mm² 单芯矿物绝缘电缆，其成品电缆交货长度仅为42m，为避免电缆中间接头，宜选用185mm² 电缆双拼，成品电缆交货长度为70m。

示例2：根据计算电流要选用4×25mm² 的多芯矿物绝缘电缆，当线路长度超过成品电缆的交货长度80m时，可考虑选用4根25mm² 的单芯电缆，其成品交货长度可达260m。避免中间接头。

6. 电缆敷设时，电缆的最小允许弯曲半径不应小于表10.2.9-1的规定。

矿物绝缘（MI）电缆最小允许弯曲半径　　表10.2.9-1

电缆外径 d（mm）	$d<7$	$7\leqslant d<12$	$12\leqslant d<15$	$d\geqslant 15$
电缆内侧最小允许弯曲半径 R	$2d$	$3d$	$4d$	$6d$

注：1. 对一些大截面单芯电缆的弯曲半径制造厂又规定，截面为300mm² 及以上的单芯矿物绝缘电缆，最小弯曲半径要求为电缆外径的12倍。

2. 当遇有截面不同的电缆相同走向时，应按最大截面电缆的弯曲半径进行弯曲，以达到美观整齐要求。

7. 电缆在下列场所敷设时，应将电缆敷设成“S”或“Ω”形弯，其弯曲半径不应小于电缆外径的6倍：

（1）在温度变化大的场所，如北方地区室外敷设。

（2）有振动源场所的布线，如电动机进线或发电机出线。

（3）建筑物变形缝和伸缩缝之间。

8. 除支架敷设在支架处固定外，电缆敷设时，其固定点之间的距离不应大于表10.2.9-2的规定。

矿物绝缘（MI）电缆固定点或支架间的最大距离　　表10.2.9-2

电缆外径 d（mm）		$d<9$	$9\leqslant d<15$	$15\leqslant d\leqslant 20$	$d>20$
固定点间的最大距离（mm）	水平	600	900	1500	2000
	垂直	800	1200	2000	2500

9. 单芯矿物绝缘电缆进出配柜（箱）处及支承电缆的桥架、支架及固定卡具，均应采取分隔磁路的措施。防止涡流产生的措施，可采用在配电柜上开大孔，更换铜隔板或在钢板上开长条孔切断分相磁路措施。支承单芯电缆的桥架、支架及固定卡具，必须避免形成闭合磁路，可采用铜带制成的非导磁卡具。

10. 多根单芯电缆敷设时，应选择减少涡流影响的排列方式。为了减少涡流的影响。单芯矿物绝缘电缆排列方式，见表10.2.9-3～表10.2.9-5。

11. 电缆在穿过墙、楼板时，应防止电缆遭受机械损伤，单芯电缆的钢质保护导管、槽，应采取分隔磁路措施。

12. 电缆敷设时，其终端、转弯处中间联结器（接头）两侧，应加以固定，敷设配件应选用配套产品。

13. 矿物绝缘电缆的铜外套及金属配件应可靠接地。

矿物绝缘单芯电缆双相三线回路敷设排列 表 10.2.9-3

单路电缆	
两路平行电缆	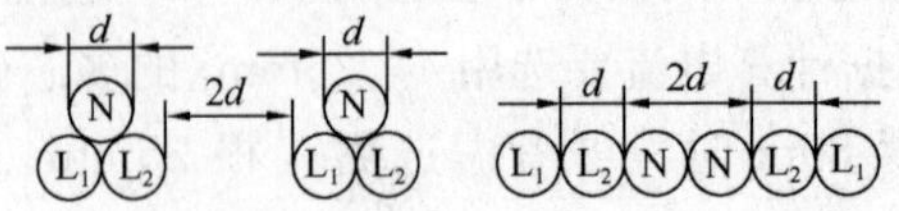
三路或多路平行电缆	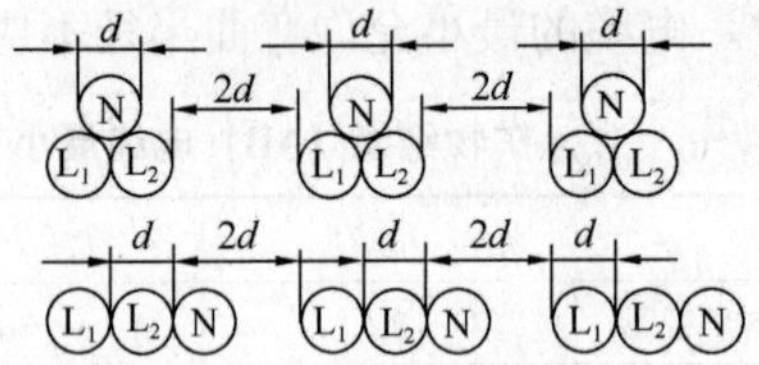

注：1. 单相电缆的相序应根据实际工程确定。
2. d 为电缆外径。

矿物绝缘单芯电缆三相三线回路敷设排列 表 10.2.9-4

单路电缆	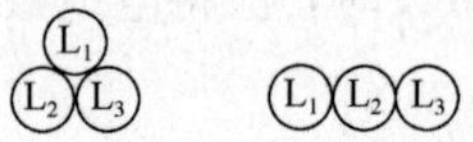
两路平行电缆	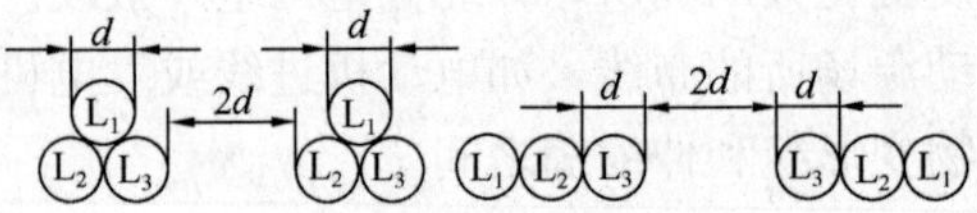
三路或多路平行电缆	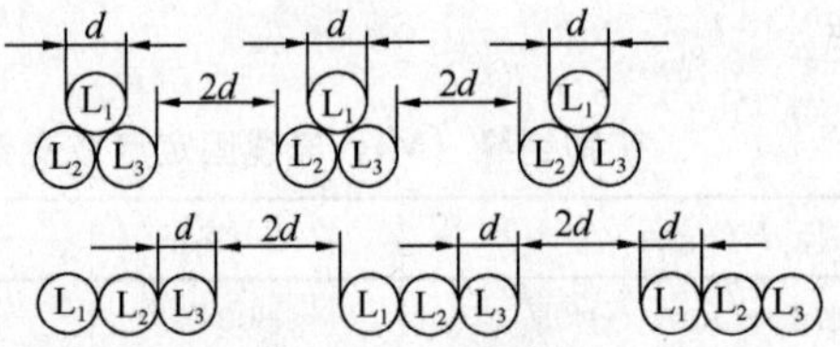

矿物绝缘单芯电缆三相四线回跏敷设排列 表 10.2.9-5

单路电缆	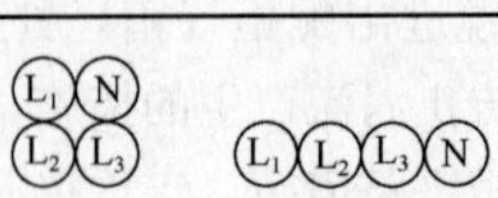
两路（双拼）、三路或多路（三拼或多拼）平行电缆	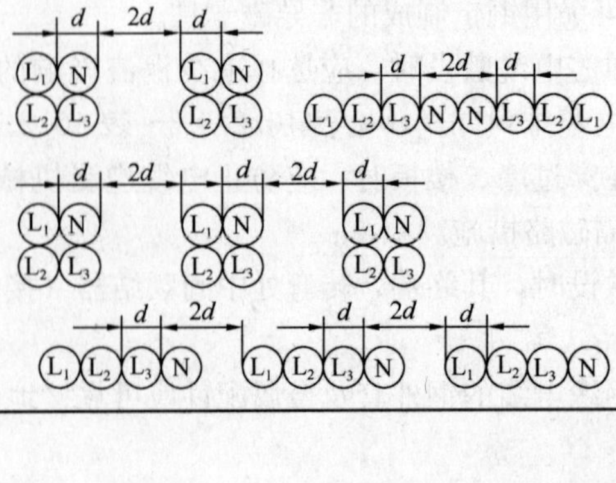

10.2.10 封闭式母线布线

1. 封闭式母线又称为母线槽、插接式母线槽。封闭式母线布线适用于干燥和无腐蚀性气体的室内场所。

按封闭式母线铜排的绝缘方式，母线槽分为：密集绝缘母线槽、空气绝缘母线槽和空气附加绝缘母线槽。密集绝缘母线槽的导电裸铜排，用绝缘材料包绕或热塑后紧密地夹装在金属壳体内；空气绝缘母线槽的导电裸铜排用绝缘衬垫支撑在金属壳体内，靠空气介质来绝缘；空气附加绝缘母线槽是在一般的空气绝缘母线槽的裸导电铜排外，加包绝缘层然后再用绝缘衬垫支撑在金属壳体内，靠绝缘材料及空气介质双重绝缘。

2. 封闭式母线水平敷设时，底边至地面的距离不应小于 2.2m。除敷设在电气专用房间内外，垂直敷设时，距地面 1.8m 以下部分应采取防止机械损伤措施。

3. 封闭式母线不宜敷设在腐蚀气体管道和热力管道的上方及腐蚀性液体管道下方。当不能满足上述要求时，应采取防腐、隔热措施。

4. 封闭式母线布线与各种管道平行或交叉时，其最小净距应符合第 10.2.4 节表 10.2.4-1 的规定。

5. 封闭式母线水平敷设的支持点间距不宜大于 2m。封闭式母线水平敷设可沿墙、柱安装也可采用吊装或立柱安装，其支持点间距，根据不同的结构各生产厂家有不同的规定一般为 2m 或 3m。垂直敷设时，应在通过楼板处采用专用附件支撑并以支架沿墙支持，支持点间距不宜大于 2m。

当进线盒及末端悬空时，垂直敷设的封闭式母线应采用支架固定。

6. 封闭式母线终端无引出线时，为了安全端头必须装上终端盖。

7. 当封闭式母线通电运行时，导体排会随温度上升而沿长度方向膨胀伸长，伸长多少与电气负荷大小和持续时间等因素有关，约为 1～1.5mm/m。为适应膨胀变形，保证封闭式母线正常运行，当封闭式母线直线敷设长度超过 80m 时，每 50～60m 宜设置膨胀节。当跨越建筑物的变形缝时，宜增加膨胀节

8. 封闭式母线的连接不应在穿过楼板或墙壁处进行，至少应保持 300mm 距离。

9. 封闭式母线的插接分支点，应设在安全及安装维护方便的地方。

10. 多根封闭式母线并列水平或垂直敷设时，各相邻封闭母线间应预留维护、检修距离。保持距离除维护、检修方便外，也为了确保、母线散热，其间最小距离为 150mm，如有插接箱时，应保证插接箱之间有 50mm 的距离。

11. 封闭式母线外壳及支架应可靠接地，全长不应少于 2 处处接地保护导体（PE）相连。

12. 封闭式母线随线路长度的增加和负荷的减少而需要变截面时，应采用变容量接头。但应保证变径的母线应被首端母线的短路保护电器有效的保护，且此线路和其过负荷保护电器能承受通过的短路能量。

13. 封闭式母线在穿过防火墙及防火楼板时，应采取防火隔离措施。

10.2.11 电气竖井内布线

1. 电气竖井内布线是高层民用建筑中强电及弱电垂直干线线路特有的布线方式。

电气竖井内布线适用于多层和高层建筑内强电及弱电垂直干线的敷设。可采用金属管、金属线槽、电缆、电缆桥架及封闭式母线等布线方式。

在电气竖井内除敷设干线路外，还可以设置各层的电力、照明分配电箱及弱电线路的分线箱等电气设备。

2. 电气竖井的位置和数量应根据建筑物规模、用电负荷性质、各支线供电半径及建筑物的变形缝设置和防火分区等因素确定，电气竖井的数量和位置选择，应保证系统的可靠性并减少电能损耗，并应符合下列规定：

(1) 宜靠近用电负荷中心，特别应注意与变电所或机房等部位的联系方便，以减少损耗、节省投资。

(2) 不应和电梯井、管道井共用，保证电气竖井内电气线路及电气设备的运行安全。

(3) 邻近不应有烟道、热力管道及其他散热量大或潮湿的设施。否则，会使电气竖井内温度升高，影响线路导体允许载流能力或因潮湿而使井内线路的绝缘强度降低、金属部件锈蚀等；

(4) 在条件允许时宜避免与电梯井及楼梯间相邻。电气竖井与电梯井或楼梯间相邻，会使由竖井内引出的线路通道狭窄，影响出线。电气竖井与电梯井道为邻，竖井内墙面利用率减少且产生震动不利于线路运行。

另外，由于电梯是反复短时工作制负荷，在靠近其控制电器及线路部分，易带来对电气竖井内线路的干扰，这也是应注意的问题。

3. 电缆在电气竖井内敷设时，不应采用易延燃的外护层。

4. 电气竖井的井壁应是耐火极限不低于1h的非燃烧体。电气竖井在每层楼应设维护检修门并应开向公共走廊，其耐火等级不应低于丙级。为防止火焰沿电气线路蔓延，封闭式母线、电缆桥架、金属线槽、金属套管或电缆等布线在穿过电气竖井楼板或墙壁、楼层间钢筋混凝土楼板或钢结构楼板应做防火密封隔离，线缆穿过楼板应进行防火封堵。

5. 电气竖井的大小应根据线路及设备的布置确定，除应满足布线间隔及端子箱、配电箱布置所必需尺寸外，而且必须充分考虑布线施工及设备运行的操作、维护距离，宜在箱体前留有不小于0.8m的操作、维护距离，当建筑平面受限制时，可利用公共走道满足操作、维护距离的要求。

6. 电气竖井内垂直布线时，应考虑下列因素：

(1) 顶部最大变位和层间变位对干线的影响。建筑物的变位必然要影响到布线系统。实践证明，这个影响对封闭式母线、金属槽盒的影响最大，金属套管布线次之，电缆布线最小。为保证线路运行安全，在线路的固定连接及分布上应采取相应的防变位措施；

(2) 电线、电缆及金属保护导管、罩等自重所带来的荷重影响及其固定方式。

线路敷设时，在每个支持点处同时承受了三个荷载：

① 导线、电缆及金属管槽等的自重；

② 导体通电以后，由于热力和周围的环境温度经常变化而产生的反复荷载；

③ 线路由于短路的电磁力而产生的荷载。

因此，在支持点处存在着损坏导体绝缘或管槽的危险因素，所以要充分研究支持方式及导体被覆材料的选择。

(3) 垂直干线与分支干线的连接方法，直接影响供电可靠和工程造价，必须充分进行研究。特别应注意铝芯导体的连接和铜—铝接头的处理。

7. 电气竖井内高压、低压和应急电源的电气线路之间应保持不小于0.3m的距离或采取隔离措施，并且高压线路应设有明显标志。

8. 电力和电信线路，宜分别设置强、弱电竖井。当受条件限制必须合用时，电力与电信线路应分别布置在电气竖井两侧或采取隔离措施，保证线路的安全运行，避免相互干扰，方便维护管理。

9. 电气竖井内应设电气照明及220V、10A单相三孔检修电源插座。超过100m的高层建筑电气竖井间内应设火灾自动报警系统。如竖井内安装设备因工艺对环境有要求时，应满足工艺要求。

10. 为间接接触电击防护的需要电气竖井内应敷有接地干线和接地端子。

11. 电气竖井内不应有与其无关的管道等通过。

12. 电气竖井内各类布线应分别符合本章各节的有关规定。

13. 电气竖井内布线设备布置示意，见图10.2.11-1。

10.2.12 钢 索 布 线

1. 钢索布线用绝缘导线明敷时，应采用绝缘子固定在钢索上。用护套绝缘导线、电缆、金属管或硬质塑料管布线时，可直接固定在钢索上。

2. 钢索上吊装金属管或硬质塑料管布线的支持点最大间距，见表10.2.12-1.

钢索上吊装金属管或硬质塑料管布线的支持点最大间距（单位：mm）　　表10.2.12-1

布线类别	支持点间距	支持点距灯头盒
钢管、电线管	1500	200
硬质塑料管	1000	150

3. 室内场所钢索宜采用镀锌钢绞线。屋外布线及敷设在室外，潮湿及有酸、碱、盐腐蚀的场所应采取防腐蚀措施，如用塑料护套钢索。钢索上绝缘导线至地面的距离，在室内时为≥2.5m，室外时为≥2.7m。

4. 钢索拉紧后其弛度不应大于100mm。跨距较大时应在钢索中间增加支撑点，中间的支撑点间距不应大于12m。

5. 钢索总长度超过50m时，钢索两端均加花篮螺栓，每超50m加一个。钢索尾端与花篮螺栓固定处不得少于2个钢索卡。

6. 钢索选择，见表10.2.12-2。

但该建筑物能否承受上述荷载，需取得土建有关专业的许可。

7. 钢索所用的钢绞线的截面，应根据跨距、荷重和机械强度选择，最小截面不宜小于10mm^2。钢索的安全系数不应小于2.5。

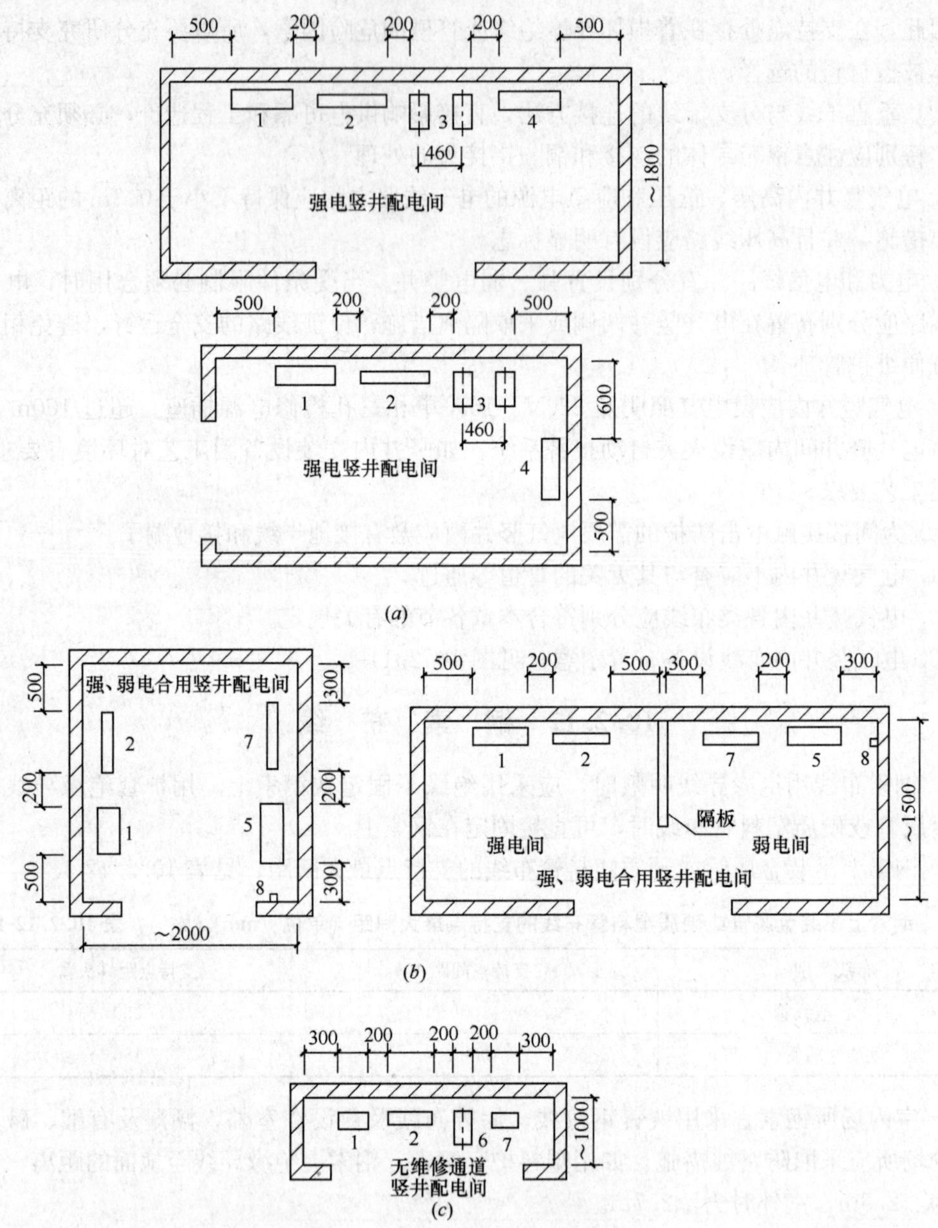

图 10.2.11-1　电气竖井配电间设备布置示意

(a) 强电竖井配电间设备布置；(b) 强、弱电合用电气竖井配电间设备布置；

(c) 无维修通道电气竖井配电间设备布置

注：竖井配电间门应向外开启，间内地坪高于间外地坪 50。

1—配电箱（盘）；2—强电用电缆桥架；3—封闭式母线；4. 配电箱（盘）；

5—控制箱（盘）；6—通信用电缆桥架；7—弱电用电缆桥架；8—弱电专用接地线。

钢索选择 **表 10.2.12-2**

拉力（kN）	7×6 或 7×7 钢丝绳外径	钢丝绳破断拉力（kN）
4	4.7	≥12
6	5.6	≥18
10	7.5	≥30

注：表中拉力系按如下公式计算：

$$P=\frac{W\times L^2}{8\times S} \quad (10.2.12\text{-}1)$$

式中 P——钢索拉力，N；

L——两支点间距，m；

W——单位长度上的重量（包括管线、灯具及钢索自重），N/m；

S——钢索弧垂，m。

10.2.13 GLMC 系列封闭式低压母线布线系统

1. 概述

封闭式低压母线(简称母线槽)适用于工业与民用建筑中额定交流电压不高于1000V、频率50～60Hz、电流8000A及以下配电线路敷设。

GLMC 系列封闭式母线槽，是珠海光乐电力母线槽有限公司（网址：www.gdguangle.com，邮箱：guangle668@126.com，www.guanglechina.com）吸收了国内外同类产品的先进技术而设计开发出的一系列产品，产品的各项技术水平和性能指标均达到国际领先水平。GLMC 系列母线槽充分利用了密集型母线和空气型母线的各项优点，由十多个母线干线单元、插接箱等配套组成了完整的三相四线或三相五线制的馈配电系统，能适应不同环境和不同领域使用。

2. 母线槽选型，见表 10.2.13-1。

母线槽选型 **表 10.2.13-1**

品名	结构类型	型号	额定电流（A）	额定短时耐受电流 I_{CW}（kA）	温升限值（K）	防护等级
照明母线槽	三相三线 三相四线 三相四线+PE	GLMC-T/□-3M GLMC-T/□-4M GLMC-T/□-5M	16、25、40	6	≤55、≤70	IP40、IP54
照明母线槽	三相三线 三相四线 三相四线+PE	GLMC-T/□-3E GLMC-T/□-4E GLMC-T/□-5E	40、63、80、100、125、160、200	6、10、15	≤55、≤70	IP54
铜导体母线槽	三相三线 三相四线 三相四线+PE	GLMC-T/□-3F GLMC-T/□-4F GLMC-T/□-5F	160、200、250、315	20	≤55、≤70	IP54、IP65
			400、500	20、35		
			630、700、800、900	20、35、50		
			1000、1100、1250、1400	50、65		
			1600、1800、2000、2250	65		
			2500、2800、3150、3600	80		
			4000、4500、5000	80、100		
			5500、6300、7000、8000	120		

续表

品名	结构类型	型号	额定电流（A）	额定短时耐受电流 I_{cw}（kA）	温开限值（K）	防护等级
铝导体母线槽	三相三线 三相四线 三相四线+PE	GLMC-T/□-3F GLMC-T/□-4F GLMC-T/□-5F	160、200、250、315、400、500	20	≤55、≤70	IP54、IP65
			630、700、800、900	30		
			1000、1100、1250、1400	30、50		
			1600、1800、2000、2250	50、65		
			2500、2800、3150、3600			
			4000、4500、5000、5500、6300	80、100		
矿物质耐火母线槽	三相四线 三相四线+PE	GLMC-T/□-4MR	160、200、250、315、400、500	20	≤70或标准允许值	IP65
			630	20、50		
			700、800、900	50		
			1000、1100、1250、1400			
		GLMC-T/□-5MR	1600、1700	50、65		
			1800、2000、2250	65		
			2500、2800、3150	65、80		
			3600	80		
			4000、4500、5000、5500、6300	80、100		

注：1. 预留插接口需说明。
2. 插接箱内开关配置按设计要求。
3. 照明母线槽插接箱内低压断路器宜选微型断路器。

3. 技术性能

（1）母线槽额定电流的选择，按实际负荷电流的比例，见表10.2.13-2。

额定电流的选择按实际负载电流的比例 **表10.2.13-2**

选用母线温升值	常规型	节能型	经济型
≤55K	100%	110%	90%
≤70K	112%	122%	102%
≤90K	120%	130%	110%

（2）低压母线槽外壳防护类别及使用环境，见表10.2.13-3。

低压母线槽外壳防护类别及使用环境 **表10.2.13-3**

类别	使用环境					外壳防护等级
	室内外	温度(℃)	相对湿度(%)	污染等级	安装类别	
户内 滑触型	室内	−5～+40	≤50(+40℃时)	3	Ⅲ	IP13～35
户外 滑触型	室外	−25～+40	100(+40℃时)	3～4	Ⅲ	IP23
一般母线槽	室内	−5～+40	≤50(+40℃时)	3	Ⅲ、Ⅳ	IP30～40
防护式母线槽	室内	−5～+40	≤50(+40℃时)	3	Ⅲ、Ⅳ	IP52～55
高防护式母线槽	室内外	−25～+40	有凝露或有水冲击的场合	3	Ⅲ、Ⅳ	≥IP63

注：1. 表内数据摘自《低压成套开关设备和控制设备 第1部 分型式试验和部分型式试验成套设备》GB 7251.1—1997。
2. 外壳防护等级按《低压开关设备和控制设备 总则》GB/T 14048.1—2000。

（3）母线槽防护等级的选择，见表10.2.13-4。建议：配电柜的出线母线槽宜选用IP54；而垂直井道安装的母线槽，因电气竖井属封闭状态，防护性能较好，防护等级≥IP40的母线槽就可满足要求。

(4) 母线槽温升是保证母线槽载流能力的主要标准依据，所以母线槽设计时，标注母线槽温升是不可缺少的参数。母线槽设计选择电流和温升均按周围环境场所来设计，温升选择，见表10.2.13-5。

母线槽外壳防护等级选择　　表10.2.13-4

外壳防护等级	安装使用环境
IP20、IP30、IP40	配电房内
IP54	竖井、电房、工厂车间
IP65	地下室水平母线、潮湿较严重的场所、有水管及喷淋场所
IP66	水池边或码头有海水侵袭的地方
IP68	埋地、码头、电缆沟、或没水安装的场所

极限温升设计技术参数　　表10.2.13-5

类别	环境温度	设计温升	额定电流	能承受的过载电流	
				B级绝缘	C级绝缘
节能型	20℃	≤55K	按运行电流	40%	32%
	30℃	≤55K	+8%	40%	32%
	40℃	≤55K	+15%	40%	32%
基本标准型	20℃	≤70K	按运行实际电流	26%	18%
		55K	−12%		
	30℃	≤70K	+8%	26%	18%
		≤55K	−4%		
	40℃	≤70K	+15%	26%	18%
		≤55K	+3%		
经济型	20℃	≤90K	按运行电流	15%	7%
		≤70K	−11%		
		≤55K	−23%		
	30℃	≤90K	+8%	15%	7%
		≤70K	−3%		
		≤55K	−15%		
	40℃	≤90K	+15%	15%	7%
		≤70K	+4%		
		≤55K	−8%		

注：1. 本表电流按实际运行电流为基数，按不同产品使用的周围环境温度来选配母线。
2. 绝缘材料B级≥130℃；C级≥120℃。
3. 母线槽插接开关箱或始端节要采用电线电缆连接的不适用于本表的经济型方案。

4. 设计选型注意事项

(1) 封闭式母线（母线槽）选择。

①选用母线槽时应综合考虑使用环境(污染情况，防火、防水、防爆要求，散热条件等)、负载性质(电流冲击程度)、经济截面、安装条件等因素。

②母线槽应选用具有3C强制认证标记的产品，并有型式试验报告。

③母线槽的冲击浪涌电压值，应符合现行国家标准的规定。

④母线槽的外壳防护等级选择应符合第9.2.6节表9.2.6-3的规定。

（2）其他技术参数应在图纸内备注说明。

① 母线槽、连接头及插接口内部导体温升≤70K，防护等级 IP65；

② 母线槽采用全铜为导体，导电率≥97%，电阻率≤0.01777Ω·mm²/m；

③ 母线本体及插接口处全长采用密集型结构；

④ 确保母线槽长期稳定每个电路每个电流等级设置一个母线槽检测保护仪；

⑤ N线与相线等同材质和规格（作为动力用电专用回路时，N线截面可为相线的50%）；

⑥ PE线不少于相线等效导体的50%截面积（有外壳兼作PE和独立PE两种形式）；

⑦ 耐火母线槽：在950℃温度下持续工作不少于60分钟；

⑧ 采用铝导体母线槽时：插接口及始端需要做好铜铝过渡处理。

5. 母线槽应用示例

酒店宾馆母线槽供电方案，见图10.2.13-1。

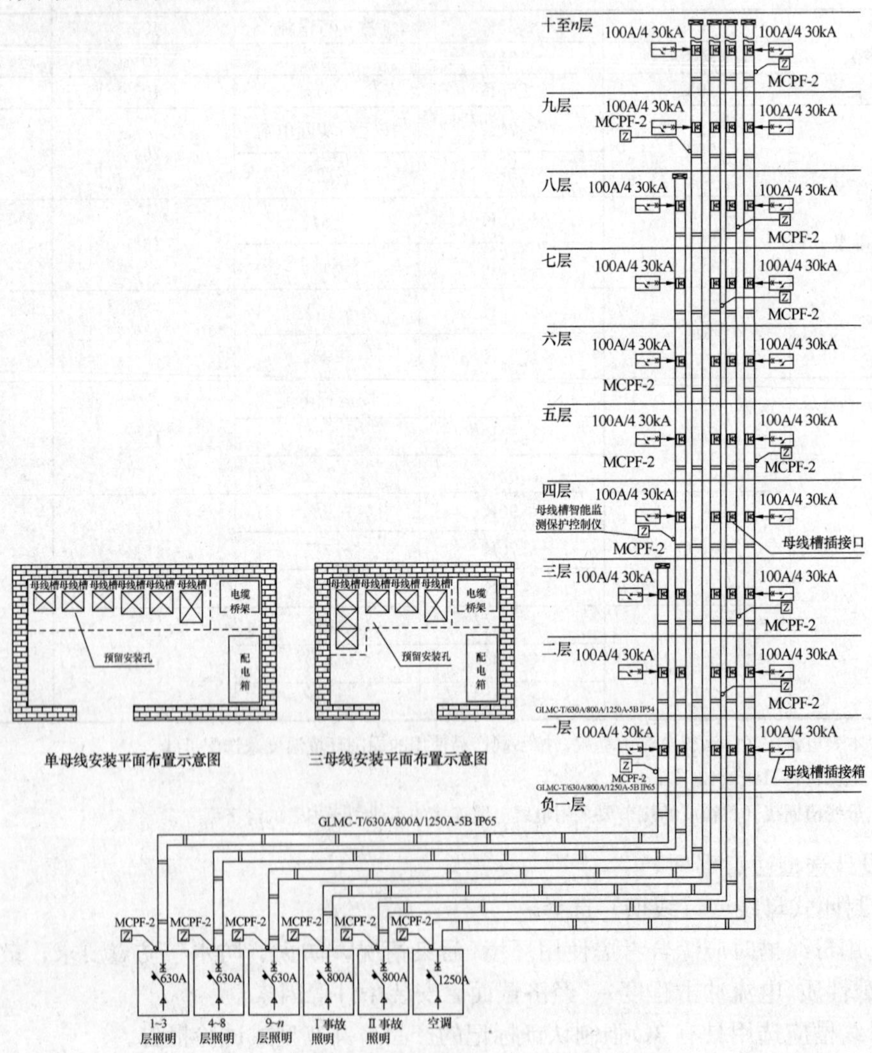

图10.2.13-1　酒店宾馆母线槽供电方案

注：此方案用于酒店宾馆、大型会展中心的配电系统。

10.3 保护导管、槽盒及桥架

10.3.1 一般规定

电线电缆穿保护管敷设时主要有低压流体输送用焊接钢管（SC）、普通碳素钢电线套管（MT）、套接扣压式薄壁钢导管（KBG）、套接紧定式钢管（JDG）、聚氯乙烯硬质电线管（PC）、聚氯乙烯半硬电线管（FPC）以及金属槽盒（SR）、塑料槽盒（PR）和电缆桥架（CT）。

1. 电线电缆穿保护管敷设

（1）根据《电气装置安装工程 1000V 及以下配电工程施工及验收规范》GB 50258 要求，导管管径选择应符合下列相关规定：

① 在同一根导管内穿有三根及以上绝缘导体或电缆时，其绝缘导体或电缆的总截面（包括外护层），不宜超过导管内截面积的 40%；

② 在同一根导管内穿有两根绝缘导体或电缆时，导管内径不应小于两根绝缘导体或电缆外径之和的 1.35 倍；

③ 电信线路采用电缆穿管时，不宜超过 60%；采用绞合导线穿管时，不宜超过 35%；

④ 综合布线系统布放大对数主干电缆或 4 芯以上电缆、光缆时，直线管道的管径利用率可为 50%～60%；弯管道的管径利用率可为 40%～50%。布放 4 对对绞电缆或 4 芯及以下光缆时，管道的截面利用率应为 25%～30%。电缆通过有振动和承受压力（如电缆引入和引出建筑物的基础、楼板和穿过墙体以及电缆通过道路和可能受到机械损伤等处）的地段。保护管的内径不应小于电力电缆外径的 1.5 倍；电信电缆外径的 1.25 倍。

（2）根据地方标准要求，导管管径选择应符合下列规定。

电线穿保护管时，管内容线面积为≤6mm^2 时，按不大于内孔截面积的 33%计算；10～50mm^2 时，按不大于内孔截面积的 27.5%计算；≥70mm^2 时，按不大于内孔截面积的 22%计算。

（3）电缆穿保护管时，长度在 30m 及以下，直线段管内径不小于电缆外径的 1.5 倍；一个弯曲时管内径不小于电缆外径的 2 倍；二个弯曲时管内径不小于电缆外径的 2.5 倍。

因此，表 10.3.2-1～表 10.3.2-9 分别给出了以上两种标准的电线穿管管径，供设计人员根据工程具体情况参考使用。

2. 电线电缆在槽盒内敷设

（1）槽盒内电线或电缆的总截面积（包括外护层）不应超过槽盒内截面的 20%，载流导线不宜超过 30 根。

（2）控制、信号或其相类似的线路，电线或电缆的总截面积不应超过槽盒内截面积的 50%，电线或电缆根数不限。

（3）地面内暗装金属槽盒，槽盒内电线或电缆的总截面积（包括外护层）不应超过线槽内截面的 40%。

（4）槽盒内的绝缘导体或电缆不应有分支接头，分支接头应在接线盒内进行。在极特殊情况下，必须在槽盒内设有分支接头时，绝缘导体或电缆和分支接头的总截面（包括外护层）不应超过该点槽盒有效内截面积的75%。

（5）采用金属电缆槽盒布线时，敷设在槽盒内的电缆束高度应低于槽盒侧壁的高度，槽盒侧壁的高度最好是敷设在槽盒内电缆总高度的2倍，并宜首选深槽的金属电缆槽盒。

（6）金属槽盒的壁厚按1.5～2mm、盖板厚度按3mm计算。

3. 电缆在桥架内敷设

在电缆桥架上可以无间距敷设电缆，电缆在桥架内横断面的填充率：电力电缆不应大于40%；控制电缆不应大于50%。

4. 电线电缆外径说明

电线电缆穿管管径为参照表10.3.3-15～表10.3.3-19数据计算得出（其中电力电缆、控制电缆外径各生产厂相差较大），仅供参考使用。

5. 设计注意事项

（1）工程中采用塑料导管或槽盒时，其材质应选用不低于B1级难燃材料制成，氧指数（OI）不小于27，烟密度等级（SDR）≤75。

（2）用金属导管或金属槽盒布线的交流线路，应将同一回路的所有相线和中性线（如果有中性线时）穿于同一根金属导管内或金属槽盒内。三相或单相的交流单芯线缆不应单独穿于金属导管或金属槽盒内。

（3）电缆在桥架上可无间距敷设。电力电缆总截面（包括外护层）与桥架内横断面的比值不应超过40%，控制电缆不应超过50%，但应考虑电缆载流量的校正或降容系数。

（4）控制、信号等线路可视为非载流导体。

（5）选用阻燃电缆时应注明阻燃等级。不注明等级者视为C级。

（6）JDG导管无直径大于40mm规格。华北地区建筑电气通用图集09BD1中规定，不推荐采用KBG导管。

10.3.2 电线穿保护管最小管径选择

1. BV、ZRBV、BV-105、WDZ-BYJ（F）型电线穿保护管敷设最小管径的选择，见表10.3.2-1～表10.3.2-4.

电线穿低压流体输送用焊接钢管最小管径（SC）（mm）　　表10.3.2-1

电线型号 0.45/0.75kV	单芯电线穿管根数	电线截面（mm^2）													
		1.0	1.5	2.5	4	6	10	16	25	35	50	70	95	120	150
BV ZRBV BV-105 WDZ-BYJ（F）	2	15	15	15	15	15	20	25	25	32	32	40	50	50	65
	3	15	15	15	15	15	20	25	32	32	40	40	50	50	65
	4	15	15	15	15	15	25	25	32	40	40	50	65	65	65
	5	15	15	15	15	20	25	32	40	40	50	65	65	65	80
	6	15	15	15	20	20	25	32	40	50	50	65	65	80	100
	7	15	15	20	20	20	32	32	50	50	65	65	80	80	100
	8	15	15	20	20	25	32	40	50	50	65	65	80	100	100

注：电线穿保护管时，其总截面积（包括外护层）按不大于保护管内孔面积的40%计算。

2. RVS型电线穿保护管敷设最小管径的选择，见表10.3.2-5。

3. RV型电线穿保护管敷设最小管径的选择，见表10.3.2-6。

4. 0.45/0.75kV、BV、ZR-BV、BV-105、WDZ-BYJ型电线外径与电线总截面积，见表10.3.2-7、表10.3.2-8。

5. 电线电缆穿保护管敷设用管材型号规格，见表10.3.2-9。

电线穿普通碳素钢电线套管最小管径（MT）（mm） **表10.3.2-2**

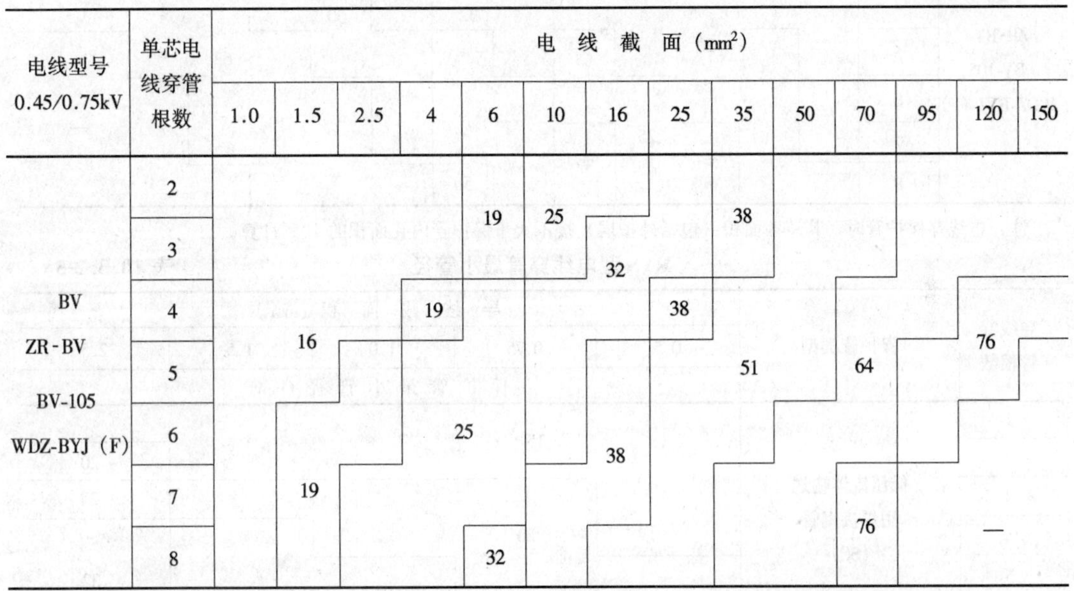

电线型号 0.45/0.75kV	单芯电线穿管根数	电线截面（mm²）													
		1.0	1.5	2.5	4	6	10	16	25	35	50	70	95	120	150
BV ZR-BV BV-105 WDZ-BYJ（F）	2					19	25			38					
	3							32							
	4		16		19				38					76	
	5									51		64			
	6				25			38							
	7		19									76		—	
	8					32									

注：电线穿保护管时，其总截面积（包括外护层）按不大于保护管内孔面积的40%计算。

电线穿套接扣压式薄壁钢管（KBG）或套接紧定式钢管（JDG）最小管径（mm）
表10.3.2-3

电线型号 0.45/0.75kV	单芯电线穿管根数	电线截面（mm²）											
		1.0	1.5	2.5	4.0	6.0	10	16	25	35	50	70	95
BV ZR-BV BV-105 WDZ-BYJ（F） BLV	2						25			40	50		
	3							32	40			63	
	4		16							50			
	5												
	6			20		25		40				—	
	7								63				
	8					32		50					

注：电线穿保护管时，其总截面积（包括外护层）按不大于保护管内孔面积的40%计算。

电线穿聚氯乙烯硬质电线管或聚氯乙烯半硬质电线管最小管径　　表 10.3.2-4

电线型号 0.45/0.75kV	单芯电线穿管根数	电线穿聚氯乙烯硬质电线管（PC）或聚氯乙稀半硬质电线管（FPC）（mm）												
		电线截面（mm^2）												
		1.0	1.5	2.5	4	6	10	16	25	35	50	70	95	120
BV ZR-BV BV-105 WDZ-BYJ（F）	2	16	16	16	16	20	25	32	40	40	50	50	63	63
	3	16	16	16	20	20	25	32	40	40	50	50	63	63
	4	16	16	20	20	20	32	32	40	50	50	63	63	63
	5	16	20	20	20	25	32	40	50	50	63	63	63	—
	6	16	20	20	25	25	40	40	50	63	63	63	—	—
	7	16	20	25	25	32	40	40	50	63	63	63	—	—
	8	20	20	25	25	32	40	50	50	63	63	—	—	—

注：电线穿保护管时，其总截面积（包括外护层）按不大于保护管内孔面积的 40%计算。

RVS 型电线穿管最小管径　　表 10.3.2-5

导线穿管根数	保护管类型	导线截面积（mm^2）				
		0.5	0.75	1.0	1.5	2.5
		保护管最小管径（mm）				
1	低压流体输送用焊接钢管（SC）	15	15	15	15	15
2		15	15	15	15	20
3		15	20	20	20	25
4		15	20	20	25	32
5		20	20	25	25	32
6		20	25	25	25	32
1	普通碳素钢电线套管（MT）	16	16	16	16	19
2		16	19	19	19	25
3		19	25	25	25	32
4		19	25	25	25	32
5		25	25	32	32	38
6		25	32	32	32	51
1	聚氯乙烯硬质电线管（PC） 聚氯乙烯半硬质电线管（FPC）	16	16	16	16	20
2		16	20	20	20	25
3		20	20	25	25	32
4		20	25	25	32	40
5		25	25	32	32	40
6		25	32	32	40	50
1	套接紧定式钢管（JDG） 套接扣压式薄壁钢管（KBG）	16	16	16	16	20
2		16	16	16	20	25
3		16	20	20	25	32
4		20	25	25	25	32
5		20	25	25	32	40
6		25	25	32	32	40

注：表中管道的截面利用率为 40%。

RV型电线穿管最小管径 　　表 10.3.2-6

导线穿管根数	保护管类型	导线截面积（mm²）				
		0.75	1.0	1.5	2.5	4.0
		保护管最小管径（mm）				
2	低压流体输送用焊接钢管（SC）	15	15	15	15	15
4		15	15	15	15	20
6		15	15	15	20	20
8		15	15	15	20	25
10		15	15	20	25	25
12		15	20	20	25	32
2	普通碳素钢电线套管（MT）	16	16	16	16	16
4		16	16	16	19	25
6		16	16	16	25	25
8		16	19	19	25	32
10		19	19	25	32	32
12		19	25	25	32	38
2	聚氯乙烯硬质电线管（PC） 聚氯乙烯半硬质电线管（FPC）	16	16	16	16	16
4		16	16	16	20	25
6		16	16	20	25	32
8		20	20	20	32	32
10		20	20	20	32	40
12		20	20	25	32	40
2	套接紧定式钢管（JDG） 套接扣压式薄壁钢管（KBG）	16	16	16	16	16
4		16	16	16	20	25
6		16	16	20	25	25
8		16	20	20	25	32
10		20	20	20	32	32
12		20	20	25	32	40

注：表中管道的截面利用率为40%。

0.45/0.75kV BV、ZR-BV、BV-105、WDZ-BYJ 型电线外径与电线总截面积 　　表 10.3.2-7

线芯截面（mm²）	1	1.5	2.5	4	6	10	16	25	35	50	70	95	120	150	185	240
线芯组成	1×1.13	1×1.38	1×1.78	1×2.25	1×2.76	7×1.35	7×1.70	7×2.14	7×2.52	19×1.78	19×2.14	19×2.52	37×2.03	37×2.25	37×2.52	61×2.25
参考外径（mm）	2.8	3.3	3.9	4.4	4.9	7.0	8.0	10.0	11.5	13.0	15.0	17.5	19.0	21.0	23.5	26.5
电线根数	电线总截面积（mm²）															
1	6	9	12	15	19	38	50	79	104	133	177	241	284	346	434	512

续表

电线根数	电线总截面积（mm²）															
2	12	18	24	30	38	76	100	178	208	266	354	482	568	692	868	1024
3	18	27	36	45	57	114	150	237	312	399	531	723	852	1038	1032	1536
4	24	36	48	60	76	152	200	316	416	532	708	964	1136	1384	1736	2048
5	30	45	60	75	95	190	250	395	520	665	885	1205	1420	1730	2170	2560
6	36	54	72	90	114	228	300	474	624	798	1062	1446	1704	2076	2604	3072
7	42	63	84	105	133	266	350	553	728	931	1239	1687	1988	2422	3038	3584
8	48	72	96	120	152	304	400	632	832	1064	1416	1928	2272	2768	3472	4096

RVS、RV 型电线外径与电线截面积　　表 10.3.2-8

导线型号规格	参考外径（mm）	导线截面积（mm²）	导线型号规格	参考外径（mm）	导线截面积（mm²）
RVS-2×0.5	4.8	18	RV-0.75	2.7	5.7
RVS-2×0.75	5.8	26	RV-1.0	2.9	6.6
RVS-2×1.0	6.2	30	RV-1.5	3.2	8.0
RVS-2×1.5	6.8	36	RV-2.5	4.5	16
RVS-2×2.5	9.0	64	RV-4.0	5.3	22

电线电缆穿保护管敷设用管材型号规格　　表 10.3.2-9

管材种类（标注代号）	公称口径（mm）	外径（mm）	壁厚（mm）	内径（mm）	内孔截面积（mm²）	内孔%时截面积（mm²）			
						40%	33%	27.5%	22%
低压流体输送用焊接钢管（SC）（GB/T 3091—2008）	15	21.3	2.8	15.7	194	78	64	53	43
	20	26.9	2.8	21.3	356	142	117	98	78
	25	33.7	3.2	27.3	585	234	193	161	129
	32	42.4	3.5	35.4	984	394	325	271	216
	40	48.3	3.5	41.3	1340	536	442	369	295
	50	60.3	3.8	52.7	2181	872	720	600	480
	65	76.1	4.0	68.1	3642	1457	1202	1002	801
	80	88.9	4.0	80.9	5140	2056	1696	1414	1131
	100	114.3	4.0	106.3	8875	3550	2929	2441	1953
	125	139.7	4.0	131.7	13623	5449	4496	3746	2998
	150	168.3	4.50	159.3	19931	7972	6577	5481	4385
普通碳素钢电线套管(MT)（YB/T 5305—2008）	16	15.88	1.6	12.68	126	50	42	35	28
	19	19.05	1.8	15.45	187	75	62	51	41
	25	25.40	1.8	21.80	373	149	123	103	82
	32	31.75	1.8	28.15	622	249	205	171	137
	38	38.10	1.8	34.50	935	374	309	257	206
	51	50.80	2.0	46.80	1720	688	568	473	378
	64	63.50	2.5	58.50	2688	1075	887	739	591
	76	76.20	3.2	69.80	3826	1530	1263	1052	842

10.3.3 电缆穿保护管最小管径选择

1. VV、VLV、VV_{22}、VV_{32}、VV-T、VV-P、GZR-VV、NH-VV 型电力电缆穿 MT/PC、SC 导管最小管径选择，见表 10.3.3-1～表 10.3.3-4。

2. YJV、YJLV、NH-YTV、YJV_{22}、$YJLV_{22}$、YJV_{32}、$YJLV_{32}$、GZR-YJV、NH-YJV、NH-WD-YJE、NH-WD-YJE_{22}、WDZN-YJY_{22}、ZR-YJY_{22}、ZR-WD-YJE、ZR-WD-YJE_{22}、WL-YJE/NR、WL-YJE_{22}/NR 型电力电缆穿 MT/PC、SC 导管最小管径选择，见表 10.3.3-5～表 10.3.3-9。

3. BTTZ、BTTVZ 型矿物绝缘电力电缆穿 SC 导管最小管径选择，见表 10.3.3-10

4. KVV、KVVP、KVVR、ZR-KVV、KYJV、KYJVP、NH-KVV、NH-KYJV、KVVGB、KVVGBP、RVP、RVVP 型控制电缆穿 MT/PC、SC 导管最小管径选择，见表 10.3.3-11、表 10.3.3-14。

5. 0.6/1kV YJV、YJLV、VV、VLV、YJV_{22}、$YJLV_{22}$、VV_{22}、VLV_{22} 型电力电缆外径与电缆截面积关系，见表 10.3.3-15。

6. 0.45/0.75kV KYJV、$KYJV_{22}$、KVV、KVV_{22} 型控制电缆外径与电缆截面积关系，见表 10.3.3-16～表 10.3.3-19。

VV、VLV 型电力电缆穿 MT/PC 导管最小管径选择 **表 10.3.3-1**

<table>
<tr><td rowspan="5">0.6/1kV
VV
VLV
[3]</td><td colspan="2">电缆标称截面（mm²）</td><td>2.5</td><td>4</td><td>6</td><td>10</td><td>16</td><td>25</td><td>35</td><td>50</td><td>70</td><td>95</td><td>120</td><td>150</td><td>185</td></tr>
<tr><td colspan="15">MT/PC 导管最小管径(mm)</td></tr>
<tr><td rowspan="3">电缆穿管长度<30m</td><td>无弯曲时</td><td>25</td><td colspan="2">32</td><td colspan="2">40(38)</td><td colspan="4">50(51)</td><td colspan="3">63(64)</td><td>(76)</td></tr>
<tr><td>一个弯曲时</td><td>32</td><td colspan="2">40(38)</td><td colspan="2">50(51)</td><td colspan="4">63(64)</td><td>(76)</td><td colspan="3"></td></tr>
<tr><td>二个弯曲时</td><td>40(38)</td><td colspan="2">50(51)</td><td colspan="2">63(64)</td><td colspan="4">(76)</td><td colspan="4">—</td></tr>
</table>

<table>
<tr><td rowspan="5">0.6/1kV
VV
VLV
[3+1C]</td><td colspan="2">电缆标称截面（mm²）</td><td>2.5</td><td>4</td><td>6</td><td>10</td><td>16</td><td>25</td><td>35</td><td>50</td><td>70</td><td>95</td><td>120</td><td>150</td></tr>
<tr><td colspan="14">MT/PC 导管最小管径(mm)</td></tr>
<tr><td rowspan="3">电缆穿管长度<30m</td><td>无弯曲时</td><td>25</td><td colspan="2">32</td><td colspan="2">40(38)</td><td>50(51)</td><td colspan="4">63(64)</td><td colspan="2">(76)</td></tr>
<tr><td>一个弯曲时</td><td>32</td><td colspan="2">40(38)</td><td>50(51)</td><td colspan="2">63(64)</td><td colspan="2">(76)</td><td colspan="4"></td></tr>
<tr><td>二个弯曲时</td><td>40(38)</td><td colspan="2">50(51)</td><td colspan="2"></td><td>(76)</td><td colspan="6">—</td></tr>
</table>

<table>
<tr><td rowspan="5">0.6/1kV
VV
VLV
[4+1C]</td><td colspan="2">电缆标称截面（mm²）</td><td>4</td><td>6</td><td>10</td><td>16</td><td>25</td><td>35</td><td>50</td><td>70</td></tr>
<tr><td colspan="10">MT/PC 导管最小管径(mm)</td></tr>
<tr><td rowspan="3">电缆穿管长度<30m</td><td>无弯曲时</td><td>32</td><td>40(38)</td><td colspan="2">50(51)</td><td colspan="4">63(64)</td></tr>
<tr><td>一个弯曲时</td><td>40(38)</td><td>50(51)</td><td colspan="2">63(64)</td><td colspan="2">(76)</td><td colspan="2"></td></tr>
<tr><td>二个弯曲时</td><td>50(51)</td><td>63(64)</td><td colspan="2">(76)</td><td colspan="4">—</td></tr>
</table>

注：1. 表中□内数字表示电缆芯数，C 表示副线。

2. MT 导管标称直径与 PC 导管规格不同的部分标注于表中括号内。

3. VV（VLV）——铜（铝）芯聚氯乙烯绝缘聚氯乙烯护套电力电缆。

4. 表 10.3.3-1～表 10.3.3-14 摘自华北标系列图集《电气常用图形符号与技术资料》09BD-1。

VV、VLV、VV_{22}、VV_{32}、$VV—T$、$VV—P$ 型电力电缆穿 SC 导管最小管径选择 表 10.3.3-2

电缆型号 0.6/1kV	电缆标称截面(mm^2)		2.5	4	6	10	16	25	35	50	70	95	120	150	185	240
	SC 导管最小管径(mm)															
VV VLV 3	电缆穿管长度<30m	无弯曲时	20	25		32		40			50		65			80
		一个弯曲时	25	32		40		50		65	80				100	
		二个弯曲时	32	40		50					80		100		125	
VV VLV 3+1C	电缆穿管长度<30m	无弯曲时	20	25		32	40		50		65				80	100
		一个弯曲时	25	32	40		50	65				80		100		125
		二个弯曲时	32	40	50				80		100			125		—
VV VLV 4+1C	电缆穿管长度<30m	无弯曲时	25		32	40		50		65			80		100	
		一个弯曲时	32	40		50					80	100		125		
		二个弯曲时	40	50		65		80		100		125		150		—
电缆型号 0.6/1kV	电缆标称截面(mm^2)		4	6	10	16	25	35	50	70	95	120	150	185		240
VV_{22} VV_{32} 3 3+1C	电缆穿管长度<30m	无弯曲时	32		40		50		65			80		100		
		一个弯曲时	40	50		65			80		100			125		
		二个弯曲时	50				80		100		125			150		
VV_{22} VV_{32} 4+1C	电缆穿管长度<30m	无弯曲时	32	40		50	65				80	100			125	
		一个弯曲时	50		65			80		100		125			150	
		二个弯曲时				80	100			125		150		—		
VV-T VV-P 3+1C	电缆穿管长度<30m	无弯曲时	32			40	50				65		80		100	
		一个弯曲时	40		50		65			80		100			125	
		二个弯曲时	40		65		80			100		125			150	

注：1. 表中□内数字表示电缆芯数，C 表示副线。

2. GZR-VV_{22} 3、3+1C 可参照 VV_{22}、VV_{32} 4+1C 配管表选取。

GZR—VV、NN－VV 型电力电缆穿 MT/PC 导管最小管径选择 表 10.3.3-3

0.6/1kV GZR-VV NH-VV 3	电缆标称截面(mm^2)		2.5	4	6	10	16	25	35	50	70	95	120
	MT/PC 导管最小管径(mm)												
	电缆穿管长度<30m	无弯曲时	25	32		40(38)		50(51)		63(64)		(76)	
		一个弯曲时	32	40(38)		50(51)		63(64)		(76)		—	
		二个弯曲时	40(38)	50(51)		63(64)		(76)					

0.6/1kV GZR-VV NH-VV 3+1C	电缆标称截面(mm^2)		4	6	10	16	25	35	50	70	95
	MT/PC 导管最小管径(mm)										
	电缆穿管长度<30m	无弯曲时	32		40(38)		50(51)		63(64)		(76)
		一个弯曲时	40(38)	50(51)		63(64)		(76)		—	
		二个弯曲时	50(51)	63(64)		(76)					

续表

0.6/1kV GZR-VV NH-VV [4+1C]	电缆标称截面(mm²)	4	6	10	16	25	35	50	70	95
		MT/PC 导管最小管径(mm)								
电缆穿管长度<30m	无弯曲时	32		40(38)		50(51)		63(64)		(76)
	一个弯曲时	40(38)	50(51)		63(64)		(76)		—	
	二个弯曲时	50(51)				(76)				

注：1. 表中□内数字表示电缆芯数，C 表示副线。

2. MT 导管标称直径与 PC 导管规格不同的部分标注于表中括号内。

3. 电（线）缆型号的阻燃、耐火代号：GZR—隔氧层型；NH—耐火型；ZR—阻燃型；DL—低卤低烟型；WD—无卤低烟型；ZN—阻燃耐火型。

GZR—VV、NH—VV 型电力电缆穿 SC 导管最小管径选择　　表 10.3.3-4

0.6/1kV GZR-VV NH-VV [3]	电缆标称截面(mm²)	2.5	4	6	10	16	25	35	50	70	95	120	150	185	240
		SC 导管最小管径(mm)													
电缆穿管长度<30m	无弯曲时	25			32		40	50			65		80		100
	一个弯曲时	32		40		50	65			80		100		125	
	二个弯曲时	40		50				80		100		125		150	

0.6/1kV GZR-VV NH-VV	电缆标称截面(mm²)	4	6	10	16	25	35	50	70	95	120	150	185	240
		SC 导管最小管径(mm)												
[3+1C] 电缆穿管长度<30m	无弯曲时	25	32		40		50		65		80		100	
	一个弯曲时	32	40		50	65		80		100			125	
	二个弯曲时	40	50				80	100		125		150		—
0.6/1kV GZR-VV NH-VV [4+1C] 电缆穿管长度<30m	无弯曲时	32		40		50		65		80		100		125
	一个弯曲时	40		50		65		80	100		125			150
	二个弯曲时	50		65		80		100	125		150		—	

注：表中□内数字表示电缆芯数，C 表示副线。

YJV、YJLV、NH-YJV 型电力电缆穿 MT/PC、SC 导管最小管径选择　表 10.3.3-5

电缆型号 0.6/1kV	电缆标称截面(mm²)	2.5	4	6	10	16	25	35	50	70	95	120	150	185
		MT/PC 导管最小管径(mm)												
YJV YJLV [3] 电缆穿管长度<30m	无弯曲时	25			32		40(38)		50(51)			63(64)		(76)
	一个弯曲时	32		40(38)		50(51)			63(64)		(76)			
	二个弯曲时	40(38)		50(51)		63(64)			(76)			—		
YJV YJLV [3+1C] 电缆穿管长度<30m	无弯曲时	25		32		40(38)		50(51)			63(64)		(76)	
	一个弯曲时	32		40(38)		50(51)		63(64)		(76)				
	二个弯曲时	40(38)		50(51)				(76)				—		

续表

电缆型号 0.6/1kV	电缆标称截面 (mm²)		2.5	4	6	10	16	25	35	50	70	95	120	150	185	240
	SC 导管最小管径(mm)															
YJV 3	电缆穿管长度<30m	无弯曲时	20		25		32		40		50			65		
		一个弯曲时	25	32			40	50						80	100	
		二个弯曲时	32	40			50	65					100		125	
YJV 3+1C	电缆穿管长度<30m	无弯曲时	20		25		32	40			50		65			80
		一个弯曲时	25	32			40	50					80		100	
		二个弯曲时	32	40			50	65			80	100			125	
YJV 4+1C NH-YJV 3	电缆穿管长度<30m	无弯曲时	20	25		32	40		50			65		80		100
		一个弯曲时	32			40	50	65				80	100			125
		二个弯曲时		40		50			80		100		125			150

注：1. 表中□内数字表示电缆芯数，C 表示副线。

2. MT 导管标称直径与 PC 导管规格不同的部分标注于表中括号内。

YJV_{22}、$YJLV_{22}$、YJV_{32}、$YJLV_{32}$ 型电力电缆穿 SC 导管最小管径选择　　表 10.3.3-6

电缆型号 0.6/1kV	电缆标称截面 (mm²)		2.5	4	6	10	16	25	35	50	70	95	120	150	185	240
	SC 导管最小管径(mm)															
YJV_{22} $YJLV_{22}$ 3 3+1C	电缆穿管长度<30m	无弯曲时	25		32		40		50			65			80	
		一个弯曲时	32		40		50	65				80	100			125
		二个弯曲时	40		50				80		100		125			150
YJV_{32} $YJLV_{32}$ 3 3+1C	电缆标称截面 (mm²)		2.5	4	6	10	16	25	35	50	70	95	120	150	185	240
	电缆穿管长度<30m	无弯曲时	32				40	50			65			80		100
		一个弯曲时	40			50		65			80		100		125	
		二个弯曲时	50			65		80		100			125		150	
YJV_{22} $YJLV_{22}$ YJV_{32} $YJLV_{32}$ 4+1C	电缆穿管长度<30m	无弯曲时	32		40		50			65		80		100		125
		一个弯曲时	40	50		65			80		100		125			150
		二个弯曲时	50				80		100		125		150			—

注：1. 表中□内数字表示电缆芯数，C 表示副线。

2. GZR-YJV_{22} 3+1C 可参照 YJV_{22}、YJV_{32} 4+1C 配管表选取。

GZR-YJV、NH-YJV 型电力电缆穿 MT/PC 导管最小管径选择　　表 10.3.3-7

电缆型号 0.6/1kV	电缆标称截面 (mm²)		2.5	4	6	10	16	25	35	50	70	95
	MT/PC 导管最小管径(mm)											
GZR-YJV 3 NH-YJV 3+1C	电缆穿管长度<30m	无弯曲时	25	32		40(38)		50(51)		63(64)		(76)
		一个弯曲时	40(38)			50(51)		63(64)		(76)		
		二个弯曲时		50(51)		63(64)		(76)			—	

续表

电缆型号	电缆标称截面(mm^2)		2.5	4	6	10	16	25	35	50	70
GZR-YJV [3+1C] NH-YJV [4+1C]	电缆穿管长度<30m	无弯曲时	32			40(38)		10	63(64)		(76)
		一个弯曲时	40(38)			50(51)	(76)				
		二个弯曲时	50(51)			63(64)		(76)	—		
GZR-YJV [4+1C]	电缆穿管长度<30m	无弯曲时	32	40(38)			50(51)		63(64)		(76)
		一个弯曲时	40(38)	50(51)			63(64)	(76)		—	
		二个弯曲时	50(51)	63(64)			(76)				

注：1. NH-VJV [3] 可参照 GZR-YJV [4+1C] 配管表选取。

2. 表中□内数字表示电缆芯数，C 表示副线。

3. MT 导管标称直径与 PC 导管规格不同的部分标注于表中括号内。

GZR-YJV、NH-YJV 型电力电缆穿 SC 导管最小管径选择　　表 10.3.3-8

电缆型号 0.6/1kV	电缆标称截面(mm^2)		2.5	4	6	10	16	25	35	50	70	95	120	150	185	240
	SC 导管最小管径(mm)															
GZR-YJV [3] NH-YJV [3+1C]	电缆穿管长度<30m	无弯曲时	25			32		40	50		65			80	100	
		一个弯曲时	32			40	50		65		80	100			125	
		二个弯曲时	40			50				80	100	125			150	—
GZR-YJV [3+1C] NH-YJV [4+1C]	电缆穿管长度<30m	无弯曲时	25			32	40		50				80	100		125
		一个弯曲时	32		40		50	65				100		125		150
		二个弯曲时	40		50				80	100		125		150	—	
GZR-YJV [4+1C]	电缆穿管长度<30m	无弯曲时	25	32	40		50		65		80	100				125
		一个弯曲时	40		50		65		80	100		125			150	
		二个弯曲时	50		65		80	100		125		150			—	

注：1. GZR-YJV [3+1C] 标称截面无 2.5mm^2 规格。

2. 表中□内数字表示电缆芯数，C 表示副线。

RVP、RVVP 型 [1] 芯电线（缆）穿 MT/JDG/PC/SC 导管容纳线缆根数选择　　表 10.3.3-9

线缆型号	导体标称截面(mm^2)	容纳线缆根数															
		MT/JDG/PC 导管管径（mm）								SC 导管管径（mm）							
		16	20（19）	25	32	40（38）	50（51）	65（64）	76	15	20	25	32	40	50	65	80
0.3/0.3kV RVP [1]	0.75	4	7	12	17	35	55	90	145	7	13	22	37	50	82	138	195
	1.0	3	5	10	14	28	45	73	117	5	10	17	30	41	66	111	157
	1.5	3	5	8	12	24	38	62	100	5	9	15	25	35	57	95	135
	2.5	2	3	6	8	17	27	43	70	3	6	10	18	24	40	67	94

续表

线缆型号	导体标称截面(mm^2)	容纳线缆根数															
		MT/JDG/PC 导管管径(mm)								SC 导管管径(mm)							
		16	20(19)	25	32	40(38)	50(51)	65(64)	76	15	20	25	32	40	50	65	80
0.3/0.3kV RVVP [1]	0.75	3	5	8	12	24	38	62	100	5	9	15	25	35	57	95	135
	1.0	2	3	6	8	17	27	43	70	3	6	10	18	24	40	67	94
	1.5	—	3	5	7	15	23	39	62	3	5	9	16	21	35	59	84
	2.5	—	2	4	5	11	18	29	46	2	4	7	12	16	26	44	63

注：1. 表中□内数字表示电缆芯数。
2. MT 导管标称直径与 JDG、PC 导管规格不同的部分标注于表中括号内。JDG 导管无直径大于 40mm 规格。
3. RVP 型——铜芯聚氯乙烯绝缘屏蔽软电线。
RVVP 型——铜芯聚氯乙烯绝缘铜丝编织屏蔽聚氯乙烯护套软电缆。
4. 由于各制造厂生产的 RVP、RVVP 型线缆的导体芯数和导体截面规格不尽相同。在选用时应确认制造厂所能提供的产品规格。

RVP、RVVP 型[2][3]芯电线(缆)穿 MT/JDG/PC/SC 导管最小管径选择

表 10.3.3-10

线缆型号	导体标称截面(mm^2)	线缆根数																			
		1	2	3	4	5	6	7	8	9	10	1	2	3	4	5	6	7	8	9	10
		MT/JDG/PC 导管最小管径(mm)										SC 导管最小管径(mm)									
0.3/0.34kV RVP [2] [3]	0.5	16	25	32		40(38)			50(51)			15	20	25		32			40		50
	0.75	20(19)	32	40(38)		50(51)			65(64)				25	32	40						
	1.0	25										20						50		65	
	1.5		40(38)						(76)				32	40							80
	2.5	32			65(64)	(76)			—			25	40	50					80		100
0.3/0.3kV RVVP [2] [3]	0.5	20(19)	32		40(38)							15	25			40			50		
	0.75			40(38)		50(51)				65(64)				32							
	1.0	25	40(38)									20			40	50					
	1.5								(76)		—			40					65		80

注：1. 表中□内数字表示电缆芯数。
2. MT 导管标称直径与 JDG、PC 导管规格不同的部分标注于表中括号内。JDG 导管无直径大于 40mm 规格。
3. RVP 型——铜芯聚氯乙烯绝缘屏蔽软电线。
RVVP 型——铜芯聚氯乙烯绝缘铜丝编织屏蔽聚氯乙烯护套软电缆。
4. 由于各制造厂生产的 RVP、RVVP 型线缆的导体芯数和导体截面规格不尽相同，在选用时应确认制造厂所能提供的产品规格。

NH-WD-YJE、NH-WD-YJE$_{22}$、WDZN-YJY、WDZN-YJY$_{22}$、ZR-WD-YJE、ZR-WD-YJE$_{22}$、WL-YJE/NR、WL-YJE$_{22}$/NR型电力电缆穿SC导管最小管径选择　表10.3.3-11

电缆型号 0.6/1kV	电缆标称截面(mm^2)		4	6	10	16	25	35	50	70	95	120	150	185	240
	SC导管最小管径(mm)														
NH-WD-YJE 3+1C 3 4+1C 3+2C		无弯曲时	25	32	40		50		65			80	100		
	电缆穿管长度<30m	一个弯曲时	40		50		65		80		100		125		150
		二个弯曲时	50		65		80	100			125		150		—
NH-WD-YJE 5 NH-WD-YJE$_{22}$ 3+1C 4		无弯曲时	32		40		50		65		80		100		125
	电缆穿管长度<30m	一个弯曲时	40		50		65		80	100			125		150
		二个弯曲时	50		65		80	100		125			150	—	
WDZN-YJY 4+1C 5 3+1C 3+2C WDZN-YJY$_{22}$		无弯曲时	32	40	50	65		80		100				125	
	电缆穿管长度<30m	一个弯曲时	50	65		80	100			125				150	
		二个弯曲时	65	80		100	125			150			—		
ZR-WD-YJE 3+1C 4 4+1C 3+2C		无弯曲时	25	32			40	50			65	80			100
	电缆穿管长度<30m	一个弯曲时	32	40		50		65			80	100			125
		二个弯曲时	40	50		65		80		100		125			150
ZR-WD-YJE 5 ZR-WD-YJE$_{22}$ 3+1C 4		无弯曲时	32		40		50			65		80		100	
	电缆穿管长度<30m	一个弯曲时	40		50		65			80	100			125	
		二个弯曲时	50		65		80	100				125		150	
WL-YJE/NR 3+2C WL-YJE$_{22}$/NR 3+1C 3+2C		无弯曲时	25	32		40	50			65		80		100	
	电缆穿管长度<30m	一个弯曲时	40		50		65		80		100			125	
		二个弯曲时	50		65		80		100		125		150		

注：1. NH-WD-YJE 3+1C 标称截面无240mm^{2}规格。

2. NH-WD-YJE 4、ZR-WD-YJE 4 标称截面无240mm^{2}规格。

3. 表中□内数字表示电缆芯数，C表示副线。

BTTZ、BTTVZ 型矿物绝缘电力电缆穿 SC 导管最小管径选择　　表 10.3.3-12

电缆型号 0.75kV	电缆标称截面(mm²)		1.5	2.5	4	6	10	16	25
	SC 导管最小管径(mm)								
BTTZ (裸铜护套) 3 4	电缆穿管长度<30m	无弯曲时	20	20	20	25	25	32	40
		一个弯曲时	20	20	25	25	32	40	50
		二个弯曲时	25	25	32	32	40	50	65
BTTVZ (铜护套、PVC 外护层) 3 4	电缆穿管长度<30m	无弯曲时	20	20	25	25	32	32	40
		一个弯曲时	25	25	32	32	40	50	50
		二个弯曲时	32	32	40	40	50	65	65
0.75kV BTTZ BTTVZ	电缆芯数		7	7	10	10	12	12	19
	电缆标称截面(mm²)		1.5	2.5	1.5	2.5	1.5	2.5	1.5
	电缆穿管长度<30m	无弯曲时	25	25	32	32	32	32	32
		一个弯曲时	32	32	40	40	40	40	40
		二个弯曲时	40	40	50	50	50	50	50

注：表中除注明外□内数字表示电缆芯数。

KVV、KVVP、KVVR、ZR-KVV、KYJV、KYJVP 型控制电缆穿 MT/JDG/PC SC 导管最小管径选择　　表 10.3.3-13

电缆规格 0.45/0.75kV	控制电缆芯数		3	4	5	7	8	10	12	14	16	19	24	27	30	37	44	48	52	61
	MT/JDG/PC 导管最小管径(mm)																			
0.45/0.75kV −1.0 (mm²)	控制电缆穿管长度<30m	无弯曲时	20(19)	20(19)	20(19)	25	25	32	32	32	32	32	40(38)	40(38)	40(38)	40(38)	50(51)	50(51)	50(51)	50(51)
		一个弯曲时	25	25	32	32	32	40(38)	40(38)	40(38)	40(38)	50(51)	50(51)	50(51)	50(51)	63(64)	63(64)	63(64)	63(64)	63(64)
		二个弯曲时	32	32	32	40(38)	40(38)	40(38)	40(38)	40(38)	40(38)	40(38)	50(51)	50(51)	50(51)	50(51)	(76)	(76)	(76)	(76)
0.45/0.75kV −1.5 (mm²)	控制电缆穿管长度<30m	无弯曲时	20(19)	25	25	25	32	32	32	40(38)	40(38)	40(38)	40(38)	50(51)	50(51)	50(51)	50(51)	63(64)	63(64)	63(64)
		一个弯曲时	25	32	32	32	40(38)	40(38)	50(51)	50(51)	50(51)	50(51)	63(64)	63(64)	63(64)	63(64)	63(64)	(76)	(76)	(76)
		二个弯曲时	32	40(38)	40(38)	40(38)	50(51)	50(51)	50(51)	63(64)	63(64)	63(64)	63(64)	(76)	(76)	(76)	—	—	—	—
0.45/0.75kV −2.5 (mm²)	控制电缆穿管长度<30m	无弯曲时	25	25	32	32	32	40(38)	40(38)	40(38)	40(38)	50(51)	50(51)	50(51)	50(51)	63(64)	63(64)	63(64)	63(64)	(76)
		一个弯曲时	32	32	40(38)	40(38)	40(38)	50(51)	50(51)	50(51)	63(64)	63(64)	63(64)	63(64)	63(64)	(76)	—	—	—	—
		二个弯曲时	40(38)	40(38)	50(51)	50(51)	50(51)	63(64)	63(64)	63(64)	63(64)	(76)	(76)							
	SC 导管最小管径(mm)																			
0.45/0.75kV −1.0 (mm²)	控制电缆穿管长度<30m	无弯曲时	15	15	20	20	20	25	25	25	25	32	32	32	32	40	40	40	40	50
		一个弯曲时	20	25	25	25	32	32	32	32	40	40	40	50	50	50	50	65	65	65
		二个弯曲时	25	25	32	32	32	40	40	40	40	50	50	50	65	65	65	65	65	65
0.45/0.75kV −1.5 (mm²)	控制电缆穿管长度<30m	无弯曲时	20	20	20	20	25	25	32	32	32	32	40	40	40	40	50	50	50	50
		一个弯曲时	25	25	25	32	32	40	40	40	40	40	50	50	50	65	65	65	65	65
		二个弯曲时	32	32	32	32	40	50	50	50	50	50	65	65	65	65	80	80	80	100

续表

电缆规格 0.45/0.75kV		控制电缆芯数	3	4	5	7	8	10	12	14	16	19	24	27	30	37	44	48	52	61
			SC 导管最小管径(mm)																	
0.45/0.75kV −2.5 (mm²)	控制电缆穿管长度 <30m	无弯曲时	20		25		32				40			50		65				
		一个弯曲时	25	32			40		50				65			80				
		二个弯曲时			40		50								80	100				

注：1. KVV-0.75(mm²)控制电缆可参考−1.0(mm²)导管最小管径选择表选取。

2. KYJV 型控制电缆尚有额定电压 0.6/1kV 级。

3. MT 导管标称直径与 JDG、PC 导管规格不同的部分标注于表中括号内。JDG 导管无直径大于 40mm 规格。

NH-KVV、NH-KYJV、KVVGB、KVVGBP 型控制电缆穿 SC 导管最小管径选择

表 10.3.3-14

电缆型号规格 0.45/0.75kV		控制电缆芯数	2	3	4	5	7	8
			SC 导管最小管径(mm)					
0.45/0.75kV NH-KVV-1.5 NH-KYJV-1.5 (mm²)	控制电缆穿管长度 <30m	无弯曲时	20			25		32
		一个弯曲时	25			32		40
		二个弯曲时	32			40		50
0.45/0.75kV NH-KVV-2.5 NH-KYJV-2.5 (mm²)	控制电缆穿管长度 <30m	无弯曲时	20		25	32		
		一个弯曲时	25		32	40		
		二个弯曲时	32		40	50		

0.45/0.75kV KVVGB500 0.75～2.5 KVVGBP500 0.75～2.5 (mm²)		控制电缆芯数	2	4	6	8	10	14	18	19	24	37
	控制电缆穿管长度 <30m	无弯曲时	20		25		32				40	50
		一个弯曲时		25	32		40		50		65	
		二个弯曲时	25			40	50					80

注：1. NH-KYJV 型控制电缆尚有额定电压 0.6/1kV 级。

2. WDZ( )-KYJV、WDZN-KYJV 型阻燃型控制电缆可参照 NH-KYJV 型 SC 导管最小管径选择。

0.6/1kV、YJV、YJLV、VV、VLV、YJV_{22}、$YJLV_{22}$、VV_{22}、VLV_{22}电缆外径与电缆截面积关系 **表 10.3.3-15**

电缆型号 0.6/1kV	线芯截面 (mm²)	2.5	4	6	10	16	25	35	50	70	95	120	150	185	240
	电缆芯数	5	5	5	5	5	4+1	4+1	4+1	4+1	4+1	4+1	4+1	4+1	4+1
YJV YJLV	参考外径 (mm)	13.5	14.8	16.1	19.6	22.4	26.2	28.8	33.4	38.8	44.1	49.5	54.1	60.5	68.2
	电缆截面积 (mm²)	143	172	204	302	394	539	651	876	1182	1527	1924	2299	2875	3653
VV VLV	参考外径 (mm)	15.2	17.8	19.2	22.8	25.8	30.1	32.7	37.7	41.9	47.6	52.0	56.8	63.0	70.7
	电缆截面积 (mm²)	181	249	290	408	523	712	840	1116	1379	1780	2124	2534	3117	3926

续表

电缆型号 0.6/1kV	线芯截面 (mm²)	2.5	4	6	10	16	25	35	50	70	95	120	150	185	240
	电缆芯数	5	5	5	5	5	4+1	4+1	4+1	4+1	4+1	4+1	4+1	4+1	4+1
YJV_{22} $YJLV_{22}$	参考外径 (mm)	17.0	18.3	19.7	23.2	26.0	30.4	34.1	38.7	44.2	49.8	55.4	60.1	66.9	74.8
	电缆截面积 (mm²)	227	263	305	423	531	726	913	1176	1534	1948	2411	2837	3515	4394
VV_{22} VLV_{22}	参考外径 (mm)	—	21.1	22.6	26.2	29.3	34.7	37.5	42.4	46.9	52.4	57.1	61.7	67.9	75.3
	电缆截面积 (mm²)	—	350	401	539	674	946	1104	1412	1728	2157	2561	2990	3621	4453

注：表中电缆外径为产品数据中相对较大者。

0.45/0.75kV KYJV 聚乙烯绝缘聚氯乙烯护套控制电缆外径与电缆截面积关系 表 10.3.3-16

电缆芯数	2	3	4	5	7	8	10	12	14	16	19	24	27	30
线芯截面 (mm²)	0.75													
参考外径 (mm)	6.5	6.8	7.3	7.9	8.3	9.1	10.5	11.3	11.9	12.4	13	15	15.3	15.8
电缆截面积 (mm²)	33	36	42	49	54	65	87	100	111	121	133	177	184	196
线芯截面 (mm²)	1.0													
参考外径 (mm)	6.8	7.1	7.7	8.3	8.8	9.9	11.7	12	12.6	13.2	13.8	15.9	16.3	17.2
电缆截面积 (mm²)	36	40	47	54	61	77	108	113	125	139	150	199	209	232
线芯截面 (mm²)	1.5													
参考外径 (mm)	7.7	8.1	8.9	9.5	10.3	11.5	13.5	13.9	14.5	15.3	16.1	19	19.4	20.1
电缆截面积 (mm²)	47	52	62	71	83	104	143	152	165	184	204	284	296	317
线芯截面 (mm²)	2.5													
参考外径 (mm)	8.9	9.5	10.2	11.7	12.7	13.9	15.9	16.4	17.2	18.5	19.5	22.6	23.1	24
电缆截面积 (mm²)	62	71	82	108	127	152	199	211	232	269	299	401	419	452

0.45/0.75kV $KYJV_{22}$ 聚乙烯绝缘聚氯乙烯护套钢带铠装控制电缆外径与电缆截面积关系 表 10.3.3-17

电缆芯数	4	5	7	8	10	12	14	16	19	24	27	30	37	44
线芯截面 (mm²)	0.75													
参考外径 (mm)	—	—	12.1	12.7	14.1	14.3	14.9	15.4	16	18.4	18.7	19.2	20.3	22.3
电缆截面积 (mm²)	—	—	115	127	156	161	174	186	201	266	275	290	324	391
线芯截面 (mm²)	1.0													
参考外径 (mm)	—	—	12.5	13.2	14.7	15	15.6	16.2	17.2	19.3	19.7	20.2	21.5	23.6
电缆截面积 (mm²)	—	—	123	137	170	177	191	206	232	293	305	320	363	437

续表

电缆芯数	4	5	7	8	10	12	14	16	19	24	27	30	37	44
线芯截面（mm^2）	1.5													
参考外径（mm）	—	—	13.9	14.7	16.5	16.9	17.9	18.7	19.5	22	22.4	23.1	24.6	27.8
电缆截面积（mm^2）	—	—	152	170	214	224	252	275	299	380	394	419	475	607
线芯截面（mm^2）	2.5													
参考外径（mm）	13.8	14.7	15.7	16.6	19.3	19.8	20.6	21.5	22.5	25.5	26.1	27	30.6	34.2
电缆截面积（mm^2）	150	170	194	216	293	308	333	363	398	511	535	573	735	919

0.45/0.75kV KVV 聚氯乙烯绝缘聚氯乙烯护套控制电缆外径与电缆截面积关系

表 10.3.3-18

电缆芯数	2	3	4	5	7	8	10	12	14	16	19	24	27	30
线芯截面（mm^2）	0.75													
参考外径（mm）	8.0	8.4	9.0	9.6	10.5	11.5	12.5	13.5	14.5	15.0	15.5	18.0	18.0	19.0
电缆截面积（mm^2）	50	55	64	72	87	104	123	143	165	177	189	254	254	284
线芯截面（mm^2）	1.0													
参考外径（mm）	8.4	8.8	9.4	10.0	11.0	12.0	14.0	14.5	15.0	15.5	16.5	19.0	19.0	20.5
电缆截面积（mm^2）	55	61	69	79	95	113	154	165	177	189	214	284	284	330
线芯截面（mm^2）	1.5													
参考外径（mm）	9.4	9.8	10.5	11.5	12.5	14.5	16.0	16.5	17.0	18.0	19.0	22.0	22.5	23.0
电缆截面积（mm^2）	69	75	87	104	123	165	201	214	227	254	284	380	398	415
线芯截面（mm^2）	2.5													
参考外径（mm）	10.5	11.0	12.0	14.0	15.0	16.5	18.5	19.0	19.5	21.0	22.0	25.5	26.0	27.0
电缆截面积（mm^2）	71	95	113	154	177	214	269	284	299	346	380	511	531	573

0.45/0.75kV KVV_{22} 聚氯乙烯绝缘聚氯乙烯护套钢带

铠装控制电缆外径与电缆截面积关系　表 10.3.3-19

电缆芯数	4	5	7	8	10	12	14	16	19	24	27	30	37	44
线芯截面（mm^2）	0.75													
参考外径（mm）	—	—	15.5	16.5	18.0	18.0	18.5	19.5	20.0	22.5	23.0	23.5	25.0	27.0
电缆截面积（mm^2）	—	—	189	214	254	254	269	299	314	398	415	434	491	573
线芯截面（mm^2）	1.0													
参考外径（mm）	—	—	16.0	17.0	18.5	19.0	19.5	20.0	21.5	23.5	24.0	24.5	26.0	28.5
电缆截面积（mm^2）	—	—	201	227	269	284	299	314	363	434	452	471	531	638
线芯截面（mm^2）	1.5													
参考外径（mm）	—	—	17.5	18.5	20.5	20.5	22.0	22.5	23.5	26.5	27.0	27.5	29.5	33.0
电缆截面积（mm^2）	—	—	241	269	330	330	380	398	434	552	573	594	683	855
线芯截面（mm^2）	2.5													
参考外径（mm）	17.0	18.0	19.0	21.0	23.0	23.5	24.5	25.5	26.5	30.0	30.5	31.5	35.0	39.0
电缆截面积（mm^2）	227	254	284	346	415	434	471	511	552	707	731	779	962	1195

注：表 10.3.3-18、表 10.3.3-19 电缆外径摘自《塑料绝缘控制电缆　聚氯乙烯绝缘和护套控制电缆》GB 9330.2—88，为电缆平均外径上限。

10.3.4 槽盒内允许容纳的线缆根数选择

1. 电缆槽盒的断面选择，在工程实际中由于槽盒敷线容量较大，且难以做到线缆敷设紧密等因素，槽盒内截面积利用率宜按表 10.3.4-1 选择。

槽盒内截面积利用率 **表 10.3.4-1**

槽盒敷设位置	槽盒内截面积利用率	
	绝缘导体或电缆线路	控制、信号、电信线缆、综合布线线缆与其类似线路
在空气中敷设	＜20%	＜30%
在地面（楼板）内敷设	＜30%	

注：1. 采用地面（楼板）内辐射采暖系统（电的或非电的）时，在地面（或楼板）内敷设的槽盒内截面积利用率宜按＜20%选取。
2. 地面（楼板）内金属槽盒在转角、分支以及直线段长度超过 6m 时宜加装接线盒。

2. 槽盒内敷设电缆时，除应满足槽盒内截面积利用率要求外，尚应注意检验单根电缆最大直径（包括外护层）与槽盒内断面的宽/高的尺寸关系。

3. 槽盒断面选择表可用于室内在空气中敷设（固定在支架上、墙面或吊顶棚内等）的金属槽盒或地面（楼板）内敷设的金属槽盒。

4. 槽盒断面选择表系指单槽的内截面积。表中未计入由于槽盒内装有辅件——隔板、线缆固定夹等功能件和安装框架、槽盒材质不同等因素对槽盒内截面实际利用率（有效内截面积）的减小影响。

5. 当工程中选用的电缆槽盒的规格不同于本节选择表中的金属槽盒外形尺寸时，可参照表中最接近（不是超过）的槽盒断面面积的可容纳线缆根数选用。

6. 金属电缆槽盒敷设在空气中或地面（楼板）内时，容纳 BV、ZR-BV、NH-BV、BV-105、WZD-BYJ（F）、BVV、NH-BVV、ZR-BVV 型绝缘导体根数选择，见表 10.3.4-2～表 10.3.4-4。

7. 金属电缆槽盒敷设在空气中时，容纳 YC、YCW 型橡胶绝缘软电缆根数选择，见表 10.3.4-5。

8. 金属电缆槽盒敷设在空气中或地面（楼板）内时，容纳 RVS、RV、RVVP、RVP、KVV、ZR-KVV、KVVR、KYJV、KYJVP、NH-KVV、NH-KYJV、KVVGB 型电线、控制电缆根数选择，见表 10.3.4-6～表 10.3.4-11。

槽盒内允许容纳配电线路电线根数 **表 10.3.4-2**

槽盒规格 宽×高 (mm)	BV、ZR-BV、BV-105、WZD-BYJ（F）单芯绝缘电线截面（mm^2）														
	1.5	2.5	4	6	10	16	25	35	50	70	95	120	150	185	240
	各系列金属槽盒容纳电线根数														
50×50	49	36	29	23	11	8	5	4	3	2	1	1	1	1	—
100×50	—	75	60	47	23	18	11	8	6	5	3	3	2	2	1
100×70	—	—	—	68	34	25	16	12	9	7	5	4	3	2	2
200×70	—	—	—	—	69	52	33	25	19	14	10	9	7	6	5
200×100	—	—	—	—	—	—	48	36	28	21	15	13	11	8	7

注：1. 电线的总截面积按不超过槽盒内截面积的 20%计算，载流导线不宜超过 30 根。
2. 槽盒壁厚按 1.5mm 考虑。电线参考外径，见表 10.3.2-7。
3. 本表摘自国家建筑标准设计图集《建筑电气常用数据》04DX101-1。

金属电缆槽盒敷设在空气中或地面（楼板）内时，容纳 BV、NH-BV、BV-105 型绝缘导体根数选择 **表 10.3.4-3**

槽盒敷设方式	金属槽盒外形尺寸宽×高（mm）	0.45/0.75kV BV、NH-BV、BV-105 绝缘导体标称截面（mm^2）														
		1.5	2.5	4	6	10	16	25	35	50	70	95	120	150	185	240
		容纳绝缘导体根数														
空气中敷设	75×50	52	32	26	21	12	9	6	4	3	—	—	—	—	—	—
	75×65	69	43	34	29	16	12	8	6	5	3	—	—	—	—	—
	100×50	70	44	35	29	17	13	8	6	5	3	3	—	—	—	—
	100×65	93	58	46	39	22	17	11	8	7	5	3	3	—	—	—
	100×100	140	88	70	58	34	26	16	12	10	7	6	4	3	3	—
	130×50	92	57	46	38	22	17	11	8	6	5	3	3	—	—	—
	130×65	122	76	61	51	29	22	15	11	9	6	5	4	3	—	—
	160×50	114	71	57	47	27	21	14	10	8	6	4	4	3	—	—
	160×65	—	94	75	63	37	28	19	14	11	8	6	5	4	3	—
	200×65	—	119	95	79	46	35	24	18	14	10	7	6	5	4	3
	200×100	—	—	—	—	72	56	37	28	22	16	12	10	8	6	5
	250×50	—	110	88	73	43	33	20	15	13	9	7	5	4	4	3
	250×100	—	—	—	145	85	65	40	30	25	17	15	12	10	7	6
	300×150	—	—	—	—	167	129	87	65	51	38	28	24	19	15	12
	400×200	—	—	—	—	—	—	156	117	92	69	51	43	35	28	22
	500×200	—	—	—	—	—	—	—	147	115	87	64	54	44	35	27
地面（楼板）内敷设	50×25	26	16	13	10	6	4	3	—	—	—	—	—	—	—	—
	50×28	42	26	21	17	10	7	5	4	3	—	—	—	—	—	—
	70×25	37	23	18	15	9	6	4	3	—	—	—	—	—	—	—
	70×38	60	37	30	25	14	11	7	5	4	3	—	—	—	—	—
	100×25	53	33	26	22	13	9	6	5	4	3	—	—	—	—	—
	100×38	87	54	43	36	21	16	11	8	6	4	3	3	—	—	—
	150×25	81	50	40	33	19	15	10	7	6	4	3	—	—	—	—
	150×38	132	83	66	55	32	24	16	12	9	7	5	4	—	—	—
	200×25	108	68	54	45	26	20	13	10	8	6	4	—	—	—	—
	230×25	125	78	62	52	30	23	15	11	9	7	5	—	—	—	—
	230×38	—	128	102	85	50	38	25	19	15	11	8	7	—	—	—
	300×25	—	102	82	68	40	30	20	15	12	9	6	—	—	—	—

注：1. NH-BV 标称截面无 1.5mm^2 规格。

2. BV-105 标称截面无 10mm^2 及以上规格。

3. 本表摘自华北标系列图集《电气常用图形符号与技术资料》09BD1。

金属电缆槽盒敷设在空气中或地面（楼板）内时容纳 BVV、NH-BVV、ZR-BVV 型绝缘导体根数选择

表 10.3.4-4

槽盒敷设方式	金属槽盒外形尺寸 宽×高 (mm)	0.3/0.5kV BVV、NH-BVV、ZR-BVV 单根绝缘导体标称截面 (mm^2)						0.45/0.75kV BVV 轻型聚氯乙烯护套电缆导体标称截面 (mm^2)																															
		1						2								3								4								5							
		1.0	1.5	2.5	4	6	10	1.5	2.5	4	6	10	16	25	35	1.5	2.5	4	6	10	16	25	35	1.5	2.5	4	6	10	16	25	35	1.5	2.5	4	6	10	16	25	35
		容纳绝缘导体根数						容纳电缆根数																															
空气中敷设	75×50	32	23	17	14	11	8	7	5	5	4	3	2	2	1	6	5	4	3	2	2	2	1	5	4	3	3	2	2	1	1	5	3	3	2	2	1	1	1
	75×65	43	31	23	18	15	10	10	8	7	6	4	3	2	1	9	7	6	5	3	3	1	1	8	6	5	4	3	2	1	1	8	5	4	3	3	2	1	1
	100×50	44	32	23	19	16	11	10	8	7	6	4	3	2	1	9	7	6	5	3	3	1	1	8	6	5	4	3	2	1	1	8	5	4	3	3	2	1	1
	100×65	58	42	31	25	21	14	13	10	8	7	5	4	3	2	12	9	8	6	4	3	2	2	10	8	6	5	3	2	2	1	9	7	5	4	3	2	1	1
	100×100	88	64	46	38	32	22	23	17	15	13	8	6	4	3	21	16	14	10	7	5	4	3	17	14	11	8	6	4	3	2	16	12	8	7	5	3	2	2
	130×50	57	42	30	24	21	14	13	10	8	7	5	4	3	2	12	9	8	6	4	3	2	2	10	8	6	5	3	2	2	1	9	7	5	4	3	2	1	1
	130×65	76	55	40	33	27	19	17	13	11	10	6	5	3	2	16	12	10	8	5	4	3	2	13	10	8	6	5	3	2	2	12	9	6	5	4	3	2	2
	160×50	71	51	38	30	25	17	17	13	11	10	6	5	3	2	16	12	10	8	5	4	3	2	13	10	8	6	5	3	2	2	12	9	6	5	4	3	2	2
	160×65	94	69	50	41	34	23	22	16	14	12	8	6	4	3	20	15	13	10	7	5	4	3	16	13	10	8	6	4	3	2	15	11	8	7	5	3	2	2
	200×65	119	86	63	51	43	29	27	21	18	15	10	7	5	4	25	19	16	12	8	6	4	3	21	16	13	10	7	5	4	3	19	14	10	8	6	4	3	2
	200×100	186	135	99	80	67	46	43	33	28	24	15	11	8	6	39	30	26	20	13	10	7	5	33	26	21	16	11	8	6	4	30	22	16	14	10	7	5	4
	300×150	—	—	—	—	156	107	99	75	64	55	35	27	19	14	90	67	60	45	30	23	16	13	75	60	48	37	26	20	13	10	67	52	37	32	22	16	11	9
地面（楼板）内敷设	50×25	16	11	8	7	5	4	2	2	1	1	—	—	—	—	2	2	1	1	—	—	—	—	2	1	1	—	—	—	—	—	2	1	—	—	—	—	—	—
	50×38	26	19	14	11	9	6	4	3	3	2	1	1	—	—	4	3	2	2	1	1	—	—	3	2	2	1	1	1	—	—	3	2	1	1	1	—	—	—
	70×25	23	16	12	10	8	5	4	3	2	2	—	—	—	—	3	2	2	1	—	—	—	—	3	2	2	—	—	—	—	—	2	2	—	—	—	—	—	—
	70×38	37	27	20	16	13	9	6	5	5	3	2	1	—	—	6	4	4	3	2	1	—	—	5	4	3	2	1	1	—	—	4	3	2	2	1	—	—	—
	100×25	33	24	17	14	12	8	5	4	3	3	—	—	—	—	5	4	3	2	—	—	—	—	4	3	2	—	—	—	—	—	4	3	—	—	—	—	—	—
	100×38	54	39	29	23	19	13	9	7	6	5	3	2	—	—	8	6	5	4	2	2	—	—	7	5	4	3	2	1	—	—	6	5	3	3	2	—	—	—
	150×25	50	36	27	21	18	12	8	6	5	4	—	—	—	—	8	6	5	4	—	—	—	—	6	5	4	—	—	—	—	—	6	4	—	—	—	—	—	—
	150×38	83	60	44	35	30	20	14	10	9	8	5	4	—	—	13	10	8	6	4	3	—	—	10	8	7	5	3	2	—	—	10	7	5	4	3	—	—	—
	200×25	68	49	36	29	24	17	11	9	7	6	—	—	—	—	10	8	7	5	—	—	—	—	9	7	5	—	—	—	—	—	8	6	—	—	—	—	—	—
	230×25	78	57	41	33	28	19	13	10	8	7	—	—	—	—	12	9	8	6	—	—	—	—	10	8	6	—	—	—	—	—	9	7	—	—	—	—	—	—
	230×38	128	93	68	55	46	32	22	16	14	12	8	6	—	—	20	15	13	10	6	5	—	—	16	13	10	8	5	4	—	—	15	11	8	7	5	—	—	—
	300×25	102	74	54	44	37	25	17	13	11	9	—	—	—	—	16	12	10	8	—	—	—	—	13	10	8	—	—	—	—	—	12	9	—	—	—	—	—	—

注：1. NH-BVV 标称截面无 1.5mm^2 规格。
2. 表中□内数字表示线缆芯数。
3. 本表及表 10.3.4-5 摘自华北标系列图集《电气常用图形符号与技术资料》09BD1。

金属电缆槽盒敷设在空气中时，容纳 YC、YCW 型1 3 4+1C 5芯橡胶绝缘软电缆根数选择 表 10.3.4-5

槽盒敷设方式	金属槽盒外形尺寸宽×高(mm)	0.45/0.75kV YC（YCW）型橡胶绝缘软电缆导体芯数及标称截面（mm^2）																																						
		1															3												4+1C 5											
		1.5	2.5	4	6	10	16	25	35	50	70	95	120	150	185	240	1.5	2.5	4	6	10	16	25	35	50	70	95	120	1.5	2.5	4	6	10	16	25	35	50	70	95	120
		容纳电缆根数																																						
空气中敷设	75×50	12	10	8	5	3	3	2	2	—	—	—	—	—	—	—	4	3	2	1	1	—	—	—	—	—	—	—	3	3	2	1	1	—	—	—	—	—	—	—
	75×65	16	13	10	7	5	4	3	2	2	—	—	—	—	—	—	5	4	3	2	1	1	—	—	—	—	—	—	—	—	—	—	—	—	—	—	—	—	—	—
	100×50	17	13	11	7	5	4	3	2	2	—	—	—	—	—	—	5	4	3	2	1	—	—	—	—	—	—	—	—	—	—	—	—	—	—	—	—	—	—	—
	100×65	22	18	14	9	7	5	4	3	2	2	—	—	—	—	—	7	5	4	2	1	1	1	—	—	—	—	—	4	4	3	2	1	1	—	—	—	—	—	—
	100×100	34	26	22	14	10	8	6	4	4	3	2	2	—	—	—	10	8	6	4	2	2	1	1	—	—	—	—	7	6	5	3	2	2	1	1	—	—	—	—
	130×50	22	18	14	9	6	5	4	3	2	2	—	—	—	—	—	7	5	4	2	1	—	—	—	—	—	—	—	—	—	—	—	—	—	—	—	—	—	—	—
	130×65	29	24	19	12	9	7	5	4	3	2	2	2	—	—	—	9	7	5	3	2	1	1	1	—	—	—	—	6	5	4	3	2	1	1	—	—	—	—	—
	160×50	27	22	17	11	8	6	5	4	3	2	2	2	—	—	—	9	6	5	3	2	—	—	—	—	—	—	—	—	—	—	—	—	—	—	—	—	—	—	—
	160×65	37	29	23	15	11	9	7	5	4	3	3	2	—	—	—	12	9	7	4	2	2	2	1	—	—	—	—	8	6	5	4	2	1	1	—	—	—	—	—
	200×65	46	37	29	19	14	11	8	7	5	4	4	3	—	—	—	15	11	9	6	3	2	2	2	—	—	—	—	10	8	6	4	3	2	1	—	—	—	—	—
	200×100	72	58	46	31	22	18	13	11	8	6	5	4	3	3	—	24	18	14	9	5	4	3	3	2	1	1	—	15	13	10	6	4	3	2	2	1	—	—	—
	250×50	43	33	28	18	13	10	8	5	5	4	3	3	—	—	—	13	10	8	5	3	—	—	—	—	—	—	—	9	8	6	4	3	3	—	—	—	—	—	—
	250×100	85	65	55	35	25	20	15	13	10	8	6	5	4	3	2	25	20	15	10	5	5	4	3	3	2	2	—	19	15	13	8	5	4	3	3	2	2	1	1
	300×150	—	—	—	71	51	41	32	25	19	15	12	10	8	7	6	55	41	34	21	13	10	7	6	4	3	3	2	36	30	22	14	9	7	5	5	3	3	2	2
	400×200	—	—	—	128	92	74	57	45	35	27	23	19	15	13	10	99	74	61	39	24	18	13	10	8	6	5	4	65	54	41	26	16	12	9	8	6	6	4	3
	500×200	—	—	—	—	115	93	72	57	44	34	24	24	19	16	13	124	93	76	49	30	22	17	13	10	8	6	5	101	84	64	40	20	15	11	11	8	8	5	4

注：1. 表中□内数字表示电缆芯数，C 表示副线。
2. YC（YCW）——铜芯橡胶绝缘软电缆（重载）。括号中带 W 的电缆具有耐气候和一定的耐油性能。

槽盒内允许容纳RVS、RV型电线根数　表10.3.4-6

槽盒规格 宽×高 (mm)	RVS型电线					RV型电线				
	导线截面积（mm²）					导线截面积（mm²）				
	0.5	0.75	1.0	1.5	2.5	0.75	1.0	1.5	2.5	4.0
	各系列线槽容纳电缆根数									
50×50	61 (48)	41 (33)	36 (29)	30 (24)	17 (13)	193 (154)	167 (133)	137 (109)	69 (55)	50 (40)
100×50	126 (100)	86 (69)	75 (60)	62 (50)	35 (28)	398 (318)	345 (276)	283 (226)	143 (114)	103 (82)
100×70	179 (143)	123 (98)	107 (86)	89 (71)	51 (40)	567 (454)	492 (393)	404 (323)	204 (163)	147 (117)
200×70	364 (291)	249 (199)	218 (174)	181 (145)	103 (83)	1153 (922)	999 (799)	820 (656)	415 (332)	299 (239)
200×100	528 (422)	361 (289)	316 (253)	263 (210)	150 (120)	1669 (1335)	1447 (1157)	1188 (950)	601 (480)	433 (346)
300×100	796 (637)	545 (436)	477 (381)	396 (317)	226 (181)	2517 (2013)	2181 (1745)	1791 (1433)	906 (724)	653 (522)
300×150	1206 (965)	826 (661)	723 (578)	601 (481)	343 (274)	3814 (3051)	3306 (2645)	2715 (2239)	1373 (1098)	989 (791)
400×150	1598 (1278)	1094 (875)	957 (766)	796 (637)	454 (363)	5051 (4041)	4378 (3503)	3596 (2172)	1818 (1454)	1310 (1048)
400×200	2145 (1716)	1469 (1175)	1286 (1028)	1069 (855)	610 (488)	6781 (5425)	5878 (4702)	4827 (3862)	2441 (1953)	1759 (1407)

注：1. 表中括号外（内）的数字为线槽截面利用率为50%（40%）时所穿缆线的根数。

2. 表中的数据是以电线的参考外径计算得出的，电线参考外径，见表10.3.2-11。

3. 本表摘自国家建筑标准设计图集《建筑电气常用数据》04DX101-1。

金属电缆槽盒敷设在空气中或地面（楼板）内时，容纳 PVP、PVVP 型电线（缆）根数选择 表 10.3.4-7

槽盒敷设方式	金属槽盒外形尺寸宽×高(mm)	0.3/0.3kV—RVP 0.3/0.3kV—PVVP																
		1×导体截面（mm^2）				2×导体截面（mm^2）				3×导体截面（mm^2）				4×导体截面（mm^2）				
		0.75	1.0	1.5	2.5	0.5	0.75	1.0	1.5	2.5	0.75	1.0	1.5	2.5	0.5	0.75	1.0	1.5
		容纳电缆根数																
空气中敷设	75×50	65	54	46	32	19	11	10	7	5	46	32	29	22	14	12	9	7
	100×65	117	97	83	58	35	20	18	13	9	83	58	53	40	26	21	16	13
	100×100	—	149	128	89	54	31	28	20	14	128	89	82	62	40	32	25	20
	130×65	153	128	109	76	46	27	24	18	12	109	76	69	52	34	28	21	17
	160×65	—	158	135	94	56	33	30	22	14	135	94	86	65	42	35	26	21
	200×100	—	—	—	186	111	65	59	44	29	—	186	169	128	83	69	51	42
	250×50	—	—	160	111	68	39	35	25	18	160	111	103	78	50	40	31	25
地面（楼板）内敷设	70×25	27	22	19	13	8	4	4	3	2	19	13	12	9	6	5	3	3
	70×38	44	37	32	22	13	7	7	5	3	32	22	20	15	10	8	6	5
	100×25	39	33	28	19	11	7	6	4	3	28	19	18	13	8	7	5	4
	100×38	64	54	46	32	19	11	10	7	5	46	32	29	22	14	12	8	7
	150×38	98	82	70	49	29	17	15	11	7	70	49	44	33	22	18	13	11

注：1. 表中□内数字表示电缆芯数。
2. PVP——铜芯聚氯乙烯绝缘屏蔽软电线。
PVVP——铜芯聚氯乙烯绝缘铜丝编织屏蔽聚氯乙烯护套软电缆。
3. 由于各制造厂生产的 RVP、PVVP 型线缆的导体芯数和导体截面规格不尽相同，在选用时应确认制造厂所能提供的产品规格。
4. 表 10.3.4-7～表 10.3.4-11 摘自华北标系列图集《电气常用图形符号与技术资料》09BD1。

金属电缆槽盒敷设在空气中时，容纳 KVV、ZR-KVV、KVVR、KYJV、KYJVP 型控制电缆（标称截面 1.0mm²）根数选择

表 10.3.4-8

槽盒敷设方式	金属槽盒外形尺寸 宽×高 (mm)	0.45/0.75kV KVV、ZR-KVV、KVVR、KYJV、KYJVP 型控制电缆（标称截面 1.0mm²）芯数																	
		3	4	5	7	8	10	12	14	16	19	24	27	30	37	44	48	52	61
		容纳电缆根数																	
空气中敷设	75×50	9	7	6	5	4	3	3	3	2	2	2	2	2	1	1	1	1	1
	75×65	11	10	8	7	6	4	4	4	3	3	2	2	2	2	1	1	1	1
	100×50	12	10	9	7	6	4	4	4	3	3	2	2	2	2	1	1	1	1
	100×65	16	13	12	10	8	6	5	5	4	4	3	3	3	2	2	2	2	1
	100×100	24	20	18	14	12	9	8	8	7	7	5	4	4	4	3	3	3	2
	130×50	15	13	11	10	8	6	5	5	5	4	3	3	3	2	2	2	2	1
	130×65	21	18	15	13	11	8	7	7	6	6	4	4	4	3	3	2	2	2
	160×50	19	16	14	12	10	7	7	6	6	5	4	4	4	3	2	2	2	2
	160×65	26	22	19	16	13	10	9	8	8	7	5	5	5	4	3	3	3	3
	200×65	32	28	24	21	17	12	11	11	10	9	7	6	6	5	4	4	4	3
	200×100	51	44	38	33	27	19	18	17	15	14	10	10	9	8	6	6	6	5
	250×50	30	25	23	18	15	11	10	10	9	9	6	5	5	5	4	4	4	3
	250×100	60	50	45	35	30	23	20	19	18	17	13	11	10	9	8	7	7	5
	300×150	116	101	88	76	62	45	43	39	36	33	24	23	21	18	15	14	13	12

注：1. KVV、KYJV 型控制电缆标称截面为 0.75mm² 及 KVVP、GGZ-KVV、GGZ-KYJV 型控制电缆标称截面为 1.0mm² 时，可参照本表选取。

2. KYJV 型控制电缆尚有额定电压 0.6/1kV 级。

3. KVV——铜芯聚氯乙烯绝缘聚氯乙烯护套控制电缆。　KVVR——铜芯聚氯乙烯绝缘聚氯乙烯护套控制软电缆。

KYJV——铜芯交联聚乙烯绝缘聚氯乙烯护套控制电缆。　KYJVP——铜芯交联聚乙烯绝缘聚氯乙烯护套编织屏蔽控制电缆。

GGZ-KVV——铜芯聚氯乙烯绝缘聚氯乙烯护套韧性高阻燃隔火层控制电缆。

GGZ-KYJV——铜芯交联聚乙烯绝缘聚氯乙烯护套韧性高阻燃隔火层控制电缆。

金属电缆槽盒敷设在空气中时，容纳 KVV、ZR-KVV、KVVR、KYJV、KYJVP 型控制电缆（标称截面 1.5mm²）根数选择 **表 10.3.4-9**

槽盒敷设方式	金属槽盒外形尺寸宽×高（mm）	0.45/0.75kV KVV、ZR-KVV、KVVR、KYJV、KYJVP 型控制电缆（标称截面 1.5mm²）芯数																	
		3	4	5	7	8	10	12	14	16	19	24	27	30	37	44	48	52	61
		容纳电缆根数																	
空气中敷设	75×50	7	6	5	4	3	2	2	2	2	2	1	1	1	1	—	—	—	—
	75×65	9	8	7	6	4	3	3	3	3	2	2	1	1	1	1	1	1	—
	100×50	9	8	7	6	5	4	3	3	3	2	2	1	1	1	1	1	1	—
	100×65	12	11	9	8	6	5	4	4	3	3	2	2	2	2	1	1	1	1
	100×100	19	16	14	12	10	8	7	6	6	5	4	3	3	2	2	2	2	2
	130×50	12	10	9	8	6	5	4	4	3	3	2	2	2	2	1	1	1	1
	130×65	16	14	12	10	8	6	6	5	5	4	3	3	3	2	2	2	2	1
	160×50	15	13	11	10	7	6	5	5	5	4	3	3	3	2	2	2	2	1
	160×65	20	17	15	13	10	8	7	6	6	5	4	4	3	3	3	2	2	2
	200×65	26	22	19	16	12	10	9	8	7	7	5	5	4	4	3	3	3	2
	200×100	41	34	30	25	19	15	14	13	12	11	7	7	7	6	5	4	4	4
	250×50	24	20	18	15	12	10	9	8	7	6	5	4	4	3	3	3	3	2
	250×100	51	43	38	31	24	19	18	16	15	14	10	10	9	8	6	5	5	5
	300×150	94	79	69	59	44	35	33	30	27	25	18	17	16	14	12	10	10	9

注：1. KVVP、GGZ-KVV、GGZ-KYJV 型控制电缆标称截面为 1.5mm² 时，可参照本表选取。

2. KYJV 型控制电缆尚有额定电压 0.6/1kV 级。

金属电缆槽盒敷设在空气中时，容纳 KVV、ZR-KVV、KVVR、KYJV、KYJVP 型控制电缆（标称截面 2.5mm²）根数选择　　表 10.3.4-10

槽盒敷设方式	金属槽盒外形尺寸宽×高（mm）	0.45/0.75kV KVV、ZR-KVV、KVVR、KYJV、KYJVP 型控制电缆（标称截面 2.5mm²）芯数																	
		3	4	5	7	8	10	12	14	16	19	24	27	30	37	44	48	52	61
		容纳电缆根数																	
空气中敷设	75×50	5	4	3	3	2	2	2	2	1	1	1	1	1	—	—	—	—	—
	75×65	7	6	4	4	3	2	2	2	2	2	1	1	1	1	—	—	—	—
	100×50	7	6	5	4	3	2	2	2	2	2	1	1	1	1	—	—	—	—
	100×65	9	8	6	5	4	3	3	3	2	2	1	1	1	1	1	1	—	—
	100×100	14	12	10	8	6	5	4	4	4	4	3	3	2	2	2	1	1	1
	130×50	9	8	6	5	4	3	3	3	2	2	1	1	1	1	—	—	—	—
	130×65	12	10	8	7	6	5	4	4	3	3	2	2	2	2	1	1	1	1
	160×50	11	10	7	6	5	4	4	4	3	3	2	2	2	2	—	—	—	—
	160×65	15	13	10	8	7	6	5	5	4	4	3	3	3	2	2	1	1	1
	200×65	19	16	13	11	9	7	7	6	5	5	4	3	3	3	2	2	1	1
	200×100	30	26	20	17	14	11	10	9	8	7	6	5	5	4	3	3	3	2
	250×50	18	15	13	10	9	7	6	5	5	5	4	3	3	3	2	2	2	—
	250×100	38	33	25	21	18	14	13	11	10	9	8	6	6	5	4	4	4	3
	300×150	70	60	46	39	32	25	24	22	19	17	13	12	12	10	7	7	7	6

注：1. KVVP、GGZ-KVV、GGZ-KYJV 型控制电缆标称截面为 2.5mm² 时，可参照本表选取。

2. ZR-KVV 型控制电缆标（称截面为 2.5mm²）芯数无 16 及以上规格。

3. KYJV 型控制电缆尚有额定电压 0.6/1kV 级。

金属电缆槽盒敷设在空气中时，容纳 NH-KVV、NH-KYJV、KVVGB、KVVGBP 型控制电缆根数选择

表 10.3.4-11

槽盒敷设方式	金属槽盒外形尺寸宽×高(mm)	0.45/0.75kV NH-KVV-1.5mm² NH-KYJV-1.5mm² 控制电缆芯数						0.45/0.75kV NH-KVV-2.5mm² NH-KYJV-2.5mm² 控制电缆芯数						0.45/0.75kV KVVGB500-0.75～2.5mm² KVVGBP500-0.75～2.5mm² 高温耐火控制电缆芯数									
		2	3	4	5	7	8	2	3	4	5	7	8	2	4	6	8	10	14	18	19	24	37
		容纳电缆根数																					
空气中敷设	75×50	5	4	4	3	2	2	4	3	3	2	2	2	6	4	3	2	2	1	1	1	1	—
	75×65	7	6	5	4	3	3	6	4	4	3	2	2	8	6	4	3	3	2	2	2	1	1
	100×50	7	6	5	4	3	3	6	4	4	3	2	2	8	6	4	3	3	2	2	2	1	1
	100×65	9	8	7	6	5	4	8	6	5	4	3	3	10	8	6	5	4	3	2	2	1	1
	100×100	14	12	10	9	7	6	12	9	8	6	5	4	16	12	8	7	6	5	4	4	2	2
	130×50	9	8	7	6	4	4	8	6	5	4	3	3	10	8	6	5	4	3	2	2	1	1
	130×65	12	11	9	8	6	5	10	8	7	5	5	4	14	10	7	6	5	4	3	3	2	1
	160×50	11	10	8	7	6	5	10	7	6	5	4	3	13	10	7	6	4	4	3	3	2	1
	160×65	15	13	11	10	8	6	13	10	8	7	6	4	17	13	9	8	6	5	4	4	3	2
	200×65	19	17	14	12	10	8	16	13	11	9	7	6	22	16	12	10	7	6	5	5	3	2
	200×100	30	27	23	20	15	13	26	20	17	14	12	9	34	26	19	16	12	10	8	8	5	4
	250×50	19	16	14	12	9	7	16	12	10	8	7	5	21	15	11	9	7	6	5	5	3	2
	250×100	38	34	29	25	19	16	32	25	21	18	15	11	43	32	24	20	15	13	10	9	6	5
	300×150	70	62	53	46	36	30	59	47	39	32	27	22	79	60	44	37	27	23	19	18	12	9

注：1. WDZ-KYJV 型铜芯交联聚乙烯绝缘聚烯烃护套无卤低烟阻燃控制电缆可参考本表选用。
WDZN-KYJV 型铜芯交联聚乙烯绝缘聚烯烃护套无卤低烟阻燃耐火控制电缆可参考本表选用。
2. NH-KVV——铜芯聚氯乙烯绝缘聚氯乙烯护套耐火控制电缆。
NH-KYJV——铜芯交联聚乙烯绝缘聚氯乙烯护套耐火控制电缆。NH-KYJV 型控制电缆尚有额定电压 0.6/1kV 级。
3. KVVGB500——500℃高温绝缘耐火控制电缆。
KVVGBP500——500℃高温绝缘耐火屏蔽控制电缆。

10.3.5 电缆桥架选择

1. 电缆桥架的选择要点

(1) 在工程设计中，电缆桥架的布置应根据经济合理性、技术可行性、运行安全性等因素综合比较，以确定最佳方案，还要充分满足施工安装、维护检修及电缆敷设的要求。

(2) 电缆桥架在有防火要求的区段内，可在电缆梯架、托盘内添加具有耐火或难燃性能的板、网等材料构成封闭或半封闭式结构，并采取在桥架及其支吊架表面涂刷防火涂层等措施，其整体耐火性能应满足国家有关规范或标准的要求。

在工程防火要求较高的场所，不宜采用铝合金电缆桥架。

(3) 电缆桥架、槽盒及其支吊架使用在有腐蚀性环境中，应采用耐腐蚀的刚性材料制造，或采取防腐蚀处理，防腐蚀处理方式应满足工程环境和耐久性的要求。对耐腐蚀性能要求较高或要求洁净的场所，宜选用铝合金电缆桥架。

(4) 需要屏蔽电磁干扰的电缆线路，或有防护外部影响如户外日照、油、腐蚀性液体、易燃粉尘等环境要求时，应选用无孔托盘式电缆桥架。

(5) 在容易积聚粉尘的场所，电缆桥架应选用盖板；在公共通道或室外跨越道路段，底层桥架上宜加垫板或使用无孔托盘。

(6) 不同电压等级，不同用途的电缆不宜敷设在同一层电缆桥架内：

① 1kV 以上和 1kV 及以下的电力电缆；

② 同一路径向一级负荷供电的双回路电力电缆；

③ 应急照明和其他照明的电力电缆；

④ 电力、控制和电信电缆。

若不同电压等级、不同用途的电缆敷设在同一电缆桥架时，中间应增加隔板隔离。

(7) 电缆桥架水平敷设时距地面的高度一般不低于 2.5m，垂直敷设时距地 1.8m 以下部分应加金属盖板保护，但敷设在电气专用房间内时除外。电缆桥架水平敷设在设备夹层或上人马道上低于 2.5m，应采取保护接地措施。

(8) 当钢制电缆桥架直线段长度超过 30m，铝合金电缆桥架超过 15m 时，或当电缆桥架经过建筑伸缩（沉降）缝时应留有 20～30mm 补偿余量，其连接宜采用伸缩连接板。

(9) 电缆梯架、托盘宽度和高度的选择应符合填充率的要求，电缆在梯架、托盘内的填充率一般情况下，动力电缆可取 40%～50%，控制电缆可取 50%～70%，且宜预留 10%～25%工程发展裕量。

(10) 各种形式的支吊架应能承受梯架、托盘相应规格、层数的额定均布荷载及其自重。

(11) 在选择电缆桥架的荷载等级时，电缆桥架的工作均布荷载不应大于所选电缆桥架荷载等级的额定均布荷载，如果电缆桥架的支吊架的实际跨距不等于 2m 时，则工作均布荷载应满足下列公式：

$$q_G \leqslant q_E (2/L_G)^2 \tag{10.3.5-1}$$

式中 q_G——工作均布荷载，kN/m；

q_E——额定均布荷载，kN/m；

L_G——实际跨距，m。

钢制电缆桥架的额定均布荷载等级，见表10.3.5-1。铝合金电缆桥架的额定均布荷载等级，见表10.3.5-2。组装式电缆托盘直通组合形式及允许荷载，见表10.3.5-3。

钢制电缆桥架的额定均布荷载等级　　表10.3.5-1

荷载等级分类	A	B	C	D
额定均布荷载（kN/m）	0.5	1.5	2.0	2.5

铝合金电缆桥架的额定均布荷载等级　　表10.3.5-2

荷载等级分类	A	A1	B	C	D
额定均布荷载（kN/m）	0.5	1.0	1.5	2.0	2.5

（12）对于跨距大于6m的钢制电缆桥架和跨距大于2m或承载要求大于荷载等级D级的铝合金电缆桥架，应按工程条件进行强度、刚度及稳定性的计算或试验验证。

（13）工程条件下安装或检修确无需要考虑附加集中荷载时，电缆梯架、托盘的工作均布荷载按电缆自重均匀分布计算。

当安装或检修可能有附加集中荷载时，工作均布荷载按电缆自重均匀分布值与附加集中荷载的等效均布值之和计算。附加集中荷载的等效均布值可按下式计算：

$$q_P = 2P/L_G \tag{10.3.5-2}$$

式中　q_P——附加集中荷载的等效均布值，kN/m；

P——附加集中荷载，可按0.9kN计。

电缆桥架安装在室外时，应将该地区的风雪荷载一并纳入计算。

（14）在选择电缆桥架的弯通或引上、下引装置时，应注意满足电缆弯曲半径的要求。

（15）钢制电缆梯架、托盘在承受额定均布荷载时的相对挠度应不大于1/200，铝合金电缆梯架、托盘在承受额定均布荷载时的相对挠度应不大于1/300。

悬臂托臂支架或吊架横担在承受梯架、托盘额定荷载时的偏斜与臂长比值，不宜大于1/100。

2. 电缆桥架安装要求

（1）电缆桥架安装时应做到安装牢固，横平竖直，沿电缆桥架水平走向的支吊架左右偏差应不大于10mm，其高低偏差不大于5mm。

（2）电缆桥架与工艺管道共架安装时，电缆桥架应布置在管架的一侧，当有易燃气体管道时，电缆桥架应设置在危险程度较低的供电一侧。

（3）当设计无规定时，电缆桥架层间距离、电缆桥架最上层至沟顶或楼板及最下层至沟底或地面距离不宜小于表10.3.5-4的数值。

（4）电缆桥架不宜与下列管道平行敷设，当无法避免时，电缆桥架的位置应符合下列规定，或采取相应防护措施。

① 电缆桥架应在具有腐蚀性液体管道上方；

② 电缆桥架应在热力管道下方；

③ 易燃易爆气体比空气重时，电缆桥架应在管道上方；

④ 易燃易爆气体比空气轻时，电缆桥架应在管道下方。

组装式电缆托盘直通组合形式及允许荷载 **表 10.3.5-3**

型号 DT	底板宽	底板数量			侧边数量	h=100 在不同跨距下允许均布荷载(kg)					h=150 在不同跨距下允许均布荷载(kg)					h=200 在不同跨距下允许均布荷载(kg)				
		100	150	200		2.0m	2.5m	3.0m	4.0m	6.0m	2.0m	2.5m	3.0m	4.0m	6.0m	2.0m	2.5m	3.0m	4.0m	6.0m
1	100	1	—	—	2	167	105	71	38	—	239	151	103	56	—	483	306	208	116	48
1.5	153	—	1	—	2															
2.0	203	—	—	1	2															
3.0	303	—	2	—	2	163	101	67	34	—	237	148	101	54	—	481	304	206	114	—
4.0	403		—	2	2															
5.0	503	—	2	1	2	161	99	65	—	—	235	147	99	52	—	479	302	204	112	—
6.0	603		—	3	2															
2.0	205	2	—	—	3	204	149	100	53	—	311	226	155	84	32	509	459	316	173	71
3.0	305	—	2	—	3															
4.0	405	—	—	2	3															
5.0	505	—	2	1	3	202	147	98	61	—	309	224	153	82	30	507	457	314	171	69
6.0	603		—	2	3															
8.0	805	—	—	4	3	200	145	96	49	—	307	222	151	80	—	555	455	312	164	67
3.0	306	3	—	—	4	255	193	131	69	—	398	312	206	84	32	—	612	420	230	94
4.5	456	—	3	—	4															
6.0	606	—	—	3	4															
8.0	806	—	—	4	4	249	187	125	63	—	396	300	204	108	40	—	608	416	226	90
10.0	1006	—	—	5	4	247	185	123	61	—	394	298	202	106	38	—	604	412	222	86
12.0	1206	—	—	6	4	245	183	121	59	—	392	296	200	104	36	—	600	408	208	82
1.5	153	1	—	—	4	281	213	145	77	31	—	306	210	114	46	—	613	424	235	97·
2.0	203	—	1	—	4															
253	253	—	—	1	4															
3.5	353	—	2	—	4	279	212	143	75	29	—	302	206	110	42	—	609	420	231	93
4.5	453		—	2	4															
2.5	256	2	—	—	6	—	316	216	115	45	—	—	312	169	67	—	—	636	351	147
3.5	356	—	2	—	6															
4.5	456	—	—	2	6															
6.5	656	—	4	—	6	—	312	212	112	41	—	—	308	165	63	—	—	632	347	142
8.5	856		—	4	6															

注：1. 侧边高度为 h。

2. 此表数据仅供设计人员参考使用。

电缆桥架层间最上或最下层至沟顶或楼板及沟底或地坪距离　　表 10.3.5-4

电缆桥架		最小距离（mm）
电缆桥架层间距离	控制电缆	200
	10kV 及以下电力电缆（除交联聚乙烯绝缘电缆外）	250
	6～10kV 交联聚乙烯绝缘电力电缆	300
	35kV 单芯电力电缆	300
	35kV 三芯电力电缆	350
最上层电缆桥架距沟顶或楼板		350～450
最下层电缆桥架距沟底或地坪		100～150

（5）电缆桥架与管道之间最小距离，见表 10.3.5-5。

电缆桥架与管道之间最小距离　　表 10.3.5-5

管道类别	平行净距（mm）	交叉净距（mm）
一般工艺管道	400	300
腐蚀及易燃易爆气体管道	500	500
热力管道：有保温层时	500	300
热力管道：无保温层时	1000	500

注：本表为一般性规定，当有相关规范规定时，应按相关规范执行。

（6）电缆桥架在下列情况之一者应加盖板或保护罩。

① 电缆桥架在铁篦子板或类似带孔装置下安装时，最上层电缆桥架应加盖板或保护罩，如果在上层电缆桥架宽度小于下层电缆桥架时，下层电缆桥架也应加盖板或保护罩；

② 电缆桥架安装在容易受到机械损伤的地方时应加保护罩。

（7）电缆桥架内电缆的固定应符合相关标准规范的规定。

（8）电缆桥架穿墙安装时，应根据环境条件采用密封装置。电缆桥架由室内穿墙至室外时，在墙的外侧应采取防雨措施。

电缆桥架由室外较高处引到室内时，电缆桥架应先向下倾斜，然后水平引到室内，当电缆桥架采用托盘时，宜在室外水平段改用一段电缆梯架，防止雨水顺电缆托盘流入室内。

3. 电缆桥架的接地措施

（1）电缆桥架及其支吊架和引入或引出金属电缆导管，必须进行保护接地，且必须符合下列规定：

① 金属电缆桥架及其支吊架全长应不少于 2 处与接地干线相连接；

② 非镀锌电缆桥架间连接板的两端跨接铜芯导线或编织铜线最小允许截面应不小于 $4mm^2$；

③ 镀锌电缆桥架间连接板的两端可不作接地跨接线，但每块连接板应有不少于 2 个有防松动螺帽或防松动垫圈的连接固定螺栓。

（2）作为接地干线的电缆桥架，其托盘、梯架端部之间的连接电阻应不大于 0.00033Ω。

（3）当允许利用电缆桥架构成接地干线回路时，电缆桥架及其支、吊架、连接板应能承受接地故障电流，并满足热效应的要求。

（4）当利用电缆桥架作接地干线时，桥架全线各种伸缩缝和软连接处应采用铜软导线或编织铜线连接，其截面应不小于 $16mm^2$。

（5）为了防止电化学腐蚀作用，在铝合金电缆桥架上不得用裸铜导体作接地干线。

(6) 电缆桥架在引入引出建筑物时，应与建筑物室内接地干线或室外接地装置相连接。

(7) 当沿电缆桥架全线单独敷设接地干线，接地干线采用扁钢时，室内敷设时其截面应不小于 60mm^2，室外敷设时其截面应不小于 100mm^2。

10.4 民用建筑电线电缆防火设计

10.4.1 电线电缆的分类

电线电缆根据其本身具有的燃烧特性，分为普通电线电缆、阻燃电线电缆、耐火电线电缆及矿物绝缘电缆。

1. 阻燃电线电缆应具有阻燃特性。阻燃电缆分类，见表 10.4.1-1。

阻燃电缆分类 **表 10.4.1-1**

级别	供火温度（℃）	供火时间（min）	成束敷设电缆时非金属材料体积（L/m）	焦化高度（m）	自熄时间（h）
A	≥815	40	≥7.0	≤2.5	≤1
B			≥3.5		
C		20	≥1.5		
D			≥0.5		

注：D 级标准仅适用于试样外径不大于 12mm 的绝缘导线电缆。

2. 耐火电线电缆应具有耐火的特性。其耐火电缆性能应符合表 10.4.1-2 的规定。根据其非金属材料的阻燃性能，可分为阻燃和非阻燃耐火电线电缆。

耐火电缆性能 **表 10.4.1-2**

代号	适用范围	试验电压（V）	供火温度（℃）	供火时间+冷却时间（min）	合格判定
N	0.6/1kV 及以下电缆	额定值	750～800	90+15	2A 熔体不熔断
	数据电缆	相对地：110±10			

注：防火电缆的供火温度为 950～1000℃，3A 熔体不熔断，尚应具有一定的抗喷淋水和抗机械撞击的能力。

3. 无卤低烟电线电缆试验方法应符合表 10.4.1-3 的规定。无卤低烟阻燃耐火电线电缆除具有无卤、低烟及阻燃性能外，还应具有耐火性能。

无卤低烟电线电缆无卤试验和低烟试验 **表 10.4.1-3**

GB/T 17650.2—1998（无卤试验）		GB/T 17651.2—1998（低烟试验）
pH 加权值	电导率	最小透光率
pH≥4.3	r≤10μs/mm	T≥60%

电线电缆发烟量及烟气毒性分级，见表 10.4.1-4。耐火电缆线槽（盒）耐火性能分级，见表 10.4.1-5 常用阻燃和耐火电线电缆级别对照，见表 10.4.1-6。

电（线）缆发烟量及烟气毒性分级 **表 10.4.1-4**

级别	烟密度（透光率）（%）	允许烟气毒性浓度（mg/L）	级别	烟密度（透光率）（%）	允许烟气毒性浓度（mg/L）
Ⅰ	≥80	≥12.4	Ⅲ	≥20	≥6.15
Ⅱ	≥60		Ⅳ	—	—

注：无卤低烟试验标准：

酸碱度 pH≥4.3，电导率 r≤10μs/mm；透光率 T≥60%。

低卤低烟试验标准：

酸碱度 pH<4.3，电导率 r≤20μs/mm；透光率 T>30%。

耐火电缆槽盒耐火性能分级　　表 10.4.1-5

电缆槽盒耐火性能分级	Ⅰ级	Ⅱ级	Ⅲ级
耐火维持工作时间（min）	≥60	≥45	≥30

注：维持工作时间指在标准温升条件下进行耐火试验。从试验开始至电缆槽盒内敷设的聚氯乙烯绝缘聚氯乙烯护套电力电缆所连接的 3A 熔体熔断的全部时间。

常用阻燃和耐火电线电缆的阻燃级别对照　　表 10.4.1-6

种类	型　号	阻燃级别	备　注
电缆	ZR-YJV、ZR-VV	A、B、C、D	＊表示无 A 级阻燃级别
	ZN-YJV、ZN-VV		
	WDZR-YJV、WDZR-BYJ＊		
电线	ZR-BV、ZR-BYJ、ZR-BVV	B、C、D	＊＊表示有 A 级阻燃级别
	ZN-BV、ZN-BYJ、ZN-BVV		
	WDZN-YJV＊＊、WDZN-BYJ		
	ZR-BYR、ZN-BYR	C、D	
控制电缆	ZR-KYJV、ZR-KYJVP、ZN-KYJV、ZN-KYJVP	A、B、C、D	
	ZR-KVV、ZR-KVVP、ZN-KVV、ZN-KVVP	B、C、D	

注：电（线）缆型号的阻燃、耐火代号：

ZR—阻燃型；GZR—隔氧层型；NH—耐火型；WD—无卤低烟型；ZN—阻燃耐火型。

4. 矿物绝缘电缆采用矿物绝缘材料和金属铜套，在火焰中应具有不燃性能和无毒的性能。当采用有机材料包覆作为外护套，其外护套应满足无卤、低烟、阻燃的要求。矿物绝缘电缆除应通过 GB/T 12666.6 耐火试验外，还应具有抗喷淋和机械撞击能力。

不同布线方式在 1h 火灾条件下的连续供电时间实验数据，见表 10.4.1-7。

不同布线方式在 1h 火灾条件下的连续供电时间实验数据　　表 10.4.1-7

布线系统形式	电力电缆类型				
	BTTZ 型氧化镁绝缘防火电缆	NH-VV 型云母绝缘耐火电缆	GZR-VV 型隔氧层阻燃电缆	ZR-VV 型塑料绝缘阻燃电缆	VV 型塑料绝缘普通电缆
	在 1h 火灾条件下的连续供电时间（min）				
在支架上明敷	60	27～30	14	13～16	7～15
穿入导管内暗敷	—	60	60	60	56
明敷在防火桥架内	—	60	53	52～55	34～41
敷设在桥架内有防火涂料保护的导管内	—	23	16	13	10～15

注：表中数据摘自公安部四川消防科研所于 2001 年进行的火灾模拟实体实验。

10.4.2　配电线路电气火灾防护

配电线路电气火灾防护应符合现行国家标准《低压配电设计规范》GB 50054 和《民用建筑电气设计规范》JGJ 16 的规定，见表 10.4.2-1。

低压配电线路电气火灾防护 表 10.4.2-1

类 别	技 术 规 定 和 要 求
基本规定	1. 为了减少电气火灾发生，应采取措施及时发现接地故障。电弧性对地短路起火一般难以用过电流防护电器防护，当建筑物配电系统符合下列情况时，宜设置剩余电流监测或保护电器，其应动作于信号或切断电源： (1) 配电线路绝缘损坏时，可能出现接地故障； (2) 接地故障产生的接地电弧，可能引起火灾危险。 2. 建筑物内配电线路的绝缘情况应受到全面监视，不能出现监测盲区。剩余电流监测或保护电器的安装位置，应能使其全面监视有起火危险的配电线路的绝缘情况。一般来说，可在建筑物电源总进线配电箱处设置剩余电流监测器，该监测器可以安装在总进线回路上，也可以安装在各馈出回路上，这样可以对建筑物实施全面的防护。 3. 为减少接地故障引起的电气火灾危险而装设的剩余电流监测或保护电器，其动作电流不应大于 300mA；当动作于切断电源时，应断开回路的所有带电导体。一般场所不受此值限制，可根据实际情况调整动作电流值
防火剩余电流动作报警系统	《民用建筑电气设计规范》JGJ—2008 对防火剩余电流动作报警系统的要求： 1. 为防范电气火灾，下列民用建筑物的配电线路设置防火剩余电流动作报警系统时，应符合下列规定： (1) 火灾自动报警系统保护对象分级为特级的建筑物的配电线路，应设置防火剩余电流动作报警系统。 (2) 除住宅外，火灾自动报警系统保护对象分级为一级的建筑物的配电线路，宜设置防火剩余电流动作报警系统。 2. 火灾自动报警系统保护对象分级为二级的建筑物或住宅，应设接地故障报警并应符合配电线路的过负荷保护的规定。 3. 采用独立型剩余电流动作报警器且点数较少时，可自行组成系统亦可采用编码模块接入火灾自动报警系统。报警点位号在火灾报警器上显示应区别于火灾探测器编号。 4. 当采用剩余电流互感器型探测器或总线形剩余电流动作报警器组成较大系统时，应采用总线式报警系统。当建筑物的防火要求很高时，也可采用电气火灾监控系统。 5. 剩余电流检测点宜设置在楼层配电箱（配电系统第二级开关）进线处，当回路容量较小线路较短时，宜设在变电所低压柜的出线端。 6. 防火剩余电流动作报警值宜为 500mA。当回路的自然漏电流较大，500mA 不能满足测量要求时，宜采用门槛电平连续可调的剩余电流动作报警器或分段报警方式抵消自然泄漏电流的影响。 注：国际电工委员会第 64 技术委员会（IEC TC64）最近的技术文件中规定 300mA 以上的电弧能量才能引起火灾，《低压配电设计规范》GB 50054—2011 规定，在火灾危险场所内，剩余电流监测器的动作电流不宜大于 300mA。 7. 剩余电流火灾报警系统的控制器应安装在建筑物的消防控制室或值班室内，宜由消防控制室或值班室统一管理。 8. 防火剩余电流动作报警系统的导线选择、线路敷设、供电电源及接地，应与火灾自动报警系统要求相同

续表

类 别	技 术 规 定 和 要 求
设计技术措施	1. 电气火灾报警系统应简单、可靠、有效、实用、安全、经济、灵敏，不影响供配电系统的供电安全。 2. 应根据建筑物的性质、发生电气火灾危险性、保护对象等级设置电气火灾监控系统。 3. 电气火灾监测报警系统的设置，宜满足如下要求： （1）剩余电流式电气火灾监控探测器的设置应以低压配电系统末端探测为基本原则。 （2）在供电末端负载和漏电流很小，且其上一级的负载条件和正常泄漏电流仍符合设置剩余电流式电气火灾探测器时，可以在其上一级供电处设置。 （3）剩余电流式电气火灾监控探测器应安装在 TN-C-S 系统或局部 TT 系统的场所。 （4）剩余电流式电气火灾监控探测器应用于报警，不宜自动切断保护对象的供电电源。 4. 剩余电流动作报警值宜在 0.3～0.5A 范围内选择确定，当需要切断故障线路时宜有 0.15～0.5s 的延时。 5. 剩余电流式电气火灾监控探测器报警值必须与探测电气线路相适宜，探测器报警的泄漏电流不应小于被保护电气线路和设备的正常运行时泄漏电流最大值的 2 倍。 6. 下列电气设备可不安装剩余电流式电气火灾监控探测器： （1）使用安全电压供电的电气设备； （2）一般环境条件下使用的具有加强绝缘（双重绝缘）的电气设备； （3）使用隔离变压器且二次侧为不接地系统供电的电气设备； （4）具有非导电条件场所的电气设备。 7. 电气火灾监控设备的设置 （1）电气火灾监控设备应设置在消防控制室内或有人值班的场所；在有消防控制室且将电气火灾监控设备的报警信息和故障信息传输给消防控制室时，电气火灾监控设备可以设置在保护区域附近。 （2）电气火灾监控设备的报警信息和故障信息可以接入设置在消防控制室的消防控制室图形显示装置集中显示；但该类信息的显示应与火灾报警信息和可燃气体报警信息显示有明显区别。 （3）电气火灾监控设备的安装设置应参照火灾报警控制器的设置要求。 （4）保护区域内有联动要求时，可以由电气火灾监控设备本身控制输出控制，也可由消防联动控制器控制输出控制。 8. 独立式电气火灾监控探测器的设置 （1）设置有火灾自动报警系统的建筑中，独立式电气火灾监控探测器的报警信息可以接入火灾报警控制器或消防控制室图形显示装置显示，但其报警信息显示应与火灾报警信息显示有明显区别。 （2）在未设置火灾自动报警系统的建筑中，独立式电气火灾监控探测器应配接火灾声光警报器使用，在探测器发出报警信号时，应自动启动火灾声光警报器

续表

<table>
<tr><th>类 别</th><th>技 术 规 定 和 要 求</th></tr>
<tr><td>电缆布线
防火措施</td><td>1. 对宜受外部影响着火的电缆密集场所或可能着火蔓延而酿成严重事故的电缆线路，必须按设计要求的防火阻燃措施施工。
2. 电缆穿过竖井、墙壁、楼板或进入配电盘、柜的孔洞处，电缆管孔应用防火堵料密实封堵。
3. 建筑高度不超过 100m 的高层建筑其电缆井应每隔 2～3 层在楼板处用相当于楼板耐火极限的不燃烧体或防火封堵材料作防火分隔；建筑高度超过 100m 的高层建筑及多层建筑应在每层楼板处用相当于楼板耐火极限的不燃烧体或防火封墙堵材料作防火分隔。
电缆井与房间、走道等相连通的孔洞，其空隙应采用防火封堵材料封堵。
4. 在隧道或重要回路的电缆沟中，下列部位宜设置阻火墙（防火墙），阻火墙两侧电缆应施加防火包带或涂料。
（1）公用主沟道的分支处；
（2）多段配电装置对应的沟道适当分段处；
（3）长距离沟道中相隔约 200m 或通风区段处；
（4）至控制室或配电装置的沟道入口、厂区围墙处。
5. 电缆布线经过下列部位孔洞时宜设置防火封堵。
（1）电缆由室外进入室内的入口处；
（2）电缆竖井穿过楼板处，应采用防火封堵材料作防火分隔；
（3）电缆进出竖井的出入口处；
（4）电缆构筑物中电缆引至电气柜、盘或控制屏、台的开孔部位；
（5）电缆贯穿隔墙、楼板的孔洞处；
（6）主控制室或配电室与电缆夹层之间；
（7）跨越防火分区以及竖井内跨越楼层的电线管两端管口处；
（8）其他需要设置的地方。
6. 重要回路的电缆，可单独敷设在专门的沟道中或耐火封闭槽盒内，或采取在电缆上施加防火涂料、防火包带。
7. 在电力电缆接头两侧及相邻电缆 2～3m 长的区段施加防火涂料或防火包带。必要时采用高强度防爆耐火槽盒进行封闭。
8. 按设计要求采用耐火或阻燃型电缆。
（1）选用耐火电缆或利用防火材料、包带等进行耐火保护；
（2）选用阻燃电缆或利用防火材料、包带等进行耐火保护；
（3）设置自动报警或专用消防装置；
（4）实施防火构造。
9. 防火重点部位的出入口，应按设计要求设置防火门或防火卷帘。
10. 同一通道中，不宜把非阻燃电缆与阻燃电缆并列配置。
11. 在电缆沟内的电缆，有防爆、防火要求时，应采用埋砂敷设。
12. 支承电缆的构架，采用钢制材料时，应根据需要采用涂漆或热镀锌等防腐措施。
13. 在防火或机械性要求高的场所内明敷的电缆保护管，宜用钢质管，并应采取涂漆或镀锌包塑等防腐处理</td></tr>
</table>

11 城市配电网规划设计

11.1 一般规定和要求

11.1.1 城市配电网规划

城市配电网是指从输电网接受电能，再分配给城市电力用户的电力网。城市配电网分为高压配电网、中压配电网和低压配电网。城市配电网通常是指 110kV 及以下的电网。其中 35kV、66kV、110kV 电压为高压配电网，10kV、20kV 电压为中压配电网，0.38kV 电压为低压配电网。

根据现行国家标准《城市配电网规划设计规范》GB 50163 的规定和要求，城市配电网规划设计原则，见表 11.1.1-1。

城市配电网规划设计原则　　表 11.1.1-1

类　别	技 术 规 定 和 要 求
规划依据	城市配电网规划应根据城市国民经济和社会发展规划、地区电网规划和相关的国家、行业标准和城市近期、远景发展的负荷资料编制
年限和内容	1. 配电网规划的年限确定应与城市国民经济和社会发展规划的年限选择一致，近期宜为 5a，中期宜为 10a，远期宜为 15a 及以上。 2. 配电网规划宜按高压配电网和中低压配电网分别进行，两者之间应相互衔接。高压配电网应编制近期和中期规划，必要时应编制远期规划。中低压配电网可只编制近期规划。 3. 配电网规划应在对规划区域进行电力负荷预测和区域电网供电能力评估的基础上开展。配电网各阶段规划宜符合下列规定： （1）近期规划宜解决配电网当前存在的主要问题，通过网络建设、改造和调整，提高配电网供电的能力、质量和可靠性。近期规划应提出逐年新建、改造和调整的项目及投资估算，为配电网年度建设计划提供依据和技术支持。 （2）中期规划宜与地区输电网规划相统一，并与近期规划相衔接。重点选择适宜的网络接线，使现有网络逐步向目标网络过渡，为配电网安排前期工作计划提供依据和技术支持。 （3）远期规划宜与城市国民经济和社会发展规划和地区输电网规划相结合，重点研究城市电源结构和网络布局，规划落实变电站站址和线路走廊、通道，为城市发展预留电力设施用地和线路走廊提供技术支持
深度要求	1. 配电网规划应吸收国内外先进经验，规划内容和深度应满足现行国家标准《城市电力规划规范》GB 50293 的有关规定，并应包括节能、环境影响评价和经济评价的内容。主要包括： （1）现状调查及分析。 （2）负荷预测。 （3）指定技术原则 。 （4）电力（电量）平衡。 （5）拟定配电网布局，确定规划发展目标。 （6）分析计算，编制分年度，分期规划。 （7）编排年度项目建设安排。 （8）编制投资估算与经济评价。

续表

类　　别	技 术 规 定 和 要 求
深度要求	(9) 编写规划报告。 城市电力规划用电指标，见表 11.1.1-2～表 11.1.1-5。 2. 规划内容深度： (1) 满足现行国家标准《城市电力规划规范》GB 50293 的要求。 (2) 符合政府规划部门对变、配电站站址和输电线路走廊、通道的要求。 (3) 能够为配电网经济评价、土地使用评价、节能和环评提供技术支持。 (4) 能为编制城市电网规划提供支持。 3. 配电网规划应充分吸收、利用国内外先进技术和经验，全面考虑远近结合、协调发展，逐步应用计算机辅助决策系统，增进规划的科学性，前瞻性和可操作性
供电电源变电站	1. 电源变电站通常是城市电网中的 220kV 或 330kV 变电站，电源变电站的位置应根据城市规划布局、负荷分布及变电站的建设条件合理确定。 2. 在负荷密集的中心城区，电源变电站应尽量深入负荷中心。 3. 城市变电站应至少有两路电源接入

规划人均综合用电量指示（不含市辖市、县）　　**表 11.1.1-2**

指标分级	城市用电水平分类	人均综合用电量（kWh（人·a））	
		现　状	规　划
Ⅰ	用电水平较高城市	3500～2501	8000～6001
Ⅱ	用电水平中上城市	2500～1501	6000～4001
Ⅲ	用电水平中等城市	1500～701	4000～2501
Ⅳ	用电水平较低城市	700～250	2500～1000

注：1. 当不含市辖市、县的城市人均综合用电量现状水平高于或低于表中规定的现状指标最高或最低限值的城市。其规划人均综合用电量指标的选取，应视其城市具体情况因地制宜确定。
2. 本表引自《城市电力规划规范》GB 50293—1999。

规划人均居民生活用电量指标（不含市辖市、县）　　**表 11.1.1-3**

指标分级	城市居民生活用电水平分类	人均居民生活用电量（kWh（人·a））	
		现　状	规　划
Ⅰ	生活用电水平较高城市	400～201	2500～1501
Ⅱ	生活用电水平中上城市	200～101	1500～801
Ⅲ	生活用电水平中等城市	100～51	800～401
Ⅳ	生活用电水平较低城市	50～20	400～250

注：1. 当不含市辖市、县的城市人均居民生活用电量现状水平高于或低于表中规定的现状指标最高或最低限值的城市。其规划人均居民生活用电量指标的选取，应视其城市的具体情况，因地制宜确定。
2. 本表引自《城市电力规划规范》GB 50293—1999。

规划单位建设用电负荷指标 **表 11.1.1-4**

城市建设用地用电类别	单位建设用地负荷指标（kW/ha）
居住用地用电	100～400
公共设施用地用电	300～1200
工业用地用电	200～800

注：1. 城市建设用地包括：居住用地、公共设施用地、工业用地、仓储用地、对外交通用地、道路广场用地、市政公用设施用地、绿化用地和特殊用地九大类。不包括水域和其他用地。

2. 超出表中三大类建设用地以外的其他各类建设用地的规划单位建设用地用荷指标的选取，可根据所在城市的具体情况确定。

3. 本表建设用电负荷指示仅可用于规划设计阶段。

4. 本表摘自于《城市电力规划规范》GB 50293—1999。

规划单位建筑面积负荷指标 **表 11.1.1-5**

建筑用电类别	单位建筑面积负荷指标（W/m^2）
居住建筑用电	20～60（1.4～4kW/户）
公共建筑用电	30～120
工业用地用电	20～80

注：1. 超出表中三大类建筑以外的其他各类建筑的规划单位建筑面积负荷指标的选取，可结合当地实际情况和规划要求，因地制宜确定。

2. 本表建筑面积用电负荷指标仅可用于规划设计阶段。

11.1.2 城市配电网络

1. 基本规定

城市配电网络设计原则：见表 11.1.2-1。

城市配电网络设计原则 **表 11.1.2-1**

类　别	技术规定和要求
一般规定	1. 城市配电网应优化网络结构，合理配置电压等级序列，优化中性点接地方式、短路电流控制水平等技术环节，不断提高装备水平，建设节约型、环保型、智能型配电网。 2. 各级配电网络的供电能力应适度超前，供电主干线路和关键配电设施宜按配电网规划一次建成。 3. 配电网络建设宜规范统一。供电区内的导线、电缆规格、变配电站的规模、型式、主变压器的容量及各种配电设施的类型宜合理配置，可根据需要每个电压等级规定 2 种～3 种。 4. 根据高一级电压网络的发展，城市配电网应有计划地进行简化和改造，避免高低压电磁环网

续表

类　别	技 术 规 定 和 要 求
供电分区	1. 高压和中压配电网应合理分区，是限制系统短路电流、避免不同电压等级之间的电磁环网，便于事故处理和潮流控制，方便运行管理的主要措施。 2. 高压配电网应根据城市规模、规划布局、人口密度、负荷密度及负荷性质等因素进行分区。一般城市宜按中心城区、一般城区和工业园区分类，特大和大城市可按中心城区、一般城区、郊区和工业园区分类。网络接线与设备标准宜根据分区类别区别选择。城市供电分区，见表 11.1.2-2。 3. 中压配电网宜按电源布点进行分区，分区应便于供、配电管理，各分区之间应避免交叉。当有新的电源接入时，应对原有供电分区进行必要调整，相邻分区之间应具有满足适度转移负荷的联络通道
电压等级	1. 城市配电网电压等级的设置应符合现行国家标准《标准电压》GB/T 156 的有关规定。高压配电网可选用 110kV、66kV 和 35kV 的电压等级；中压配电网可选用 10kV 和 20kV 的电压等级；低压配电网可选用 220V/380V 的电压等级。根据城市负荷增长，中压配电网可扩展至 35kV，高压配电网可扩展至 220kV 或 330kV。 当前引以关注的、可能影响配电网发展的主要有 20kV、35kV 和 220（330）kV 三种电压，这与长远的负荷发展有关。下面两种情况都可能引起电压结构的变化： （1）当用电负荷增长较快，10kV 配电电压难以满足负荷要求，技术经济状况明显不合理时，需要逐步以 20kV 替代 10kV 电压，形成大面积、大范围的 20kV 配电电压，或者进一步强化 35kV 供电电压，使其转化为配电电压。 （2）在 20kV 或 35kV 作为配电电压广泛应用的条件下，为避免资源浪费、降低供电损耗和进一步满足负荷增长的需要，优化、简化网络结构、减少变压层次和电源变电站深入负荷中心必然成为城市电网持续发展趋向，其结果更高一级电压 220kV 或 330kV 将成为高压配电电压。 2. 城市配电网的变压层次不宜超过 3 级
供电可靠性	正常运行方式下，电力系统中任一元件无故障或因故障断开，电力系统能保持稳定运行和正常供电，其他元件不过负荷，且系统电压和频率在允许的范围之内。这种保持系统稳定和持续供电的能力和程度，称为“N-1”准则。其中 N 指系统中相关的线路或元件数量。 1. 城市高压配电网的设计应满足 N-1 安全准则的要求。高压配电网中任一元件（母线除外）故障或检修停运时应不影响电网的正常供电。 2. 城市中压电缆网的设计应满足 N-1 安全准则的要求；中压架空网的设计宜符合 N-1 安全准则的要求。 3. 城市低压配电网的设计，可允许低压线路故障时损失负荷。 4. 城市中压用户供电可靠率指标不宜低于表 11.1.2-3 的规定。 5. 对于不同用电容量和可靠性需求的中压用户应采用不同的供电方式。电网故障造成用户停电时，允许停电的容量和恢复供电的目标应符合下列规定： （1）双回路供电的用户，失去一回路后应不损失负荷。 （2）三回路供电的用户，失去一回路后应不损失负荷，失去两回路时应至少满足 50%负荷的供电。 （3）多回路供电的用户，当所有线路全停时，恢复供电的时间为一回路故障处理的时间。 （4）开环网络中的用户，环网故障时，非故障段用户恢复供电的时间为网络倒闸操作时间
容载比	1. 容载比是配电网某一供电区域中变电设备额定总容量与所供负荷的平均最高有功功率之比值。容载比是用于输变电基建工程的建设指标，是评价城市供电区电力供需平衡和安排变电站布点的重要依据。容载比反映变电设备的运行裕度，是城市电网规划中宏观控制变电总容量的重要指标。容载比目前只是一个估计数值。实际应用中容载比可按下式计算：

续表

<table>
<tr><th>类 别</th><th>技 术 规 定 和 要 求</th></tr>
<tr><td>容载比</td><td>$$R_{SP}=S_{\Sigma i}/P_{max} \tag{11.1.2-1}$$
式中：R_{SP}——某电压等级的容载比，MVA/kW；
$S_{\Sigma i}$——该电压等级变电站的主变容量和，MVA；
P_{max}——该电压等级年最高预测（或现状）负荷，MW。
注：1. 计算 $S_{\Sigma i}$时，应扣除连接在该电压网络中电厂升压站主变压器的容量和用户专用变压器的容量。
2. 计算 P_{max}时，应扣除连接在该电压网络中电厂的直供负荷、用户专用变压器的负荷以及上一级电源变电站的直供负荷。
2. 规划编制中，高压配电网的容载比，可按照规划的负荷增长率在 1.8～2.2 范围内选择。当负荷增长较缓慢时，容载比取低值，反之取高值</td></tr>
<tr><td>中性点接地方式</td><td>1. 电网中性点接地方式应综合考虑配电网的网架类型、设备绝缘水平、继电保护和通信线路的抗干扰要求等因素确定。中性点接地方式分为有效接地和非有效接地两类。
2. 中性点接地方式选择应符合下列规定：
（1）110kV 高压配电网应采用有效接地方式，主变压器中性点应经隔离开关接地。
（2）66kV 高压配电网，当单相接地故障电容电流不超过 10A 时，应采用不接地方式；当超过 10A 时，宜采用经消弧线圈接地方式。
（3）35kV 高压配电网，当单相接地电容电流不超过 10A 时，应采用不接地方式；当单相接地电容电流超过 10A、小于 100A 时，宜采用经消弧线圈接地方式，接地电流宜控制在 10A 以内；接地电容电流超过 100A，或为全电缆网时，宜采用低电阻接地方式，其接地电阻宜按单相接地电流 1000A～2000A、接地故障瞬时跳闸方式选择。
（4）10kV 和 20kV 中压配电网，目前存在两类接地方式。一类采用中性点非有效接地系统，当单相接地电容电流不超过 10A 时，应采用不接地方式；当单相接地电容电流超过 10A、小于 100A～150A 时，宜采用经消弧线圈接地方式，接地电流宜控制在 10A 以内；另一类有效接地系统。当单相接地电流超过 100A～150A，或为全电缆网时，宜采用低电阻接地方式，其接地电阻宜按单相接地电流 200A～1000A、接地故障瞬时跳闸方式选择。
（5）220V/380V 低压配电网应采用中性点有效接地方式。
低压配电网的接地有 TN、TT 和 IT 三种方式。按工作接地分类，TN、TT 是中性点直接接地系统，IT 是中性点非直接接地、径阻抗接地系统。我国电力系统采用 TN、TT 接地方式</td></tr>
<tr><td>配电网络短路电流控制</td><td>1. 短路电流控制应符合下列规定：
（1）短路电流控制水平应与电源容量、电网规划、开关设备开断能力相适应。
（2）各电压等级的短路电流控制水平应相互配合。
（3）当系统短路电流过大时，应采取必要的限制措施。
2. 城市高、中压配电网的短路电流水平不宜超过表 11.1.2-4 的规定。
3. 当配电网的短路电流达到或接近控制水平时应通过技术经济比较选择合理的限流措施，宜采用下列限流措施：
（1）采用高阻抗变压器。
（2）在变电站主变压器的低压侧加装限流电抗器。
（3）合理选择网络接线，增大系统阻抗</td></tr>
</table>

续表

<table>
<tr><th>类　别</th><th>技术规定和要求</th></tr>
<tr><td>网络接线</td><td>配电网接线的一般原则，推荐各级电压的基本接线。
1. 网络接线应符合下列规定：
(1) 应满足供电可靠性和运行灵活性的要求。
(2) 应根据负荷密度与负荷重要程度确定。
(3) 应与上一级电网和地区电源的布点相协调。
(4) 应能满足长远发展和近期过渡的需要。
(5) 应尽量减少网络接线模式，做到规范化和标准化。
(6) 下级网络应能支持上级网络。
2. 高压配电网接线，从网架结构上分类有环网和辐射式，可以细分为单环网、双环网、不完全双环网、单辐射和双辐射。从变电站与线路的连接方式上又分为链式、支接（T 接）。等，接线方式选择应符合下列规定：
(1) 在中心城区或高负荷密度的工业园区，宜采用链式、3 支接接线。
(2) 在一般城区或城市郊区，宜采用 2 支接、3 支接接线或辐射式接线。
(3) 高压配电网接线方式应符合本节第 2 条高压配电网接线方式的规定。
3. 中压配电网接线方式应符合下列规定：
(1) 应根据城市的规模和发展远景优化、规范各供电区的电缆和架空网架，并根据供电区的负荷性质和负荷密度规划接线方式。
(2) 架空配电网宜采用开环运行的环网接线。在负荷密度较大的供电区宜采用“多分段多联络”的接线方式；负荷密度较小的供电区可采用单电源辐射式接线，辐射式接线应随负荷增长逐步向开环运行的环网接线过渡。
(3) 电缆配电网接线方式应符合下列规定：
① 电缆配电网宜采用互为备用的 N-1 单环网接线或固定备用的 N 供 1 备接线方式（元件数 N 不宜大于 3)。中压电缆配电网各种接线的电缆导体负载率和备用裕度应符合表 11.1.2-5 的规定；
② 对分期建设、负荷集中的住宅小区用户可采用开关站辐射接线方式，两个开关站之间可相互联络；
③ 在负荷密度较高且供电可靠性要求较高的供电区，可采用双环网接线方式；
④ 中压配电网各种接线的接线方式应符合本节第 3 条中压配电网接线方式的规定。
(4) 低压配电网宜采用以配电变压器为中心的辐射式接线，相邻配电变压器的低压母线之间可装设联络开关，以作为事故情况下的互备电源。
(5) 中、低压配电网的供电半径应满足末端电压质量的要求，中压配电线路电压损失不宜超过 4%，低压配电线路电压损失不宜超过 6%。根据供电负荷和允许电压损失确定的中、低压配电网供电半径不宜超过表 11.1.2-6 所规定的数值</td></tr>
<tr><td>无功补偿</td><td>1. 无功补偿设备配置应符合下列规定：
(1) 无功补偿应按照分层分区和就地平衡的原则，采用分散和集中相结合的方式，并能随负荷或电压进行调整，保证配电网枢纽点电压符合现行国家标准《电能质量 供电电压偏差》GB/T 12325 和《并联电容器装置设计规范》GB 50227 的有关规定。
(2) 配电网中无功补偿应以容性补偿为主，在变、配电站装设集中补偿电容器；在用电端装设分散补偿电容器；在接地电容电流较大的电缆网中，经计算可装设并联电抗器。
(3) 并联电容补偿应优化配置、宜自动投切。变电站内电容器的投切应与变压器分接头调整协调配合，使母线电压水平控制在规定范围之内。高压变电站和中压配电站内电容器应保证高峰负荷时变压器高压侧功率因数达到 0.95 及以上。</td></tr>
</table>

续表

类别	技术规定和要求
无功补偿	(4) 在配置电容补偿装置时，应采取措施合理配置串联电抗器的容量。由电容器投切引起的过电压和谐波电流不应超过规定限值。 2. 无功补偿容量配置应符合下列规定： (1) 35kV～110kV变电站无功补偿容量应以补偿变电站内主变压器的无功损耗为主，并根据负荷馈线长度和负荷端的补偿要求确定主变负荷侧无功补偿容量，电容器容量应通过计算确定，宜按主变压器容量的10%～30%配置。无功补偿装置按主变压器最终规模预留安装位置，并根据建设阶段分期安装。 (2) 35kV～110kV变电站补偿装置的单组容量不宜过大，当110kV变电站的单台主变压器容量为31.5MVA及以上时，每台主变压器宜配置两组电容补偿装置。 (3) 10kV或20kV配电站补偿电容器容量应根据配变容量、负荷性质和容量，通过计算确定，宜按配电变压器容量的10%～30%配置。 3. 10kV～110kV变、配电站无功补偿装置一般安装在低压侧母线上。当电容器分散安装在低压用电设备处且高压侧功率因数满足要求时，则不需再在10kV配电站或配电变压器台区处安装电容器
电能质量	1. 城市配电网规划设计时应核算潮流和电压水平，电压允许偏差应符合国家现行标准《电能质量 供电电压偏差》GB/T 12325和《电力系统电压和无功电力技术导则》SD 325的有关规定。正常运行时，系统220kV、330kV变电站的35kV～110kV母线电压偏差不应超出表11.1.2-7的规定范围。 2. 用户受端电压的偏差不应超出表11.1.2-8的规定范围。 3. 城市配电网公共连接点的三相电压不平衡度应符合现行国家标准《电能质量 三相电压不平衡》GB/T 15543的有关规定。 4. 城市配电网公共连接点的电压变动和闪变应符合现行国家标准《电能质量 电压波动和闪变》GB 12326的有关规定。 5. 对特殊用户的技术要求。在电网公共连接点的变电站母线处，应配置谐波电压、电流检测仪表。公用电网谐波电压应符合现行国家标准《电能质量 公用电网谐波》GB/T 14549的有关规定

城市供电分区　　表11.1.2-2

供电区域分类	定义
中心城区	是指城市经济、政治、文化、社会等活动的中心，是城市结构的核心地区和城市功能的主要组成部分，是城市中人口密度和用电负荷密度较大的地区
一般城区	是指位于中心城区和城市郊区之间的中间地区，是城市中人口密度和用电负荷密度均小于中心城区的地区
郊区	是指城市的边缘地区，位于城市市区和农村之间，是城市与农村的结合地带。郊区同时具有城市社区和农村社区的共同特点，是城市中人口密度和用电负荷密度较小的地区
工业园区	是指在城市规划范围内，用于布局工业企业的区域。工业园区一般远离中心城区，用电负荷密度较大

注：对于一般城市，供电分区宜按中心城区、一般城区和工业园区分类。对于特大城市和大城市（主要指国家直辖市、省会城市以及计划单列的城市），可按中心城区、一般城区、郊区和工业园区分类。各地根据其管理经验，也可采用其他的分区办法。

供电可靠率指标 **表 11.1.2-3**

供电区类别	供电可靠率（RS-3）（%）	累计平均停电次数（次/年·户）	累计平均停电时间（小时/年·户）
中心城区	99.90	3	9
一般城区	99.85	5	13
郊区	99.80	8	18

注：1 RS-3 是指按不计系统电源不足限电引起停电的供电可靠率。

2 工业园区形成初期可按郊区对待，成熟以后可按一般城区对待。

城市高、中压配电网的短路电流控制水平和限流措施 **表 11.1.2-4**

电压等级（kV）	短路电流控制水平（kA）	限流措施
110	31.5，40	110kV 网络开环运行，220kV、110kV 主变中性点部分接地
66	31.5	66kV 网络开环运行，220kV 主变中性点部分接地
35	25	110kV、66kV 网络开环运行，35kV 母线分列运行
20	16，20	110kV、66kV 网络开环运行，10kV、20kV 母线分列运行，需要时，采用高阻抗主变压器
10	16，20	

注：1. 上述限流措施投资不大，运行、操作和管理相对简单，是目前多数系统采取的措施。

2. 目前国内 110kV 系统在采取必要的限流措施（如开环运行，变压器中性点部分接地等）条件下，短路电流大多数在 15kA～25kA 范围内，个别接近 30kA；35kV 系统在主变压器分裂运行的条件下为 20kA 以下；10kV 系统当主变压器并列运行时，短路电流一般都超过 20kA，对较大容量的变电站，甚至接近 30kA，采取分裂运行措施后，短路电流可降至 20kA 以下。

3. 110kV 以上电压等级变电站，如深入负荷中心的 220kV 变电站，低压母线短路电流一般高于 20kA，此时可采取 25kA 的限值。

4. 为了增长配电设备的有效使用期限，考虑系统的发展，在不影响投资额度的前提下，可适当提高设备的短路电流耐受数值。

5. 中压配电网中，经过配电线路短路电流减小，所以在中压配电网末端，经过计算可适当降低配电设施的短路电流水平。

6. 随着系统容量不断增大、网络结构不断强化和开关设备的不断优化，短路电流控制水平将逐步调整。

7. 合理采用限制短路电流措施，取得最大经济效益：网络分片，开环运行，母线分段运行；采用高阻抗变压器；加装限流电抗器等。

中压电缆配电网各种接线的电缆导体负载率和备用裕度 **表 11.1.2-5**

接线方式	选择电缆截面的负荷电流	馈线正常运行负载率 k_r（%）和备用富裕度 k_s（%）	事故方式馈线负载率 k_r（%）
2-1	馈线均按最大馈线负荷电流选择	$k_r \leqslant 50$，$k_s \geqslant 50$	$k_r \leqslant 100$
3-1	馈线均按最大馈线负荷电流选择	$k_r \leqslant 67$，$k_s \geqslant 33$	$k_r \leqslant 100$

续表

接线方式	选择电缆截面的负荷电流	馈线正常运行负载率 k_r（%）和备用富裕度 k_s（%）	事故方式馈线负载率 k_r（%）
N供1备	工作馈线按各自的负荷电流选择，备用馈线按最大负荷馈线电流选择	工作馈线：正常运行负载率 $k_r \leqslant 100$	备用馈线负载率 $k_r \leqslant 100$

注：1. 组成环网的电源应分别来自不同的变电站或同一变电站的不同段母线。

2. 每一环网的节点数量应与负荷密度、可靠性要求相匹配，由环网节点引出的辐射支线不宜超过2级。

3. 电缆环网的节点上不宜再派生出孤立小环网的结构型式。

中、低压配电网的供电半径（km）　　表 11.1.2-6

供电区类别	20kV配电网	10kV配电网	0.4kV配电网
中心城区	4	3	0.15
一般城区	8	5	0.25
郊区	10	8	0.4

系统220kV、330kV变电站的35kV～110kV母线电压允许偏差　　表 11.1.2-7

变电站的母线电压（kV）	电压允许偏差（%）	备　注
110、35	−3～+7	—
10、20	0～+7	也可使所带线路的全部高压用户和经配电变压器供电的低压用户的电压均符合表5.10.2的规定值

用户受端电压的允许偏差　　表 11.1.2-8

用户受端电压	35kV及以上	10V、20V	380V	220V
电压允许偏差（%）	±10	±7	±7	+5～−10

2. 高压配电网接线方式

（1）网络接线。

① 高压配电线路采用架空线路时，可采用同杆双回供电方式，有条件时，宜在两侧配备电源。沿线T接2个～3个变电站，见图11.1.2-1、图11.1.2-2。当T接3个变电站时，宜采用双侧电源三回路供电，见图11.1.2-3。当电源变电站引出两回及以上线路时，应引自不同的母线或母线分段；

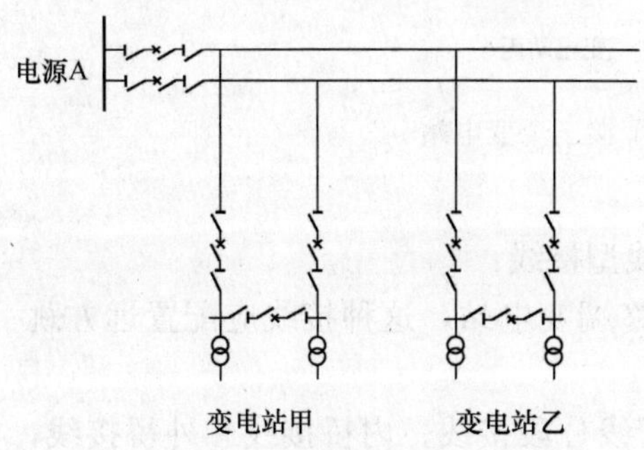

图11.1.2-1　单侧电源双回供电高压架空配电网

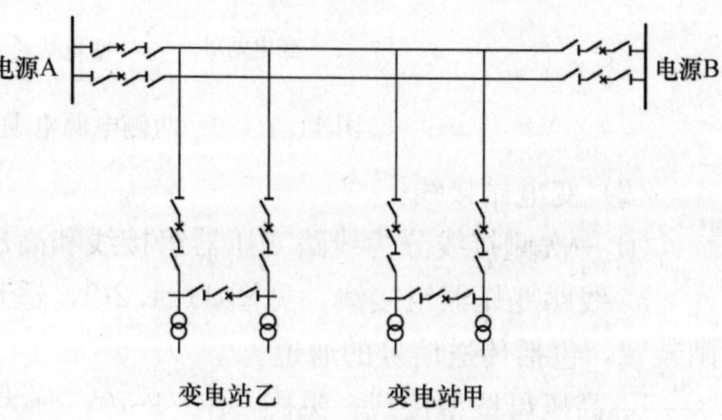

图11.1.2-2　两侧电源高压架空配电网

②高压配电线路采用电缆时，可采用单侧双路电源，T 接 2 个变电站，见图 11.1.2-4。当 T 接 3 个变电站时，宜在两侧配电电源和线路分段，见图 11.1.2-5、图 11.1.2-6。在大城市负荷密度大的中心区和工业园区，可采用链式接线，见图 11.1.2-7。电源较多时，也可采用三侧电源“3T”接线，见图 11.1.2-8。

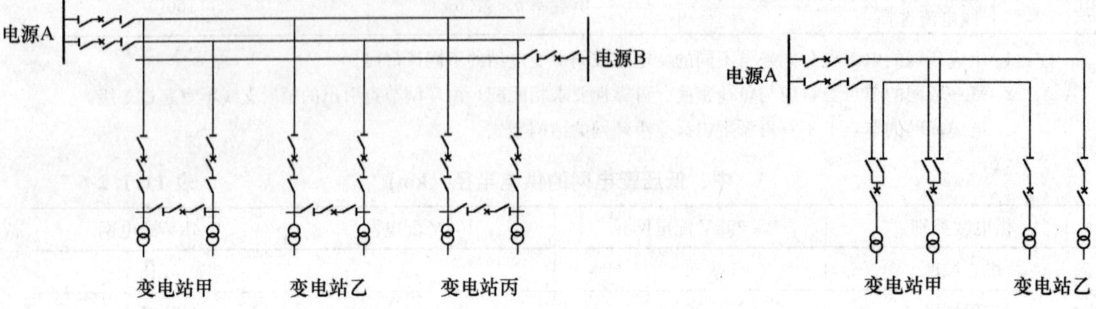

图 11.1.2-3 双侧电源三回供电高压架空配电网

图 11.1.2-4 电缆线路 T 接两个变电站

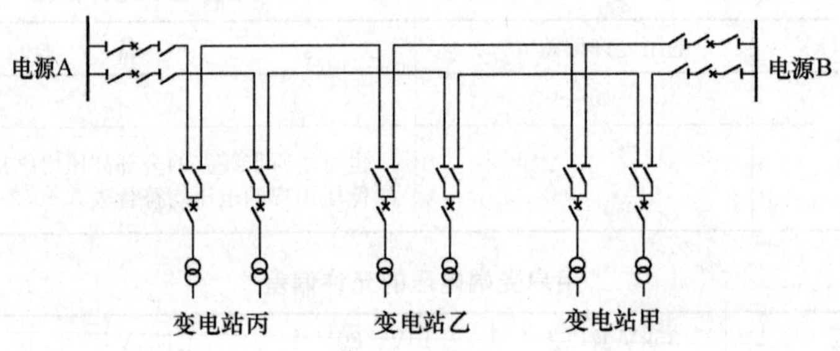

图 11.1.2-5 电缆线路 T 接三个变电站（两侧电源）

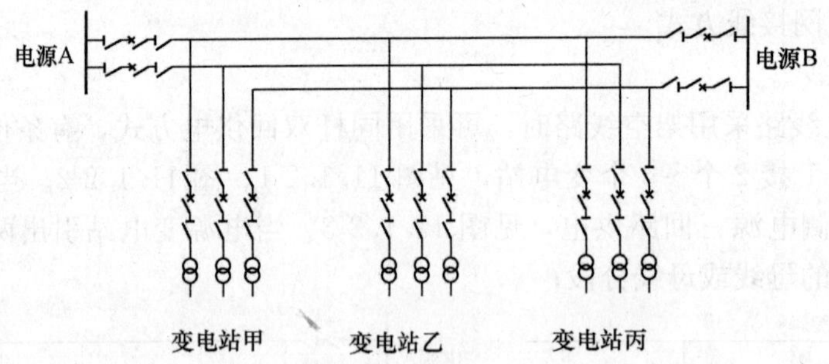

图 11.1.2-6 两侧电源电缆线路 T 接三个变电站

（2）变电站接线。

① 一次侧接线分为线路变压器组接线和高压母线型接线：

a. 线路变压器组接线，见图 11.1.2-9，适用于终端变电站，这种接线应配置远方跳闸装置，包括传送信号的通道。

b. 高压母线型接线，见图 11.1.2-10，分为单母线分段接线、内桥接线和外桥接线，这类接线宜符合下列规定：

（a）单母线分段接线方式，见图 11.1.2-10（*a*），可以通过母线向外转供负荷，每段母线可以接入 1—2 台变压器，在正常运行方式下，分段开关断开运行；

(b) 内桥接线方式，见 11.1.2-10 (b)，图中每段母线可以接入 1 台变压器，在正常运行方式下，桥开关断开运行。三进线三变压器的变电站可采用扩大内桥接线方式；

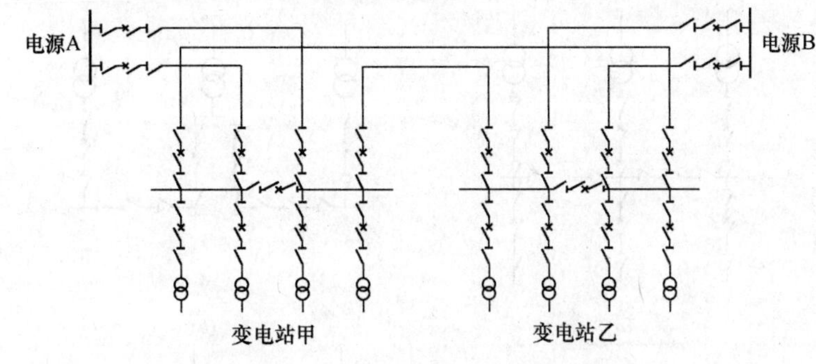

图 11.1.2-7 电缆线路链式接线

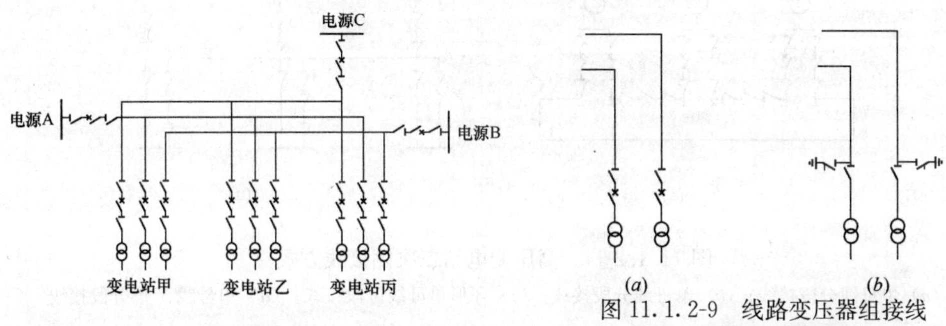

图 11.1.2-8 三侧电源电缆线路 T 接三个变电站

图 11.1.2-9 线路变压器组接线

(a) 变电站使用断路器；

(b) 变电站使用带快速接地开关的隔离开关。

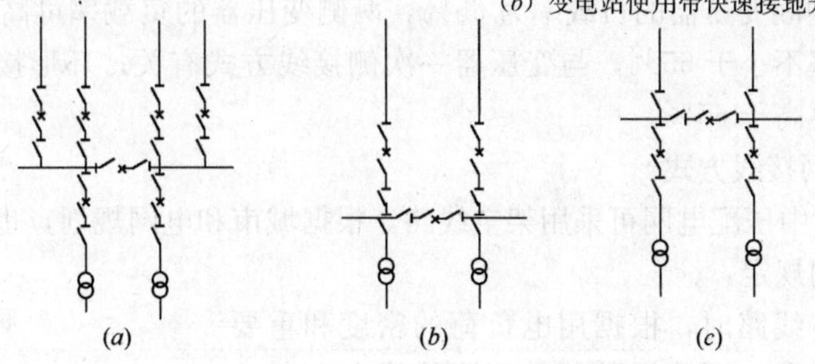

图 11.1.2-10 设置高压母线的接线

(a) 变电站单母线分段接线；(b) 变电站内桥接线；(c) 变电站外桥接线

(c) 外桥接线方式，见图 11.1.2-10 (c)，图中每段母线可以接入 1 台变压器，在正常运行方式下，桥开关断开运行。桥开关可以兼作线路联络开关。

② 二次侧接线，见图 11.1.2-11，分为单母线分段接线和环形单母线分段接线等，各类接线的特点和应用如下：

a. 单母线分段接线方式，正常运行时，分段开关断开运行，当其中一台变压器事故停用时，则事故变压器所带负荷将经过母联自动投入装置转移至其他非事故变压器；

b. 二次母线可采用变压器单段连接和两段连接方式，单段接线时，接线简单，操作、维护方便，但变压器运行负载率低，适用于负荷较小和重要性不高的变电站。两段接线复杂，但变压器运行负载率高，适用于负荷密度大和重要性较高的变电站。目前常用的多为3台变压器，接线分3分段接线，见图11.1.2-11（*a*）、4分段接线，见图11.1.2-11（*b*）、环形接线，见图11.1.2-11（*c*）和Y形接线，见图11.1.2-11（*d*）；

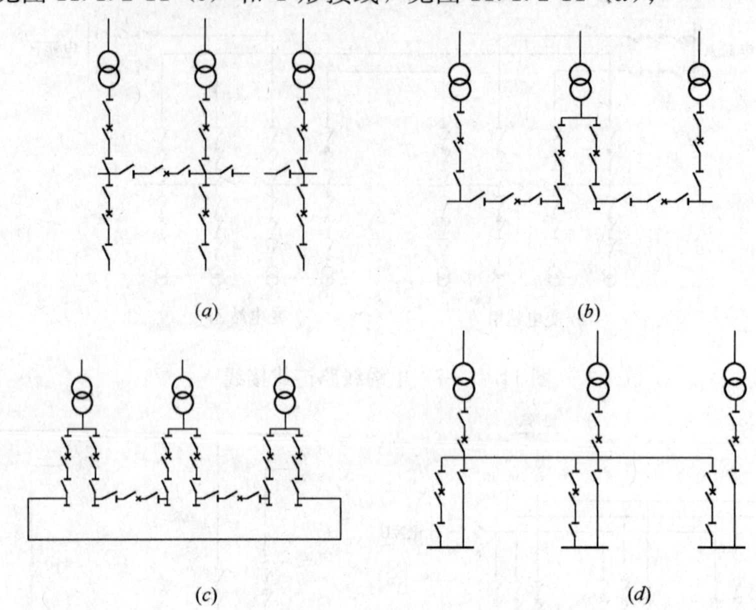

图11.1.2-11 高压变电站二次侧接线方式

（*a*）单母线分段接线；（*b*）单母线分段接线；（*c*）环形单母线分段接线；（*d*）单母线Y形分段接线

c. 各种接线的变压器运行负载率不同，3变-3分段接线，变压器的负载率为65%；3变-4分段接线，中间变压器的负载率为65%，两侧变压器的负载率可高于65%；Y形接线，变压器负载率不小于65%，与变压器一次侧接线方式有关；环形接线，所有各台变压器的负载率均可高于65%。

3. 中压配电网接线方式

10kV、20kV中压配电网可采用架空线路，根据城市和电网规划，也可采用电缆。接线方式应符合下列规定：

（1）采用架空线路时，根据用电负荷的密度和重要程度可采用“多分段多联络”接线、环网接线和辐射式接线，见图11.1.2-12～图11.1.2-14。

（2）采用电缆时，根据负荷密度和重要程度可采用N供一备接线、单环网接线、双环网接线、辐射式接线，见图11.1.2-15～图11.1.2-20。

（3）双辐射接线方式用于负荷密度高，需双电源供电的重要用户。双辐射接线的电源可来自不同变电站，也可来自同一变电站的不同母线。

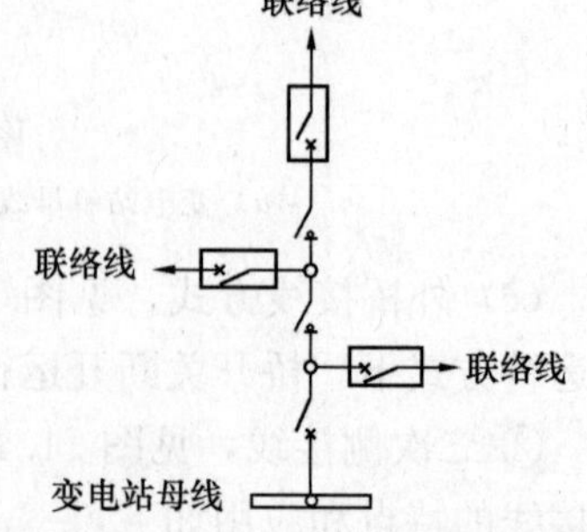

图11.1.2-12 三分段三联络接线

图中：—×— 表示馈线开关和分段开关；
—[×]— 表示联络开关

（4）开环运行的单环网用于单电源供电的用户。单环网只提供单个运行电源，在故障时可以在较短时间内倒入备用电源，恢复非故障线路的供电。单环网电源来自不同变电站，也可来自同一变电站的不同母线，单环网由环网单元（负荷开关）组成。

（5）城市中心、繁华地区和负荷密度高的工业园区可采用双环网。

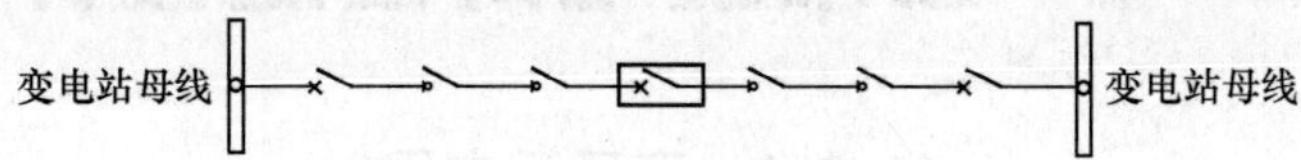

图 11.1.2-13 环网接线

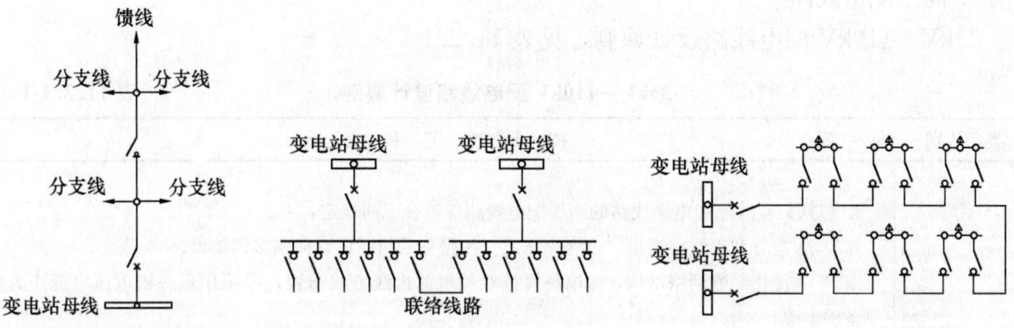

图 11.1.2-14 辐射式接线 图 11.1.2-15 开闭所辐射式接线 图 11.1.2-16 单环网

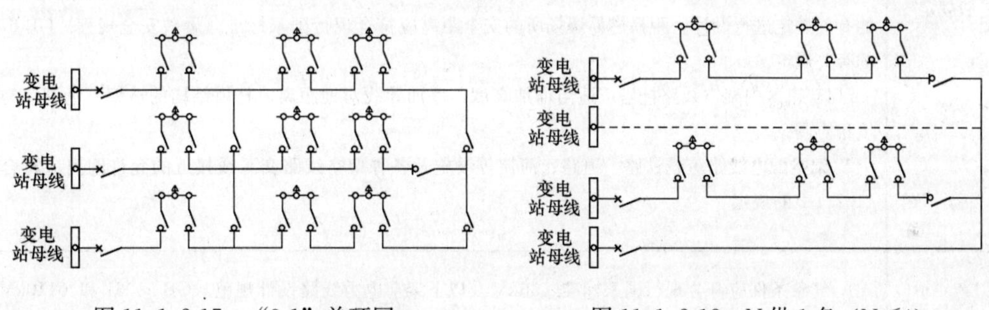

图 11.1.2-17 “3-1”单环网 图 11.1.2-18 N供1备（N≤4）

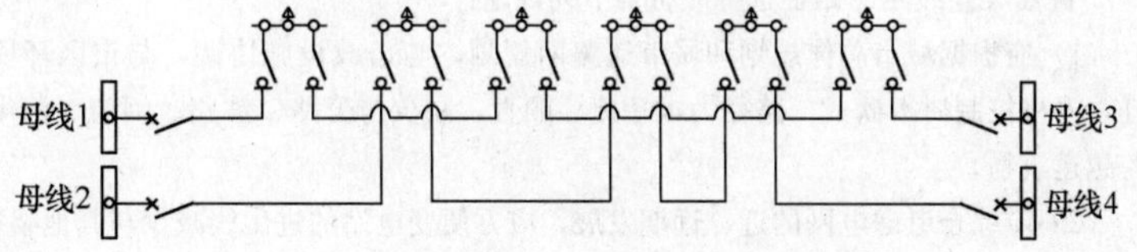

图 11.1.2-19 双环网（配电站不设分段开关）

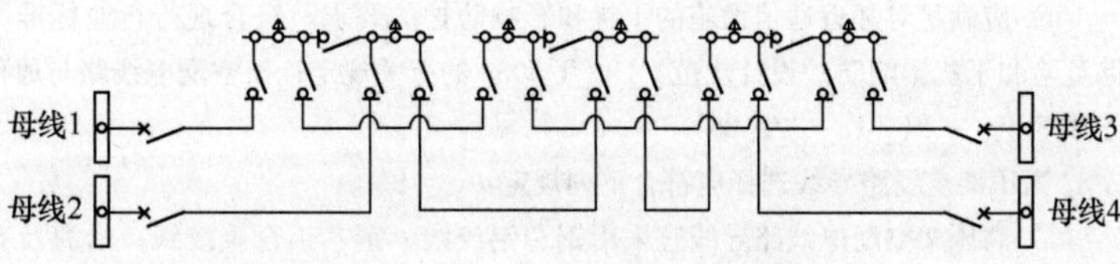

图 11.1.2-20 双环网（配电站设分段开关）

注：1. 图中可根据需要采用断路器或负荷开关。

2. 为了保证供电的可靠性，减少因供配电故障带来的损失，一个环路所带变压器容量按照不超过 10000kVA 设计。

11.2 城市配电网设施设计

11.2.1 高压配电网

1. 高压配电线路

35kV～110kV 配电线路设计原则，见表 11.2.1-1。

35kV～110kV 配电线路设计原则　　表 11.2.1-1

类　别	技术规定和要求
一般规定	1. 包括架空线路和电缆线路的高压配电线路应符合下列规定： (1) 为充分利用线路通道，市区高压架空线路宜采用同塔双回或多回架设； (2) 为优化配电网络结构，变电站宜按双侧电源进线方式布置，或采用低一级电压电源作为应急备用电源； (3) 市区 35kV～110kV 架空线路与其他设施有交叉跨越或接近时，应按照现行国家标准《66kV 及以下架空电力线路设计规范》GB 50061 和《110kV～750kV 架空输电线路设计规范》GB 50545 的有关规定进行设计。距易燃易爆场所的安全距离应符合现行国家标准《爆破安全规程》GB 6722 的有关规定。 (4) 市区内架空线路杆塔应适当增加高度，增加导线对地距离。杆塔结构的造型、色调应与环境相协调； 2. 架空配电线路跨越铁路、道路、河流等设施及各种架空线路交叉或接近的允许距离应符合表 11.2.1-2 的规定
设计要求	1. 气象条件应符合现行国家标准《66kV 及以下架空电力线路设计规范》GB 50061 和《110kV～750kV 架空输电线路设计规范》GB 50545 的有关规定； 2. 高压架空线路的路径选择应符合下列规定： (1) 应根据城市总体规划和城市道路网规划，与市政设施协调，与市区环境相适应；应避免拆迁，严格控制树木砍伐，路径力求短捷、顺直，减少与公路、铁路、河流、河渠的交叉跨越，避免跨越建筑物。 (2) 应综合考虑电网的近、远期发展，应方便变电站的进出线减少与其他架空线路的交叉跨越。 (3) 应尽量避开重冰区、不良地质地带和采动影响区，当无法避让时，应采取必要的措施；宜避开军事设施、自然保护区、风景名胜区、易燃、易爆和严重污染的场所，其防火间距应符合现行国家标准《建筑设计防火规范》GB 50016 的有关规定。 (4) 应满足对邻近通信设施的干扰和影响防护的要求，符合现行行业标准《输电线路对电信线路危险和干扰影响防护设计规范》DL/T 5033 的有关规定；架空配电线路与通信线路的交叉角应大于或等于：一级 40°，二级 25°。 3. 高压架空线路导线选择应符合下列规定： (1) 高压架空配电线路导线宜采用钢芯铝绞线、钢芯铝合金绞线；沿海及有腐蚀性地区可选用耐腐蚀型导线；在负荷较大的区域宜采用大截面或增容导线。 (2) 导线截面应按经济电流密度选择，可根据规划区域内饱和负荷值一次选定，并按长期允许发热和机械强度条件进行校验。 (3) 在同一城市配电网内导线截面应力求一致，每个电压等级可选用 2 种～3 种规格，35kV～110kV 架空线路宜根据表 11.2.1-3 的规定选择导线截面。

续表

<table>
<tr><th>类　别</th><th>技 术 规 定 和 要 求</th></tr>
<tr><td>设计要求</td><td>(4) 通过市区的架空线路应采用成熟可靠的新技术及节能型材料。导线的安全系数在线间距离及对地高度允许的条件下，可适当增加。
(5) 确定设计基本冰厚时，宜将城市供电线路和电气化铁路供电线路提高一个冰厚等级，宜增加5mm。地线设计冰厚应较导线冰厚增加5mm。
(6) 110kV和负荷重要且经过地区雷电活动强烈的66kV架空线路宜沿全线架设地线，35kV架空线路宜在进出线段架设1km～2km地线。架空地线宜采用铝包钢绞线或镀锌钢绞线。架空地线应满足电气和机械使用条件的要求，设计安全系数宜大于导线设计安全系数。
4. 绝缘子、金具、杆塔和基础应符合下列规定：
(1) 绝缘子应根据线路通过地区的污秽等级和杆塔型式选择。线路金具表面应热镀锌防腐。架空线路绝缘子的有效泄漏比距（cm/kV）应满足线路防污等级要求。绝缘子和金具的机械强度安全系数应满足现行国家标准《66kV及以下架空电力线路设计规范》GB 50061的规定。
(2) 城网通过市区的架空线路的杆塔选型应合理减少线路走廊占地面积。通过市区的高压配电线路宜采用自立式铁塔、钢管塔、钢管杆或紧凑型铁塔，并根据系统规划采用同塔双回或多回架设，在人口密集地区，可采用加高塔型。当采用多回塔或加高塔时，应考虑线路分别检修时的安全距离和同时检修对电网的影响以及结构的安全性；杆架结构、造型、色调应与环境相协调。
(3) 杆塔基础应根据线路沿线地质、施工条件和杆塔型式等综合因素选择，宜采用占地少的基础型式。电杆及拉线宜采用预制装配式基础；一般情况铁塔可选用现浇钢筋混凝土基础或混凝土基础；软土地基可采用桩基础等；有条件时应优先采用原状土基础、高低柱基础等有利于环境保护的基础型式</td></tr>
<tr><td>电缆截面选择和敷设方式</td><td>高压电缆线路的使用条件、路径选择、电缆型式、截面选择和敷设方式应符合下列规定和要求。
1 使用环境条件应符合下列规定。
(1) 高负荷密度的市中心区、大面积建筑的新建居民住宅区及高层建筑区，重点风景旅游区，对市容环境有特殊要求的地区，以及依据城市发展总体规划，明确要求采用电缆线路的地区。
(2) 走廊狭窄、严重污秽，架空线路难以通过或不宜采用架空线路的地区。
(3) 电网结构要求或供电可靠性、运行安全性要求高的重要用户的供电地区。
(4) 易受热带风暴侵袭的沿海地区主要城市的重要供电区。
2. 路径选择应符合下列规定：
(1) 应根据城市道路网规划，与道路走向相结合，电缆通道的宽度、深度应充分考虑城市建设远期发展的要求，并保证地下电缆线路与城市其他市政公用工程管线间的安全距离。应综合比较路径的可行性、安全性、维护便利及节省投资等因素。
(2) 电缆构筑物的容量、规模应满足远期规划要求，地面设施应与环境相协调。有条件的城市宜协调建设综合管道。
(3) 应避开易遭受机械性外力、过热和化学腐蚀等危害的场所。
(4) 应避开地下岩洞、水涌和规划挖掘施工的地方。
3. 电缆型式和截面选择宜符合下列规定：
(1) 电缆截面应根据输送容量、经济电流密度选择，并按长期发热、电压损失和热稳定进行校验。同一城市配电网的电缆截面应力求一致，每个电压等级可选用2种～3种规格，35kV～110kV电缆可依据表11.2.1-4的规定选择导体截面。</td></tr>
</table>

续表

<table>
<tr><th>类　别</th><th>技 术 规 定 和 要 求</th></tr>
<tr><td>电缆截面选择和敷设方式</td><td>(2) 宜选用交联聚乙烯绝缘铜芯电缆。
4. 电缆外护层和终端选择应符合下列规定：
(1) 电缆外护层应根据正常运行时导体最高工作温度条件选择，宜选用阻燃、防白蚁、鼠啮和真菌侵蚀的外护层；敷设于水下时电缆外护层还应采用防水层结构。
(2) 电缆终端选择宜采用瓷套式或复合绝缘电缆终端，电缆终端的额定参数和绝缘水平应与电缆相同。
5. 电缆敷设方式应根据电压等级、最终敷设电缆的数量、施工条件及初期投资等因素确定，可按不同情况采取以下方式：
(1) 直埋敷设适用于市区人行道、公园绿地及公共建筑间的边缘地带。
(2) 沟槽敷设适用于不能直接埋入地下且无机动车负载的通道。电缆沟槽内应设支架支撑、分隔，沟盖板宜分段设置。
(3) 排管敷设适用于电缆条数较多，且有机动车等重载的地段。
(4) 隧道敷设适用于变电站出线及重要街道电缆条数多或多种电压等级电缆线路平行的地段。隧道应在变电站选址及建设时统一规划、同步建设，并考虑与城市其他公用事业部门共同建设使用。
(5) 架空敷设适用于地下水位较高、化学腐蚀液体溢流、地面设施拥挤的场所和跨河桥梁处。架空敷设一般采用定型规格尺寸的桥架安装。架设于桥梁上的电缆，应利用桥梁结构，并防止由于桥架结构胀缩而使电缆损坏。
(6) 水下敷设应根据具体工程特殊设计。
(7) 根据城市规划，有条件时，经技术经济比较可采用与其他地下设施共用通道敷设。
6. 直埋敷设的电缆，严禁敷设在地下管道的正上方或正下方，电缆与电缆或电缆与管道、道路、构筑物等相互间的允许最小距离，见表 11.2.1-5</td></tr>
<tr><td>电缆防火</td><td>电缆防火应执行现行国家标准《火力发电厂与变电站设计防火规范》GB 50229 和《电力工程电缆设计规范》GB 50217 的有关规定，阻燃电缆和耐火电缆的应用应符合下列规定和要求：
1. 敷设在电缆防火重要部位的电力电缆，应选用阻燃电缆。
2. 重要的工业与公共设施的供配电电缆宜采用阻燃电缆。
3. 经过易燃、易爆场所、高温场所的电缆和用于消防、应急照明、重要操作直流电源回路的电缆应选用耐火电缆。
4. 自变、配电站终端引出的电缆通道或电缆夹层内的出口段电缆，应选用阻燃电缆或耐火电缆。
5. 对电缆可能着火导致严重事故的回路、易受外部影响波及火灾的电缆密集场所，应采用阻火分隔、封堵等防火措施</td></tr>
</table>

架空配电线路跨越铁路、道路、河流等设施及各种架空线路交叉或接近的允许距离（m）（GB 50613—2010）　　表 11.2.1-2

项目		铁路		公路		电车道	通航河流		不通航河流		弱电线路		电力线路(kV)						特殊管道	一般管道、索道	人行天桥
		标准轨距	电气化线路	高速，一、二级	三、四级	有轨及无轨					一、二级	三级	3～10	20	35～110	154～220	330	500			
导线在跨越档内的接头要求		不得接头	—	不得接头	—	不得接头	不得接头		—		不得接头	—	—		不得接头				不得接头		—
导线固定方式		双固定	—	双固定	—	双固定	双固定		—		—	—	双固定		—	—	—	—	双固定		—
最小垂直距离	线路电压(kV)	项目																			
		至轨顶	接触线或承力索	至路面		至承力索或接触线/至路面	至常年高水位	至最高航行水位的最高船桅顶	至最高洪水位	冬季至冰面	至被跨越线		至导线						至管道任何部分	至管、索道任何部分	至天桥上的栏杆顶
	110	7.5	3.0	7.0		3.0/10.0	6.0	2.0	3.0	6.0	3.0		3.0	3.0	3.0	4.0	5.0	6.0	4.0	3.0	6.0
	35～66	7.5	3.0	7.0		3.0/10.0	6.0	2.0	3.0	5.0	3.0		3.0	3.0	3.0	4.0	5.0	6.0	4.0	3.0	6.0
	20	7.5	3.0	7.0		3.0/10.0	6.0	2.0	3.0	5.0	2.5		3.0	3.0	3.0	4.0	5.0	8.5	4.0	3.0	6.0
	3～10	7.5	3.0	7.0		3.0/9.0	6.0	1.5	3.0	5.0	2.0		2.0	3.0	3.0	4.0	5.0	8.5	3.0	2.0	5.0
最小水平距离	线路电压(kV)	项目																			
		电杆外缘至轨道中心		电杆外缘至路基边缘			线路与拉纤小路平行时，边导线至斜坡上缘				在路径受限制地区，两线路边导线间		在路径受限制地区，两线路边导线间						至管道任何部分		导线边缘至人行天桥边缘
		交叉	平行	开阔地区	路径受限地区	市区内													开阔部分	路径受限地区	
	110	塔高加3.1m。对交叉，无法满足时，应适当减小，但不得小于30m		交叉：8.0m；平行：最高杆塔高	5.0	0.5	最高杆(塔)高				4.0		5.0	5.0	5.0	7.0	9.0	13.0	最高杆(塔)高	4.0	5.0
	35～66	30	最高杆塔高加3.1m		5.0	0.5					4.0		5.0	5.0	5.0	7.0	9.0	13.0		4.0	5.0
	20	10		1.0	1.0	0.5					3.5		3.5	3.5	5.0	7.0	9.0	13.0		3.0	5.0
	3～10	5		0.5	0.5	0.5					2.0		2.5	2.5	5.0	7.0	9.0	13.0		2.0	4.0
其他要求		1. 110kV 交叉； 2. 35kV～110kV 线路不宜在铁路出站信号机以内跨越		1. 1kV 以下配电线路和二、三级弱电线路，与公路交叉时，导线固定方式不限制； 2. 在不受环境和规划限制的地区，架空线路与国道、省道、县道、乡道的距离分别不应小于 20m、15m、10m 和 5m			1. 最高洪水位时，有抗洪船只航行的河流，垂直距离应协商确定； 2. 不通航河流指不能通航和浮运的河流； 3. 常年高水位指 5 年一遇洪水位； 4. 最高水位对小于或等于 20kV 线路，为 50 年一遇洪水位；对大于或等于 35kV 线路，为百年一遇洪水位				1. 两平行线路在开阔地区的水平距离不应小于电杆高度； 2. 弱电线路等级见附录 C		1. 两平行线路开阔地区的水平距离不应小于电杆高度； 2. 线路跨越时，电压高的线路应架设在上方，电压相同时，公用线应在专用线上方； 3. 电力线路与弱电线路交叉时，交叉档弱电线路的木质电杆应有防雷措施； 4. 对路径受限制地区的最小水平距离的要求，应计及架空电力线路导线的最大风偏						1. 特殊管道指架设在地面上的输送易燃、易爆物的管道； 2. 交叉点不应选在管道检查井(孔)处，与管道、索道平行、交叉时，管道、索道应接地		实际安装时，根据天桥规模协商确定

35kV～110kV 架空线路导体截面选择 **表 11.2.1-3**

电压（kV）	钢芯铝绞线导体截面（mm^2）						
110	630	500	400	300	240	185	—
66	—	500	400	300	240	185	150
35	—	—	—	300	240	185	150

注：截面较大时，可采用双分裂导线，如 2×185mm^2、2×240mm^2、2×300mm^2 等。

35kV～110kV 电缆截面选择 **表 11.2.1-4**

电压（kV）	电缆截面（mm^2）								
110	1200	1000	800	630	500	400	300	240	—
66	—	—	800	—	500	400	300	240	185
35	—	—	—	630	500	400	300	240	185

电缆与电缆或电缆与管道、道路、构筑物等相互间的允许最小距离（m）（GB 50613—2010）

表 11.2.1-5

<table>
<tr><th colspan="2" rowspan="2">电缆直埋敷设时的周围设施状况</th><th colspan="4">允许最小间距</th></tr>
<tr><th>平行</th><th>特殊条件</th><th>交叉</th><th>特殊条件</th></tr>
<tr><td colspan="2">控制电缆之间</td><td>—</td><td>—</td><td>0.50</td><td rowspan="7">当采用隔板分隔或电缆穿管时，间距应大于或等于 0.25m</td></tr>
<tr><td rowspan="2">电力电缆之间或与控制电缆之间</td><td>10kV 及以下电力电缆</td><td>0.10</td><td>—</td><td>0.50</td></tr>
<tr><td>10kV 以上电力电缆</td><td>0.25</td><td rowspan="2">隔板分隔或穿管时，应大于或等于 0.10m</td><td>0.50</td></tr>
<tr><td colspan="2">不同部门使用的电缆</td><td>0.50</td><td>0.50</td></tr>
<tr><td rowspan="3">电缆与地下管沟</td><td>热力管沟</td><td>2.00</td><td>特殊情况，可适当减小，但减小值不得大于 50%</td><td>0.50</td></tr>
<tr><td>油管或易（可）燃气管道</td><td>1.00</td><td>—</td><td>0.50</td></tr>
<tr><td>其他管道</td><td>0.50</td><td>—</td><td>0.50</td></tr>
<tr><td rowspan="2">电缆与铁路</td><td>非直流电气化铁路路轨</td><td>3.00</td><td>—</td><td>1.00</td><td rowspan="2">交叉时电缆应穿于保护管，保护范围超出路基0.50m以上</td></tr>
<tr><td>直流电气化铁路路轨</td><td>10.00</td><td>—</td><td>1.00</td></tr>
<tr><td colspan="2">电缆与树木的主干</td><td>0.70</td><td>—</td><td>—</td><td>—</td></tr>
<tr><td colspan="2">电缆与建筑物基础</td><td>0.60</td><td rowspan="5">特殊情况，可适当减小，但减小值不得大于 50%</td><td>—</td><td>—</td></tr>
<tr><td colspan="2">电缆与公路边</td><td>1.50</td><td>1.00</td><td rowspan="2">交叉时电缆应穿于保护管，保护范围超出路、沟边 0.50m 以上</td></tr>
<tr><td colspan="2">电缆与排水沟边</td><td>1.00</td><td>0.50</td></tr>
<tr><td colspan="2">电缆与 1kV 以下架空线杆</td><td>1.00</td><td>—</td><td>—</td></tr>
<tr><td colspan="2">电缆与 1kV 以上架空线杆塔基础</td><td>4.00</td><td>—</td><td>—</td></tr>
<tr><td colspan="2">与弱电通信或信号电缆</td><td colspan="2">按电力系统单相接地短路电流和平行长度计算决定</td><td>0.25</td><td>—</td></tr>
</table>

2. 高压变电站

35kV～110kV 变电站设计原则，见表 11.2.1-6。

35kV～110kV 变电站设计原则 **表 11.2.1-6**

类 别	技 术 规 定 和 要 求
布点原则	1. 变电站应根据电源布局、负荷分布、网络结构、分层分区的原则统筹考虑、统一规划。 2. 变电站应根据节约土地、降低工程造价的原则征用土地。 3. 变电站应满足负荷发展的需求，当已建变电站主变台数达到 2 台时，应考虑新增变电站布点的方案
站址选择	1. 符合城市总体规划用地布局和城市电网发展规划要求。 2. 站址占地面积应满足最终规模要求，靠近负荷中心，便于进出线的布置，交通方便。 3. 站址的地质、地形、地貌和环境条件适宜，能有效避开易燃、易爆、污染严重的地区，利于抗震和非危险的地区，满足防洪和排涝要求的地区。 4. 站内电气设备对周围环境和邻近设施的干扰和影响符合现行国家标准有关规定的地区
主接线方式、布置及主变压器台数	1. 变电站主接线方式应满足可靠性、灵活性和经济性的基本原则，根据变电站性质、建设规模和站址周围环境确定。主接线应力求简单、清晰，便于操作维护。各类变电站的电气主接线方式应符合本规范附录 A 的规定。 2. 变电站的布置应因地制宜、紧凑合理，尽可能节约用地。变电站宜采用占空间较小的全户内型或紧凑型变电站，有条件时可与其他建筑物混合建设，必要时可建设半地下或全地下的地下变电站。变电站配电装置的设计应符合现行行业标准《高压配电装置设计技术规程》DL/T 5352 的规定。 3. 变电站的主变压器台数最终规模不宜少于 2 台，但不宜多于 4 台，主变压器单台容量宜符合表 11.2.1-7 容量范围的规定。同一城网相同电压等级的主变压器宜统一规格，单台容量规格不宜超过 3 种
最终出线规模	1. 110kV 变电站 110kV 出线宜为 2 回～4 回，有电厂接入的变电站可根据需要增加至 6 回；每台变压器的 35kV 出线宜为 4 回～6 回，20kV 出线宜为 8 回～10 回，10kV 出线宜为 10 回～16 回。 2. 66kV 变电站 66kV 出线宜为 2 回～4 回；每台变压器的 10kV 出线宜为 10 回～14 回。 3. 35kV 变电站 35kV 出线宜为 2 回～4 回；每台变压器的 10kV 出线宜为 4 回～8 回
主要设备选择	1. 设备选择应坚持安全可靠、技术先进、经济合理和节能的原则，宜采用紧凑型，小型化、无油化、免维护或少维护、环保节能、并具有必要的自动功能的设备；智能变电站采用智能设备。 2. 主变压器应选用低损耗型，其外形结构、冷却方式及安装位置应根据当地自然条件和通风散热措施确定。 3. 10kV、20kV 开关柜宜采用封闭式开关柜，配真空断路器、弹簧操作机构。 4. 位于繁华市区、狭窄场地、重污秽区、有重要景观等场所的变电站宜优先采用 GIS 设备。根据站址位置和环境条件，有条件时也可采用敞开式 SF6 断路器或其他型式不完全封闭组合电器等。 5. 设备的短路容量应满足远期电网发展的需要。 6. 变电站站用电源宜采用两台变压器供电，站用变压器应接于不同的母线段。户内宜选用干式变压器，户外应选全密封油浸式变压器
过电压保护及接地	1. 配电线路和城市变电站的过电压保护应符合现行行业标准《交流电气装置的过电压保护和绝缘配合》DL/T 620 的规定，配电设备的耐受电压水平应符合表 11.2.1-8 的规定。 2. 变电站的接地应符合现行行业标准《交流电气装置的接地》DL/T 621 的有关规定。变电站接地网中易腐蚀且难以修复的场所的人工接地极宜采用铜导体，室内接地母线及设备接地线可采用钢导体

续表

类别	技术规定和要求
建筑结构	1. 变电站的建筑物及高压电气设备应根据重要性按国家公布的所在区地震烈度等级设防。 2. 变电站建筑物宜造型简单、色调清晰，建筑风格与周围环境、景观、市容风貌相协调。建筑物应满足生产功能和工业建筑的要求，土建设施宜按规划规模一次建成，辅助设施、内外装修应满足需要、从简设置、经济、适用。 3. 变电站应采取有效的消防措施，并应符合现行国家标准《火力发电厂与变电站设计防火规范》GB 50229 的有关规定

变电站主变压器单台容量范围　　　表 11.2.1-7

变电站最高电压等级（kV）	主变压器电压比（kV）	单台主变压器容量（MVA）
110	110/35/10	31.5、50、63
	110/20	40、50、63、80
	110/10	31.5、40、50、63
66	66/20	40、50、63、80
	66/10	31.5、40、50
35	35/10	5、6.3、10、20、31.5

高、中压配电设备的耐受电压水平　　　表 11.2.1-8

标称电压（kV）	设备最高电压（kV）	设备种类	雷电冲击耐受电压峰值（kV）				短时工频耐受电压有效值（kV）			
			相对地	相间	断口		相对地	相间	断口	
					断路器	隔离开关			断路器	隔离开关
110	126	变压器	450/480		—	—	185/200		—	—
		开关	450、550		450、550	520、630	200、230		200、230	225、265
66	72.5	变压器	350		—	—	150		—	—
		开关	325	325	325	375	155	155	155	197
35	40.5	变压器	185/200		—	—	80/85		—	—
		开关	185	185	185	215	95	95	95	118
20	24	变压器	125（95）		—	—	55（50）		—	—
		开关	125	125	125	145	65	65	65	79
10	12	变压器	75（60）		—	—	35（28）		—	—
		开关	75（60）		75（60）	85（70）	42（28）		42（28）	49（35）
0.4	—	开关	4～12				2.5			

注：1. 分子、分母数据分别对应外绝缘和内绝缘。

2. 括号内、外数据分别对应是、非低电阻接地系统。

3. 低压开关设备的工频耐受电压和冲击耐受电压取决于设备的额定电压、额定电流和安装类别。

11.2.2 中压配电网

1. 中压配电线路。

6kV～20kV 配电线路设计原则，见表 11.2.2-1。

6kV～20kV 配电线路设计原则　　表 11.2.2-1

类　别	技术规定和要求
一般规定	1. 中压配电线路的规划设计应符合下列规定： （1）中心城区宜采用电缆线路，郊区、一般城区和其他无条件采用电缆的地段可采用架空线路。 （2）架空线路路径的选择应符合第 11.2.1 节表 11.2.1-2 和表 11.2.1-1 中设计要求的规定。 （3）电缆的应用条件、路径选择、敷设方式和防火措施应符合第 11.2.1 节表 11.2.1-1 中的有关规定。 （4）配电线路的分段点和分支点应装设故障指示器。 2. 中压架空线路的设计应符合下列规定： （1）在下列不具备采用电缆型式供电区域，应采用架空绝缘导线线路： ①线路走廊狭窄，裸导线架空线路与建筑物净距不能满足安全要求时； ②重污秽区； ③高层建筑群地区； ④人口密集，繁华街道区； ⑤风景旅游区及林带区； ⑥建筑施工现场。 （2）导线和截面选择应符合下列规定： ①架空导线宜选择钢芯铝绞线及交联聚乙烯绝缘线； ②导线截面应按温升选择，并按允许电压损失、短路热稳定和机械强度条件校验，有转供需要的干线还应按转供负荷时的导线安全电流验算。线路允许电压降与用户供电电压允许偏差有关，各级配网电压的损失分配，见表 11.2.2-2。各类导体的长期工作允许温度和短路耐受温度，见表 11.2.2-3； ③为方便维护管理，同一供电区，相同接线和用途的导线截面宜规格统一，不同用途的导线截面宜按表 11.2.2-4 的规定选择。 （3）中压架空线路杆塔应符合下列规定： ①同一变电站引出的架空线路宜多回同杆（塔）架设，但同杆（塔）架设不宜超过四回； ②架空配电线路直线杆宜采用水泥杆，承力杆（耐张杆、转角杆、终端杆）宜采用钢管杆或窄基铁塔； ③架空配电线路宜采用 12m 或 15m 高的水泥杆，必要时可采用 18m 高的水泥杆； ④各类杆塔的设计、计算应符合现行国家标准《66kV 及以下架空电力线路设计规范》GB 50061 的有关规定。 （4）中压架空线路的金具、绝缘子应符合下列规定： ①中压架空配电线路的绝缘子宜根据线路杆塔型式选用针式绝缘子、瓷横担绝缘子或蝶式绝缘子； ②重污秽及沿海地区，按架空线路通过地区的污秽等级采用相应外绝缘爬电比距的绝缘子； ③架空配电线路宜采用节能金具，绝缘导线金具宜采用专用金具； ④城区架空配电线路宜选用防污型绝缘子。黑色金属制造的金具及配件应采用热镀锌防腐； ⑤绝缘子和金具的安装设计宜采用安全系数法，绝缘子和金具机械强度的验算及安全系数应符合现行国家标准《66kV 及以下架空电力线路设计规范》GB 50061 的有关规定

续表

类 别	技术规定和要求
线路设计和电缆选择	1. 电缆截面应按线路敷设条件校正后的允许载流量选择，并按允许电压损失、短路热稳定等条件校验，有转供需要的主干线应验算转供方式下的安全载流量，电缆截面应留有适当裕度；电缆缆芯截面宜按表 11.2.2-4 的规定选择。 2. 中压电缆的缆芯对地额定电压应满足所在电力系统中性点接地方式和运行要求。中压电缆的绝缘水平应符合表 11.2.2-5 的规定；按照电缆制造标准的规定，根据电缆绝缘水平及其应用条件分为 3 类，见表 11.2.2-6。 3. 中压电缆宜选用交联聚乙烯绝缘电缆。 4. 电缆敷设在有火灾危险场所或室内变电站时，应采用难燃或阻燃型外护套。 5. 电缆线路的设计应符合现行国家标准《电力工程电缆设计规范》GB 50217 的有关规定

各级配网电压损失分配 **表 11.2.2-2**

配电电压等级(kV)	各级配网电压损失分配（%）		供电电压允许偏差（%）
	变压器	线路	
110、66	2～5	4.5～7.5	35kV 及以上供电电压允许偏差的绝对值之和小于或等于 10
35	2～4.5	2.5～5	
20、10 及以下	2～4	8～10	20kV 或 10kV 及以下三相供电电压允许偏差小于或等于±7 220V 单相供电电压允许偏差小于或等于+7.5 与−10
其中：20、10 线路	—	2～4	
配电变压器	2～4	—	
低压线路（包括接户线）	—	4～6	

各类导体的长期工作允许温度和短路耐受温度 **表 11.2.2-3**

电缆绝缘种类	交联聚乙烯	聚氯乙烯	橡皮绝缘	乙丙橡胶	裸铝、铜母线、绞线
电压等级（kV）	1～110	1～6	0.5	—	—
长期工作允许温度（℃）	90	70	60	90	70～80
短路耐受温度（℃）	250	140～160	200	250	200～300

注：表中长期工作允许温度和短路耐受温度均指各种一般的常规绝缘材料。对阻燃或耐火电缆，其特性为在供火时间 20～90min 内，供火温度达 800℃～1000℃。

中压配电线路导线截面选择 **表 11.2.2-4**

线路型式	主干线（mm^2）				分支线（mm^2）			
架空线路	—	240	185	150	120	95	70	
电缆线路	500	400	300	240	185	150	120	70

注：1. 主干线主要指从变电站馈出的中压线路、开关站的进线和中压环网线路。

2. 分支线是指引至配电设施的线路。

3. 20kV 配电线路，其导线截面选择与 10kV 线路共用表 11.2.2-4。

中压电缆绝缘水平选择（kV） 表 11.2.2-5

系统标称电压，U_n		10		20	
电缆额定电压 U_o/U	U_o 第一类*	6/10	—	12/20	—
	U_o 第二类**	—	8.7/10	—	18/20
缆芯之间的工频最高电压 U_{max}		12		24	
缆芯对地雷电冲击耐受电压峰值 U_{Pl}		75	95	125	170

注：1. * 指中性点有效接地系统；

2. ** 指中性点非有效接地系统。

电缆绝缘水平及其应用条件分类 表 11.2.2-6

分类	定义
A类	一相导体与地或接地导体接触时，应在 1min 内与系统分离。采用 100%使用回路工作相电压，适用于中性点直接接地或低电阻接地、任何情况故障切除时间不超过 1min 的系统
B类	可在单相接地故障时作短时运行，接地故障时间不宜超过 1h，任何情况下不得超过 8h，每年接地故障总持续时间不宜超过 125h。适用于中性点经消弧线圈或高电阻接地的系统
C类	不属于 A 类、B 类的系统。通常采用 150%～173%使用回路工作相电压，适用于中性点不接地、带故障运行时间超过 8h 的系统，或电缆绝缘有特殊要求的场合

2. 目前对 10kV 低电阻接地系统，可选择额定电压为 6/10kV 的电缆，对 10kV 经消弧线圈接地的系统宜选择额定电压为 8.7/10kV 的电缆。一些城市考虑电缆敷设环境恶劣，经技术经济比较选用额定电压为 8.7/15kV 的电力电缆，以提高其绝缘强度。

对 20kV 电压，可根据上述类似条件选用 12/20kV 电缆和 18/20kV 电缆。

新建的 20kV 供电区，应根据建设规模、发展规划以及当地经济发展水平，合理确定 20kV 配电网的绝缘水平。

3. 中压配电设施，配电设备选择。

6kV～20kV 配电设施、配电设备选择，见表 11.2.2-7。

6kV～20kV 配电设施、配电设备选择 表 11.2.2-7

类别	技术规定和要求
开关站	1. 当变电站的 10（20）kV 出线走廊受到限制、10（20）kV 配电装置馈线间隔不足且无扩建余地时，宜建设开关站。开关站应配合城市规划和市政建设同步进行，可单独建设，也可与配电站配套建设。 2. 开关站宜根据负荷分布均匀布置，其位置应交通运输方便，具有充足的进出线通道，满足消防、通风、防潮、防尘等技术要求。 3. 中压开关站转供容量可控制在 10MVA～30MVA，电源进线宜为 2 回或 2 进 1 备，出线宜为 6 回～12 回。开关站接线应简单可靠，宜采用单母线分段接线
配变电站设计	1. 配电站站址设置应符合下列规定： （1）配电站位置应接近负荷中心，并按照配电网规划要求确定配电站的布点和规模。站址选择应符合现行国家标准《20kV 及以下变电所设计规范》GB 50053 的有关规定。 （2）位于居住区的配电站宜按"小容量、多布点"的原则设置。

续表

类 别	技 术 规 定 和 要 求
配变电站设计	2. 室内配电站应符合下列规定： (1) 室内站可独立设置，也可与其他建筑物合建。 (2) 室内站宜按两台变压器设计，通常采用两路进线，变压器容量应根据负荷确定，宜为315kVA～1000kVA。 (3) 变压器低压侧应按单母线分段接线方式，装设分段断路器；低压进线柜宜装设配电综合监测仪。 (4) 配电站的型式、布置、设备选型和建筑结构等应符合现行国家标准《20kV及以下变电所设计规范》GB 50053的有关规定。 3. 预装箱式变电站应符合下列规定： (1) 受场地限制无法建设室内配电站的场所可安装预装箱式变电站；施工用电、临时用电可采用预装箱式变电站。预装箱式变电站只设1台变压器。 (2) 中压预装箱式变电站可采用环网接线单元，单台变压器容量宜为315kVA～630kVA，低压出线宜为4回～6回。 (3) 预装箱式变电站宜采用高燃点油浸变压器，需要时可采用干式变压器。 (4) 受场地限制无法建设地上配电站的地方可采用地下预装箱式配电站。地下预装箱式配电站应有可靠的防水防潮措施。 4. 台架式变压器应符合下列规定： (1) 台架变应靠近负荷中心。变压器台架宜按最终容量一次建成。变压器容量宜为500kVA及以下，低压出线宜为4回及以下。 (2) 变压器台架对地距离不应低于2.5m，高压跌落式熔断器对地距离不应低于4.5m。 (3) 高压引线宜采用多股绝缘线，其截面按变压器额定电流选择，但不应小于25mm²。 (4) 台架变的安装位置应避开易受车辆碰撞及严重污染的场所，台架下面不应设置可攀爬物体。 (5) 下列类型的电杆不宜装设变压器台架：转角、分支电杆；设有低压接户线或电缆头的电杆；设有线路开关设备的电杆；交叉路口的电杆；人员易于触及和人口密集地段的电杆；有严重污秽地段的电杆
配电变压器	1. 配电变压器应选用符合国家标准要求的环保节能型变压器。 2. 配电变压器的耐受电压水平应满足第11.2.1节表11.2.1-8的规定。 3. 配电变压器的容量宜按下列范围选择： (1) 台架式单相配电变压器不宜大于50kVA。 (2) 台架式三相配电变压器宜为50kVA～500kVA。 (3) 配电站内油浸变压器不宜大于630kVA，干式变压器不宜大于1000kVA。 4. 配电变压器运行负载率宜按60%～80%设计
配电开关设备	1. 中压开关设备应满足环境使用条件、正常工作条件的要求，其短路耐受电流和短路分断能力应满足系统短路热稳定电流和动稳定电流的要求。 2. 设备参数应满足负荷发展的要求，并应符合网络的接线方式和接地方式的要求。 3. 断路器柜应选用真空或六氟化硫断路器柜系列；负荷开关环网柜宜选用六氟化硫或真空环网柜系列。在有配网自动化规划的区域，设备选型应满足配电网自动化的遥测、遥信和遥控的要求，断路器应具备电动操作功能；智能配电站应采用智能设备。 4. 安装于户外、地下室等易受潮或潮湿环境的设备，应采用全封闭的电气设备
电缆分接箱	1. 电缆分接箱内宜预留备用电缆接头。主干线上不宜使用电缆分接箱。 2. 电缆分接箱宜采用屏蔽型全固体绝缘，外壳应满足使用场所的要求，应具有防水、耐雨淋及耐腐蚀性能

续表

类　别	技 术 规 定 和 要 求
柱上开关及跌落式熔断器	1. 架空线路分段、联络开关应采用体积小、少维护的柱上无油化开关设备，当开关设备需要频繁操作和放射型较大分支线的分支点宜采用断路器。 2. 户外跌落式熔断器应满足系统短路容量要求，宜选用可靠性高、体积小和少维护的新型熔断器
过电压保护和接地	1. 中低压配电线路和配电设施的过电压保护和接地设计应符合现行行业标准《交流电气装置的过电压保护和绝缘配合》DL/T 620 和《交流电气装置的接地》DL/T 621 的有关规定。 2. 中低压配电线路和配电设施的过电压保护宜采用复合型绝缘护套氧化锌避雷器。 3. 采用绝缘导线的中、低压配电线路和与架空线路相连接的电缆线路，应根据当地雷电活动情况和实际运行经验采取防雷措施

11.2.3 低压配电网

1. 低压配电线路

0.38kV 配电线路设计原则，见表 11.2.3-1。

0.38kV 配电线路设计原则　　表 11.2.3-1

类　别	技 术 规 定 和 要 求
一般规定	1. 低压配电线路应根据负荷性质、容量、规模和路径环境条件选择电缆或架空型式，架空线路的导体根据路径环境条件可采用普通绞线或架空绝缘导线。 2. 低压配电导体系统宜采用单相二线制、两相三线制、三相三线制和三相四线制。低压配电导体系统分类，见表 11.2.3-2
架空线路	1. 架空线路宜采用架空绝缘线，架设方式可采用分相式或集束式。当采用集束式时，同一台变压器供电的多回低压线路可同杆架设。 2. 架空线路宜采用不低于 10m 高的混凝土电杆，也可采用窄基铁塔或钢管杆。 3. 导线宜采用铜芯或铝芯绝缘线，导体截面按 3a 规划负荷确定，线路末端电压应符合现行国家标准《电能质量　供电电压偏差》GB/T 12325 的有关规定。导线截面宜按表 11.2.3-3 的规定选择。 4. 导线采用垂直排列时，同一供电台区导线的排列和相序应统一，中性线、保护线或保护中性线（PEN 线）不应高于相线。采用水平排列时，中性线、保护线或保护中性线（PEN 线）应排列在靠建筑物一侧
电缆线路	1. 低压电缆的芯数应根据低压配电系统的接地型式确定，TT 系统、TN-C 或中性线和保护线部分共用系统（TN-C-S）应采用四芯电缆，TN-S 系统应采用五芯电缆。 2. 低压电缆的额定电压（U_o/U）宜选用 0.6kV/1kV。 3. 电缆截面规格宜取 2 种～3 种，宜按表 11.2.3-3 的规定选择。 4. 沿同一路径敷设电缆的回路数为 4 回及以上时，宜采用电缆沟敷设；4 回以下时，宜采用槽盒式直埋敷设。在道路交叉较多、路径拥挤地段而不宜采用电缆沟和直埋敷设时，可采用电缆排管敷设。在北方地区，当采用排管敷设方式时，电缆排管应敷设在冻土层以下

低压配电导体系统分类　　表 11.2.3-2

电源种类	交流							直流	
相数	单相		二相		三相			—	
导体类型	二线	三线	三线	四线	三线	四线	五线	二线	三线
常用方式	二线	—	三线	—	—	四线	—	二线	—

低压配电线路导线截面选择　　表 11.2.3-3

导线型式	主干线（mm^2）				分支线（mm^2）			
架空绝缘线	240	185	—	120	—	95	70	50
电缆线路	240	185	150	—	120	95	70	—
中性线	低压三相四线制中的 N 线截面，宜与相线截面相同							
保护线	当相线截面≤16mm^2，宜和相线截面相同；相线截面＞16mm^2，宜取 16mm^2；相线截面＞35mm^2，宜取相线截面的 50％							

2. 低压配电设备选择和接地

低压配电设备选择和接地，见表 11.2.3-4。

0.38kV 配电设备选择和接地　　表 11.2.3-4

类　别	技术规定和要求
开关设备的配置和选型	1. 配电变压器低压侧的总电源开关和低压母线分段开关，当需要自动操作时，应采用低压断路器。断路器应具有必要的功能及可靠的性能，并能实现连锁和闭锁。 2. 开关设备的额定电压、额定绝缘电压、额定冲击耐受电压应满足环境条件、系统条件、安装条件和设备结构特性的要求。 3. 设备应满足正常环境使用条件和正常工作条件下接通、断开和持续额定工况的要求，应满足短路条件下耐受短路电流和分断能力的要求。 4. 具有保护功能的低压断路器应满足可靠性、选择性和灵敏性的规定
隔离电器的配置和选型	1. 自建筑外引入的配电线路，应在室内靠近进线点便于操作维护的地方装设隔离电器。 2. 低压电器的冲击耐压及断开触头之间的泄漏电流应符合现行国家标准的规定。 3. 隔离电器的结构和安装，应能可靠地防止意外闭合。 4. 隔离电器可采用单极或多极隔离开关、隔离插头、插头或插座等型式，半导体电器不应用作隔离电器。 5. 低压电器触头之间的隔离距离应是可见的或明显的，并有“合”(I) 或“断”(O) 的标记
导体材料选型	1. 导体材料及电缆电线可选用铜线或铝线。民用建筑宜采用铜芯电缆或电线，下列场所应选用铜芯电缆或电线： (1) 易燃易爆场所。 (2) 移动设备或剧烈震动场所。 (3) 特别潮湿场所和对铝有腐蚀场所。 (4) 人员聚集的场所，如影剧院、商场、医院、娱乐场所等。 (5) 重要的资料室、计算机房、重要的库房。 (6) 有特殊规定的其他场所。 2. 导体的类型应根据敷设方式及环境条件选择

续表

类 别	技 术 规 定 和 要 求
接地型式	1. 低压配电系统的接地型式和接地电阻应符合现行行业标准《交流电气装置的接地》DL/T 621 的有关规定，接地型式应按下列规定选择： (1) 低压配电系统可采用TN和TT接地型式，一个系统只应采用一种接地型式。 (2) 有专业人员维护管理的一般性厂房和场所的电气装置应采用TN-C接地型式。 (3) 设有变电所的公共建筑和场所的电气装置和施工现场专用的中性点直接接地电力设施应采用TN-S接地型式。 (4) 无附设变电所的公共建筑和场所的电气装置应采用TN-C-S接地型式，其保护中性导体应在建筑物的入口处作等电位联结并重复接地。 (5) 在无等电位联结的户外场所的电气装置和无附设变电所的公共建筑和场所的电气装置可采用TT接地型式。当采用TT接地型式时，除变压器低压侧中性点直接接地外，中性线不得再接地，且保持与相线同等的绝缘水平。 2. 建筑物内的低压电气装置应采用等电位联接。 3. 低压漏电保护的配置和选型应符合下列规定： (1) 采用TT或TN-S接地型式的配电系统，漏电保护器应装设在电源端和负荷端，根据需要也可再在分支线端装设漏电保护器。 (2) 采用TN-C-S接地型式的配电系统，应在负荷端装设漏电保护器，采用TN-C接地型式的配电系统，需对用电设备采用单独接地、形成局部TT系统后采用末级漏电保护器。TN-C-S和TN-C接地系统不应装设漏电总保护和漏电中级保护。 (3) 低压配电系统采用两级及以上的漏电保护时，各级漏电保护器的动作电流和动作时间应满足选择性配合要求。 (4) 主干线和分支线上的漏电保护器应采用三相（三线或四线）式，末级漏电保护器根据负荷特性采用单相式或三相式

11.2.4 配电网二次部分

根据现行国家标准《城市配电网规划设计规范》GB 50613 的规定，配电网二次部分的规划设计，见表 11.2.4-1。

配电网二次部分规划设计　　表 11.2.4-1

类 别	技 术 规 定 和 要 求
继电保护和自动装置	1. 继电保护和自动装置配置应满足可靠性、选择性、灵敏性、速动性的要求，继电保护装置宜采用成熟可靠的微机保护装置。继电保护和自动装置配置应符合现行国家标准《继电保护和安全自动装置技术规程》GB/T 14285 的有关规定。 2. 高压配电设施继电保护及自动装置的配置应符合下列规定： (1) 35kV～110kV 配电设施继电保护及自动装置配置宜根据表 11.2.4-2 的规定经计算后配置； (2) 保护通道应符合下列规定： ①每回线路保护应有4芯纤芯，线路两端的变电站，应为每回线路保护提供两个复用通道接口。 ②为满足纵联保护通道可靠性的要求，应采用光缆传输通道，纤芯数量应满足保护通道的需要； 3. 中、低压配电设施继电保护及自动装置宜按表 11.2.4-3 的规定配置
变电站自动化	1. 35kV～110kV 变电站应按无人值班模式设计，根据规划可建设智能变电站。 2. 应采用分层、分布、开放式网络结构的计算机监控系统。系统可由站控层、间隔层和网络设备等构成，站控层和间隔层设备宜分别按远景规模和实际建设规模配置。 3. 通信介质，二次设备室内宜采用屏蔽双绞线，通向户外的应采用光缆

续表

类　别	技 术 规 定 和 要 求
配电自动化	1. 配电自动化的规划和实施应符合下列规定： (1) 配电自动化规划应根据城市电网发展及运行管理需要，按照因地制宜、分层分区管理的原则制定。 (2) 配电自动化的建设应遵循统筹兼顾、统一规划、优化设计、局部试点、远近结合、分步进行的原则实施；配电自动化应建设智能配电网创造条件。 (3) 配电自动化的功能应与城市电网一次系统相协调，方案和设备选择应遵循经济、实用的原则，注重其性能价格比，并在配电网架结构相对稳定、设备可靠、一次系统具有一定的支持能力的基础上实施。 (4) 配电自动化的实施方案应根据应用需求、发展水平和可靠性要求的不同分别采用集中、分层、就地自动控制的方式。 2. 配电自动化结构宜符合下列规定： (1) 配电自动化系统应包括配电主站、配电子站和配电远方终端。配电远方终端包括配电网馈线回路的柱上和开关柜馈线远方终端（FTU)、配电变压器远方监控终端（TTU)、开关站和配电站远方监控终端（DTU)、故障监测终端等。配电自动化系统组成结构，见图 11.2.4-1。 (2) 系统信息流程为：配电远方终端实施数据采集、处理并上传至配电子站或配电主站，配电主站或子站通过信息查询、处理、分析、判断、计算与决策，实时对远方终端实施控制、调度命令并存储、显示、打印配电网信息，完成整个系统的测量、控制和调度管理。 3. 配电自动化宜具备下列功能： (1) 配电主站应包括实时数据采集与监控功能： ①数据采集和监控包括数据采集、处理、传输，实时报警、状态监视、事件记录、遥控、定值远方切换、统计计算、事故追忆、历史数据存储、信息集成、趋势曲线和制表打印等功能； ②馈电线路自动化正常运行状态下，能实现运行电量参数遥测、设备状态遥信、开关设备的遥控、保护、自动装置定值的远方整定以及电容器的远方投切。事故状态下，实现故障区段的自动定位、自动隔离、供电电源的转移及供电恢复。 (2) 配电子站应具有数据采集、汇集处理与转发、传输、控制、故障处理和通信监视等功能。 (3) 配电远方终端应具有数据采集、传输、控制等功能。也可具备远程维护和后备电池高级管理等功能
配电网通信	1. 配电网通信应满足配电网规模、传输容量、传输速率的要求，遵循可靠、实用、扩容方便和经济的原则。 2. 通信介质可采用光纤、电力载波、无线、通信电缆等种类。优先使用电力专网通信，使用公网通信时，必须考虑二次安全防护措施。 3. 配电远方终端至子站或主站的通信宜选用通信链路，采用链型或自愈环网等拓扑结构；当采用其他通信方式时，同一链路和环网中不宜混用多种通信方式。 4. 通信系统应采用符合国家现行有关标准并适合本系统要求的通信规约
电能计量	1. 电能计量装置应符合下列规定： (1) 电能计量装置分类及准确度选择应符合表 11.2.4-4 的规定： (2) 计量互感器选型及接线应符合下列规定： ①Ⅰ、Ⅱ、Ⅲ类计量装置应配置计量专用电压、电流互感器或者专用二次绕组；专用电压、电流互感器或专用二次回路不得接入与电能计量无关的设备； ②Ⅰ、Ⅱ类计量装置中电压互感器二次回路电压降不应大于其额定二次电压的 0.2%；其他计量装置中电压互感器二次回路电压降不应大于其额定二次电压的 0.5%；

续表

类　别	技术规定和要求
电能计量	③计量用电流互感器的一次正常通过电流宜达到额定值的60%左右，至少不应小于其额定电流的30%，否则应减小变比并选用满足动热稳定要求的电流互感器； ④互感器二次回路的连接导线应采用铜质单芯绝缘线，电流二次回路连接导线截面按互感器额定二次负荷计算确定，不应小于4mm²。电压二次回路连接导线截面按允许电压降计算确定，不应小于2.5mm²； ⑤互感器实际二次负载应在其25%～100%额定二次负荷范围内； ⑥35kV以上关口电能计量装置中电压互感器二次回路，不应经过隔离开关辅助接点，但可装设专用低阻空气开关或熔断器。35kV及以下关口电能计量装置中电压互感器二次回路，不应经过隔离开关辅助接点和熔断器等保护电器。 （3）电能表应符合下列规定： ①110kV及以上中性点有效接地系统和10kV、20kV、35kV中性点非绝缘系统应采用三相四线制电能表；10kV、20kV、35kV中性点绝缘系统应采用三相三线制电能表； ②关口电能表标定电流不应超过电流互感器额定电流的30%，其最大电流应为电流互感器额定电流的120%左右； ③全电子式多功能电能表应为有功多费率、双向计量、8个时段以上，配有RS485或232数据通信口，具有数据采集、远传功能、失压计时和四象限无功电能。 2. 计量点的设置应符合下列规定： （1）高、中压关口计量点应设置在供用电设施的产权分界处或合同协议中规定的贸易结算点。产权分界处不具备装表条件时，关口电能计量装置可安装在变压器高压侧或联络线的另一端，变压器、母线或线路等的损耗和无功电量应协商确定，由产权所有者负担。对110kV及以下的配电网，关口计量点设置及计量装置配置应符合下列规定： ①35kV～110kV终端变电站主变压器中低压侧按关口计量点配置Ⅰ或Ⅱ类计量装置； ②各供电企业之间的110kV及以下电压等级的联络线及馈线关口计量点设在主送电端； ③对10kV专用线路供电的用户，应采用高压计量方式，对非专线供电的专变用户宜根据配电变压器的容量采用高压或低压计量方式，并相应配置Ⅲ类或Ⅳ类关口计量箱。 （2）低压电能计量点设置应符合下列规定： ①用户专用变压器低压侧应配置Ⅳ类关口计量装置，采用标准的低压电能计量柜或电能计量箱； ②多层或高层建筑内的电能计量箱应集中安装在便于抄表和维护的地方；在居民集中的小区，应装设满足计费系统要求的低压集中（自动）抄表装置； ③居民住宅、别墅小区等非专用变供电的用户应按政府有关规定实施“一户一表，按户装表”，消防、水泵、电梯、过道灯、楼梯灯等公用设施应单独装表； ④电能计量箱宜采用非金属复合材料壳体，当采用金属材料计量箱时，壳体应可靠接地。 3. 变电站和大容量用户的电量自动采集系统应符合下列规定： （1）110kV、35kV和10kV变配电站及装见容量为315kVA及以上的大容量用户宜设置电量自动采集系统。 （2）电量自动采集系统应具有下列功能： ①数据自动采集； ②供电质量监测； ③计量装置监测； ④电力负荷控制； ⑤电力电量数据统计分析等。 （3）电量自动采集系统的性能和通信接口应符合下列规定： ①性能可靠、功能完善、数据精确，具有开放性、可扩展性、良好的兼容性和易维护性； ②通信信道应安全、成熟、可靠，能支持多种通信方式； ③通信终端应具有远程在线升级终端应用程序功能； ④通信接口方便、灵活，通信规约应符合国家标准

35kV～110kV 配电设施继电保护及自动装置配置　　表 11.2.4-2

被保护设备名称	保护类别		
	主保护	后备保护	自动装置
110kV 主变压器	带制动的差动、重瓦斯	高压复合电压过流，零序电流，间隙电流，过压，低压复合电压过流，过负荷，轻瓦斯，温度	—
35kV、66kV 主变压器	带制动的差动、重瓦斯	高压复合电压过流，低压复合电压过流，过负荷，轻瓦斯，温度	—
110kV 线路	纵联电流差动，距离Ⅰ（t/0）	相间-距离Ⅱ（t）Ⅲ（t）接地-零序Ⅰ（t/0）Ⅱ（t）Ⅲ（t）	备自投/三相一次重合闸*
35kV、66kV 线路	速断 t/0、	过流 t，单相接地 t	低周减载，三相一次重合闸
	纵联电流差动	过流 t，单相接地 t	电缆和架空短线路，电流电压保护不能满足要求时装设
10kV、20kV 线路	速断 t/0	过流 t，单相接地 t	低周减载，三相一次重合闸
	纵联电流差动	过流 t，单相接地 t	电缆、架空短线路和要求装设的线路
10kV、20kV 电容器	短延时速断 t/0	内部故障：熔断器-低电压，单、双星-不平衡电压保护过电压、过电流、单相接地保护	电容自动投切
10kV、20kV 接地变压器	速断 t/0	过流 t，零序Ⅰ（t）Ⅱ（t），瓦斯	保护出口三时段：分段，本体，主变低压
10kV、20kV 站用变压器	速断 t/0	过流 t，零序Ⅰ（t）Ⅱ（t），瓦斯	380V 分段开关应设备自投装置，空气开关应设操作单元
10kV、20kV 分段母线	宜采用不完全差动	过流 t	备自投，PT 并列装置

注：*架空线路或电缆、架空混合线路，如用电设备允许且无备用电源自动投入时，应装设重合闸。

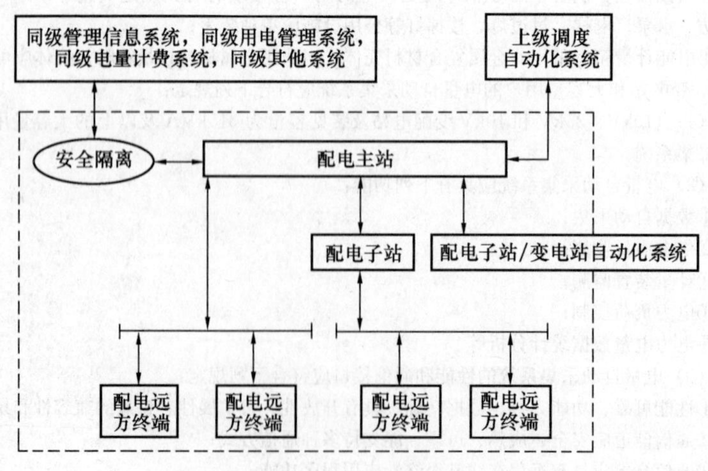

图 11.2.4-1　配电自动化系统组成结构

中、低压配电设施继电保护和自动装置配置　　表 11.2.4-3

<table>
<tr><th colspan="2">被保护设备名称</th><th>保 护 配 置</th></tr>
<tr><td rowspan="4">10/0.4kV
配电变压器</td><td>油式<800kVA</td><td rowspan="2">高压侧采用熔断器式负荷开关环网柜，用限流熔断器作为速断和过流、过负荷保护</td></tr>
<tr><td>干式<1000kVA</td></tr>
<tr><td>油式≥800kVA</td><td rowspan="2">高压侧采用断路器柜、配置速断、过流、过负荷、温度、瓦斯（油浸式）保护，对重要变压器，当电流速断保护灵敏度不符合要求时也可采用纵差保护</td></tr>
<tr><td>干式≥1000kVA</td></tr>
<tr><td colspan="2">10kV、20kV 配电线路</td><td>1. 宜采用三相、两段式电流保护，视线路长度、重要性及选择性要求设置瞬时或延时速断，保护装在电源侧，远后备方式，配用自动重合闸装置；
2. 电缆和架空短线路采用纵联电流差动，配电流后备；
3. 环网线路宜开环运行，平行线路不宜并列运行，合环运行的配电网应配置纵差保护；
4. 对于低电阻接地系统应配置两段式零序电流保护；
5. 零序电流构成方式：电缆线路或经电缆引出的架空线路，宜采用零序电流互感器；对单相接地电流较大的架空线路，可采用三相电流互感器组成零序电流滤过器</td></tr>
<tr><td colspan="2">0.4kV 配电线路</td><td>配置短路过负荷、接地保护，各级保护应具有选择性。空气断路器或熔断器的长延动作电流应大于线路的计算负荷电流，小于工作环境下配电线路的长期允许载流量</td></tr>
<tr><td colspan="2">配电设施自动装置</td><td>1. 具有双电源的配电装置，在按原定计划进线侧应设备用电源自投装置；在工作电源断开后，备用电源动作投入，且只能动作一次，但在后一级设备发生短路、过负荷、接地等保护动作、电压互感器的熔断器熔断时应闭锁不动作；
2. 对多路电源供电的中、低压配电装置，电源进线侧应设置闭锁装置，防止不同电源并列</td></tr>
</table>

注：1. 保护信息的传输宜采用光纤通道。对于线路电流差动保护的传输通道，往返均应采用同一信号通道传输。
2. 非有效接地系统，保护装置宜采用三相配置。

电能计量装置分类及准确度选择　　表 11.2.4-4

电能计量装置类别	月平均用电量（kW·h）*	准确度等级			
		有功电能表	无功电能表	电压互感器	电流互感器
Ⅰ	≥500 万	0.2S 或 0.5S	2.0	0.2	0.2S 或 0.2**
Ⅱ	≥100 万	0.5S 或 0.5	2.0	0.2	0.2S 或 0.2**
Ⅲ	≥10 万	1.0	2.0	0.5	0.5S
Ⅳ	<315kVA	2.0	3.0	0.5	0.5S
Ⅴ	低压单相供电	2.0	—	—	0.5S

注：1. *计量装置类别划分除用月平均用电量外，还有用计费用户的变压器容量、发电机的单机容量以及其他特有的划分规定应符合现行行业标准《电能计量装置技术管理规程》DL/T 448 的有关规定。
2. **0.2 级电流互感器仅用于发电机出口计量装置。

11.3 用户供电及节能与环保

11.3.1 用户供电

城市配电网用户供电设计，见表 11.3.1-1。

城市配电网用户供电设计　　表 11.3.1-1

类　别	技 术 规 定 和 要 求
用电负荷分级	用电负荷应根据供电可靠性要求、中断供电对人身安全、经济损失及其造成影响的程度进行分级。 1. 符合下列情况之一时，应视为一级负荷： （1）中断供电将在经济上造成重大损失时。 （2）中断供电将影响重要用电单位的正常工作。 （3）中断供电将造成人身伤害时。 2. 在一级负荷中，当中断供电将造成人员伤亡或重大设备损坏或发生中毒、爆炸和火灾等情况的负荷，以及特别重要场所的不允许中断供电的负荷，应视为一级负荷中特别重要的负荷。 3. 符合下列情况之一时，应视为二级负荷： （1）中断供电将影响较重要用电单位的正常工作。 （2）中断供电将在经济上造成较大损失时。 4. 不属于一级负荷和二级负荷的用电负荷应为三级负荷。 各类民用建筑物的主要用电负荷分级，见本手册第 2.1.1 节
用户供电电压	1. 用户的供电电压等级应根据用电计算负荷、供电距离、当地公共配电网现状及规划确定。用户供电电压等级应符合现行国家标准《标准电压》GB/T 156 的有关规定。 2. 10kV 及以上电压等级供电的用户，当单回路电源线路容量不满足负荷需求且附近无上一级电压等级供电时，可增加供电回路数，采用多回路供电
供电方式	1. 供电方式应根据用户的负荷等级、用电性质、用电容量、当地供电条件等因素进行技术经济比较后确定。 2. 对用户的一级负荷的用户应采用双电源或多电源供电。对该类用户负荷中特别重要的负荷，用户应自备应急保安电源，并严禁将其他负荷接入应急供电系统。 3. 对具有二级负荷的用户宜采用双电源供电。 对于具有一级和二级负荷的用户是否采用两路或以上外电源供电，还需要考虑一级和二级负荷在用户总用电负荷中的比重、用户对于可靠性的要求等因素。 4. 对三级负荷的用户可采用单电源供电。 5. 供电线路型式应根据用户的负荷性质、用电可靠性要求和地区发展规划选择。 6. 双电源、多电源供电时，宜采用同一电压等级电源供电
居民供电	1. 居民住宅以及公共服务设施用电负荷应综合考虑所在城市的性质、社会经济、气候、民族、习俗及家庭能源使用的种类等因素确定。各类建筑在进行节能改造和实施新节能标准后，其用电负荷指标应低于原指标。城市住宅、商业和办公用电负荷指标可按表 11.3.1-2 的规定计算。 2. 配电变压器的容量应根据用户负荷指标和负荷需要系数计算确定。城市住宅用电负荷需要系数，见本手册第 2.5.2 节

续表

类　别	技 术 规 定 和 要 求
特殊电力用户供电	1. 特殊电力用户的供电电源应根据电网供电条件、用户负荷性质和要求，通过技术经济比较确定。 2. 特殊电力用户应分别采取下列不同措施，限制和消除对电力系统和电力设备的危害影响。 (1) 具有产生谐波源设备的用户应采用无源滤波器、有源滤波器等措施对谐波污染进行治理，使其注入电网的谐波电流和引起的电压畸变率应符合现行国家标准《电能质量　公用电网谐波》GB/T 14549 和《电磁兼容限值　谐波电流发射限值》GB 17625.1 的有关规定。 (2) 具有产生冲击负荷及波动负荷的用户应采取措施，使其冲击、波动负荷在公共连接点引起的电网电压波动、闪变应符合现行国家标准《电能质量　电压波动和闪变》GB 12326 的有关规定。 (3) 下列不同电压等级的不对称负荷所引起的三相电压不平衡度应符合现行国家标准《电能质量　三相电压不平衡》GB/T 15543 的有关规定： ①对 60A 以下的 220/380V 单相负荷用户，提供单相供电，超过 60A 的宜采用三相供电； ②中压用户若采用单相供电时，应将多台的单相负荷设备平衡分布在三相线路上； ③10kV 及以上的单相负荷或虽是三相负荷而有可能不对称运行的大型设备，若三相用电不平衡电流超过供电设备额定电流的 10%时，应核算电压不平衡度。 (4) 对于电压暂降、波动和谐波等可能造成连续生产中断和严重损失或显著影响产品质量的用户，可根据负荷性质自行装设电能质量补偿装置

住宅、商业和办公用电负荷指标　　**表 11.3.1-2**

类　型		用电指标（kW/户）或负荷密度（W/m^2）
普通住宅套型	一类	2.5
	二类	2.5
	三类	4
	四类	4
康居住宅套型	基本型	4
	提高型	6
	先进型	8
商业		$60W/m^2$～$150W/m^2$
办公		$50W/m^2$～$120W/m^2$

注：1. 普通住宅按居住空间个数（个）/使用面积（m^2）划分：一类 2/34、二类 3/45、三类 3/56、四类 4/68。
2. 康居住宅按适用性能、安全性能、耐久性能、环境性能和经济性能划分为先进型 3A（AAA）、提高型 2A（AA）和基本型 1A（A）三类。

11.3.2 节 能 与 环 保

城市配电网节能与环保设计，见表 11.3.2-1。

城市配电网节能与环保设计　　表 11.3.2-1

类　别	技术规定和要求
一般规定	1. 在配电网规划、设计、建设和改造中应贯彻国家节能政策，选择节能设备、采取降损措施，合理利用能源。 2. 在配电网设计中应优化配电电压、合理选择降压层次，优化网络结构、减少迂回供电，合理选择线路导线截面，合理配置无功补偿设备，有效降低电网损耗。 3. 在配电网规划、设计、建设和改造中，应对噪声、电磁环境、废水等污染因素采取必要的防治措施，使其满足国家环境保护要求
建筑节能	1. 变配电站宜采用节能环保型建筑材料，不宜采用黏土实心砖。建筑物外墙宜保温和隔热；设备间应能自然通风、自然采光。 2. 变配电站内设置采暖、空调设备的房间宜采用节能措施。 3. 配电网中建（构）筑物的节能措施除上述规定外，可参照国家现行标准《民用建筑节能设计标准》JGJ 26—95、《严寒和寒冷地区居住建筑节能设计标准》JGJ 26—2010、《公共建筑节能设计标准》GB 50189，采用适宜的节能方案和措施
节能要求和措施	1. 变配电站内应采用新型节能变压器和配电变压器；环网柜及电缆分接箱可选用新型节能、环保型复合材料外壳。 2. 变配电站内宜采用节能型照明灯具，在有人职守的变配电站内宜采用发光二极管等节能照明灯具。 3. 开关柜内宜采用温湿度控制器，能根据环境条件的变化自动投切柜内加热器。 4. 变配电站内的风机、空调等辅助设备应选用节能型
电磁环境影响	1. 变、配电网的电磁环境影响应符合现行国家标准《电磁辐射防护规定》GB 8702、《环境电磁波卫生标准》GB 9175 和《高压交流架空送电线无线电干扰限值》GB 15707 的有关规定。 不同频率范围内的照射限值，见表 11.3.2-2，不同频率波段范围内电磁辐射允许场强，见表 11.3.2-3。 现行国家标准《高压交流架空送电线无线电干扰限值》GB 15707 规定，最高电压等级配电装置区外侧，避开进出线，距最近带电构架投影 20m 处，晴天（无雨、无雪、无雾）的条件下：110kV 变电所的无线电干扰允许值不大于 46dB（μV/m）。 2. 在变配电站设计中宜选用电磁场水平低的电气设备和采用带金属罩壳等屏蔽措施的电气设备
噪声控制	1. 变配电站噪声对周围环境的影响必须符合现行国家标准《工业企业厂界环境噪声排放标准》GB 12348 和《噪声环境质量标准》GB 3096 的有关规定。各类区域噪声标准值不应高于表 11.3.2-4 规定的数值。 2. 变、配电站的噪声应从声源上控制，宜选用低噪声设备。本体与散热器分开布置的主变压器，其本体的噪声水平，35kV～110kV 主变本体宜控制在 65dB（A）以下，散热器宜控制 55dB（A）以下，整个变配电站的噪声水平应符合本规范第 11.5.1 条的规定。 3. 变配电站在总平面布置中应合理规划，充分利用建（构）筑物、绿化等减弱噪声的影响，也可采取消声、隔声、吸声等噪声控制措施。 4. 对变配电站运行时产生振动的电气设备、大型通风设备等，宜采取减振措施。 5. 户内变配电站主变压器的外形结构和冷却方式，应充分考虑自然通风散热措施，根据需要确定散热器的安装位置
污水及废气排放	1. 变配电站的废水、污水对外排放应符合现行国家标准《污水综合排放标准》GB 8978 的有关规定。生活污水应排入城市污水系统，其水质应符合现行行业标准《污水排入城市下水道水质标准》CJ 3082 的有关规定。 2. 变配电站内可设置事故油坑。油污水应经油水分离装置处理达标后排放，其排放水质应符合现行行业标准《污水排入城市下水道水质标准》CJ 3082 的有关规定，经油水分离装置分离出的油应集中储存、定期处理。 3. 电气设备中，广泛采用 SF_6 气体，装有六氟化硫气体设备的配电装置室应设置机械通风装置。检修时应采用六氟化硫气体回收装置进行六氟化硫气体回收

不同频率范围内的照射限值 **表 11.3.2-2**

频率范围（MHz）	职业照射限值（V/m）	公众照射限值（V/m）
0.1MHz～3MHz	87	40
3MHz～30MHz	27.4	12.2
30MHz～3000MHz	28	12

注：1. 职业照射限值为每天 8h 工作期间内，电磁辐射场的场量参数在任意连续 6min 内的平均值应满足的限值。
2. 公众照射限值为一天 24h 工作期间内，电磁辐射场的场量参数在任意连续 6min 内的平均值应满足的限值。
3. 本表数据资料摘自现行国家标准《电磁辐射防护规定》GB 8702。

不同频率波段范围内的电磁辐射允许场强 **表 11.3.2-3**

波段	频率	场强单位	允许场强 一级（安全区）	允许场强 二级（中间区）
长、中、短	0.1MHz～30MHz	V/m	＜10	＜25
超短	30MHz～300MHz	V/m	＜5	＜12

注：1. 一级（安全区），指在该环境电磁波强度下，长期居住、工作、生活的一切人群，包括婴儿、孕妇和老弱病残者，均不会受到任何有影响的区域。
2. 二级（中间区），指在该环境电磁波强度下，长期居住、工作、生活的一切人群，可能引起潜在性不良反应的区域。在此中间区域内可建工厂和机关，但不许建造居民住宅、学校、医院和疗养院等。
3. 本表数据资料摘自现行国家标准《环境电磁波卫生标准》GB 9175。

各类区域噪声标准值［Leq〔dB（A）〕］ **表 11.3.2-4**

类　别	昼间（6：00—22：00）	夜间（22：00—6：00）
0	50	40
Ⅰ	55	45
Ⅱ	60	50
Ⅲ	65	55
Ⅳ	70	55

注：1. 各类标准适用范围由地方政府划定。
2. 0 类标准适用于疗养区、高级别墅区、高级宾馆区等特别需要安静的区域。
3. Ⅰ类标准适用于居住、文教机关为主的区域。
4. Ⅱ类标准适用于居住、商业、工业混杂区及商业中心。
5. Ⅲ类标准适用于工业区。
6. Ⅳ类标准适用于交通干线道路两侧区域。
7. 本标准规定了城市五类区域的环境噪声最高限值，适用于城市区域，乡村生活区域可参照执行。
8. 本表数据资料摘自现行国家标准《声环境质量标准》GB 3096。

11.4 城市工程管线综合设计

11.4.1 工程管线综合水平距离

城市工程各类管线的设置，应编制工程管线综合规划，应符合现行国家标准《城市工程管线综合规划规范》GB 50298 的规定和要求。

1. 工程管线之间及其与建（构）筑物之间的最小水平净距，见表 11.4.1-1。
2. 架空管线之间及其与建（构）筑物之间的最小水平净距，见表 11.4.1-2。
3. 管线与绿化树种之间的最小净距，见表 11.4.1-3。

工程管线之间及其与建（构）筑物之间的最小水平净距（m）（GB 50289—98）　　表 11.4.1-1

序号	管线名称	1	2		3	4					5		6		7		8	9	10			11	12
		建筑物	给水管		污水雨水排水管	燃气管					热力管		电力电缆		电信电缆		乔木	灌木	地上杆柱			道路侧石边缘	铁路钢轨（或坡脚）
			$d\leqslant$200mm	$d>$200mm		低压	中压		高压		直埋	地沟	直埋	缆沟	直埋	管道			通信照明及<10kV	高压铁塔基础边			
							B	A	B	A										≤35kV	>35kV		
1	建筑物		1.0	3.0	2.5	0.7	1.5	2.0	4.0	6.0	2.5	0.5	0.5		1.0	1.5	3.0	1.5	*				6.0
2	给水管 $d\leqslant$200mm	1.0			1.0	0.5			1.0	1.5	1.5		0.5		1.0		1.5		0.5	3.0		1.5	5.0
	给水管 $d>$200mm	3.0			1.5																		
3	污水、雨水排水管	2.5	1.0	1.5		1.0	1.2		1.5	2.0	1.5		0.5		1.0		1.5		0.5	1.5		1.5	
4	燃气管 低压 $P\leqslant$0.005MPa	0.7	0.5		1.0	$DN\leqslant$300mm0.4 $DN>$300mm0.5					1.0		0.5		0.5	1.0	1.2		1.0	1.0	5.0	1.5	
	燃气管 中压 0.005MPa<$p\leqslant$0.2MPa	1.5			1.2						1.0	1.5											
	燃气管 中压 0.2MPa<$p\leqslant$0.4MPa	2.0																					
	燃气管 高压 0.4MPa<$p\leqslant$0.8MPa	4.0	1.0		1.5						1.5	2.0	1.0		1.0							2.5	
	燃气管 高压 0.8MPa<$p\leqslant$1.6MPa	6.0	1.5		2.0						2.0	4.0	1.5		1.5								
5	热力管 直埋	2.5	1.5		1.5	1.0	1.0		1.5	2.0			2.0		1.0		1.5		1.0	2.0	3.0	1.5	1.0
	热力管 地沟	0.5					1.5		2.0	4.0													
6	电力电缆 直埋 / 缆沟	0.5	0.5		0.5	0.5	0.5		1.0	1.5	2.0				0.5		1.0		0.6			1.5	3.0
7	电信电缆 直埋	1.0	1.0		1.0	0.5			1.0	1.5	1.0		0.5		0.5		1.0	1.0	0.5	0.6		1.5	2.0
	电信电缆 管道	1.5				1.0											1.5						
8	乔木（中心）	3.0	1.5		1.5	1.2					1.5		1.0		1.0	1.5			1.5			0.5	
9	灌木	1.5													1.0								
10	地上杆柱 通信照明及<10kV	*	0.5		0.5	1.0					1.0		0.6		0.5		1.5					0.5	
	地上杆柱 高压铁塔基础边 ≤35kV		3.0		1.5	1.0					2.0				0.6								
	地上杆柱 高压铁塔基础边 >35kV					5.0					3.0												
11	道路侧石边缘		1.5		1.5	1.5			2.5		1.5		1.5		1.5		0.5		0.5				
12	铁路钢轨（或坡脚）	6.0	5.0								1.0		3.0		2.0								

架空管线之间及其与建（构）筑物之间的最小水平净距（GB 50289—98）

表 11.4.1-2

名　称		建筑物（凸出部分）	道路（路缘石）	铁路（轨道中心）	热力管线
电力	10kV 边导线	2.0	0.5	杆高加 3.0	2.0
	35kV 边导线	3.0	0.	杆高加 3.0	4.0
	110kV 边导线	4.0	0.5	杆高加 3.0	4.0
电信杆线		2.0	0.5	4/3 杆高	1.5
热力管线		1.0	1.5	3.0	—

管线与绿化树种间的最小水平净距（m）　**表 11.4.1-3**

管线名称	最小水平净距		管线名称	最小水平净距	
	乔木（至中心）	灌木		乔木（至中心）	灌木
给水管、闸井	1.5	不限	热力管	1.5	1.5
污水管、雨水管、探井	1.0	不限	地上杆柱（中心）	2.0	不限
煤气管、探井	1.5	1.5	消防龙头	2.0	1.2
电力电缆、电信电缆、电信管道	1.5	1.0	道路侧石边缘	1.0	0.5

11.4.2 工程管线综合垂直距离

1. 工程管线交叉时的最小垂直净距，见表 11.4.2-1。
2. 架空管线之间及其与建（构）筑物之间交叉时最小垂直净距，见表 11.4.2-2。
3. 工程管线的最小覆土深度，见表 11.4.2-3。

工程管线交叉时的最小垂直净距（m）　**表 11.4.2-1**

序号	下面的管线名称 / 净距（m） / 上面的管线名称		1	2	3	4	5		6	
			给水管线	污、雨水排水管线	热力管线	燃气管线	电信管线		电力管线	
							直埋	管块	直埋	管沟
1	给水管线		0.15							
2	污、雨水排水管线		0.40	0.15						
3	热力管线		0.15	0.15	0.15					
4	燃气管线		0.15	0.15	0.15	0.15				
5	电信管线	直埋	0.50	0.50	0.15	0.50	0.25	0.25		
		管块	0.15	0.15	0.15	0.15	0.25	0.25		
6	电力管线	直埋	0.15	0.50	0.50	0.50	0.50	0.50	0.50	0.50
		管沟	0.15	0.50	0.50	0.50	0.50	0.50	0.50	0.50
7	沟渠（基础底）		0.50	0.50	0.50	0.50	0.50	0.50	0.50	0.50
8	涵洞（基础底）		0.15	0.15	0.15	0.15	0.20	0.25	0.50	0.50
9	电车（轨底）		1.00	1.00	1.00	1.00	1.00	1.00	1.00	1.00
10	铁路（轨底）		1.00	1.20	1.20	1.20	1.00	1.00	1.00	1.00

注：大于 35kV 直埋电力电缆与热力管线最小垂直净距应为 1.00m。

架空管线之间及其与建（构）筑物之间交叉时的最小垂直净距（m）（GB 50289—98）

表 11.4.2-2

名称		建筑物（顶端）	道路（地面）	铁路（轨顶）	电信线		热力管线
					电力线有防雷装置	电力线无防雷装置	
电力管线	10kV及以下	3.0	7.0	7.5	2.0	4.0	2.0
	35～110kV	4.0	7.0	7.5	3.0	5.0	3.0
电信线		1.5	4.5	7.0	0.6	0.6	1.0
热力管线		0.6	4.5	6.0	1.0	1.0	0.25

注：横跨道路或与无轨电车馈电线平行的架空电力线距地面应大于 9m。

工程管线的最小覆土深度（m）（GB 50289—98） **表 11.4.2-3**

序号		1		2		3		4	5	6	7
管线名称		电力管线		电信管线		热力管线		燃气管线	给水管线	雨水排水管线	污水排水管线
		直埋	管沟	直埋	管沟	直埋	管沟				
最小覆土深度（m）	人行道下	0.50	0.40	0.70	0.40	0.50	0.20	0.60	0.60	0.60	0.60
	车行道下	0.70	0.50	0.80	0.70	0.70	0.20	0.80	0.70	0.70	0.70

注：10kV 以上直埋电力电缆管线的覆土深度不应小于 1.0m。

12 电气照明

12.1 一般规定和要求

12.1.1 概　　述

1. 基本规定

(1) 在进行照明设计时，应根据视觉要求、作业性质和环境因素，通过对光源和灯具的选择和配置，使工作区或空间具备合理的照度和显色性，适宜的亮度分布以及舒适的视觉环境。照明设计应重视清晰度，消除阴影，减少热辐射，限制眩光。

(2) 在确定照明设计方案时，应考虑不同类型建筑对照明的特殊要求，处理好电气照明与天然采光的关系；优先采用高光效光源、灯具与追求照明效果的关系；合理使用建设资金与采用高性能标准光源灯具等技术经济效益的关系，无特殊要求时不宜选用普通白炽灯。

(3) 在选择光源时应注重光电参数的总体评估。应合理选择光源，灯具及附件，照明方式，控制方式，以降低照明电能消耗指标。对于长时间照明的场所宜注重光源寿命，对于高大空间宜注重光源的发光效率，而对于影视转播宜注重光源的色温及显色性。

(4) 当建筑物装饰或照明功能无特殊要求时，一般照明宜采用同一类型或色温相近的光源。处理好光源色温与显色性关系，一般显色指数与特殊显色指数的色差关系，避免产生视觉心理上的不和谐。

(5) 在符合照明质量要求的前提下，宜优先选用直接型开敞式灯具。

(6) 有效利用自然光，合理选择照明方式和控制照明区域，降低电能消耗。

(7) 照明设计应在保证整个照明系统的效率和照明质量的前提下，全面实施绿色照明工程，保护环境，节约能源，提高人们工作和生活质量，保障身心健康。

(8) 在进行电气照明设计时，除符合现行国家标准《建筑照明设计标准》GB 50034—2004 规定外，还应符合其他各类相关现行国家标准和行业规范的规定。应满足照度标准、照度均匀度、统一眩光值、光色、照明功率密度值及能效指标等相关标准的综合要求。

2. 电气照明工程的分类

建筑照明工程的分类，见图 12.1.1-1，城市照明工程的分类，见图 12.1.1-2。

3. 照明设计程序

(1) 照明工程设计通常包括初步设计和施工图设计两阶段，有的还增加技术设计阶段。遵循设计程序，掌握设计规律，积累设计经验，是搞好照明工程设计的重要保障。照明设计程序，见图 1.2.1.1-3。

(2) 照明设计范围

电气照明的设计范围，见图 12.1.1-4。

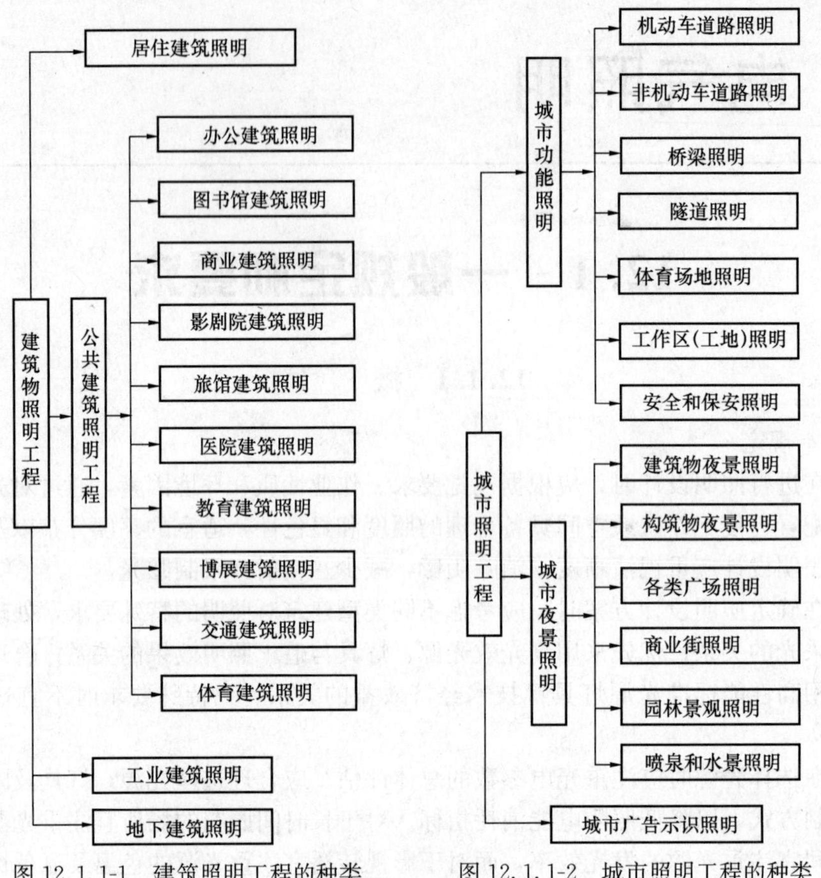

图 12.1.1-1 建筑照明工程的种类　　图 12.1.1-2 城市照明工程的种类

电气照明设计程序图

方案设计 → 施工图设计 → 审核审定出图

方案设计	施工图设计	审核审定出图
确定照明对象方案构思	设计说明书	工程设计概算
调查收集资料	选择灯具、光源	审查设计图纸
确定照明效果	设计计算书	工程招投标
绘制方案效果图	确定灯具安装方式	专业施工
掌握相关设计规范	确定线路敷设方式	工程监理检查
技术、经济、可行性比较	确定控制保护方式	照明工程竣工验收
方案设计说明	绘制施工图	
	编制设备材料表	

图 12.1.1-3 照明设计程序

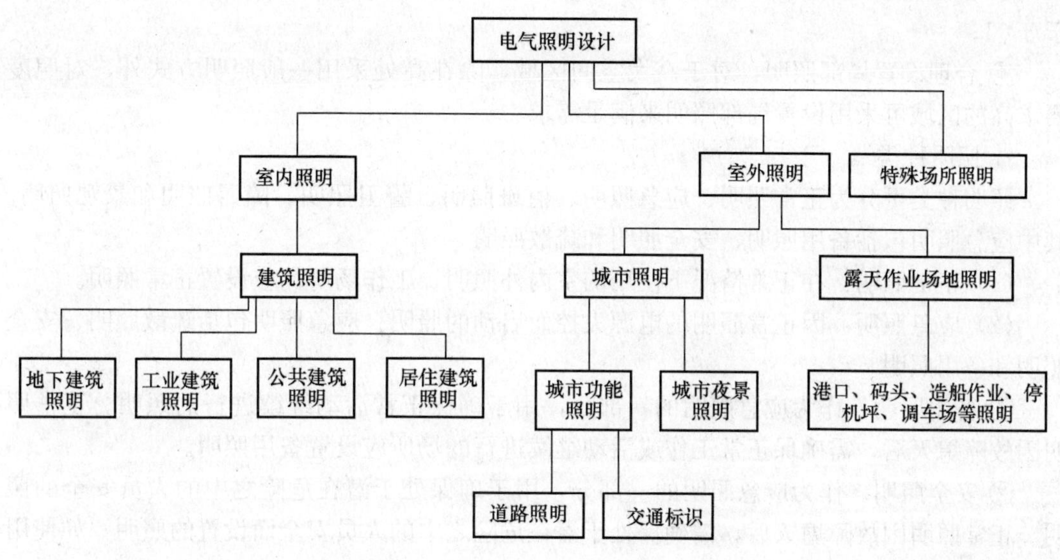

图 12.1.1-4 电气照明设计的范围

12.1.2 照明方式和种类

1. 照明方式

照明设备按其安装部位或使用功能构成的基本制式可分为：一般照明、分区一般照明、局部照明、混合照明和重点照明。

（1）一般照明：不考虑特殊部位的需要，为照明整个场所而设置的均匀照明。除旅馆客房外，工作场所通常应设置一般照明。

（2）分区一般照明：根据需要，提高特定区域照度的一般照明。同一场所内的不同区域有不同照度要求时，为节约能源，应采用分区一般照明。

（3）局部照明：为满足某些部位（通常限定在很小范围，如工作台面）的特殊需要而设置的照明。在一个工作场所内不应只采用局部照明，以免形成亮度分布不均匀，从而影响视觉作业。

（4）混合照明：由一般照明与局部照明组成的照明。对于部分作业面照度要求较高，只采用一般照明不合理的场所，宜采用混合照明，以增加局部照明来提高作业面照度，节约能源。

（5）当需要提高特定区域或目标的照明时，宜采用重点照明。

（6）照明方式的选择

① 照度要求较高的场所，选择混合照明方式，一般照明在工作面上产生的照度不宜低于混合照明所产生的总照度的 1/3～1/5，且不宜低于 50lx；

② 工位密度较高且分布均匀的场所，可采用单独的一般照明方式，但照度不宜太高，一般不宜超过 500lx；

③ 工位密度不同或照度要求不同的场所，可采用分区照明的方式；对要求高的工作

区域采用较高的照度，要求较低的工作区域采用较低的照度，但两者的照度比值不宜大于3∶1；

④ 合理设置局部照明：对于高大空间区域，除在高处采用一般照明方式外，对照度要求高的区域可采用设置局部照明来满足需求。

2. 照明种类

照明种类可分为正常照明、应急照明、值班照明、警卫照明、障碍照明和景观照明。其中应急照明包括备用照明、安全照明和疏散照明。

（1）正常照明：在正常情况下使用的室内外照明。工作场所均应设置正常照明。

（2）应急照明：因正常照明的电源失控而启动的照明。应急照明包括疏散照明、安全照明和备用照明。

① 备用照明。作为应急照明的一部分，用于确保正常活动继续进行的照明。正常照明因故障熄灭后，需确保正常工作或活动继续进行的场所应设置备用照明。

② 安全照明。作为应急照明的一部分，用于确保处于潜在危险之中的人员安全的照明。正常照明因故障熄灭后，需确保处于潜在危险之中的人员安全而设置的照明，如使用圆盘锯等作业场所。

③ 疏散照明。作为应急照明的一部分，用于确保疏散通道被有效地辨认和使用的照明。正常照明因故障熄灭后，需确保人员安全疏散的出口和通道，设置的指示出口位置及方向的疏散标志灯和照亮疏散通道，应设置疏散照明。

（3）值班照明：非工作时间，为值班所设置的照明。需要值班的车间、商店营业厅、展厅等大面积场所宜设置值班照明。

（4）警卫照明：在夜间为改善对人员、财产、建筑物、材料和设备的安全保卫，用于警戒而安装的照明。在重要的厂区、库区等有警戒任务的场所，应根据警戒范围的要求设置警卫照明。

（5）障碍照明：为保障航空飞行安全，在高大建筑物和构筑物上安装的障碍标志灯。有危及航空安全的建筑物、构筑物上，应根据航行要求设置障碍照明。

（6）景观照明：对城市中夜间可引起良好视觉感受的某种景象所施加的照明。景观照明包括建筑物装饰照明、外观照明、庭院照明、建筑小品照明、音乐喷泉照明和节日照明等。主要用于烘托气氛，美化环境，丰富人们的夜生活。

12.1.3 照明电光源

1. 基本规定

（1）根据现行国家标准《建筑照明设计标准》GB 50034 的规定，照明电光源选择应符合下列规定和要求。

① 选用的照明光源应符合国家现行相关标准的有关规定。

② 选择光源时，应在满足显色性、启动时间等要求条件下，根据光源、灯具及镇流器等的效率、寿命和价格在进行综合技术经济分析比较后确定。

③ 照明设计时可按下列条件选择光源：

a. 高度≤4.5m 较低房间，如办公室、教室、会议室及仪表、电子等生产车间宜采用细管径（≤26mm）直管形荧光灯；

b. 商店营业厅的一般照明宜采用细管径（≤26mm）直管形三基色荧光灯或小功率陶瓷金属卤化物灯；重点照明宜采用小功率陶瓷金属卤化物灯、发光二极管灯；

c. 高度>4.5m 较高的场所，应按照生产使用要求，采用金属卤化物灯或高压钠灯，亦可采用大功率细管直管形荧光灯；

d. 旅馆建筑的客房宜采用发光二极管灯或紧凑型荧光灯；

e. 一般情况下，室内外照明不应采用普通照明白炽灯；如普通白炽灯泡或卤钨灯等；在特殊情况下需采用时，其额定功率不应超过 60W。

④ 下列工作场所可采用白炽灯：

a. 要求瞬时启动和连续调光的场所，使用其他光源技术经济不合理时；

b. 对防止电磁干扰要求严格，其他措施不能满足要求的场所；

c. 开关灯非常频繁的场所，因为气体放电灯开关频繁时会缩短寿命；

d. 照度要求不高，且照明时间较短的场所；

e. 对装饰有特殊要求的场所。如使用紧凑型荧光灯不合适时，可以采用白炽灯。

⑤ 应急照明应选用能快速点燃荧光灯光源等；发光二极管灯（LED）。

⑥ 应根据识别颜色要求和场所特点，选用相应显色指数的光源，如采用 R_a 大于 80 的三基色稀土荧光灯。显色指数要求低的场所，可采用显色指数较低而光效更高、寿命更长的光源。

（2）几点说明

① 关于白炽灯的使用场所，现行国家标准《建筑照明设计标准》GB 50034 中已有相关的规定，但均指普通白炽灯，并不包括卤钨白炽灯和一些采用新技术生产的产品，如三螺旋白炽灯、PAR 灯等；

② 现行国家标准《建筑照明设计标准》GB 50034 和 CIE（国际照明委员会）S008/E 中均规定在大多数室内场所照明光源显色性 $R_a \geq 80$，而采用卤磷酸钙荧光粉的荧光灯（T12 灯管和部分 T8 灯管）由于其显色性 $R_a < 70$，势必将被采用三基色荧光粉的荧光灯（T5 灯管和大部分 T8 灯管）所取代；

③ T8 直管荧光灯在环境温度为 25～28℃时光通输出率达到 100%，而 T5 直管荧光灯在环境温度为 35℃时光通输出率才达到 100%，在设计应用时，应引起特别注意。T5 荧光灯管一般不适合采用全开敞式灯具；

④ 现在使用的三基色直管荧光灯长度不小于 1.2m，T8，36W 灯管，其光效高，视觉效果好，目前的 LED 还难以达到这些要求。相对三基色直管荧光灯这类高效光源，LED 现在并没有节能效果，目前不宜以 LED 去代替高效的三基色直管荧光灯。

（3）高度超过 4.5m 的室内场所，建议采用小功率金卤灯光源。但由于金卤灯调光困难且再启动时间很长，不适合需要调光和频繁操作的场所。此时可选择使用较大功率的单端荧光灯，尽管光源寿命和光效略低于金卤灯，但可以完全满足调光和频繁操作的要求。

2. 光源分类

光源是构成照明系统的主体，目前品种规格繁多的优质电光源产品的诞生，为人类营造高质量的照明创造了良好的环境。照明电光源一般分为白炽灯、气体放电灯、其他电光源等。照明电光源的分类，见图 12.1.3-1。

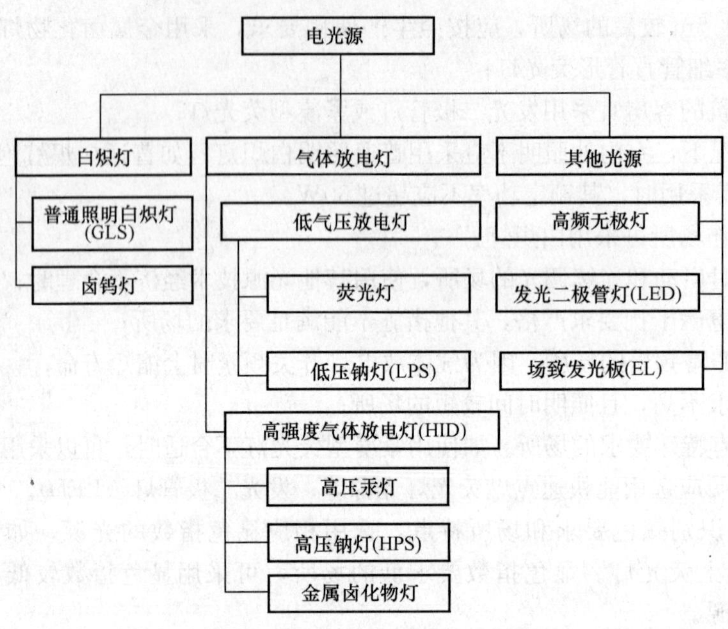

图 12.1.3-1　照明电光源的分类

12.1.4　照明灯具及其附属装置

1. 基本规定

根据现行国家标准《建筑照明设计标准》GB 50034 的规定，照明灯具的效率应符合下列规定和要求。

（1）选择的照明灯具、镇流器应通过国家强制性产品认证。

（2）各种场所严禁采用触电防护的类别为 0 类的灯具。

（3）在满足眩光限制和配光要求条件下，应选用效率或效能高的灯具，并应符合下列规定：

①直管形荧光灯灯具的效率不应低于表 12.1.4-1 的规定；

直管形荧光灯灯具的效率（%）　　**表 12.1.4-1**

灯具出光口形式	开敞式	保护罩（玻璃或塑料）		格　栅
		透　明	棱　镜	
灯具效率	75	70	55	65

②紧凑型荧光灯筒灯灯具的效率不应低于表 12.1.4-2 的规定；

紧凑型荧光灯筒灯灯具的效率（%）　　**表 12.1.4-2**

灯具出光口形式	开敞式	保护罩	格　栅
灯具效率	55	50	45

③小功率金属卤化物灯筒灯灯具的效率不应低于表 12.1.4-3 的规定；

小功率金属卤化物灯筒灯灯具的效率（%） 表 12.1.4-3

灯具出光口形式	开敞式	保护罩	格 栅
灯具效率	60	55	50

④ 高强度气体放电灯灯具的效率不应低于表 12.1.4-4 的规定；

高强度气体放电灯灯具的效率（%） 表 12.1.4-4

灯具出光口形式	开 敞 式	格栅或透光罩
灯具效率	75	60

⑤ 发光二极管筒灯灯具的效能不应低于表 12.1.4-5 的规定。

发光二极管筒灯灯具的效能（lm/W） 表 12.1.4-5

色 温	2700K		3000K		4000K	
灯具出光口形式	格栅	保护罩	格栅	保护罩	格栅	保护罩
灯具效能	55	60	60	65	65	70

⑥ 发光二极管平面灯灯具的效能不应低于表 12.1.4-6 的规定。

发光二极管平面灯灯具的效能（lm/W） 表 12.1.4-6

色 温	2700K		3000K		4000K	
灯盘出光口形式	反射式	直射式	反射式	直射式	反射式	直射式
灯盘效能	60	65	65	70	70	75

2. 照明灯具选择

(1) 灯具选择应符合下列规定：

①特别潮湿场所，应采用相应防护措施的灯具；

②有腐蚀性气体或蒸汽场所，应采用相应防腐蚀要求的灯具；

③多尘埃的场所，应采用防护等级不低于 IP5X 的灯具；

④高温场所，宜采用散热性能好、耐高温的灯具；

⑤在室外的场所，应采用防护等级不低于 IP54 的灯具；

⑥装有锻锤、大型桥式吊车等震动、摆动较大场所应有防震和防脱落措施；

⑦易受机械损伤、光源自行脱落可能造成人员伤害或财物损失场所应有防护措施；

⑧有爆炸或火灾危险场所应符合国家现行有关标准的规定；

⑨有洁净度要求的场所，应采用不易积尘、易于擦拭的洁净灯具，并应满足洁净场所的相关要求；

⑩需防止紫外线照射的场所，应采用隔紫外线灯具或无紫外线光源。

(2) 直接安装在普通可燃材料表面的灯具，应符合现行国家标准《灯具 第 1 部分：一般要求与试验》GB 7000.1 的有关规定。

3. 镇流器的选择

(1) 荧光灯应配用电子镇流器或节能电感镇流器。

(2) 对频闪效应有限制的场合，应采用高频电子镇流器。

(3) 镇流器的谐波、电磁兼容应符合现行国家标准《电磁兼容 限值　谐波电流发射限值（设备每相输入电流≤16 A)》GB 17625.1 和《电气照明和类似设备的无线电骚扰特性的限值和测量方法》GB 17743 的有关规定。

(4) 高压钠灯、金属卤化物灯应配用节能电感镇流器；在电压偏差较大的场所，宜配用恒功率镇流器；功率较小者可配用电子镇流器。

(5) 高强度气体放电灯的触发器与光源的安装距离应满足现场使用的要求。

12.1.5 照明质量

根据现行国家标准《建筑照明设计标准》GB 50034 的规定和要求，进行建筑照明设计时，照明数量和质量应符合以下规定。

1. 照度

(1) 常用照度标准值分级应按 0.5 lx、1 lx、2 lx、3 lx、5 lx、10 lx、15 lx、20 lx、30 lx、50 lx、75 lx、100 lx、150 lx、200 lx、300 lx、500 lx、750 lx、1000 lx、1500 lx、2000 lx、3000 lx、5000 lx 划分。照度标准值是指维护平均照度值。

(2) 凡符合下列一项或多项条件，作业面或参考平面的照度标准值应按照度标准值的分级提高一级：

①视觉要求高的精细作业场所，眼睛至识别对象的距离大于 500mm；

②连续长时间紧张的视觉作业，对视觉器官有不良影响；

③识别移动对象，要求识别时间短促而辨认困难；

④视觉作业对操作安全有重要影响；

⑤视觉能力显著低于正常能力；

⑥识别对象与背景辨认困难；

⑦作业精度要求高，且产生差错会造成很大损失；

⑧建筑等级和功能要求高。

(3) 凡符合下列一项或多项条件，作业面或参考平面的照度标准值应按照度标准值的分级降低一级：

①进行很短时间的作业；

②作用精度或速度无关紧要；

③建筑等级和功能要求较低。

④作业面邻近周围照度可低于作业面照度，为了提供视野内亮度（照度）分布的良好平衡，邻近周围的照度值不得低于表 12.1.5-1 的数值。

作业面邻近周围照度　　表 12.1.5-1

作业面照度 (lx)	作业面邻近周围照度 (lx)
≥750	500
500	300
300	200
≤200	与作业面照度相同

注：作业面邻近周围指作业面外宽度不小于 0.5m 的区域。

（4）作业面背景区域一般照明的照度不宜低于作业面邻近周围照度的1/3。作业面区域、作业面邻近周围区域、作业面的背景区域，见图12.1.5-1。

（5）为使照明场所的实际照度水平不低于规定的维持平均照度值，照明设计计算时，应考虑因光源光通量的衰减，灯具和房间表面污染引起的照度降低，为此应计入表12.1.5-2的照明设计的维护系数。

维护系数　　**表12.1.5-2**

环境污染特征		房间或场所举例	灯具最少擦拭次数（次/年）	维护系数值
室内	清洁	卧室、办公室、影院、剧场、餐厅、阅览室、教室、病房、客房、仪器仪表装配间、电子元器件装配间、检验室、商店营业厅、体育馆、体育场等	2	0.80
室内	一般	机场候机厅、候车室、机械加工车间、机械装配车间、农贸市场等	2	0.70
室内	污染严重	公用厨房、锻工车间、铸工车间、水泥车间等	3	0.60
开敞空间		雨篷、站台	2	0.65

（6）设计照度与照度标准值的偏差不应超过±10%。此偏差适用于装10个灯具以上的照明场所；当小于或等于10个灯具时，允许适当超过此偏并。

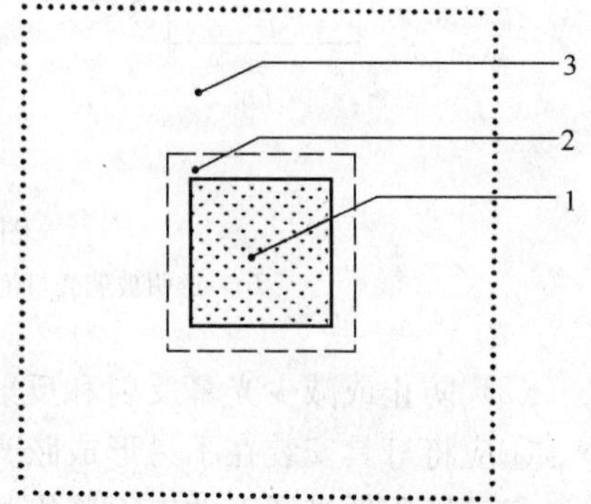

图12.1.5-1　作业面区域、作业面邻近周围区域、作业面的背景区域关系
1—作业面区域；2—作业面邻近周围区域（作业面外宽度不小于0.5m的区域）；3—作业面的背景区域（作业面邻近周围区域外宽度不小于3m的区域）

2. 照明均匀度

（1）在有电视转播要求的体育场馆，其比赛时场地照明应符合下列规定：

①比赛场地水平照度最小值与最大值之比不应小于0.5；

②比赛场地水平照度最小值与平均值之比不应小于0.7；

③比赛场地主摄像机方向的垂直照度最小值与最大值之比不应小于0.4；

④比赛场地主摄像机方向的垂直照度最小值与平均值之比不应小于0.6；

⑤比赛场地平均水平照度宜为平均垂直照度的0.75～2.0；

⑥观众席前排的垂直照度值不宜小于场地垂直照度的0.25。

（2）在无电视转播要求的体育场馆，其比赛时场地的照度均匀度应符合下列规定：

①业余比赛时，场地水平照度最小值与最大值之比不应小于0.4，最小值与平均值之比不应小于0.6；

②专业比赛时，场地水平照度最小值与最大值之比不应小于0.5，最小值与平均值之比不应小于0.7。

3. 眩光限制

（1）长期工作或停留的房间或场所，选用的直接型灯具的遮光角不应小于表12.1.5-3的规定。遮光面示意，见图12.1.5-2，其中γ角为遮光角。

直接型灯具的遮光角 **表12.1.5-3**

光源平均亮度（kcd/m²）	遮光角（°）
1～20	10
20～50	15
50～500	20
≥500	30

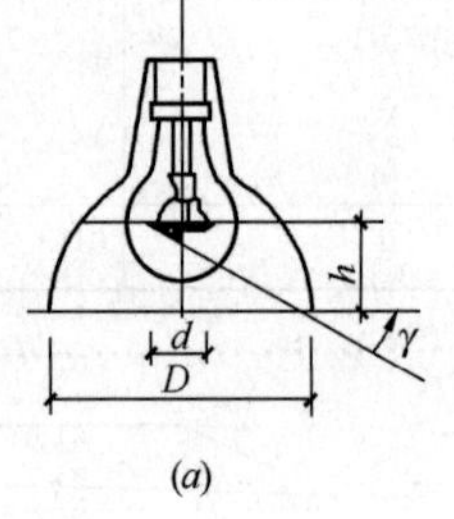

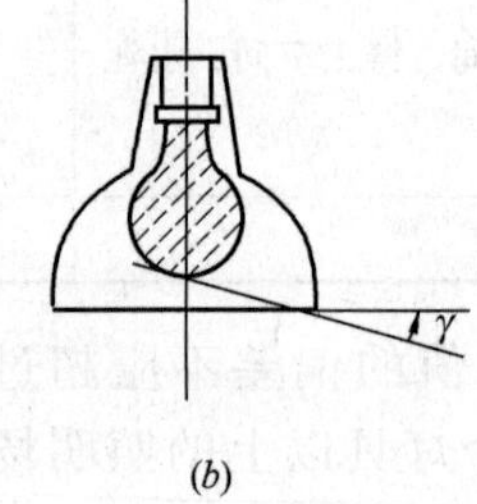

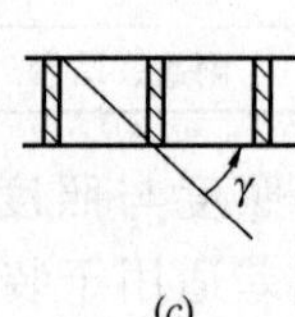

图12.1.5-2 遮光角示意

（a）透明玻璃壳灯泡；（b）磨砂或乳白玻璃壳灯泡；（c）格栅灯

（2）防止或减少光幕反射和反射眩光应采用下列措施：

①应将灯具安装在不易形成眩光的区域内；

②可采用低光泽度的表面装饰材料；

③应限制灯具出光口表面发光亮度；

④墙面的平均照度不宜低于50lx，顶棚的平均照度不宜低于30lx。

（3）有视觉显示终端的工作场所，在与灯具中垂线成65°～90°范围内的灯具平均亮度限值应符合表12.1.5-4的规定。

灯具平均亮度限值（cd/m²） **表12.1.5-4**

屏幕分类	灯具平均亮度限值	
	屏幕亮度大于200cd/m²	屏幕亮度小于等于200cd/m²
亮背景暗字体或图像	3000	1500
暗背景亮字体或图像	1500	1000

4. 光源颜色

（1）室内照明光源色表特征及适用场所宜符合表12.1.5-5的规定。

光源色表特征及适用场所 **表12.1.5-5**

相关色温（K）	色表特征	适 用 场 所
＜3300	暖	客房、卧室、病房、酒吧、餐厅、多功能厅、专卖店、咖啡厅
3300～5300	中间	办公室、教室、阅览室、会议室、售票厅、候机（车）厅、商场、诊室、检验室、实验室、控制室、机加工车间、仪表装配
＞5300	冷	热加工车间、高照度场所、有特殊要求的高亮度场所

（2）长期工作或停留的房间或场所，照明光源的显色指数（R_a）不应小于80。在灯具安装高度大于8m的工业建筑场所，R_a 可低于80，但必须能够辨别安全色。

（3）选用同类光源的色容差不应大于5 SDCM。

（4）发光二极管灯用于室内照明具有很多特点和优势，在未来将有更大的发展。当选用发光二极管灯光源时，其色度应满足下列要求：

①长期工作或停留的房间或场所，色温不宜高于4000K，特殊显色指数 R_9 应大于零；

②在寿命期内发光二极管灯的色品坐标与初始值的偏差在国家标准《均匀色空间和色差公式》GB/T 7921－2008规定的CIE 1976均匀色度标尺图中，不应超过0.007；

③发光二极管灯具在不同方向上的色品坐标与其加权平均值偏差在国家标准《均匀色空间和色差公式》GB/T 7921－2008规定的CIE 1976均匀色度标尺图中，不应超过0.004。

5. 反射比

（1）长时间工作的房间，作业面的反射比宜限制在0.2～0.6。

（2）长时间工作，工作房间内表面的反射比宜按表12.1.5-6选取。

工作房间内表面反射比 **表12.1.5-6**

表面名称	反 射 比
顶棚	0.6～0.9
墙面	0.3～0.8
地面	0.1～0.5

注：在入射辐射的光谱组成，偏振状态和几何分布给定状态下，反射的辐射通量或光通量与入射的辐射通量或光通量之比称为反射比。

12.1.6 建筑照明标准值

1. 一般规定

（1）本节规定的照度除标明外均应为作业面或参考平面上的维持平均照度，各类房间或场所的维持平均照度不应低于规定的照度标准值。

（2）公共建筑和工业建筑常用房间或场所的不舒适眩光应采用统一眩光值（UGR）评价，并应按《建筑照明设计标准》GB 50034—2013附录A计算，其最大允许值不宜超过标准的规定。

(3) 公共建筑和工业建筑常用房间或场所的一般照明照度均匀度（U_0）不应低于标准的规定。

(4) 体育场馆的不舒适眩光应采用眩光值（GR）评价，并应按《建筑照明设计标准》GB 50034—2013 附录 B 计算，其最大允许值不宜超过表 12.1.6-20 和 12.1.6-21 的规定。

(5) 常用房间或场所的显色指数（R_a）不应低于标准的规定。

2. 各类建筑照明标准值

(1) 居住建筑照明标准值，见表 12.1.6-1、表 12.1.6-2。

住宅建筑照明标准值 **表 12.1.6-1**

房间或场所		参考平面及其高度	照度标准值(lx)	R_a
起居室	一般活动	0.75m 水平面	100	80
	书写、阅读		300*	
卧室	一般活动	0.75m 水平面	75	80
	床头、阅读		150*	
餐厅		0.75m 餐桌面	150	80
厨房	一般活动	0.75m 水平面	100	80
	操作台	台面	150*	
卫生间		0.75m 水平面	100	80
电梯前厅		地面	75	60
走道、楼梯间		地面	50	60
车库		地面	30	60

注：* 指混合照明照度。

其他居住建筑照明标准值 **表 12.1.6-2**

房间或场所		参考平面及其高度	照度标准值(lx)	R_a
职工宿舍		地面	100	80
老年人卧室	一般活动	0.75m 水平面	150	80
	床头、阅读		300*	80
老年人起居室	一般活动	0.75m 水平面	200	80
	书写、阅读		500*	80
酒店式公寓		地面	150	80

注：* 指混合照明照度。

(2) 公共建筑照明标准，见表 12.1.6-3～表 12.1.6-23。

图书馆建筑照明标准值 **表 12.1.6-3**

房间或场所	参考平面及其高度	照度标准值(lx)	UGR	U_0	R_a
一般阅览室、开放式阅览室	0.75m 水平面	300	19	0.60	80

续表

房间或场所	参考平面及其高度	照度标准值(lx)	UGR	U_0	R_a
多媒体阅览室	0.75m水平面	300	19	0.60	80
老年阅览室	0.75m水平面	500	19	0.70	80
珍善本、舆图阅览室	0.75m水平面	500	19	0.60	80
陈列室、目录厅(室)、出纳厅	0.75m水平面	300	19	0.60	80
档案库	0.75m水平面	200	19	0.60	80
书库、书架	0.25m垂直面	50	—	0.40	80
工作间	0.75m水平面	300	19	0.60	80
采编、修复工作间	0.75m水平面	500	19	0.60	80

办公建筑照明标准值 **表 12.1.6-4**

房间或场所	参考平面及其高度	照度标准值(lx)	UGR	U_0	R_a
普通办公室	0.75m水平面	300	19	0.60	80
高档办公室	0.75m水平面	500	19	0.60	80
会议室	0.75m水平面	300	19	0.60	80
视频会议室	0.75m水平面	750	19	0.60	80
接待室、前台	0.75m水平面	200	—	0.40	80
服务大厅、营业厅	0.75m水平面	300	22	0.40	80
设计室	实际工作面	500	19	0.60	80
文件整理、复印、发行室	0.75m水平面	300	—	0.40	80
资料、档案存放室	0.75m水平面	200	—	0.40	80

注：此表适用于所有类型建筑的办公室和类似用途场所的照明。

商店建筑照明标准值 **表 12.1.6-5**

房间或场所	参考平面及其高度	照度标准值(lx)	UGR	U_0	R_a
一般商店营业厅	0.75m水平面	300	22	0.60	80
一般室内商业街	地 面	200	22	0.60	80
高档商店营业厅	0.75m水平面	500	22	0.60	80
高档室内商业街	地 面	300	22	0.60	80
一般超市营业厅	0.75m水平面	300	22	0.60	80

续表

房间或场所	参考平面及其高度	照度标准值(lx)	UGR	U_0	R_a
高档超市营业厅	0.75m 水平面	500	22	0.60	80
仓储式超市	0.75m 水平面	300	22	0.60	80
专卖店营业厅	0.75m 水平面	300	22	0.60	80
农贸市场	0.75m 水平面	200	25	0.40	80
收款台	台面	500*	—	0.60	80

注：*指混合照明照度。

观演建筑照明标准值 **表 12.1.6-6**

房间或场所		参考平面及其高度	照度标准值(lx)	UGR	U_0	R_a
门厅		地面	200	22	0.40	80
观众厅	影院	0.75m 水平面	100	22	0.40	80
	剧场、音乐厅	0.75m 水平面	150	22	0.40	80
观众休息厅	影院	地面	150	22	0.40	80
	剧场、音乐厅	地面	200	22	0.40	80
排演厅		地面	300	22	0.60	80
化妆室	一般活动区	0.75m 水平面	150	22	0.60	80
	化妆台	1.1m 高处垂直面	500*	—	—	90

注：*指混合照明照度。

旅馆建筑照明标准值 **表 12.1.6-7**

房间或场所		参考平面及其高度	照度标准值(lx)	UGR	U_0	R_a
客房	一般活动区	0.75m 水平面	75	—	—	80
	床头	0.75m 水平面	150	—	—	80
	写字台	台面	300*	—	—	80
	卫生间	0.75m 水平面	150	—	—	80
中餐厅		0.75m 水平面	200	22	0.60	80
西餐厅		0.75m 水平面	150	—	0.60	80
酒吧间、咖啡厅		0.75m 水平面	75	—	0.40	80
多功能厅、宴会厅		0.75m 水平面	300	22	0.60	80
会议室		0.75m 水平面	300	19	0.60	80
大堂		地面	200	—	0.40	80
总服务台		台面	300*	—	—	80
休息厅		地面	200	22	0.40	80
客房层走廊		地面	50	—	0.40	80
厨房		台面	500*	—	0.70	80

续表

房间或场所	参考平面及其高度	照度标准值（lx）	*UGR*	U_0	R_a
游泳池	水 面	200	22	0.60	80
健身房	0.75m 水平面	200	22	0.60	80
洗衣房	0.75m 水平面	200	—	0.40	80

注：* 指混合照明照度。

医疗建筑照明标准值　　表 12.1.6-8

房间或场所	参考平面及其高度	照度标准值（lx）	*UGR*	U_0	R_a
治疗室、检查室	0.75m 水平面	300	19	0.70	80
化验室	0.75m 水平面	500	19	0.70	80
手术室	0.75m 水平面	750	19	0.70	90
诊 室	0.75m 水平面	300	19	0.60	80
候诊室、挂号厅	0.75m 水平面	200	22	0.40	80
病 房	地 面	100	19	0.60	80
走 道	地 面	100	19	0.60	80
护士站	0.75m 水平面	300	—	0.60	80
药 房	0.75m 水平面	500	19	0.60	80
重症监护室	0.75m 水平面	300	19	0.60	90

医疗建筑不同场所一般照明的照度标准值　　表 12.1.6-9

房间或场所	参考平面及其高度	照度标准值（lx）
门厅、家属等候区	地面	200
服务台、X 射线诊断等诊疗设备主机室、婴儿护理房、血库、药库、洗衣房	0.75 m 水平面	200
挂号室、收费室、诊室、急诊室、磁共振室、加速器室、功能检查室（脑电、心电、超声波、视力等）、护士站、监护室、会议室、办公室	0.75m 水平面	300
化验室、药房、病理实验及检验室、仪器室、专用诊疗设备的控制室、计算机网络机房	0.75m 水平面	500
医护人员休息室、患者活动室、电梯厅、厕所、浴室、走道	地面	100

注：1　重症监护病房夜间值班用照明的照度宜大于 5lx。
2　对于手术室照明，在距地 1.5m、直径 300mm 的手术范围内，由专用手术无影灯产生的照度应符合“医疗建筑电气设计规范”JGJ 312—2013 第 8.3.3 条第 5 款的规定。

教育建筑照明标准值　　表 12.1.6-10

房间或场所	参考平面及其高度	照度标准值（lx）	*UGR*	U_0	R_a
教室、阅览室	课桌面	300	19	0.60	80
实验室	实验桌面	300	19	0.60	80
美术教室	桌 面	500	19	0.60	90
多媒体教室	0.75m 水平面	300	19	0.60	80

续表

房间或场所	参考平面及其高度	照度标准值（lx）	UGR	U_0	R_a
电子信息机房	0.75m 水平面	500	19	0.60	80
计算机教室、电子阅览室	0.75m 水平面	500	19	0.60	80
楼梯间	地 面	100	22	0.40	80
教室黑板	黑板面	500*	—	0.70	80
学生宿舍	地 面	150	22	0.40	80

注：*指混合照明照度。

教育建筑其他场所照明标准值　　表 12.1.6-11

房间和场所	参考平面及其高度	照度标准值（lx）	统一眩光值 UGR	显色指数 R_a
艺术学校的美术教室	桌面	750	≤19	≥90
健身教室	地面	300	≤22	≥80
工程制图教室	桌面	500	≤19	≥80
电子信息机房	0.75m 水平面	500	≤19	≥80
计算机教室、电子阅览室	0.75m 水平面	500	≤19	≥80
会堂观众厅	0.75m 水平面	200	≤22	≥80
学生宿舍	0.75m 水平面	150	—	≥80
学生活动室	0.75m 水平面	200	≤22	≥80

注：照度标准值为维持平均照度。

特殊教育学校主要房间照明标准值　　表 12.1.6-12

学校类型	主要房间	参考平面及其高度	照度标准值（lx）	统一眩光值 UGR	显色指数 R_a
盲学校	普通教育、手工教室、地理教室及其他教学用房	课桌面	500	≤19	≥80
聋学校	普通教室、语言教室及其他教学用房	课桌面	300	≤19	≥80
智障学校	普通教室、语言教室及其他教学用房	课桌面	300	≤19	≥80
—	保健室	0.75m 水平面	300	≤19	≥80

注：1. 照度标准值为维持平均照度。

2. 教室课桌区域内的照度均匀度不应小于 0.7，课桌周围 0.5m 范围内的照度均匀度不应小于 0.5。教室黑板面上的照度均匀度不应小于 0.7。

3. 房间或场所内的通道和其他非作业区域的照度值不宜低于作业区域照度值的 1/3。

4. 作业面外 0.5m 范围内的照度可低于作业面照度，但不宜低于表 12.1.6-13 的规定。

作业面外 0.5m 范围内的照度值　　表 12.1.6-13

作业面照度（lx）	作业面外 0.5m 范围内的照度值（lx）
≥750	500
500	300
300	200
≤200	与作业面照度相同

博展建筑照明标准值 **表 12.1.6-14**

房间或场所		参考平面及其高度	照度标准值(lx)	UGR	U_0	R_a
美术馆	会议报告厅	0.75m 水平面	300	22	0.60	80
	休息厅	0.75m 水平面	150	22	0.40	80
	美术品售卖	0.75m 水平面	300	19	0.60	80
	公共大厅	地　面	200	22	0.40	80
	绘画展厅	地　面	100	19	0.60	80
	雕塑展厅	地　面	150	19	0.60	80
	藏画库	地　面	150	22	0.60	80
	藏画修理	0.75m 水平面	500	19	0.70	90
科技馆	科普教室、实验区	0.75m 水平面	300	19	0.60	80
	会议报告厅	0.75m 水平面	300	22	0.60	80
	纪念品售卖区	0.75m 水平面	300	22	0.60	80
	儿童乐园	地　面	300	22	0.60	80
	公共大厅	地　面	200	22	0.40	80
	球幕、巨幕、3D、4D影院	地 面	100	19	0.40	80
	常设展厅	地　面	200	22	0.60	80
	临时展厅	地　面	200	22	0.60	80
博物馆其他场所	门　厅	地　面	200	22	0.40	80
	序　厅	地　面	100	22	0.40	80
	会议报告厅	0.75m 水平面	300	22	0.60	80
	美术制作室	0.75m 水平面	500	22	0.60	90
	编目室	0.75m 水平面	300	22	0.60	80
	摄影室	0.75m 水平面	100	22	0.60	80
	熏蒸室	实际工作面	150	22	0.60	80
	实验室	实际工作面	300	22	0.60	80
	保护修复室	实际工作面	750*	19	0.70	90
	文物复制室	实际工作面	750*	19	0.70	90
	标本制作室	实际工作面	750*	19	0.70	90
	周转库房	地面	50	22	0.40	80
	藏品库房	地面	75	22	0.40	80
	藏品提看室	0.75m 水平面	150	22	0.60	80

注：1. 绘画、雕塑展厅的照明标准值中不含展品陈列照明；

2. 当展览对光敏感要求的展品时应满足表 5.3.8-3 的要求。

3. 常设展厅和临时展厅的照明标准值中不含展品陈列照明。

4. * 指混合照明的照度标准值。其一般照明的照度值应按混合照明照度的20%～30%选取。

博览建筑博物馆陈列室展品照度标准值及年曝光量限值 **表 12.1.6-15**

类 别	参考平面及其高度	照度标准值(lx)	年曝光量(lx·h/a)
对光特别敏感的展品：纺织品、织绣品、绘画、纸质物品、彩绘、陶（石）器、染色皮革、动物标本等	展品面	≤50	≤50000
对光敏感的展品：油画、蛋清画、不染色皮革、角制品、骨制品、象牙制品、竹木制品和漆器等	展品面	≤150	≤360000
对光不敏感的展品：金属制品、石质器物、陶瓷器、宝玉石器、岩矿标本、玻璃制品、搪瓷制品、珐琅器等	展品面	≤300	不限制

注：1. 陈列室一般照明应按展品照度值的 20% ～ 30%选取；
2. 陈列室一般照明 *UGR* 不宜大于 19；
3. 一般场所 R_a 不应低于 80，辨色要求高的场所，R_a 不应低于 90。

会展建筑照明标准值 **表 12.1.6-16**

房间或场所	参考平面及其高度	照度标准值(lx)	*UGR*	U_0	R_a
会议室、洽谈室	0.75m 水平面	300	19	0.60	80
宴会厅	0.75m 水平面	300	22	0.60	80
多功能厅	0.75m 水平面	300	22	0.60	80
公共大厅	地 面	200	22	0.40	80
一般展厅	地 面	200	22	0.60	80
高档展厅	地 面	300	22	0.60	80

交通建筑照明标准值 **表 12.1.6-17**

房间或场所		参考平面及其高度	照度标准值(lx)	*UGR*	U_0	R_a
售票台		台 面	500*	—	—	80
问讯处		0.75m 水平面	200	—	0.60	80
候车（机、船）室	普 通	地 面	150	22	0.40	80
	高 档	地 面	200	22	0.60	80
贵宾室休息室		0.75m 水平面	300	22	0.60	80
中央大厅、售票大厅		地 面	200	22	0.40	80
海关、护照检查		工作面	500	—	0.70	80
安全检查		地 面	300	—	0.60	80
换票、行李托运		0.75m 水平面	300	19	0.60	80
行李认领、到达大厅、出发大厅		地 面	200	22	0.40	80
通道、连接区、扶梯、换乘厅		地 面	150	—	0.40	80
有棚站台		地 面	75	—	0.60	60
无棚站台		地 面	50	—	0.40	20

续表

房间或场所		参考平面及其高度	照度标准值(lx)	UGR	U_0	R_a
走廊、楼梯、平台、流动区域	普 通	地 面	75	25	0.40	60
	高 档	地 面	150	25	0.60	80
地铁站厅	普 通	地 面	100	25	0.60	80
	高 档	地 面	200	22	0.60	80
地铁进出站门厅	普 通	地 面	150	25	0.60	80
	高 档	地 面	200	22	0.60	80

注：* 指混合照明照度。

交通建筑常用房间或场所的照度标准值 **表 12.1.6-18**

房间或场所		参考平面及其高度	照度标准值(lx)	UGR	R_a
行包存放库房、小件寄存		地面	100	≤25	≥80
自动售票机/自动检票口		0.75m 水平面	300	≤19	≥80
VIP 休息		0.75m 水平面	300	≤22	≥80
有棚站台		地面	75	≤28	≥60
特大型铁路旅客车站中的有棚站台		地面	100	≤28	≥60
无棚站台		地面	50	—	≥20
楼梯、平台	普通	地面	100	—	≥60
	高档	地面	100	—	≥80
配变电站	配电间	0.75m 水平面	200	—	≥60
	变压器室	0.75m 水平面	100	—	≥20
控制室	一般控制室	0.75m 水平面	300	≤22	≥80
	主控制室	0.75m 水平面	500	≤19	≥80
发电机房		地面	200	≤25	≥60
计算机房、网络站		0.75m 水平面	500	≤19	≥80

金融建筑照明标准值 **表 12.1.6-19**

房间及场所		参考平面及其高度	照度标准值(lx)	UGR	U_0	R_a
营业大厅		地 面	200	22	0.60	80
营业柜台		台 面	500	—	0.60	80
客户服务中心	普 通	0.75m 水平面	200	22	0.60	60
	贵宾室	0.75m 水平面	300	22	0.60	80
交易大厅		0.75m 水平面	300	22	0.60	80
数据中心主机房		0.75m 水平面	500	19	0.60	80
保管库		地 面	200	22	0.40	80

续表

房间及场所	参考平面及其高度	照度标准值(lx)	UGR	U_0	R_a
信用卡作业区	0.75m 水平面	300	19	0.60	80
自助银行	地 面	200	19	0.60	80

注：本表适用于银行、证券、期货、保险、电信、邮政等行业，也适用于类似用途（如供电、供水、供气）的营业厅、柜台和客服中心。

无电视转播的体育建筑照明标准值　　表 12.1.6-20

<table>
<tr><th colspan="2" rowspan="2">运动项目</th><th rowspan="2">参考平面及其高度</th><th colspan="3">照度标准值（lx）</th><th colspan="2">R_a</th><th colspan="2">眩光指数（GR）</th></tr>
<tr><th>训练和娱乐</th><th>业余比赛</th><th>专业比赛</th><th>训练</th><th>比赛</th><th>训练</th><th>比赛</th></tr>
<tr><td colspan="2">篮球、排球、手球、室内足球</td><td>地面</td><td rowspan="3">300</td><td rowspan="3">500</td><td rowspan="3">750</td><td rowspan="3">65</td><td rowspan="3">65</td><td rowspan="3">35</td><td rowspan="3">30</td></tr>
<tr><td colspan="2">体操、艺术体操、技巧、蹦床、举重</td><td>台面</td></tr>
<tr><td colspan="2">速度滑冰</td><td>冰面</td></tr>
<tr><td colspan="2">羽毛球</td><td>地面</td><td>300</td><td>750/500</td><td>1000/500</td><td>65</td><td>65</td><td>35</td><td>30</td></tr>
<tr><td colspan="2">乒乓球、柔道、摔跤、跆拳道、武术</td><td>台面</td><td rowspan="2">300</td><td rowspan="2">500</td><td rowspan="2">1000</td><td rowspan="2">65</td><td rowspan="2">65</td><td rowspan="2">35</td><td rowspan="2">30</td></tr>
<tr><td colspan="2">冰球、花样滑冰、冰上舞蹈、短道速滑</td><td>冰面</td></tr>
<tr><td colspan="2">拳击</td><td>台面</td><td>500</td><td>1000</td><td>2000</td><td>65</td><td>65</td><td>35</td><td>30</td></tr>
<tr><td colspan="2">游泳、跳水、水球、花样游泳</td><td>水面</td><td rowspan="2">200</td><td rowspan="2">300</td><td rowspan="2">500</td><td rowspan="2">65</td><td rowspan="2">65</td><td rowspan="2">—</td><td rowspan="2">—</td></tr>
<tr><td colspan="2">马术</td><td>地面</td></tr>
<tr><td rowspan="2">射击、射箭</td><td>射击区、弹（箭）道区</td><td>地面</td><td>200</td><td>200</td><td>300</td><td rowspan="2">65</td><td rowspan="2">65</td><td rowspan="2">—</td><td rowspan="2">—</td></tr>
<tr><td>靶心</td><td>靶心垂直面</td><td>1000</td><td>1000</td><td>1000</td></tr>
<tr><td colspan="2" rowspan="2">击剑</td><td>地面</td><td>300</td><td>500</td><td>750</td><td rowspan="2">65</td><td rowspan="2">65</td><td rowspan="2">—</td><td rowspan="2">—</td></tr>
<tr><td>垂直面</td><td>200</td><td>300</td><td>500</td></tr>
<tr><td rowspan="2">网球</td><td>室外</td><td rowspan="2">地面</td><td rowspan="2">300</td><td rowspan="2">500/300</td><td rowspan="2">750/500</td><td rowspan="2">65</td><td rowspan="2">65</td><td>55</td><td>50</td></tr>
<tr><td>室内</td><td>35</td><td>30</td></tr>
<tr><td rowspan="2">场地自行车</td><td>室外</td><td rowspan="2">地面</td><td rowspan="2">200</td><td rowspan="2">500</td><td rowspan="2">750</td><td rowspan="2">65</td><td rowspan="2">65</td><td>55</td><td>50</td></tr>
<tr><td>室内</td><td>35</td><td>30</td></tr>
<tr><td colspan="2">足球、田径</td><td>地面</td><td>200</td><td>300</td><td>500</td><td>20</td><td>65</td><td>55</td><td>50</td></tr>
<tr><td colspan="2">曲棍球</td><td>地面</td><td>300</td><td>500</td><td>750</td><td>20</td><td>65</td><td>55</td><td>50</td></tr>
<tr><td colspan="2">棒球、垒球</td><td>地面</td><td>300/200</td><td>500/300</td><td>750/500</td><td>20</td><td>65</td><td>55</td><td>50</td></tr>
</table>

注：1 当表中同一格有两个值时，“/”前为内场的值，“/”后为外场的值；

2 表中规定的照度应为比赛场地参考平面上的使用照度。

有电视转播的体育建筑照明标准值　　表 12.1.6-21

<table>
<tr><th colspan="2" rowspan="2">运动项目</th><th rowspan="2">参考平面及其高度</th><th colspan="3">照度标准值（lx）</th><th colspan="2">R_a</th><th colspan="2">T_{cp}（K）</th><th rowspan="2">眩光指数（GR）</th></tr>
<tr><th>国家、国际比赛</th><th>重大国际比赛</th><th>HDTV</th><th>国家、国际比赛，重大国际比赛</th><th>HDTV</th><th>国家、国际比赛，重大国际比赛</th><th>HDTV</th></tr>
<tr><td colspan="2">篮球、排球、手球、室内足球、乒乓球</td><td>地面 1.5m</td><td rowspan="5">1000</td><td rowspan="5">1400</td><td rowspan="5">2000</td><td rowspan="13">≥80</td><td rowspan="13">>80</td><td rowspan="13">≥4000</td><td rowspan="13">≥5500</td><td rowspan="2">30</td></tr>
<tr><td colspan="2">体操、艺术体操、技巧、蹦床、柔道、摔跤、跆拳道、武术、举重</td><td>台面 1.5m</td></tr>
<tr><td colspan="2">击剑</td><td>台面 1.5m</td><td>—</td></tr>
<tr><td colspan="2">游泳、跳水、水球、花样游泳</td><td>水面 0.2m</td><td>—</td></tr>
<tr><td colspan="2">冰球、花样滑冰、冰上舞蹈、短道速滑、速度滑冰</td><td>冰面 1.5m</td><td>30</td></tr>
<tr><td colspan="2">羽毛球</td><td>地面 1.5m</td><td>1000/750</td><td>1400/1000</td><td>2000/1400</td><td>30</td></tr>
<tr><td colspan="2">拳击</td><td>台面 1.5m</td><td>1000</td><td>2000</td><td>2500</td><td>30</td></tr>
<tr><td rowspan="2">射箭</td><td>射击区、箭道区</td><td>地面 1.0m</td><td>500</td><td>500</td><td>500</td><td>—</td></tr>
<tr><td>靶心</td><td>靶心垂直面</td><td>1500</td><td>1500</td><td>2000</td><td>—</td></tr>
<tr><td rowspan="2">场地自行车</td><td>室内</td><td rowspan="2">地面 1.5m</td><td rowspan="4">1000</td><td rowspan="4">1400</td><td rowspan="4">2000</td><td>30</td></tr>
<tr><td>室外</td><td>50</td></tr>
<tr><td colspan="2">足球、田径、曲棍球</td><td>地面 1.5m</td><td>50</td></tr>
<tr><td colspan="2">马术</td><td>地面 1.5m</td><td>—</td></tr>
<tr><td rowspan="2">网球</td><td>室内</td><td rowspan="2">地面 1.5m</td><td rowspan="3">1000/750</td><td rowspan="3">1400/1000</td><td rowspan="3">2000/1400</td><td rowspan="3">≥80</td><td rowspan="3">>80</td><td rowspan="3">≥4000</td><td rowspan="3">≥5500</td><td>30</td></tr>
<tr><td>室外</td><td>50</td></tr>
<tr><td colspan="2">棒球、垒球</td><td>地面 1.5m</td><td>50</td></tr>
<tr><td rowspan="2">射击</td><td>射击区、弹道区</td><td>地面 1.0m</td><td>500</td><td>500</td><td>500</td><td rowspan="2" colspan="2">≥80</td><td rowspan="2">≥3000</td><td rowspan="2">≥4000</td><td rowspan="2">—</td></tr>
<tr><td>靶心</td><td>靶心垂直面</td><td>1500</td><td>1500</td><td>2000</td></tr>
</table>

注：1. HDTV 指高清晰度电视；其特殊显色指数 R_9 应大于零；

2. 表中同一格有两个值时，“/”前为内场的值，“/”后为外场的值；

3. 表中规定的照度除射击、射箭外，其他均应为比赛场地主摄像机方向的使用照度值。

民用建筑部分场所照明标准值（JGJ 16—2008） 表 12.1.6-22

分类	房间或场所	维持平均照度（lx）	统一眩光值（UGR_L）	显色指数（R_a）	备注
科研教育	幼儿教室、手工室	300	19	80	
	成人教室、晚间教室	500	19	80	
	学生活动室	200	22	80	
	健身教室、游泳馆	300	22	80	
	音乐教室	300	19	80	
	艺术学院的美术教室	750	19	80	色温宜高于5000K
	手工制图	750	19	80	
	CAD绘图	300	16	80	
	检验化验室	500	19	80	
商业	品牌服装店	200	19	80	商品照明与一般照明之比宜为3～5/1
	医药商店	500	19	80	色温宜高于5000K
	金饰珠宝店	1000	22	80	
	艺术品商店	750	16	80	
	商品包装	500	19	80	
餐饮	高档中餐厅	300	22	80	
	快餐店、自助餐厅	300	22	80	
	宴会厅	500	19	80	宜设调光控制
	操作间	200	22	80	维护系数0.6～0.7
	面食制作	150	22	80	
	卫生间	100	25	80	
	蒸煮	100	25	80	
	冷荤间	150	22	80	宜设置紫外消毒灯
司法	法庭	300	22	80	
	法官、陪审员休息室	200	19	80	
	审讯室	200	22	80	
	监室	200	22	80	
	会客室	300	22	80	
宗教	礼拜堂	100	22	80	
	瞻礼台	300	22	80	
	佛、道教寺庙大殿	100	22	80	
	祈祷、静修室	100	19	60	
	讲经室	300	19	80	

续表

分类	房间或场所	维持平均照度（lx）	统一眩光值（UGR_L）	显色指数（R_a）	备 注
会展	图书音像展厅	500	22	80	
	机械、电器展厅	300	25	80	
	汽车展厅	500	25	80	
	食品展厅	300	22	80	
	服装、日用品展厅	300	22	80	
娱乐休闲	棋牌室	300	19	80	
	台球、沙壶球	200	19	80	另设球台照明
	游戏厅	300	19	80	
	网吧	200	19	80	

人民防空地下室照明标准值 **表 12.1.6-23**

场 所	类 别	参考平面及其高度	照度标准值（lx）	统一眩光值（UGR）	显色指数（R_a）
战时通用房间	办公室、总机室、广播室等	0.75m 水平面	200	19	80
	值班室、电站控制室、配电室等		150	22	80
	出入口	地面	100	—	60
	柴油发电机房、机修间		100	25	60
	防空专业队队员掩蔽室		100	22	80
	空调室、风机室、水泵间、储油间、滤毒室、除尘室、洗消间		75	—	60
	盥洗间、厕所		75	—	60
	人员掩蔽室、通道		75	22	80
	车库、物资库		50	28	60
战时医疗救护工程	手术室、放射科治疗室	0.75m 水平面	500	19	90
	诊查室、检验科、配方室、治疗室、医务办公室、急救室		300	19	80
	候诊室、放射科诊断室、理疗室、分类厅		200	22	80
	重症监护室		200	19	80
	病房	地面	100	19	80

(3) 工业建筑一般照明标准值，见图 12.1.6-24。

工业建筑一般照明标准值 **表 12.1.6-24**

房间或场所			参考平面及其高度	照度标准值(lx)	UGR	U_0	R_a	备 注
1. 机、电工业	机械加工	粗加工	0.75m 水平面	200	22	0.40	60	可另加局部照明
		一般加工 公差≥0.1mm	0.75m 水平面	300	22	0.60	60	应另加局部照明
		精密加工 公差<0.1mm	0.75m 水平面	500	19	0.70	60	应另加局部照明
	机电仪表装配	大件	0.75m 水平面	200	25	0.60	80	可另加局部照明
		一般件	0.75m 水平面	300	25	0.60	80	可另加局部照明
	机电仪表装配	精密	0.75m 水平面	500	22	0.70	80	应另加局部照明
		特精密	0.75m 水平面	750	19	0.70	80	应另加局部照明
	电线、电缆制造		0.75m 水平面	300	25	0.60	60	—
	线圈绕制	大线圈	0.75m 水平面	300	25	0.60	80	—
		中等线圈	0.75m 水平面	500	22	0.70	80	可另加局部照明
		精细线圈	0.75m 水平面	750	19	0.70	80	应另加局部照明
	线圈浇注		0.75m 水平面	300	25	0.60	80	—
	焊接	一般	0.75m 水平面	200	—	0.60	60	—
		精密	0.75m 水平面	300	—	0.70	60	—
	钣金		0.75m 水平面	300	—	0.60	60	—
	冲压、剪切		0.75m 水平面	300	—	0.60	60	—
	热处理		地面至 0.5m 水平面	200	—	0.60	20	—
	铸造	熔化、浇铸	地面至 0.5m 水平面	200	—	0.60	20	—
		造型	地面至 0.5m 水平面	300	25	0.60	60	—
	精密铸造的制模、脱壳		地面至 0.5m 水平面	500	25	0.60	60	—
	锻工		地面至 0.5m 水平面	200	—	0.60	20	—
	电镀		0.75m 水平面	300	—	0.60	80	—
	喷漆	一般	0.75m 水平面	300	—	0.60	80	—
		精细	0.75m 水平面	500	22	0.70	80	—
	酸洗、腐蚀、清洗		0.75m 水平面	300	—	0.60	80	—

续表

房间或场所			参考平面及其高度	照度标准值(lx)	UGR	U_0	R_a	备注
1. 机、电工业	抛光	一般装饰性	0.75m 水平面	300	22	0.60	80	应防频闪
		精细	0.75m 水平面	500	22	0.70	80	应防频闪
	复合材料加工、铺叠、装饰		0.75m 水平面	500	22	0.60	80	—
	机电修理	一般	0.75m 水平面	200	—	0.60	60	可另加局部照明
		精密	0.75m 水平面	300	22	0.70	60	可另加局部照明
2. 电子工业	整机类	整机厂	0.75m 水平面	300	22	0.60	80	—
		装配厂房	0.75m 水平面	300	22	0.60	80	应另加局部照明
	元器件类	微电子产品及集成电路	0.75m 水平面	500	19	0.70	80	—
		显示器件	0.75m 水平面	500	19	0.70	80	可根据工艺要求降低照度值
		印制线路板	0.75m 水平面	500	19	0.70	80	—
		光伏组件	0.75m 水平面	300	19	0.60	80	—
		电真空器件、机电组件等	0.75m 水平面	500	19	0.60	80	—
	电子材料类	半导体材料	0.75m 水平面	300	22	0.60	80	—
		光纤、光缆	0.75m 水平面	300	22	0.60	80	—
	酸、碱、药液及粉配制		0.75m 水平面	300	—	0.60	80	—
3. 纺织、化纤工业	纺织	选毛	0.75m 水平面	300	22	0.70	80	可另加局部照明
		清棉、和毛、梳毛	0.75m 水平面	150	22	0.60	80	—
		前纺：梳棉、并条、粗纺	0.75m 水平面	200	22	0.60	80	—
		纺纱	0.75m 水平面	300	22	0.60	80	—
		织布	0.75m 水平面	300	22	0.60	80	—
	织袜	穿综筘、缝纫、量呢、检验	0.75m 水平面	300	22	0.70	80	可另加局部照明
		修补、剪毛、染色、印花、裁剪、熨烫	0.75m 水平面	300	22	0.70	80	可另加局部照明

续表

房间或场所			参考平面及其高度	照度标准值(lx)	UGR	U_0	R_a	备注
3. 纺织、化纤工业	化纤	投料	0.75m水平面	100	—	0.60	80	—
		纺丝	0.75m水平面	150	22	0.60	80	—
		卷绕	0.75m水平面	200	22	0.60	80	—
		平衡间、中间贮存、干燥间、废丝间、油剂高位槽间	0.75m水平面	75	—	0.60	60	—
		集束间、后加工间、打包间、油剂调配间	0.75m水平面	100	25	0.60	60	—
		组件清洗间	0.75m水平面	150	25	0.60	60	—
		拉伸、变形、分级包装	0.75m水平面	150	25	0.70	80	操作面可另加局部照明
		化验、检验	0.75m水平面	200	22	0.70	80	可另加局部照明
		聚合车间、原液车间	0.75m水平面	100	22	0.60	60	—
4. 制药工业	制药生产：配制、清洗灭菌、超滤、制粒、压片、混匀、烘干、灌装、轧盖等		0.75m水平面	300	22	0.60	80	—
	制药生产流转通道		地面	200	—	0.40	80	—
	更衣室		地面	200	—	0.40	80	—
	技术夹层		地面	100	—	0.40	40	—
5. 橡胶工业	炼胶车间		0.75m水平面	300	—	0.60	80	—
	压延压出工段		0.75m水平面	300	—	0.60	80	—
	成型裁断工段		0.75m水平面	300	22	0.60	80	—
	硫化工段		0.75m水平面	300	—	0.60	80	—
6. 电力工业	火电厂锅炉房		地面	100	—	0.60	60	—
	发电机房		地面	200	—	0.60	60	—
	主控室		0.75m水平面	500	19	0.60	80	—
7. 钢铁工业	炼铁	高炉炉顶平台、各层平台	平台面	30	—	0.60	60	—
		出铁场、出铁机室	地面	100	—	0.60	60	—
		卷扬机室、碾泥机室、煤气清洗配水室	地面	50	—	0.60	60	—

续表

房间或场所			参考平面及其高度	照度标准值(lx)	*UGR*	U_0	R_a	备 注
7. 钢铁工业	炼钢及连铸	炼钢主厂房和平台	地面、平台面	150	—	0.60	60	需另加局部照明
		连铸浇注平台、切割区、出坯区	地面	150	—	0.60	60	需另加局部照明
		精整清理线	地面	200	25	0.60	60	—
	轧钢	棒线材主厂房	地面	150	—	0.60	60	—
		钢管主厂房	地面	150	—	0.60	60	—
		冷轧主厂房	地面	150	—	0.60	60	需另加局部照明
		热轧主厂房、钢坯台	地面	150	—	0.60	60	—
		加热炉周围	地面	50	—	0.60	20	—
		垂绕、横剪及纵剪机组	0.75m水平面	150	25	0.60	80	—
		打印、检查、精密分类、验收	0.75m水平面	200	22	0.70	80	—
8. 制浆造纸工业	备料		0.75m水平面	150	—	0.60	60	—
	蒸煮、选洗、漂白		0.75m水平面	200	—	0.60	60	—
	打浆、纸机底部		0.75m水平面	200	—	0.60	60	—
	纸机网部、压榨部、烘缸、压光、卷取、涂布		0.75m水平面	300	—	0.60	60	—
	复卷、切纸		0.75m水平面	300	25	0.60	60	—
	选纸		0.75m水平面	500	22	0.60	60	—
	碱回收		0.75m水平面	200	—	0.60	60	—
9. 食品及饮料工业	食品	糕点、糖果	0.75m水平面	200	22	0.60	80	—
		肉制品、乳制品	0.75m水平面	300	22	0.60	80	—
	饮料		0.75m水平面	300	22	0.60	80	—
	啤酒	糖化	0.75m水平面	200	—	0.60	80	—
		发酵	0.75m水平面	150	—	0.60	80	—
		包装	0.75m水平面	150	25	0.60	80	—
10. 玻璃工业	备料、退火、熔制		0.75m水平面	150	—	0.60	60	—
	窑炉		地面	100	—	0.60	20	—

续表

房间或场所			参考平面及其高度	照度标准值(lx)	UGR	U_0	R_a	备注
11. 水泥工业	主要生产车间（破碎、原料粉磨、烧成、水泥粉磨、包装）		地面	100	—	0.60	20	—
	储存		地面	75	—	0.60	60	—
	输送走廊		地面	30	—	0.40	20	—
	粗坯成型		0.75m 水平面	300	—	0.60	60	—
12. 皮革工业	原皮、水浴		0.75m 水平面	200	—	0.60	60	—
	转毂、整理、成品		0.75m 水平面	200	22	0.60	60	可另加局部照明
	干燥		地面	100	—	0.60	20	—
13. 卷烟工业	制丝车间	一般	0.75m 水平面	200	—	0.60	80	—
		较高	0.75m 水平面	300	—	0.70	80	—
	卷烟、接过滤嘴、包装、滤棒成型车间	一般	0.75m 水平面	300	22	0.60	80	—
		较高	0.75m 水平面	500	22	0.70	80	—
	膨胀烟丝车间		0.75m 水平面	200	—	0.60	60	—
	贮叶间		1.0m 水平面	100	—	0.60	60	—
	贮丝间		1.0m 水平面	100	—	0.60	60	—
14. 化学、石油工业	厂区内经常操作的区域，如泵、压缩机、阀门、电操作柱等		操作位高度	100	—	0.60	20	—
	装置区现场控制和检测点，如指示仪表、液位计等		测控点高度	75	—	0.70	60	—
	人行通道、平台、设备顶部		地面或台面	30	—	0.60	20	—
	装卸站	装卸设备顶部和底部操作位	操作位高度	75	—	0.60	20	—
		平台	平台	30	—	0.60	20	—
	电缆夹层		0.75m 水平面	100	—	0.40	60	—
	避难间		0.75m 水平面	150	—	0.40	60	—
	压缩机厂房		0.75m 水平面	150	—	0.60	60	—
15. 木业和家具制造	一般机器加工		0.75m 水平面	200	22	0.60	60	应防频闪
	精细机器加工		0.75m 水平面	500	19	0.70	80	应防频闪
	锯木区		0.75m 水平面	300	25	0.60	60	应防频闪
	模型区	一般	0.75m 水平面	300	22	0.60	60	—
		精细	0.75m 水平面	750	22	0.70	60	—

续表

房间或场所		参考平面及其高度	照度标准值(lx)	*UGR*	U_0	R_a	备注
15. 木业和家具制造	胶合、组装	0.75m 水平面	300	25	0.60	60	—
	磨光、异形细木工	0.75m 水平面	750	22	0.70	80	—

注：需增加局部照明的作业面，增加的局部照明照度值宜按该场所一般照明照度值的 1.0～3.0 倍选取。

（4）公共和工业建筑通用房间或场所照明标准值，见表 12.1.6-25。

公共和工业建筑通用房间或场所照明标准值　　表 12.1.6-25

房间或场所		参考平面及其高度	照度标准值(lx)	*UGR*	U_0	R_a	备注
门厅	普通	地面	100	—	0.40	60	—
	高档	地面	200	—	0.60	80	—
走廊、流动区域、楼梯间	普通	地面	50	25	0.40	60	—
	高档	地面	100	25	0.60	80	—
自动扶梯		地面	150	—	0.60	60	—
厕所、盥洗室、浴室	普通	地面	75	—	0.40	60	—
	高档	地面	150	—	0.60	80	—
电梯前厅	普通	地面	100	—	0.40	60	—
	高档	地面	150	—	0.60	80	—
休息室		地面	100	22	0.40	80	—
更衣室		地面	150	22	0.40	80	—
储藏室		地面	100	—	0.40	60	—
餐厅		地面	200	22	0.60	80	—
公共车库		地面	50	—	0.60	60	—
公共车库检修间		地面	200	25	0.60	80	可另加局部照明
试验室	一般	0.75m 水平面	300	22	0.60	80	可另加局部照明
	精细	0.75m 水平面	500	19	0.60	80	可另加局部照明
检验	一般	0.75m 水平面	300	22	0.60	80	可另加局部照明
	精细，有颜色要求	0.75m 水平面	750	19	0.60	80	可另加局部照明
计量室，测量室		0.75m 水平面	500	19	0.70	80	可另加局部照明
电话站、网络中心		0.75m 水平面	500	19	0.60	80	—
计算机站		0.75m 水平面	500	19	0.60	80	防光幕反射
变、配电站	配电装置室	0.75m 水平面	200	—	0.60	80	—
	变压器室	地面	100	—	0.60	60	—
电源设备室、发电机室		地面	200	25	0.60	80	—
电梯机房		地面	200	25	0.60	80	—

续表

房间或场所		参考平面及其高度	照度标准值(lx)	UGR	U_0	R_a	备 注
控制室	一般控制室	0.75m 水平面	300	22	0.60	80	—
	主控制室	0.75m 水平面	500	19	0.60	80	—
动力站	风机房、空调机房	地面	100	—	0.60	60	—
	泵房	地面	100	—	0.60	60	—
	冷冻站	地面	150	—	0.60	60	—
	压缩空气站	地面	150	—	0.60	60	—
	锅炉房、煤气站的操作层	地面	100	—	0.60	60	锅炉水位表照度不小于 50lx
仓库	大件库	1.0m 水平面	50	—	0.40	20	—
	一般件库	1.0m 水平面	100	—	0.60	60	—
	半成品库	1.0m 水平面	150	—	0.60	80	—
	精细件库	1.0m 水平面	200	—	0.60	80	货架垂直照度不小于 50lx
车辆加油站		地面	100	—	0.60	60	油表表面照度不小于 50lx

注：本表摘自《民用建筑电气设计规范》JGJ 16—2008。

3. 应急照明照度标准

应急照明的照度标准值的规定，见表 12.1.6-26。

应急照明照度标准值 **表 12.1.6-26**

照明分类	照 度 规 定 值
备用照明	1. 供消防作业及救援人员在火灾时继续工作场所，应符合现行国家标准《建筑设计防火规范》GB 50016 的有关规定。 2. 医院手术室、急诊抢救室、重症监护室等应维持正常照明的照度。 3. 其他场所的照度值除另有规定外，不应低于该场所一般照明照度标准值的 10%
安全照明	1. 医院手术室应维持正常照明的 30%照度。 2. 其他场所不应低于该场所一般照明照度标准值的 10%，且不应低于 15lx。
疏散照明	1. 水平疏散通道不应低于 1lx，人员密集场所、避难层（间）不应低于 2lx。 2. 垂直疏散区域不应低于 5lx。 3. 疏散通道中心线的最大值与最小值之比不应大于 40∶1。 4. 寄宿制幼儿园和小学的寝室、老年公寓、医院等需要救援人员协助疏散的场所不应低于 5lx。

12.2 照 明 计 算

12.2.1 照 明 计 算 方 法

1. 照度计算方法

照度计算的目的，是根据工作面所需要的照度值及其他已知条件（灯具布置和灯具形式、房间各个方向的反射条件和房间的污染情况等）来决定灯泡的用电容量和灯具数量，或在照明灯具形式及布置和光源容量都确定的情况下，计算某点的照度值。照明计算需要考虑确定的照度值、照度分布以及质量和经济性。

照度有水平照度、垂直照度、倾斜面照度和工作面的平均照度，照度计算有多种计算方法。照度计算方法，见图 12.2.1-1。

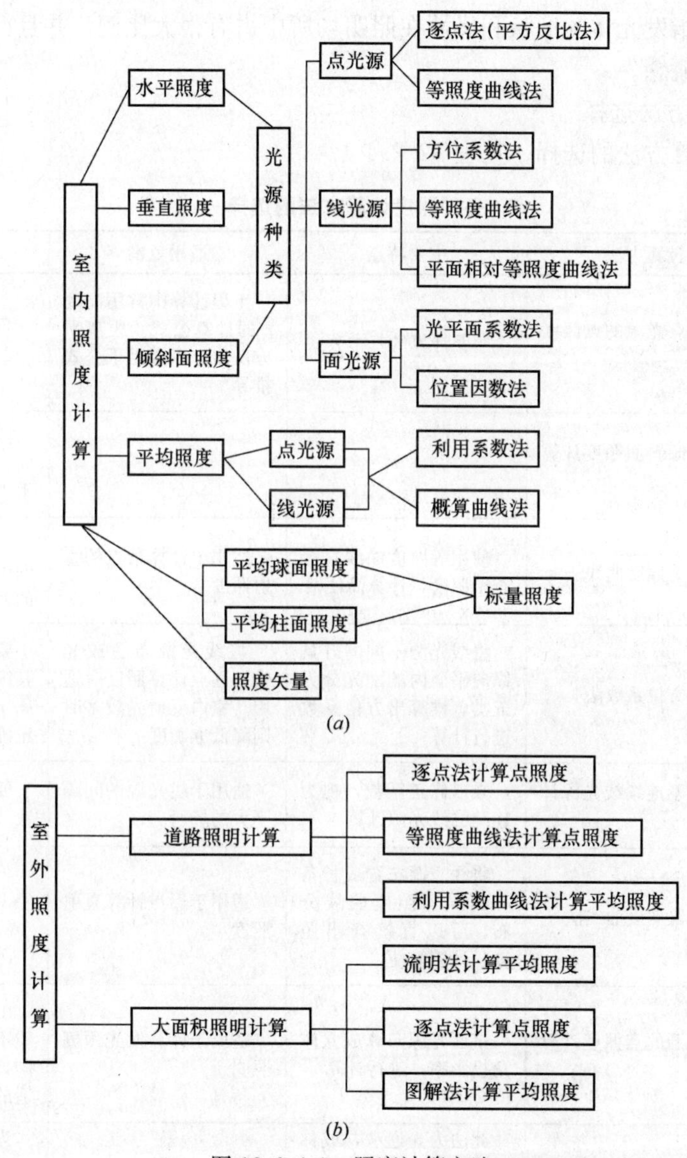

图 12.2.1-1 照度计算方法

（*a*）室内照度计算；（*b*）室外照度计算

注：1. 单位容量法等简化计算只适用于方案或初步设计时的计算。

2. 逐点法照度计算适用于室内、外照明的直射光对任意平面上一点照度的计算。

3. 利用系数法照度计算适用于灯具为均匀布置，墙和顶棚反射系数较高，空间无大型设备遮挡的室内一般照明，也适用于灯具均匀布置的室外照明。

（1）计算照度时，应严格按照现行国家标准《建筑照明设计标准》GB 50034 规定的照度值，同时满足照明功率密度的要求。

（2）圆形发光体的直径小于其受照面距离的 1/5 或线形发光体的长度小于照射距离（斜距）的 1/4 时，可视为点光源。

（3）当发光体的宽度小于计算高度的 1/4，长度大于计算高度的 1/2，发光体间隔较小时，可视为连续线光源。

（4）面光源指发光体的形状和尺寸在照明场所中占有很大比例，并且已超出点、线光源所具有的形状概念。

2. 照度计算方法选择

各种照度计算方法的选择，见表 12.2.1-1。

各种照度计算方法的选择 **表 12.2.1-1**

类别	计算方法	主要特点	适用范围	注意事项
点光源的点照度计算	（1）点光源的点照度计算法	照明计算的基本公式	工程计算中常用高度 h 的计算公式。距离平方反比定律多用于公式推导	
	（2）倾斜面照度计算法			注意倾斜面的光方向。θ 角是背光面与水平面夹角
	（3）等照度曲线法	使用等照度曲线直接查出照度，计算简便	适用于计算某点的直射照度	求等照度曲线之间的中间值时注意内插的非线性
线光源的点照度计算	（1）方位系数法	将线光源不同的灯具纵向平面内的配光分为五类，推算出方位系数进行计算	将线光源布置成光带、逐点计算照度时适用。室内反射光较多时则降低准确度	要先分析线光源在其纵向平面内的配光属于哪一类，以选择正确的方位系数
	（2）不连续线光源计算法	乘以修正系数，视为连续的线光源计算	适用于线光源的间隔不大的场所	要正确选用修正系数
	（3）等照度曲线法	将线光源布置成长条并画出等照度曲线分布，可以直接查出照度，计算简便	适用于逐点计算直射照度	
面光源的点照度计算	面光源的点照度计算法	将面光源归算成立体角投影率，进行计算	适用于计算发光顶棚照明	由于发光顶棚的材质不同，亮度分布不同，故应注意选用合适的经验系数
平均照度的计算	（1）利用系数法	此法为光通法，或称流明法。计算时考虑了室内光的相互反射理论。计算较为准确简便	适用于计算室内外各种场所的平均照度	当不计光的反射分量时，如室外照明，可以考虑各个表面的反射率为零
	（2）概算曲线法	根据利用系数法计算，编制出灯具与工作面面积关系曲线的图表，直接查出灯数，快速简便，但有较小的误差	适用于计算各种房间的平均照度	当照度值不是曲线给出的值时，灯数应乘以修正系数

续表

类别	计算方法	主要特点	适用范围	注意事项
单位容量的计算	(1) 单位容量法	将灯具按光通量的分配比例分类，进行计算，求出单位面积所需的照明的电功率	适用于方案或初步设计阶段估算照明用电量	应正确采用修正系数，以免误差过大
	(2) 花灯照明简算法	应用装置调整系数进行计算	适用于花灯照明	
	(3) 光檐照明简算法	应用装置系数进行计算	适用于光檐照明	
平均球面照度与平均柱面照度的计算	(1) 平均球面照度计算法	计算室内任意点的空间照度平均值	适用于对空间照度有要求的场所进行照明效果评价	
	(2) 平均柱面照度计算法	计算室内各方向的垂直照度的平均值	适用于对各方向的垂直照度有要求的场所进行照明效果评价	
投光照明的计算	(1) 单位面积容量计算法	以公式推导出投光照明单位面积所消耗的电功率、充分考虑了光效率，灯的利用系数等因素	适用于设计方案阶段进行灯数概算或对工程项目进行初步估算	
	(2) 平均照度计算法	特点同平均照度计算	适用于计算被照面上的平均照度	
	(3) 点照度计算	特点同点照度计算	适用于施工设计阶段逐点计算照度	

12.2.2 平均照度计算

平均照度的计算通常采用利用系数法。利用系数法考虑了直射光和反射光两部分所产生的照度，是根据光源的光通量、房间的几何形状、灯具的数量和类型确定工作面平均照度的计算方法。适用于灯具均匀布置的一般照明以及利用墙和顶棚作光反射面的场合。该计算方法简便，比较准确。

1. 应用利用系数法计算平均照度

应用利用系数平均照度的计算，见表 12.2.2-1。

应用利用系数平均照度的计算 **表 12.2.2-1**

类　别	计　算　公　式
平均照度计算	利用系数法计算平均照度的基本公式： $$E_{av}=\frac{N\phi UK}{A} \quad (12.2.2\text{-}1)$$ $$N=\frac{E_{av}A}{\phi UK} \quad (12.2.2\text{-}2)$$ 式中 E_{av}——工作面上的平均照度，lx； ϕ——光源光通量，lm； N——光源数量； U——利用系数； A——工作面面积，m^2； K——灯具的维护系数，其值见表 12.1.2-2，室内一般取 $K=0.7$

续表

<table>
<tr><th>类别</th><th>计算公式</th></tr>
<tr><td>利用系数U</td><td>1. 利用系数法又称为光通法或流明法，其核心是计算利用系数U。通过利用系数U计算出灯的数量和灯具布置方案。室内灯光的分配，见图 12.2.2-1。利用系数是投射到工作面上的光通量与自光源发射出的光通量之比，用U表示，可由式（12.2.2-3）计算
$$U=\frac{\phi_1}{\phi} \quad (12.2.2\text{-}3)$$
式中 ϕ——光源的光通量，lm；
ϕ_1——自光源发射，最后投射到工作面上的光通量，lm。
2. 利用系数（U）表。
利用系数是灯具光强分布、灯具效率、房间形状、室内表面反射比的函数，计算比较复杂。为此，常按一定条件编制灯具利用系数表供设计使用。见表 12.2.2-2。
查表时允许采用内插法计算。表 12.2.2-2 上所列的利用系数是在地板空间反射比为 0.1 时的数值，若地板空间反射比不是 0.1 时，则应用适当的修正系数进行修正。当要求精确计算利用系数U时，应对利用系数进行修正。</td></tr>
<tr><td>室内空间表示方法</td><td>室内空间的划分，见图 12.2.2-3。三个空间分别用下列计算公式表示：
1. 室空间比。 $$RCR=\frac{5h_r\cdot(l+b)}{l\cdot b} \quad (12.2.2\text{-}4)$$
室空间比也可以用室形指数RI表示计算公式如下：
$$RI=\frac{lb}{h_r(l+b)}=\frac{5}{RCR} \quad (12.2.2\text{-}5)$$
2. 顶棚空间比。 $$CCR=\frac{5h_c\cdot(l+b)}{l\cdot b}=\frac{h_c}{h_r}\cdot RCR \quad (12.2.2\text{-}6)$$
3. 地板空间比。 $$FCR=\frac{5h_f\cdot(l+b)}{l\cdot b}=\frac{h_f}{h_r}\cdot RCR \quad (12.2.2\text{-}7)$$
上述式中 l——室长，m；
b——室宽，m；
h_c——顶棚空间高，m；
h_r——室空间高，m；
h_f——地板空间高，m。
当房间不是正六面体时，因为墙面积$=2h_r$（$l+b$），地面积$=lb$，则式（12.2.2-4）可改写为
$$RCR=\frac{2.5\text{墙面积}}{\text{地面积}} \quad (12.2.2\text{-}8)$$
用式（12.2.2-8）可以求出圆形建筑物以及其他形状空间的RCR值等</td></tr>
<tr><td>顶棚空间有效反射率（比）</td><td>当灯具嵌入顶棚或吸顶安装时，顶棚有效反射率即为顶棚反射率。当灯具吊挂时部分光通被顶棚空间所吸收，可以看成有效反射率下降。灯具所在平面即为假想顶棚平面，其有效空间反射率计算公式为
$$\rho_{CC}=\frac{\rho A_0}{A_s-\rho A_s+\rho A_0} \quad (12.2.2\text{-}9)$$
其中 $$\rho=\frac{\sum_{i=1}^{n}\rho_i A_i}{\sum_{i=1}^{n}A_i}(i=1,2,3,\cdots,n) \quad (12.2.2\text{-}10)$$
上述式中：ρ_{CC}——有效空间反射率（比）；
ρ——顶棚（或地板）空间表面平均反射率（比）；
A_0——顶棚（或地板）平面面积，m^2；</td></tr>
</table>

续表

类别	计算公式
顶棚空间有效反射率（比）	A_s——顶棚（或地板）空间内所有表面的总面积，m^2。 ρ_i——第 i 个表面反射比； A_i——第 i 个表面面积，m^2； n——表面数量。 顶棚空间示意，见图 12.2.2-4（a），顶棚空间有效反射率 ρ_{CC} 可以由图 12.2.2-4（b）曲线直接查出。上式也适用于地板空间。 若已知空间表面（地板、顶棚或墙面）反射率（比）（ρ_f、ρ_c 或 ρ_W）及空间比，即可从事先算好表上求出空间有效反射率（比）
墙面平均反射率	墙面反射率应考虑玻璃窗或装饰品的影响，应将墙面视为一个等效漫射表面。为简化计算，把墙面看成一个均匀的漫射表面，将窗子或墙上的装饰品等综合考虑，求出墙面平均反射比来体现整个墙面的反射条件。墙面平均反射率由式（12.2.2-11）计算 $$\rho_W=\frac{\rho_{W_1}(A_W-A_g)+\rho_g A_g}{A_W} \quad (12.2.2\text{-}11)$$ 式中 ρ_{W_1}——墙面反射率； ρ_g——玻璃或装饰物的反射率； A_g——玻璃窗或装饰物的面积，m^2； A_W——墙总面积，包括窗面积，m^2。 墙面平均反射率 ρ_W 和开窗面积比 R 的关系，见图 12.2.2-5，曲线是根据建筑物开窗面积比 $R=A_g/A_W$ 和 $\rho_g=0.09$ 绘出
计算步骤	应用利用系数法计算平均照度的步骤如下： 1. 填写原始数据。 2. 由式（12.2.2-4）、式（12.2.2-6）、式（12.2.2-7）计算空间比。 3. 由式（12.2.2-9）求有效顶棚空间反射比。 4. 由式（12.2.2-11）计算墙面平均反射比。 5. 查灯具维护系数见表 12.2.2-2。 6. 由利用系数表查利用系数（查厂家样本或设计手册）。 7. 由式（12.2.2-2）计算平均照度

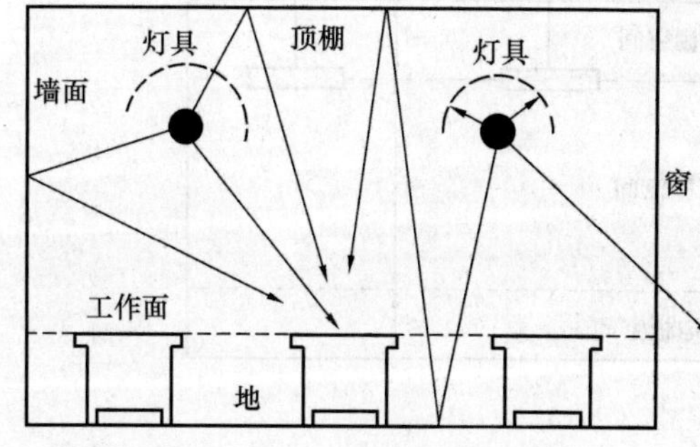

图 12.2.2-1 室内光的分配

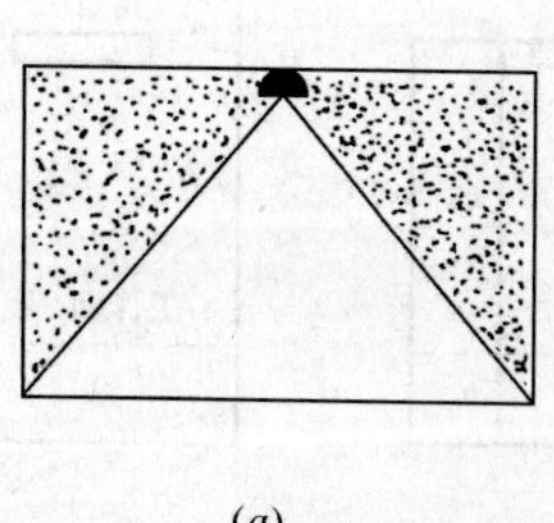

(a)

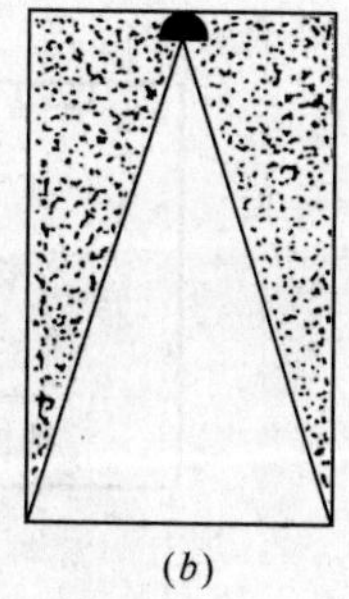

(b)

图 12.2.2-2 利用系数 U 与房间形状的关系

(a) 房间矮而宽，(RCR 小，U 大)；

(b) 房间高而窄（RCR 大，U 小）

利用系数表（U）（JFC42848 型灯具 L/h=1.63） **表 12.2.2-2**

有效顶棚反射比（%）	80				70				50				30				0
墙反射比（%）	70	50	30	10	70	50	30	10	70	50	30	10	70	50	30	10	0
地面反射比（%）	10				10				10				10				0
RCR/*RI*																	
8.33/0.6	0.40	0.29	0.23	0.18	0.38	0.28	0.22	0.18	0.35	0.27	0.21	0.17	0.32	0.25	0.20	0.17	0.14
6.25/0.8	0.47	0.37	0.30	0.26	0.45	0.36	0.30	0.25	0.41	0.34	0.28	0.24	0.38	0.31	0.27	0.23	0.20
5.0/1.0	0.52	0.43	0.36	0.31	0.50	0.41	0.35	0.30	0.46	0.38	0.33	0.29	0.42	0.36	0.31	0.28	0.24
4.0/1.25	0.57	0.48	0.41	0.36	0.54	0.46	0.40	0.36	0.50	0.43	0.38	0.34	0.46	0.40	0.36	0.32	0.29
3.33/1.5	0.60	0.52	0.46	0.41	0.58	0.50	0.44	0.40	0.53	0.47	0.42	0.38	0.49	0.44	0.40	0.36	0.32
2.50/2.0	0.65	0.58	0.52	0.47	0.62	0.56	0.51	0.46	0.57	0.52	0.48	0.44	0.53	0.49	0.45	0.42	0.38
2.0/2.5	0.68	0.62	0.56	0.52	0.65	0.60	0.55	0.51	0.60	0.56	0.52	0.48	0.56	0.52	0.49	0.46	0.41
1.67/3.0	0.70	0.64	0.60	0.56	0.67	0.62	0.58	0.51	0.62	0.58	0.55	0.52	0.58	0.55	0.52	0.49	0.44
1.25/4.0	0.72	0.68	0.64	0.61	0.70	0.66	0.62	0.59	0.65	0.62	0.59	0.56	0.61	0.58	0.56	0.53	0.48
1.0/5.0	0.74	0.70	0.67	0.64	0.72	0.68	0.65	0.62	0.67	0.64	0.62	0.59	0.63	0.60	0.58	0.56	0.51
0.714/7.0	0.76	0.73	0.71	0.68	0.74	0.71	0.69	0.67	0.69	0.67	0.65	0.63	0.65	0.63	0.61	0.60	0.54
0.5/10.0	0.78	0.76	0.74	0.72	0.76	0.74	0.72	0.70	0.71	0.69	0.68	0.66	0.67	0.65	0.64	0.63	0.57

注：表中有效顶棚反射比及墙面反射比均为零的利用系数，用于室外照明计算。

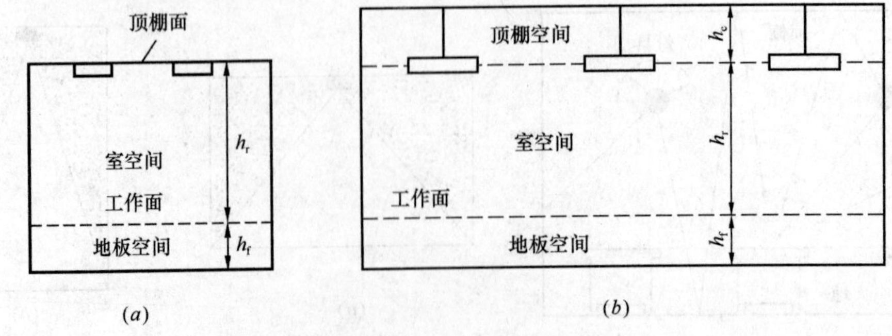

图 12.2.2-3 室内空间的划分

(a) 装有吸顶式或嵌入式灯具；(b) 装有吊挂式灯具

h_c—顶棚空间高度；h_f—地板空间高度；h_r—室空间高度

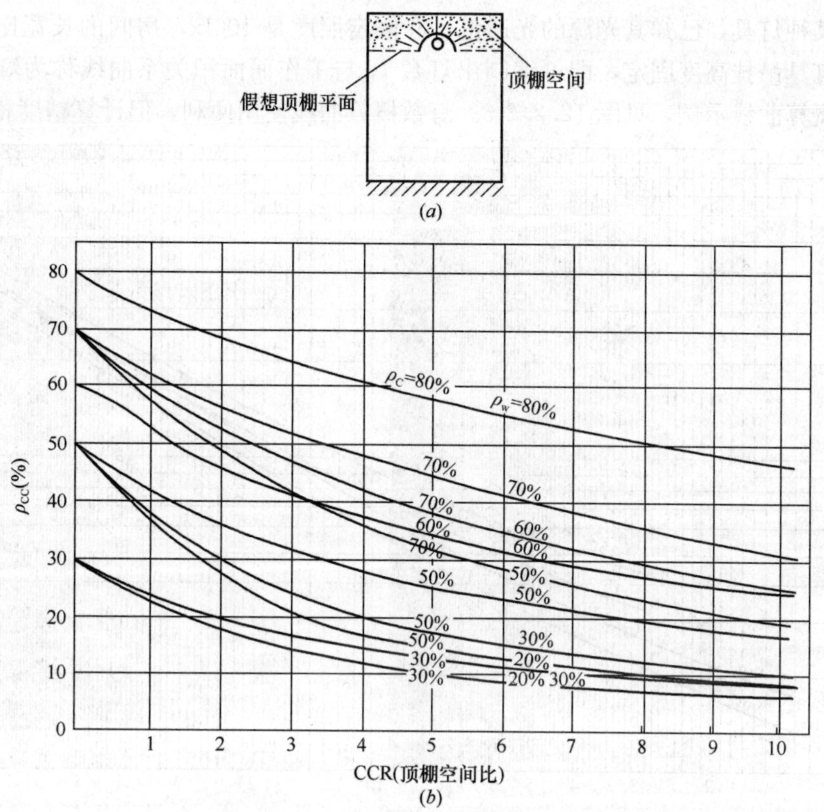

图 12.2.2-4　顶棚空间及有效反射率计算曲线

(a) 顶棚空间示意图；(b) 顶棚空间有效反射率计算曲线

ρ_{CC}—顶棚空间有效反射率；ρ_w—墙面平均反射率；ρ_C—顶棚表面反射率

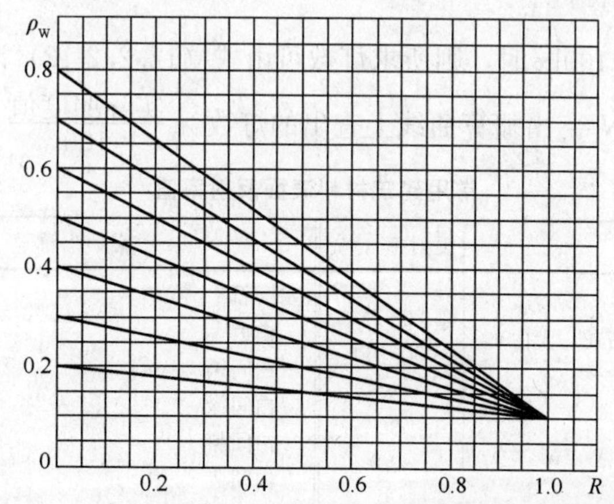

图 12.2.2-5　墙面平均反射率 ρ_W 和开窗面积比 R 的关系

2. 灯数概算曲线

概算曲线是在给定灯具型式及平均照度值的条件下，求出灯数与房间面积的关系而绘制的曲线。适用于一般均匀照明的照度计算，准确度比较高。

根据式（12.2.2-1），灯具数量可按式（12.2.2-2）进行计算。式中照明器利用系数 U 与室内各个面的反射率有关，常用的室内建筑材料表面反射率值，见表 12.2.2-3。

对于某种灯具，已知其光源的光通量，并假定照度是100lx，房间的长宽比，表面的反射比及灯具吊挂高度固定，即可编制出灯数 N 与工作面面积关系曲线称为灯数概算曲线，灯具概算曲线示例，见图12.2.2-6。灯数概算曲线使用便利，但计算精度稍差。

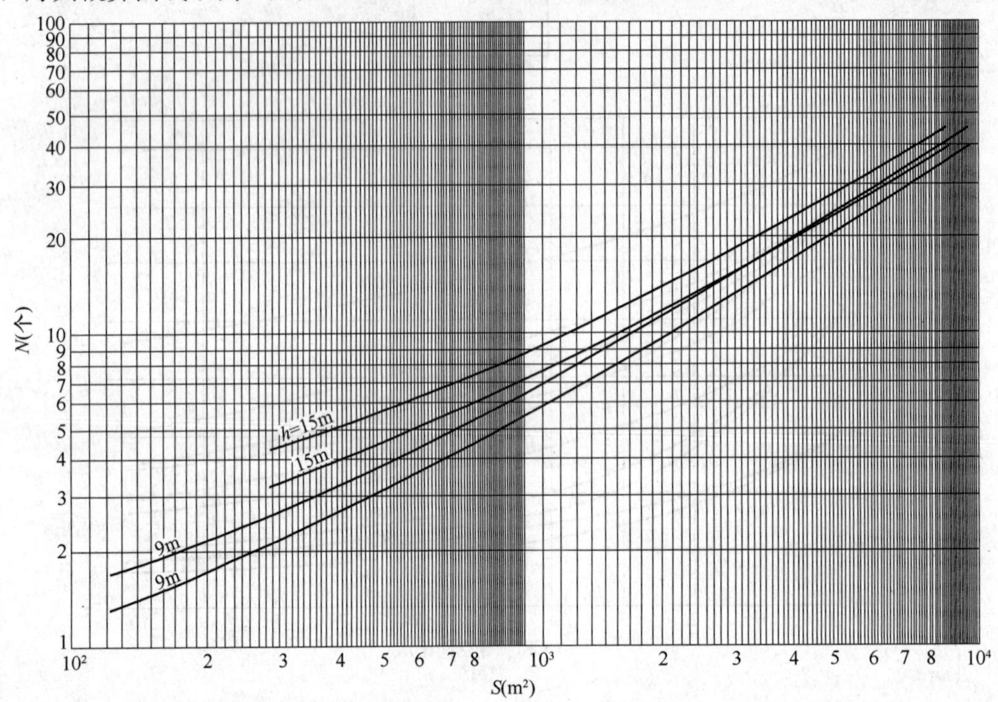

图12.2.2-6 灯数概算曲线示例［RJ—GC888—D8—B（400W）型灯具］

注：表12.2.2-2及图12.2.2-6是某特定类型灯具的技术数据，不同灯具、不同安装方式的数据不同，应通过厂家提供的产品样本或软件查得。

如所需照度值不是100lx时，则所求灯数可由式（12.2.2-12）计算，即

$$N = \text{由概算曲线上查出的灯数} \times \frac{\text{实际照度值}}{100} \tag{12.2.2-12}$$

常用建筑材料表面反射率值 **表12.2.2-3**

名　称	反射率（%）	名　称	反射率（%）
抹灰并用大白粉刷	70～80	水磨石	
砖墙或混凝土屋面板喷白（石灰、大白）	50～60	白色	69
墙或顶棚用水泥砂浆抹面	30	白间黑	65
混凝土屋面板	30	白间绿	50～57
红砖墙	30	白间赭	38
灰砖墙	20	白间蓝	45～49
瓷釉面砖		大理石	
白色	75～80	艾叶青	32～35
粉色	60～70	墨玉	8
乳黄	83	紫豆瓣	13
浅黄	80	灰白螺丝转	21～27
中黄色	72	桃红	31～33
天蓝色	55	雪花	60～62

3. 计算示例

示例 1：已知：某无窗实验室长 10m，宽 6m，高 3.3m。室内表面反射比分别为：顶棚 0.7，墙面 0.7，地面 0.2。采用 JFC42848 型灯具照明，利用系数见表 12.2.2-2。顶棚上均匀布置 6 个灯具，灯具吸顶安装，求距地面 0.8m 高的工作面上的平均照度。

计算过程：

（1）填写原始数据。灯具类型 JFC42848、光源光通量 $\phi=2\times3200$lm、安装灯数 $N=6$、室长 $l=10$m、室宽 $b=6$m、顶棚空间高 $h_c=0$、顶棚反射比 $\rho_c=0.7$、室空间高 $h_r=2.5$m、墙面反射比 $\rho_w=0.7$、地板空高 $h_f=0.8$m、地板反比 $\rho_f=0.2$。

（2）计算空间比。由式（12.2.2-4）至式（12.2.2-7）得：

$$RCR=\frac{5h_r(L+W)}{L\times W}=\frac{5\times2.5\times(10+6)}{10\times6}=3.33$$

$$FCR=\frac{5h_f(L+W)}{L\times W}=\frac{5\times0.8\times(10+6)}{10\times6}=1.1$$

（3）求有效反射比。

$$\rho_{cc}=\rho_c=0.7$$

$$\rho_{fc}=0.19\ [\text{根据式}(12.2.2\text{-}9)\text{计算}]$$

（4）计算墙面平均反射比。

由于是无窗实训车间，故 $\rho_w=0.7$。

（5）查灯具维护系数。

查得 $K=0.8$。

（6）查利用系数表。由表 12.2.2-2 查得数值后：

$$RCR=3.33, U=0.58$$

（7）由式（12.2.2-1）计算平均照度

$$E_{av}=\frac{\Phi\cdot N\cdot U\cdot K}{A}=\frac{6400\times6\times0.58\times0.8}{10\times6}=297\text{lx}$$

该实验室工作面的平均照度为 297lx。

（8）校验照明功率密度（*LPD*）。根据定义可知 LPD 的计算公式为：

$$LPD=\frac{\Sigma P}{S}$$

式中 LPD——该场所的照明功率密度，W/m²；

ΣP——该场所不同灯具的安装功率之和，W；

S——该场所的总面积，m²。

$$LPD=\frac{2\times48\times6\times1.1}{10\times6}=10.56\text{M/m}^2<11\text{M/m}^2$$

故满足规范要求。

示例 2：已知：某库房的长 48m、宽 18m，工作面高 0.8m，灯具距工作面 9m，顶棚反射比 $\rho_C=0.5$，墙面反射比 $\rho_C=0.3$，地板反射比 $\rho_f=0.2$，选用 RJ-GC888-D8-B（400W）型灯（400W 金属卤化物灯）照明，工作面照度要求达到 50lx，用灯数概算曲线计算所需灯数。

计算过程：RJ-GC888-D8-B（400W）（400W 金属卤化物灯）灯数概算曲线，见图

12.2.2-6。

工作面面积　　　　$A=W\times L=48\times 18=864\text{m}^2$

根据反射率和工作面面积，由灯数概算曲线查出在照度为100lx时所需灯数为5.9，故照度为50lx时所需灯数为：

$$N=5.9\times\frac{50}{100}=2.95$$

根据照明现场实际情况，N应选取整数，故$N=3$。

校验照明功率密度（LPD）：

$$LPD=\frac{3\times 400\times 1.1}{864}=1.53\text{W/m}^2<3\text{W/m}^2$$

满足规范要求。

12.2.3　单位容量法计算

为了简化计算，可根据不同的照明器、不同的计算高度、不同的房间面积和不同的照度要求，应用利用系数法计算出单位面积安装的电功率（W/m²）或光通量（lm/m²），列成计算表格，供设计时查用，通常称为单位容量法。单位容量法适用于均匀的一般照明计算。在作方案设计或初步设计阶段时，往往采用单位容量法计算照明用电容量，在允许计算误差下，简化照明计算程序。

1. 单位容量法计算方法

单位容量法计算的基本公式：

$$\left.\begin{aligned}P&=P_0AE\\ \text{或}\quad \phi&=\phi_0AE\\ P&=P_0AEC_1C_2C_3\end{aligned}\right\}\qquad(12.2.3\text{-}1)$$

式中　P——在设计照度条件下房间需要安装的最低电功率，W；

P_0——照度为1lx时的单位容量，W/m²，其值查表12.2.3-3，当采用高压气体放电光源时，按40W荧光灯的P_0值计算；

A——房间面积，m²；

E——设计照度（平均照度），lx；

ϕ——在设计照度条件下房间需要的光源总光通量，lm；

ϕ_0——照度达到1lx时所需的单位光辐射量，lm/m²；

C_1——当房间内务部分的光反射比不同时的修正系数，其值查表12.2.3-1；

C_2——当光源不是100W的白炽灯或40W的荧光灯时的调整系数，其值查表12.2.3-2；

C_3——当灯具效率不是70%时的校正系数，当$\eta=60\%$，$C_3=1.22$，当$\eta=50\%$，$C_3=1.47$。

房间内各部分的光反射比不同时的修正系数 C_1　　**表 12.2.3-1**

反射比	顶棚 ρ_c	0.7	0.6	0.4
	墙面 ρ_w	0.4	0.4	0.3
	地板 ρ_f	0.2	0.2	0.2
C_1		1	1.08	1.27

当光源不是100W的白炽灯或40W的荧光灯时的调整系数 C_2 表 12.2.3-2

光源类型及额定功率	白炽灯					卤钨灯			
(W)	15	25	40	60	100	500	1000	1500	2000
C_2	1.7	1.42	1.34	1.19	1	0.64	0.6	0.6	0.6
额定光通量（lm）	110	220	350	630	1250	9750	21000	31500	42000
光源类型及额定功率	紧凑型荧光灯				紧凑型节能荧光灯				
(W)	10	13	18	26	18	24	36	40	55
C_2	1.071	0.929	0.964	0.929	0.9	0.8	0.745	0.686	0.688
额定光通量（lm）	560	840	1120	1680	1200	1800	2900	3500	4800
光源类型及额定功率	T5荧光灯				T5荧光灯				
(W)	14	21	28	35	24	39	49	54	80
C_2	0.764	0.72	0.70	0.677	0.873	0.793	0.717	0.762	0.820
额定光通量（lm）	1100	1750	2400	3100	1650	2950	4100	4250	5850
光源类型及额定功率	T8荧光灯				荧光高压汞灯				
(W)	18	30	36	58	50	80	125	250	400
C_2	0.857	0.783	0.675	0.696	1.695	1.333	1.210	1.181	1.091
额定光通量（lm）	1260	2300	3200	5000	1770	3600	6200	12700	22000
光源类型及额定功率	金属卤化物灯								
(W)	35	70	150	250	400	1000	2000		
C_2	0.636	0.700	0.709	0.750	0.750	0.750	0.600		
额定光通量（lm）	3300	6000	12700	20000	32000	80000	200000		
光源类型及额定功率	高压钠灯								
(W)	50	70	150	250	400	600	1000		
C_2	0.857	0.750	0.621	0.556	0.500	0.450	0.462		
额定光通量（lm）	3500	5600	14500	27000	48000	80000	130000		

注：表中各类电光源灯泡额定电压均为AC 220V。

2. 单位容量法计算表

单位容量 P_0 计算表，见表12.2.3-3。

单位容量 P_0 计算表 表 12.2.3-3

室空间比 RCR（室形指数 RI）	直接型配光灯具 $s \leqslant 0.9h$	直接型配光灯具 $s \leqslant 1.3h$	半直接型配光灯具	均匀漫射型配光灯具	半间接型配光灯具	间接型配光灯具
8.33 (0.6)	0.4308 0.0897 5.3846	0.4000 0.0833 5.0000	0.4308 0.0897 5.3846	0.4308 0.0897 5.3846	0.6225 0.1292 7.7783	0.7001 0.1454 7.7506
6.25 (0.8)	0.3500 0.0729 4.3750	0.3111 0.0648 3.8889	0.3500 0.0729 4.3750	0.3394 0.0707 4.2424	0.5094 0.1055 6.3641	0.5600 0.1163 7.0005
5.0 (1.0)	0.3111 0.0648 3.8889	0.2732 0.0569 3.4146	0.2947 0.0614 3.6842	0.2872 0.0598 3.5897	0.4308 0.0894 5.3850	0.4868 0.1012 6.0874

续表

室空间比 RCR（室形指数 RI）	直接型配光灯具		半直接型配光灯具	均匀漫射型配光灯具	半间接型配光灯具	间接型配光灯具
	$s\leqslant 0.9h$	$s\leqslant 1.3h$				
4.0 (1.25)	0.2732 0.0569 3.4146	0.2383 0.0496 2.9787	0.2667 0.0556 3.3333	0.2489 0.0519 3.1111	0.3694 0.0808 4.8280	0.3996 0.0829 5.0004
3.33 (1.5)	0.2489 0.0519 3.1111	0.2196 0.0458 2.7451	0.2435 0.0507 3.0435	0.2286 0.0476 2.8571	0.3500 0.0732 4.3753	0.3694 0.0808 4.8280
2.5 (2.0)	0.2240 0.0467 2.8000	0.1965 0.0409 2.4561	0.2154 0.0449 2.6923	0.2000 0.0417 2.5000	0.3199 0.0668 4.0003	0.3500 0.0732 4.3753
2 (2.5)	0.2113 0.0440 2.6415	0.1836 0.0383 2.2951	0.2000 0.0417 2.5000	0.1836 0.0383 2.2951	0.2876 0.0603 3.5900	0.3113 0.0646 3.8892
1.67 (3.0)	0.2036 0.0424 2.5455	0.1750 0.0365 2.1875	0.1898 0.0395 2.3729	0.1750 0.0365 2.1875	0.2671 0.0560 3.3335	0.2951 0.0614 3.6845
1.43 (3.5)	0.1967 0.0410 2.4592	0.1698 0.0354 2.1232	0.1838 0.0383 2.2976	0.1687 0.0351 2.1083	0.2542 0.0528 3.1820	0.2800 0.0582 3.5003
1.25 (4.0)	0.1898 0.0395 2.3729	0.1647 0.0343 2.0588	0.1778 0.0370 2.2222	0.1632 0.0338 2.0290	0.2434 0.0506 3.0436	0.2671 0.0560 3.3335
1.11 (4.5)	0.1883 0.0392 2.3521	0.1612 0.0336 2.0153	0.1738 0.0362 2.1717	0.1590 0.0331 1.9867	0.2386 0.0495 2.9804	0.2606 0.0544 3.2578
1 (5.0)	0.1867 0.0389 2.3333	0.1577 0.0329 1.9718	0.1697 0.0354 2.1212	0.1556 0.0324 1.9444	0.2337 0.0485 2.9168	0.2542 0.0528 3.1820

注：1. 表中 s 为灯距；h 为计算高度。

2. 表中每格所列三个数字由上至下依次为：选用 100W 白炽灯的单位电功率（W/m^2）；选用 40W 荧光灯的单位电功率（W/m^2）；单位光辐射量（lm/m^2）。

3. 本表是在比较各类常用灯具效率与利用系数关系的基础上，按照下列条件编制的

（1）室内顶棚反射比 ρ_c 为 70%；墙面反射比 ρ_w 为 50%；地板反射比 ρ_f 为 20%。

（2）计算平均照度 E 为 1lx，灯具维护系数 K 为 0.7。

（3）白炽灯的光效为 12.5lm/W（220V/100W），荧光灯的光效为 60lm/W（220V/40W）。

（4）灯具效率不小于 70%，当装有遮光格栅时不小于 55%。

（5）灯具配光分类符合国际照明委员会的规定，见表 12.2.3-4。

符合国际照明委员会规定的常用灯具配光分类　　　　表 12.2.3-4

	直接型		半直接型	均匀漫射型	半间接型	间接型
灯具配光分类	上射光通量 0～10% 下射光通量 100%～90%		上射光通量 10%～40% 下射光通量 90%～60%	上射光通量 60%～40% 40%～60% 下射光通量 40%～60% 60%～40%	上射光通量 60%～90% 下射光通量 40%～10%	上射光通量 90%～100% 下射光通量 10%～0
	$s\leqslant 0.9h$	$s\leqslant 1.3h$				
所属灯具举例	嵌入式遮光格栅荧光灯 圆格栅吸顶灯 广照型防水防尘灯 防潮吸顶灯	控照式荧光灯 搪瓷探照灯 镜面探照灯 探照型防振灯 配照型工厂灯 防振灯	简式荧光灯 纱罩单吊灯 塑料碗罩灯 塑料伞罩灯 尖扁圆吸顶灯 方形吸顶灯	平口橄榄罩吊灯 束腰单吊灯 圆球单吊灯 枫叶罩单吊灯 彩灯	伞形罩单吊灯	

注：s、h 的含义同表 12.2.3-3。

12.2.4 城市夜景照明计算

城市建筑物夜景照明是技术与艺术相结合的产物。在追求合适的照明艺术表现形式的同时，也需进行一些必要的照明计算。确定设计方案时，可采用单位面积容量法估算；初步设计时，可采用光通法计算；施工图设计时，采用逐点计算法计算。步道和广场等室外公共空间的照明评价指标宜采用地面水平照度（简称地面照度 E_{h}）和距地面 1.5m 处半柱面照度（E_{sc}），半柱面照度的计算与测量，见表 12.2.4-1。

半柱面照度的计算与测量和使用　　　　表 12.2.4-1

类　别	计算公式和测量方法
照度计算	步道和广场、公园等室外公共空间的照明评价指标宜采用地面水平照度和距地面 1.5m 处半柱面照度。半柱面照度应按下式计算： $$E_{\mathrm{sc}}=\sum\frac{I(C,\gamma)(1+\cos\alpha_{\mathrm{sc}})\cos^{2}\varepsilon\cdot\sin\varepsilon\cdot MF}{\pi(H-1.5)^{2}}\qquad(12.2.4\text{-}1)$$ 式中　E_{sc}——计算点上的维持半柱面照度，lx； Σ——所有有关灯具贡献的总和； $I(C,\gamma)$——灯具射向计算点方向的光强，cd； α_{sc}——为光强矢量所在的垂直面和与半圆柱体的表面垂直的平面之间的夹角，见图 12.2.4-1； γ——垂直光度角（°）； C——水平光度角（°）； ε——入射光线与通过计算点的水平面法线间的角度（°）； H——灯具的安装高度，m； MF——光源光通维护系数和灯具维护系数的乘积。 注：在规范中如未加说明，均指离地面 1.5m 处的半柱面照度
照度测量	半柱面照度宜按下列方法进行测量： 1. 半柱面照度可采用配置专用光度探测器的半柱面照度计进行直接测量。 2. 当照度的最低点在灯具的正下方时，在计算最小值时，也可选附近的其他点。 3. 当使用半柱面照度有困难时，可采用顺观察方向的 $2/\pi$ 倍垂直照度替代

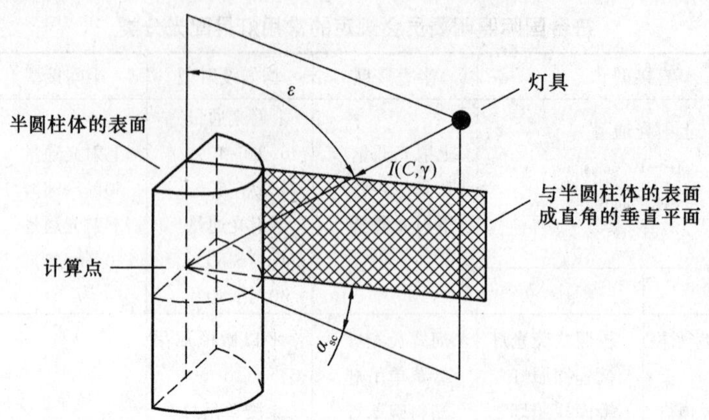

图 12.2.4-1 计算半柱面照度时所用的角

12.3 照明节能与控制

12.3.1 一 般 规 定

建筑照明节能措施和照明控制应符合现行国家标准《建筑照明设计标准》GB 50034的规定和要求，见表 12.3.1-1。

建筑照明节能措施和照明控制 **表 12.3.1-1**

类 别	技术规定和要求
节能措施	1. 选用的照明光源、镇流器的能效应符合相关能效标准的节能评价值。 2. 照明场所应以用户为单位计量和考核照明用电量。 3. 一般照明不应采用荧光高压汞灯。 4. 一般照明在满足照度均匀度条件下，宜选择单灯功率较大、光效较高的光源。 5. 一般场所不应选用卤钨灯，对商场、博物馆显色要求高的重点照明可采用卤钨灯。 6. 当公共建筑或工业建筑选用单灯功率小于或等于 25W 的气体放电灯时，除自镇流荧光灯外，其镇流器宜选用谐波含量低的产品。 7. 下列场所宜选用配用感应式自动控制的发光二极管灯： (1) 旅馆、居住建筑及其他公共建筑的走廊、楼梯间、厕所等场所； (2) 地下车库的行车道、停车位； 8. 在技术经济条件允许条件下，宜利用各种导光和反光装置将天然光引入室内进行照明。 9. 经核算证明技术经济合理时，宜利用太阳能作为照明能源。 10. 当有条件时，宜利用各种导光和反光装置将天然光引入室内进行照明。 11. 宜利用太阳能作照明能源
控制方式	1. 公共建筑和工业建筑的走廊、楼梯间、门厅等公共场所的照明，宜按建筑使用条件和天然采光状况采取分区、分组控制措施。 2. 公共场所应采用集中控制，并按需要采取调光或降低照度的控制措施。 3. 住宅建筑共用部位的照明，应采用延时自动熄灭或自动降低照度等节能措施。当应急疏散照明采用节能自熄开关时，应采取消防时强制点亮的措施。 4. 旅馆的每间（套）客房应设置节能控制型总开关；楼梯间、走道的照明，除应急疏散照明外，宜采用自动调节照度等节能措施。

续表

类　别	技术规定和要求
控制方式	5. 除设置单个灯具的房间外，每个房间照明控制开关不宜少于2个。 6. 当房间或场所装设两列或多列灯具时，宜按下列方式分组控制： （1）生产场所宜按车间、工段或工序分组。 （2）在有可能分隔的场所，宜按每个有可能分隔的场所分组。 （3）电化教室、会议厅、多功能厅、报告厅等场所，宜按靠近或远离讲台分组。 （4）除上述场所外，所控灯列可与侧窗平行。 7. 有条件的场所，宜采用下列控制方式： （1）可利用天然采光的场所，宜随天然光照度变化自动调节照度。 （2）办公室的工作区域，公共建筑的楼梯间、走道等场所，可按使用需求自动开关灯或调光。 （3）地下车库宜按使用需求自动调节照度。 （4）门厅、大堂、电梯厅等场所，宜采用夜间定时降低照度的自动控制装置。 8. 大型公共建筑宜按使用需求采用适宜的自动（含智能控制）照明控制系统。其智能照明控制系统宜具备下列功能： （1）宜具备信息采集功能和多种控制方式，并可设置不同场景的控制模式。 （2）当控制照明装置时，宜具备相适应的接口。 （3）可实时显示和记录所控照明系统的各种相关信息并可自动生成分析和统计报表。 （4）宜具备良好的中文人机交互界面。 （5）宜预留与其他系统的联动接口。

12.3.2　照明控制系统

1. 选用原则

根据现行国家标准《建筑照明设计标准》GB 50034和《全国民用建筑工程设计技术措施·节能专篇·电气》(2007)的规定，照明控制系统的选用原则，见表12.3.2-1。

照明控制系统的选用原则　　　　**表 12.3.2-1**

类　别	技术规定和要求
选用原则	1. 应根据建筑物的建筑特点、建筑功能、建筑标准、使用要求等具体情况，对照明系统进行分散、集中、手动、自动，经济实用、合理有效的控制。 2. 建筑物功能照明的控制。 （1）体育场馆比赛场地应按比赛要求分级控制，大型场馆宜做到单灯控制。 （2）候机厅、候车厅、港口等大空间场所应采用集中控制，并按天然采光状况及具体需要采取调光或降低照度的控制措施。 （3）影剧院、多功能厅、报告厅、会议室及展示厅等宜采用调光控制。 （4）博物馆、美术馆等功能性要求较高的场所应采用智能照明集中控制，使照明与环境要求相协调。 （5）宾馆、酒店的每间（套）客房应设置节能型控制总开关。 （6）大开间办公室、图书馆、医院、厂房等宜采用智能照明控制系统，在有自然采光区域宜采用恒照度控制，靠近外窗的灯具随着自然光线的变化，自动点燃或关闭该区域内的灯具，保证室内照明的均匀和稳定。 3. 走廊、门厅等公共场所的照明控制。 （1）公共建筑如学校、办公楼、宾馆、商场、体育场馆、影剧院、候机厅、候车厅和工业建筑的走廊、楼梯间、门厅等公共场所的照明，宜采用集中控制，并按建筑使用条件和天然采光状况采取分区、分组控制措施。

续表

类 别	技术规定和要求
选用原则	(2) 住宅建筑等的楼梯间、走道的照明，宜采用节能自熄开关，节能自熄开关宜采用红外移动探测加光控开关，与正常照明同时使用的应急照明的节能自熄开关应具有应急时强制点亮的功能。 (3) 旅馆的门厅、电梯大堂和客房层走廊等场所，采用夜间定时降低照度的自动调光装置。 (4) 医院病房走道夜间应采取能关掉部分灯具或降低照度的控制措施。 4. 道路照明和景观照明的控制方式： (1) 市政工程、广场、公园、街道等室外公共场所的道路照明及景观照明宜采用智能照明控制系统群组控制功能控制整个区域的灯光；利用亮度传感器、定时开关实现照明的自动控制。 (2) 道路照明采用集中控制时，还应具有在通讯中断的情况下能够自动开、关的控制功能；采用光控、程控、时间控制等集中控制方式时，同时具有手动控制功能。 (3) 道路照明采用双光源时，"深夜"应能关闭一个光源；采用单光源时，宜采用恒功率及功率转换控制，"深夜"能转换至低功率运行。 (4) 景观照明应具有平时、一般节日、重大节日等多种灯光控制模式。 5. 照明区域设有两列或多列灯具时，所控灯列宜与侧窗平行。 6. 智能开关独立控制： (1) 天然采光良好的场所，根据该场所的照度，自动开、关灯具或自动调控灯光亮度。 (2) 个人使用的办公室，可采用人体感应、动静感应等方式自动控制灯的开关。 (3) 对于小开间房间，可采用面板开关控制，每个照明开关所控光源数不宜太多，每个房间灯的开关数不宜少于 2 个（只设置 1 只光源的除外）。 (4) 高级公寓、别墅宜采用照明智能控制系统。 7. 功能复杂、照明环境要求较高的建筑物，宜采用专用照明智能控制系统，该系统应具有相对的独立性，宜作为 BA 系统的子系统，应与 BA 系统有接口。建筑物仅采用 BA 系统而不采用专用照明智能控制系统时，公共区域的照明宜纳入 BA 系统控制范围。 大中型建筑，按具体条件采用集中或分散的、多功能或单一功能的自动控制系统；高级公寓、别墅宜采用照明智能控制系统。 8. 应急照明应与消防系统联动，保安照明应与安防系统联动

2. 应用

照明智能控制系统应用，见表 12.3.2-2。

照明智能控制系统应用　　表 12.3.2-2

类别	技 术 要 求
酒店	1. 大堂的灯光一般均由照明智能控制系统自动控制管理，系统根据大堂运行时间自动调整灯光效果。 在接待区安装可编程控制面板，根据接待区域各种功能特点和不同的时间段，一般预设 4 种或 8 种灯光场景；工作人员也可进行手动编程，方便地选择或修改灯光场景。 系统应充分利用自然光，实现日照自动补偿。当天气阴沉或夜幕降临，大堂的大吊灯及主照明将逐渐自动调亮；当室外阳光明媚，系统将自动调暗灯光，使室内保持要求的亮度，同时，可延长灯具寿命 2～4 倍，可保护昂贵的水晶吊灯和难安装区域的灯具。 2. 西餐厅、酒吧厅、咖啡厅等一般采用多种可调光源，通过智能化控制使之始终保持最柔和、最优雅的灯光环境。可分别预设 4 种或 8 种灯光场景，也可由工作人员进行手动编程，方便地选择或修改灯光场景。　在厅内或需分割的包房内安装可编程控制面板，可预设 4 种或 8 种场景，也可由工作人员通过可编程控制面板，方便地选择或改变灯光的场景。 3. 宴会厅一般需预设多种灯光效果场景，以适应不同场合的灯光需求，并可配备遥控器，供值班经理等使用遥控器远距离控制大型宴会厅的灯光效果。

续表

类别	技术要求
酒店	4. 大型中餐厅可利用照明智能控制系统的固有功能，随意分割或合并控制区域，方便控制及调整就餐空间。 5. 会议室是酒店的一个重要组成部分，采用智能化控制系统对各照明回路进行调光控制，实现预先设定的多种灯光场景，使得会议室在不同的使用场合都能具有合适的灯光效果。工作人员还可根据需要，选择手动或自动的定时控制。 会议室的灯光控制系统宜与投影设备相连，当需要播放投影时，灯光能自动地缓慢地调暗；关掉投影仪后，灯光又会自动地柔和地调亮到合适的效果。 6. 地下车库照明平时一般由中央控制主机控制，处于自动控制状态。车辆进出繁忙时，照明全开。白天，由于有日光，可适当降低照度，降低能耗。车辆较少时只开车道灯，如需观察车辆，可就地开启局部照明，经延时后关闭。停车区域采用智能移动探测传感器，当有人或车移动时开启相应的局部照明，车停好后或人、车离开后延时关闭。当有车移动时可以通过主机显示出来。方便保安和管理人员的管理。 一般还在车库入口管理处内安装控制面板开关，手动控制车库的照明灯光
办公区，写字楼	采用智能化控制系统后，可使照明系统工作在全自动状态。通过配置的“智能时钟管理器”预先设置若干基本工作状态，通常为“白天”、“晚上”、“清扫”、“安全”、“周末”、“午饭”等，根据预设定的时间自动的在各种状态之间切换。 各个办公室都应配有手动控制面板，可以随时调节房间的工作状态和合适的灯光效果
影剧院	电影院和剧场应利用智能控制系统预先存储的场景及时和方便的调用灯光效果，以适应不同场合的灯光需求，供工作人员任意选择。 工作人员可通过可编程控制面板或遥控器按键调用所需的某一灯光场景。 在灯光控制室、放映室或舞台侧宜配备液晶显示控制器，工作人员通过操作控制器控制每路灯光，随时存储和调用各种灯光场景
体育场馆	主赛场照明应设置多种亮灯模式，例如“业余训练”、“国内比赛”、“国际比赛”、“TV 转播国内比赛”、“TV 转播国际比赛”等任意亮灯模式，应能根据需要灵活地实现各种比赛要求。观众席也宜实现多种不同的灯光场景。 系统需能自动调节各种场地灯光开启的先后顺序，避免由于同时点亮而引起的启动大电流冲击供电系统。 系统操作应简单、直观，使用者只需在控制面板上操作按键，就能自动进入该键对应的预置状态。 系统一般设置多地控制操作点，灯控室能控制主场地和观众席的灯光，场地便于操作处能控制“业余训练”等平时运营需要的灯光

13 建筑物防雷

13.1 基本规定和要求

13.1.1 设计原则

1. 基本规定

根据《全国民用建筑工程设计技术措施·电气》（2009）的规定和要求，建筑物防雷设计应符合下列规定：

（1）建筑物防雷设计应按现行国家标准《建筑物防雷设计规范》GB 50057 的要求，根据建筑物的重要性、使用性质和发生雷击的可能性及后果，确定建筑物的防雷分类。建筑物电子信息系统应按《建筑物电子信息系统防雷技术规范》GB 50343 的要求，确定雷电防护等级。

（2）建筑物防雷设计，应认真根据地质、土壤、气象、环境等条件和雷电活动规律以及被保护物的特点等，因地制宜采取防雷措施，对所采用的防雷装置应作技术经济比较，使其符合建筑形式和其内部存放设备和物质的性质，防止或减少雷击建筑物所造成的人身伤亡和文物、财产损失，做到安全可靠、技术先进、经济合理以及施工维护方便。

（3）在大量使用信息设备的建筑物内，防雷设计应充分考虑接闪功能、分流影响、等电位联结、屏蔽作用、合理布线、接地措施等重要因素。

（4）建筑物防雷设计时宜明确建筑物防雷分类和保护措施及相应的防雷做法，使建筑物防雷与建筑的形式相协调，避免对建筑物外观形象的破坏，影响建筑物美观。

（5）装有防雷装置的建筑物，在防雷装置与其他设施和建筑物内人员无法隔离的情况下，应采取等电位联结。

（6）在防雷设计时，建筑物应根据其建筑及结构形式与有关专业配合，充分利用建筑物金属结构及钢筋混凝土结构中的钢筋等导体作为防雷装置。

2. 设置原则

（1）建筑物防雷

① 建筑物防雷工程是一个系统工程，应将建筑物内、外部的防雷措施统一整体考虑；

② 各类防雷建筑物应采取防直击雷和防雷电波侵入的措施，第一类防雷建筑物及具有各种爆炸危险物质、环境的第二类建筑物，尚应采取防雷电感应的措施；

③ 建筑物内电子信息系统是否要防雷击电磁脉冲，应在综合考虑建设、维护投资与信息系统遭到雷击电磁脉冲时可能造成的直接、间接损失的基础上确定，所采用的措施应做到安全、适用、经济。

（2）建筑物电子信息系统防雷

① 建筑物电子信息系统的防雷设计，应根据防雷区及设备要求进行损失评估及经济分析综合考虑，根据建筑物电子信息系统的重要性和使用性质确定雷电防护等级，采取相

应的防护措施；

② 在进行建筑物电子信息系统防雷设计时，应将外部防雷与内部防雷措施综合考虑，进行全面规划，做到安全可靠、技术先进、经济合理；

③ 需要保护的电子信息系统应采取等电位联结及接地保护措施。

3. 设计步骤

建筑物防雷设计步骤，见图 13.1.1-1。

13.1.2 防 雷 分 类

工业和民用建筑物应根据建筑物的重要性、使用性质、发生雷电事故的可能性和后果，按防雷要求进行分类。民用建筑中无第一类防雷建筑物，民用建筑物应划分为第二类和第三类防雷建筑物。建筑物和防雷分类，见表 13.1.2-1。

建筑物的防雷分类 **表 13.1.2-1**

建筑物防雷分类	技术规定和要求
第一类防雷建筑物	在可能发生对地闪击的地区，遇下列情况之一时，应划为第一类防雷建筑物： 1. 凡制造、使用或贮存火炸药及其制品包括火药（含发射药和推进剂）、炸药、弹药、引信和火工品等的危险建筑物，因电火花而引起爆炸、爆轰，会造成巨大破坏和人身伤亡者。 2. 具有 0 区或 20 区爆炸危险场所的建筑物。 3. 具有 1 区或 21 区爆炸危险场所的建筑物，因电火花而引起爆炸，会造成巨大破坏和人身伤亡者
第二类防雷建筑物	在可能发生对地闪击的地区，遇下列情况之一时，应划为第二类防雷建筑物： 1. 高度超过 100m 的建筑物；国家级重点文物保护的建筑物。 2. 国家级的会堂、办公建筑物、大型展览和博览建筑物、大型火车站和飞机场、国宾馆，国家级档案馆、大型城市的重要给水泵房等特别重要的建筑物。 注：飞机场不含停放飞机的露天场所和跑道。 3. 国家级计算中心、国际通信枢纽等对国民经济有重要意义的建筑物。 4. 国家特级和甲级大型体育馆。 5. 制造、使用或贮存火炸药及其制品的危险建筑物，且电火花不易引起爆炸（但爆炸后破坏力较大，如小型炮弹库、枪弹库以及硝化棉脱水和包装等）或不致造成巨大破坏和人身伤亡者。 6. 具有 1 区或 21 区爆炸危险场所的建筑物，且电火药不易引起爆炸或不致造成巨大破坏和人身伤亡者。 7. 具有 2 区或 22 区爆炸危险场所的建筑物。 8. 有爆炸危险的露天钢质封闭气罐。 9. 预计雷击次数大于 0.05 次/a 的部、省级办公建筑物和其他重要或人员密集的公共建筑物以及火灾危险场所。 10. 预计雷击次数大于 0.25 次/a 的住宅、办公楼等一般性民用建筑物或一般性工业建筑物。 建筑高度为 100m 或 35 层及以上的住宅建筑和年预计累计次数大于 0.25 的住宅建筑，应按第二类防雷建筑物采取相应的防雷措施
第三类防雷建筑物	在可能发生对地闪击的地区，遇下列情况之一时，应划为第三类防雷建筑物： 1. 省级重点文物保护的建筑物及省级档案馆；有级大型计算中心和装有重要电子设备的建筑物。 2. 预计雷击次数大于或等于 0.01 次/a，且小于或等于 0.05 次/a 的部、省级办公建筑物和其他重要或人员密集的公共建筑物，以及火灾危险场所。 3. 预计雷击次数大于或等于 0.05 次/a，且小于或等于 0.25 次/a 的住宅、办公楼等一般性民用建筑物或一般性工业建筑物。 建筑高度为 50～100m 或 19 层～34 层的住宅建筑和年预计累计次数大于或等于 0.05 且小于或等于 0.25 的住宅建筑，应按不低于第三类防雷建筑物采取相应的防雷措施。 4. 建筑群中最高建筑物或位于建筑群边缘高度超过 20m 的建筑物。 5. 通过调查确认当地遭受过雷击灾害的类似建筑物；历史上雷害事故严重地区或雷害事故较多地区的较重要建筑物。 6. 在平均雷暴日大于 15d/a 的地区，高度在 15m 及以上的烟囱、水塔等孤立的高耸建筑物；在平均雷暴日小于或等于 15d/a 的地区，高度在 20m 及以上的烟囱、水塔等孤立的高耸建筑物。 7. 根据雷击后对工业生产的影响及产生的后果，并结合当地气象，地形、地质及周围环境等因素，确定需要防雷的 21 区、22 区、23 区火灾危险环境

注：本表根据《建筑物防雷设计规范》GB 50057—2010 及《民用建筑电气设计规范》JGJ 16—2008 编制。

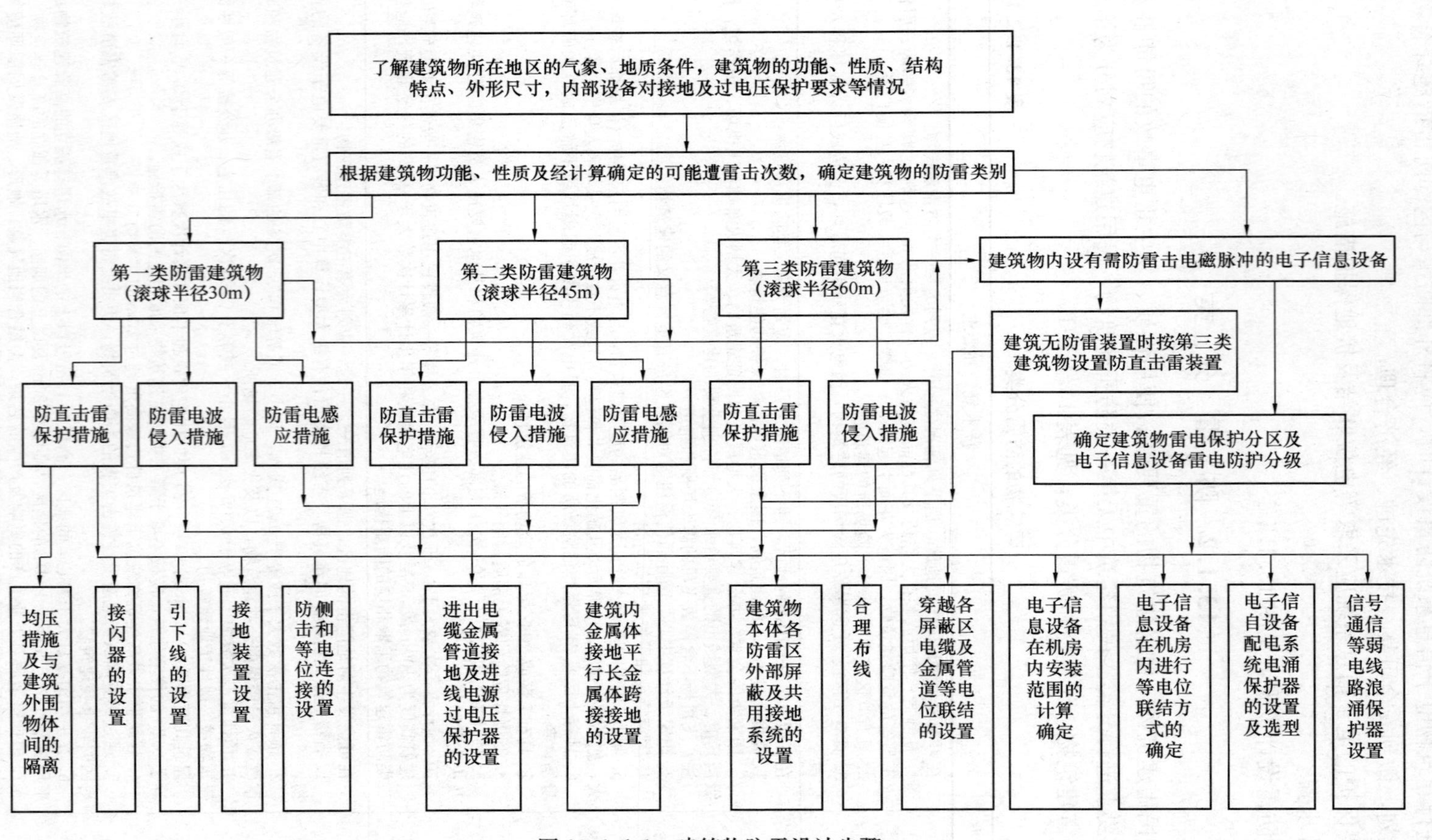

图 13.1.1-1 建筑物防雷设计步骤

注：地质条件包括土壤电阻率、土质、水含量等。

13.2　建筑物防雷措施

13.2.1　概　　述

1. 防雷设计分类

建筑物防雷设计分为外部防雷和内部防雷以及防雷击电磁脉冲。

（1）外部防雷：就是防直击雷，不包括防止外部防雷装置受到直接雷击时向其他物体的反击。

（2）内部防雷：包括防闪电感应、防反击以及防闪电电涌侵入和防生命危险。

（3）防雷击电磁脉冲：是对建筑物内部系统（包括线路和设备）防雷电流引发的电磁效应，它包含防经导体传导的闪电电涌和防辐射脉冲电磁场效应。

2. 基本规定

（1）建筑物防雷设计应符合现行国家标准《建筑物防雷设计规范》GB 50057 和《建筑物电子信息系统防雷技术规范》GB 50343 的规定。

（2）各类防雷建筑物应设防直击雷的外部防雷装置，并应采取防闪电电涌侵入的措施。

第一类防雷建筑物和表 13.1.2-1 中第二类防雷建筑物第 5～7 条所规定的第二类防雷建筑物，尚应采取防闪电感应的措施。

（3）各类防雷建筑物应设内部防雷装置，并应符合下列规定：

① 在建筑物的地下室或地面层处，下列物体应与防雷装置做防雷等电位联结：

a. 建筑物金属体；

b. 金属装置；

c. 建筑物内系统；

d. 进出建筑物的金属管线。

② 除本款第 1 项的措施外，外部防雷装置与建筑物金属体、金属装置、建筑物内系统之间，尚应满足间隔距离的要求。

（4）第 13.1.2 节表 13.1.2-1 中第二类防雷建筑物第 2～4 条所规定的第二类防雷建筑物尚应采取防雷击电磁脉冲的措施。其他各类防雷建筑物，当其建筑物内系统所接设备的重要性高，以及所处雷击磁场环境和加于设备的闪电电涌无法满足要求时，也应采取防雷击电磁脉冲的措施。防雷击电磁脉冲的措施应符合建筑物电子信息系统防雷的规定。

（5）建筑物防雷不应采用装有放射性物质的接闪器。

（6）新建建筑物防雷应根据建筑及结构形式与相关专业配合，宜利用建筑物金属结构及钢筋混凝土结构中的钢筋等导体作防雷装置。

（7）年平均雷暴日数应根据当地气象台（站）的资料确定。

（8）建筑物年预计雷击次数的计算，见第 13.4.1 节。

13.2.2　第一类防雷建筑物防雷措施

第一类防雷建筑物的防雷设计技术措施，见表 13.2.2-1。

第一类防雷建筑物的防雷设计技术措施　　表 13.2.2-1

<table>
<tr><th>项　目</th><th>技术规定和要求</th></tr>
<tr><td>防直击雷</td><td>

外部防雷装置完全与被保护的建筑物脱离者称为独立的外部防雷装置，其接闪器称为独立接闪器。

1. 为了使被保护的建筑物及风帽、放散管等突出屋面的物体均处于接闪器的保护范围内，应装设独立接闪杆或架空接闪线或网。架空接闪网的网格尺寸不应大于 5m×5m 或 6m×4m。

2. 从安全的角度考虑，排放爆炸危险气体、蒸气或粉尘的放散管、呼吸阀、排风管等的管口外的下列空间应处于接闪器的保护范围内：

（1）当有管帽时应按表 13.2.2-2 的规定确定。

（2）当无管帽时，应为管口上方半径 5m 的半球体。

（3）接闪器与雷闪的接触点应设在本条第 1 款或第 2 款所规定的空间之外。

3. 为了保证安全，排放爆炸危险气体、蒸气或粉尘的放散管、呼吸阀、排风管等，当其排放物达不到爆炸浓度、长期点火燃烧、一排放就点火燃烧，以及发生事故时排放物才达到爆炸浓度的通风管、安全阀，接闪器的保护范围应保护到管帽，无管帽时应保护到管口。

4. 独立接闪杆的杆塔、架空接闪线的端部和架空接闪网的每根支柱处应至少设一根引下线。对用金属制成或有焊接、绑扎连接钢筋网的杆塔、支柱，宜利用金属杆塔或钢筋网作为引下线。

5. 独立接闪杆和架空接闪线或网的支柱及其接地装置与被保护建筑物及与其有联系的管道、电缆等金属物之间的间隔距离，见图 13.2.2-1，应按下列公式计算，且不得小于 3m：

（1）地上部分：

当 $h_x < 5R_i$ 时：$S_{a1} \geqslant 0.4\ (R_i + 0.1h_x)$　　(13.2.2-1)

当 $h_x \geqslant 5R_i$ 时：$S_{a1} \geqslant 0.1\ (R_i + h_x)$　　(13.2.2-2)

（2）地下部分：

$$S_{e1} \geqslant 0.4R_i \quad (13.2.2\text{-}3)$$

式中　S_{a1}——空气中的间隔距离，m；

S_{e1}——地中的间隔距离，m；

R_i——独立接闪杆、架空接闪线或网支柱处接地装置的冲击接地电阻，Ω；

h_x——被保护建筑物或计算点的高度，m。

6. 架空接闪线至屋面和各种突出屋面的风帽、放散管等物体之间的间隔距离，见图 13.2.2-1，应按下列公式计算，且不应小于 3m：

（1）当 $\left(h + \frac{l}{2}\right) < 5R_i$ 时：

$$S_{a2} \geqslant 0.2R_i + 0.03\left(h + \frac{l}{2}\right) \quad (13.2.2\text{-}4)$$

（2）当 $\left(h + \frac{l}{2}\right) \geqslant 5R_i$ 时：

$$S_{a2} \geqslant 0.05R_i + 0.06\left(h + \frac{l}{2}\right) \quad (13.2.2\text{-}5)$$

式中　S_{a2}——接闪线至被保护物在空气中的间隔距离，m；

h——接闪线的支柱高度，m；

l——接闪线的水平长度，m。

7. 架空接闪网至屋面和各种突出屋面的风帽、放散管等物体之间的间隔距离，应按下列公式计算，且不应小于 3m：

（1）当 $(h + l_1) < 5R_i$ 时：

$$S_{a2} \geqslant \frac{1}{n}\left[0.4R_i + 0.06\ (h + l_1)\right] \quad (13.2.2\text{-}6)$$

（2）当 $(h + l_1) \geqslant 5R_i$ 时：

$$S_{a2} \geqslant \frac{1}{n}\left[0.1R_i + 0.12\ (h + l_1)\right] \quad (13.2.2\text{-}7)$$

式中　S_{a2}——接闪网至被保护物在空气中的间隔距离，m；

l_1——从接闪网中间最低点沿导体至最近支柱的距离，m；

n——从接闪网中间最低点沿导体至最近不同支柱并有同一距离 l_1 的个数。

</td></tr>
</table>

续表

项 目	技术规定和要求
防直击雷	8. 独立接闪杆、架空接闪线或架空接闪网应设独立的接地装置，每一引下线的冲击接地电阻不宜大于 10Ω。在土壤电阻率高的地区，可适当增大冲击接地电阻，但在 3000Ωm 以下的地区，冲击接地电阻不应大于 30Ω。 9. 当树木邻近建筑物且不在接闪器保护范围之内时，树木与建筑物之间的净距不应小于 5m。
防闪电感应	1. 建筑物内的设备、管道、构架、电缆金属外皮、钢屋架、钢窗等较大金属物和突出屋面的放散管、风管等金属物，均应接到防闪电感应的接地装置上，是防闪电感应的主要措施。 金属屋面周边每隔 18m～24m 应采用引下线接地一次，有良好的防闪电感应和一定的屏蔽作用。 现场浇灌或用预制构件组成的钢筋混凝土屋面，其钢筋网的交叉点应绑扎或焊接，并应每隔 18m～24m 采用引下线接地一次。 2. 平行敷设的管道、构架和电缆金属外皮等长金属物，其净距小于 100mm 时，应采用金属线跨接，跨接点的间距不应大于 30m；交叉净距小于 100mm 时，其交叉处也应跨接。 当长金属物的弯头、阀门、法兰盘等连接处的过渡电阻大于 0.03Ω 时，连接处应用金属线跨接。对有不少于 5 根螺栓连接的法兰盘，在非腐蚀环境下，可不跨接。 3. 防闪电感应的接地装置应与电气和电子系统的接地装置共用，其工频接地电阻不宜大于 10Ω。防闪电感应的接地装置与独立接闪杆、架空接闪线或架空接闪网的接地装置之间的间隔距离，应符合表 13.2.2-1 防直击雷中第 5 条的规定。 当屋内设有等电位联结的接地干线时，其与防闪电感应接地装置的连接不应少于 2 处
防闪电电涌侵入	1. 室外低压配电线路应全线采用电缆直接埋地敷设，在入户处应将电缆的金属外皮、钢管接到等电位联结带或防闪电感应的接地装置上。 2. 当全线采用电缆有困难时，不得将架空线路直接引入屋内，应采用钢筋混凝土杆和铁横担的架空线，并应使用一段金属铠装电缆或护套电缆穿钢管直接埋地引入。架空线与建筑物的距离不应小于 15m。 在电缆与架空线连接处，尚应装设户外型电涌保护器（SPD）。电涌保护器、电缆金属外皮、钢管和绝缘子铁脚、金具等应连在一起接地，其冲击接地电阻不应大于 30Ω。所装设的电涌保护器应选用Ⅰ级试验产品，其电压保护水平应小于或等于 2.5kV，其每一保护模式应选冲击电流等于或大于 10kA；若无户外型电涌保护器，应选用户内型电涌保护器，其使用温度应满足安装处的环境温度，并应安装在防护等级 IP54 的箱内。 当电涌保护器的接线形式为第 13.6.2 节表 13.6.2-3 中的接线形式 2 时，接在中性线和 PE 线间电涌保护器的冲击电流，当为三相系统时不应小于 40kA，当为单相系统时不应小于 20kA。 3. 当架空线转换成一段金属铠装电缆或护套电缆穿钢管直接埋地引入时，其埋地长度可按下列公式计算： $$l \geqslant 2\sqrt{\rho} \quad (13.2.2\text{-}8)$$ 式中 l——电缆铠装或穿电缆的钢管埋地直接与土壤接触的长度，m； ρ——埋电缆处的土壤电阻率，Ω·m。 4. 在入户处的总配电箱内是否装设电涌保护器应按防雷击电磁脉冲的规定确定。当需要安装电涌保护器时，电涌保护器的最大持续运行电压值和接线形式应按第 13.6.2 节表 13.6.2-2、表 13.6.2-3 的规定确定；连接电涌保护器的导体截面应按第 13.3.4 节表 13.3.4-2 的规定取值。 5. 电子系统的室外金属导体线路宜全线采用有屏蔽层的电缆埋地或架空敷设，其两端的屏蔽层、加强钢线、钢管等应等电位联结到入户处的终端箱体上，在终端箱内是否装设电涌保护器应按防雷击电磁脉冲的规定确定。 6. 当通信线路采用钢筋混凝土杆的架空线时，应使用一段护套电缆穿钢管直接埋地引入，其埋地长度可按第 13.2.2 节式（13.2.2-8）计算，且不应小于 15m。在电缆与架空线连接处，尚应装设户外型

续表

<table>
<tr><th>项 目</th><th>技术规定和要求</th></tr>
<tr><td>防闪电电涌侵入</td><td>电涌保护器。电涌保护器、电缆金属外皮、钢管和绝缘子铁脚、金具等应连在一起接地，其冲击接地电阻不应大于 30Ω。所装设的电涌保护器应选用 D1 类高能量试验的产品，其电压保护水平和最大持续运行电压值应按本规范附录 J 的规定确定，连接电涌保护器的导体截面应按第 13.3.4 节表 13.3.4-2 的规定取值，每台电涌保护器的短路电流应等于或大于 2kA；若无户外型电涌保护器，可选用户内型电涌保护器，但其使用温度应满足安装处的环境温度，并应安装在防护等级 IP54 的箱内。在入户处的终端箱内是否装设电涌保护器应按防雷击电磁脉冲的规定确定。
7. 架空金属管道，在进出建筑物处，应与防闪电感应的接地装置相连。距离建筑物 100m 内的管道，宜每隔 25m 接地一次，其冲击接地电阻不应大于 30Ω，并应利用金属支架或钢筋混凝土支架的焊接、绑扎钢筋网作为引下线，其钢筋混凝土基础宜作为接地装置。
埋地或地沟内的金属管道，在进出建筑物处应等电位联结到等电位联结带或防闪电感应的接地装置上</td></tr>
<tr><td>特殊情况下防直击雷</td><td>当难以装设独立的外部防雷装置时，可将接闪杆或网格不大于 5m×5m 或 6m×4m 的接闪网或由其混合组成的接闪器直接装在建筑物上，接闪网应按第 13.4.2 节的规定沿屋角、屋脊、屋檐和檐角等易受雷击的部位敷设；当建筑物高度超过 30m 时，首先应沿屋顶周边敷设接闪带，接闪带应设在外墙外表面或屋檐边垂直面上，也可设在外墙外表面或屋檐边垂直面外，并应符合下列规定：
1. 接闪器之间应互相连接。
2. 引下线不应少于 2 根，并应沿建筑物四周和内庭院四周均匀或对称布置，其间距沿周长计算不宜大于 12m。
3. 排放爆炸危险气体、蒸气或粉尘的管道应符合第 13.2.2 节表 13.2.2-1 中防直击雷第 2、3 条的规定。
4. 建筑物应装设等电位联结环，环间垂直距离不应大于 12m，所有引下线、建筑物的金属结构和金属设备均应连到环上，以减小其间的电位差，避免发生火花放电。等电位联结环可利用电气设备的等电位联结干线环路。
5. 外部防雷的接地装置应围绕建筑物敷设成环形接地体，每根引下线的冲击接地电阻不应大于 10Ω，并应和电气和电子系统等接地装置及所有进入建筑物的金属管道相连，此接地装置可兼作防雷电感应接地之用。
6. 当每根引下线的冲击接地电阻大于 10Ω 时，外部防雷的环形接地体宜按下列方法敷设：
(1) 当土壤电阻率小于或等于 500Ω·m 时，对环形接地体所包围面积的等效圆半径小于 5m 的情况，每一引下线处应补加水平接地体或垂直接地体。
(2) 本条第 1 款补加水平接地体时，其最小长度应按下列公式计算：
$$l_r = 5 - \sqrt{\frac{A}{\pi}} \quad (13.2.2\text{-}9)$$
式中 $\sqrt{\frac{A}{\pi}}$——环形接地体所包围面积的等效圆半径，m；
l_r——补加水平接地体的最小长度，m；
A——环形接地体所包围的面积，m^2。
(3) 本条第 1 款补加垂直接地体时，其最小长度应按下列公式计算：
$$l_v = \frac{5 - \sqrt{\frac{A}{\pi}}}{2} \quad (13.2.2\text{-}10)$$
式中 l_v——补加垂直接地体的最小长度，m。
(4) 当土壤电阻率大于 500Ωm、小于或等于 3000Ωm，且对环形接地体所包围面积的等效圆半径符合下式的计算时，每一引下线处应补加水平接地体或垂直接地体：</td></tr>
</table>

续表

<table>
<tr><th>项 目</th><th>技术规定和要求</th></tr>
<tr><td>特殊情况下防直击雷</td><td>

$$\sqrt{\frac{A}{\pi}}<\frac{11\rho-3600}{380} \quad (13.2.2\text{-}11)$$

（5）本条第4款补加水平接地体时，其最小总长度应按下列公式计算：

$$l_{\mathrm{r}}=\left(\frac{11\rho-3600}{380}\right)-\sqrt{\frac{A}{\pi}} \quad (13.2.2\text{-}12)$$

（6）本条第4款补加垂直接地体时，其最小总长度应按下列公式计算：

$$l_{\mathrm{v}}=\frac{\left(\frac{11\rho-3600}{380}\right)-\sqrt{\frac{A}{\pi}}}{2} \quad (13.2.2\text{-}13)$$

注：按本款方法敷设接地体以及环形接地体所包围的面积的等效圆半径等于或大于所规定的值时，每根引下线的冲击接地电阻可不作规定。共用接地装置的接地电阻按50Hz电气装置的接地电阻确定，应为不大于按人身安全所确定的接地电阻值。

7. 当建筑物高于30m时，尚应采取下列防侧击的措施：

（1）应从30m起每隔不大于6m沿建筑物四周设水平接闪带并应与引下线相连。

（2）30m及以上外墙上的栏杆、门窗等较大的金属物应与防雷装置连接。

8. 在电源引入的总配电箱处应装设Ⅰ级试验的电涌保护器。电涌保护器的电压保护水平值应小于或等于2.5kV。每一保护模式的冲击电流值，当无法确定时，冲击电流应取等于或大于12.5kA。

9. 电源总配电箱处所装设的电涌保护器，其每一保护模式的冲击电流值，当电源线路无屏蔽层时宜按式（13.2.2-14）计算，当有屏蔽层时宜按式（13.2.2-15）计算：

$$I_{\mathrm{imp}}=\frac{0.5I}{nm} \quad (13.2.2\text{-}14)$$

$$I_{\mathrm{imp}}=\frac{0.5IR_{\mathrm{s}}}{n\ (mR_{\mathrm{s}}+R_{\mathrm{c}})} \quad (13.2.2\text{-}15)$$

式中 I——雷电流，kA，取200kA；

n——地下和架空引入的外来金属管道和线路的总数；

m——每一线路内导体芯线的总根数；

R_{s}——屏蔽层每公里的电阻，Ω/km；

R_{c}——芯线每公里的电阻，Ω/km。

10. 电源总配电箱处所装设的电涌保护器，其连接的导体截面应按第13.3.4节表13.3.4-2的规定取值，其最大持续运行电压值和接线形式应按表13.6.2-2、表13.6.2-3的规定确定。

注：当电涌保护器的接线形式为第13.6.2节表13.6.2-3中的接线形式2时，接在中性线和PE线间电涌保护器的冲击电流，当为三相系统时不应小于本条第9款规定值的4倍，当为单相系统时不应小于2倍。

11. 当电子系统的室外线路采用金属线时，在其引入的终端箱处应安装D1类高能量试验类型的电涌保护器，其短路电流当无屏蔽层时，宜按式（13.2.2-14）计算，当有屏蔽层时宜按式（13.2.2-15）计算；当无法确定时应选用2kA。选取电涌保护器的其他参数应符合13.3.4-2第13.6.2节第3条信号线路浪涌保护器的选择的规定，连接电涌保护器的导体截面应按本规范表13.3.4-2的规定取值。

12. 当电子系统的室外线路采用光缆时，在其引入的终端箱处的电气线路侧，当无金属线路引出本建筑物至其他有自己接地装置的设备时，可安装B2类慢上升率试验类型的电涌保护器，其短路电流应按第13.6.2节表13.6.2-7的规定确定，宜选用100A。

13. 输送火灾爆炸危险物质的埋地金属管道，当其从室外进入户内处设有绝缘段时，应在绝缘段处跨接符合下列要求的电压开关型电涌保护器或隔离放电间隙：

（1）选用Ⅰ级试验的密封型电涌保护器。

（2）电涌保护器能承受的冲击电流按式（13.2.2-14）计算，取 $m=1$。
</td></tr>
</table>

续表

项 目	技术规定和要求
特殊情况下防直击雷	（3）电涌保护器的电压保护水平应小于绝缘段的耐冲击电压水平，无法确定时，应取其等于或大于1.5kV和等于或小于2.5kV。 （4）输送火灾爆炸危险物质的埋地金属管道在进入建筑物处的防雷等电位联结，应在绝缘段之后管道进入室内进行，可将电涌保护器的上端头接到等电位联结带。 14. 具有阴极保护的埋地金属管道，在其从室外进入户内处宜设绝缘段，应在绝缘段处跨接符合下列要求的电压开关型电涌保护器或隔离放电间隙： （1）选用Ⅰ级试验的密封型电涌保护器。 （2）电涌保护器能承受的冲击电流按式（13.2.2-14）计算，取 $m=1$。 （3）电涌保护器的电压保护水平应小于绝缘段的耐冲击电压水平，并应大于阴极保护电源的最大端电压。 （4）具有阴极保护的埋地金属管道在进入建筑物处的防雷等电位联结，应在绝缘段之后管道进入室内进行，可将电涌保护器的上端头接到等电位联结带

有管帽的管口外处于接闪器保护范围内的空间　　表 13.2.2-2

装置内的压力与周围空气压力的压力差（kPa）	排放物对比于空气	管帽以上的垂直距离（m）	距管口处的水平距离（m）
<5	重于空气	1	2
5～25	重于空气	2.5	5
≤25	轻于空气	2.5	5
>25	重或轻于空气	5	5

注：相对密度小于或等于0.75的爆炸性气体规定为轻于空气的气体；相对密度大于0.75的爆炸性气体规定为重于空气的气体。

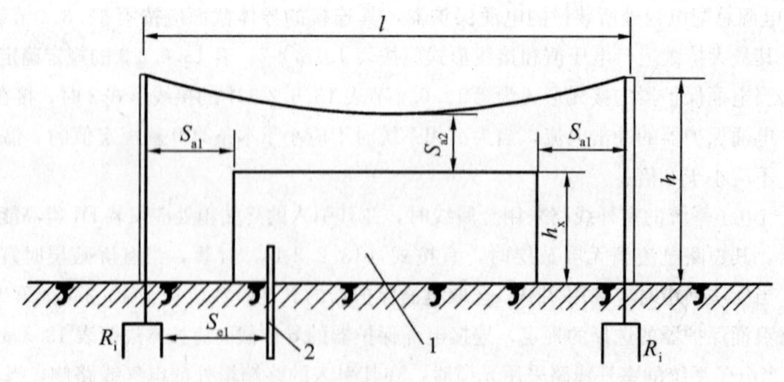

图 13.2.2-1　防雷装置至被保护物的间隔距离

1—被保护建筑物；2—金属管道

13.2.3　第二类防雷建筑物防雷措施

第二类防雷建筑物的防雷设计技术措施，见表 13.2.3-1。

第二类防雷建筑物的防雷设计技术措施　　表 13.2.3-1

<table>
<tr><th>项　目</th><th>技术规定和要求</th></tr>
<tr><td>防直击雷</td><td>1. 第二类防雷建筑物外部防雷的措施，宜采用装设在建筑物上的接闪网、接闪带或接闪杆，也可采用由接闪网、接闪带或接闪杆混合组成的接闪器。接闪网、接闪带应按第 13.4.2 节的规定沿屋角、屋脊、屋檐和檐角等易受雷击的部位敷设，并应在整个屋面组成不大于 10m×10m 或 12m×8m 的网格；当建筑物高度超过 45m 时，首先应沿屋顶周边敷设接闪带，接闪带应设在外墙外表面或屋檐边垂直面上，也可设在外墙外表面或屋檐边垂直面外。为了提高可靠性和安全度，便于雷电流的流散以及减小流经引下线的雷电流，多根接闪器之间应互相连接。
2. 突出屋面的放散管、风管、烟囱等物体，应按下列方式保护：
（1）排放爆炸危险气体、蒸气或粉尘的放散管、呼吸阀、排风管等管道应符合表 13.2.2-1 中防直击雷的第 2 条的规定。
（2）排放无爆炸危险气体、蒸气或粉尘的放散管、烟囱，1 区、21 区、2 区和 22 区爆炸危险场所的自然通风管，0 区和 20 区爆炸危险场所的装有阻火器的放散管、呼吸阀、排风管，以及表 13.2.2-1 中防直击雷第 3 条所规定的管、阀及煤气和天然气放散管等，其防雷保护应符合下列规定：
① 金属物体可不装接闪器，但应和屋面防雷装置相连；
② 除符合表 13.2.5-1 中其他设施防雷的第 3 条的规定情况外，在屋面接闪器保护范围之外的非金属物体应装接闪器，并应和屋面防雷装置相连。
3. 专设引下线不应少于 2 根，并应沿建筑物四周和内庭院四周均匀对称布置，其间距沿周长计算不应大于 18m。当建筑物的跨度较大，无法在跨距中间设引下线时，应在跨距两端设引下线并减小其他引下线的间距，专设引下线的平均间距不应大于 18m。
注：“专设”指专门敷设，区别于利用建筑物的金属体。
4. 外部防雷装置的接地应和防闪电感应、内部防雷装置、电气和电子系统等接地共用接地装置，并应与引入的金属管线做等电位联结。外部防雷装置的专设接地装置宜围绕建筑物敷设成环形接地体。
5. 利用建筑物的钢筋作为防雷装置时，应符合下列规定：
（1）建筑物宜利用钢筋混凝土屋顶、梁、柱、基础内的钢筋作为引下线。第 13.1.2 节表 13.1.2-1 中第二类防雷建筑物的第2～4条、第 9 条、第 10 条的建筑物，当其女儿墙以内的屋顶钢筋网以上的防水和混凝土层允许不保护时，宜利用屋顶钢筋网作为接闪器；表 13.1.2-1 中第二类防雷建筑物的第 2～4 条、第 9 条、第 10 条的建筑物为多层建筑，且周围很少有人停留时，宜利用女儿墙压顶板内或檐口内的钢筋作为接闪器。
注：利用屋顶钢筋作接闪器，其前提是允许屋顶遭雷击时混凝土会有一些碎片脱离以及一小块防水、保温层遭破坏。
（2）当基础采用硅酸盐水泥和周围土壤的含水量不低于 4%及基础的外表面无防腐层或有沥青质防腐层时，宜利用基础内的钢筋作为接地装置。当基础的外表面有其他类的防腐层且无桩基可利用时，宜在基础防腐层下面的混凝土垫层内敷设人工环形基础接地体。
（3）敷设在混凝土中作为防雷装置的钢筋或圆钢，当仅为一根时，其直径不应小于 10mm。被利用作为防雷装置的混凝土构件内有箍筋连接的钢筋时，其截面积总和不应小于一根直径 10mm 钢筋的截面积。
（4）利用基础内钢筋网作为接地体时，在周围地面以下距地面不应小于 0.5m，每根引下线所连接的钢筋表面积总和应按下列公式计算：
$$S \geqslant 4.24 k_c^2 \qquad (13.2.3\text{-}1)$$
式中　S——钢筋表面积总和，m^2；
k_c——分流系数，按第 13.4.5 节的规定取值。
（5）当在建筑物周边的无钢筋的闭合条形混凝土基础内敷设人工基础接地体时，接地体的规格尺寸应按表 13.2.3-2 的规定确定。</td></tr>
</table>

续表

<table>
<tr><th>项 目</th><th>技术规定和要求</th></tr>
<tr><td>防直击雷</td><td>(6) 构件内有箍筋连接的钢筋或成网状的钢筋，其箍筋与钢筋、钢筋与钢筋应采用土建施工的绑扎法、螺丝、对焊或搭焊连接。单根钢筋、圆钢或外引预埋连接板、线与构件内钢筋应焊接或采用螺栓紧固的卡夹器连接。构件之间必须连接成电气通路。
6. 共用接地装置的接地电阻应按 50Hz 电气装置的接地电阻确定，不应大于按人身安全所确定的接地电阻值。在土壤电阻率小于或等于 3000Ωm 时，外部防雷装置的接地体符合下列规定之一以及环形接地体所包围面积的等效圆半径等于或大于所规定的值时，可不计及冲击接地电阻；但当每根专设引下线的冲击接地电阻不大于 10Ω 时，可不按本条第 1、2 款敷设接地体：
(1) 当土壤电阻率 ρ 小于或等于 800Ωm 时，对环形接地体所包围面积的等效圆半径小于 5m 的情况，每一引下线处应补加水平接地体或垂直接地体。当补加水平接地体时，其最小长度应按第 13.2.2 节式（13.2.2-9）计算；当补加垂直接地体时，其最小长度应按第 13.2.2 节式（13.2.2-10）计算。
(2) 当土壤电阻率大于 800Ωm、小于或等于 3000Ωm，且对环形接地体所包围的面积的等效圆半径小于按下式的计算值时，每一引下线处应补加水平接地体或垂直接地体：
$$\sqrt{\frac{A}{\pi}}<\frac{\rho-550}{50} \quad (13.2.3\text{-}2)$$
(3) 本条第 2 款补加水平接地体时，其最小总长度应按下列公式计算：
$$l_{\mathrm{r}}=\left(\frac{\rho-550}{50}\right)-\sqrt{\frac{A}{\pi}} \quad (13.2.3\text{-}3)$$
(4) 本条第 2 款补加垂直接地体时，其最小总长度应按下列公式计算：
$$l_{\mathrm{v}}=\frac{\left(\frac{\rho-550}{50}\right)-\sqrt{\frac{A}{\pi}}}{2} \quad (13.2.3\text{-}4)$$
(5) 在符合表 13.2.3-1 中防直击雷的第 5 条规定的条件下，利用槽形、板形或条形基础的钢筋作为接地体或在基础下面混凝土垫层内敷设人工环形基础接地体，当槽形、板形基础钢筋网在水平面的投影面积或成环的条形基础钢筋或人工环形基础接地体所包围的面积符合下列规定时，可不补加接地体：
① 当土壤电阻率小于或等于 800Ωm 时，所包围的面积应大于或等于 79m²；
② 当土壤电阻率大于 800Ωm 且小于或等于 3000Ωm 时，所包围的面积应大于或等于按下列公式计算的值：
$$A\geqslant\pi\left(\frac{\rho-550}{50}\right)^2 \quad (13.2.3\text{-}5)$$
(6) 在符合本表中防直击雷第 5 条规定的条件下，对 6m 柱距或大多数柱距为 6m 的单层工业建筑物，当利用柱子基础的钢筋作为外部防雷装置的接地体并同时符合下列规定时，可不另加接地体；
① 利用全部或绝大多数柱子基础的钢筋作为接地体；
② 柱子基础的钢筋网通过钢柱，钢屋架，钢筋混凝土柱子、屋架、屋面板、吊车梁等构件的钢筋或防雷装置互相连成整体；
③ 在周围地面以下距地面不小于 0.5m，每一柱子基础内所连接的钢筋表面积总和大于或等于 0.82m²。
7. 高度超过 45m 的建筑物，除屋顶的外部防雷装置应符合本表中防直击雷的第 1 条的规定外，尚应符合下列规定：
(1) 对水平突出外墙的物体，当滚球半径 45m 球体从屋顶周边接闪带外向地面垂直下降接触到突出外墙的物体时，应采取相应的防雷措施。
(2) 高于 60m 的建筑物，其上部占高度 20% 并超过 60m 的部位应防侧击，防侧击应符合下列规定：</td></tr>
</table>

续表

<table>
<tr><th>项 目</th><th>技术规定和要求</th></tr>
<tr><td>防直击雷</td><td>① 在建筑物上部占高度20%并超过60m的部位，各表面上的尖物、墙角、边缘、设备以及显著突出的物体，应按屋顶上的保护措施处理；
② 在建筑物上部占高度20%并超过60m的部位，布置接闪器应符合对本类防雷建筑物的要求，接闪器应重点布置在墙角、边缘和显著突出的物体上；
③ 外部金属物，当其最小尺寸符合第13.3.1节表13.3.1-5的规定时，可利用其作为接闪器，还可利用布置在建筑物垂直边缘处的外部引下线作为接闪器；
④ 符合本表中防直击雷第5条规定的钢筋混凝土内钢筋和符合本表中防直击雷第5条规定的建筑物金属框架，当作为引下线或与引下线连接时，均可利用其作为接闪器。
(3) 外墙内、外竖直敷设的金属管道及金属物的顶端和底端，应与防雷装置等电位联结。
对本条规定和要求一些做法，见图13.2.3-1。
8. 有爆炸危险的露天钢质封闭气罐，当其高度小于或等于60m、罐顶壁厚不小于4mm时，或当其高度大于60m、罐顶壁厚和侧壁壁厚均不小于4mm时，可不装设接闪器，但应接地，且接地点不应少于2处，两接地点间距离不宜大于30m，每处接地点的冲击接地电阻不应大于30Ω。当防雷的接地装置符合本表中防直击雷第6条的规定时，可不计及其接地电阻值，但本表中防直击雷第6条所规定的10Ω可改为30Ω。放散管和呼吸阀的保护应符合本表中防直击雷第2条的规定</td></tr>
<tr><td>防闪电感应</td><td>1. 第13.1.2节表13.1.2-1中第二类防雷建筑物的第5～7条所规定的建筑物，其防闪电感应的措施应符合下列规定：
(1) 建筑物内的设备、管道、构架等主要金属物（不包括混凝土构件内的钢筋），应就近接到防雷装置或共用接地装置上。
(2) 除第13.1.2节表13.1.2-1中第二类防雷建筑物的第7条所规定的建筑物外，平行敷设的管道、构架和电缆金属外皮等长金属物应符合第13.2.2节表13.2.2-1中防闪电感应的第2条的规定，但长金属物连接处可不跨接。
(3) 建筑物内防闪电感应的接地干线与接地装置的连接，不应少于2处。
2. 防止雷电流流经引下线和接地装置时产生的高电位对附近金属物或电气和电子系统线路的反击，应符合下列规定：
(1) 在金属框架的建筑物中，或在钢筋连接在一起、电气贯通的钢筋混凝土框架的建筑物中，金属物或线路与引下线之间的间隔距离可无要求；在其他情况下，金属物或线路与引下线之间的间隔距离应按下列公式计算：
$S_{a3} \geqslant 0.06 k_c l_x$ (13.2.3-6)
式中 S_{a3}——空气中的间隔距离，m；
l_x——引下线计算点到连接点的长度，m，连接点即金属物或电气和电子系统线路与防雷装置之间直接或通过电涌保护器相连之点。
(2) 当金属物或线路与引下线之间有自然或人工接地的钢筋混凝土构件、金属板、金属网等静电屏蔽物隔开时，金属物或线路与引下线之间的间隔距离可无要求。
(3) 当金属物或线路与引下线之间有混凝土墙、砖墙隔开时，其击穿强度应为空气击穿强度的1/2。当间隔距离不能满足本条第1款的规定时，金属物应与引下线直接相连，带电线路应通过电涌保护器与引下线相连。
(4) 在电气接地装置与防雷接地装置共用或相连的情况下，应在低压电源线路引入的总配电箱、配电柜处装设Ⅰ级试验的电涌保护器。电涌保护器的电压保护水平值应小于或等于2.5kV。每一保护模式的冲击电流值，当无法确定时应取等于或大于12.5kA。
(5) 当Yyn0型或Dyn11型接线的配电变压器设在本建筑物内或附设于外墙处时，应在变压器高压侧装设避雷器；在低压侧的配电屏上，当有线路引出本建筑物至其他有独自敷设接地装置的配电装置</td></tr>
</table>

续表

项 目	技术规定和要求
防闪电感应	时，应在母线上装设Ⅰ级试验的电涌保护器，电涌保护器每一保护模式的冲击电流值，当无法确定时冲击电流应取等于或大于12.5kA；当无线路引出本建筑物时，应在母线上装设Ⅱ级试验的电涌保护器，电涌保护器每一保护模式的标称放电电流值应等于或大于5kA。电涌保护器的电压保护水平值应小于或等于2.5kV。 （6）低压电源线路引入的总配电箱、配电柜处装设Ⅰ级试验的电涌保护器，以及配电变压器设在本建筑物内或附设于外墙处，并在低压侧配电屏的母线上装设Ⅰ级试验的电涌保护器时，电涌保护器每一保护模式的冲击电流值，当电源线路无屏蔽层时可按第13.2.2节式（13.2.2-14）计算，当有屏蔽层时可按第13.2.2节式（13.2.2-15）计算，式中的雷电流应取等于150kA （7）在电子系统的室外线路采用金属线时，其引入的终端箱处应安装D1类高能量试验类型的电涌保护器，其短路电流当无屏蔽层时可按第13.2.2节式（13.2.2-14）计算，当有屏蔽层时可按第13.2.2节式（13.2.2-15）计算，式中的雷电流应取等于150kA；当无法确定时应选用1.5kA。 （8）在电子系统的室外线路采用光缆时，其引入的终端箱处的电气线路侧，当无金属线路引出本建筑物至其他有自己接地装置的设备时，可安装B2类慢上升率试验类型的电涌保护器，其短路电流宜选用75A。 （9）输送火灾爆炸危险物质和具有阴极保护的埋地金属管道，当其从室外进入户内处设有绝缘段时应符合第13.2.2节表13.2.2-1中特殊情况下防直击雷第13条和第14条的规定，在按第13.2.2节式（13.2.2-14）计算时，式中的雷电流应取等于150kA

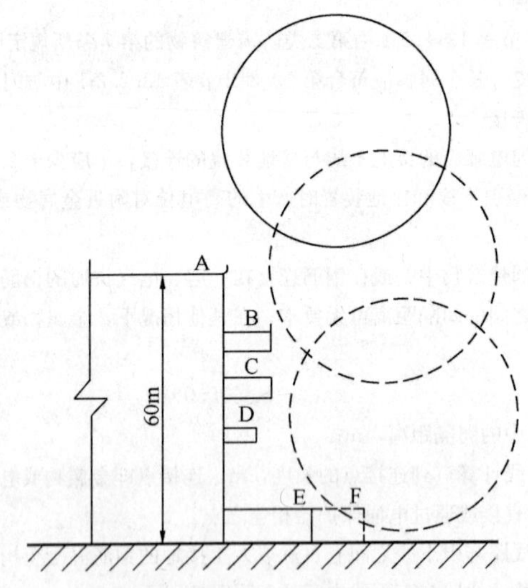

图13.2.3-1　高度超过45m的建筑物防雷剖面示意

注：图13.2.3-1中，与所规定的滚球半径相适应的一球体从空中沿接闪器A外侧下降，会接触到B处，该处应设相应的接闪器；但不会接触到C、D处，该处不需设接闪器。该球体又从空中沿接闪器B外侧下降，会接触到F处，该处应设相应的接闪器。若无F虚线部分，球体会接触到E处时，E处应设相应的接闪器；当球体最低点接触到地面，还不会接触到E处时，E处不需设接闪器。

第二类防雷建筑物环形人工基础接地体的最小规格尺寸　　表 13.2.3-2

闭合条形基础的周长（m）	扁钢（mm）	圆钢，根数×直径（mm）
≥60	4×25	2×ϕ10
40～60	4×50	4×ϕ10 或 3×ϕ12
<40	钢材表面积总和≥4.24m^2	

注：1. 当长度相同、截面相同时，宜选用扁钢；

2. 采用多根圆钢时，其敷设净距不小于直径的 2 倍；

3. 利用闭合条形基础内的钢筋作接地体时可按本表校验，除主筋外，可计入箍筋的表面积。

13.2.4 第三类防雷建筑物防雷措施

第三类防雷建筑物的防雷设计技术措施，见表 13.2.4-1。

第三类防雷建筑物的防雷设计技术措施　　表 13.2.4-1

项　目	技术规定和要求
防直击雷	1. 第三类防雷建筑物外部防雷的措施宜采用装设在建筑物上的接闪网、接闪带或接闪杆，也可采用由接闪网、接闪带和接闪杆混合组成的接闪器。接闪网、接闪带应按第 13.4.2 节的规定沿屋角、屋脊、屋檐和檐角等易受雷击的部位敷设，并应在整个屋面组成不大于 20m×20m 或 24m×16m 的网格；当建筑物高度超过 60m 时，首先应沿屋顶周边敷设接闪带，接闪带应设在外墙外表面或屋檐边垂直面上，也可设在外墙外表面或屋檐边垂直面外。接闪器之间应互相连接。 2. 突出屋面物体的保护措施应符合第 13.2.3 节表 13.2.3-1 中防直击雷第 2 条的规定。 3. 专设引下线不应少于 2 根，并应沿建筑物四周和内庭院四周均匀对称布置，其间距沿周长计算不应大于 25m。当建筑物的跨度较大，无法在跨距中间设引下线时，应在跨距两端设引下线并减小其他引下线的间距，专设引下线的平均间距不应大于 25m。 4. 防雷装置的接地应与电气和电子系统等接地共用接地装置，并应与引入的金属管线做等电位联结。外部防雷装置的专设接地装置宜围绕建筑物敷设成环形接地体。 5. 建筑物宜利用钢筋混凝土屋面、梁、柱、基础内的钢筋作为引下线和接地装置，当其女儿墙以内的屋顶钢筋网以上的防水和混凝土层允许不保护时，宜利用屋顶钢筋网作为接闪器，以及当建筑物为多层建筑，其女儿墙压顶板内或檐口内有钢筋且周围除保安人员巡逻外通常无人停留时，宜利用女儿墙压顶板内或檐口内的钢筋作为接闪器，并应符合第 13.2.3 节表 13.2.3-1 中防直击雷第 5 条第 2 款、第 3 款、第 6 款规定，同时应符合下列规定： （1）利用基础内钢筋网作为接地体时，在周围地面以下距地面不小于 0.5m 深，每根引下线所连接的钢筋表面积总和应按下式计算： $$S \geqslant 1.89k_c^2 \qquad (13.2.4\text{-}1)$$ 式中　S——钢筋表面积总和，m^2； k_c——分流系数，按第 13.4.5 节的规定取值。 （2）当在建筑物周边的无钢筋的闭合条形混凝土基础内敷设人工基础接地体时，接地体的规格尺寸应按表 13.2.4-2 的规定确定。 6. 共用接地装置的接地电阻应按 50Hz 电气装置的接地电阻确定，不应大于按人身安全所确定的接地电阻值。在土壤电阻率小于或等于 3000Ωm 时，外部防雷装置的接地体当符合下列规定之一以及环形接地体所包围面积的等效圆半径等于或大于所规定的值时可不计及冲击接地电阻；当每根专设引下线的冲击接地电阻不大于 30Ω，但对第 13.1.2 节表 13.1.2-1 中第三类防雷建筑物第 2 条所规定的建筑物则不大于 10Ω 时，可不按表 13.1.2-1 中第三类防雷建筑物第 1 条敷设接地体：

续表

<table>
<tr><th>项　目</th><th>技术规定和要求</th></tr>
<tr><td>防直击雷</td><td>(1) 对环形接地体所包围面积的等效圆半径小于5m时，每一引下线处应补加水平接地体或垂直接地体。当补加水平接地体时，其最小长度应按第13.2.2节式（13.2.2-9）计算；当补加垂直接地体时，其最小长度应按本表防直击雷式（13.2.2-10）计算。
(2) 在符合本表防直击雷第5条规定的条件下，利用槽形、板形或条形基础的钢筋作为接地体或在基础下面混凝土垫层内敷设人工环形基础接地体，当槽形、板形基础钢筋网在水平面的投影面积或成环的条形基础钢筋或人工环形基础接地体所包围的面积大于或等于79m^{2}时，可不补加接地体。
(3) 在符合本表防直击雷第5条规定的条件下，对6m柱距或大多数柱距为6m的单层工业建筑物，当利用柱子基础的钢筋作为外部防雷装置的接地体并同时符合下列规定时，可不另加接地体：
① 利用全部或绝大多数柱子基础的钢筋作为接地体；
② 柱子基础的钢筋网通过钢柱，钢屋架，钢筋混凝土柱子、屋架、屋面板、吊车梁等构件的钢筋或防雷装置互相连成整体；
③ 在周围地面以下距地面不小于0.5m深，每一柱子基础内所连接的钢筋表面积总和大于或等于0.37m^2</td></tr>
<tr><td>防高电位反击</td><td>防止雷电流流经引下线和接地装置时产生的高电位对附近金属物或电气和电子系统线路的反击，应符合下列规定：
1. 应符合第13.2.3节表13.2.3-1中防闪电感应第2条第1～5款的规定，并应按下列公式计算：
$S_{a3} \geqslant 0.04 k_c l_x$　　(13.2.4-2)
式中　S_{a3}——空气中的间隔距离，m；
k_c——分流系数，按第13.4.5节的规定取值；
l_x——引下线计算点到连接点的长度，m，连接点即金属物或电气和电子系统线路与防雷装置之间直接或通过浪涌保护器相连之点。
2. 低压电源线路引入的总配电箱、配电柜处装设Ⅰ级试验的电涌保护器，以及配电变压器设在本建筑物内或附设于外墙处，并在低压侧配电屏的母线上装设Ⅰ级试验的电涌保护器时，电涌保护器每一保护模式的冲击电流值，当电源线路无屏蔽层时可按第13.2.2节式（13.2.2-14）计算，当有屏蔽层时可按式（13.2.2-15）计算，式中的雷电流应取等于100kA。
3. 在电子系统的室外线路采用金属线时，在其引入的终端箱处应安装D1类高能量试验类型的电涌保护器，其短路电流当无屏蔽层时可按第13.2.2节式（13.2.2-14）计算，当有屏蔽层时可按第13.2.2节式（13.2.2-15）计算，式中的雷电流应取等于100kA；当无法确定时应选用1.0kA。
4. 在电子系统的室外线路采用光缆时，其引入的终端箱处的电气线路侧，当无金属线路引出本建筑物至其他有自己接地装置的设备时，可安装B2类慢上升率试验类型的电涌保护器，其短路电流宜选用50A。
5. 输送火灾爆炸危险物质和具有阴极保护的埋地金属管道，当其从室外进入户内处设有绝缘段时，应符合第13.2.2节表13.2.2-1中特殊情况下防直击雷第13条和第14条的规定，当按第13.2.2节式（13.2.2-14）计算时，雷电流应取等于100kA。
6. 当利用建筑物的钢筋体或钢结构作为引下线，同时建筑物的大部分金属物（钢筋、钢结构）与被利用的部分连成整体时，其距离可不受限制。
当引下线与金属物或线路之间有自然接地或人工接地的钢筋混凝土构件、金属板、金属网等静电屏蔽物隔开时，其距离可不受限制。
7. 电气、电信竖井内的接地母线与楼板钢筋的等电位联结应每三层与楼板钢筋做等电位联结</td></tr>
</table>

续表

项　目	技术规定和要求
防侧击雷	高度超过 60m 的建筑物，除屋顶的外部防雷装置应符合本表防直击雷第 1 条的规定外，尚应符合下列规定： 1. 对水平突出外墙的物体，当滚球半径 60m 球体从屋顶周边接闪带外向地面垂直下降接触到突出外墙的物体时，应采取相应的防雷措施。 2. 高于 60m 的建筑物，其上部占高度 20%并超过 60m 的部位应防侧击，防侧击应符合下列规定： (1) 在建筑物上部占高度 20%并超过 60m 的部位，各表面上的尖物、墙角、边缘、设备以及显著突出的物体，应按屋顶的保护措施处理。 (2) 在建筑物上部占高度 20%并超过 60m 的部位，布置接闪器应符合对本类防雷建筑物的要求，接闪器应重点布置在墙角、边缘和显著突出的物体上。 (3) 外部金属物，当其最小尺寸符合第 13.3.1 节表 13.3.1-5 的规定时，可利用其作为接闪器，还可利用布置在建筑物垂直边缘处的外部引下线作为接闪器。 (4) 符合本表防直击雷第 5 条规定的钢筋混凝土内钢筋和符合第 13.3.2 节第 1 条第 4 款规定的建筑物金属框架，当其作为引下线或与引下线连接时均可利用作为接闪器。 3. 外墙内、外竖直敷设的金属管道及金属物的顶端和底端，应与防雷装置等电位联结
烟囱防雷	1. 砖烟囱、钢筋混凝土烟囱，宜在烟囱上装设接闪杆或接闪环保护。多支接闪杆应连接在闭合环上。 2. 当非金属烟囱无法采用单支或双支接闪杆保护时，应在烟囱口装设环形接闪带，并应对称布置三支高出烟囱口不低于 0.5m 的接闪杆。 3. 钢筋混凝土烟囱的钢筋应在其顶部和底部与引下线和贯通连接的金属爬梯相连。当符合本表防直击雷第 5 条的规定时，宜利用钢筋作为引下线和接地装置，可不另设专用引下线。 4. 高度不超过 40m 的烟囱，可只设一根引下线，超过 40m 时应设两根引下线。可利用螺栓或焊接连接的一座金属爬梯作为两根引下线用。 5. 金属烟囱应作为接闪器和引下线

第三类防雷建筑物环形人工基础接地体的最小规格尺寸　　表 13.2.4-2

闭合条形基础的周长（m）	扁钢（mm）	圆钢，根数×直径（mm）
≥60	—	1×ϕ10
40～60	4×20	2×ϕ8
<40	钢材表面积总和≥1.89m²	

注：1. 当长度相同、截面相同时，宜选用扁钢；
2. 采用多根圆钢时，其敷设净距不小于直径的 2 倍；
3. 利用闭合条形基础内的钢筋作接地体时可按本表校验，除主筋外，可计入箍筋的表面积。

13.2.5 其他防雷措施

其他防雷设计技术措施，见表 13.2.5-1。

其他防雷设计技术措施　　表 13.2.5-1

分　类	技术规定和要求
兼有不同类别防雷的建筑物	1. 当一座防雷建筑物中兼有第一、二、三类防雷建筑物时，其防雷分类和防雷措施宜符合下列规定： (1) 当第一类防雷建筑物部分的面积占建筑物总面积的 30%及以上时，该建筑物宜确定为第一类防雷建筑物。

续表

分 类	技术规定和要求
兼有不同类别防雷的建筑物	（2）当第一类防雷建筑物部分的面积占建筑物总面积的30%以下，且第二类防雷建筑物部分的面积占建筑物总面积的30%及以上时，或当这两部分防雷建筑物的面积均小于建筑物总面积的30%，但其面积之和又大于30%时，该建筑物宜确定为第二类防雷建筑物。但对第一类防雷建筑物部分的防闪电感应和防闪电电涌侵入，应采取第一类防雷建筑物的保护措施。 （3）当第一、二类防雷建筑物部分的面积之和小于建筑物总面积的30%，且不可能遭直接雷击时，该建筑物可确定为第三类防雷建筑物；但对第一、二类防雷建筑物部分的防闪电感应和防闪电电涌侵入，应采取各自类别的保护措施；当可能遭直接雷击时，宜按各自类别采取防雷措施。 2. 当一座建筑物中仅有一部分为第一、二、三类防雷建筑物时，其防雷措施宜符合下列规定： （1）当防雷建筑物部分可能遭直接雷击时，宜按各自类别采取防雷措施。 （2）当防雷建筑物部分不可能遭直接雷击时，可不采取防直击雷措施，可仅按各自类别采取防闪电感应和防闪电电涌侵入的措施。 （3）当防雷建筑物部分的面积占建筑物总面积的50%以上时，该建筑物宜按本表兼有不同类别防雷的建筑物第1条的规定采取防雷措施。 3. 当采用接闪器保护建筑物、封闭气罐时，其外表面外的2区爆炸危险场所可不在滚球法确定的保护范围内
其他设施防雷	1. 固定在建筑物上的节日彩灯、航空障碍信号灯及其他用电设备和线路应根据建筑物的防雷类别采取相应的防止闪电电涌侵入的措施，并应符合下列规定： （1）无金属外壳或保护网罩的用电设备应处在接闪器的保护范围内。 （2）从配电箱引出的配电线路应穿钢管。钢管的一端应与配电箱和PE线相连；另一端应与用电设备外壳、保护罩相连，并应就近与屋顶防雷装置相连。当钢管因连接设备而中间断开时应设跨接线。 （3）在配电箱内应在开关的电源侧装设Ⅱ级试验的电涌保护器，其电压保护水平不应大于2.5kV，标称放电电流值应根据具体情况确定。 2. 粮、棉及易燃物大量集中的露天堆场，当其年预计雷击次数大于或等于0.05时，应采用独立接闪杆或架空接闪线防直击雷。独立接闪杆和架空接闪线保护范围的滚球半径可取100m。 在计算雷击次数时，建筑物的高度可按可能堆放的高度计算，其长度和宽度可按可能堆放面积的长度和宽度计算。 3. 对第二类和第三类防雷建筑物，应符合下列规定： （1）没有得到接闪器保护的屋顶孤立金属物的尺寸不超过下列数值时，可不要求附加的保护措施： ① 高出屋顶平面不超过0.3m； ② 上层表面总面积不超过1.0m²； ③ 上层表面的长度不超过2.0m。 （2）不处在接闪器保护范围内的非导电性屋顶物体，当它没有突出由接闪器形成的平面0.5m以上时，可不要求附加增设接闪器的保护措施。 4. 在独立接闪杆、架空接闪线、架空接闪网的支柱上，严禁悬挂电话线、广播线、电视接收天线及低压架空线等。 5. 对于不装防雷装置的所有建筑物和构筑物，应在进户处将绝缘子铁脚连同铁横担一起接到电气设备的接地网上，并应在室内总配电盘装设浪涌保护器。 6. 屋面露天汽车停车场应采用接闪杆、架空接闪线（网）作接闪器，且应使属面车辆和人员处于接闪器保护范围内。 7. 不应利用安装在接收电视广播的共用天线杆顶的接闪器作为保护建筑物的接闪器

续表

分类		技术规定和要求
防接触电压和跨步电压		在建筑物引下线附近保护人身安全需采取的防接触电压和跨步电压的措施，应符合下列规定： 1. 防接触电压应符合下列规定之一： (1) 利用建筑物金属构架和建筑物互相连接的钢筋在电气上是贯通且不少于10根柱子组成的自然引下线，作为自然引下线的柱子包括位于建筑物四周和建筑物内的。 (2) 引下线3m范围内地表层的电阻率不小于50kΩm，或敷设5cm厚沥青层或15cm厚砾石层。 (3) 外露引下线，其距地面2.7m以下的导体用耐1.2/50μs冲击电压100kV的绝缘层隔离，或用至少3mm厚的交联聚乙烯层隔离。 (4) 用护栏、警告牌使接触引下线的可能性降至最低限度。 2. 防跨步电压应符合下列规定之一： (1) 利用建筑物金属构架和建筑物互相连接的钢筋在电气上是贯通且不少于10根柱子组成的自然引下线，作为自然引下线的柱子包括位于建筑物四周和建筑物内的。 (2) 引下线3m范围内地表层的电阻率不小于50kΩm，或敷设5cm厚沥青层或15cm厚砾石层。 (3) 用网状接地装置对地面做均衡电位处理。 (4) 用护栏、警告牌使进入距引下线3m范围内地面的可能性减小到最低限度
水塔		水塔按第三类构筑物设计防雷。利用水塔顶上周围铁栅栏作为接闪器，或装设环形接闪带保护水塔边缘，并在塔顶中心装一根1.5m高的接闪针。冲击接地电阻不大于30Ω，引下线一般不少于2根，间距不大于30m。若水塔周长和高度均不超过40m可只设一根引下线，另一根可利用铁爬梯作引下线。钢筋混凝土结构的水塔，可利用结构钢筋作引下线，接地体宜敷设成环形
特殊建(构)筑物	天线塔	1. 天线塔防雷。天线防直击雷的避雷针可固定在天线塔上，塔的金属结构也可作接闪器和引下线。塔的接地电阻一般不大于4Ω；若地层结构复杂，接地电阻不应大于6Ω；设置在电视塔或高层建筑上的微波站接地电阻应小于1Ω。天线塔的接地装置可利用塔基基坑的四角埋设垂直接地体。水平接地体应围绕塔基做成闭合环形并与垂直接地体相连。接地体埋深不应小于1m。所有连接点都要求焊接。 塔上的所有金属件（如航空障碍信号灯具，天线的支持杆或框架，反射器的安装框架等）都必须和铁塔的金属结构用螺栓连接或焊接。波导管或同轴传输线的金属外皮和敷设电缆的金属管道，应在塔的上下两端及每隔12m处与塔身金属结构连接，在机房进口处应与接地网相连。塔上的照明灯电源线应采用带金属外皮的电缆，或将导线穿入金属管。电缆金属外皮或金属管道至少应在上下两端与塔身相连，并应水平埋入地中，埋地长度应在10m以上才允许引入机房或引至配电装置和配电变压器。 2. 机房防雷　机房一般位于天线塔接闪针的保护范围内。如不在其保护范围内，则沿房顶四周应敷设闭合环形接闪带，钢筋混凝土屋面板和柱内的钢筋可用作引下线。在机房外地下应围绕机房敷设闭合环形水平接地体。在机房内应沿墙壁敷设环形接地母线（用铜带120mm×0.35mm）。进入机房的供电线路必须在两端装设低压阀型避雷器，电缆两端铅护套、钢带应焊在一起，并与机房接地线相连。机房内各种电缆的金属外皮、设备外壳和不带电的金属部分、各种金属管道等，均应以最短的距离与环形接地母线相连。室内的环形接地母线与室外的闭合接地体和房顶的环形接闪带间，至少应用4个对称布置的连接线互相连接，相邻连接线间的距离不宜超过12m。在多雷区，室内高1.7m处沿墙一周应敷设均压环，并与引下线相连。机房的接地网与塔体的接地网间，至少应有两根水平接地体连接，总接地电阻不大于1Ω。引向机房内的电力线、通信线应有金属外皮或金属屏蔽层或敷设在金属管内，并要求埋地敷设。由机房引出的金属管、线也应埋地，在机房外埋地长度不应小于10m。微波站防雷接地示意图见图13.2.5-1

续表

<table>
<tr><th colspan="2">分　类</th><th>技术规定和要求</th></tr>
<tr><td rowspan="4">特殊建(构)筑物</td><td>卫星地面站</td><td>卫星通信地球站天线的防雷，可采用独立接闪针或在天线口面上沿及副面调整器顶端预留的安装接闪针处分别安装相应的接闪针。当天线安装于地面上时，其防雷引下线应直接引至天线基础周围的闭合形接地体。当天线位于机房屋顶时，可利用建筑物结构钢筋作为其防雷引下线。防雷接地、电子设备接地、保护接地可共用接地装置。接地体围绕建筑物四周敷设成闭合环形。接地电阻不大于 1Ω。机房防雷与微波站机房防雷相同。卫星地面站防雷及接地示意图见图 13.2.5-2</td></tr>
<tr><td>广播发射台</td><td>中波无线电广播台的天线塔对地是绝缘的，一般在塔基设有绝缘子，桅杆天线底部与大地之间应安装球形放电间隙，放电电压应为底部工作电压（100%调幅峰值时）的 1.2 倍，底座绝缘子出厂时应做 40kV 以上的泄漏试验。桅杆天线必须敷设地网。地网自桅杆中心向外辐射状敷设，相邻导线间夹角相等，地网导线根数一般为 120 根，每根导线长度与发射机输出功率及波长有关。地网埋设深度一般为 300mm，在耕地上可加深到 500～600mm，但自桅杆中心向外 0.1λ（波长）以内仍应埋深 300mm，地网导线采用 ϕ3.0 的硬铜线，见图 13.2.5-3。
发射机房采用接闪针或接闪网防直击雷，接地装置采用水平接地体围绕建筑物敷设成闭合环形，接地电阻≤10Ω，保护接地和防雷接地无法分开时，总接地电阻要求小于 1Ω。无线电广播台发射机房内应设置高频接地母线及高频接地体。发射机房内高频接地母线采用 0.5mm 厚的紫铜带，其宽度为：当单机功率在 200kW 以下时为 200mm，当单机功率为 200kW 以上时为 300mm 以上。高频接地极采用 2000mm×1000mm×2mm 的紫铜板，垂直埋入地下，顶部距地面不小于 800mm，接地电阻≤4Ω；机架与电器设备接地采用 40mm×4mm 的镀锌扁钢接到环形接地体上，见图 13.2.5-4
短波无线电广播台的天线塔上应装设接闪针并将塔体接地</td></tr>
<tr><td>雷达站</td><td>雷达站的天线本身可作为接闪器，当另设接闪针或接闪线作为接闪器以保护雷达天线时，应避免其对雷达工作的影响。天线与支撑架直接接地，可与雷达主机工作接地共用接地体；接地体敷设成闭合环形，接地电阻要求不大于 1Ω。引入雷达主机的电源线、伺服机构电源线、天线的馈线、控制线均需埋地敷设。防雷接地示意图见图 13.2.5-5</td></tr>
<tr><td>测试调试场所</td><td>1. 微波站、电视差转台、卫星通信地球站、广播电视发射台、雷达测试调试场、移动通信基站等设施的机房屋顶应设接闪网，其网格尺寸不应大于 3m×3m，且应与屋顶四周敷设的闭合环形接闪带焊接连通。机房四周应设雷电流引下线，引下线可利用机房建筑结构柱内的 2 根以上主钢筋，并应与钢筋混凝土屋面板、梁及基础、桩基内的主钢筋相互连通。当天线塔直接位于屋顶上时，天线塔四角应在屋顶与雷电流引下线分别就近连通。机房外应围绕机房敷设闭合环形水平接地体并在四角与机房接地网连通。对于钢筋混凝土楼板的地面和顶面，其楼板内所有结构钢筋应可靠连通，并应与闭合环形接地极连成一体。对于非钢筋混凝土楼板的地面和顶面，应在楼板构造内敷设不大于 1.5m×1.5m 的均压网，并应与闭合环形接地体连成一体。雷达站机房应利用地面、顶面和墙面内钢筋构成网格不大于 200mm×200mm 的笼形屏蔽接地体。
2. 微波站、电视差转台、卫星通信地球站、广播电视发射台、雷达站、雷达测试调试场、移动通信基站等设施机房及电力室内应在墙面、地槽或走线架上敷设环形或排形接地汇集线，机房和电力室接地汇集线之间应采用截面积不小于 40mm×4mm 热镀锌扁钢连接导体相互可靠连通，并应对称各引出 2 根接地引入导体与机房接地网就近焊接连通。
3. 微波站、电视差转台、卫星通信地球站、广播电视发射台、雷达站、雷达测试调试场、移动通信基站等设施的站区内严禁布设架空缆线，进出机房的各类缆线均应采用具有金属外护套的电缆或穿金属导管埋地敷设，其埋地长度不应小于 50m，两端应与接地网相连接。当其长度大于 60m 时，中间应接地。电缆在进站房处应将电缆芯线加浪涌保护器，电缆内的空线应对应接地，接地电阻不大于 4Ω。
4. 雷达测试调试场应埋设环形水平接地体，其地面上应预留接地端子，各种专用车辆的功能接地、保护接地、电源电缆的外皮及馈线屏蔽层外皮，均应采用接地导体以最短路径与接地端子相连，见图 13.2.5-6</td></tr>
</table>

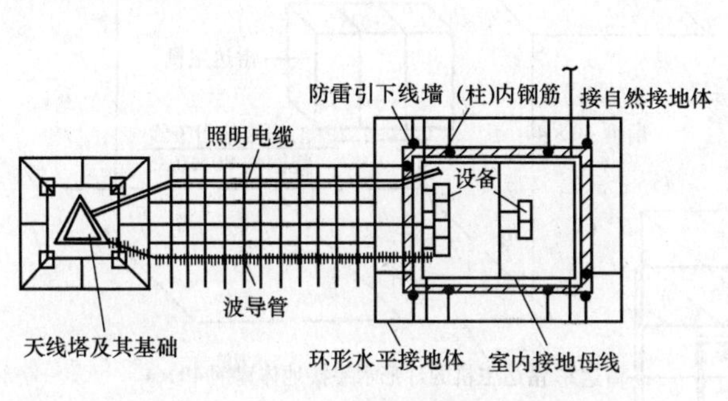

图 13.2.5-1 微波站防雷接地示意图

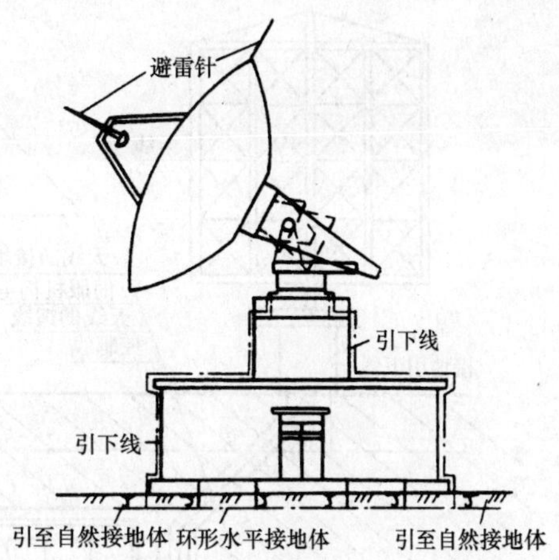

图 13.2.5-2 卫星地面站防雷及接地示意图

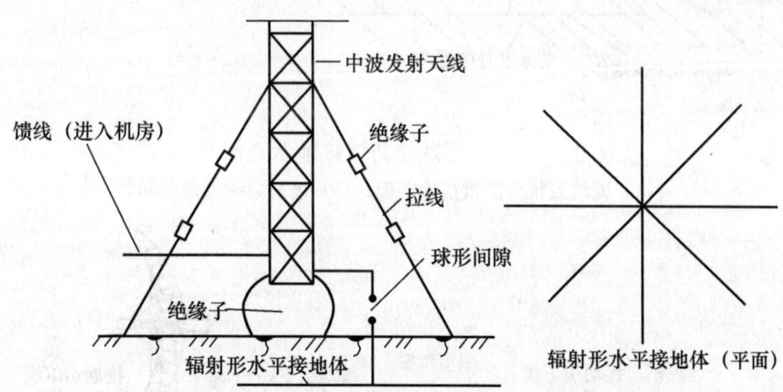

图 13.2.5-3 中波发射塔防雷接地示意图

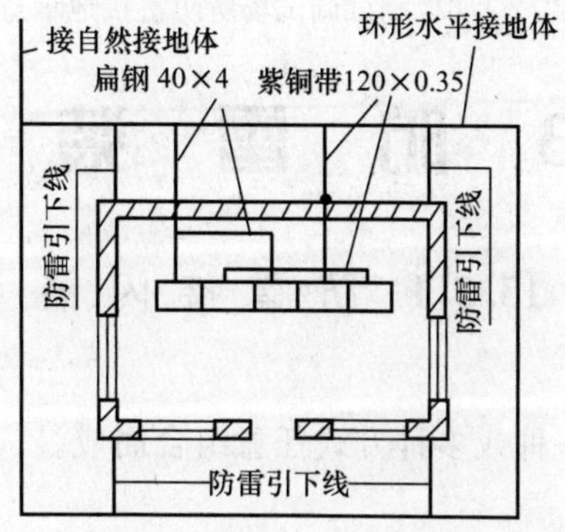

图 13.2.5-4 中波发射机房防雷接地示意图

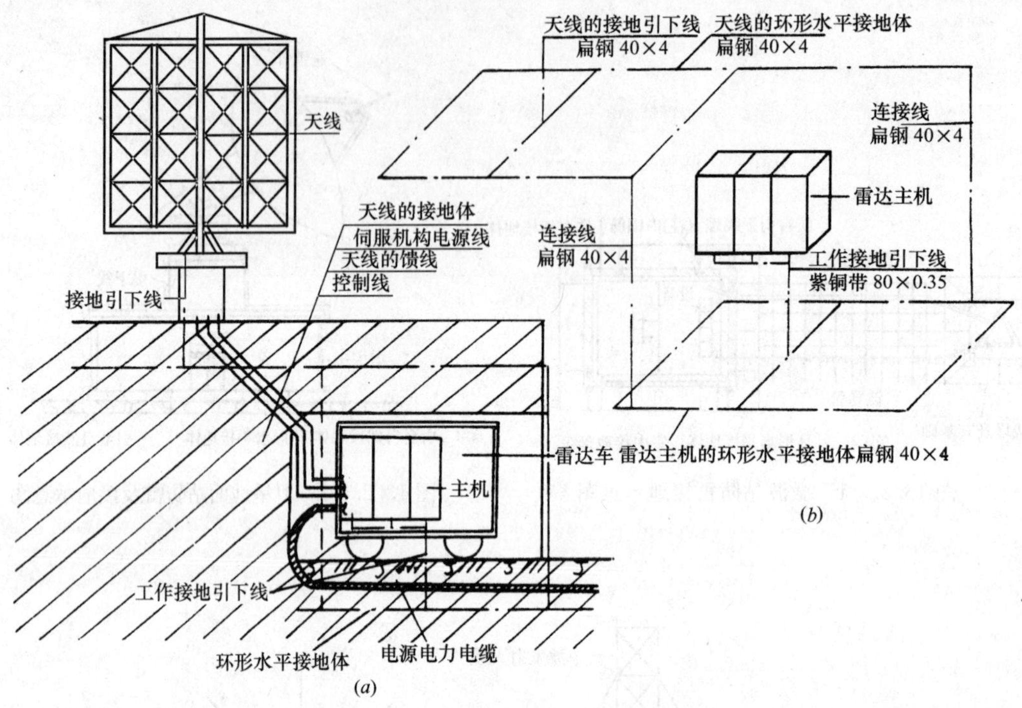

图 13.2.5-5 雷达站防雷接地示意图

(a) 天线及机房防雷接地剖面；(b) 接地系统透视

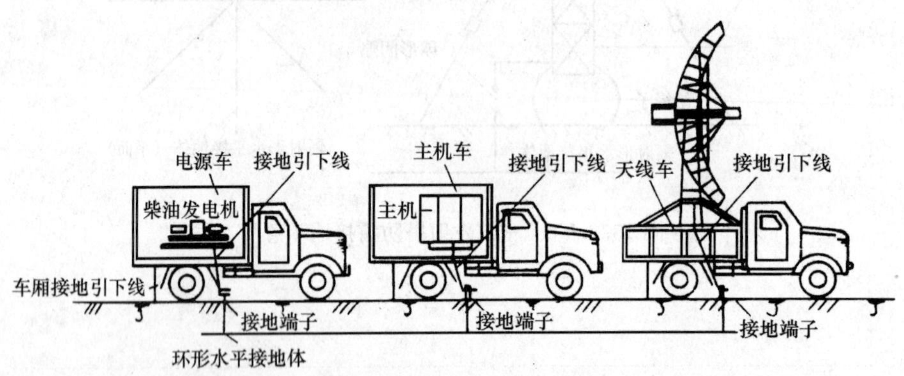

图 13.2.5-6 测试调试场所防雷接地示意图

13.3 防 雷 装 置

13.3.1 防 雷 接 闪 器

1. 基本规定

(1) 接闪器应由下列的一种或多种方式任意组合而成。

① 独立接闪杆；

② 架空接闪线或架空接闪网；

③ 直接装设在建筑物上的接闪杆、接闪带或接闪网；

④ 屋顶上的永久性金属物及金属屋面；

混凝土构件内钢筋。

（2）除利用钢筋混凝土构件内钢筋作接闪器外，接闪器应镀（浸）锌，焊接处应涂防腐漆。在腐蚀性较强的场所，还应适当加大其截面或采取其他防腐措施。

（3）接闪器的材料、结构和最小截面，见表 13.3.1-1。

接闪线（带）、接闪杆和引下线的材料、结构与最小截面　　　表 13.3.1-1

材料	结构	最小截面（mm^2）	备注⑩
铜，镀锡铜①	单根扁铜	50	厚度 2mm
	单根圆铜⑦	50	直径 8mm
	铜绞线	50	每股线直径 1.7mm
	单根圆铜③、④	176	直径 15mm
铝	单根扁铝	70	厚度 3mm
	单根圆铝	50	直径 8mm
	铝绞线	50	每股线直径 1.7mm
铝合金	单根扁形导体	50	厚度 2.5mm
	单根圆形导体	50	直径 8mm
	绞线	50	每股线直径 1.7mm
	单根圆形导体③	176	直径 15mm
	外表面镀铜的单根圆形导体	50	直径 8mm，径向镀铜厚度至少 70μm，铜纯度 99.9%
热浸镀锌钢②	单根扁钢	50	厚度 2.5mm
	单根圆钢⑨	50	直径 8mm
	绞线	50	每股线直径 1.7mm
	单根圆钢③、④	176	直径 15mm
不锈钢⑤	单根扁钢⑥	50⑧	厚度 2mm
	单根圆钢⑥	50⑧	直径 8mm
	绞线	70	每股线直径 1.7mm
	单根圆钢③、④	176	直径 15mm
外表面镀铜的钢	单根圆钢（直径 8mm）	50	镀铜厚度至少 70μm，铜纯度 99.9%
	单根扁钢（厚 2.5mm）		

注：表中：① 热浸或电镀锡的锡层最小厚度为 1μm；

② 镀锌层宜光滑连贯、无焊剂斑点，镀锌层圆钢至少 22.7g/m^2、扁钢至少 32.4g/m^2；

③ 仅应用于接闪杆。当应用于机械应力没达到临界值之处，可采用直径 10mm 、最长 1m 的接闪杆，并增加固定；

④ 仅应用于入地之处；

⑤ 不锈钢中，铬的含量等于或大于 16%，镍的含量等于或大于 8%，碳的含量等于或小于 0.08%；

⑥ 对埋于混凝土中以及与可燃材料直接接触的不锈钢，其最小尺寸宜增大至直径 10mm 的 78mm^2（单根圆钢）和最小厚度 3mm 的 75mm^2（单根扁钢）；

⑦ 在机械强度没有重要要求之处，50mm^2（直径 8mm）可减为 28mm^2（直径 6mm）。并应减小固定支架间的间距；

⑧ 当温升和机械受力是重点考虑之处，50mm^2 加大至 75mm^2；

⑨ 避免在单位能量 10MJ/Ω 下熔化的最小截面是铜为 16mm^2、铝为 25mm^2、钢为 50mm^2、不锈钢为 50mm^2；

⑩ 截面积允许误差为−3%。

（4）接闪杆采用热镀锌圆钢或钢管制成时，其直径应符合表 13.3.1-2 的规定。

接闪杆的直径 **表 13.3.1-2**

材料规格 / 杆长、部位	圆钢直径（mm）	钢管直径（mm）
1m 以下	≥12	≥20
1～2m	≥16	≥25
独立烟囱顶上	≥20	≥40

注：1. 接闪杆的接闪端宜做成半球状，其最小弯曲半径宜为 4.8mm，最大宜为 12.7mm。
2. 表中列举的接闪杆是采用圆钢或焊接钢管制成，其规格为最小尺寸。

（5）接闪网和接闪带宜采用圆钢或扁钢，其尺寸应符合表 13.3.1-3 的规定。

接闪网、接闪带及烟囱顶上的接闪环规格 **表 13.3.1-3**

材料规格 / 类　别	圆钢直径（mm）	扁钢截面（mm^2）	扁管厚度（mm）
接闪网、接闪带	≥8	≥48	≥4
烟囱上的接闪环	≥12	≥100	≥4

注：表中列举的接闪带和接闪网采用热镀锌圆钢或扁钢，其规格为最小尺寸。

（6）对于利用钢板、铜板、铝板等做屋面的建筑物，当符合下列要求时，宜利用其屋面作为接闪器：

① 金属板间的连接应是持久的电气贯通，可采用铜锌合金焊、熔焊、卷边压接、缝接、螺钉或螺栓连接；

② 当利用金属物体或金属屋面作为接闪器时，其厚度不应小于表 13.3.1-5 规定；

③ 金属板应无绝缘被覆层。

注：薄的油漆保护层或 1mm 厚沥青层或 0.5mm 厚聚氯乙烯层均不应属于绝缘被覆层。

（7）除第一类防雷建筑物和第 13.2.3 节表 13.2.3-1 中防直击雷第 2 条第 1 款的规定外层顶上的永久性金属物宜作为接闪器，但其所有部件之间均应连成电气通路，并应符合下列规定：

① 对于旗杆、栏杆、装饰物、女儿墙上的盖板等，其规格不应小于表 13.3.1-1 和表 13.3.1-5 的规定；

② 钢管、钢罐的壁厚不应小于 2.5mm，当钢管、钢罐一旦被雷击穿，其介质对周围环境造成危险时，其壁厚不得小于 4mm；

③ 利用屋顶建筑物件内钢筋作接闪器应符合第 13.2.3 节表 13.2.3-1 中防直击雷第 5 条和第 13.2.4 节表 13.2.4-1 中防直击雷第 5 条的规定。

（8）架空接闪线和接闪网宜采用截面不小于 50mm^2 热镀锌钢绞线或铜绞线。

（9）明敷接闪导体固定支架的间距不宜大于表 13.3.1-4 的规定。固定支架的高度不宜小于 150mm。

明敷接闪导体和引下线固定支架的间距 **表 13.3.1-4**

布置方式	扁形导体和绞线固定支架的间距（mm）	单根圆形导体固定支架的间距（mm）
安装于水平面上的不平导体	500	1000
安装于垂直面上的水平导体	500	1000
安装于从地面至高 20m 垂直面上的垂直导体	1000	1000
安装在高于 20m 垂直面上的垂直导体	500	1000

2. 防雷接闪器的布置和保护范围

布置接闪器时应优先采用接闪网、接闪带或采用接闪针。专门敷设的接闪器，其布置应符合表 13.3.1-6 的规定。布置接闪器时，可单独或任意组合采用接闪杆、接闪带、接闪网。

金属屋面做接闪器条件 **表 13.3.1-5**

<table>
<tr><th>条 件</th><th>材 料</th><th>规 格</th><th>搭接长度</th></tr>
<tr><td rowspan="4">当金属板不需要防雷击穿孔和金属屋面下无易燃物品时</td><td>铅板</td><td>厚度不应小于 2mm</td><td rowspan="7">不应小于 100mm</td></tr>
<tr><td>不锈钢、热镀锌钢、钫和铜板</td><td>厚度不应小于 0.5mm</td></tr>
<tr><td>铝板</td><td>厚度不应小于 0.65mm</td></tr>
<tr><td>锌板</td><td>厚度不应小于 0.7mm</td></tr>
<tr><td rowspan="3">当金属板需要防雷击穿孔和金属屋面下有易燃物品时</td><td>不锈钢、热镀锌钢和钛板</td><td>厚度不应小于 4mm</td></tr>
<tr><td>铜板</td><td>厚度不应小于 5mm</td></tr>
<tr><td>铝板</td><td>厚度不应小于 7mm</td></tr>
</table>

注：当金属屋面不符合表中上述条件时，应在金属屋面上设接闪网保护。

防雷接闪器布置 **表 13.3.1-6**

建筑物防雷类别	滚球半径 h_r（m）	接闪网网格尺寸（m）
第一类防雷建筑物	30	≤5×5 或≤6×4
第二类防雷建筑物	45	≤10×10 或≤12×8
第三类防雷建筑物	60	≤20×20 或≤24×16

注：接闪杆保护范围的计算采用"滚球法"。所谓"滚球法"就是选择一个半径为 h_r（滚球半径）的球体，按需要防护直击雷的部位滚动，如果球体只接触到接闪杆（线）或接闪杆（线）与地面，而不触及需要保护的部位，则该部位就在接闪杆（线）的保护范围之内。

3. 几点说明

（1）在保护范围以外的屋顶突出金属物，如金属设备、金属管道、金属栏杆、广告牌、航空标志灯等，应在其上部增加接闪带、接闪网或接闪杆保护。

（2）停放直升飞机的屋顶平台，应按直升飞机的高度计算接闪杆保护范围。当接闪杆影响直升飞机起落时，宜做随时容易竖起或放倒的接闪杆（电动式或手动式）。

（3）共用天线引下的电视馈线必须采用双屏蔽电缆或穿金属管保护，其两端应与防雷系统连为一体，并应在电视引入馈线上，加装浪涌保护器。

(4) 高大建筑物的擦窗机及导轨应做好等电位联接与防雷系统连为一体。当擦窗机升到最高处，其上部达不到人身的高度时，应作 2m 高的水平接闪带或加接闪杆保护。

(5) 屋顶彩灯或屋顶外轮廓照明装置的设计应按下列原则：

① 屋顶彩灯或屋顶外轮廓照明应设有防雷保护装置，同时其线路必须穿金属管，配线金属管要与防雷装置就近多点焊接。对于无防雷装置的建筑物，彩灯或屋顶外轮廓照明避雷装置的接地引下线和接地装置要按防雷规范的规定作良好接地；

② 屋顶彩灯或屋顶外轮廓照明的电源线路要在靠近屋顶的部位加装浪涌保护器（一般可装在屋顶机房的电源箱或室外的电源箱内），浪涌保护器的下端应就近与防雷装置连接；

③ 屋顶彩灯或屋顶外轮廓照明的电源线路不应与楼内的配电线路混接；其电源应从变、配电室直接供电；

④ 屋顶彩灯上部的避雷带宜高出灯罩 150mm 以上或向外倾斜 100mm，以利检修；

⑤ 航空标志灯应按照屋顶彩灯或屋顶外轮廓照明装置的要求设计。

13.3.2 防雷引下线

1. 一般规定和要求

(1) 防雷引下线应优先利用建筑物钢筋混凝土柱或剪力墙中的主钢筋，还宜利用建筑物的钢柱、金属烟囱等作为引下线。

(2) 引下线宜采用圆钢或扁钢，应优先采用圆钢。引下线的材料、结构和最小截面应按第 13.3.1 节表 13.3.1-1 的规定取值。在民用建筑中，当采用圆钢时，直径不应小于 8mm。当采用扁钢时，截面不应小于 50mm^2，厚度不应小于 4mm。

当独立烟囱上的引下线采用圆钢时，其直径不应小于 12mm；采用扁钢时，其截面不应小于 100mm^2，厚度不应小于 4mm。

除利用混凝土中钢筋作引下线外，引下线应热镀锌，焊接处应涂防腐漆。在腐蚀性较强的场所，还应加大截面或采取其他的防腐措施。

(3) 专设引下线应沿建筑物外墙外表面明敷，并应经最短路径接地；建筑外观要求较高时可暗敷，但其截面应加大一级，圆钢直径不应小于 10mm，扁钢截面不应小于 80mm^2。

(4) 建筑物的钢梁、钢柱、消防梯等金属构件，以及幕墙的金属立柱宜作为引下线，但其各部件之间均应连成电气贯通，可采用铜锌合金焊、熔焊、卷边压接、缝接、螺钉或螺栓连接；其截面应按第 13.3.1 节表 13.3.1-1 的规定取值；各金属构件可覆有绝缘材料。

(5) 采用多根专设引下线时，应在各引下线上距地面 0.3m～1.8m 处装设断接卡。

当利用混凝土内钢筋、钢柱作为自然引下线并同时采用基础接地体时，可不设断接卡，但利用钢筋作引下线时应在室内外的适当地点设若干连接板。当仅利用钢筋作引下线并采用埋于土壤中的人工接地体时，应在每根引下线上距地面不低于 0.3m 处设接地体连接板。采用埋于土壤中的人工接地体时应设断接卡，其上端应与连接板或钢柱焊接，连接板处宜有明显标志。

(6) 明敷引下线固定支架的间距应均匀，间距不宜大于第 13.3.1 节表 13.3.1-4 的规定。水平直线部分宜为 0.5～1.5m；垂直直线部分宜为 1.5～3m，弯曲部分为 0.3～0.5m。

（7）在易受机械损伤之处，地面上 1.7m 至地面下 0.3m 的一段接地线，应采用暗敷或采用镀锌角钢、改性塑料管或橡胶管等加以保护，也可用镀锌角铁扣在墙面上。不能将引下线穿入封闭金属管内。

（8）第二类防雷建筑物或第三类防雷建筑物为钢结构或钢筋混凝土建筑物时，在其钢构件或钢筋之间的连接满足本防雷规定要求并利用其作为引下线的条件下，当其垂直支柱均起到引下线的作用时，可不要求满足专设引下线之间的间距。

2. 几点说明

（1）利用建筑物钢筋混凝土中的钢筋作为防雷引下线时，应符合下列要求：

① 当钢筋直径为 16mm 及以上时，应利用两根钢筋（绑扎或焊接）作为一组引下线；

② 当钢筋直径为 10mm 及以上时，应利用四根钢筋（绑扎或焊接）作为一组引下线；

③ 上部（屋顶上）应与接闪器焊接，下部在室外地坪下 0.8～1m 处焊出一根直径为 12mm 或 40mm×4mm 镀锌导体，此导体伸向室外距外墙皮的距离宜不小于 1m，并应作防腐处理。

（2）当建、构筑物钢筋混凝土内的钢筋具有贯通性连接（绑扎、焊接或其他机械连接）并符合本条第（1）款要求时，竖向钢筋可作为引下线；横向钢筋若与引下线有可靠连接（绑扎或焊接）时可作为均压环。

（3）暗装引下线和利用结构柱的主钢筋作为引下线时，应在图纸上标明用作为引下线的柱位。

（4）为了便于测量接地电阻以及检查引下线、接地导体的连接状况，采用多根专设引下线时，除利用钢筋混凝土中的钢筋、钢柱作为引下线并同时利用基础钢筋作为接地网外，宜在各引下线距地面 0.3m 至 1.8m 之间设置断接卡。

（5）烟囱上有航空障碍灯等金属构件时，应与引下线相连接。金属烟囱、烟囱的金属爬梯等可作为引下线，但其所有部件之间均应连成电气通路。

（6）当防雷系统采取等电位连接措施时，应将引入建筑内金属设备管道及金属建筑构件等连接成等电位体。

3. 关于专设引下线的说明

中国建筑学会建筑电气分会 2012 年年会会议，重点讨论了 GB 50057—2010《建筑物防雷设计规范》(以下简称新《雷规》）中的 4.3.3 条和 4.4.3 条强制性条文，并就如何在民用建筑电气设计中合理应用达成了共识。研讨情况如下。

新《雷规》4.3.3 条："专设引下线不应少于 2 根，并应沿建筑物四周和内庭院四周均匀对称布置，其间距沿周长计算不应大于 18m。当建筑物的跨度较大，无法在跨距中间设引下线时，应在跨距两端设引下线并减小其他引下线的间距，专设引下线的平均间距不应大于 18m。"

新《雷规》4.4.3 条："专设引下线不应少于 2 根，并应沿建筑物四周和内庭院四周均匀对称布置，其间距沿周长计算不应大于 25m。当建筑物的跨度较大，无法在跨距中间设引下线时，应在跨距两端设引下线并减小其他引下线的间距，专设引下线的平均间距不应大于 25m。"

对于上述两条强制性条文，执行的难点是如何界定“第二类、第三类防雷建筑物设置专用引下线的问题”。对此参加研讨的理事一致认为：

(1) 在4.3.3条（4.4.3条）中，第二类（第三类）防雷建筑物当为钢筋混凝土结构时，应采用建筑物四周和内庭院四周结构柱内不少于2根主筋作引下线，其间距沿周长计算不应大于18m(25m)。当建筑物的跨度较大，无法在跨距中间设引下线时，应在跨距两端设引下线并减小其他引下线的间距，并使引下线的平均间距不应大于18m(25m)。

(2) 在4.3.3条（4.4.3条）中，第二类（第三类）防雷建筑物当为木结构时，应设专用引下线，并不应少于2根，其间距沿周长计算不应大于18m(25m)。

(3) 在4.3.3条（4.4.3条）中，第二类（第三类）防雷建筑物当为砖混结构、毛石基础时，宜设专用引下线，并不应少于2根。

注：采用砖混结构、毛石基础的建筑物周边亦有构造柱，一般内有4根$\phi12$钢筋，由于构造柱栽入毛石基础距地面较浅，且毛石基础的电阻率相对较高，不宜直接作接地装置。但是，如在埋入地下的构造柱上预留钢板并与柱内钢筋焊接，再由此板焊接接地连接体至室外接地极，而不设置专用引下线，也是可行的方案。

上述是本次年会研讨达成的共识，可在现阶段建筑电气设计中采纳和执行。

13.3.3 防雷接地装置

1. 基本规定

(1) 民用建筑宜优先利用钢筋混凝土中的钢筋作为防雷接地网，当不具备条件时，宜采用圆钢、钢管、角钢或扁钢等金属体作人工接地体。

(2) 垂直埋设的接地体，宜采用圆钢、钢管、角钢等。水平埋设的接地体宜采用扁钢、圆钢等。人工接地体的材料、结构和最小尺寸应符合表13.3.3-1的规定。

(3) 埋于土壤中的人工垂直接地体宜采用热镀锌角钢、钢管或圆钢；埋于土壤中的人工水平接地体宜采用热镀锌扁钢或圆钢。在腐蚀性较强的土壤中，还应适当加大其截面或采取其他防腐措施。接地线应与水平接地体的截面相同。

(4) 人工钢质垂直接地体的长度宜为2.5m。其间距以及人工水平接地体的间距均宜为5m，当受场所限制时可适当减小。

(5) 人工接地体在土壤中的埋设深度不应小于0.5m，并宜敷设在当地冻土层以下，其距墙或基础不宜小于1m。接地体宜远离由于烧窑、烟道等高温影响使土壤电阻率升高的地方。

(6) 在敷设于土壤中的接地体连接到混凝土基础内起基础接地体作用的钢筋或钢材的情况下，土壤中的接地体宜采用铜质或镀铜或不锈钢导体。

(7) 当防雷装置引下线大于或等于两根时，每根引下线的冲击接地电阻均应满足对该建筑物所规定的防直击雷冲击接地电阻值。

(8) 在高土壤电阻率的场地，降低防直击雷冲击接地电阻宜采用下列方法：

① 采用多支线外引接地装置，外引长度不应大于有效长度（$2\sqrt{\rho}$）；

② 接地体埋于较深的低电阻率土壤中；

③ 换土；

④ 采用降阻剂或其他有效的新型接地措施。

接地体的材料、结构和最小尺寸 表 13.3.3-1

材料	结构	最小尺寸 垂直接地体直径（mm）	水平接地体（mm^2）	接地板（mm）	备注
铜、镀锡铜	铜绞线	—	50	—	每股直径 1.7mm
	单根圆铜	15	50	—	—
	单根扁铜	—	50	—	厚度 2mm
	铜管	20	—	—	壁厚 2mm
	整块铜板	—	—	500×500	厚度 2mm
	网格铜板	—	—	600×600	各网格边截面 25mm×2mm，网格网边总长度不少于 4.8m
热镀锌钢	圆钢	14	78	—	—
	钢管	25	—	—	壁厚 2mm
	扁钢	—	90	—	厚度 3mm
	钢板	—	—	500×500	厚度 3mm
	网格钢板	—	—	600×600	各网格边截面 30mm×3mm，网格网边总长度不少于 4.8m
	型钢	注 3	—	—	—
裸钢	钢绞线	—	70	—	每股直径 1.7mm
	圆钢	—	78	—	—
	扁钢	—	75	—	厚度 3mm
外表面镀铜的钢	圆钢	14	50	—	镀铜厚度至少 250μm，铜纯度 99.9%
	扁钢	—	90（厚 3mm）	—	
不锈钢	圆形导体	15	78	—	—
	扁形导体	—	100	—	厚度 2mm

注：1. 热镀锌钢的镀锌层应光滑连贯、无焊剂斑点，镀锌层圆钢至少 22.7g/m^2、扁钢至少 32.4g/m^2；
2. 热镀锌之前螺纹应先加工好；
3. 不同截面的型钢，其截面不小于 290mm^2，最小厚度 3mm，可采用 50mm×50mm×3mm 角钢；
4. 当完全埋在混凝土中时才可采用裸钢；
5. 外表面镀铜的钢，铜应与钢结合良好；
6. 不锈钢中，铬的含量等于或大于 16%，镍的含量等于或大于 5%，钼的含量等于或大于 2%，碳的含量等于或小于 0.08%；
7. 截面积允许误差为−3%。

（9）为降低跨步电压，防直击雷的人工接地网距建筑物入口处及人行道不宜小于 3m，当小于 3m 时，应采取下列措施之一：

① 水平接地体局部深埋不应小于 1m；

② 水平接地体局部应包以绝缘物；

③ 宜采用沥青碎石地面或在接地网上面敷设 50～80mm 沥青层，其宽度不宜小于接地网两侧各 2m。

(10) 接地装置埋在土壤中的部分，其连接宜采用放热焊接；当采用通常的焊接方法时，应在焊接处做防腐处理。

(11) 当基础采用以硅酸盐为基料的水泥和周围土壤的含水率不低于 4%以及基础的外表面无防腐层或有沥青质的防腐层时，钢筋混凝土基础内的钢筋宜作为接地网，并应符合下列要求：

① 每根引下线处的冲击接地电阻不宜大于 5Ω；

② 利用基础内钢筋网作为接地体时，每根引下线在距地面 0.5m 以下的钢筋表面积总和，对第二类防雷建筑物不应少于 $4.24K_c^2$ (m^2)，对第三类防雷建筑物不应少于 $1.89K_c^2$ (m^2)。

注：K_c 为分流系数，取值与第 13.4.5 节中的取值一致。

(12) 当采用敷设在钢筋混凝土中的单根钢筋或圆钢作为防雷装置时，钢筋或圆钢的直径不应小于 10mm。

(13) 沿建筑物外面四周敷设成闭合环状的水平接地体，可埋设在建筑物散水以外的基础槽边。当采用的环形接地装置不能与刨槽同时施工时，为避免影响基础安全，必须根据结构专业的要求，接地装置要与基础保持一定的距离。

(14) 接地装置工频接地电阻的计算应符合现行国家标准《交流电气装置的接地设计规范》GB/T 50065—2011 的有关规定，其与冲击接地电阻的换算应符合第 13.4.3 节的规定。

2. 几点说明

(1) 钢板桩可以作为接地装置，但必须每隔 20m 以内与楼内基础钢筋相焊接。并将钢板之间的缝隙焊接牢固或焊跨接线。

(2) 对高土壤电阻率地区，如接地电阻难以符合规定要求时，可用均衡电位的方法，即沿建筑物外面四周敷设水平接地体成闭合回路，并将所有进入屋内的金属管道、电缆金属外皮与闭合接地体相连，或采用外引接地网。为了防止反击，防雷装置应与电力设备及金属管的接地网相连。

(3) 设计接地装置时，应考虑土壤干、湿等季节变化对土壤电阻率的影响。接地电阻在雷雨季应符合设计要求。

(4) 当结构基础有被塑料、橡胶等绝缘材料包裹的防水层时，应在高出地下水位 0.5m 处，将引下线引出防水层，与建筑物周圈接地体连接。

(5) 当采用共用接地装置时，其接地电阻应按各系统中最小值要求设置。在结构完成后，必须通过测试点测试接地电阻，若达不到设计要求，应加接人工接地体。

(6) 人工接地装置或利用建筑物基础钢筋的接地装置必须在地面上设测试点，并配有与墙面同颜色的盖板。

13.3.4 防雷装置的材料及截面

1. 防雷装置由外部防雷装置和内部防雷装置组成。防雷装置使用的材料及其应用条件，见表 13.3.4-1。

防雷装置的材料及使用条件　　表 13.3.4-1

材料	使用于大气中	使用于地中	使用于混凝土中	耐腐蚀情况		
				在下列环境中能耐腐蚀	在下列环境中增加腐蚀	与下列材料接触形成直流电耦合可能受到严重腐蚀
铜	单根导体，绞线	单根导体，有镀层的绞线，铜管	单根导体，有镀层的绞线	在许多环境中良好	硫化物 有机材料	—
热镀锌钢	单根导体，绞线	单根导体，钢管	单根导体，绞线	敷设于大气、混凝土和无腐蚀性的一般土壤中受到的腐蚀是可接受的	高氯化物含量	铜
电镀铜钢	单根导体	单根导体	单根导体	在许多环境中良好	硫化物	—
不锈钢	单根导体，绞线	单根导体，绞线	单根导体，绞线	在许多环境中良好	高氯化物含量	
铝	单根导体，绞线	不适合	不适合	在含有低浓度硫和氯化物的大气中良好	碱性溶液	铜
铅	有镀铅层的单根导体	禁止	不适合	在含有高浓度硫酸化合物的大气中良好	—	铜 不锈钢

注：1. 敷设于黏土或潮湿土壤中的镀锌钢可能受到腐蚀；
2. 在沿海地区，敷设于混凝土中的镀锌钢不宜延伸进入土壤中；
3. 不得在地中采用铅。

2. 防雷等电位连接各连接部件的最小截面，应符合表 13.3.4-2 的规定。连接单台或多台Ⅰ级分类试验或 D1 类电涌保护器的单根导体的最小截面，尚应按下列公式计算：

$$S_{min} \geqslant I_{imp}/8 \tag{13.3.4-1}$$

式中　S_{min}——单根导体的最小截面，mm^2；
I_{imp}——流入该导体的雷电流，kA。

防雷装置各连接部件的最小截面　　表 13.3.4-2

等电位连接部件	材料	截面（mm^2）
等电位连接带（铜、外表面镀铜的钢或热镀锌钢）	Cu(铜)、Fe(铁)	50
从等电位连接带至接地装置或各等电位连接带之间的连接导体	Cu(铜)	16
	Al(铝)	25
	Fe(铁)	50
从屋内金属装置至等电位连接带的连接导体	Cu(铜)	6
	Al(铝)	10
	Fe(铁)	16

续表

<table>
<tr><th colspan="3">等电位联结部件</th><th>材料</th><th>截面(mm²)</th></tr>
<tr><td rowspan="5">连接电涌保护器的导体</td><td rowspan="3">电气系统</td><td>Ⅰ级试验的电涌保护器</td><td rowspan="5">Cu(铜)</td><td>6</td></tr>
<tr><td>Ⅱ级试验的电涌保护器</td><td>2.5</td></tr>
<tr><td>Ⅲ级试验的电涌保护器</td><td>1.5</td></tr>
<tr><td rowspan="2">电子系统</td><td>D1 类电涌保护器</td><td>1.2</td></tr>
<tr><td>其他类的电涌保护器(连接导体的截面可小于 1.2mm²)</td><td>根据具体情况确定</td></tr>
</table>

13.4 建筑物防雷计算

13.4.1 建筑物年预计雷击次数的计算

年预计雷击次数是表征建筑物可能遭受雷击的一个频率参数，并且是民用建筑物防雷分类的依据。建筑物年预计雷击次数的计算，见表 13.4.1-1。

建筑物年预计雷击次数的计算　　表 13.4.1-1

类　别	计 算 公 式
年预计雷击次数	建筑物年预计雷击次数应按下列公式计算： $$N=k\times N_g\times A_e \quad (13.4.1\text{-}1)$$ 式中 N——建筑物年预计雷击次数，次/a； k——校正系数，在一般情况下取 1；位于河边、湖边、山坡下或山地中土壤电阻率较小处、地下水露头处、土山顶部、山谷风口等处的建筑物，以及特别潮湿的建筑物取 1.5；金属屋面没有接地的砖木结构建筑物取 1.7；位于山顶上或旷野的孤立建筑物取 2； N_g——建筑物所处地区雷击大地的年平均密度，次/km²/a； A_e——与建筑物截收相同雷击次数的等效面积，km²
雷击年平均密度	雷击大地的年平均密度，首先应按当地气象台、站资料确定；若无此资料，可按下列公式计算： $$N_g=0.1\times T_d \quad (13.4.1\text{-}2)$$ 式中 T_d——年平均雷暴日，根据当地气象台、站资料确定，d/a
建筑物的等效面积	与建筑物截收相同雷击次数的等效面积应为其实际平面积向外扩大后的面积。其计算方法应符合下列规定： 1. 当建筑物的高度小于 100m 时，其每边的扩大宽度和等效面积应按下列公式计算（图 13.4.1-1）： $$D=\sqrt{H\ (200-H)} \quad (13.4.1\text{-}3)$$ $$A_e=[LW+2(L+W)D+\pi D^2]\times 10^{-6} \quad (13.4.1\text{-}4)$$ 式中 D——建筑物每边的扩大宽度，m； L、W、H——分别为建筑物的长、宽、高，m。 2. 当建筑物的高度小于 100m，同时其周边在 $2D$ 范围内有等高或比它低的其他建筑物，这些建筑物不在所考虑建筑物以 $h_r=100$ (m)的保护范围内时，按式(13.4.1-4)算出的 A_e 可减去$(D/2)\times$(这些建筑物与所考虑建筑物边长平行以米计的长度总和)$\times 10^{-6}$(km²)。

续表

类　别	计 算 公 式
建筑物的等效面积	当四周在 $2D$ 范围内都有等高或比它低的其他建筑物时，其等效面积可按下列公式计算： $A_e = [LW + (L+W)D + \pi D^2/4] \times 10^{-6}$　(13.4.1-5) 3. 当建筑物的高度小于 100m，同时其周边在 $2D$ 范围内有比它高的其他建筑物时，按式(13.4.1-4)算出的等效面积可减去 $D\times$（这些建筑物与所考虑建筑物边长平行以米计的长度总和）$\times10^{-6}$（km^2）。 当四周在 $2D$ 范围内都有比它高的其他建筑物时，其等效面积可按下列公式计算： $A_e = LW \times 10^{-6}$　(13.4.1-6) 4. 当建筑物的高度等于或大于 100m 时，其每边的扩大宽度应按等于建筑物的高度计算；建筑物的等效面积应按下列公式计算： $A_e = [LW + 2H(L+W) + \pi H^2] \times 10^{-6}$　(13.4.1-7) 5. 当建筑物的高度等于或大于 100m，同时其周边在 $2H$ 范围内有等高或比它低的其他建筑物，且不在所确定建筑物以滚球半径等于建筑物高度（m）的保护范围内时，按式(13.4.1-7)算出的等效面积可减去 $(H/2)\times$（这些建筑物与所确定建筑物边长平行以米计的长度总和）$\times10^{-6}$（km^2）。 当四周在 $2H$ 范围内都有等高或比它低的其他建筑物时，其等效面积可按下列公式计算： $A_e = \left[LW + H(L+W) + \frac{\pi H^2}{4}\right] \times 10^{-6}$　(13.4.1-8) 6. 当建筑物的高度等于或大于 100m，同时其周边在 $2H$ 范围内有比它高的其他建筑物时，按式(13.4.1-7)算出的等效面积可减去 $H\times$（这些其他建筑物与所确定建筑物边长平行以米计的长度总和）$\times10^{-6}$（km^2）。 当四周在 $2H$ 范围内都有比它高的其他建筑物时，其等效面积可按式(13.4.1-6)计算。 7. 当建筑物各部位的高不同时，应沿建筑物周边逐点算出最大扩大宽度，其等效面积应按每点最大扩大宽度外端的连接线所包围的面积计算

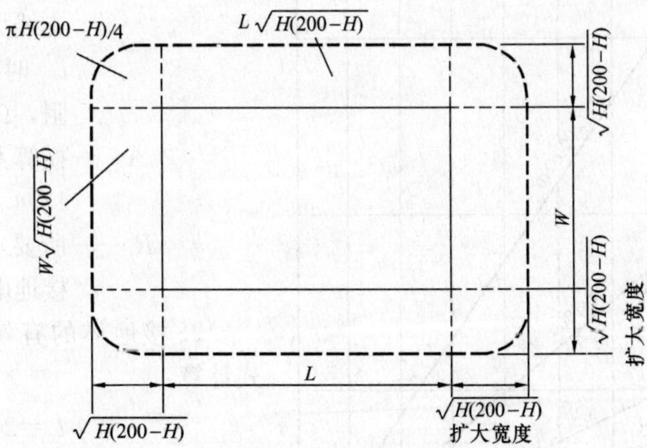

图 13.4.1-1　建筑物的等效面积

注：建筑物平面面积扩大后的等效面积如图 13.4.1-1 中周边虚线所包围的面积。

13.4.2　建筑物易受雷击的部位确定

建筑物易受雷击的部位，见图 13.4.2-1。

（1）平屋面或坡度不大于 1/10 的屋面，檐角、女儿墙、屋檐应为其易受雷击的部位，见图 13.4.2-1(a)、(b)。

（2）坡度大于 1/10 且小于 1/2 的屋面，屋角、屋脊、檐角、屋檐应为其易受雷击的部位，见图 13.4.2-1(*c*)。

（3）坡度不小于 1/2 的屋面，屋角、屋脊、檐角应为其易受雷击的部位，见图 13.4.2-1(*d*)。

（4）对图 13.4.2-1（*c*）和图 13.4.2-1（*d*），在屋脊有接闪带的情况下，当屋檐处于屋脊接闪带的保护范围内时，屋檐上可不设接闪带。

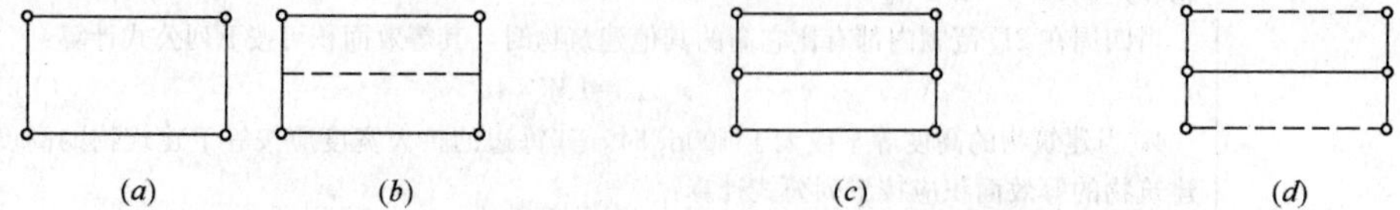

图 13.4.2-1　建筑物易受雷击的部位

（*a*）平屋面；（*b*）坡度不大于 1/10 的屋面；（*c*）坡度大于 1/10 且小于 1/2 的屋面；（*d*）坡度不小于 1/2 的屋面

注：——表示易受雷击部位，- -表示不易受雷击的屋脊或屋檐，○表示雷击率最高部位。

13.4.3　冲击接地电阻与工频接地电阻的换算

1. 接地装置冲击接地电阻与工频接地电阻的换算，应按下列公式计算：

$$R_{\sim}=A\times R_{\mathrm{i}} \quad (13.4.3\text{-}1)$$

式中　$R_{\sim}$——接地装置各支线的长度取值小于或等于接地体的有效长度 l_e，或者有支线大于 l_e 而取其等于 l_e 时的工频接地电阻，Ω；

A——换算系数，其值宜按图 13.4.3-1 确定；

R_{i}——所要求的接地装置冲击接地电阻，Ω。

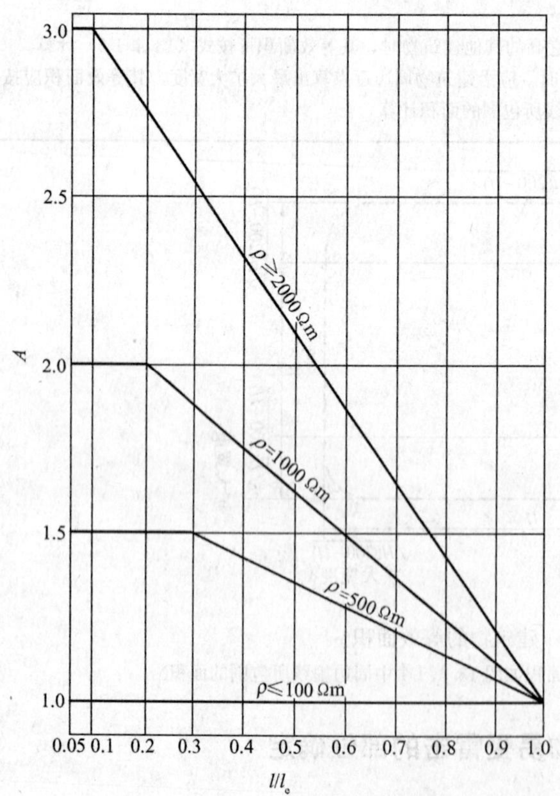

图 13.4.3-1　换算系数 *A*

注：*l* 为接地体最长支线的实际长度，其计量与 l_e 类同；当 *l* 大于 l_e 时，取其等于 l_e。

2. 接地体的有效长度应按下列公式计算：

$$l_e=2\sqrt{\rho} \quad (13.4.3\text{-}2)$$

式中：l_e——接地体的有效长度，应按图 13.4.3-2 计量，m；

ρ——敷设接地体处的土壤电阻率，Ωm。

3. 环绕建筑物的环形接地体应按下列方法确定冲击接地电阻：

（1）当环形接地体周长的一半大于或等于接地体的有效长度时，引下线的

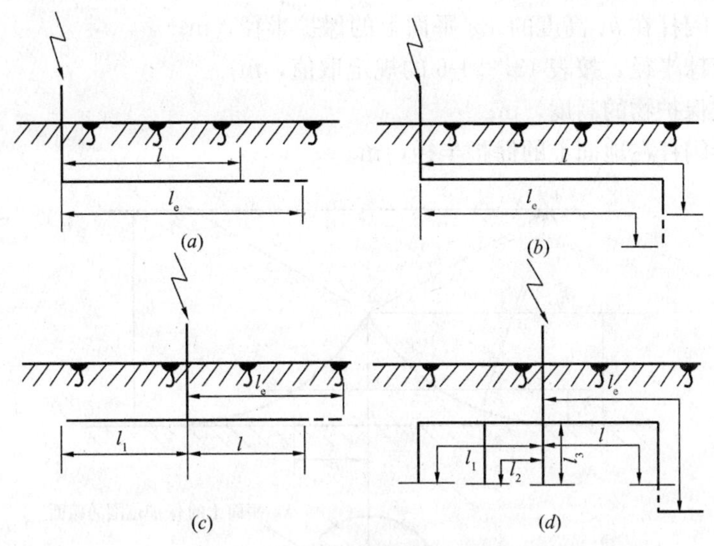

图 13.4.3-2　接地体有效长度的计量

(a) 单根水平接地体；(b) 末端接垂直接地体的单根水平接地体；

(c) 多根水平接地体，$l_1 \leqslant l$；

(d) 接多根垂直接地体的

多根水平接地体，$l_1 \leqslant l$、$l_2 \leqslant l$、$l_3 \leqslant l$

冲击接地电阻应为从与引下线的连接点起沿两侧接地体各取有效长度的长度算出的工频接地电阻，换算系数应等于1。

(2) 当环形接地体周长的一半小于有效长度时，引下线的冲击接地电阻应为以接地体的实际长度算出的工频接地电阻再除以换算系数。

4. 与引下线连接的基础接地体，当其钢筋从与引下线的连接点量起大于20m时，其冲击接地电阻应为以换算系数等于1和以该连接点为圆心、20m为半径的半球体范围内的钢筋体的工频接地电阻。

13.4.4　滚球法确定接闪器的保护范围

防雷接闪器的保护范围，是采用滚球法并根据立体几何和平面几何的原理，再用图解法并列出计算式解算而得出的。

1. 单支接闪杆的保护范围

单支接闪杆的保护范围的确定，见图13.4.4-1。

(1) 当接闪杆高度 h 小于或等于 h_r 时：

① 距地面 h_r 处作一平行于地面的平行线；

② 以杆尖为圆心，h_r 为半径作弧线交于平行线的 A、B 两点；

③ 以 A、B 为圆心，h_r 为半径作弧线，弧线与杆尖相交并与地面相切。弧线到地面为其保护范围。保护范围为一个对称的锥体；

④ 接闪杆在 h_x 高度的 xx' 平面上和地面上的保护半径，应按下列公式计算：

$$r_x = \sqrt{h(2h_r - h)} - \sqrt{h_x(2h_r - h_x)} \tag{13.4.4-1}$$

$$r_0 = \sqrt{h(2h_r - h)} \tag{13.4.4-2}$$

式中 r_x——接闪杆在 h_x 高度的 xx' 平面上的保护半径，m；

h_r——滚球半径，按表 13.3.1-6 的规定取值，m；

h_x——被保护物的高度，m；

r_0——接闪杆在地面上的保护半径，m。

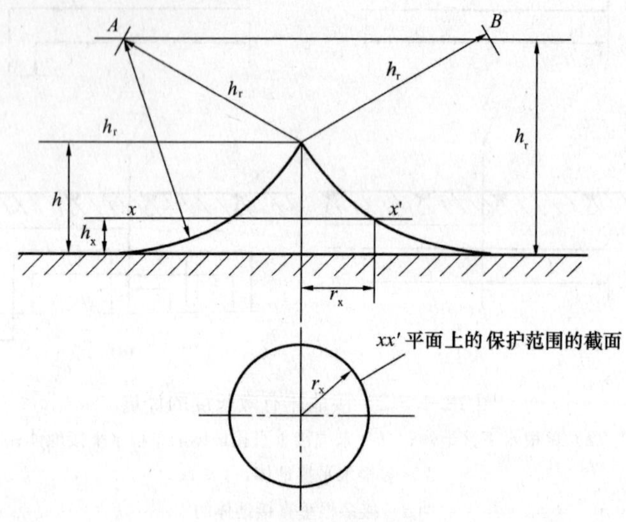

图 13.4.4-1 单支接闪杆的保护范围

(2) 当接闪杆高度 h 大于 h_r 时，在接闪杆上取高度等于 h_r 的一点代替单支接闪杆杆尖作为圆心。其余的做法应符合本条第 1 款的规定。式（13.4.4-1）和式（13.4.4-2）中的 h 用 h_r 代入。

2. 两支等高接闪杆的保护范围

两支等高接闪杆的保护范围是按两个滚球在地面上从两侧滚向接闪杆，并与其接触后两球体的相交线而得出的，见图 13.4.4-2。在接闪杆高度 h 小于或等于 h_r 的情况下，当两支接闪杆距离 D 大于或等于 $2\sqrt{h(2h_r-h)}$ 时，应各按单支接闪杆所规定的方法确定；当 D 小于 $2\sqrt{h(2h_r-h)}$ 时，应按下列方法确定（图 13.4.4-2）：

(1) $AEBC$ 外侧的保护范围，应按单支接闪杆的方法确定。

(2) C、E 点应位于两杆间的垂直平分线上。在地面每侧的最小保护宽度应按下列公式计算：

$$b_0 = CO = EO = \sqrt{h(2h_r-h) - \left(\frac{D}{2}\right)^2} \tag{13.4.4-3}$$

(3) 在 AOB 轴线上，距中心线任一距离 x 处，其在保护范围上边线上的保护高度应按下列公式计算：

$$h_x = h_r - \sqrt{(h_r-h)^2 + \left(\frac{D}{2}\right)^2 - x^2} \tag{13.4.4-4}$$

该保护范围上边线是以中心线距地面 h_r 的一点 O' 为圆心，以 $\sqrt{(h_r-h)^2+\left(\frac{D}{2}\right)^2}$ 为半径所作的圆弧 AB。

(4) 两杆间 $AEBC$ 内的保护范围，ACO 部分的保护范围应按下列方法确定：

① 在任一保护高度 h_x 和 C 点所处的垂直平面上，应以 h_x 作为假想接闪杆，并应按单支接闪杆的方法逐点确定，见图 13.4.4-2 中 1—1 剖面图；

② 确定 BCO、AEO、BEO 部分的保护范围的方法与 ACO 部分的相同。

(5) 确定 xx' 平面上的保护范围截面的方法。以单支接闪杆的保护半径 r_x 为半径，以 A、B 为圆心作弧线与四边形 $AEBC$ 相交；以单支接闪杆的（r_0-r_x）为半径，以 E、C 为圆心作弧线与上述弧线相交，见图 13.4.4-2 中的粗虚线。

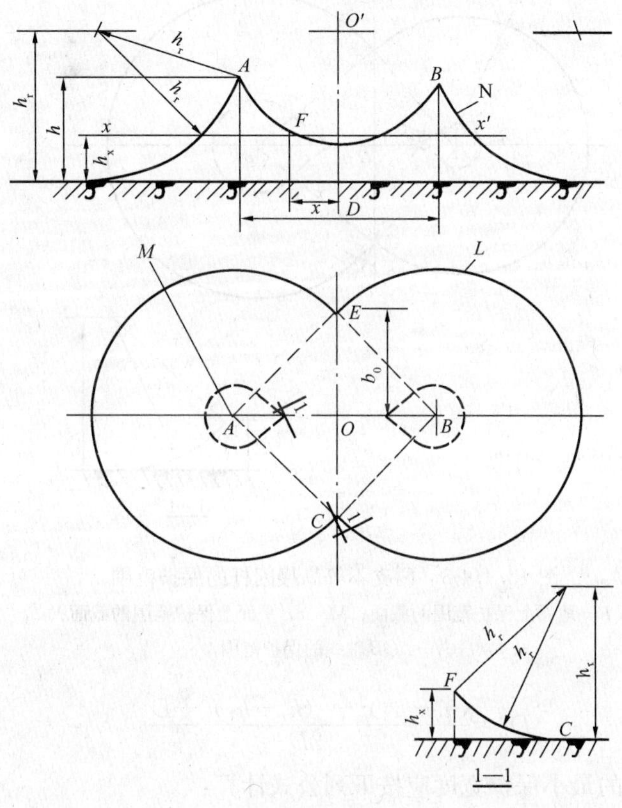

图 13.4.4-2 两支等高接闪杆的保护范围
L—地面上保护范围的截面；M—xx'平面上保护范围的截面；
N—AOB 轴线的保护范围

注：绘制接闪器的保护范围时，将已知的数值代入计算式得出有关的数值后，用一把尺子和一支圆规就可按比例绘出所需要的保护范围。

3. 两支不等高接闪杆的保护范围

两支不等高接闪杆的保护范围，见图 13.4.4-3。在 A 接闪杆的高度 h_1 和 B 接闪杆的高度 h_2 均小于或等于 h_r 的情况下，当两支接闪杆距离 D 大于或等于 $\sqrt{h_1(2h_r-h_1)}+\sqrt{h_2(2h_r-h_2)}$ 时，应各按单支接闪杆所规定的方法确定；当 D 小于 $\sqrt{h_1(2h_r-h_1)}+\sqrt{h_2(2h_r-h_2)}$ 时，应按下列方法确定，见图 13.4.4-3：

(1) $AEBC$ 外侧的保护范围应按单支接闪杆的方法确定。

(2) CE 线或 HO' 线的位置应按下列公式计算：

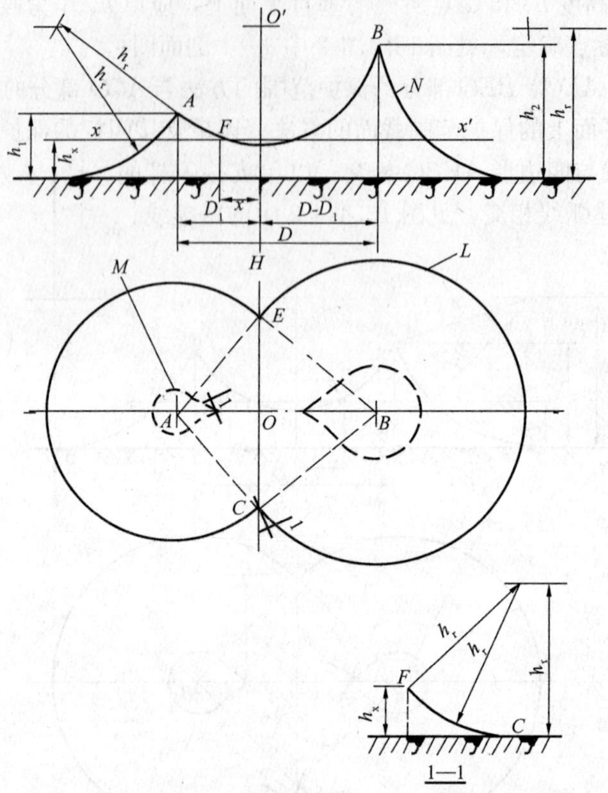

图 13.4.4-3　两支不等高接闪杆的保护范围

L—地面上保护范围的截面；M—xx'平面上保护范围的截面；

N—AOB 轴线的保护范围

$$D_1=\frac{(h_r-h_2)^2-(h_r-h_1)^2+D^2}{2D} \tag{13.4.4-5}$$

（3）在地面每侧的最小保护宽度应按下列公式计算：

$$b_0=CO=EO=\sqrt{h_1(2h_r-h_1)-D_1^2} \tag{13.4.4-6}$$

（4）在 AOB 轴线上，A、B 间保护范围上边线位置应按下列公式计算：

$$h_x=h_r-\sqrt{(h_r-h_1)^2+D_1^2-x^2} \tag{13.4.4-7}$$

式中　x——距 CE 线或 HO'线的距离。

该保护范围上边线是以 HO'线上距地面 h_r 的一点 O'为圆心，以$\sqrt{(h_r-h_1)^2+D_1^2}$为半径所作的圆弧 AB。

（5）两杆间 $AEBC$ 内的保护范围，ACO 与 AEO 是对称的，BCO 与 BEO 是对称的，ACO 部分的保护范围应按下列方法确定：

① 在任一保护高度 h_x 和 C 点所处的垂直平面上，以 h_x 作为假想接闪杆，按单支接闪杆的方法逐点确定，见图 13.4.4-3 的 1—1 剖面图；

② 确定 AEO、BCO、BEO 部分的保护范围的方法与 ACO 部分相同。

（6）确定 xx'平面上的保护范围截面的方法应与两支等高接闪杆相同。

4. 矩形布置的四支等高接闪杆的保护范围

矩形布置的四支等高接闪杆的保护范围，见图 13.4.4-4。在 h 小于或等于 h_r 的情况下，当 D_3 大于或等于 $2\sqrt{h(2h_r-h)}$ 时，应各按两支等高接闪杆所规定的方法确定；当 D_3 小于 $2\sqrt{h(2h_r-h)}$ 时，应按下列方法确定（图 13.4.4-4）：

（1）四支接闪杆外侧的保护范围应各按两支接闪杆的方法确定。

（2）B、E 接闪杆连线上的保护范围，见图 13.4.4-4 中 1—1 剖面图，外侧部分应按单支接闪杆的方法确定。两杆间的保护范围应按下列方法确定：

① 以 B、E 两杆杆尖为圆心、h_r 为半径作弧线相交于 O 点，以 O 点为圆心、h_r 为半径作弧线，该弧线与杆尖相连的这段弧线即为杆间保护范围；

② 保护范围最低点的高度 h_0 应按下列公式计算：

$$h_0=\sqrt{h_r^2-\left(\frac{D_3}{2}\right)^2}+h-h_r \tag{13.4.4-8}$$

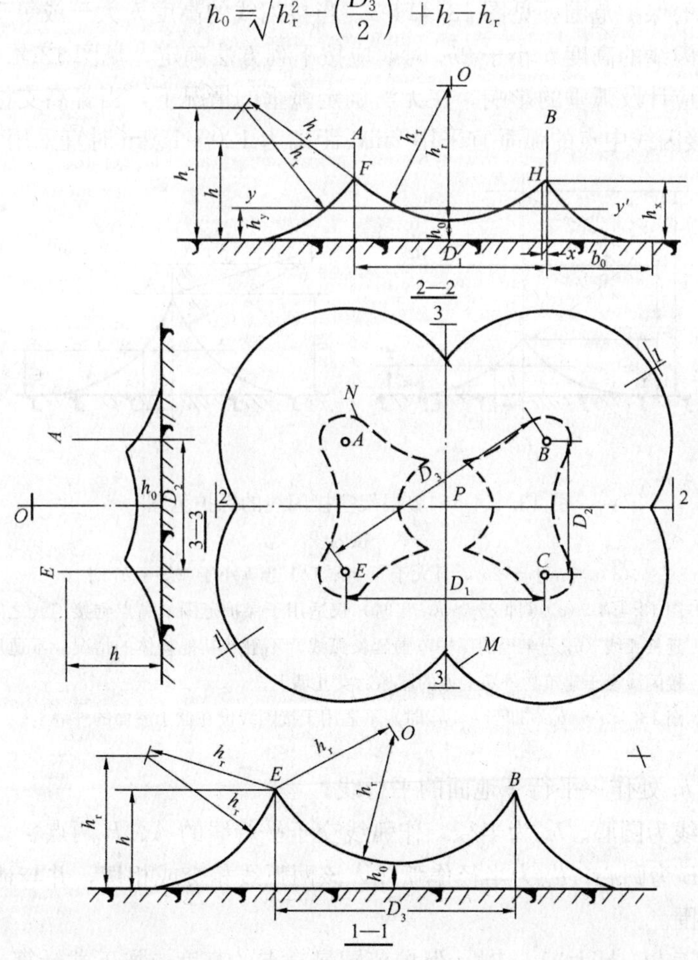

图 13.4.4-4 四支等高接闪杆的保护范围

M—地面上保护范围的截面；N—yy'平面上保护范围的截面

（3）图 13.4.4-4 中 2—2 剖面的保护范围，以 P 点的垂直线上的 O 点（距地面的高度为 h_r+h_0）为圆心、h_r 为半径作弧线，与 B、C 和 A、E 两支接闪杆所作的在该剖面的外侧保护范围延长弧线相交于 F、H 点。

F 点（H 点与此类同）的位置及高度可按下列公式计算：

$$(h_r-h_x)^2=h_r^2-(b_0+x)^2 \tag{13.4.4-9}$$

$$(h_r+h_0-h_x)^2=h_r^2-\left(\frac{D_1}{2}-x\right)^2 \tag{13.4.4-10}$$

（4）确定图 13.4.4-4 中 3—3 剖面保护范围的方法应符合本条第 3 款的规定。

（5）确定四支等高接闪杆中间在 h_0 至 h 之间于 h_y 高度的 yy'平面上保护范围截面的方法为以 P 点(距地面的高度为 h_r+h_0) 为圆心、$\sqrt{2h_r(h_y-h_0)-(h_y-h_0)^2}$ 为半径作圆或弧线，与各两支接闪杆在外侧所作的保护范围截面组成该保护范围截面，见图 13.4.4-4 中虚线。

5. 单根接闪线的保护范围

单根接闪线的保护范围，见图 13.4.4-5。当接闪线的高度 h 大于或等于 $2h_r$ 时，应无保护范围；当接闪线的高度 h 小于 $2h_r$ 时，应按下列方法确定，见图 13.4.4-5。确定架空接闪线的高度时应计及弧垂的影响。在无法确定弧垂的情况下，当等高支柱间的距离小于 120m 时，架空接闪线中点的弧垂宜采用 2m，距离为 120～150m 时宜采用 3m。

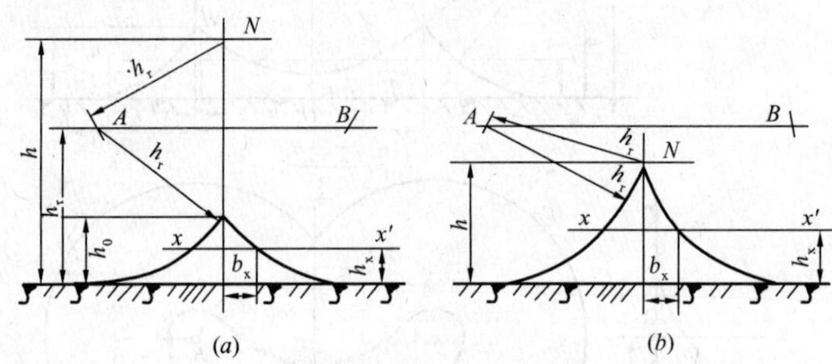

图 13.4.4-5 单根架空接闪线的保护范围

N—接闪线

(a) 当 h 小于 $2h_r$，且大于 h_r 时；(b) 当 h 小于或等于 h_r 时

注：1. 图 13.4.4-5（a）（即 $2h_r>h>h_r$ 时）仅适用于保护范围最高点到接闪线之间的延长弧线（h_r 为半径的保护范围延长弧线）不触及其他物体的情况，不适用于接闪线设于建筑物外墙上方的屋檐、女儿墙上。

2. 图 13.4.4-5（b）（即当 $h\leqslant h_r$ 时）不适用于接闪线设在低于屋面的外墙上。

（1）距地面 h_r 处作一平行于地面的平行线。

（2）以接闪线为圆心、h_r 为半径，作弧线交于平行线的 A、B 两点。

（3）以 A、B 为圆心，h_r 为半径作弧线，该两弧线相交或相切，并与地面相切。弧线至地面为保护范围。

（4）当 h 小于 $2h_r$ 且大于 h_r 时，保护范围最高点的高度应按下式计算：

$$h_0=2h_r-h \tag{13.4.4-11}$$

（5）接闪线在 h_x 高度的 xx'平面上的保护宽度，应按下列公式计算：

$$b_x=\sqrt{h(2h_r-h)}-\sqrt{h_x(2h_r-h_x)} \tag{13.4.4-12}$$

式中 b_x——接闪线在 h_x 高度的 xx'平面上的保护宽度（m）；

h——接闪线的高度，m；

h_r——滚球半径，按表 13.3.1-6 的规定取值，m；

h_x——被保护物的高度，m。

（6）接闪线两端的保护宽度应按单支接闪杆的方法确定。

6. 两支等高接闪线的保护范围

两根等高接闪线的保护范围，见图 13.4.4-6，应按下列方法确定：

（1）在接闪线高度 h 小于或等于 h_r 的情况下，当 D 大于或等于 $2\sqrt{h(2h_r-h)}$ 时，应各按单根接闪线所规定的方法确定；当 D 小于 $2\sqrt{h(2h_r-h)}$ 时，应按下列方法确定，见图 13.4.4-6：

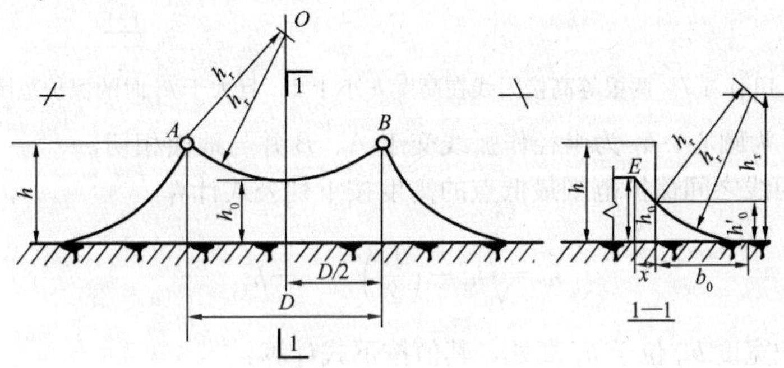

图 13.4.4-6 两根等高接闪线在高度 h 小于或等于 h_r 时的保护范围

① 两根接闪线的外侧，各按单根接闪线的方法确定；

② 两根接闪线之间的保护范围按以下方法确定：以 A、B 两接闪线为圆心，h_r 为半径作圆弧交于 O 点，以 O 点为圆心、h_r 为半径作弧线交于 A、B 点；

③ 两根接闪线之间保护范围最低点的高度按下列公式计算：

$$h_0=\sqrt{h_r^2-\left(\frac{D}{2}\right)^2}+h-h_r \tag{13.4.4-13}$$

④ 接闪线两端的保护范围按两支接闪杆的方法确定，但在中线上 h_0 线的内移位置按以下方法确定，见图 13.4.4-6 中 1—1 剖面：以两支接闪杆所确定的保护范围中最低点的高度 $h_0'=h_r-\sqrt{(h_r-h)^2+\left(\frac{D}{2}\right)^2}$ 作为假想接闪杆，将其保护范围的延长弧线与 h_0 线交于 E 点。内移位置的距离也可按下列公式计算：

$$x=\sqrt{h_0(2h_r-h_0)}-b_0 \tag{13.4.4-14}$$

式中：b_0——按式（13.4.4-3）计算。

（2）在接闪线高度 h 小于 $2h_r$ 且大于 h_r，接闪线之间的距离 D 小于 $2h_r$ 且大于 $2\left[h_r-\sqrt{h(2h_r-h)}\right]$ 的情况下，应按下列方法确定（图 13.4.4-7）：

① 距地面 h_r 处作一与地面平行的线；

② 以 A、B 两接闪线为圆心，h_r 为半径作弧线交于 O 点并与平行线相交或相切于 C、E 点；

③ 以 O 点为圆心、h_r 为半径作弧线交于 A、B 点；

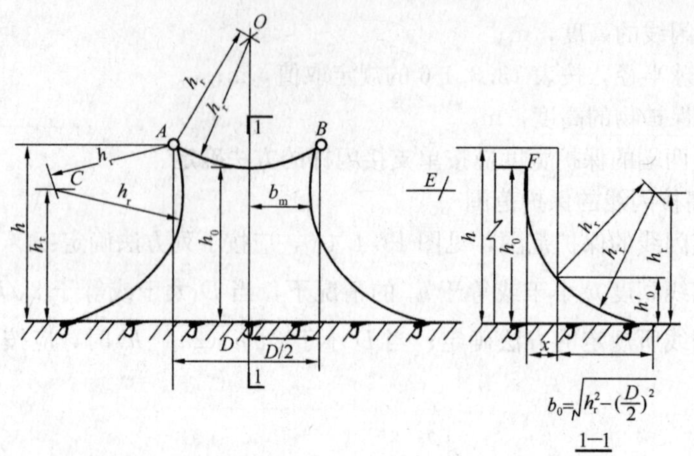

图 13.4.4-7　两根等高接闪线在高度 h 小于 $2h_r$ 且大于 h_r 时的保护范围

④ 以 C、E 为圆心，h_r 为半径作弧线交于 A、B 并与地面相切；

⑤ 两根接闪线之间保护范围最低点的高度按下列公式计算：

$$h_0=\sqrt{h_r^2-\left(\frac{D}{2}\right)^2}+h-h_r \tag{13.4.4-15}$$

⑥ 最小保护宽度 b_m 位于 h_r 高处，其值按下式计算：

$$b_m=\sqrt{h\ (2h_r-h)}+\frac{D}{2}-h_r \tag{13.4.4-16}$$

⑦ 接闪线两端的保护范围按两支高度 h_r 的接闪杆确定，但在中线上 h_0 线的内移位置按以下方法确定，见图 13.4.4-7 的 1—1 剖面：以两支高度 h_r 的接闪杆所确定的保护范围中点最低点的高度 $h'_0=\left(h_r-\frac{D}{2}\right)$作为假想接闪杆，将其保护范围的延长弧线与 h_0 线交于 F 点。内移位置的距离也可按下列公式计算：

$$x=\sqrt{h_0\ (2h_r-h_0)}-\sqrt{h_r^2-\left(\frac{D}{2}\right)^2} \tag{13.4.4-17}$$

7. 说明

图 13.4.4-1～图 13.4.4-7 中所画的地面也可是位于建筑物上的接地金属物、其他接闪器。当接闪器在地面上保护范围的截面的外周线触及接地金属物、其他接闪器时，各图的保护范围均适用于这些接闪器；当接地金属物、其他接闪器是处在外周线之内且位于被保护部位的边沿时，应按下列方法确定所需断面的保护范围，见图 13.4.4-8：

（1）应以 A、B 为圆心、h_r 为半径作弧线相交于 O 点。

（2）应以 O 点为圆心、h_r 为半径作弧线 AB，弧线 AB 应为保护范围的上边线。

图 13.4.4-1～图 13.4.4-5、图 13.4.4-6 和图 13.4.4-7 中凡接闪器在“地面上保护范围的截面”的外周线触及的是屋面时，各图的保护范围仍有效，但外周线触及的屋面及其外部得不到保护，内部得到保护。

8. 示例

示例 1：已知某工厂一座高 30m 的水塔旁边，建有一水泵房（属第三类防雷建筑物），泵房外形尺寸，见图 13.4.4-9。水塔上安装有一支高 2m 的接闪杆。试问此接闪杆能否保护这一水泵房。

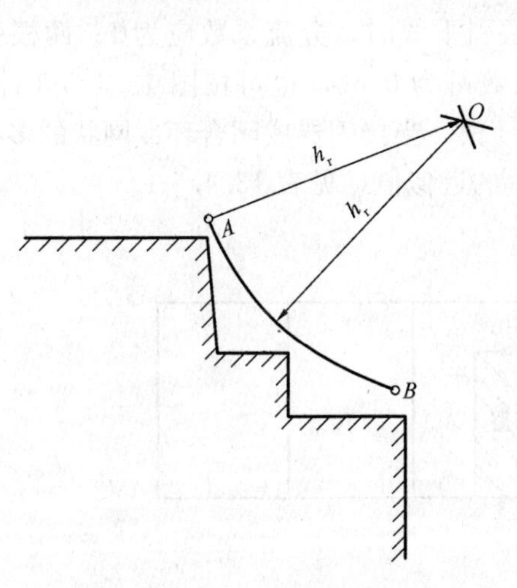

图 13.4.4-8　确定建筑物上任两接闪器在所需断面上的保护范围

A—接闪器；B—接地金属物或接闪器

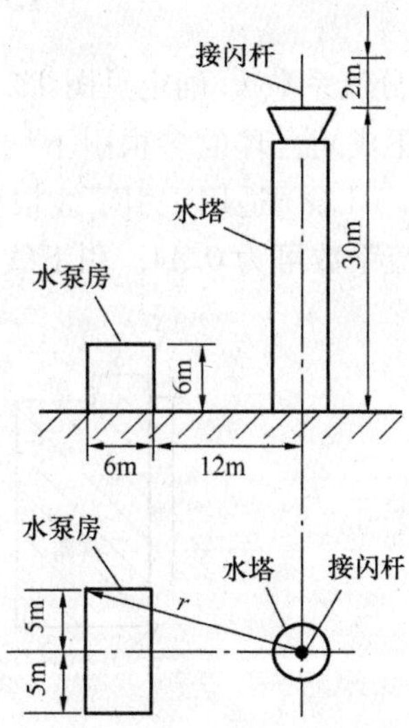

图 13.4.4-9　接闪杆示意图

计算过程：查表得滚球半径 $h_r=60\text{m}$，而 $h=30+2=30\text{m}$，$h_x=6\text{m}$。故可计算得接闪杆在水泵房顶部高度上的水平保护半径为：

$$
\begin{aligned}
r_x &= \sqrt{h(2h_r-h)}-\sqrt{h_x(h_r-h_x)} \\
&= \sqrt{32\times(2\times60-32)}-\sqrt{6\times(2\times60-6)}=26.9\text{m}
\end{aligned}
$$

而水泵房顶部最远一角距离接闪杆的水平距离为：

$$
r=\sqrt{(12+6)^2+5^2}=18.7\text{m}<r_x
$$

由此可见，水塔上的接闪杆完全能够保护这一水泵房。

示例 2：已知：某建筑，两侧架设接闪杆高均为 12m，间距为 27m。建筑物长 21m、宽 10m、高 4m，居于两杆中间。试问该建筑是否符合防雷标准。

计算过程：根据防雷规范，该建筑属于第一类防雷建筑物，查表得出其滚球半径 $h_r=30\text{m}$。

根据题意可知：

$$
h_x=h_r-\sqrt{(h_r-h)^2+\left(\frac{D}{2}\right)^2-x^2}=30-\sqrt{(30-12)^2+\left(\frac{27}{2}\right)^2-0^2}=7.5\text{m}
$$

根据已知条件可知该建筑的高度为 $h_y=4\text{m}$，因此建筑两端的保护宽度 b_x 为：

$$
\begin{aligned}
b_x &= \sqrt{h_x(2h_r-h_x)}-\sqrt{h_y(2h_r-h_y)} \\
&= \sqrt{7.5\times(2\times30-7.5)}-\sqrt{4\times(2\times30-4)} \\
&= 4.87(\text{m})<10/2(\text{m})
\end{aligned}
$$

因此可以判断该建筑不能满足第一类防雷建筑物防直击雷的要求。

13.4.5 分流系数 k_c 计算

1. 分流系数 k_c 确定见图 13.4.5-1。单根引下线时，分流系数应为 1；两根引下线及接闪器不成闭合环的多根引下线时，分流系数可为 0.66，也可按图 13.4.5-3 计算确定；图 13.4.5-1（*c*）适用于引下线根数 *n* 不少于 3 根，当接闪器成闭合环或网状的多根引下线时，分流系数可为 0.44。引下线分流系数 k_c 的近似值，见表 13.4.5-1。

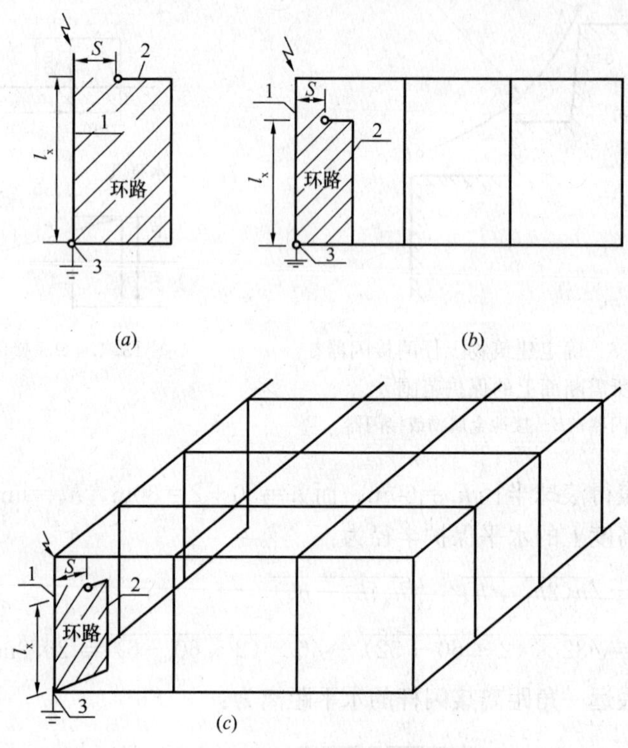

图 13.4.5-1 分流系数 k_c（1）

（*a*）单根引下线；（*b*）两根引下线及接闪器不成闭合环的多根引下线；
（*c*）接闪器成闭合环或网状的多根引下线

图中：1—引下线；2—金属装置或线路；3—直接连接或通过电涌保护器连接；

注：1. *S* 为空气中间隔距离，l_x 为引下线从计算点到等电位联结点的长度；
2. 本图适用于环形接地体。也适用于各引下线设独自的接地体且各独自接地体的冲击接地电阻与邻近的差别不大于 2 倍；若差别大于 2 倍时，$k_c=1$；
3. 本图适用于单层和多层建筑物。

分流系数 k_c 的近似值 **表 13.4.5-1**

引下线根数 *n*	k_c
1	1
2	0.66
≥3	0.44

注：本表适用于所有 B 型接地装置，以及当邻近的接地体的接地电阻值差别不大于 2 时也适用于所有 A 型接地装置。如果每一单独接地体的接地电阻值差别大于 2 时采用 $k_c=1$。

2. 当采用网格型接闪器、引下线用多根环形导体互相连接、接地体采用环形接地体，或利用建筑物钢筋或钢构架作为防雷装置时，分流系数宜按图 13.4.5-2 确定。

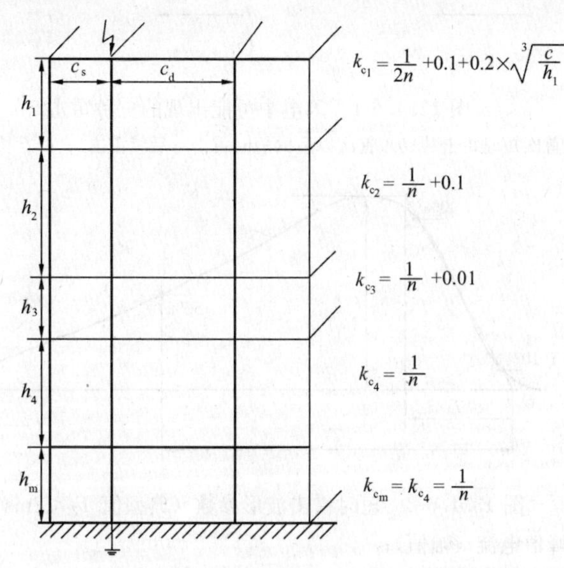

图 13.4.5-2　分流系数 k_c（2）

注：1. h_1～h_m 为连接引下线各环形导体或各层地面金属体之间的距离，c_s、c_d 为某引下线顶雷击点至两侧最近引下线之间的距离，计算式中的 c 取二者较小值，n 为建筑物周边和内部引下线的根数且不少于 4 根。c 和 h_1 取值范围在 3～20m。

2. 本图适用于单层至高层建筑物。

3. 在接地装置相同的情况下，即采用环形接地体或各引下线设独自接地体且其冲击接地电阻相近，按图 13.4.5-1 和图 13.4.5-2 确定的分流系数不同时，可取较小者。

4. 单根导体接闪器按两根引下线确定时，当各引下线设独自的接地体且各独自接地体的冲击接地电阻与邻近的差别不大于 2 倍时，可按图 13.4.5-3 计算分流系数；若差别大于 2 倍时，分流系数应为 1。

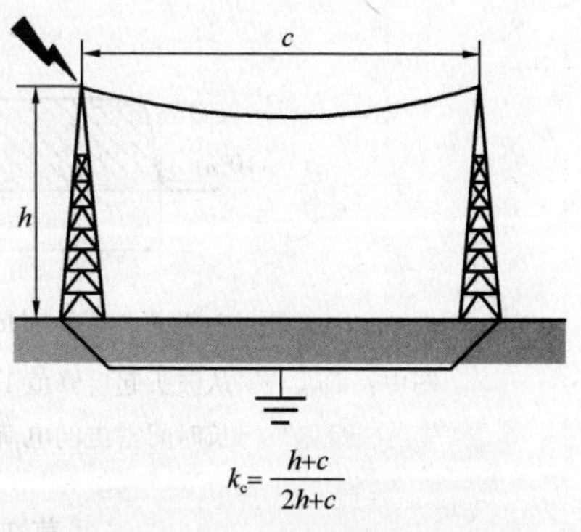

图 13.4.5-3　分流系数 k_c（3）

13.4.6　雷 电 流 参 数

1. 雷击的波形

闪电中可能出现的三种雷击波形，见图 13.4.6-1。

2. 雷击波形参数的定义

短时雷击波形参数的定义应符合图 13.4.6-2 的规定，长时间雷击波形参数的定义应符合图 13.4.6-3 的规定。

3. 雷电流参数

雷电流参数应符合表 13.4.6-1～表 13.4.6-4 的规定。

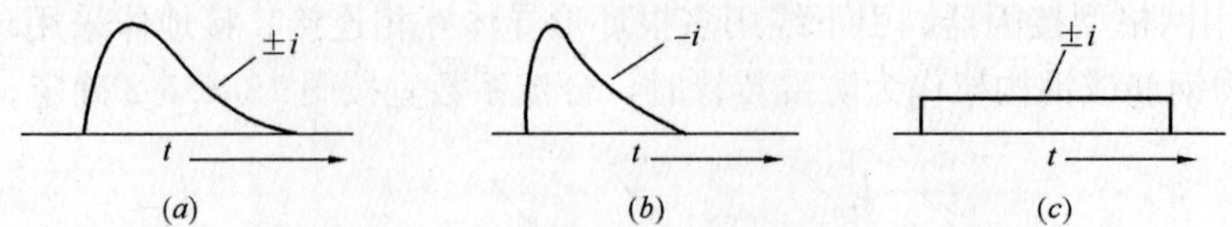

图 13.4.6-1 闪电中可能出现的三种雷击

(a) 首次短时雷击；(b) 首次以后的短时雷击（后续雷击）；(c) 长时间雷击

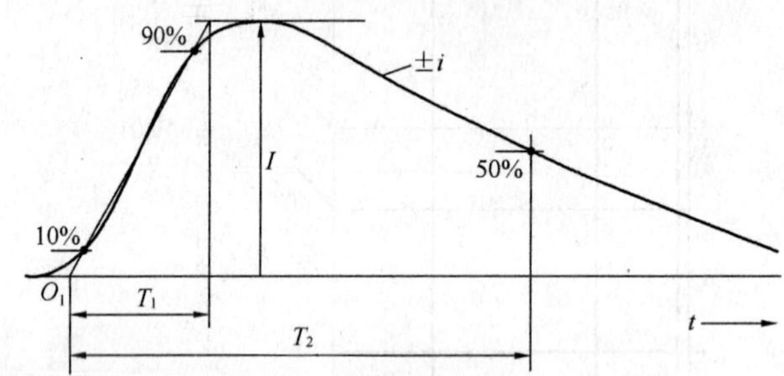

图 13.4.6-2 短时雷击波形参数（典型值 T_2<2ms）

图中：I——峰值电流（幅值）；

T_1——波头时间；

T_2——半值时间（典型值 T_2<2ms）。

注：1. 短时雷击电流波头的平均陡度是在时间间隔（t_2-t_1）内电流的平均变化率，即用该时间间隔的起点电流与末尾电流之差［$i(t_2)-i(t_1)$］除以（t_2-t_1），见图 13.4.6-2。

2. 短时雷击电流的波头时间 T_1 是一规定参数，定义为电流达到 10%和 90%幅值电流之间的时间间隔乘以 1.25，见图 13.4.6-2。

3. 短时雷击电流的规定原点 O_1 是连接雷击电流波头 10%和 90%参考点的延长直线与时间横坐标相交的点，它位于电流到达 10%幅值电流时之前 $0.1T_1$ 处，见图 13.4.6-2。

4. 短时雷击电流的半值时间 T_2 是一规定参数，定义为规定原点 O_1 与电流降至幅值一半之间的时间间隔，见图 13.4.6-2。

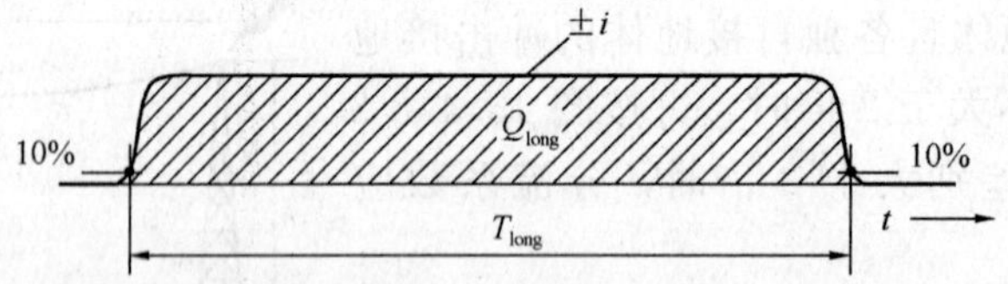

图 13.4.6-3 长时间雷击波形参数（典型值 2ms<T_{long}<1s）

图中：T_{long}——从波头起自峰值 10%至波尾降到峰值 10%之间的时间（典型值 2ms<T_{long}<1s）；

Q_{long}——长时间雷击的电荷量。

首次正极性雷击的雷电流参量 **表 13.4.6-1**

雷电流参数	防雷建筑物类别		
	一类	二类	三类
幅值 I (kA)	200	150	100
波头时间 T_1 (μs)	10	10	10
半值时间 T_2 (μs)	350	350	350

续表

雷电流参数	防雷建筑物类别		
	一类	二类	三类
电荷量 Q_s（C）	100	75	50
单位能量 W/R（MJ/Ω）	10	5.6	2.5

注：1. 因为全部电荷量 Q_s 的主要部分包括在首次雷击中，故所规定的值考虑合并了所有短时间雷击的电荷量。

2. 由于单位能量 W/R 的主要部分包括在首次雷击中，故所规定的值考虑合并了所有短时间雷击的单位能量。

首次负极性雷击的雷电流参量 **表 13.4.6-2**

雷电流参数	防雷建筑物类别		
	一类	二类	三类
幅值 I（kA）	100	75	50
波头时间 T_1（μs）	1	1	1
半值时间 T_2（μs）	200	200	200
平均陡度 I/T_1（kA/μs）	100	75	50

注：本波形仅供计算用，不供作试验用。

首次负极性以后雷击的雷电流参量 **表 13.4.6-3**

雷电流参数	防雷建筑物类别		
	一类	二类	三类
幅值 I（kA）	50	37.5	25
波头时间 T_1（μs）	0.25	0.25	0.25
半值时间 T_2（μs）	100	100	100
平均陡度 I/T_1（kA/μs）	200	150	100

长时间雷击的雷电流参量 **表 13.4.6-4**

雷电流参数	防雷建筑物类别		
	一类	二类	三类
电荷量 Q_l（C）	200	150	100
时间 T（s）	0.5	0.5	0.5

注：平均电流 $I \approx Q_l/T$。

13.4.7 环路中感应电压和电流的计算

环路中感应电压和电流的计算，见表 13.4.7-1。

环路中感应电压和电流的计算 **表 13.4.7-1**

<table>
<tr><th>项 目</th><th>计算公式和要求</th></tr>
<tr><td>最大感应电压及最大短路电流</td><td>1. 格栅形屏蔽建筑物附近遭雷击时，在 LPZ1 区内环路的感应电压和电流（图 13.4.7-1）在 LPZ1 区，其开路最大感应电压宜按下列公式计算：
$$U_{oc/max}=\mu_0\cdot b\cdot l\cdot H_{1/max}/T_1 \quad (13.4.7\text{-}1)$$
式中 $U_{oc/max}$——环路开路最大感应电压，V；
μ_0——真空的磁导系数，其值等于 $4\pi\times10^{-7}$ V·s/A·m；
b——环路的宽，m；
l——环路的长，m；
$H_{1/max}$——LPZ1 区内最大的磁场强度，A/m，按式（13.7.2-2）计算；
T_1——雷电流的波头时间，s。
若略去导线的电阻（最坏情况），环路最大短路电流可按下列公式计算：
$$i_{sc/max}=\mu_0\cdot b\cdot l\cdot H_{1/max}/L \quad (13.4.7\text{-}2)$$
式中 $i_{sc/max}$——最大短路电流，A；
L——环路的自电感，H，矩形环路的自电感可按公式（13.4.7-3）计算。
矩形环路的自电感可按下列公式计算：
$$L=\{0.8\sqrt{l^2+b^2}-0.8(l+b)+0.4\cdot l\cdot\ln[(2b/r)/(1+\sqrt{1+(b/l)^2})]+0.4\cdot b\cdot\ln[(2l/r)/(1+\sqrt{1+(l/b)^2})]\}\times10^{-6} \quad (13.4.7\text{-}3)$$
式中 r——环路导体的半径，m。
2. 格栅形屏蔽建筑物遭直接雷击时，在 LPZ1 区内环路的感应电压和电流（图 13.4.7-1）在 LPZ1 区 V_s 空间内的磁场强度 H_1 应按第 13.7.2 节式（13.7.2-6）计算。根据图 13.4.7-1 所示无屏蔽线路构成的环路，其开路最大感应电压宜按下式计算：
$$U_{oc/max}=\mu_0\cdot b\cdot\ln(1+l/d_{l/w})\cdot k_H\cdot(w/\sqrt{d_{l/r}})\cdot i_{0/max}/T_1 \quad (13.4.7\text{-}4)$$
式中 $d_{l/w}$——环路至屏蔽墙的距离，m，根据第 13.7.3 节式（13.4.7-4）或式（13.7.3-5）计算，$d_{l/w}$ 等于或大于 $d_{s/2}$；
$d_{l/r}$——环路至屏蔽屋顶的平均距离，m；
$i_{0/max}$——LPZ0$_A$ 区内的雷电流最大值，A；
k_H——形状系数，$1/\sqrt{m}$，取 $k_H=0.01\ (1/\sqrt{m})$；
w——格栅形屏蔽的网格宽，m。
若略去导线的电阻（最坏情况），最大短路电流可按下列公式计算：
$$i_{sc/max}=\mu_0\cdot b\cdot\ln(1+l/d_{l/w})\cdot k_H\cdot(w/\sqrt{d_{l/r}})\cdot i_{0/max}/L \quad (13.4.7\text{-}5)$$</td></tr>
<tr><td>磁场强度</td><td>在 LPZn 区（n 等于或大于 2）内环路的感应电压和电流在 LPZn 区 V_s 空间内的磁场强度 H_n 看成是均匀的情况下，见图 13.5.2-10，图 13.4.7-1 所示无屏蔽线路构成的环路，其最大感应电压和电流可按式（13.4.7-1）和式（13.4.7-2）计算，该两式中的 $H_{1/max}$ 应根据第 13.7.2 节式（13.7.2-2）或式（13.7.2-3）计算出的 $H_{n/max}$ 代入。式（13.7.2-2）中的 H_1 用 $H_{n/max}$ 代入，H_0 用 $H_{(n-1)/max}$ 代入</td></tr>
</table>

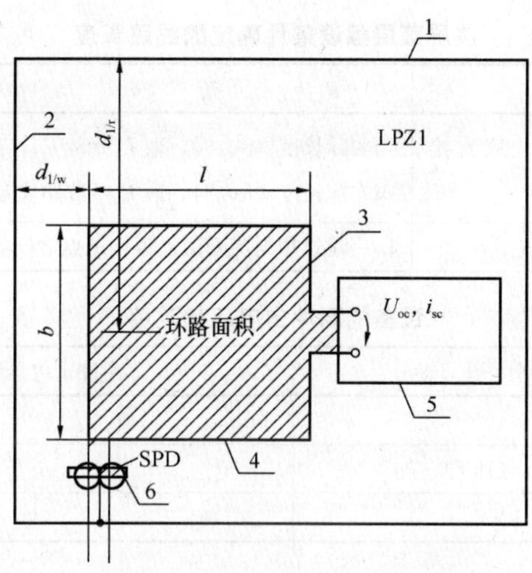

图 13.4.7-1 环路中的感应电压和电流

图中：1—屋顶；2—墙；3—电力线路；4—信号线路；5—信号设备；6—等电位联结带

注：1. 当环路不是矩形时，应转换为相同环路面积的矩形环路；

2. 图中的电力线路或信号线路也可是邻近的两端做了等电位联结的金属物。

13.4.8 电缆屏蔽层截面积的计算

电缆从户外进入户内的屏蔽层截面积计算，见表 13.4.8-1。

电缆从户外进入户内的屏蔽层截面积计算　　表 13.4.8-1

<table>
<tr><th>类别</th><th>计算公式和要求</th></tr>
<tr><td>线路屏蔽</td><td>1. 在屏蔽线路从室外 LPZ0_A 或 LPZ0_B 区进入 LPZ1 区的情况下，线路屏蔽层的截面应按下列公式计算：
$$S_c \geqslant \frac{I_f \times \rho_c \times L_c \times 10^6}{U_w} \quad (13.4.8\text{-}1)$$
式中 S_c——线路屏蔽层的截面，mm^2；
I_f——流入屏蔽层的雷电流，kA，按第 13.2.2 节中式（13.2.2-15）计算，计算中的雷电流按第 13.4.6 节表 13.4.6-1 的规定取值；
ρ_c——屏蔽层的电阻率，Ωm，20℃时铁为 138×10^{-9} Ωm，铜为 17.24×10^{-9} Ωm，铝为 28.264×10^{-9} Ωm；
L_c——线路长度，m，按表 13.4.8-2 的规定取值；
U_w——电缆所接的电气或电子系统的耐冲击电压额定值（kV），设备按表 13.4.8-3 的规定取值，线路按表 13.4.8-4 的规定取值。
2. 当流入线路的雷电流大于按下列公式计算的数值时，绝缘可能产生不可接受的温升：
对屏蔽线路：
$$I_f = 8 \times S_c \quad (13.4.8\text{-}2)$$
对无屏蔽的线路：
$$I'_f = 8 \times n' \times S'_c \quad (13.4.8\text{-}3)$$
式中 I'_f——流入无屏蔽线路的总雷电流，kA；
n'——线路导线的根数；
S'_c——每根导线的截面，mm^2。</td></tr>
<tr><td>钢管屏蔽</td><td>本表 13.4.8-1 也适用于用钢管屏蔽的线路，对此，式（13.4.8-1）和式（13.4.8-2）中的 S_c 为钢管壁厚的截面</td></tr>
</table>

按屏蔽层敷设条件确定的线路长度　　表 13.4.8-2

屏蔽层敷设条件	L_c（m）
屏蔽层与电阻率 ρ（Ωm）的土壤直接接触	当实际长度≥$8\sqrt{\rho}$时，取 $L_c=8\sqrt{\rho}$； 当实际长度<$8\sqrt{\rho}$时，取 L_c=线路实际长度
屏蔽层与土壤隔离或敷设在大气中	L_c=建筑物与屏蔽层最近接地点之间的距离

设备的耐冲击电压额定值　　表 13.4.8-3

设　备　类　型	耐冲击电压额定值 U_w（kV）
电子设备	1.5
用户的电气设备（U_n<1kV）	2.5
电网设备（U_n<1kV）	6

电缆绝缘的耐冲击电压额定值　　表 13.4.8-4

电缆种类及其额定电压 U_n（kV）	耐冲击电压额定值 U_w（kV）	电缆种类及其额定电压 U_n（kV）	耐冲击电压额定值 U_w（kV）
低绝缘通信电缆	1.5	电力电缆 U_n=6	60
塑料绝缘通信电缆	5	电力电缆 U_n=10	75
电力电缆 U_n≤1	15	电力电缆 U_n=15	95
电力电缆 U_n=3	45	电力电缆 U_n=20	125

13.5　建筑物电子信息系统防雷

13.5.1　概　　述

1. 系统构成

为防止和减少雷电对建筑物电子信息系统（由计算机、通信设备、处理设备、电力电子装置及其相关的配套设备、设施和网络等电子设备构成的，按照一定应用目的和规则对信息进行采集、加工、存储、传输、检索等处理的人机系统）造成的危害，保证人民的生命和财产安全，电子信息系统应采用外部防雷和内部防雷措施进行综合防护。建筑物电子信息系统综合防雷框图，见图 13.5.1-1。电子信息综合防雷系统中的外部和内部防雷措施按建筑物电子信息系统防护特点划分，内部防雷措施包含在电子信息系统设备中各传输线路端口分别安装与之适配的浪涌保护器（SPD），其中电源 SPD 不仅具有抑制雷电过电压的

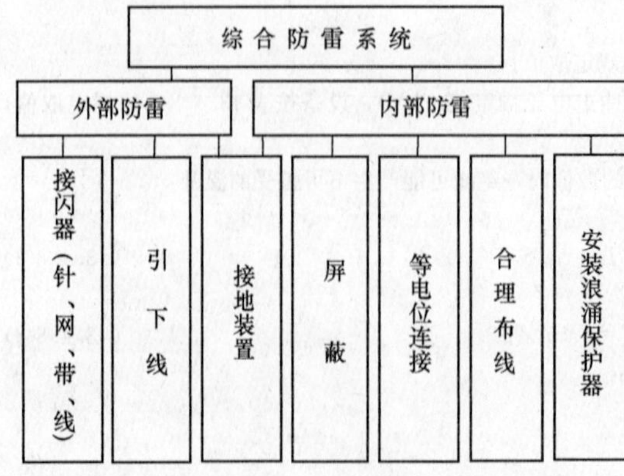

图 13.5.1-1　建筑物电子信息系统综合防雷框图

功能，同时还具有抑制操作过电压的作用。

2. 雷电防护分区

（1）各个地区雷暴日等级应根据国家公布的当地平均雷暴日数划分。我国主要城市地区雷暴日数，见表 13.5.1-1。按年平均雷暴日数，地区雷暴日等级宜划分为少雷区、中雷区、多雷区、强雷区。并应符合下列规定：

① 少雷区：年平均雷暴日在 25d 及以下的地区；

② 中雷区：年平均雷暴日大于 25d，不超过 40d 的地区；

③ 多雷区：年平均雷暴日大于 40d，不超过 90d 的地区；

④ 强雷区：年平均雷暴日超过 90d 的地区。

全国主要城市年平均雷暴日数 **表 13.5.1-1**

地名	雷暴日数 (d/a)	地名	雷暴日数 (d/a)
北京	35.2	长沙	47.6
天津	28.4	广州	73.1
上海	23.7	南宁	78.1
重庆	38.5	海口	93.8
石家庄	30.2	成都	32.5
太原	32.5	贵阳	49.0
呼和浩特	34.3	昆明	61.8
沈阳	25.9	拉萨	70.4
长春	33.9	兰州	21.1
哈尔滨	33.4	西安	13.7
南京	29.3	西宁	29.6
杭州	34.0	银川	16.5
合肥	25.8	乌鲁木齐	5.9
福州	49.3	大连	20.3
南昌	53.5	青岛	19.6
济南	24.2	宁波	33.1
郑州	20.6	厦门	36.5
武汉	29.7		

注：本表数据引自中国气象局雷电防护管理办公室 2005 年发布的资料，不包含港澳台地区城市数据。

（2）雷电防护区划分。

① 雷电防护区的划分是将需要保护和控制雷电电磁脉冲环境的建筑物，从建筑物外部和内部划分为不同的雷电防护区（LPZ）。建筑物外部和内部雷电防护区划分示意图，见图 13.5.1-2，雷击致损原因（S）与建筑物雷电防护区划分的关系，见图 13.5.1-3。

② 雷电防护区划分应符合下列规定：

a. $LPZ0_A$ 区：受直接雷击和全部雷电电磁场威胁的区域。该区域的内部系统可能受到全部或部分雷电浪涌电流的影响；

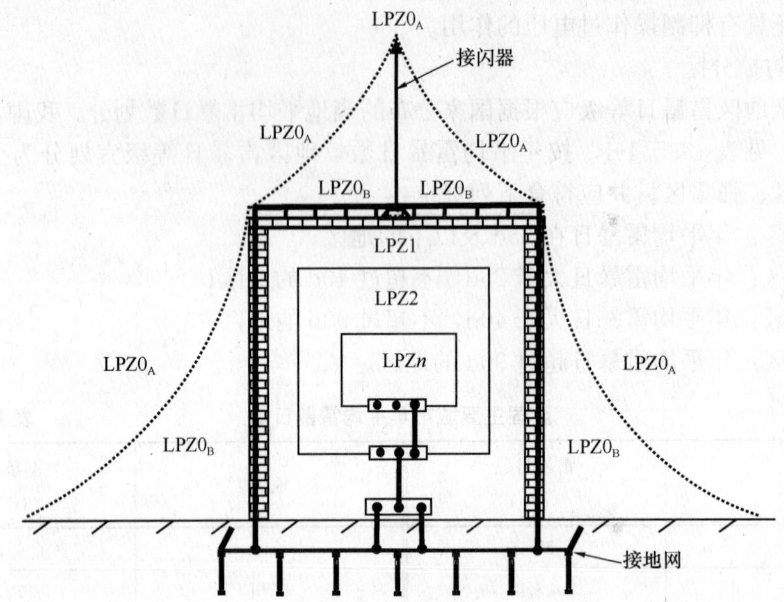

图 13.5.1-2 建筑物外部和内部雷电防护区划分示意图

—在不同雷电防护区界面上的等电位接地端子板；

—起屏蔽作用的建筑物外墙；

虚线—按滚球法计算的接闪器保护范围界面

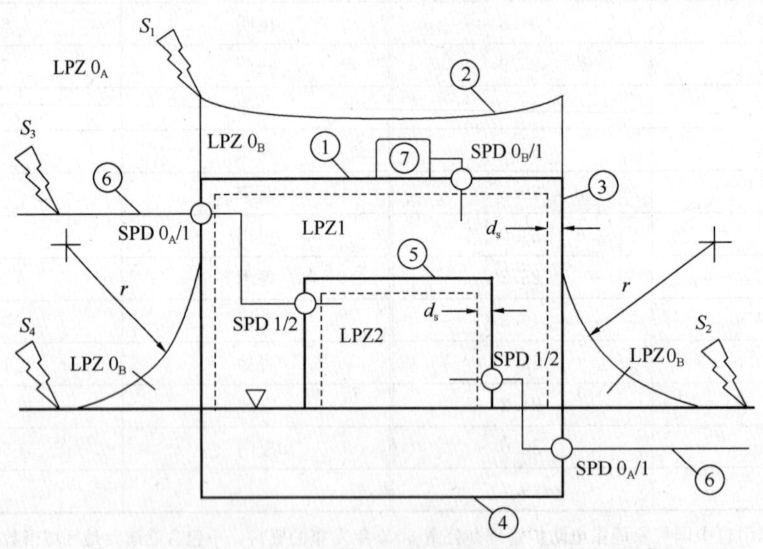

图 13.5.1-3 雷击致损原因（S）与建筑物雷电防护区（LPZ）示意图

图中：①—建筑物（LPZ1 的屏蔽体）； S_1—雷击建筑物；

②—接闪器； S_2—雷击建筑物附近；

③—引下线； S_3—雷击连接到建筑物的服务设施；

④—接地体； S_4—雷击连接到建筑物的服务设施附近；

⑤—房间（LPZ2 的屏蔽体）； r—滚球半径；

⑥—连接到建筑物的服务设施； d_s—防过高磁场的安全距离；

⑦—建筑物屋顶电气设备； ○—用 SPD 进行的等电位联结；

▽地面

b. $LPZ0_B$ 区：直接雷击的防护区域，但该区域的威胁仍是全部雷电电磁场。该区域的内部系统可能受到部分雷电浪涌电流的影响；

c. LPZ1 区：由于边界处分流和浪涌保护器的作用使浪涌电流受到限制的区域。该区域的空间屏蔽可以衰减雷电电磁场；

d. LPZ2～n 后续防雷区：由于边界处分流和浪涌保护器的作用使浪涌电流受到进一步限制的区域。该区域的空间屏蔽可以进一步衰减雷电电磁场。

③ 保护对象应置于电磁特性与该对象耐受能力相兼容的雷电防护区内。

3. 雷电防护等级划分

(1) 基本规定。

① 建筑物电子信息系统可按防雷装置的拦截效率或电子信息系统的重要性、使用性质和价值确定雷电防护等级。按雷电防护风险管理要求进行雷击风险评估时不需要再分级；

② 对于重要的建筑物电子信息系统，宜分别按防雷装置的拦截率确定雷电防护等级和按电子信息系统的重要性、使用性质和价值确定雷电防护等级规定的两种方法进行评估，按其中较高防护等级确定；

③ 重点工程或用户提出要求时，可按风险管理要求进行雷击风险评估，雷电防护风险管理方法确定雷电防护措施。

(2) 按防雷装置的拦截效率确定雷电防护等级。

按防雷装置的拦截效率确定雷电防护等级，见表 13.5.1-2。

(3) 按电子信息系统的重要性、使用性质和价值确定雷电防护等级。

建筑物电子信息系统可根据其重要性、使用性质和价值，按表 13.5.1-3 选择确定雷电防护等级。

按防雷装置的拦截效率确定雷电防护等级　　表 13.5.1-2

类　别	技 术 规 定 和 要 求
年预计雷击次数	1. 建筑物及入户设施年预计雷击次数 N 值可按下列公式确定： $N=N_1+N_2$　(13.5.1-1) 式中　N_1——建筑物年预计雷击次数，次/a，按第 13.7.1 节表 13.7.1-1 的规定计算； N_2——建筑物入户设施年预计雷击次数，次/a，按表 13.7.1-1 的规定计算。 2. 建筑物电子信息系统设备因直接雷击和雷电电磁脉冲可能造成损坏，可接受的年平均最大雷击次数 N_c 可按下列公式计算： $N_c=5.8\times10^{-1}/C$　(13.5.1-2) 式中：C——各类因子，按第 13.7.1 节的规定取值
雷电防护等级	1. 确定电子信息系统设备是否需要安装雷电防护装置时，应将 N 和 N_c 进行比较： (1) 当 N 小于或等于 N_c 时，可不安装雷电防护装置。 (2) 当 N 大于 N_c 时，应安装雷电防护装置。 2. 安装雷电防护装置时，可按下列公式计算防雷装置拦截效率 E： $E=1-N_c/N$　(13.5.1-3) 3. 电子信息系统雷电防护等级应按防雷装置拦截效率 E 确定，并应符合下列规定： (1) 当 E 大于 0.98 时，定为 A 级。 (2) 当 E 大于 0.90 小于或等于 0.98 时，定为 B 级。 (3) 当 E 大于 0.80 小于或等于 0.90 时，定为 C 级。 (4) 当 E 小于或等于 0.80 时，定为 D 级

建筑物电子信息系统雷电防护等级 表 13.5.1-3

雷电防护等级	建筑物电子信息系统
A级	1. 国家级计算中心、国家级通信枢纽、特级和一级金融设施、大中型机场、国家级和省级广播电视中心、枢纽港口、火车枢纽站、省级城市水、电、气、热等城市重要公用设施的电子信息系统； 2. 一级安全防范单位，如国家文物、档案库的闭路电视监控和报警系统； 3. 三级医院电子医疗设备
B级	1. 中型计算中心、二级金融设施、中型通信枢纽、移动通信基站、大型体育场（馆）、小型机场、大型港口、大型火车站的电子信息系统； 2. 二级安全防范单位，如省级文物、档案库的闭路电视监控和报警系统； 3. 雷达站、微波站电子信息系统，高速公路监控和收费系统； 4. 二级医院电子医疗设备； 5. 五星及更高星级宾馆电子信息系统
C级	1. 三级金融设施、小型通信枢纽电子信息系统； 2. 大中型有线电视系统； 3. 四星及以下级宾馆电子信息系统
D级	除上述A、B、C级以外的一般用途的需防护电子信息设备

注：1. 表中未列举的电子信息系统也可参照本表选择防护等级。
2. 本表摘自《建筑物电子信息系统防雷技术规范》GB 50343—2012。

4. 雷击风险评估

按风险管理要求进行雷击风险评估时，评估防雷措施必要性时涉及的建筑物雷击损害风险包括人身伤亡损失风险 R_1，公众服务损失风险 R_2 以及文化遗产损失风险 R_3，应根据建筑物特性和有关管理部门规定确定计算何种风险。

（1）因雷击导致建筑物的各种损失对应的风险分量 R_X 可按下列公式估算：

$$R_X = N_X \times P_X \times L_X \tag{13.5.1-4}$$

式中 N_X——年平均雷击危险事件次数；

P_X——每次雷击损害概率；

L_X——每次雷击损失率。

（2）建筑物的雷击损害风险 R 可按下列公式估算：

$$R = \sum R_X \tag{13.5.1-5}$$

式中 R_X——建筑物的雷击损害风险涉及的风险分量 $R_A \sim R_Z$。按《建筑物电子信息系统防雷技术规范》GB 50343—2012 附录B表B.2.6的规定确定。

（3）根据风险管理的要求，应计算建筑物雷击损害风险 R，并与风险容许值比较。当所有风险均小于或等于风险容许值，可不增加防雷措施；当某风险大于风险容许值，应增加防雷措施减小该风险，使其小于或等于风险容许值，并宜评估雷电防护措施的经济合理性。

13.5.2 设 计 要 点

1. 电子信息系统防雷设计原则

(1) 电子信息系统的防雷必须坚持预防为主、安全第一的原则；

(2) 在进行建筑物电子信息系统防雷设计时，应根据建筑物电子信息系统的特点，将外部防雷措施和内部防雷措施协调统一，按工程整体要求，进行全面规划，做到安全可靠、技术先进、经济合理；

(3) 当需要时，宜在设计前对被保护建筑物内的电子信息系统进行雷电电磁环境风险评估；

(4) 电子信息系统的防雷应根据环境因素、雷电活动规律、设备所在雷电防护区和系统对雷电电磁脉冲的抗扰度、雷击事故受损程度以及系统设备的重要性，采取相应的外部防雷和内部防雷等措施进行综合防护。

2. 基本规定

(1) 建筑物电子信息系统宜按防雷装置的拦截效率确定雷电防护等级、按电子信息系统的重要性、使用性质和价值确定防雷等级、按风险管理要求进行雷击风险评估并采取相应的防护措施。

(2) 需要保护的电子信息系统必须采取等电位联结与接地保护措施。采用等电位联结是降低其电位差十分有效的防范措施，接地是分流和泄放直接雷击电流和雷电电磁脉冲能量最有效的手段之一。

(3) 建筑物电子信息系统应根据需要保护的设备数量、类型、重要性、耐冲击电压额定值及所要求的电磁场环境等情况选择下列雷电电磁脉冲的防护措施：

① 等电位联结和接地；

② 电磁屏蔽；

③ 合理布线；

④ 能量配合的浪涌保护器防护。

雷电电磁脉冲（LEMP）防护措施系统（LPMS）示例，见图 13.5.2-1。

(4) 新建工程的防雷设计应收集以下相关资料：

① 建筑物所在地区的地形、地物状况、气象条件和地质条件；

② 建筑物或建筑物群的长、宽、高度及位置分布，相邻建筑物的高度、接地等情况；

③ 建筑物内各楼层及楼顶需保护的电子信息系统设备的分布状况；

④ 电子信息系统的网络结构；

⑤ 电源线路、信号线路进入建筑物的方式；

⑥ 配置于各楼层工作间或设备机房内需保护设备的类型、功能及性能参数；

⑦ 供、配电情况及其配电系统接地方式等。

(5) 扩、改建工程除应具备上述资料外，还应收集下列相关资料：

①防直击雷接闪装置的现状；

②引下线的现状及其与电子信息系统设备接地引入线间的距离；

③高层建筑物防侧击雷的措施；

④电气竖井内线路敷设情况；

⑤总等电位联结及各局部等电位联结状况，共用接地装置状况；

⑥电子信息系统的功能性接地导体与等电位联结网络互连情况；

⑦电子信息系统设备的安装情况及耐受冲击电压水平；

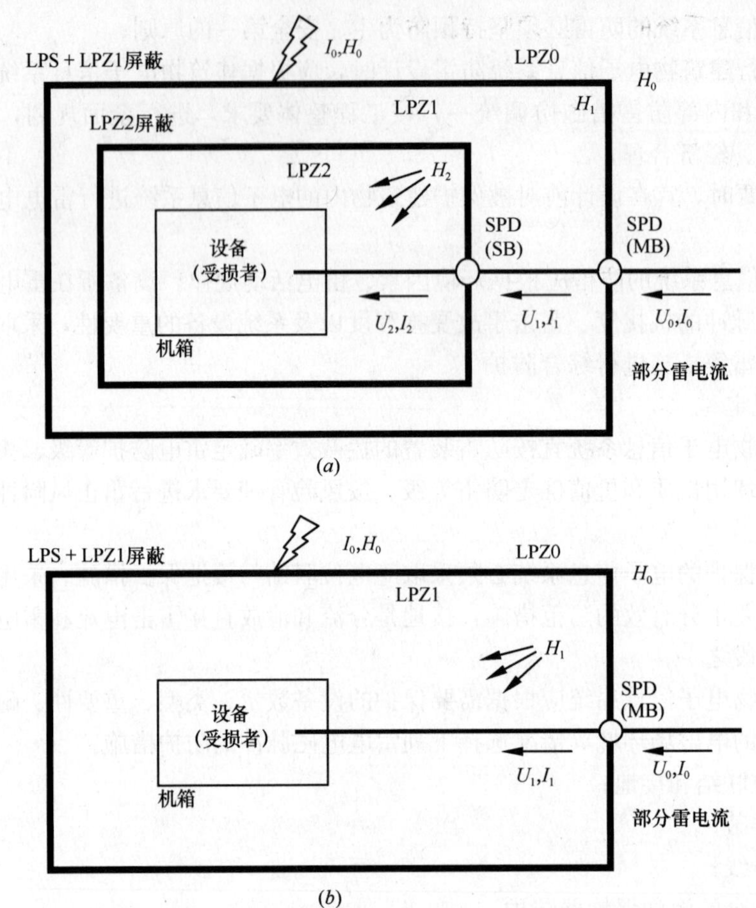

图 13.5.2-1　LEMP 防护措施系统（LPMS）示例（一）

（*a*）采用空间屏蔽和“协调配合的 SPD 防护”的 LPMS

——对于传导浪涌（$U_2 \ll U_0$ 和 $I_2 \ll I_0$）和辐射磁场（$H_2 \ll H_0$），设备得到良好的防护；

（*b*）采用 LPZ1 空间屏蔽和 LPZ1 入口 SPD 防护的 LPMS

——对于传导浪涌（$U_1 < U_0$ 和 $I_1 < I_0$）和辐射磁场（$H_1 < H_0$），设备得到防护；

⑧地下管线、隐蔽工程分布情况；

⑨曾经遭受过的雷击灾害的记录等资料。

3. 等电位联结与共用接地系统

(1) 机房内电子信息设备应作等电位联结。电气和电子设备的金属外壳、机柜、机架、金属管、槽、屏蔽线缆金属外层、电子设备防静电接地、安全保护接地、功能性接地、浪涌保护器接地端等均应以最短的距离与 S 型结构的接地基准点或 M 型结构的网格连接。机房等电位联结网络应与共用接地系统连接。

等电位联结的结构形式应采用 S 型、M 型或它们的组合，见图 13.5.2-2、图 13.5.2-3。

① S 型结构一般宜用于电子信息设备相对较少（面积 $100m^2$ 以下）的机房或局部的系统中，如消防、建筑设备监控系统、扩声等系统。当采用 S 型结构局部等电位联结网络时，电子信息设备所有的金属导体，如机柜、机箱和机架应与共用接地系统独立，仅通过

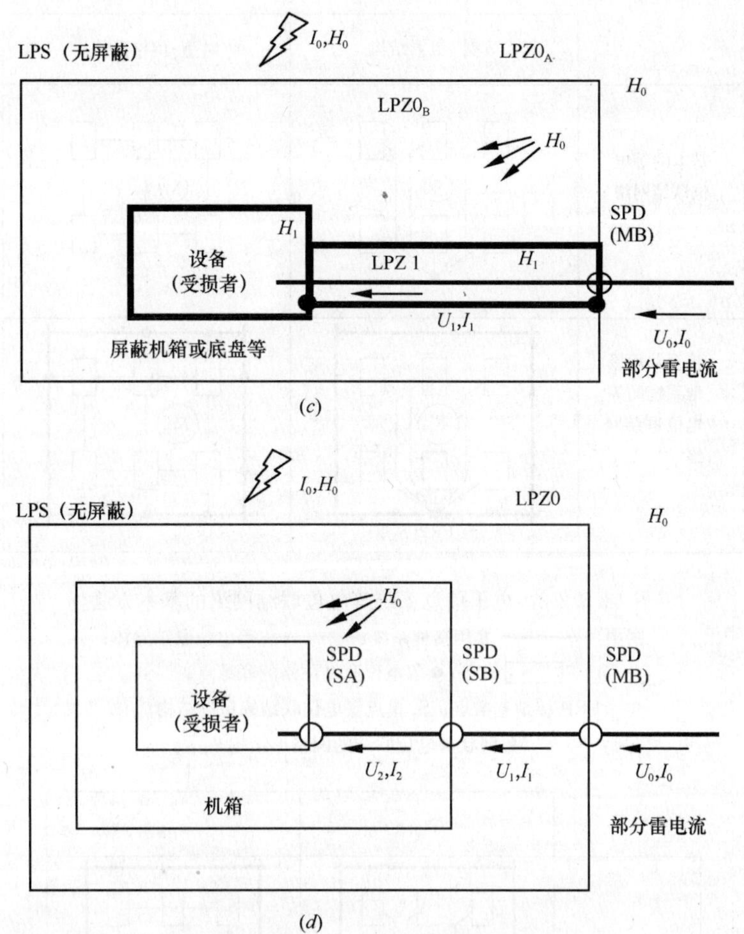

图 13.5.2-1　LEMP 防护措施系统（LPMS）示例（二）

（c）采用内部线路屏蔽和 LPZ1 入口 SPD 防护的 LPMS

——对于传导浪涌（$U_1<U_0$ 和 $I_1<I_0$）和辐射磁场（$H_1<H_0$），设备得到防护；

（d）仅采用"协调配合的 SPD 防护"的 LPMS

——对于传导浪涌（$U_2\ll U_0$ 和 $I_2\ll I_0$），设备得到防护；但对于辐射磁场（H_0）却无防护作用

MB　主配电盘；SB　次配电盘；SA　靠近设备处电源插孔；

━━屏蔽界面；—非屏蔽界面

注：SPD 可以位于下列位置：LPZ1 边界上（例如主配电盘 MB）；LPZ2 边界上（例如次配电盘 SB）；或者靠近设备处（例如电源插孔 SA）。

作为接地参考点（EPR）的唯一等电位联结母排与共用接地系统连接，形成 Ss 型单点等电位联结的星形结构。采用星形结构时，单个设备的所有连线应与等电位联结导体平行，避免形成感应回路；

② 采用 M 型网格形结构时，机房内电气、电子信息设备等所有的金属导体，如机柜、机箱和机架不应与接地系统独立，应通过多个等电位联结点与接地系统连接，形成 Mm 型网状等电位联结的网格形结构。当电子信息系统分布于较大区域，设备之间有许多线路，并且通过多点进入该系统内时，适合采用网格形结构，网格大小宜为 0.6m～3m；

③ 在一个复杂系统中，可以结合两种结构（星形和网格形）的优点，见图 13.5.2-3，

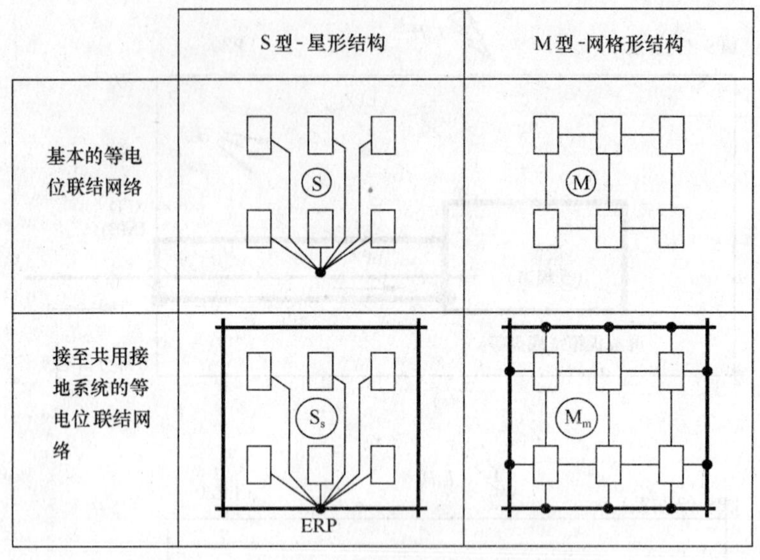

图 13.5.2-2 电子信息系统等电位联结网络的基本方法

图中：———— 共用接地系统；———— 等电位联结导体；

□ 设备；● 等电位联结网络的联结点；

ERP 接地基准点；S_s 单点等电位联结的星形结构；

M_m网状等电位联结的网格形结构。

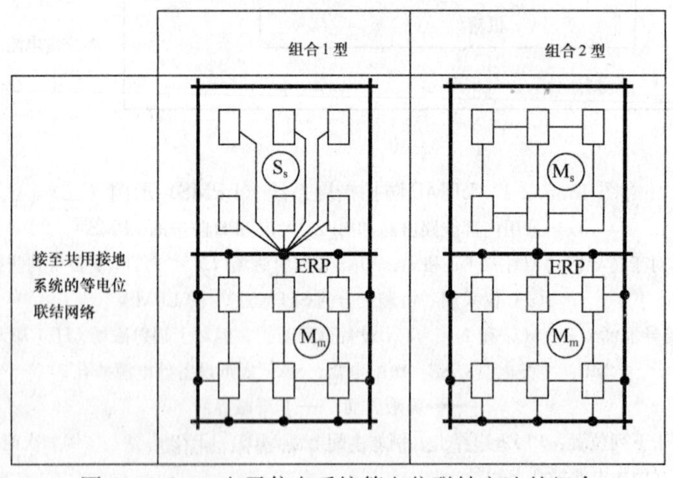

图 13.5.2-3 电子信息系统等电位联结方法的组合

图中：—— —共用接地系统；ERP—接地参考点；

—— —等电位联结导体；S_s—单点等电位联结的星形结构；

□ —设备；M_m—网状等电位联结的网格形结构；

● —等电位联结网络的联结点；M_s—单点等电位联结的网格形结构。

构成组合 1 型（S_s 结合 M_m）和组合 2 型（M_s 结合 M_m）；

④ 电子信息系统设备信号接地即功能性接地，所以机房内 S 型和 M 型结构形式的等电位联结也是功能性等电位联结。对功能性等电位联结的要求取决于电子信息系统的频率范围、电磁环境以及设备的抗干扰/频率特性。

根据工程中的做法：

a. S 型星形等电位联结结构适用于 1MHz 以下低频率电子信息系统的功能性接地。

b. M 型网格形等电位联结结构适用于频率达 1MHz 以上电子信息系统的功能性接地。每台电子信息设备宜用两根不同长度的连接导体与等电位联结网格连接，两根不同长度的连接导体应避开或远离干扰频率的 1/4 波长或奇数倍，同时要为高频干扰信号提供一个低阻抗的泄放通道。否则，连接导体的阻抗增大或为无穷大，不能起到等电位联结与接地的作用。

(2) 在两个防雷区的界面上应将所有通过界面的金属物做等电位联结。在 $LPZ0_A$ 或 $LPZ0_B$ 区与 LPZ1 区交界处应设置总等电位接地端子板，总等电位接地端子板与接地装置的连接不应少于两处；每层楼宜设置楼层等电位接地端子板；电子信息系统设备机房应设置局部等电位接地端子板。各接地端子板应设置在便于安装和检查的位置，不得设置在潮湿或有腐蚀性气体及易受机械损伤的地方。等电位接地端子板的连接点应满足机械强度和电气连续性的要求。各类等电位接地端子板之间的连接导体宜采用多股铜芯导线或铜带。连接导体最小截面积，见表 13.5.2-1，各类等电位接地端子板宜采用铜带，其导体最小截面积，见表 13.5.2-2。

各类等电位联结导体最小截面积 **表 13.5.2-1**

名 称	材 料	最小截面积（mm^2）
垂直接地干线	多股铜芯导线或铜带	50
楼层端子板与机房局部端子板之间的连接导体	多股铜芯导线或铜带	25
机房局部端子板之间的连接导体	多股铜芯导线	16
设备与机房等电位联结网络之间的连接导体	多股铜芯导线	6
机房网格	铜箔或多股铜芯导体	25

注：1. 表中最小截面积是根据《雷电防护 第 4 部分：建筑物内电气和电子系统》GB/T 21714.4—2008 和我国工程实践及工程安装图集综合编制的。

2. 垂直接地干线的最小截面是根据《建筑物电气装置 第 5 部分：电气设备的选择和安装 第 548 节：信息技术装置的接地配置和等电位联结》GB/T 16895.17—2002（idt IEC 60364-5-548：1996）第 548.7.1 条“接地干线”的要求规定的。

各类等电位接地端子板最小截面积 **表 13.5.2-2**

名 称	材 料	最小截面积（mm^2）
总等电位接地端子板	铜带	150
楼层等电位接地端子板	铜带	100
机房局部等电位接地端子板（排）	铜带	50

注：表中各类等电位接地端子板最小截面积是根据我国工程实践中总结得来的。表中为最小截面积要求，实际截面积应按工程具体情况确定。

(3) 等电位联结网络应利用建筑物内部或其上的金属部件多重互连，组成网格状低阻抗等电位联结网络，并与接地装置构成一个接地系统，见图 13.5.2-4。电子信息设备机

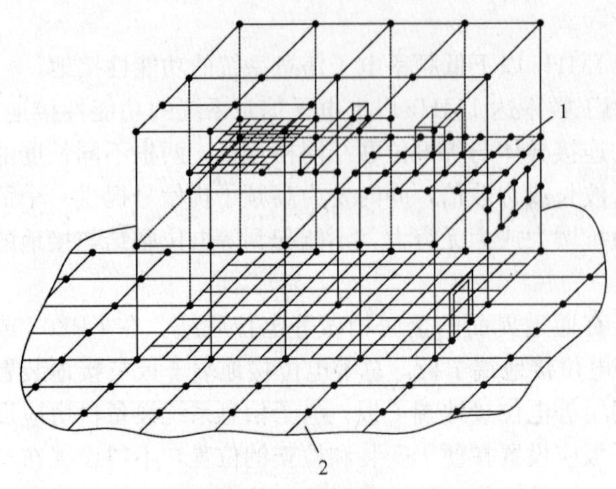

图 13.5.2-4 由等电位联结网络与接地装置组合构成的三维接地系统示例

1—等电位联结网络；2—接地装置

房设置的 S 型或 M 型局部的等电位联结网络可直接利用机房内墙结构柱主钢筋引出的预留接地端子接地。每个楼层设置楼层等电位联结端子板应就近与楼层预留的接地端子相连。

（4）某些特殊重要的建筑物电子信息系统可设专用垂直接地干线。垂直接地干线由总等电位接地端子板引出，同时与建筑物各层钢筋或均压带连通。建筑物等电位联结及共用接地系统示意图，见图 13.5.2-5，电子信息设备机房等电位联结网络示意图，见图 13.5.2-6。各楼层设置的接地端子板应与垂直接地干线连接。垂直接地干线宜在竖井内敷设，通过连接导体引入设备机房与机房局部等电位接地端子板连接。音、视频等专用设备工艺接地干线应通过专用等电位接地端子板独立引至设备机房。各地都在建造新的广播电视大楼，其声音、图像系统的电子设备系微电流接地系统，应设置专用的工艺垂直接地干线以满足其要求，见图 13.5.2-5。干线最小截面积为 $50mm^2$ 的铜导体，在频率为 50Hz 或 60Hz 时，是材料成本与阻抗之间的最佳折中方案。如果频率较高及高层建筑物时，干线的截面积还要相应加大。

（5）防雷接地与交流工作接地、直流工作接地、安全保护接地共用一组接地装置时，接地装置的接地电阻值必须按接入设备中要求的最小值确定，以确保人身安全和电气、电子信息设备正常工作。

注：防雷接地：指建筑物防直击雷系统接闪装置、引下线的接地（装置）；内部系统的电源线路、信号线路（包括天馈线路）SPD 接地。

交流工作接地：指供电系统中电力变压器低压侧三相绕组中性点的接地。

直流工作接地：指电子信息设备信号接地、逻辑接地，又称功能性接地。

安全保护接地：指配电线路防电击（PE 线）接地、电气和电子设备金属外壳接地、屏蔽接地、防静电接地等。

这些接地在一栋建筑中应共用一组接地装置，见图 13.5.2-7。在钢筋混凝土结构的建筑物中通常采用基础钢筋网（自然接地体）作为共用接地装置。当互相邻近的建筑物之间有电气和电子系统的线路连通时，宜将其接地装置互相连接，可通过接地线、PE 线、屏蔽层、穿线钢管、电缆沟的钢筋、金属管道等连接。

（6）接地装置应优先利用建筑物的自然接地体，当自然接地体的接地电阻达不到要求时应增加人工接地体。

① 当基础采用硅酸盐水泥和周围土壤的含水量不低于 4%，基础外表面无防水层时，应优先利用基础内的钢筋作为接地装置。但如果基础被塑料、橡胶、油毡等防水材料包裹或涂有沥青质的防水层时，不宜利用基础内的钢筋作为接地装置；

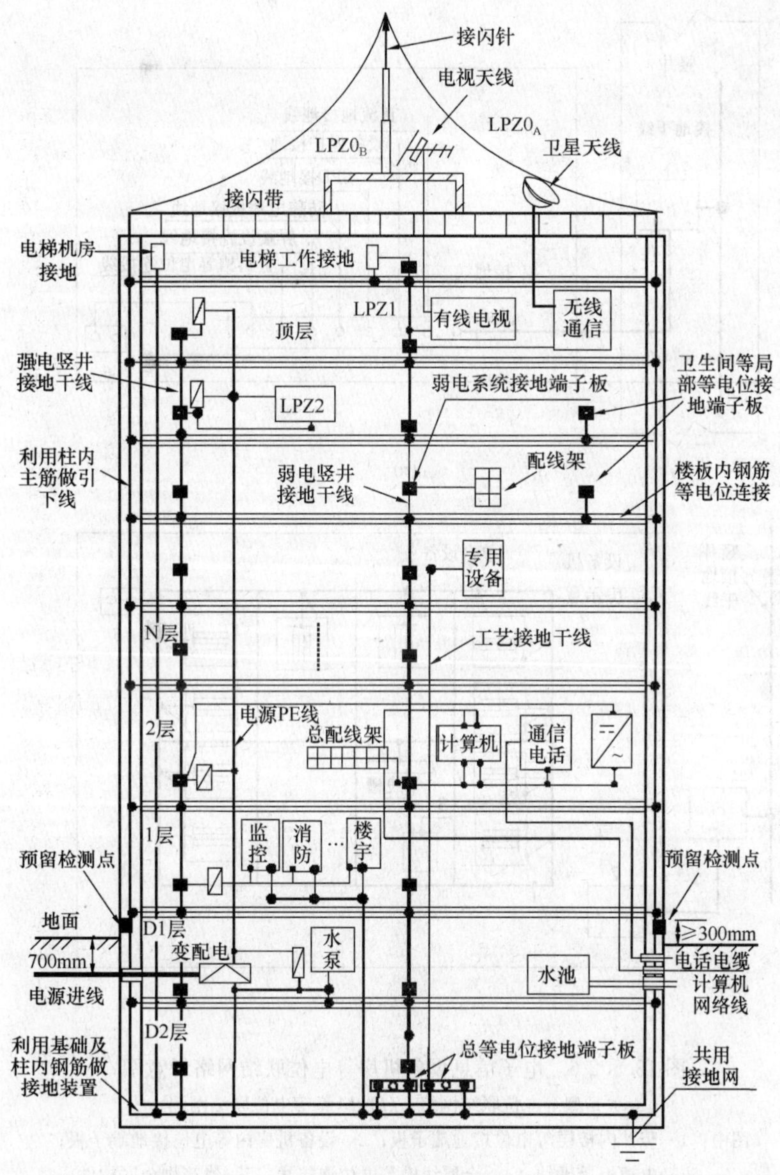

图 13.5.2-5 建筑物等电位联结及共用接地系统示意图

图中：▱—配电箱；■—楼层等电位接地端子板；

PE—保护接地线；MEB—总等电位接地端子板

② 当有防水油毡、防水橡胶或防水沥青层的情况下，宜在建筑物外面四周敷设闭合状的人工水平接地体。该接地体可埋设在建筑物散水坡及灰土基础外约 1m 处的基础槽边。人工水平接地体应与建筑物基础内的钢筋多处相连接；

③ 在设有多种电子信息系统的建筑物内，增加人工接地体应采用环形接地体比较理想。建筑物周围或者在建筑物地基周围混凝土中的环形接地体，应与建筑物下方和周围的网格形接地网相连接，网格的典型宽度为 5m。这将大大改善接地装置的性能。

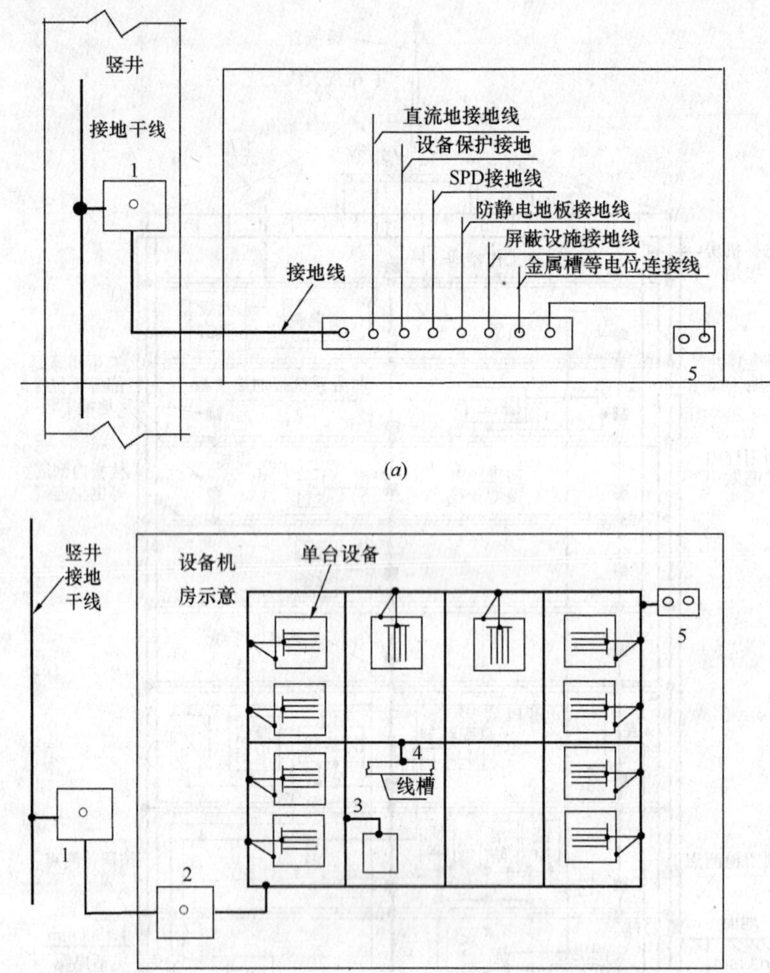

图 13.5.2-6　电子信息设备机房等电位联结网络示意图

(a) S型等电位联结网络；(b) M型等电位联结网图

图中：1—竖井内楼层等电位接地端子板；2—设备机房内等电位接地端子板；

3—防静电地板接地线；4—金属线槽等电位连接线；5—建筑物金属构件

如果建筑物地下室/地面中的钢筋混凝土构成了相互连接的网格，也应每隔 5m 和接地装置相连接；

④当建筑物基础接地体的接地电阻值满足接地要求时，不需另设人工接地体。

(7) 机房设备接地引入线不能从接闪带、铁塔脚和防雷装置引下线上直接引入。直接引入将导致雷电流进入室内电子设备，造成严重损害。

(8) 进入建筑物的金属管线（含金属管、电力线、信号线）应在入口处就近连接到等电位联结端子板上，端子板应与基础中钢筋及外部环形接地或内部等电位联结带相互连接。外部管线多点进入建筑物时端子板利用环形接地体互相示意图，见图 13.5.2-8，外部管形多点进入建筑物时端子板利用内部导体互连示意图，见图 13.5.2-9，并与总等电位接地端子板连接。在 LPZ1 入口处应分别设置适配的电源和信号浪涌保护器，使电子信

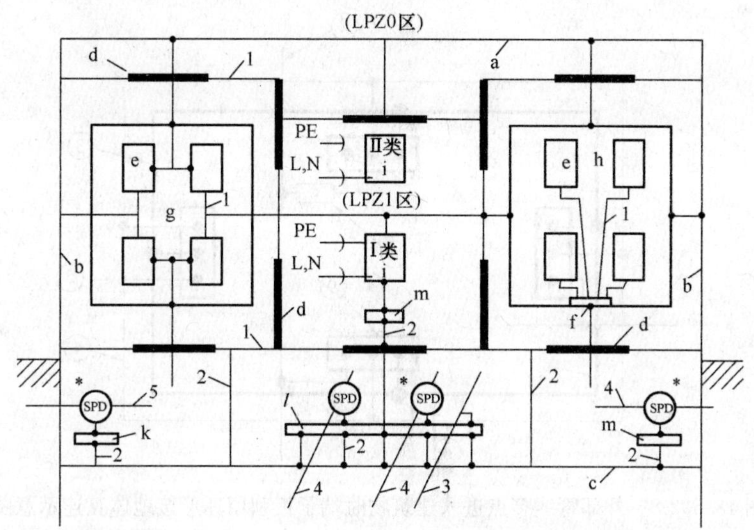

图 13.5.2-7 接地、等电位联结和接地系统的构成

图中：a—防雷装置的接闪器极可能是建筑物空间屏蔽的一部分；b—防雷装置的引下线极可能是建筑物空间屏蔽的一部分；c—防雷装置的接地装置（接地体网络、共用接地体网络）以及可能是建筑物空间屏蔽的一部分，如基础内钢筋和基础接地体；d—内部导电物体，在建筑物内及其上不包括电气装置的金属装置，如电梯轨道，起重机、金属地面，金属门框架，各种服务性设施的金属管道，金属电缆桥架，地面、墙和天花板的钢筋；e—局部电子系统的金属组件；f—代表局部等电位联结带单点连接的接地基准点（ERP）；g—局部电子系统的网形等电位联结结构；h—局部电子系统的星形等电位联结结构；i—固定安装有 PE 线的Ⅰ类设备和无 PE 线的Ⅱ类设备；k—主要供电气系统等电位联结用的总接地带、总接地母线、总等电位联结带。也可用作共用等电位联结带；l—主要供电子系统等电位联结用的环形等电位联结带、水平等电位联结导体，在特定情况下采用金属板。也可用作共用等电位联结带。用接地线多次接到接地系统上做等电位联结，宜每隔 5m 连一次；m—局部等电位联结带；1—等电位联结导体；2—接地线；3—服务性设施的金属管道；4—电子系统的线路或电缆；5—电气系统的线路或电缆；*—进入 LPZ1 区处，用于管道、电气和电子系统的线咱或电缆等外来服务性设施的等电位联结。

息系统的带电导体实现等电位联结。

(9) 电子信息系统涉及多个相邻建筑物时，应采用两根水平接地体将各建筑物的接地装置相互连通。减小各建筑物内部系统间的电位差。采用两根水平接地体是考虑到一根导体发生断裂时，另一根还可以起到连接作用。如果相邻建筑物间的线缆敷设在密封金属管道内，也可利用金属管道互连。使用屏蔽电缆屏蔽层互联时，屏蔽层截面积应足够大。

(10) 新建建筑物的电子信息系统在设计、施工时，应在各楼层、机房内墙结构柱主钢筋处引出和预留等电位接地端子，可为建筑物内的电源系统、电子信息系统提供等电位联结点，以实现内部系统的等电位联结。

4. 屏蔽及布线

(1) 为减小雷电电磁脉冲在电子信息系统内产生的浪涌，宜采用建筑物屏蔽、机房屏蔽、设备屏蔽、线缆屏蔽和线缆合理布设措施，这些措施应综合使用。空间屏蔽有建筑物外部钢结构墙体的初级屏蔽和机房的屏蔽，见图 13.5.2-1 (*a*)。

内部线缆屏蔽和合理布线（使感应回路面积为最小）可以减小内部系统感应浪涌的幅值。

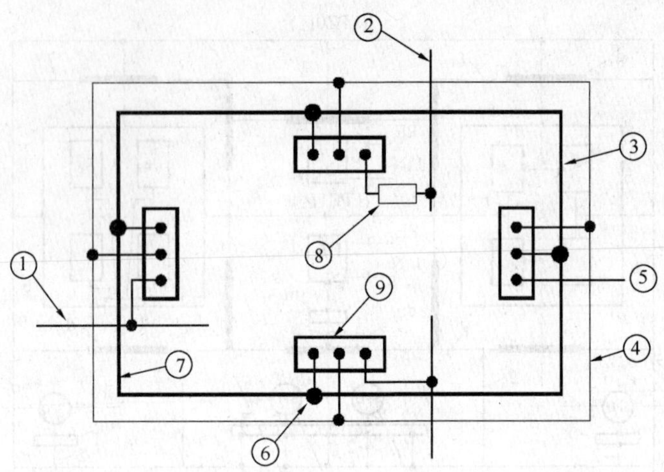

图 13.5.2-8 外部管线多点进入建筑物时端子板利用环形接地体互连示意图

图中：①—外部导电部分，例如：金属水管；②—电源线或通信线；③—外墙或地基内的钢筋；④—环形接地体；⑤—连接至接地体；⑥—专用连接接头；⑦—钢筋混凝土墙；⑧—SPD；⑨—等电位接地端子板

注：地基中的钢筋可以用作自然接地体

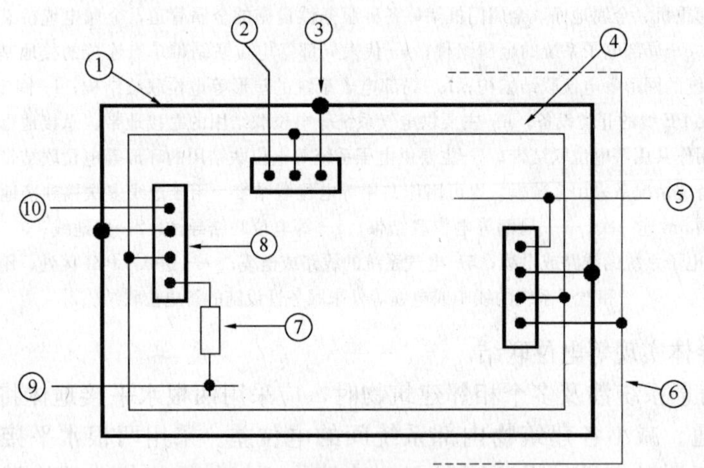

图 13.5.2-9 外部管线多点进入建筑物时端子板利用内部导体互连示意图

图中：①—外墙或地基内的钢筋；②—连接至其他接地体；③—连接接头；④—内部环形导体；⑤—至外部导体部件，例如：水管；⑥—环形接地体；⑦—SPD；⑧—等电位接地端子板；⑨—电力线或通信线；⑩—至附加接地装置

磁屏蔽、合理布线这两种措施都可以有效地减小感应浪涌，防止内部系统的永久失效。

(2) 电子信息系统设备机房的屏蔽。

① 建筑物的屏蔽宜利用建筑物的金属框架、混凝土中的钢筋、金属墙面、金属屋顶等自然金属部件与防雷装置连接构成格栅型大空间屏蔽；

② 当建筑物自然金属部件构成的大空间屏蔽不能满足机房内电子信息系统电磁环境

要求时，应增加机房屏蔽措施。应采用导磁率较高的细密金属网格或金属板对机房实施雷电磁场屏蔽来保护电子信息系统。机房的门应采用无窗密闭铁门或采取屏蔽措施的有窗铁门并接地，机房窗户的开孔应采用金属网格屏蔽。金属屏蔽网、金属屏蔽板应就近与建筑物等电位联结网络连接；

③ 电子信息系统设备主机房宜选择在建筑物低层中心部位，其设备应配置在 LPZ1 区之后的后续防雷区内，并与相应的雷电防护区屏蔽体及结构柱留有一定的安全距离，见图 13.5.2-10；

④ 屏蔽效果及安全距离可按雷击磁场强度的计算方法确定。

(3) 线缆屏蔽。

① 与电子信息系统连接的金属信号线缆采用屏蔽电缆时，应在屏蔽层两端并宜在雷电防护区交界处做等电位联结并接地。当系统要求单端接地时，宜采用两层屏蔽或穿钢管敷设，外层屏蔽或钢管按前述要求处理；

② 当户外采用非屏蔽电缆时，从人孔井或手孔井到机房的引入线应穿钢管埋地引入，埋地长度 l 可按公式（13.5.2-1）计算，但不宜小于 15m；电缆屏蔽槽或金属管道应在入户处进行等电位联结；

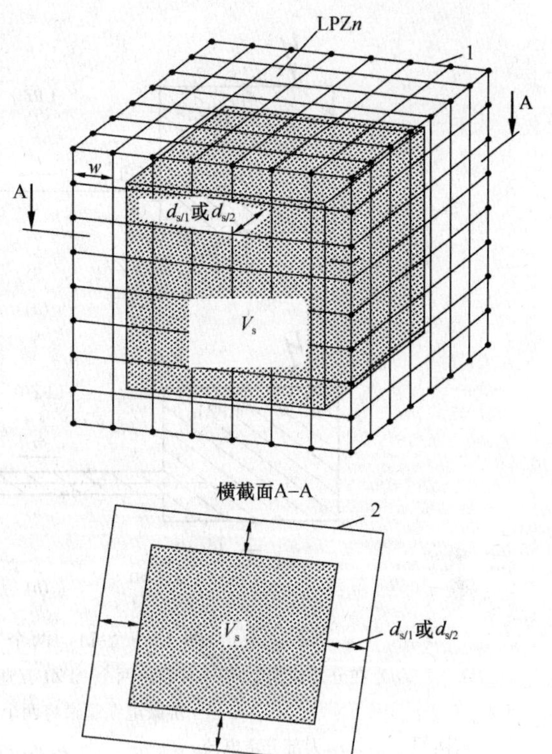

图 13.5.2-10　LPZn 内用于安装电子信息系统的空间

图中：1—屏蔽网格；2—屏蔽体；V_s—安装电子信息系统的空间（安全空间）；$d_{s/1}$、$d_{s/2}$—空间 V_s 与 LPZn 的屏蔽体间应保持的安全距离；w—空间屏蔽网格宽度

$$l \geqslant 2\sqrt{\rho} \quad (\text{m}) \tag{13.5.2-1}$$

式中　l——埋地引入线缆计算时的等效长度，m；

ρ——埋地电缆处的土壤电阻率，Ω·m。

③ 当相邻建筑物的电子信息系统之间采用电缆互联时，宜采用屏蔽电缆，非屏蔽电缆应敷设在金属电缆管道内；屏蔽电缆屏蔽层两端或金属管道两端应分别连接到独立建筑物各自的等电位联结带上。采用屏蔽电缆互联时，电缆屏蔽层应能承载可预见的雷电流；两个 LPZ1 的互联，见图 13.5.2-11；

④ 光缆的所有金属接头、金属护层、金属挡潮层、金属加强芯等，应在进入建筑物处直接接地。

(4) 线缆敷设。

① 电子信息系统线缆宜敷设在金属线槽或金属管道内。电子信息系统线缆主干线的金属线槽宜敷设在电气竖井内。电子信息系统线路宜靠近等电位联结网络的金属部件敷

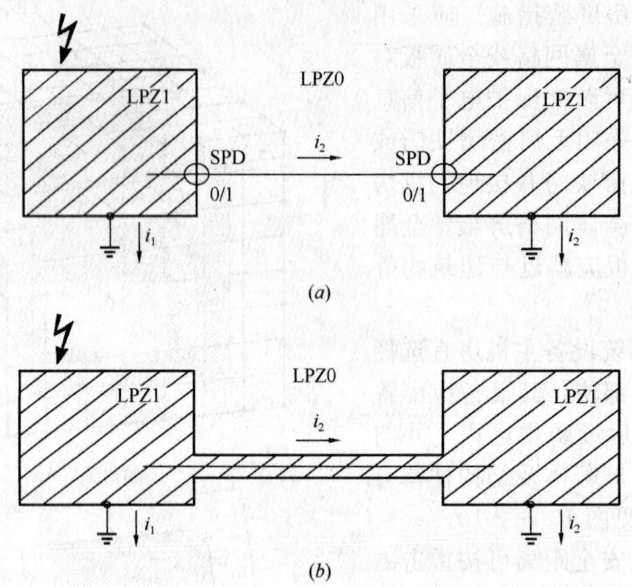

图 13.5.2-11 两个 LPZ1 的互联

(*a*) 在分开建筑物间用 SPD 将两个 LPZ1 互连；(*b*) 在分开建筑物间用屏蔽电缆或屏蔽电缆管道将两个 LPZ1 互连。

注：1 i_1、i_2 为部分雷电流。

2 图 13.5.2-11 (*a*) 表示两个 LPZ1 用电力线或信号线连接。应特别注意两个 LPZ1 分别代表有独立接地系统的相距数十米或数百米的建筑物的情况。这种情况，大部分雷电流会沿着连接线流动，在进入每个 LPZ1 时需要安装 SPD。

3 图 13.5.2-11 (*b*) 表示该问题可以利用屏蔽电缆或屏蔽电缆管道连接两个 LPZ1 来解决，前提是屏蔽层可以携带部分雷电流。若沿屏蔽层的电压降不太大，可以免装 SPD。

设，不宜贴近雷电防护区的屏蔽层；

② 布置电子信息系统线缆路由走向时，应尽量减小由线缆自身形成的电磁感应环路面积，见图 13.5.2-12；

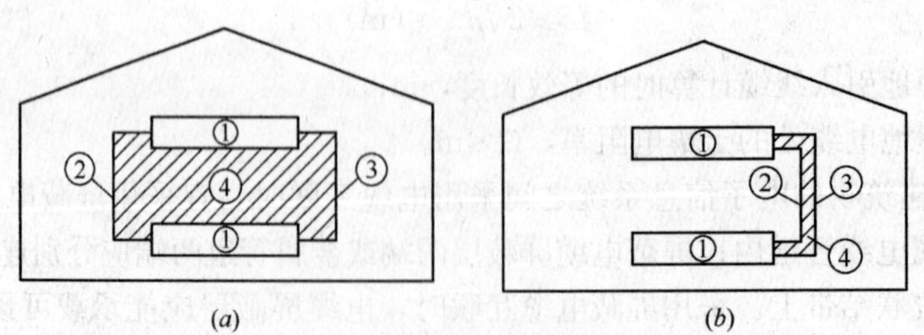

图 13.5.2-12 合理布线减少感应环路面积

(*a*) 不合理布线系统；(*b*) 合理布线系统

图中：①—设备；②—a 线（电源线）；③—b 线（信号线）；④—感应环路面积

③ 电子信息系统线缆与其他管线的间距，见表 13.5.2-3；

电子信息系统线缆与其他管线的间距　　表 13.5.2-3

其他管线类别	电子信息系统线缆与其他管线的净距	
	最小平行净距（mm）	最小交叉净距（mm）
防雷引下线	1000	300
保护地线	50	20
给水管	150	20
压缩空气管	150	20
热力管（不包封）	500	500
热力管（包封）	300	300
燃气管	300	20

注：当线缆敷设高度超过 6000mm 时，与防雷引下线的交叉净距应大于或等于 0.05H（H 为交叉处防雷引下线距地面的高度）。

④ 电子信息系统信号电缆与电力电缆的间距，见表 13.5.2-4；

电子信息系统信号电缆与电力电缆的间距　　表 13.5.2-4

类别	与电子信息系统信号线缆接近状况	最小间距（mm）
380V 电力电缆容量小于 2kV·A	与信号线缆平行敷设	130
	有一方在接地的金属线槽或钢管中	70
	双方都在接地的金属线槽或钢管中	10
380V 电力电缆容量（2～5）kV·A	与信号线缆平行敷设	300
	有一方在接地的金属线槽或钢管中	150
	双方都在接地的金属线槽或钢管中	80
380V 电力电缆容量大于 5kV·A	与信号线缆平行敷设	600
	有一方在接地的金属线槽或钢管中	300
	双方都在接地的金属线槽或钢管中	150

注：1. 当 380V 电力电缆的容量小于 2kV·A，双方都在接地的线槽中，且平行长度小于或等于 10m 时，最小间距可为 10mm。

2. 双方都在接地的线槽中，系指两个不同的线槽，也可在同一线槽中用金属板隔开。

⑤ 电子信息系统线缆与配电箱、变电室、电梯机房、空调机房之间最小的净距，见表 13.5.2-5。

电子信息系统线缆与电气设备之间的净距　　13.5.2-5

名　称	配电箱	变电室	电梯机房	空调机房
最小间距（m）	1.00	2.00	2.00	2.00

5. 浪涌保护器连接导线截面

浪涌保护器连接导线最小截面积，见表 13.5.2-6。

浪涌保护器连接导线最小截面积　　表 13.5.2-6

SPD 级数	SPD 的类型	导线截面积（mm^2）	
		SPD 连接相线铜导线	SPD 接地端连接铜导线
第一级	开关型或限压型	6	10
第二级	限压型	4	6
第三级	限压型	2.5	4
第四级	限压型	2.5	4

注：1. 组合型 SPD 参照相应级数的截面积选择。

2. 国内有些行业标准中规定的浪涌保护器连接导线最小截面积比较大，工程施工中可按行业标准执行。

13.6 浪涌保护器

13.6.1 浪涌保护器的选择

1. 概述

浪涌保护器（SPD）又称电涌保护器，是用于限制瞬态过电压和泄放浪涌电流的电器，它至少包含一个非线性元件。低压配电系统及电子信息系统信号传输线路在穿过各防雷区界面处，应采用浪涌保护器（SPD）保护。SPD 作用只有两个：

（1）泄流。把入侵的雷电流分流入地，让雷电的大部分能量泄入大地，使 LEMP 无法达到或仅极少部分到达电子设备。

（2）限压。在雷电过电压通过电源线入户时，在 SPD 两端保持一定的电压（残压），而这个限压又是电子设备所能接受的。这两个功能是同时获得的，即在分流过程中达到限压，使电子设备受到保护。

2. 基本规定

（1）电子信息系统设备由交流配电系统供电时，从建筑物内总配电柜（箱）开始引出的配电线路必须采用 TN-S 的接地形式。N 线不能再次接地，以避免工频 50Hz 基波及谐波的干扰。设置有 UPS 电源时，在负荷侧起点将中性点或中性线做一次接地，其后就不能再接地。

（2）由室外进、出电子信息系统机房的电源线路不应采用架空线路。

3. 电源线路浪涌保护器选择

（1）浪涌保护器必须能承受预期通过的雷电流，并应符合下列要求：

① 浪涌保护器应能熄灭在雷电流通过后产生的工频续流；

② 浪涌保护器的最大钳压加上其两端引线的感应电压之和，应与其保护对象所属系统的基本绝缘水平和设备允许的最大浪涌电压相配合，并应小于被保护设备的耐冲击过电压值，不宜大于被保护设备耐冲击过电压额定值的 80%。

当无法获得设备的耐冲击过电压时，220/380V 三相配电系统中设备的耐冲击电压额定值 U_w 可按表 13.6.1-1 规定选用。

220V/380V 三相配电系统中各种设备耐冲击电压额定值 U_w　　表 13.6.1-1

设备位置	电源进线端设备	配电线路和最后分支线路的设备	用电设备	需要保护的电子信息设备
耐冲击电压类别	Ⅳ类	Ⅲ类	Ⅱ类	Ⅰ类
耐冲击电压额定值 U_w (kV)	6	4	2.5	1.5

注：1. Ⅰ类—需要将瞬态过电压限制到特定水平的电子信息设备；
2. Ⅱ类—如家用电器、手提工具和类似负荷；
3. Ⅲ类—如配电盘，断路器，包括电缆、母线、分线盒、开关、电源插座等的布线系统，以及应用于永久至固定装置的固定安装的电动机等一些其他设备；
4. Ⅳ类—如电气计量仪表、一次线过流保护设备、波纹控制设备。

（2）220/380V 三相系统中的浪涌保护器的设置，应与接地形式及接线方式一致，浪涌保护器的最大持续工作电压 U_c 不应低于表 13.6.1-1 规定的最小值；在浪涌保护器安装处的供电电压偏差超过所规定的 10%以及谐波使电压幅值加大的情况下，应根据具体情况对限压型浪涌保护器提高表 13.6.1-2 所规定的最大持续运行电压最小值。

① TT 系统中浪涌保护器安装在剩余电流保护器的负荷侧时，U_c 不应小于 $1.55U_0$；当浪涌保护器安装在剩余电流保护器的电源侧时，U_c 不应小于 $1.15U_0$；

② TN 系统中，U_c 不应小于 $1.15U_0$；

③IT 系统中，U_c 不应小于 $1.15U$（U 为线间电压）。

浪涌保护器的最小 U_c 值　　表 13.6.1-2

浪涌保护器安装位置	配电网络的系统特征				
	TT 系统	TN-C 系统	TN-S 系统	引出中性线的 IT 系统	无中性线引出的 IT 系统
每一相线与中性线间	$1.15U_0$	不适用	$1.15U_0$	$1.15U_0$	不适用
每一相线与 PE 线间	$1.15U_0$	不适用	$1.15U_0$	$\sqrt{3}U_0^*$	线电压*
中性线与 PE 线间	U_0^*	不适用	U_0^*	U_0^*	不适用
每一相线与 PEN 线间	不适用	$1.15U_0$	不适用	不适用	不适用

注：1. 标有 * 的值是故障下最坏的情况，所以不需计及 15%的允许误差；
2. U_0 是低压系统相线对中性线的标称电压，即相电压 220V；
3. 此表适用于符合现行国家标准《低压浪涌保护器（SPD） 第 1 部分：低压配电系统的浪涌保护器　性能要求和试验方法》GB 18802.1 的浪涌保护器产品。

（3）进入建筑物的交流供电线路，在线路的总配电箱等 $LPZ0_A$ 或 $LPZ0_B$ 与 LPZ1 区交界处，应设置Ⅰ类试验的浪涌保护器或Ⅱ类试验的浪涌保护器作为第一级保护；在配电线路分配电箱、电子设备机房配电箱等后续防护区交界处，可设置Ⅱ类或Ⅲ类试验的浪涌保护器作为后级保护；特殊重要的电子信息设备电源端口可安装Ⅱ类或Ⅲ类试验的浪涌保护器作为精细保护，见图 13.6.1-1。当总配电箱靠近电源变压器时，该处 N 对 PE 的

SPD 可不设置。使用直流电源的信息设备，视其工作电压要求，宜安装适配的直流电源线路浪涌保护器。

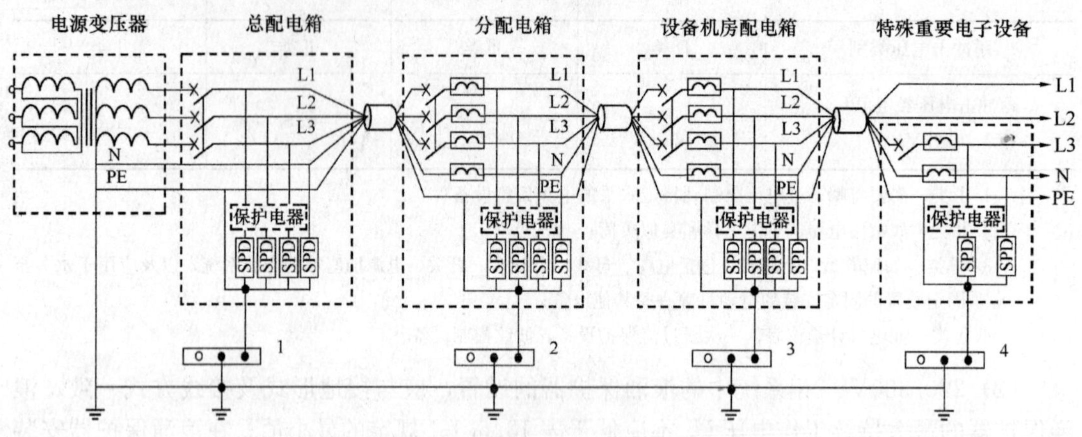

图 13.6.1-1　TN-S 系统的配电线路浪涌保护器分级设置位置与接地示意图

图中：—空气断路器；SPD —浪涌保护器；—退耦器件；—等电位接地端子板；
1—总等电位接地端子板；2—楼层等电位接地端子板；3、4—局部等电位接地端子板

（4）浪涌保护器的接线形式应符合表 13.6.1-3 的规定。具体接线图，见图 13.6.1-2～图 13.6.1-6。

根据系统特征安装浪涌保护器　　**表 13.6.1-3**

<table>
<tr><th rowspan="4">浪涌保护器接于</th><th colspan="8">浪涌保护器安装处的系统特征</th></tr>
<tr><th colspan="2">TT 系统</th><th rowspan="3">TN-C 系统</th><th colspan="2">TN-S 系统</th><th colspan="2">引出中性线的 IT 系统</th><th rowspan="3">不引出中性线的 IT 系统</th></tr>
<tr><th colspan="2">按以下形式连接</th><th colspan="2">按以下形式连接</th><th colspan="2">按以下形式连接</th></tr>
<tr><th>接线形式 1</th><th>接线形式 2</th><th>接线形式 1</th><th>接线形式 2</th><th>接线形式 1</th><th>接线形式 2</th></tr>
<tr><td>每根相线与中性线间</td><td>＋</td><td>○</td><td>不适用</td><td>＋</td><td>○</td><td>＋</td><td>○</td><td>不适用</td></tr>
<tr><td>每根相线与 PE 线间</td><td>○</td><td>不适用</td><td>不适用</td><td>○</td><td>不适用</td><td>○</td><td>不适用</td><td>○</td></tr>
<tr><td>中性线与 PE 线间</td><td>○</td><td>○</td><td>不适用</td><td>○</td><td>○</td><td>○</td><td>○</td><td>不适用</td></tr>
<tr><td>每根相线与 PEN 线间</td><td>不适用</td><td>不适用</td><td>○</td><td>不适用</td><td>不适用</td><td>不适用</td><td>不适用</td><td>不适用</td></tr>
<tr><td>各相线之间</td><td>＋</td><td>＋</td><td>＋</td><td>＋</td><td>＋</td><td>＋</td><td>＋</td><td>＋</td></tr>
</table>

注：○表示必须，＋表示非强制性的，可附加选用。

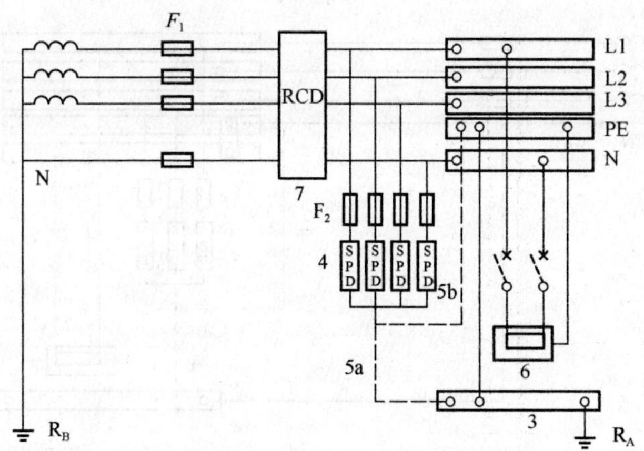

图 13.6.1-2 TT系统浪涌保护器安装在进户处剩余电流保护器的负荷侧

图中：3—总接地端或总接地连接带；4—U_p 应小于或等于 2.5kV 的浪涌保护器；5—浪涌保护器的接地连接线，5a 或 5b；6—需要被浪涌保护器保护的设备；7—剩余电流保护器（RCD），应考虑通雷电流的能力；F_1—安装在电气装置电源进户处的保护电器；F_2—浪涌保护器制造厂要求装设的过电流保护电器；R_A—本电气装置的接地电阻；R_B—电源系统的接地电阻；L1、L2、L3—相线 1、2、3

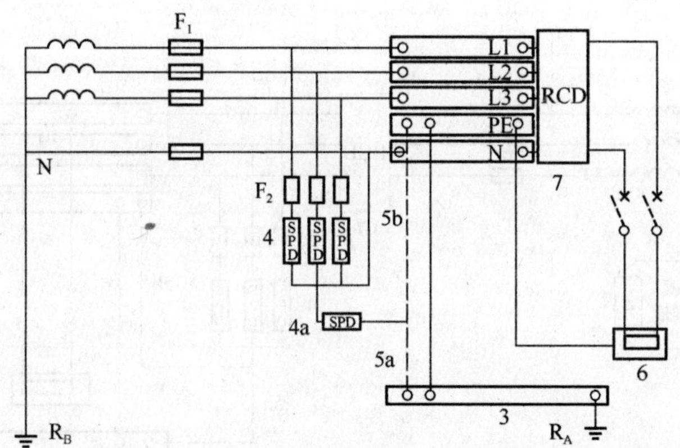

图 13.6.1-3 TT系统浪涌保护器安装在进户处剩余电流保护器的电源侧

图中：3—总接地端或总接地连接带；4、4a—浪涌保护器，它们串联后构成的 U_p 应小于或等于 2.5kV；5—浪涌保护器的接地连接线，5a 或 5b；6—需要被浪涌保护器保护的设备；7—安装于母线的电源侧或负荷侧的剩余电流保护器（RCD）；F_1—安装在电气装置电源进户处的保护电器；F_2—浪涌保护器制造厂要求装设的过电流保护电器；R_A—本电气装置的接地电阻；R_B—电源系统的接地电阻；L1、L2、L3—相线 1、2、3

注：在高压系统为低电阻接地的前提下，当电源变压器高压侧碰外壳短路产生的过电压加于 4a 浪涌保护器时该浪涌保护器应按现行国家标准《低压配电系统的浪涌保护器（SPD） 第 1 部分：性能要求和试验方法》GB 18802.1 做 200ms 或按厂家要求做更长时间耐 1200V 暂态过电压试验。

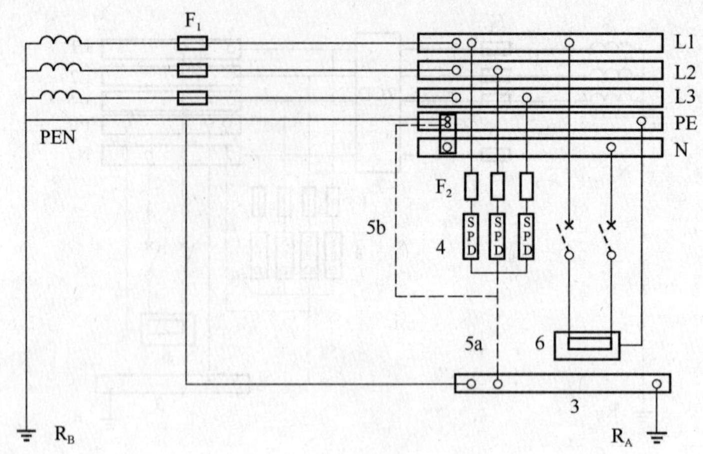

图 13.6.1-4 TN 系统安装在进户处的浪涌保护器

图中：3—总接地端或总接地连接带；4—U_p 应小于或等于 2.5kV 的浪涌保护器；5—浪涌保护器的接地连接线，5a 或 5b；6—需要被浪涌保护器保护的设备；F_1—安装在电气装置电源进户处的保护电器；F_2—浪涌保护器制造厂要求装设的过电流保护电器；R_A—本电气装置的接地电阻；R_B—电源系统的接地电阻；L1、L2、L3—相线 1、2、3

注：当采用 TN-C-S 或 TN-S 系统时，在 N 与 PE 线连接处浪涌保护器用三个，在其以后 N 与 PE 线分开 10m 以后安装浪涌保护器时用四个，即在 N 与 PE 线间增加一个，见图 13.6.1-6 及其注。

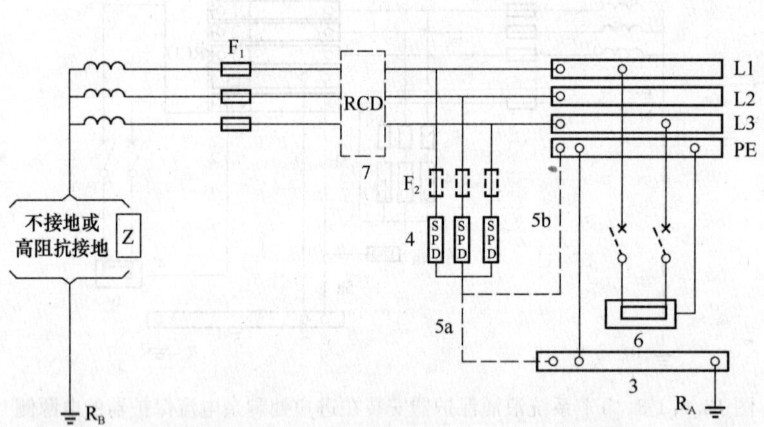

图 13.6.1-5 IT 系统浪涌保护器安装在进户处剩余电流保护器的负荷侧

图中：3—总接地端或总接地连接带；4—U_p 应小于或等于 2.5kV 的浪涌保护器；5—浪涌保护器的接地连接线，5a 或 5b；6—需要被浪涌保护器保护的设备；7—剩余电流保护器（RCD）；F_1—安装在电气装置电源进户处的保护电器；F_2—浪涌保护器制造厂要求装设的过电流保护电器；R_A—本电气装置的接地电阻；R_B—电源系统的接地电阻；L1、L2、L3—相线 1、2、3

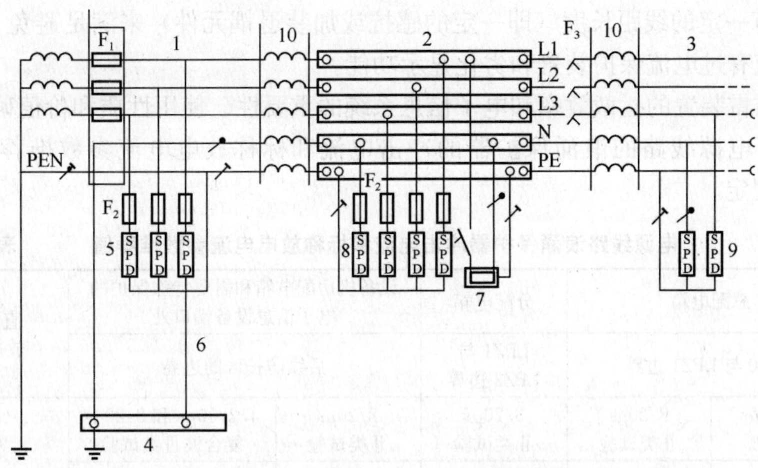

图 13.6.1-6 Ⅰ级、Ⅱ级和Ⅲ级试验的浪涌保护器的安装

(以 TN-C-S 系统为例)

图中：1—电气装置的电源进户处；2—配电箱；3—送出的配电线路；4—总接地端或总接地连接带；5—Ⅰ级试验的浪涌保护器；6—浪涌保护器的接地连接线；7—需要被浪涌保护器保护的固定安装的设备；8—Ⅱ级试验的浪涌保护器；9—Ⅱ级或Ⅲ级试验的浪涌保护器；10—去耦器件或配电线路长度；F_1、F_2、F_3—过电流保护电器；L1、L2、L3—相线 1、2、3

注：1 当浪涌保护器 5 和 8 不是安装在同一处时，浪涌保护器 5 的 U_p 应小于或等于 2.5kV；浪涌保护器 5 和 8 可以组合为一台浪涌保护器，其 U_p 应小于或等于 2.5kV。

2 当浪涌保护器 5 和 8 之间的距离小于 10m 时，在 8 处 N 与 PE 之间的浪涌保护器可不装。

(5) 浪涌保护器设置级数应综合考虑保护距离、浪涌保护器连接导线长度、被保护设备耐冲击电压额定值 U_w 等因素。

(6) LPZ0 和 LPZ1 界面处每条电源线路的浪涌保护器的冲击电流 I_{imp}，当采用非屏蔽线缆时按公式（13.6.1-1）估算确定；当采用屏蔽线缆时按公式（13.6.1-2）估算确定；当无法计算确定时应取 I_{imp} 大于或等于 12.5kA。

$$I_{imp}=\frac{0.5I}{(n_1+n_2)m}\ (\text{kA}) \tag{13.6.1-1}$$

$$I_{imp}=\frac{0.5IR_s}{(n_1+n_2)\times(mR_s+R_c)}\ (\text{kA}) \tag{13.6.1-2}$$

式中 I——雷电流，按第 13.4.6 节确定，kA；

n_1——埋地金属管、电源及信号线缆的总数目；

n_2——架空金属管、电源及信号线缆的总数目；

m——每一线缆内导线的总数目；

R_s——屏蔽层每千米的电阻，Ω/km；

R_c——芯线每千米的电阻，Ω/km。

(7) 当上级浪涌保护器为开关型 SPD，次级 SPD 采用限压型 SPD 时，两者之间的线路长度应大于 10m。当上级与次级浪涌保护器均采用限压型 SPD 时，两者之间的线路长度应大于 5m。除采用能量自动控制型组合 SPD 外，当上级与次级浪涌保护器之间的线路长度小于 5m 时，在两级浪涌保护器之间应加装退耦装置。主要是为了保证雷电高电压脉冲沿电源线路侵入时，各级 SPD 都能分级启动泄流，避免多级 SPD 间出现盲点，两级

SPD间必须有一定的线距长度（即一定的感抗或加装退耦元件）来满足避免盲点的要求。浪涌保护器应有过电流保护装置和劣化显示功能。

（8）按防雷装置的拦截效率和电子信息系统的重要性、使用性质和价值确定雷电防护等级时，用于电源线路的浪涌保护器的冲击电流和标称放电电流参数推荐值应符合表13.6.1-4的规定。

电源线路浪涌保护器冲击电流和标称放电电流参数推荐值　　表 13.6.1-4

雷电防护等级	总配电箱		分配电箱	设备机房配电箱和需要特殊保护的电子信息设备端口处		直流电源最大放电电流(kA)
	LPZ0 与 LPZ1 边界		LPZ1 与 LPZ2 边界	后续防护区的边界		
	10/350μs Ⅰ类试验	8/20μs Ⅱ类试验	8/20μs Ⅱ类试验	8/20μs Ⅱ类试验	1.2/50μs 和 8/20μs 复合波Ⅲ类试验	(8/20μs)
	I_{imp} (kA)	I_n (kA)	I_n (kA)	I_n (kA)	U_{oc}(kV)/I_{sc}(kA)	
A	≥20	≥80	≥40	≥5	≥10/≥5	≥10
B	≥15	≥60	≥30	≥5	≥10/≥5	直流配电系统中根据线路长度和工作电压选用最大放电电流≥10kA适配的SPD
C	≥12.5	≥50	≥20	≥3	≥6/≥3	
D	≥12.5	≥50	≥10	≥3	≥6/≥3	

注：1. SPD分级应根据保护距离、SPD连接导线长度、被保护设备耐冲击电压额定值U_w等因素确定。

2. 配电线路用SPD应具有SPD损坏告警、热容和过流保护、保险跳闸告警、遥信等功能；SPD的外封装材料应为阻燃材料。

3. 表中分配电箱、设备机房配电箱处及电子信息系统设备电源端口的浪涌保护器的推荐值是根据电源系统多级SPD的能量协调配合原则和多年来工程的实践总结确定的。

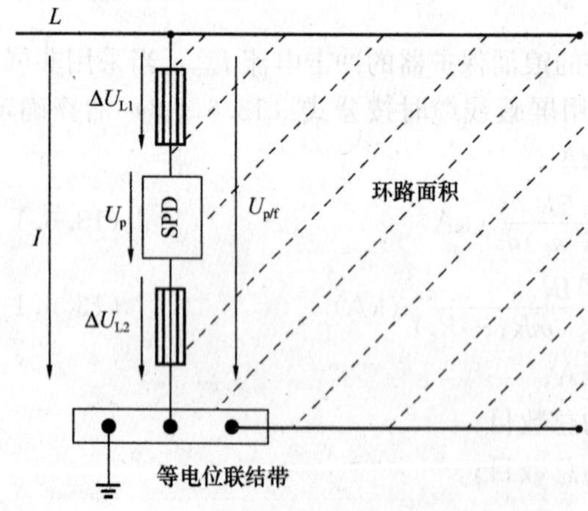

图 13.6.1-7　相线与等电位联结带之间的电压

图中：I—局部雷电流；$U_{p/f}=U_p+\Delta U$—有效保护水平；

U_p—SPD的电压保护水平；

$\Delta U=\Delta U_{L1}+\Delta U_{L2}$—连接导线上的感应电压

（9）电源线是雷电电磁脉冲（LEMP）入侵最主要的渠道之一。安装电源SPD是防御LEMP从配电线这条渠道入侵的重要措施。电源线路浪涌保护器在各个位置安装时，浪涌保护器的连接导线应短直，其总长度不宜大于0.5m。有效保护水平$U_{p/f}$应小于设备耐冲击电压额定值U_w，见图13.6.1-7。

（10）电源线路浪涌保护器安装位置与被保护设备间的线路长度大于10m且有效保护水平大于$U_w/2$时，应按式（13.6.1-3）和式（13.6.1-4）估算振荡保护距离L_{po}；当建筑物位于多雷区或强雷区且没有线路屏蔽措施时，应按式（13.6.1-5）和式（13.6.1-6）估算感应保护距离L_{pi}。

$$L_{po}=(U_w-U_{P/f})/k\ (\mathrm{m}) \tag{13.6.1-3}$$

$$k=25\ (\mathrm{V/m}) \tag{13.6.1-4}$$

$$L_{pi}=(U_w-U_{p/f})/h\ (\mathrm{m}) \tag{13.6.1-5}$$

$$h=30000\times K_{s1}\times K_{s2}\times K_{s3}\ (\mathrm{V/m}) \tag{13.6.1-6}$$

式中 U_w——设备耐冲击电压额定值；

$U_{p/f}$——有效保护水平，即连接导线的感应电压降与浪涌保护器的 U_p 之和；

K_{s1}、K_{s2}、K_{s3}——《建筑物电子信息系统防雷技术规范》GB 50343—2012 附录 B 第 B.5.14 条中给出的因子。

（11）入户处第一级电源浪涌保护器与被保护设备间的线路长度大于 L_{po} 或 L_{pi} 值时，应在配电线路的分配电箱处或在被保护设备处增设浪涌保护器。当分配电箱处电源浪涌保护器与被保护设备间的线路长度大于 L_{po} 或 L_{pi} 值时，应在被保护设备处增设浪涌保护器。被保护的电子信息设备处增设浪涌保护器时，U_p 应小于设备耐冲击电压额定值 U_w，宜留有 20%裕量。如果线路穿越多个防雷区域，宜在每个区域界面处安装一个电源 SPD，见图 13.6.1-8。在一条线路上设置多级浪涌保护器时应考虑他们之间的能量协调配合。

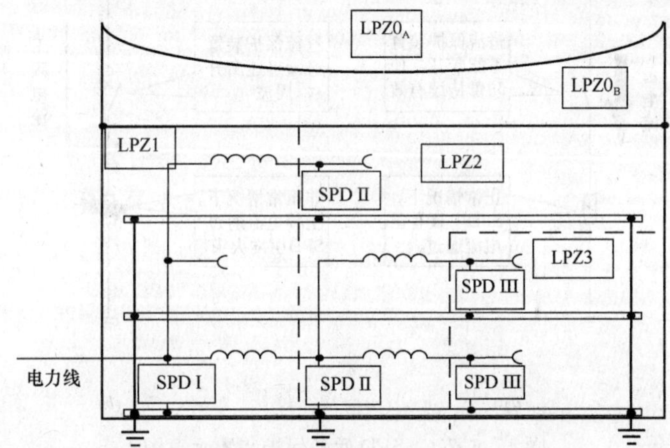

图 13.6.1-8 低压配电线路穿越两个防雷区域时在边界安装 SPD 示例

图中：SPD—浪涌防护器（例如Ⅱ类测试的 SPD）；

—去耦元件或电缆长度

（12）应在各防雷区界面处作等电位联结。当由于工艺要求或其他原因，被保护设备位置不在界面处，且线路能承受所发生的浪涌电压时，SPD 可安装在被保护设备处，线路的金属保护层或屏蔽层，宜在界面处作等电位联结。

13.6.2 电源 SPD 过电流保护装置——SCB

1. 概述

IEC6 1643-4-43 标准和我国各行业防雷标准规定对低压电源 SPD 前端安装过电流保护器（外置脱离器，也称后备保护装置）。其作用一是当 SPD 出现短路时，能够迅速分断安装点的预期短路电流，避免造成电源出现因短路故障跳闸引起断电事故；二是当电源出现暂态过电压或 SPD 出现劣化引起流入足可引起 SPD 起火的危险漏电流时（大于 5A 的漏电流能够引起 SPD 起火）能够瞬时断开电路。自然配套的后备保护装置应具有或高于通过 SPD 的电流特性：

① 正常情况下没有电流通过，后备保护器始终处于导通状态；

② SPD 出现短路，能够迅速分断安装点的预期短路电流；

③ 当电源出现暂态过电压或 SPD 出现劣化引起流入足可引起 SPD 起火的危险漏电流时（大于 5A 的漏电流能够引起 SPD 起火）能够瞬时断开电路；

④ 承受规定次数的 I_n 冲击电流和 I_{max} 或 I_{imp} 电流不误断、不损坏；

⑤ 通过雷电流时，具有很低的残压值（等效于熔断器）。

目前国内外使用熔断器（PUSE）或微型断路器（MCB）做后备保护器。配电熔断器（FUSE）和断路器（MCB）与 SPD 配套主要存在短路分断能力不够、电弧持续燃烧造成火灾、爆炸事故，另外就是当电源出现暂态过电压或 SPD 出现劣化引起流入足可引起 SPD 起火的危险漏电流时不能瞬时断开电路引起火灾事故。

SPD 后备保护装置要求雷电流通过时不断开、工频电流通过时应迅速断开，见图 13.6.2-1。

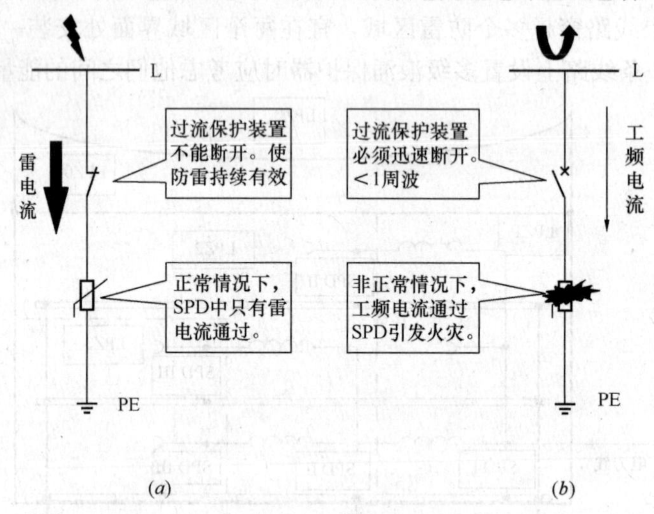

图 13.6.2-1 SPD 后备保护装置示意图

(a) 雷电流通过时；(b) 工频电流通过时

注：实践证明，大于 5A 的电流流过 SPD 时，起火概率明显上升，因此 SPD 需要一个流过大于 5A 电流迅速脱扣的开关保护，能够确保不发生火灾。低压熔断器、低压断路器因不具备这样的功能，所以 SPD 起火在所难免。

2. SPD 后备保护器—SCB 介绍

（1）主要功能。

厦门大恒科技有限公司（网站：http//www. spd-th. com，信箱：taihang@spd-th. com）研制开发的 SPD 专用后备保护装置—SCB，结束了配电型保护元件熔断器和断路器代用 SPD 后备保护装置的时代，申请了专用电气符号，SPD 后备保护装置—SCB 电气符号图，见图 13.6.2-2，其主要功能特点：

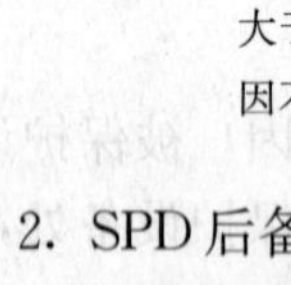

电气符号

SCB

图 13.6.2-2 SPD 后备保护装置—SCB 电气符号图

① 防雷保护：SCB 具备耐其安装电路 SPD 的 I_{max} 或 I_{imp} 或 U_{oc} 冲击电流不断开的能力，设备防雷保护持续有效；

② 防火保护：因工频电源出现异常导致流入 SPD 的工频电源超过 5A 时，与 SPD 串接的 SCB 通迅速脱扣将 SPD 从电网中断开，避免 SPD 流入过量工频电流而导致火灾；

③ 具备分断 SPD 安装电路的预期短路电流能力；

④ 通过雷电浪涌冲击电流时低残压值，确保低限制电压保障电器设备安全。

(2) 工作原理。

工频电流和雷电浪涌电流通过SPD在幅值和持续时间上有显著差异，工频电流幅值小(安培级)、持续时间长，雷电浪涌电流幅值大（千安培级）但持续时间短。SCB就是利用工频电流和雷电浪涌电流的幅值和持续时间的差异化实现了参量选通控制。SCB的核心器件是一个具有时延效应的电磁铁，该电磁铁具有滞后动作特性。当工频交流电流通过时，电磁铁经过延时后速动脱扣切断交流通路；当雷电浪涌电流通过时，电磁铁还未开始响应动作雷击浪涌电流就已结束，电磁铁一直处于稳定状态，SCB不脱扣持续有效工作。

(3) 核心技术

SCB能取代熔断器和微型断路器，作为SPD专用后备保护器，主要依靠SCB与熔断器和微型断路器相反的动作曲线，而这一动作曲线正好能满足SPD安全可靠的使用。SCB独特的动作曲线，见图13.6.2-3。

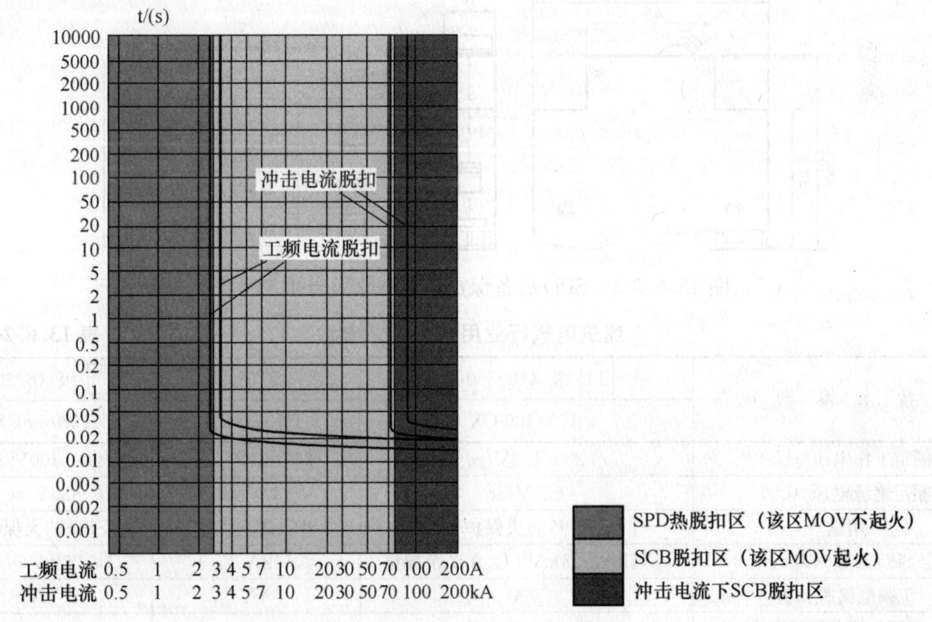

图13.6.2-3 SCB动作曲线

(4) SCB接线原理图

SCB专用于SPD后备保护，不适宜于SPD后备保护以外的工频电网的其他应用，否则可能因使用不当而造成不良影响。SCB可与限压型或开关型SPD配套使用，使用时SCB必须与SPD串接同被保护电气设备一起并联接入电网。SCB与限压型SPD用于3PN(3P1)的接线使用方法，见图13.6.2-4。

(5) 主要技术参数

建筑电气行业用SCB技术参数，见图13.6.2-1。

(6) SPD后备保护装置—SCB外形尺寸，见图13.6.3-5。

注：SPD后备保护器—SCB结构设计类似于微型断路器MCB，均具有上下接线端子、动触头、静触头、电流传感器、合闸扳手、脱扣机构和灭弧栅等部件，不同之处在于SCB具有额外的工频电流抑制器，在电流传感器、动静触头材料和电磁铁等方面具有更为特殊的技术参数要求。

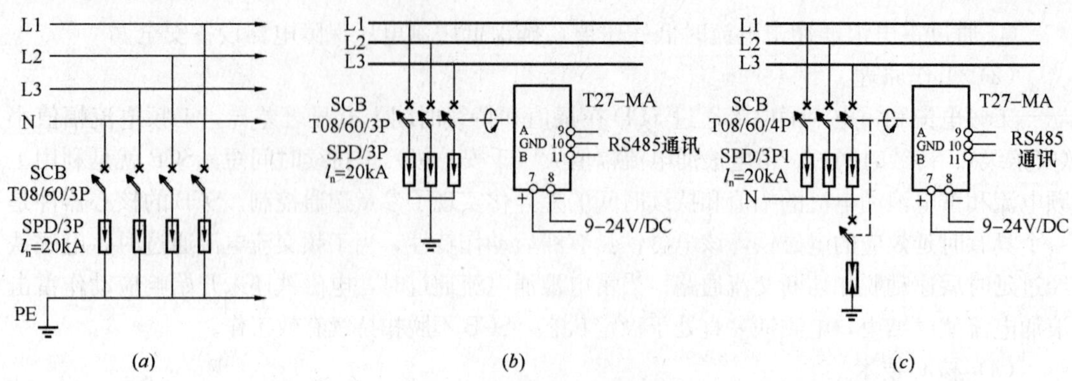

图 13.6.2-4 SCB 接线原理图

(*a*) SCB 用于 3PN 接法；(*b*) SCB 配套自动重合器原理图(3P 接法)；

(*c*) SCB 配套自动重合器原理图(4P 接法)；

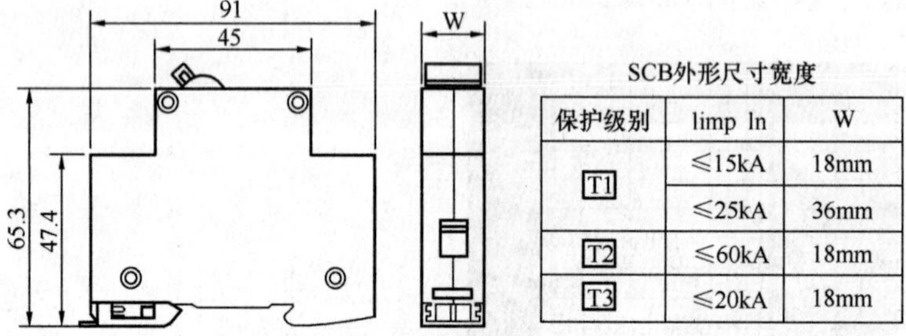

SCB外形尺寸宽度

保护级别	limp ln	W
T1	≤15kA	18mm
	≤25kA	36mm
T2	≤60kA	18mm
T3	≤20kA	18mm

图 13.6.3-5 SPD 后备保护装置—SCB 外形尺寸图

建筑电气行业用 SCB 技术参数 **表 13.6.2-1**

技 术 参 数	T1 级 (10/350μs)	T2 级 (8/20μs)	T3 级 (8/20μs)
	T08/100-CX	T08/80-CX	T08/60-CX
额定工作电压 (U_e)	230/400V/ac	230/400V/ac	230/400V/ac
额定绝缘电压 (U_i)	630V/ac	630V/ac	630V/ac
用途	SPD 防火保护	SPD 防火保护	SPD 防火保护
配合 SPD 参数 (I_{imp}、I_n)	≤15kA、25kA (I_{imp}) 2 个规格	≤60kA (I_n)	≤20kA (I_n)
工频电流脱扣值	4A	4A	4A
工频电流分断次数	1000	1000	1000
工频短路电流分断能力 (I_{cs})	50kA (默认值)	60kA (默认值)	60kA (默认值)
工频短路电流分断能力 (I_{cs})	100kA (需标注)	35kA (需标注)	20kA (需标注)
端子最大接线	25mm^2	25mm^2	25mm^2
外壳防护等级	IP20	IP20	IP20
工作环境温度	−25℃～60℃	−25℃～60℃	−25℃～60℃
存放环境温度	−40℃～75℃	−40℃～75℃	−40℃～75℃
工作环境湿度	20%～90%	20%～90%	20%～90%
安装卡轨	EN60715 (35mm)	EN60715 (35mm)	EN60715 (35mm)
备 注	开关型 SPD 应使用多间隙型配套		

3. 应用示例

(1) SCB 与 SPD 快速选型配合，见表 13.6.2-2。

(2) SCB 在建筑物低压配电屏（总配电柜）、楼层配电箱、室外设备配电箱以及专用配电箱内的安装选型示例，见图 13.6.2-6。

SCB 与 SPD 快速选型配合 **表 13.6.2-2**

类别 \ 电气环境	T1 级 总配电柜 有向外引出线的屋顶设备及室外设备	T2 级 未向外引出线的屋顶设备	T2 级 楼层配电柜/消防网络电梯等	T2 级 T3 级 终端箱/大型设备控制箱	T2 级 T3 级 重要设备前端机柜 UPS/摄像头
后备保护器 SCB	T08/100/4P	T08/80/4P	T08/80/4P	三相：T08/80/4P 单相：T08/80/2P	三相：T08/60/4P 单相：T08/60/2P
推荐配套 SPD	VA150/3PN	VA60/3PN	VB40/3PN	三相：VC20/3PN 单相：VC20/1PN	三相：VD10/3PN 单相：VD10/1PN

注：1. 表中产品选型以 TN-S 接地系统为例。其他接地系统请参考 TN-C-S 系统，第一级保护 SPD 应选 3P 产品。
2. SCB 不同型号流过工频电流脱扣值相同。

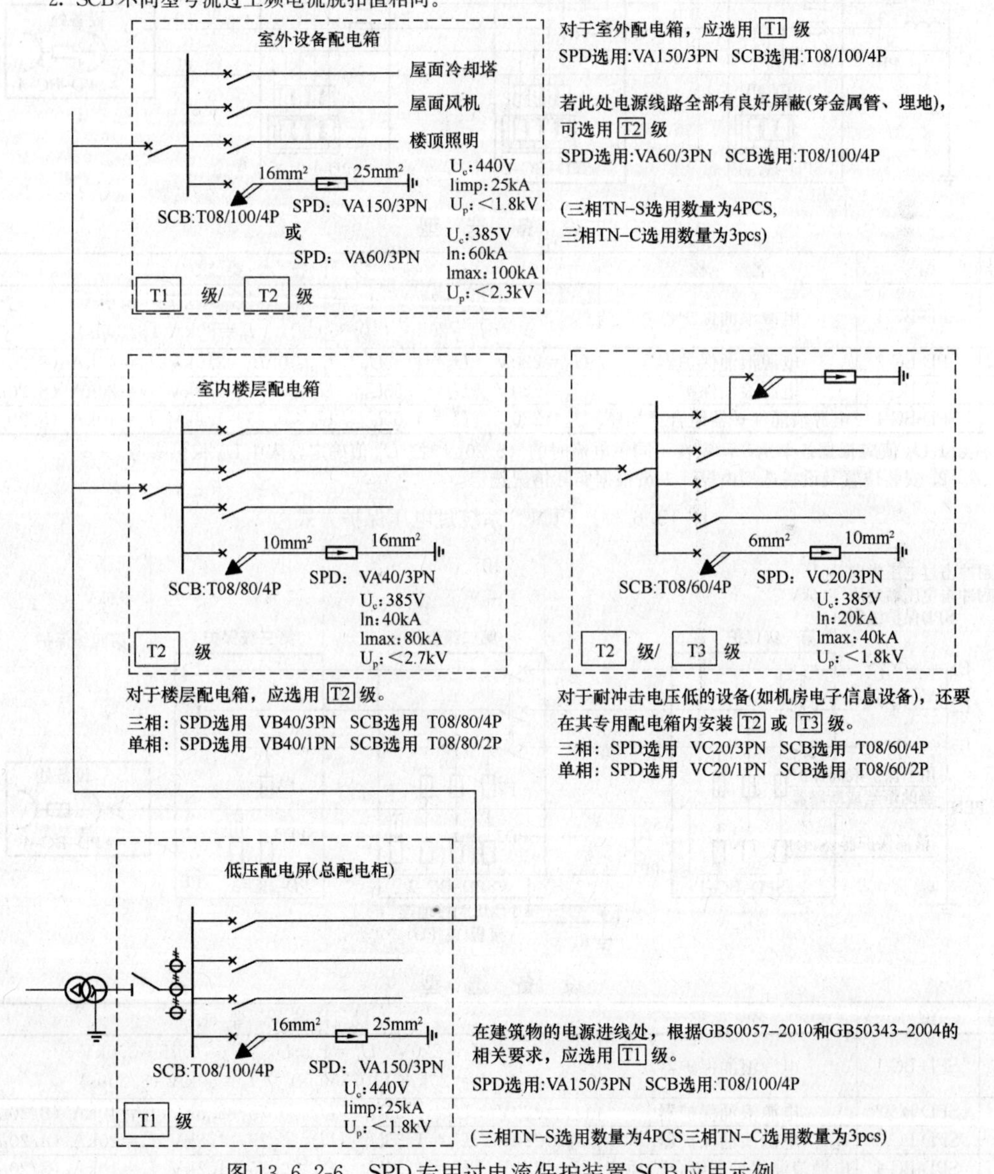

图 13.6.2-6 SPD 专用过电流保护装置 SCB 应用示例

注：1. 以上产品的选型以 TN-S 供电系统为例，SCB 的各项参数均为厦门大恒科技有限公司推荐值（GB 16895.22 之 534.2.3.5 与 534.2.4 规定：此参数由 SPD 制造厂推荐）。
2. SCB 与 SPD 为一对一设计。

13.6.3 示　　例

各种电源线路及火灾自动报警系统信号线路过电压（浪涌电压）保护方式示例，见图13.6.3-1～图13.6.3-5，设备选型及安装位置由工程设计人员根据实际情况确定。

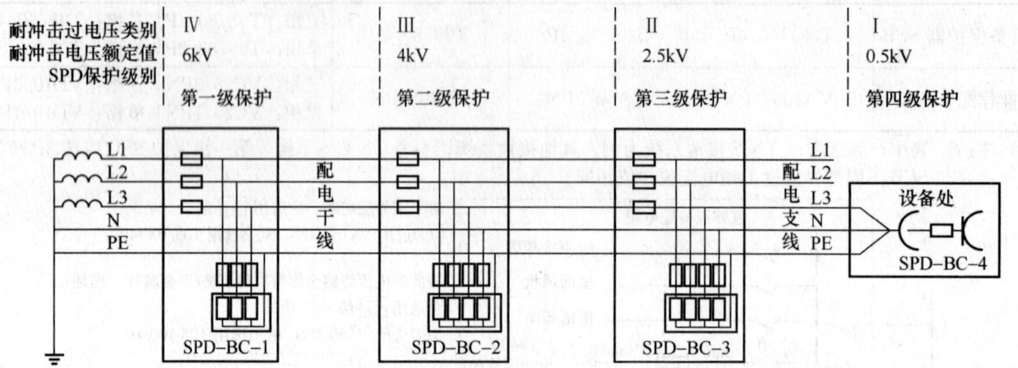

设　备　选　型

序号	编号	名　　称	设计技术要求
1	SPD-BC-1	电源浪涌保护器	U_n=220V　U_c=1.55U_n　U_p≤0.75～3.0kV I_n=20kA（10/350μs）　I_n=80kA（8/20μs）
2	SPD-BC-2	电源浪涌保护器	U_n=220V　U_c=1.55U_n　U_p≤0.75～2.5kV　I_n=40kA（8/20μs）
3	SPD-BC-3	电源浪涌保护器	U_n=220V　U_c=1.55U_n　U_p≤0.75～1.8kV　I_n=20kA（8/20μs）
4	SPD-BC-4	电源浪涌保护器组合式插座	U_n=220V　U_c=1.55U_n　U_p≤0.75～1.2kV　I_n=10kA（8/20μs）

注：1. U_p 值应根据各个生产厂家在不同雷电流时的（8/20μs 时）U_p 值确定，表中 U_p 仅供参考。
2. 安装位置及设备选型由设计人员根据实际情况选定。

图 13.6.3-1　TN-S 系统过电压保护方式

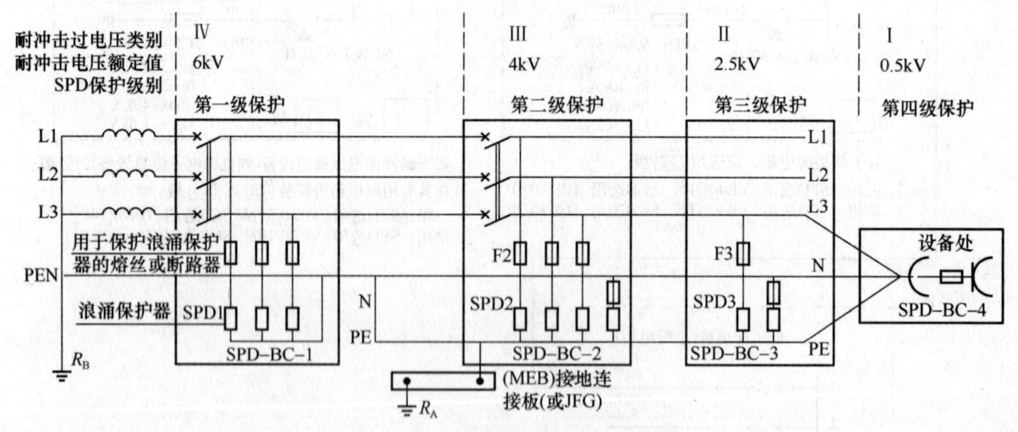

设　备　选　型

序号	编号	名　　称	设计技术要求
1	SPD-BC-1	电源浪涌保护器	U_n=220V　U_c=1.55U_n　U_p≤0.75～3.0kV I_n=20kA（10/350μs）　I_n=80kA（8/20μs）
2	SPD-BC-2	电源浪涌保护器	U_n=220V　U_c=1.55U_n　U_p≤0.75～2.5kV　I_n=40kA（8/20μs）
3	SPD-BC-3	电源浪涌保护器	U_n=220V　U_c=1.55U_n　U_p≤0.75～1.8kV　I_n=20kA（8/20μs）
4	SPD-BC-4	电源浪涌保护器组合式插座	U_n=220V　U_c=1.55U_n　U_p≤0.75～1.2kV　I_n=10kA（8/20μs）

注：1. U_p 值应根据各个生产厂家在不同雷电流时的（8/20μs 时）U_p 值确定，表中 U_p 仅供参考。
2. 安装位置及设备选型由设计人员根据实际情况选定。

图 13.6.3-2　TN-C-S 系统过电压保护方式

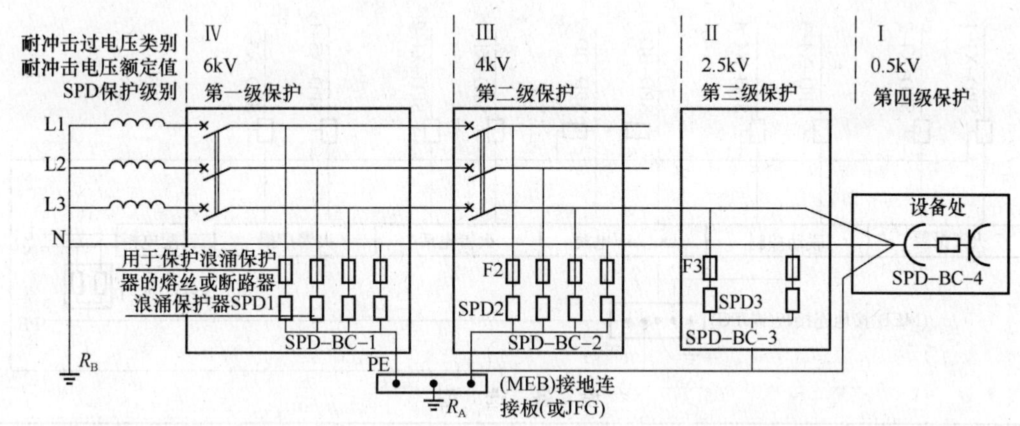

设 备 选 型

序号	编号	名 称	设计技术要求
1	SPD-BC-1	电源浪涌保护器	U_n=220V U_c=1.55U_n U_p≤0.75～3.0kV I_n=20kA (10/350μs) I_n=80kA (8/20μs)
2	SPD-BC-2	电源浪涌保护器	U_n=220V U_c=1.55U_n U_p≤0.75～2.5kV I_n=40kA (8/20μs)
3	SPD-BC-3	电源浪涌保护器	U_n=220V U_c=1.55U_n U_p≤0.75～1.8kV I_n=20kA (8/20μs)
4	SPD-BC-4	电源浪涌保护器组合式插座	U_n=220V U_c=1.55U_n U_p≤0.75～1.2kV I_n=10kA (8/20μs)

注：1. U_p 值应根据各个生产厂家在不同雷电流时的（8/20μs时）U_p 值确定，表中 U_p 仅供参考。

2. 安装位置及设备选型由设计人员根据实际情况选定。

图 13.6.3-3 TT系统过电压保护方式

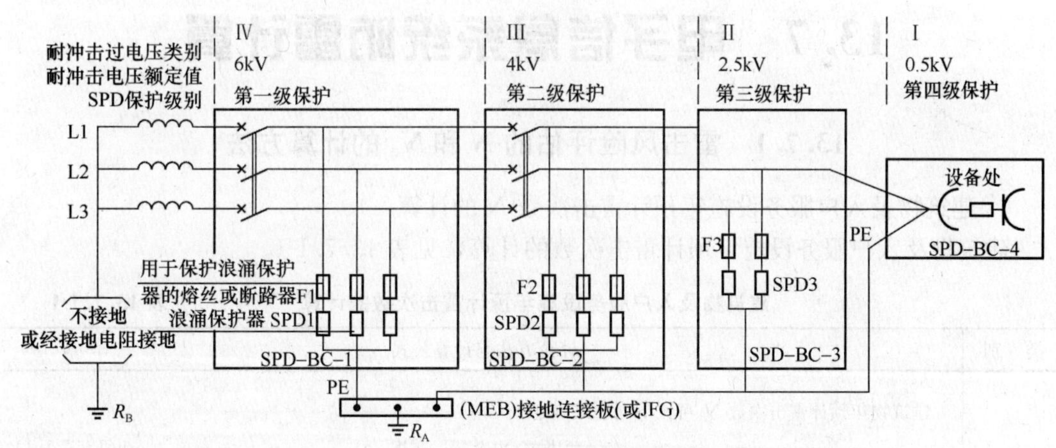

设 备 选 型

序号	编号	名 称	设计技术要求
1	SPD-BC-1	电源浪涌保护器	U_n=220V U_c=1.55U_n U_p≤0.75～3.0kV I_n=20kA (10/350μs) I_n=80kA (8/20μs)
2	SPD-BC-2	电源浪涌保护器	U_n=220V U_c=1.55U_n U_p≤0.75～2.5kV I_n=40kA (8/20μs)
3	SPD-BC-3	电源浪涌保护器	U_n=220V U_c=1.55U_n U_p≤0.75～1.8kV I_n=20kA (8/20μs)
4	SPD-BC-4	电源浪涌保护器组合式插座	U_n=220V U_c=1.55U_n U_p≤0.75～1.2kV I_n=10kA (8/20μs)

注：1. U_p 值应根据各个生产厂家在不同雷电流时的（8/20μs时）U_p 值确定，表中 U_p 仅供参考。

2. 安装位置及设备选型由设计人员根据实际情况选定。

图 13.6.3-4 IT系统过电压保护方式

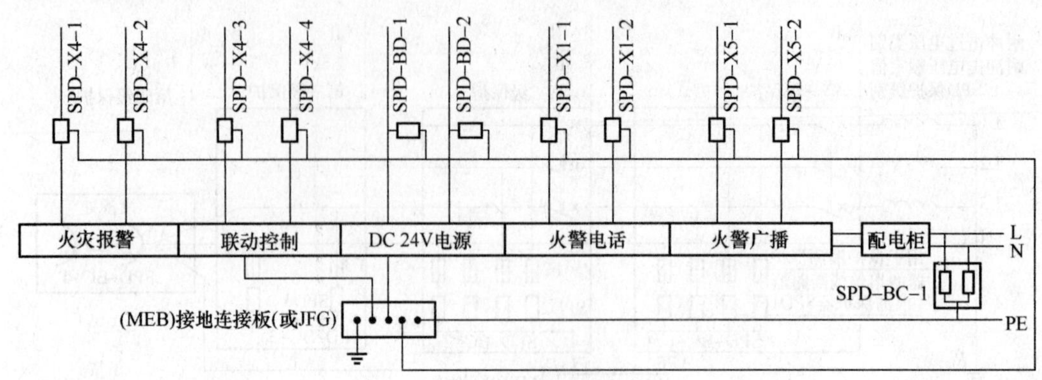

设 备 选 型

序号	编号	名 称	设计技术要求
1	SPD-X4-1～2	报警信号电涌防护器	$U_n=24V$　$U_c=1.55U_n$　$U_s=2\sim3U_n$　$I_n=3kA$ (8/20μs)
2	SPD-X4-3～4	控制信号电涌防护器	$U_n=24V$　$U_c=1.55U_n$　$U_s=2\sim3U_n$　$I_n=3kA$ (8/20μs)
3	SPD-BD-1～2	电源电涌防护器	$U_n=24V$　$U_c=1.55U_n$　$U_p=1.8U_n$　$I_n=5kA$ (8/20μs)
4	SPD-X1-1～2	火警电话信号电涌防护器	$U_n=150V$　$U_c=1.55U_n$　$U_s=2\sim3U_n$　$I_n=1kA$ (8/20μs)
5	SPD-X5-1～2	火警广播信号电涌防护器	$U_n=150V$　$U_c=1.55U_n$　$U_s=2\sim3U_n$　$I_n=1.5kA$ (8/20μs)
6	SPD-BC-1	电源电涌防护器	$U_n=220V$　$U_c=1.55U_n$　$U_p=1000V$　$I_n=20kA$ (8/20μs)

注：1. 由室内引至室外的信号线路（或室外引入室内）两端应加设SPD保护。
2. 在每栋建筑物内部的信号及控制线间不必加设SPD保护。
3. 安装位置及设备选型由设计人员根据实际情况选定。

图 13.6.3-5　火灾自动报警及联动系统过电压保护方式

13.7　电子信息系统防雷计算

13.7.1　雷击风险评估的 N 和 N_c 的计算方法

1. 建筑物及入户服务设施年预计雷击次数 N 的计算

建筑物及入户服务设施年预计雷击次数的计算，见表 13.7.1-1。

建筑物及入户服务设施年预计雷击次数的计算　表 13.7.1-1

类别	计算方法与计算公式
年预计雷击次数 N_1	建筑物年预计雷击次数 N_1 可按下列公式确定： $N_1=K\times N_g\times A_e$ （次/a）　(13.7.1-1) 式中　K——校正系数，在一般情况下取1，在下列情况下取相应数值：位于旷野孤立的建筑物取2；金属屋面的砖木结构的建筑物取1.7；位于河边、湖边、山坡下或山地中土壤电阻率较小处，地下水露头处、土山顶部、山谷风口等处的建筑物，以及特别潮湿地带的建筑物取1.5； N_g——建筑物所处地区雷击大地密度，次/km²·a； A_e——建筑物截收相同雷击次数的等效面积，km²
雷击大地密度 N_q	建筑物所处地区雷击大地密度 N_g 可按下列公式确定： $N_g\approx0.1\times T_d$ （次/km²·a）　(13.7.1-2) 式中　T_d——年平均雷暴日，d/a，根据当地气象台、站资料确定

续表

类 别	计算方法与计算公式
建筑物的等效面积 A_e	建筑物的等效面积 A_e 的计算方法应符合下列规定： 1. 当建筑物的高度 H 小于 100m 时，其每边的扩大宽度 D 和等效面积 A_e 应按下列公式计算确定： $D=\sqrt{H(200-H)}$ (m) (13.7.1-3) $A_e=[LW+2(L+W)\times\sqrt{H(200-H)}+\pi H(200-H)]\times10^{-6}$ (km^2) (13.7.1-4) 式中 L、W、H——分别为建筑物的长、宽、高，m。 2. 当建筑物的高 H 大于或等于 100m 时，其每边的扩大宽度应按等于建筑物的高 H 计算。建筑物的等效面积应按下列公式确定： $A_e=[LW+2H(L+W)+\pi H^2]\times10^{-6}$ (km^2) (13.7.1-5) 3. 当建筑物各部位的高不同时，应沿建筑物周边逐点计算出最大的扩大宽度，其等效面积 A_e 应按各最大扩大宽度外端的连线所包围的面积计算。建筑物扩大后的面积见第 13.4.1 节图 13.4.1-1 中周边虚线所包围的面积
建筑物及入户设施年预计雷击次数 N	1. 入户设施年预计雷击次数 N_2 按下列公式确定： $N_2=N_g\times A'_e=(0.1\times T_d)\times(A'_{e1}+A'_{e2})$ (次/a) (13.7.1-6) 式中 N_g——建筑物所处地区雷击大地密度，次/km^2·a； T_d——年平均雷暴日，d/a，根据当地气象台、站资料确定； A'_{e1}——电源线缆入户设施的截收面积，km^2，按表 13.7.1-2 的规定确定； A'_{e2}——信号线缆入户设施的截收面积，km^2，按表 13.7.1-2 的规定确定。 2. 建筑物及入户设施年预计雷击次数 N 按下列公式确定： $N=N_1+N_2$ (次/a) (13.7.1-7)

入户设施的截收面积 **表 13.7.1-2**

线路类型	有效截收面积 A'_e (km^2)
低压架空电源电缆	$2000\times L\times10^{-6}$
高压架空电源电缆（至现场变电所）	$500\times L\times10^{-6}$
低压埋地电源电缆	$2\times d_s\times L\times10^{-6}$
高压埋地电源电缆（至现场变电所）	$0.1\times d_s\times L\times10^{-6}$
架空信号线	$2000\times L\times10^{-6}$
埋地信号线	$2\times d_s\times L\times10^{-6}$
无金属铠装和金属芯线的光纤电缆	0

注：1. L 是线路从所考虑建筑物至网络的第一个分支点或相邻建筑物的长度，单位为 m，最大值为 1000m，当 L 未知时，应取 $L=1000$m。
2. d_s 表示埋地引入线缆计算截收面积时的等效宽度，单位为 m，其数值等于土壤电阻率的值，最大值取 500。

2. 可接受的最大年平均雷击次数 N_c 的计算

因直击雷和雷电电磁脉冲引起电子信息系统设备损坏的可接受的最大年平均雷击次数 N_c 按下列公式确定：

$$N_c = 5.8 \times 10^{-1} / C \quad (次/a) \qquad (13.7.1\text{-}8)$$

式中 C——各类因子C_1、C_2、C_3、C_4、C_5、C_6之和；

C_1——为信息系统所在建筑物材料结构因子，当建筑物屋顶和主体结构均为金属材料时，C_1取0.5；当建筑物屋顶和主体结构均为钢筋混凝土材料时，C_1取1.0；当建筑物为砖混结构时，C_1取1.5；当建筑物为砖木结构时，C_1取2.0；当建筑物为木结构时，C_1取2.5；

C_2——信息系统重要程度因子，第13.5.1节表13.5.1-3中的C、D类电子信息系统C_2取1；B类电子信息系统C_2取2.5；A类电子信息系统C_2取3.0；

C_3——电子信息系统设备耐冲击类型和抗冲击过电压能力因子，一般，C_3取0.5；软弱，C_3取1.0；相当弱，C_3取3.0；

注："一般"指现行国家标准《低压系统内设备的绝缘配合　第1部分：原理、要求和试验》GB/T 16935.1中所指的Ⅰ类安装位置的设备，且采取了较完善的等电位连接、接地、线缆屏蔽措施；"软弱"指现行国家标准《低压系统内设备的绝缘配合　第1部分：原理、要求和试验》GB/T 16935.1中所指的Ⅰ类安装位置的设备，但使用架空线缆，因而风险大；"相当弱"指集成化程度很高的计算机、通信或控制等设备。

C_4——电子信息系统设备所在雷电防护区（LPZ）的因子，设备在LPZ2等后续雷电防护区内时，C_4取0.5；设备在LPZ1区内时，C_4取1.0；设备在$LPZ0_B$区内时，C_4取1.5～2.0；

C_5——为电子信息系统发生雷击事故的后果因子，信息系统业务中断不会产生不良后果时，C_5取0.5；信息系统业务原则上不允许中断，但在中断后无严重后果时，C_5取1.0；信息系统业务不允许中断，中断后会产生严重后果时，C_5取1.5～2.0；

C_6——表示区域雷暴等级因子，少雷区C_6取0.8；中雷区C_6取1；多雷区C_6取1.2；强雷区C_6取1.4。

13.7.2 雷击磁场强度的计算方法和雷电流参数

1. 雷击磁场强度的计算方法

建筑物雷击磁场强的计算，见表13.7.2-1。

建筑物雷击磁场强度的计算　　表13.7.2-1

类　别	计算方法与计算公式
建筑物附近雷击的情况下防雷区内磁场强度	1. 无屏蔽时所产生的磁场强度H_0，即LPZ0区内的磁场强度，应按公式（13.7.2-1）计算： $H_0 = i_0/(2\pi s_a)$ (A/m)　(13.7.2-1) 式中 i_0——雷电流，A； s_a——从雷击点到屏蔽空间中心的距离，m，见图13.7.2-1。 2. 当建筑物邻近雷击时，格栅型空间屏蔽内部任意点的磁场强度应按下列公式进行计算： LPZ1内　$H_1 = H_0/10^{SF/20}$ (A/m)　(13.7.2-2) LPZ2等后续防护区内　$H_{n+1} = H_n/10^{SF/20}$ (A/m)　(13.7.2-3)

续表

<table>
<tr><th>类　别</th><th>计算方法与计算公式</th></tr>
<tr><td>建筑物附近雷击的情况下防雷区内磁场强度</td><td>式中　H_0——无屏蔽时的磁场强度，A/m；
H_n、H_{n+1}——分别为 LPZn 和 LPZ$n+1$ 区内的磁场强度，A/m；
SF——按表 13.7.2-2 的公式计算的屏蔽系数，dB。
这些磁场值仅在格栅型屏蔽内部与屏蔽体有一安全距离为 $d_{s/1}$ 的安全空间内有效，安全距离可按下列公式计算：
当 $SF \geqslant 10$ 时　$d_{s/1}=w \cdot SF/10$　(m)　(13.7.2-4)
当 $SF<10$ 时　$d_{s/1}=w$　(m)　(13.7.2-5)
式中　SF——按表 13.7.2-2 的公式计算的屏蔽系数，dB；
w——空间屏蔽网格宽度，m。
3. 格栅形大空间屏蔽的屏蔽系数 SF，按表 13.7.2-2 的公式计算</td></tr>
<tr><td>当建筑物顶防直击雷装置接闪时防雷区内磁场强度</td><td>1. 格栅型空间屏蔽 LPZ1 内部任意点的磁场强度，见图 13.7.2-2 应按下列公式进行计算：
$H_1 = k_H \cdot i_0 \cdot w/(d_w \cdot \sqrt{d_r})$ (A/m)　(13.7.2-6)
式中　d_r——待计算点与 LPZ1 屏蔽中屋顶的最短距离，m；
d_w——待计算点与 LPZ1 屏蔽中墙的最短距离，m；
i_0——LPZ0_A 的雷电流，A；
k_H——结构系数，$1/\sqrt{m}$，典型值取 0.01；
w——LPZ1 屏蔽的网格宽度，m。
按公式（13.7.2-6）计算的磁场值仅在格栅型屏蔽内部与屏蔽体有一安全距离 $d_{s/2}$ 的安全空间内有效，安全距离可按下列公式计算：
$d_{s/2} = w$ (m)　(13.7.2-7)
2. 在 LPZ2 等后续防护区内部任意点的磁场强度，见图 13.7.2-3，仍按公式(13.7.2-3) 计算，这些磁场值仅在格栅型屏蔽内部与屏蔽体有一安全距离为 $d_{s/1}$ 的安全空间内有效。</td></tr>
</table>

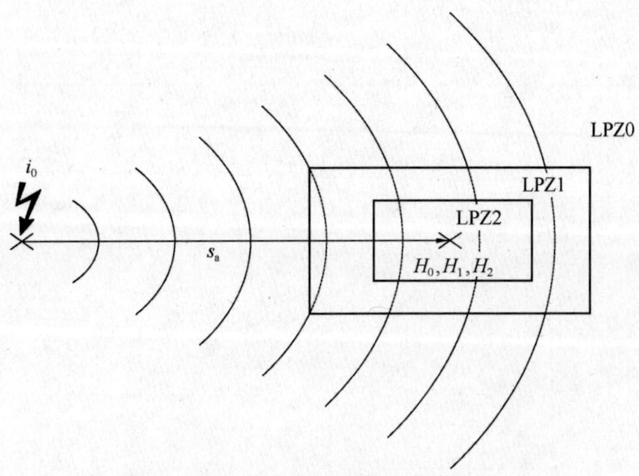

图 13.7.2-1　邻近雷击时磁场值的估算

格栅型空间屏蔽对平面波磁场的衰减 **表 13.7.2-2**

材质	SF (dB)	
	25kHz注1	1MHz注2
铜材或铝材	$20\cdot\lg(8.5/w)$	$20\cdot\lg(8.5/w)$
钢材注3	$20\cdot\lg\left[(8.5/w)/\sqrt{1+18\cdot10^{-6}/r^2}\right]$	$20\cdot\lg(8.5/w)$

注：1. 适用于首次雷击的磁场；

2. 适用于后续雷击的磁场；

3. 磁导率 $\mu_r\approx200$；

4. 公式计算结果为负数时，$SF=0$；

5. 如果建筑物安装有网状等电位连接网络时，SF 增加 6dB；

6. w 是格栅型空间屏蔽网格宽度，m；r 是格栅型屏蔽杆的半径，m。

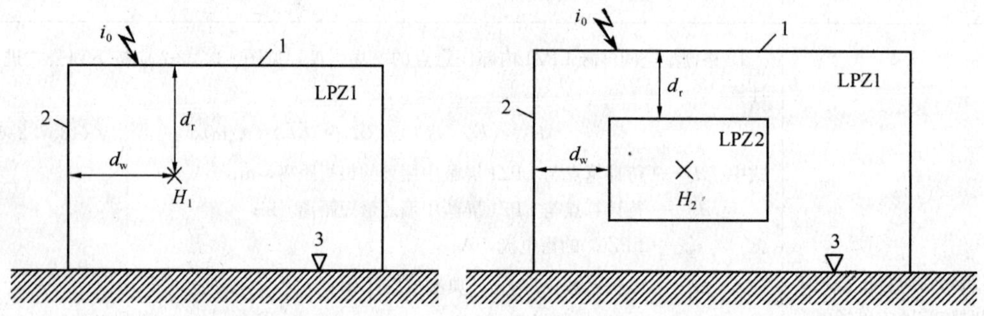

图 13.7.2-2 闪电直接击于屋顶接闪器时 LPZ1 区内的磁场强度

1—屋顶；2—墙；3—地面

图 13.7.2-3 LPZ2 等后续防护区内部任意点的磁场强度的估算

1—屋顶；2—墙；3—地面

2. 雷电流参数

雷电流参数，见第 13.4.6 节雷电流参数。

14 接地和特殊场所的安全保护

14.1 一般规定和要求

14.1.1 低压配电系统接地形式

1. 概述

（1）交流标称电压10kV及以下用电设备接地和安全保护设计方案应根据建设工程特点、规模、发展规划和地质状况以及设备操作维护情况合理确定。

（2）用电设备的接地可分为保护性接地和功能性接地。

（3）不同电压等级用电设备的保护接地和功能接地，宜采用共用接地网；对其他非电力设备（如电信及其他电子设备），除有特殊要求外，电信及其他电子设备等非电力设备也可采用共用接地网。接地网的接地电阻应符合其中设备最小值的要求。

（4）共用接地网，并不是要求接地连接导体全都共用，但接地网必须是共用的。为了防止在电气系统中的设备发生故障，通过接地导体将高电位引到PE线上会造成意外事故，设计时应注意：

①首先PE导体应有良好接地条件，其所在环境的外露可导电部分不应与PE导体间产生危险电位（即大于50V）；

②用电设备应有可靠的保护系统，即有过电流、剩余电流动作保护等防止接触及间接接触保护措施，使PE导体上的电压小于50V，电流、时间小于30mA、0.1s等有效措施加以限制；

③有对过电压要求严格的用电设备时，应有单独的接地导体连接到接地网上，接地导体可采用单芯绝缘线，但一定要接到本建筑物的公用接地网上。公用接地网可避免各种原因造成的系统反击电压。

（5）等电位联结是安全保障的基本而重要的有效措施，每个建筑物均应根据自身特点采取相应的等电位联结。

2. 接地形式

电力系统的一点或多点的功能接地和保护接地称为（电力）系统接地。为了电气安全，将一个系统、装置或设备的一点或多点接地称为保护接地。低压配电系统的接地形式可分为TN、TT、IT三种系统，其中TN系统又可分为TN-C、TN-S、TN-C-S三种形式。低压配电系统接地形式的分类，见表14.1.1-1。

3. 设计要点

低压配电系统接地形式设计要点，见表14.1.1-2。

低压配电系统接地形式的分类　　　　**表 14.1.1-1**

系统接地方式		系统示意图	主要特点
IT 系统		L_1 L_2 L_3 N 阻抗 PE 电力系统接地点 外露可导电部分	IT 电力系统的带电部分与大地间不直接连接，而电气设施的外露可导电部分则是接地的。 IT 系统适用于不间断供电要求高和对地故障电压有严格限制的场所，如应急电源装置、消防、胸腔手术室以及有防火防爆要求的场所
TT 系统		L_1 L_2 L_3 N PE 电力系统接地点 外露可导电部分	TT 电力系统有一个直接接地点，电气设施的外露可导电部分接至电气上与电力系统的接地点无关的接地极。 TT 系统尤其适用无等电位联结的户外场所、户外照明、户外演出场地、户外集贸市场等场所
TN 系统	TN-C 系统	L_1 L_2 L_3 PEN PE 电力系统接地点 外露可导电部分	整个系统的中性线与保护线是合一的。 TN-C 系统安全水平较低适用于设有单相 220V，携带式、移动式用电设备，而单相 220V 固定式用电设备也较少，有专业人员维护管理的一般性工业厂房和场所。民用建筑不宜采用 TN-C 接地型式
TN 系统	TN-S 系统	L_1 L_2 L_3 N PE PE 电力系统接地点 外露可导电部分	整个系统的中性线（N 线）与保护线（PE）是分开的。 TN-S 系统适用于设有变电所的工业企业，高层建筑及大型公共建筑医院、有爆炸和火灾危险的厂房和场所、办公楼和科研楼、计算站、通信局、站以及一般住宅、商店等民用建筑
TN 系统	TN-C-S 系统	L_1 L_2 L_3 PEN N PE PE 电力系统接地点 外露可导电部分	系统中有一部分中性线与保护线是合一的。 TN-C-S 系统适用于不设附加变电所的工业企业与一般民用建筑。当负荷端装有漏电开关，干线末端装有断零保护时，也可用于新建住宅小区

注：1. 中性线（N 线）：与系统中性点相连并能起传输电能作用的导线。

2. 保护线（PE 线）：为满足某些故障情况下电击保护措施所要求的用来将以下任何部分作电气连接的导线：外露导电部分、装置外导电部分、总接地端子、接地线、电源接地点或人工接地点。

3. 保护中性线（PEN 线）：起中性线（N）和保护线（PE）两种作用的接地的导线。

低压配电系统接地形式设计要点 **表 14.1.1-2**

类 别	技术规定和要求
TN 系统	1. 在 TN 系统中，配电变压器中性点应直接接地。所有电气设备的外露可导电部分应采用保护导体（PE）或保护接地中性导体（PEN）与配电变压器中性点相连接。 2. 保护导体或保护接地中性导体应在靠近配电变压器处接地，且应在进入建筑物处再作"重复"接地。对于高层建筑等大型建筑物，为在发生故障时，保护导体的电位靠近地电位，需要均匀地设置附加接地点。设计中保护导体，水平敷设时可按 50m，垂直敷设时可按 20m。当然在长干线的终端处，PE 导体应作接地。附加接地点可采用有等电位效能的人工接地体或自然接地体等外界可导电体。 3. 保护导体上不应设置保护电器及隔离电器，可设置供测试用的只有用工具才能断开的接点。 在 TN-C 的配电系统中，建筑物采用 TN-C-S 系统时，在建筑物的进线处设置重复接地，将系统变成 TN-S 以后才能设置进线隔离开关，这就大大提高了 PE 线的可靠性。 4. 保护导体单独敷设时，应与配电干线敷设在同一桥架上，并应靠近安装。 5. 采用 NT-C-S 系统时，当保护导体与中性导体从某点分开后不应再合并，且中性导体不应再接地。否则造成前段的 N、PE 线并联，PE 导体可能会有大电流通过，提高 PE 导体的对地电位，危及人身生命安全；此外这种接线还会造成剩余电流动作保护器误动作
TT 系统	1. 在 TT 系统中，配电变压器中性点应直接接地。电气设备外露可导电部分所连接的接地极不应与配电变压器中性点的接地极相连接。 2. TT 系统中，所有电气设备外露可导电部分宜采用保护导体与共用的接地网或保护接地母线、总接地端子相连。 3. TT 系统配电线路的接地故障保护，应符合本手册第 7 章低压配电的有关规定
IT 系统	1. 在 IT 系统中，所有带电部分应对地绝缘或配电变压器中性点应通过足够大的阻抗接地。电气设备外露可导电部分可单独接地或成组地接地。 2. 电气设备的外露可导电部分应通过保护导体或保护接地母线、总接地端子与接地极连接。 3. IT 系统必须装设绝缘监视及接地故障报警或显示装置。装设绝缘监视及作接地故障报警，是保证单点接地故障的非长时运行的必要措施。绝缘监视器件必须是采用高阻抗接入方式。 4. 在无特殊要求的情况下，IT 系统不宜引出中性导体。 5. IT 系统是采用隔离变压器与供电系统的接地系统完全分开，所以 IT 系统中包括中性导体在内的任何带电部分严禁直接接地。单点对地的第一故障，可不切断电源，但不应长时间保持故障状态。IT 系统中的电源系统对地应保持良好的绝缘状态。
接地系统选择	1. 应根据系统安全保护所具备的条件，并结合工程实际情况，确定系统接地形式。 2. 在同一低压配电系统中，当全部采用 TN 系统确有困难时，也可部分采用 TT 系统接地形式。采用 TT 系统供电部分均应装设能自动切除接地故障的装置（包括剩余电流动作保护装置）或经由隔离变压器供电。自动切除故障的时间，应符合本手册第 7 章低压配电系统及低压电器选择的有关规定

14.1.2 电气装置保护接地范围

根据现行国家行业标准《民用建筑电气设计规范》JGJ 16 的规定和要求，电气装置和设施的接地应符合下列规定和要求。

1. 下列电气装置和设施的外露金属可导电部分均应接地。

(1) 电力变压器和高压配电装置、电机、电器、手持式及移动式电器的底座和外壳。

(2) 电力配电设备装置，配电屏与控制屏及操作台的框架。

(3) 箱式变电站的金属箱体。

(4) 发电机中性点外壳、发电机出线柜和封闭式母线槽外壳等。

(5) 室内、外配电装置的金属构架、钢筋混凝土构架的钢筋及靠近带电部分的金属围栏等。

(6) 电缆的金属外皮和电力电缆的金属保护导管、接线盒及终端盒。

(7) 电气设备传动装置。

(8) 互感器二次绕组。

(9) 气体绝缘全封闭组合电器（GIS）的接地端子。

(10) 建筑电气设备的基础金属构架。

(11) Ⅰ类照明灯具的金属外壳。

2. 对于在使用过程中产生静电并对正常工作造成影响的场所，应采取防静电接地措施。

3. 下列电气装置的外露可导电部分可不接地：

(1) 干燥场所的交流额定电压 50V 及以下和直流额定电压 110V 及以下的电气装置。

(2) 安装在配电屏、控制屏已接地的金属框架上的电气测量仪表、继电器和其他低压电器；安装在已接地的金属框架上的设备。

(3) 安装在已接地的金属框架上的设备（应保证电器接触良好），如套管等。

(4) 直流标称电压为 220V 及以下的蓄电池室内支架。

(5) 在木质、沥青等不良导电地坪的干燥房间内，交流额定电压 380V 及以下、直流额定电压 220V 及以下的电气装置，但当维护人员可能同时触及电气装置外露可导电部分和接地物件时除外。

(6) 当发生绝缘损坏时不会引起危及人身安全的绝缘子底座。

4. 下列场所电气设备的外露可导电部分严禁保护接地：

(1) 采用设置绝缘场所保护方式的所有电气设备外露可导电部分及外界可导电部分。

(2) 采用不接地的局部等电位联结保护方式的所有电气设备外露可导电部分及外界可导电部分。

(3) 采用电气隔离保护方式的电气设备外露可导电部分及外界可导电部分。

(4) 在采用双重绝缘及加强绝缘保护方式中的绝缘外护物里面的可导电部分。

5. 当采用金属接线盒、金属导管保护或金属灯具时，交流 220V 照明配电装置的线路，应加穿 1 根 PE 保护接地绝缘导线。

14.1.3 接地电阻

1. 基本规定

高、低压供配电系统及配电装置接地电阻，见表 14.1.3-1。

高、低压供配电系统及配电装置接地电阻 **表 14.1.3-1**

类 别	技术规定和要求
高压系统	10kV 供配电系统的常用接地形式，可分为小电阻接地系统、不接地和经消弧线圈接地三种接地形式。交流电气装置的接地应符合下列规定： 1. 当配电变压器高压侧工作于小电阻接地系统时，保护接地网的接地电阻应符合下列公式要求： $R \leqslant 2000/I$ (14.1.3-1) 式中 R——考虑到季节变化的最大接地电阻，Ω； I——计算用的流经接地网的入地短路电流，A。 2. 当配电变压器高压侧工作于不接地系统时，电气装置的接地电阻应符合下列要求： (1) 高压与低压电气装置共用的接地网的接地电阻应符合下列公式要求，且不宜超过 4Ω： $R \leqslant 120/I$ (14.1.3-2) (2) 仅用于高压电气装置的接地网的接地电阻应符合下列公式要求，且不宜超过 10Ω： $R \leqslant 250/I$ (14.1.3-3) 式中 R——考虑到季节变化的最大接地电阻，Ω； I——计算用的接地故障电流，A。 3. 在中性点经消弧线圈接地的电力网中，当接地网的接地电阻按公式（14.1.3-2）、（14.1.3-3）计算时，接地故障电流应按下列规定取值： (1) 对装有消弧线圈的变电所或电气装置的接地网，其计算电流应为接在同一接地网中同一电力网各消弧线圈额定电流总和的 1.25 倍。 (2) 对不装消弧线圈的变电所或电气装置，计算电流应为电力网中断开最大一台消弧线圈时最大可能残余电流，并不得小于 30A。 4. 在高土壤电阻率地区（土壤电阻大于 500Ωm），当接地网的接地电阻达到上述规定值，技术经济不合理时，允许适当增大接地电阻值：电气装置的接地电阻可提高到 30Ω，低电阻接地系统不超过 5Ω，不接地，经消弧线圈接地和高电阻接地系统不超过 30Ω，架空电力线路的水泥杆、金属杆塔保护接地电阻不应大于 30Ω。变电所接地网的接地电阻可提高到 15Ω，但应符合本手册第 14.1.4 节第 1 条的要求
低压系统	低压系统中，配电变压器中性点的接地电阻不宜超过 4Ω。高土壤电阻率地区，当达到上述接地电阻值困难时，可采用网格式接地网
配电装置	1. 当向建筑物供电的配电变压器安装在该建筑物外时，应符合下列规定： (1) 对于配电变压器高压侧工作于不接地、消弧线圈接地和高电阻接地系统，当该变压器的保护接地网的接地电阻符合公式（14.1.3-4）要求且不超过 4Ω 时，低压系统电源接地点可与该变压器保护接地共用接地网。电气装置的接地电阻，应符合下列公式要求： $R \leqslant 50/I$ (14.1.3-4) 式中 R——考虑到季节变化时接地网的最大接地电阻，Ω； I——单相接地故障电流；消弧线圈接地系统为故障点残余电流。 (2) 低压电缆和架空线路在引入建筑物处，对于 TN-S 或 TN-C-S 系统，保护导体（PE）或保护接地中性导体（PEN）应重复接地，接地电阻不宜超过 10Ω；对于 TT 系统，保护导体（PE）单独接地，接地电阻不宜超过 4Ω。 (3) 向低压系统供电的配电变压器的高压侧工作于小电阻接地系统时，低压系统不得与电源配电变压器的保护接地共用接地网，低压系统电源接地点应在距该配电变压器适当的地点设置专用接地网，其接地电阻不宜超过 4Ω。 2. 向建筑物供电的配电变压器安装在该建筑物内时，应符合下列规定：

续表

类 别	技术规定和要求
配电装置	(1) 对于配电变压器高压侧工作于不接地、消弧线圈接地和高电阻接地系统，当该变压器保护接地的接地网的接地电阻不大于 4Ω 时，低压系统电源接地点可与该变压器保护接地共用接地网。 (2) 配电变压器高压侧工作于小电阻接地系统，当该变压器的保护接地网的接地电阻符合本规范公式(14.1.3-1)的要求且建筑物内采用总等电位联结时，低压系统电源接地点可与该变压器保护接地共用接地网
TT 系统和 IT 系统	1. TT 系统中，当系统接地点和电气装置外露可导电部分已进行总等电位联结时，电气装置外露可导电部分可不另设接地网；当未进行总等电位联结时，电气装置外露可导电部分应设保护接地的接地网，其接地电阻应符合下列公式要求。 $R \leqslant 50/I_a$ (14.1.3-5) 式中 R——考虑到季节变化时接地网的最大接地电阻，Ω； I_a——保证保护电器切断故障回路的动作电流，A。 当采用剩余动作电流保护器时，接地电阻应符合下列公式要求： $R \leqslant 25/I_{\Delta n}$ (14.1.3-6) 式中 $I_{\Delta n}$——剩余动作电流保护器动作电流，mA。 2. IT 系统的各电气装置外露可导电部分的保护接地可共用接地网，亦可单个地或成组地用单独的接地网接地。每个接地网的接地电阻应符合下列公式要求： $R \leqslant 50/I_d$ (14.1.3-7) 式中 R——考虑到季节变化时接地网的最大接地电阻，Ω； I_d——相导体和外露可导电部分间第一次短路故障电流，A
架空线和电缆线路	1. 在低压 TN 系统中，架空线路干线和分支线的终端的 PEN 导体或 PE 导体应重复接地。电缆线路和架空线路在每个建筑物的进线处应作重复接地。在装有剩余电流动作保护器后的 PEN 导体不允许设重复接地。除电源中性点外，中性导体（N），不应重复接地。 低压线路每处重复接地网的接地电阻不应大于 10Ω。在电气设备的接地电阻允许达到 10Ω 的电力网中，每处重复接地的接地电阻值不应超过 30Ω，且重复接地不应少于 3 处。 2. 在非沥青地面的居民区内，10（6）kV 高压架空配电线路的钢筋混凝土电杆宜接地，金属杆塔应接地，接地电阻不宜超过 30Ω。对于电源中性点直接接地系统的低压架空线路和高低压共杆的线路除出线端装有剩余电流动作保护器者除外，其钢筋混凝土电杆的铁横担或铁杆应与 PEN 导体连接，钢筋混凝土电杆的钢筋宜与 PEN 导体连接。 3. 穿金属导管敷设的电力电缆的两端金属外皮均应接地，变电所内电力电缆金属外皮可利用主接地网接地。当采用全塑料电缆时，宜沿电缆沟敷设 1～2 根两端接地的接地导体
其他	1. 保护配电变压器的避雷器，应与变压器保护接地共用接地网。 2. 保护配电柱上的断路器、负荷开关和电容器组等的避雷器，其接地导体应与设备外壳相连，接地电阻不应大于 10Ω。 3. 建筑物的各电气系统的接地应用同一接地网。接地网的接地电阻，应符合其中最小值的要求。 4. 低压系统由单独的低压电源供电时，其电源接地点接地装置的接地电阻不应超过 4Ω。 5. 在使用过程中产生静电并对正常工作造成影响的场所应采取防静电接地措施

注：本表摘自《民用建筑电气设计规范》JGJ 16—2008。

2. 接地电阻值

我国有关标准已经规定了部分电力装置所要求的工作接地电阻值（包括工频接地电阻和冲击接地电阻），需要时可查相关资料。各类电气装置要求的接地电阻值，见表14.1.3-2。建筑电气工程设计的接地电阻值，见表14.1.3-3。建筑电气弱电系统接地电阻值，见表14.1.3-4。

各类电气装置要求的接地电阻值 **表14.1.3-2**

电气装置名称	接地的电气装置特点	接地电阻要求（Ω）
发电厂、变电所电气装置保护接地	有效接地和低电阻接地	$R \leqslant \frac{2000^{①}}{I}$ 当 $I > 4000$A 时，$R \leqslant 0.5$
不接地、消弧线圈接地和高电阻接地系统中发电厂、变电所电气装置保护接地	仅用于高压电力装置的接地装置	$R \leqslant \frac{250^{②}}{I}$（不宜大于10）
	高压与低压电力装置共用的接地装置	$R \leqslant \frac{120^{②}}{I}$（不宜大于4）
低压电力网中，电源中性点接地		$R \leqslant 4$
	由单台容量不超过100kVA或使用同一接地装置并联运行且总容量不超过100kVA的变压器或发电机供电	$R \leqslant 10$
	上述装置的重复接地（不少于三处）	$R \leqslant 30$
引入线上装有25A以下的熔断器的小容量线路电气设置	任何供电系统	$R \leqslant 30$
	高低压电气设备联合接地	$R \leqslant 4$
	电流、电压互感器二次线圈接地	$R \leqslant 10$
土壤电阻率大于500Ω·m的高土壤电阻率地区发电厂、变电所电气装置保护接地	独立避雷针	$R \leqslant 10$
	发电厂和变电所接地装置	$R \leqslant 10$
建筑物	一类防雷建筑物（防止直击雷）	$R \leqslant 10$（冲击电阻）
	一类防雷建筑物（防止感应雷）	$R \leqslant 10$（工频电阻）
	二类防雷建筑物（防止直击雷）	$R \leqslant 10$（冲击电阻）
	三类防雷建筑物（防止直击雷）	$R \leqslant 30$（冲击电阻）
共用接地装置		接入设备中要求的最小值确定，一般 $R \leqslant 1$

注：表中：①I——流经接地装置的入地短路电流（A）。

$$I=\frac{U\ (L_k+35L_1)}{350}$$

当接地电阻不满足公式要求时，可通过技术经济比较增大接地电阻，但不得大于5Ω。

②I——单相接地电容电流，A；U——线路电压，V；L_k——架空线总长度，m；L_1——电缆总长度，m。

建筑电气工程设计常用接地项目和接地电阻（R）值　　表 14.1.3-3

接地类别	接地项目名称	接地电阻（Ω）	接地类别	接地项目名称	接地电阻（Ω）
电气设备接地	100kVA 及以上变压器（发电机）	$R\leqslant 4$	电气设备接地	3～10kV 配、变电所高低压共用接地装置	$R\leqslant 4$
	100kVA 及以上变压器供电线路的重复接地	$R\leqslant 10$		3～10kV 线路在居民区的水泥电杆接地装置	$R\leqslant 30$
	100kVA 以下变压器（发电机）	$R\leqslant 10$		低压电力设备接地装置	$R\leqslant 4$
	100kVA 以下变压器供电线路的重复接地	$R\leqslant 30$		电子设备接地	$R\leqslant 4$
	高、低压电气设备的联合接地	$R\leqslant 4$		电子设备与防雷接地系统共用接地体	$R\leqslant 1$
	电流、电压互感器二次绕组接地	$R\leqslant 10$		电子计算机安全接地	$R\leqslant 4$
	架空引入线绝缘子脚接地	$R\leqslant 20$		医疗用电气设备接地	$R\leqslant 4$
	装在变电所与母线连接的避雷器接地	$R\leqslant 10$		静电屏蔽体的接地	$R\leqslant 4$
	配电线路零线每一重复接地装置	$R\leqslant 10$		电气试验设备接地	$R\leqslant 4$
防雷接地	一类防雷建筑物防雷接地装置	$R\leqslant 10$	防雷接地	水塔的防雷接地	$R\leqslant 30$
	二级防雷建筑物防雷接地装置	$R\leqslant 10$		烟囱的防雷接地	$R\leqslant 30$
	三类防雷建筑物防雷接地装置	$R\leqslant 30$		微波站、电视台的天线塔防雷接地	$R\leqslant 5$
	一类工业建筑物防雷接地装置	$R\leqslant 10$		微波站、电视台的机房防雷接地	$R\leqslant 1$
	二类工业建筑物防雷接地装置	$R\leqslant 10$		卫星地面站的防雷接地	$R\leqslant 1$
	三类工业建筑物防雷接地装置	$R\leqslant 30$		广播发射台天线塔防雷接地装置	$R\leqslant 0.5$
	露天可燃气体贮气柜的防雷接地	$R\leqslant 30$		广播发射台发射机房防雷接地装置	$R\leqslant 10$
	露天油罐的防雷接地	$R\leqslant 10$		雷达站天线与雷达主机工作接地共用接地体	$R\leqslant 1$
	户外架空管道的防雷接地	$R\leqslant 20$		雷达试验调试场防雷接地	$R\leqslant 1$

弱电系统接地电阻值　　表 14.1.3-4

序号	名称	接地形式	规模或容量	接地电阻（Ω）
1	调度电话站	单设接地装置	直流供电	<15
			交流供电：$P_e\leqslant 0.5$kW	<10
			$P_e>0.5$kW	<5
		共用接地装置		<1
2	程控式交换机	单设接地装置		<5
		共用接地装置		<1
3	综合布线（屏蔽）系统	单设接地装置		<4
		接地电位差		<1Vr.m.s
		共用接地装置		<1
4	天线系统	单设接地装置		<4
		共用接地装置		<1
5	消防系统	单设接地装置		<4
		共用接地装置		<1
6	有线广播系统	单设接地装置		<4
		共用接地装置		<1
7	闭路电视系统、同声传译系统、扩声、对讲、计算机管理系统、保安监视、BAS 等系统	单设接地装置		<4
		共用接地装置		<1

注：P_e 为交流单相负荷。

14.1.4 接 地 装 置

1. 配变电所确定布置接地装置的形式时，考虑保护接地要求，应尽量降低接触电压和跨步电压。

(1) 在6～10kV低电阻发生单相接地或两点两相接地时，变电所接地装置的接触电位差不应超过下列数值：

$$U_t = \frac{174 + 0.17\rho_f}{\sqrt{t}} \quad (14.1.4\text{-}1)$$

$$U_s = \frac{174 + 0.7\rho_f}{\sqrt{t}} \quad (14.1.4\text{-}2)$$

式中 E_{jm}——接地装置的最大接触电位差，V；

E_{km}——接地装置的最大跨步电位差，V；

ρ_b——人脚站立处地表面的土壤电阻率，Ω·m；

t——接地短路（故障）电流的持续时间，s。

(2) 在3～10kV不接地、经消弧线圈接地和高电阻接地系统，发生单相接地故障后，当不迅速切除故障时，此时发电厂、变电所接地装置的接触电位差和跨步电位差不应超过下列数值：

$$E_{jm} \leqslant 50 + 0.05\rho_b \quad (14.1.4\text{-}3)$$

$$E_{km} \leqslant 50 + 0.2\rho_b \quad (14.1.4\text{-}4)$$

当上述接触电位差可能沿PE线传至用户用电设备外露导电部分时，则$U_{jm} \leqslant 50V$。

(3) 在环境条件特别恶劣的场所，最大接触电压差和最大跨步电压差的允许值应适当降低。

(4) 当接地装置的最大接触电压差和最大跨步电压差较大时，可考虑敷设高电阻率路面结构层或埋深接地装置，以降低人体接触电压差和跨步电压差。

(5) 配变电所电气装置的接地网，除利用自然接地体时，应敷设以水平接地体为主的人工接地网，3～10kV变配电所，当采用建筑物的基础作接地且接地电阻又满足规定时，可不另设人工接地。人工接地网的外缘应闭合，外缘各角应做成圆弧形，圆弧的半径不宜小于均压带间距的一半。接地网内应敷设水平均压带。接地网的埋设深度不宜小于0.6m。

2. 接地体的选择与设置。

(1) 在满足热稳定条件下，交流电气装置的接地体应利用埋入土壤中或水中自然接地导体。当利用自然接地导体时，应确保接地网的可靠性，禁止利用可燃液体或气体管道、供暖管道、电缆金属外皮及自来水管道作保护接地体。

(2) 人工接地体可采用水平敷设的圆钢、扁钢，垂直敷设的角钢、钢管、圆钢、铜、铜包钢、碳合金模块等，也可采用金属接地板。宜优先采用水平敷设方式的接地体。

按防腐蚀和机械强度要求，对于埋入土壤中的人工接地体的最小尺寸不应小于表14.1.4-1的规定。

各种常用的接地装置保护导体的最小尺寸及截面积，见表14.1.4-2～表14.1.4-4。

人工接地体最小尺寸 **表 14.1.4-1**

材料及形状	最小尺寸			
	直径(mm)	截面积(mm^2)	厚度(mm)	镀层厚度(μm)
热镀锌扁钢	—	90	3	63
热浸锌角钢	—	90	3	63
热镀锌深埋钢棒接地极	16	—	—	63
热镀锌钢管	25	—	2	47
带状裸铜	—	50	2	—
裸铜管	20	—	2	—

注：1. 表中所列钢材尺寸也适用于敷设在混凝土中。
2. 当与防雷接地网合用时，应符合建筑物防雷接地装置的有关规定。

常用的人工接地体最小尺寸 **表 14.1.4-2**

材料		地上		地下
		室内	室外	
圆钢直径（mm）		6	8	10
角钢厚度（mm）		2	2.5	4
钢管壁厚（mm）		2.5	2.5	3.5
扁钢	截面（mm^2）	24	48	48
	厚度（mm）	3	4	4

注：本表技术数据摘自《全国民用建筑工程设计技术措施·电气》2009。

常用人工接地装置规格 **表 14.1.4-3**

类别	材料	规格		接地体间距	埋设深度
垂直接地体	角钢	厚度≥4mm	一般长度不应小于2.5m	间距及水平接地体间的距离宜为5m	其顶部距地面应在冻土层以下并应大于0.6m
	钢管	壁厚≥3.5mm			
	圆钢	直径≥10mm			
水平接地体及接地线	扁钢	截面≥100mm^2			
	圆钢	直径≥10mm			

低压电气设备地面上外露的铜和铝接地线最小截面表 **表 14.1.4-4**

名称	铜（mm^2）	铝（mm^2）
明设的裸导体	4	6
绝缘导线	1.5	2.5
电缆接地芯线或相线包在一起多芯电缆导线的接地线	1	1.5

（3）当利用自然接地体不满足要求时，应设置人工接地体。自然接地体应不少于两根导体在不同地点与人工接地体连接。

（4）接地系统的防腐蚀设计应符合下列要求：

①计及腐蚀影响后，接地系统的设计使用年限宜与地面工程的设计使用年限一致；

②接地系统的防腐蚀设计宜按当地的腐蚀数据进行；

③敷设在电缆沟的接地导体和敷设在屋面或地面上的接地导体，宜采用热镀锌，对埋入地下的接地体宜采取适合当地条件的防腐蚀措施。接地导体与接地体或接地体之间的焊接点，应涂防腐材料。在腐蚀性较强的场所，应适当加大截面。

3. 在地下禁止采用裸铝导体作接地体或接地导体。

4. 固定式电气装置的接地导体与保护导体。

（1）交流接地网的接地导体与保护导体的截面应符合热稳定要求。当保护导体按表14.1.4-5选择截面时，可不对其进行热稳定校核。在任何情况下埋入土壤中的接地导体的最小截面均不得小于表14.1.4-6的规定。

保护导体的截面积 **表14.1.4-5**

相线的截面积 S（mm^2）	相应保护导体的最小截面积 S_p（mm^2）	相线的截面积 S（mm^2）	相应保护导体的最小截面积 S_p（mm^2）
$S\leqslant16$	S	$400<S\leqslant800$	200
$16\leqslant S\leqslant35$	16	$S>800$	$S/4$
$35<S\leqslant400$	$S/2$		

注：表中 S 指柜（屏、台、箱、盘）电源进线相线截面积，且 S、S_p 材质相同。

埋入土壤中的接地导体最小截面（mm^2） **表14.1.4-6**

有无防腐蚀保护		有防机械损伤保护	无防机械损伤保护
有防腐蚀保护	铜	2.5	16
	钢	10	16
无防腐蚀保护	铜	25	
	钢	50	

（2）保护导体宜采用与相导体相同的材料，也可采用电缆金属外皮、配线用的钢导管或金属线槽等金属导体（包括裸导线与绝缘线，尺寸应与接地体同）。

当采用电缆金属外皮、配线用的钢导管及金属线槽作保护导体时，其电气特性应保证不受机械的、化学的或电化学的损害和侵蚀，其导电性能应满足表14.1.4-5的规定。

（3）不得使用可挠金属电线套管、保温管的金属外皮或金属网以及照明网络的铅皮作接地导体和保护导体。在电气装置需要接地的房间内，可导电的金属部分应通过保护导体进行接地，应采用低温焊接或焊栓连接。

5. 包括配线用的钢导管及金属线槽在内的外界可导电部分，严禁用作PEN导体。因为PEN导体可能有大电流通过，用外界可导电部分作为N导体和PE导体的共同载体是不适宜的。PEN导体必须与相导体具有相同的绝缘水平，但成套开关设备和控制设备内部的 PEN 导体除外。

6. 接地网的连接与敷设。

(1) 对于需进行保护接地的用电设备，应采用单独的保护导体与保护干线相连或用单独的接地导体与接地体相连。不应把几个应予保护接地的部分互相串联后，再用一根接地导体与接地体相连。

(2) 当利用电梯轨道作接地干线时，应将其连成封闭的回路；

(3) 变压器直接接地或经过消弧线圈接地、旋转电机和柴油发电机的中性点与接地体或接地干线连接时，应采用单独接地导体。

7. 水平或竖直井道内的接地与保护干线。

(1) 电缆井道内的接地干线可选用镀锌扁钢或铜排。

(2) 电缆井道内的接地干线截面应按下列要求之一进行确定：

①宜满足最大的预期故障电流及热稳定；

②宜根据井道内最大相导体，并按表 14.1.4-5 选择导体的截面。

(3) 电缆井道内的接地干线可兼作等电位联结干线。

(4) 高层建筑竖向电缆井道内的接地干线，应不大于 20m 与相近楼板钢筋作等电位联结。

8. 接地体与接地导体、接地导体与接地导体的连接宜采用焊接，当采用搭接时，其搭接长度不应小于扁钢宽度的 2 倍或圆钢直径的 6 倍。

(1) 扁钢与扁钢搭接应为扁钢宽度的 2 倍，不少于三面施焊；

(2) 圆钢与圆钢搭接应为圆钢直径的 6 倍，双面施焊；

(3) 扁钢与圆钢搭接应为圆钢直径的 6 倍，双面施焊；

(4) 扁钢与钢管、扁钢与角钢焊接时，紧贴角钢外侧两面，或紧贴钢管 3/4 钢管表面，上下两侧施焊；

(5) 除埋设在混凝土中的焊接接头外，应有防腐措施。

9. 设计接地装置时，应考虑土壤干、湿、冻结等季节变化对土壤电阻率的影响。接地电阻在一年四季均应符合设计要求。

14.1.5 接地电阻计算

1. 概述

接地电阻是指电气设备接地装置的对地电压与接地电流之比，是接地线、接地体的电阻与接地体散流电阻的总和。由于接地线和接地体的电阻相对很小，因此接地电阻可认为就是接地体的散流电阻。

(1) 接地电阻主要由下面几个因素所确定：

①土壤电阻；

②接地线；

③接地体：自然接地体和人工接地体。

(2) 接地电阻可按其通过电流的性质分以下两种：

①工频接地电阻：是指工频接地电流流经接地装置入地所呈现的接地电阻，用 $R_{\sim}$ 表示；

②冲击接地电阻：是指雷电流流经接地装置入地所呈现的接地电阻，用 R_i 表示。

雷电流从接地体流入土壤时，接地体附近形成很强的电场，将土壤击穿并产生火花，相当于增加了接地体的截面，减小了接地电阻。另外，雷电流具有高频特性，使接地体本身电抗增大，一般情况下影响较小，即冲击接地电阻一般要小于工频接地电阻。

2. 接地电阻计算的基础资料

（1）土壤的电阻率。决定土壤电阻率的因素主要是土壤的类型、温度、含水量、溶解在土壤中的水中化合物的种类及浓度、土壤的颗粒大小及分布、密集性和压力、电晕作用等。土壤电阻率参考值，见表 14.1.5-1。

土壤电阻率（ρ）参考值 **表 14.1.5-1**

类别	名称	电阻率近似值（Ω·m）	电阻率的变化范围（Ω·m）		
			较湿时（一般地区、多雨区）	较干时（少雨区、沙漠区）	地下水含盐碱时
岩石	砾石、碎石	5000			
	多岩山地	5000			
	花岗岩	200000			
混凝土	在水中	40～55			
	在湿土中	100～200			
	在干土中	500～1300			
	在干燥的大气中	12000～18000			
矿	金属矿石	0.01～1			
水	海水	1～5			
	湖水、池水	30			
	泥水、泥炭中的水	15～20			
	泉水	40～50			
	地下水	20～70			
	溪水	50～100			
	河水	30～280			
	污秽的冰	300			
	蒸馏水	1000000			
土	陶黏土	10	5～20	10～100	3～10
	泥炭、泥灰岩、沼泽地	20	10～30	50～300	3～30
	捣碎的木炭	40			
	黑土、园田土、陶土、白垩土	50 }	30～100	50～300	10～30
	黏土	60 }	30～100	50～300	10～30
	砂质粘土	100	30～300	80～1000	10～30
	黄土	200	100～200	250	30
	含砂黏土、砂土	300	100～1000	＞1000	30～100
	河滩中的砂		300		
	煤		350		
	多石土壤	400			
	土层红色风化黏土、下层红色页岩	500（30％湿度）			
	表层上夹石、下层砾石	600（15％湿度）			
砂	砂、砂砾	100			
	砂层深度＞10m、地下水较深的草原	1000	250～1000	1000～2500	
	地面黏土深度≤1.5m、底层多岩石	1000			

注：计算接地电阻之前应实测接地系统所在地的土壤电阻率。当缺乏实测数据时，可参考本表数据。

（2）季节系数。计算接地电阻时，应考虑土壤受干燥、冰冻等季节环境变化的影响，保证接地电阻在各季节中均能达到所需求的数值。各种性质土壤的季节系数，见表14.1.5-2，雷电防护接地装置的季节系数，见表14.1.5-3。

各种性质土壤的季节系数 **表 14.1.5-2**

土壤类别	深度（m）	ψ_1	ψ_2	ψ_3
黏土	0.5～0.8	3	2	1.5
	0.8～3	2	1.5	1.4
陶土	0～2	2.4	1.4	1.2
砂砾盖于陶土	0～2	1.8	1.2	1.1
园地	0～3	—	1.3	1.2
黄沙	0～2	2.4	1.6	1.2
混有黄沙的砂砾	0～2	1.5	1.3	1.2
泥炭	0～2	1.4	1.1	1.0
石灰石	0～2	2.5	1.5	1.2

注：1. 非雷电保护接地实测的接地电阻值或土壤电阻率，要乘以本表中的季节系数 ψ_1 或 ψ_2 或 ψ_3 进行修正。
2. 表中：ψ_1 用于测量前数天下过较长时间的雨、土壤很潮湿时。
ψ_2 用于测量土壤较潮湿，具有中等含水量时。
ψ_3 用于测量土壤干燥或测量前降雨量不大时。

雷电防护接地装置的季节系数 **表 14.1.5-3**

埋深（m）	ψ值		埋深（m）	ψ值	
	水平接地极	2～3m的垂直接地极		水平接地极	2～3m的垂直接地极
0.5	1.4～1.8	1.2～1.4	2.5～3.0（深埋接地极）	1.0～1.1	1.0～1.1
0.8～1.0	1.25～1.45	1.15～1.3			

注：1. 测定土壤电阻率时，如土壤比较干燥，则应采用表中的较小值；如比较潮湿，则应采用较大值。
2. 计算雷电防护接地装置所采用的土壤电阻率，应取雷季中最大可能的数值，并按下列公式计算：

$$\rho=\rho_0\psi \tag{14.1.5-1}$$

式中 ρ——土壤电阻率，Ω·m；
ρ_0——雷季中无雨水时所测得的土壤电阻率，Ω·m；
ψ——考虑土壤干燥所取的雷电保护接地装置季节系数。

但计算雷电防护接地装置的冲击接地电阻时，可只考虑在雷季中大地处于干燥状态时的影响。

3. 计算方法

（1）人工接地体工频接地电阻的计算。

①单根垂直管形或棒形接地体的接地电阻。

$$R_{\sim(1)}=\frac{\rho}{2\pi l}\ln\frac{4l}{d} \tag{14.1.5-2}$$

式中 ρ——埋设地点的土壤电阻率，Ω·m，其值查表或实测确定；
l——接地体长度，m；
d——接地体直径或等效直径，m。各种型钢的等效直径，见表14.1.5-4。

垂直接地体一般采用直径为50mm、长度为2.5m的钢管或圆钢。如果采用角钢，则

其等效直径 $d=0.84b$，b 为角钢边宽。如果采用扁钢，则其等效直径 $d=0.5b$，b 为扁钢宽度。

在工程设计中，常采用下列简化计算公式：

$$R_{\sim(1)} \approx \frac{\rho}{l} \tag{14.1.5-3}$$

②多根垂直接地体的接地电阻。多根垂直接地体通过连接扁钢（或圆钢）并联时，入地的流散电流将相互排挤，这种影响入地电流流散的作用，称为屏蔽效应。由于这种屏蔽效应使接地装置的利用率有所下降，因此 n 根垂直接地体并联的总接地电阻 $R_{\sim}>R_{\sim(1)}/n$。实际总的接地电阻为：

$$R_{\sim} = \frac{R_{\sim(1)}}{n\eta_{E}} \tag{14.1.5-4}$$

式中 η_E——接地体的利用系数，垂直管形接地体的利用系数可查表 14.1.5-5。利用管间距离 a 与管长 l 之比及管子数目 n 去查。

各种型钢的等效直径 **表 14.1.5-4**

种类	圆钢	钢管	扁钢	角钢
示意图	（图：d）	（图：d'）	（图：b）	（图：b_1，b_2）
d	d	d'	$\frac{b}{2}$	等边 $d=0.84b$ 不等边 $d=0.71\sqrt{b_1b_2(b_1^2+b_2^2)}$

接地体的冲击利用系数 η_E **表 14.1.5-5**

接地体型式	接地导体的根数	η_E	备注
n 根水平射线（每根长 10～80m）	2 3 4～6	0.83～1.0 0.75～0.90 0.65～0.80	较小值用于较短的射线
以水平接地体连接的垂直接地体	2 3 4 6	0.8～0.85 0.70～0.80 0.70～0.75 0.65～0.70	$\frac{a（垂直接地体间距）}{l（垂直接地体长度）}=2～3$， η_E 为较小值用于 $\frac{a}{l}=2$ 时
自然接地体	拉线棒与拉线盘间 铁塔的各基础间 门型、各种拉线杆塔的各基础间	0.6 0.4～0.5 0.7	

注：1. 工频利用系数 $\eta \approx \eta_E/0.9 \leqslant 1$。但对自然接地体，$\eta \approx \eta_E/0.7$。
2. 本表摘自《工业与民用配电设计手册》（第三版）。

③单根水平带形接地体的接地电阻。

$$R_{\sim} = \frac{\rho}{2\pi l}\ln\frac{l^2}{hd} \tag{14.1.5-5}$$

式中 ρ——埋设地点的土壤电阻率，Ω·m；

l——接地体长度，m；

h——水平接地体埋设深度，m；

d——水平接地体的直径或等效直径，m。

在工程设计中，常采用下列简化计算公式：

$$R_{\sim}\approx\frac{2\rho}{l} \tag{14.1.5-6}$$

④多根放射形水平接地带（$n\leqslant12$，每根长度 $l\approx60\text{m}$）的接地电阻。在工程设计中，常采用下列简化计算公式：

$$R_{\sim}=\frac{0.062\rho}{n+1.2} \tag{14.1.5-7}$$

⑤以水平接地体为主的环形接地网的接地电阻。

$$R_{\sim}=\frac{\rho\sqrt{\pi}}{4\sqrt{A}}+\frac{\rho}{2\pi l}\ln\frac{2l^2}{\pi hd\times10^4} \tag{14.1.5-8}$$

式中 A——环形接地网所包围的面积，m^2；

l——环形接地体总长度，m；

h——水平接地体埋地深度，m；

d——水平接地体的直径或等效直径，m。

在工程设计中，常采用下列简化计算公式：

$$R_{\sim}\approx\frac{0.6\rho}{\sqrt{A}} \tag{14.1.5-9}$$

⑥人工接地体工频接地电阻（Ω）简易计算公式，见表 14.1.5-6。

⑦常用人工接地体的工频接地电阻，见表 14.1.5-7，单根直线水平接地体的接地电阻，见表 14.1.5-8。

人工接地体工频电阻（Ω）简易计算公式 **表 14.1.5-6**

接地装置型式	简易计算公式
垂直式	$R\approx0.3\rho$
单根水平式	$R\approx0.03\rho$
复合式（接地网）	$R\approx0.5\frac{\rho}{\sqrt{S}}=0.28\frac{\rho}{r}$ 或 $R\approx\frac{\sqrt{\pi}}{4}\times\frac{\rho}{\sqrt{S}}+\frac{\rho}{L}$ $R=\frac{\rho}{4r}+\frac{\rho}{L}$

注：1. 垂直式为长度 3m 左右的接地体。
2. 单根水平式长度 60m 左右的接地体。
3. 复合式中：S 为大于 100m^2 的闭合接地网的面积，r 为与接地网面积 S 等值的圆的半径，即等效半径，m；ρ 为土壤电阻率，Ω·m。

常用人工接地体的工频接地电阻 **表 14.1.5-7**

接地体形式	示意图	材料规格（mm）及用量（m）				土壤电阻率（Ω·m）		
		圆钢	钢管	角钢	扁钢	100	250	500
		ϕ20	ϕ50	50×50×5	40×4	工频接地电阻（Ω）		
1根	0.8m 2.5m		2.5			30.2	75.4	151
		2.5				37.2	92.9	186
				2.5		32.4	81.1	162

续表

接地体形式	示意图	材料规格（mm）及用量（m）				土壤电阻率（Ω·m）		
		圆钢	钢管	角钢	扁钢	100	250	500
		φ20	φ50	50×50×5	40×4	工频接地电阻（Ω）		
2根	5m		5.0	5.0	5 5	10.0 10.5	25.1 26.2	50.2 52.5
3根	5m 5m		7.5	7.5	10 10	6.65 6.92	16.6 17.3	33.2 34.6
4根	5m 5m 5m		10.0	10.0	15 15	5.08 5.29	12.7 13.2	25.4 26.5
5根			12.5	12.5	20 20	4.18 4.35	10.5 10.9	20.9 21.8
6根			15	15	25 25	3.58 3.73	8.95 9.32	17.9 18.6
8根	5m 5m		20	20	35 35	2.81 2.93	7.03 7.32	14.1 14.6
10根			25	25	45 45	2.35 2.45	5.87 6.12	11.7 12.2
15根			37.5	37.5	70 70	1.75 1.82	4.36 4.56	8.73 9.11
20根			50	50	95 95	1.45 1.52	3.62 3.79	7.24 7.58

单根直线水平接地体的接地电阻（单位：Ω） **表 14.1.5-8**

接地体材料及尺寸（mm）		接地体长度（m）											
		5	10	15	20	25	30	35	40	50	60	80	100
扁钢	40×4	23.4	13.9	10.1	8.1	6.74	5.8	5.1	4.58	3.8	3.26	2.54	2.12
扁钢	25×4	24.9	14.6	10.6	8.42	7.02	6.04	5.33	4.76	3.95	3.39	2.65	2.20
圆钢	φ10	25.6	15.0	10.9	8.6	7.16	6.16	5.44	4.84	4.02	3.45	2.70	2.23
圆钢	φ12	25.0	14.7	10.7	8.46	7.04	6.08	5.34	4.78	3.96	3.40	2.66	2.20
圆钢	φ15	24.3	14.4	10.4	8.26	6.91	5.95	5.24	4.69	3.89	3.34	2.62	2.17

注：本表按土壤电阻率 ρ 为 100Ω·m，埋深为 0.8m 计算。

（2）自然接地体工频接地电阻的计算。

①电缆金属外皮和水管等的接地电阻简化计算公式：

$$R_{\sim} \approx \frac{2\rho}{l} \qquad (14.1.5\text{-}10)$$

②钢筋混凝土基础的接地电阻简化计算公式：

$$R_{\sim} \approx \frac{0.2\rho}{\sqrt[3]{V}} \tag{14.1.5-11}$$

式中 V——钢筋混凝土基础的体积，m^3。

(3) 冲击接地电阻的计算。

由于强大的雷电流泄放入地时，当地的土壤被雷电波击穿并产生火花，使散流电阻显著降低。雷电波的陡度很大，具有高频特性，同时会使接地线的感抗增大；但接地线阻抗较之散流电阻小得多，因此冲击接地电阻一般小于工频接地电阻。冲击接地电阻按下列公式计算：

$$R_i = R_{\sim} / A \tag{14.1.5-12}$$

式中 $R_{\sim}$——工频接地电阻，Ω；

A——换算系数，可查第 13.4.3 节图 13.4.3-1 确定。

接地体工频接地电阻与冲击接地电阻的比值 A，见表 14.1.5-9，接地体工频接地电阻与冲击接地电阻的换算，见表 14.1.5-10。

接地体工频接地电阻与冲击接地电阻的比值 A　　表 14.1.5-9

各种形式接地体中接地点至接地体最远端的长度（m）	土壤电阻率（Ω·m）			
	≤100	500	1000	≥2000
20	1	1.5	2	3
40		1.25	1.9	2.9
60			1.6	2.6
80				2.3

接地体工频接地电阻与冲击接地电阻的换算　　表 14.1.5-10

冲击接地电阻值 Ri（Ω）	在以下土壤电阻率（Ω·m）下的工频接地电阻允许极限值 $R_{\sim}$（Ω）			
	ρ≤100	100～500	500～1000	＞1000
5	5	5～7.5	7.5～10	15
10	10	10～15	15～20	30
20	20	20～30	30～40	60
30	30	30～45	45～60	90
40	40	40～60	60～80	120
50	50	50～75	75～100	150

注：1. 本表适用于引下线接地点至接地体最远端不大于 20m 的情况；

2. 如土壤电阻率在表列的两个数值之间时，用插入法求得相应的比值。

3. 对于不适用于本表的特殊情况，接地装置冲击电阻与工频接地电阻应按下列公式换算：

$$R_{\sim} = ARi \tag{14.1.5-13}$$

$$l_e = 2\sqrt{\rho} \tag{14.1.5-14}$$

式中 l_e——接地体有效长度；l——接地体最长支线的实际长度。当它大于 l_e 时，取其等于 l_e。

4. 接地装置的计算程序

(1) 按防雷设计规范的要求确定允许的接地电阻 $R_{\sim}$ 值。

(2) 实测或估算可以利用的自然接地体的接地电阻 $R_{\sim(net)}$ 值。

(3) 计算需要补充的人工接地体的接地电阻

$$R_{\sim(man)} = \frac{R_{\sim(net)} R_{\sim}}{R_{\sim(net)} - R_{\sim}} \tag{14.1.5-15}$$

如果不考虑利用自然接地体，则 $R_{\sim(\text{man})}=R_{\sim}$。

(4) 在装设接地体的区域内初步安排接地体的布置，并按一般经验试选，初步确定接地体和接地线的尺寸。

(5) 计算单根接地体的接地电阻 $R_{\sim(1)}$。

(6) 用逐步渐近法计算接地体的数量：

$$n=\frac{R_{\sim(1)}}{\eta_{\text{E}}R_{\sim(\text{man})}} \tag{14.1.5-16}$$

(7) 校验短路热稳定度。对于大接地电流系统中的接地装置，由于钢线的热稳定系数 $C=70$，故满足单相短路热稳定度的钢接地线的最小允许截面（mm^2）为：

$$A_{\min}=\frac{I_{\text{k}}^{(1)}\sqrt{t_{\text{k}}}}{70} \tag{14.1.5-17}$$

式中 $I_{\text{k}}^{(1)}$——单相接地短路电流，A；为计算简便，并使热稳定度更有保障，可取三相接地短路电流 $I_{\text{k}}^{(3)}$；

t_{k}——短路电流持续时间，s。

5. 接地电阻计算示例

示例：已知某变电所的配电变压器容量为 500kVA，额定电压为 10/0.4kV，Yyn0 联结。装设地点的土质为砂质粘土，10kV 侧有电气联系的架空线路长 150km，电缆线路长 10km，三相接地短路电流 2.86kA，短路电流持续时间 2.5s。

求：试确定此变电所公共接地装置的垂直接地钢管和连接扁钢的尺寸。

计算过程：

(1) 确定接地电阻。查第 14.1.3 节表 14.1.3-2 得知，确定此变电所公共接地装置的接地电阻应满足以下两个条件：

$$R_{\sim}\leqslant\frac{120V}{I_{\text{E}}}\text{ 或 }R_{\sim}\leqslant 4\Omega$$

因为 $I_{\text{E}}=I_{\text{C}}=\dfrac{10\times(150+35\times10)}{350}=14.3\text{A}$，则有：

$$R_{\sim}\leqslant\frac{120}{I_{\text{E}}}=\frac{120}{14.3}=8.4\Omega$$

比较可知，此变电所公共接地装置的接地电阻值应为 $R_{\sim}\leqslant4\Omega$。

(2) 接地装置的初步方案确定。现初步考虑围绕变电所建筑物四周，距变电所外墙 2～3m，打入一圈直径 50m、长 2.5m 的钢管接地体，每隔 5m 打入一根（为减少接地电流的屏蔽效应，管距一般不宜小于管长的 2 倍）。管间用 $40\times4\text{mm}^2$ 的扁钢焊接相连。

(3) 计算单根钢管的接地电阻。查表 14.1.5-1 得砂质黏土的 $\rho=100\Omega\cdot\text{m}$。计算可知单根钢管接地电阻为：

$$R_{\sim(1)}\approx\frac{\rho}{l}=\frac{100}{2.5}=40(\Omega)$$

(4) 确定接地的钢管数和最后的接地方案。根据 $R_{\sim(1)}/R_{\sim}=40/4=10$，并考虑到管间电流屏蔽效应的影响，初步选择 15 根管径 50mm、长 2.5m 的钢管作接地体。以 $n=15$ 和 $a/l=2$，查表得 $\eta_{\text{E}}=0.66$。由此可得：

$$n=\frac{R_{\sim(1)}}{\eta_{\text{E}}R_{\sim}}=\frac{40}{0.66\times4}\approx15$$

考虑接地体的均匀对称布置，选 16 根直径 50mm、长 2.5m 的钢管作接地体，用 40 $\times 4\text{mm}^2$ 的扁钢连接，环形布置。

(5) 校验短路热稳定度。

$$A_{\min}=\frac{I_{\text{k}}^{(1)}\sqrt{t_{\text{k}}}}{70}\approx\frac{2860\times\sqrt{2.5}}{70}=64.6\text{mm}^2<\pi\left(\frac{50}{2}\right)^2=1963\text{mm}^2$$

故该接地体满足热稳定度的要求。

14.2　用电设备接地及等电位联结

14.2.1　通用电力设备接地

通用电力设备接地应符合现行国家行业标准《民用建筑电气设计规范》JGJ 16 的规定和要求，通用电力设备接地设计要点，见表 14.2.1-1。

通用电力设备接地设计要点　　　表 14.2.1-1

类　别	技术规定和要求
配变电所	1. 确定配变电所接地配置的形式和布置时，应采取措施降低接触电压和跨步电压。 在小电流接地系统发生单相接地时，可不迅速切除接地故障，配变电所、电气装置的接地配置上最大接触电压和最大跨步电压应符合第 14.1.4 节式（14.1.4-3）、式（14.1.4-4）的要求。 在环境条件特别恶劣的场所，最大接触电压和最大跨步电压值宜降低。 当接地配置的最大接触电压和最大跨步电压较大时，可敷设高电阻率地面结构层或深埋接地网。试验证明对减少跨步电压是很有效的措施。此外，在这个结构层的下面还应做好均压措施，这两个方法结合起来效果更佳。 2. 除利用自然接地体外，配变电所的接地网还应敷设人工接地体。但对 10kV 及以下配变电所利用建筑物基础作接地体的接地电阻能满足规定值时，可不另设人工接地体。 3. 人工接地网外缘宜闭合，外缘各角应做成弧形。对经常有人出入的走道处，应采用高电阻率路面或采取均压措施。 4. 在高土壤电阻率地区，应按规范的规定降低电气装置接地电阻值
手持式和移动式电气设备	1. 手持式和移动式电气设备应采用专用多股软的铜芯保护接地导体，此芯导体严禁用来通过工作电流。 2. 当发生接地故障时，应在规定时间内自动切断电源。 3. 手持式电气设备的电源插座上应备有专用的接地插孔，插头的结构应避免将带电触头误作接地触头用；插入时接地插孔在带电触头之前接通，拔出时，接地触头在带电触头之后断开。 金属外壳的电源插座的接地插孔和金属外壳应有可靠的电气连接。 4. 移动式电力设备接地应符合下列规定和要求： (1) 由固定式电源或移动式发电机以 TN 系统供电时，移动式用电设备的外露可导电部分应与电源的接地系统有可靠的电气连接。在中性点不接地的 IT 系统中，可在移动式用电设备附近设接地网。 (2) 移动式用电设备的接地应符合固定式电气设备的接地要求。 (3) 移动式用电设备在下列情况可以不接地： ①移动式用电设备的自用发电设备直接放在机械的同一金属支架上，且不供其他设备用电时； ②不超过两台用电设备由专用的移动发电机供电，用电设备距移动式发电机不超过 50m，且发电机和用电设备的外露可导电部分之间有可靠的电气连接时。但爆炸危险场所除外

续表

类 别	技术规定和要求
爆炸危险场所电气设备	1. 电气设备在下列情况需可靠接地： (1) 在木质、沥青等不良导电地坪的干燥房间内，交流额定电压380V及以下、直流额定电压440V及以下的电力装置的金属外壳； (2) 在干燥场所，交流额定电压50V及以下、直流额定电压110V及以下的电力装置的金属外壳； (3) 安装在已接地的金属框架上的电气设备。 2. 在爆炸危险场所内，电气设备金属外壳应可靠接地。 3. 接地干线在爆炸危险区域不同方向与接地装置连接，以保证接地的可靠性。 4. 电气设备的接地装置与防直击雷击的独立接闪杆的接地装置应分开设置，并距离20m以上。与装设在建筑物上防直击雷击的独立接闪杆的接地装置应合并设置，与防雷电感应的接地装置亦应通过等电位连接共用接地装置
火灾危险场所电气设备	1. 电气装置的外露可导电部分应可靠接地； 2. 接地干线应在不少于两处与接地装置连接； 3. 作等电位联结

14.2.2 电子设备、计算机房接地

电子设备、计算机房接地应符合现行国家行业标准《民用建筑电气设计规范》JGJ 16的规定和要求，电子设备、计算机房接地设计要点，见表14.2.2-1。

电子设备、计算机房接地设计要点　　表14.2.2-1

接地类别	技术规定和要求
电子设备	1. 电子设备一般具有以下几种接地形式： (1) 信号接地——为保证信号具有稳定的基准电位而设置的接地； (2) 电源接地——除电子设备系统以外的其他交、直流电路的工作接地； (3) 保护接地——为保证人身及设备安全的接地。 2. 电子设备信号接地的形式一般可根据接地引线长度和电子设备的工作频率来确定。 (1) 当接地导体长度小于或等于0.02λ（λ为波长），频率为30kHz及以下时，宜采用单点接地形式；信号电路可以一点作电位参考点，再将该点连接至接地系统。 采用单点接地形式时，宜先将电子设备的信号电路接地、电源接地和保护接地分开敷设的接地导体接至电源室的接地总端子板，再将端子板上的信号电路接地、电源接地和保护接地接在一起，采用一点式（S形）接地，见第13.5.2节图13.5.2-2。 (2) 当接地导体长度大于0.02λ，频率大于300kHz时，宜采用多点接地形式；信号电路应采用多条导电通路与接地网或等电位面连接。 多点接地形式宜将信号电路接地、电源接地和保护接地接在一个公用的环状接地母线上，采用多点式（M形）接地，见第13.5.2节图13.5.2-2。 (3) 混合式接地是单点接地和多点接地的组合，频率为30～300kHz时，宜设置一个等电位接地平面，以满足高频信号多点接地的要求，再以单点接地形式连接到同一接地网，以满足低频信号的接地要求，见第13.5.2节图13.5.2-3。 (4) 无论采用哪种接地系统，接地系统的接地导体长度不得等于λ/4或λ/4的奇数倍。 3. 电子设备接地电阻值除另有规定外，电子设备接地电阻值不宜大于4Ω。电子设备接地宜与防雷接地系统共用接地网，接地电阻不应大于1Ω。当电子设备接地与防雷接地系统分开时，两接地网的距离不宜小于10m。 4. 电子设备应根据需要决定是否采用屏蔽措施。 5. 信号接地线可采用金属带、扁平编织带和圆形截面电缆。一般采用厚0.35～0.5mm薄铜排，薄铜排宽度选择，见表14.2.2-2。对于高频的设备，当采用扁平导体时，长宽比不宜小于1∶5。 6. 信号接地母线一般选择薄铜排，当 $f \geqslant 1$MHz时，选择0.35mm×120mm；当 $f<1$MHz时，选择0.35mm×80mm

续表

接地类别	技术规定和要求
电子计算机房	1. 大、中型电子计算机接地一般具有以下几种接地形式： (1) 直流接地（包括逻辑及其他模拟量信号系统的接地）； (2) 交流工作接地； (3) 安全保护接地； (4) 防雷接地。 2. 电子计算机房信号电路接地、交流电源功能接地和安全保护接地的接地电阻值均不宜大于4Ω。电子计算机的信号系统，不宜采用悬浮接地。 3. 当交流工作接地、安全保护接地、直流接地、防雷接地采用共用接地方式，其接地电阻应以诸种接地配置中要求接地电阻最小的接地电阻值为依据。当与防雷接地系统共用时，接地电阻值不应大于1Ω。 4. 为了防止干扰，使计算机系统稳定可靠地工作，对于接地导体的处理应满足下列要求： (1) 无论计算机直流接地采用何种方式，在机房不允许与交流工作接地线相短接或混接； (2) 交流线路配线不允许与直流接地导体紧贴或近距离地平行敷设 5. 电子计算机房可根据需要采取防静电措施

信号接地线薄铜排宽度选择　　　　表 14.2.2-2

电子设备灵敏度（μV）	接地线长度（m）	电子设备工作频率（MHz）	薄铜排宽度（mm）
1	<1	>0.5	120
1	1～2		200
10～100	1～5		100
10～100	5～10		240
100～1000	1～5		80
100～1000	5～10		160

14.2.3 等电位联结及屏蔽接地、防静电接地

1. 总等电位联结（简称 MEB）

总等电位联结作用于全建筑物，它在一定程度上可降低建筑物内间接接触电击的接触电压和不同金属部件间的电位差，并消除自建筑物外经电气线路和各种金属管道引入的危险故障电压的危害。等电位联结示意，见图 14.2.3-1。

(1) 建筑电气装置采用接地故障电流保护时，民用建筑物内电气装置应采用总等电位联结。它应通过进线配电箱近旁的接地母排（总等电位联结端子板）将下列可导电部分互相连通：

①进线配电箱的 PE（PEN）母排；

②电气装置的接地装置中接地干线；

③公用设施的金属管道，如上下水、热力、燃气等管道；

④建筑物金属结构；

⑤如果设置有人工接地，也包括其接地体引线。

(2) 接地母排应尽量在或靠近两防雷区界面处设置。各个总等电位联结的接地母排应互相连通。

(3) 下列金属部分不得用作保护导体或保护等电位联结导体：

①金属水管；

②含有可燃气体或液体的金属管道；

③正常使用中承受机械应力的金属结构；

④柔性金属导管或金属部件；

⑤钢索配线的钢索。

(4) 总等电位联结导体的截面不应小于装置的最大保护导体截面的一半，并不应小于 $6mm^2$。当联结导体采用铜导体时，其截面不应大于 $25mm^2$；当为其他金属时，其截面应承载与 $25mm^2$ 铜导体相当的载流量。

2. 辅助等电位联结（简称 SEB）

在导电部分间，用导线直接连通，使其电位相等或接近，称作辅助等电位联结。

3. 局部等电位联结（简称 LEB）

(1) 在一局部场所范围内将各可导电部分连通，称作局部等电位联结。它可通过局部等电位联结端子板将下列部分互相连通：

①PE 母线或 PE 干线；

②公用设施的金属管道；

③建筑物金属结构。

(2) 下列情况下需做局部等电位联结：

①电源网络阻抗过大，使自动切断电源时间过长，不能满足防电击要求时；

②TN 系统内自同一配电箱供电给固定式和移动式两种电气设备，而固定式设备保护电器切断电源时间不能满足移动式设备防电击要求时；

③为满足浴室、游泳池、医院手术室、农牧业等场所对防电击的特殊要求时；

④为避免爆炸危险场所因电位差产生电火花时；

⑤为满足信息系统防止雷电干扰的要求时（如电话机房、消防控制室等）；

⑥连接两个外露可导电部分的辅助等电位导体的截面不应小于接至该两个外露可导电部分的较小保护导体的截面；

⑦连接外露可导电部分与外界可导电部分的辅助等电位联结导体的截面，不应小于相应保护导体截面的一半。

(3) 当难以确定局部等电位联结防电击的有效性时，可采用下列公式进行校验：

$$R \leqslant \frac{U_l}{l_a} \tag{14.2.3-1}$$

式中 R——同时触及的外露可导电部分和装置外可导电部分之间的电阻，Ω；

U_l——允许持续接触电压限值（一般场所内为交流 50V 或直流 120V）；

l_a——切断故障回路时间不超过 5s 的保护电器动作电流，A。

例如：采用整定值为 16A 的断路器，其瞬动电流脱扣器整定电流为 160A 则 $l_a=1.3\times160=208A$；一般场所内允许持续接触电压限值 $U_1=50V$；

$$R \leqslant \frac{U_l}{l_a} = \frac{50}{208} = 0.24\Omega$$

即同时触及的外露可导电部分和装置外可导电部分之间的电阻必小于 0.24Ω，局部等电位联结才是有效的。

4. 辅助等电位联结与局部等电位联结的联系及区别

（1）建筑物做了总等电位联结后，在伸臂范围内的某些外露可导电部分与装置外可导电部分之间，再用导线附加连接，以使其间的电位相等或更接近称为辅助等电位联结。

（2）局部等电位联结可看作在一局部场所范围内的多个辅助等电位联结。

5. 等电位联结线和等电位联结端子板的选用

（1）端子板的选用。

①联结线和等电位联结端子板宜采用铜质材料。等电位联结端子板的截面应满足机械强度要求，并不得小于所接联结线截面；

②信息技术设备等电位端子板（铜）的截面不应小于 $50mm^2$。

（2）等电位联结线的截面选择，见表 14.2.3-1。防雷等电位联结线的最小截面，见表 14.2.3-2。

一般场所等电位联结线的截面选择 **表 14.2.3-1**

<table>
<tr><th>类别
取值</th><th>总等电位联结线</th><th>局部等电位联结线</th><th colspan="2">辅助等电位联结线</th></tr>
<tr><td rowspan="2">一般值</td><td rowspan="2">不小于 0.5×进线 PE（PEN）线截面</td><td rowspan="2">不小于 0.5×PE 线截面 *</td><td>两电气设备外露导电部分间</td><td>较小 PE 线截面</td></tr>
<tr><td>电气设备与装置外可导电部分间</td><td>0.5×PE 线截面</td></tr>
<tr><td rowspan="3">最小值</td><td>6mm² 铜线</td><td rowspan="3">同右</td><td>有机械保护时</td><td>2.5mm² 铜线或 4mm² 铝线</td></tr>
<tr><td>16mm² 铝线 * *</td><td>无机械保护时</td><td>4mm² 铜线</td></tr>
<tr><td>50mm² 钢</td><td colspan="2">16mm² 钢</td></tr>
<tr><td>最大值</td><td>25mm² 铜线或相同电导值的导线 * *</td><td>同左</td><td colspan="2">—</td></tr>
</table>

注：* 局部场所内最大 PE 线截面。

* * 不允许采用无机械保护的铝线。采用铝线时，应注意保证铝线连接处的持久导通性。

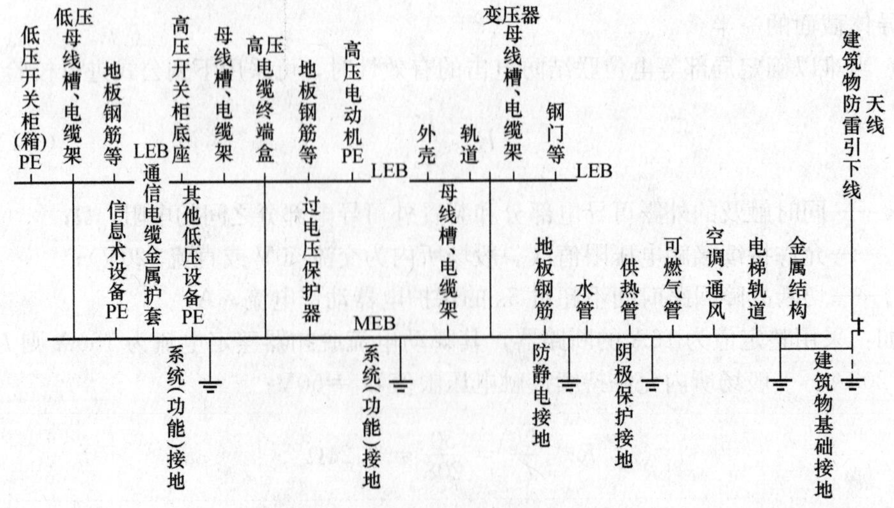

图 14.2.3-1 等电位联结示意

防雷等电位联结线的最小截面 表 14.2.3-2

截面 \ 不同部位 / 材料	总等电位联结处 $LPZO_B$ 与 LPZ1 交界处	局部等电位联结处 LPZ1 与 LPZ2 交界处及以下交界处
铜线	16mm^2	6mm^2
铝线	25mm^2	10mm^2
钢材	50mm^2	16mm^2

注：防雷等电位联结端子板（铜或热镀锌钢）的截面不应小于 50mm^2。

（3）接地与等电位联结的区别。

等电位联结不一定需要接地，接地是在地球上的等电位联结。

6. 屏蔽接地、防静电接地

屏蔽接地及防静电接地设计要点，见表 14.2.3-3。

屏蔽接地及防静电接地设计要点 表 14.2.3-3

接地类别	技术规定和要求
屏蔽接地	1. 屏蔽接地类型： （1）静电屏蔽体接地。 （2）电磁屏蔽体接地。 （3）磁屏蔽体接地。 2. 屏蔽室的接地应使屏蔽体在电源滤波器处，即在进线处一点接地。 3. 当电子设备之间采用多芯线缆连接时，工作频率 $f \leqslant 1\text{MHz}$，其长度 L 与波长 λ 之比，即 $\frac{L}{\lambda} \leqslant 0.15$ 时，其屏蔽层应采用一点接地。当 $f > 1\text{MHz}$、$\frac{L}{\lambda} > 0.15$ 时，应采用多点接地，并应使接地点间距离不大于 0.2λ。 4. 防静电接地可以采取以下措施： （1）采用电阻率小于 $10^5\Omega\text{m}$ 的导电材料。 （2）减少摩擦阻力，如采取大曲率半径管道，限制产生静电液体在管道中的流速，防止飞溅、冲击等。 （3）增加环境湿度，可增加静电沿绝缘体表面的泄漏量。 （4）接地
防静电接地	1. 防静电接地应采取以下措施： （1）凡是加工、储存、运输各种可燃气体，易燃液体和粉尘的金属工艺设备、容器和管道都应接地。 （2）注油设备的所有金属体都应接地。 （3）移动时可能产生静电危害的器具应接地。 （4）洁净室、计算机房、手术室等房间采用接地的导静电地板，使其与大地之间的电阻在 100Ω 以下。 2. 防静电接地的接地线一般采用绝缘铜导线，对移动设备则采用可挠导线，其截面应按机械强度选择，最小截面为 6mm^2。

续表

接地类别	技术规定和要求
屏蔽接地	3. 应根据不同要求分别设置接地连接端子。在接入大地前应设置等电位的防静电接地基准板，从基准板上引出接地主干线，其铜导体截面不应小于 95mm²，并应采用绝缘屏蔽电缆。接地主干线应与设置在防静电区域内的接地网格或闭合铜排环连接。 4. 固定设备防静电接地的接地线应与其采用焊接，对于移动设备防静电接地的接地线应与其可靠连接，并应防止松动或断线。 5. 每组专设的防静电接地装置的接地电阻不应小于 100Ω

14.2.4 降低接地电阻措施

1. 在高土壤电阻率地区，为降低电力装置工作接地和保护接地的阻值，可采用下列技术措施：

（1）在电力设备附近有电阻率较低的土壤，可敷设外引接地体；经过公路的外引线，埋设深度不应小于 0.8m；

（2）如地下较深处土壤电阻率较低，可采用井式或深钻式接地体；

（3）填充电阻率较低物质，换土或用降阻剂处理，但采用的降阻剂，应对地下水和土壤无污染，以符合环保要求；

（4）敷设水下接地网。

高电阻率地区降低接地电阻的技术措施，见表 14.2.4-1

高电阻率地区降低接地电阻的技术措施 表 14.2.4-1

序号	措施	示意图	说明
1	换土	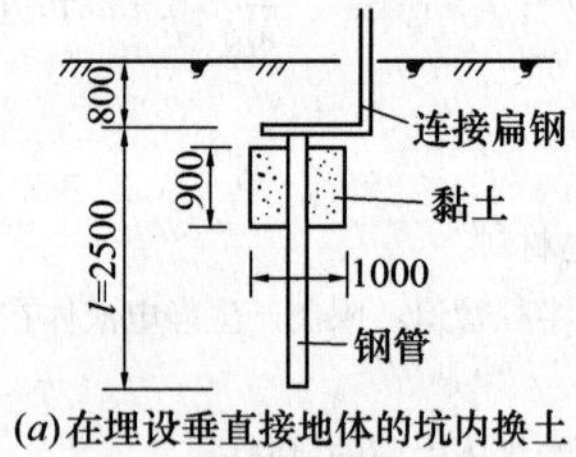 800 连接扁钢 900 黏土 l=2500 1000 钢管 (a)在埋设垂直接地体的坑内换土 300 1000 扁钢 黏土 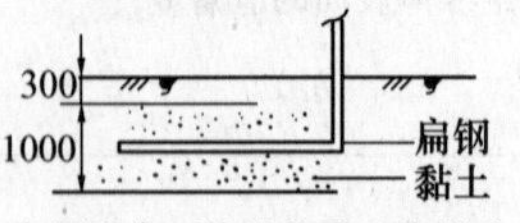 (b)在埋设水平接地体的沟内换土	用电阻率较低的土壤（如黏土、黑土等）替换电阻率较高的土壤
2	深埋接地体	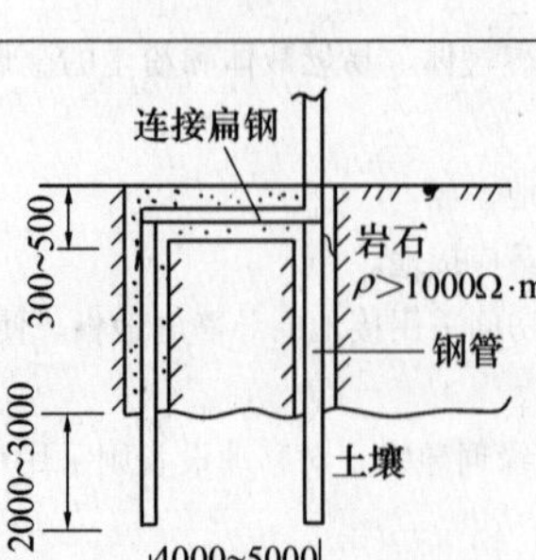 连接扁钢 300~500 岩石 $\rho>1000\Omega\cdot m$ 钢管 2000~3000 土壤 4000~5000	当地下深处的土壤或水的电阻率较低时，可采用深埋接地体来降低接地电阻值

续表

序号	措施	示意图	说明
3	深井接地	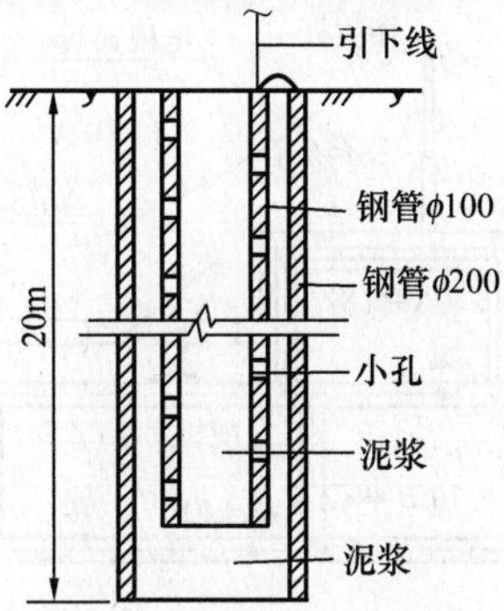 引下线；钢管ϕ100；钢管ϕ200；20m；小孔；泥浆；泥浆	采用钻机钻孔（也可利用勘探钻孔），把钢管接地体打入井孔内，并向钢管内和井内灌满泥浆
4	利用接地电阻降阻剂		在接地体周围敷设了降阻剂后，可以起到增大接地体外形尺寸，降低与其周围大地介质之间的接触电阻的作用，因而能在一定程度上降低接地体的接地电阻 降阻剂用于小面积的集中接地、小型接地网时，其降阻效果较显著
5	利用水或与水接触的钢筋混凝土体作为流散介质		充分利用水工建筑物（水井、水池等）以及其他与水接触的混凝土体内的金属体作为自然接地体，可在水下钢筋混凝土结构物内绑扎成的许多钢筋网中，选择一些纵横交叉点加以焊接，并与接地网连接起来

2. 在永冻土地区，可采用下列技术措施：

(1) 将接地网敷设在融化地带的水池或水坑中；

(2) 敷设深埋接地体，或充分利用井管或其他深埋在地下的金属构件作接地体；

(3) 在房屋融化盘内敷设接地网；

(4) 除深埋式接地体外，还应敷设深度约为 0.6m 的伸长接地体，以便在夏季地表化冻时起散流作用；

(5) 在接地体周围人工处理土壤，以降低冻结温度和土壤电阻率。

14.2.5 示　例

1. 接地

各种功能场所接地示例，见图 14.2.5-1～图 14.2.5-8。

2. 等电位联结和接地

(1) 信息设备的接地和等电位联结方式，见表 14.2.5-1。

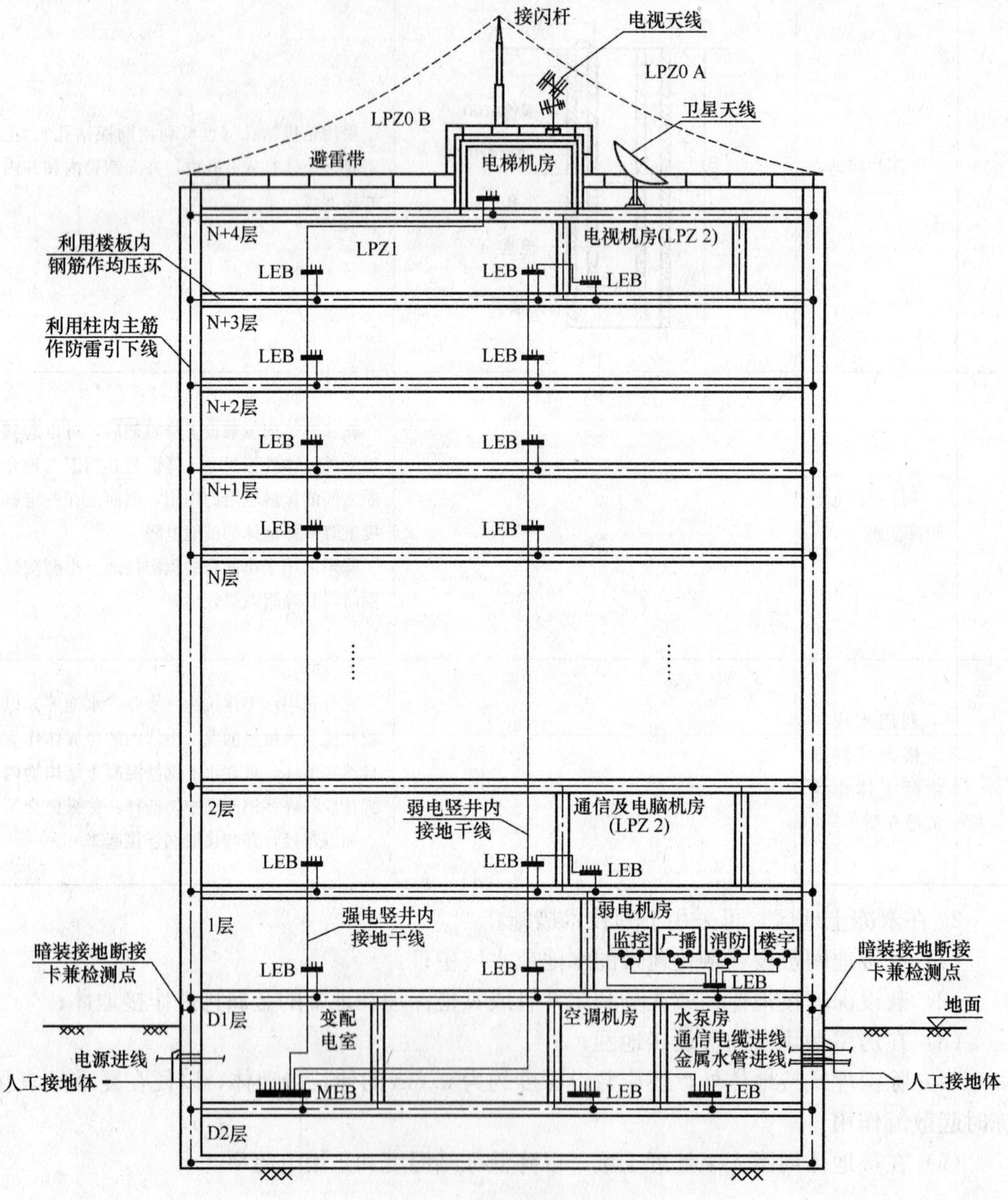

图 14.2.5-1　建筑物防雷与接地系统示例

注：1. 本建筑物采用共用接地装置，利用基础及桩内钢筋作接地体（需要时敷设人工接地体），接地电阻值要求不大于1Ω。

2. 所用进出建筑物的金属管道、电缆金属外护层，应在入口处与接地装置可靠连接；燃气管道应根据要求加装绝缘段及放电间隙后接地。

3. 各电气系统功能房间、电气竖井内的设备、金属构件应按照要求接至各接地端子板。

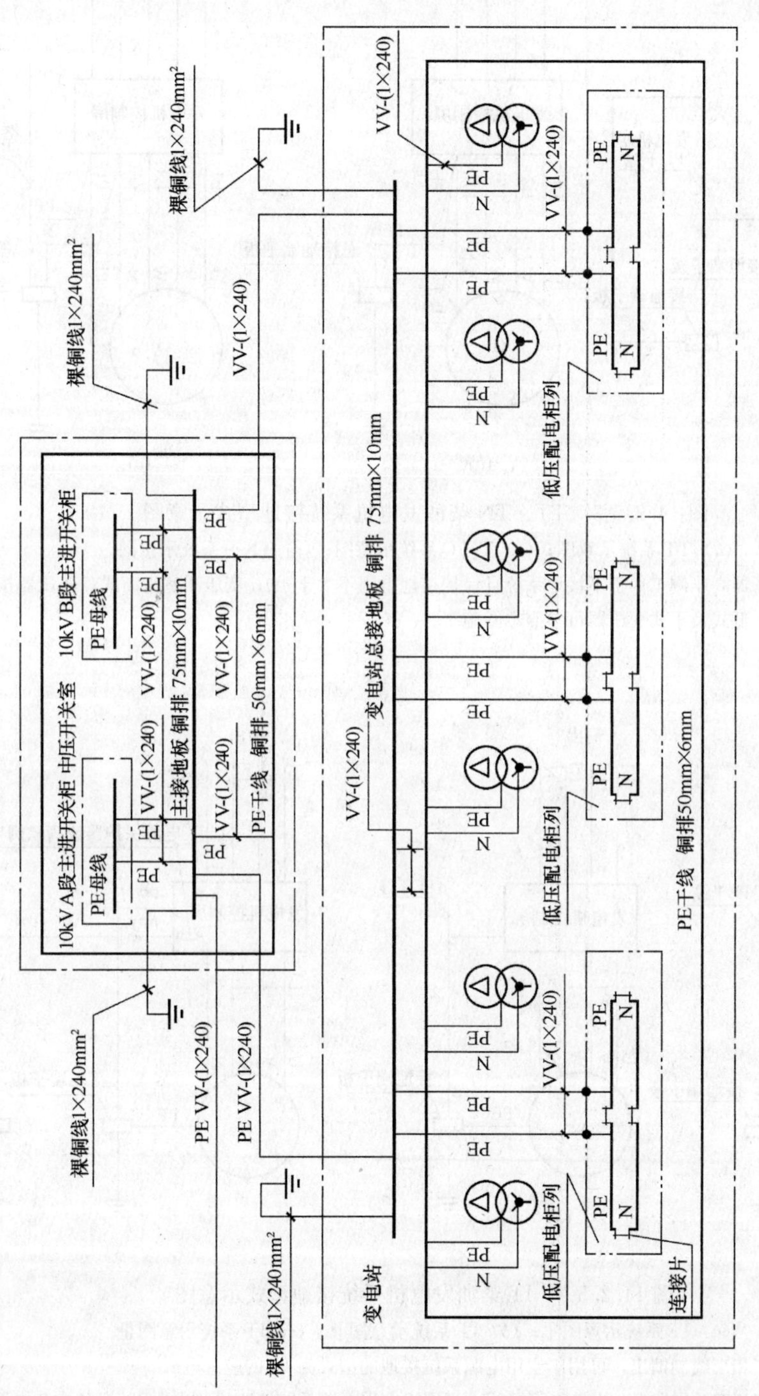

图 14.2.5-2 开关站、变电所接地系统概略图

注：做法符合电力行业标准 DL/T 621—1997 和国家工程建设标准 GB 50065 送审稿关于"变压器的中性点的接地采用专门的接地线"的规定，具有电磁兼容的特性，多电源供电的 TN-S 系统可参考本做法。

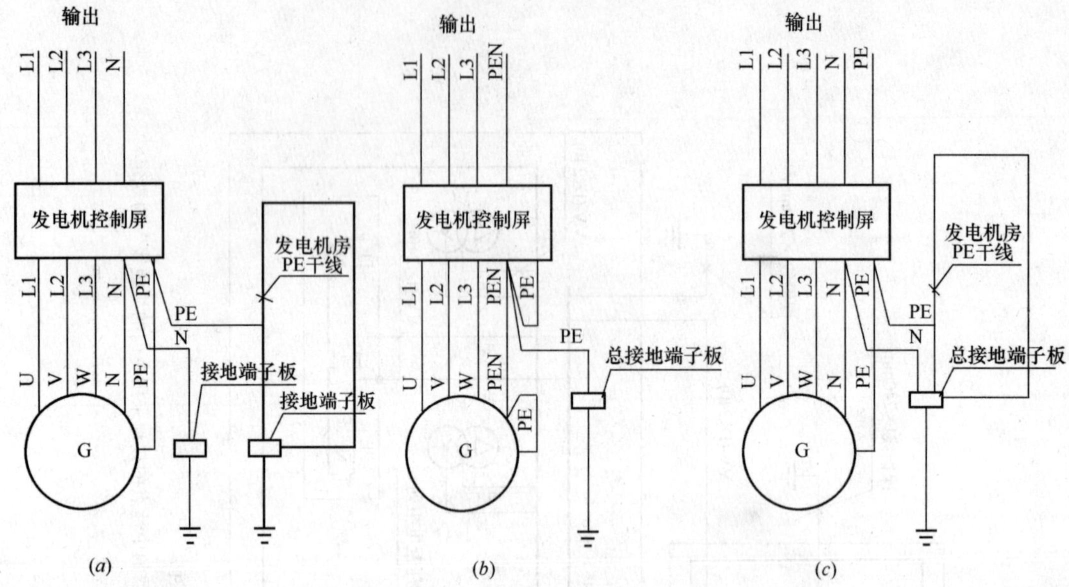

图 14.2.5-3 TT、TN 柴油发电机系统接地型式示意图

(*a*) TT 系统示意图；(*b*) TN-C 系统示意图；(*c*) TN-S 系统示意图

注：本图按配电变压器高压侧工作于不接地系统且保护接地电阻不大于 4Ω；变压器室为高式；变压器按全密封油浸变压器绘制。低式及干式变压器可参照本图施工。

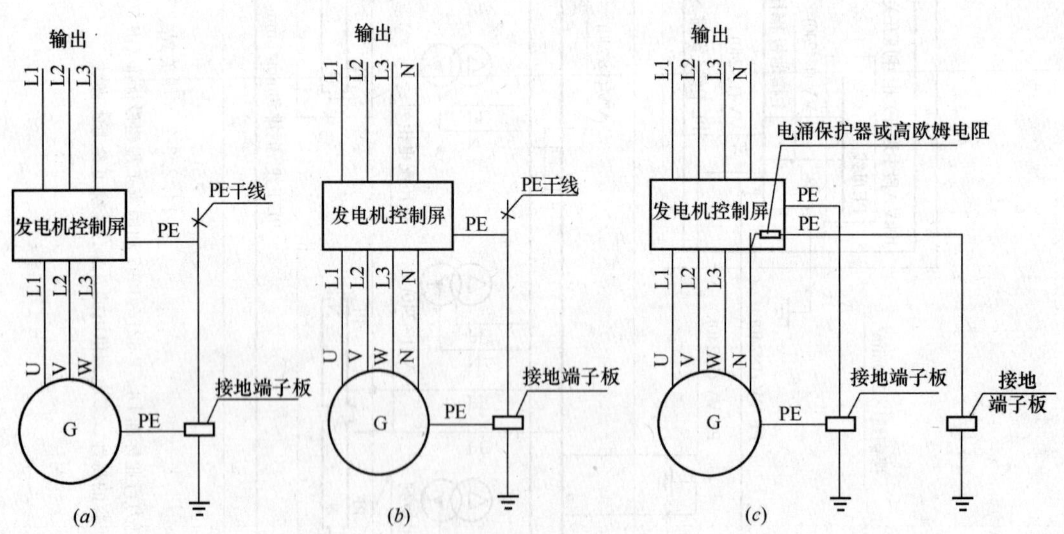

图 14.2.5-4 IT 柴油发电机系统接地型式示意图

(*a*) IT 系统示意图Ⅰ；(*b*) IT 系统示意图Ⅱ；(*c*) IT 系统示意图Ⅲ

注：1. 图 (*a*) 为三相三线制馈出，可用于主用电源系统接地的型式为 IT 的应急电源。

2. 图 (*b*) 为三相四线制馈出，中性点不接地。可用于主用电源系统接地的型式为 TN-S 的应急电源。

3. 图 (*c*) 为三相四线制馈出，中性点经电涌保护器或高欧姆电阻接地。可用于主用电源系统接地的型式为 TN-S 的应急电源。

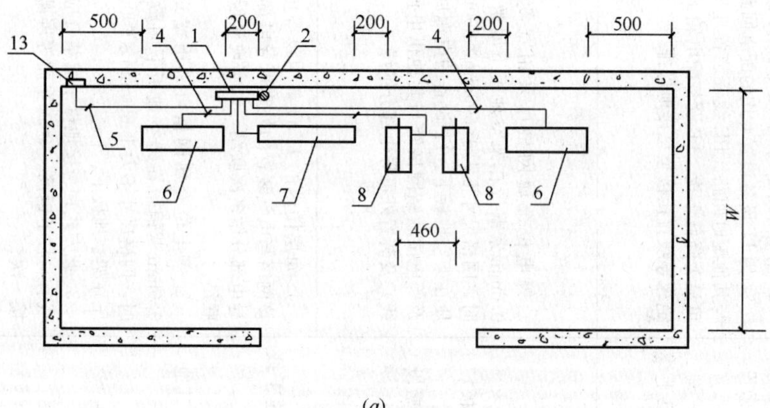

(*a*)

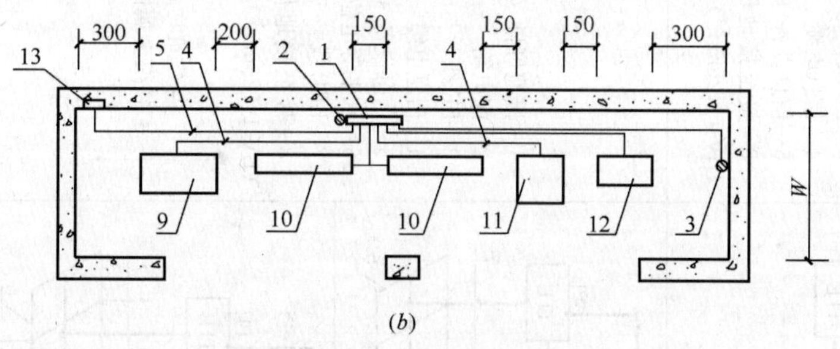

(*b*)

图 14.2.5-5　电气竖井接地示例

(*a*) 强电竖井接地示例；(*b*) 弱电竖井接地示例

1—楼层等电位联结端子板；2—接地干线；3—弱电专用接地干线；4—接地支线；5—等电位联结线；6—配电箱；7—强电用电缆桥架；8—封闭式母线；9—控制箱；10—弱电用电缆桥架；11—金属线槽；12—接线端子箱；13—建筑物钢筋预埋件，仅钢筋混凝土结构需要

注：1. 电气竖井内每层均设置楼层等电位联结端子板，将竖井内所有设备的金属外壳、金属线槽（或钢管）、电缆桥架、垂直接地干线、浪涌保护器接地端和建筑物结构钢筋预埋件等互相连通起来。

2. 电气竖井内沿电缆桥架或封闭式母线或墙面垂直敷设接地干线，该接地干线应与楼层等电位联结端子板、总等电位联结端子板和基础钢筋相连。

3. 电气竖井内接地干线穿过楼板时应采取防火封堵措施。

4. *W* 尺寸由工程设计确定。

信息设备的接地和等电位联结方式 **表 14.2.5-1**

方式	图示	标注	说明
放射式接地	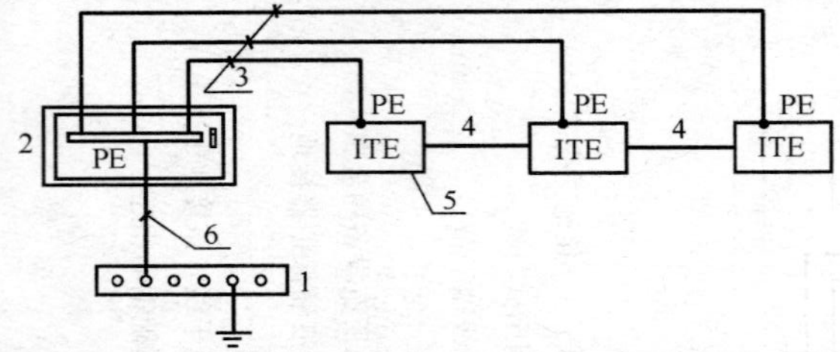	1—接地母排（MEB 端子板） 2—配电箱 3—PE 线，与电源线共管敷设 4—信息电缆 5—信息设备（ITE） 6—接至接地母排或接地干线（BV-1×25mm²）	1. 用电源线路的 PE 线作放射式接地。 2. 为 IT 设备设置专用的配电回路和 PE 线，并与其他配电回路、PE 线及装置外导电部分绝缘，可显著降低干扰，IT 设备配电箱 PE 母排也宜用绝缘导线直接接至总接地母排
网络式接地（水平等电位联结）	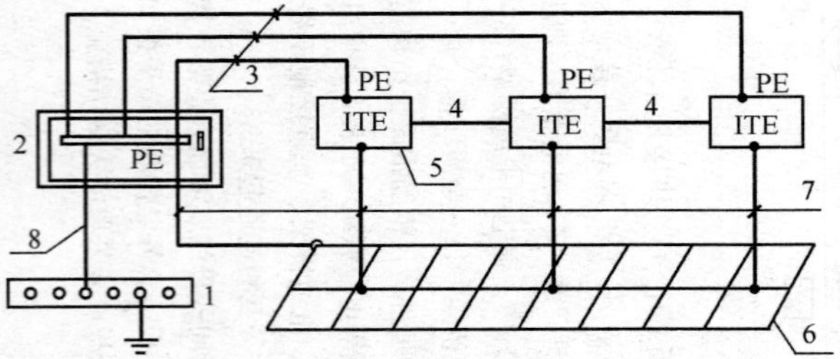	1—接地母排（MEB 端子板） 2—配电箱 3—PE 线，与电源线共管敷设 4—信息电缆 5—信息设备（ITE） 6—水平等电位金属网格 7—LEB 线 8—接至接地母排或接地干线（BV-1×25mm²） ●→ 与建筑物金属结构及其他楼层金属网格联结	等电位金属网格可采用宽 60～80mm，厚 0.6mm 紫铜带在架空地板下明敷，无特殊要求时，网格尺寸不大于 600mm×600mm，紫铜带可压在架空地板下。IT 设备的电源回路和 PE 线以及等电位联结网格宜与其他供电回路（包括 PE 线）及装置外可导电部分绝缘
水平和垂直局部等电位联结	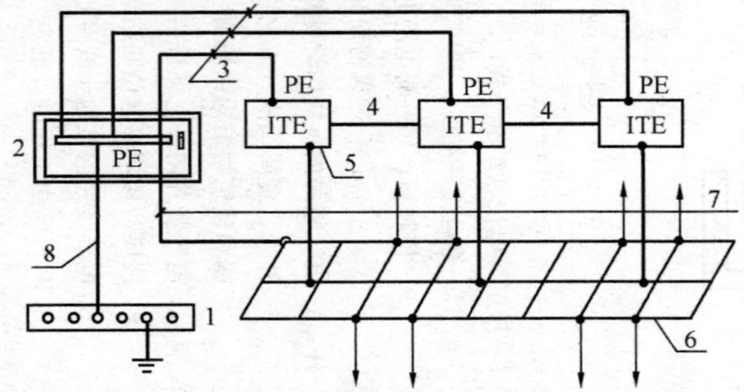		1. 每层楼内的 IT 设备均设等电位联结网络，该网络与电气装置的外露可导电部分及装置外可导电部分做多次联结，以实现楼层间垂直等电位联结。 2. 等电位金属网格可采用宽 60～80mm、厚 0.6mm 紫铜带在架空地板下明敷，无特殊要求时，网格尺寸不大于 600mm×600mm，紫铜带可压在架空地板下。 3. 此方式宜与接地母干线结合应用，接地母干线宜与柱子钢筋、金属立面等屏蔽件每隔 5m 连接一次

注：1. IT 设备的信号接地和保护接地应共用接地装置，并和建筑物金属结构及管道连通以实现等电位联结。
2. 为减少联结线阻抗，可将接地母排延伸为接地母干线，需联结的金属结构和管道应就近与接地母干线联结，接地母干线可沿外墙内侧敷设，对于大型信息系统建筑物，应沿外墙内侧敷设成环形，宜采用截面不小于 $50mm^2$ 的铜导体。
3. 接地母干线可采用裸导体或绝缘导体（推荐用铜质材料），接地母干线在整个通路上应易于接近和维护，裸导体在固定处或穿墙处应有绝缘保护以防被腐蚀。
4. 成排的 IT 设备长度超过 10m 时，宜在两端与等电位网格或接地母排连通。

(2) 等电位联结和接地示例，见图 14.2.5-6～图 14.2.5-8。

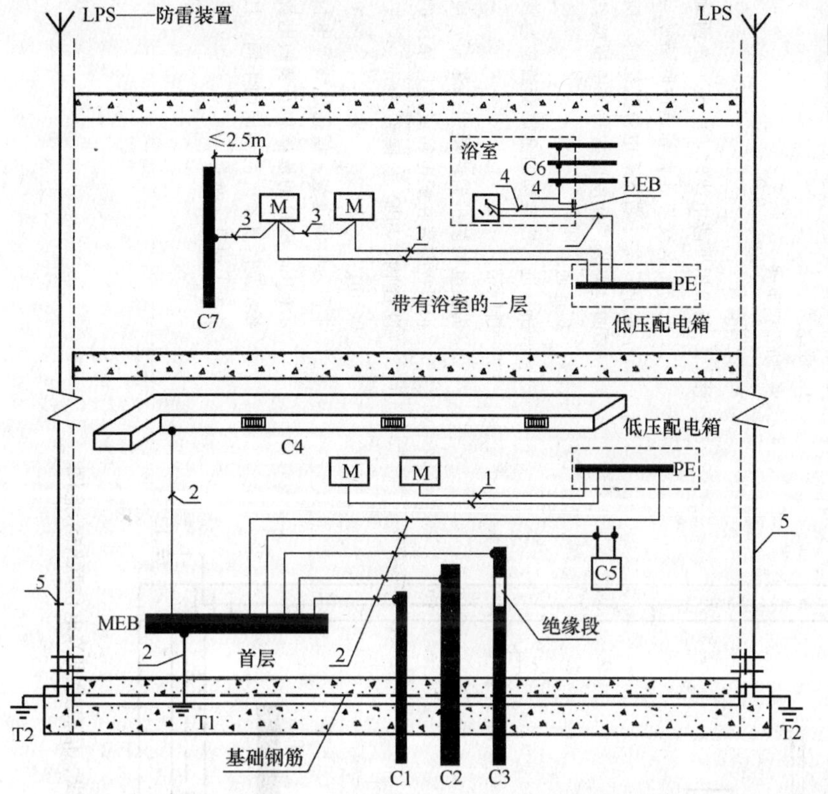

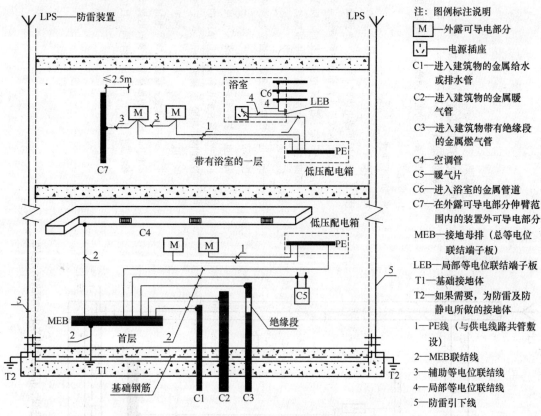

注：图例标注说明

M —外露可导电部分

—电源插座

C1—进入建筑物的金属给水或排水管

C2—进入建筑物的金属暖气管

C3—进入建筑物带有绝缘段的金属燃气管

C4—空调管

C5—暖气片

C6—进入浴室的金属管道

C7—在外露可导电部分伸臂范围内的装置外可导电部分

MEB—接地母排（总等电位联结端子板）

LEB—局部等电位联结端子板

T1—基础接地体

T2—如果需要，为防雷及静电所做的接地体

1—PE线（与供电线路共管敷设）

2—MEB联结线

3—辅助等电位联结线

4—局部等电位联结线

5—防雷引下线

图 14.2.5-6 等电位联结和接地示例

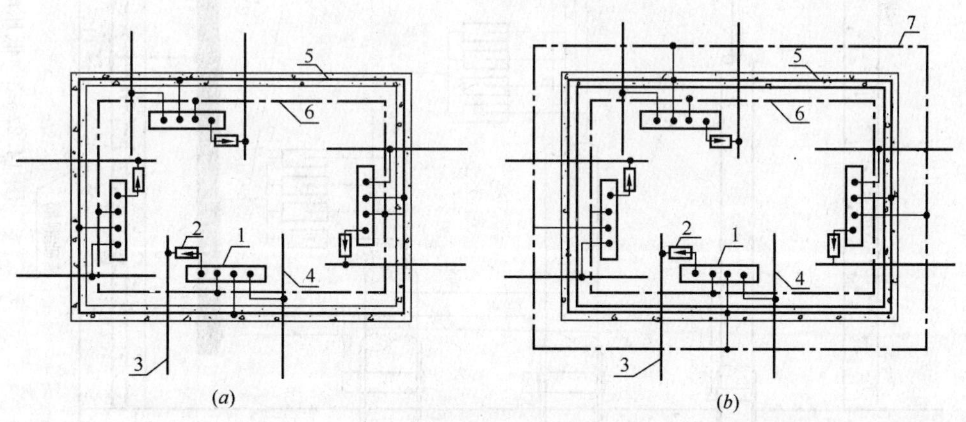

图 14.2.5-7 总等电位联结平面图示例（多处电源进线）

(*a*) 方案一；(*b*) 方案二

图中：1—MEB 端子板；2—SPD（选型及安装见具体工程设计）；3—电力线或信息线路；4—进出建筑物导电体，如金属水管、燃气管等；5—基础钢筋；6—内部环形导体；7—环形接地体。

注：1. 方案一适用于多处电源进线，采用室内环形导体将总等电位联结端子板互相连通。

2. 方案二适用于多处电源进线，采用室内环形导体将总等电位联结端子板互相连通，如有室外水平环形接地极，等电位联结端子板应就近与其连通。

3. 图中室外环形接地体可采用 40mm×4mm 镀锌扁钢。室内环形导体可采用 40mm×4mm 镀锌扁钢或铜带，室内环形导体宜明敷，在支撑点处或过墙处为了防腐应有绝缘防护。

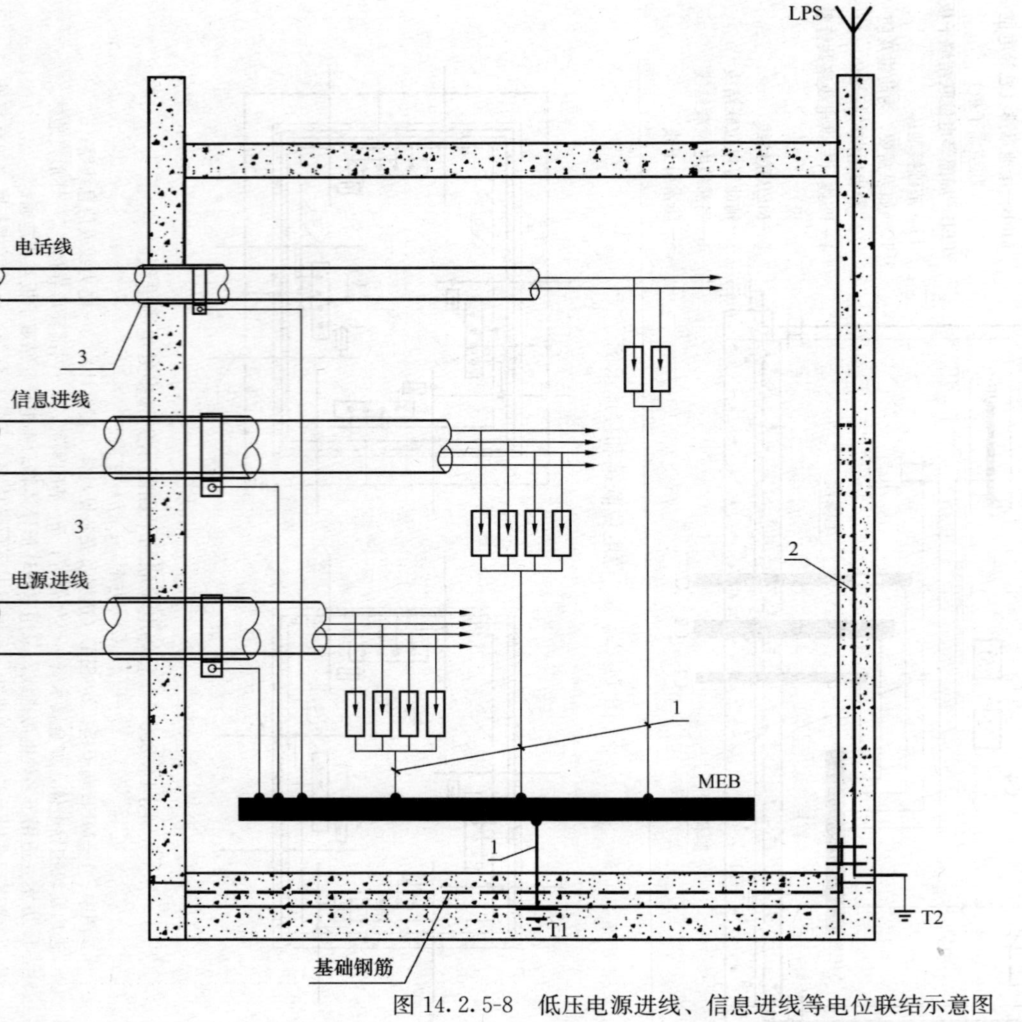

图 14.2.5-8　低压电源进线、信息进线等电位联结示意图

图例说明：

MEB—接地母排或总等电位联结端子板

T1—基础接地极

T2—如果需要，为防雷或防静电所做的接地极

1—联结线

2—防雷引下线

3—金属套管

注：1. 当采用屏蔽电缆时，应至少在两端并宜在防雷区交界处做等电位联结；当系统要求只在一端做等电位联结时，应采用两层屏蔽，外层屏蔽与等电位联结端子板连通。

2. 所有进入建筑物的金属套管应与接地母排联结。

3. 为使电涌防护器两端引线最短，电涌防护器宜安装在配电箱或信息系统的配线设备内，SPD 连接线全长不宜超过 0.5m。

4. 本图为电源进线、信息进线等电位联结示意图，SPD 的选择和安装随电源接地系统及信息系统的不同而不同，具体做法由工程设计确定。

14.3 安全防护

14.3.1 医疗场所安全防护

对患者进行诊断、治疗、整容、监测和护理等医疗场所的安全防护应符合现行国家行业标准《民用建筑电气设计规范》JGJ 16 的规定和要求，医疗场所安全防护设计要点，见表 14.3.1-1。

医疗场所安全防护设计要点　　表 14.3.1-1

类　别	技术规定和要求
医疗场所分类	1. 医疗场所应按使用接触部件所接触的部位及场所分为 0、1、2 三类，各类场所应符合下列规定： 0 类场所应为不使用接触部件的医疗场所。 1 类场所应为医疗电气设备接触部件需要与患者体表、体内（除乙类医疗场所所述部位外）接触的医疗场所。 2 类场所应为医疗电气设备接触部件需要与患者体内接触、手术室以及电源中断或故障后将危及患者生命的医疗场所。 接触部件为医疗电气设备的部件，它在正常使用中为使设备发挥其功能需与患者有躯体上的接触，或可取来将其与患者接触，或需要被患者触摸。 2. 医疗场所必需的安全设施的分级，见表 14.3.1-2，医疗电气设备工作场所分类及自动恢复供电时间，见表 14.3.1-3
安全保护规定	1. 在 1 类和 2 类的医疗场所内，当采用安全特低电压系统（SELV）、保护特低电压系统（PELV）时，应满足以下要求： （1）用电设备的标称供电电压不应超过交流均方根值 25V 和无波直流 60V。 （2）应为带电部分设置遮拦物，或将带电部分包以绝缘。 （3）手术室灯具外壳等电气设备外露导电部分应包括在医疗设备局部等电位范围内。 2. 在 1 类和 2 类医疗场所，IT、TN 和 TT 系统的约定接触电压均不应大于 25V。 3. TN 系统在故障情况下切断电源的最大分断时间 230V 应为 0.2s，400V 应为 0.05s。IT 系统最大分断时间 230V 应为 0.2s
TN 系统供电	1. 采用自动切断故障电路保护措施应满足以下条件： （1）TN-C 系统严禁用于医疗场所的供电系统。 （2）采用 TN-S 系统和 IT 系统供电时，在 1 类和 2 类医疗场所中额定电流不大于 32A 的终端电源插座回路，应采用最大剩余动作电流为 30mA 的剩余电流动作保护器作为附加防护。 （3）在 1 类、2 类医疗场所，对于 IT、TN 和 TT 系统其约定接触电压 UL 均不应超过 25V。 （4）TN 系统在故障情况下切断电源的最大分断时间 230V 应为 0.2s，400V 应为 0.05s。IT 系统最大分断时间 230V 应为 0.2s。 2. 在 2 类医疗场所，当采用额定剩余动作电流不超过 30mA 的剩余电流动作保护器作为自动切断电源的措施时，应只用于下列回路： （1）手术台驱动机构的供电回路。 （2）移动式 X 光机的回路。 注：此要求主要用于挪入 2 类场所的移动 X 光机。 （3）额定功率大于 5kVA 的大型设备的回路；非用于维持生命的电气设备回路。 3. 应确保多台设备同时接入同一回路时，不会引起剩余电流动作保护器（RCD）误动作。 注：建议对 TN-S 系统进行监测，以确保所有带电导体有足够的绝缘水平

续表

<table>
<tr><th>类　别</th><th>技术规定和要求</th></tr>
<tr><td>TT 系统供电</td><td>TT 系统要求在所有情况下均应采用剩余电流保护器，其他要求应与 TN 系统相同</td></tr>
<tr><td>IT 系统供电</td><td>1. 在 2 类医疗场所内，用于维持生命、外科手术和其他位于“患者区域”内的医用电气设备和系统的供电回路，均应采用医疗 IT 系统。
2. 用途相同且相毗邻的房间内，至少应设置一回独立的医疗 IT 系统。医疗 IT 系统应配置一个交流内阻抗不少于 100kΩ 的绝缘监测器并满足下列要求：
（1）测试电压不应大于直流 25V。
（2）即使在故障情况下，其注入电流的峰值不应大于 1mA。
（3）最迟在绝缘电阻降至 50kΩ 时，应发出信号，并应配置试验此功能的器具。
3. 每个医用 IT 系统应设在医务人员可以经常监视的地方，并应装设配备有下列功能组件的声光报警系统：
（1）应以绿灯亮表示工作正常。
（2）当绝缘电阻下降到最小整定值时，黄灯应点亮，且应不能消除或断开该亮灯指示。
（3）当绝缘电阻下降到最小整定值时，音响报警动作，该音响报警可解除；当故障被清除恢复正常后，黄色信号应熄灭。
当只有一台设备由单台专用的医疗 IT 变压器供电时，该变压器可不装设绝缘监测器。
4. 医疗 IT 变压器应装设过负荷和过热的监测装置</td></tr>
<tr><td>设备接地及等电位联结</td><td>1. 医疗及诊断电气设备，应根据使用功能要求采用保护接地、功能接地、等电位联结或不接地等形式。
2. 医疗电气设备的功能接地电阻值应按设备技术要求确定，在一般情况下，宜采用共用接地方式。当必须采用单独接地时，医疗电气设备接地应与医疗场所接地绝缘隔离，两接地网的地中距离应符合电子设备接地系统的规定，两接地网的距离不小于 10m
3. 向医疗电气设备供电的电源插座结构应备有专用接地插孔，采用专用保护接地芯线。
4. 辅助等电位联结应符合下列规定和要求：
（1）在 1 类和 2 类医疗场所内，应安装辅助等电位联结导体，并应将其连接到位于“患者区域”内的等电位联结母线上，实现下列部分之间等电位：
①保护导体；
②设备外壳可导电部分；
③抗电磁场干扰的金属屏蔽物；
④导电地板网格；
⑤隔离变压器的金属屏蔽层。
（2）在 2 类医疗场所内，电源插座的保护导体端子、固定设备的保护导体端子或任何外界可导电部分与等电位联结母线之间的导体的电阻（包括接头的电阻在内）不应超过 0.2Ω。
（3）等电位联结母线宜位于医疗场所内或靠近医疗场所。在每个配电盘内或在其附近应装设附加的等电位联结母线，并应将辅助等电位导体和保护接地导体与该母线相连接。连接的位置应使接头清晰易见，并便于单独拆卸。
（4）当变压器以额定电压和额定频率供电时，空载时出线绕组测得的对地泄漏电流和外护物的泄漏电流均不应超过 0.5mA。
（5）用于移动式和固定式设备的医疗 IT 系统应采用单相变压器，其额定输出容量不应小于 0.5kVA，并不应超过 10kVA。
5. 医疗电气设备的保护导体及接地导体应采用铜芯绝缘导线，其截面应符合热稳定要求。
6. 手术室及抢救室应根据需要采用防静电措施</td></tr>
</table>

医疗场所必需的安全设施的分级　　表 14.3.1-2

0 级（不间断）	不间断供电的电源自动切换	0 级（不间断）	不间断供电的电源自动切换
0.15 级（很短时间的间断）	在 0.15s 内的电源自动切换	15 级（不长时间的间断）	在 15s 内的电源自动切换
0.5 级（短时间的间断）	在 0.5s 内的电源自动切换	>15 级（长时间的间断）	超过 15s 的电源自动切换

注：1. 通常不必为医疗电气设备提供不间断电源，但某些微机处理机控制的医用电气设备可能需用这类电源供电。

2. 对具有不同级别的安全设施的医疗场所，宜按满足供电可靠性要求最高的场所考虑。

3. 用语“在……内”意指“≤”。

4. 本表摘自现行国家标准《特殊装置或场所的要求　医疗场所》GB 16895.24。

医疗场所及设施的类别划分与要求自动恢复供电的时间　　表 14.3.1-3

名称	医疗场所及设施	场所类别			要求自动恢复供电时间 t（s）		
		0	1	2	$t\leqslant 0.5s$	$0.5s<t\leqslant 15s$	$t>15s$
门诊部	门诊诊室	√	—	—	—	—	—
	门诊治疗	—	√	—	—	—	√
急诊部	急诊诊室	√	—	—	—	√	—
	急诊抢救室	—	—	√	√(a)	√	—
	急诊观察室、处置室	—	√	—	—	√	—
住院部	病房	—	√	—	—	—	√
	血液病房的净化室、产房、烧伤病房	—	√	—	√(a)	√	—
	婴儿室	—	√	—	—	√	—
	重症监护室、早产儿室	—	—	√	√(a)	√	—
	血液透析室	—	√	—	√(a)	√	—
手术部	手术室	—	—	√	√(a)	√	—
	术前准备室、术后复苏室、麻醉室	—	√	—	√(a)	√	—
	护士站、麻醉师办公室、石膏室、冰冻切片室、敷料制作室、消毒敷料室	√	—	—	—	√	—
功能检查	肺功能检查室、电生理检查室、超声检查室	—	√	—	—	√	—
内镜	内镜检查室	—	√(b)	—	—	√(b)	—
泌尿科	诊疗室	—	√(b)	—	—	√(b)	—
影像科	DR 诊断室、CR 诊断室、CT 诊断室	—	√	—	—	√	—
	导管介入室	—	√	—	—	√	—
	心血管造影检查室	—	—	√	√(a)	√	—
	MRI 扫描室	—	√	—	—	√	—
放射治疗	后装、钴 60、直线加速器、γ 刀、深部 X 线治疗	—	√	—	—	√	—
理疗科	物理治疗室	—	√	—	—	—	√
	水疗室	—	√	—	—	—	√

续表

名称	医疗场所及设施	场所类别			要求自动恢复供电时间 t(s)		
		0	1	2	$t\leqslant0.5$s	0.5s$<t\leqslant$15s	$t>$15s
检验科	大型生化仪器	✓	—	—	✓	—	—
	一般仪器	✓	—	—	—	✓	—
核医学	ECT 扫描室、PET 扫描室、γ像机、服药、注射	—	✓	—	—	✓(a)	—
	试剂培制、储源室、分装室、功能测试室、实验室、计量室	✓	—	—	—	✓	—
高压氧	高压氧舱	—	✓	—	—	✓	—
输血科	贮血	✓	—	—	—	✓	—
	配血、发血	✓	—	—	—	—	✓
病理科	取材室、制片室、镜检室	✓	—	—	—	✓	—
	病理解剖	✓	—	—	—	—	✓
药剂科	贵重药品冷库	✓	—	—	—	—	✓
保障系统	医用气体供应系统	✓	—	—	—	✓	—
	中心(消毒)供应室、空气净化机组	✓	—	—	—	—	✓
	太平柜、焚烧炉、锅炉房	✓	—	—	—	—	✓

注：1 (a) 指的是涉及生命安全的电气设备及照明；

2 (b) 指的是不作为手术室时。

1. 医疗场所的用电设备在工作电源中断或供电电压骤降 10%及以上且持续时间超过 3s 时，备用电源应按表 14.3.1-3 规定的切换时间投入。医疗场所及设施的类别划分与要求自动恢复供电时间应符合表 14.3.1-3 的规定。

2. 备用电源供电维持时间应符合下列规定：

(1) 要求恢复供电时间小于或等于 0.5s 时，自备备用电源供电维持时间不应小于 3h。

(2) 其他备用电源供电维持时间不宜小于 24h。

14.3.2 Acrel-IT 系列医疗隔离电源系统

1. 概述

根据现行国家标准《特殊装置或场所的要求 医疗场所》GB 16895.24 和国际电工委员会 IEC 60364-7—710：2002 及现行国家行业标准《民用建筑电气设计规范》JGJ 16 的规定，在 2 类医疗场所（包括抢救室即门诊手术室、手术室、CU 室、导管介入室、血管照影检查室等）内，用于维持生命的、外科手术的和其他位于“患者区域”内的医用电气和系统的供电回路应选用带绝缘监视的医疗 IT 系统供电。

安科瑞电气股份有限公司（网址：www. ACREL. CN E-mail：ACREL001 @ VIP. 163. com）生产的医用隔离电源系统（简称 Acrel-IT 系统）是根据现行的规范标准开发的产品，产品主要由 AIM-M100 医疗智能绝缘监视仪、AID100 报警与显示仪、

ACLP10-24 仪用直流稳压电源、AKH-0.66P26 型电流互感器、AITR 系列隔离变压器、GGF 系列医用隔离电源柜、GGF-800 医用隔离电源集中监控器等部分组成。

安科瑞医用 IT 系统绝缘监测故障定位装置及系统适用于医院的手术室、ICU（CCU）监护病房等重要场所，能为这类场所提供安全、连续、可靠的供电解决方案。

2. 应用方案

（1）ICU、CCU 病房洁净电源监控系统应用方案，见图 14.3.2-1、图 14.3.2-2。

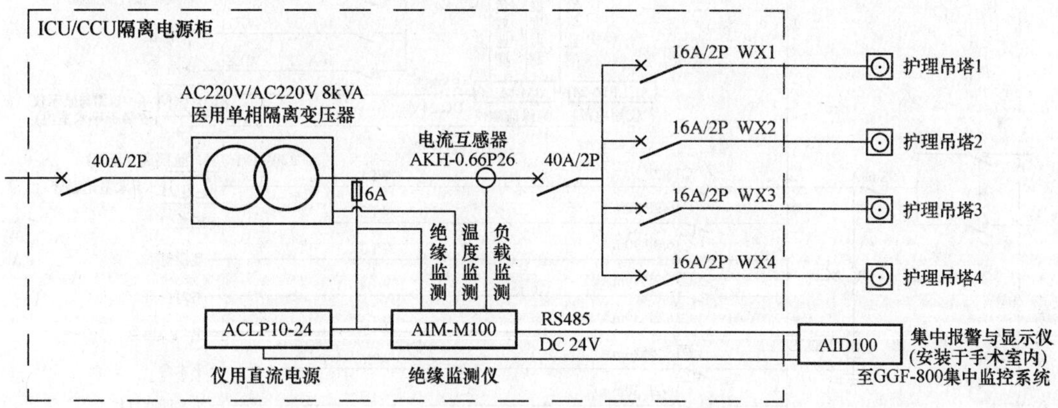

图 14.3.2-1　不带绝缘故障定位功能

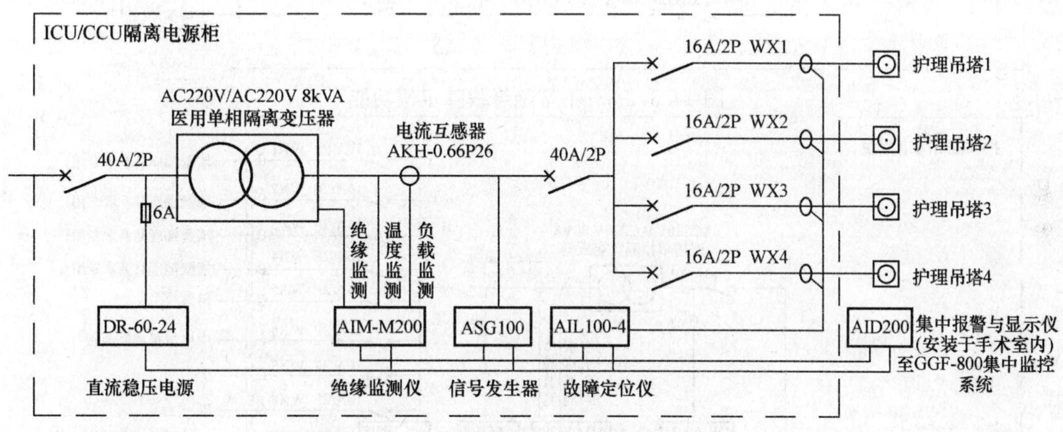

图 14.3.2-2　带绝缘故障定位功能

（2）手术室洁净电源监控系统应用方案，见图 14.3.2-3、图 14.3.2-4。

14.3.3　特殊场所安全防护

特殊场所安全防护是指用于浴室、游泳池和喷水池及其周围，由于人身电阻降低和身体接触地电位而增加电击危险的安全防护。

1. 浴室安全防护

（1）浴室的安全防护应根据所在区域，采取相应的措施。区域的划分可根据尺寸划分为四个区，见图 14.3.3-1～图 14.3.3-3。

注：浴室的区域划分，《全国民用建筑工程设计技术措施·电气》（2009）划分为四个区域。《民用建筑电气设计规范》JGJ 16—2008 划分为三个区域（含图 14.3.3-1 中 0 区，1 区，2 区，没有 3 区）

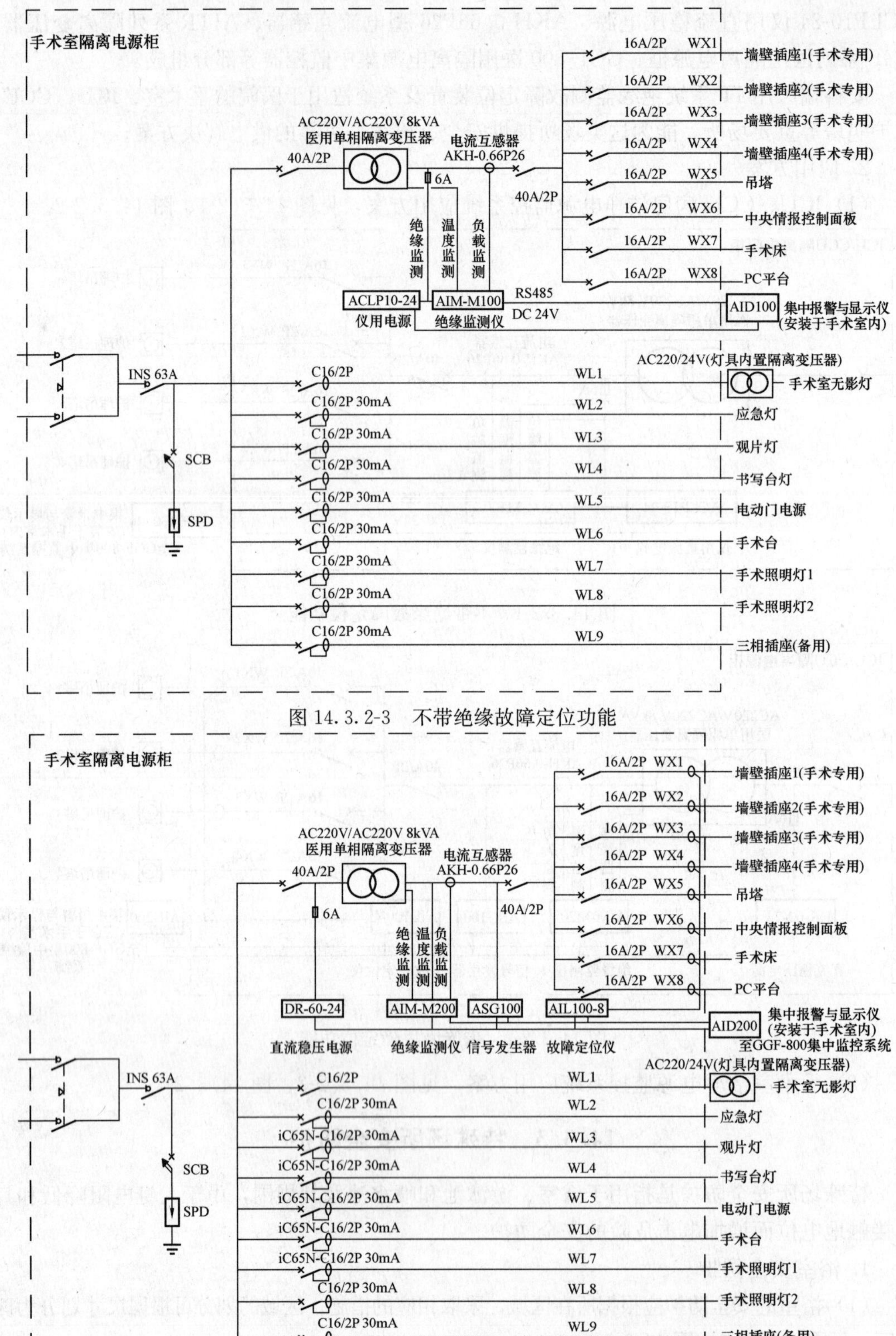

图 14.3.2-3　不带绝缘故障定位功能

图 14.3.2-4　带绝缘故障定位功能

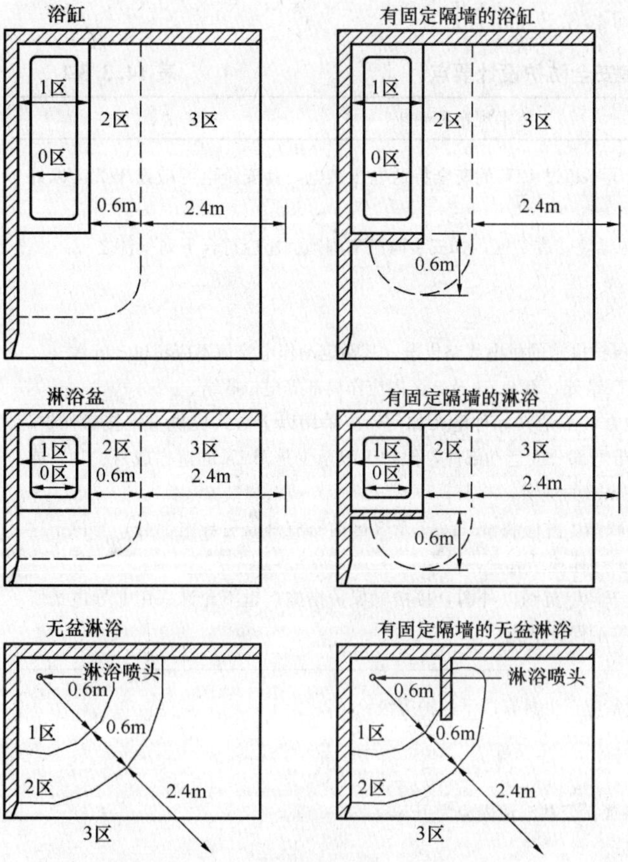

图 14.3.3-1　浴室内区域划分（平面）

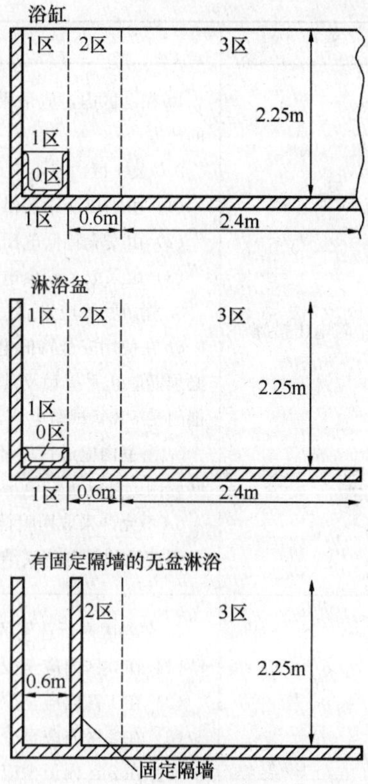

图 14.3.3-2　浴室内区域划分（剖面）

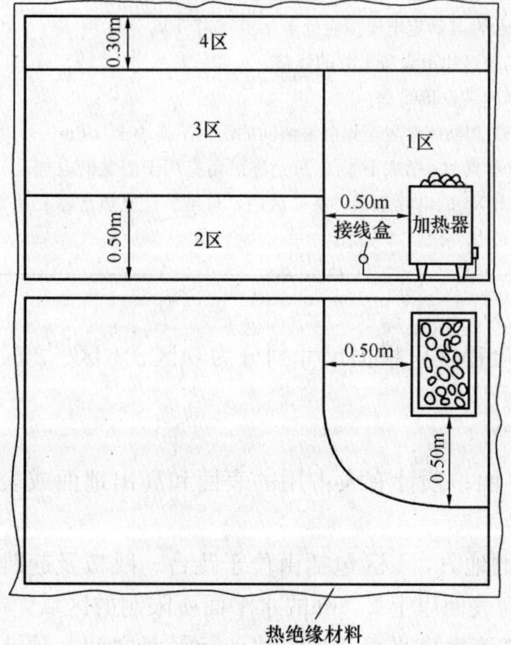

图 14.3.3-3　桑拿浴室内区域划分（平面及立面）

注：1. 电气设备和线路应至少具备 IP24 防护等级的遮栏和外护物。

2. 各区对设备和线路的安装和性能要求如下：

（1）1 区——除加热器外不应装设无关的设备和线路；

（2）2 区——对设备和线路的耐热性能无特殊要求；

（3）3 区——电气设备应至少耐 125℃高温，线路的绝缘应至少耐 170℃的高温；

（4）4 区——只能装设加热器的调温器和过热保护器以及与其有关的线路，其耐高温性能与 3 区相同。

（2）浴室安全防护设计要点，见表 14.3.3-1。

浴室安全防护设计要点 **表 14.3.3-1**

类　别	技术规定和要求
防电击措施	1. 在 0 区内，应采用标称电压不超过 12V 的安全特低电压供电，其安全电源应设于 2 区以外的地方。 2. 0 及 1 区内，不应装设电源插座。在 2 区内如安装防溅型剃须插座应符合下列条件之一： （1）由隔离变压器供电。 （2）由安全特低电压供电。 （3）由采取了剩余电流动作保护措施的供电线路供电，其额定动作电流值不应超过 30mA。 3. 建筑物除应采取总等电位联结外，在 0、1 及 2 区内应作局部等电位联结。 4. 在使用安全特低电压的地方，不论其标称电压如何，应采用以下方式提供直接接触保护：必须能防止手指触及其装置内带电部分或运动部件，保护等级至少是 IP2X 的遮栏或外护物，或能耐受 500V 试验电压，历时 1min 的绝缘。 5. 浴室内应进行局部等电位联结。并应将 0、1、2 及 3 区内所有外壳可导电部分，与位于这些区内的外露可导电部分的保护导体连结起来。 6. 不允许采取用阻挡物及置于伸臂范围以外的直接接触保护措施；也不允许采用非导电场所及不接地的等电位联结的间接接触保护措施
电气设备的选用与安装	1. 在各区内所选用的电气设备应至少具有以下保护等级： （1）在 0 区内应至少为 IPX7。 （2）在 1 区内应至少为 IPX5。 （3）在 2 区内应至少为 IPX4（在公共浴池内应为 IPX5）。 （4）在 3 区内至少应为 IPX1。 2. 浴室内明敷电气线路和埋深不超过 50mm 的暗敷线路应符合以下要求： （1）应采用无金属外皮的双重绝缘电缆或电线；在 0 区、1 区、2 区和 3 区内宜选用铜芯聚氯乙烯绝缘、聚氯乙烯护套电线（如 BVV 型），其额定电压不应低于 0.45/0.75kV。 （2）在 0、1 区及 2 区内，不允许通过与该区用电设备无关的线路。 （3）在 0、1 区及 2 区内，不允许在该区内装设接线盒。 3. 当浴室内有成品组装淋浴小间时，开关和插座位置至预制淋浴间的门口不得小于 0.6m。 4. 当未采取安全特低电压供电及其用电器具时，在 0 区内，只允许采用专用于浴盆的电气设备；在 1 区内，只可装设防护等级不低于 IPX4 的电热水器；在 2 区内，只可装设电热水器及Ⅱ类灯具

2. 游泳池安全防护

（1）游泳池和戏水池的区域划分按电击危险程度可根据尺寸划分为 0 区、1 区、2 区三个区域，见图 14.3.3-4、图 14.3.3-5。

0 区：是指水池的内部。

1 区的限界是：距离水池边缘 2m 的垂直平面；预计有人占用的表面和高出地面或表面 2.5m 的水平面；

在游泳池设有跳台、跳板、起跳台或滑槽的地方，1 区包括由位于跳台、跳板及起跳台周围 1.5m 的垂直平面和预计有人占用的最高表面以上 2.5m 的水平面所限制的区域。

2 区的限界是：1 区外界的垂直平面和距离该垂直平面 1.5m 的平行平面之间；预计有人占用的表面和地面及高出该地面或表面 2.5m 的水平面之间。

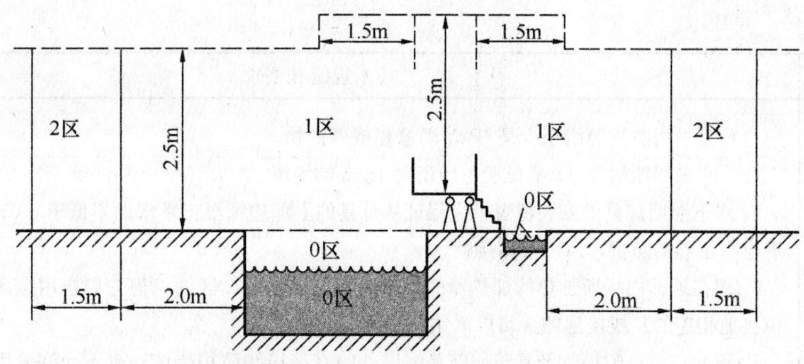

图 14.3.3-4 游泳池和戏水池的区域尺寸

注：所定尺寸已计入墙壁及固定隔墙的厚度

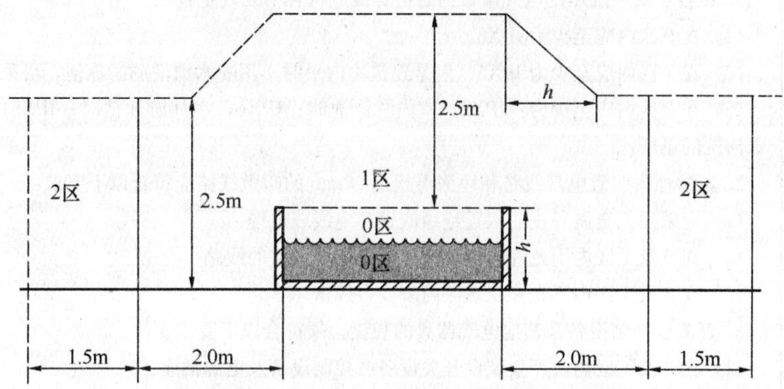

图 14.3.3-5 地上水池的区域尺寸

注：所定尺寸已计入墙壁及固定隔墙的厚度

（2）游泳池安全防护设计要点，见表 14.3.3-2。

游泳池安全防护设计要点 **表 14.3.3-2**

类 别	技术规定和要求
防电击措施	1. 在 0 区内，只允许用标称电压不超过 12V 的安全特低电压供电，其安全电源应设在 0、1 区及 2 区以外的地方。 2. 在 0 区和 1 区内不允许装设电源插座，在 2 区内如装设电源插座应符合以下要求之一： （1）由隔离变压器供电。 （2）由安全特低电压供电。 （3）由采取了剩余电流动作保护措施的供电线路供电，其动作电流值不应超过 30mA。 3. 建筑物除应采取总等电位联结外，在 0、1 及 2 区内应作局部等电位联结，下列导电部分应与等电位联结导体可靠连接： （1）水池构筑物的所有金属部件，包括水池外框，石砌挡墙和跳水台中的钢筋。 （2）所有成型外框。 （3）固定在水池构筑物上或水池内的所有金属配件。 （4）与池水循环系统有关的电气设备的金属配件，包括水泵、电动机。 （5）水下照明灯的电源及灯盒、爬梯、扶手、给水口、排水口及变压器外壳等。 （6）采用永久性间隔将其与水池地区隔离的所有固定的金属部件。 （7）采用永久性间壁将其与水池地区隔离的金属管道和金属管道系统等。 4. 在使用安全特低电压的地方，应采取下列措施实现直接接触防护：

续表

类　别	技术规定和要求
防电击措施	(1) 应采用防护等级至少是 IP2X 的遮栏或外护物。 (2) 应采用能耐受 500V 试验电压历时 1min 的绝缘。 5. 水下照明灯具的安装位置，应保证从灯具的上部边缘至正常水面不低于 0.5m。面朝上的玻璃应有足够的防护，以防人体接触。 6. 埋在地面内场所加热的加热器件，可以装设在 1 及 2 区内，但它们应用金属网栅（与等电位接地相连的）或接地的金属罩罩住。 7. 不允许采取阻挡物及置于伸壁范围以外的直接接触防护措施；也不允许采用非导电场所及不接地的局部等电位联结的间接接触防护措施。
电气设备的选用与安装	1. 在各区内所选用的电气设备的防护等级应符合下列规定： (1) 在 0 区内应至少为 IPX8。 (2) 在 1 区内应至少为 IPX5（但是建筑物内平时不用喷水清洗的游泳池，可采用 IPX4）。 (3) 在 2 区内应至少为：IPX2，室内游泳池时；IPX4，室外游泳池时；IPX5，用于可能用喷水清洗的场所。 2. 游泳池内明敷电气线路和埋深不超过 50mm 的暗敷线路应符合以下要求： (1) 应采用无金属外皮的双重绝缘的铜芯电线或电缆。 (2) 在 0 及 1 区内不允许通过与该区用电设备无关的线路。 (3) 在 0 及 1 区内不允许在该区内装设接线盒。 3. 开关、控制设备及其他电气器具的装设，须符合以下要求。 (1) 在 0 及 1 区内，严禁装设开关设备或控制设备及电源插座。 (2) 在 2 区内允许安装电源插座，但其供电应符合下列要求： ①可由隔离变压器供电； ②可由安全特低电压供电； ③由剩余电流动作保护器保护的线路供电，其额定动作电流值不应大于 30mA。 (3) 在 0 区内，除采用标称电压不超过 12V 的安全特低电压供电外，不得装设用电器具及照明器。 (4) 在 1 区内，用电器具必须由安全特低电压供电或采用Ⅱ级结构的用电器具。 (5) 在 2 区内，用电器具应符合下列要求： ①宜采用Ⅱ类用电器具； ②当采用Ⅰ类用电器具时，应采取剩余电流动作保护措施，其额定动作电流值不应超过 30mA； ③应采用隔离变压器供电。 4. 对于浸在水中才能安全工作的灯具，应采取低水位断电措施

3. 喷水池安全防护

(1) 喷水池的区域划分可根据尺寸划分为两个区域，见图 14.3.3-6。

0 区域——水池、水盆或喷水柱、人工瀑布的内部。

1 区域——距离 0 区外界或水池边缘 2m 垂直平面；预计有人占用的表面和高出地面或表面 2.5m 的水平面。

1 区域包括槽周围 1.5m 的垂直平面和预计有人占用的最高表面以上 2.5m 的水平平面所限制的区域。

喷水池没有 2 区。

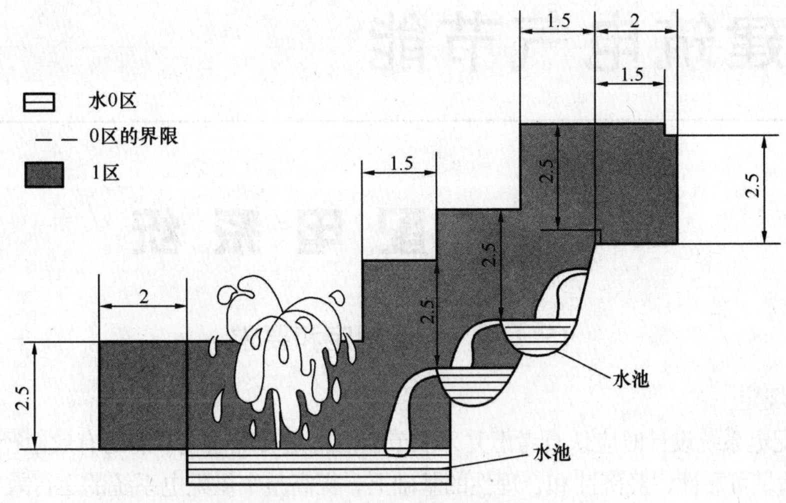

图 14.3.3-6 喷水池区域尺寸

(2) 喷水池的安全防护设计要点，见表 14.3.3-3。

喷水池安全防护设计要点 **表 14.3.3-3**

类别	技术规定和要求
防电击措施	1. 喷水池的 0，1 区的供电回路的保护，可采用以下任一种方式： (1) 对于允许人进入的喷水池，应采用安全特低电压供电，交流电压不应大于 12V（直流不超过 30V）；不允许人进入的喷水池，可采用交流电压不大于 50V 的安全特低电压供电，电源设备设置在 0，1 区以外。 (2) 220V 电气设备采用剩余电流保护装置的线路供电，其额定动作电流值不应大于 30mA。 2. 室内喷水池与建筑总体形成总等电位联结外，还应进行局部等电位联结；室外喷水池在 0，1 区域范围内均应进行等电位联结，下列导电部分应与等电位联结导体可靠连接： (1) 喷水池构筑物的所有外露金属部件及墙体内的钢筋。 (2) 所有成型金属外框架。 (3) 固定在池上或池内的所有金属构件。 (4) 与喷水池有关的电气设备的金属配件，包括水泵、电动机等。 (5) 水下照明灯的电源及灯盒、爬梯、扶手、给水口、排水口、变压器外壳、金属穿线管。 (6) 永久性的金属隔离栅栏、金属网罩等。 3. 在采用安全特低电压的地方，应采用以下方式提供直接接触保护；保护等级至少是 IP2X 的遮挡或外护物；或能耐受 500V 试验电压，历时 1min 的绝缘
电气设备的选用与安装	1. 电气设备的防护等级应符合下列规定： (1) 0 区内应至少为 IPX8。 (2) 1 区内应至少为 IPX5。 2. 在 0 区域设备的供电回路电缆应尽可能远离池边及靠近用电设备。供电回路电缆必须穿套管保护以便于更换线路。在 1 区内应注意作适当机械保护。 3. 除 1 区内采用特低电压回路外，不允许在 0 区和 1 区内装有接线盒。 4. 在 0 区和 1 区内照明灯具应为固定安装。在 0 区和 1 区内灯具和其他电气设备的最高工作电压可为 220V，这些照明灯具和电气设备应装设只能用工具才能拆卸的网格玻璃或隔栅加以遮挡

15 建筑电气节能

15.1 供配电系统

15.1.1 一般规定和要求

1. 基本规定

（1）供配电系统设计时应认真考虑并采取节能措施是实现电气节能的有效途径，供配电系统设计应在满足可靠性、经济性和合理性的基础上，提高整个供配电系统的运行效率。

（2）供配电系统的损耗由固定损耗和运行损耗两部分组成，供配电系统的损耗，见表15.1.1-1。

（3）供配电系统设计应力求降低建筑物的单位能耗和供配电系统的损耗。

供配电系统的损耗 **表 15.1.1-1**

固 定 损 耗	运 行 损 耗
只要接通电源（有了电压）就存在的损耗，与电压、频率及介质等因素有关	电流通过传送线路和变压器等配电设备所产生的损耗，它与负荷率、电网电压等因素有关
10%～20%	80%～90%
包括变压器、电抗器、互感器及各种计量仪表等设备的铁损以及其他电器上的介质损耗	包括馈电线路上的铜损和变压器的铜损等

（4）合理选择配电变压器：选用高效低耗变压器。力求使变压器的实际负荷接近设计的最佳负荷，提高变压器的技术经济效益，减少变压器能耗。

（5）应合理选择变配电所位置，正确选择导线截面、合理选择线路路径，以利于降低配电线路的损耗。

（6）优化变压器的经济运行方式：即最小损耗的运行方式。尤其是季节性负荷（如空调机组）或专用设备（如体育建筑的场地照明负荷）可考虑设专用变压器，以降低变压器损耗。

2. 供电电压等级

供电电压等级的确定应考虑技术经济合理性及电力公司的相关规定等因素。供电电压等级的选择，见表15.1.1-2。

供电电压等级的选择 **表 15.1.1-2**

电压等级	技术规定和要求
220/380V	满足下列条件时，一般采用三相四线 220/380V 供电： 1. 对于实行单一制电价的用户，受电设备总容量在 350kW 及以下时。 2. 对于实行两部制电价的用户，最大需量在 150kW 及以下时

续表

电压等级	技术规定和要求
6～10kV	1. 用户受电变压器总容量（包括不经过受电变压器的高压电动机等负载）为250～6300kVA时，一般采用10kV供电。 2. 单台额定功率大于350kW的电动机（含电制冷机组）宜采用中压（6kV或10kV）供电。 3. 单台额定功率大于550kW的电动机（含电制冷机组）应采用中压（6kV或10kV）供电。
20kV	当配电变压器总容量在15000kVA以上时，宜采用20kV电压等级供电
35kV	用户受电变压器总容量（包括不经过受电变压器的高压电动机等负载）大于等于6300kVA时，一般采用35kV供电

15.1.2 负荷计算

1. 负荷计算

民用建筑的电力负荷计算，基本上都采用单位指标法、需用系数法以及负荷密度法。负荷密度法主要适用于规划设计。方案设计阶段可采用单位指标法确定配电变压器的容量和台数。初步设计阶段的负荷计算可采用单位面积功率法或需要系数法，施工图设计阶段应采用需要系数法。

负荷计算的主要内容有：设备容量、计算容量、计算电流。

设备容量：也称为安装容量，是用户安装的所有用电设备的额定容量或额定功率（设备铭牌数据）之和。

计算容量：也称计算负荷、需要负荷，通常采用30min最大平均负荷，标注用户的最大用电功率。

计算电流：是计算容量在额定电压下的电流，是选择配电变压器、导体、电器、计算电压偏差、功率损耗的依据，也可作为电能消耗量及无功功率补偿的计算依据。

（1）单位指标法。

在方案设计阶段，为确定供电方案和选择变压器的容量及台数，通常采用单位指标法。单位指标法的计算方法见第2.5.3节。

（2）需用系数法。

需用系数法源自工业企业单位的负荷计算，应用在民用建筑负荷计算中会因为负荷运行方式的差异而产生偏差。

①需用系数法的特点：

a. 按需用系数法确定负荷时，计算负荷是采用30min时间间隔平均负荷的最大值。按此条件选择电气设备和元件，并确定配电线路电压损失的数值。因电气设备和导线截面已留有一定余量，提高了供电的安全可靠性；

b. 由于需用系数法未考虑用电设备同时运行台数的影响和设备容量的动态变化，将导致计算结果较实际偏大。因此，进行负荷计算时，须正确选取与各级变配电所或配电干线计算负荷相匹配的同时系数（$K_{\Sigma P}$和$K_{\Sigma q}$）。

②需用系数法的计算方法见第2.5.2节。

2. 建筑物的负荷分析

（1）公共建筑负荷组成。

用电设备分为照明与电源插座、空调机组等用电负荷。它们在不同类别的建筑物中所占负荷的百分率不同，一般照明与电源插座、空调机组所占份额较大，见表15.1.2-1。

公共建筑负荷类别百分率（%） **表 15.1.2-1**

序号	类别	办公楼	旅游旅馆	医疗建筑	商业建筑
1	照明与电源插座	43.66	11	11	47
2	空调机组	48	29	36	38
3	通风换气	2.4	14	16	5
4	电梯及其他设备	5.3	27	37	8
5	给水排水电机	0.64	19	—	2

注：本表摘自《全国民用建筑工程设计技术措施——节能专篇·电气》2007。

（2）不同类型建筑物的负荷分析，见表 15.1.2-2。

不同类型建筑物的负荷分析 **表 15.1.2-2**

建筑物类别	负荷分析
1. 办公建筑	办公建筑包括各级党委、政府、部队、企业、事业、团体、社会办公楼等，常由办公室会议室，计算机房及配套设施（餐厅、车库等）组成。 （1）负荷特点：电气负荷按正常的工作时间统计，工作日为星期一至星期五，工作时间是早8：00～晚 5：00。空调负荷占总电力负荷的 1/4～1/3，用电负荷受气温变化影响极大。 （2）照明负荷用电指标应按《建筑照明设计标准》GB 50034—2013 规定的办公建筑照度指标所对应的功率密度取值。 （3）普通办公楼、综合楼电源插座容量可按第 2.5.3 节进行估算
2. 医疗建筑	医疗建筑 包括综合医院、专科医院、康复中心、急救中心、疗养院等。 （1）负荷特点：受医院等级与规模的影响较大。按医院床位数量，可分为 300、400、500、600、800 及 1000 床；按医院等级，可分为三、二、一级医院。 医院一般分为门诊部部、医技部、住院部、行政部、后勤部等。综合性医院的布局有分散式、集中式和半集中式。考虑节能及使用便利，多采用半集中式。 （2）照明负荷用电指标应按《建筑照明设计标准》GB 50034—2013 规定的医院建筑照度标准所对应的功率密度取值。 （3）医院用电负荷中，空调电制冷约占 45%～55%，照明约占 30%，动力及医疗设备用电约占 15%～25%。 （4）医院变压器安装指标一般在 65～75VA/m² 之间。 （5）医疗电气设备和医用电子仪器的配电要点如下： ① ECT 的设备容量为 150kVA 左右；CT 的设备容量为 35～50kVA，带有专用调压器，设备自带控制箱；X 光射线机每台设备容量 50kVA 左右，一般医院设有 5～6 台，总用电量约为 250kVA 左右，但需用系数只有 0.2 左右，每台设一个配电箱。引至 ECT 室、CT 室及 X 光室的供电电源应单独引自配变电所专用回路，为了互不干扰，三者的电源应分开设置； ② 手术室是医院的心脏部位，不得中断供电，应两路市电同时供电，重要手术室还需由应急自备柴油发电机组提供第三电源。每个手术室设置独立的电源控制箱，并设绝缘检测装置，但不应设剩余电流保护开关。装配式手术室内的所有设备，包括手术床、无影灯、控制箱及内饰墙面（通常为不锈钢板）等，均在工厂预制，电气设计时只需预留接口； ③ 血透室用电设备：反渗水设备通常按 380V/40A 左右配电，应单独设置配电箱。每床一台，每床应设两组单相三极加二级的暗装电源插座。血透机均为移动式，每台引一路电源，通常按 220V/5A 左右配电，如设备未配置应设稳压装置。血透室内的恒温湿机，通常按 220V/6A 左右配电； ④ 检验科、理疗科等的医疗设备，对电源电压的稳定性要求较高，其电源插座或电源插座箱电源应引自稳压器或设备自带稳压电源； ⑤医院其余设备大部分为移动的单相用电设备，用电量一般不大于 25A，采用电源插座或电源插座箱供电形式

续表

建筑物类别	负 荷 分 析
3. 文化建筑	文化建筑包括剧院、电影院、图书馆、博物馆、档案馆、文化馆、展览馆、音乐厅等。 (1) 负荷特点：电气负荷应按工作时间内的负荷状况统计，工作时间随服务对象不同而变化。空调负荷占总电力负荷的1/4～1/3，且受气候影响较大，但持续用电时间较短。 (2) 照明负荷用电指标应按《建筑照明设计标准》GB 50034—2013规定的文化建筑照度标准所对应的功率密度取值。 ①图书馆、博物馆、美术馆、展览馆的功能和照明要求基本相同，但局部和重点照明不同。图书馆建筑照度要求高的场所宜设局部照明，存放善本书的场所不宜采用紫外线辐射较强的光源，阅览室荧光灯宜采用无噪声的电子镇流器，书库照明应采用专用的书库照明灯具。 ②观展建筑照明分为一般照明、陈列照明（橱窗照明）和投射照明，并注意以下几点： a. 室内一般照明宜低于展品照明的照度，以便观赏者能够集中精力； b. 使用高显色性光源（Ra≥85），使观看者能正确辨认展品颜色； c. 防止室内镜面反射，提高展柜内的照度； d. 灯光设置应防止产生眩光。 ③影剧院的照明主要包括观众厅、休息厅、门厅、放映室、舞台及辅助房间的照明。舞台照明较特殊，需要专门的照明器和调光设备。 (3) 负荷参数：展览厅照明标准见《建筑照明设计标准》GB 50034—2013中表5.3.9展览馆展厅照明标准值。陈列室展品照明应根据展品类别选择相应照明标准，见《建筑照明设计标准》GB 50034—2013中博物馆建筑陈列室展品照明标准值
4. 商业建筑	商业建筑包括百货公司、超级市场、菜市场、旅馆、餐馆、饮食店、洗浴中心、美容中心等。 (1) 负荷特点：电气负荷按工作时间计算，其工作时间随服务对象不同而变化。空调负荷占总用电负荷的1/4～1/3，受气温变化影响极大，但持续用电时间较短。 商业建筑整个照明应按营业种类特点进行配置，分为店前照明、门厅照明、橱窗照明，店内照明以及整个建筑物的立面（外观）照明，做到既有区别，又相互协调。 (2) 照明负荷用电指标应按《建筑照明设计标准》GB 50034—2013规定的商业建筑照度标准所对应的功率密度取值。商业照明系统的一个显著特点是相间不平衡度很高，较适合设置分相无功功率自动补偿装置，以提高功率因数和供电质量
5. 体育建筑	体育建筑包括体育场、体育馆、游泳馆、射击馆、健身房等。 (1) 负荷特点：体育建筑电力负荷应根据其使用特点进行归类分析，合理制定供配电系统设计方案。仅在比赛期间才使用的大型用电设备，宜采用专用配电变压器供电。 在确定配电变压器数量时，应考虑体育建筑用电负荷的特点和经济运行条件以及供电系统的可靠性，必要时应选择多台小容量配电变压器的供电方案。 大型体育场馆还应预留举行其他文体活动所需的临时供电设施与供电容量。 (2) 照明负荷用电指标应按《建筑照明设计标准》GB 50034—2013规定的体育建筑照度标准所对应的功率密度取值。大型体育建筑还应符合有关国际体育组织的规定。其他场所照明的照度标准，见第12.1.6节
6. 教育建筑	教育建筑包括托儿所、幼儿园、中小学校、高等院校、职业学校、特殊教育学校等。主要由教室（阶梯教室）、实验室、办公室、阅览室等组成。 1）负荷特点：以照明负荷为主。一般教室照明采用荧光灯，美术教室宜采用显光指数高的光源。为避免光幕反射并降低眩光，荧光灯长轴应与黑板垂直，照明灯具距桌面的高度不应小于1.7m。黑板应设专用的照明设施，其平均垂直照度不能低于200lx。 2）负荷参数：照明设计应满足《建筑照明设计标准》GB 50034—2013关于学校建筑照明功率密度值的要求

续表

建筑物类别	负 荷 分 析
7. 居住建筑	居住建筑分为住宅、宿舍和养老院等。住宅包括经济适用房、普通住宅、高档住宅、酒店式公寓、别墅等。宿舍主要包括是集体宿舍、单身公寓、学生宿舍、学生公寓等。 (1) 负荷特点：因功能要求、设计标准不同，相应的设备配置、用电负荷也不尽相同。 (2) 供电与计量：住宅单元通常采用单相电源供电。单户用电量超过 12kW 的住宅采用三相电源供电，但三相电源只供空调等设备用电，照明与电源插座仍按单相供电。计量电能表应按当地供电局有关规定安装。 住宅用电指标可根据户型不同按 3～8kW/户估算；当住宅户数不确定时取 $50W/m^2$（乘以建筑面积）估算。住宅用电负荷采用需要系数法计算

15.1.3 无功功率补偿

1. 无功功率补偿

无功功率补偿设计要点，见表 15.1.3-1。

无功功率补偿设计要点 **表 15.1.3-1**

类 别	技术规定和要求
基本要求	1. 供配电设计中应通过正确选择电动机、配电变压器的容量以及照明灯具启动器，降低线路感抗，提高用电单位的自然功率因数。 2. 当自然功率因数偏低，达不到电网合理运行要求时，应采用并联电力电容器作为无功补偿装置。 3. 低压部分的无功功率宜由低压电容器补偿，10kV 部分的无功功率由 10kV 电容器补偿。 4. 补偿配电系统中的基本无功功率的电容器组，宜设在变配电所内。住宅小区的无功功率宜在小区变电所或预装式（箱式）变电站的低压侧进行集中补偿。 5. 容量较大、负荷平稳且经常使用的用电设备宜就地设置无功功率补偿。 6. 当配电系统中谐波电流较严重时，无功功率补偿容量的计算应考虑谐波的影响。 7. 拥有较多谐波源设备的配电系统中，在设计无功补偿电容器时，宜采取措施以避免系统发生局部谐振。 8. 10kV 无功补偿电容器组宜串联适当参数的电抗器，以抑制对应次数的谐波电流。 9. 10kV、35kV 供电的用电单位，进户点功率因数不应低于 0.90；低压供电的用电单位（公共建筑），当用电装接容量在 100kW 及以上时，进户点功率因数不应低于 0.85。 10. 电容器的分组应符合下列要求： (1) 分组电容器投切时，均不应产生谐振。 (2) 电容器的分组投切容量应与其下游用电设备负载变化情况相适应。 (3) 宜适当减少分组组数和加大分组容量，必要时应设置不同容量的电容器组，以适应负载的变化。 (4) 应满足系统及用电设备的电压波动限值
无功功率补偿计算	1. 在理想的正弦波条件下，功率因数是有功功率和视在功率的比值，计算公式为： $$\cos\varphi = \frac{P}{S} \qquad (15.1.3\text{-}1)$$ 式中 P——有功功率，kW； S——视在功率，kVA。 2. 在谐波环境中，功率因数计算公式为：

续表

<table>
<tr><th>类 别</th><th>技术规定和要求</th></tr>
<tr><td>无功功率补偿计算</td><td>$$PF=\frac{P}{S} \quad (15.1.3\text{-}2)$$
式中 P——有功功率，kW；
S——视在功率，kVA。
其中，基波功率因数计算公式为：
$$\cos\varphi=\frac{P_1}{S_1} \quad (15.1.3\text{-}3)$$
式中 P_1——基波的有功功率，kW；
S_1——基波的视在功率，kVA。
当谐波不存在时，功率因数计算公式为：
$$PF=\cos\varphi \quad (15.1.3\text{-}4)$$
当谐波存在时，功率因数 $PF<\cos\varphi$，计算公式为：
$$PF=\frac{P}{S}=\frac{P}{S_1}\times\frac{S_1}{S}=PF_{disp}PF_{dist} \quad (15.1.3\text{-}5)$$
式中 PF_{disp}——位移功率因数；
PF_{dist}——畸变功率因数。
也可以利用基波因数来计算谐波环境中的功率因数 PF，计算公式为：
$$PF=\gamma\cos\varphi \quad (15.1.3\text{-}6)$$
式中 γ——基波因数，等于基波电流有效值与总电流有效值之比，即：$\gamma=I_1/I$。
3. 工程估算方法。
在工程设计阶段，谐波所致的无功功率很难估算。通常可以忽略谐波电压的影响，仅考虑谐波电流，即认为 $THD_u=0$。此时，功率因数与谐波电流畸变率 THD_i（%）之间的关系曲线，见图15.1.3-1，故可按此关系曲线对功率因数进行粗略的修正。
在图15.1.3-1中，PF 为谐波环境中的实际功率因数，$\cos\varphi$ 为理想正弦波时的功率因数（即基波功率因数，我们传统算法所得即为此值），THD_i 则可假定或通过粗略估算得到。
从图15.1.3-1可见，随着谐波电流含量的增加，实际功率因数将按图示曲线下降，这是由于谐波电流导致了额外的无功功率。因此，在配电系统设计中，特别是在开关和导线的选择计算中，宜按上图所示曲线对功率因数进行粗略的修正。否则计算电流值将会偏小，从而导致导线载流能力不足以及开关整定值偏小。
4. 功率因数补偿容量的计算，见本手册第2.6.2节</td></tr>
<tr><td>功率因数补偿的控制方法</td><td>1. 无功补偿装置的投切方式，当具有下列情况之一时，应采用手动投切方式：
(1) 用于补偿低压基本无功功率的电容器组。
(2) 常年稳定的无功功率。
(3) 长期运行的配电变压器的无功补偿。
(4) 变、配电所内很少投切的3～10kV电动机、电容器组。
2. 无功补偿装置的投切方式，当具有下列情况之一时，应装设自动投切装置：
(1) 为避免在轻载时因过补偿导致电压过高并造成用电设备损坏，且装设无功补偿自动投切装置在经济上合理时。
(2) 为避免过补偿，装设无功补偿自动投切装置在经济上合理时。
(3) 在采用3～10kV或低压自动补偿效果相同时，应采用低压自动补偿装置以降低运行及维护成本。
(4) 必须满足在所有负荷情况下都能改善电压变动率，只有装设无功补偿自动投切装置才能达到要求时。
3. 无功补偿自动投切装置的控制方式，应根据下列原则确定：
(1) 以节能为主进行补偿时，宜采用根据无功功率参数调节的方式。
(2) 无功功率随时间稳定变化时，可按时间参数自动调节。
(3) 当三相负荷平衡时，可采用根据功率因数参数调节的方式，并应满足电压变动率的要求</td></tr>
</table>

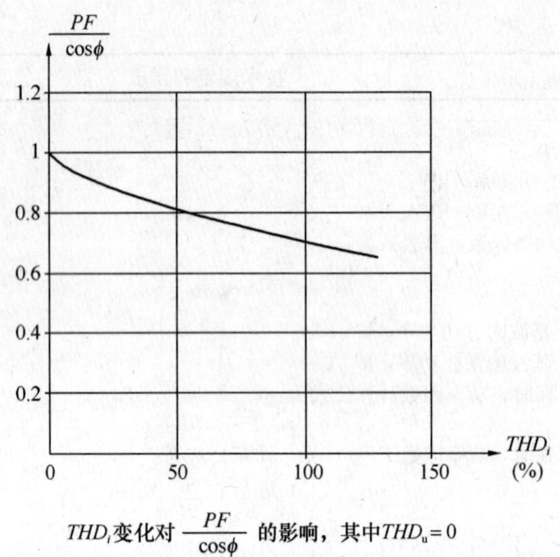

图 15.1.3-1 谐波电流畸变率 THD_i（%）与功率因数 PF 的关系曲线

2. 谐波治理

谐波的危害、来源设计要点，见表 15.1.3-2。

谐波的危害、来源设计要点 **表 15.1.3-2**

类别	技术规定和要求
设计要点	1. 电力系统中的无功功率主要由相位角和高次谐波造成。电力电子设备等的非线性负载产生的高次谐波，增加了电力系统的无功损耗。 2. 配电系统的合理设计、用电设备的正确选型（尤其谐波指标的确定）对于提高电能使用效率非常重要。 3. 由于谐波分布的多变性和谐波工程计算的复杂性，要在设计阶段完全解决谐波问题非常困难，故工程调试与试运行阶段的谐波实测与分析，对于电力系统的谐波治理和最终提高电能利用率将起决定性作用
谐波的危险性	1. 谐波导致系统功率因数降低、实际电流增大，从而导致输配电系统的额外损耗，主要是热效应损耗。(谐波源设备发出的谐波有功功率会给接在同一线路上的其他用电设备带来危害，并增加功率损耗。) 2. 谐波使配电变压器的铜耗增大，其中包括电阻损耗、导体中的涡流损耗与导体外部因漏磁通引起的杂散损耗等等。谐波所致的额外温升也使得配电变压器的实际使用容量降低。 3. 对于电力电缆输配电系统，谐波除了引起热效应附加损耗外，还使电力电缆的分布电容放电状况恶化并导致额外功耗。 4. 对于架空线路输配电系统，谐波会导致电压峰值超标从而产生额外的电晕损耗。 5. 由于电力系统中电容器对谐波阻抗很小，故谐波使得流过电容器的电流增大，导致电力电容器的功耗增加、寿命缩短。 6. 谐波电流会加剧旋转电机的机械振动及噪声，导致额外的机械损耗，并导致电机的出力减少(谐波电流引起的电机附加损耗和发热可以折算成等效的基波负序电流来考虑，现行国家标准和IEC 标准都对同步电机允许的负序电流最大值有明确的规定)

续表

类　别	技术规定和要求
谐波源的来源	谐波源通常是指各类非线性用电设备，或称非线性电力负荷。 电力系统稳态方式下的谐波，几乎都来自各种谐波源。按谐波产生的机理分析，向电网注入谐波电流的，主要有以下两大谐波源： 1. 铁芯型。 变压器、电抗器、各种旋转电机都含有铁芯，铁芯具有磁饱和性，铁芯饱和后是非线性的。 变压器铁芯通常工作在磁通密度较高的区段，很容易因饱和而产生谐波。所以，电力系统中大量的电力变压器和铁芯电抗器都是谐波源。 旋转电机由于其磁极不平衡，定子与转子开槽及铁芯饱和等原因也会产生一些含量较少的谐波。 2. 半导体型。 半导体型包括可控硅整流装置、双向可控硅开关设备等。按其相数可分为多相和单相设备，按其功能可分为整流、逆变、交流调压和变频等设备。建筑电气领域通常涉及下列类型： （1）家用电器。例如日光灯、电视机、调速风扇、空调、电冰箱等。 （2）电动机变频器等。 （3）高新技术应用的多种设备。例如电子计算机、敏感电子器件、功调器、激光切割设备、卫星传送器、核磁共振设备、节能灯（例如高压钠灯和其他气体放电灯）等。 这些大小不同的非线性用电设备均会将谐波电流注入电网，是建筑工程中最常见的谐波源设备

注：谐波的防治见本手册第 2.7.5 节。

15.1.4 供用电设备的选择

1. 配电变压器的选择

配电变压器选择设计要点，见表 15.1.4-1。

10（6）kV 配电变压器选择设计要点　　表 15.1.4-1

类　别	技术规定和要求
容量及台数选择	1. 应优先选用 10 型及以上、非晶合金等节能环保型变压器。 2. 变压器噪声不应超过环境保护规定。 3. 变压器容量及台数选择原则： （1）变压器的经常性负载不应大于 85%，通常以在变压器额定容量的 60%为宜。当所供负荷其谐波电流较大时，尚应增加变压器容量，以减小变压器负载率。 （2）对于具有两台以上的变压器的变电所，应考虑其中任一台变压器故障时，其余变压器的容量能满足重要负荷级以上的全部负荷的需要。变压器过载能力应满足运行要求。 （3）单台变压器的容量不宜过大，以免供电线路过长（一般不应超过 250m），增加线路的损耗。
设计要点	1. 配电用变压器、在线式静止逆变应急电源等设备是配电系统常用的主要电源设备，又是其自身消耗一定电能的设备，通电运行后长期在电网上运行，一般只在检修时才退出电网，选择不当其本身耗电量的累积值也很大。因此选择变压器、在线式静止逆变应急电源时应注意： （1）选择自身功耗低的变配电设备。 （2）选择国家认证机构确认的节能型设备。 （3）选择符合国家节能标准的配电设备。 2. 应降低用电设备配电线路的损耗，一般采取下列措施： （1）配电变压器靠近负荷中心，缩短线缆、母线的长度。 （2）有条件时，就地进行电容器补偿提高设备的运行功率因数，降低线路的运行电流。 （3）采用单芯电缆组成的供配电回路时，电缆应呈品字形敷设以降低线路阻抗。 （4）抑制谐波电流在线路中的含量，降低线路损耗

2. 其他供用电设备的选择

其他供用电设备选择设计要点，见表 15.1.4-2。

其他供用电设备选择设计要点　　表 15.1.4-2

类　别	技术规定和要求
应急电源类型	1. 自备应急柴油发电机组是由柴油机拖动工频交流同步发电机组成的发电设备，能快速自启动，适用于允许中断供电时间为 15s 以上的负荷。 自备应急燃气轮发电机组是由燃气轮机拖动工频交流同步发电机组成的发电设备，其功能特点与自备应急柴油发电机组相同。 2. 保证供电连续性的静止型交流不间断电源装置（UPS 及 EPS）适用于当用电负荷允许中断供电时间要求在 1.5s 以内时。由于需要对蓄电池进行充电，会造成电能的消耗。 3. UPS 不间断电源是由电力变流器储能装置（蓄电池）、开关（电子和机械式）构成的静止型交流不间断电源装置。适用于允许中断供电时间为毫秒级的负荷。 4. EPS 应急电源是由充电器、逆变器、蓄电池、隔离变压器、切换开关等装置组成的把直流电能逆变成交流电能的应急电源装置，适用于允许中断供电时间为 0.25s 以上的负荷。 5. 容量不大、采用直流电源且允许停电时间为毫秒级的特别重要负荷，应采用蓄电池组作为应急电源。 6. 有自动投入装置的独立于正常电源的专用馈电线路，适用于自投装置的动作时间能满足允许中断供电时间 1.5s 以上的应急电源。 以上几种应急电源，以柴油（或燃气轮）发电机组和有自动投入装置的独立于正常电源的专用馈电线路方案为节约电能的最佳选择。因为 UPS、EPS、蓄电池组均需要对蓄电池进行充电，长期运行必然造成电能的消耗
应急电源供电要求	1. 为确保对特别重要负荷的供电，严禁将其他负荷接入应急供电系统。工程设计中，对于其他专业提出的特别重要负荷，应仔细研究协调，尽量减少特别重要负荷的负荷量。 2. 应急电源与正常电源之间必须采取安全可靠措施，防止其并列运行。保证应急电源的专用性，尤其要防止向系统反送电。 大型企业及重要的民用建筑中往往同时使用几种应急电源，应使各种应急电源设备的配电系统密切配合，做到安全、可靠，充分发挥作用
柴油发电机组选择	1. 在方案及初步设计时，柴油发电机容量可按电源变压器总容量 10%～20%进行计算。 2. 在施工图设计时，可根据一级负荷、消防负荷以及某些重要二级负荷容量，按下述方法计算选择其最大者： (1) 按稳定负荷计算发电机容量。 (2) 按最大的单台电动机或成组电动机启动的需要，计算发电机容量。 (3) 按启动电动机时，发电机母线允许电压降计算发电机容量。 3. 柴油发电机组性能等级，见第 6.2.5 节。 4. 符合下列情况之一时，宜设自备应急柴油发电机组： (1) 为保证一级负荷中特别重要的负荷用电时。 (2) 有一级负荷、消防负荷，但从市电取得第二电源有困难或不经济合理时。 (3) 大、中型商业大厦等公共建筑，当市电中断，将会造成经济效益有较大损失时
UPS 及 EPS 选择	1. 符合下列情况之一时，宜设 UPS 不间断电源装置： (1) UPS 一般由整流器、蓄电池、逆变器、静态开关和控制系统组成，根据负载要求可分为：在线式、非在线式。 (2) 符合下列情况之一时，应设置 UPS 不间断电源装置： ①当用电负荷不允许中断供电时（如用于实时性计算机的电子数据处理装置等）；

续表

类　别	技术规定和要求
UPS及EPS选择	②当用电负荷允许中断供电时间要求在1.5s以内时； ③重要场所（如监控中心等）的应急备用电源；需要高质量电源（如对电压、频率，波形失真等有较高要求）的场所。 ④发电机组超过国家环保、防火标准要求时。 2. 不间断电源装置的交流电源： （1）不间断电源系统宜采用两路电源供电，不应把柴油发电机组做旁路电源。 （2）旁路电源必须满足负荷容量及特性要求。 （3）总相对谐波含量不超过10%。 3. UPS主要任务是向关键设备提供高质量的无时间中断的交流电源，适用于切换时间为毫秒级的实时性计算机等电容性负荷，额定输出容量应符合以下规定： （1）对电子计算机供电时，其额定输出功率应大于计算机各设备额定功率总和的1.5倍，对其他用电设备供电时，为最大计算负荷的1.3倍。 （2）负荷的最大冲击电流，不应大于UPS额定电流的150%。 4. UPS供电时间： （1）在交流输入发生故障后，为保证用电设备按照操作顺序进行停机时，其供电时间（蓄电池的额定放电时间）可按停机所需最长时间来确定，一般取8～15min。 （2）当有备用电源时，不间断电源系统在交流输入发生故障后，为保证用电设备供电连续性，并等待备用电源投入，其供电时间（蓄电池额定放电时间）一般可取10～30min。在供电系统中设有应急发电机的UPS应急供电时间可以短一些，否则应长一些。 5. EPS是利用IGBT大功率模块及相关的逆变技术把直流电能逆变成交流电能的大型应急电源，它的容量为0.5～800kW，是一种集中供电式应急电源装置。 （1）EPS应急电源由充电器、蓄电池、逆变器、隔离变压器，切换开关、监控器和显示、机箱及保护等装置组成。 （2）EPS应急电源一般分为不可变频应急电源和可变频应急电源两类。 （3）EPS适用于允许切换时间在0.1s及以上的电机、水泵、电梯及应急照明等电感性负载和电感、电容、电阻混合性负载。 EPS选取100%额定电流连续工作制。其过载能力宜不低于：120%额定电流持续60s，150%额定电流持续5s。 （4）EPS供电时间一般为60、90、120min三种规格，还可以根据用户需要选择更长的。 （5）EPS容量必须大于所供负荷中同时工作容量总和的1.1倍以上

15.2 建筑电气照明

照明节能设计应是在保证不降低作业面视觉要求、不降低照明质量的前提下，力求最大限度地减少照明系统中的光能损失，最大限度地采取措施利用好电能、太阳能。

15.2.1 照明功率密度限值

1. 房间或场所应采用一般照明的照明功率密度限值（LPD）作为照明节能评价指标。

2. 不同类型建筑照明设计的房间或场所有不同的照明功率密度限值。计算房间或场所一般照明的照明功率密度限值时，应计算其灯具光源及附属装置的全部用电量。

3. 当房间或场所的室形指数值等于或小于1时，其照明功率密度限值应增加，但增加值不应超过限值的20%。

4. 当房间或场所的照度标准值提高或降低一级时，其照明功率密度限值应按比例提高或折减。

5. 设装饰性灯具场所，可将实际采用的装饰性灯具总功率的50%计入照明功率密度值的计算。

6. 照明功率密度限值

(1) 住宅建筑、图书馆建筑、办公建筑、商店建筑、旅馆建筑、医疗建筑、教育建筑、博览建筑、会展建筑、交通建筑、金融建筑、工业建筑及公共和工业建筑通用房间或场所等照明功率密度限值，见表15.2.1-1～表15.2.1-13。

住宅建筑每户照明功率密度限值　　表 15.2.1-1

房间或场所	照度标准值（lx）	照明功率密度限值（W/m²）	
		现行值	目标值
起居室	100	≤6.0	≤5.0
卧　室	75		
餐　厅	150		
厨　房	100		
卫生间	100		
职工宿舍	100	≤4.0	≤3.5
车　库	30	≤2.0	≤1.8

图书馆建筑照明功率密度限值　　表 15.2.1-2

房间或场所	照度标准值（lx）	照明功率密度限值（W/m²）	
		现行值	目标值
一般阅览室、开放式阅览室	300	≤9.0	≤8.0
目录厅（室）、出纳室	300	≤11.0	≤10.0
多媒体阅览室	300	≤9.0	≤8.0
老年阅览室	500	≤15.0	≤13.5

办公建筑和其他类型建筑中具有办公用途场所照明功率密度限值　　表 15.2.1-3

房间或场所	照度标准值（lx）	照明功率密度限值（W/m²）	
		现行值	目标值
普通办公室	300	≤9.0	≤8.0
高档办公室、设计室	500	≤15.0	≤13.5
会议室	300	≤9.0	≤8.0
服务大厅	300	≤11.0	≤10.0

商店建筑照明功率密度限值 **表 15.2.1-4**

房间或场所	照度标准值（lx）	照明功率密度限值（W/m²）	
		现行值	目标值
一般商店营业厅	300	≤10.0	≤9.0
高档商店营业厅	500	≤16.0	≤14.5
一般超市营业厅	300	≤11.0	≤10.0
高档超市营业厅	500	≤17.0	≤15.5
专卖店营业厅	300	≤11.0	≤10.0
仓储超市	300	≤11.0	≤10.0

注：当商店营业厅、高档商店营业厅、专卖店营业厅需装设重点照明时，该营业厅的照明功率密度限值应增加 $5W/m^2$。

旅馆建筑照明功率密度限值 **表 15.2.1-5**

房间或场所	照度标准值（lx）	照明功率密度限值（W/m²）	
		现行值	目标值
客房	—	≤7.0	≤6.0
中餐厅	200	≤9.0	≤8.0
西餐厅	150	≤6.5	≤5.5
多功能厅	300	≤13.5	≤12.0
客房层走廊	50	≤4.0	≤3.5
大堂	200	≤9.0	≤8.0
会议室	300	≤9.0	≤8.0

医疗建筑照明功率密度限值 **表 15.2.1-6**

房间或场所	照度标准值（lx）	照明功率密度限值（W/m²）	
		现行值	目标值
治疗室、诊室	300	≤9.0	≤8.0
化验室	500	≤15.0	≤13.5
候诊室、挂号厅	200	≤6.5	≤5.5
病房	100	≤5.0	≤4.5
护士站	300	≤9.0	≤8.0
药房	500	≤15.0	≤13.5
走廊	100	≤4.5	≤4.0

教育建筑照明功率密度限值 表 15.2.1-7

房间或场所	照度标准值（lx）	照明功率密度限值（W/m²）	
		现行值	目标值
教室、阅览室	300	≤9.0	≤8.0
实验室	300	≤9.0	≤8.0
美术教室	500	≤15.0	≤13.5
多媒体教室	300	≤9.0	≤8.0
计算机教室、电子阅览室	500	≤15.0	≤13.5
学生宿舍	150	≤5.0	≤4.5

博览建筑照明功率密度限值 表 15.2.1-8

房间或场所		照度标准值（lx）	照明功率密度限值（W/m²）	
			现行值	目标值
美术馆建筑	会议报告厅	300	≤9.0	≤8.0
	美术品售卖区	300	≤9.0	≤8.0
	公共大厅	200	≤9.0	≤8.0
	绘画展厅	100	≤5.0	≤4.5
	雕塑展厅	150	≤6.5	≤5.5
科技馆建筑	科普教室	300	≤9.0	≤8.0
	会议报告厅	300	≤9.0	≤8.0
	纪念品售卖区	300	≤9.0	≤8.0
	儿童乐园	300	≤10.0	≤8.0
	公共大厅	200	≤9.0	≤8.0
	常设展厅	200	≤9.0	≤8.0
博物馆建筑其他场所	会议报告厅	300	≤9.0	≤8.0
	美术制作室	500	≤15.0	≤13.5
	编目室	300	≤9.0	≤8.0
	藏品库房	75	≤4.0	≤3.5
	藏品提看室	150	≤5.0	≤4.5

会展建筑照明功率密度限值 表 15.2.1-9

房间或场所	照度标准值（lx）	照明功率密度限值（W/m²）	
		现行值	目标值
会议室、洽谈室	300	≤9.0	≤8.0
宴会厅、多功能厅	300	≤13.5	≤12.0
一般展厅	200	≤9.0	≤8.0
高档展厅	300	≤13.5	≤12.0

交通建筑照明功率密度限值 表 15.2.1-10

房间或场所		照度标准值(lx)	照明功率密度限值（W/m²）现行值	目标值
候车（机、船）室	普通	150	≤7.0	≤6.0
	高档	200	≤9.0	≤8.0
中央大厅、售票大厅		200	≤9.0	≤8.0
行李认领、到达大厅、出发大厅		200	≤9.0	≤8.0
地铁站厅	普通	100	≤5.0	≤4.5
	高档	200	≤9.0	≤8.0
地铁进出站门厅	普通	150	≤6.5	≤5.5
	高档	200	≤9.0	≤8.0

金融建筑照明功率密度限值 表 15.2.1-11

房间或场所	照度标准值(lx)	照明功率密度限值（W/m²）现行值	目标值
营业大厅	200	≤9.0	≤8.0
交易大厅	300	≤13.5	≤12.0

工业建筑非爆炸危险场所照明功率密度限值 表 15.2.1-12

房间或场所			照度标准值(lx)	照明功率密度限值（W/m²）现行值	目标值
1. 机、电工业	机械加工	粗加工	200	≤7.5	≤6.5
		一般加工公差≥0.1mm	300	≤11.0	≤10.0
		精密加工公差<0.1mm	500	≤17.0	≤15.0
	机电、仪表装配	大件	200	≤7.5	≤6.5
		一般件	300	≤11.0	≤10.0
		精密	500	≤17.0	≤15.0
		特精密	750	≤24.0	≤22.0
	电线、电缆制造		300	≤11.0	≤10.0
	线圈绕制	大线圈	300	≤11.0	≤10.0
		中等线圈	500	≤17.0	≤15.0
		精细线圈	750	≤24.0	≤22.0
	线圈浇注		300	≤11.0	≤10.0
	焊接	一般	200	≤7.5	≤6.5
		精密	300	≤11.0	≤10.0
	钣金		300	≤11.0	≤10.0
	冲压、剪切		300	≤11.0	≤10.0
	热处理		200	≤7.5	≤6.5

续表

房间或场所			照度标准值 (lx)	照明功率密度限值 (W/m^2)	
				现行值	目标值
1. 机、电工业	铸造	熔化、浇铸	200	≤9.0	≤8.0
		造型	300	≤13.0	≤12.0
	精密铸造的制模、脱壳		500	≤17.0	≤15.0
	锻工		200	≤8.0	≤7.0
	电镀		300	≤13.0	≤12.0
	酸洗、腐蚀、清洗		300	≤15.0	≤14.0
	抛光	一般装饰性	300	≤12.0	≤11.0
		精细	500	≤18.0	≤16.0
	复合材料加工、铺叠、装饰		500	≤17.0	≤15.0
	机电修理	一般	200	≤7.5	≤6.5
		精密	300	≤11.0	≤10.0
2 电子工业	整机类	整机厂	300	≤11.0	≤10.0
		装配厂房	300	≤11.0	≤10.0
	元器件类	微电子产品及集成电路	500	≤18.0	≤16.0
		显示器件	500	≤18.0	≤16.0
		印制线路板	500	≤18.0	≤16.0
		光伏组件	300	≤11.0	≤10.0
		电真空器件、机电组件等	500	≤18.0	≤16.0
	电子材料类	半导体材料	300	≤11.0	≤10.0
		光纤、光缆	300	≤11.0	≤10.0
	酸、碱、药液及粉配制		300	≤13.0	≤12.0

公共和工业建筑非爆炸危险场所通用房间或场所照明功率密度限值　　表 15.2.1-13

房间或场所		照度标准值 (lx)	照明功率密度限值 (W/m^2)	
			现行值	目标值
走廊	一般	50	≤2.5	≤2.0
	高档	100	≤4.0	≤3.5
厕所	一般	75	≤3.5	≤3.0
	高档	150	≤6.0	≤5.0
试验室	一般	300	≤9.0	≤8.0
	精细	500	≤15.0	≤13.5
检验	一般	300	≤9.0	≤8.0
	精细，有颜色要求	750	≤23.0	≤21.0

续表

房间或场所		照度标准值（lx）	照明功率密度限值（W/m²）	
			现行值	目标值
计量室、测量室		500	≤15.0	≤13.5
控制室	一般控制室	300	≤9.0	≤8.0
	主控制室	500	≤15.0	≤13.5
电话站、网络中心、计算机站		500	≤15.0	≤13.5
动力站	风机房、空调机房	100	≤4.0	≤3.5
	泵房	100	≤4.0	≤3.5
	冷冻站	150	≤6.0	≤5.0
	压缩空气站	150	≤6.0	≤5.0
	锅炉房、煤气站的操作层	100	≤5.0	≤4.5
仓 库	大件库	50	≤2.5	≤2.0
	一般件库	100	≤4.0	≤3.5
	半成品库	150	≤6.0	≤5.0
	精细件库	200	≤7.0	≤6.0
公共车库		50	≤2.5	≤2.0
车辆加油站		100	≤5.0	≤4.5

（2）各级机动车交通道路的照明功率密度限值，见表 15.2.1-14。

各级机动车交通道路的照明功率密度限值 **表 15.2.1-14**

道路级别	车道数（条）	照明功率密度（*LPD*）限值（W/m²）	照度标准值（lx）
快速路主干路	≥6	1.05	30
	<6	1.25	
	≥6	0.7	20
	<6	0.85	
次干路	≥4	0.70	15
	<4	0.85	
	≥4	0.45	10
	<4	0.55	
支路	≥2	0.55	10
	<2	0.60	
	≥2	0.45	8
	<2	0.50	

注：1. 本表仅适用于高压钠灯，当采用金属卤化物灯时，应将表中对应的 *LPD* 值乘以 1.3。

2. 本表仅适用于设置连续照明的常规路段。

3. 设计计算照度值高于标准照度值时，*LPD* 标准值不得相应增加。

15.2.2 绿色建筑电气设计

绿色建筑是指在建筑设计中体现可持续发展的理念，在满足建筑功能的基础上，实现建筑全寿命周期内的资源节约和环境保护，为人们提供健康、适用和高效的使用空间。

绿色照明是用节约能源、保护环境，有益提高人们生产、工作、学习效率和生活质量、保护身心健康的照明。

民用建筑绿色建筑电气设计，应符合现行国家标准《民用建筑绿色设计规范》JGJ/T 229的规定和要求，绿色建筑电气设计要点，见表15.2.2-1。

绿色建筑电气设计要点　　表15.2.2-1

类　别	技术规定和要求
设计原则	1. 在方案设计阶段应制定合理的供配电系统、智能化系统方案，合理采用节能技术和设备，最大化的节约能源。 2. 太阳能资源、风能资源丰富的地区，当技术经济合理时，宜采用太阳能发电、风力发电作为补充电力能源。 在条件许可时，景观照明和非主要道路照明可采用小型太阳能路灯和风光互补路灯。 3. 风力发电机的选型和安装应避免对建筑物和周边环境产生噪声污染。 建议采取下列预防措施： (1) 在建筑周围或城市道路及公园安装风力发电机时，单台功率宜小于50kW。 (2) 若在建筑物之上架设风力发电机组时，风机风轮的下缘宜高于建筑物屋面2.4m，风力发电机的总高度不宜超过4m，单台风机安装容量宜小于10kW。 (3) 风力发电机应选用静音型产品。 (4) 风机塔架应根据环境条件进行安全设计，安装时应有可靠的基础
供配电系统	1. 对于三相不平衡或采用单相配电的供配电系统，应采用分相无功自动补偿装置。否则不但不节能，反而浪费资源，而且难以对系统的无功补偿进行有效补偿，补偿过程中所产生的过、欠补偿等弊端更是对整个电网的正常进行带来了严重的危害。 2. 当供配电系统谐波或设备谐波超出国家或地方标准的谐波限值规定时，宜对建筑内的主要电气和电子设备或其所在线路采取高次谐波抑制和治理，减少电气污染和电力系统的无功损耗，并提高电能使用效率，并应符合下列规定： (1) 当系统谐波或设备谐波超出谐波限值规定时，应对谐波源的性质、谐波参数等进行分析，有针对性地采取谐波抑制及谐波治理措施。 (2) 供配电系统中具有较大谐波干扰的地点宜设置滤波装置。 3. 10kV及以下供电和配电电力电缆截面应结合技术条件、运行工况和经济电流的方法来选择
绿色照明	1. 应根据建筑的照明要求，合理利用天然采光。 (1) 在具有天然采光条件或天然采光设施的区域，应采取合理的人工照明布置及控制措施。 (2) 合理设置分区照明控制措施，具有天然采光的区域应能独立控制。 (3) 可设置智能照明控制系统，并应具有随室外自然光的变化自动控制或调节人工照明照度的功能。 2. 应根据项目规模、功能特点、建设标准、视觉作业要求等因素，确定合理的照度指标。照度指标为300 lx及以上，且功能明确的房间或场所，宜采用一般照明和局部照明相结合的照明方式。

续表

类　别	技术规定和要求
绿色照明	3. 除有特殊要求的场所外，应选用高效照明光源、高效灯具及其节能附件。 （1）光源选择： ①紧凑型荧光灯具有光效较高、显色性好、体积小巧、结构紧凑、使用方便等优点，是取代白炽灯的理想电光源，适合于为开阔的地方提供分散、亮度较低的照明，可被广泛应用于家庭住宅、旅馆、餐厅、门厅、走廊等场所； ②在室内照明设计时，应优先采用显色指数高、光效高的稀土三基色荧光灯，可广泛应用于大面积区域且分布均匀的照明，如办公室、学校、居所、工厂等； ③金属卤化物灯具有定向性好、显色能力非常强、发光效率高、使用寿命长、可使用小型照明设备等优点，但其价格昂贵，故一般用于分散或者光束较宽的照明，如层高较高的办公室照明、对色温要求较高的商品照明、要求较高的学校和工厂、户外场所等； ④高压钠灯具有定向性好、发光效率极高、使用寿命很长等优点，但其显色能力很差，故可用于分散或者光束较宽且光线颜色无关紧要的照明，如户外场所、工厂、仓库，以及内部和外部的泛光照明； ⑤发光二极管（LED）灯是极具潜力的光源，它发光效率高且寿命长，随着成本的逐年减低，它的应用将越来越广泛。LED适合在较低功率的设备上使用，目前常被应用于户外的交通信号灯、紧急疏散灯、建筑轮廓灯等。 （2）高效灯具选择： ①在满足眩光限制和配光要求的情况下，应选用高效率灯具，灯具效率不应低于《建筑照明设计标准》GB 50034 中有关规定； ②应根据不同场所和不同的室空间比 *RCR*，合理选择灯具的配光曲线，从而使尽量多的直射光通落到工作面上，以提高灯具的利用系数；由于在设计中 *RCR* 为定值，当利用系数较低（0.5）时，应调换不同配光的灯具； ③在保证光质的条件下，首选不带附件的灯具，并应尽量选用开启式灯罩； ④选用对灯具的反射面、漫射面、保护罩、格栅材料和表面等进行处理的灯具，以提高灯具的光通维持率，如涂二氧化硅保护膜及防尘密封式灯具、反射器采用真空镀铝工艺、反射板选用蒸镀银反射材料和光学多层膜反射材料等； ⑤尽量使装饰性灯具功能化。 （3）灯具附属装置选择： ①自镇流荧光灯应配用电子镇流器； ②直管形荧光灯应配用电子镇流器或节能型电感镇流器； ③高压钠灯、金属卤化物灯等应配用节能型电感镇流器，在电压偏差较大的场所，宜配用恒功率镇流器；功率较小者可配用电子镇流器； ④荧光灯或高强度气体放电灯应采用就地电容补偿，使其功率因数达 0.9 以上。 4. 人员长期工作或停留的房间或场所，照明光源的显色指数不应小于 80。 5. 各类房间或场所的照明功率密度值，宜符合现行国家标准《建筑照明设计标准》GB 50034 规定的目标值要求
电气设备节能	1. 配电变压器应选择低损耗、低噪声的节能产品，并应达到现行国家标准《三相配电变压器能效限定值及节能评价值》GB 20052中规定的目标能效限定值及节能评价值的要求。在资金允许条件下，可采用非晶合金铁芯型低损耗变压器。 2. 配电变压器应选用［D，yn11］结线组别的变压器。缓解三相负荷不平衡、抑制三次谐波。 3. 应采用配备高效电机及先进控制技术的电梯。自动扶梯与自动人行道应具有节能拖动及节能控制装置，并设置感应传感器以控制自动扶梯与自动人行道的启停。 4. 当 3 台及以上的客梯集中布置时，客梯控制系统应具备按程序集中调控和群控的功能，提高电梯调度的灵活性，减少乘客等候时间，并可达到节能的目的

续表

类　别	技术规定和要求
计量与智能化	1. 根据建筑的功能、归属等情况，对照明、电梯、空调、给水排水等系统的用电能耗宜进行分项、分区、分户的计量。对照明除进行分项计量外，还宜进行分区或分层、分户的计量，这些计量数据可为将来运营管理时按表进行收费提供可行性，同时，还可以为专用软件进行能耗的监测、统计和分析提供基础数据。 2. 计量装置宜集中设置，当条件限制时，宜采用远程抄表系统或卡式表具。一般来说，计量装置应集中设置在电气小间或公共区等场所。 3. 大型公共建筑应具有对公共照明、空调、给水排水、电梯等设备进行运行监控和管理的功能，以便实现绿色建筑高效利用资源、管理灵活、实用方便、安全舒适等要求，并可达到节约能源的目的。 4. 公共建筑宜设置建筑设备能源管理系统，并宜具有对主要设备进行能耗监测、统计、分析和管理的功能。以最大化地利用资源、最大限度地减少能源消耗，减少管理人员配置。此外，在《民用建筑节能设计标准》JGJ 26 要求其对锅炉房、热力站及每个独立的建筑物设置总电表，若每个独立的建筑物设置总电表较困难时，应按照照明、动力等设置分项总电表

15.3 计量与管理

15.3.1 概　　述

能源计量装置的设置和管理的一般规定和要求，见表 15.3.1-1。

能源计量装置的设置和管理　　**表 15.3.1-1**

类　别	技术规定和要求
基本规定	1. 计量装置包括各种类型的电能计量装置、冷热量计量装置及其他用于能量结算和管理的计量装置。 2. 计量装置应保证计量量值的准确、统一和运行的安全可靠。以便有效的进行能量计量、管理。 3. 计量装置的设置和管理包括计量方案的确定、计量器具的选用、订货验收、检定、检修、保管、安装、竣工验收、运行维护、现场检验、周期检定（轮换）、抽检、故障处理、报废的全过程管理，以及与能量计量有关的能量计费系统、远端集中抄表系统等相关内容。 4. 国家机关办公建筑和大型公共建筑，应设置能耗监测系统
设计要点	1. 电能计量装置包括有功电度表、无功电度表以及计量配用的互感器和电量变送器。 2. 电能计量装置的基本要求。 (1) 满足规定的准确度等级要求。 (2) 功能能够适应管理的要求。 (3) 用电单位进户点的计费电度表，应设置专用的互感器。 (4) 专用电能计量仪表的设置，应按供用电管理部门对不同计费方式的规定确定。 (5) 执行分时电价的用户，应选用装设具有分时计量功能的复费率电能计量或多功能电能计量装置。 (6) 由计算机监测管理的电能计量装置的检测参数，应包括电压、电流、电量、有功功率、无功功率、功率因数等。 (7) 选择电流互感器时，应根据额定电压、准确度等级、额定变比和二次容量等参数确定。对负荷随季节变化较大的用户，建议采用范围较宽的 S 级电流互感器。电能计量用的电流互感器，当满足电力装置回路以额定值的条件运行时，其二次侧电流为电度表标定电流的 70%以上

续表

<table>
<tr><th>类　别</th><th>技术规定和要求</th></tr>
<tr><td>电能计量装置设置</td><td>1. 下列电力装置回路，应装设有功电度表：
(1) 电力用户处的有功电量计量点。
(2) 根据技术经济考核和节能管理的要求，需计量有功电量的其他电力装置回路。
(3) 需要进行技术经济考核的 50kW 及以上的电动机。
(4) 10、35kV 供配电线路。
2. 下列电力装置回路，应装设无功电度表：
(1) 电力用户处的无功电量计量点。
(2) 无功补偿装置。
(3) 根据技术经济考核和节能管理的要求，需计量无功电量的其他电力装置回路。
3. 根据节能要求，以电力为主要能源的冷冻机组、锅炉等大负荷设备，应设专用电能计量装置</td></tr>
<tr><td>电能计量装置等级</td><td>1. 有功电度表的准确度等级。
(1) 月平均用电量 10^6kWh 及以上的电力用户电能计量点，应采用 0.5 级的有功电度表。
(2) 下列电力装置回路，应采用 1.0 级的有功电度表：
①在 315kVA 及以上变压器（月平均用电量小于 10^6kWh）高压侧计费的电力用户电能计量点；
②需考核有功电量平衡的供配电线路。
(3) 下列电力装置回路，应采用 2.0 级的有功电度表：
①75kW 及以上的电动机；
②在 315kVA 以下变压器低压侧计费的电力用户电能计量点；
③仅作为单位内部技术经济考核而不计费的线路和电力装置回路。
2. 无功电度表的准确度等级。
(1) 下列电力装置回路，应采用 2.0 级的无功电度表：
①无功补偿装置；
②在 315kVA 及以上变压器高压侧计费的电力用户电能计量点；
③供电系统中，需考核技术经济指标的供配电线路。
(2) 下列电力装置回路，应采用 3.0 级的无功电度表：
①在 315kVA 以下变压器低压侧计费的电力用户电能计量点；
②仅作为单位内部技术经济考核而不计费的线路和电力装置回路。
3. 电能计量用互感器准确度等级。
(1) 0.5 级的有功电度表和 0.5 级的专用电能计量仪表，应配用 0.2 级的互感器。
(2) 1.0 级的有功电度表、1.0 级的专用电能计量仪表、2.0 级计费用的有功电度表及 2.0 级的无功电度表，应配用不低于 0.5 级的互感器。
(3) 仅作为单位内部技术考核而不计费的 2.0 级有功电度表及 3.0 级的无功电度表，宜配用不低于 1.0 级的互感器。
(4) 电量变送器配用不低于 0.5 级的电流互感器。
4. 现场检验用标准器准确度等级。其准确度至少应比被检品高两个准确度等级，其他指示仪表的准确度等级应不低于 0.5 级，量限应配置合理</td></tr>
</table>

15.3.2 能耗监测系统

根据《国家机关办公建筑和大型公共建筑能耗监控系统——楼宇分项计量设计安装技术导则》建科［2008］114 号文附件 3 的规定，能耗监测系统是指通过对国家机关办公建筑和大型公共建筑安装分类和分项能耗计量装置，采用远程传输等手段及时采集能耗数据，实现重点建筑能耗的在线监测和动态分析功能的硬件系统和软件系统的统称。

1. 监测对象及分类能耗

（1）监测对象是根据建筑的使用功能和用能特点，将国家机关办公建筑和大型公共建筑分为以下8类：

①办公建筑；

②商场建筑；

③宾馆饭店建筑；

④文化教育建筑；

⑤医疗卫生建筑；

⑥体育建筑；

⑦综合建筑；

⑧其他建筑，指除上述7种建筑类型外的国家机关办公建筑和大型公共建筑。

（2）分类能耗是指根据国家机关办公建筑和大型公共建筑消耗的主要能源种类划分进行采集和整理的能耗数据，如：电、水、燃气等。根据建筑用能类别，分类能耗数据采集指标分为以下6项：

①电量；

②水耗量；

③燃气量；

④集中供热耗热量；

⑤集中供冷耗冷量；

⑥其他能源应用量，如集中热水供应量、煤、油、可再生能源等。

2. 分项能耗

分项能耗是指根据国家机关办公建筑和大型公共建筑消耗的各类能源的主要用途划分进行采集和整理的能耗数据（除耗电量外，其他分类能耗不作分项计量）。其中，电量的计量应分为4个必分项目，它们分别是：

（1）照明电源插座用电：根据实际情况选分子项，如：

①照明和电源插座用电（若空调系统末端用电不可单独计量，空调系统末端用电应计算在照明和电源插座子项中，包括全空气机组、新风机组、空调区域的排风机组、风机盘管、分体式空调器等）；

②走廊和应急照明用电；

③室外景观照明用电。

（2）动力用电：是集中提供各种动力服务的设备用电的统称（不包括空调采暖系统设备）。根据实际情况选分子项，如：

①电梯用电：指建筑物中所有电梯及其附属的机房专用空调等设备；

②水泵用电：指除空调采暖系统和消防系统以外的所有水泵；

③通风机用电：指除空调采暖系统和消防系统以外的所有风机。

（3）空调用电：是为建筑物提供空调、采暖服务的设备用电的统称。根据实际情况选分子项。

①冷热站用电，是空调系统中制备、输配冷量的设备总称；

②空调末端用电，是指可单独测量的所有空调系统末端（包括全空气机组、新风机组、空调区域的排风机组、风机盘管、分体式空调器等。风机盘管的计量有困难时可不作要求）。

（4）特殊用电：指不属于建筑物常规功能的用电设备的耗电量（包括信息中心、洗衣房、餐厅厨房、游泳池、健身房或其他特殊用电）。

3. 技术措施

民用建筑能源监测系统设计技术措施，见表 15.3.2-1。

民用建筑能源监测系统设计技术措施　　表 15.3.2-1

类　别	技术规定和要求
设计原则	1. 分项计量不能影响计费系统的正常工作。分项计量改造不应改动供电部门计量表的二次接线，不应与计费电能表串接。 2. 应充分利用现有配电设施和低压配电监测系统，结合现场实际合理设计分项计量系统所需要的表计、计量表箱和数据采集器的数量及安放位置。 3. 设计文件齐全，应包括设计说明、系统原理图、设备布置图、接线图、电缆表、设备材料表等。 4. 以下回路应设置分项计量表。 （1）变压器低压侧出线回路。 （2）特殊区供电回路。 （3）单独计量的外供电回路。 （4）制冷机组主供电回路。 （5）单独供电的冷热源系统附泵回路。 （6）集中供电的分体空调回路。 （7）照明插座主回路。 （8）电梯回路。 （9）其他应单独计量的用电回路。 5. 合理设置多功能表。 （1）负载率最高的以照明为主的变压器和以空调为主的变压器应安装多功能电能表。 （2）三相平衡回路应设置单相普通电能表。 （3）照明插座供电回路宜设置三相普通电能表。 （4）总额定功率小于 10kW 的非空调类用电支路不宜设置电能表
系统组成	能源监测系统组成示意图，见图 15.3.2-1。 1. 数据采集子系统：由监测建筑中的各计量装置、数据采集器、数据采集软件系统组成 2. 数据中转站。 3. 数据中心
数据采集器	数据采集器是在一个区域内进行电能或其他能耗信息采集的设备。它通过信道对其管辖的各类表计的信息进行采集、处理和存储，并通过远程信道与数据中心交换数据。数据采集器的平均无故障时间应不小于 3 万 h，应使用低功耗嵌入式系统，功率应小于 10W，并应符合相关电磁兼容性能指标。应具有以下主要功能：
数据采集器	1. 数据采集功能：支持主令采集和定时采集。一台数据采集器应支持对不少于 32 台计量装置进行数据采集，并应支持同时对不同用能种类的计量装置进行数据采集（包括电能表、水表、燃气表、热量表、冷量表等）。 2. 数据处理功能：应支持对计量装置能耗数据的处理。 3. 数据存储功能：应配置不小于 16MB 的专用存储空间，支持对能耗数据 7～10d 的存储。 4. 数据远传功能：应能对采集到的能耗数据进行加密处理后定时远传.

续表

类　别	技术规定和要求
计量装置	计量装置是用来度量电、水、燃气、热（冷）量等建筑能耗的仪表及辅助设备的总称。 1. 电能表的精确度等级应不低于 1.0 级，具有数据远传功能，至少应具有 RS-485 标准串行电气接口，采用 MODBUS 标准开放协议或符合《多功能电能表通信规约》DL/T 645—1997 中的有关规定。 2. 普通电能表应具有监测和计量三相（单相）有功功率或电流的功能。 3. 多功能电能表应至少具有监测和计量三相电流、电压、有功功率、功率因数、有功电能、最大需量、总谐波含量功能。 4. 配用电流互感器的精确度等级应不低于 0.5 级。 5. 计量装置与数据采集器之间的连接应采用符合各相关行业智能仪表标准的各种有线或无线物理接口。对于电能表，参照行业标准《多功能电能表通信规约》DL/T 645—1997 来执行

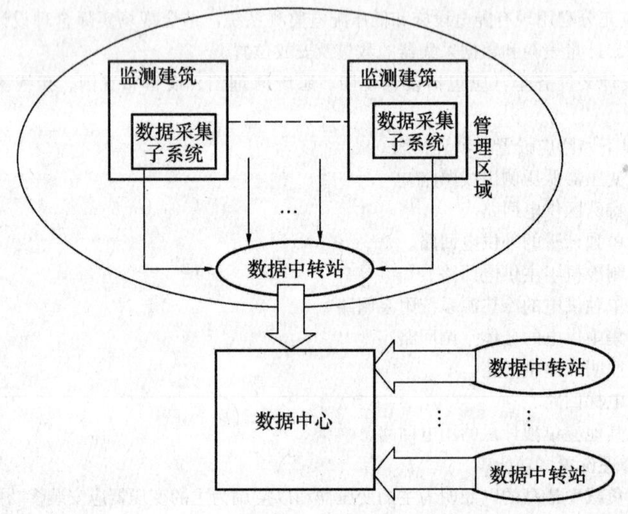

图 15.3.2-1　能耗监测系统组成示意图

15.3.3　示　　例

本示例主要以电能计量管理系统为基础，结合用电设备的电能计量装置，针对用电设备实现能耗监控与分析管理的设计方案，适用于新建、扩建、改建和节能改造的民用建筑及一般工业建筑用电设备的能耗监控与管理。

1. 系统组成

系统采用管理层、通信层和设备层的网络分布结构，见图 15.3.3-1。

2. 应用

（1）电气设计人员应根据电能管理的要求和实际用电设备情况，参照提供的电路图，确定合理的系统结构和模块类型；

（2）电气设计人员应与工艺设计人员密切配合，了解工艺要求，落实用电设备数量，参照示例图提供的设计方案，根据系统结构和模块类型进行电路设计；

（3）采用总线型的通信线路连接监控主机与监控模块。监控主机至监控模块之间的通信缆线选型应符合相关环境电磁兼容的要求，为了保证数据传输的稳定性与可靠性，监控模块之间的通信缆线应采用屏蔽双绞线，通信线截面不宜小于 2×1.0mm²，其屏蔽层应良好接地；

（4）通信层根据现场实际情况选用有线或无线传输方式，同时应考虑传输的距离。监控模块带有为其供电的辅助电源器件时，其电源线的选择应注意传输距离产生的压降，一般不宜小于 2×1.5mm²；

（5）电能计量管理系统的监控主机和网络交换机安装在中央控制室内，通信服务器根据现场情况可安装在中央控制室或现场监控模块附近的专用柜（箱）内。现场各区域根据用电设备的性质、用途和监控对象设置监控模块，负责监视相应区域用电设备的耗能信息。监控模块之间采用 RS485 专用通信网络连接；

（6）监控模块采用屏蔽双绞线以链接方式连接，为保证系统的实时性、稳定性及可靠性，每条总线上的模块数量不应大于 32 个，且第一个模块至最远端模块之间距离不应大于 1200m；

（7）通信层选用有线传输方式时，若传输距离不大于 100m 可选用屏蔽双绞线，否则应选用单模四芯光缆连接；

（8）为了消除信号在通信线路中的反射引起的波形畸变，提高通信质量，宜在 RS485 总线的终端接入 120Ω 的终端匹配电阻。

3. 示意图

（1）10kV 配电柜电能计量概略图示意，见图 15.3.3-2。

（2）低压配电柜、配电箱电能计量概略图示意，见图 15.3.3-3、图 15.3.3-4。

（3）电能计量管理系统示意图，见图 15.3.3-5。

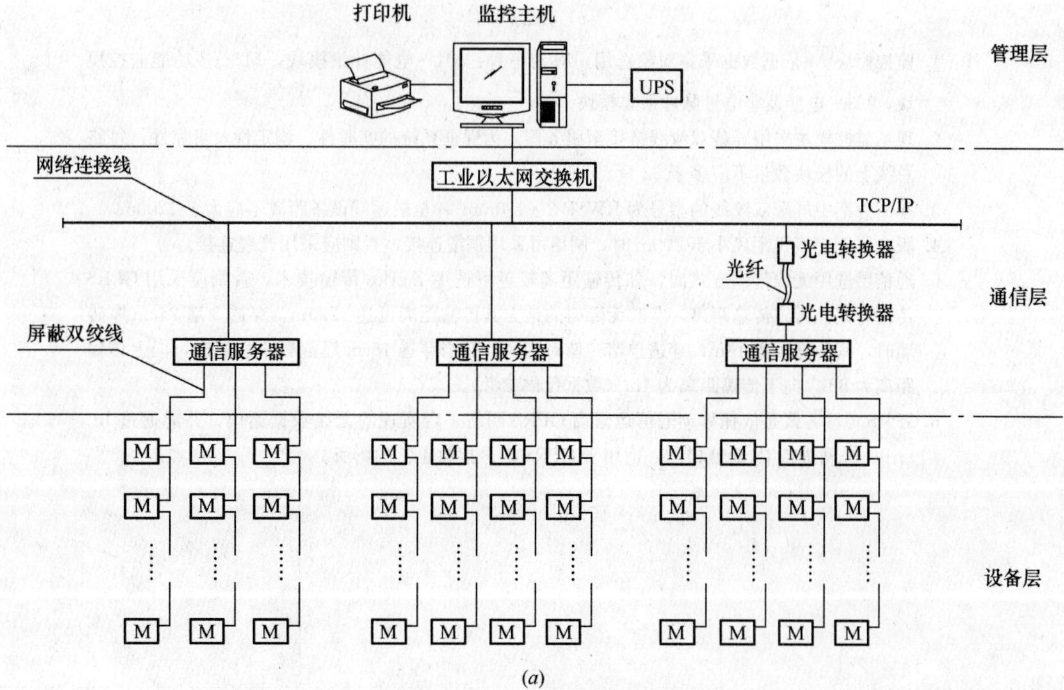

图 15.3.3-1　电能计量系统网络拓扑概略图示意（一）

（a）有线网络

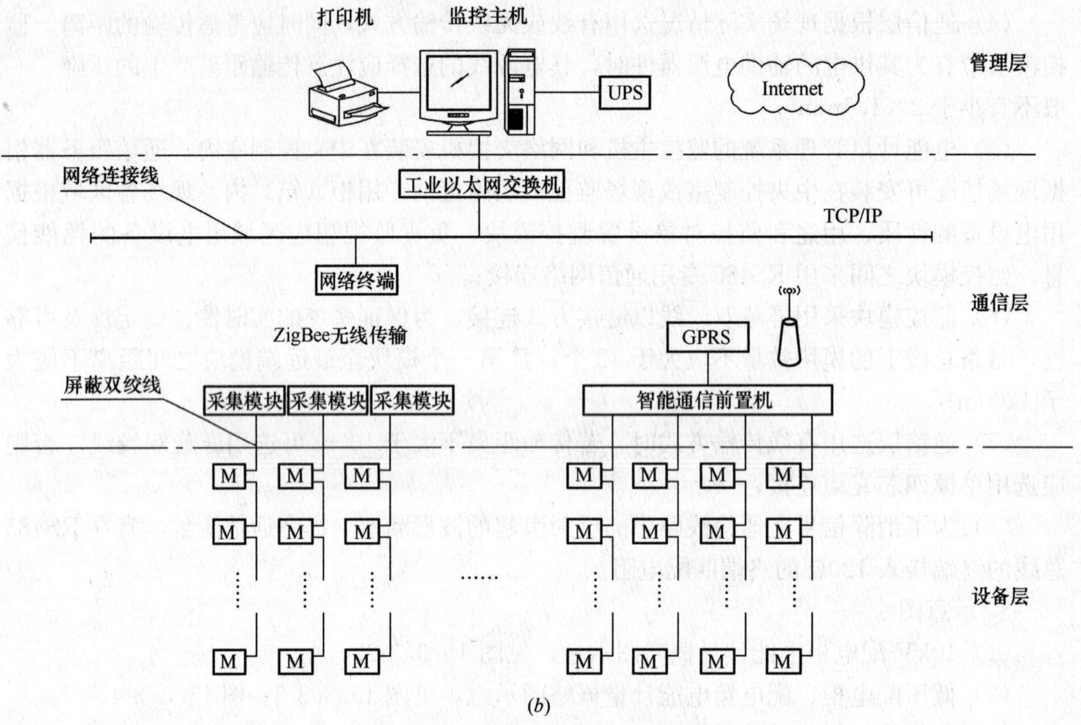

图 15.3.3-1　电能计量系统网络拓扑概略图示意（二）

（b）无线网络

注：1. 监控模块M依据数据采集对象选用，M 有三种：M1—电能计量模块，M2—多功能监控模块，M3—电能及非电量脉冲采集模块。

2. 现场监控模块采用屏蔽双绞线链接至服务器，为保证系统的实时性、稳定性及可靠性，每路总线上的模块数量不应多于 32 只。

3. 本图方案中屏蔽双绞线的型号为 RWSP 2×1.0mm²，至最远端设备距离不应大于 1200m。

4. 服务器至交换机距离小于 100m 时，网络可采用铜缆连接，否则应采用光缆连接。

5. 通信层选用无线传输方式时，如传输距离较近可选用 ZigBee 传输技术，否则应采用 GPRS 传输方式。无线传输距离，空旷无障碍的地方其传输距离可达 1200m。穿透 3 堵 24cm 厚砖墙时，其传输距离 16m；穿透单堵砖墙时为 40m。当穿透 16cm 厚混凝土楼板时，向上传输距离为 8m，向下传输距离为 4m（数据仅供参考）。

6. GPRS 传输方式是依托移动通信运营商 GPRS 网络平台实现的无线数据通信，并能通过 Internet 公网进行 IP 地址访问，适用于 GPRS 信号接收正常的场所。

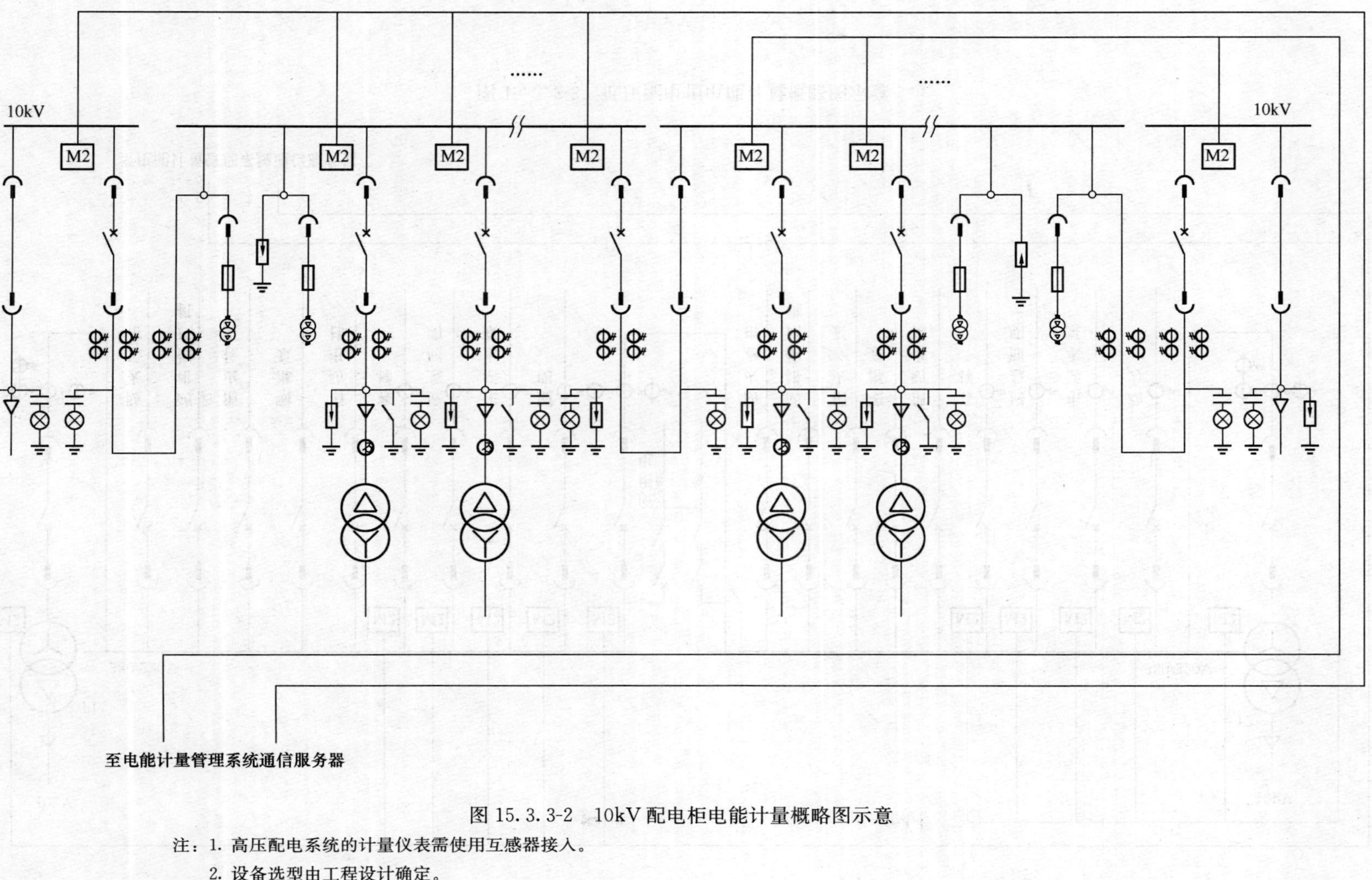

图 15.3.3-2 10kV 配电柜电能计量概略图示意

注：1. 高压配电系统的计量仪表需使用互感器接入。
2. 设备选型由工程设计确定。

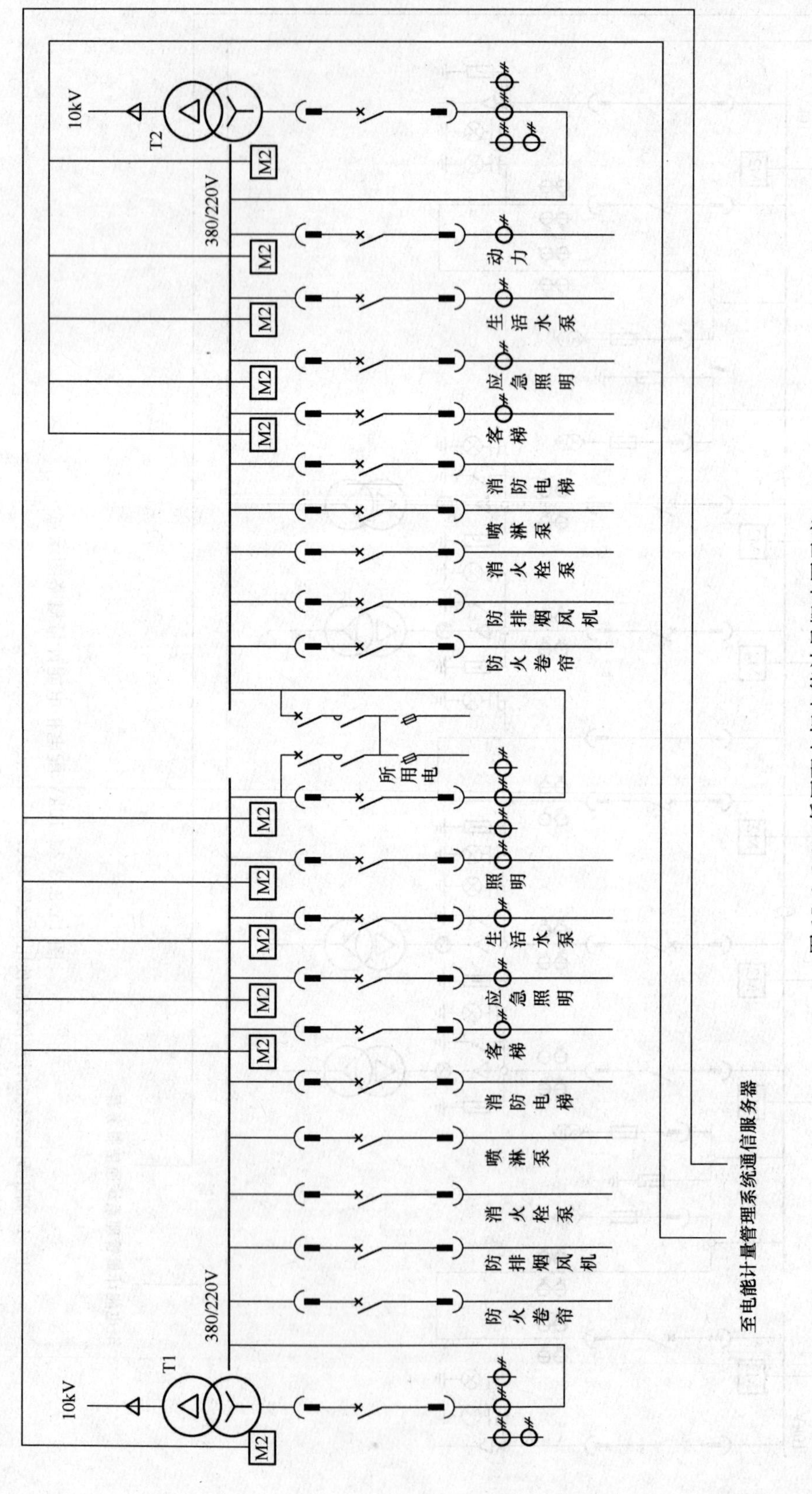

图 15.3.3-3 低压配电柜电能计量概略图示意

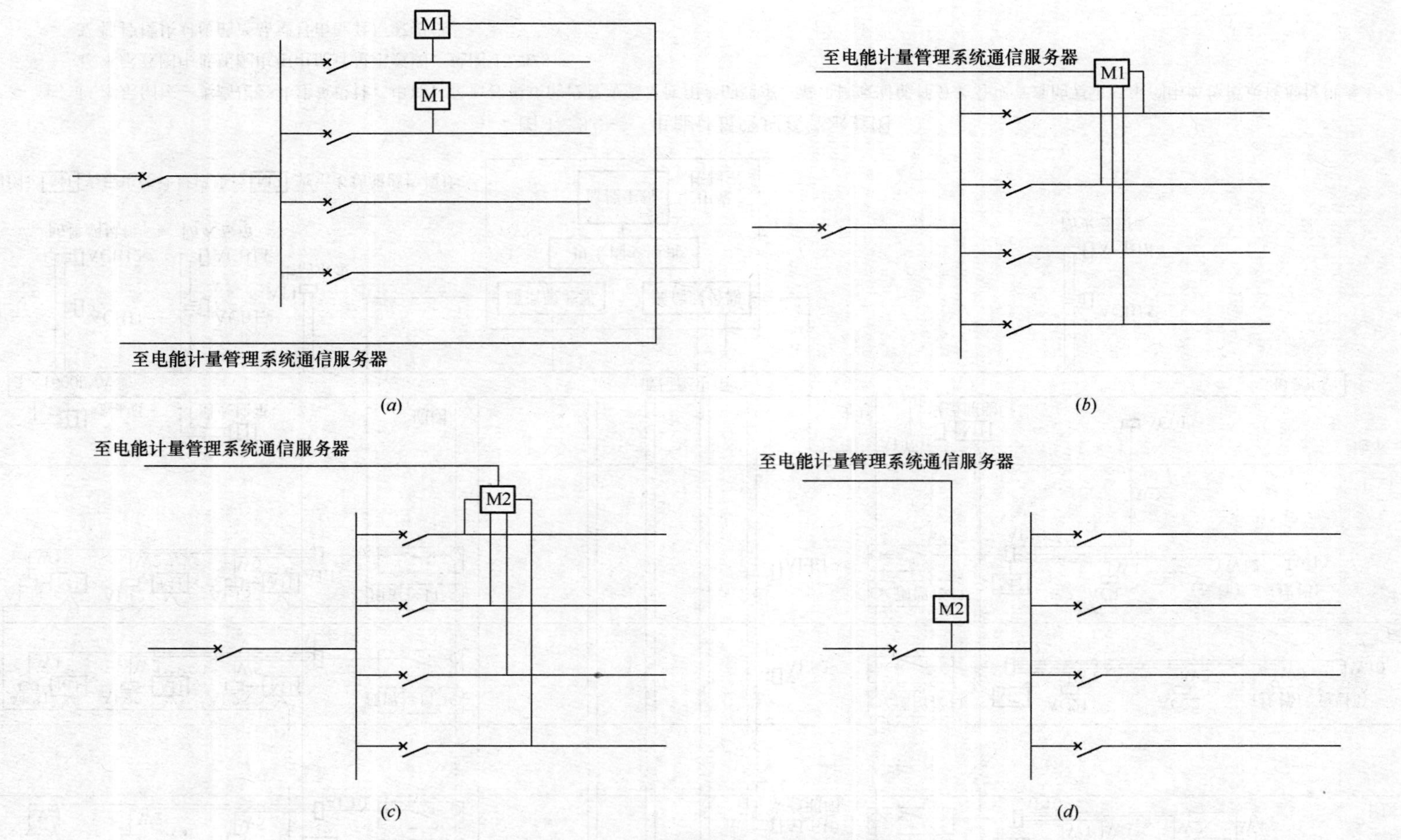

图 15.3.3-4 配电箱电能计量概略图示意

(*a*) 配电箱部分单回路计量；(*b*) 配电箱多回路计量；(*c*) 配电箱多回路多功能计量；(*d*) 配电箱总计量

注：配电箱的电能计量可采用多种方案，对于单相回路和三相回路，均可对总进线进行电能计量，也可对各出线回路进行电能计量。监控模块和电能计量方案的选择可根据实际需求由工程设计确定，本图方案仅供参考。

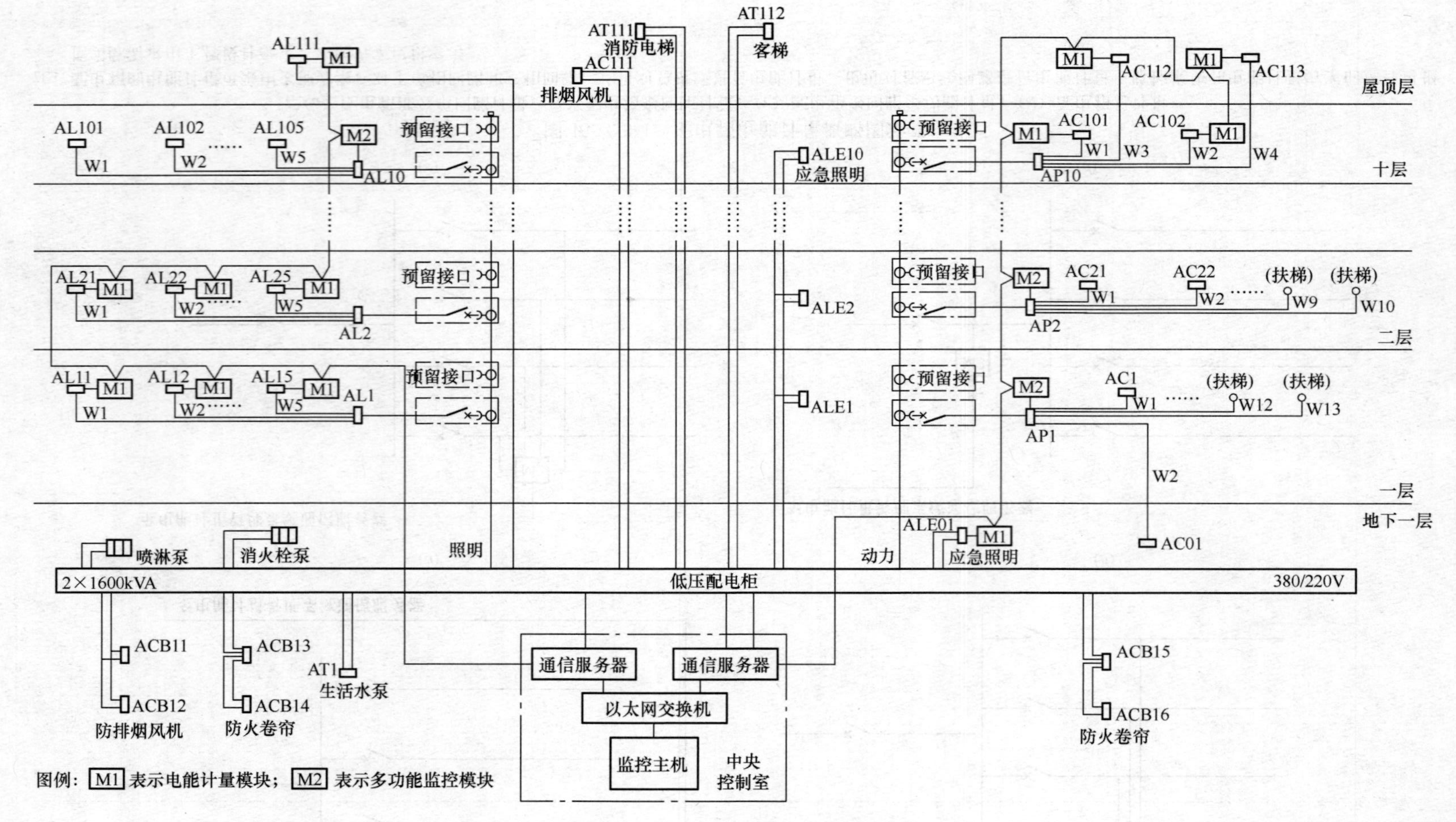

图例：M1 表示电能计量模块；M2 表示多功能监控模块

图 15.3.3-5 电能计量管理系统示意图

注：1. 本示例按一类高层公共建筑设计，电能计量监控模块的设置应满足使用者的要求，满足国家对能耗分类分项管理的要求。示例中监控模块选型仅供参考。

2. 本示意图中低压配电柜电能计量示意图，见图 15.3.3-3。

3. 监控模块对应的产品型号由配套厂家提供。

附录

附录Ⅰ 全国主要城市气象资料

全国主要城市气象参数 附表Ⅰ

地名	台站位置			干球温度（℃）					最热月月平均相对湿度（%）	30年一遇最大风速（m/s）	七月0.8m深土壤温度（℃）	全年雷暴日数（d/a）
	北纬	东经	海拔（m）	极端最高	极端最低	最冷月月平均	最热月月平均	最热月14时平均				
1. 北京市												
北京	39°48′	116°28′	31.5	40.6	-27.4	-4.6	25.9	30	78	23.7	23.0	35.7
延庆*	40°27′	115°57′	439.0	39.0	-27.3	-9	23.3	27	77			
密云*	40°23′	116°50′	71.6	40.0	-27.3	-7	25.7	29	77			
2. 天津市												
天津	39°06′	117°10′	3.3	39.7	-22.9	-4.0	26.5	29	78	25.3	22.3	27.5
蓟县*	40°02′	117°25′	16.4	39.7	-22.9	-4	26.4	29	78			
塘沽*	38°59′	117°43′	5.4	39.9	-18.3	-4	26.2	28	79			
3. 河北省												
石家庄市	38°02′	114°25′	80.5	42.7	-26.5	-2.9	26.6	31	75	21.9	25.4	30.8
唐山市△	39°38′	118°10′	25.9	39.6	-21.9	-5.4	25.5	29	79	23.7	22.2	32.7
邢台市△	37°04′	114°30′	76.8	41.8	-22.4	-2.9	26.7	31	77	21.9	24.7	30.2
保定市△	38°51′	115°31′	17.2	43.3	-22.0	-4.1	26.6	31	76	25.3	23.5	30.7
张家口市	40°47′	114°53′	723.9	40.9	-25.7	-9.7	23.3	27	66	26.8	20.4	39.2
承德市	40°58′	117°56′	375.2	41.5	-23.3	-9.3	24.5	28	72	23.7	20.3	43.5
秦皇岛市△	39°56′	119°36′	1.8	39.9	-21.5	-6.1	24.4	28	82	25.3	21.2	34.7
沧州市	38°20′	116°50′	9.6	42.9	-20.6	-3.9	26.5	30	77	25.3	23.2	29.4
乐亭	39°25′	118°54′	10.5	37.9	-23.7		24.8		82			32.1
南宫市	37°22′	115°23′	27.4	42.7	-22.1		27.0		78			28.6
邯郸市	36°36′	114°30′	57.2	42.5	-19.0		26.9	(32.6)	78			27.3
蔚县	39°50′	114°34′	909.5	38.6	-35.3		22.1	(28.6)	70			45.1
4. 山西省												
太原市	37°47′	112°33′	777.9	39.4	-25.5	-6.6	23.5	28	72	23.7	18.8	35.7
大同市	40°06′	113°20′	1066.7	37.7	-29.1	-11.8	21.8	26	66	28.3	19.9	41.4
阳泉市△	37°51′	113°33′	741.9	40.2	-19.1	-4.2	24.0	28	71	23.7	21.8	40.0
长治市△	36°12′	113°07′	926.5	37.6	-29.3	-6.9	22.8	27	77	23.7	20.3	33.7
临汾市	36°04′	110°30′	449.5	41.9	-25.6	-4.0	26.0	31	71	25.3	24.6	31.1
离石	37°30′	111°06′	950.8	38.9	-25.5		23.0	(29.7)	68			34.3
晋城市	35°28′	112°50′	742.1	38.6	-22.8		24.0	(29.4)	77			27.7
介休*	37°03′	111°56′	748.8	38.6	-24.5	-5	23.9	28	72			
阳城*	35°29′	112°24′	659.5	40.2	-19.7	-3	24.6	29	75			
运城*	35°02′	111°01′	376.0	42.7	-18.9	-2	27.3	32	69			
5. 内蒙古自治区												
呼和浩特市	40°49′	111°41′	1063.0	37.3	-32.8	-13.1	21.9	26	64	28.3	17.1	36.8
包头市△	40°41′	109°51′	1067.2	38.4	-31.4	-12.3	22.8	(29.6)	58	28.3	20.3	34.7

续表

地名	台站位置			干球温度（℃）					最热月月平均相对湿度（%）	30年一遇最大风速（m/s）	七月0.8m深土壤温度（℃）	全年雷暴日数（d/a）
	北纬	东经	海拔（m）	极端最高	极端最低	最冷月月平均	最热月月平均	最热月14时平均				
乌海市△(海勃湾)	39°41′	106°46′	1091.6	39.4	−32.6	−9.7	25.4		45	32.2	22.6	16.6
赤峰市	42°16′	118°58′	571.4	42.5	−31.4	−11.7	23.5	28	65	29.7	19.8	32.0
二连浩特市	43°39′	112°00′	964.7	39.9	−40.2	−18.6	22.9	28	49	32.2	17.6	23.3
海拉尔区	49°13′	119°45′	612.8	36.7	−48.5	−26.8	19.6	25	71	32.2	8.5	29.7
东乌珠穆沁旗	45°31′	116°58′	838.7	39.7	−40.5	−21.3	20.7	25	62	33.7	15.6	32.4
锡林浩特市	43°57′	116°04′	989.5	38.3	−42.4	−19.8	20.9	26	62	29.7	18.0	31.4
通辽市△	43°36′	122°16′	178.5	39.1	−30.9	−14.7	23.9	28	73	29.7	17.6	27.9
东胜区△	39°51′	109°59	1460.4	35.0	−29.8	−11.8	20.6	25	60	28.3	17.7	34.8
杭锦后旗	40°54′	107°08′	1056.7	37.4	−33.1	−11.7	23.0	26	59	28.0	17.8	23.9
集宁区△	41°02′	113°04′	1416.5	35.7	−33.8	−14.0	19.1	24	66	29.7	12.9	43.3
加格达奇	50°24′	124°07′	371.7	37.3	−45.4		19.0		81			28.7
额尔古纳右旗	50°13′	120°12′	581.4	36.6	−46.2		18.4		75			28.7
满洲里市	49°34′	117°26′	666.8	37.9	−42.7		19.4	(25.4)	69			28.3
博克图	48°46′	121°55′	738.6	35.6	−37.5		17.7		78			33.7
乌兰浩特市	46°05′	122°03′	274.7	39.9	−33.9		22.6	(27.5)	70			29.8
多伦	42°11′	116°28′	1245.4	35.4	−39.8		18.7		72			45.5
林西	43°36′	118°04′	799.0	38.6	−32.2		21.1		69			40.3
达尔罕茂明												
安联合旗	41°42′	110°26′	1375.9	36.6	−41.0		20.5		55			33.9
额济纳旗	41°57′	101°04′	940.5	41.4	−35.3		26.2	(33.7)	33			7.8
6. 辽宁省												
沈阳市	41°46′	123°26′	41.6	38.3	−30.6	−12.0	24.6	28	78	23.3	19.3	26.4
大连市	38°54′	121°38′	92.8	35.3	−21.1	−4.9	23.9	26	83	31.0	21.1	19.0
鞍山市△	41°05′	123°00′	77.3	36.9	−30.4	−10.2	24.8	28	76	26.8	19.7	26.9
本溪市△	40°19′	123°47′	185.2	37.3	−32.3	−12.0	24.3	28	75	25.3	18.6	33.7
丹东市	40°03′	124°20′	15.1	34.3	−28.0	−8.2	23.2	27	86	28.3	18.4	26.9
锦州市△	41°08′	122°16′	65.9	41.8	−24.7	−8.8	24.3	28	80	29.7	19.7	28.4
营口市	40°40′	122°16′	3.3	35.3	−28.4	−9.4	24.8	28	78	29.7	20.0	27.9
阜新市△	42°02′	121°39′	144.0	40.6	−28.4	−11.6	24.2	28	76	29.7	19.6	28.6
朝阳市	41°33′	120°27′	168.7	40.6	−31.1	−11	24.7	29	73			33.8
抚顺＊	41°54′	124°03′	118.1	36.9	−35.2	−14	23.7	28	80			
开原＊	42°32′	124°03′	98.2	35.7	−35.0	−14	23.8	27	80			
7. 吉林省												
长春市	43°54′	125°13′	236.8	38.0	−36.5	−16.4	23.0	27	78	29.7	16.8	35.9
吉林市△	43°37′	126°28′	183.4	36.6	−40.2	−18.0	22.9	27	79	26.8	17.4	40.5
四平市	43°11′	124°20′	164.2	36.6	−34.6	−14.8	23.6	27	78	29.7	17.3	33.5
通化市	41°41′	125°54′	402.9	35.5	−36.3	−16.0	22.2	26	80	28.3	17.5	35.9
图们市	42°59′	129°50′	140.6	37.6	−27.3	−13.4	21.1		82		17.7	25.4
白城市△	45°58′	122°50′	155.4	40.6	−36.9	−17.2	23.3	27	73	31.0	18.0	30.0
桦甸市	42°59′	126°45′	263.3	36.3	−45.0		22.4		81			40.4
天池	42°01′	128°05′	2623.5	19.2	−44.0	−23.2	8.6	10	91	>40		28.4
延吉＊	42°53′	129°28′	176.8	37.6	−32.7	−14	21.3	26	80			
通榆＊	44°47′	123°04′	140.5	38.9	−33.5	−16	23.8	28	73			
8. 黑龙江省												
哈尔滨市	45°45′	126°46′	142.3	36.4	−38.1	−19.4	22.8	27	77	26.8	15.7	31.7

续表

地　　名	台站位置			干球温度（℃）					最热月月平均相对湿度（%）	30年一遇最大风速（m/s）	七月0.8m深土壤温度（℃）	全年雷暴日数（d/a）
	北纬	东经	海拔（m）	极端最高	极端最低	最冷月月平均	最热月月平均	最热月14时平均				
齐齐哈尔市	47°23′	123°55′	145.9	40.1	−39.5	−19.5	22.8	27	73	26.8	13.6	28.1
双鸭山市△	46°38′	131°09′	175.3	36.0	−37.1	−18.2	21.7		75	30.6		29.8
大庆市△(安达)	46°23′	125°19′	149.3	38.3	−39.3	−19.9	22.9	27	74	28.3	13.8	31.5
牡丹江市△	44°34′	129°36′	241.4	36.5	−38.3	−18.5	22.0	27	76	26.8	14.3	27.5
佳木斯市△	46°49′	130°17′	81.2	35.4	−41.4	−19.8	22.0	26	78	29.7	15.3	32.2
伊春市△	47°43′	128°54′	231.3	35.1	−43.1	−23.9	20.5	25	78	23.7	12.9	35.4
绥芬河市	44°23′	131°09′	496.7	35.3	−37.5	−17.1	19.2	23	82	31.0	14.1	27.1
嫩江县	49°10′	125°14′	242.2	37.4	−47.3	−25.5	20.6	25	78	29.7	9.3	31.3
漠河乡	53°28′	122°22′	296.0	36.8	−52.3	−30.9	18.4	24	79	23.7		35.2
黑河市（爱辉）	50°15′	127°27′	165.8	37.7	−44.5	−24.3	20.4	25	79	31.2	10.6	31.5
嘉荫县△	48°53′	130°24′	90.4	37.3	−47.7	−28.5	20.9	25	78	23.0	12.4	32.9
铁力县	46°59′	128°01′	210.5	36.3	−42.6	−23.6	21.3	25	79	27.7	12.3	36.3
克山县	48°03′	125°53′	236.9	37.9	−42.0		21.4		76			29.5
鹤岗市	47°22′	130°20′	227.9	37.7	−34.5		21.2	25	77			27.3
虎林县	45°46′	132°58′	100.2	34.7	−36.1		21.2		81			26.4
鸡西市	45°17′	130°57′	232.3	37.6	−35.1		21.7	26	77			29.9
9. 上海市												
上海市	31°10′	121°26′	4.5	38.9	−10.1	3.5	27.8	32	83	29.7	24.0	29.4
崇明＊	31°37′	121°27′	2.2	37.3	−10.5	3	27.5	31	85			
金山＊	30°54′	121°10′	4.0	38.3	−10.8	3	27.8	31	85			
10. 江苏省												
南京市	32°00′	118°48′	8.9	40.7	−14.0	2.0	27.9	32	81	23.7	24.5	33.6
连云港市△	34°36′	119°10′	3.0	40.0	−18.0	−0.2	26.8	31	82	25.3	22.7	29.6
徐州市△	34°17′	117°10′	41.0	40.6	−22.6	0.0	27.0	31	81	23.7		29.4
常州市△(武进)	31°46′	119°57′	9.2	39.4	−15.5	2.4	28.2	32	82	23.7	25.8	35.7
南通市△	32°01′	120°52′	5.3	38.2	−10.8	2.5	27.3	31	86	25.3	24.3	35.0
淮阴市△	33°36′	119°02′	15.5	39.5	−21.5	0.1	26.9	31	85	23.7	23.7	37.8
扬州市△	32°25′	119°25′	10.1	39.1	−17.7	1.6	27.7	31	85	23.7	25.0	34.7
盐城市	33°23′	120°08′	2.3	39.1	−14.3	0.7	27.0	30	84	25.3	24.0	32.5
苏州市△	31°19′	120°38′	5.8	38.8	−9.8	3.1	28.2	32	83	25.3	25.2	28.1
泰州市	32°30′	119°56′	5.5	39.4	−19.2	1.5	27.4	31	85	23.7	25.2	36.0
11. 浙江省												
杭州市	30°14′	120°10′	41.7	39.9	−9.6	3.8	28.5	33	80	25.3	(27.7)	39.1
宁波市△	29°52′	121°34′	4.2	38.7	−8.8	4.2	28.1	32	83	28.3		40.0
温州市	28°01′	120°40′	6.0	39.3	−4.5	7.6	27.9	31	85	29.7		51.3
衢州市	28°58′	118°52′	66.9	40.5	−10.4	5.2	29.1	33	76	25.3		57.6
舟山	30°02′	122°07′	35.7	39.1	−6.1	5	27.2		84			28.7
丽水市	28°27′	119°55′	60.8	41.5	−7.7		29.3		75			60.5
金华＊	29°07′	119°39′	64.1	41.2	−9.6	5	29.4	34	74			
12. 安徽省												
合肥市	31°52′	117°14′	29.8	41.0	−20.6	2.1	28.32	32	81	21.9	24.9	29.6
芜湖市△	31°20′	118°21′	14.8	39.5	−13.1	2.9	28.7	32	80	23.7	24.8	34.6
蚌埠市	32°57′	117°22′	21.0	41.3	−19.4	1.0	28.0	32	80	23.7	24.6	30.4
安庆市△	30°32′	117°03′	19.8	40.2	−12.5	3.5	28.8	32	78	23.7	25.9	44.3
铜陵市	30°58′	117°47′	37.1	39.0	−7.6	3.2	28.8	32	79	25.3	27.2	40.0

续表

地名	台站位置			干球温度（℃）					最热月月平均相对湿度（%）	30年一遇最大风速（m/s）	七月0.8m深土壤温度（℃）	全年雷暴日数（d/a）
	北纬	东经	海拔（m）	极端最高	极端最低	最冷月月平均	最热月月平均	最热月14时平均				
屯溪市△	29°43′	118°17′	145.4	41.0	−10.9	3.8	28.1	33	79	26.9		60.8
阜阳市△	32°56′	115°50′	30.6	41.4	−20.4	0.7	27.8	32	80	23.7	24.7	31.9
宿州市	33°38′	116°59′	25.9	40.3	−23.2		27.3	(32.5)	81			32.8
亳县*	33°56′	115°47′	37.1	42.1	−20.6	0	27.5	31	80			
六安*	31°45′	116°29′	60.5	41.0	−18.9	2	28.2	32	80			
13. 福建省												
福州市	26°05′	119°17′	84.0	39.8	−1.2	10.5	28.8	33	78	31.0		56.5
厦门市△	24°27′	118°04′	63.2	38.5	2.0	12.6	28.4	31	81	34.6		47.4
莆田市△	25°26′	119°00′	10.2	39.4	−2.3	11.4	28.5		81	30.5		43.2
三明市	26°16′	117°37′	165.7	40.6	−5.5	9.1	28.4	34	75	21.4		67.4
龙岩市△	25°06′	117°01′	341.9	38.1	−5.6	11.2	27.2	32	76	17.6		74.1
宁德县	26°20′	119°32′	32.2	39.4	−2.4	9.6	28.7	32	76	31.1		54.0
邵武市	27°20′	117°28′	191.5	40.4	−7.9		27.5		81			72.9
长汀	25°51′	116°22′	317.5	39.4	−6.5		27.2	(33.2)	78			82.6
泉州市	24°54′	118°35′	#23.0	38.9	0.0		28.5		80			38.4
漳州市	24°30′	117°39′	30.0	40.9	−2.1		28.7	33	80			60.5
建阳县△	27°20′	118°07′	181.1	41.3	−8.7	7.1	28.1	33	79	21.9		65.8
南平*	26°39′	118°10′	125.6	41.0	−5.8	9	28.5	34	76			
永安*	25°58′	117°21′	206.0	40.5	−7.6	9	28.0	33	75			
上杭*	25°03′	116°25′	205.4	39.7	−4.8	10	27.9	32	77			
14. 江西省												
南昌市	28°36′	115°55′	46.7	40.6	−9.3	5.0	29.5	33	76	25.3	27.4	58.0
景德镇市	29°18′	117°12′	61.5	41.8	−10.9	4.6	28.7	34	79	21.9	26.7	58.0
上饶市	28°27′	117°59′	118.3	41.6	−8.6	6	29.3	33	74			65.0
吉安市	27°07′	114°58′	76.4	40.2	−8.0	6	29.5	34	73			69.9
宁冈	26°43′	113°58′	263.1	40.0	−10.0		27.6		80			78.2
九江市△	29°44′	116°00′	32.2	40.2	−9.7	4.2	29.4	33	76	23.7	25.8	45.7
新余市△	27°48′	114°56′	79.0	40.0	−7.2	5.5	29.4		74	23.5		59.4
鹰潭市△(贵溪县)	28°18′	117°13′	51.2	41.0	−7.5	5.9	30.0	34	71	21.0		70.0
赣州市	25°51′	114°57′	123.8	41.2	−6.0	7.9	29.5	33	70	21.9	27.2	67.4
广昌县(盱江镇)	26°51′	116°20′	143.8	39.6	−9.8	6.2	28.8	33	74	22.5		70.7
德兴*	28°57′	117°35′	56.4	40.7	−10.6	5	28.6	33	79			
萍乡*	27°39′	113°51′	106.9	40.1	−8.6	5	29.0	33	76			
15. 山东省												
济南市	36°41′	116°59′	51.6	42.5	−19.7	−1.4	27.4	31	73	25.3	26.1	25.3
青岛市	36°04′	120°20′	76.0	35.4	−15.5	−1.2	25.2	27	85	28.3	23.3	22.4
淄博市△	36°50′	118°00′	34.0	42.1	−23.0	−3.0	26.9	30	76	25.3	23.4	31.5
枣庄市	34°51′	117°35′	75.9	39.6	−19.2	−0.8	26.7		81	21.7		31.5
东营市△(垦利)	37°36′	118°32′	9.0	39.7	−19.1	−4.0	26.0		81	29.5		32.2
潍坊市△	36°42′	119°05′	44.1	40.5	−21.4	−3.2	25.9	30	81	25.3	22.8	28.4
威海市	37°31′	112°08′	46.6	38.4	−13.8		24.6		84			21.2
沂源	36°11′	118°09′	304.5	38.8	−21.4		25.3		79			36.5
烟台市△	37°32′	121°24′	46.7	38.0	−13.1	−1.6	25.0	27	81	28.3		23.2
济宁市△	36°26′	116°03′	40.7	41.6	−19.4	−1.9	26.9		81	25.3	23.9	29.1
日照市△	35°23′	119°32′	13.8	38.3	−14.5	−1	25.8	28	83	25.3	23.5	29.1

续表

地　名	台站位置			干球温度（℃）					最热月月平均相对湿度（%）	30年一遇最大风速（m/s）	七月0.8m深土壤温度（℃）	全年雷暴日数（d/a）
	北纬	东经	海拔（m）	极端最高	极端最低	最冷月月平均	最热月月平均	最热月14时平均				
德州＊	37°26′	116°19′	21.2	43.4	−27.0	−4	26.9	31	76			
莱阳＊	36°56′	120°42′	30.5	38.9	−24.0	−4	25.0	29	84			
菏泽＊	35°15′	115°26′	49.7	42.0	−16.5	−2	27.0	31	79			
临沂＊	35°03′	118°21′	87.9	40.0	−16.5	−2	26.2	30	83			
16. 河南省												
郑州市	34°43′	113°39′	110.4	43.0	−17.9	−0.3	27.2	32	76	25.3	24.4	22.0
开封市△	34°46′	114°23′	72.5	42.9	−16.0	−0.5	27.1	32	79	26.8	25.2	22.0
洛阳市△	34°40′	112°25′	154.5	44.2	−18.2	0.3	27.5	32	75	23.7	25.5	24.8
平顶山市	33°43′	113°17′	84.7	42.6	−18.8	1.0	27.6	32	78	23.7		21.1
焦作市△	35°14′	113°16′	112.0	43.3	−16.9	0.4	27.7	32	74	26.8		26.4
新乡＊	35°19′	113°53′	72.7	42.7	−21.3	−1	27.1	32	78			
安阳市△	36°07′	114°22′	75.5	41.7	−21.7	−1.8	26.9	32	78	23.7	24.5	28.6
濮阳市	35°42′	115°01′	52.2	42.2	−20.7	−2.1	26.9	32	80	21.9		26.6
信阳市△	32°08′	114°03′	114.5	40.9	−20.0	1.6	27.7	32	80	23.7	24.7	28.7
南阳市△	33°02′	112°35′	129.8	41.4	−21.2	0.9	27.4	32	80	23.7	24.3	29.0
卢氏	34°00′	111°01′	568.8	42.1	−19.1		25.4	(31.8)	75			34.0
许昌＊	34°01′	113°50′	71.9	41.9	−17.4	1	27.6	32	79			
驻马店市	33°00′	114°01′	82.7	41.9	−17.4		27.3	32	81			27.6
固始	32°10′	115°40′	57.1	41.5	−20.9		27.7	(32.6)	83			35.3
商丘市△	34°27′	115°40′	50.1	43.0	−18.9	−0.9	27.1	32	81	21.9	24.5	26.9
三门峡市△	34°48′	111°12′	410.1	43.2	−16.5	−0.7	26.7	31	71	23.7	25.1	24.3
17. 湖北省												
武汉市	30°38′	114°04′	23.3	39.4	−18.1	3.0	28.7	33	79	21.9	24.6	36.9
黄石市△	30°15′	115°03′	19.6	40.3	−11.0	3.9	29.2	33	78	21.9	26.2	50.4
十堰市△	32°39′	110°47′	256.7	41.1	−14.9	2.7	27.3	33	77	21.9	25.0	18.7
老河口市(光化)	32°23′	111°40′	90.0	41.0	−17.2	2	27.6	32	80			26.0
随州市	31°43′	113°23′	96.2	41.1	−16.3		28.0	(33.0)	80			35.1
远安	31°04′	111°38′	114.9	40.2	−19.0		27.6		82			46.5
沙市市（江陵）	30°20′	112°11′	32.6	38.6	−14.9	3.4	28.1	32	83	20.0		38.4
宜昌市△	30°42′	111°05′	133.1	41.4	−9.8	4.7	28.2	33	80	20.0	25.7	44.6
襄樊市△	32°02′	112°10′	68.7	42.5	−14.8	2.6	27.9	32	80	21.9	25.0	28.1
恩施市	30°17′	109°28′	437.2	41.2	−12.3	5.0	27.0	32	80	17.9		49.3
18. 湖南省												
长沙市	28°12′	113°05′	44.9	40.6	−11.3	4.7	29.3	33	75	23.7	26.5	49.5
株洲市△	27°52′	113°10′	73.6	40.5	−8.0	5.0	29.6	34	72	23.7	29.1	50.0
衡阳市△	26°54′	112°26′	103.2	40.8	−7.9	5.6	29.8	34	71	23.7		55.1
邵阳市△	27°14′	111°28′	248.6	39.5	−10.5	5.1	28.5	32	75	22.7		57.0
岳阳市△	29°23′	113°05′	51.6	39.3	−11.8	4.4	29.2	32	75	25.3		42.4
大庸市	29°08′	110°28′	183.3	40.7	−13.7	5.1	28.0	28	79	21.7		48.2
益阳市△	28°34′	112°23′	46.3	43.6	−13.2	4.4	29.2	34	77	23.7		47.3
永州市(零陵)	26°14′	111°37′	174.1	43.7	−7.0	5.8	29.1	32	72	23.7		65.3
怀化市△	27°33′	109°58′	254.1	39.6	−10.7	4.5	27.8	32	78	20.0		49.9
郴州市△	25°48′	113°02′	184.9	41.3	−9.0	5.8	29.2	34	70	24.1		61.5
常德市△	29°03′	111°41′	35.0	40.1	−13.2	4.4	28.8	32	75	23.7	25.9	49.7

续表

地　名	台站位置			干球温度（℃）					最热月月平均相对湿度（%）	30年一遇最大风速（m/s）	七月0.8m深土壤温度（℃）	全年雷暴日数（d/a）
	北纬	东经	海拔（m）	极端最高	极端最低	最冷月月平均	最热月月平均	最热月14时平均				
涟源市	27°42′	111°41′	149.6	40.1	−12.1		28.7	(33.7)	75			54.8
芷江＊	27°27′	109°41′	272.2	39.9	−11.5	5	27.5	32	79			
19. 广东省												
广州市	23°08′	113°19′	6.6	38.7	0.0	13.3	28.4	31	83	28.3	(30.4)	80.3
汕头市	23°24′	116°41′	1.2	38.6	0.4	13.2	28.2	31	84	33.5	(29.4)	51.7
湛江市△	21°13′	110°24′	25.3	38.1	2.8	15.6	28.9	31	81	36.9	(30.9)	94.6
茂名市	21°39′	110°53′	25.3	36.6	2.8	16.0	28.3	31	84	31.0		94.4
深圳市△	22°33′	114°04′	18.2	38.7	0.2	14.1	28.2	31	83	33.5		73.9
珠海市△	22°17′	113°35′	54.0	38.5	2.5	14.6	28.5		81	33.5		64.2
韶关市	24°48′	113°35′	69.3	42.0	−4.3	10.0	29.1	33	75	23.7		77.9
梅州市	24°18′	116°07′	77.5	39.5	−7.3	11.8	28.6	33	78	20.0		79.6
阳江＊	21°52′	111°58′	23.3	37.0	−1.4	15	28.1	31	85			
20. 海南省												
海口市	20°02′	110°21′	14.1	38.9	2.8	17.2	28.4	32	83	33.5		112.7
州市	19°31′	109°35′	168.7	40.0	0.4		27.6	(32.6)	81			120.8
琼中	19°02′	109°50′	250.9	38.3	0.1		26.6	(32.4)	82			115.5
三亚市	18°14′	109°31′	5.5	35.7	5.1		28.5		83			69.9
西沙	16°50′	112°20′	4.7	34.9	15.3	23	28.9	30	82			(29.7)
21. 广西壮族自治区												
南宁市	22°49′	108°21′	72.2	40.4	−2.1	12.8	28.3	32	82	23.7		90.3
柳州市△	24°21′	109°24′	96.9	39.2	−3.8	10.3	28.8	32	78	21.9		67.3
桂林市	25°20′	110°18′	161.8	39.4	−4.9	7.9	28.3	32	78	23.7	27.1	77.6
梧州市	23°29′	111°18′	119.2	39.5	−3.0	11.9	28.3	32	80	20.0		92.3
北海市	21°29′	109°06′	14.6	37.1	2.0	14.3	28.7	31	83	33.5	30.1	81.8
百色市	23°54′	106°36′	173.1	42.5	−2.0	13.3	28.7	32	79	25.3	29.8	76.8
凭祥市	22°06′	106°45′	242.0	38.7	−1.2	13.2	27.7		82	22.4		82.7
河池市	24°42′	108°03′	213.9	39.7	−2.0		28.0		79			64.0
22. 四川省												
成都市	30°40′	104°01′	505.9	37.3	−5.9	5.5	25.5	29	85	20.0	24.8	34.6
宜宾市＊	28°48′	104°36′	340.8	39.5	−3.0	8	26.9	30	82		(27.8)	(39.3)
自贡市△	29°21′	104°46′	352.6	40.0	−2.8	7.3	27.1	31	81	23.7		37.6
泸州市△	28°53′	105°26′	334.8	40.3	−1.1	7.7	27.3	31	81	23.7	26.6	39.1
乐山市△	29°34′	103°45′	424.2	38.1	−4.3	7.0	26.0	29	83	20.0	25.9	42.9
绵阳市△	31°28′	104°41′	470.8	37.0	−7.3	5.2	26.0	30	83	17.3	25.0	34.9
达县市	31°12′	107°30′	310.4	42.3	−4.7	6.0	27.8	33	79	21.9	25.9	37.1
南充＊	30°48′	106°05′	297.7	41.3	−2.8	6	27.9	32	74		(28.8)	(40.1)
平武	32°25′	104°31′	876.5	37.0	−7.3		24.1	(29.9)	76			30.0
仪陇	31°32′	106°24′	655.6	37.5	−5.7		26.2		73			36.4
内江市	29°35′	105°03′	352.3	41.1	−3.0		26.9	(31.6)	81			40.6
攀枝花市△（渡口）	26°30′	101°44′	1108.0	40.7	−1.8	11.8	26.2	31	48	25.3		68.1
若尔盖	33°35′	102°58′	3439.6	24.6	−33.7		10.7		79			64.2
马尔康	31°54′	102°14′	2664.4	34.8	−17.5		16.4	(25.1)	75			68.8
巴塘	30°00′	99°06′	2589.2	37.6	−12.8		19.7	(27.4)	66			72.3
康定	30°03′	101°58′	2615.7	28.9	−14.7		15.6	(20.5)	80			52.1

续表

地　名	台站位置			干球温度（℃）					最热月月平均相对湿度（%）	30年一遇最大风速（m/s）	七月0.8m深土壤温度（℃）	全年雷暴日数（d/a）
	北纬	东经	海拔（m）	极端最高	极端最低	最冷月月平均	最热月月平均	最热月14时平均				
西昌市	27°54′	102°16′	1590.7	36.6	−3.8	9.5	22.6	26	75	25.3	23.9	72.9
甘孜县	31°37′	100°00′	3393.5	31.7	−28.7	−4.4	14.0	19	71	31.0	17.1	80.1
广元*	32°26′	105°51′	487.0	38.9	−8.2	5	26.1	30	76		(25.4)	(28.4)
23. 重庆市												
重庆	29°35′	106°28′	259.1	42.2	−1.8	7.2	28.5	33	75	21.9	26.5	36.5
万县*	30°46′	108°24′	186.7	42.1	−3.7	7	28.6	33	80			(47.2)
涪陵	29°45′	107°25′	273.0	42.2	−2.2		28.5	(34.5)	75			45.6
酉阳县	28°50′	108°46′	663.7	38.1	−8.4	3.7	25.4	29	82	12.9		52.7
24. 贵州省												
贵阳市	26°35′	106°43′	1071.3	37.5	−7.8	4.9	24.1	27	77	21.9	22.7	51.6
六盘水市△	26°35′	104°52′	1811.7	31.6	−11.7	2.9	19.8	32	83	23.7	20.1	68.0
遵义市△	27°42′	106°53′	843.9	38.7	−7.1	4.2	25.3	29	77	21.9	23.5	53.3
桐梓	28°08′	106°50′	972.0	37.5	−6.9		24.7	(29.5)	76			49.9
凯里市	26°36′	107°59′	720.3	37.0	−9.7		25.7		75			59.4
毕节	27°18′	105°14′	1510.6	33.8	−10.9		21.8		78			61.3
盘县特区	25°47′	104°37′	1527.1	36.7	−7.9		21.9		81			80.1
兴义市	25°05′	104°54′	1299.6	34.9	−4.7		22.4		85			77.4
独山	25°50′	107°38′	972.2	34.4	−8.0		23.4	(27.5)	84			58.2
思南*	27°57′	108°15′	416.3	40.7	−5.5	6	27.9	32	74			
威宁*	26°52′	104°17′	2237.5	32.3	−15.3	2	17.7	21	83			
安顺*	26°15′	105°55′	1392.9	34.3	−7.6	4	21.9	25	82			
兴仁*	25°26′	105°11′	1378.5	34.6	−7.8	6	22.1	25	82			
25. 云南省												
昆明市	25°01′	102°41′	1891.4	31.5	−7.8	7.7	19.8	23	83	20.0	19.9	66.3
东川市△	26°06′	103°10′	1254.1	40.9	−6.2	12.4	25.1	(22.9)	67	23.7	24.9	52.4
个旧市	23°23′	103°09′	1692.1	30.3	−4.7	9.9	20.1		84	20.0		51.0
蒙自*	23°23′	103°23′	1300.7	36.0	−4.4	12	22.7	26	79			
大理市	25°43′	100°11′	1990.5	34.0	−4.2	8.9	20.1	23	82	25.8		62.4
景洪县(允景洪)	21°52′	101°04′	552.7	41.0	2.7	15.6	25.6	31	76	25.3	28.7	119.2
昭通市△	27°20′	103°45′	1949.5	33.5	−13.3	2.0	19.8	24	78	21.9	19.7	56.0
丽江县(大研镇)	26°52′	100°13′	2393.2	32.3	−10.3	5.9	18.1	22	81	21.9		75.8
腾冲	25°07′	98°29′	1647.8	30.5	−4.2		19.8		89			79.8
临沧	23°57′	100°13′	1463.5	34.6	−1.3		21.3	(25.5)	82			86.9
思茅	22°40′	101°24′	1302.1	35.7	−2.5		21.8	(26.1)	86			102.7
德钦	28°39′	99°10′	3592.9	24.5	−13.1		11.7	(17.1)	84			24.7
元江	23°34′	102°09′	396.6	42.3	−0.1		28.6	(33.8)	72			78.8
26. 西藏自治区												
拉萨市	29°40′	91°08′	3648.7	29.4	−16.5	−2.3	15.5	19	53	23.7	15.3	72.6
日喀则县△	29°15′	88°53′	3836	28.2	−25.1	−3.8	14.5	19	53	23.7	17.3	78.8
昌都县△	31°09′	97°10′	3306.0	33.4	−20.7	−2.6	16.1	22	64	25.3	17.7	55.6
林芝县△(普拉)	29°34′	94°28′	3000	30.2	−15.3	0.2	15.5	20	76	27.5	17.7	31.9
那曲县	31°29′	92°04′	4507	22.6	−41.2	−13.8	8.8	13	71	31.3	10.9	83.6
索县*	31°54′	93°47′	3950.0	25.6	−36.8	−10	11.2	16	69			
噶尔县	32°30′	80°05′	4278.0	27.6	−34.6		13.6		41			19.1
改则县	32°09′	84°25′	4414.9	25.6	−36.8		11.6		52			43.5

续表

地　名	台站位置			干球温度（℃）					最热月月平均相对湿度（%）	30年一遇最大风速（m/s）	七月0.8m深土壤温度（℃）	全年雷暴日数（d/a）
	北纬	东经	海拔（m）	极端最高	极端最低	最冷月月平均	最热月月平均	最热月14时平均				
察隅县	28°39′	97°28′	2327.6	31.9	−5.5		18.8		76			14.4
申扎县	30°57′	88°38′	4672.0	24.2	−31.1		9.4	(15.8)	62			68.8
波密县	29°52′	95°46′	2736	31.0	−20.3		16.4		78			10.2
定日县	28°38′	87°05′	4300.0	24.8	−24.8		12.0		60			43.4
27. 陕西省												
西安市	34°18′	108°56′	396.9	41.7	−20.6	−1.0	26.4	31	72	23.7	24.2	16.7
宝鸡市△	34°21′	107°08′	612.4	41.6	−16.7	−0.8	25.5	30	70	21.9	22.9	19.7
铜川市	35°05′	109°04′	978.9	37.7	−18.2	−3.2	23.1	28	73	23.7	21.8	29.4
榆林市△	38°14′	109°42′	1057.5	38.6	−32.7	−10.0	23.3	28	62	28.3	21.4	29.6
延安市	36°36′	109°30′	957.6	39.7	−25.4	−6	22.9	28	72			30.5
略阳县	33°19′	106°09′	794.2	37.7	−11.2		23.6	(30.3)	79			21.8
山阳县	33°32′	109°55′	720.7	39.8	−14.5		25.1		74			29.4
渭南市△	34°31′	109°29′	348.8	42.2	−15.8	−0.8	27.1	31	72	23.7	24.2	22.1
汉中市	33°04′	107°02′	508.4	38.0	−10.1	2.1	25.4	29	81	23.7	24.4	31.0
安康市	32°43′	109°02′	290.8	41.7	−9.5	3.2	27.3	31	76	25.3	25.0	31.7
28. 甘肃省												
兰州市	36°03′	103°53′	1517.2	39.1	−21.7	−6.9	22.2	26	60	21.9	20.6	23.2
金昌市△	38°14′	101°58′	1976.1	32.5	−26.7	−1.0	17.5		64	24.9		19.6
白银市	36°33′	104°11′	1707.2	37.3	−26.0	−7.8	21.3	26	54	23.7	19.0	24.6
天水市	34°35′	105°45′	1131.7	37.2	−19.2	−2.8	22.5	27	72	21.9	19.9	16.2
酒泉市△	39°46′	98°31′	1477.2	38.4	−31.6	−9.7	21.8	26	52	31.0	19.8	12.9
敦煌县△	40°09′	94°41′	1138.7	40.8	−28.5	−9.3	24.7	30	43	25.3		5.1
靖远县△	36°34′	104°41′	1397.8	37.4	−23.8	−7.7	22.6	27	61	20.9	20.0	23.9
夏河县	35°00′	102°54′	2915.7	28.4	−28.5		12.6		76			63.8
瓜州县	40°32′	95°46′	1170.8	42.8	−29.3		24.8	(33.0)	39			7.5
张掖市	38°56′	100°26′	1482.7	38.6	−28.7		21.4	(29.4)	57			10.1
窑街（红古）△	36°17′	102°59′	1691.0	35.8	−20.6	−6.8	19.7		70	21.9		30.2
山丹＊	38°48′	101°05′	1764.6	37.8	−33.3	−11	20.3	25	52			
平凉＊	35°33′	106°40′	1346.6	35.3	−24.3	−5	21.0	25	72			
武都＊	33°24′	104°55′	1079.1	37.6	−8.1	3	24.8	28	67			
29. 青海省												
西宁市	36°37′	101°46′	2261.2	33.5	−26.6	−8.4	17.2	22	65	23.7	17.1	31.4
格尔木市	36°25′	94°54′	2807.7	33.3	−33.6	−10.9	17.6	22	36	29.7	15.1	2.8
德令哈市△(乌兰)	37°22′	97°22′	2981.5	33.1	−27.2	−11.0	16.0	21	41	25.4		19.3
化隆县△(巴燕)	36°06′	102°16′	2834.7	28.5	−29.9	−10.8	13.5		73	21.2		50.1
茶卡△	36°47′	99°15′	3087.6	29.3	−31.3	−12.6	14.2	18	56	29.7		27.2
冷湖镇	38°50′	93°23′	2733.0	34.2	−34.3		16.9		31			2.5
茫崖镇	38°21′	90°13′	3138.5	29.4	−29.5		13.5		38			5.0
刚察县	37°20′	100°08′	3301.5	25.0	−31.0		10.7		68			60.4
都兰县	36°18′	98°06′	3191.1	31.9	−29.8		14.9		46			8.8
同德县	35°16′	100°39′	3289.4	28.1	−36.2		11.6		73			56.9
曲麻莱县	34°33′	95°29′	4231.2	24.9	−34.8		8.5		66			65.7
杂多县	32°54′	95°18′	4067.5	25.5	−33.1		10.6		69			74.9

续表

地　　名	台站位置			干球温度（℃）					最热月月平均相对湿度（%）	30年一遇最大风速（m/s）	七月0.8m深土壤温度（℃）	全年雷暴日数（d/a）
	北纬	东经	海拔（m）	极端最高	极端最低	最冷月月平均	最热月月平均	最热月14时平均				
玛多县	34°55′	98°13′	4272.3	22.9	−48.1		7.5	(13.9)	68			44.9
班玛县	32°56′	100°45′	3750.0	28.1	−29.7		11.7		75			73.4
共和＊	36°16′	100°37′	2835.0	31.3	−28.9	−11	15.2	20	62			
玉树＊	33°01′	97°01′	3681.2	28.7	−26.1	−8	12.5	17	69			
30. 宁夏回族自治区												
银川市	38°29′	106°13′	1111.5	39.3	−30.6	−9.0	23.4	27	64	32.2	20.2	19.1
石嘴山市△	39°12′	106°45′	1091.0	37.9	−28.4	−9.4	23.5	27	58	32.2	18.3	24.0
固原县	36°00′	106°16′	1753.2	34.6	−28.1	−8.3	18.8	23	71	27.3	17.4	30.9
中宁	37°29′	105°40′	1183.3	38.5	−26.7		23.3	(30.0)	59			16.8
吴忠＊	37°59′	106°11′	1127.4	36.9	−24.0	−8	22.9	27	65			
盐池＊	37°47′	107°24′	1347.8	38.1	−29.6	−9	22.3	27	57			
中卫＊	37°32′	105°11′	1225.7	37.6	−29.2	−8	22.5	27	66			
31. 新疆维吾尔自治区												
乌鲁木齐市	43°47′	87°37′	917.9	40.5	−41.5	−15.4	23.5	29	43	31.0	19.9	8.9
博乐阿拉山口	45°11′	82°35′	284.8	44.2	−33.0		27.5		34			27.8
塔城市	46°44′	83°00′	548.0	41.3	−39.2		22.3		53			27.7
富蕴县	46°59′	89°31′	823.6	38.7	−49.8		21.4		49			14.0
库车县	41°43′	82°57′	1099.0	41.5	−27.4		25.8	(32.3)	35			28.7
克拉玛依市	45°36′	84°51′	427.0	42.9	−35.9	−16.7	27.5	30	31	35.8	26.2	30.6
石河子市△	44°19′	86°03′	442.9	42.2	−39.8	−16.8	24.8	30	52	28.3	16.9	17.0
伊宁市	43°57′	81°20′	662.5	38.7	−40.4	−10.0	22.7	27	57	33.5	17.9	26.1
哈密市	42°49′	93°31′	737.9	43.9	−32.0	−12.2	27.1	32	34	32.2	26.2	6.8
库尔勒市	41°45′	86°08′	931.5	40.0	−28.1	−8.1	26.1	30	40	33.5		21.4
喀什市	39°28′	75°59′	1288.7	40.1	−24.4	−6.4	25.8	29	40	32.2	21.7	19.5
奎屯市（乌苏县）△	44°26′	84°40′	478.7	42.2	−37.5	−16.6	26.3	30	40	36.7	23.1	21.0
吐鲁番市	42°56′	89°12′	34.5	47.6	−28.0	−9.5	32.6	36	31	35.8	28.9	9.7
且末县	38°09′	85°33′	1247.5	41.5	−26.4	−8.7	24.8	30	41	28.9	21.4/−0.4m	6.2
和田市	37°08′	79°56′	1374.6	40.6	−21.6	−5.6	25.5	29	40	23.7	23.7	3.1
阿克苏市	41°10′	80°14′	1103.8	40.7	−27.6	−9.1	23.6	29	52	32.2	22.6/−0.4m	32.7
阿勒泰市	47°44′	88°05′	735.3	37.6	−43.5	−17.0	22.0	26	48	32.2	19.5	21.4
32. 台湾省												
台北市	25°02′	121°31′	9	38.0	−2.0	14.8	28.6	31	77	43.8		27.9
花莲＊	24°01′	121°37′	14	35.0	5.0	17	28.5	30	80			
恒春＊	22°00′	120°45′	24	39.0	8.0	20	28.3	31	84			
33. 香港特别行政区												
香港	22°18′	114°10′	32	36.1	0.0	15.6	28.6	31	81		29.2	34.0
34. 澳门特别行政区												
澳门（暂缺）												

注：1. 本表主要根据《建筑气候区划标准》GB 50178—1993 编制。标有“△”符号的城市，其“最热月 14 时平均温度”、“30 年一遇最大风速”及“七月 0.8m 深土壤温度”三项参数源于《建筑气象参数标准》JGJ 35—1987。标有“＊”符号的城市，其全部参数引自《采暖通风与空气调节设计规范》GBJ 19—1987（2001 年版）。

2. 括号内系补缺数字，仅供参考。

附录Ⅱ IP××防护等级标准

国际防护等级标准，IP××防护等级，IP为国际防护等级符号（INTERNATIONAL PROTECTION RATINGS），其后有两位数字，第一位数字表示装置的防尘能力，称为第一位特征数字，见附表Ⅱ-1；第二位数字表示装置的防水能力称为第二位特征数字，见附表Ⅱ-2。如只需单独标志一种防护形式的等级时，则被略去数字的位置以“×”补充，例如：IP×3或IP3×。

对固体异物的防护等级 附表Ⅱ-1

第一位特征数字	试验	防护等级	
		简要说明	含义
0	不做试验	无防护	—
1		防止直径不小于50mm的固体异物	直径50mm球形物体试具不得完全进入壳内[1]
2		防止直径不小于12.5mm的固体异物	直径12.5mm球形物体试具不得完全进入壳内[1]
3		防止直径不小于2.5mm的固体异物	直径2.5mm的物体试具完全不得进入壳内[1]
4		防止直径不小于1.0mm的固体异物	直径1.0mm的物体试具完全不得进入壳内[1]
5		防尘	不能完全防止尘埃进入，但进入的灰尘量不得影响设备的正常运行，不得影响安全
6		尘密	无尘埃进入

注： 物体试具的直径部分不得进入外壳的开口

对水的防护等级　　附表Ⅱ-2

第二位特征数字	试验	防护等级	
		简要说明	含义
0	不做试验	无防护	—
1	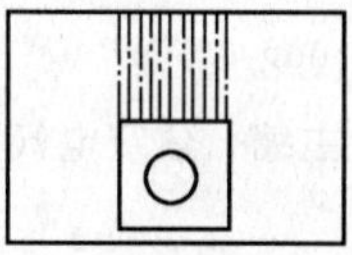	防止垂直方向滴水	垂直方向滴水应无有害影响
2	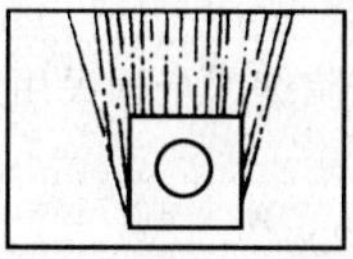	防止当外壳在15°范围内倾斜时垂直方向滴水	当外壳的各垂直面在15°范围内倾斜时，垂直滴水应无有害影响
3	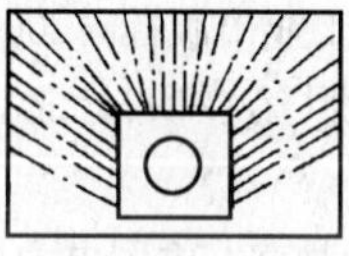	防淋水	各垂直面在60°范围内淋水，无有害影响
4	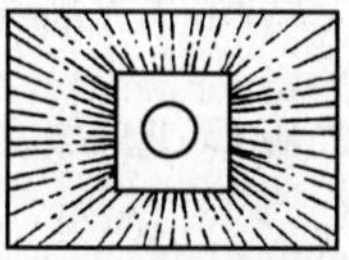	防溅水	向外壳各方向溅水无有害影响
5		防喷水	向外壳各方向喷水无有害影响
6		防强烈喷水	向外壳各个方向强烈喷水无有害影响
7	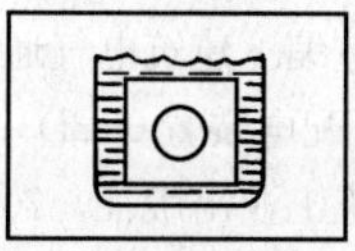	防短时间浸水影响	浸入规定压力的水中经规定时间后外壳进水量不致达有害程度
8	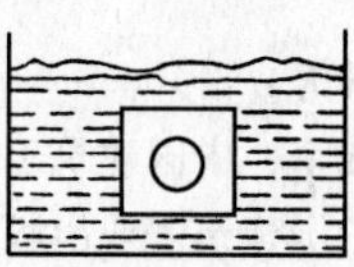	防持续潜水影响	按生产厂和用户双方同意的条件（应比数字为7严酷）持续潜水后外壳进水量不致达有害程度

参 考 文 献

1 吕光大主编. 建筑电气安装工程图集. 北京：中国电力出版社，1998.

2 建筑电气杂志社，全国建筑电气设计情报网资深理事专家委员会主编. 建筑电气常用法律及规范选编(上、中、下册). 北京：中国电力出版社，2002.

3 戴瑜兴，黄铁兵编. 民用建筑电气设计数据手册. 北京：中国建筑工业出版社，2003.

4 赵振民编著. 实用照明工程设计. 天津：天津大学出版社，2003.

5 建设部工程质量安全监督与行业发展司，中国建筑标准设计研究院编. 全国民用建筑工程设计技术措施·电气(2003 版). 北京：中国建筑工业出版社，2003.

6 李恭慰主编. 建筑照明设计手册. 北京：中国建筑工业出版社，2004.

7 刘兴顺主编. 建筑物电子信息系统防雷技术设计手册. 北京：中国建筑工业出版社，2004.

8 北京市建筑设计院编. 建筑电气专业技术措施. 北京：中国建筑工业出版社，2005.

9 中国航空工业规划设计研究院组编. 工业与民用配电设计手册(第三版). 北京：中国电力出版社，2005.

10 北京照明学会照明设计专业委员会编. 照明设计手册(第二版). 北京：中国电力出版社，2006.

11 建设部产业化促进中心编. 居住区环境景观设计导则(2006 版). 北京：中国建筑工业出版社，2006.

12 戴瑜兴，黄铁兵，梁志超主编. 民用建筑电气设计手册(第二版). 北京：中国建筑工业出版社，2007.

13 建设部工程质量安全监督与行业发展司，中国建筑标准设计研究所编. 全国民用建筑工程设计技术措施·节能篇·电气(2007 版). 北京：中国计划出版社，2007.

14 王厚余编著. 低压电气装置的设计安装和检验(第二版). 北京：中国电力出版社，2007.

15 中国建筑学会建筑电气分会编. 民用建筑电气设计规范实施指南. 北京：中国电力出版社，2008.

16 住房和城乡建设部工程质量安全监督司，中国建筑标准设计研究院编. 全国民用建筑工程设计技术措施·电气(2009 版). 北京：中国计划出版社，2009.

17 上海现代建筑设计(集团)有限公司编. 建筑节能设计统一技术措施(电气). 北京：中国建筑工业出版社，2009.

18 中国建筑设计研究院主编. 建设工程设计文件编制深度规定. 北京：中国计划出版社，2009.

19 住房和城乡建设部标准定额司编. 中华人民共和国工程建设标准强制性条文房屋建设部分(2009 年版). 北京：中国建筑工业出版社，2009.

20 华北地区建筑设计标准化办公室，北京市建筑设计标准化办公室编. 建筑电气通用图集：电气常用图形符号与技术资料 09BD01；10 千伏变配电装置 09BD2；低压配电装置 09BD3；照明装置 09BD6；低压电动机控制 09BD7；通用电器装置 09BD8. 北京：中国建筑工业出版社，2009.

21 戴瑜兴，黄铁兵，梁志超主编. 民用建筑电气设计数据手册(第二版). 北京：中国建筑工业出版社，2010.

22 珠海光乐电力母线槽有限公司编. 光乐母线槽技术选型手册. 珠海：2010.

23 黄铁兵，戴瑜兴，梁志超主编. 民用建筑电气照明设计手册. 北京：中国建筑工业出版社，2011.

24 李炳华，宋镇江主编. 建筑电气节能技术及设计指南. 北京：中国建筑工业出版社，2011.

25 全国建筑电气设计技术协作及情报交流网编. 建筑电气设计通讯 2011 年刊，建筑电气工程技术，

2011 年全国建筑电气设计技术协作及情报交流网第八届二次理事会论文集. 杭州：2011.

26 李蔚编著. 建筑电气设计常见及疑难问题解析. 北京：中国建筑工业出版社，2011.

27 厦门大恒科技有限公司编. 安全化、信息化防雷系统产品手册. 厦门：2012.

28 常熟开关制造有限公司编. 产品选型手册. 常熟：2012.

29 中国建筑标准设计研究院组编. 国家建筑标准设计图集：等电位联结安装 02D501—2；建筑电气常用数据 04DX101—1；医疗场所电气设计与设备安装 8SD706—2；民用建筑电气设计与施工(上、中、下册)08D800—1～8；电能计量管理系统设计与安装 11CDX008—5；低压配电系统谐波抑制及治理 11CD403；民用建筑电气计算及示例 12DX101—1；北京：中国计划出版社，2002～2012.

30 山东省建筑电气技术情报网. 安科瑞电气股份有限公司主编. 产品标准化设计能效管理系统设计安装图册合订本. 上海：安科瑞电气股份有限公司，2013.

31 上海高桥电缆集团有限公司，上海高桥电缆厂有限公司编. 1kV 矿物绝缘电缆选型手册. 上海：2010.

32 上海电器科学研究所(集团)有限公司主办. 现代建筑电气 2013 增刊，全国建筑电气设计技术协作及情报交流网第九届一次理事会论文集. 上海：现在建筑电气杂志社，2013.

33 中国电工技术学会，电线电缆专业委员会编. 2013 学术年会论文集《铝合金导体及其线缆技术与应用》. 长沙：2013.

34 山东省建筑电气技术情报网，上海电器科学技术研究所，浙江中凯科技股份有限公司主编. KBO 系列控制与保护开关电器二次控制电路选用图集. 温州：2013 版.

35 孙成群编著. 建筑电气设计与施工资料集. 北京：中国电力出版社，2013.

36 王原余编著. 建筑物电气装置 600 问. 北京：中国电力出版社，2013.

37 住房城乡建设部编. 建筑工程施工图设计文件技术审查要点. 北京：中国城市出版社，2014.

38 住房城乡建设部编. 市政公用工程施工图设计文件技术审查要点. 北京：中国城市出版社，2014.